新编21世纪心理学系列教材

心理学研究方法

从选题到论文发表

第2版

王轶楠 编著

Introduction to
Psychological Research

中国人民大学出版社
·北京·

内容简介

本书以心理学学生的学术成长经历为线索，系统介绍了心理学研究的具体过程，以及其中可能遇到的各种问题及其解决方案，力争让读者在亲切共情的氛围中，学会如何探索研究兴趣，凝炼研究问题，明确研究假设，设计研究方案，完成研究过程，最终撰写与发表学术论文。

第2版主要做了以下修订：

第一，补充前沿内容。增加了新的技术方法和研究案例，尤其是引入了各种AI工具助力研究过程，包括应用AI工具辅助文献阅读、润色论文文字、整合最新指南、提升写作规范性等；而且，在倡导利用AI提效的同时，也强调学术诚信与批判性思维。

第二，深化理论架构。为相关理论提供了更为详尽的解释和分析，例如结合经典研究与前沿成果，介绍了如何采用实验法探究中介效应；还探讨了新兴理论框架，例如整合国际出版机构共识，梳理在学术研究中使用生成式AI的伦理规范。

第三，优化实践指导。新增了关于英文论文写作和发表的全新一章，并结合案例、模板与工具推荐，直接指导科研实践，覆盖英文论文写作、投稿、审稿、修改全流程，手把手助力研究者全面提升竞争力。

第四，更新学习资源。对一些陈旧或过时的学习资源或指南进行了更新，包括核心期刊撰稿要求的变化、从APA 6.0 到APA 7.0 的变化等，还在章后已有“试一试”习题基础上新增了“测一测”习题，并更新了推荐公众号和图书。

总之，新版本更加倡导“学术匠心”与长期成长，令心理学科研之旅既有深度又不失温度。

作者简介

王轶楠　心理学博士，现任北京师范大学心理学部特聘研究员，研究生导师。致力于中国人自我的研究，曾主持（或参与）国家自然科学基金与国家社会科学基金（重大）研究课题10余项，出版专著4部，在*Journal of Personality*、*Human Brain Mapping*、*Journal of Happiness Studies*等高影响因子SSCI或SCI国际心理学刊物发表论文50多篇，指导北京师范大学学生科研训练项目（国创/市创）多项，同时主讲心理学论文写作、社会心理学与文化心理学课程。

第2版序言

心理学研究方法是一门既专业又实用的学问，它不仅为我们打开了认识人类心理世界的大门，也为我们提供了系统的研究技能训练。然而，对于许多初涉心理学研究的学生来说，这个领域往往显得晦涩难懂，充满挑战。而这正是我们编写这本适合初学者的《心理学研究方法：从选题到论文发表》的初衷。

在第1版中，我们尝试为读者提供关于心理学研究方法的全面概览，包括从如何找到感兴趣的问题，到如何将这些问题转化为可研究的科学假设。我们强调研究的初心和科学探索的重要性，并以实际案例展示了研究方法的应用。在总体设计上，本书具有以下四点特色。

（1）**心理科研的入门启航**。心理学研究的世界广阔而深邃，充满了令人兴奋的发现和挑战。本书正是为初学者量身定制的指南，它不仅介绍了基本的研究概念和方法，还提供了实际的研究案例，帮助读者将理论与实践相结合。

（2）**研究思维的启蒙训练**。本书从提问的艺术讲起，引导读者将一个模糊的兴趣转化为一个具体、可研究的问题，并进一步教会读者构建假设、选择研究方法、收集和分析数据，直至最终得出结论。

（3）**批判精神的锤炼打磨**。心理学研究不仅仅需要学习相关技术，更是一场思维的锻炼。本书特别强调评估研究设计和结果的重要性，力争帮助读者学会如何识别研究中的潜在问题，这对于希望在心理学领域深入研究的人来说至关重要。

（4）**伦理素养的日渐养成**。在心理学研究中，伦理问题不容忽视。本书对研究伦理进行了深入浅出的讨论，旨在帮助读者理解在研究过程中保护参与者权益的重要性，这是成为一名负责任的研究者的基础。

自本书第1版面世以来，我们收到了来自广大学生和教师的宝贵反馈和建议。这些反馈和建议不仅肯定了我们的工作，也指出了需要改进和更新的地方。因此，我们对本书进行了全面的修订和扩充，以期为心理学研究者和学生提供更为全面、深入的指导。

第2版不仅保持了第1版的风格特色，保留了那些让读者茅塞顿开的真知灼见，还与时俱进地增加了新的内容。具体的改进主要包括以下四个方面。

（1）**补充前沿内容**。为了体现技术进步与最新研究进展，增加了新的技术方法和研究案例，例如应用AI工具（Sider/ChatPDF）辅助文献阅读，利用AI工具（Grammarly/Writefull）润色英语论文，使用AI软件（Notion）有效管理时间，整合最新指南（APA 7.0）提升写作规范性，等等；而且，在倡导利用AI提效的同时，也强调学术诚信与批判性思维。

（2）**深化理论架构**。对原有理论进行了深化，提供了更为详尽的解释和分析，例如结合经典研究与前沿成果，介绍了如何采用实验法探究中介效应；还探讨了新兴理论框架，例如整合国际出版机构共识，梳理在学术研究中使用生成式AI的伦理规范。

（3）**优化实践指导**。结合案例、模板与工具推荐，直接指导科研实践，覆盖英文论文写作、投稿、审稿、修改全流程，助力研究者全面提升竞争力。其中既有“避坑”指南，也有实用工具包（英文稿件回复信模板），手把手引导读者学会如何回复审稿人意见，如何给导师写信，如何力争在顶级期刊发表文章，等等。

（4）**更新学习资源**。对一些陈旧或过时的学习资源或指南进行了更新，包括核心期刊撰稿要求的变化、从APA 6.0到APA 7.0的变化等，还在章后已有“试一试”习题基础上新增了“测一测”习题，并更新了推荐公众号和图书。

总之，新版本更加倡导“学术匠心”与长期成长，令心理学科研之旅既有深度又不失温度。

最后，我要特别感谢本书编辑郦益老师的慧眼识珠和鼎力支持！他以专业眼光厘清逻辑、校准观点；以严谨态度推敲表述、核查引注；以敬业精神沟通细节、打磨文本。正是他近乎苛刻的“挑剔”，才让这本书能以专业扎实的面貌呈现在读者面前。编辑工作常隐于幕后，但价值绝不亚于创作，谨以此书致敬郦老师这份沉甸甸的坚守与匠心！同时，期待新的版本能够成为大家在心理学研究旅程中的得力助手。愿大家在心理学的广阔天地中，找到自己的研究兴趣，实现自己的科研梦想。

王轶楠

2025年2月26日于北京

第1版序言

“学术科研对你究竟意味着什么？”这是每一个心理学专业的同学都会问自己的问题。在我看来，学术科研既是年轻人融入大学生活的一种重要方式，也是他们明心见性、学会深度工作、发展领导力的一种重要手段，更是他们同时获得自我认同、他人认同以及社会认同的一个重要途径。通过本书，你可能会想起曾经的自己，会看到未来的自己，还可能发现一个未知的自己。

本书以三名热爱科研的心理学本科生的学术成长经历为线索，系统介绍了心理学研究的具体过程，以及其中可能遇到的各种问题及其解决方案，旨在教会大学生如何探索研究兴趣、发现研究问题、明确研究假设、申请科研项目，最终撰写与发表学术论文。书中的三位主人公分别是小白、乔乔和小星。小白性格文雅持重，动静皆宜，既享受科研独处的乐趣，又擅长与人沟通交流，学习成绩在年级名列前茅，高中生活的独特经历让他对依存性自尊研究感兴趣。乔乔和小星都是小白的本科生科研基金项目（简称本基）的合作者。乔乔性格活泼，外表靓丽，喜欢挑战困难和新奇的事物。她出生在深圳，同时在上海、广州、台北和北京都有长期生活经历，因此对居住流动性研究感兴趣。小星性格随和，乐观向上，向往轻松自在的生活，善于观察，勤于思考，乐于在平凡中寻找奇思妙想，对人们在社交网络上的自我表露行为感兴趣。

小白的原型是北京师范大学心理学部本科生徐健捷，他学习成绩优异，多次获得国家奖学金，成功申请到美国顶尖大学的直博机会。但书中内容与健捷的实际经历会有些微出入，因为他的同学们，也是本书的六位参编者——刘星廷、洪俐、田穗子、周婧怡、杨政乾和陈逸群——已将自己的精神与思考充分融入小白的故事之中；他们深知大学生在学术科研中的苦与乐，也相信想要掌握一门知识，最好的方法是把它们总结出来，教给别人。

曾几何时，这个心理学科研小白正是我自己。一路走来，跌跌撞撞地发表了一些文章之后，却依然懵懵懂懂，直到开始指导学生、讲授论文写作课程后，才仿佛摸到一点做研究和写文章的门道。当然，我的成长还得益于多位老师的指引、鼓励和栽培，尤为感谢杨中芳老师传授我本土化思维的内功，感谢刘嘉老师教会我科学化研究的外功。

最后，寄希望于本书可以助力有志于科研的同学，使之内外兼修，格物致用，自成一体。

王轶楠

2019 年 9 月 15 日于北京

目录

第一章
寻找研究问题

第二章
管理研究文献

第三章
策划研究方案

第一章
寻找研究问题

章节概览

✧ 找到自己感兴趣的问题
✧ 从感兴趣的问题到值得研究的问题
✧ 从值得研究的问题到可研究的问题
✧ 从可研究的问题到科学研究假设

学者的初心

初心为始，正觉为终。——《华严经疏》

9 月的北京，秋高气爽，18 岁的小白带着对未来的美好憧憬，进入自己向往已久的大学心理学课堂。从此，他的人生翻开了新的篇章。景色宜人的校园、性格迥异的新同学、陌生而又有趣的课程，一时间让小白应接不暇，他迫切地希望融入崭新的大学生活。

然而，伴随短暂新鲜感的是难言的困惑与迷茫。小白发现，进入大学后课外活动多了起来，学习看似已经不再是生活里的唯一主题，社团、聚餐等人际交往活动成了看起来更有趣、更有用的事。小白不知道该如何在学习不落后的情况下丰富自己的生活。在心理学专业课堂上，老师讲了很多经典的实验，以及生活中的趣事；小白听着十分轻松，但自己课下却有些茫然，不知该如何把握心理学的学习重点。最为苦恼的是，小白最初学习心理学的动力是朝着科学研究的方向发展，可心理学研究就像浩瀚无垠的星空，里面有那么多颗璀璨的星星，小白感到自己非常渺小，也不知道应该把自己的精力聚焦于哪颗星星。

在日常生活中，小白发现了很多有趣的现象，他很想知道这些现象背后的原理和机制。比如：为什么每个人都有完全不同的性格特征？一个人的性格特征会受到哪些因素的影响？为什么男生和女生在兴趣爱好和能力特长上存在差异？在遇到挫折时，为什么不同的人有完全不同的反应，有的人被挫折打倒，有的人却有很强的毅力和韧性？面对这么多自己感兴趣的问题，小白一遍又一遍地问自己："究竟哪个问题才算是我真正的研究兴趣呢？哪个问题才是值得研究的呢？而我又该如何进行研究呢？"

第一节 找到自己感兴趣的问题

茫然的小白找到了自己的新生导师，把自己的内心困惑一股脑说了出来。导师一边听一边微笑着点头给他回应，虽然还什么都没说，但小白的内心感觉畅快多了。在小白滔滔不绝地倾诉完之后，导师对小白说："小白，你的这些问题都很好，也很关键，是我们每一个刚接触心理学的人都会遇到的问题。但这些问题的答案可能就在你自己的心中，就藏在你个人的成长经历里。我能问一下你当初为什么想要学心理学吗？"

导师的这个问题勾起了小白对往昔的回忆。他想起自己在初中的时候成绩非常好，学习上游刃有余，可以有大把时间沉浸于自己的兴趣爱好。可是到了高中，小白发现自己去美国参加社团活动之后，成绩下降了。小白突然感受到兴趣和学习的冲突，压力突然大了起来。在这之后，他努力调整自己，成绩再次稳步提升。

进入大学之后，小白发现自己周围很多朋友都在发生变化：小学时很听话的同学后来开始打架斗殴，他曾经的偶像竟然变得愤世嫉俗、不思上进。在经历了这一系列变化后，小白感受到青少年时期是一个充满剧烈变化的阶段。小白认为自己当初选择心理学最大的原因就是想要站在心理学的角度深入探究自己在青少年时期有过的各种经历与困惑。想到这里，小白突然豁然开朗：是否可以针对青少年的心理发展做研究呢？

了解小白的想法后，导师对小白说："你的想法很有见地！可是青少年发展是一个非常宽泛的课题，你最好收窄自己的兴趣，聚焦于一个更加具体的研究问题。具体而言，你究竟对青少年生活中的什么问题最感兴趣呢？"小白回想起一个在初中和高中时十分困扰自己的问题。在那个时候，他时而认为自己非常厉害，尤其是在自己考试取得好成绩以及去美国参加项目时，时而又认为自己一无是处，尤其在从美国回来后发现自己成绩一落千丈，周围的同学似乎都向自己投来异样的目光时。小白很想知道，为什么那个时候对自己的看法会有如此大的起伏波动。

于是，小白把自己的问题告诉了导师。导师告诉小白："你想研究的这个问题在心理学里面有一个专门的领域——自尊，即一个人的自我评价。青少年自尊是一个很值得研究的主题，因为15～20岁正是一个人探索并发现自我价值的关键时期；揭示青少年自尊的特点和规律会有助于他们更好地适应环境，取得更大的成功，并收获幸福与健康。不过，青少年自尊这一主题还是有点大。关于自尊，你有什么更具体的想法或感兴趣的点吗？"

导师的话仿佛开启了小白回忆的闸门，他意识到自己遇到不同的事情后对自己的看法会产生很大的变化，并且有些事情对自尊的影响还特别大，如外貌特征、学业成绩和人际交往等。小白还发现每当自尊下降时，他都会感受到很多负面情绪，如焦虑、抑郁等。小白很想知道，哪些外部事件会对青少年的自尊产生影响，这些外部事件又是怎样对青少年自尊产生影响的，自尊下降是怎样导致负面情绪的。导师了解了小白的这些想法后，激动地对小白说："你感兴趣的问题有一个专有名词——外部依存性自尊，它反映了一个人的自尊在多大程度上会随外部标准而变化。这已经是一个研究成果十分丰富的主题，你可以从查阅文献开始，把你感兴趣的现象转化成一个真正可以研究的问题!”

小白听后非常开心，可是他又对导师说起了自己的疑虑：“老师，这个主题是不是已经被前人研究得差不多了呀？还有我可以发挥的余地吗?”导师说：“你的这个问题很好！我们在进行一项研究之前，当然要考虑它的创新性。但我们都是站在巨人的肩膀上，前人虽然打好了地基，但还需要我们后人添砖加瓦。你感兴趣的问题确实有很多人研究过，不过在前人的基础上进行进一步的研究也是很有必要的，这不仅能进一步验证前人的研究结论，还可能有新的发现。当然，你可以进行和别人不一样的探索。比如，现在有关依存性自尊的研究大多是在西方群体中进行的，你不妨试试考虑我们中国的社会文化因素，看看中国青少年的依存性自尊发展规律有没有什么独特之处。”

拓展阅读 1－1

科研为趣，拥抱初心——诺贝尔奖得主约纳特在西湖大学的演讲

阿达·约纳特（Ada Yonath）是以色列科学家。她因“核糖体结构和功能”研究而获得诺贝尔化学奖，是第四位获得诺贝尔化学奖的女性，被称为“以色列居里夫人”（见图 1－1）。2019 年 9 月 17 日，约纳特教授在西湖大学的讲坛做了一场别开生面的演讲。

图 1－1　阿达·约纳特教授

1. 科研很苦，也很酷

在开场白上，约纳特说：“没错，科研确实艰苦，但也能妙趣横生。很多人只记住了科研的苦，却忘记了科研的甜。尽管一路上难免历经坎坷，有时也会令人不知所措，但科研之趣无处不在。”在约纳特看来，始于好奇，并不断探索，一路披荆斩棘，不畏艰难险阻，那么这些“拦路虎”就会为你所用，成为启迪思想、创造传奇的新想法和洞见。失败和错误会带来意想不到的发现和价值连城的知识，所以我们做科研就要勇于探索、不畏失败。

2. 寻找科研中最本真的快乐

约纳特说，得到诺奖之后最令她欣慰的变化是，很多年轻的科学家备受鼓舞，开始对核糖体相关领域的研究充满兴趣。她曾说："获得诺贝尔奖当然令人激动，它让更多的人了解我的研究、了解我。不过，我人生最激动的时候，仍是我们的研究最终取得成果的时刻。在对核糖体进行研究的二十年里，一直有人泼冷水，一直有人说我们做不成，我们自己也并不能完全肯定能成功。历经那么多年的辛苦，最终真的确定了核糖体，亲眼看到它的那一刻，真是狂喜如潮。得奖固然是对我的肯定，但作为科学家，我更享受科学发现本身带来的快乐。我不是为了奖励做科研的，是为了我的好奇心，为了我理解科学的愿望和激情。"

3. 发现自己的独特，相信自己的力量

在获得诺贝尔奖以后，很多人都想听听约纳特对他们工作的建议。"可我想说，我能给出的最佳建议就是：不要询问别人的建议。"带着调侃的语调，她这样告诉我们，"每个人的起点不同，所从事的领域有所不同，个人的兴趣爱好、专业特长也不尽相同。"

最后，她强调说："所有科研工作都应始于好奇心。如果你的科研工作始于一点点小小的好奇心，你就会收获无穷、获益良多。那些突如其来的发现不仅令人印象深刻，还会带来意想不到的惊喜。"

资料来源：冯怡，2019。

在导师的指导下，小白一步步找到了自己感兴趣并且适合研究的问题——中国青少年外部依存性自尊的测量、发展及作用机制。小白和导师的对话向我们展示了寻找一个合适的研究主题的步骤：

- **找到自己感兴趣的问题。**
- **判断自己感兴趣的问题是否值得研究。**
- **将自己感兴趣的问题转变为一个真正可以研究的问题。**
- **基于理论，针对研究问题提出明确合理的科学研究假设。**

总的来讲，有两种找到自己感兴趣的研究问题的方式：一种是自下而上的方式，另一种是自上而下的方式。

一、自下而上的方式——常识，对世界的观察，现实生活

自下而上的方式是指基于日常生活中"有趣"的现象提出研究问题，然后以科学的视角审视该问题，接着查阅关于该问题的已有文献，从而找到值得进一步探讨的切入点，并制订研究计划。比如，小白就是以自下而上的方式找到自己的研究问题的。他发现自己青少年时期的自尊水平会随着不同的外部事件产生波动，因此很想探究青少年外部依存性自尊的发展规律及作用机制。通过这样的方式，一个感兴趣的问题就以自下而上的方式形成了。

为了从生活中发现新知，我们平时应该多留意身边的现象，有时候一些司空见惯的社会现象背后就可能蕴藏着复杂深奥的心理学原理。比如，人们常说"三个臭皮匠，顶

个诸葛亮”，有时却说“三个和尚没水喝”。那么，多人合作一起做事的效率究竟是更高还是更低呢？在很多看似矛盾的社会现象背后自有其运作的原理和规律。

此外，对于那些看似前人已经研究得很透彻的问题，我们也可以尝试提出另一种理论解释，从一个全新的切入点进行探讨。比如，乔乔对居住流动性问题感兴趣，之前研究已经揭示居住流动性所引发的很多负面效果——更低的控制感、更高的焦虑等。但是，乔乔通过自己敏锐的观察发现，高居住流动性并非一无是处，比起一直住在一个地方的人，经常搬家的人有可能对变动拥有更多的心理准备，因而更有可能拥有一种灵活变通的认知风格，并采用一种更富有创造性的方式应对可能的挑战。因此，乔乔便准备反其道而行之，尝试从认知风格灵活性的角度揭示居住流动性可能给人们带来的积极影响。

总之，作为心理学专业的学生，我们不应放过日常生活中每一次“心动”（灵机一动）的感觉，有时候那种想要挖掘现象背后机制的强烈好奇心会成为我们找到自己研究问题的最强大的动力。同时，平时在上专业课、听心理学讲座或是阅读心理学教材时，你也可以随时记录自己的各种想法，这些想法很有可能成为你选择研究问题的灵感来源。

拓展阅读 1-2

心理学改变视角，影响世界——那些得过诺贝尔奖的心理学家

虽然诺贝尔奖中没有心理学奖，但迄今为止，已有多位科学家因心理学成果获奖，包括诺贝尔生理学或医学奖和诺贝尔经济学奖。心理学给生理学家观察世界提供了科学的方法，给经济学家洞悉人性提供了独特的视角；不得不说，心理学专业的熏陶对于这些大师最终获奖功不可没。

1. 1973 年诺贝尔奖获得者——洛伦茨

洛伦茨（Konrad Lorenz, 1903—1989）出生于奥地利维也纳，孩童时代，他就喜欢饲养动物，并对它们的行为产生了极大的好奇心。大学期间，他研究了比较解剖学并开始用比较解剖学的方法研究动物的行为。在 1935 年出版的《鸟类的社会行为》一书中，他总结了他对 30 多种鸟类的比较研究，分析了亲鸟、幼鸟、性配偶和其他亲属的行为功能和引起这些行为的条件。该书是应用比较方法研究动物行为的一个典范，提出了动物本能行为的固定模式和动物学习的“印刻”等概念（见图 1-2）。

图 1-2　最早获得诺贝尔奖的心理学家——洛伦茨

2. 1978 年诺贝尔经济学奖获得者——西蒙

西蒙（Herbert Simon, 1916—2001）是美国心理学家，认知心理学的奠基者。西蒙发现国际象棋大师对于比赛中的棋盘布局，可以在几秒内就记起来，但假如是随意摆设的棋盘布局，他们却难以记住。这意味

着国际象棋大师对棋盘布局的记忆，并不是基于视觉，而是基于棋子的攻防移动位置。他因此受到启发，进而和纽厄尔（Alan C. Newell）等人研发出具有思维的计算机程序“逻辑理论家”（Logic Theorist），并最终共同创建了信息加工心理学，开辟了从信息加工视角研究人类思维的方向，推动了认知科学和人工智能的发展。

3. 1981 年诺贝尔生理学或医学奖获得者——斯佩里

斯佩里（Roger W. Sperry, 1913—1994）是美国神经心理学家，是第一个拥有心理学学位的诺贝尔奖获得者。1961 年，斯佩里设计了精巧和详尽的测验，在接受割裂脑手术的人恢复以后，对其进行了一系列神经心理学测定，获得了人脑左右两半球机能分工的第一手资料。他发现两半球的机能具有不对称性，右半球也有言语功能，从而更新了优势半球的概念。斯佩里的研究深入地揭示了人的言语、思维和意识与大脑两个半球的关系，成绩卓著。

4. 2000 年诺贝尔生理学或医学奖获得者——卡尔松、格林加德和坎德尔

卡尔松（Arvid Carlsson, 1923—2018）是瑞典科学家，他最早提出帕金森病和多巴胺有关；他还揭示了大脑奖赏回路的心理学机制，从而为精神药理学的发展奠定了理论基础。格林加德（Paul Greengard, 1925—2019）是美国科学家，他将生物化学与神经科学深度融合，首次发现多巴胺等神经递质通过蛋白质磷酸化级联反应调控神经元活动，颠覆了传统快速电信号传导认知，这一成果为帕金森病、精神分裂症等脑疾病的分子靶向治疗开辟了新路径。坎德尔（Eric R. Kandel, 1929—　）则是奥地利科学家，他以海兔为模型揭示了突触的可塑性原理，架起分子生物学与认知心理学的桥梁，并为创伤后应激障碍治疗提供了新靶点。2000 年，三人因在人类脑神经细胞间信号的相互传递方面获得的重要发现，共同获得诺贝尔生理学或医学奖。

5. 2002 年诺贝尔经济学奖获得者——卡尼曼

卡尼曼（Daniel Kahneman, 1934—2024）是美国心理学家，其突出贡献在于“把心理学成果与经济学研究有效结合，从而解释了人类在不确定条件下如何做出判断”，由此开创了行为经济学和实验经济学研究的先河。在他之前，经济学和心理学在研究人类决策行为上有着极大的区别：经济学的观点认为外在的激励决定人们的行为，而心理学恰恰相反，认为内在的激励才是决定行为的因素。卡尼曼在不断修正“经济人”的基本假设的过程中，看到了“经济理性”这一前提的缺陷，也就发现了单纯的外在因素不能解释复杂的决策行为，由此正式将心理学的内在视角和研究方法引进经济学。

6. 2014 年诺贝尔生理学或医学奖获得者——莫索尔夫妇

梅-布里特·莫索尔（May-Britt Moser, 1963—　）和爱德华·莫索尔（Edvard Moser, 1962—　）曾是一对夫妻，2014 年他们共同获得了诺贝尔生理学或医学奖，2016 年离婚。他们研究的是大脑中的“内置 GPS”——定位系统，它使人们可以在空间中进行自我定位，也为更高级的认知功能提供了细胞意义上的基础。他们的研究解答了“我们如何得知我们在哪里”“我们怎样找到从一个地点到达另一个地点的路径”“我们如何存储这些信息，从而在下次需要寻找相同路径时可以立刻获得它们”这几个问题。诺贝尔奖委员会在颁奖词中说：“这一发现解决了几个世纪以来困扰哲学家和科学家的问题：大脑究竟如何创造出周围的空间地图，而我们又如何在复杂的环境中进行导向？”

7. 2017 年诺贝尔经济学奖获得者——塞勒

塞勒（Richard H. Thaler, 1945— ）的主要研究领域是行为经济学、行为金融学与决策心理学，被誉为“经济学帝国主义”的开疆拓土者。在理论上，他提出和发展了心理账户理论，同时发现了心理账户具有禀赋效应、自我控制不足及公平偏好等独特属性；在实践上，他将实证研究结果广泛应用于商业、公共事务管理、政策制定，提出了帮助人们绕开陷阱的“助推”方法。诺贝尔奖委员会在颁奖词中说：“塞勒在个体决策的经济学分析与心理学分析之间架设了一座桥梁。他的实证发现和理论洞见推动了行为经济学的迅速发展，给经济研究和政策制定等诸多领域都带来了深远影响。”

二、自上而下的方式——理论，以往的研究

自上而下的方式是指在阅读前人的研究时发现了值得进一步研究和探讨的问题，从而在前人研究的基础上进一步设计自己的研究。对于心理学来说，科学理论的建构和检验是科学方法的核心。**理论**（theory）由关于某一主题或现象的一系列想法组成，其功能是组织和说明种种特殊的行为事实，并进一步形成新的知识，产生关于行为的假设供研究者验证。

在心理学实验中，科学家不是根据直觉，而是根据实证程序和控制现象的影响因素来验证假设。其中，实验者系统操纵以探查对行为之影响的因素为**自变量**，用来确定自变量之影响的行为测量为**因变量**。心理学家在理论的基础上，对概念进行清晰的**操作性定义**，对概念之间的关系提出明确的、有依据的、可供检验的**假设**，采用心理学量表或生物学仪器进行准确的测定，通过实验操纵尽可能减少**无关变量**的影响，最后选择合适的统计方法，并如实客观地报告实验结果。

（一）理论的作用

理论的重要作用主要有两个：一个是组织实证知识，另一个是通过提供可检验假设引导研究。理论是关于物质世界如何运作的“想法或观念”。心理学家提出的是关于行为和心理过程的本质的理论，它们旨在解释人和动物的行为与心理模式及其发生和发展的内在机制。

心理学理论可以从不同角度展开：既可以从行为视角也可以从生理视角入手，还可以分别从个体、人际或集体角度入手。比如针对自尊的功能，不同的心理学家就有不同的解读。恐惧管理理论认为，个体如果想要获得个人价值感，就必须坚信其所处文化的世界观，并按照文化所赞许的价值标准行事（Pyszczynski et al., 1997）；社交计量器理论则将自尊看作一种心理尺度，认为它反映了个体被他人喜欢或接纳的程度（Leary et al., 1995）；社会地位理论及等级计量器理论则认为自尊反映了个体被他人尊重或钦佩的程度，即体现了个人的地位和等级（Mahadevan et al., 2019）。

通常情况下，理论在其试图解释的现象范围上存在差异。一些理论试图解释特殊的

现象，例如，与上面提到的范围更广的自尊理论相比，有些自尊理论尤为关注自尊的某个特定属性。比如，依存性自尊理论更为关注个体的自尊是否依赖于特定的内部价值（如美德）或外部价值（如外表或学业）（Crocker et al., 2003）；再如，基于组织的自尊理论则强调通过组织特征定义自身的价值，想要探究的是个体将自我看作有能力和有价值的组织成员的程度对其心理与行为的影响（Pierce & Gardner, 2004）。一般来说，理论的范围越广，解释水平越高，理论本身就越复杂。而当代心理学的多数理论只试图说明限定范围内的现象。

（二）理论的产生

理论是社会文化、科学家的直觉、个人观察和已有知识（已知事实和概念）的有机结合。著名哲学家波普尔认为，创造性理论的产生需要两个条件（引自肖内西等，2010）。一个是**对问题的强烈兴趣**，它会让科学家一次又一次地努力尝试。另一个是**富有批判性的想象力**，这意味着科学家的思维超越了公认的思考问题的界限，他们提出了人们想说却没有说出来、不敢说、难以说明的道理，或者发现了人们常识中的悖论，或者揭示了人们认识中的盲区，或者突破了一定范围内的认知局限，从而开启了某个领域研究的新篇章。假设我们有解决某个问题的强烈愿望，那么建构理论最有效的办法是，批判地检视对于这个问题我们了解什么，并针对该问题找出现有知识体系中存在的不足和从未见过的错误。

所有研究都从想法开始，这可能是研究过程中最困难的阶段。波普尔提出，没有通向新想法的逻辑通路，只有通过创造性直觉才能得到新想法。不过，莱昂纳德（Dorothy Leonard）和斯瓦普（Walter Swap）还是提出了创造性过程的五个步骤（见图1－3a）。具体来说，创造性首先来自研究者准备充分的头脑。接着，研究者还需要让创新有机会发生。随后，研究者需要形成尽量多的初步想法，它们可以来自科学或非科学方法。在这个阶段，不应该对初步想法太苛刻，因为过早的批评可能会摧毁正在形成的好点子。为此，克赖尔（Pat Cryer）提出了八种有利于形成创造性想法的策略（见图1－3b）。有时，研究者需要从与想法或议题的斗争中暂停。最后，研究者从形成的列表中选择一个想法。早期想法需要滋养、考虑、权衡、批判和严肃对待。而好奇心、兴趣和热情是确保创造性想法最终形成的关键要素。这就要求研究者在找到自己感兴趣的想法之后，潜心投入，阅读这一领域的论文和相关书籍（埃文斯，2010）。

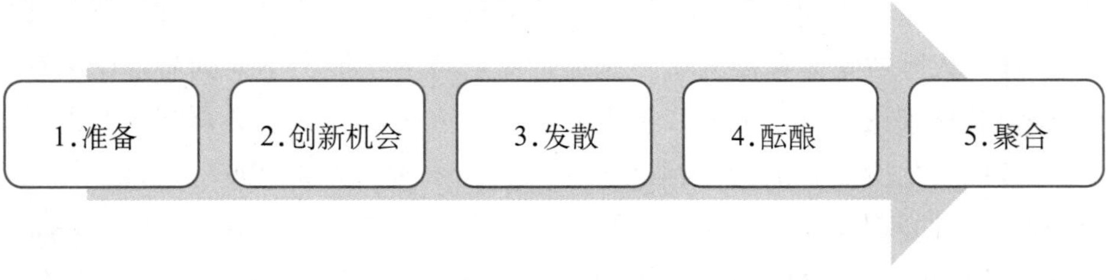

图1－3a　创造性过程的五个步骤

资料来源：埃文斯，2010，19页。

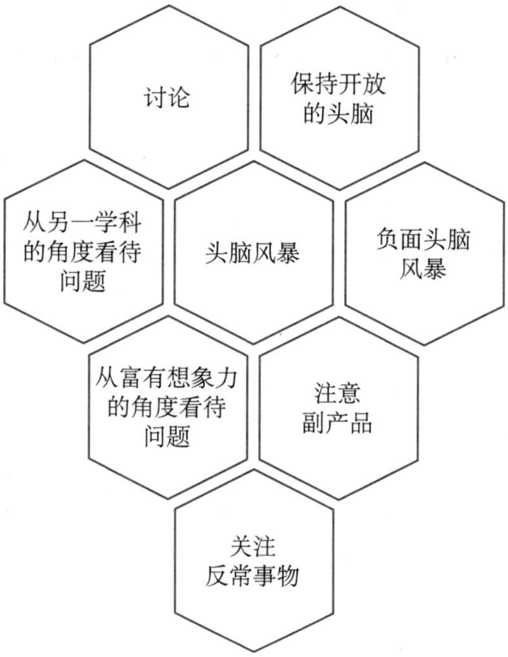

图 1－3b　形成创造性想法的策略

资料来源：埃文斯，2010，19 页。

对于刚刚接触心理学研究的入门者来说，在有了一个感兴趣的大方向之后，可以输入关键词查找并阅读该方向的相关文献。在**阅读该领域经典的研究和理论**的同时，需要追踪该领域最新的研究成果。只有较为全面地把握这一大方向的研究现状，才能找到一个好的切入点。比如，小白对青少年自尊感兴趣，但该主题还是太大，于是可以通过查找文献将研究问题进一步细化。通过查找文献，可以发现自尊研究有很多切入点，研究者还把自尊划分成了很多种类。我们可以选择其中一个我们最感兴趣的小方向（如青少年外部依存性自尊）进行深入探究。

如果还没有感兴趣的大方向，可以经常**阅读中英文心理学顶级期刊**，追踪最前沿的心理学研究领域，看看国内外的心理学家近期都在研究什么方向。在阅读这些顶级期刊的基础上，既可以就前人研究的缺陷或不足进行改进，也可以在已有的研究基础上发现新的问题，从而进一步设计实验进行探究。比如，很多领域已有的研究存在相互矛盾的结果，不同研究者可能提出了相互对立的理论。比如，研究者提出了多种注意的理论模型（如过滤器模型、衰减模型、反应选择模型、知觉选择模型等），不同的实验结果支持了不同的模型。你可以通过自己的研究进一步检验这些模型，考察什么理论模型更符合真实的实验结果，或者提出自己的理论模型，在前人的基础上对该领域在理论上有更深入的认识。

事实上，大多数研究者是站在巨人的肩膀上一点点进步的，科学的大厦也是在前人搭好的地基上一层层搭建的。作为新手，我们很难另辟一块土地重新搭建地基，独自开创一个全新的研究领域。因此，阅读前人研究，在前人研究的基础上挖掘出一个自己感兴趣的问题，是常见且合理的研究思路。

研究实例1-1

让小我融入大我：一个本土化自尊理论的提出

自尊是指个体对自我的总体评价。自现代心理学之父威廉·詹姆斯于1890年在《心理学原理》中提出自尊这一概念以来，它一直是人格与社会心理学领域的经典核心主题之一。很多研究发现，“高自尊”具有重要的心理功能，可以让个体拥有更高的成就、更好的健康状况，以及更高的心理幸福感。但也有不少跨文化研究结果显示，中国人的自尊水平不如美国人高。难道中国人天生缺乏保持积极评价的需要，以至于注定不如美国人健康和快乐吗？

中国本土心理学家指出，中国人的自尊并不比美国人低，只是文化差异会对自尊的根源和表达产生影响，已有的根植于西方文化的自尊理论与测量难以揭示中国人自尊的内涵与机制。为了寻找对于理解中国人自尊功能更有意义的尺度和标准，我们立足中国传统文化特点，基于本土化自我理论，针对中国人自尊的功能和类型开展了一系列理论和实证研究，旨在从贴近中国人心理特点的角度，首先提出一个全新的本土化自尊理论，随后找到中国文化背景下的理想型自尊，最终助力中国人提升自尊，为中华民族文化的发展和繁荣做出贡献。

自我建构——理解自尊的基础

因为自尊的定义围绕自我评价展开，所以对自尊的理解在很大程度上依赖于如何定义自我。换言之，不同自尊理论间的差别源自它们侧重于强调自我建构的不同方面。比如皮什琴斯基（Thomas A. Pyszczynski）等提出的恐惧管理理论、利里（Mark Leary）等提出的社交计量器理论，以及克罗克（Jennifer Crocker）等主张的集体自尊概念，便是分别尝试从个体、关系以及集体的视角针对自尊的类型、内涵与功能做出不同的解读。然而，毕竟个体的自我是一个统一的整体，单独基于个体、关系或集体的视角难以解释三种自我表征形式如何相互作用，进而塑造与影响个体的自尊。更为重要的是，西方主流的自尊理论多是建立在二元对立的视角之上，鲜有辩证地看待自我、他人乃至集体间的关系，从而严重忽视了同时兼顾自我独特性、人际归属、团体融入对于维持个体自尊的重要性。因此，有必要从中国本土文化出发，深入探讨中国人自我的内涵及其对中国人自尊构成的影响，发掘出对于理解中国人自尊有意义的尺度和标准。

身份调和器理论——整合视角下的本土化自尊理论

马库斯（Hazel R. Markus）和北山（Shinobu Kitayama）提出，东亚人拥有互依的自我建构（强调个人和他人间的关联性和依存性），而北美人拥有独立的自我建构（强调个人的分离和独立）。然而，本土心理学家不建议采用简单的跨文化比较来审视中国人的心理与行为方式。对于中国人来说，自我与他人间的界限并非固定不变，而是具有弹性，甚至可被看作自我完善的重要手段。

为了将个体自我、关系自我和集体自我在概念上加以统一，并进一步澄清三者之间的联系，我们将中国人的自我结构区分为小我和大我两部分：“小我”是指在一个特定的社会情境中将个体与他人相区分的特征；“大我”是指以小我所属团体（如家庭、组织和国家等）为自身界限、具有包容性的自己。通常情况下，小我和大我拥有不同的价值追求——小我追求个人的独特和独立，而大我却渴望个体间的归属与融合，所以两者之间常会发生摩擦和矛盾。在某种意义上，中国人的社会化可被看作道德自我的发展过程——个体对小我进行超越转化，到小我与大我融为一体，直至成为天人合一的理想人物。所以，只有当中国人能够随情境灵活且适度地改变小我和大我间的边界，让小我的内在要求在大我的限制之下，得到适当的、过无不及的表达与实现时，他们才会对小我和大我同时感到满意。如此一来，中国人的自尊便具有了社会层面的计量器功能。这个计算器可以衡量个体在多大程度上调和了大我和小我间的关系，因而我们将与之相关的理论称为“身份调和器理论”。

资料来源：王轶楠，2020。

事实上，“自上而下”和“自下而上”并不是两种截然分离的寻找研究问题的方式。在实际研究中，它们很有可能同时发生并相互促进（见图1-4）。爱因斯坦曾说过：“提出一个好问题，往往比解决一个问题更重要。”而一个好的问题往往是在敏锐的现实洞察和深刻的理论思辨的交互作用下产生的，这就要求研究者时刻保持平和开放的学习态度，乐于跟随前辈学习，善于从自己独特的人生经历中领悟，并带着不懈的热情去解答自己生命的课题，洞悉纷繁复杂现象背后的玄机，揭示兼具普适性和生成性的心理学规律。

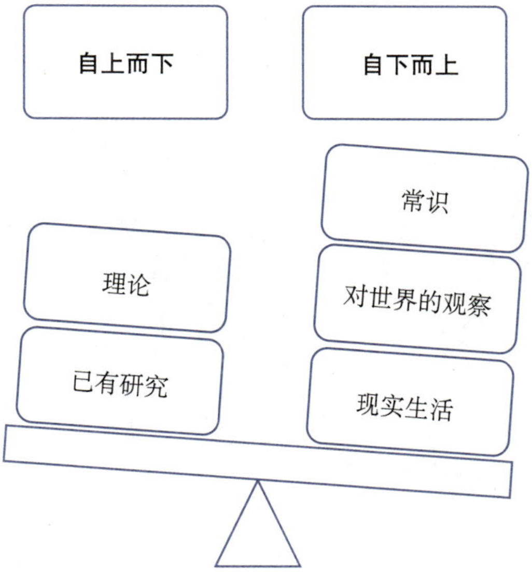

图1-4　寻找研究问题的两种方式

三、将自己的研究兴趣融入科学与理论的发展

读到这里，你可能会问：找到一个自己感兴趣的问题真的那么重要吗？随便找一个看上去可以研究的问题不可以吗？其实，我们在研究过程中会遇到很多挫折与阻碍，而**只有兴趣才能成为源源不断的强大动力**，让我们能够克服一切困难继续自己的研究。如果只是为了做研究而去被动地接受自己并不感兴趣的课题，哪怕这项研究设计得再完美，客观上有再大的价值，你也会觉得“食之无味”，很难体会到研究本身的乐趣。因此，找到一个自

已真正感兴趣的问题是极为重要的。平时多观察日常生活中的各种现象，勤于思考，多和老师、同学交流，多阅读已有的心理学研究，这些都有助于我们找到自己感兴趣的研究主题。有人说，兴趣是最好的老师，很多成功的人也都特别强调兴趣的重要性。

有的时候，我们在形成一些初步的模糊想法时，可能会因为觉得这些想法不科学或没有可行性而将它们扼杀在摇篮中。但其实我们应该抓住这些想法，因为它们很有可能可以被转化为值得研究的科学问题。很多时候，一些**创新性的科学研究就是来自这些乍一看“不靠谱”的想法**。而且，心理学涵盖广泛的研究领域，有一定的交叉学科的特性，因此我们可以从其他学科汲取灵感，也可以站在心理学的角度探讨原本属于另外一些学科的问题。

拓展阅读 1－3

当代著名社会与健康心理学家谢莉·泰勒其人其事

谢莉·泰勒（Shelley E. Taylor）是加利福尼亚大学洛杉矶分校的一位著名心理学教授（见图 1－5），是社会认知与健康心理学领域的领军人物。她曾屡获殊荣，其中包括美国心理学会（APA）颁发的杰出科学贡献奖（1996）、终身成就奖（2010），美国心理科学协会（APS）颁发的威廉·詹姆斯会士奖（2001），等等。2009 年，她当选美国国家科学院院士。泰勒发表过 350 多篇学术论文，著有《社会认知》《积极错觉》《抚育本能》《健康心理学》等。

图 1－5　谢莉·泰勒教授及其著作《健康心理学》

和生于 20 世纪 40 年代的很多女性一样，泰勒也受到 20 世纪 60 年代妇女运动的影响。泰勒的第一项研究是探讨女性对那些选择进入职场，而不承担传统家庭角色的女性的评价。她甚至还参与了纽黑文妇女解放运动，并帮助组织示威、静坐、抗议和集会。但这并没有影响她于 1972 年从耶鲁大学获得社会心理学博士学位。在耶鲁大学，泰勒还遇到了自己未来的丈夫——建筑师默文·费尔南德斯（Mervyn Fernandes）。

1979 年，她加入加利福尼亚大学洛杉矶分校。从那时起，她对健康心理学的兴趣与日俱增。通过深入的访谈，泰勒发现，在一些女性患者对乳腺癌的看法中存在一定程度的错觉，即对自己恢复及摆脱癌症的能力抱有不切实际的信念。1988 年，泰勒和同事乔纳森·布朗（Jonathon Brown）在 *Psychological Bulletin* 发表了著名的“Illusion and well-being: A social psychological perspective on mental health"，这是一篇社会心理学领域被引次数最多的文章之一。在文章中，泰勒指出："大多数人认为他们自己、他们的境遇以及未来比客观的可能状况要更积极……这些错觉不仅仅是人类思想的特征，而且还是适应性的，有利于促进人们的心理健康。"事实上，泰勒对于积极错觉的研究对她的个人生活也有影响。她曾说过："当询问那些患癌女性对自己疾病的看法时，许多人会说癌症让你意识到，人际关系是生活中最重要的事情，生孩子是她们做过的最正确的事情……然后，我回到家，在和我的丈夫交谈之后，我们决定要一个孩子。"后来他们生了两个小孩。

如今，泰勒再次成为新兴的社会神经科学领域的领军人物。在一项研究中，她和同事发现，来自危险家庭和环境的孩子在应对压力方面，不但在情绪调节上有缺陷，而且在神经层面也有表现。对于打算进入社会心理学领域的年轻学者，泰勒曾提出五点中肯的建议：

（1）**倾听数据的声音**。你得到的数据也许并不是你所期待的，但数据不会出错。而理论和假设却可能出错。当数据与你的期待不符时，它们也总会给你一些其他的教训，有时候那些教训相当有用。事实上，在泰勒访谈癌症患者的过程中，如果她对"积极错觉"现象感到气馁，她就无法对其加以关注，更不能在该领域有所贡献了。

（2）**审慎而明智地接受职业发展方面的建议**。也许，关心你的导师曾多次告诫你，提出新观点或进入新的研究领域可能不太明智。例如，一位好心的同事就曾经提醒泰勒别再研究健康问题，认为它会让泰勒的职业生涯陷入穷途末路。但是，泰勒不但坚持下来，还取得了很大的成就。因此，泰勒提醒年轻学者，如果这个新领域正是你想要探索的，那么请忽略那些善意的建议。

（3）**无所畏惧**。请不要害怕你所在领域的新手段或新进展，因为它们将有助于你更好地理解你要研究的现象。如果fMRI（功能性磁共振成像）方法对你很有用，那么努力学会它，或寻找一位非常熟悉大脑和大脑功能评估工具的专家与你合作。这里并不是要让你成为一名神经科学家，而是希望你充分地了解你要研究的领域、你要合作的同事以及你要研究的问题。

（4）**即兴创作**。最好为已有问题找一个全新的切入点。你可以频繁改变你的参与者群体和理论观点的范围，否则你无法知晓你的理论是否太宽泛，或是应该运用于多种情境还是专用于某个特定情境。

（5）**与精挑细选的搭档以及有天分的人合作**。长期的合作关系会给研究工作带来很多好处，因为合作伙伴具有不同的兴趣、才能和洞见。最后，就看你的运气了。套用一句古老的格言：科学突破取决于智能上充分的准备和机遇。前者来自广泛的阅读，后者则来自能够弥补你不足的合作伙伴。

资料来源：费斯克，泰勒，2019；莱文等编，2015。

与此同时，我们也应**多和老师、同学交流探讨自己感兴趣的问题**。有的时候我们会对自己感兴趣的研究问题有偏见，理所当然地认为这个问题值得研究，但我们的同行可能不这样认为。虽然个人的兴趣很重要，但我们的研究需要经历同行评议，并且需要对整个心理学发展做出一定的贡献，因此它的意义和价值应该具有一定的普适性。为此，

我们在提出自己感兴趣的问题后，应该多征求老师和同学的意见，确认自己感兴趣的问题确实是真正值得研究的问题。

有时，太强或太弱的研究兴趣都可能成为人们的负担。别着急，回答以下几个问题，会有助于你明确并澄清自己真正感兴趣的研究问题。

- 在进入大学之前，你曾经对什么问题最感兴趣？为什么？
- 在心理学领域你知道哪些杰出的研究者？他们的研究重点在哪里？
- 尽可能多地列出你感兴趣的与心理学有关的主题。你可以从网络、电视或报刊，甚至是和他人的谈话中收集主题；然后，按照你的兴趣等级排列这些主题，并用一句话解释这些主题吸引你的原因。
- 现在，如果给你足够多的金钱和时间，你最想弄清楚或探究什么问题？为什么？

在初步形成自己感兴趣的问题后，就可以通过问题的关键词来查找文献，看看在该问题上前人研究得怎么样。如果几乎找不到有关该问题的研究，那么有可能这是一个“前无古人”的领域，发现新大陆的机会出现了。但在遇到这种情况时一定要谨慎，应该仔细思考为什么该问题前人没有研究或很少研究。这背后很可能是有原因的：是因为这样的研究没有理论价值或实践价值吗？是因为这样的研究很难进行，可行性不高吗？是因为研究者还没有找到合适的切入点去探索它吗？我们可以尽情发挥自己的想象力和创造力去尝试全新的研究，但更重要的是要确认我们的问题是值得研究的，并且是可以研究的。

小贴士

1. 找到好的研究问题的步骤：
- 找到自己感兴趣的问题。
- 判断自己感兴趣的问题是否值得研究。
- 将自己感兴趣的问题转变为一个真正可以研究的问题。
- 基于理论，针对研究问题提出明确合理的科学研究假设。

2. 找到自己感兴趣的研究问题的方式：
- 自下而上（从日常生活中观察提炼）。
- 自上而下（通过文献阅读提出问题）。

第二节　从感兴趣的问题到值得研究的问题

在将感兴趣的问题发展为值得研究的问题时，必须避免滑入以下三个误区：

（1）**过度爱上自己的研究设想。**一些人会对自己的研究设想或计划特别迷恋，并投入大量的时间和精力去探索，以至于无法忍受导师或同学提出的任何一点建议或批评。兴趣和热情对于科学研究来说固然重要，但过分的执着和坚持很可能演变成刚愎自用、故步自封。

（2）**贪得无厌**。宏伟的研究计划固然很好，但如果研究者不能将问题缩减到可控制的范围，那么在具体实施环节遇到的各种困难就很容易引起受挫感，甚至让一个人开始怀疑自己的科研能力。

（3）**简单重复他人的研究结果**。重复性研究的目的往往是克服单项研究所存在的可推广性问题。重复大体可分为**精确重复**（试图精确地重复研究程序以了解是否能够获得相同的结果）和**概念重复**（使用不同的研究程序重复研究结果）两类，两者的方法和目的各有不同。采用精确重复的研究者往往是为了检验前人的研究结果是否可以有效推广至不同的被试群体或情境。如果重复失败，背后原因可能是原结果无效。当然，这也有可能是并未完全复制前人的研究程序所致。在概念重复中，研究者通过赋予研究变量新的操作性定义，检验前人研究所揭示的变量间的关系是否依然存在。因此，概念重复需要研究者在理论建构和实际操作层面投入更多的精力，也较精准重复更重要、更有意义。

虽然当前心理学研究越来越关注结果的可重复性，但是在毫无意义的重复（没有任何理论依据的简单重复）和有意义的贡献（深入探究前人研究的某一部分，或排除混淆变量对前人研究结果的影响）之间依然存在天壤之别。

拓展阅读 1-4

一场由“预知未来”引发的心理学危机——究竟是创新还是可重复性更重要?

2011 年初，康奈尔大学心理学家达里尔·贝姆（Daryl J. Bem；见图 1-6）在社会心理学领域的顶级期刊 *Journal of Social and Personality Psychology*（*JPSP*）上发表了一项关于预知未来的研究。这项研究共包含九个实验，分为四类——认知、情感的规避，追溯启动，追溯习惯化，追溯再认强化。与以往的“预知未来”研究一样，作者进行的是选择实验：通过电脑屏幕向被试呈现几张背面向上的卡牌，每一张牌对应一个图案，若被试选择了期望卡片（即实验者预测的那一张），则记为一次命中。最后统计总的命中率。以第一个实验为例：被试（共 100 名大学生，男女各半）会在电脑屏幕上看到两幅窗帘，他们的任务是辨认出哪幅窗帘后藏有照片。在这些照片中，有些是色情的，有些是非色情的。因为照片的位置由电脑随机决定，所以被试猜对色情照片的理论概率是 50%。然而结果显示，在 100 次测试中，被试猜对色情照片的概率是 53.1%，猜对非色情照片的概率是 49.8%（并未偏离应有概率）。贝姆认为该结果表明，被试会以某种方式感知到即将出现在他们面前的色情刺激物，从而证实了预知未来现象的存在。

贝姆的“预知未来”研究颇为引人注目，但遗憾的是，之后很多研究者声称无法重复其研究结果。不久，有心理学家在 *Psychological Science* 上发表了题为“False positive psychology”的论文，揭示了心理学研究中假阳性过高的现象及原因，引起广泛重视 。同年 11 月，荷兰心理学家迪德里克·斯塔佩尔（Diederik Stapel）数据造假事件被曝光：在其职业生涯的 137 篇论文中，有 55 篇数据属造假，其中不乏发表于 *Science* 和 *JPSP* 这类顶级期刊的论文。2015 年，“开放科学合作”（Open Science Collaboration）团队通过对 2008 年发表的 100 项研究结果进行大规模重复实验，发现 64 个重复实验未能得到显著结果，且得到显著结果的实验也出现平均效应量下降的现象。至此，心理学研究的可重复危机爆发。为了化解这一危机，一些研究者试图采用大规模重复实验直接重复已发表研究，以评估心理学领域的可重复性现状。另外一些人则将直接重复研究当作不具有创新性和没有意义的工作。

图1-6　达里尔·贝姆教授及其“预知未来”研究

事实上，预知未来研究和造假事件有着本质的区别。很多时候，心理学家会在好奇心的驱动下做一些奇怪的研究，并在机缘巧合之下［比如主试在实验中可能以某种方式（如表情、手势、语气等）有意无意地影响被试，使他们的反应符合主试的期望］发现一些假阳性的结果。但这些并非实验者有意为之，或有意夸大自己的研究结果，而是心理现象本身的复杂性所致。心理学研究的目的正是抽丝剥茧，拨开迷雾，探索大脑黑箱中的秘密。因此，创新性和可重复性对于心理学科发展来说同等重要。我们应该避免的是盲目创新以及简单重复，并考虑如何从建立制度和规范的角度更好地推进研究工作科学有序地开展。因此，很多研究者建议推行预注册制度，确保从研究开始之前到研究结束以及在论文发表过程中，均保持公开、透明和开放。

（1）**提前注册**。研究者在开始实验之前，公开注册自己的研究。提前公开注册可以减少研究者在实验操作以及数据分析方面的自由度，并能避免研究者根据研究结果修改假设，还能减少发表偏倚带来的问题。

（2）**完整公开**。完整公开是指完整地报告研究过程和数据结果，让读者充分了解作者在研究过程中的决策和意图。完整公开可以帮助后续研究者更加深入地了解研究过程或者进行重复实验，同时有助于研究者自律。

（3）**开放数据与材料**。开放数据与材料是指在实验结束或者论文发表之后，研究者公开自己的实验数据与材料，与其他研究者共享。

资料来源：胡传鹏等，2016。

总之，在确定选题时，既要提防“诺贝尔奖效应”（选择不切实际的宏伟题目），也要避免“本科论文错误”（选择不符合现实的渺小想法），而是应该在自己能够驾驭的范围内，去寻找那些严谨明确、既能够让自己欢欣雀跃也能让他人同样认为有价值的问题。

关于一个问题是否真的值得研究，不同的研究者有不同的见解。但总体而言，一项研究的价值可以分为理论价值和应用价值两方面。**心理学研究的主要目标是对心理和行为进行描述、解释、预测和控制**，能满足这些目标的研究就是有价值的。其实，“价值”是一种非常主观的判断，在一定范围内，你完全可以坚守自己独特的意见。但我们的研究最终要经过同行评议才能发表，因此需要考虑在一般意义上普通大众或本领域的研究者认为什么是有价值的。

一、格物致知——透过现象看本质

宋代理学家程颐认为：“格犹穷也，物犹理也，犹曰穷其理而已也。”格物即就物而穷其理，达到融会贯通。通俗地说，格物就是透过现象看本质。而基础研究的目的正在于获得有关行为和心理过程的知识，在于对理论进行检验。

理论价值是认识性的。比如，关于自尊的研究可以帮助我们理解人们如何形成对自己的评价，有哪些因素（如外貌、学业表现、财富、他人评价等）会影响我们的自尊水平，我们不同方面的自尊存在怎样的差异，适度的自尊如何促进人的心理健康，过高和过低的自尊会带来怎样的消极结果，自尊随着一个人年龄增长怎样发展变化，以及不同文化背景下自尊种类和水平有何差异，等等。这些有关自尊的理论研究有助于我们深入理解什么是自尊（发现现象），自尊的成因、差异及影响因素（阐释机制），以及自尊对人的生活的影响（探讨意义）。

如何对科学理论进行评价和检验是心理学研究中最难的问题之一。对此，金布尔（Gregory A. Kimble）提出了一种简单易行的方法，认为“最好的理论是经过逻辑和实证之火考验的幸存者”（引自肖内西等，2010，40 页）。也就是说，科学家评价一个理论，首先要看它是否具有逻辑性，是否有意义，是否存在矛盾或不一致的地方。其次是用实证检验理论中提出的假设，成功地检验一个假设有助于增强理论的可接受性，检验一个假设失败则会减弱理论的可接受性。根据这种观点，最好的理论应该是顺利通过了所有假设检验的理论。但是，一个理论，尤其是复杂的理论，可能存在许多特定的可检验假设，理论不可能因为某个单一检验而被推翻。此外，理论还可能包含没有被充分定义的陈述和概念。不管怎样，理论是否具有权威性很大程度上取决于科学界的评价。

二、经世致用——落实生活创价值

在心理学研究的背景下，所谓“经世”就是在现实生活中践行知识，检验理论。一般来说，科学家认为能做出精确预测的理论更有实用意义。例如，一个理论预测一年中的某一天可能会发生地震，另一个理论则预测一年中的某个阶段是地震高发期。那么，第一个理论在预测性上就比第二个理论更精确和更具有可检验性。在建构和评价理论时，科学家会遵循“吝啬”原则，即更喜欢那些对现象做出简单解释的理论。比如，1932 年弗洛姆（Erika Fromm）曾给 100 位著名的科学家和哲学家写信，以便了解他们“产生最具有创造性思想的认知过程”。在爱因斯坦的回复中，他描述了自己提出相对论时的思维过程，简要说明了“吝啬”原则：“一直在探索简单的实证关系，始终坚信存在一个简单的逻辑，并受此信念推动不断进行探索”（引自肖内西等，2010，41页）。

心理学家努力运用知识和研究方法改善人们的生活。因此，应用价值是实践性的，为帮助和改善人们的生活提供启示。比如，有关自尊的研究成果可以帮助我们更好地认识自己，启发我们运用恰当的方式提升自己的自尊水平，从而增进自己的心理健康，改善生活质量。虽然很多研究目前看上去只有理论价值，但在若干年后可能会被用于实践领域。当然，对于将理论研究的成果应用于现实生活，我们需要以非常谨慎的态度对待。

三、科学规划——合理的研究范围

最后，需要初学者注意的是，一个值得研究的问题不能过于宽泛或狭窄。过于宽泛的研究问题难以驾驭，以有限的时间和精力很难完成。而且，过于宽泛的研究没有针对性，很难具有较高的研究价值。因此，我们需要将宽泛的研究问题一步步细化为一个具体的研究问题。比如，在探究青少年自尊时，如果把研究问题定为“青少年自尊”，这一问题就过于宽泛了。我们可以进一步限制想要探究的青少年的文化背景、发展的具体年龄阶段以及自尊的种类，并且明确想要探究的具体问题。小白的“中国青少年外部依存性自尊的测量、发展及作用机制”就是一个范围合理的研究问题。同时，一个研究问题不能过于狭窄。过于狭窄的研究很难找到相应的参考文献，且结果不能得到推广，这样也会丧失研究价值。比如，研究某大学新生入学后在大一学年内的自尊变化，这样的研究结果可能只适用于该大学的学生，很难得出一般性的结论。

社会心理学家贝姆曾提出，一项好的实证研究就像一个沙漏（见图1－7）：在开始探索生活或查找文献时，内容比较宽泛，结构相对松散，充满了奇思妙想甚至是错误的假设；随着研究的深入，研究者需要逐渐缩小研究范围，越来越聚焦，突出重点，直至提炼出可用一句话加以总结的研究问题，以及清晰明确、可供证伪的研究假设；研究设计和过程部分类似沙漏的瓶颈，能否实现最初的构想并为他人所认可往往取决于此；最后，当介绍研究结果和讨论研究启示时，视角会再一次拓展，内容会再一次变得丰富，以引发未来更多富有前途、值得研究的问题为佳。

小贴士

值得研究的问题需要至少满足以下三个标准：

- 具有较高的理论价值。
- 具有较高的应用价值。
- 具有合理的研究范围。

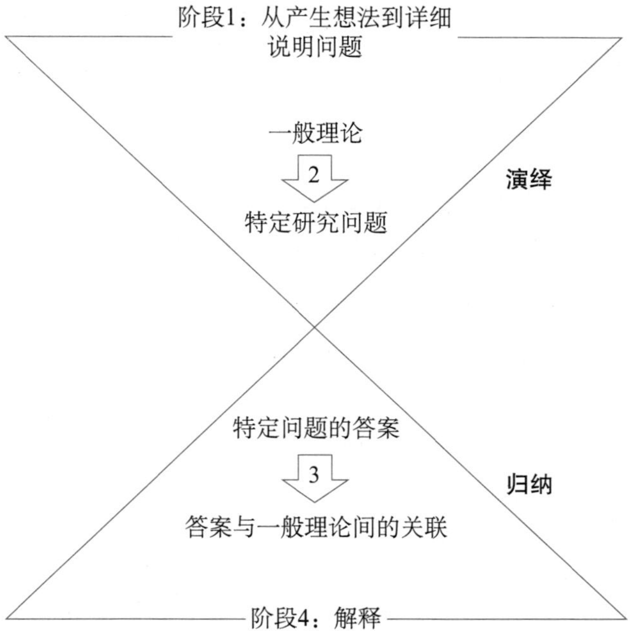

图 1-7　心理学研究的沙漏模型

资料来源：埃文斯，2010，80 页。

第三节　从值得研究的问题到可研究的问题

在确认了感兴趣的问题确实是值得研究的问题后，需要进一步把该问题明确细化为可研究的问题。可研究的问题需要至少满足以下三个标准：

- 具有可证伪性。
- 具有可操作性。
- 在我们力所能及的范围内。

首先，一个问题只有满足所有科学问题的基本特征——可证伪性，才能真正成为可以研究的问题。**可证伪性是指一个特定的理论是可以被证明为错误的。**因此，我们需要在研究进行之前形成一个可检验的假设：数据要么支持要么反驳该假设。如果我们事前没有特定的假设，而只是根据数据去提出一个理论，那么这一理论只是事后解释，很有可能站不住脚，需要更多的研究进行验证。

其次，可证伪的问题在目前条件下不一定是可操作的。因此，需要保证我们的研究满足可操作性这一标准。可操作性具体体现在以下方面：对问题中的相关概念进行操作性定义；明确问题的自变量、因变量等；明确具体的研究范式；明确具体的数据收集和统计方法；等等。

只有阅读文献，才能明确我们需要探究的概念的操作性定义，并汲取可用的研究范式和数据分析方法。比如，小白通过查找文献找到了外部依存性自尊的定义和测量量表，并且找到了具体的研究方法：用序列群组设计探究外部依存性自尊的发展趋势，用基于交叉滞后模型的纵向中介分析探究外部依存性自尊对负面情绪的作用机制。只有找到了具体的研究范式，研究才能真正开展起来。

拓展阅读1－5

对心理学研究方法的批判与思考——“操作性定义”和“证伪标准”不足以为心理学奠基

翻开教科书，心理学的概念几乎无一例外地被界定为“研究心理与行为的科学”。科学，在科学哲学中本来就是一个内涵丰富且充满争议的概念。那么，心理学到底是何种意义上的科学？

1. “操作性定义”和“证伪标准”在心理学科学化过程中的意义

历史地看，心理学作为独立学科草创之初并没有执着于单一的方法论基础，但当早期的研究遇到难以克服的困难之后，实证主义才逐渐在心理学方法论中占据核心地位。实证主义的两大原则（经验性和证实性）在心理学中通过“操作性定义”和“证伪标准”来实现：如果说“操作性定义”增强了心理学研究的客观性，为研究的“可重复检验”提供了保证，那么，“证伪标准”无疑增强了心理学研究的经验性和逻辑性。

2. “操作性定义”的局限

首先，“操作性定义”不能成为评判心理学与伪心理学的标准。作为一门学科，心理学的最终目的就是要建立相应的理论体系。任何科学理论在本质上就是一系列以概念为基础的命题系统。但是，在诸多的概念之中，只有那些外延较小的下位概念才可能获得操作性定义，而那些外延较大的上位概念是无法进行操作性定义的。其次，概念与操作之间并非一一对应关系，同一个概念也许可以有不同角度的操作性定义。如果不同的操作性定义之间有所冲突，那以哪一个为准呢？

3. “证伪标准”的局限

首先，“证伪标准”只是众多检验经验科学理论有效性的一种方案，许多科学哲学家对此进行了批评并提出了替代性的观点。其次，已被确认的许多科学理论虽无法证伪，可依然被认为是有价值的。其一，从逻辑上讲，全称存在命题就是不可证伪的。其二，虽然概率规律不能在逻辑意义上为经验所证伪，但学术界并没有因此否认统计和概率的意义——事实上，在心理学的研究方法中，概率统计是保证本学科科学性的重要技术手段之一。

总之，心理学作为独立学科诞生，是出于人类认识自身的需要。对于心理学而言，更重要的是抛弃小心理学观，倡导大心理学观——不片面地强调方法的决定性地位，主张方法与对象的统一。这就要求关注研究方法背后的对象——心为何物。只有基于心理学自身的本体论承诺和方法论，才能真正为本学科奠定坚实的理论基础。

事实上，除了实验法，质性的方法（个案研究或历史研究）在心理学研究中同样扮演重要角色（虽然使用这些方法的研究者偏少）。实证主义或实验研究（体现为操作性定义和证伪标准）最大的优点是简洁直观，评判标准客观，可复制性强，从而在很大程度上满足了心理学研究不断发展的需要。与此同时，任何一种研究方法都有其局限。因此，我们要寻找兼具理论和实践价值的研究问题，并采用合适的方法加以研究，对不同的研究方法保持一种开放且乐观的态度。

资料来源：舒跃育等，2019。

最后，我们还需要考虑自己感兴趣的研究是否在自己力所能及的范围内。虽然有的研究是可操作的，但我们现有的知识和技术非常有限，还没有实施它们的能力。比如，有同学想使用 fMRI 来探究问题，但大多数本科生没有使用 fMRI 的基础技能，因此这样的研究暂时也就无法开展。可从以下几点考虑一项研究是否在我们力所能及的范围内：在项目要求的固定的时间内是否能完成？招募该研究的被试是否存在困难？学校是否能提供该研究所需要的仪器设备，以及自己是否有使用这些仪器设备的基本技能？是否能正确使用该研究所需的统计方法？

当然，在导师和师兄师姐的带领下，我们完全可以进行稍微超出我们能力范围的研究，并且可以借此学到新的方法和技术，提升思维水平。在追求挑战的同时，也需要客观看待自己的能力和精力，学会平衡各方面因素。比如，小白在进行有关自尊的研究时，需要用到较为复杂的统计方法。在导师和师兄师姐的带领下，小白成功掌握了复杂的统计方法，完成了数据分析。因此，我们要敢于尝试稍微超出我们能力范围的研究，这也是我们获得新技能的大好机会。

小贴士

可研究的问题需要至少满足以下三个标准：

- 具有可证伪性。
- 具有可操作性。
- 在我们力所能及的范围内。

第四节　从可研究的问题到科学研究假设

当你成功地将自己的研究兴趣转化为值得研究、可研究的问题之后，你就需要尽快围绕问题提出明确的、可供检验的假设。而一旦明确了研究假设，就意味着你已经决定测量哪些研究变量，以及将来自己大致会采用哪些统计方法分析变量之间的关系。研究设想、研究问题以及研究假设间相对应的例子详见表 1－1。

表 1－1　研究设想和研究问题，以及能够反映它们的研究假设

研究兴趣或研究设想	研究问题	研究假设
依存性自尊与中学生心理健康	依存性自尊如何影响中学生的心理健康？	依存性自尊有可能会降低中学生的需要满足水平，进而破坏他们的心理健康。
居住流动性和决策	自我连续性如何影响居住流动性对跨期决策的影响？	自我连续性有可能会调节居住流动性与跨期决策之间的关系。

一、提出“好”的研究假设

假设（hypothesis）**是指对一些结果的预测以及对这些预测的解释。**它不同于事实（fact）、观念（opinion），也不同于经证实的发现（tested finding）。研究假设往往是基于合理推测，提出一个明确的、可供检验的变量之间的关系；这个关系至少应该包含一个自变量和一个因变量，而研究假设至少应该说明这个自变量是如何解释因变量的。

在研究起步阶段，可能一些假设就比另外一些假设好。比如，乔乔出生在深圳，同时在上海、广州、台北、北京都有过长期的生活经历，因而对于居住流动性（某时期个体搬迁的次数或某区域居民搬迁的比率）颇感兴趣。在接触心理学以后，通过阅读与居住流动性有关的文献，乔乔很快有了自己的新发现——她了解到居住流动性增强会影响到个体的焦虑水平，而个体的特质焦虑会影响到跨期决策（个体对在不同时间点出现的结果进行权衡和选择）。因此，提出研究假设1：居住流动性会影响跨期决策，让人更关注眼前的利益。与此同时，乔乔还注意到，有研究表明居住流动性对自我概念有消极影响。跨期决策中的自我连续性模型认为（刘云芝等，2018）：未来自我连续性越强，在跨期决策中个体越倾向于做出更有利于未来自我的决策。而未来自我连续性是自我概念的一个重要组成部分，因此提出研究假设2：居住流动性会影响未来自我连续性，并且通过影响未来自我连续性影响跨期决策，让人更关注眼前的利益。

当乔乔把自己的研究想法和假设跟导师沟通后，导师一方面称赞乔乔的独特思考，另一方面建议乔乔从一个更为“光明”的角度考察居住流动性对跨期决策的影响。换句话说，将自我连续性看作调节变量（而非中介变量）：如果自我连续性高，居住流动性的负面作用就可以降低，进而更有可能促使人们看到居住流动性的积极一面，启发人们做出更好的决策。总之，根据已有文献和证据，针对居住流动性、跨期决策以及未来自我连续性三个概念之间的关系，研究者可以提出两个互斥的假设：一个假设为中介模型，一个假设为调节模型。大家觉得哪个研究假设更好一些呢？要想评判一个研究假设的优劣，就需要了解一个好的假设应该满足的标准：

（1）**假设是一个陈述句**，而非疑问句。陈述越明确有力，假设就越有效。

（2）**假设会提出变量间预期的关系。**比如在上文乔乔的案例中，针对居住流动性、跨期决策以及未来自我连续性三个概念之间的关系，研究者可以提出两个互斥的假设，而究竟哪个假设正确，还有待数据的进一步检验。

（3）**假设反映了理论和文献基础。**科学家的成就很少完全归结于自己的工作，而是很大程度上归功于前人留下的解释框架。一个好的假设会和已存在的文献和理论有实质的联系。在乔乔的案例中，乔乔之所以推测居住流动性会影响跨期决策，就是因为前人研究结果显示，居住流动性会提高人们的焦虑水平，而焦虑的人往往做不好跨期决策。可见乔乔的假设并非凭空产生，但也不是前人研究的简单重复，是她分析大量研究证据后独立思考的成果。

（4）**假设简练扼要。**陈述越简练扼要，专家和同行（如项目评审老师、文章审稿专家等）就越容易阅读你的研究、明确理解你的假设是什么以及重要变量是什么。

（5）**假设是可检验的。**这一点意味着你可以实际操纵假设中设计的变量。我们可以从乔乔的案例中看到：无论是居住流动性、跨期决策还是未来自我连续性，都是可以测量的心理变量。要想澄清三者之间的关系，乔乔可以先采用问卷测量，初步探索居住流动性与跨期决策间是否存在相关关系。接着，乔乔可以采用追踪研究或者干预研究，进一步澄清三个变量之间的因果关系，看看未来自我连续性究竟是中介还是调节居住流动性对跨期决策的影响。

二、评估你的研究问题

最后，当你确定好自己想要研究的问题，并对变量之间的关系提出有方向性的研究假设之后，你就可以从以下几个方面评估这个问题（见表 1－2），以确定该问题能否让你保持足够的研究热情，直至其完成；并且，该问题是否具有足够的研究潜力，足以通过答辩评审委员会或审稿人的审核。

表 1－2　研究问题质量自检表

条目	是/否	备注
1. 这个问题是否能引发你的兴趣和好奇？		
2. 对这个问题的回答是否能解释一种重要的心理现象？		
3. 这个问题是否具有足够的理论和现实意义？		
4. 这个问题是否足够清晰？是否可用一句话概括该问题？		
5. 这个问题是否能用数据回答？		
6. 围绕研究问题，你是否已经提出了明确的研究假设？		
7. 你的研究假设是否合理并让人信服？		
8. 你是否可以在规定的时间内完成自己的研究？		
9. 重要他人（如导师、有经验的研究者）是否认为你提出的问题容易理解？		
10. 探讨这个问题是否符合研究伦理？		

选题是建立在对自我兴趣和研究领域深度理解并巧妙结合基础之上的。从近处看，它关乎项目申请的成败；往远处看，它会对研究者未来的职业生涯选择产生潜移默化的影响。通过选题/定题过程，你可以更加了解自己——审视自己究竟是否真的喜欢做科研，是否不管遇到什么困难，都愿意将科研作为自己终生奋斗的一项事业。当你把自己的兴趣、能力和倾向想清楚之后，研究问题便在不远的前方等着你去揭开它神秘的面纱了。

小贴士

完整且规范的假设应该满足以下标准：

- 以陈述句的形式表述。
- 假定变量之间的关系。
- 能反映假设所依据的理论和文献。

■ 简练扼要。

■ 可检验。

测一测

1. 在寻找研究问题的方式中，通过文献阅读提出问题属于哪种方式？

A. 自下而上　　B. 自上而下

C. 既有自下而上又有自上而下　　D. 以上都不是

2. 一个好的研究假设应该采用什么形式进行表述？

A. 疑问句　　B. 陈述句　　C. 感叹句　　D. 祈使句

3. 一个好的研究假设应该具有哪些特征？

A. 可证伪性　　B. 可操作性　　C. 可检验性　　D. 以上都是

4. 在心理学研究中，理论的作用不包括以下哪项？

A. 组织实证知识　　B. 提供可检验的假设

C. 解释所有心理现象　　D. 引导研究

5. 在以下寻找研究问题的策略中，哪一个有利于形成创造性想法？

A. 对早期想法进行滋养、权衡、批判和严肃对待

B. 与精挑细选的搭档以及有天分的人合作

C. 即兴创作

D. 无所畏惧

答案：

1. B；2. B；3. D；4. C；5. A

试一试

1. 在学校里，采访一位正在做研究的研究者，询问一些关于他的研究的情况。比如：他的研究兴趣是什么？他为什么对这个领域感兴趣？他认为研究中最吸引人或最难的地方在哪里？他目前正在做的研究对于其所在学科会产生什么样的影响？

2. 从具体的心理学领域（如儿童发展、社会心理学、教育心理学或者健康心理学）找到一项有代表性的研究，写一段有关这项研究的介绍。

3. 在日常生活中找到自己感兴趣的一种现象，并尝试提出“我很想知道……”这样的问题。

推荐资源

霍克．改变心理学的40项研究：第7版．白学军，等译．北京：人民邮电出版社，2020.

推荐语：该书的独到之处在于填补了心理学书籍和心理学研究之间的沟壑，将心理学的书本知识和科学研究结合起来，通过40项经典研究，带领读者全面认识心理学，内容通俗易懂、生动活泼，可读性强。

斯坦诺维奇．这才是心理学：看穿伪科学的批判性思维：第11版．窦东徽，刘肖岑，译．北京：人民邮电出版社，2021.

推荐语：该书以幽默生动的语言，结合一些妙趣横生、贴近生活的实例，深入浅出地介绍了可证伪性、操作主义、实证主义、安慰剂效应、相关和因果、概率推理等心理学中的基本原则。

霍瑟萨尔．心理学家的故事．郭本禹，等译．北京：商务印书馆，2015.

推荐语：该书以传记体的方式介绍了一位位改变心理学发展的伟大心理学家，讲述了他们独特的人格与跌宕起伏的生活经历怎样催生并影响了他们的心理学研究。这本书可以让你对心理学研究的诞生有一个更感性的认识，并启发你如何从自己的人生经历中汲取灵感，开展有自己独特风格的心理学研究。

莱文，等．社会心理学之旅．陈浩莺，李奇琪，译．北京：人民邮电出版社，2015.

推荐语：该书收录了13位当代著名社会心理学家的学术自述。是什么造就了一名成功的社会心理学家？存在一种专门适合该学科的人才类型吗？或者更多是由于机缘巧合、命中注定？抑或遇见了一位伯乐？回答这些问题，再也没有比阅读本书更好的途径了。

第二章

管理研究文献

章节概览

- ✧ 找到自己想要和需要的文献
- ✧ 文献管理利器：EndNote
- ✧ 好学生的习惯：撰写文献笔记
- ✧ 批判性阅读：从一篇到多篇文献
- ✧ 文献报告：制作学术 PPT

学者的诚心

自诚明，谓之性；自明诚，谓之教。——《中庸》

小白热爱学术，想做科研，这份心中的热爱不但是他勤学上进的动力，更让他对生活中有趣的现象保持高度的好奇心和敏感度。这一天，小白刚打开微信朋友圈，他就为同学转发的一篇来自公众号“京师心理大学堂”的推送所吸引（见拓展阅读 2－1）。

拓展阅读 2－1

除了清空购物车，你还可以这样求原谅——不同性别向另一半道歉的正确方式

2017 年，发表在 *Evolutionary Psychological Science* 上的一项研究通过一系列实验，考察了恋人们在争论后可能采取的调解方式，以及它们带来的效果。这项研究的结果表明，正确的道歉方式很可能取决于道歉对象的性别；也就是说，男人和女人有不同的和解姿态。

在第一个实验中，研究者收集了共 74 名男性和女性所报告的自己或与自己相同性别的人在与伴侣争执后所采取的和解策略。随后研究者将这 200 多种策略分为 21 个类别，例如“道歉”“礼物”“性”。结果发现，男女报告的策略有部分重叠的同时，也存在一些有趣的差异。比如，女性和解的最常见策略包括道歉、沟通、礼物、情感和性，男性报告的最常见策略则是礼物、道歉、放下姿态、性以及陪伴。而且，与男性相比，女性更有可能通过增加交流抒发感情来和解，而男性比女性更有可能选择送礼物或做出好的

道歉姿态的方式。

从进化心理学的角度看，出现这个结果并不奇怪，这可能是由于男性和女性在选择伴侣时会优先考虑不同的特质。比如：男性倾向于优先考虑与伴侣的性或生殖价值有关的信息，因为相较必须十月怀胎的女性，男性的繁殖付出远小于女性，男性更可能进化出“喜欢与多个配偶发生短期性行为”的心理偏好，从而对短期性交往或随意性行为表现出比女性更大的欲望；女性则更加重视伴侣的情感投入，因为女性需要为繁殖付出的潜在代价远大于男性，她们需要谨慎确认配偶在这段关系中做出了足够的投入，并且有足够的能力养育后代。

资料来源：三千李，2018。

“不同性别的人的道歉方式？真是个有趣的话题！”小白忽然想起上次自己的姐姐无意间弄坏了姐夫的宝贝航海模型，为此绞尽脑汁想办法道歉的情形。打开推送，小白仔细阅读了起来。活泼生动的心理学科普文让小白赞叹不已，文章不仅讲了男性和女性在道歉这样一件小事上的心理需求，还解释了其背后的一些机制。“原来男性和女性的差异可以在道歉这样一件小小的事情上体现出来呀，心理学家们研究的话题真有趣。”小白心里想着，觉得自己对心理学的好奇又多了一分。

第一节　找到自己想要和需要的文献

一、出于兴趣的信息检索初尝试

随着大众自媒体的发展，许多学科领域的专家学者开始从严谨复杂的专业论文中走出来，尝试用诙谐轻松的笔触向大众科普专业知识。心理学作为一门与每个人都息息相关的学科，自然也没有错过这列“科普专车”。层出不穷、有趣生动的科普文章既是心理学研究者向大众传播心理学知识的平台，也是普通大众特别是面临专业选择的学生们了解一门学科的绝佳机会。通过这些科普文章，人们可以快速了解心理学某个方向几十年甚至上百年的研究进程，真正做到了专业知识的共享。

除了小白看到的“京师心理大学堂”公众号，微信平台上还有“壹心理”“简单心理”等心理学科普公众号。这些公众号的推送兼顾科学性和趣味性，的确值得一读。另外，许多高校的实验室也开始通过自媒体搭建自己的宣传平台。以北京师范大学为例，就有“家姻心理”“亲社会实验室”“北师大老年心理实验室”等学术科普公众号。这些也是人们了解心理学，特别是心理学具体研究方向的绝佳途径。

看完了科普文章，小白觉得自己仿佛打开了新世界的大门。平日里总觉得姐姐和姐夫在很多事情上的看法、处理方法都不甚相同，搞不懂他们是怎么相爱并结婚的，现在看起来，没准这些不同就是性别差异的必然结果。“那我是不是也应该多学习学习性别差异方面的心理学知识呢？”想到这儿，小白决定通过别的渠道找找这方面的答案。打开电脑，点开搜索引擎，小白输入了“性别差异”“心理学”这两个词。

果不其然，百度百科里有“性别差异心理学”词条。仔细阅读了词条的内容，小白发现许多名词对他来说比较陌生。但模模糊糊地，小白对两性差异还是有了一个初步的印象，并且知道了一些著名心理学家的名字，如弗洛伊德、班杜拉、柯尔伯格等。另外，小白也了解到，心理学中探讨性别差异的部分属于社会心理学的范畴。

拓展阅读 2-2

谨慎引用搜索引擎中的百科知识

搜索引擎往往也是人们了解一些事物、概念的选择。百度、必应等搜索引擎往往能提供一些基本概念的解释，并且通常会附上相关的书籍和文献推荐。对于某领域的新手来说，这确实是一种非常适合快速上手的途径。但值得注意的是，这些词条的编辑往往不受限制且没有审核，因此其中的内容不可直接运用到专业的学术领域。严谨起见，可以查阅词条中提到的专业书籍或文献，再做内容的引用。与此同时，不那么严肃的网页也可以成为人们交流和讨论“八卦”的平台。初学者也不妨在网页上看看心理学家的生平故事，读读他们的传记，一方面可以对心理学家有更深的了解，另一方面也可以在内心拉近与科学家们的距离，有助于激发兴趣。

“既然找到了喜欢的心理学话题，我何不找本教科书来看看?”小白心想。打开淘宝搜索“心理学教科书”。相关的商品繁复多样，小白一下子挑花了眼。

拓展阅读 2-3

阅读心理学教科书——从泛读到精读

走到阅读教科书的阶段，就离学科学习更近了一步。心理学教科书的编排是分领域和分层次的。大多数心理学学生的第一门课是普通心理学。随着课程的开展和学习的深入，还会学到发展心理学、社会心理学、生理心理学、学习心理学、心理统计等科目。与这些课程配套的教科书通常集合了大量的理论和经典研究案例，科学性极强，能够帮助读者形成较为完整的学科体系。

以《心理学与生活》为例，这是一本心理学入门课教科书，涵盖了当下心理学的绝大部分领域。内容不仅涉及神经细胞活动的微观分析，也包括对文化体系的宏观分析；不仅谈到健康心理的勃勃生机，也涉及心理疾病导致的人生悲剧。对于初学者来说，阅读这样一本教科书有利于他们快速对学科整体产生一个大体的认识，比如了解心理学的学科定位、知道心理学的研究对象和基本研究方法、明确与心理学相关的基本概念，以及对心理学的分支有一个大概的感知。例如，《心理学与生活》中“人的毕生发展”这一章，事实上对应的就是心理学的一个重要分支——发展心理学。心理学的大多数分支领域也有相应的教科书，比如社会心理学教科书就会在原有的心理学理论基础上进一步系统探讨人的社会环境状态，如社会思维、社会影响、社会关系等。

小白关注的两性话题在不同的学科领域也会有不同的解释。比如，发展心理学领域倾向于关注性别的发展，关注性别认同和性别角色等，也会关注两性从出生、成长、成熟、衰老的整个过程中所存在的异同；但从社会心理学的视角看两性问题，就会关注社会中的性别偏见、刻板印象以及社会文化的作用；等等。虽然不同领域关注的重点不同，但领域间的交互却会时常发生；科学的学习总是鼓励学科交叉，期待这些交流和相互作用产生新的火花。

在AI时代，阅读心理学教科书依然很重要！它能提供系统权威的知识，培养批判性思维，并促进深度思考，有助于知识巩固和拓展。可以说，教科书是深入学习心理学的基础，能引导读者在信息爆炸时代正确筛选和理解心理学知识。阅读教科书还有利于读者在学科中找到自己感兴趣的点或面，有利于学科内的进一步学习探索。所以不妨尝试在阅读教科书后，针对自己喜欢的方向进行进一步的文献搜索吧！

看了教科书，小白对心理学学术探索的兴趣愈发浓厚，不仅想了解已有的理论，也想了解在性别差异方向上的前沿进展。出于尝试的目的，他打开学术搜索引擎，输入了“性别差异”。不出所料，一个崭新的学术世界在小白面前徐徐展开。

二、在数据库中检索文献

起初，小白还挺兴奋，并且看得挺起劲，后来越看越觉得不对劲：“这些看上去就不太靠谱或者不太相关的期刊名是怎么回事？”“158 000 篇文献我怎么可能看得完？”他试着点选了左边的筛选条件，但筛选后仍然庞大的文献数量和良莠不齐的文献质量还是让小白感到被“扼住了命运的咽喉”。要解决文献数量和质量的问题，就需要从文献的最重要来源之一——数据库开始谈起。

（一）什么是数据库?

所谓数据库，就是各类文献的集合，它可以为我们提供便捷的文献检索服务，以及文献摘要和全文的阅读与下载。其最基础的好处就是，相对于纸质文献而言，数据库所提供的电子文献更便于搜索和保存。表 2－1 列出了一些知名而且常用的数据库及其简介。

表 2－1 常用数据库列表

名称	网址	主要涵盖范围及功能
中国知网	http://www.cnki.net/	目前全球最大的中文知识门户网站，涵盖多个学科领域，提供期刊论文、硕博士学位论文、会议论文等内容检索。
万方数据	http://www.wanfangdata.com.cn/	涵盖包括心理学在内的多个学科领域，提供学术期刊、学位论文、会议论文等内容检索。
维普网	http://www.cqvip.com/	涵盖包括心理学在内的多个学科领域，并提供中文期刊资源检索及期刊导航、文献引证追踪等服务。

续表

名称	网址	主要涵盖范围及功能
Springer Nature Link	https://link.springer.com/	英文文献全文数据库，涵盖各个研究领域，提供3 000多种同行评议的学术期刊、电子图书等内容检索。
ScienceDirect	https://www.sciencedirect.com/	英文文献全文数据库，包含2 900多种同行评议期刊与46 000本电子书，提供期刊、书籍和手册等内容检索。
ProQuest	https://www.proquest.com/	多文献类型、跨学科的信息服务集成平台，提供期刊、学位论文、参考书籍等内容检索。
APA PsycInfo	https://www.apa.org/pubs/databases/psycinfo/	美国心理学会的摘要数据库，覆盖自1887年以来的心理学所有领域的摘要。
Web of Science	https://www.webofknowledge.com/	综合学科全球高质量核心期刊论文及全球会议文献的检索工具，提供期刊引文分析报告，可查看不同期刊的影响因子。

小白从头捋了下数据库，明白了为什么百度学术总是要跳转到别的网站才能获取文献。他心想这下他终于可以不直接用百度学术这种广撒网的方式来“捕鱼”了，干脆先从顺眼的数据库开始找起。要说顺眼的，那还是先从中文开始吧。这次还挺顺利，小白在中国知网上没花多少时间，就找到了来自《心理科学进展》的一篇文献，名字叫作《数学成就的性别差异》（刘蕴坤，陶沙，2012）。小白开始津津有味地读了起来，读完后，仿佛还有点意犹未尽。他对这篇文献的参考文献之一“Gender differences in mathematics: A meta-analysis”产生了兴趣。

这次他决定从数据库入手，先从 Springer Nature Link 查起，发现没查到。然后又进入 ScienceDirect，仍然没有。又进入 Taylor & Francis SSH，一样的结局。还好小白聪明，及时意识到这样下去不行。于是，他重新回到百度学术，输入文献名，成功获得了文献的来源。只使用数据库的时候，确实可能出现这样的问题。那么，有这么多数据库，到底什么时候用、怎么用，才算物尽其用呢？

（二）如何从数据库中检索文献？

通过一个个数据库逐个查找特定文献，如果运气好，可能在第一个库中就查到了；运气差，可能查完好几个库都没有搜索到。毕竟，查文献不应该是抓阄，不能全凭感觉。其实，从数据库中检索文献，主要有以下几种方法。

1. 直接访问数据库

直接访问数据库可谓是最“简单粗暴”的方法。不过，虽然简单，它也有一些难以比拟的优点。首先，当你直接访问一个数据库的主页时，你可以更加直观地了解它，掌握其提供的便捷功能。其次，你可以迅速熟悉单一数据库的检索方法，从而触类旁通，掌握在不同数据库中纵横的窍门。

直接访问数据库的方法尤其适合当你需要查找某一个领域的若干篇文献（大到整个

心理学，小到某一个研究课题）时。一方面，相比其他检索方式，数据库拥有更加精确和更有针对性的筛选模式，并且拥有更好的参考文献和相关文献的目录。另一方面，数据库可以为你提供关于文献及其来源的更全面的信息（如文章的 DOI[①] 和期刊的简介等）。当然，你直接访问数据库时，就不需要跳转到另一家网站去获得文献。而当你找到一本你非常中意的期刊，想要追着看的时候，你不仅可以逆流而上，甚至一直看到第一期，还可以在数据库的网站上订阅它，以获得该期刊更新的信息。

但其问题也正出在只访问一个数据库（及其子库）上。正如前面的表 2－1 所示，不同数据库可能有不同的侧重点和收录范围，当你需要精确地查找某一篇文献的时候，直奔某一个数据库可能会导致找不到所需的文献，从而白费功夫。不言而喻的另外一点是，在上述中文数据库中搜索英文文献（反之亦然），对数据库和搜索者都是一种折磨。因此，在需要精确搜索某一篇文献的时候，这种方法有时候并不能达到最理想的效果。

2. Google Scholar 和百度学术

Google Scholar（https://scholar. google. com）是可免费访问的学术类搜索引擎，可通过一系列出版格式和学科对学术文献的全文或元数据进行搜索。截至 2023 年，Google Scholar 的索引量被认为在 4 亿篇以上，涵盖学术论文、书籍、预印本、技术报告、会议论文等各类学术资源。

百度学术（http://xueshu. baidu. com）是百度旗下免费的学术资源搜索平台，可通过一系列方式进行搜索和筛选。截至 2025 年初，百度学术拥有 6. 8 亿文献信息资源，涵盖 120 万个国内外学术站点，以及 400 万学者专家主页。

看了这些基本信息和数据，至少有一点你是肯定的——可以通过它们搜索多个学科的在线学术刊物和书籍，以及会议论文、学位论文等其他学术文献。它们的首要优点就是内容非常全面。你再也不需要像撞大运一样去单个数据库中寻找某一篇文献，而是利用搜索引擎强大的检索能力在多个不同的数据库中同时检索。仍以“Gender differences in mathematics performance: A meta-analysis”一文的搜索为例，不管在哪一个引擎当中搜索，都能顺利地找到这篇文献。而当你需要获取这篇文献的全文时，只需要跳转到其所属的数据库。

另外，它们同样适用于搜索某一个领域的文献。如果我们以默认模式搜索关键词“gender differences”，你将会在 Google Scholar 和百度学术上分别找到约 5 090 000 个和约 318 000 个结果。可以看到，这个数据是非常庞大的。搜索之后，你可以在左栏点选不同的筛选条件以逐步缩小搜索范围，从而获得最符合你需要的文献。

但如果你要追踪特定期刊的话，单一数据库仍然比搜索引擎更为便捷。同样使用关键词模式搜索“cognition”，在百度学术和 Google Scholar 上，你将得到一系列与这个词有关的文献；而在 ScienceDirect 上，除了一系列相关文献，还会得到一些推荐出版物，其中就包括 *Cognition* 这本期刊。

3. CALIS 高等教育数字图书馆

CALIS 的全称是中国高等教育文献保障系统（China Academic Library & Information Sys-

① 即数字对象标识符（digital object identifier, DOI），是一套识别数字资源的机制，包括的对象有视频、报告或书籍等。

tem; http://www.calis.edu.cn/）。它与 Google Scholar 和百度学术相似，也是一种便捷访问多个文献来源的渠道。不过，它主要是连接了多个高校图书馆，使一站式访问多个图书馆成为可能。由于集中了包括清华北大在内的多所高校的电子资源，其涵盖的语言、文献类型、学科和数据库等均相当广泛，但相比 Google Scholar 和百度学术，数量就显得不算太多了。它的适用范围和使用方法均与 Google Scholar 和百度学术相似，这里不再赘述。

4. 图书馆网站

图书馆的网站是一个功能非常丰富的地方。在这里，你同样可以直接搜索一个领域，得到相关的各类文献资源；你也可以精确地搜索某一篇文献，得到有关这篇文献的大量信息。当然，因为图书馆本身并不一定是存储这些文献的地方，你可能仍然需要跳转到文献所属的数据库中进行进一步的访问或者下载。比如，仍以"Gender differences in mathematics performance: A meta-analysis"一文为例，在北京师范大学图书馆官网进行文献搜索时，你可以看到与其他所有搜索方式非常不同的界面。你可以通过点选筛选条件来控制搜索结果，如排序方式、文献类型或馆藏位置等。如果你需要进一步了解所搜索的文献，可以直接点击它，系统会展示出你可以获取文献的数据库，并且提供作者、摘要和相关阅读等信息。当然，不同学校的具体操作和提供的信息可能会有一些差异，但大体上都可以这样使用。

另外，在图书馆直接搜索期刊的名字时，它也会给你提供直接访问期刊所属数据库的链接，这一点则是要优于 Google Scholar 和百度学术的。因此，当你想看一本期刊，却不知道它在哪个数据库时，使用图书馆来搜索可能会是一个不错的选择。

而图书馆独一无二的特点是，通过它可以检索到纸本馆藏的位置。如果你所需要的某本专著的电子版有些难找，但它恰好又有纸质版，那么你就可以到图书馆碰碰运气。说不定你就会发现，这本专著其实一直潜藏在某个书架的角落，等着你去把它找出来。

5. AI 增强型学术搜索引擎

AI 增强型学术搜索引擎能帮助研究人员快速检索文献、提供个性化推荐，还能辅助文献管理与合作分享，从而提高研究效率。比如，将研究问题输入 Elicit（https://elicit.com/），它会返回相关论文列表及其主要发现的摘要。研究人员还可以针对特定论文进一步提问，或按期刊或研究类型筛选文献。Consensus（https://consensus.app/）可以帮助研究人员了解某一主题的各种科学信息。比如输入"What are the key factors influencing gender differences?"，该工具会提供"共识计量器"，通过显示不同研究结果间的一致性，帮助研究人员理解科学领域内的共识和争议。Semantic Scholar（https://www.semanticscholar.org/）还会自动提取论文核心观点，关联研究趋势图谱，并筛选出高影响力论文。

总之，AI 工具正在重塑人们查找文献的方式。它们不仅可以节省时间，还可以帮助研究人员提高工作质量、激发创造力，甚至找到减轻任务压力的方法。但是，AI 工具也有可能会妨碍人们对学术研究的理解，甚至有时还会产生虚假信息，编造参考资料。因此，为了善用 AI 工具，研究新手亟须培养批判性评估信息的能力；对于关键结论，仍需人工复核原始文献。

6. 放在一个坚果壳里

数据库和检索数据库的方式都是多种多样的。每一个数据库和每一种检索方式，都可以说是不完美的。因此，你可以将多种方法结合使用，当然也可以去探索更多新的方法（比如通过某篇文章的相关文献来确定一些可能有用的文献）。在不断实践中去体会每一种方法的特点，去寻找最适合自己的方法。在你寻找数字资源遇到困难时，也不要忘记纸质资源。这样，你查找文献的道路就会越走越顺利。

通过不断摸索，小白发现查找文献就是一个“从少到多再到精”，不断更新关键词、明确搜索目标、缩小搜索范围的过程。一开始，为了尽可能收集到足够多的资料，研究者可以尝试使用多个关键词，比如涉及“性别差异与数学能力”这一主题的词都可以作为备选的搜索关键词，如“男性”“女性”“数学”“学业成就”“智力测验”“认知加工机制”等；同时，还可以考虑在搜索词中加入“review”（综述）或“meta-analysis”（元分析）这些词，进而找到引用率高的综述性文献。此外，还可以利用已经找到的关键论文的参考文献，或者 APA PsycInfo 和 Google Scholar 提供的“cited references”（被引参考文献）找到更多相关文献。

拓展阅读 2－4

如何及时掌握心理学英文期刊与学术“大牛”的科研动态?

在现代信息社会，科研信息的及时更新对于科研工作者的重要性毋庸置疑。及时了解自己感兴趣领域最新的研究进展会给科研工作者提供源源不断的养分，让他保持科研的活力与动力；而能与本领域的学术“大牛”直接沟通交流，更会让他打开视野，如虎添翼。

如果你对某些期刊发表的文章或某位学术“大牛”的科研进展特别感兴趣，并想追踪研究前沿，但又不想每天打开网页刷新那么麻烦，那么，你可以采用以下三种方式追踪感兴趣期刊或学术“大牛”的科研动态。

1. e-Alert

e-Alert（email alert）是目前流行的电子期刊派发方式，可根据订阅用户的需求自动地发送信息（如期刊的目录、摘要等）。一般只需在官网登记常用的 email，即可定期免费获取最新的期刊信息。例如，如果想让 *Journal of Experimental Social Psychology* 定期给你发邮件，推送最新期刊信息，先找到它的主页，在上面找到 e-Alert，然后注册登录，就可以设置自动推送的频率、推送的内容了。

2. RSS

按照上面的做法，如果想要订制多本期刊的动态，难道需要每本期刊都注册一个账号吗？不用那么麻烦！采用 RSS（Really Simple Syndication，简易信息聚合）便可以将自己感兴趣的期刊动态一网打尽。在实现这个功能之前，需要先选一个 RSS 运营商。有很多选择，这里以 Feedly 为例说明使用方法。首先，去 Feedly 的主页注册一个账号；然后，通过搜索找到自己感兴趣的期刊名字，点击“Follow”，即可完成追踪。事实上，你完全可以扩大自己的搜索范围，直接在搜索栏输入“psychology”，便会出现更多与心理学相关的网站——博客、新闻、游戏等，应有尽有。

3. ResearchGate

ResearchGate 是一个专门为科学家提供的社交网站，于2008年5月上线，注册用户可以分享研究成果、学术著作，并参加科研论坛或兴趣小组。截至2025年初，已有来自190多个国家或地区的超过2 000万名研究人员加入该网络社区，其中还有多位诺贝尔奖获得者。

首先，要想在 ResearchGate 找到自己关心的学术"大牛"，你必须同样先注册一个 ResearchGate 的账号：在浏览器输入网址 http://www.researchgate.net，点击"注册"。

随后，在搜索栏输入你感兴趣的科学家的名字。以心理学家 Constantine Sedikides（康斯坦丁·塞迪基德斯）为例，在输入搜索词之后，系统提示 Sedikides 已经在 ResearchGate 入驻，那么，接着点击他的名字，进入他的个人主页。

在 Sedikides 的个人主页，我们不但能看到很多反映他科研情况的信息——过去已经发表的文章、最近刚刚发表的文章和他正在开展的科研项目，还能看到反映他科研影响力的信息，比如他文章被引用的次数、阅读他文章的人数，甚至还能了解到他所在实验室其他成员的相关信息。

最后，点击网页右上角的"Contact"，你便可跟 Sedikides 建立起联系——给他个人发信息。而且，当 Sedikides 有文章发表时，系统会通过你在 ResearchGate 上注册的邮箱发通知给你。这样，你便可以第一时间跟进你关心的学术"大牛"的科研动态，有问题时也能跟他直接沟通交流。

（三）如何筛选文献?

筛选文献永远有一个大前提：为你检索的最终目的服务。也就是说，你关注的文献必须紧扣你阅读文献的目的。如果你只是感兴趣，那么要求可以放松一些，读一些经典研究或者理论总结都可以。但当你确定要完成研究或写作综述时，筛选就变得非常重要了。

1. 利用数据库和搜索引擎提供的筛选项进行筛选

正如前文介绍数据库检索方式时所看到的，在数据库和搜索引擎的左栏，常常有一系列的筛选项，通过勾选它们，我们可以将文献限定在我们所需要的范围内。当然，这些筛选项不可以任意勾选，我们需要遵循一定的原则。

（1）**避免只选择中文文献**。只选择中文文献会导致你偏离真正可以获得的信息，因为你所获得信息的数量和质量均不能满足你完成研究的需要。你需要去阅读英文文献，尽管最初可能会造成一些痛苦，但最终你会找到阅读它们的方法。

（2）**从时间顺序来看，侧重于比较新的文献**，有研究者称之为"逆时倒查法"。一方面，新的文献代表了最新的研究成果，这意味着这一批文献来自巨人肩膀上站得最高的一批人。而你阅读这些文献，就会让你站到更高的位置去做进一步的思考。另一方面，新近的研究文献常常要总结、概括先前的文献，而且往往会提到一些该领域的核心文献。那么你就可以通过其参考文献顺藤摸瓜，了解这个领域的核心观点及其最新的进展。

（3）**关注本领域"大牛"发表的文章**。如果在某个领域，有一些研究者在持续研究，并且其研究得到了广泛的认可，那么你可以根据研究者的名字来初步筛选出一批文献，然后再结合其他标准做进一步选择。

（4）**根据文献类型和目标的契合度进行筛选。**不同类型的信息来源于不同类型的参考资料。当你需要某一领域的核心理论时，一项高针对性的研究可能无法满足你的需求，此时专著或综述就适合阅读了。而当你需要发现某个领域的应用问题时，看研究综述大概很难得到信息，一些针对性的期刊就成为选择的目标。

当然，数据库所提供的筛选项不总是适用的，比如只看期刊文章有时就无法获得足够的信息，所以也应该注意筛选项是否合理。

2. 进一步的精细筛选

当你通过上面的方法在一定程度上缩小了你的文献范围后，接下来就需要进一步筛选其中的文献。

（1）**关注一下文章的引用次数。**文章被多次引用在一定程度上可以证明该文章的重要性。当它年代久远时，说明它是经典文章，甚至可能是该领域的开山之作；当它是近几年的文章时，它可能就是近几年影响很大的一篇文章。因此，可以选择高被引的文章。

（2）**通过摘要来预览文章内容，进而确定是否阅读完整文献。**摘要存在的意义之一，就是让读者能够花较少的时间大致了解文章的全貌。因此，你可以适当花一些时间阅读摘要，它们能给你提供很多有用的信息，可以成为筛选文献的重要依据。

（3）**特别注意其中的一些文章。**比如，总结领域内重要研究和结论的综述就需要筛选出来，因为它们相当于继续探索的指南针，可以指引读者去寻找重要的实证研究。

（4）**采用 AI 工具辅助文献筛选。**粗筛时，可以使用 Elicit、Consensus 等 AI 增强型学术搜索引擎，快速找到与研究问题相关的文献；精筛时，则可借助 Litmaps（https://www.litmaps.com/）或 Connected Papers（https://www.connectedpapers.com/）等工具，从“种子论文”出发，构建引用网络，发现相关文献，了解领域研究脉络。还可利用 Semantic Scholar 等工具的 AI 摘要功能，从冗长文献中提取关键信息，节省阅读时间。最后，别忘了，针对 AI 筛选出来的文献进行仔细核对。AI 只是加速器，学术批判性和鉴赏力才是研究者的核心壁垒。

3. 小结

正如在开始就说过的，筛选出来的文献都应该为阅读目的服务。因此，我们不可能只用某一种方法筛选文献，更不可能筛选到只剩一两篇文献。谨慎地选择筛选方式才能得到更合适的结果。另外，筛选的方法可能也不止上述几种，它们可能适合你，也可能不太适合你，你可以创造自己的一套筛选流程，使你的文献筛选更加高效。

三、通过期刊寻找文献

小白现在已经知道要通过筛选期刊查找文献，不过这时，小白的心底冒出了一个问题：那些被筛选出来的核心期刊又是怎么来的呢？所谓的核心期刊到底核心在哪里？为了解答这些问题，我们需要了解期刊是如何被评价的、用什么指标可以反映一本期刊的好坏。

（一）期刊的评价指标

评价期刊最主要的指标包括总被引次数、影响因子、特征因子等。总被引次数比较容易理解，就是指该期刊自创立以来所登载的全部论文在统计当年被引用的总次数。在这里，我们主要了解一下影响因子和特征因子。

1. 影响因子

影响因子（impact factor, IF）来源于**《期刊引证报告》**（Journal Citation Report, JCR），是衡量学术期刊影响力的最重要的指标之一。计算公式为：期刊最近两年的文章引用次数 ÷ 可引用的文章数量。

需要注意的是，影响因子这个评价指标也存在一定的问题。第一，期刊影响因子高并不意味着期刊中所有论文的被引频次都高；第二，影响因子依赖于文献类型，综述类期刊的影响因子通常较高；第三，影响因子还受学科影响，不同学科的影响因子不能直接进行比较。最后需要提醒的是，学术文章的自引率会在很大程度上影响到期刊的影响因子，不过我们可以通过查询“非自引影响因子”来了解期刊更加真实的影响力和水平。

2. 特征因子

特征因子（Eigenfactor, EF）也是一个比较常用的期刊评价指标。在影响因子的基础上，特征因子不仅考察了引文的数量，而且考虑了施引期刊的影响力。计算特征因子时会赋予不同期刊的引文以不同的权重，也就是说，如果某期刊越多地被高影响力的期刊引用，则该期刊的影响力也越高。

（二）期刊的评价体系

小白在查文献过程中总是会看到一些好像银行名称缩写的词——SCI, SSCI, CSSCI。他对此感到很好奇，也很疑惑。实际上，这些是国内外的引文索引的缩写。简单地说，引文索引有两个重要的用途：可以用来进行多种类型的检索，也可以通过引文分析来评价核心期刊、核心出版社、科学家或团体以至一个国家科研的总体水平。最著名的引文索引是由加菲尔德（Eugene Garfield）建立的、由科学情报社（ISI）编辑出版的《科学引文索引》(SCI)、《社会科学引文索引》(SSCI)、《艺术与人文科学引文索引》（A & HCI）。国内的引文索引最权威的三个体系分别为：《中文社会科学引文索引》(CSSCI)、《中国科学引文数据库》(CSCD)、《中文核心期刊要目总览》。

这些引文索引通过各种评价指标的计算，综合排序之后评选出的最有影响力的一批期刊即是核心期刊。接下来我们了解一下国内的心理学核心期刊。截至2024年，《中文核心期刊要目总览》上的心理学核心学术期刊是：中国心理学会主办的《心理学报》《心理科学进展》《心理科学》；中国心理学会所属的专业委员会或省级心理学会主办的《心理发展与教育》《心理学探新》《心理与行为研究》。具体信息如表2-2所示。

表2-2　国内心理学核心期刊介绍

名称	网址	主要方向
《心理学报》	https://journal.psych.ac.cn/xlxb	主要刊登我国心理学家最新、最高水平的心理学论文。不仅在中国心理学界享有较高的声誉，在国际上也有一定影响。

续表

名称	网址	主要方向
《心理科学进展》	https://journal.psych.ac.cn/xlkxjz	主要刊登能够反映国内外心理学各领域研究的新进展、新动向、新成果的文献综述和评论以及研究简报。
《心理科学》	https://jps.ecnu.edu.cn/	综合性心理学学术期刊，全面反映心理学各个分支的最新发展，刊登理论性和实践性融合、前瞻性和原创性兼容并蓄的学术论文，既注重理论性与实验性的基础研究，也重视实践领域的应用研究。
《心理发展与教育》	https://devpsy.bnu.edu.cn/	主要刊登发展心理学和教育心理学领域的高质量研究报告与论文，包括认知与社会性发展、教与学心理学、心理健康与教育等栏目。
《心理学探新》	https://psytxjx.jxnu.edu.cn/	主要刊登心理学基础领域（如理论心理学、心理统计与测量、人格与社会心理学）及应用领域的探索性、创新性学术论文。
《心理与行为研究》	https://psybeh.tjnu.edu.cn/	综合性心理学学术期刊，心理学基础理论与应用研究并重，旨在促进心理学研究成果解决现实问题，推动我国心理科学走向世界。

1. 如何搜索国外心理学某一方向的核心期刊?

在看了几篇国内关于性别差异的文献之后，小白发现每一篇文献的综述部分都引用了大量国外的文献。确实，国内的核心期刊毕竟局限在国内，很多经典的和先进的研究都发表在国外的期刊上，仅仅靠国内的文献无法全面掌握有关某个主题最新、最全的研究进展。于是，小白决定去看看国外研究者对性别差异的研究。她翻到了文末的参考文献列表，找到了性别差异的几个英文关键词，然后进行检索。

既然要看英文文献，不可避免会涉及英文文献的筛选；涉及文献筛选，正如我们前面所学到的，就要了解哪些期刊是核心期刊。需要注意的是，国外心理学核心期刊远远多于国内，甚至国外心理学很多方向内部的核心期刊都比国内的心理学核心期刊多；所以，这里就不对国外的核心期刊一一介绍了。那么，要怎么知道各个领域都有哪些核心期刊呢？下面读者可以跟随小白试着做一遍，看看怎么查询各个方向的英文核心期刊：

- 访问 www.webofknowledge.com/，或者搜索 Web of Science 网站，利用电子邮件地址或所属机构登录后，选择上方导航中的“Journal Citation Reports”。
- 选择“Journals”选项。
- 在搜索栏输入想要查找的内容，比如期刊名/缩写、ISSN/eISSN、分类、出版者或国家/地区等信息。以输入分类“psychology, developmental”为例，搜索完成后将出现如图 2－1 所示的页面。

默认结果按照期刊影响因子从高到低排序，这样就可准确找到国外发展心理学领域的核心期刊。

图 2-1　在 Web of Science 网站上检索期刊的结果

2. 各方向核心期刊下同一关键词文献的差异

不同领域的期刊在同一个关键词上的研究角度和侧重点都会有所不同。以下分别从工业/组织管理心理学、发展心理学、临床心理学、人格与社会心理学、教育心理学、综合类这几个心理学领域的核心期刊中，各选出一本有代表性的期刊加以介绍。

（1）***Journal of Applied Psychology***（key indicators 2023: total cites = 51 850, impact factor = 9.4，IF without journal self cites = 8.8, Eigenfactor score = 0.021 88）

该期刊主要刊登的是在工作和组织环境下，关于认知、动机、情感和行为的实证和理论研究。研究主题包括：个人能力、个性；人员选拔；绩效评定；培训和学习；工作动机；领导；工作压力；工作行为；创新；组织文化；等等。

（2）***Child Development***（key indicators 2023: total cites = 30 424, impact factor = 3.9, IF without journal self cites = 3.7, Eigenfactor score = 0.016 97）

该期刊在儿童发展领域各主题的论文、评论涵盖了多种学科的视角和方法，提供的最新研究成果不仅适用于研究人员和理论家，也适用于儿童精神病学家、临床心理学家、精神科社会工作者、幼儿教育专家、教育心理学家、特殊教育教师和其他研究人员。

（3）***Journal of Consulting and Clinical Psychology***（key indicators 2023: total cites = 20 418, impact factor = 4.5, IF without journal self cites = 4.3, Eigenfactor score = 0.009 73）

该期刊收录的研究以实证研究、定量研究为主，有时也会收录热门研究主题的相关综述和元分析等文章。该期刊主要囊括以下主题：诊断和治疗技术的发展、有效性、使用；对有临床意义的各种人群的研究；治疗的跨文化研究；与临床上的功能障碍和治疗有关的人格评估和发展的研究；与临床上的功能障碍和治疗有关的性别、种族或性取向研究；基于心理社会视角的健康行为研究。

（4）***Journal of Personality and Social Psychology***（key indicators 2023: total cites = 79 648, impact factor = 6.4, IF without journal self cites = 6.0, Eigenfactor score = 0.019 32）

该期刊的重点是实证研究，同时也会收录理论综述、方法类和评论文章。该期刊主要有三个研究主题，并分别独立编辑：态度和社会认知——研究认知起主导作用的社会行为；人际关系和群体过程——关注对象与群体交互的心理特征和结构特征；人格和个体差异——包含人格心理学的各个方面。

（5）***Journal of Educational Psychology***（key indicators 2023: total cites = 20 586, impact factor = 5. 6, IF without journal self cites = 5. 4, Eigenfactor score = 0. 010 57）

该期刊主要刊登针对各个年龄段和教育水平的教育心理学研究，有时也收录一些重要的综述和评论文章。

（6）***Psychological Science***（key indicators 2023: total cites = 33 832, impact factor = 4. 8, IF without journal self cites = 4. 7, Eigenfactor score = 0. 020 39）

该期刊收录实证研究报告和简短评论，是一本综合性期刊，刊登心理学各领域具有普遍理论意义的文章。这些领域包括认知、社会、发展、健康心理学，以及行为神经科学和生物心理学。

3. 确定了某一方向，但未确定关键词时，该怎么查找文献？

在确定了方向，但是没有确定关键词的时候，最直接有效的查找文献的方法就是关注特定领域的核心期刊（见表 2 - 3）。比如，小白想了解发展心理学的研究，就可以直接打开发展心理学的核心期刊，如《心理发展与教育》或 *Child Development* 的官网，查看最近这几期的文献，看看是否有感兴趣的课题；还可以去看综述类的期刊，如《心理科学进展》，在该期刊里查找发展心理学方向的综述，这样可以更加便利、系统、直观地了解一个课题的进展和待研究的地方，这是一种非常有效的寻找研究问题的方法。

表 2 - 3　国外心理学核心期刊名称列表

工业/组织管理心理学	发展心理学	临床心理学
• *Annual Review of Organizational Psychology and Organizational Behavior* • *Industrial and Organizational Psychology* • *Journal of Organizational Behavior* • *Personnel Psychology*	• *Journal of Child Psychology and Psychiatry* • *Journal of Clinical Child and Adolescent Psychology* • *Developmental Cognitive Neuroscience* • *Developmental Review* • *Development and Psychopathology* • *Journal of Adolescent Health* • *Developmental Science* • *Child Development*	• *Annual review of Clinical Psychology* • *Clinical Psychology Review* • *Health Psychology Review* • *Psychological Medicine* • *Depression and Anxiety* • *Journal of Clinical Child and Adolescent Psychology* • *Clinical Psychology Science and Practice*
人格与社会心理学	**教育心理学**	**综合类**
• *Personality and Social Psychology Review* • *Advances in Experimental Social Psychology* • *Social Issues and Policy Review* • *Journal of Personality and Social Psychology* • *European Review of Social Psychology*	• *Educational Psychology Review* • *Educational Psychologist* • *Journal of Educational Psychology* • *Learning and Instruction* • *Child Development* • *Metacognition and Learning* • *Contemporary Educational Psychology* • *Journal of the Learning Sciences*	• *Psychological Inquiry* • *Annual Review of Psychology* • *Psychological Science in the Public Interest* • *Psychological Bulletin* • *Perspectives on Psychological Science* • *Psychological Review* • *Psychological Science* • *American Psychologist*

小贴士

1. 常见的心理学知识信息来源：
- 微信公众号。
- 搜索引擎。
- 教科书。

2. 常用的数据库：
- 国外：Google Scholar、ScienceDirect、ProQuest 和 Springer Nature Link。
- 国内：百度学术、中国知网、万方数据、CALIS 高等教育数字图书馆。
- AI 增强型学术搜索引擎：Elicit、Consensus、Semantic Scholar。

3. 筛选文献的两类方法：
- 利用数据库和搜索引擎提供的筛选项目进行筛选。
- 精细筛选：时间筛选、研究者筛选和被引量筛选等具体方法。
- AI 辅助筛选：筛选高影响力论文，构建引用网络，提取关键信息。

4. 权威的引文索引：
- 国外：SCI、SSCI 和 A&HCI。
- 国内：《中文社会科学引文索引》（CSSCI）、《中国科学引文数据库》（CSCD）、《中文核心期刊要目总览》。

第二节　文献管理利器：EndNote

伴随着日积月累，小白不知不觉收集了很多感兴趣的文献资料。尽管他对这些文献进行了细致的归纳总结，分门别类地建档管理，比如区分了涉及研究问题重要性的文献、支持自己研究逻辑或构想的文献、与研究设想相反的文献、反映所在领域研究局限的文献，以及涉及如何测量研究变量的文献，但随着文献越积越多，小白深感管理和查找文献很吃力；有时因为遗忘，他甚至会把同一篇文献下载好几次，尤其是在引用文献时，每次都要手动输入作者名、文献名和期刊名等信息，更是让他不胜其烦。直到有一天他发现了管理文献的利器——EndNote，方才踏入智能化文献管理的新阶段。

一、初识 EndNote

当第一次打开 EndNote 时（以 EndNote X9 为例），你只能看到一个毫无内容的窗口。此时你需要完成重要的一步，即建立属于你的数据库。点击右上角的“File”，在下拉菜单中点击“New...”，然后你就可以选择合适的位置建立你的数据库了（名称当然可以根据你的需要修改）（见图 2-2）。

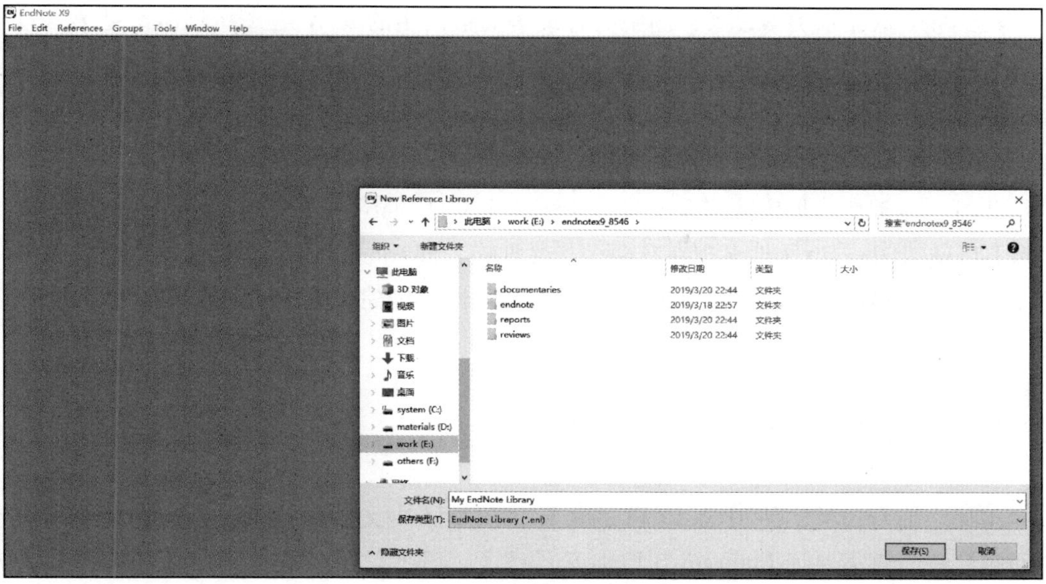

图 2-2　创建 EndNote 数据库

点击保存，成功建立数据库之后，新的数据库会自动打开，并会打开一个新的窗口，如图 2-3 所示，其中包括七个主要区域：

■ 文献导入模式选择（包括本地文件、网络检索以及混合检索方式）。
■ 导航区域，包括所有文献、同步状态、最近添加、未分类文献、已删除记录、我的分组、常见数据库检索、全文查找。
■ 在线检索栏，提供多种检索方式（包括作者、年份等）。
■ 检索结果显示区，可以对显示在此处的文献记录进行多种操作。
■ 文献预览区，其中“Reference”指文献具体信息，“Preview”是文献预览窗口，“Attached PDFs”是已下载的对应文献全文，“📎”用于添加附件。

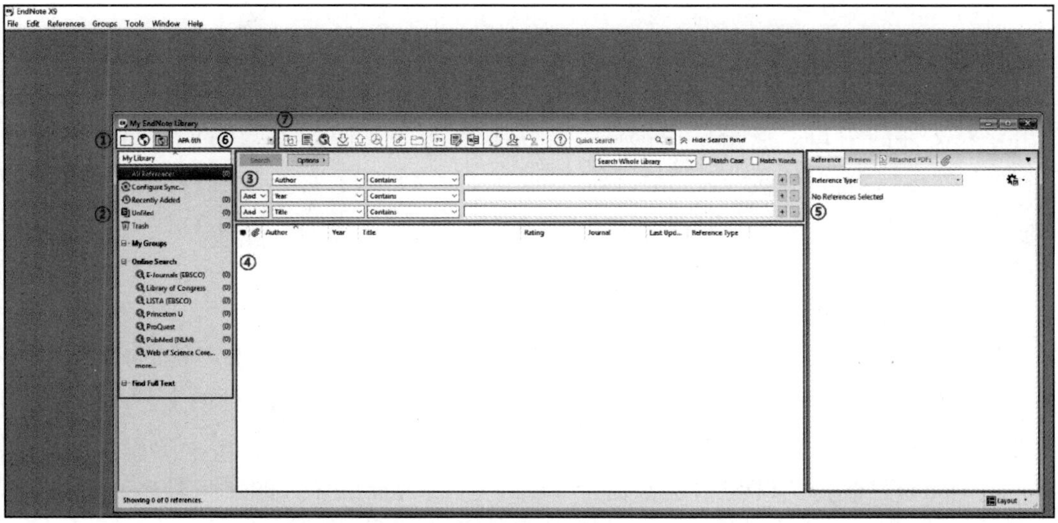

图 2-3　EndNote 界面展示

- 参考文献显示类型设置，图中为心理学文献常用的 APA 格式（具体参见第六章第三节）。
- 快捷工具按钮，包括复制到本地文件夹、在线搜索、导入导出参考文献等。可以看到，刚刚建立的新数据库是没有任何结果和记录的。

此时，在创建数据库的目录下可以看到两个文件：My EndNote Library. enl 和 My EndNote Library. Data。该文件夹现在有两个子文件夹，即 rdb 和 tdb，它们用于存放文献条目信息；当你通过 EndNote 下载了文献，那么它会自动创建第三个文件夹 PDF，用于存放你下载的文献全文。

二、开始使用 EndNote：导入文献列表

正如之前所说的，使用 EndNote 的最初目的是解决文献的管理问题。如果要解决这个问题，首先就需要让 EndNote 知道你究竟参考了哪些文献。我们常常使用以下几种方法（以 EndNote X9 为例）。

（一）手动输入

点击快捷工具按钮中的“New Reference”按钮（快捷键为 Ctrl + N），即可打开手动建立参考文献的界面。通过“Reference Type”可以调整参考文献类型。随后在下面的界面输入参考文献的各项信息。输入完成后点击关闭，EndNote 会提示是否保存创建结果。当然，事实上这种方法仍然比较麻烦，所以常用于需要特殊处理少量文献时。

（二）通过本地文献 PDF 文件导入

EndNote 在导入本地 PDF 文件时，实际上仍然是在网络上检索该文献对应的 DOI，因此导入本地 PDF 文件时需要处于联网状态。另外，此时需要将文献导入模式切换到本地文件或混合检索方式，否则文献导入后不会出现在检索结果区域。

1. 导入单个 PDF 文件

点击窗口左上方“File”，在下拉菜单中选择“Import”，并点击“File…”。此时会弹出导入文件的窗口。点击“Choose…”在本地选择文件，将“Import Option”改为“PDF”，然后点击“Import”。随后，EndNote 会对文献进行搜索，然后其信息就会出现在检索结果显示区。另外，也可以通过点击快捷工具按钮中的“Import…”（）进入“Import File”窗口。

2. 导入多个 PDF 文件

点击窗口左上方“File”，在下拉菜单中选择“Import”，并点击“Folder…”。此时会弹出导入文件的窗口。点击“Choose…”在本地选择存储 PDF 文件的文件夹。视情况勾选“Include files in subfolders”和“Create a Group Set for this import”的选项。然后将“Import Option”改为“PDF”，并点击“Import”。因为批量导入的文献较多，所以等待时间也相应变长。文献信息仍然会出现在检索结果显示区。

这种方法常用于通过多种手段获得了 PDF 格式的文献，需要通过 EndNote 便捷地获

得参考文献列表等信息时。但必须强调的是，一方面，由于 EndNote 采用了 DOI 搜索的方式来确定文献，有些相当年久的文献就不能被搜索到（因为它们没有 DOI）。这些较久远的文献仍然会被导入，但不会提供任何信息。另一方面，尽管一部分中文文献有 DOI，EndNote 仍然无法成功检索到这些文献。这可能是因为 EndNote 并不检索部分中文文献所在的数据库。在《心理学报》《心理科学进展》《心理发展与教育》中，《心理发展与教育》出现无法检索到的情况比较多。此时可以使用手动输入的方法，以及之后会讲到的数据库导入法。另外，虽然此时导入的是中文文献，但结果中的标题、作者等信息会采用英文写法。

（三）通过 EndNote 直接搜索文献并导入

首先你需要选择网络检索或混合检索方式，然后在导航栏中选择想要检索的数据库。在搜索框中输入需要搜索的关键词，选择关键词对应的类别，如标题、作者等。通过增加搜索框可以增加搜索条件，并且选择筛选条件之间的关系（与、或、非）。输入所有限定条件之后，点击“Search”，EndNote 就会在所选择的数据库（图 2-4 中选择了“Web of Science Core Collection”）进行检索。搜索结束之后，会弹出对话框，确认需要显示的结果范围。确认之后，EndNote 会把所有相关结果呈现在检索结果显示区，如图 2-4 所示。注意此时原本是“Search”的位置显示了“Cancel”，这说明检索仍在进行。

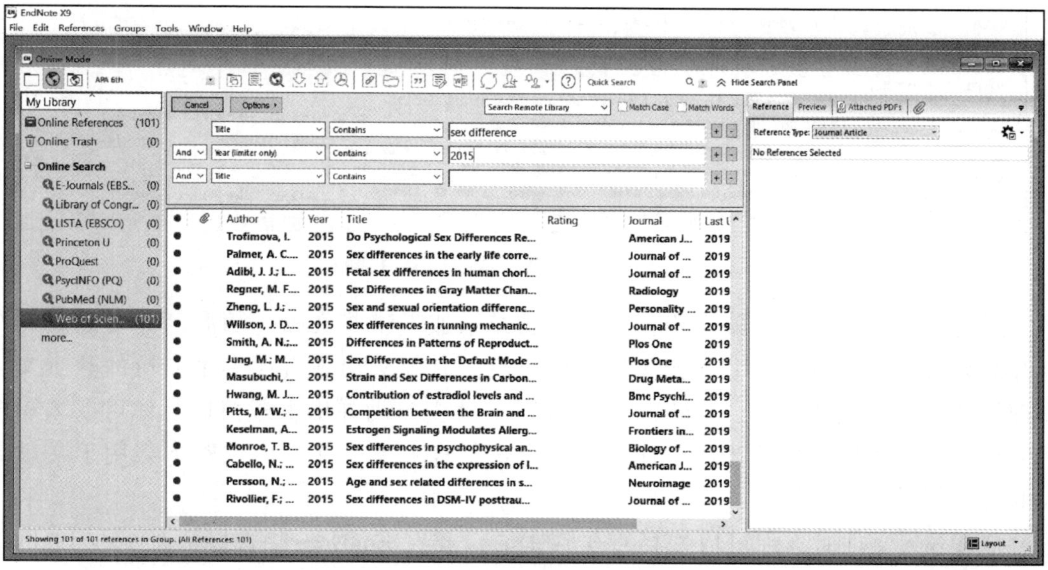

图 2-4 通过 EndNote 搜索文献并导入

通过这种方式，你能够迅速找到大量相关的文献，并可以通过文献信息进行筛选。另外，在文献上点击鼠标右键，在弹出菜单中选择“Find Full Text”→“Find Full Text”，就能够直接下载该文献。当然，通过 EndNote 访问的数据库要求你有访问权限，有时需要输入账号和密码。另外，有的数据库（如一些中文数据库）难以通过 EndNote 直接访问。因此，这种方法可以用于筛选初期，但并不能够代替数据库和搜索引擎的使用。

（四）通过学术搜索引擎导入

学术搜索引擎作为我们常用的数据检索工具，早就为使用 EndNote 的研究者们做好了准备。不过，百度学术和 Google Scholar 的方法稍有不同。

1. 通过百度学术创建 EndNote 导入文件

百度学术为我们提供了批量引用和单篇引用的功能，这使从百度学术导入数据信息到 EndNote 非常方便。通过在搜索结果页面或文献展示页面点击“批量引用”，百度学术可以把多篇文献的信息集中起来。当你点击“批量引用”之后，屏幕右下方用圆形标示的数字会依次增加。图 2－5 显示已经添加了 5 篇文献。

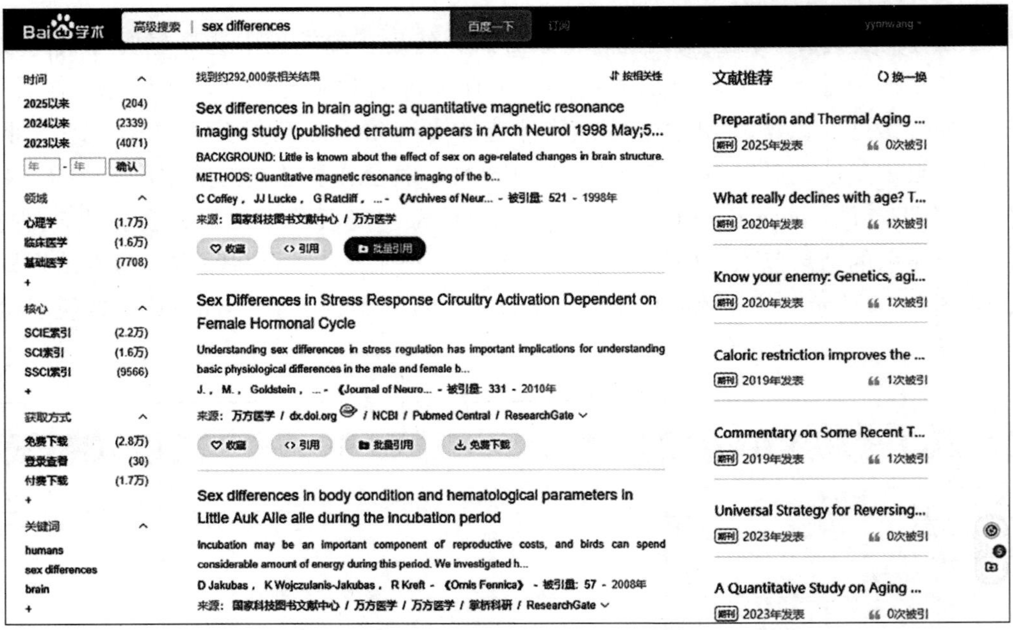

图 2－5　通过百度学术添加引用文献

点击这个圆形图标，就能够看到当前已经添加了哪些文献。随后，你可以看到在打开的列表上方，有一个“导出至”按钮，点击它就会出现百度学术支持的数个文献管理软件。在这里你选择“EndNote(.enw)”，就会自动弹出下载窗口。你可以填写合适的名称，也可以选择适当的存储位置，点击保存，就会在相应位置下载用于文献导入的文件。

打开导入文件时，你可以选择直接双击它，或在 EndNote 中选择添加。在 EndNote 中添加的方法与添加本地单个 PDF 文件相同，只需要将“Import Option”选择为“EndNote Import”，然后点击“Import”即可导入文献。当你只需要导入特定的某一篇文章时，点击搜索结果页面或文献信息页面的引用，在弹出窗口中选择 EndNote 就可以下载用于导入的文件。其他操作均与批量导入相同。

2. 从 Google Scholar 向 EndNote 导入文献

Google Scholar 同样为我们提供了向 EndNote 导入文献的途径。

导入文献时，只需要在搜索结果页面点击引号（❞）就可以打开引用窗口，选择

EndNote 就可以下载导入文件了。与百度学术相同，你可以自定义名称以及存储位置。另外，如果常用 Google Scholar 导入 EndNote，可以修改 Google Scholar 的设置，使导入 EndNote 变得更为方便。点击左上角的“≡”，进入设置。将“参考书目管理软件”一栏设置为“显示导入 EndNote 的链接”。回到搜索结果，你就会发现，每篇文献的下方都多出了导入 EndNote 的链接。打开导入文件的操作与百度学术导入的操作相同。另外，也可以通过点击快捷工具按钮中的“Import...”（ ）进入“Import File”窗口，其他操作不变。从学术搜索引擎导入可以解决之前不能从 PDF 导入《心理发展与教育》等部分中文期刊文章和无 DOI 文章的问题。

3. 通过数据库向 EndNote 导入文件

与学术搜索引擎一样，常用的数据库也提供了向 EndNote 导入文献列表的方法。

（1）**中文数据库：以中国知网为例。**

当需要批量导出文献信息时，在得到关键词检索的结果之后，于搜索结果页面在需要导出的文献前的方框中打钩，并点击“导出/参考文献”，就会进入中国知网的文献管理中心。点击左侧的“EndNote”，然后点击“导出”，弹出文件下载页面。自定义名称和存储位置后，下载到本地。因为中国知网的导出结果是 TXT 文档，我们不能通过直接双击的方式导入 EndNote。这里仍然采用点击“File”→“Import”→“File...”的方式进行导入（同样可以点击“Import...”），注意仍将“Import Option”选择为“EndNote Import”。导入后，结果会出现在检索结果显示区。而在导出单篇文献信息时，只需要在文献信息页面直接点击“导出/参考文献”，之后的操作就与批量导入一致了。万方数据和维普网的导入方式基本相同，此处就不再赘述了。

（2）**英文数据库。**

■ **从 ScienceDirect 导入文献。**

批量导出文献的步骤与中文数据库大致相同。首先，在搜索结果页面选中需要导入的文献，并点击“Cite”。在弹出的窗口中选择“Export citation to RIS”。随后开始下载导出的信息文件。该文件也存在两种导入方式：一种是双击，EndNote 会直接读取该文件并开始导入信息；另一种是打开“Import File”，将“Import Option”设置为“Reference Manager(RIS)”，选择对应文件并进行导入。操作步骤如图 2-6 所示。

需要导出单篇文献时，仍然是进入文献信息页面，点击“Export”并选择“Export citation to RIS”。之后的操作与批量导入相同。

■ **从 Springer Nature Link 导入文献。**

Springer Nature Link 只提供了单篇文献导出的功能，因此你必须进入文献信息界面才能进行信息导出。首先进行关键词搜索，并进入需要参考的信息页面。点击页面右侧的“Cite this article”并选择“. RIS”或“. ENW”进行下载并存储。同样，你可以选择双击文件导入 EndNote，或者点击“File”→“Import”→“File...”（也可直接点击工具栏的导入按钮），在弹出窗口中，选择对应文件，并将“Import Option”调整为“Reference Manager (RIS)”（在导入“*.ENW”文件时选择“EndNote import”或“EndNote generated XML”），其他默认即可。

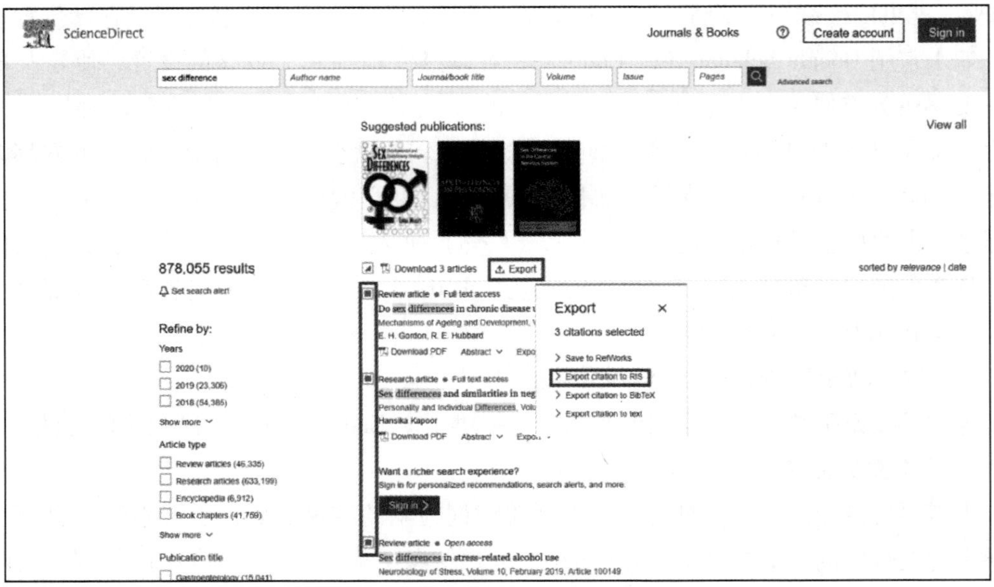

图2-6　从 ScienceDirect 导出信息

■ **从 ProQuest 导入文献。**

当需要批量导出文献时，与中文数据库的步骤大致相同。首先，在搜索结果页面选中需要导入的文献，并点击“保存”。在弹出的菜单中选择“RIS”（与 EndNote、Citavi 等一同使用），点击弹出窗口中的“继续”按钮，即可开始下载导出的信息文件。在 EndNote 选择对应文件并进行导入即可，导入步骤与前述 RIS 类型文件的导入步骤相同。导入单篇文献时，进入文献信息页面并点击保存，随后的步骤与导入多篇文献的步骤相同。从数据库导入文献可以解决 EndNote 不能查找到某些文献的信息的问题，大大弥补 PDF 导入的缺陷。

三、使用 EndNote 对导入的文献进行管理

既然 EndNote 已经知道你使用或想使用哪些文献，你就可以利用它管理这一批参考文献。利用这些便于实现的技巧，就可以完成管理文献的任务（以 EndNote X9 为例）。

（一）自动检测文件夹中 PDF 文件的更新

这个功能使我们不需要手动更新文件夹中的文献变化，它不仅可以增加新文献，也可以自动删除不在文件夹中的文献。点击“Edit”，选择“Preference…”→“PDF Handling”（见图2-7）。

（二）导入文件信息不完整的解决办法

如果某些文献的信息因为某些原因而不完整，则可通过 EndNote 的“Find reference updates”功能尝试修复。在结果显示区中的文献条目上点击鼠标右键，选择“Find reference updates”。在搜索完成后，根据需要选择更新的要求即可。

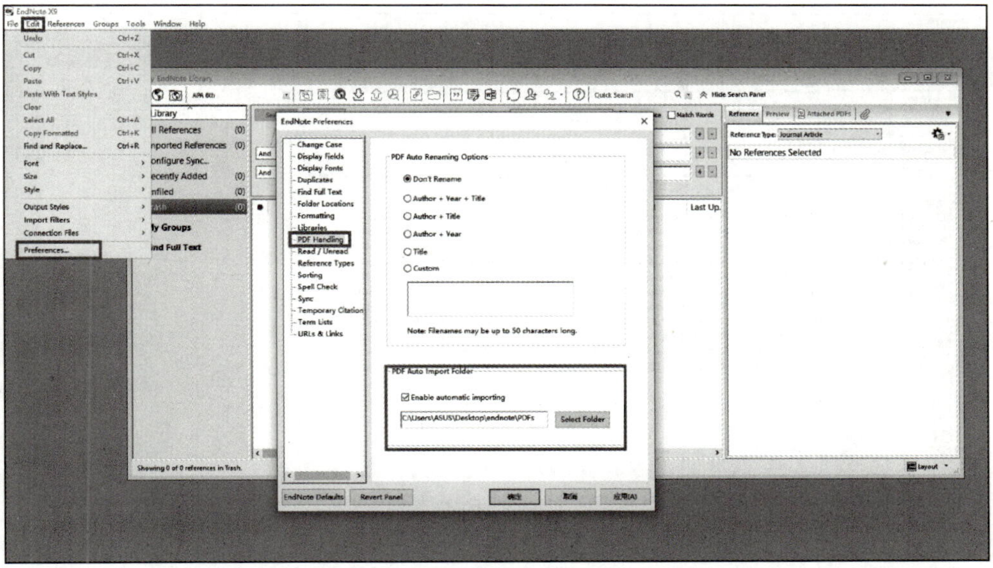

图 2-7 在 EndNote 中设置自动检测文件夹更新

（三）显示做笔记栏目 Research Notes

点击“Edit”→“Preference...”→“Display Field”，“Column”选择为“Research Notes”，点击确定即可。

各栏位置可以用鼠标拖动。

（四）去重

结合前面所说的多种方法导入文献时，难免会重复导入同一篇文献，此时可利用 EndNote 去重。EndNote 会提供两篇重复文献的信息供你对比，你可以选择保留哪一篇。同时，你可以通过设置来保证在线检索时自动去重。点击“Edit”→“Preference...”→“Duplicates”，并勾选“Automatically discard duplicates”。

（五）在已导入的文献中快速检索

通过在快速检索栏输入关键词，可以在已导入的文献中搜索标题中含有关键词的结果。也可以在搜索面板中输入关键词，进行更为精准的检索。另外，此处是可以输入中文进行检索的。图 2-8 中①为快速检索栏，②为搜索面板。

（六）创建文献组

在文献较多时，你需要对文献进行分组，以便分类管理文献。只需要在“My Groups”上点击鼠标右键，就可以创建文献组。EndNote 为我们提供了三种创建文献组的方式。“Create Group”：创建一个普通组，需要添加的文献可以直接从结果中拖到新创建的文献组。“Create Smart Group”：创建一个智能组，通过设定筛选条件，所有符合条件的文献均会直接进入该组。“Create From Groups”：从已有的文献组创建新组，通过选择来源分组

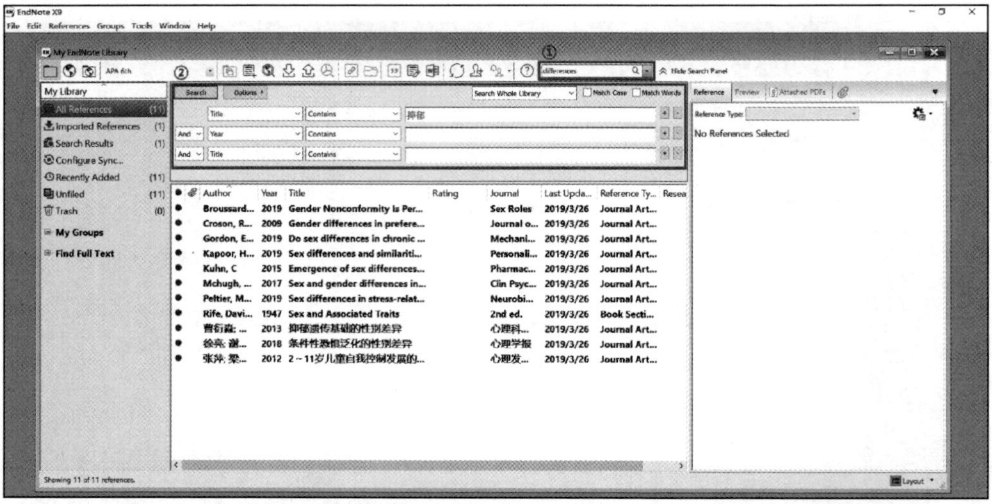

图2-8　EndNote中检索文献页面展示

以及创建条件（与、或、非）得到创建结果。图2-9显示了这三类文献组的创建过程。

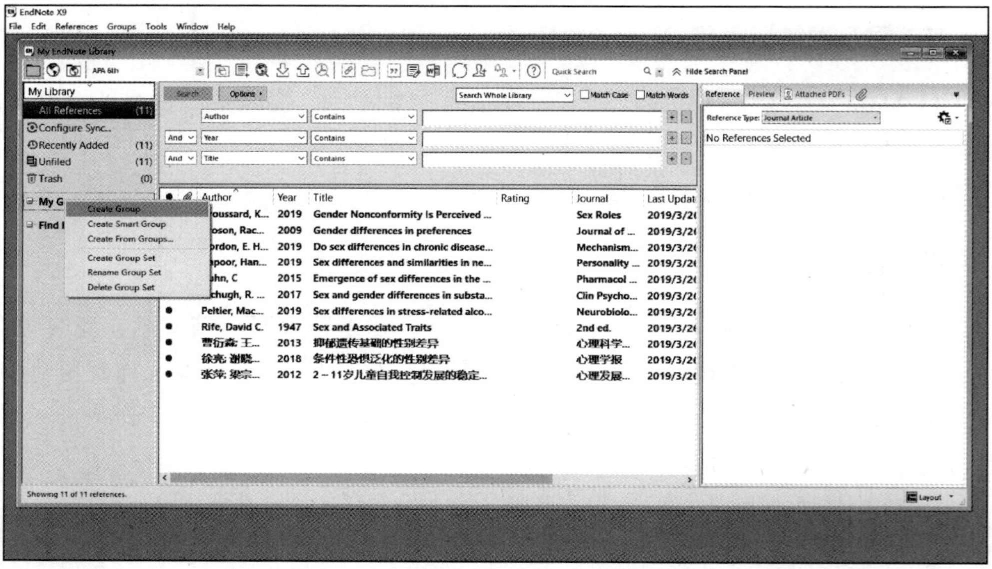

图2-9　EndNote中通过建组归类文献展示

此外，当你需要创建新的类别以便包含其他一些文献组时，也可以在“My Groups”上点击鼠标右键，选择“Create Group Set”。

（七）标记文献的阅读状况和重要程度

EndNote提供了标记文献是否已经读过的功能。你可以通过点击每一篇文献前的圆形按钮来切换它的阅读状况。当其为实心圆，而且文献信息加粗显示时，表示这篇文献尚未阅读；而当它为空心圆，并且文献信息没有加粗显示时，表示这篇文献已经读过。

点击标题栏中框起的圆形可使结果以阅读状况排序。另外，你可以通过“Rating”栏对文献的重要性等进行标记。这将使正式利用这些文献时更有效率。点击标题栏中的

“Rating”可以使结果以等级排序。

（八）文献统计分析

EndNote 针对文献记录提供了基本统计功能，可以对当前数据库的文献记录的相关信息进行一定程度的统计分析。点击“Tools”→“Subject Bibliography…”，然后在弹出的“Subject Terms”中选择需要统计的对象，点击“OK”即可得到统计结果（点击“#Record”可以进行排序）。图 2－10 展示了对数据库中 150 篇文献的第一作者进行统计的步骤和结果。

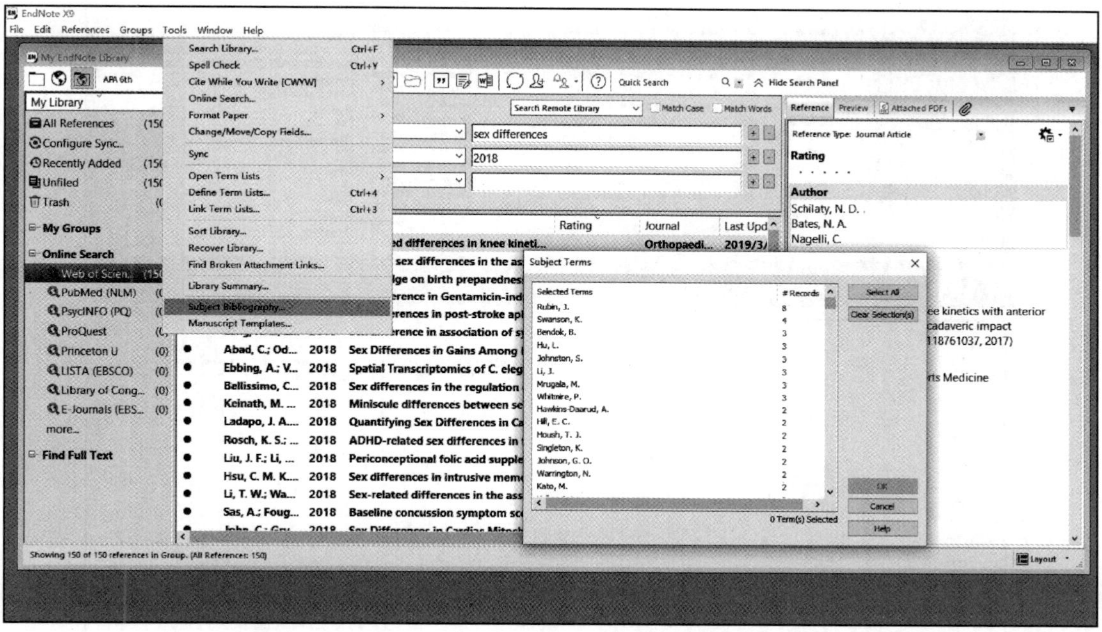

图 2－10　EndNote 中按照作者统计文献展示

通过以上这些功能，EndNote 可以对文献进行管理和初步分析。这使我们在正式使用这些文献写文章时更加有条理、有线索、有重点。在学习了如何管理文献之后，小白对 EndNote 这款功能强大的软件产生了兴趣。他想知道除了这些功能，EndNote 是否还有更多将来能够派上用场的功能。答案当然是肯定的，EndNote 还有很多其他的功能。

四、利用 EndNote 向文中插入参考文献

事实上，EndNote 不仅能帮助使用者管理文献，还能在写文章时按照某些规定插入参考文献（以 EndNote X9 为例）。这也为研究者减轻了很多负担。

（一）边写边引用

边写边引用主要有以下几种方法。

1. 选择—引用

在 Word 菜单栏中选择“EndNote X9”选项卡，并将引文格式调整为你所需要的格

式。然后将输入光标定位到需要添加引文的位置。返回 EndNote，选中你需要引用的文献并点击工具栏中的“Insert Citation”（），EndNote 就会将引文插入光标所在的位置（见图 2－11）。

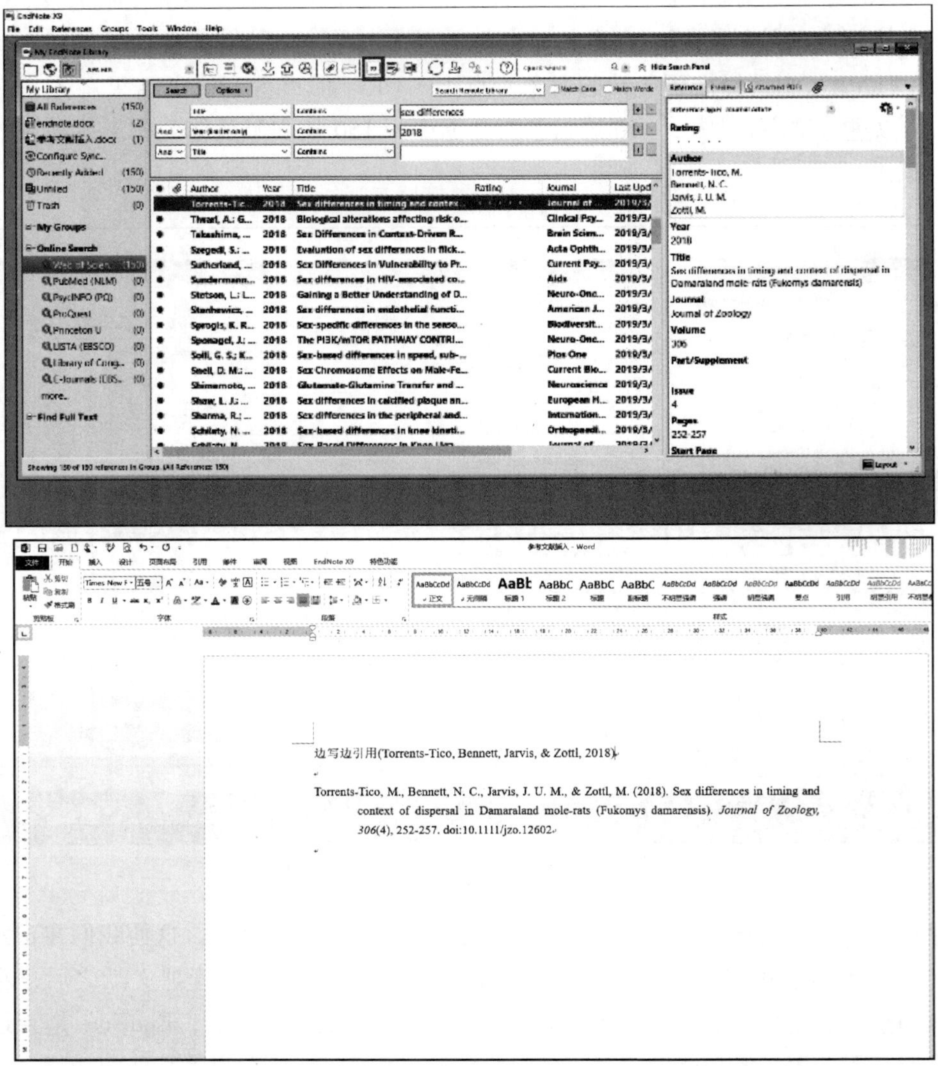

图 2－11　在 Word 中通过 EndNote 选择文献和引用文献

2. 查找—引用

首先仍然是在 Word 菜单栏中选择“EndNote X9”选项卡，将引文格式调整为你所需要的格式，并将输入光标定位到需要添加引文的位置。然后点击左侧的“Insert Citation”，输入想要插入的文献的关键词，点击“Find”即可开始搜索。在搜索结果中点击需要插入的文献，随后点击“Insert”即可在选定位置插入引文。

3. 复制—引用

在 EndNote 中选中需要插入的文献，复制并粘贴到 Word 文档之中。

4. 直接拖曳

在 EndNote 中选中文献，按住鼠标左键，直接拖曳到需要插入引文的位置即可。

（二）修改参考文献格式

如果你需要在插入参考文献之后更换参考文献格式，点击“EndNote X9”选项卡，选择“Style”中另外一种格式，或者选择“Select Another Style...”，进入 EndNote 提供的格式页面进行选择。EndNote X9 默认安装的参考文献格式大约有 500 种，都存储在安装目录的“EndNote X9\Styles”下。因此，如果当前要求的参考文献格式不包括在默认提供的格式之中，可以下载参考文献格式（EndNote 官方提供的网址：https://endnote.com/downloads/styles/）并存储到该文件夹，然后重启 EndNote。

不过，尽管 EndNote 号称提供了超过 6 000 种格式，有时仍然无法寻找到我们想要的格式。为了解决这个问题，EndNote 提供了自定义参考文献格式的功能。如果需要创建一种全新的参考文献格式，你只需要点击“Edit”→“Output Styles”→“New Style”，即可进入创建参考文献格式的页面。

另外，你可以通过修改与目标格式相近的格式来达到目的。此时需要选择“Output Styles”中的“Open Style Manager...”打开格式管理器。选择想要修改的格式并点击“Edit”，即可进入编辑页面。因为 EndNote 会强制将修改后的参考文献格式保存为新文件，所以不用担心它覆盖源文件。同时，打开格式管理器并在需要删除的参考文献格式上点击鼠标右键，选择“Delete Style”即可删除不需要的格式。

（三）进一步修改参考文献

当插入参考文献之后，如要对参考文献进行修改，可点击“EndNote X9”选项卡中的“Edit & Manage Citation(s)”对引文进行管理，包括调整顺序、修改参考文献等功能（见图 2-12）。

图 2-12　在 Word 中通过 EndNote 对参考文献进行修改

（四）移除 EndNote 标记

当完成对所有参考文献的编辑之后，需要移除 EndNote 标记便于其他用途（如投稿）。点击“EndNote X9”选项卡中的“Convert Citations and Bibliography”，选择“Convert to Plain Text”。Word 会自动打开一个不含 EndNote 标记的新文档，保存这个复制版即可。

五、其他文献管理软件与 EndNote 的比较

EndNote 的功能可以说是非常强大，但也有一些缺点。首先它高昂的价格就让作为普通学生的我们感到棘手。

（一）Mendeley

Mendeley 是一款功能与 EndNote 相似的软件。它同样提供了一些管理文献及插入参考文献的功能，例如直接将 PDF 文件拖曳进 Mendeley 就可以导入文献（通过识别 PDF 文件中的 DOI），利用已有的格式或自定义格式插入参考文献，等等。

相比 EndNote，Mendeley 有以下几个优点：(1) 提供了出色的 PDF 文件阅读体验与注释功能，基本上可以取代一般的 PDF 文件阅读器。这是因为 Mendeley 自身提供了高亮、注释以及全文搜索等功能。(2) 全局搜索功能。Mendeley 可以从所有文献全文中查找某关键词，速度很快。(3) 文档重命名和自动重命名。Mendeley 可以将下载的文献自动重命名，并且可以定制重命名的格式。(4) 所有平台完全免费。(5) 拥有强大的社区功能，用户在网站注册后可以关注和被关注，互相分享文献。

同时，Mendeley 也有一些缺点：(1) 搜索逻辑不够人性化。(2) 较难通过构造复杂检索式定位某条参考文献。(3) 不能自定义文献类型。因为文献类型嵌在软件代码里，不能自定义，这可能会给文献管理和参考文献的插入带来很多麻烦。(4) 管理中文文献时可能出现问题。

图 2－13 是 Mendeley 的主界面（以 Standalone 版为例）。其布局与 EndNote 大同小异：中间显示文献条目，左侧为导航，上部有快捷工具栏，右侧则是文献信息。在小白试图导入中文文献时，的确出现了意想不到的问题，因此不推荐使用 Mendeley 管理中文文献。不过，Mendeley 本身是 Elsevier 旗下的免费软件，因此使用它管理部分英文文献应该不成问题。

（二）NoteExpress

NoteExpress 是一款国产的文件管理软件，其核心功能涵盖采集、管理、应用、挖掘等知识管理的所有环节。

相比 EndNote，NoteExpress 也有一些独特的优点：(1) 已经做好许多国内期刊的格式，不必自己建立新样式。(2) 全中文界面，便于用户学习使用。(3) 支持笔记功能，可以随时对感兴趣的文献做笔记。(4) 对中文数据库的导入更为方便。但它也有一些不

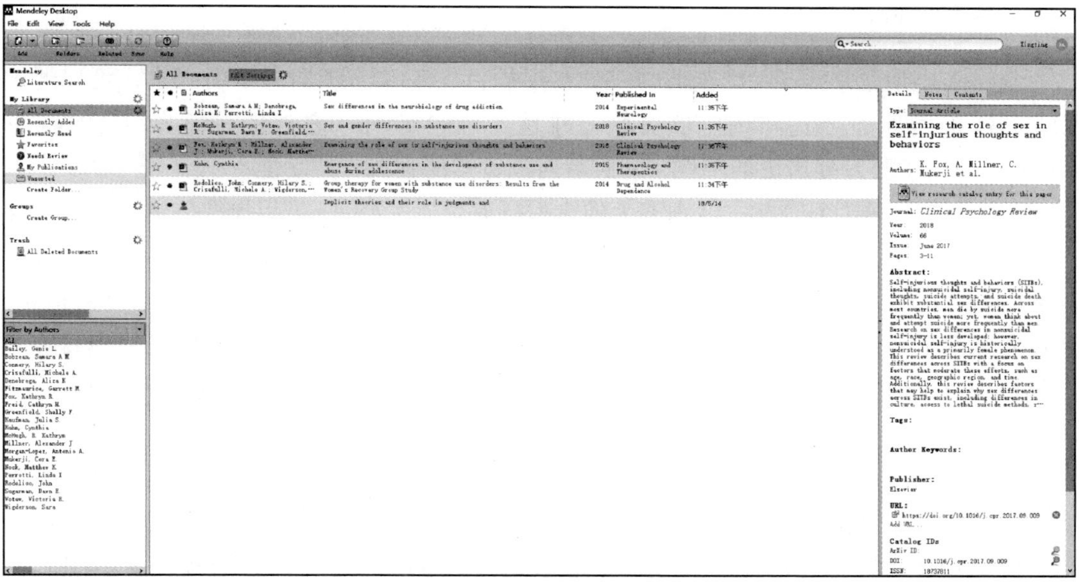

图 2-13 Mendeley 界面展示

如 EndNote 的地方：（1）在线查找没有 EndNote 方便。（2）自定义数据库过滤器时比较复杂，不如 EndNote 方便。（3）相对来说不如 EndNote 稳定。（4）管理英文文献时不如 EndNote 好用。（5）不具备网络同步功能。

图 2-14 是 NoteExpress 的主界面（以 NoteExpress 3.0 为例），可以看到界面均为中文显示，与 EndNote 的界面也非常相似。这使得 NoteExpress 在一定程度上更便于学习，并且 NoteExpress 为我们提供的功能和信息也与 EndNote 接近（也都是付费软件）。你可以根据自己的实际情况选择需要的软件。

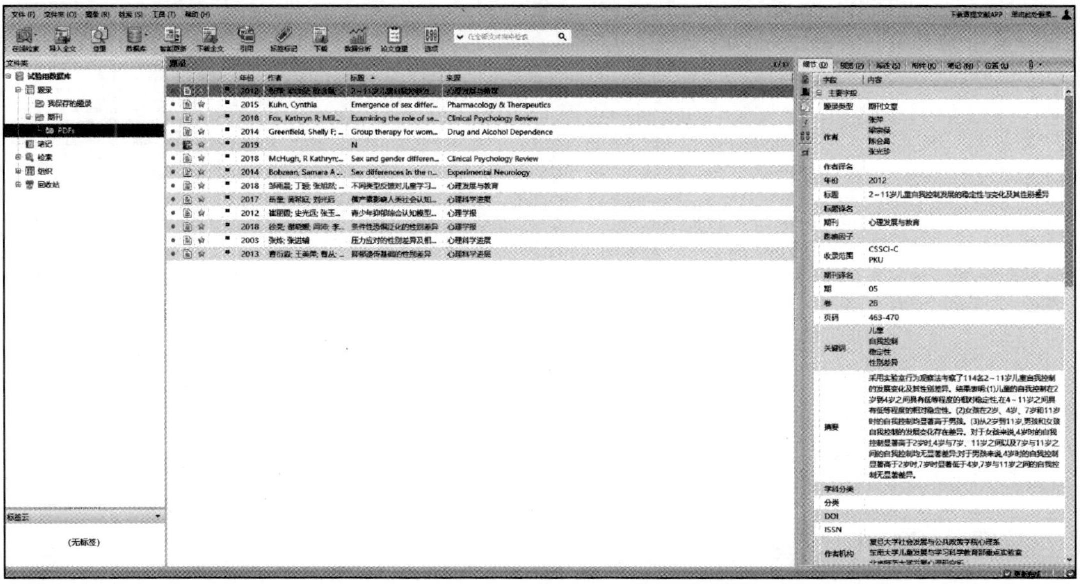

图 2-14 NoteExpress 界面展示

（三）Zotero

Zotero 起初只是 Firefox 浏览器的一款扩展插件，现在已经拥有桌面版本，可以通过浏览器连接插件的方式和浏览器关联，并且支持除 Firefox 之外的浏览器（如 Google Chrome）。由于其发展历史的特性，它具有对浏览器的强大支持功能。

Zotero 有以下几个优点：(1) 强大的文献抓取功能。Zotero 可以抓取你浏览的文献和图书的相关信息，并直接将这些信息存储到其数据库中，便于调用。(2) 文献关联。Zotero 提供了在文献之间建立超链接的功能，便于文献的关联和管理。(3) 全文检索。通过安装两个插件，Zotero 可以实现全文检索功能，搜索所有与关键词相关的项目，甚至包括用户添加的笔记。(4) 支持其他信息的管理，包括书籍、文章、新闻等。(5) 完全免费且自带中文界面。

当然也有一些缺点：(1) 连接到 Zotero 的官方网站可能会很慢甚至失败，这导致下载 Zotero 需要比较长的时间，尽管它很小。小白在下载过程中多次出现网络问题，这可能会降低使用者的用户体验。(2) 无法直接通过 Zotero 进行外部数据库检索。(3) 自身的云同步空间较小（仅 300M），需要通过一系列设置使用第三方云空间进行同步。(4) 从 PDF 导入文献的速度较慢，并且有导入文献信息出错的情况（中英文均可能出现）。(5) 过滤器远远少于 EndNote。(6) 很多功能需要安装插件才能实现。

图 2-15 是 Zotero 的界面（以 Zotero 5.0 为例）。可以看出，它的布局仍然和前几款文献管理软件大同小异。不过它作为一款国外软件，却自带中文。但导入图中的五条文献记录的时间显著长于将同样的文献导入 EndNote 的时间。

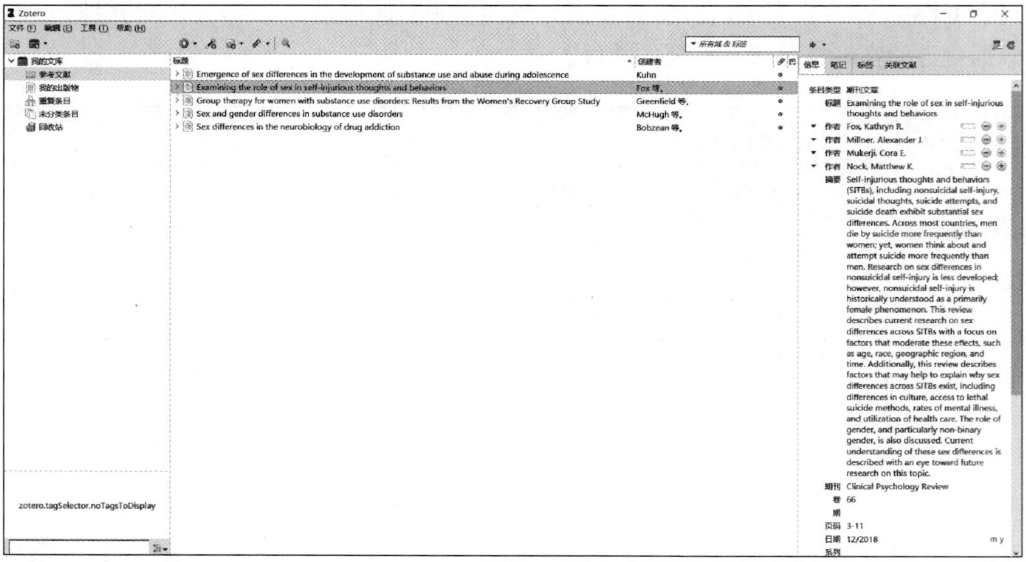

图 2-15　Zotero 界面展示

（四）Citavi

Citavi 是一款来自瑞士的文献管理软件，在德语区广泛使用。Citavi 的定位是一款“文献管理与知识组织”软件，用于支撑从信息检索到论文写作的全部过程。官方把这一流程大致划分为三步：输入、分析、导出。而 Citavi 在每一个步骤中都能发挥其作用。

Citavi 除了能完成管理文献等任务，还有一些独特的功能：（1）Citavi Pickers。Citavi Pickers 免费并与 Citavi 同时自动安装。在线查找文献时，可以使用 Citavi Pickers 轻松添加引用，它可用于 Firefox、Google Chrome 和 Adobe Reader 等软件。只需点击一下就可以将当前网页保存为新的参考。另外，它还可检测网页上的每个 ISBN 和 DOI。只需点击一下旁边的 Citavi 图标，就能从互联网检索其书目信息。（2）存储搜索历史，可用于重复搜索。（3）集成阅读功能。使用阅读功能可以查看 PDF、网页、Word、图像、视频、PPT 等文件，并在 PDF 文件上添加批注。（4）目录系统。可以使工作更为系统而有条理，在起草项目或论文时会非常有用。（5）有免费版，支持每个项目最多 100 条文献的管理。这对于一个较小的项目已经足够。当然，Citavi 也有一些不太完美的地方：（1）对中文文献的支持不够好，不能直接识别其信息。这几乎是几款国外软件的通病。（2）相对较为复杂，不易掌握。

总的来说，Citavi 在一些人眼里是最强大的文献管理软件，因为它几乎覆盖了整个项目过程。但对于一个初学者来说，也正因为它的功能繁多，所以才不太容易掌握。图 2－16 是 Citavi 的主界面。右侧是 PDF 文件的阅读窗口，可以利用其自带的高亮功能标注重点。中间是一系列有关文献信息的选项卡及其呈现区域。左侧则是当前项目中的文献条目。这和前面几款文献管理软件的界面是有一定区别的。在图 2－16 中可以看到，在文献信息的下方有一个 Citavi 的标志，点击它可以直接将该文献导入 Citavi 的项目之中。

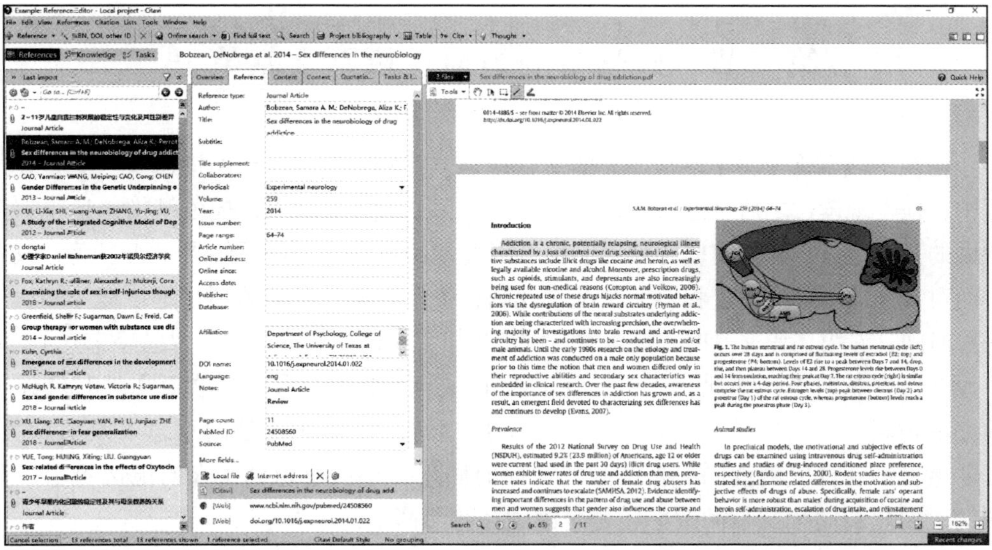

图 2－16　Citavi 界面展示

六、小结

尽管上面已经提到 EndNote 的很多功能，但仍有一些功能值得你去探索和发现。在使用过程中逐渐熟悉它，直到把它变为自己的得力助手。当然，你也可以不受 EndNote 所限，去探索更多的文献管理软件（它们之间有很多相似之处，可以触类旁通，甚至还可以同时使用多个管理软件），使用好它们一定会对你的学习有很大帮助！

小贴士

1. EndNote 的操作界面分为几个区域，它们有不同的作用。
2. 向 EndNote 中导入文献信息的方式：
- 手动输入。
- 通过本地文献 PDF 文件导入。
- 通过数据库导入。
- 通过学术搜索引擎导入。

3. 通过 EndNote 可以便利地管理已有的文献：
- 标记已读。
- 标记重要性。
- 创建分组。

4. 边写边引用的方式：
- 选择—引用。
- 查找—引用。
- 复制—引用。
- 直接拖曳。

第三节　好学生的习惯：撰写文献笔记

小白在下载了许多关于性别差异的文献之后，开始一篇一篇地阅读起来。但是在这个过程中，他发现读过之后自己只能对每篇文献有一个大概的印象，模模糊糊地记得那篇文献中做的是一个什么样的实验、操纵了什么因变量和自变量、最后结果是否显著，仅此而已，而对具体的问题提出过程、无关变量控制、统计方法、研究的不足等一概不知。等过了一段时间，看第二篇文献时，前面看过的那项研究中的变量操纵方法也已经忘光了。

读英文文献时更是如此，前一天晚上看了一半，第二天再翻开这篇文献时已经不记得前面的逻辑。小白总是要反复阅读才能彻底理解一篇英文文献的意思以及前后关系，效率非常低。在反复阅读同一批文献的这段时间里，小白意识到：人的记忆容量毕竟是有限的，要提高阅读文献的效率还是应该做一些阅读笔记。

一、为什么要做文献笔记？

（一）提高效率

文献笔记能将文献阅读时间高效化。尽管做学术笔记需要花费的时间长于普通阅读，但是时间投入和产出之比是不可相提并论的。如果嫌花费的时间多就不做笔记，过了几天后就什么都不记得了，反复查找和阅读之前的文献会浪费更多时间。而做笔记的时间虽长，所形成的笔记却是对文章更为凝练的概括，更方便我们进行总结和回顾。

（二）加深理解

除了提高效率，做文献笔记还能够让我们掌握文章更深层次的逻辑，加深对文章的理解。拿到一篇文献后，单纯的浏览很容易让我们停留在信息的获取而不是信息的分析与综合上。最后文献看完，仅仅知道了相关研究的假设、一般结论，还有方法等非常基本的信息；像研究的缺陷、意义、创新、与其他研究的关系等更加深层的信息则一概不知。这些深层的信息，需要我们整合零散分布于文章各部分的信息后分析得出。这时，文献笔记就可以给我们提供一份简洁有用的可以直接参考的资料。

（三）便于运用

做文献笔记还有利于我们进行之后的文章撰写。无论是形成文章主题、写出论据，还是从过往文献中提取观点，都需要对过去文献的内容有一定的把握和整合。因此，长期积累的文献笔记是我们写文章时最好的参考。同时，文献笔记极大地方便了我们对心理学问题进行思考——例如，通过文献阅读，建立关于一个领域的知识体系。在此基础上，我们就可以非常迅速地从一个较高的水平纵览面临的问题，从更为宏观和全面的角度进行思考。

二、文献笔记该写什么？

了解了文献笔记的重要性之后，小白打开了一篇英文文献，开始一段一段地翻译，无论是引言还是方法，都笨拙地翻译每一段的内容。小白做完一篇文献的笔记之后，发现自己确实理解更深了一点，但是做完之后一看表，原来一天已经过去。实际上，大段地翻译文献只会白白耗尽小白的耐心和宝贵的时间；而且之后再看时，仍然不能准确地找到有用的信息点，也不能快速梳理出框架，可以说是事倍功半。浪费了一天时间的小白不免感到沮丧。不要放弃啊，小白，来一起学习文献笔记应该包括哪些内容吧！

文献笔记是对一篇文献的整理和思考。虽然需要写的内容不像文献综述那样严格，但仍有章法可循。一篇文献笔记应该包括以下三个部分：

- **文献的基本信息**，便于我们依靠笔记迅速回忆文献内容。
- **文献批评**，这应该是我们进行文献精读后的成果。
- **文献摘要**，将读过的文献转化为我们未来研究的燃料。

（一）基本信息

在这一部分，你需要以简短的话语记录以下内容：

- 文献题目。
- 主要研究者。
- 年份。

- 期刊。
- 研究假设。
- 研究方法。
- 研究结果。

我们以一篇实证研究为例（见图2－17）。当然，读者可以任意增删笔记内容。只需做到言简意赅、明晰易懂即可。

标题	作者	年份	期刊	研究假设
Acceleration with steering: The synergistic benefits of combining power and perspective-taking	Galinsky Magee Rus Rothman Todd	2014	*Social Psychological and Personality Science*	Combining power with perspective-taking can lead to fairer interpersonal treatment and higher quality decisions.

图2－17　文献笔记示例

（二）文献批评

在第一部分，你是文献的记录者；但是在第二部分，你需要成为文献的批评者。具体来说，你需要以一系列问题为框架完成批评。

首先是文章的引言部分。一些可能的问题是：

- 引用的关键文章是什么？
- 是否错误或不完全地引用了其观点？
- 是否遗漏了关键文献？
- 作者的观点是正确的吗？
- 作者为什么要做这项研究？

以“Awe, the diminished self, and collective engagement: Universals and cultural variations in the small self”一文（Bai et al., 2017）的笔记为例。请看图2－18的示例。

> • 作者是否说清楚了研究问题？如果没有，怎样说会更清楚？
>
> 文章对小我的探讨并不仅限于跨文化差异，还涉及自尊、地位、权力等变量。文章对这一方面的解释有限，产生了一些让人难以理解的地方。
>
> “融入社会集体需要个人在追求自身利益和增强他人利益之间取得平衡”——这句话的意思不明，本研究的结果似乎也并没有涉及“平衡”这个问题。
>
> “我们假设敬畏会将注意力从自我转移出去，从而让集体参与成为可能”——很有可能，人们也许会期望敬畏将自我定义的内容从个人特征和偏好转移到集体特征中。

图2－18　引言部分文献笔记局部示例

其次是研究方法部分。一些可能的问题是：

- 实验的设计是否正确？
- 这个范式可以用吗？

- 可以证明研究者的假设吗？
- 样本选取正确吗？
- 使用的数据分析方法对吗？
- 有没有更加高效或严谨的研究设计或数据分析方法？

请看图 2－19 的示例。

> • 研究设计有哪些不合理的地方？
> 几个实验仅仅使用了自然敬畏，是否可以加入人际敬畏？
> 仅仅使用了积极敬畏，是否可以将积极敬畏的效应拓展至消极敬畏？
> 也许消极敬畏会导致低主观社会地位，或者问题行为，比如反社会行为、外群体偏见等。

图 2－19　研究方法部分文献笔记局部示例

之后是讨论部分。一些可能的问题是：

- 结论可信吗？会是假阳性吗？会是虚假相关吗？
- 可以充分回应研究假设吗？
- 有没有综合过往文献对本研究的结论进行解读？解读得足够完备深刻吗？
- 研究有哪些创新，包括理论创新和方法创新？
- 研究有什么意义，包括理论意义和应用意义？
- 提出的不足是真实的不足，而未来展望也是真正值得探讨的方向吗？

然后，把文献放置于整个研究领域来看：

- 与该领域的其他理论和实证研究之间有何关系？
- 文章让你想到了哪些类似或者不同的其他文章？

总的来看，第二部分文献批评需要你预先准备一大串问题来质疑你手上的这篇文献，且与上一部分一样，这里的问题也需要根据你的偏好和习惯进行增减。

（三）文献摘要

最后，对前面的工作进行更上位的提炼：

- 本文对你目前的研究或者将来的研究会有何帮助？
- 有哪些重要的观点你需要记住，或是将来可能会引用？
- 有哪些结论和方法将来可能用到？
- 你对未来的研究有什么想法，尤其是可以验证的想法？

请看图 2－20 的示例。

> • 你对未来的研究有什么想法？
> 敬畏会将注意力从自我转移出去，从而使集体参与成为可能。那么，人们会期望敬畏将自我定义的内容从个人特征和偏好转移到集体特征中。
> 这是作者在文中提到但没有验证的假设，以后的研究可以考虑这个问题。

图 2－20　摘要部分文献笔记局部示例

三、灵活运用多种软件做文献笔记

现在我们已经知道文献笔记的内容大体如何了。那么，具体如何做文献笔记呢？做文献笔记的方法有很多，各有优劣。下面，给大家介绍三种较为常见的方法。

（一）使用 Word 文档以及 EndNote

具体操作：首先，将笔记（从基本信息到文献摘要）记录在 Word 上。可以用一个个问题作为笔记的骨架，也可以自己制作表格，使得笔记结构更加规范。之后，借助 EndNote 的功能将 Word、PDF 文献，与引文关联起来。双击 EndNote 库中的一篇文献，之后，点击“attach PDFs”后面的附加文件标志，添加 PDF 文件以及 Word 文档。

优势与不足：使用了 EndNote，因此方便进行文献管理。但是，你只能一篇一篇地查看你的文献笔记，不能快速浏览。

（二）制作 Excel 表格

具体操作：使用 Excel，表头一般会有以下内容：年份、作者、题目、自变量、因变量、调节变量或中介变量、研究设计、被试信息、结论等。之后，将文献基本内容写入 Excel。

优势与不足：文献的基本信息可以被较好地整理；可以在一页 Excel 表格中呈现大量文献，比较适合梳理不需要精读的文献或是同一领域的文献。但是无法对每一篇文献都进行精读。

（三）随文注释法

具体操作：用 OneNote 笔记本或者印象笔记之类的工具，将整篇 PDF 文献导入其中。接下来就可以用该软件进行随文注释了。无论是高亮还是打字，都是非常方便的。

优势与不足：可以通过创建分区，将类似的文献归类到一起，便于对照阅读；随文注释可以将笔记与文献紧密结合起来。当然，这一方法不如制作 Excel 表格那样直观。

四、写在最后

小白学会了做文献笔记之后，不仅阅读文献更加有效率了，而且每次做完一篇文献笔记都会特别有成就感。最重要的是，尽管这时小白自己还没有意识到，但是他的批判性思维、把握文章整体逻辑以及写作能力都在潜移默化地提升。实际上，文献笔记是写好文献综述的基础，对于每一个人来说都是不可或缺的“原始积累”——靠劳力、节俭和竞争获得，当积累到临界点之后，就是爆发式发展。正如人们常说的，人生中的第一桶金是最难赚的，赚到之后再钱生钱就容易不少。

拓展阅读 2－5

AI 助力读文献的“神器”——Sider

时至今日，AI 已经足以改变传统的文献阅读方式。通过自然语言处理技术，AI 能对大量文献内容进行快速的筛选和预处理，可以节省科研人员在海量文献中找到关键信息（如研究趋势、核心观点及相关研究）的时间；通过深度学习等技术，AI 可以理解和分析文献中的复杂内容，甚至能够提出新的研究假设和方向；此外，通过机器翻译技术，AI 还可实现高效准确的文献翻译；最后，通过针对用户阅读行为的数据分析，AI 可以推荐与个人研究兴趣和历史阅读行为高度相关的文献，使得每位科研人员都能获得最适合自己的阅读材料。

这里推荐一款辅助读文献的“神器”——Sider。它是一个侧边栏插件，集成了多个大语言模型的功能，如 ChatGPT、DeepSeek、Gemin、Claude 等。它可以在多个浏览器或 Windows 系统中使用，能够完成诸如摘要文章、翻译文字、解释概念、改进句子、生成广告脚本和创作故事等多项任务。更为重要的是，Sider 可以让用户方便地使用 ChatPDF 的各项功能。

什么是 ChatPDF？ChatPDF 是 OpenAI 公司推出的一款旨在帮助用户与 PDF 文档互动和对话的 AI 工具。通过 ChatPDF，用户能够快速扫描和索引大量文档，从而大大节省阅读时间。此外，ChatPDF 还能智能提取文档的核心内容，生成简洁准确的摘要，让用户快速了解文档的要点和重要观点。同时，ChatPDF 利用先进的自然语言处理技术，能够深入分析文档，识别出关键词、短语和主题，并将文档中的相关内容和概念进行关联，让用户可以更全面地理解文档和信息。最后，ChatPDF 不仅能够处理 PDF 文档，还支持其他常见文档格式，这使得用户可以在一个平台上管理不同格式的文档，提高工作效率。总之，对于科研人员来说，ChatPDF 是一款强大的辅助工具，它可以帮助我们快速浏览大量的学术论文和研究成果，提取关键信息和观点，加快文献综述的过程。同时，ChatPDF 还能够自动生成文献摘要和参考文献列表，帮助用户快速整理和引用相关文献。

在利用 ChatPDF 辅助阅读文献之前，首先需要点击 Sider 网站上的 ChatPDF 网页（https://sider.ai/chatpdf），随后上传准备阅读的文献（见图 2－21；支持阅读 PDF、DOC 和 PPT 三种格式的文件）。随后，便可体验 AI 辅助文献阅读的畅快之旅。

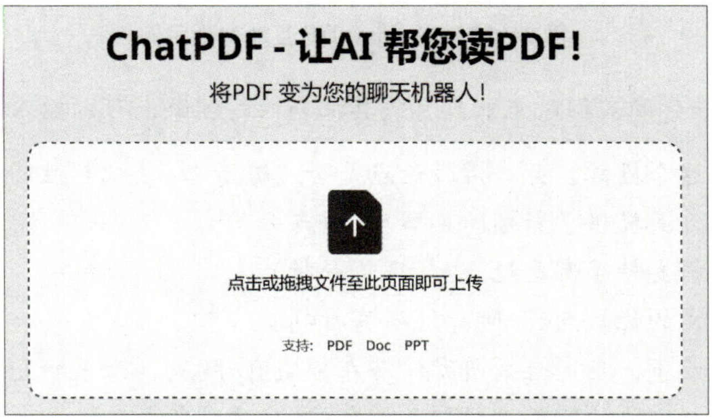

图 2－21 ChatPDF 上传文献的功能页面

1. 概要速读——快速了解文献内容

打开一篇文献，我们首先想要做的是快速了解其核心内容，以判断是否值得花时间继续深入阅读。这时，我们可以在 ChatPDF 的右侧对话框输入提示词：“本文的核心内容是什么？”ChatPDF 会自动总结文章的概要和课题设计思路（见图 2－22），据此，你便可判定这篇文章是不是你真正需要的，大幅提高文献筛选的效率。需要特别强调的是，“概要速读”是根据全文内容给出的全文逻辑的总结梳理，而不是对文章摘要或某一个部分的简单翻译。

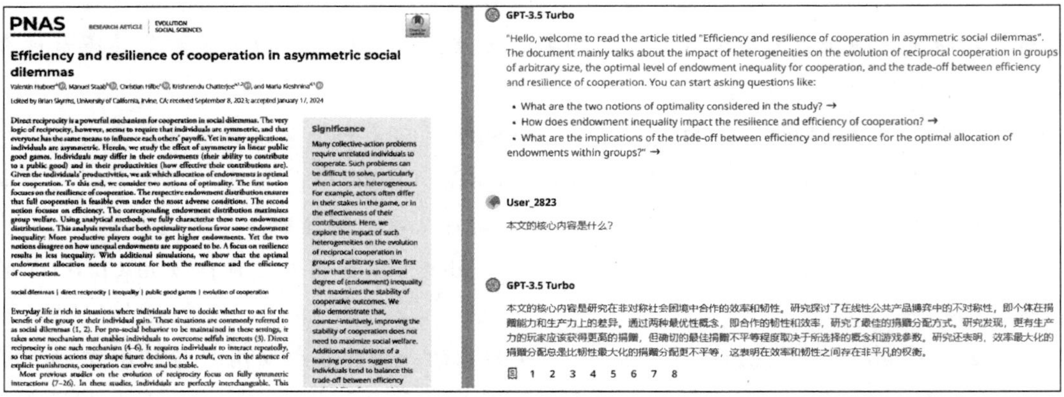

图 2－22　ChatPDF 总结文献核心内容示例

2. 智能对话——带着问题读文献

在阅读文献时，我们经常会产生各种各样的疑问。这时，我们既可以亲力亲为、逐字逐句地在文中寻找答案，也可以与 ChatPDF 进行互动对话，让 AI 帮我们从文中提炼出答案，并且定位相应的答案段落（见图 2－23）。

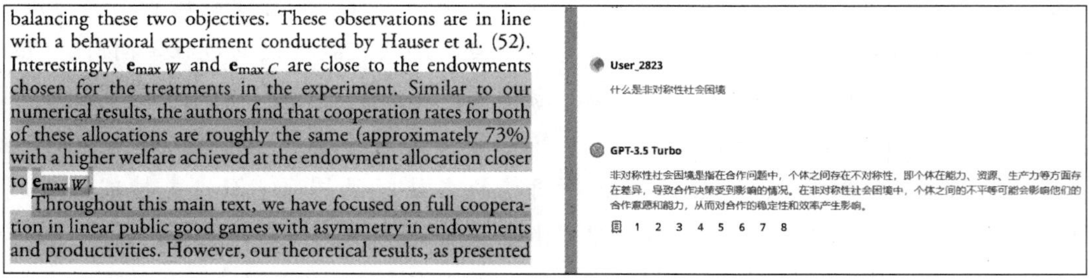

图 2－23　与 ChatPDF 互动对话示例

为了让 AI 助手帮助我们对文献拥有更具批判性的理解，可以输入以下多种提示词：

- 请审查以下这个段落，并告诉我论点是否足够清晰。（批判性阅读）
- 作者在哪些方面提供了新颖的见解？（观点分析）
- 文献中的数据支持了哪些观点？（理论分析）
- 总结一下该文的优缺点有哪些。（研究批判）
- 在本文的背景下，确定未来研究的潜在领域有哪些。（未来研究启发）
- 请提供一些与本文的研究主题相关的文献。（文献推荐）

总之，AI 助手就像一位耐心的老师，随时准备为我们答疑解惑。但是，对于这些基于自然语言处理技术生成的观点，我们不应全听全信，而是应该尽到仔细审查的义务，以确保信息的准确性、完整性和一致性。

3. 划句翻译——不认识就翻译

在阅读英文文献过程中，我们经常会遇到一些生词不认识的情况。在 AI 助手的帮助下，我们可以先划定词汇范围，随后点击翻译选项，翻译结果就会自动出现在 ChatPDF 页面的右侧（见图 2－24）。但是，并不推荐大家在阅读文献的过程中经常使用全文翻译功能，原因在于中文直译可能无法准确反映英语的准确意思和逻辑顺序，从而导致误读、误解、逻辑混乱；而且，习惯性的中文阅读会让读者的英语语感逐渐丧失，也无法学习到英语新词、好词和写作方法等。

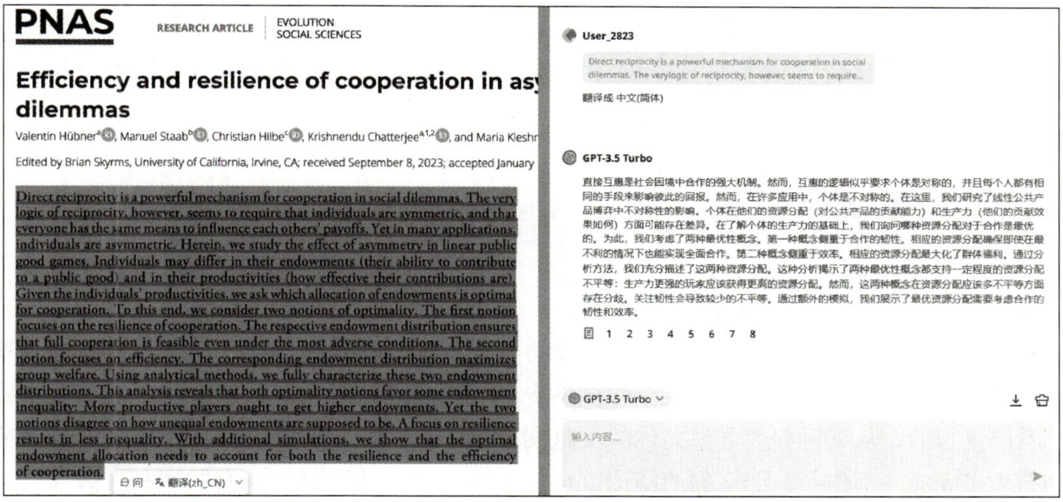

图 2－24 ChatPDF 翻译文献摘要示例

总之，AI 助手在总结概要、互动对话和即时翻译方面优势明显，适当使用的确可以提升我们阅读文献的效率；但是，它永远无法取代真实的学习过程。正所谓“学而不思则罔，思而不学则殆”，如果一味依赖 AI，而不去实实在在地学习和钻研，终究是沙上建塔，一无所得。

小贴士

1. 文献笔记的作用：

- 提高效率。
- 加深理解。
- 便于运用。

2. 文献笔记包括的内容：

- 文献的基本信息。
- 文献批评。
- 文献摘要。

3. 常见的文献笔记工具：

- Word + EndNote。
- Excel。
- OneNote 或印象笔记。

第四节 批判性阅读：从一篇到多篇文献

打开一篇文献，应如何阅读呢？是像阅读小说那样从头读到尾，还是像上课时阅读教科书那样逐字逐句地阅读、做标记、写笔记？阅读文献需要具备哪些基本技能和知识储备呢？人的工作记忆容量毕竟有限，文献读得越多，是否会越发迷惑不解，不知道自己为何而读？每一篇文献都是独立的“个体”，可不同的文献之间也存在某些关联，面对文献间的异同，又该如何归类、甄别甚至取舍呢？

一、阅读文献的几个原则

（一）明确阅读目的

第一个问题，为什么要阅读文献呢？是想要完成老师布置的作业，还是想为展开一项研究做准备？是想要增加自己在某个领域的专业知识，还是想发现新的学术兴趣点？不要小看阅读目的，从某种程度上说，你的文献阅读目的决定了你的阅读方向和阅读方式。假如是为了完成一项作业，那么你的阅读就可以很有目的性地围绕作业主题展开；假如是为了提升自己的学术素养、了解新的学术动态，可以尝试到图书馆或者期刊官网订阅期刊，随时接收最近的文献推荐。假如想要在学科内长期发展，在完成短期任务、精确查阅文献的同时也不要忘记长期培养自己的学科素养，从各种渠道、各类期刊了解不同的知识。

（二）以一定的科学方法知识为基础

要批判性地阅读文献，需要具备一定的科学方法知识，比如基本的实验设计原则、文献组织结构等。没有这些基础知识，文献的阅读和评述很可能会毫无头绪或让阅读者感觉“力用错了方向”。当然，批判性阅读不代表对文献进行无休止的批评，要时刻记住“思考解决方法比提出问题更重要”。

批判性阅读对于文献阅读而言绝不是止步于对实验和文章写作的评判，它还可以促进你对文献内容的思考。很多情况下，你会发现主题相似的不同文章却用了不同的理论作为研究基础。在这个时候，一定要进行思考，要试图找到不同理论的共性和不同，并用批判性的眼光发现不同理论的适用性和可能存在的问题。理论既然提出且有人论证使用，就表明其有一定的价值；尽管可能有其局限性，但切记不能因此就将其“一棍子打死”。批判性阅读绝不是为了彻底否认一个思想而存在的，“取其长，补其短”才是其真正存在的价值。

研究实例2-1

批判性阅读文献从题目开始

你也许会对大部分作者在写作题目上花了很多气力而感到吃惊，因为他们不得不将数月（甚至数年）的工作浓缩为一句话。因此，不用怀疑，题目中的每个字词都非常有分量。而对于读者来说，这意味着你应该从题目中看出更多的信息，得出更多的想法。

当你拿到一篇文献时，请先别着急阅读全文，而是最好从品味它的题目开始，考虑题目中每个字词的含义，并将你期望在文献中看到的研究问题、方法和结果列表。在你读论文前，你就应该能够由题目列出你觉得作者会做的实验清单，数据大概会是什么样子，作者怎样得出他们的结论。你的清单可能与文献内容相差甚远，但没有关系。重要的是，你在阅读全文之前就努力提前思考过了。

题目举例：具身认知视角下软硬触觉经验对性别角色认知的影响（易仲怡等，2018）

首先，确信你理解了每个字词的含义，或知道怎样才能找到这些字词的含义。此时，如果你不知道什么是“具身认知视角”，那么在进一步钻研论文前去找出它的含义，因为它肯定是整个原稿的关键组成。通常，寻找含义特别模糊的字词的定义和解释的好位置是引言部分。

> 具身认知（embodied cognition）认为心智和认知与身体之间存在内在的和本质的关联，认知产生于身体的体验及其活动方式（Anderson, 2007）。

其次，用动词把两个概念结合起来。根据这篇文章，两个明显分离的概念（软硬触觉经验和性别角色认知）实际上是相关的。如果是你，你会如何来揭示它们相关？两者间的关系又和具身认知有什么关系？花点时间努力思考一下有什么实验可以实现。如果有，将它写下来。如果没有，为了提出一些可能进行的实验，可把需要回答的问题写下来，例如：软硬触觉经验如何影响性别角色认知？如何操控软硬触觉经验？如何测量性别角色认知？

最后，你应该列个清单：要么是一系列你认为可行的实验，要么是为了列出实验清单需要回答的一系列问题。也许它包含每一类型的陈述。记住：清单和实际作者所做的实验系列有分别是最好的。

如果最终你发现你的实验清单与作者的根本不一样，那将非常有指导性，你可以接着思考：“我遗漏了什么关键点，还是作者遗漏了？他们的题目对我产生了误导吗？”许多论文的题目可能会给读者制造“阳性”的假象，而你的任务就是要识破它！

（三）在阅读过程中谨记目标

假如在阅读文献之前已经选定主题，就要注意在阅读的过程中时刻谨记自己的目标。一个确定的目标能够让你在阅读的过程中集中注意，对关键信息保持敏感。例如，想要完成一项关于“性别刻板印象产生原因”的作业，那么在阅读文献的过程中，就要对与“原因”相关的信息保持敏感，并相对忽略“性别刻板印象造成的影响”“性别刻板印象的表现形式”“克服性别刻板印象的策略方法”等方面的信息。

（四）精读和泛读结合

由于人的精力有限，在阅读文献的时候，不可能每个部分都精细阅读。这个时候，不妨回顾一下自己的阅读目的再进行下一步。另外，一个大的阅读目的，比如为一项实证研究做准备，可以分为很多小的阅读目的，比如：

- **目的1**：设计实验。这就需要阅读已有的实证研究，关注研究问题和研究方法，并对研究方法进行细致的分析，找出问题所在。这个过程需要对多篇文献进行细致的比较（后文会详细说明如何比较）。
- **目的2**：做已有文献的综述。这就需要对已有文献和理论的发展过程有一个大致的了解，因此，在阅读时可以相对泛读。

（五）以提问的方式促进批判性阅读

作为领域内的新手，可能一开始并不了解如何进行批判性阅读，不知道如何有针对性地寻找“批判”点。这时，不妨试试用提问的方式来引导自己思考。表2-4a、表2-4b和表2-4c是一些可以作为参考的提问，你也可以在不断阅读和总结的过程中充实这个提问列表。

表2-4a　批判性阅读文献自检表（引言部分）

问题	回答	备注
引言		
1. 作者是否明确提出了一个合乎逻辑的研究问题？		
2. 研究问题是否陈述清楚？它的意义是否确立？		
3. 作者的研究取向是定量的，还是定性的？		
4. 从另一个角度考察它是否更有效？		
5. 作者的理论框架是什么？（如认知、发展等）		
6. 作者是否评述了相关文献，并提供了真正无偏倚的说明？		

资料来源：埃文斯，2010，114页。

表2-4b　批判性阅读文献自检表（方法和结果部分）

问题	回答	备注
方法		
1. 设计是否足以回答研究问题？		
2. 考虑到研究问题的性质，自变量是否合适？		
3. 自变量的水平是否适当？		
4. 感兴趣的变量是否进行了操作性定义？		
5. 测量的准确性和有效性如何？		
6. 控制是否合适？		
7. 能否根据提供的程序重复这一研究？		
8. 被试的选择是否适当？		
9. 样本是否有代表性？		

续表

问题	回答	备注
结果		
1. 进行的分析是否适合回答研究问题?		
2. 是否满足使用统计检验的假定?		
3. 是否提供了充分的描述数据，包括平均数和标准差，以获得对数据的理解?		
4. 推论或质性分析是否清晰和符合逻辑?		
5. 结果的计算或呈现是否清楚?		
6. 表格和图形的标示和呈现是否清楚?		
7. 结论是否基于数据和分析?		

资料来源　埃文斯，2010，119 页。

表 2-4c　批判性阅读文献自检表（讨论和总体部分）

问题	回答	备注
讨论		
1. 推论是有客观基础，还是只是作者在证明他所相信的东西?		
2. 作者如何组织论证?		
3. 是否能够分解论证的流程，以确定它合乎逻辑?		
4. 文章如何贡献于我们对所考察问题的理解?		
5. 实际应用是什么?		
6. 这项研究的优点和缺点是什么?		
7. 可以如何改进或重新设计这项研究?		
8. 这篇文章与我正要提出的具体研究问题有什么关系?		
9. 推广是否正确?		
总体		
1. 参考文献是否与文中的引用匹配?		
2. 整个研究是否遵循了伦理标准?		

资料来源：埃文斯，2010，126 页。

在了解了基本原则以后，要怎样将这些原则应用到实际的阅读过程中呢？小白借着在组会听师兄师姐报告和讨论文献的机会，认真地总结了一些实战经验。

二、通过比较两篇文献进行批判性阅读

在导师组会上，两位师兄计划分别报告两本期刊的两篇不同文献。一篇文献名为“Two-faced morality: Distrust promotes divergent moral standards for the self versus others”（Weiss et al., 2018），发表在 *Personality and Social Psychology Bulletin*（*PSPB*）上，另一篇名为“The interpersonal effects of emotions in money versus candy games”（Wang et al., 2018），发表在 *Journal of Experimental Social Psychology*（*JESP*）上。在阅读这两篇文献前，两位师兄对这两本期刊的定位进行了介绍：*PSPB* 是美国人格与社会心理学会（SPSP）

的官方期刊，主要刊登人格和社会心理学领域的原创性实证论文。*JESP* 主要刊登拓展或创造社会心理学概念的文章，专注于使用实验或准实验方法的社会心理学研究报告。不难看出，两本期刊的定位不甚相同，所涉及的领域也有所区别。那么，在阅读这样两篇领域不同、风格各异的文献时，要关注哪些方面呢？正当小白低头沉思时，师兄给每个参加组会的人发了一张表格，目的是针对两篇文献的特点进行对比（见表2－5）。

表2－5　两篇文献对比阅读总结表

		文献一	文献二
研究背景	研究题目吸引人的程度		
	研究问题的重要性		
	理论背景的深度、契合性、影响力		
	研究问题的重要性、明确性、凝练性、概括性		
方法与结果	研究假设的可验证性、合理性		
	研究假设的新颖性		
	多个研究设计之间的逻辑连贯性、严谨性、必要性		
	研究方法的可靠性、新颖性、多样性、创造性、趣味性		
	统计方法的选择是否合适，结果报告是否规范		
	图表是否清晰、美观、规范		
讨论与总结	讨论的深度和广度如何，对创新与贡献的自我表扬是否让人信服		
	对研究缺点的自我批评是否中肯，对未来的研究是否具有参考性		
	写作的严谨性、可读性、优美程度		

“这就是所谓的‘带着问题读文献’吧！”小白暗自想着，一下子感觉阅读文献有了目标。伴随着两位师兄的报告，组会的成员们对这两篇文献有了一个大致的了解，接着对照表格提出的问题进行了讨论。

研究实例2－2

如何找到组会存在感？高质量发言让他人记住你

话题一：哪个题目更好一些？

A同学：我觉得 *JESP* 上这篇研究的题目更好一些，因为其中有 money，然后还有这个 games，都是挺吸引人的词。

B同学：*PSPB* 上的这篇研究涉及道德，让人感觉很好奇，想要看下去。

C同学：不过我怎么看到“道德”这个词就有点担心呢？害怕会比较高深，让人看不懂。

D同学：我觉得两个题目各有自己的优点和缺点。不过我们能不能把题目改得更好一点呢？而且我注意到 *JESP* 上的很多文章有副标题，这篇就没有，挺奇怪的。

小问题：作为读者，你更喜欢哪一篇文献的题目呢？文献题目中的冒号通常是用来做什么的呢？

话题二：哪篇研究的问题能让更多的人感兴趣？

A同学：我认为应该是 *JESP* 上的这篇研究，因为它的实际应用非常广泛。这篇文章告诉我们，你的情绪比你的语言更重要，我们要在适当的情况下流露出自己的情绪，不要一直板着脸，什么都不说。

C 同学：你的这个观点很好，但还有没有不一样的观点呢？我们要如何去衡量是否有更多的人感兴趣呢？文章的意义部分经常说，这个问题有多重要、多基本，至少在这个学术领域占据很重要的地位。这可能就是判断研究重要性的比较核心的一个问题吧。

B 同学：我觉得评判的人可能分为两类，一类是大众，一类是心理学家，也就是研究这些问题的人。平时我们在选择一个研究问题的时候，一般是尽可能选择一个让大多数人感兴趣的问题。如果很小众、很冷门，大家可能觉得这样的问题跟自己无关，这类问题就不太容易得到大众的认可。比如 *PSPB* 上的这篇研究，文章说“道德是人类社会生活的一个维度”，其实就是在强调这个问题有多么重要。而大众可能更关心研究结果，如果结果足够吸引人，就更可能获得大众的关注。

小提示：作为心理学研究者，我们既要关注有意义的研究主题，也要注意得出科学的结论。但不得不说，的确有一些心理学实验以其颠覆认知且体现人类主观能动性的结果迅速吸引了大众的关注。

小问题：心理学上是否有一些冷门但重要的研究主题呢？

话题三：理论背景的深度、影响力和契合性

A 同学：*JESP* 上的这篇研究提出了很多支持性的证据。

C 同学：但我认为 *JESP* 上的这篇研究没有介绍什么具体的模型，只是泛泛介绍了一些已有的证据。在我看来，作者并没有依据一个具体的模型进行研究，或者说，之前并没有一个成型的理论。而且做完了这项研究，作者也没有提出一个理论。虽然研究者提出了一个很复杂的模型，但是模型和理论还是两回事，并且也不能排除其他更复杂模型的可能性。

A 同学：*PSPB* 上的这篇研究提到了一个叫作 SeMI 的模型。但是，研究者好像并没有介绍这个模型和他们的研究有什么关系。

C 同学：我觉得你这一点说得特别好，我也同意。虽然研究者提出了这样一个理论模型，但是好像与他们的实验设计没什么关系，在契合性上可能还是差一点。不过还是体现了一些理论深度的。

小问题：你觉得一个好的理论背景应该具有怎样的特征呢？

话题四：研究问题的重要性、明确性和概括性

C 同学：这个话题对于想要申请科研项目的同学来说就很重要。在选择题目时就要思考题目的重要性、明确性和概括性。研究的主题是否能用一句话说清楚？别人在听了介绍之后，是否会觉得这个研究主题有研究的价值呢？我觉得可以以今天的两篇研究为例来思考一下这个问题。

B 同学：*JESP* 上的这篇研究做了这么复杂的一个模型，从理论上来讲，模型越复杂，就越说明这篇研究已经没有那么基本和核心了。

小问题：在提出研究问题时，要如何凝练准确地概括自己的研究思想呢？

话题五：研究假设的可验证性、合理性和新奇性

C 同学：我认为这个部分需要思考的就是假设的可验证性，以及这个假设本身是否合理。

A 同学：*PSPB* 上的这篇研究的假设更加新奇一些。但 *JESP* 上的这篇研究提出了两个中介变量，感觉挺有意思的。

小问题： 一个可验证的假设需要具有怎样的特征呢？

话题六：多个研究设计之间逻辑的连贯性、严谨性和必要性

A 同学：我觉得 *JESP* 上这篇研究的设计更加严密，有逻辑性，因为采用的都是最经典的决策研究范式。

C 同学：你这一点说得特别好，*JESP* 上的这篇研究的确是更严谨。作者换了不同的决策范式，使用了不同的被试，甚至改变一些小的细节来验证同一个假设。文中重点提到的两个动词——重复（replicate）和拓展（extend）——体现了多个研究设计之间紧密的逻辑关系。

而 *PSPB* 上的这篇研究先是做了一个相关研究，然后再接着做机制研究、情境诱导、调节变量分析等，是逐层深入的关系。如果你想要设计多个实验的话，后面那个实验肯定要比前面那个实验更进一步。

用很多范式去说明同一个问题，只能证明你的这个结论比较靠谱、比较严谨，但是你是不是真的有必要这样做呢？其实这也体现了 *JESP* 和 *PSPB* 这两本期刊的一个区别：*JESP* 主要发表采用实验的方法来做的研究，而 *PSPB* 主要关注一些比较大的社会与人格心理学的研究问题。像道德这样宏大的问题，其实是不太适合采用这种细致的实验进行研究的。

话题七：研究方法的可靠性、新颖性、多样性、创造性和趣味性

A 同学：我还是倾向于选择比较经典的范式，因为它们更可靠。

C 同学：但是你再想，假如你要申请一个项目，如果在经典的范式中加入一些创新的成分，就更容易成功。而且很多研究是有预实验的，比如说你计划招募 100 名被试，你也可以先招 20 名，大致看一下结果，减少试错的成本。

小问题： 要如何平衡研究方法的可靠性和创新性呢？

话题八：讨论的深度和广度

B 同学：我觉得 *JESP* 上的这篇研究更真诚一些。*PSPB* 上的这篇研究给人感觉有一点夸大，可能因为它关注的是一些大的问题，所以就要夸大一下其理论贡献，或者是研究范式的一些创新点。

A 同学：我觉得重要的是研究者的自我批评是不是中肯，该研究对于未来的研究是不是真的具有参考性。比如说 *PSPB* 上的这篇研究，作者说被试都来自美国的这个网站，这对于未来的研究，参考价值可能很有限。

话题九：讨论结果——你更喜欢哪篇研究？

A 同学：我觉得 *JESP* 上的这篇研究更好一些，因为模型复杂，而且选题有意思。

B 同学：我还是觉得 *JESP* 上的这篇研究更好，毕竟付出了这么多时间准备这个报告！

C 同学：我也支持 *JESP* 上的这篇研究，我觉得可重复的问题还是比较重要，所以像这种严谨的研究是我更加喜欢的。

D 同学：我觉得 *PSPB* 上的这篇研究更好，结果比较可靠，研究问题更加明确，跟社会规范有关系。

E 同学：这两篇研究都挺好的，我可能给 *PSPB* 上的这篇研究的分数更高一点，我自

己则更想做 *JESP* 上这篇文章的作者这样的研究者，第一个更靠谱，第二个更有趣。我想选择一个有趣的问题，同时选择一些靠谱的方法。作为一个评价者，我觉得严谨很重要。

F 同学：*JESP* 这篇更好，变量控制得更严谨，用很多实验验证一个问题；*PSPB* 这篇有一些创新，但是又过于宏大。

G 同学：*PSPB* 这篇更好一点，一是因为它更有意义，二是它的几个实验是从几个不同的维度进行的。

H 同学：*JESP* 这篇更好一点，因为我对情绪比较感兴趣，而且研究者会针对上一个实验结果的不显著进行修复和改进，在下一个实验中再观察这个结果的可靠性。这种自我修正感觉很严谨，而 *PSPB* 这篇的选题对于我来说感觉太大了。

组会上的讨论还在继续，小白听得入了迷。看似是两篇毫无关联的文献，在师兄师姐们的眼里却有许多值得批判性比较的地方。对比着阅读两篇文献不仅可以加深对单篇文献的印象，也可以更加明确不同期刊或领域的异同，帮助了解更多信息。同时，在读一篇心理学文章时，每个人都应该在头脑中时刻保持一个目标或持有特定的问题，这能让你的重点更聚焦，而不是漫无目的地阅读，从而帮助你进行批判性思考。

研究实例 2－3

批判性阅读摘要

关于方法、结果和结论的更多细节和具体陈述会在报告的正文中列出。摘要在文中首先出现，它的目的是让读者先了解研究报告的主要内容。

摘要举例

为考察留守老人的夫妻依恋及其与孤独感的关系（**研究目的**），采用问卷法对510 名留守老人进行调查（**研究方法和被试**）。结果表明：留守老人的安全型夫妻依恋比例低于城市老人，拒绝型夫妻依恋比例高于城市老人；领悟社会支持在留守老人依恋安全和依恋回避与孤独感的关系中起中介作用，领悟社会支持和核心自我评价在留守老人依恋安全和依恋回避与孤独感的关系中起链式多重中介作用，核心自我评价在留守老人依恋焦虑与孤独感的关系中起部分中介作用（**研究结果**）。上述结果表明夫妻依恋与留守老人孤独感关系密切（**研究结论**），结果有利于拓展老人夫妻依恋的研究范围并为降低留守老人孤独感提供参考（**研究意义**）。

资料来源：谢其利等，2018。

当你计划阅读摘要时，可以重点关注它是否回答了以下这些问题：

（1）本研究的目标或目的是什么？

（2）研究者使用了哪些主要的方法？

（3）研究被试有哪些？

（4）研究者主要发现了什么？从这些发现中他们得出了什么结论？

（5）有没有局限性或对未来研究的建议？

关于究竟应该如何阅读摘要其实并没有一定之规，甚至还存在一定的争论：

正方观点（摘要应该最先读）：摘要可以说是一篇论文的窗口，所以应该最先读。多数文章看摘要，少数文章看全文。真正有用的全文并不多，过分追求阅读完全文是种浪费。

反方观点（摘要应该最后读）：先别读摘要，从引言部分入手。摘要是论文文首简短精练的第一段话。只读一篇论文的摘要部分，而忽视全文是一种很糟糕的做法。所以，最好阅读完全文后再阅读摘要，以避免被作者对结果的解读灌输了先入之见。

折中观点（先读摘要，也别不读全文）：写得好的摘要可以帮助读者迅速把握全文，但是写得不那么好的摘要只会误导读者。如果能够学会批判性阅读，先读还是后读，问题都不大。不过，千万别只读摘要，不读全文。事实上，在浏览完文章题目和摘要后，结合图表和讨论部分的第一段，便几乎可以掌握文献的大部分内容。

随着对文献的了解增多，小白对跨文化研究的兴趣日渐浓厚。他注意到来自澳大利亚昆士兰大学的心理学家 Matthew J. Hornsey（马修·霍恩西）最近在有影响力的心理学期刊上接连发表了多篇文章，而且采用的变量好像都来自同一批数据。小白很好奇：为什么同一个作者的同一批数据，却能发表在影响因子不同的期刊上？于是，他有意针对 Hornsey 分别发表在 *Psychological Science*（*PS*）和 *Personality and Social Psychology Bulletin*（*PSPB*）上的两篇文章进行了对比性阅读，既想看看两篇文章有什么区别，也想从中寻找如何才可以在更高影响因子的期刊上发表文章的门道。对比性阅读的结果详见表2-6。

表2-6 两篇文献对比性阅读示例

	文献一：Hornsey et al., 2019 (*PS*)[a]	文献二：Hornsey et al., 2018 (*PSPB*)[b]	对比结果
文章题目	优点：有吸引力（+1）。缺点：有点长（-0.2）。	中规中矩，没亮点，也没缺点（0）。	文献一胜
选题	具有共同兴趣，在某种程度上弥补了已有研究的空白（+1）。	具有共同兴趣，在某种程度上弥补了已有研究的空白（+1）。	平手
理论基础	理论背景介绍全面而清晰（+1）。	理论背景介绍较清晰，但稍显不够全面，比如对整体式思维方式的介绍不够详细（+0.8）。	文献一胜
研究设计	研究设计与研究目的相吻合，所采用的大数据方法与当前跨文化研究的趋势相符合，研究1和研究2间的逻辑关系明确（+1）。	研究设计与研究目的相吻合，所采用的大数据方法与当前跨文化研究的趋势相符合，但是研究1和研究2间的关系不够紧密（+0.8）。	文献一胜
研究假设	研究假设明确，但是有数据驱动之嫌（+0.6）。	提出多种可能假设，但是不同研究假设间的关系欠明朗（+0.8）。	文献二胜
变量测量	测量题目设计合理，内部一致性高，比如将“自我的理想”分为健康、自由、幸福、快乐和自尊多个题目；而且，研究1和研究2的测量内容几乎完全一致，便于比较分析（+1）。	研究1只用1道题目测量控制感，测量效度受质疑（-0.3）；研究1和研究2的测量指标间的关系不清晰（-0.3）。	文献一胜

续表

	文献一：Hornsey et al., 2019 (*PS*)[a]	文献二：Hornsey et al., 2018 (*PSPB*)[b]	对比结果
数据分析	数据分析与研究目的相吻合，数据分析逐层深入，小标题让结果呈现更清晰，混淆变量考虑周全（+1）。	数据分析与研究目的相吻合，逐个排除不同的假设，混淆变量考虑欠周全（+0.7）。	文献一胜
图表呈现	中规中矩（+0.2）。	相关图较为形象，让人印象深刻（+0.5）。	文献二胜
结果与讨论	研究结果与研究假设相吻合（+1）。	研究结果与备选假设3相吻合，但是结果解释难以让人信服，比如称日本是受佛教影响最深的国家就难以让人信服（+0.7）。	文献一胜
文章写作	兼具科学性和可读性，逻辑清晰，语句凝练（+1）。	可读性稍显不足，但逻辑清晰，语句凝练（+0.7）。	文献一胜

a. 文章名为“How much is enough in a perfect world? Cultural variation in ideal levels of happiness, pleasure, freedom, health, self-esteem, longevity, and intelligence”。

b. 文章名为“Exploring cultural differences in the extent to which people perceive and desire control”。

通过对比性阅读在不同期刊上发表的文章，小白仿佛悟出了发表“好文章”的一点门道，概括来说就是八个字——“内强素质，外塑形象”，具体则体现在研究设计、变量控制、文章写作以及团队合作等多个方面：

- 一个研究只解决一个问题。
- 尽可能选择一个让更多人感兴趣的话题。
- 在统一的研究框架下，保持多个子研究间的逻辑关系逐层深入。
- 测量指标的选择须考虑周全，过于简单的设计与测量容易引起质疑，信效度堪忧。
- 围绕研究目的和假设，展开多角度的数据分析，并注意逻辑清晰。
- 混淆变量控制考虑周全，尽可能排除其他可能的解释。
- 研究结果的呈现尽可能形象、直观、多样。
- 写作很重要，逻辑也很重要，结果与假设相吻合更重要。
- 寻找一个高水平且尽责的合作者。

小贴士

1. 阅读文献的几个原则：

- 明确阅读目的。
- 以一定的科学方法知识为基础。
- 在阅读过程中谨记目标。
- 精读和泛读结合。
- 以提问的方式促进批判性阅读。

2. 通过对比的方法批判性阅读两篇至多篇文献，包括：

- 对比它们的研究背景。

- 对比它们的研究过程和方法。
- 对比它们的讨论与结论。

第五节　文献报告：制作学术 PPT

小白进入导师组会后的第三周，导师鼓励他在组会上报告文献。小白听了导师的话后，第一反应是拒绝，他想："师兄师姐们在报告时我都有些听不太懂，让我自己报告，我不是更说不明白吗？而且师兄师姐们都比我厉害，他们会立刻发现我的错误；他们问的问题我可能也答不上来，如果我答不上来那就太丢人了……" 但是在导师的鼓励下，小白还是决定硬着头皮准备两周后进行文献报告。

文献报告是组会中的日常活动，对于听报告和做报告的双方来说都大有裨益。对于听报告的人来说，首先，听报告有助于清晰、快速地了解研究领域内比较新的或者比较重要的文献；同时，要跟上报告人的思路通常需要用到注意集中、信息整合、批判性思维等能力，因此听报告也是一个锻炼的过程。对于做报告的人来说，准备文献报告的过程能够促使他们对文献产生更深入的理解和认识；此外，制作 PPT 和在众人面前口头报告能够有效地提高报告人的语言表达和逻辑思维能力。所以，在准备文献报告时，首先应该摆正对文献报告的态度——轻松地看待这件事，同时把这当作提升自己的机会。

一、文献报告的要点

（一）讲述一个完整的故事

在开始探讨怎么报告文献之前，我们不妨把要报告的文献看成一个故事。只不过和一般的故事相比，这个故事比较"硬核"，描述的是一项心理学研究开始、展开的全过程。当我们在讲一个故事时，我们通常都要说清楚这个故事的"起因""经过""结果"，以及这个故事的"价值与启发"，在报告文献时也是这样（见图 2－25）。

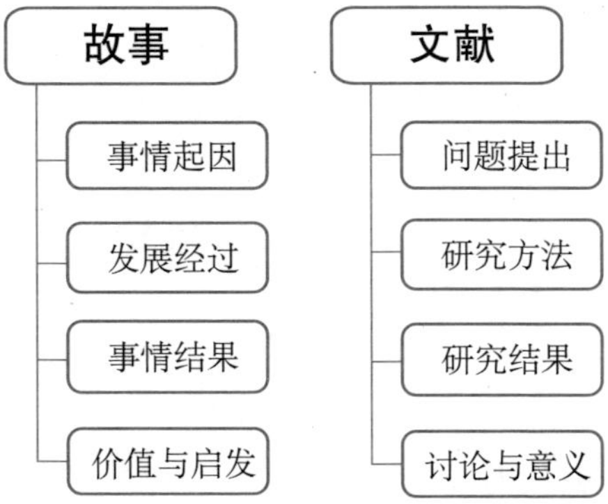

图 2－25　故事与文献成分间的对应关系

（二）详略得当

既然文献文本里都说得那么清楚了，那在报告的时候，直接把文献翻译过来粘贴到 PPT 里是不是就可以了呢？显然并不可以。文献报告不是念文献，一般报告文献的时间要求是 15～20 分钟，上万字的文章如果全部读下来很难在规定时间内完成，而且听报告的人也只会满头雾水。

在文献里，研究者会把每个部分都写得非常详细：在方法部分，研究者可能会仔细地列举以往各项相关的研究和研究方法；还是在方法部分，研究者为了能让其他研究者可以重复其研究结果，会将所有实验材料的参数、被试的人口学信息等都写进文献；在结果部分，研究者会罗列各种统计量、检验方法……这些过于详细的信息并不适合在文献报告中花大篇幅详细说明。图 2－26a 和图 2－26b 对比呈现了详略得当策略的运用。后者是不是明显顺眼多了呢？

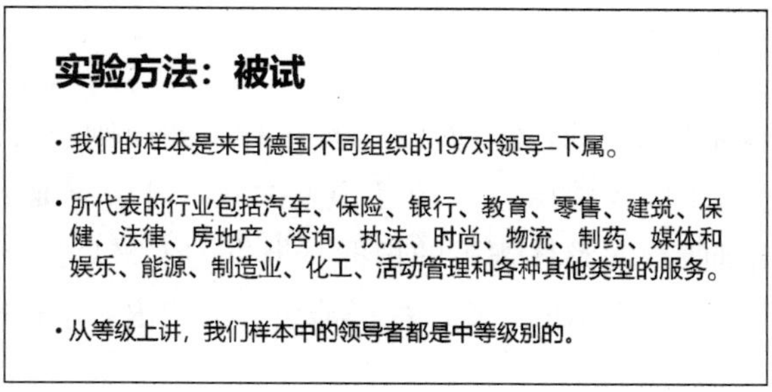

图 2－26a　详略不当的学术 PPT 示例（×）

资料来源：Kearney et al., 2019.

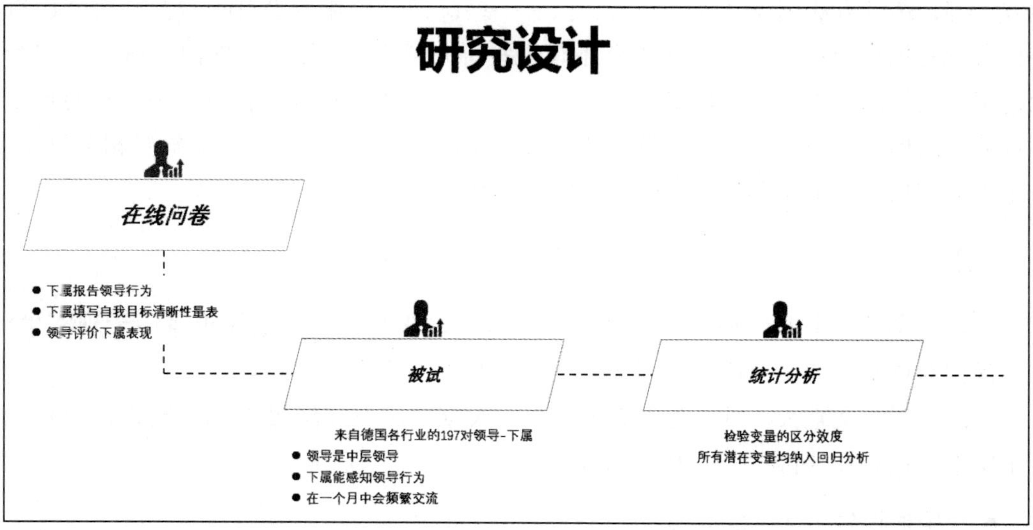

图 2－26b　详略得当的学术 PPT 示例（√）

资料来源：Kearney et al., 2019.

在 PPT 中，一方面要避免信息的冗余，另一方面则要详细说明重要的内容，比如文献中重要概念的定义、相关理论的主要观点、理论之间的关系等。这些内容对于听众理解研究的问题提出逻辑来说，都是至关重要的（见图 2－27）。

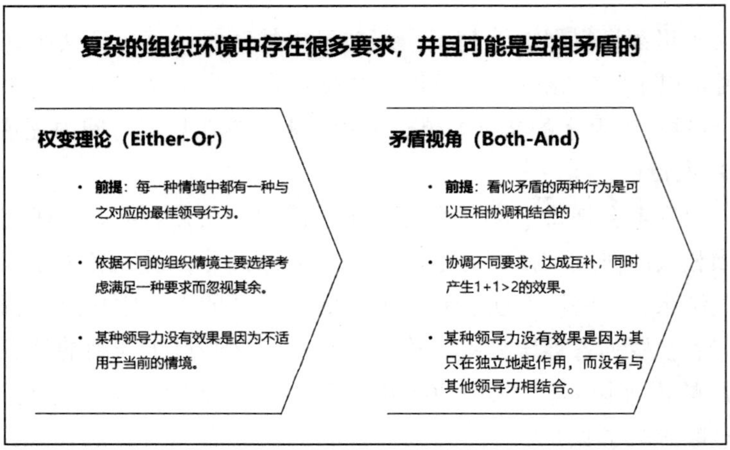

图 2－27 详细解释相关理论主要观点的 PPT 示例

资料来源：Kearney et al., 2019.

具体需要哪些内容还是要根据文献而定，但是有一条原则：文献报告的内容应该是如果缺少就会影响到听众的理解的部分。在不重要的地方过于详细不但对于听众的理解没有太大帮助，还会影响到听众对整体逻辑的把握、报告的连贯性。在选取内容时，不妨时不时地想象自己是一个没看过文献的听众，这样能更容易找出对于理解来说是必要的信息。

（三）批判性思考

在报告中我们最好能够体现出自己的批判性思考，比如：文章有哪些没有讲清楚的地方？哪种统计方法用得不妥当？为什么有一些统计结果作者没有报告？该研究还有哪些作者没有想到的不足之处？该研究还有哪些研究意义？（如果是外国的研究）这个结论适用于我们国家吗？本土化研究该怎么设计？……这部分内容能够反映出我们自己对文章的深入理解，同时，这也能激发听众的思考。在组会上针对一篇文献互相交流意见，对于听众和报告人来说都是一个很好的相互学习的机会。

（四）联系生活

一份出彩的学术 PPT 还应该联系实际生活，比如想一想结论能否运用于现实生活，谈一谈你对该研究的应用价值、本土化研究的思考（见图 2－28）。

总的来说，文献报告可以分为五个层次，大家在制作文献报告 PPT 时也可以对照这五个层次，检查和评价自己的 PPT 内容。

- 准确地报告出文献的内容。
- 清晰地报告出文献的逻辑和框架。
- 批判性地指出文献的优点和不足。
- 结合自己的观察和思考，提出独到的见解。
- 从文献中发现兴趣，为自己的研究找到有价值的线索。

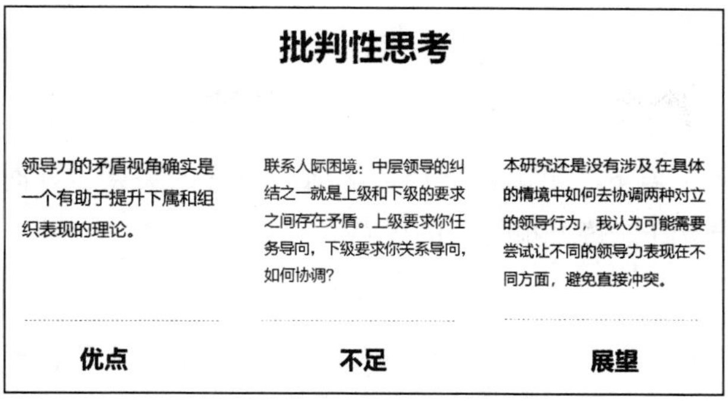

图 2－28　研究结论及其批判性思考的 PPT 示例

资料来源：Kearney et al., 2019.

二、文献报告的方法

除了在内容上要形成一条清晰、有逻辑的故事线，一些小技巧也能帮助我们将这个故事讲得更有逻辑、更吸引人，观众能听得更明白。

（一）用生动的例子引入

很多文献的内容第一眼看上去比较“高大上”，比如说这一篇：“A paradox perspective on the interactive effects of visionary and empowering leadership”（《从领导力的矛盾视角考察远见和授权的交互作用》；Kearney et al., 2019）。领导力的矛盾视角是什么？一个没有听过这个理论，甚至对领导力都不太了解的人顿时会对这个报告产生一种距离感。如果这时候，报告人紧接着开始讲领导力的矛盾视角的定义——“在组织中领导需要通过协调两种矛盾的行为或来自情境的矛盾要求，使之取得平衡并起到互补的作用，才最有利于组织发展”，由于定义比较抽象，听众可能会更疑惑。

这种情境下应该怎么做呢？一种非常好的解决办法就是在介绍定义之前，用生动的实例来引入。在听到一个熟悉的例子之后，听众往往能对抽象的研究问题产生兴趣，同时有助于更好地理解后面将要介绍的定义。还是以上述这篇文献为例，我们通过生活中的实例加以引入（见图 2－29）。

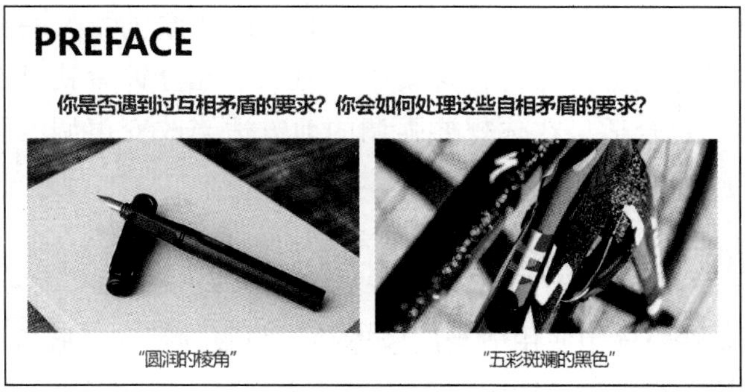

图 2－29　文献报告 PPT 的引入示例

（二）用过渡句引导听众

在报告文献时，用过渡句串联起整条故事线是一个非常朴实但是有效的技巧。在切换 PPT 时用过渡句承上启下，可以让听众了解前后内容的关系，同时带有目的性地去看下一张 PPT，从而能更好地跟上报告人的思路。

这里列举一些在报告中使用过渡句的例子：

- 因为先前的研究用的八卦记录范式并不适用于学龄前儿童，所以作者在研究 1 中设计了一种分享游戏来探索学前儿童的亲社会八卦行为。
- 那么，研究 1 得到了什么样的结果呢？
- 为什么会出现年龄效应？研究 1 无法回答这个问题，因此研究者又设计了研究 2。
- 尽管研究者已经考虑了很多因素，但是该研究还是有一些不足之处。

（三）控制每页 PPT 的停留时间

文献报告的第三个小技巧是控制每页 PPT 的停留时间。

PPT 的切换不能过快，至少应该让听众浏览完一遍这一页的内容，否则会让听众感到疑惑、体验不好。如果这一页内容已经讲完，但是发现台下大部分听众没看完，可以适当地重复重点、做小结。不过，如果在制作 PPT 时控制了每页的字数，很少会出现听众没有看完 PPT 的情况。

但在一页 PPT 上停留太久也不行，这样听众很容易转移注意力。最为合适的做法是在每页 PPT 上的停留时间相差不要太多，在此基础上再根据重点、详略调整每页 PPT 的停留时间。

（四）调整语速和语调

第四个技巧是在报告中控制语速和语调。在进行所有口头报告时，报告人的语速和语调都会在很大程度上影响听众的感受。

首先，语速过慢和过快都会影响到听众的理解和注意力。如果自己没有把握，可以询问听众的感受以及是否需要调整语速。同时，语速的变化会引起听众的注意，所以通常可以在你想强调的地方适当放慢语速。

其次，要让语调有适当的起伏。我们都对那些讲话像机器人一样、语调毫无变化的人印象深刻，尽管我们努力保持精神集中，但听了几分钟后就可能溜号走神。但是一直抑扬顿挫也不一定合适；在你想要强调的地方适当改变声调，引起听众的注意就可以了。

（五）注意肢体动作和眼神互动

最后一个技巧是在报告中使用适当的肢体动作与眼神互动。肢体动作包括用手指向表格中的数据、引导听众更快速地定位到你讲的内容等。多进行眼神互动能让听众更有互动感，同时还能增添报告人自己的自信心。

三、制作学术 PPT 的方法

在具体制作学术 PPT 时，也有一些需要额外注意的事项。

（一）制作学术 PPT 的基本原则

1. 信息量“宁少勿多”原则

首先，无论是以什么目的制作的 PPT，都要注意不要在一页中放置过多的信息。我们先来看一个例子（见图 2－30a）。

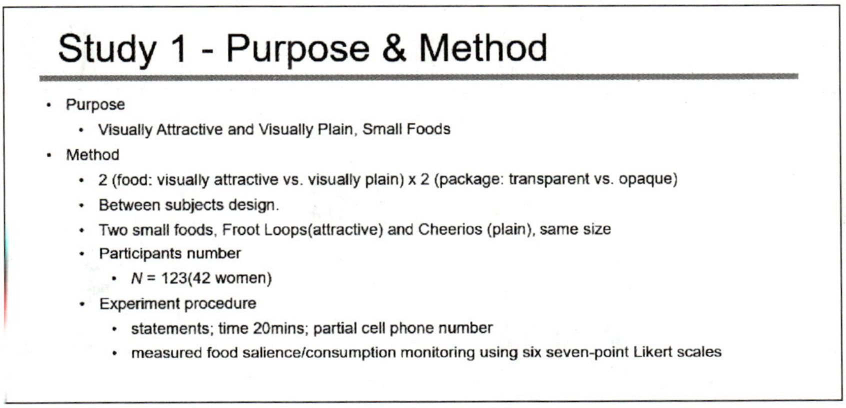

图 2－30a　文字内容过多的 PPT 示例

是否觉得信息过多？在听报告人陈述的同时很难将 PPT 中的信息都看全？但假如换成下面的这种方式（见图 2－30b），是不是简洁明了许多？大量的补充信息可以通过报告人口头表达，而不需要每个字都呈现在页面中。

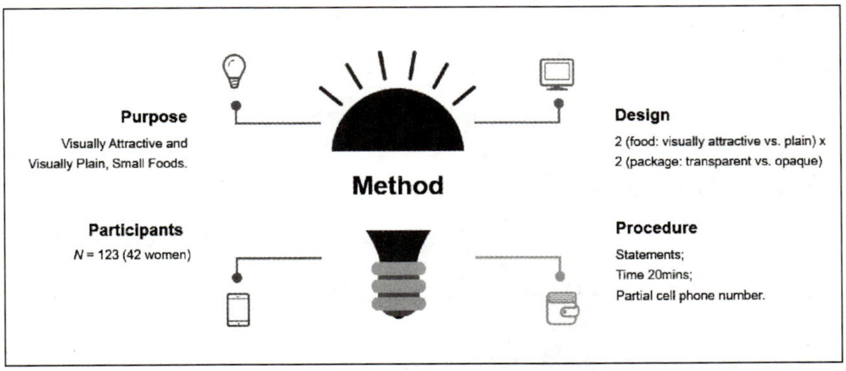

图 2－30b　文字内容适当的 PPT 示例

另外，在 PPT 页面中减少信息量还有另一个好处，那就是方便运用模板。当前网络上大多数 PPT 模板是依据“呈现关键字词”的原则设计的，并且时常根据不同内容之间的并列、衔接、递进等关系来使用符号。通过模板可以更清楚地表现几个要点之间的并列关系。另外，箭号常用来表达递进关系或事件发展顺序，阶梯形状也常常用于表示递进关系。这些都可以在实际做 PPT 时自己探索、发现。

2. 方便阅读和突出重点原则

除了在单页 PPT 的信息量上充分考虑人的阅读速度以及精力分配，不妨在 PPT 中多加入一些导航栏和过渡页，方便读者确定当下的位置，如图 2－31 所示。

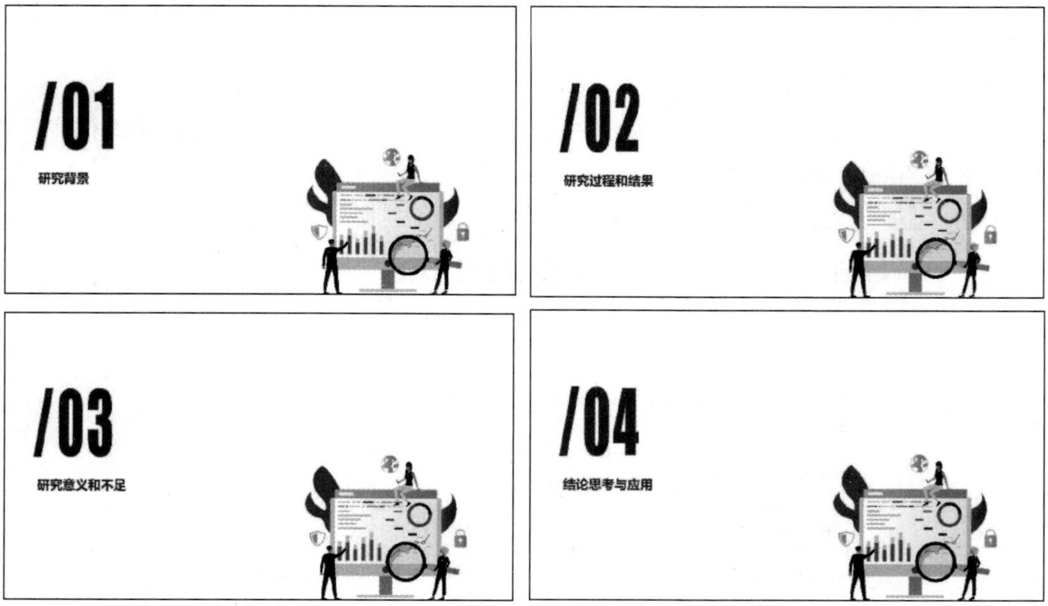

图 2－31　学术 PPT 过渡页示例

在遇到一些无法避免、必须在 PPT 中放入较多文字的情况时，可以尝试使用符号和标记来突出重点，如形状工具、颜色对比、字体字号对比、字体粗细对比等。

以图 2－32 为例，在加入重点标记后，听众应该就能更好地把握篇章的核心思想了。同样，这些符号标记也有许多形式可以采用，期待大家自己多加探索，制作出有个人风格特色的 PPT 样式。

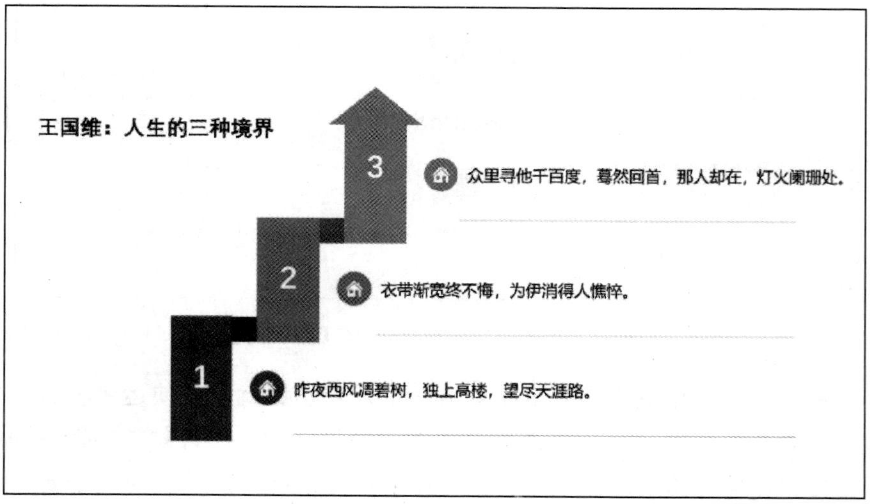

图 2－32　用符号突出重点的 PPT 示例

3. 装饰、动画等“宁缺毋滥”原则

在制作以学术交流为目的的PPT过程中，还应该注意另一个原则，即不必过于花哨。加入大量的图片、装饰物和酷炫的动画效果固然能使PPT看上去很“高端”，但难免显得“喧宾夺主”，导致阅读者忽略应该关注的重点内容。初学者可以尝试在下载PPT模板时选择“简约”选项，并且尽量避免过多的花边和色彩过于繁复的装饰物或装饰图，也尽量避免大面积的底色，并删去复杂的动画效果。

与此同时，也可以考虑在引出问题时适当放一两张相关图片来引起阅读者的兴趣，在其余地方只放与学术内容相关的图表等。在放置较长的语句时，也可以考虑删去无关的过渡句，将过渡内容以口头形式表述，从而使PPT页面上的内容更加集中。

4. 格式前后一致原则

PPT制作中很重要的一个原则是格式前后一致。幻灯片前后的文字、段落格式其实也是在给读者传递结构的信息。格式前后不一致容易让阅读者迷惑，不明白这部分文字在整个PPT中的地位和从属关系。表2-7总结了常用的PPT文字和段落格式参考，大家也可以自己在电脑和幻灯片放映仪上尝试，看看效果如何。

表2-7 PPT常用格式要求

类型	格式		备注
字体	中文——微软雅黑	英文——Arial	
字号	大型——24~32	小型——18~28	小标题的文字大小为正文文字的1.5倍或者比正文大一号
间距	正文段落间距为1.2~1.4		
对齐方式	段落采用两端对齐		

（二）制作学术PPT的技巧

1. 使用思维导图作为辅助

在制作PPT之前，很多人都会烦恼：一篇文章那么长，究竟要如何梳理文章的脉络，怎么才能厘清文献的逻辑关系呢？做PPT的过程在某种意义上说，就是将文章的结构和逻辑整理清楚后呈现给大家的过程。因此在这里，推荐使用思维导图作为辅助，将要报告的内容整理成层次分明的板块。比如根据科学实验伦理的三个原则（见图2-33a），在做PPT时，“尊重人”“不伤害/有利”“公平正义”就可以成为三部分的小标题，每个部分后面的内容也可以成为页面上的关键词（见图2-33b），是不是很方便呢？

示例中的思维导图是由XMind软件完成的，该软件既可以绘制普通思维导图，也可以绘制鱼骨图、树形图、二维图、逻辑图、组织结构图等。软件具有搜索、加密、拼写检查、音频笔记等功能，且可以免费下载使用。另外，在这里还推荐百度脑图、幕布、MindManager、Coggle等思维导图软件（见表2-8）。

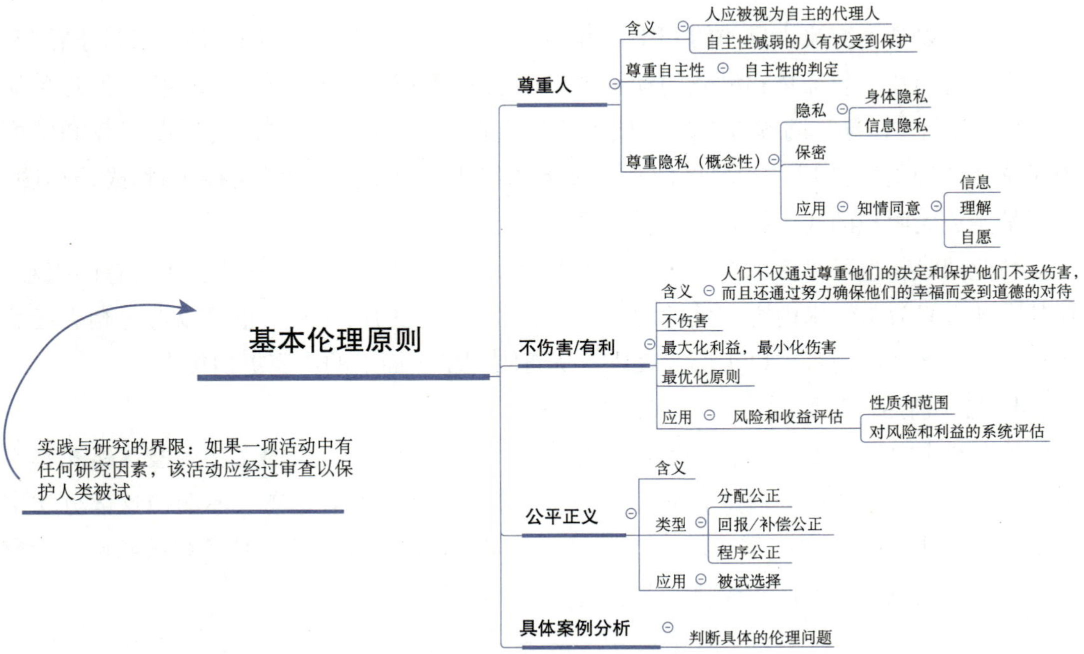

图2-33a 思维导图的内容示例

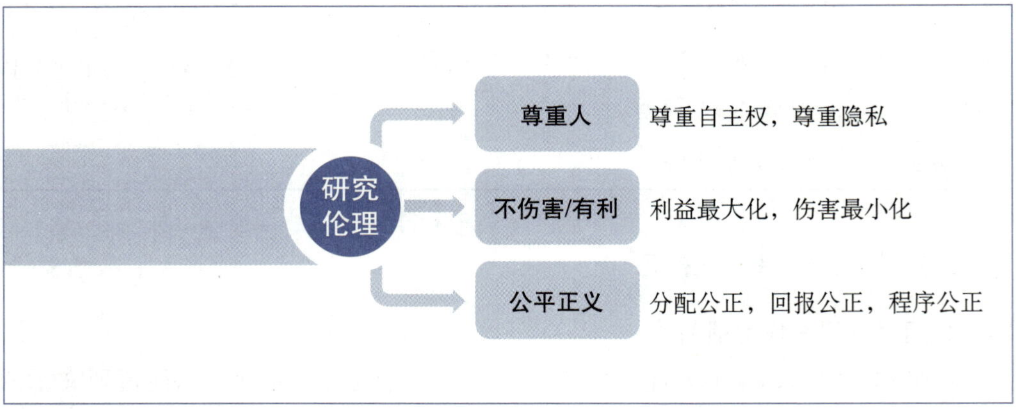

图2-33b 根据思维导图制作的学术PPT示例

表2-8 制作思维导图的常用工具

软件名称	特点/优点介绍
XMind	功能齐全，可免费下载
百度脑图	可在线使用，导出格式多样
幕布	树形结构，快捷整理
MindManager	支持插件操作，与Office无缝衔接
Coggle	可多人协作，免费下载

2. 使用功能图和模板来凸显逻辑关系

使用了思维导图之后，我们就能更好地把握文献的逻辑了。大体而言，PPT 的六大逻辑关系包括：并列、对比、包含（组织结构图、树式结构图）、等级（金字塔图）、递进（时间轴）、循环。为了更清晰地呈现出这些逻辑关系，我们通常会使用模板和功能图进行辅助。下面是用功能图和模板来表现各种逻辑关系的实例（如图 2－34a 至图 2－34f 所示）。

图 2－34a　用 PPT 展示并列关系示例

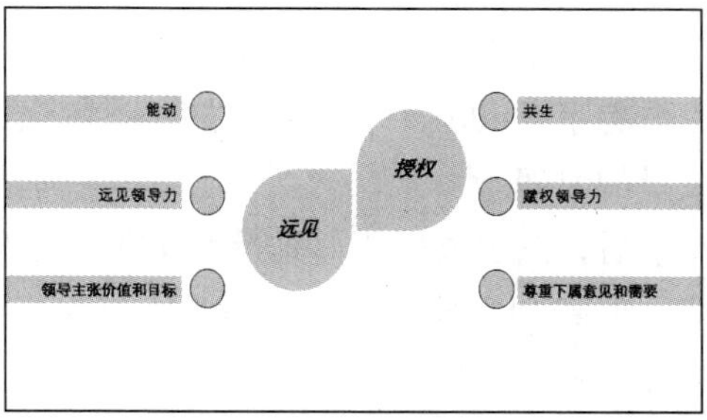

图 2－34b　用 PPT 展示对比关系示例

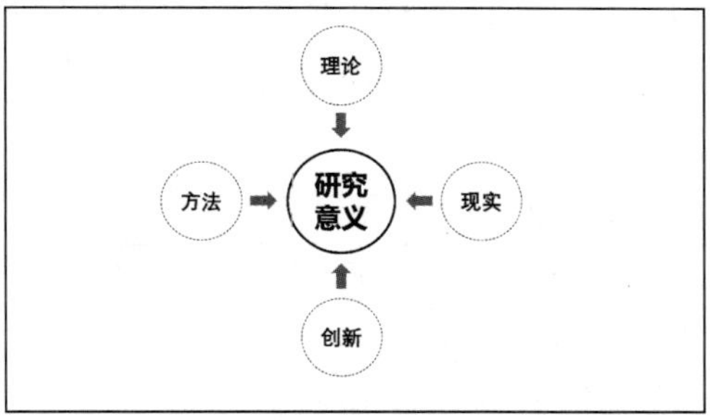

图 2－34c　用 PPT 展示包含关系示例

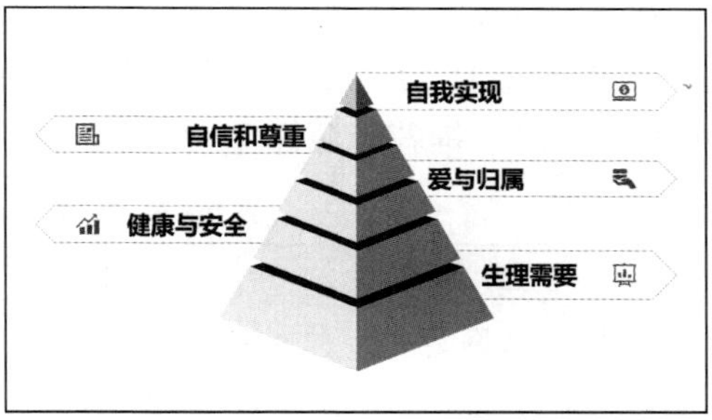

图 2－34d　用 PPT 展示等级关系示例

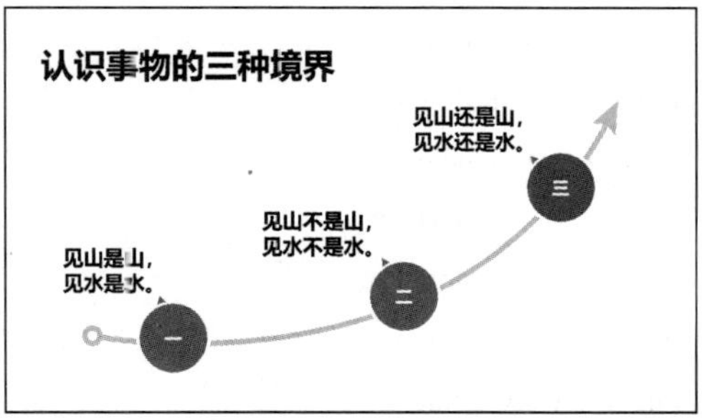

图 2－34e　用 PPT 展示递进关系示例

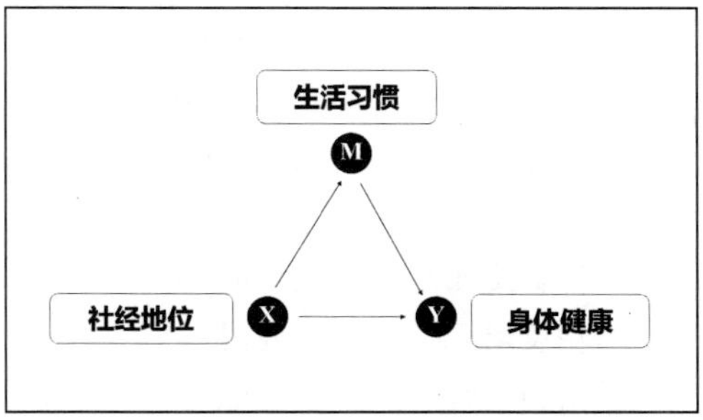

图 2－34f　用 PPT 展示循环关系示例

3. 使用 iSlide 等插件作为辅助

iSlide 插件是一款高效设计 PPT 的辅助工具。截至 2025 年初，iSlide 不仅拥有 1 400 多万份 PPT 模板或素材，还提供 AI 一键生成 PPT、智能编辑 PPT、AI 文本润色等服务，进而有效提升 PPT 的设计效率和专业水准。用户登录 iSlide 网站（https://www.islide.cc/）下载安装后，PPT 中即可出现如图 2－35 所示的工具栏（以 iSlide 8.1.1 为例）。

图2-35　iSlide 插件工具栏

想必我们都有过这样的经历：小组合作报告一篇文献，每个人负责一部分 PPT 制作，最后发现每个人的字体和排版都不一样。在这种情况下，一页一页调整 PPT 着实有些麻烦。但有了 iSlide 插件后，点击一键优化，就可以统一字体、段落、色彩等，这就节省了大量的时间。

最后，图表能够很好地反映关键词之间的逻辑关系，是很好的 PPT 素材。但平时在网络上下载 PPT 模板时，大家是否会为找不到报告所需的图表模板而发愁呢？iSlide 插件也很好地解决了这个问题——点击“主题库”和“智能图表”，其中有大量的主题和图表可供选择，“图标库”“图片库”“插图库”同理。另外，iSlide 也支持对 PPT 的放映过程进行手动设置，可以最大限度方便快捷且个性化地设定自己的 PPT 样式，做 PPT 时就可以在一定程度上摆脱已有主题的限制。关于 PPT 的制作，还有“PPT 美化大师”等插件，大家可以自己下载尝试，找到用起来最顺手的插件，做出严谨美观，同时有自己独特风格的 PPT。推荐资源详见表2-9。

表2-9　PPT 制作常用资源网站汇总表

类型	名称	网址
图片搜索网站	pixabay	https://pixabay.com/
	全景	http://www.quanjing.com/
	摄图网	http://699pic.com/
	pexels	https://www.pexels.com/
	StockSnap	https://stocksnap.io/
	Unsplash	https://unsplash.com/
图标搜索网站	iconfont	http://www.iconfont.cn/
	Easyicon	https://www.easyicon.cc/
PPT 模板网站	Canva 可画	https://www.canva.cn/
常用设计网站	花瓣	https://huaban.com/
常用 PPT 插件	iSlide	https://www.islide.cc/
	pptPlex	https://pptplex.en.softonic.com/
	iSpring Suite	https://www.ispringsolutions.com/ispring-suite/

拓展阅读2-6

AI 革命：三步打造让导师眼前一亮的学术 PPT

为了制作一份高质量的学术报告 PPT，报告人需要首先对冗长且复杂的文献信息进行精准提炼，明确其中的核心要点和逻辑关系，然后运用适宜的可视化图形工具，直观地展现文献中的逻辑关系。处理复杂文本内容往往耗时费力，基于大语言模型的 AI 助手则可以实现对自然语言的深度理解与生成，帮助我们快速分析文本、精准提炼内容、识别逻辑关系，并提供多种 PPT 模板供选择，最终极大地节省我们制作文献报告 PPT 的时间。因此，AI 助手可以在梳理大纲、搭建 PPT 框架和文字润色三个方面赋能学术报告 PPT 的高效制作。

一、借助 AI 梳理文献大纲

要想制作 PPT，需要首先针对文献信息进行精准提炼，借助 AI 助手可以轻松完成文献核心内容的提取。目前，国内比较主流的 AI 语言大模型有以下六个。

1. 百川大模型

官方网址：https://www.baichuan-ai.com/chat

智能指数：★★★★；推荐指数：★★★★

百川大模型由百川智能推出，它融合了意图理解、信息检索以及强化学习技术，结合有监督微调与人类意图对齐，在知识问答、文本创作领域表现突出。

2. 通义千问

官方网址：https://tongyi.aliyun.com/qianwen/

智能指数：★★★★；推荐指数：★★★★☆

通义千问由阿里云推出，具有文生图、智能编码、文档解析、音视频理解等能力。

3. 文心一言

官方网址：https://yiyan.baidu.com/

智能指数：★★★；推荐指数：★★★

文心一言由百度公司研发，它能够与人对话互动，回答问题，协助创作，高效便捷地帮助人们获取信息、知识和灵感。

4. 讯飞星火

官方网址：https://xinghuo.xfyun.cn/

智能指数：★★★★；推荐指数：★★★★★

讯飞星火由科大讯飞研发，它能够在与人自然的对话互动中，生成多种风格的文本，并且能够翻译语言，回答问题，以及理解和生成代码。目前，讯飞星火认知大模型已经发布多个高效实用的 AI 工具，包括讯飞星火 AI 助手、讯飞智文、星火文档问答、讯飞智检、星火内容运营大师，涵盖 AI 问答、AI 绘画、AI 阅读等多个领域。

5. Kimi

官方网址：https://kimi.moonshot.cn/

智能指数：★★★★☆；推荐指数：★★★★★

Kimi 由月之暗面提供，它擅长中英文对话，支持超长上下文输入，擅长信息检索和文件阅读。

6. DeepSeek

官方网址：https://chat.deepseek.com/

智能指数：★★★★★；推荐指数：★★★★★

DeepSeek 由深度求索人工智能公司研发，它擅长复杂逻辑推理和多轮对话任务，核心优势在于通过创新算法实现更接近人类思维链的思考能力，在数学推理、代码生成等需要深度逻辑处理的场景中表现尤为突出。

总之，目前的大模型产品种类繁多，它们都可以帮助读者快速梳理文献内容，厘清逻辑关系，列出文献提纲。下面，我们以 Kimi 语言大模型为例，针对在《心理学报》上发表的《中西方文化差异对虚拟人道德责任判断的影响》（闫霄等，2024）一文进行总结。

首先上传文献文档，然后输入自然语言指令："请梳理这篇文献的大纲。"很快，Kimi 便会输出一份从引言到结论的大纲，其中包括每个研究的关键部分和实验步骤（如图 2－36 所示）。

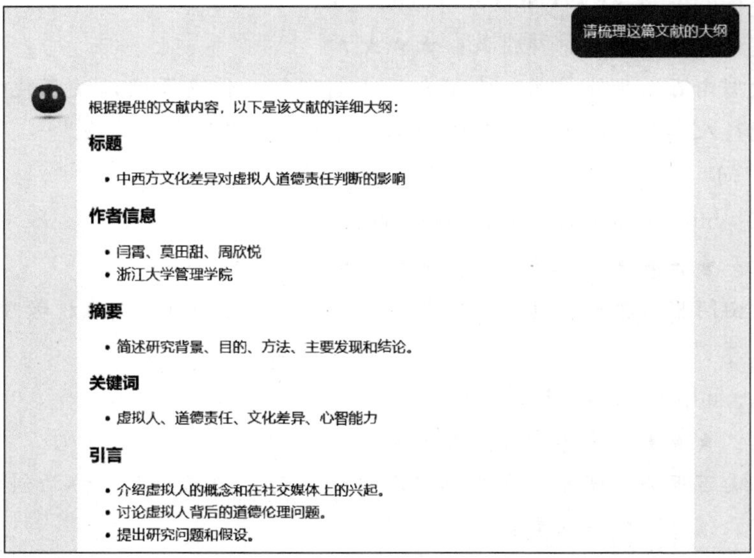

图 2－36　Kimi 梳理的文献大纲示例

二、借助 AI 快速搭建 PPT 框架

在搭建 PPT 阶段可以借助讯飞智文完成，因为它在辅助制作 PPT 方面集成了多种功能，提供了四种创建 PPT 的方式：主题创建（一句话主题输入，扩写内容）、文本创建（千字长文本输入，智能总结生成）、文档创建（多种文档类型上传，智能解析生成）和自定义创建（大纲自定义关联文档，生成更精准）。

鉴于 Kimi 已为我们提前生成文献大纲，我们在注册登录讯飞智文账户后（https://zhiwen.xfyun.cn/），直接选择"文本创建"选项，随后把 Kimi 生成的文献大纲复制在文本框内，接着点击"下一步"，进入大纲整理环节。请注意，在讯飞智文生成文献大纲以后，我们必须仔细核对 AI 整理的大纲，检查标题和章节内容与文献是否一致，如有错漏，可以通过调整章节位次、新增章节或者删除章节选项加以修改完善（如图 2－37 所示）。

接着，在确认文献大纲无误之后，点击下一步，进入 PPT 模板选择环节。目前，讯飞智文 2.0 提供了 20 个 PPT 模板供用户选择（如图 2－38 所示），我们可以从中选择一个与当前文献主题相匹配的 PPT 模板，随后点击下一步进入 PPT 制作环节。

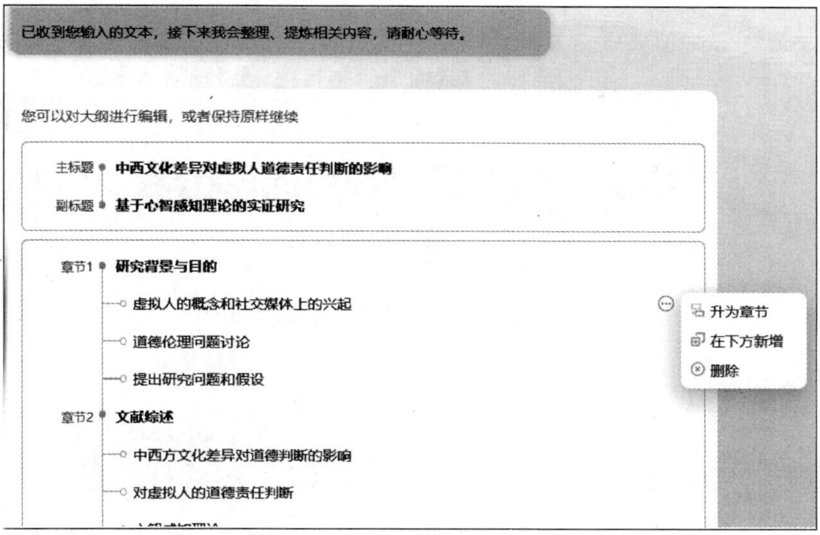

图 2－37　讯飞智文整理后的文献大纲示例

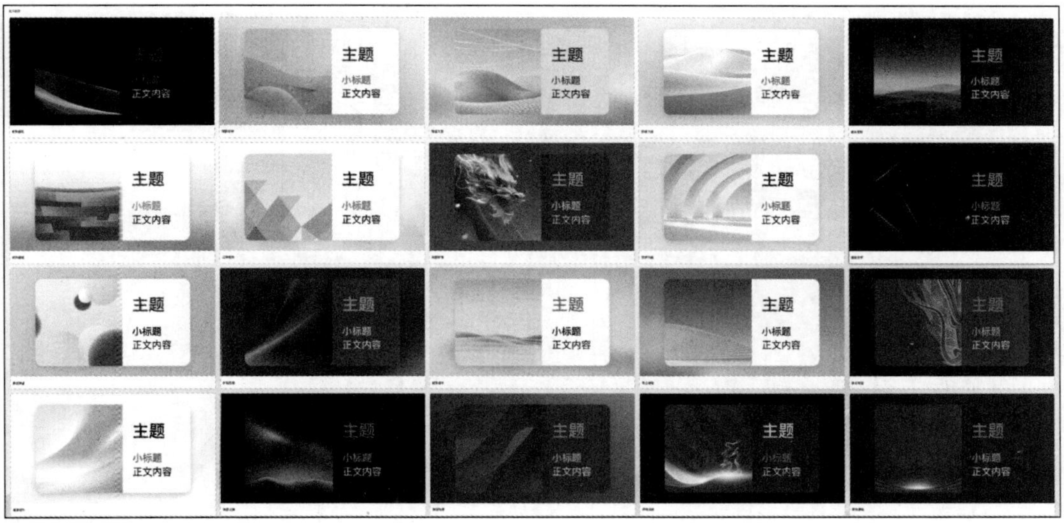

图 2－38　讯飞智文提供的 PPT 模板

最后，在 PPT 做好后，如果觉得之前选定的模板不尽如人意，还可尝试多次调整更换，直至选好一个令人满意的模板（如图 2－39 所示）。

三、借助 AI 润色报告内容

在 PPT 做好后，我们需要仔细核查每页 PPT 的内容，基于文献补充一些研究的重要细节（如具体的研究过程、统计结果等）；此外，还可利用讯飞智文提供的内容润色功能针对报告内容进行扩写、翻译、缩写、拆分、总结、提炼、纠错、改写等（如图 2－40 所示）。

总之，AI 助手在梳理文献大纲、搭建 PPT 框架和文字润色等方面具有准确高效的功能，可以节省我们制作学术报告 PPT 的时间和精力；但是，我们不应盲目相信 AI 所制作内容的准确性和完备性，甚至忽视自己扎实学习与融会贯通的过程，我们应该把节省出来的时间放在深化理解和精读文献上。

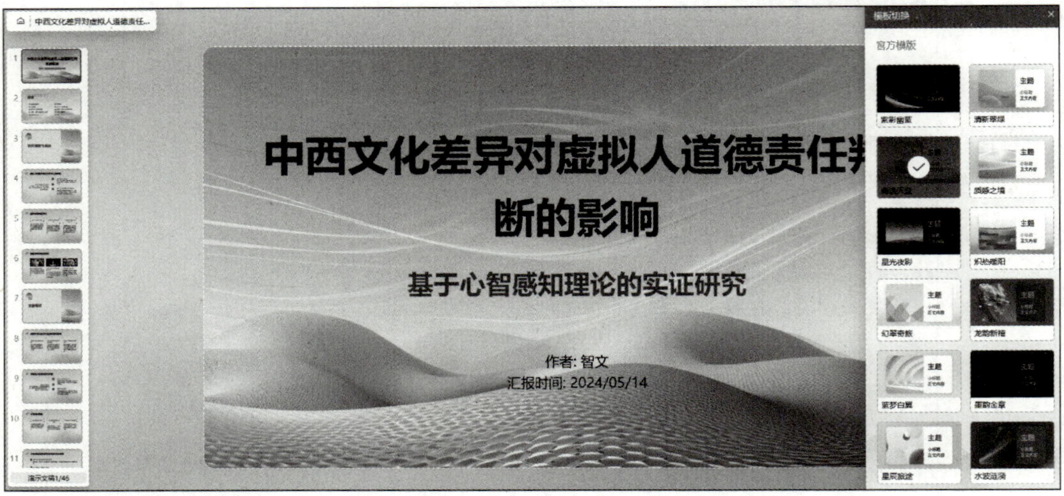

图 2－39　讯飞智文制作的学术报告 PPT 示例

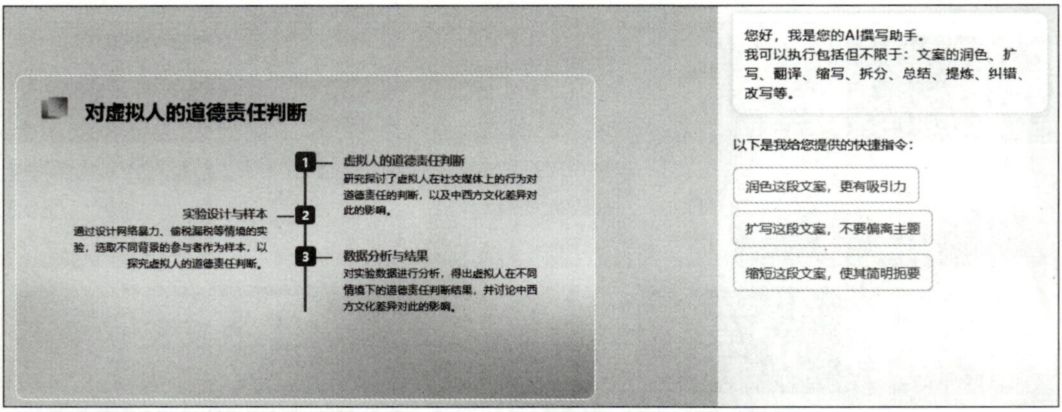

图 2－40　讯飞智文润色 PPT 内容示例

小贴士

1. 文献报告的要点：

■ 讲述一个完整的故事。

■ 详略得当。

■ 批判性思考。

■ 联系生活。

2. 文献报告的五个层次：

■ 准确地报告出文献的内容。

■ 清晰地报告出文献的逻辑和框架。

■ 批判性地指出文献的优点和不足。

■ 联系自己的观察和思考，提出独到的见解。

■ 从文献中发现兴趣，为自己的研究找到有价值的线索。

3. 文献报告的方法：
■ 用生动的例子引入。
■ 用过渡句引导听众。
■ 控制每页 PPT 的停留时间。
■ 调整语速和语调。
■ 注意肢体动作和眼神互动。
4. 制作学术 PPT 的基本原则：
■ 信息量“宁少勿多”原则。
■ 方便阅读和突出重点原则。
■ 装饰、动画等“宁缺毋滥”原则。
■ 格式前后一致原则。
5. 制作学术 PPT 的技巧：
■ 使用思维导图作为辅助。
■ 使用功能图和模板来突显逻辑关系。
■ 使用 iSlide 等插件作为辅助。

测一测

1. 在学术搜索引擎中，小白发现一篇关于性别差异的文献，他应该如何利用 EndNote 导入这篇文献？

A. 直接复制文献的标题到 EndNote 搜索
B. 将文献的 PDF 文件直接拖入 EndNote
C. 使用文献的 DOI 在 EndNote 中搜索
D. 手动输入文献的详细信息到 EndNote

2. 在阅读文献时，应该如何提高阅读效率？

A. 仅阅读文献的摘要部分　　B. 做文献笔记
C. 反复阅读同一文献　　D. 仅阅读结论部分

3. 在制作学术 PPT 时，应该注意哪些基本原则？

A. 信息量“宁少勿多”　　B. 方便阅读和突出重点
C. 装饰、动画等“宁缺毋滥”　　D. 格式前后一致
E. 所有上述选项

4. 筛选文献时最需要关注的一个指标是什么？

A. 文献的作者　　B. 文献的标题
C. 文献的被引用次数　　D. 文献的关键词

5. 批判性阅读需要以什么方式进行？

A. 以提问的方式　　B. 以总结的方式
C. 以复述的方式　　D. 以背诵的方式

答案：

1.C；2.B；3.E；4.C；5.A

试一试

1. 访问不同的数据库，了解它们的界面，并利用不同的数据库查找方法查找感兴趣的文献。

2. 运用筛选方法从搜索结果中找到最适合自己的文献。

3. 使用 Web of Science 搜索你感兴趣的国外心理学核心期刊。

4. 试用不同方式向 EndNote 导入文献信息，并对导入的文献进行管理（如标记已读等操作）。

5. 首先，选定一篇你准备阅读的文献。其次，从标题、摘要、研究方法部分，将基本信息快速录入 Excel（不同领域的文献不可放于同一工作簿），将表格复制到 Word 中。再次，边阅读文献边思考并提出问题，通读文献后，一一作答。你可以将内容以表格形式整理到 Word 中。最后，使用 EndNote 管理文献笔记，或将 Word 内容复制到 OneNote 中加以管理。

6. 选择在不同期刊上发表的两篇文献，或者同一作者发表的两篇文献，采用表2－5中的评价标准，从多个角度针对两篇文献的特点进行对比性分析。

7. 下载并安装 iSlide 插件，尝试使用该插件提供的模板制作文献报告 PPT。

8. 依据制作文献报告 PPT 的基本原则，完善自己曾经做过的文献报告 PPT。

推荐资源

公众号推荐

推荐理由：“环球科学”是《环球科学》官方公众号，致力于集纳世界级科学大师、商业领袖及科技观察家和专栏作家的思想智慧，从多元化、国际化角度为社会精英提供有关科技和商业的重要参考。

推荐理由：“果壳”是果壳网官方公众号，提供负责任、有智趣、贴近生活的内容。

推荐理由：“脑人言”专注于神经科学、认知科学、脑机接口和人工智能领域的科学知识和思想的传播，坚持做有趣而严谨的原创科普。

教科书推荐

格里格．心理学与生活：第 20 版．王垒，等译．北京：人民邮电出版社，2024.

推荐语：该书贴近生活、深入实践的独特风格，使其一直是普通大众了解心理学、更好地理解人性和全面提升自我素质的首选读物。作者形象地将学习《心理学与生活》的过程比喻成一次“智慧的旅行”。

迈尔斯．社会心理学：第 11 版．侯玉波，乐国安，张智勇，等译．北京：人民邮电出版社，2016.

推荐语：该书严谨而鲜活。每项研究、每个观点都言而有据，指明作者和年代，并都反映在 4 000 多篇参考文献之中。该书还采用了大量生动的插图、幽默的漫画、睿智的名言、清晰的表格、优美的语言，读来赏心悦目，不忍释卷。

伯克．伯克毕生发展心理学：第 7 版．陈会昌，译．北京：中国人民大学出版社，2021.

推荐语：该书从毕生发展的角度，系统而全面地阐述了发展心理学各种理论和研究方法基础，并以人的发展的生物基础和环境基础为依托，以真人真事为例，把身体发育与心理发展知识和理论融为一体，对个体的生命早期、婴儿期和学步期、幼儿期、小学期、青少年期、青年期、中年期、老年期的各领域发展娓娓道来。丰富翔实的研究成果、鲜活生动的图文资料、简练流畅的表达风格，使其将理论性、科学性和趣味性融为一体。

奥尔森，赫根汉．人格心理学入门：第 8 版．陈会昌，苏玲，译．北京：中国人民大学出版社，2018.

推荐语：该书回顾了 15 种有代表性及影响力的人格理论，提出了人格理论的六大范型，并通过追溯 18 位心理学家的生平，探寻其人格理论的源头和发展成熟。该书将带领读者领悟人格研究的精华，探索理解人性、认识自己与世界的有效方式。

第三章
策划研究方案

章节概览

✧ 研究的道德：恪守研究伦理
✧ 研究的起点：撰写文献综述
✧ 研究的关键：提出研究问题
✧ 研究的逻辑：绘制研究框架
✧ 研究的升华：深挖研究意义

学者的专心

今夫弈之为数，小数也；不专心致志，则不得也。——《孟子》

升入大学二年级以后，小白一直都在寻找机会，想体验一下当主试的感觉。“机会总是眷顾有准备的头脑。”终于有一天，小白得以协助师姐进行一项“高大上”的记忆实验。通过网上招募，小白联系到了几名愿意参加实验的被试。给被试发了信息确定实验时间和地点后，小白便热切地在实验室里等待被试的到来，准备一展身手。

这一天上午的实验进行得很顺利，被试们都在小白的指导下顺利完成了记忆的任务。可在下午的实验中，有一位被试的反应让小白犯了难——他竟然在实验中途提出要停止实验。小白着急了，这可是自己辛辛苦苦找来的被试，怎么能让他这样轻易就离开了，这份实验数据岂不就是要作废？“同学啊，拜托你就坚持一下吧！否则，你之前的数据就白费了！”小白挡在实验室门口，急切地想要说服被试不要走。被试说：“这些记忆实验太费脑筋，我只是想来见识一下心理学实验，没想到题目这么难，真的不想做了！”“拜托你好歹也尽量完成，好不好？”小白竭尽全力想说服被试，“你之前都答应得好好的，千万不能半途而废！”被试看着小白着急的样子，有些左右为难。

这时，负责管理实验室的老师碰巧路过，看见小白挡在实验室门口，好奇地停下来问：“两位同学，这里发生了什么事情？为什么你们都挤在门口不动？”小白看到了老师好像遇到了救兵，马上走上前去说：“老师，这位同学刚做了一半实验就想走，您能帮我劝劝他，让他坚持做完实验再走，行吗？”老师无奈地笑了笑说：“这位同学你是新生？还不知道实验伦理吧？在进行实验的时候，被试是有权利随时退出实验的。你先让这位同学自己决定要留下继续做实验还是离开吧，一会儿你跟我来，我向你介绍一下做实验的相关伦理。”

第一节　研究的道德：恪守研究伦理

一、什么是实验伦理？

2023 年 9 月，美国一个医学伦理组织——美国责任医师协会（PCRM）致信美国证券交易委员会，呼吁该机构调查埃隆·马斯克创立的脑机接口公司 Neuralink，指控马斯克之前有关实验猴死亡的说辞可能存在证券欺诈行为。在此之前，马斯克曾就 Neuralink 用于研究的灵长类动物死亡一事发表过评论，称在该公司实验期间猴子本就处于濒死状态，并非因 Neuralink 植入物而死。但美国责任医师协会称，根据兽医记录，是植入手术的并发症导致猴子死亡（引自 Cameron & Mehrotra, 2023）。这一事件不仅引发了公众对科技伦理的关注，也促使我们深思科技进步与伦理道德之间的复杂关系。

作为心理学专业学生，我们终将踏上实验研究的征途，其中既有以人也有以动物为对象的研究。做实验能为我们提供学习知识和提升技能的机会，但在正式开展或参与实验研究之前，我们还需熟知研究伦理的相应规定，将其作为规范研究者行为的准则。接下来，就让我们分别来了解一下，以人和以动物为对象的研究在伦理上有哪些不同考量。

（一）以人为对象的研究

人作为独立、鲜活的个体，在参与研究的过程中必须受到相关政策法规的保护。总的来说，以人为对象的研究包含以下情况：

- 涉及人体试验或基于人类使用而开发设备、产品或材料的研究。
- 通过干预或与个人互动来收集数据的研究。
- 涉及有辨识度的个体私人信息（即使这些信息不是专门为研究而收集的）的研究。
- 涉及身体材料，如细胞、血液、尿液、组织、器官、头发或剪下的指甲（即使没有专门收集这些材料进行研究）的研究。
- 利用人类来评估环境变化的研究。

但也有一些情况可能不属于以人为对象的研究，需要与上面仔细区分：

- 内部部门、学校或其他机构以管理为目的的数据收集。
- 在信息收集采访中，问题集中在事物、产品或政策上，而不是人们自身或他们对自己的想法。
- 在一些专门为教育或教学目的而设计的与课程相关的活动中，将课堂讨论作为课堂练习或作业的一部分并做记录，但不打算在课堂之外使用。
- 传记或口述历史研究。

（二）以动物为对象的研究

以动物为对象的研究也有需要遵守的伦理。以下是美国心理学会《心理学家伦理守则和行为规范》（Ethical Principles of Psychologists and Code of Conduct; American Psychological Association, 2017）中有关动物实验的规定：

- **遵守法律法规**：研究者必须严格遵循联邦、州和地方的动物保护法律、法规及专业标准，确保动物的获取、照料、使用和处理符合规定。
- **落实监督责任**：所有涉及动物的程序必须由受过研究方法训练并有实验室动物护理经验的心理学家监督，以确保动物的舒适、健康和人道待遇。
- **严格人员培训**：所有参与动物实验的人员（包括助手和学生）必须接受与其角色匹配的培训，涵盖研究方法，动物饲养、管理和操作，以及特定物种的生理与行为需求。
- **减少动物痛苦**：研究者必须采取合理措施减少动物的不适、感染、疾病和疼痛。
- **手术操作规范**：进行手术时，必须在适当的麻醉下进行，并采取措施避免感染，同时在手术中和手术后尽量减少痛苦。
- **人道化安乐死**：当需终止动物生命时，必须使用快速且痛苦最小的公认方法。
- **伦理审查透明**：实验需通过机构伦理审查委员会的批准。研究者不得伪造数据，发现错误需及时修正。
- **通用原则延伸**：研究者有责任确保动物福利，避免不必要的伤害。同时，需如实记录实验过程，不隐瞒动物遭受的痛苦或实验缺陷。

这些伦理原则确保了动物在研究中的使用是合理、人道的，并且符合科学和伦理的要求。违反上述原则的研究者可能导致美国心理学会中止其会员资格，受到来自学术机构的处分，甚至被追究法律责任。比如，Neuralink 便因未妥善处理实验猴子的术后护理而被美国农业部调查。

二、我们为什么需要实验伦理？

（一）完善的实验伦理产生之前的故事

在人类漫长的历史中，实验伦理规范的提出其实只是近一百年的事。在此之前，人类曾实施了许多在今天看来严重违反基本伦理的危险实验，但也正是这些骇人听闻的“恐怖故事”一步一步推动了科学实验伦理的发展，确立了当代实验过程中人人需要遵守的伦理。

公元1世纪，医生塞尔苏斯为在埃及用死刑犯进行实验的行为进行辩护，其措辞成了危险实验的经典辩护词：“给几个罪犯施加痛苦并不残忍，因为这些苦难可能会让无数无辜的人在几个世纪里受益。”

第二次世界大战结束时，23名纳粹医生和科学家因为以集中营囚犯为实验对象，对其施加了不人道的痛苦甚至谋杀而受到审判。由于当时缺乏以人为对象的实验研究的法律，法院在判决中写入了一项标准。这一新标准包括10个要点，描述了进行人类研究所需注意的要素。这些要点被称为《纽伦堡法典》（引自张鸿铸等主编，2010，1048－1049页）：

- 被试必须自愿同意参加研究，并应处于有选择自由的地位，不受任何势力的干涉、欺瞒、蒙蔽、挟持、哄骗或者其他某种隐蔽形式的压制或强迫；在对研究项目有充分的认知和理解，足以做出肯定决定之前，被试必须知道研究的性质、期限和目的，研究所采用的方法及手段，可以预料到的不便和危险，以及对其健康或可能参与研究的人的影响。
- 研究应能得到对社会有利的富有成效的结果，且这一结果用其他研究方法或手段是无法达到的，在性质上是慎重和必要的。
- 研究应立足于动物实验的结果，并在对疾病的自然历史和别的问题有所了解的基础上，将证实原来的动物实验是正确的。
- 研究进行时必须力求避免肉体上和精神上的痛苦和创伤。
- 事先就有理由相信会发生死亡或残废的研究一律不得进行，但研究人员自身作为被试的研究不受此限制。
- 研究的危险性不能超出研究所解决问题在人道主义上的重要性。
- 必须有足够能力保护被试排除哪怕是微之又微的出现创伤、残废甚至死亡的可能性，并为此做好充分准备。
- 研究只能由科学上合格的人进行。研究人员在研究的每一阶段都需要有极高的技术和管理能力。
- 被试在研究过程中，已经到达这样的肉体与精神状态，即继续进行已经不可能的时候，完全有退出研究的自由。
- 在研究过程中，主持研究的科学工作者，当有充分理由相信即使操作是诚心诚意的，技术是高超的，判断是审慎的，但是研究继续进行，被试照样出现创伤、残废甚至死亡的时候，必须随时中断研究。

尽管《纽伦堡法典》在伦理发展的历史上具有不可替代的重要性，但它没有考虑与社会科学和行为科学研究有关的问题。

继《纽伦堡法典》之后，生物医学研究的伦理被许多机构重新解释和完善。例如，世界医学会（WMA）制定了研究伦理指导方针，称为《赫尔辛基宣言》，于1964年发布，旨在规范涉及人类受试者的医学研究，强调知情同意、风险最小化、受益最大化以及受试者权益保护。此宣言历经10次改版，一直被全球视为医学研究伦理的核心规范。2024年10月，最新版《赫尔辛基宣言》发布，其核心变化包括：将“受试者”改为“研究参与者”，强调其作为合作伙伴的平等地位；新增研究须具社会价值，促进公共健康；强化知情同意自主性及公平分配原则，鼓励社群参与；要求保护脆弱群体，加强生物样本/数据监管；明确国际合作双重伦理审查；新增环境可持续性要求；临床试验后须延续参与者福利保障；突发公卫事件中坚守伦理，防止安慰剂滥用；

规范未验证干预措施的使用条件，并强调科学诚信与研究方案的严谨性（World Medical Association, 2024）。

尽管有这些准则和《赫尔辛基宣言》的指导方针存在，但由于缺乏监管机制，这些准则或方针在实践中并不总能被遵守。因此，有伦理争议的事件在当时频发，也引发了一些著名的历史事件，如斯坦福监狱实验、塔斯基吉梅毒实验等。这些事件的发生都在某种程度上促进了实验伦理及其监管机制的完善，促使我们今天的实验伦理体系逐渐形成。

研究实例 3-1

学术研究历史上有名的伦理争议案例

比彻文章

1966年，麻醉师亨利·比彻（Henry K. Beecher）写了一篇文章来描述22个有伦理争议的研究案例。这些研究都是由著名的医学研究人员进行的，且都发表在重要期刊上。比彻写道："美国的医学是完善的，已在很多方面取得很大的进步。然而，如果允许进行违背伦理的研究，它将给医学带来很大的危害。"比彻估计了不符合伦理的研究数量，并得出结论："不符合伦理或存在伦理问题的程序并不少见。"比彻的文章在提高研究人员、公众和新闻界对不符合伦理的人类研究的认识方面发挥了重要作用。有医学博士表示："在这篇文章之前，我们认为不符合伦理的研究只能发生在像纳粹这样堕落的政权中。"

美国公共卫生服务部梅毒研究（1932—1972）

美国公共卫生服务部（PHS）梅毒研究也常被称为"塔斯基吉梅毒实验"。这项研究由美国公共卫生服务部组织发起和资助，是关于非裔美国人梅毒病程的自然研究（Reynolds, 1982）。在研究开始时，梅毒还没有已知的安全有效的治疗方法。数百名不知道自己已经患有梅毒的男子和数百名未患梅毒的男子（作为对照）参加了这项研究。这些人是在未得到充分知情同意的情况下招募的。而且，这些被试被研究人员故意告知需要进行一些"免费治疗"，如进行脊椎穿刺等。

20世纪40年代，青霉素被发现是一种安全有效的梅毒治疗药物，但实验人员并没有以此对这些梅毒患者进行有效治疗。而且，研究人员为了防止被试接受军队或当地医生的治疗，告诉当地征兵委员不要征召这些人入伍，且安排当地医生不进行治疗。这项研究一直追踪这些被试，直到1972年，媒体才首次披露这项研究。研究人员不提供青霉素治疗的行为最终致使28名被试死亡、100名被试致残，以及19名子女在出生时染上梅毒。

提示：梅毒研究中存在的伦理问题：缺乏知情同意、欺骗、隐瞒信息、拒绝提供治疗、将被试及其家庭置于危险之中、剥削无法从参与中受益的弱势群体。

米尔格拉姆的服从研究（1965）

这项研究的目的是探究人类在权威人士的指令下是否会做出伤害普通人的行为（Milgram, 1965）。但研究人员告诉被试，这项研究的目的是研究学习和记忆。每个被试都需要教一个"学生"，并通过施加越来越强的电击来惩罚"学生"的错误，但其实

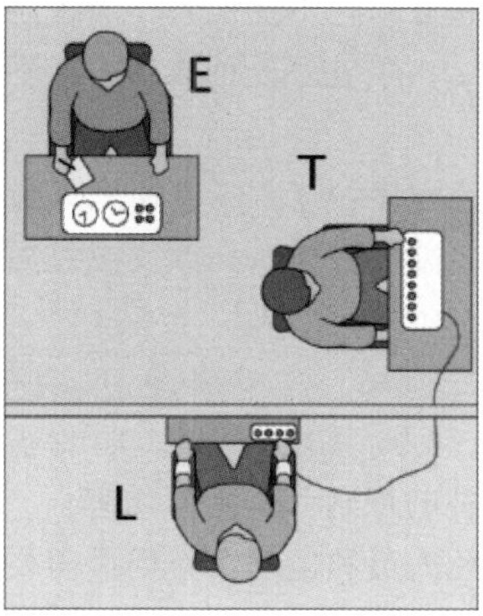

图3－1a　米尔格拉姆的服从研究示意图

“学生”是研究人员假扮的，从来没有受到过伤害。这些“学生”假装答错题而被电击，他们“疼”得大叫，甚至失去意识，但研究人员还是不停指示被试给予更强的电击（见图3－1a）。最后，63%的被试给“学生”施加了他们认为致命的电击，有些人甚至在“学生”声称患有心脏病后也这样做了。实验结束后，一些被试经历了严重的情绪危机。

提示：服从研究存在的伦理问题：欺骗、意料之外的心理伤害。

汉弗莱斯的“茶室交易”研究（1970）

在这项研究中，研究人员观察了公共厕所（被称为“茶室”）中的同性恋行为（Humphreys, 1970）。研究人员先以同性恋身份作为卧底，并获得了同性恋者的信任。随后通过追踪他们的汽车牌照号码确定了100名被试。在完成研究的观察部分一年后，研究人员进行了一项社会健康调查，收集了这些被试的性取向和婚姻状况数据，并且从来没有告诉被试及其家人这些采访与先前观察工作的关系。尽管这项研究的成果（《茶室交易：公共场所中非个人的性》；封面见图3－1b）的出版有助于消除一些关于同性恋的刻板印象，但在报告中体现的许多细节暴露了被试的身份。

提示：“茶室交易”研究存在的伦理问题：侵犯隐私、缺乏知情同意、未能保护被试身份不被推测。

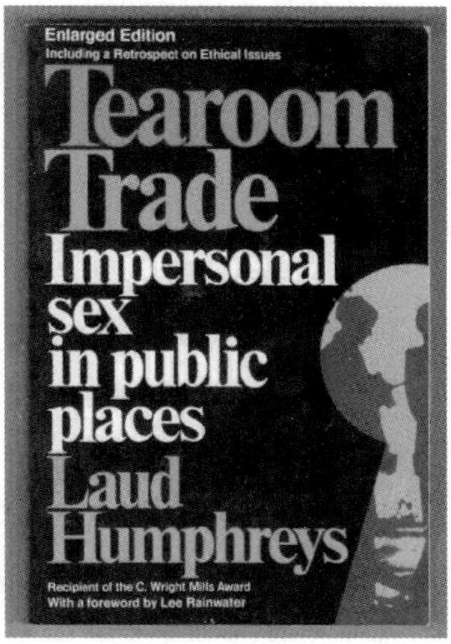

图3－1b　《茶室交易：公共场所中非个人的性》一书的封面

（二）实验伦理的确立

如前文所述，公众对充满伦理争议的研究的关注，特别是对美国公共卫生服务部梅毒研究的不满，促使美国国会于1973年举行了“卫生保健质量——人体实验听证会”。听证会之后的1974年，美国国会通过了《国家研究法》。

经过几年审议，1979年，在美国公共卫生服务部梅毒研究和其他研究的影响下，生物医学和行为研究人类被试保护国家委员会（NCPHSBBR）发布了《贝尔蒙报告》，用来解决以人为被试的伦理问题。《贝尔蒙报告》确定了三项基本的伦理原则，这些原则通常被称为贝尔蒙原则，分别是尊重人、不伤害/有利和公平正义（引自Sims, 2010）。以下是《贝尔蒙报告》的部分内容，同时也建议对完整的报告进行阅读。

1. 尊重人

尊重人至少包括两个伦理要求：一个是应将每个人作为自主的行动者对待；另一个是自主性降低的人理应得到保护。

人的自主性包括：心智能力（理解和处理信息的能力）和自愿（不受他人不当控制或影响）。当被试有能力理解和处理信息时，他们就有自主权，并有在不受他人胁迫或不当影响的情况下自愿参加或退出研究的自由。

在实践中，尊重人的原则需要建立一个有意义的知情同意程序。这意味着研究人员需要向被试提供帮助他们决定是否参与研究所需的所有信息，并允许被试在改变主意后退出研究，而不会产生任何不利的后果。

2. 不伤害/有利

不伤害/有利原则意味着必须以合乎伦理的方式对待人，不仅尊重他们的决定，保护他们不受伤害，还要努力保证他们的健康。该原则有两条互补的规则：一是不伤害，二是有利，即使可能的伤害最小化和使可能的受益最大化。研究人员和伦理审查委员需要仔细评估伤害风险和研究的潜在利益。

“风险”指的是发生伤害的可能性。同时，需要评估可能造成的伤害的严重程度和伤害发生的可能性。需要评估的伤害类型不仅包括身体伤害，还包括心理（如心理应激）、法律（如丧失隐私和保密性）、社会和经济伤害。“利益”一词指与健康或福利有关的具有积极价值的事物，这些好处可由个别被试或其他人获得。

3. 公平正义

人类研究的公正问题是：谁应该从研究中受益，谁应该承受研究的负担？当一个人理应从研究中受益却被没有充分理由地拒绝，或者将负担不正当地强加在一个人身上时，就发生了不公正。

公平正义原则要求研究者在设计研究时要考虑到负担和受益的公正问题。原则上，那些从研究中受益的人应该承受作为研究对象的负担，作为研究对象的人应该分享研究的潜在利益。个人或群体不应仅仅因为他们易得、易受伤害，或因为他们不能说“不”或不知道说“不”是一种选择而被选择来参加研究。为了避免研究人员的剥削，选择被试时只能以科学研究的角度为依据。

总之，这三项原则中的每一项都应具有平等的力量。在某些情况下，这三项原则之间可能相互冲突。例如，我们可能基于尊重人的原则限制儿童参与研究，因为儿童无法自己选择。但是，我们可能基于公平正义原则认为必须让儿童参与研究，以便儿童有机会从这项研究中受益。在《贝尔蒙报告》里，一项原则并不总是比另一项原则重要；恰恰相反，我们必须在坚持这三项原则的同时，分别考虑每一宗个案，并视其本身的情况来确定方案。

（三）针对少数人的实验伦理

实验伦理强调对少数人（如囚犯、儿童或性少数群体等）的知情同意权或者隐私权予以特别保护。比如，如果研究需要以儿童（即 18 岁以下的个体）作为被试，研究者不仅需要获得他们本人的同意，还需要征得其父母或者监护人的同意。

研究实例 3－2

心理学史上最有名的儿童被试——小艾伯特

小艾伯特（Little Albert）是美国心理学家、行为主义心理学创始人约翰·华生

(John B. Watson, 1878—1958) 给自己的被试起的昵称，也就是图 3－2 中的这个小家伙，拍照时（1920 年）他 8 个月零 26 天大。大约两个月后，当小艾伯特刚 11 个月大时，华生以小艾伯特为被试进行了一系列验证条件作用原理的心理学、生物学实验。伴随着华生的巨大成功以及在伦理上对该实验的强烈质疑，小艾伯特成为几乎每一本心理学研究方法教材都会提到的孩子。

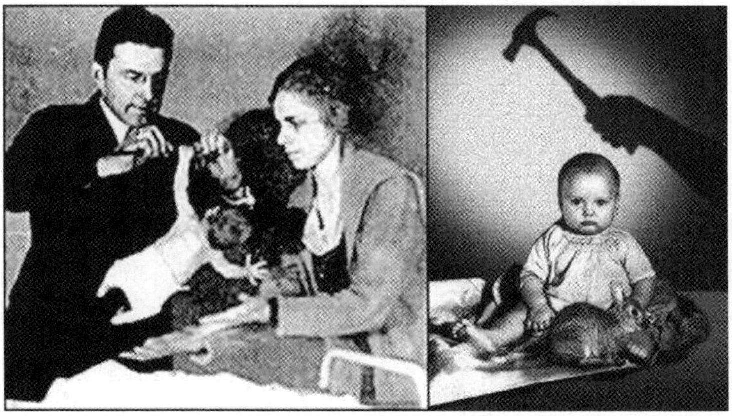

图 3－2　华生的实验和小艾伯特的照片

实验前　小艾伯特接受了一系列基础测试，包括首次短暂地接触以下物品：白鼠、兔子、狗、猴子、有头发和无头发的面具、棉絮、焚烧后的报纸等。结果发现，在此起点，小艾伯特对这些物品均不感到恐惧。

实验中　小艾伯特被放在房间中间铺有垫子的桌上，实验室白鼠被放在靠近小艾伯特处。这时，小艾伯特对白鼠并不感到恐惧。当白鼠在他周围游荡时，他开始伸手触摸它。在后来的测试中，当小艾伯特触摸白鼠时，华生及其助手就在小艾伯特身后用铁锤敲击悬挂的铁棒，制造出响亮的声音。毫不奇怪，在这种情况下，小艾伯特听到巨大声响后大哭起来，并表现出恐惧。

经过几次这样将两个刺激配对，当白鼠再次出现在小艾伯特面前时，他对白鼠出现在房间里感到非常痛苦。他哭着转身背向白鼠，试图离开。显然，小艾伯特已经将白鼠（原先的中性刺激，现在的条件刺激）与巨响（非条件刺激）建立了联系，并产生了恐惧或哭泣的情绪反应（原先对巨响的无条件作用，现在对白鼠的条件作用）。

实验后　在上述实验结束的 17 天后，华生进行了一系列泛化测试。当华生将一只（非白色的）兔子带到房间时，小艾伯特也变得不安。当毛茸茸的狗、海豹皮大衣，甚至华生戴上有白色棉花胡须的圣诞老人面具出现在他面前时，他都显示出强烈的恐惧和情绪反应。

华生利用小艾伯特所做的这一经典实验，在心理学史上具有里程碑的意义，众多行为矫正技术的源头都可以追溯到该实验。可以说，小艾伯特所参加的这一实验为后世的行为矫正与治疗技术的发展奠定了基础。但与此同时，小艾伯特恐惧获得实验也因其伦理问题备受后世诟病，从而引发了心理学界对心理学研究伦理的关注，并促进了研究伦理规范的确立。小艾伯特的付出换回的是后来心理学对实验对象权利的保障。

资料来源：北师大自我研究组，2018。

三、我们如何在科研中遵守实验伦理？

作为刚刚进入心理学领域的新手，也许我们还不会有很多机会设计复杂的实验，但这并不代表实验伦理离我们还很遥远。恰恰相反，实验伦理是我们进入心理学领域进行实验的第一课，可以具体到实验进行的每一个环节。接下来，我们就来看看如何从基础的心理学实验开始遵守实验伦理。

（一）培养实验伦理观念

自主培养实验伦理观念是每一位从事实验研究的学生都应该具备的意识。比如，可以关注世界范围内发生的各类与伦理相关的事件，学习对不同情况下的实验设计、实验过程、数据分析等进行评估。另外，除了上文提到的材料和案例，还有许多实验伦理材料值得我们学习。以下是一些可以参考的材料。

- 世界医学会制定的《赫尔辛基宣言》（2024），详见 https：//www. wma. net/policies-post/wma-declaration-of-helsinki/。
- 美国心理学会制定的《心理学家伦理守则和行为规范》（2017），详见 https：//www. apa. org/ethics/code/。
- 中国国家卫生健康委联合教育部、科技部、国家中医药局制定的《涉及人的生命科学和医学研究伦理审查办法》（2023），详见 https：//www. gov. cn/zhengce/zhengceku/2023-02/28/content_5743658. htm。

（二）遵守实验伦理——从研究设计到论文发表

1. 设计实验阶段

首先，在设计实验时，我们必须尽量避免可能对被试造成身体和心理伤害的实验方法、手段和流程；其次，在完成**实验设计后、项目开题前**，应将实验项目交给所在学校、单位的伦理审查委员会进行审查。以北京师范大学为例，实验项目的伦理审核流程如图 3－3 所示。

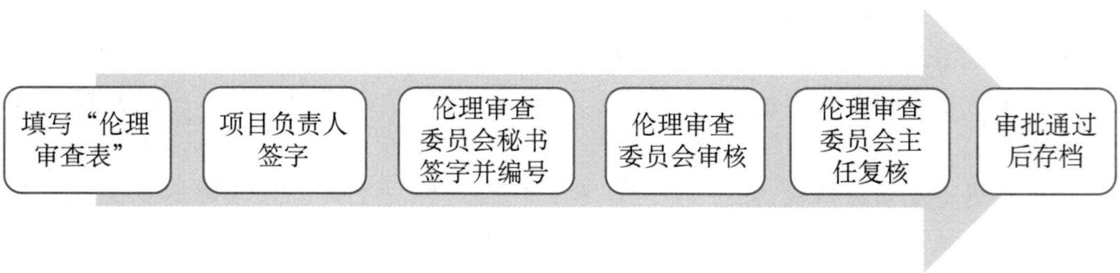

图 3－3　科研项目伦理审核流程

最后，需要注意一点，只有伦理审查委员会审核通过的项目方可进行实验。实验伦理的审核不仅是对项目本身的一个检验，也是对前来参与实验的被试的一个保证，还有利于被试和实验人员之间建立相互信任的关系，有利于实验的进行。

2. 进行实验阶段

从被试进入实验室的那一刻起，实验人员就要注意在**程序上**符合实验伦理的要求。一般的实验程序是：在被试进入实验室之后，主试迎接→主试介绍实验的信息，请被试阅读并填写知情同意书→主试强调被试在实验中享有的权利→进行实验→主试回答被试的问题，必要时讲清实验的目的与设计流程→按照约定的条件向被试发放实验补贴、奖励等。在开始实验之前，请基于表 3－1 进行自我核查，以确保你的实验符合研究伦理的规范要求。

表 3－1　实验伦理自检表

条目	自检结果
1. 是否存在对被试造成一些生理和心理伤害的风险？如果存在，你计划怎样避免这些风险？	
2. 你在研究中会使用一些欺骗手段吗？如果使用，是否真的有必要？是否存在不使用欺骗也能达到实验目的的方法？	
3. 你如何与被试沟通？如何避免被试对实验目的的猜测？	
4. 你会怎样招募被试，以确保招募的过程不是强制性的？	
5. 你计划如何获得被试的知情同意？他们在实验的过程中可以随时退出实验而不受任何惩罚吗？	
6. 为了确保实验数据的保密性，你将采取哪些措施？	

在这一程序的基础上，有一些流程部分是需要特别注意的。在获得被试的知情同意时，实验人员应该告诉被试以下信息：

- 研究的目的、预期时间和程序。
- 在参与研究的过程中，被试可以随时拒绝参加或退出研究。
- 被试拒绝参加或中途退出实验可能带来的结果。
- 一些预期中可能会影响被试参与意愿的因素，如潜在的风险、不舒适的感觉或研究的副作用等。
- 可预期的研究效益。
- 保密的局限性等。

假如实验中需要用到声音和图像的记录，实验人员应该主动征求被试的同意，除非：(1) 该研究单纯是公共场合下的自然观察，且预计声像记录的使用方式不会给被试带来身份识别或伤害的问题；(2) 研究设计使用了**欺骗**这种设置，但在实验结束后，实验人员应该征求被试对声像记录的知情同意。

在研究结束后，研究者应该给被试提供了解研究性质、结果与结论的信息，比如把被试参加实验的结果反馈给他们，或者把发表的研究成果告知他们。这样做一方面能让被试了解研究的意义，从而促使他们更加认真地完成实验；另一方面也能增进被试对自我和科学研究的认识与信心，最终从心理学研究中获益。

此外，如果研究中使用了欺骗手段，研究者需要在研究结束后向被试提供**事后解释**（debriefing），即向被试解释欺骗的必要性，纠正被试对于实验可能产生的错误观念，消除欺骗对被试的负面影响。事实上，事后解释对于研究者来说也是有益的，它能帮助研究者了解被试对整个研究的看法及其完成实验的心理过程，从而更好地对研究结果做出解释。

3. 实验数据收集、处理及文章撰写阶段

实验数据的收集，从严格的定义来说，就是以公认的系统方式收集和测量感兴趣的变量信息的过程。利用合适的手段、工具、方法进行数据收集可以帮助研究者合理验证假设并避免人力物力资源的浪费。另外，出于保护被试隐私和实验安全的考量，收集到的实验数据也应该妥善存储，确保实验数据的**可用性**、**完整性**和**保密性**。

在进行数据分析的时候，要注意采用合适的方法，避免出现学术不端的行为。应注意以下几点：

- 统计方法的选择应始终先于数据的收集，避免偏差的出现对实验过程及结论的影响。
- 在数据处理的过程中，不能伪造数据，不能无故增删数据，对数据的每一步处理都应该在实验报告中体现。
- 无论使用何种方法处理数据，研究者都要意识到方法的局限性，处理数据过程中的问题也应该如实报告。
- 注意保存原始数据。有时在审稿和出版过程中，编辑或审稿人会对研究数据的准确性或统计方法提出质疑，这时就需要作者能够提供原始数据。即便在文章发表之后，作者也应保存原始数据5年以上，以备他人查证或重复分析。

在文章撰写阶段，应该对整个项目过程中涉及实验伦理的问题进行必要的陈述。比如，本实验由哪里的伦理审查委员会审批通过，被试是何人群（如实际被试多少人，有效被试多少人），是否对被试进行了必要的保护，数据做了哪些处理（实际观测数据有多少，参与统计处理的有效数据有多少，哪些极端数据被删除，为什么要删除），实验结论在哪些人群中可以/不可以推广，等等。

4. 出版阶段

首先，养成良好的引用习惯。如果直接引用文献中的原话，应该把原话用括号括起来，直接引用少于40个字时用引号，多于40个字时应另起一段，同时注明出处，并在文后的参考文献中列出。这既是对他人劳动的尊重，有利于心理学研究成果的不断积累，更体现了研究者对于自身科研事业发展的负责任态度。

其次，避免论文重复发表。作者在投稿的同时，等于默认把论文的专有使用权转让给编辑部或其他出版机构。因此，作者不应为提高命中率而一稿多投。如果在三个月内没有接到编辑部对稿件的处理通知，作者有权把稿件再投向其他期刊，但在投递前应通知原先投稿的期刊。同时，已经发表的论文不应再投稿；但以摘要形式（如会议摘要）刊出的研究是被允许再投的。另外，很多期刊不赞成把一项研究拆成多篇文章发表；不过，这并不包括根据新的理论和方法对已发表的数据进行重新分析的情况。特别是在时间跨度大的纵向研究中，发表多篇研究报告是必要的，也是适当的。但基于纵向研究发表的多篇研究报告，应引用以前的研究报告，以便读者进行准确的评价。有时，期刊文章经修改后成为一本书的一个章节，作者有责任向读者说明这一部分在何处发表，并作为参考文献列入。

最后，了解文章署名的原则。论文的作者既包括文章的执笔人，也包括那些对研究做出过实质性科学贡献的人，他们可能参与了问题假设提出、实验设计构思、统计分析、结果解释，以及文章主要部分的写作。同时，作者署名的顺序需要按照作者对文章贡献的大小进行安排。因此，导师把学生的研究成果占为己有是不道德的，而且把没有对文章做出实质性贡献的学生列为作者之一也是不道德的。在有多个研究者参与的合作研究项目中，合作者之间应该事先商定好研究的分工、谁有论文署名权以及署名的先后。所有署名的作者都应对文章的准确性负责，所以，在论文投递前，每个作者都应认真审阅。一旦论文被录用，有的期刊还要求每个作者都签名确认。此外，除了论文执笔人，其他对于研究做出贡献的人，如辅助收集数据、对统计分析提出建议、收集或录入数据、调试计算机程序，以及负责找被试或观察动物的人员等，虽然没有必要列入作者名单，但应在正文后的致谢栏里注明。

拓展阅读 3-1

引用不规范，亲人两行泪——如何科学地避免抄袭嫌疑?

抄袭（或剽窃，plagiarize）是写作者可能犯的最严重过错之一，其意是指作者逐字逐句地抄写他人的文字和观点，让人误以为这是作者自己的作品。无论是**有意抄袭**（故意将他人文章中的内容或要素占为己有）、**无意抄袭**（研究者因为忘记或弄不清资料的来源，所以没在文章中注明出处）、**马虎抄袭**（引用二手资料时不标明出处），还是**自我抄袭**（把自己已经发表的作品当作新作品一样呈现），都不为出版伦理所允许。抄袭的最严重后果会让研究者的事业毁于一旦。

目前，大部分国际期刊已把论文查重作为审稿的第一步。如果论文重复率过高，将会有理由直接拒稿。以查重软件 CrossCheck 的查重结果为例，文章间的相似程度可分成三类：

- **低重复率（小于 10%）**：这类论文中所检出的重复内容一般都是一些来源相对分散的匹配文本或常见短语。单个来源的匹配率很低，仅仅为 1% ~3%。这类查重结果对鉴定论文是否抄袭影响不大，是可以忽略的。
- **中等重复率（10% ~50%）**：很多研究者的论文可能落在该范围内，属于适中的百分比，此时不一定被认为是抄袭。在这类论文中，可能有多处来源的匹配率为 1% ~3%，或者单处来源的匹配率比较高。此时，作者需要检查究竟属于哪一种情况。如果有单处来源的匹配率高于 10%，就需要对这些部分进行改写。
- **高重复率（高于 50%）**：表明可能与一处或多处来源有比较高的重复率，这类论文需要引起作者高度警惕。此时，需要找出这些高重复率的匹配来源并进行仔细修改。

对于查重报告的重复率结果，还需要注意以下两种情况：一是总体重复率高，比如超过了30%，并不一定意味着抄袭。这时需要仔细查看，确保每一处来源的匹配率都低于5%或更低。二是总体重复率很低，但单处来源的匹配率比较高，此时极有可能会被认定为抄袭。例如，如果单处来源的匹配率超过15%，通常涉及差不多一页的材料重复。此时，作者就要仔细检查这些来源。

为了避免抄袭嫌疑，作者应该知晓引用他人文献的目的是支持自己的观点，或者反驳某些作者的观点。因此，在引用时应该确保引用确实有必要，并能给自己的观点提供强而有力的支持，尽量避免过度引用，并尽可能少引用原文。同时，在阅读文献过程中养成写概要的习惯，在写文章时学会释义。

首先，尽量避免直接引用原文。过多引用原文不但占用读者的时间，也会让审稿人或答辩老师质疑作者观点的原创性和创新性。

其次，采用规范的形式引用原文。如果写作者为了准确地传达原作者的观点而引用原文，务必注意遵守引用规范，即当引用他人原文达到40个字词或以上时，需要以一个独立的缩减段落出现，不必加引号。同时，标识清楚原文作者的姓名、文献的出版日期以及引文所在页码或范围（如果有的话）。

再次，在阅读中养成写概要的习惯。要想学会写概要，一种简单且重要的做法就是根据作者记忆中的内容去写，而不是一边读原文一边释义。写作者可以先阅读文献，然后把文献放在一边，最后用自己的话加以总结。为了写出清晰且准确的概要，写作者可以从回答以下几个问题入手：

- 文献的内容是关于什么的？文献中的主要观点是什么？
- 作者是否为自己的观点提供了支持性证据？如果有，具体包括哪些？
- 你同意作者的观点吗？
- 作者提供的证据与他的观点一致吗？你是否有反驳作者观点的证据？
- 对文献中的内容还有哪些疑问？

最后，在写文章时学会释义。在写作文章过程中，写作者应该学会如何使用与原文不一样的词句重新表述原作者的话。要想写出好的释义的确需要写作者花费不小的功夫，有时，精心的释义还有可能让读者注意到原本被忽略的重要观点。赫尔特（Christine Hult）的建议有助于读者更好地掌握释义（引自邓恩，2018，193页）：

- 使用原文献中词语的近义词。
- 避免使用过分专业或晦涩少用的词。
- 在重述时改变句子的结构。
- 重新组织原文献词句的顺序。
- 将复杂的观点拆分成比较简明的看法。
- 永远为自己的释义加上参考文献。

（三）宣传实验伦理观念

除了自身遵守实验伦理，我们也应该培养自己的学科责任感，为营造一个伦理健全、完善，人人遵守实验伦理的学科大环境而努力。随着科学技术的发展，我们将在当代的社会中面临更多的实验伦理两难问题，也会有不少实验出现伦理争议。比如，康奈尔大学、加利福尼亚大学旧金山分校等的研究人员为证明他人在社交网络上发布的内容会影响自身情绪，在未经用户明确许可的情况下，修改了社交网站的新闻推送算法，使一周内一些用户主要看到“中性至快乐”的信息，另一些用户主要看到“中性至悲伤”的信息，受影响的用户总人数接近70万（引自王悠然，2014）。随着大数据时代的到来，大量研究通过互联网开展，传统伦理规范正被颠覆。人们在网络上公开发布的信息究竟是私人性质还是公共性质，目前学术界仍然存在争议。研究者在实际操作过程中，也难以把握在何种情况下应当履行或放宽知情同意原则。因此，对于实验伦理，我们也应该保持动态发展的眼光，在大的时代背景下思考实验伦理，并向周围的人宣传实验伦理观念，努力改善实验伦理环境，减少明确违反实验伦理的事件发生。

拓展阅读 3－2

人类被试知情同意书示例

项目名称：____________________________（与申请表上的名称一致）

研究者姓名：____________________________

实验邀请　你必须得到一份参与研究的正式邀请。例如：“我们邀请您参加由×××大学进行的一个研究项目。大学要求您提交一份签名的同意书，然后参加研究。以下内容可以帮助您决定是否参加这项研究。”

研究性质和目的　清晰准确地说明研究的目的。

研究程序的解释　说明所有的研究程序，包括其目的、持续时间、频率、是否使用声像记录、研究的最终结果等；包括让被试对将要做什么以及将要被问到什么有一定的认识；包括可能使被试退出研究的任何情形（除非被试同意）。

不适和风险　说明研究项目可能造成的任何生理、心理、社会、法律和/或经济上的风险或损失。如果任务风险很低，可以使用诸如不适、压力、不便之类的表述。可以这么说：“参加研究的风险是很小的。”“参加的风险和在日常生活中经历的没有差别。”“没有可预见的风险。”

受益和补偿　说明研究带来的所有直接受益，包括（由于实验处理）增进了生理或心理健康、提高了技能水平等。补偿则与受益不同，具体包括现金、礼物、路费或学分补偿等。如果被试没有直接受益，也应进行说明。可能的话，说明主动或被动退出或终止实验对其受益的影响。注意，所有被试接受的补偿应当是同等的；也就是说，如果是对被试的时间进行补偿，即使有被试在结束前终止了实验参与，仍然应当（按比例）提供一定的补偿。

保密性　说明对被试信息的保密措施，包括实验中的信息将提供给哪些人或机构、提供哪部分信息、信息暴露的目的。例如：“实验中获得的能够识别您身份的信息都将得到保密。不包含任何识别信息的总结性发现可能会被发表在一份专业杂志上，或在学术会议上报告。”

拒绝或退出的权利　提供自愿参与原则和随时退出而不受任何处罚的解释。例如：

“您的参与完全取决于您的愿望，您可以在任何时候退出研究，或者一开始就拒绝参与。您不会受到任何处罚，也不会影响您的其他利益。”

疑问 被试可以询问本研究项目的更多信息。例如：“如果您对本研究有疑问，希望了解参与之后的问题，您可以联系（研究者）______或是______科室的研究指导________，电话是（×××）×××××××××。您还可以向人类被试协调办公室咨询被试权利和被试审查程序的问题，电话是（×××）×××××××××。”

同意声明 包括以下陈述：

我完全认识到参加本次研究的性质和范围，以及可能存在的风险。我在此声明，同意参加该研究。我确认已经获得本次知情同意书的副本。我现在已满18周岁。

（被试签名）（日期）

（被试姓名）（打印）

（研究者签名）（日期）

（研究者/指导者签名）（日期）

[注意：一份完整的知情同意书副本（不仅仅是同意声明部分）交给研究负责人（PI），而另一份交给被试。签订的知情同意书应至少保存三年以供检查。]

（四）学术研究中使用生成式人工智能的边界

随着人工智能技术的迅速发展，人工智能生成内容（artificial intelligence-generated content, AIGC）快速进入学术科研领域，一些科学家开始使用聊天机器人作为研究助手，帮助其组织思维、编写代码、总结文献，甚至写作论文。然而，学术界却开始担忧研究者们可能会将AIGC作为自己的文本，或者简单使用AIGC并产生不可靠的研究成果。因此，一些国家的科技管理机构和出版商相继针对人工智能技术在学术论文中的使用进行研讨，并提供了一些相关准则或指南。

2023年9月20日，中国科学技术信息研究所联合三家国际出版集团——Elsevier、Springer Nature、Wiley共同发布了《学术出版中AIGC使用边界指南》(中英文版)（简称《指南》)。《指南》详细阐述了学术出版中使用AIGC应当遵循的四个原则（透明度和问责制、质量和诚信、隐私和安全、公平和可持续发展），并为研究者在研究开展、论文撰写、投稿、作品发表/出版后各阶段的行为提供实践指导，以达到防范学术不端、凝练各方共识的目的。其中，针对研究开展和论文撰写阶段，《指南》为研究人员提出了以下六点指导性建议。

1. 资料收集

在文献调研阶段，研究人员必须阅读并验证AIGC提供的每项建议和参考文献的真实性；在概念解答方面，研究人员要注意概念的适用性；在观点类资料调研中，研究人员必须监督和控制AIGC提供的观点资料，必要时对AIGC提供的资料进行清洗处理，以确保所使用的资料是有效、无偏的，防止传播不正确、有偏见或歧视性的信息。

2. 统计分析

研究人员可使用AIGC选择最合适的分析方法或进行统计分析，但所用的数据必须是研究人员亲自收集的；而且，研究人员需要对 AIGC 提供的统计分析结果进行验证，确保统计结果的可靠性。

在分析和解释数据时，研究人员可以借助 AIGC 解释数据，计算统计学指标，进行一些简单的数据分析和统计结果的描述，但不能取代他们自己对数据的解释。此外，研究人员还需甄别 AIGC 提供的统计分析建议的可行性，结合其他可靠的统计分析和数据挖掘工具进行判断，或向专业的领域专家寻求指导和帮助，最终判断是否采纳 AIGC 提供的建议。

3. 图表制作

研究人员可以使用 AIGC 推荐的统计图表，或使用 AIGC 辅助调整图表样式，对图表进行格式化处理，例如调整字体大小、标注数据、添加图例、更改颜色等，使图表更清晰、美观，更易于理解。但蛋白质印迹实验图、细胞技术分析图、组织细胞染色图等实验生成类图像必须由真实开展的实验研究获得，不可通过 AIGC 直接生成。

4. 文字撰写

在撰写论文过程中，AIGC 可用于提高文本可读性、启发内容逻辑性、提供句式等，以供研究人员参考，但不应该用来产生研究假设、直接撰写整篇论文文本或解释数据、得出科学结论等。所有属于科学或智力贡献范围的任务都应该由研究人员自己来完成，特别是论文重要部分的撰写。使用 AIGC 只是为了以最佳可读的方式传达作者生成的科学知识。

5. 稿件润色

AIGC 可以作为高标准语言检测器，提高稿件的可读性和写作质量，以消除研究传播中的语言障碍。目前，AIGC 的学术语言服务可以帮助非英语母语的研究人员润色稿件，使其符合国际期刊的投稿要求。但研究人员需注意，手稿（全部或部分）被输入公共 AIGC 后，有可能成为大型语言模型训练语料库的一部分。

6. 引文整理

AIGC 可以帮助研究人员确定引用来源，并根据作者提供的文献信息，自动生成符合学术论文引文格式要求的引用。但 AIGC 仅应作为一种辅助工具，作者仍需仔细核对所引用文献的格式和内容，以确保引用符合学术论文的规范要求。当涉及 AIGC 推荐的任何内容时，研究人员都需确保引用的内容与论文切实相关，包括引文和被引内容的真实性。

小贴士

1. 实验伦理三原则：

- 尊重人。
- 不伤害/有利。
- 公平正义。

2. 在整个研究过程中严格遵守研究伦理，包括：

- 设计实验阶段。
- 进行实验阶段。

- 实验数据收集、处理及文章撰写阶段。
- 出版阶段。

第二节　研究的起点：撰写文献综述

转眼间，小白进入大二下学期，他内心对科研的渴望被学校心理学部发布的“本科生科研训练与创新创业”项目申请通知再次点燃。本科生科研基金项目（以下简称本基项目）是学校为提升大学生科研水平而专门设立的项目类型，仅供在校的大一和大二年级学生申请，分为国创、市创和学校资助三个级别。对于申请成功的学生来说，这不仅意味着将会获得人生中第一笔自主支配的科研经费，还有机会自主探索自己感兴趣的问题，通过亲身体验“选题开题—收集数据—分析数据—写作论文”过程中的酸甜苦乐，真正地将书本知识内化于心，外化于行，甚至成长为同龄人中的科研佼佼者。小白和同学们都跃跃欲试，想要借此机会大展身手。

可是究竟应该选择一个什么样的问题进行研究呢？苦思冥想之际，小白回想起自己在高中的一段经历，曾几何时，他的学习成绩非常好，可以说是站在年级巅峰——不仅能够轻易取得前几名的成绩，社团活动的成绩也非常不错。高二期间，学校有一个赴美国参加比赛的活动，小白想到自己的成绩还算不错，因此不惜牺牲上课时间去参加了那次活动。然而回来后，他发现自己不再像以前那么擅长考试了。如果说以前的小白是信步欧洲的拿破仑·波拿巴，那他回国后的第一次考试就是遭遇滑铁卢。他感觉自己的自尊被这次考试深深地伤害了。但是当他冷静下来后，他发现自己并不是完全跟不上了，只是活动期间他远离了平时的知识和环境，这使他对这些知识不再熟悉。他意识到一个问题：自己的能力其实并没有想象的那么差，但是自己的自尊却仿佛建立在了考试这个标准之上。

进入大学之后，小白了解到一个叫“依存性自尊”（contingent self-esteem）的心理学术语可以很好地解释他高中时遇到的境况。正好借着这次项目申请，小白想深入研究一下依存性自尊究竟如何影响青少年的心理健康，于是把自己的想法告诉了自己的两个好朋友——乔乔和小星。三人一拍即合，决心围绕依存性自尊进行选题。但是，究竟具体该从何入手进行研究呢？他们一时之间找不到门路，陷入了困境。导师建议他们先从综述已有文献开始进行准备。

一、文献综述的目的和基本形式

文献综述可以有很多种目的，它们的价值和重要性也有所不同。当你面临小白他们这样的困境时，文献综述对于澄清研究问题就显得非常重要。与此同时，文献综述本身也可以作为研究成果给期刊投稿。为了服务不同的目的，文献综述有不同的基本形式。由浅入深，有以下几种目的和形式。

（一）文献目录

文献目录式的综述算是最为简单的。这种形式的综述并不需要作者对文章进行太深的加工，它只需要作者浏览文献并摘录出最为重要的部分，对其进行准确再现，并挑选出概况信息即可。这类综述没有太大技术难度，更像是相关文献的目录。在研究的初级阶段，这类综述会有一定的作用。但因为它只是对其他文献的简单再现，所以它并不能算是一篇真正的综述。

（二）知识总结

知识总结式的文献综述比文献目录稍显深刻，因为在做知识总结时，需要找到文献之中的共同点或者还不是很清楚的点进行归纳和总结，在这个过程中进一步澄清主题。选择了某个主题并不意味着就对这个主题了如指掌，因此在阅读文献的过程中，很有可能发现不清楚的术语、重要研究等不能错过的知识点，而整理它们就显得非常必要了。在阅读和整理的过程中，就可以厘清一些文献之间的基本关系，并且抓住一些关键的概念进行归纳和概括了。

总的来说，知识总结也是层次较浅、比较基础的综述，它更多的是帮助我们对想要研究的领域有一个更为彻底的了解。在有了这个更彻底的了解之后，我们才能够进行下一步的研究。

（三）梳理文献

梳理文献式的综述在前面两者的基础上进一步增加了对文献内容的加工。此时，仅仅简要浏览文献已不能满足需要。如果要梳理数篇文献，不仅需要对它们进行十分准确的陈述和再现，还需要对它们进行逻辑上的分析。

例如，在心理学领域，我们常常能看到一个问题下有多种观点。在梳理文献时，我们就需要将这些观点的基本含义彻底厘清，不能有丝毫含糊。在此基础上，我们要发现出现分歧的核心概念及原因。同时，找到每一种观点下是否有足够多的可靠证据。证据的可靠性应该从多个方面进行评价，如实验方法、可重复性等。与此同时，不同的观点也可能有某些联系，在梳理文献的过程中，这些联系也需要厘清。打个比方，一篇篇文献应该像一张网上的一个个结点，有的相连，有的不相连，但都围绕着某个选定的主题。梳理文献式综述的最终目的，就是织出这张网。梳理文献式的综述相对来说更为成熟，意味着文献综述的作者已经对当前的研究基础有了比较深刻的认识，这也是做好研究的基础。

（四）发现问题

为了发现问题进行综述是最深层次的综述。如果说之前的几种综述的目的是“回顾”，那么这种综述的目的则是“展望”。前面三种综述都是对现有文献的总结和提炼，只不过在程度上有差异。发现问题式综述则比它们更进一步，是为了找到今后研究的可能方向。

发现问题式综述的主要着眼点不再只有过去研究的优点和成功之处，而更多的是过去研究尚未解决的问题或者存在的不足，并在这些问题的基础上提出未来可能的发展方向。这要求综述作者对已有的研究拥有全面的了解和理解，并能够从这些研究中找到问题。如果我们还是把众多文献理解为一个网络的话，那么发现问题式的综述就是要找到这张网的漏洞或者纠缠到一起的地方，并提出可能的解决办法。

二、写作文献综述应从哪里开始？

小白提出，写作综述就应该从查找文献开始。但实际上，查找文献并不是综述写作的开始。如果真的要考虑这个问题的话，确定主题才是真正的开始。一般我们可以看到以下几种确定主题的方法。

（一）通过探索感兴趣的领域确定综述主题

正如小白所做的，在这之前，他就为与依存性自尊相关的研究所吸引，因此在自己的研究中也选择了相关的主题。事实上，这样确定综述主题的方式很常见，在没有主题范围的情况下，更多的人会选择自己感兴趣的领域作为写作主题。这样做简单快捷，而且在写作过程中不容易感到枯燥。

（二）通过设想中的实证研究确定综述主题

此时与其说是选择综述主题，倒不如说是彻底确定实证研究的主题。因此，在做此类综述时，一定要时刻记住为实证研究服务。这种方法的目的性很强。这样的综述需要写作者在写作中不断地总结知识，发现问题，从而达到对领域内相关问题有基本了解、对即将开展的实证研究有一个初步愿景的层次。

（三）选择当前热门研究问题进行综述

利用这种方法进行综述时，需要阅读某个领域的一些顶级期刊，发现当前的热门问题并把这个问题当成自己的综述主题。这种确定方法更加具有针对性，也能够保证综述的内容与当前研究的趋势相符合。

三、制订综述写作计划

在确定主题之后，为了对综述写作有一个总体的把握，需要制订一个简单但合理的写作计划。写作计划至少应该包含以下几个要素。

（一）明确综述的主题和焦点

在利用某种方法确定了综述的主题之后，我们应该时刻提醒自己围绕主题写作综述。因此，综述主题就必须出现在这个计划中。当你是一个人写作时，它能够时刻提醒你写作的中心在哪里。当你是和小组成员共同写作时，它可以进一步澄清你们将要研究的主题，使每个人都能够围绕同一问题进行写作。这样在最后的整理过程中就不会有太多的增删过程。

不过，主题并不能停留于泛泛地叙述，而是应该简洁地讲述文章写作的焦点。如果要将“依存性自尊的结构、机制及其对自尊理论的启发”作为综述主题，那么它的焦点可能是：依存性自尊的结构与测量、依存性自尊的影响、依存性自尊的作用机制，以及当前研究对自尊理论的启示及存在的问题。在你确定综述的焦点时，应该已经了解一些相关的资料（比如教材、文献等）。当你把这样的焦点写在计划中时，合作者也会明白这篇文章需要围绕什么中心进行写作。

此外，当你打算确定文章的焦点时，你有一件必须完成的事：查找相似甚至相同内容的综述是否已经存在。一方面，如果你写作综述的目的是向期刊投稿，那么这一步对于你来说就非常重要。如果你无法证明你的综述与其他已有综述的区别，你的稿件将不可能被录用。因此，你需要了解近年来相似或相同主题的综述，并发现它们有什么问题尚未解决，而这些问题也许就能成为你写作的主题。另一方面，如果写作综述是为了澄清想要做的实证研究，通过查找相似或相同主题的综述就可以帮助你节约时间。毕竟，阅读几篇综述肯定比阅读更多的研究报告要快。通过这些综述你可以更迅速地达成确定实证研究主题的目标。以在《心理科学进展》上检索“自尊”为例，我们可以看到许多相关的综述（如图 3－4 所示）。进行筛选之后，也许可以找到和预期主题相似或相同的文章，这时就需要我们仔细研究了。

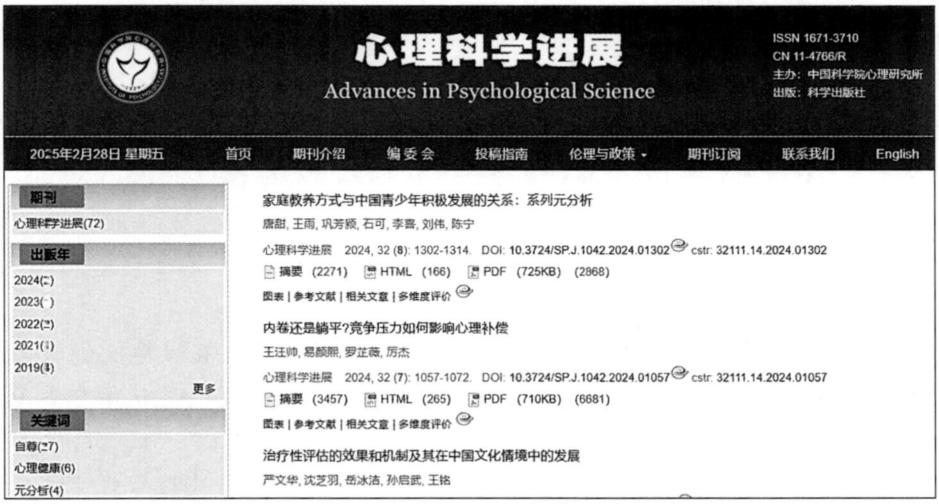

图 3－4　在《心理科学进展》上搜索“自尊”的结果截图

（二）简要描述综述背景

这里所说的综述背景是对上面主题和焦点的进一步阐述。尽管不需要特别详细地写明每一个问题，但我们仍需要在此处规划出整个综述大概要从哪些方面详细阐述。如果你已经阅读一些相关文献，你就可以把这些文献暂时引用在这个地方。这既可以提示你正式写作时需要注意的文献，也可以帮助你对文献进行管理。比如小白所写综述的题目是“依存性自尊的结构、机制及其对自尊理论的启示”，他便分别顺着四个焦点展开进一步论述（详见研究实例3－3）。

- 近年来的实证研究揭示了依存性自尊存在不稳定性。
- 自尊依存性对个体既有好处，也有不利的影响。
- 依存性自尊可以解释为什么个体自尊会随外部事件变化而上下波动。
- 通过对相关内涵和作用机制的总结与分析，发现了更多的问题。

这样一来，写作者就能清楚地了解到这篇综述的核心部分应该从哪些方面入手去写了。在这里，有两个问题需要特别注意。其一是用语的专业性和准确性。当你计划这一部分时，你需要用准确的术语描述每一个你用到的概念，必要时还需要对它们进行解释，防止之后利用时出现错误。其二，避免你的预设观念或者偏见影响总体计划。你需要保证你的写作计划足够全面，不会出现偏重某些部分而忽视另一些重要观点的情况。

研究实例3－3

小白的综述写作提纲

综述主题和焦点

主题：依存性自尊的结构、机制及其对自尊理论的启示

焦点：

- 依存性自尊的结构与测量
- 依存性自尊的影响
- 依存性自尊的作用机制
- 当前研究存在的问题及其对自尊理论的启示

综述背景

近年来的实证研究揭示了依存性自尊存在不稳定性，表现为脆弱自尊（Kernis, 2003）；还有研究者将依存性自我价值感分为内外部依存性自我价值感两个大类，并细分为七大领域（Crocker & Knight, 2005）。但在东西方文化背景下对其结构的研究有一些区别。

自尊依存性一方面对个体的行为有强大的驱动力，增加个体在自尊依存领域所投入的时间；另一方面，依存性自尊高的个体体验到的焦虑、压力等负性情绪会更多（Crocker & Park, 2004）。

依存性自尊会随外部事件的不断发生而不断波动；依据素质-应激抑郁模型，自我价值过分依存于外部标准的个体在遭遇挫折后会产生强烈的负性情绪，因此其可能是消极心理体验的一个“危险放大器”。

通过对相关内涵、结构、影响和作用机制的总结与分析，发现了以下一些问题。

（略）

文献查阅策略及其他

将通过中英文数据库以及学校图书馆进行文献查阅。通过关键词以及顺着已有参考文献进行查找的方式搜索相关文献。

各组员的任务需要在×月×日前完成并汇总。

参考文献

Crocker, J., & Knight, K. M. (2005). Contingencies of self-worth. *Current Directions in Psychological Science, 14*(4) 200–203.

Crocker, J., & Park, L. E. (2004). The costly pursuit of self-esteem. *Psychological Bulletin, 130*(3), 392–414.

Kernis, M. H. (2003). Toward a conceptualization of optimal self-esteem. *Psychological Inquiry, 14*(1), 1–26.

(三)制订文献查阅策略及写作计划

此时，你需要规划一下在具体写作综述的过程中，你需要具体做什么事情。

1. 你将可能从哪些地方查找文献?

你可以写上重要的期刊或书籍名称，也可以写上你打算利用的数据库或者图书馆的实体书库。这样你在正式查阅文献时就能够有一个抓手，不至于在查找的时候才来思考这些问题。当然，如果你已经阅读一些相关的文献，你可以将它们列在参考文献之中。此外，最好采用最终提交稿件时所需要的格式（如 APA 格式）进行写作。

2. 依据 SMART 原则，制订综述写作目标

SMART 一词由 specific（具体）、measurable（可测量）、action-oriented（基于行动）、realistic（现实）和 time-based（基于时间）五个英文单词的首字母组合而成，即建议人们在设定目标时，努力建立起那些清晰的、明确的、现实可行的、方便自我检查的写作目标，而避免那些不切实际的、模糊不清的、过于抽象的写作目标。

3. 建立社会支持网络

小白项目组的综述写作目标是为申请项目做准备，因此需要小组成员各司其职，分工合作。这一点也可以体现在写作计划上，比如将小组成员的时间安排和任务安排列在计划中，并提醒大家不要忘记在截止时间之前完成自己的规定任务。此外，还可以将可能联系的指导老师的邮箱甚至办公室位置写在这部分。

总的来说，写作计划起到一个指明方向的作用。当你和你的小组成员人手一份写作计划时，你们就更容易掌握自己的任务方向以及任务安排。这对于按时保质保量完成整个项目具有很大的帮助。当然，为了防止在做计划的过程中出现问题，你可以在写完整个计划之后进行反思和检查，以确保它的内容准确无误。

四、文献查阅

在文献综述的写作过程中，文献查阅是绝对不可能避开的一个部分，因为任何人都不可能综述自己一无所知的问题。在动笔之前，我们必须搜集和研究相关的资料，从而对综述的对象有一个整体的认识。这意味着我们需要“查”文献，也需要“阅”文献。

(一)查找文献

在第二章，我们了解了许多文献的来源，如中英文数据库、学术搜索引擎和图书馆等，也了解了筛选文献和评价期刊的基本方法。这基本上能保证你确定文献查找的起点。在你找到适合自己的手段之后，你就可以按照关键词、已有文献等线索查找文献了。

除了查找文献的手段，还需要记住一些文献查找原则。首先，在查找文献的过程中，永远记住综述主题，或者你负责的部分的主题。**带着你的主题筛选文献**，在筛选文献时，先问自己这篇文献是否告诉了你关于主题的知识，如果告诉了，它告诉了你什么知识。在这个地方，可以使用思维导图等工具，把此时判断出的可能对研究有意义的文献添加到思维导图中。这样，在你真正仔细阅读文献时，你就可以根据思维导图，有针对性、有选择性地对文献的重点进行阅读。

其次，文献的发表时间也很重要，但也不能断然说是越早越好或者越晚越好，具体要用什么时间的文献取决于综述的内容。当你需要对某一个研究领域进行比较全面的综述时，你可能就需要选择一些重要但时间相对比较久远的文献。但如果你综述的目的是梳理某个领域的最新进展，综述中就应该尽可能避免出现年代过于久远的文献。但总的来说，**无论是哪一类综述，近五年的文献都应该占主导地位。**

（二）整理并阅读文献

你可以用 EndNote 管理与你的写作相关的文献。你可能需要用到多种向 EndNote 导入文献信息的方法，也可能需要用到创建文献组和“Rating”等功能。善用这些功能将会让你在整理文献过程中如虎添翼。当然，你也可以按照查找文献的线索进行整理，比如按照围绕某个主题进行研究的时间线索整理，或者对关注某个特定主题的不同研究者进行分类。

当提到文献阅读的时候，你可能会想到阅读过程中需要做一些笔记；同时，有的文献可能可以用来进行对比性阅读。用好这些方法，你在获取文献重要信息和正式写作时，效率将会更高。此时，你可以再次**利用写作计划和思维导图**（如图 3－5 所示）。在真正阅读之后，你可能会发现这篇文献并不像你开始想象的那样符合某个部分的主题，甚至并不符合整篇文章的主题。那么这个时候你就需要把它放到合适的主题下，或者从你的参考文献中移除。在你阅读完所有已经筛选出来的文献之后，你的计划或者思维导图应该已经被扩充为一个纲领的雏形，并在之后仍然能派上用场。

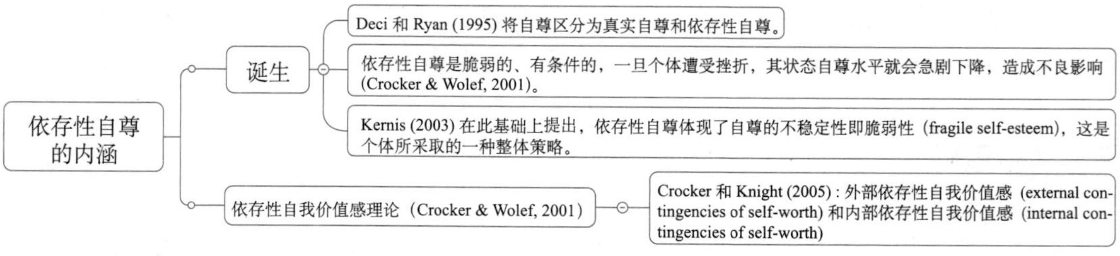

图 3－5　采用思维导图整理文献示例

（三）完成阅读后的反思

在阅读完一定量的文献之后，你需要对到现在为止的所有资料再一次进行梳理和总结。如果你在前面选择了在计划中进行扩充或者思维导图的方式，在这里你就需要对这些部分进行一次逻辑上的整理，找出可能存在的错误并尽量使文献排列符合你理想的内在逻辑。如果你没有边读边整理，这个时候你可能需要花一些时间完成这项工作。除了逻辑，你还需要对文章中的重点知识进行一次梳理，尤其是在真正进入这个领域之后你才了解到的、与你的主题密切相关的知识点。这些知识点很有可能会在最后出现在你的综述之中。除了**整理文章的逻辑**，你还需要做一次减法：彻底排除掉那些毫不相关的资料，**保留真正有意义的资料**。这将使以后返回查找资料变得更加轻松。

五、正式开始写作文献综述

在读完了已经挑选出来的文献之后，终于来到了正式写作的部分。正式写作看起来简单，做起来却没有那么简单。综述写作绝不能是前人文献的堆砌，而是利用已有的文献围绕某一个问题进行深入的研究，并从中得到某些启发。因此，正式写作也有一些需要特别注意的地方。

（一）形成提纲

综述的写作并不是提笔就开始的，我们需要先形成一个提纲，再进行更为详细的诠释。那么，为什么要写作提纲呢？第一，提纲是综述写作的路线图，它有助于写作者按照理想中的计划完成综述的写作。第二，提纲的存在使结构问题更难以出现。第三，它有助于你明确思路和逻辑顺序。第四，详细的提纲确保了内容的丰富度，因为你不容易丢失应该写的部分。换言之，写提纲就是一个让写作者自己理解文章内容的过程。

1. 提纲的形成过程

提纲形成大致可以分为以下三个过程。

首先是**临时概括性提纲**。这种提纲应该在正式写作前的检索和阅读过程中就已经基本完成。临时概括性提纲的主要作用就是将文献进行分类和结合，并将它们放到文章的不同层次中去。此时，你需要进行一些比较和对照的工作。当然，在临时概括性提纲基本完成之后，你就可以琢磨一下文章的标题和子标题了。因为此前我们已经在阅读过程中丰富了写作计划或完成了思维导图，所以临时概括性提纲就已经基本完成了，我们就可以开始进行下一步了。

在正式写作之前，你需要对临时概括性提纲进行反思，并在其基础上形成**粗略提纲**。可能需要构思的内容有这些：

- 如何开始整篇综述？
- 最终得出了何种结论？
- 争议观点应该如何处理？
- 每一部分的详略应该如何分配？
- 如何增强文章的可读性（注释、例子等）？
- 如何安排段落顺序？

完成了这些思考之后，你的粗略提纲就基本形成了。然后你可以直接开始写作，也可以对粗略提纲进行进一步的丰富，甚至在初步写出一些段落和句子（如过渡语句和总结性语句）、形成**精细提纲**之后再开始正式写作。

2. 注意事项

写作提纲也不是随随便便完成的，尽管我们有写作计划和思维导图作为提纲的基础，仍有一些地方非常值得我们注意。

首先，**提纲的整体格式应该具有一致性**，最好与最终成品的格式保持一致，包括层次（标题、子标题等）、引用格式甚至字号等。这将使你在写作过程中有一个良好的参照，而养成这种注重格式的习惯是非常重要的。

其次，**观点的排列必须有逻辑性**。举个例子，你可以采用自上而下的策略来写作提纲，即从最抽象、最一般的概念或事实到最具体、最特殊的实例。另外，按照固定格式来写作也有助于你对逻辑的把握，因为合适的字体或缩进会让你更方便地寻找内容应该安排的位置。

再次，**提纲并不是绝对不能变的**。提纲可以说是一个升级版的计划，它存在的意义是帮助你完成综述的写作，而不是将你的综述写作限制在一个固定的框架里。你应该参照提纲的层次和结构，但当你在写作中发现问题时，你也需要随机应变，重新考虑，得到你认为最合适的结果。

最后，当你完成文章的谋篇布局时，你需要反过来再看看以下这些问题：

- 观点讨论是否集中？
- 某个观点是否真的来自某些证据？
- 对每个观点的阐述是否充分？
- 主要观点的证据是否有支持性？
- 这些观点是否一致，或真正围绕着某个中心？
- 写作是否切中要点，是否跑题？
- 是否已经定好最终目标？

总的来说，提纲的形成过程如图3－6所示：从临时概括性提纲开始，逐步发展到粗略提纲，直至最终的精细提纲。

图3－6　文献综述提纲形成过程

（二）写作过程

相对于写作提纲是为了“使写作者自己明白文章内容”，正式写作就是为了“让读者对所写的领域有更深的理解”。要达到这个目标，你应该做好不止写一稿的心理准备，并且要力求每一稿都能够有一些进步，直到文章最后完成。

1. 初稿写作

首先要明白初稿绝对不可能是最终稿，但初稿也应该有一些必须完成的任务，否则就会绕一些弯路。初稿的核心任务是在确定自己写作中心的基础上，完成一份清晰且可以被读者理解的文本。这时，你应该试着用一句话概括一下自己的核心科学问题，并将它牢牢记在心里。

第一阶段的初稿写作可以充分利用此前形成的提纲，在其基础上进行扩充和完善，形成一份阅读起来通顺的文稿。这样既能基本保证文章的逻辑通顺，也符合你最初的设想和目的。但是在论证自己的观点时，需要分析自己的论证是否真正有理有据，令人信服。你可以通过以下几个步骤来分析自己的论证是否合乎逻辑：

- 用某种符号（如下划线）标出文中所有的论点陈述，包括总论点和分论点，并确保它们都已经清晰阐述。
- 用另一种符号（如圆圈）标出文中所有的论据，并保证它们都已经放在正确的位置。
- 找到论点和论据间的论断等陈述，并将其连接起来。
- 检查每一个连接是否都有明确的解释或清晰的暗示，并符合逻辑。
- 分论点的论证最终能够与文章的主题联系起来。

在上面的每一项检查做完之后，如果发现了任何问题，就需要立即修改。当你自己已经读不出来任何问题的时候，你就可以将文章拿给别人读了。

第二阶段就是将自己的初稿交给别人阅读，让读者从他们自己的视角对这篇文章进行审阅。建议的审阅者是对写作和校对有丰富经验的评审人员，以及在心理学领域有足够专业知识的评审人员（如导师）。你需要诚挚地邀请他们对你的文章进行审阅，一方面是关注文字上的错误（如错别字、病句等），另一方面是关注专业知识上出现的问题，并请评审人员做出全面的回应。他们的回应越全面越清楚，你的修改就会越有效率。

为了获得明确的回应，你需要对评审人员提出一些明确的要求，比如强调那些可能需要着重审阅的部分，或者明确提出需要评审人员评价文章的可读性，等等。你可以为你的文稿标上页码甚至行号，便于查阅批注。而且，为了区别每一稿，你需要为每一稿标上时间和编号。另外，当你需要将打印稿交给评审人员时，你应该将行距调大，为评审人员留出足够的评价空间。当然，你也可以标识出文章的“亮点”，如创新或独特之处，让评审人员更容易发现你文章的具体价值和重要论点，从而帮助他们修改你的文章。此外，你需要为评审人员设定一个回收时间，并在回收后仔细阅读他们的评论，必要时与他们进行仔细讨论。

2. 初稿之后，终稿之前

在初稿被“各路神仙”批改之后，你需要对这篇被批改得花花绿绿的初稿进行彻底的修改与完善，并像写作初稿一样，完成自行审阅和他人审阅的过程。此时你可以找更为专业的老师对你的文章进行审阅，基于文章的专业性和符合投稿要求的程度进行修改，因为此时你不会出现太多的简单错误了。此时的目的不再是满足一般读者的要求，而是满足最后决定你的文章是否可以发表或使用的“评价人”的要求。在这些审核和修改之后，你的文章应该尽量接近他们的期望。

3. 终稿的写作及投稿

在正式投稿之前，最需要你做的事情是按照每本期刊的投稿要求逐条检查稿件，以确保在文章结构、参考文献格式和稿件内容等方面满足特定期刊的具体要求。拓展阅读3-3便是节选自《心理科学进展》的综述评论类论文自检报告。

拓展阅读3-3

投稿《心理科学进展》——综述评论类论文自检报告

（1）**本文要解决什么科学问题？**［用一句话来回答，背景性的说明可以放在括号里。我们要求的是问题导向的综述，即围绕一个需要解决的科学问题来论述。类似于研究报告的“引言”或“问题提出”，根据问题的逻辑来综述文献，最后讨论如何解决问题（展望）。本刊不接受教科书式写法的综述论文。教科书式论文只讲授文献已有的知识，不解决问题。教科书式写法的特点是，围绕一个概念堆砌材料，各个部分是并列而非递进关系，最后的展望大而无当，几乎适合所有文章，比如用中国被试、用认知神经科学的方法、多种方法结合、提高研究信效度等。教科书式综述文章的典型架构为：概念—测量方法—理论机制/影响因素/变量—应用。］

（2）**如何解决？**（最后的总结或展望是不是在前面论述的基础上提出的？对已有理论是否有所发展？）

（3）**用几句话概括本文的创新性贡献**（指文献中未曾出现过的、作者自己独特的思想观点及分析）。

（4）**中文期刊是否发表过类似的综述评论？**（可到中国知网、万方数据、维普网等网站上检索）如果有，请列出（包括作者姓名、题名、刊名、年卷期和页码），并说明你与别人的文章有何实质性区别（必要时需引用，引导感兴趣的读者去查阅本文没有包含的内容）。

（5）**是否有类似的外文综述评论？**如果有，请列出（包括作者姓名、题名、刊名、年卷期和页码），并说明你们之间有何实质性区别。

（6）**参考文献是否以近五年的文献为主？**如果不是，请说明理由。

（7）**是否引用了别人的观点或工作却没有注明出处？**是否存在采用直接翻译过来的英文文献中的段落或多个语句的情况？（注意，这也被认定为剽窃的证据。）

（8）**摘要是否有实质性内容？**（摘要作为一个被数据库收录的独立单位，应给读者实质性信息，常见的空话如：“关于……的研究是一个热点问题。对国外……研究进行了归纳概括，并指出该研究领域存在的问题，从理论与实践两方面提出了一些具体的改善建议。”）

（9）**文后的参考文献与文中引用的文献是否一一对应？**（建议使用 EndNote、Note-Express 等软件来管理参考文献）文后参考文献的书写格式是否符合要求？（尤其注意外国人的姓与名、页码范围符号、斜体等）

（10）**英文文题和摘要是否请英语好的专业人士把关？**（可先参照国外期刊上同类文章的写法，不要写成中国式的英语。还要利用 Word 中的拼写检查功能消灭拼写错误。）

（11）**作者信息是否删除？**包括 Word 文档属性中的作者与单位、基金号、英文摘要中的作者与单位等。

（12）如果第一作者是学生，请导师单独给编辑部发邮件，说明已阅读本文并认真把关。（编辑部收到导师邮件后才会考虑进入稿件处理流程。）

资料来源：《心理科学进展》编辑部，2020。

（三）写作注意事项

1. 言之有物

一篇优秀的综述文章应该观点明确，理论清晰，证据翔实，层层递进。它最好既总结了关于某个科学问题的已有研究成果，又分析了当前研究中存在的问题与不足，还指明了未来研究值得努力的方向与前景，力求在深度与广度、研究与实践、理论与方法等多个层面推进人们对该问题的认识与理解。

2. 言之有理

要有自己独特的思想和观点，不但体现出本文区别于已有综述的创新性贡献，还要针对已有的争议性问题进行深入的讨论；不但指出该领域当前存在的主要问题，还要指出未来研究值得努力的方向；不但在理论层面加深人们对问题的理解，而且最好在应用层面对于生产实践也有所启发和建议。

3. 言之有序

遵循科学研究的规律与规范，比如文后的参考文献与文中引用的文献一一对应，参考文献以近五年的文献为主，并且书写符合 APA 格式要求。此外，作者还应注意避免综述写作中常会出现的一些问题，如：摘要内容过于简单，或将常识性的东西写进摘要；文章主体逻辑不清楚，行文不流畅，概念阐述不清，翻译痕迹严重，每段之后未总结，只综不评；等等。

小贴士

1. 文献综述的目的和基本形式：

- 文献目录。
- 知识总结。
- 梳理文献。
- 发现问题。

2. 写作文献综述应从哪里开始：

- 通过探索感兴趣的领域确定综述主题。

■ 通过设想中的实证研究确定综述主题。
■ 选择当前研究的热门问题进行综述。
3. 制订综述写作计划，包括：
■ 明确综述的主题和焦点。
■ 简要描述综述背景。
■ 制订文献查阅策略及写作计划。
4. 文献查阅，包括：
■ 查找文献。
■ 整理并阅读文献。
■ 完成阅读后的反思。
5. 综述写作注意事项：
■ 言之有物。
■ 言之有理。
■ 言之有序。

第三节　研究的关键：提出研究问题

正所谓“知己知彼，百战不殆”。小白项目组在确定研究问题和方法之前，尝试全面且深入地了解国内外心理学领域的研究特点及发展趋势，其中既有对国内外儿童发展心理学领域知名期刊 *Child Development* 和《心理发展与教育》近 30 年所发表论文的计量分析，也有对当前心理学突出特点的总结，还有针对近 5 年国家自然科学基金项目申请书中的题目和关键词进行的计量分析，分析的结果让他们大开眼界。

一、心理学研究现状及趋势分析

（一）国内外儿童发展心理学近 30 年发展动向

2022 年，在《应用心理学》上发表的一项研究（杨美玲等，2022），通过梳理分析 *Child Development* 近 30 年来所发表的实证类论文，探索了国外儿童发展心理学领域新近的研究进展。研究者从包含 3 578 篇论文的题目库中提取出排名前 20 的高频实义词组（见图 3－7），如 young children（婴幼儿）、early childhood（童年早期）、middle childhood（童年中期）、preschool children（学前儿童）、elementary school（小学）、early adolescence（青少年早期），揭示了儿童发展心理学这门学科的本质内涵——聚焦儿童成长的各个重要阶段。此外，国外儿童发展心理学近 30 年始终以儿童的社会性发展和情感情绪发展为核心研究范畴，并借助纵向研究设计，不断拓展研究深度和广度。该结果表明，国外儿童发展心理学越来越注重考察儿童的认知能力发展，尤其强调工作记忆因素对儿童基本认知能力发展的影响。

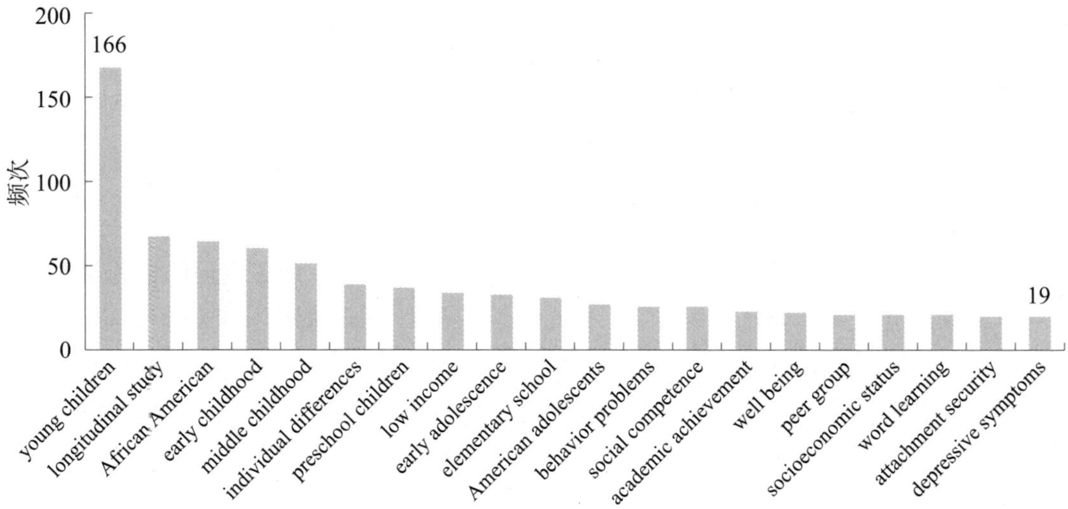

图 3－7　1999—2021 年 *Child Development* 所发实证类论文题目中高频词组频次分布

同年，刘燊等（2022）对我国唯一的发展与教育心理学专业学术刊物《心理发展与教育》上 1985—2019 年的 2 456 篇文献进行了计量分析，发现不同年龄阶段的群体是该刊主要关注的对象（见图 3－8）。此外，社会性发展、心理问题以及问题行为研究也备受关注，如网络欺负/攻击行为、学业表现、焦虑/抑郁情绪、同伴关系、认知发展等。值得关注的是，越来越多新兴的技术被应用于发展与教育心理学的研究，如眼动、元分析等；这是学科发展的必然趋势，也是近十年来该学科发展的重要助力。最后，该文还对我国发展心理学研究的发展趋势做出了预测：（1）发展时期更细化、更全面；（2）学科融合化愈加明显，研究手段更多元；（3）特殊群体的发展性问题将成为未来的热点之一。

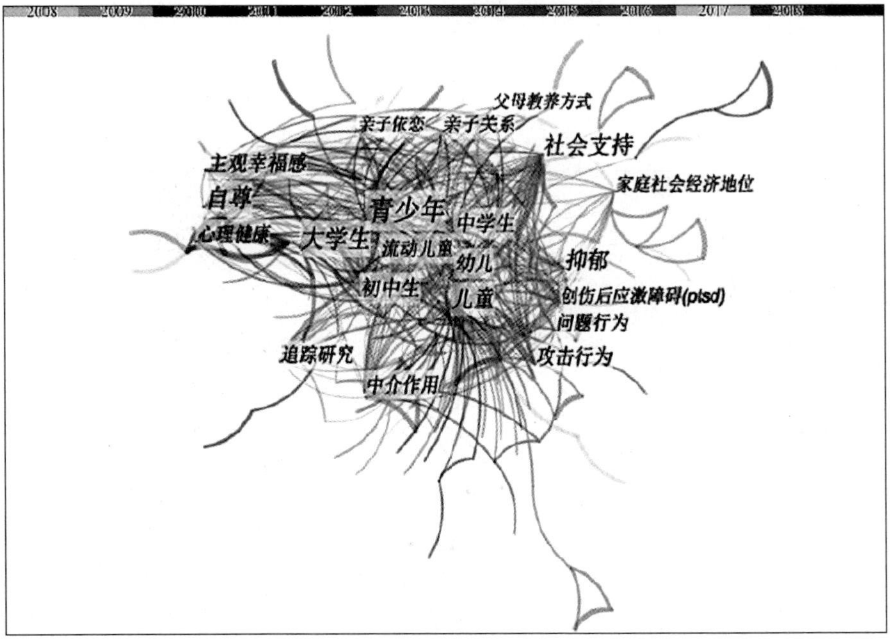

图 3－8　1985—2019 年《心理发展与教育》所发论文关键词共现网络

总之，国内外发展心理学在核心议题上存在共识。比如，两者均强调细化个体发展阶段，都将社会性发展作为核心议题，并且均以实证研究为主导方法。但两者在方法论取向和社会响应模式上差异显著，未来的发展心理学研究需加强国际对话，平衡基础研究与现实需求，以多元方法探索人类发展的复杂图景。

（二） 当前我国心理学研究的突出特点

2018 年，有研究者通过对第 14～19 届全国心理学学术会议中关键词的分析发现，出现频率最高的五个关键词分别是大学生、青少年、情绪、心理健康和主观幸福感（韦晓，兰继军，2018）。该研究同时还揭示，“价值观”将是未来我国心理学研究中的一个重大新课题。此外，未来的研究重点可能还包括学校心理健康研究、特殊群体心理健康研究、社会心理学研究以及研究方法的一般应用，具体如图 3－9 所示。在该图中，节点越大代表关键词出现的频率越高，节点间的连接显示出共同的关系，具有灰色圆圈的节点意味着该关键词具有较高中心性。

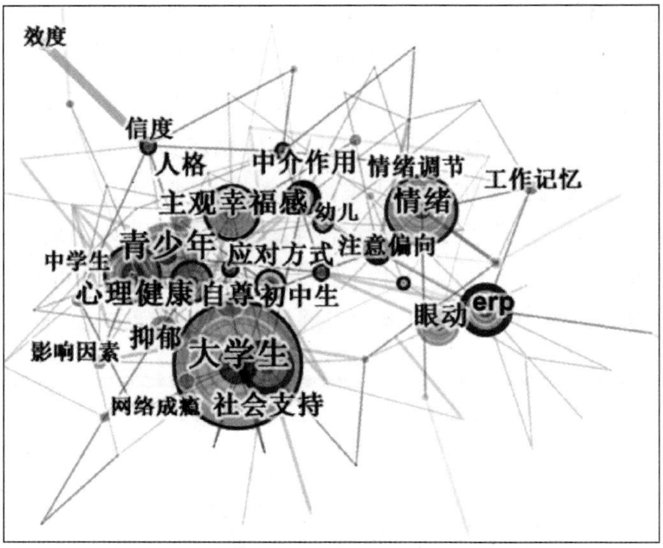

图 3－9　基于关键词网络的心理学研究重点

近期，张洪亮和方方（2023）提出，我国当前的心理学研究具有以下四个核心特点。（1）聚焦社会价值与行为优化：研究价值观与社会行为机制，提升社会运行效率，促进可持续发展；（2）回应时代挑战：应对全球化、信息化等问题，利用大数据、新媒体探索宏观规律，加强跨文化长期追踪及特殊人群研究；（3）深度学科融合：与神经科学、计算机科学等多领域交叉互促，技术驱动研究革新；（4）服务心理健康战略：强化心理疾患预防干预研究，提升国民幸福感，支撑和谐社会建设。

总之，我国心理学研究从早期关注“大学生”“青少年”等群体的心理健康与幸福感（2018 年之前），逐步转向更具时代性与战略性的方向：聚焦社会行为优化以提升发展效能，利用新技术应对全球化挑战，深化跨学科融合推动创新，并强化心理健康干预服务社会需求。研究热点从个体心理状态延伸到宏观社会规律，从基础理论拓展至技术应用，既延续对核心群体（如学生、特殊人群）的关注，又凸显价值观探索与可持续发展目标，展现出学科服务国家战略、回应现实问题的鲜明导向。

（三）我国心理学研究的前沿热点与未来趋势

张洪亮和方方（2023）还对我国2018—2022年国家自然科学基金项目申请书中的题目和关键词进行了计量分析，总结出心理学在自然科学领域研究的前沿热点问题，包括感知觉信息处理与多通道整合、注意与意识、学习与记忆、情绪与行为调节、心理应激与危机干预、心理疾患、人类个体认知与社会行为、认知发展、自我意识和道德认知、成瘾、共情和社会决策、认知调控和认知干预、特殊人群（孤独症患者、留守儿童、吸毒人员）的心理学研究、网络舆情分析与干预、心理学研究核心数据收集和大数据分析等。认知美学与文艺心理学逐渐形成独特的研究领域。此外，随着全社会对心理学日益重视，心理学的应用领域不断拓展，认知神经科学与传统心理学方向交叉催生的发展认知心理学、社会认知心理学等逐渐成为前沿领域。

未来，我国的心理学研究将重点推进以下方向：立足中华文明根基构建本土化理论体系，彰显文化主体性研究；深度融入国家战略布局，以学科创新驱动经济社会高质量发展；加快新技术应用与实验范式革新，探索前沿方法工具；倡导跨机构、跨区域的大规模长效追踪研究，并通过多学科交叉融合机制突破研究壁垒，实现理论与实践的双向赋能。

最后，小白项目组还对最近三年在《心理学报》上发表的研究的题目进行了归纳和总结，他们发现大部分的研究问题可以分为以下几种类型（见表3－2）。

表3－2　研究问题类型及其实例

问题类型	实例
存在问题	➢ 6个月婴儿社会评价的个体差异初探（吴楣等，2025） ➢ 跨期决策中的维度差异偏好：眼动证据（刘洪志等，2023）
描述和分类问题	➢ 3～8岁儿童对群体认知的社会性线索偏好及发展特点（王阳等，2023） ➢ 外圆内方：中国人人际关系性的潜在剖面结构及其适应性（周明洁等，2023）
比较问题	➢ 人们更同情流浪动物还是流浪汉？基于责任归因视角的解释（纪婷婷等，2025） ➢ 基金投资决策中老手与新手的信息加工差异及干预（辛自强等，2024）
构成问题	➢ 青少年亲社会行为的网络分析及核心维度（林靓等，2024）
变量关系问题	➢ 亲子孝道观念冲突与青少年子女抑郁的关系（郭筱琳等，2025） ➢ 初中生认知控制对替代性攻击行为的影响：激惹和触发的情境边界条件（林爽等，2025）

小白发现，无论是哪一种类型的研究都会涵盖多个变量（反映变化的事件、情境、行为或个性特征）及其之间的关系。而且，每种研究问题类型对应的领域是不同的：比较问题主要在基础认知与工效领域；构成问题和变量关系问题则更多涉及社会、人格与管理和发展领域。要想澄清多个变量之间的关系，研究者首先需要了解心理学中的研究变量可以分为哪几种类型。

二、了解研究变量的类型

（一）自变量

自变量（independent variables）是由研究者操纵、可能对被试的反应产生影响并且研究者希望观测到其效应的变量。

根据变量水平的操纵特点，我们可以把自变量大致分为两种。一种由研究者直接操纵、控制，举个例子：乔乔曾经做过吃橘子的数量和手指发黄程度的研究，吃几个橘子是乔乔能够直接控制的。另一种是无法被研究者直接操纵、只能够通过测量或者选择来间接操纵的自变量，比如性别、年龄、人格类型等被试变量。我们无法在实验中改变一个人的性别或者年龄，只能通过对被试的分类来操纵这类自变量。

（二）因变量

因变量（dependent variables）是研究者想要观测、随着自变量的变化而改变的变量。在上述乔乔的研究例子中，手指的发黄程度就是因变量，会随着吃橘子的数量增加而改变。此外，所有的因变量均代表对被试某种或某些特性的测量，因此可以说因变量都是被试变量。

从自变量和因变量的定义中，我们能看出：自变量和因变量之间是存在方向性的、不可逆的，或者说是存在因果关系的。和因果关系对应的是相关关系。在相关研究中，研究者并不关心变量之间的方向性，而只关注相关性。一个经典的问题：吸烟是否导致肺癌？由于研究者不可能对人群是否吸烟做随机化试验，所以得到的都是观察性的数据，即吸烟和肺癌之间的相关性。此时，即使我们发现吸烟与肺癌呈正相关，也不能断言“吸烟导致肺癌”。这是因为可能存在一些未观测的因素，它们既影响个体是否吸烟，也影响个体是否患癌症。比如，某些基因可能使得人更容易吸烟，同时容易患肺癌；存在这样基因的人即便不吸烟，也可能患肺癌。此时，吸烟和肺癌之间相关，却没有因果作用。

（三）中介变量与调节变量

在现实中，研究者往往很难一下子找到一对直接对应的自变量和因变量。假如研究者想研究自变量 X 对因变量 Y 的影响，而 X 是通过影响 A 来影响 Y 的，那么我们就称变量 A 为**中介变量**。例如，吃橘子的数量会影响手指发黄程度很可能是因为吃橘子越多剥的橘子皮越多。所以，吃剥好的橘子可能并不会导致手指变黄，直接影响手指发黄程度的是剥橘子皮的数量。

如果 Y 和 X 之间的关系是变量 B 的函数，我们就称变量 B 为**调节变量**。调节变量会改变自变量对因变量的影响的程度或方向。调节变量既有定性的（如性别），也有定量的（如智力）。比如说，吃橘子数会影响手指发黄程度，但是如果乔乔在这期间没有洗手，吃了相同数量的橘子后手指可能比洗了手时的颜色更黄。在这种情况下，是否洗手就成了调节变量，因为它调节了自变量对因变量影响的程度。

（四）无关变量

无关变量（extraneous variables）是指能够对因变量产生不确定影响，而且研究者并不想观测其带来的效应的变量。比如说，影响乔乔手指发黄程度的因素可能还有乔乔自身的生理状况（有些疾病可能会导致皮肤变黄）。

世界上很少有事物只会受到另外的某一个事物的影响，大部分事物是相互影响形成一个复杂的网络。心理学实验想研究的是在这个有着无数个变量的复杂网络中的某几个变量。要想做到这一点，就必须一点点地将想研究的变量从网络中抽离出来——这个过程就是无关变量的控制。控制无关变量是设计实验时非常重要的一个部分，如果不控制无关变量，研究者就无法挖掘到自变量和因变量之间的真实关系。比如，曾经发表在 *Science* 上的一篇研究发现，加利福尼亚大学伯克利分校研究生院录取男性的比率要显著高于女性，但研究者按照专业分层后发现，女性的录取率却高于男性（Bickel et al., 1975）。该结果体现了研究中常会出现的“混杂偏倚现象”（confounding bias）。

心理学学生在做专业课的实验作业时经常得不到显著的结果，很可能是因为大家在做实验时没有严格控制无关变量。比如：有些学生研究听觉，但是让一些被试使用外放音箱，让另一些被试使用耳机；研究视觉，但是每个被试使用的电脑的分辨率却不一样……这些元关变量常常为大家所忽视，但是却往往会对结果产生不小的影响。研究者可以考虑采用以下四种方法减少无关变量对实验效应的干扰，从而将无关变量转化为**控制变量**（control variables），后者指研究者尝试对其影响加以控制甚至消除、能对因变量产生潜在影响的变量。

1. 排除法

首先最容易想到的就是排除法，如果有无关变量就把这些无关变量都排除掉，不让它们影响因变量。比如说，在实验室里做视觉实验时，显示器的开关按钮上的红灯也有可能影响实验结果，那么我们就可以使用排除法，比如将红灯盖住，从而去除掉这个无关变量。但是排除法存在两点局限：第一，排除法容易造成研究结论缺乏生态效度。把现实中的无关变量一个一个都排除的过程，其实也是离现实情境越来越远的过程。第二，在实际情况中有很多变量无法被排除，比如性别、年龄等。

2. 随机化法

随机化法既包括被试分组的随机化，也包括实验顺序、实验材料的随机化。首先是分组的随机化。通过分组随机化，我们能够控制被试变量的效应。如果每个被试都有均等的机会进入不同组，就能确保不同组的被试在不同的特征上是对等的。排除法无法排除被试本身的一些特有属性，所以研究者经常使用分组随机化的方式来控制被试自身的无关变量。

其次是实验顺序的随机化。我们可以通过对实验顺序进行随机化将顺序带来的效应排除。比如在内隐联想测验（IAT）中，如果前 30 个试次全部是相容条件，后 30 个全部是不相容条件，这种试次安排就容易造成疲劳效应。如果实验结果显示，相容条件下的反应时比不相容条件下的反应时短，那也不能说明相容条件下的反应就快，因为无法排除疲劳带来的影响。

最后是实验材料的随机化。在限制条件较少时，使用简单的工具（如随机数表或 Excel

的随机函数）通过人工调整即可达到目的。而在实验设计比较复杂时，则可利用软件工具（如 Mix 工具、Eprime 软件和 Labvanced 平台）将实验材料无限制地分配到不同条件或顺序之中。此外，实验设计中的随机化策略（如完全随机设计、区组随机化、分层随机化和拉丁方设计）也可被用以消除实验材料呈现的顺序效应，从而确保实验结果的可靠性。

3. 匹配法

当被试的数量比较少时，随机化法其实很难保证各组真正对等，这时我们也可以考虑采用匹配法来控制被试固有属性带来的影响。匹配法的基本思想就是在你想控制的变量上，让各组的被试处于相同水平。如果想研究情绪对计算速度的影响，我们需要控制智力的影响；这时使用匹配法，我们可以让两组被试的智力水平基本对等，这样就能说明两组的差异并非来自智力差异了。具体来看，匹配法的操作流程如下：（1）测量想要控制的无关变量；（2）根据分数的高低对被试进行排序；（3）把分数相近的被试挑出来，放进不同的组里。

4. 协方差分析法

通过协方差分析，我们也可以控制无关变量。协方差分析是一种统计方法，其原理与方差分析的原理相似。方差分析是将因变量的总变异分解成自变量带来的变异和误差变异，协方差分析则是在此基础上将总变异多分解出协变量可以解释的部分和解释不了的部分。

表 3－3 总结了不同类型变量的定义供大家进行对比与辨析。

表 3－3　变量的类型和定义

变量类型	定义	其他术语
自变量	自变量是研究者可以操纵和控制的变量，用来预测因变量的变化。	处理变量 因素/因子 预测变量
因变量	因变量是研究者测量的变量，用来检验对自变量的处理和控制是否有效。	结果变量 结局变量
中介变量	中介变量与自变量和因变量有某种关系，并且能够在某种程度上解释自变量与因变量之间的关系。	中间变量
调节变量	调节变量是与自变量或因变量有某种关系，并且能对自变量和因变量之间的关系造成影响的变量。	交互变量
无关变量	无关变量是与自变量或者因变量相关，但并不是特定研究所要操纵的变量。	潜在变量
控制变量	控制变量是与因变量相关，在研究过程中需要对其影响加以控制的变量。	限制变量

资料来源：萨尔金德，2019，21 页。

（五）操作性定义

操作性定义（operation definition）是指根据可观察、可测量、可操纵的特征来界定变量的含义。操作性定义有助于研究者精确、客观地对变量进行测量，同时让研究者能够相互沟通、重复验证。还是以上述乔乔的研究为例，吃橘子的数量很客观、直观，但是手指的发黄程度该怎么定义、怎么测量呢？在这里，我们可以使用指标描述法来定义，比如：乔乔可以用 CMYK（印刷四色模式）中 Y 值作为指标，Y 值越大说明颜色越黄。

操作性定义主要有三种方法：

- **程序描述法**：描述测量方法。
- **指标描述法**：描述具体的观测指标。
- **行为描述法**：描述测量对象的某种行为特征。

三、同领域内的研究问题与设计

（一）基础认知与工效领域

在基础认知与工效领域，最常见的研究问题是比较问题和变量关系问题。比较问题具体可以按照比较的自变量数进行分类，而这也直接体现在了实验的设计上。

1. 单因素实验设计

在单因素实验设计中只有一个自变量，这个自变量有两个或多个水平。研究者通过对该变量的不同水平进行比较来得出结论。

例如，苏亚雷斯和斯托姆（Soares & Storm, 2018）的研究想证明拍照做笔记会对笔记内容的记忆产生负面影响。于是，研究者的假设是“拍照条件下的正确率低于不拍照条件下的正确率”，自变量为做笔记方式（拍照/不拍照），因变量为回答问题的正确率。

2. 两因素实验设计

两因素实验设计中有两个自变量，每个自变量有两个或多个水平。例如，殷艺格等（2019）想证明转换性仪式能够有效地恢复自我控制资源。因此，该研究中的自变量为是否进行转换性仪式（仪式/无仪式）、任务阶段（第一阶段/第二阶段），因变量为回答 Stroop 任务的正确率和反应时。研究假设是：在第一阶段，仪式组和无仪式组在反应时和正确率上的差异均不显著；在第二阶段，两组在正确率和反应时上的差异均显著，具体来说，仪式组反应时显著低于无仪式组，且正确率显著高于无仪式组。

3. 多因素实验设计

多因素实验设计中含有两个以上自变量，每个自变量有两个或多个水平。一般来说，多因素实验设计的自变量数大多为 3～4 个。虽然增加自变量能够获得更多的信息，能够验证更多假设，但是自变量太多会增加统计的难度，导致结果解释的复杂化。

例如，张航和杨妙（2017）想要比较网络游戏成瘾者与正常人群的奖励或惩罚敏感性是否有差异。所以，他们的研究包含四个自变量，即人群类型（成瘾/非成瘾）、奖惩（奖励/惩罚）、奖惩强度（无/低/高）、任务类型（货币激励延迟/社会激励延迟），因变量为任务反应时。

两因素和多因素实验设计的一个优点在于，除了可以探究两个或者多个自变量的效应，还可以估计两个或者多个自变量之间的交互作用。如果一个自变量有 p 个水平，另一个自变量有 q 个水平，则实验中一共有 $p \times q$ 个处理的结合。

（二）社会、人格与管理领域

表 3－2 中的五种研究问题在社会、人格与管理领域都很常见，不过出现最多的还是变量关系问题。这种研究问题往往能够反映变量之间更复杂的关系，能够很好地反映研

究者的研究思维。除了简单的相关关系，还有很多研究探索的是中介模型、调节模型，甚至是有调节的中介模型和有中介的调节模型。

1. 中介效应

中介效应研究的是，在 *A* 影响 *C* 时，*A* 是否会通过中介变量 *B* 影响 *C*。此时，变量 *B* 就是中介变量。具体而言，中介效应又可以分为链式中介效应和平行中介效应。模型示例见图 3－10a、图 3－10b 和图 3－10c。此外，中介效应还可以分成完全中介和部分中介。完全中介意味着中介变量能解释自变量带来的全部变异，自变量对因变量的影响完全通过中介变量实现；部分中介则说明中介变量只能解释自变量带来的部分变异，自变量对因变量的影响一部分是直接的，另一部分是通过中介变量实现的。

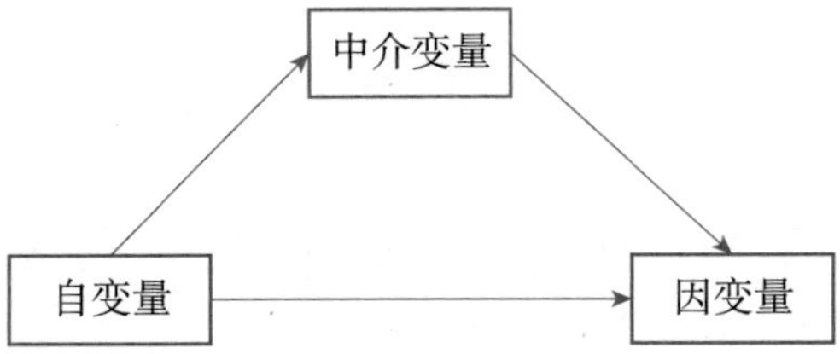

图 3－10a　一般中介效应模型

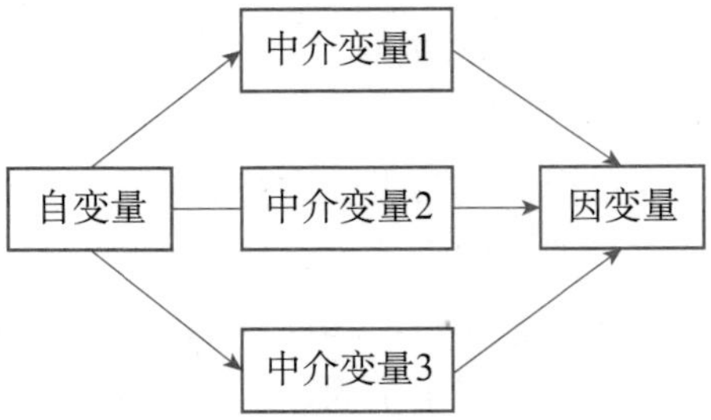

图 3－10b　平行中介效应模型

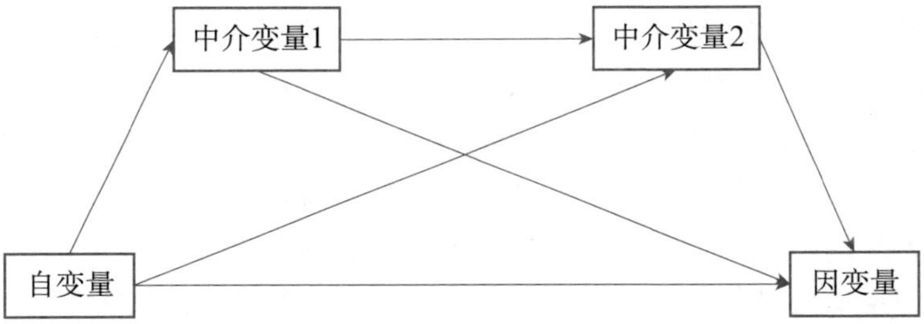

图 3－10c　链式中介效应模型

例如，喻绘先等（Yu et al., 2020）考察了自主对创造力（创造力人格、日常创造力效能感）的影响。其中，主观生命力作为中介变量——自主是通过影响主观生命力来影响创造力的。

2. 调节效应

调节效应研究的是，在 *A* 影响 *C* 时，*B* 是否会改变 *A* 对 *C* 的影响。此时，变量 *B* 就是调节变量，具体见图 3－11。

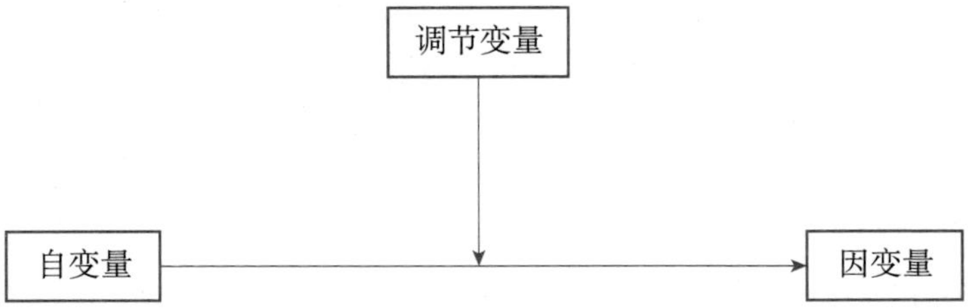

图 3－11　调节效应模型

例如，郝明阳等（2017）验证了一个调节效应模型。他们提出的假设是，网络表情的使用可以减少交流双方的心理距离，而这个过程会受到交往动机水平的调节作用，即在相同心理距离的条件下，高交往动机的个体使用网络表情的频率会更高。

在实践中，经常会有同学混淆中介效应和调节效应。从变量关系和内涵上，中介效应和调节效应的差异如表 3－4 所示。

表 3－4 调节效应与中介效应的比较

	调节效应	中介效应
研究目的	X 何时影响 Y 或何时影响较大	X 如何影响 Y
关联概念	交互效应	间接效应
什么情况下考虑	X 对 Y 的影响时强时弱	X 对 Y 的影响较强且稳定
典型模型	$Y=aM+bM+cXM+e$	$M=aX+e_2$　$Y=c'X+bM+e_3$
模型中 M 的位置	X、M 在 Y 前面，M 可以在 X 前面	M 在 X 之后、Y 之前
M 的功能	影响 Y 和 X 之间关系的方向（正或负）和强弱	代表一种机制，X 通过它影响 Y
M 与 X、Y 的关系	M 与 X、Y 的相关可以显著或不显著（后者较理想）	M 与 X、Y 的相关都显著
效应	回归系数 c	回归系数乘积 ab
效应估计	$\hat{c}$	$\hat{a}\hat{b}$
效应检验	c 是否等于零	ab 是否等于零
检验策略	做层次回归分析，检验偏回归系数 c 的显著性（t 检验）；或者检验测定系数的变化（F 检验）	做依次检验，必要时做 Sobel 检验

资料来源：温忠麟等，2005。

3. 有中介的调节

设自变量为 A，因变量为 B，中介变量为 C，调节变量为 D。如果调节效应（至少部分地）通过中介变量 C 起作用，则称这样的调节效应为有中介的调节效应（见图 3－12）。例如，王琢钧等（2019）在研究中假设，个体表情会对金钱分配产生影响，而这个过程受到关系导向经由表情信息加工的调节作用。

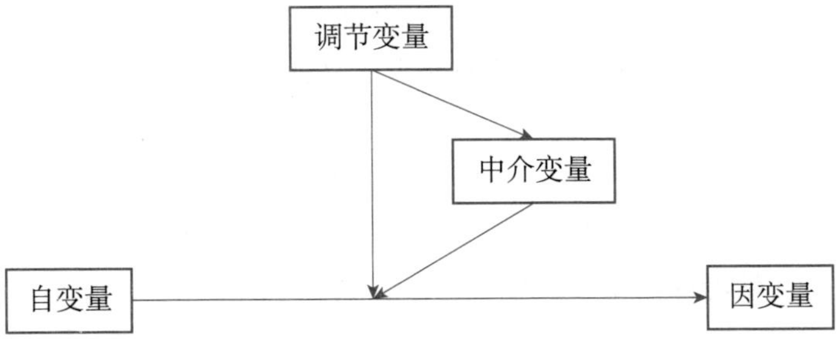

图 3－12 有中介的调节效应模型

4. 有调节的中介

了解了有中介的调节之后，有调节的中介就比较容易理解了。如果 C 的中介效应受

到 D 的影响，就称这样的中介效应为有调节的中介效应（见图3－13）。例如，王研维等（2019）在研究中假设，奉承行为会对被奉承者对奉承者的评价产生影响，奉承行为是通过改变被奉承者感知到的和奉承者间的心理距离对被奉承者对奉承者的评价产生影响的，被奉承者感知到的和奉承者间的心理距离的中介作用受情境的调节。

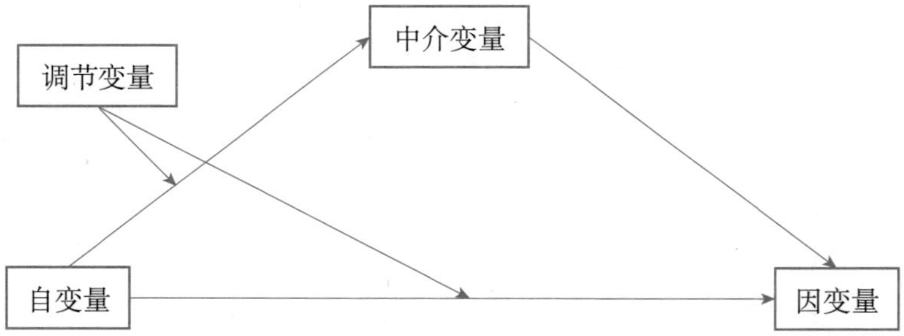

图3－13　有调节的中介效应模型

（三）发展与教育领域

在发展与教育领域有几种比较特殊的研究设计：横断研究、追踪研究、交叉研究。

1. 横断研究

横断研究是指在同一时间内，对不同年龄个体的某些方面的心理特征进行观察、测量和实验研究，探讨发展的规律和特点。其优点是：能在短时间内获得大量数据；样本量大，有代表性；不存在个体发展带来的影响。缺点是：无法排除被试因素的影响。

例如，黄飞等（2008）通过对6个年级、8个年龄段的中学生采用横断研究，揭示了年龄和年级对人格的不同影响。

2. 追踪研究

追踪研究也叫**纵向研究**，是在较长的时间内，对一个或若干个被试反复、系统地进行观察、测量和实验研究，并随时间的进程记录他们心理的发展变化。追踪研究的优点是：能看到较完整的发展过程和发展过程中的一些关键转折点。缺点是：花费时间、经费和人力；样本代表性差；可能发生被试流失的情况；可能会受到被试自身发展的影响。

例如，徐健捷等（2018）探究了中国青少年外部依存性自尊的发展及其对负面情绪的影响。通过追踪研究，研究者不仅能够证明外部依存性自尊会影响到中国青少年的负面情绪，还能获得中国青少年依存性自尊的发展情况，从而能够更好地了解机制、进行干预。

3. 交叉研究

交叉研究综合了横断研究和纵向研究两者的优点，可以说是一种完美的研究设计。其方法是对相隔一定年龄的多组被试同时进行相对较短时间的追踪研究，即连续进行多次横断研究。但是这种设计由于比较复杂，并没有得到广泛的应用。

（四）统计、测量与方法领域

统计、测量与方法领域的研究和其他领域的研究不同，这一领域研究的是方法上的问题——某种统计方法有什么不足及对应的改进方法、测量工具的开发、测量工具的信效度、研究方法之间的比较等。这方面的研究一般由具有统计和测量背景的研究者开展，一般心理学研究者介入较少。

小贴士

1. 常见的研究问题类型：
- 存在问题。
- 描述和分类问题。
- 比较问题。
- 构成问题。
- 变量关系问题。

2. 自变量：由研究者操纵、可能对被试的反应产生影响并且研究者希望观测其效应的变量。

3. 因变量：研究者想要观测、随着自变量的变化而改变的变量。

4. 中介变量：如果 X 是通过影响 A 来影响 Y 的，那么我们就称变量 A 为中介变量。

5. 调节变量：如果 Y 和 X 之间的关系是变量 B 的函数，那么我们就称变量 B 为调节变量。

6. 无关变量：能够对因变量产生不确定影响，并且研究者并不想观测其带来的效应的变量。

7. 操作性定义：根据可观察、可测量、可操纵的特征来界定变量的含义。

8. 常见的变量关系：
- 相关。
- 因果。
- 中介。
- 调节。
- 有中介的调节。
- 有调节的中介。

第四节 研究的逻辑：绘制研究框架

经过多次讨论，小白、小星和乔乔终于提炼出一个颇有研究意义的问题——探究中国青少年外部依存性自尊的测量、发展及作用机制。但是，新的烦恼再次出现，那就是他们想要研究的变量太多，一时间很难梳理清楚不同变量之间的关系。其实，类似的问题在小白平时阅读文献时便早已出现。他经常对大段的文字感到头疼，很难厘清变量之间的关系，并且对子研究之间的逻辑联系感到困惑，很难把握研究的总体结构。

“山重水复疑无路，柳暗花明又一村。”有一天，小白在他人的报告中发现了一样宝贝——简洁清晰、生动直观的研究框架图。小白发现这样的图不仅能表示变量之间的关系，还能把子研究之间的逻辑联系呈现出来。在阅读大量文字后突然看到这样的研究框架图，小白觉得豁然开朗。下面，我们先来看一个例子（见研究实例3-4）。

研究实例3-4

本基项目申请书节选——研究问题与研究假设

王琢钧等（2019）探究了不同的社会关系导向是否会通过不同的表情信息加工方式，影响人们的决策行为。他们的假设是，在博弈决策中，社会关系导向能够调节他人情绪表达对个体决策行为的影响。具体来说，具有社会共享导向的个体会更多受到他人情绪表达的影响，并做出更多的利他决策；具有社会交换导向的个体会更少受到他人情绪表达的影响，并做出更少的利他决策。并且，不同的社会关系导向通过影响个体对他人情绪表达的加工方式，间接地影响个体的决策结果。具体来说，以社会共享为导向的个体倾向于使用情感加工处理情绪信息，从而做出更多利他决策；以社会交换为导向的个体倾向于使用推理加工处理情绪信息，从而做出更少利他决策。

阅读了上面一大段文字，你是不是感到晕头转向呢？别急，我们可以用一张变量关系图（见图3-14）来呈现上述研究中几个关键变量之间的关系：

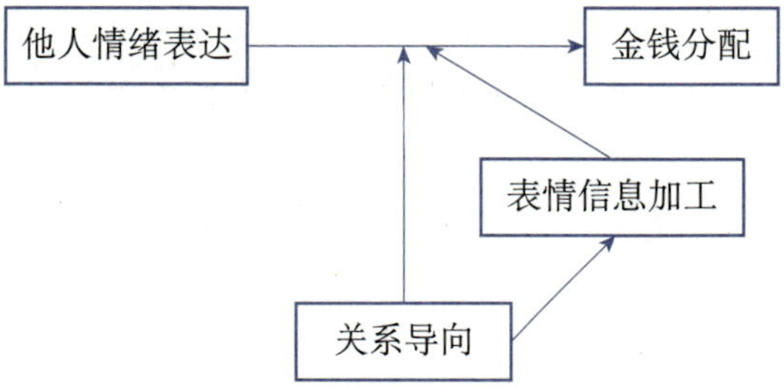

图3-14　变量关系图示例一

从图中可以看出，关系导向以表情信息加工为中介调节了他人情绪表达对个体决策行为的影响。这是一个有中介的调节模型，一张图就可以将该研究的核心呈现出来。同时，我们还可以用一张研究设计图（见图3-15）展现其中三个子研究间的关系。

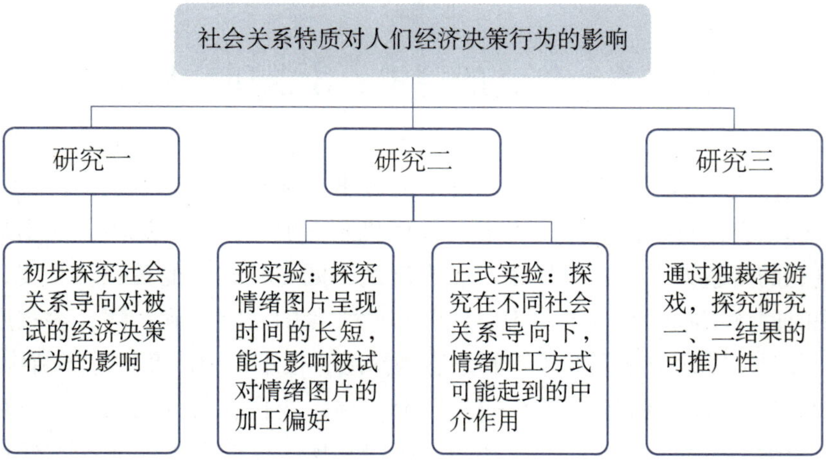

图3-15　研究设计图示例一

可见，研究框架图不仅能展示核心变量之间的关系，还能展现一个研究项目下不同子研究的内容及其相互关系。

再如，王研维等（2019）也使用了研究框架图来呈现其研究核心变量之间的关系以及几个子研究之间的关系（见图3－16）。为了揭示被奉承者对奉承者的评价如何受到心理距离和社会情境的影响，他们提出了一个有调节的中介模型，即心理距离在奉承评价中起中介作用，合作/竞争情境则通过调节心理距离影响奉承评价。

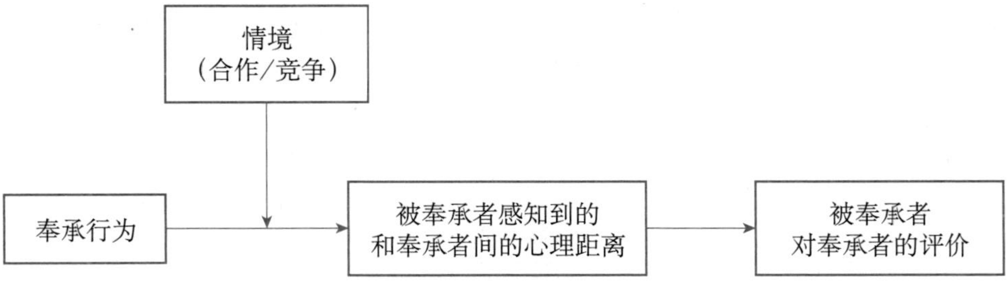

图3－16　变量关系图示例二

此外，研究者还计划通过两个子研究来验证他们提出的问题（见图3－17）。

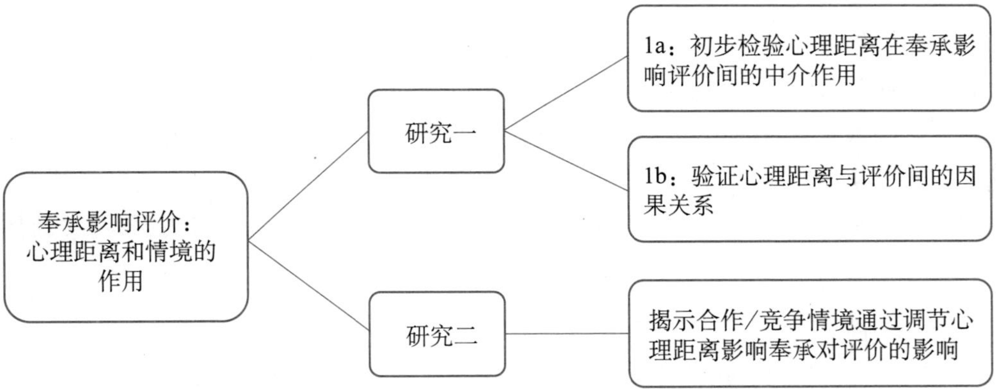

图3－17　研究设计图示例二

总之，我们可以通过画研究框架图的方式形象直观地呈现每个子研究的主要内容、变量之间的关系，以及子研究之间的关系，让读者对研究项目有一个全局性的把握。

一、研究框架图的构成及其逻辑

上面提到的研究框架图都比较简单，有的时候研究框架图可以很复杂，比如图3－18中的研究框架图（王艳芝等，2018）。

这样的图是否让你望而生畏？其实这样的图也是由一个个更小的单元组合而成的。我们在绘制的过程中，可以先画出显示每个子研究中关键变量之间关系的图，然后再将几个子研究按照逻辑关系组合到一张大图中，最后进行概括和调整，让复杂的图变得简洁美观。下面我们一起来感受一下这样“壮观”的大图是怎样画出来的。

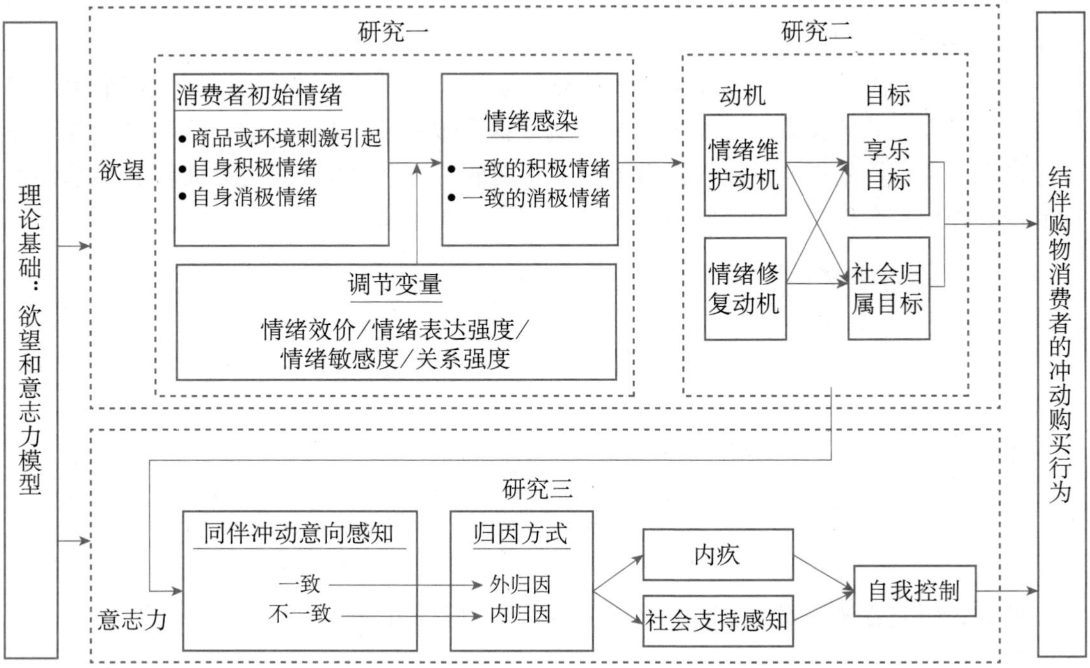

图 3－18　理论与研究框架图示例

首先，研究者想要探讨的问题是结伴购物对冲动购买行为的影响。研究者假设在结伴购物时，消费者自身的初始情绪会对其他消费者产生情绪感染，使得消费者之间的情绪达到一致，从而影响结伴购物消费者的冲动购买行为。可以看出，自变量是消费者初始情绪，因变量是结伴购物消费者的冲动购买行为，而中介变量是情绪感染。我们可以用图 3－19a 来表示这三个主要变量之间的关系。

图 3－19a　消费者初始情绪对冲动购买行为的影响

其次，研究者推测不论是商品或环境刺激引起的情绪，还是自身的积极或消极情绪，在结伴购物的消费者之间都能发生情绪感染，并且不论唤起的一致性情绪是积极的还是消极的，都会对冲动购买行为产生影响。基于这一假设，我们可以将上述变量之间的关系图进一步细化，见图 3－19b。

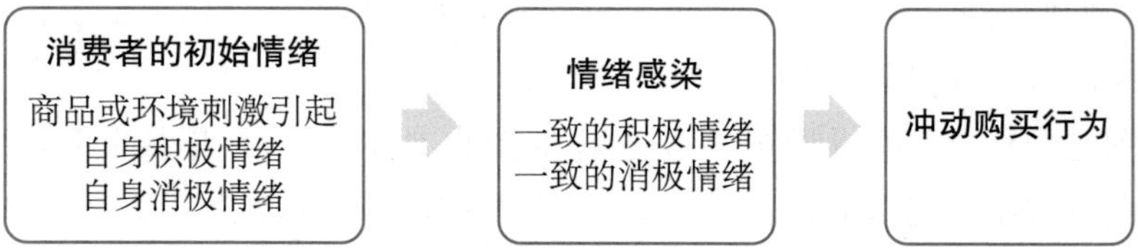

图 3－19b　进一步细化的消费者初始情绪对冲动购买行为的影响

再次，研究者假设消费者的初始情绪对情绪感染的影响会受到其他因素的调节，如情绪效价、情绪表达强度、情绪敏感度和消费者之间的关系强度等。因此，我们可以把这些可能的调节变量画到图中，使变量之间的关系更加完整（见图 3－19c）。这样，一张完整的变量关系图就画好了。

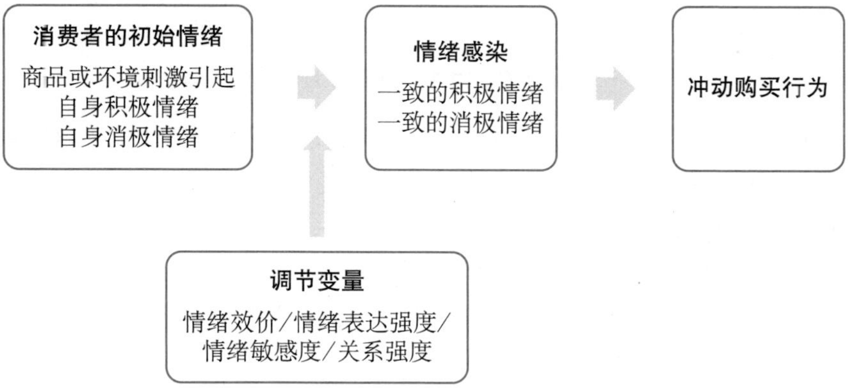

图 3－19c　加入调节变量后消费者初始情绪对冲动购买行为的影响

接下来，研究者想探讨情绪感染对冲动购买行为产生影响的具体作用机理。研究者假设一致的积极情绪体验会在情绪维护动机的驱使下，通过享乐目标和社会归属目标，导致消费者产生较高的冲动购买欲望；而消极情绪体验会在情绪修复动机的驱使下，也通过享乐目标和社会归属目标导致消费者产生较高的冲动购买欲望。这样，我们可以把这一作用机理形象地用图 3－19d 表现出来。

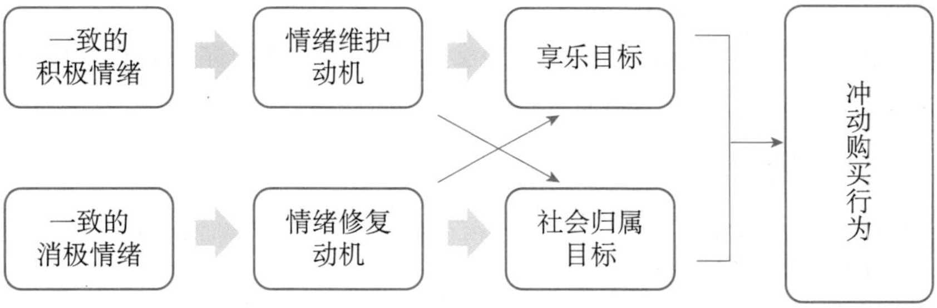

图 3－19d　情绪感染对冲动购买行为产生影响的具体作用机理

到此为止，研究者还不满足。他们想进一步探究消费者在有了冲动购买欲望后能不能通过自己的意志力来控制自己实际的购买行为。于是，研究者进一步设计了一个子研究，想要探究消费者是如何控制自己实际的冲动购买行为的。研究者假设同伴冲动购买意向感知与自己一致能导致消费者进行外归因，外归因通过降低内疚以及增加社会支持感知降低消费者的自我控制；而同伴冲动购买意向感知与自己不一致能导致消费者进行内归因，内归因通过增加内疚以及降低社会支持感知提高消费者的自我控制。我们同样可以用一张图把这一子研究中的几个变量组织起来（见图 3－19e）。

就这样，为了深入地探讨研究者感兴趣的问题，三个子研究诞生了。这个时候，我们就顺理成章地得到了最开始的那张复杂的理论与研究框架图。我们可以感受到，这张图清晰明了地呈现了整个项目的研究内容、三个子研究之间的逻辑联系以及主要变量之

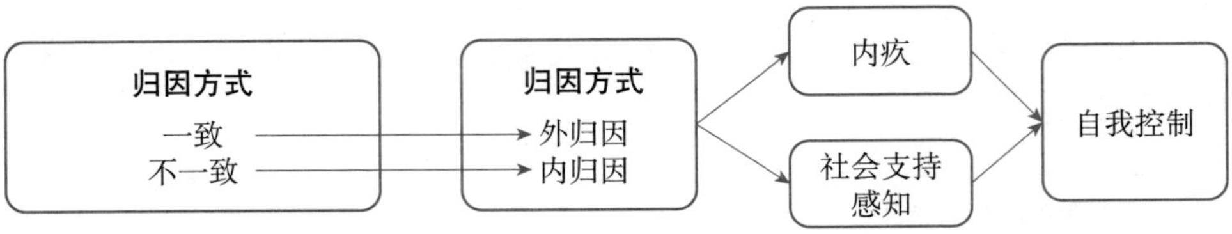

图 3－19e 消费者对冲动购买行为的自我控制

间的关系。其中，研究一和研究二站在欲望的视角，联系紧密，构成了相对独立的整体。研究一和研究二属于递进关系：研究一先检验现象是否存在，研究二再进一步探讨现象背后的原理。研究三则站在意志力的视角，与研究一和研究二构成的整体形成了平行关系。欲望和意志力是影响冲动消费的两股作用相反的力量，该研究项目分别探究了这两股力量的作用方式，对结伴购物对冲动消费的影响这一研究主题描绘出了较为全面的研究图景。

通过以上这些例子，你是否意识到了画研究框架图的优点？研究框架图不仅可以清晰简洁、形象直观地展现变量之间的关系，还可以展现每个子研究的内容以及子研究之间的逻辑联系。如果只用文字描述，要讲清整个项目的研究内容和内部的逻辑联系需要使用多大的篇幅啊！阅读大量的文字会给读者造成巨大的加工负荷，让读者感到疲惫；如果文字表述不清，还会给读者造成理解上的困难。而一张明晰的研究框架图不仅能减轻读者的认知负担，还能帮助读者对你的研究产生更深层次的理解。试想一下，在你阅读了几页长长的文字后，突然看到一张清晰美观的图片，你是否会觉得文字带来的模糊和困惑骤然消失了呢？

绘制研究框架图不仅能让读者受益，也会给作为研究者的你带来很大的帮助与启发。在绘制研究框架图时，你需要围绕研究问题思考以下问题：

- 为什么你的研究要纳入这些变量？
- 为什么要设计这几个子研究？
- 这几个子研究之间的内在关系是什么？
- 为了更严谨、全面地解答研究问题，还需要加入什么子研究？
- 还需要控制哪些变量？

如果把你的研究比作一栋完整的建筑物，研究框架图就是囊括了建筑中每个部件的整体图纸。建筑师需要这张图纸来决定还需要在哪些部分添砖加瓦，你也需要研究框架图来帮助你对整个研究进行全局性的思考，从而站在更新的高度，用更全面的视角去评估自己的研究，并进一步完善它。

同时，平时在阅读文献时，你也可以通过画研究框架图或思维导图的方式梳理研究中涉及的关键变量以及子研究之间的关系，这有助于你更深入地理解研究内容。在写作综述或开题报告之前，你也可以用画研究框架图或思维导图的方式对你读过的多篇文献进行梳理和整理，厘清文献之间的内部逻辑，对某研究领域进行更深入的加工和上位的思考。

二、绘制研究框架图的方法

（一）在哪些情况下适合绘制研究框架图?

研究框架图虽然有诸多益处，但并不代表在任何情况下我们都需要画研究框架图。如果你只有一个研究设计，那么在变量较多、变量之间的关系较复杂时，你可以考虑画出框架图来展现变量之间的关系。如果你有多个研究设计，且子研究之间有密切的逻辑联系，那么你可以画出框架图来展现子研究之间的关系，并且同样可以展现每个子研究中变量之间的关系。但如果你只有一个研究设计且研究中变量之间的关系非常简单，或者各子研究之间的关联不大，这个时候画研究框架图的意义就不大了。你只需要用文字呈现出你的研究内容即可。

（二）怎样使用研究框架图的基本元素?

如果你曾经画过思维导图，那么你对研究框架图的基本元素一定不会陌生。总的来讲，一张研究框架图包含方框、箭头、实线、虚线、括号等基本元素，你需要做的是合理使用这些基本元素并将它们组织起来。其实，这些基本元素并没有固定的使用方式，你可以按照你习惯的，并且方便读者理解的方式来使用。比如，用方框来呈现变量，用带方向的箭头来呈现一个变量对另一个变量的作用，用括号将几个变量合并到一起，等等。

当需要把研究框架图呈现在开题报告中时，较为简单的方法是使用 SmartArt 绘制研究框架图。打开 SmartArt，可以看到各种基本的框架图，如流程图、循环图、层次结构图、关系图等，你可以根据需要尝试不同类型的布局并选择最合适的框架图。比如，在展现研究问题、研究设计，以及研究假设之间的关系时，可以考虑使用层次结构图（见图 3－20）。

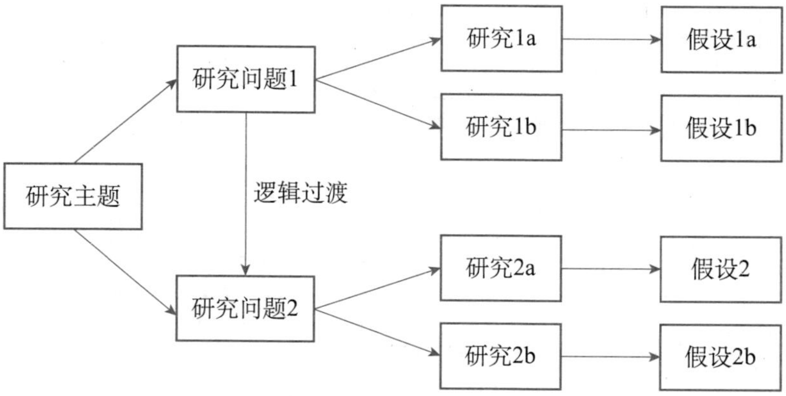

图 3－20　用层次结构图展现子研究间关系

如果多个子研究间存在递进关系，也可以用流程图（如图 3－21a 所示）；在呈现变量之间的关系或某些特定的模型时，有可能用到循环图（如图 3－21b 所示）；在多个自变量都对因变量存在影响，同时采用多种方式测量因变量时，可以用关系图（如图 3 - 21c 所示）。

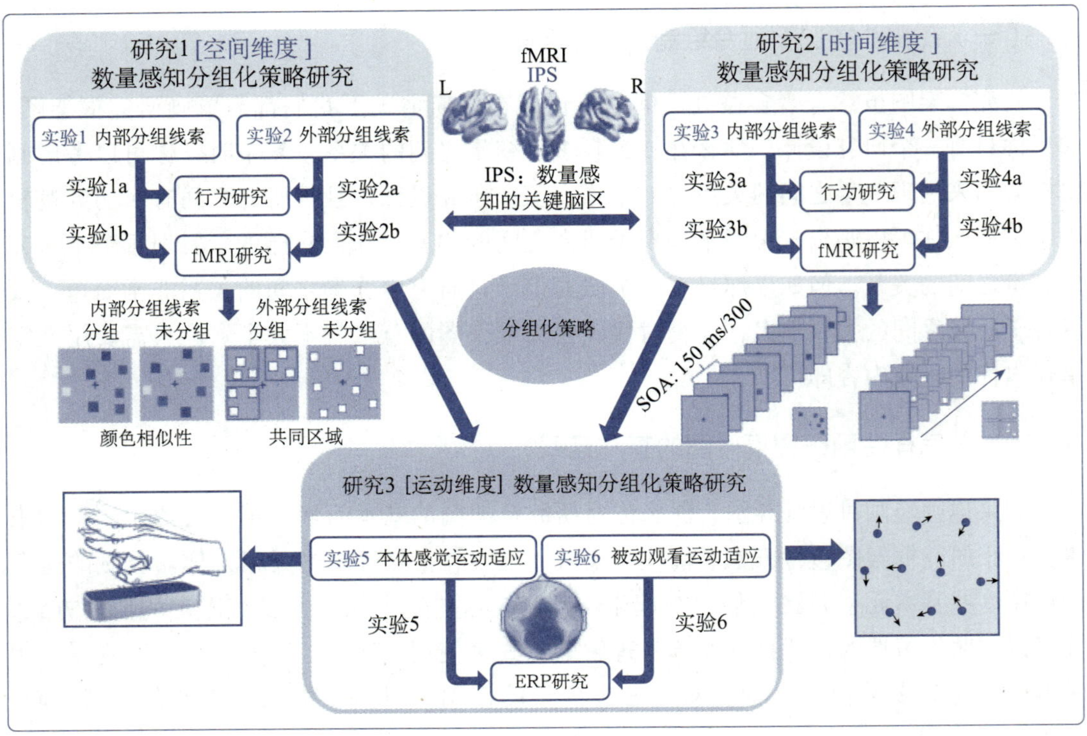

图 3 - 21a　用流程图展现子研究间关系示例

资料来源：潘运等，2025。

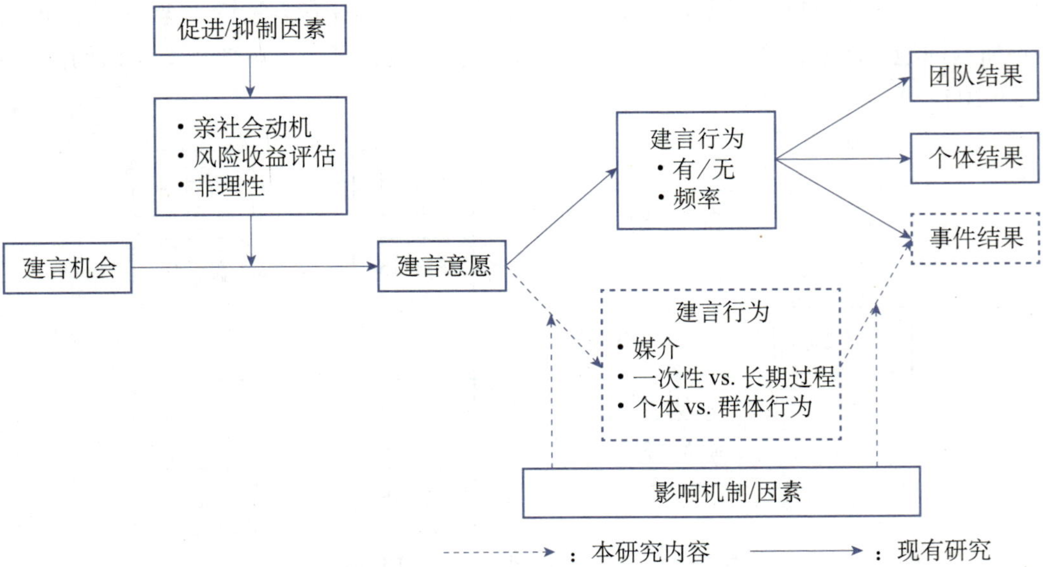

图 3 - 21b　用循环图展现变量间关系示例

资料来源：贾荣雯等，2025。

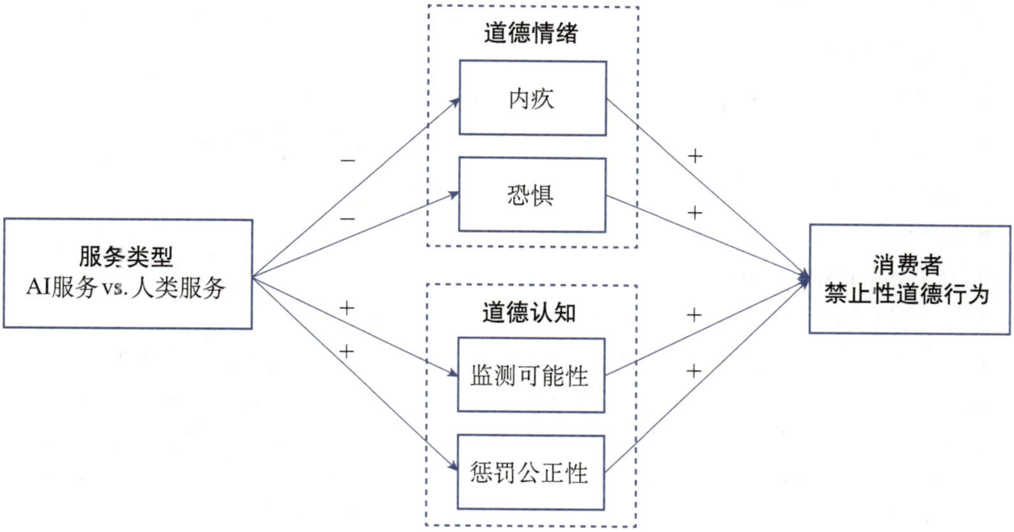

图 3－21c　用关系图展现变量间关系示例

资料来源：彭晨明等，2025。

SmartArt 提供的基本图形都较为简单，往往不能满足我们的需要。在实际操作时，你可以将不同基本元素组合起来，或是在原来的基本图形上修改或添加其他元素，使得你的框架图能真正展现出你的研究逻辑。如果你不清楚 SmartArt 各种功能的具体使用方式，可以打开“详细信息”查阅更多有关 SmartArt 的使用指南。同时，只要上网查找，你可以发现丰富多彩的绘制思维导图的软件，如 XMind、FreeMind、MindManager、MindMapper、DropMind 等。你可以通过网络或书籍查找相关软件的使用方法。在平时阅读文献时，你也可以通过手绘的方式快速厘清研究中的关键变量和逻辑。

此外，还有一些 AI 工具可以辅助研究者高效完成从概念到可视化框架的转换。比如，Whimsical（https://whimsical.com/ai）能将文字描述自动生成流程图、思维导图或框架图，适合构建理论模型或方法论框架。taskade（https://www.taskade.com/）能将关键词或段落生成层级化思维导图，并支持一键转换为任务列表或大纲，适用于论文研究框架的初步构思与可视化。对于复杂学术图的绘制，则可以选择 BioRender（https://www.biorender.com/）或 Lucidchart（https://www.lucidchart.com/pages），前者包含学术期刊合规的模板和素材，可以快速绘制实验流程图、分子机制图，后者则更适用于构建基于数据的理论模型（如路径分析图）。在科研实践中，我们需首先明确自身需求（如研究类型、图表复杂度、协作需求等），再针对性选择工具，方能实现效率与质量的双重提升。

总的来说，研究框架图的绘制非常灵活，具体方法取决于你的研究设计。你需要下功夫琢磨怎样的图形结构最能清晰直观地展现你的研究内容，太简单和太复杂的研究框架图都可能会给读者造成理解上的困难。不论研究框架图是否达到了你想要的效果，或者你是否在文章中呈现了研究框架图，绘制研究框架图的过程都能帮助你更深入地思考你的研究设计，从而进一步完善它。

小贴士

1. 绘制研究框架图的益处：

■ 展现研究中关键变量之间的关系和子研究之间的逻辑联系。

■ 全局性地反思自己和他人的研究，寻找值得进一步改进或完善之处。

2. 绘制研究框架图的方式：

■ 纸笔绘制。

■ 使用 SmartArt、MindManager 等工具绘制。

3. 一张好的研究框架图的特点：

■ 简洁清晰：基本元素的使用恰到好处，既不过于复杂，也不过于简陋。

■ 准确恰当：反映研究中变量以及子研究之间的逻辑联系，和文字描述相符。

■ 详略得当：可以适当忽略不必要的细节，突出研究中的逻辑主线和关键问题。

第五节　研究的升华：深挖研究意义

项目申请的截止日期日益临近，小白抓紧时间跟导师讨论选题。导师告诉他："你目前提出的问题，充其量只是有趣，还不足以作为一个科学问题来研究。对于一个科学问题，需要找到它在专业领域中的变量，而科学问题是研究变量间关系的问题。另外，你还需要知道这个问题之前是否有人研究过，别人的研究是怎样的，你为什么要研究这个问题。所以，最重要的一点是，研究这个问题到底有什么意义。"

小白听了若有所思，但是他还不是很明白为什么自己的研究问题需要得到别人的认可。导师继续说："小白，首先你需要明白的是，我们做研究旨在为科学事业做出一定的贡献。在这种情况下，与别人的交流就非常重要了。因此，我们撰写文章、发表文章，其目的都是让更多人看见我们的研究、使用我们的成果，发现问题与我们进行沟通和交流。科学发展的道路不是靠一个人走的，是不同国家、不同时代的人一浪推一浪地往前推进的。因此，我们的研究要让别人有兴趣看、认为它有价值，这也就是我说的要有意义。这个意义包括理论意义和实践意义。因此，你需要寻找一个大家觉得有意义的研究问题，并且对变量关系进行深入探讨。"

一、什么样的研究才是有意义的？

小白感觉自己开启了一扇新世界的大门，他好奇地问导师："那么，究竟什么样的研究才是有意义的呢？"导师建议他多读读文献，从文献中学习总结关于研究意义的事情。"或者，你也可以比较一下每年各级项目在研究意义上的差异，了解什么才是一个好的研究主题，能够吸引别人的注意。"于是，小白收集了最近几年学校成功申请的校级、市创和国创项目的申请书，有针对性地总结了三类本基项目的研究意义，如表 3－5 所示。

表 3－5　小白所在学校心理学部近几年本基项目研究意义对比表

国创	市创	校级
根据具体研究或理论依据以及可能产生差异的原因，提出本研究与其他相关领域研究的具体不同之处 根据预期结果，揭示具有具体方向的规律 结合时代热点或国家政策进行模式与原因的分析，并提出解决方案	提出某个模型，用来解释机制 为相关领域其他研究提供参考 为解决现实问题提供指导 结合现有理论和已有文献提出创新依据	引入新的变量，丰富某领域的研究 探究变量间关系 揭示机制，加深理解 具有现实意义 作为有效工具

通过对比，小白发现国创、市创以及校级项目就研究意义这一个小小的部分来说还是有很大差异的。虽然具体内容相差不是很大，基本围绕理论意义、实践意义以及创新点三个方面展开，但其书写方式有很大差异。比如，校级项目的研究意义大多较为空洞笼统，只是一些套话：引入了某个新的变量，丰富了某个领域的研究；探究了 *A* 变量与 *B* 变量之间的关系；可以应用于教育领域，具有现实意义；等等。

而市创项目相对来说就要具体一些，比如：对研究所建立的模型进行一定陈述，并且对相关机制进行一定的解释；通过比较领域内其他研究的具体不足，指出本研究的探索与创新；根据现实的具体问题提出相应的解决方案或原因解释，例如课间休息的存在价值、百日誓师与开学典礼等仪式的具体功能；结合具体研究或者具体理论模型提出自己的创新点。

国创项目在研究意义的撰写上则更加具体，比如：详细分析目前研究的进展以及缺失的部分，提出本研究解决的问题与以往研究未解决问题之间的关系；根据研究的预期结果，结合理论依据提出具有具体方向的规律，而不像校级项目那样只是笼统地说揭示了某种规律；最重要的是，国创项目能够结合时代热点、国家和社会较为关注的问题进行模式或者原因的分析，提出具有可操作性的干预措施或者解决方案。例如，国创项目申请书《群际冲突下女性的元刻板印象：群体相似性感知及女性主义认同的作用》中研究意义的写作，读后让人印象特别深刻（见研究实例 3－5；祁新越等，2019）。

研究实例 3－5

本基项目申请书节选——研究意义

理论意义　第一，用大二模型规范化描述及测量女性元刻板印象内容，并比较其与男性对女性真实刻板印象以及女性自我刻板印象的差异。提出元刻板印象内容偏差在两性群体层面的特殊性，即极化而非消极。第二，揭示两性群际冲突经由降低群体相似性感知来增大女性元刻板印象偏差程度和可及性。第三，通过增强群体相似性感知，对女性元刻板印象进行干预。第四，区分不同女性主义认同阶段的女性元刻板印象内容，揭示女性主义认同对群际冲突影响元刻板印象的调节作用。

实践意义　第一，通过测量女性元刻板印象的偏差倾向，揭示两性群际冲突中误会性成分的存在，促使激进女权主义者进行自身反思。第二，通过补充群际冲突对元刻板印象的影响机制，形成完整的因果双向推动模式，阐明当今社会两性群际冲突愈演愈烈的原因，并提出通过增强个体的群体相似性感知来减弱个体元刻板印象偏差程度和可及性，进而减少两性群际冲突的建议。第三，通过强调女性主义认同阶段对女性群际认知及行为的影响，彰显女性正确认识自我、理性参与平权运动的重要意义。

独到与创新之处 理论创新：提出女性元刻板印象的极化特点；提出元刻板印象可及性这一新变量；提出女性主义认同所反映的女性群体认知和行为差异。方法创新：运用大二模型规范元刻板印象的内容研究；发展元刻板印象可及性的测量范式；提出群体相似性感知的操纵方法；在网络情境下对网络群际冲突进行研究，减小了被试的同质性，增强了生态效度。

二、研究意义的分类

除了分析历年的本基项目申请书，小白还特意找来专业期刊上的多篇文章加以对比分析。他发现后者很少会对研究意义进行独立描写，大多是在讨论部分的开头作为引语出现，一般也就两三句话，说得相对来说也比较笼统。但是从整篇文章的架构来看，其开篇提出问题的时候就有意识地将理论意义与实践意义融入其中。对于实践意义来说，主要是作为开篇背景资料介绍当前问题的急迫性与带来的社会影响；对于理论意义来说，主要是分析前人研究存在的问题或者分歧，以进行进一步的探究。在阅读了多篇文献之后，小白发现研究意义的撰写似乎有章可循，通常情况下，研究意义会分为理论意义与实践意义两种。

（一）理论意义

1. 建立模型，揭示内部过程

前人研究可能比较零散，没有一个模型将其很好地综合起来，无法直观地看到在多因素共同作用下的成果，建立模型可以完善其理论框架，并且能尽可能增加生态效度。

例如，在《自我信息识别优势——来自注意定向网络的证据》（高虹等，2018）这篇研究中，作者这样阐述他们的研究意义：“在自我相关信息加工优势的研究中，研究者往往把注意看作一个单一的认知资源系统，作为因变量指标也是一个整体作用的结果。为了更清楚地认识和理解自我信息加工优势的注意机制，我们有必要将整个注意分离成更细的系统来对其进行考察。”

2. 完善研究领域

先前关于该变量的研究不多或结果不统一，本研究更加细致地区分不同情况下相同变量的不同影响，从而进一步完善该领域。

例如，在《团队权力分布差异对团队冲突的影响：程序公平和合法性的作用》（朱玥等，2019）这篇研究中，作者写道：“虽然团队内权力等级差异现象普遍存在，但相关研究仍处于起步阶段。一方面，学者们认为团队权力分布差异有助于成员角色定位和任务分工，提高团队协作（Halevy et al., 2011）；另一方面，有实证研究显示成员间权力分布差异会导致团队冲突，对团队绩效产生破坏作用（Bloom, 1999）。鉴于此，有学者呼吁对两种机制进行理论整合，探讨团队权力分布差异对团队过程的影响（Greer et al., 2018; Greer & van Kleef, 2010）。”

3. 在前人基础上进行探索，研究新的变量或者使用新的方法，具有创新性

例如，在《人类镜像系统参与音乐情绪的自动加工：来自 EEG 的证据》（赵怀阳等，2019）这篇研究中，作者提出：“大脑中线电极诱发的 μ 抑制波（包括 α 和 β 频段）是人类镜像系统活动的电生理指标。尽管音乐情绪表现被认为是通过模仿个体的心理状态来实现的，但是尚未有研究探讨人类镜像系统与音乐情绪加工的关系。”

4. 揭示东西方文化的差异

由于东西方文化源头不同、宗教观念不同，个人-集体主义取向也不同，同一变量在不同文化群体中的表现可能不同，或者影响的变量不同，将西方已经进行的研究根据中国特有的文化习惯进行调整，在中国群体中进行检验，有利于研究跨文化差异。

例如，在《记忆训练的中德跨文化研究》（吴振云等，1993）这篇研究中，作者认为：“本工作主要目的有三：（1）比较中德不同的历史、文化背景条件下，记忆成绩的年龄差异和跨文化差异；（2）相同的认知干预措施对改善两国不同年龄人记忆的作用，首次将‘限度测定法’扩展应用于青少年，以利于从毕生发展的视角来研究认知功能的储备能量；（3）探讨记忆训练的迁移效应中的年龄差异和跨文化差异。”

（二）实践意义

1. 促进相关领域的发展

可以通过某种方式应用于某个领域，解决目前人们在实践中遇到的难题。

例如，在《质量还是价格？折衷产品缺货情境下的消费者选择》（姚卿，陈荣，2019）这篇研究中，作者提出：“本研究 1）有助于商家更好地预测余下可得产品的销售情况；2）提示零售商，可以通过调整产品信息来影响消费者的后续购买决策；3）有助于营销人员理解不同类型顾客的行为；4）启示企业，不同品类产品的缺货现象不能一概而论。”

2. 创造出新的干预方法

为目前存在的某种问题提供具体可实施的解决方法。

例如，在《工作记忆刷新训练改善抑郁倾向大学生情绪调节能力的 HRV 证据》（彭婉晴等，2019）这篇研究中，作者认为：“基于此，本研究旨在探索有抑郁倾向的大学生通过工作记忆刷新训练后，其情绪调节能力是否会获得改善，以期为抑郁倾向患者的干预提供借鉴……该研究扩展了国内对抑郁倾向个体的生理指标应用的新领域，具有一定的理论和现实意义。”

3. 为相关领域的应用提供理论基础

之前相关应用已经存在，但是对于为什么这样做、这样做应该有什么样的效果缺乏理论基础支撑，以至于研究结果难以得到认同。本研究从理论上支持了某种方法，为应用的推广奠定了良好的基础。

例如，《消费者何时愿意选择与规避群体关联的品牌？》（杨德锋等，2019）这篇研究提出：“本文对企业在保留现有客户群的基础上，如何吸引外群体消费者具有一定的指导价值。”

除了这些通用的研究意义，优秀的文章还有其他一些共性：（1）**紧密结合国家政策。**进入新时代以来，主要矛盾发生了转变，国家政策也随时代发展而有所变化，研究是否能与国家政策结合、帮助解决主要矛盾、促进政策顺利实施至关重要。（2）**可以解答当前社会中一些亟待解决的问题。**由于市场经济的迅速发展，文化、道德、公民素质建设没有跟上经济的发展，社会中存在精致利己、腐败等各种问题，这些问题危害国家稳定，阻碍社会进步，如果研究能够为解决这些社会问题提出一定的解决方案，其价值不言而喻。（3）**可以解决企事业单位中工作效能、团队凝聚力等问题。**如何管理、如何凝聚、如何采纳员工意见、如何合理架构等都是企事业单位最关心的问题，这些问题的解决有利于提升各组织的效率。

三、如何选择具有研究意义的研究问题？

既然研究意义多样且重要，那么，要怎么选择一个具有研究意义的问题呢？不妨从以下几个方面着手。

（1）**善于观察生活，从身边现象发现问题。**结合时政热点与国家政策，找到一些比较生活化的问题。只有问题导向的研究才是好研究。

（2）**将生活化问题转变为可以进行科学研究的心理学问题。**首先需要找到生活化问题中的变量以及影响因素。例如，近来恶性攻击事件频发，做出这种行为的人无论出于什么原因，其强攻击性是难以否认的，而探究攻击性的影响因素的研究虽然已经很多，但由于男女比例失衡，较多男性单身的问题对男性攻击性的影响可能算是时代特征的产物，具有一定的研究价值。在这个例子中，因变量是攻击性可以说毋庸置疑，那么自变量是什么呢？是无法找到伴侣所致的无价值感、自卑感，还是缺乏亲密关系所致的孤独感？这些都是可能的因素。

（3）**根据相关文献，提出研究假设。**影响变量关系的因素众多，要想确定具体的研究变量，就需要查找相关领域的文献，从中提取有效信息。例如在前面这个例子中，如果想要进一步探究如何有效降低高水平的攻击性，就可以从前人文献中找到相关的调节变量或者干预方法，通过这些调节变量或干预方法的相关变量延伸到自变量也有助于研究意义的提升。

（4）**通过访谈的方式了解相关群体的真实想法。**通过访谈，我们可以了解相关群体主观上认为哪些因素影响他们的行为。据此，我们可以研究其主观的自变量以及主观上未察觉的自变量与因变量之间的关系。

对于从文献中找到问题的研究来说，首先要确定一个感兴趣的核心变量。这个核心变量依然可以从时政热点或者国家政策中去提取，这在立意上就拔高了一层。当然，核心变量也可以从对你造成很大影响的生活事件中提取，但是在选题时要思考这些变量与时政热点、国家政策以及社会问题的关系。

其次，根据确定的核心变量查找相关文献，尤其是近两年 Q1 区心理学期刊上发表过的文章或者研究的预想，在阅读文献的过程中保持怀疑的状态，怀疑其研究逻辑的合理性，怀疑其实验设计是否能够解答提出的问题，怀疑得到的数据是否可以证实或证伪研究假设，在整个过程中是否有不合逻辑或者存在问题的地方，怀疑是否可以采取更好的研究方法、实验设计或者分析方法加以改进。如果遇到相同变量（或相似变量）产生不同结果的情况，可以比较不同研究间的区别，推测产生差异的原因，进一步将理论完善细化。此外，仔细阅读文章的讨论部分，提取作者对相关研究领域的研究计划和未来展望，也许其中就有你感兴趣的问题。我们可以根据在“怀疑”文献中记录下的各个问题，建立属于我们自己的研究问题与研究假设。

在进行心理学的研究选题时，我们需要问自己几个问题。如果对于这些问题我们的心中都能有一个答案的话，那么说明这项研究真的是我们所想做的，真的是有实际意义的：

- 我要研究的问题是什么？
- 我为什么要做这项研究？它会对社会生活或者相关理论领域产生哪些有益作用？
- 前人针对这个问题进行了怎样的研究？我为什么还要做相关的研究？
- 我的基本设想是什么？为了证实我的设想，我需要设计怎样的实验来证实它？这个实验真的能够证实我提出的假设吗？

总之，希望大家都能和小白一样，发现自己研究的价值，因为只有这样，研究者才能全身心地投入研究，并让自己的研究项目顺利通过评审，研究成果得到审稿人和编辑的垂青。

小贴士

1. 科学研究的目的是进行应用，发表文章是为了与其他专家学者进行交流，因此研究问题要有意义。

2. 研究的理论意义：

- 建立模型，揭示内部过程。
- 完善研究领域。
- 在前人基础上进行探索，研究新的变量或者使用新的方法，具有创新性。
- 揭示东西方文化的差异。

3. 研究的实践意义：

- 促进相关领域的发展。
- 创造出新的干预方法。
- 为相关领域的应用提供理论基础。

测一测

1. 在写作综述时，提纲的存在有助于哪些方面？

A. 限制文章内容，避免遗漏要点

B. 帮助写作者按照理想中的计划完成综述的写作

C. 使结构问题更容易出现

D. 保持文章的模糊性，增加读者的思考空间

2. 在综述写作的注意事项中，初稿写作的核心任务是什么？

A. 完成一份清晰且可以被读者理解的文本

B. 确保文章逻辑通顺，符合最初设想和目的

C. 提交最终稿件

D. 润色和修饰文章的格式

3. 查找文献的目的是什么？

A. 增加文章的篇幅

B. 对综述的对象有一个整体的认识

C. 堆砌材料

D. 增加引用次数

4. 在综述写作中，言之有理指的是什么？

A. 文章内容要有逻辑性，观点之间要有联系

B. 文章内容要有创新性，与众不同

C. 文章内容要有趣味性，引人入胜

D. 文章内容要有感染力，让读者产生共鸣

5. 根据《贝尔蒙报告》，以下哪项不是尊重人原则中的伦理要求？

A. 将每个人作为自主的行动者对待

B. 自主性降低的人应得到保护

C. 研究者可以决定被试的最佳利益

D. 建立有意义的知情同意程序

答案：

1. B；2. A；3. B；4. A；5. C

试一试

1. 思考如何在确保被试利益不受损的前提下，在实验设计中加入欺骗手段。

2. 以几项具体的研究为例说明事后解释如何让研究者和被试同时获益。

3. 针对自己选定的研究题目拟订综述写作计划，根据本章提到的注意事项（116页）对自己综述的提纲进行修改和反思。

4. 首先，列出自己想要研究的问题；其次，参照表3－2的内容，鉴别研究问题的类型；再次，从兴趣、可行性、创新性、意义几个角度来评价自己想要研究的问题；最后，将研究问题转化成研究假设。

5. 在心理学期刊上选择一篇自己感兴趣的文献，然后，试着画出研究框架图以厘清这项研究中涉及的关键变量及其关系，以及各子研究之间的逻辑联系。

6. 选择几篇自己感兴趣的文献，尝试总结分析其研究意义，并与原文中对研究意义的表述进行比对。

推荐资源

舒华，张亚旭．心理学研究方法：实验设计和数据分析．北京：人民教育出版社，2008.

推荐语：该书适用于心理学和相关专业的高年级本科生、研究生和科研人员，目的是使读者能够结合自己的研究，通过理论学习，深刻理解实验设计和方差分析原理，掌握方差分析的一些基本计算方式，解决实验设计和数据处理中的一些常见问题，并能够使用 SPSS 软件处理实验数据。

麦克林，索尔索．实验心理学：通过案例入门：第 8 版．李永娜，等译．北京：中国轻工业出版社，2017.

推荐语：该书采用独特的案例教学法，通过丰富的真实研究案例，向读者生动形象地呈现了如何才能做好心理学实验。全书分为两大部分：第一部分介绍实验心理学的基本原则，通过穿插其中的 70 多个短小案例，让较为难懂的心理学实验设计原则变得不再抽象、艰涩；第二部分呈现 15 篇完整的研究论文，旨在培养读者的批判思维能力，为今后设计并实施自己的心理学实验打下坚实的基础。

刘东．AI 写作指南．北京：中国纺织出版社，2023.

推荐语：该书阐释了正确应用 AIGC 技术的原则与方法论，并明确了符合学术伦理和研究思路的使用逻辑，是一部关于研究方法与人工智能的实用手册。

第四章

完成研究过程

章节概览

✧ 博学：选择研究类型
✧ 明辨：确定取样方法
✧ 慎思：确保信度效度
✧ 笃行：收集研究数据

学者的潜心

义理一原须得意，知行两字在潜心。——《双珠记》

经历了选题定题、撰写申请书、初选与面试答辩的多重洗礼，小白、小星和乔乔终于如愿以偿地申请到属于自己的科研项目。他们感到很激动——现在终于可以把自己的研究设想付诸实践，并采用科学的方法去检验研究假设的真伪。与此同时，他们又感到很迷茫——因为他们还没有想好该如何回答评审老师提出的问题：“你们的研究采用的是横断设计，难以得出因果性的结论，所以，请考虑你们申请书中提到的依存性自尊会影响中学生的心理健康这一说法是否准确。此外，请问你们准备收集多少被试的数据来验证你们自编量表的信效度？为什么？既然你们计划采用网上调研的形式收集数据，那么，请问你们准备如何确保所有被试都认真而不是胡乱地填答了你们的问卷呢?”评审老师的第一个问题是关于研究类型的，也指出了小白他们在申请书中措辞不够严谨科学的地方。

第一节　博学：选择研究类型

心理学的研究可以分为实验研究和非实验研究两大类，其中非实验研究可细分为描述研究、历史研究、相关研究和质性研究四种，实验研究包括真实验研究和准实验研究两种。六种研究方法在研究目的、时间范围、对变量的控制程度等方面都有所不同，具体的总结详见表 4-1。

表 4－1　心理学研究的划分及其特点概览

	非实验研究				实验研究	
	描述研究	历史研究	相关研究	质性研究	真实验研究	准实验研究
研究目的	描述既有现象的特性	将过去发生的事件与现在的事件相联系	检验变量之间的关系	探索人类行为及其社会、文化、政治背景	检验真正的因果关系	检验因果关系，但不能实现完全控制
研究的时间范围	现在	过去	现在或过去（相关）将来（预测）	现在或过去	现在	现在或过去
研究对变量的控制程度	无或低	无或低	低到中	中到高	高	中到高
文献查找关键词	描述 访谈 综述文献	过往描述	关系 联系 与……有关 与……相关 预测	个案研究 评价 民族志 历史研究 调查	……的功能 ……的原因 相互对照 ……的效应	……的功能 ……的原因 相互对照 ……的效应

资料来源：萨尔金德，2019，10 页。

事实上，伴随着心理学问题的日益复杂，很多研究者开始提倡采用混合的方法模型，甚至有研究者将混合方法研究看作除质性与量化研究之外的第三种范式，认为它可以从多种视角考察问题，提供更加全面与可靠的研究结论，但是也有研究者质疑混合方法研究缺乏清晰性和准确性。究竟选择何种方法进行研究，既取决于问题的类型，也取决于研究者的目的甚至是能力。因此，需要辩证地看待研究方法的选择，难以说哪种方法就一定优于另外一种方法。

一、非实验研究

所有**非实验研究**（nonexperimental research）的目的都是描述变量之间的关系。它与实验研究之间最典型的区别就是，前者不能描述或者检验变量之间的因果关系。例如，你想要调查青少年使用社交媒体（如微信朋友圈或微博）的行为，你可以让他们通过发电子邮件、网站留言以及论坛讨论等诸多网络交流形式对研究问题做出回应，也可以让他们以日记的形式把自己每天使用什么及使用多久记录下来。基于这样的数据，非实验研究可以提供青少年在线行为内容的信息，但是不会讨论他们在线的原因。在这类研究中，研究者不会试图去控制被研究者的交流行为、内容或结果，因而研究结果也不会涉及任何形式的因果关系。

（一）描述研究

描述研究（descriptive research）的目的是描述在研究时段内事件的当前状态。例如，中国社会科学院社会学研究所每隔一年就要发布中国社会心态研究报告，其目的之一就是采用社会调查的方法描述当前中国民众的安全感、获得感和幸福感的现状。在心理学史上，最经典的心理学描述研究当属皮亚杰通过对自己孩子成长行为的观察，详细描述了儿童对环境的思考方式和反应方式的变化，进而做出解释，提出了著名的认知发展理论。

描述研究与实验研究间最明显的区别是，描述研究不设定处理组和控制组，研究者无须检验任何变量对其他变量产生的影响。换句话说，所有研究者要做的就是描绘一幅画面，而读者在阅读之后可能会想象出一幅更大的画面。至于为什么会出现这种现象，其内在的机制是什么，往往交给之后的相关研究或者实验研究去回答。因此，描述研究既可以单独进行，也可以作为其他类型的研究的基础，在深入了解群组之间差异之前先对群组的特征进行描述。而且，收集描述性数据可作为深入进行更复杂研究的第一步。

（二）历史研究

如果说描述研究的目的是呈现研究时段内的一幅图画，那么，**历史研究**（historical research）的目的则是呈现过去的一幅画卷，具体的做法是通过将历史资料（如原始文物、文件资料、访谈以及口头故事等）加以整合，形成一个连贯的“信息体”，从而为过去或现在发生的一些问题提供某种可能的解释。比如，瓦茨等（Watts et al., 2013）分析了美国历史上42任总统在职时的表现与专家对其自恋评分间的关系，结果发现：美国总统的自恋水平比一般民众高；在过去的时间里，总统的自恋水平不断提高；而且，自恋是把双刃剑，夸大型自恋与总统在任期间更好的表现相关，敏感型自恋则与总统的表现无关。不过，该研究的局限也很明显，比如：总统数量比较少；总统表现的好坏不易被操作性定义；而且，文化的影响可能会使研究结果不能推广到其他文化中。

（三）相关研究

当研究者不满足于描述事件，而想进一步去探究变量或事件之间的关系时，他们会选择**相关研究**（correlational research）。相关研究可以让你了解两个或更多的事件如何与其他的事件相联系，这些因素之间有什么共有的特点，一个或者是多个信息在多大程度上能够预测一个特定的结果，等等。如果你想要知道大学生使用智能手机的时间与其学期平均成绩之间的关系，那么，你可以做相关研究；但如果你还想知道那些能够预测他们读研究生后学业表现的变量，那么你就要做那些包含预测设计的相关研究。因此，相关研究的设计有三种类型：横断设计、连续独立样本设计和纵向设计。

横断设计（cross-sectional design）要求研究者在同一时间从总体中抽取一个或多个样本，它的重点是描述总体的特征，或者两个或多个样本之间的差异。有时，研究者还想要了解人们的态度或行为随时间的变化，那么便可以采用后两种设计。**连续独立样本设计**（successive independent samples design）是指在一段连续的时间内开展一系列的横断研究。比如，有研究者考察了我国大学生的自尊水平随时间的变化趋势，他们针对1993—2013年发表的83个采用罗森伯格自尊量表（RSES）测量中国大学生自尊的研究（$N=48\ 384$），进行了横断历史元分析（沙晶莹，张向葵，2016）。结果发现，从1993年起，我国大学生的自尊水平呈下降趋势——相比1993年，2013年我国大学生的自尊水平下降了 0.89 个标准差（见图 4－1）。而在对该结果进行解读的过程中，有一点需要我们注意，那就是 2013 年的大学生和 1993 年的大学生不可同日而语，他们分别来自不同的总体。如果想要了解特定个体的态度和行为随时间变化的方向和程度，研究者可以采用纵向设计。

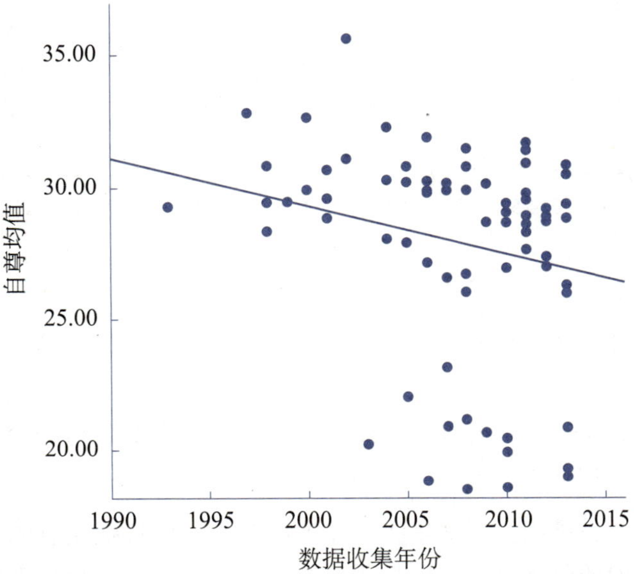

图 4－1 1993—2013 年我国大学生自尊水平随时间的变化趋势

纵向设计（longitudinal design）是在一段时间内调查相同的对象，其优势是可以让研究者确定调查对象态度或行为变化的方向和程度。比如，有研究者采用为期 12 年的 5 波追踪数据（$N = 1\ 824$），探讨了自尊随年龄的变化趋势（Orth et al., 2012）。增长曲线分析结果显示，个体的自尊水平从青少年阶段开始升高，直至 50 岁发展到顶点，然后逐年下降（见图 4－2）。更为重要的是，该研究还进一步揭示，自尊对个体在现实生活中的体验有预测作用。比如，自尊可以预测人们情绪和抑郁的变化，与人们工作满意度的变化也有关系。此外，纵向设计还有利于研究者评估人们的态度或行为在某些情境发生前后的变化，比如探究个体的自尊水平是否会在某个突发事件（如失业、离婚或地震）前后产生变化，创伤性事件前的高自尊水平是否有助于个体更快地恢复，等等。

与此同时，纵向设计也有缺点。一是难以避免样本流失。因此，在分析追踪数据之前，研究者都需要确认缺失的样本和最终样本间不存在显著性差异。二是参加纵向研究的被试有可能会刻意保持自己多次反应之间的一致性。为了减轻这一点对研究结果的影响，研究者可以通过打乱测试题目顺序、采用多种方式针对同一指标进行测试等方法，尽可能获取被试真实的态度和行为反应。

最后，虽然纵向设计的优点很多，缺点可以通过缜密的研究设计加以克服，但它揭示的依然是变量之间的相关关系，因此很难确定个体随时间发生变化的原因，也无法说明谁是因谁是果。

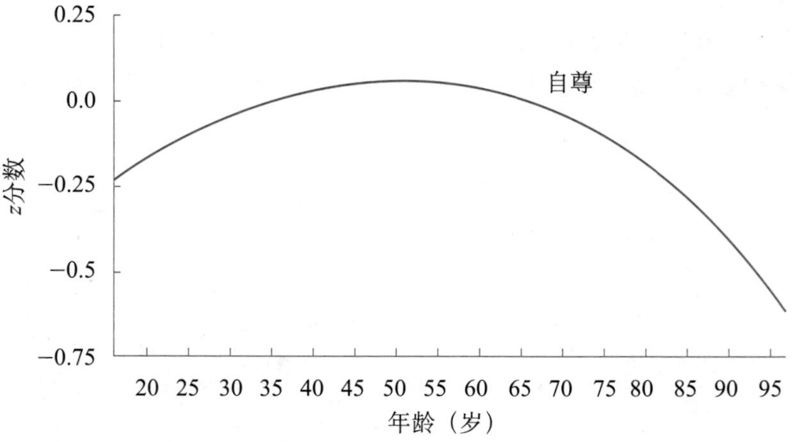

图 4－2　自尊随年龄的变化趋势

- **相关关系**指的是两个变量之间存在相应变化的关系，通常可以表述为：“*A* 越……*B* 越……”
- **因果关系**指的是一个变量的变化会“引起”或“引发”另一个变量的变化，通常可以表述为：“*A* 的变化引起 *B* 的变化。”

变量关系是因果还是相关，这是我们在提出假设时要特别注意的一个地方，因为这同时也会影响到后面的研究设计。用相关研究做出因果陈述时会出现两个问题：一是难以确定因果的方向，另外一个是难以消除混淆变量的干扰（如图 4－3 所示）。

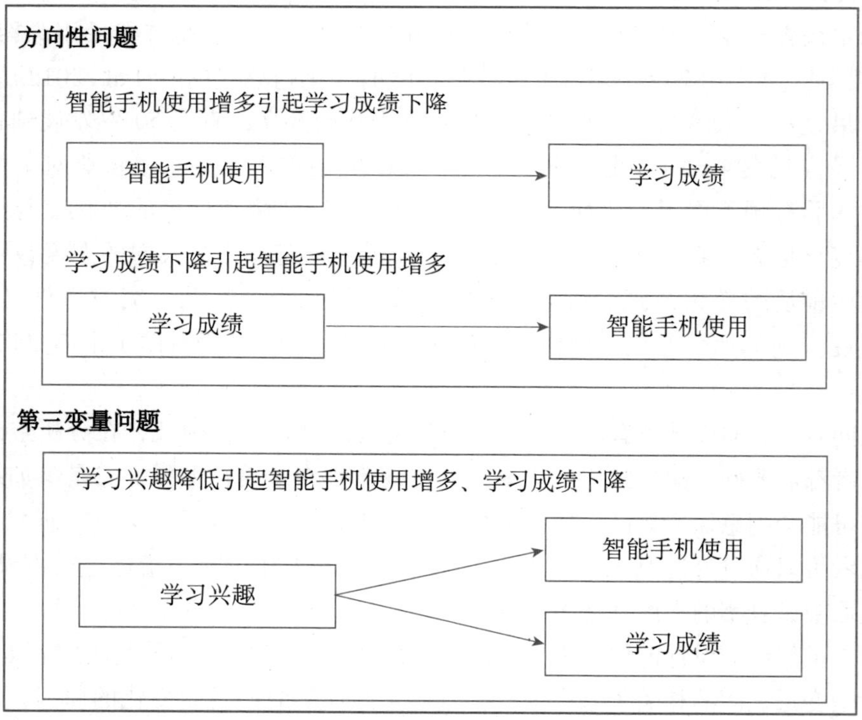

图 4－3　相关研究中的因果可能性示例

因果关系成立需要同时满足以下三个条件：

- 自变量可以操纵，因变量的变化由自变量的变化引起。
- 两个变量有时间先后顺序，一个变量在另一个变量变化之后发生变化。
- 控制严格，能够排除其他可能的解释。

拓展阅读 4-1

心理学研究的危机——相关关系与因果关系的混淆

2016 年，来自 Vox 的布莱恩·雷斯尼克（Brian Resnick）向许多著名的心理学家和社会科学家发问：记者在报道科学研究、撰写文章时犯了什么错？在得到的答复中，相关关系和因果关系的混淆位居榜首。诚然，媒体报道中充斥着不恰当的因果关系推断。几乎在任何新闻网站随便一搜，你都可以看到像这样包含因果断言的标题——“学生饮酒如何影响 GPA”“真诚的微笑有助于长寿”，还有“网络欺凌导致青少年睡眠质量和抑郁症状恶化”。

不过，最近几项研究指出，因果关系语言的滥用始于科研工作者自己。布莱斯克-雷切克（April Bleske-Rechek）和其同事进行了两项研究。首先，他们审阅了一系列随机的摘要样本，这些摘要的展示海报已被权威的心理学专业组织——美国心理科学协会（APS）审核通过，并在其年会上展示。结果发现，超过一半的摘要在没有充足证据的情况下使用了因果语言。在后续研究中，他们审阅了 11 本知名心理学期刊中的 660 篇文章。结果再次显示，半数以上使用了因果语言描述的研究实际上是相关研究；换句话说，其因果语言的使用是不恰当的。

在实践层面，混淆概念并错误地从相关性数据中推断出因果关系会阻碍最有效解决方案的制定。例如，哈特（Betty Hart）和里斯利（Todd Risley）的追踪研究是儿童早期发展和教育中最常被引用的研究之一。该研究表明，在社会经济状况较差的家庭中长大的孩子，父母对他们说的话要比社会经济状况较好的家庭少得多；而且研究预测，这些早期的语言经验差异，会造成孩子未来在词汇量和学业成绩方面的差异。

“父母给子女提供的言语环境是影响子女言语发展的一个关键因素”——这一因果关系的解读后来催生出许多昂贵的强化课程。然而，哈特和里斯利的研究数据是相关性的。该研究并没有控制亲子之间言语互动的数量与质量；也没有随机分配家长提供一种形式的语言体验，另一些家长提供另一种形式的语言体验，然后再测定由操纵导致的儿童发展变化。因为一些相关变量会大大增加来自父母的言语互动和儿童言语能力，要指出早期语言体验的差异“会导致”儿童词汇量和学业成绩的差异，就必须消除混杂因素。共同的遗传性质也是潜在的混杂因素。社会经济状况好的父母比社会经济状况差的父母有更高的认知能力，社会经济状况和认知能力都是可继承的。总之，在哈特和里斯利的研究中，父母的言语行为与其子女的言语能力之间存在联系，但这并不足以推断出父母的言语行为会“影响”子女的言语能力。如果继续将哈特和里斯利的相关性数据解读为早期语言经验对言语能力存在因果影响的证据，并进一步推进干预措施，同时不考虑环境及遗传因素，那么，最终这些干预措施的效果将会大打折扣。

总之，研究者在做出因果陈述之前确认研究过程是否满足上文提到的三个条件，同时及时辨识出错误的因果陈述并加以纠正，将会有助于心理学研究朝更加严谨与健康的方向发展。

资料来源：Bleske-Rechek, 2019.

（四）质性研究

质性研究（qualitative research）是一种应用访谈、综述、个案研究和其他相关探索技术探究导致人们行为的某些过程的社会行为科学研究。质性研究通常得到定性（非数值型）的原始数据，因而也不能直接检验因果关系。心理学对质性研究的关注是伴随着对过度追求定量方法的质疑而产生的。1997年，陈立先生在《平话心理科学向何处去》一文中指出："实验室实验，因为严格的条件控制和数据的结果处理，所以便不能不找比较简单的问题，在非常限制的条件下，进行实验。结果是完全脱离实际，避实就虚，无血无肉，只剩下一些干瘪的渣滓……结果就会扼杀心理学的生机。"此即告诫我们在心理学研究中除需要重视定量研究以外，还应该注意运用质性研究，以便揭示更为复杂的心理现象。

例如，许迈进和章瑚纬（2014）以扎根理论质性研究法为依据，通过内涵探讨、数据搜集、文本编码等步骤，构建出系统明确的研究型大学教师教学能力结构体系——知识内容（能否）、教学技能（会否）和专业态度（欲否）。该研究成果对于完善高校教师资格制度化建设、推动研究型大学教师管理科学化、更好地适应教师专业化发展的主体诉求以及提升实际教学质量都极具建设性意义，也充分体现了质性研究不同于量化研究或实验研究的特色与特长。

二、实验研究

如果你在发现了两个变量之间存在相关之后还不满足，想进一步探究两者之间是否存在因果关系，那么，可以采用实验的方法继续进行研究。

（一）真实验研究

真实验研究（true experimental research）会依照某种标准将参与者或被试分配到不同的组，这一标准被称为处理变量或处理条件。真实验研究能够得出因果关系的一个主要原因是，它的设计力求严谨，能够做到随机选择被试、随机实施实验处理，以及随机分配被试入组。按照实验设计方式的不同，真实验设计可具体分为**被试间设计**、**被试内设计**和**混合设计**。以下对前两种设计进行简单介绍。

例如，有研究者想要研究权力对冲动购买的影响（靳菲，朱华伟，2016），他们采用2（权力感：高/低）×2（产品类型：实用品/享乐品）的被试间设计，并采用插话式启动方法启动个体的权力感——让被试阐述自己有/无权力感的经历。结果发现，权力感影响人们对不同类型产品的冲动购买意愿：高权力感的人对实用品表现出较高的冲动购买意愿，低权力感的人面对享乐品时有较高的冲动购买倾向。

在探讨权力对判断的影响时，除了可以使用被试间设计，还可以使用被试内设计。例如，有研究者想要研究权力感对分配公平感的影响（孙倩等，2019），他们采用2（权力：高/低）×41（分配比例：0:40～40:0）被试内设计。因变量为被试对每种分配比例的公平评级。以启动的方式改变被试的权力感水平：（1）高权力，即在打字任务中按照自己选择的分配方案分配报酬；（2）低权力，即在打字任务中按照对方选择的分配方案分配报酬。结果发现，高权力者比低权力者在结果对自己不利（劣势不公平）条件下感知到更大的不公平，而在结果公平或对自己有利（优势不公平）条件下却感知到更大的公平。

与被试间设计（或独立组设计）相比，被试内设计（或重复测量设计）的第一个优点是需要的被试较少。当被试不足，或者实验中每个个体的运作成本很高时，最好使用被试内设计。被试内设计的第二个优点是对被试的差异有更大的控制力，因为对于被试内设计来说，个体差异是可见的，也是可以解释的。但是，被试内设计也有缺点，那就是会出现**顺序效应**（处理的呈现顺序会影响因变量，可以采用平衡技术或延长条件间的时间间隔来降低）、**练习效应**（后面任务的成绩会因为被试在前面任务中获得练习而得到提升，可采用随机区组分配来降低），以及**疲劳效应**（随着研究时长和任务的增加，被试会变得疲倦、厌烦或分心）。至于究竟该选择被试间设计还是被试内设计这样的问题，答案主要取决于对研究结果可推广性的考虑。

（二）准实验研究

在**准实验研究**（quasi-experimental research）中，研究者所能控制的程度没有真实验研究中那么高。在研究之前，被试已经被间接地分组（如社会阶层、被校园霸凌的次数、家庭虐待经历等）。这种对群体（或处理）的预分组会导致准实验设计对因变量变异的解释力不如真实验设计强。

既然如此，为什么研究者有时还是会选择准实验设计而不是真实验设计呢？这主要是出于伦理或实际应用方面的考虑。诸如“童年受虐经历如何影响成年人的健康”“孕期服用可卡因对新生儿行为的影响”之类的研究，想要采用真实验设计肯定无法通过伦理委员会的审核。

因此，准实验设计被广泛地应用在那些无法对被试进行分组的研究中。例如，为了找到影响大学生拖延行为的因素，并揭示其动态过程，有研究者基于计划行为理论，通过实验操纵被试的计划实施意向，将134名大学生随机分配到有意向组和无意向组。随后，采用日记法进行为期5天的纵向追踪。结果发现，形成实施意向能显著降低大学生的拖延程度，有助于拖延者找到克服拖延的有效方法（林琳，2017）。

拓展阅读4－2

如何采用实验法探究中介效应

目前，为了检验中介效应，研究者已经针对不同类型的研究设计（即横断设计、追踪设计，以及实验设计），发展出相应的统计方法，具体如表4－2所示。

表4-2 检验中介效应的三种方法比较

检验方法	是否满足因果关系标准			研究难度	常用统计方法
	共变性	时间顺序	排除其他解释		
基于横断数据	是			易	逐步回归、Bootstrap分析法等
基于追踪数据	是	是		难	潜变量增长曲线模型、交叉滞后分析等
基于实验设计	是	是	是	难	*t*检验、方差分析等

资料来源：刘国芳等，2018。

虽然三种检验方法特点各异，但其中只有实验法能同时满足检验因果关系的三个标准，因此备受关注。在检验中介效应时，曾经最常用的实验设计方法是**统计性中介分析法**（statistical mediation analyses, SMA）；具体来说，研究者首先操纵自变量，然后分别测量中介变量和因变量，如果自变量的变化引起了中介变量和因变量的相应变化，同时三个变量之间的关系通过了中介效应检验，则认为中介效应成立（刘国芳等，2018）；但这种方法并不完备，因为并没有考察中介变量与因变量之间的因果关系。

针对SMA的不足，研究者们提出了更多检验中介效应的实验设计。第一种是**双随机设计**（two randomized experiments design, TRE；温忠麟，叶宝娟，2014），即分别对自变量和中介变量进行随机分组和实验操纵：实验一操纵自变量*X*，测量中介变量*M*和因变量*Y*，以分别证明*X*对中介变量*M*和*X*对*Y*的影响；实验二操纵中介变量*M*，测量因变量*Y*，以证明*M*对*Y*的影响。

第二种是**并发双随机设计**（concurrent double randomization designs，又称experimental-causal-chain design, ECC; Jacoby & Sassenberg, 2011）。该设计实际是对自变量和因变量同时进行操纵的二因素实验：实验一操纵自变量*X*，测量中介变量*M*，以分别证明*X*对*M*的影响；实验二在实验控制*X*或测量*X*的情况下，操纵中介变量*M*，测量因变量*Y*，以证明在控制*X*的情况下*M*对*Y*的影响。

第三种是**调节过程设计**（moderation-of-process design, MOP; Spencer et al., 2005）。该设计会操纵*X*和*M*，随后测量*Y*，目的是考察*X*和操纵后的*M*是否会交互影响*Y*。

第四种是**平行设计**（parallel designs; Pirlott & MacKinnon, 2016）。研究一为双随机设计，旨在检验*X*对*M*、*X*对*Y*的影响，并检验*M*与*Y*间是否存在共变性；研究二为并发双随机设计，可以同时检验*X*对*Y*、*M*对*Y*的影响。

第五种设计尝试将中介变量作为调节变量加以操纵（manipulation-of-mediation-as-a-moderator design, MMM; Ge, 2023）。研究者操纵*X*和*M*，随后测量*M*和*Y*，重点考察*X*和操纵后的*M*是否会交互影响*Y*；同时，检验*X*是否预测未经操纵的*M*。

实验法在检验中介效应方面看似得天独厚，实则面临多重挑战。首先，研究者并不总能准确地测量假设提出的心理机制；其次，研究者往往难以同时操纵自变量和中介变量；最后，作为内因的主观变量通常很难操纵，因为基于“操纵”的实验研究往往确定的是“外部原因”（辛自强，2017）。因此，为了提高实验法的信效度，推崇实验法的研究者需要考虑如何通过多样化的被试、测量和操纵，不断完善实验设计，进而充分发挥实验法在检验因果关系上的优势。

三、做出你的设计——何时采用何种研究方法？

究竟是非实验设计还是实验设计更好？事实上，很难说两种方法孰优孰劣，选择哪种研究方法主要取决于你的研究目的和研究问题的类型（如图 4－4 所示），并不存在最好的研究方法，只有最适合你的研究问题的方法。在选定研究方法之前，你最应该问自己的问题是：**你感兴趣的课题是否会用到特定研究方法所提及的工具？**比如：如果你想要研究中国古代儒家的心理学思想，那么历史编纂学更适合你；如果你想调查当前我国社会心态的特点，那么描述的方法，如访谈、大范围社会调查更适合你；如果你想研究敬畏是否让人们的自我缩小，那么实验方法是你最好的选择。当然，针对一个问题，你也可以**选择整合不同的方法进行研究**，比如将描述或相关研究得到的结果作为进一步实验研究的基础。

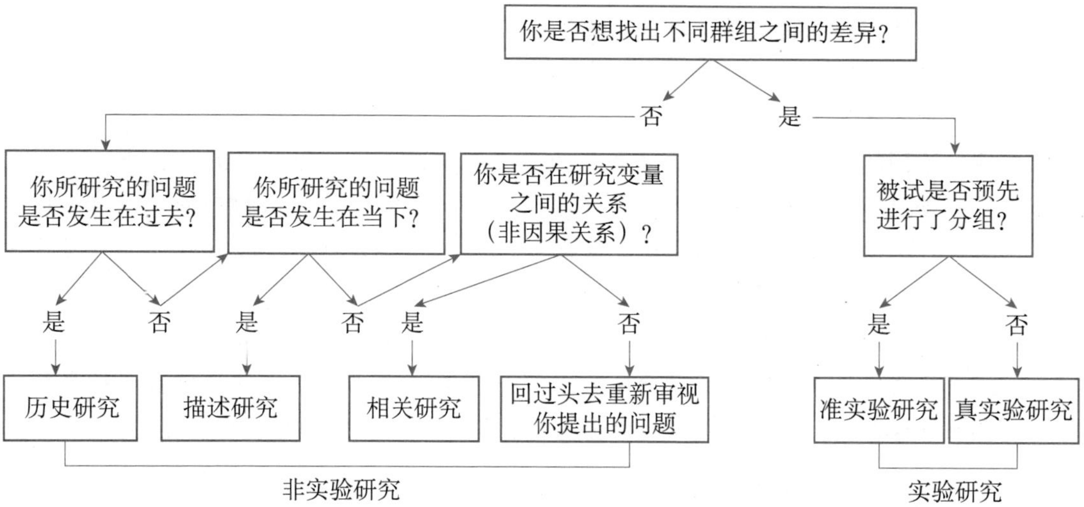

图 4－4　根据问题特点选择合适的研究类型

资料来源：萨尔金德，2019，13 页。

此外，在选择研究方法时还需要**考虑研究伦理是否允许**。比如，当采用实验研究不道德或不现实时，它就不是一种可行的选择。例如，酒瘾效应、离婚及其后果，或家庭虐待对儿童心理健康的影响这样的问题便不适合采用实验法进行研究。而在研究这样的问题时，常常是根据经历的不同对参与者进行分类。鉴于这样做不是将参与者随机分配到不同的小组，也不存在对自变量的操纵，因此它并不是实验法。

最后，**研究者的特长、经济成本和时间限制也会影响到研究方法的选择**。一般来说，大型社会调查需要更多的资金支持，质性研究会对研究者的理论敏感性和访谈技巧提出更高的要求，实验法则强调严格的实验操纵，所以会对研究者在细节掌握和逻辑思维上提出挑战。

拓展阅读 4－3

科学研究的第三种范式——混合方法研究

混合方法研究（mixed methods research）是指同时使用量化和质性方法、手段或概念进行数据搜集或分析的一类研究。它不同于单纯的量化或质性研究，属于一种综合性的研究取向。在传统的心理学研究设计中，研究者通常会首先提出理论构思，再针对研究问题提出研究假设，然后做设计，通过研究过程进行验证。这种研究思路其实是一种线性逻辑思维，会导致顾一端而忘全局的情形。反之，在混合方法研究中，研究者会尝试检验研究的每个部分。比如，采用嵌入式研究方法、三角互证法等混合方法研究的设计，会在研究的每个环节和步骤，反复核查数据的准确性，并做出正确的解释，最终找到一个较佳的诠释体系。

相较单纯的量化或质性研究，混合方法研究的优势体现在以下几个方面：

- **优化被试群体**。混合方法研究能够准确定位研究目标人群，优化实验被试群体。例如，研究者可以通过定性访谈确定实验被试是否符合实验要求，或者是否乐于配合实验，从而优化实验被试群体。
- **检验测量工具的有效性**。质性数据和量化数据能够分别为测量工具效度提供不同的证据，并在测量工具构建阶段发挥不同的作用。混合方法研究能够被很好地应用于量表开发、修订及效度验证。
- **评价干预的有效性**。在对心理与行为干预、治疗、培训等程序的评价中，应用定量数据能够进行前测和后测，直观比较相关程序对实验被试的影响；通过定性方法进行半结构化访谈、焦点小组访谈或观察，则能够对程序的有效性进行逻辑评定，并帮助改进程序。
- **增强研究意义**。包括统计意义、应用意义、临床意义和经济意义几个方面。研究者可应用定性数据促进统计分析，也可应用定量数据加强定性分析。两种分析方式的结合，有助于对数据进行更深入的挖掘，从而得出有意义的结论。

当然，**混合方法研究也有不足**，主要体现在以下三个方面：不但需要投入更多的时间和精力，还对研究者的素养提出更为苛刻的要求；而且，作为一种新的研究取向，其理论基础相对薄弱。

总之，混合方法研究采用的是多样的视角、理论和方法。它以某种方式将量化和质性方法、途径、过程、概念和其他研究范式的特点进行周密且战略性的混合，形成的是一个被广泛认可、具有互补优势的整体设计，力争达到量的准确和质的深化，发现并归纳形成具有普适意义的规律，得到整体全面的研究结论。

资料来源：徐建平等，2019。

小贴士

1. 心理学研究的类型：

- 非实验研究：描述研究、相关研究、历史研究和质性研究。

- 实验研究：真实验研究和准实验研究。

2. 因果关系成立的三个条件：

- 自变量可以操纵，因变量的变化由自变量的变化引起。
- 两个变量有时间先后顺序，一个变量在另一个变量变化之后发生变化。
- 控制严格，能够排除其他可能的解释。

3. 影响选择何种研究方法的因素：

- 研究问题的类型。
- 研究伦理。
- 可行性。

第二节 明辨：确定取样方法

为了探究中国青少年依存性自尊的内涵与机制，小白和组员基于中国文化的特点，发展出一个测量中国青少年依存性自尊的本土化量表。下一步，他们将要面临一个重要的决策：应该让谁来完成他们的量表。让全国的青少年都参加他们的研究吗？不可能，也不现实。让北京市某中学的学生参加他们的研究吗？不够好，他们担心老师会质疑研究对象的代表性。那么，他们该怎么做呢？

困扰小白的问题的核心是取样的方法。从研究**总体**（指潜在的参与者）的所有单位中抽取部分单位作为**样本**（总体的一个子集），这就是**取样**。在研究中，我们常常忽视取样的重要性，甚至认为能招到足够的被试已经很不容易。但其实取样或者说被试选择在研究中是很重要的。如果不能抽取能够最大程度代表总体的样本，那么研究结果的可推广性将大打折扣。一旦难以推广到总体，结果也就失去了它的价值。因此，可以说**概化**是一项研究成功的关键，取样的目标就是尽可能减少**取样误差**（样本特征和总体特征之间的差异）。

样本选取的方法可分为两种：非概率取样和概率取样。**概率取样**（**随机取样**）是指随机选择样本，使研究者能够评估样本所得结果与总体间的区别，是一种获得代表性样本的选择方法。概率取样又分为简单随机取样、系统取样和分层取样。**非概率取样**（**非随机取样**）则因为一些限制，无法保证总体中的每个单位都有同等被抽取的机会，也无法评估每个单位进入样本的概率。非随机取样分为方便取样和定额取样。

一、概率取样

（一）简单随机取样

简单随机抽样是概率取样方法中最简单的一种，它对调查总体不进行任何分组、排序，随机从整体中抽取被试。常用的简单随机取样方法有抽签法和随机数字表法。

1. 抽签法

用抽签法抽取样本，先将调查总体的每个个体编上号码，然后将号码写在卡片上并将卡片混合均匀，任意从中抽选，抽到一个号码，就对上一个个体，直到抽足预先规定的样本量为止。这种方法适用于调查总体中个体数目较少的情况。

2. 随机数字表法

随机数字表法是先将总体中的全部个体分别标上 $1 \sim n$ 的号码，然后利用随机数字表随机抽出所需的样本。随机数字表在客观上为表内任何号码都提供了相等的出现机会。

简单随机取样方法简单，适用于总体范围较小，各个体之间差异较小、分布均匀的情况。如果总体范围较大，或内部各个体之间的特征有很大差异，使用简单随机取样可能会影响样本结果的可靠性，需要考虑使用其他概率取样方法。

（二）系统取样

系统取样也称等距取样。该方法要求研究者先将总体中的个体按某一特征进行排列，然后按照固定顺序和一定间隔来抽取样本个体。排列所依据的标志有两种：一种是按与调查项目无关的特征进行排列。例如，如果研究与年龄无关，可以将总体按年龄大小进行编号，然后每隔若干个号码抽选一个被试进行研究。另一种是按与调查项目有关的特征进行排列。例如，进行与社会经济地位相关的研究，可按住户平均月收入进行排列，再进行抽选。

与简单随机取样相比，系统取样可使研究样本比较均匀地分布在调查总体中，特别是当实际工作中受限于资源而不可能抽选较大的样本时更是如此。系统取样也有一定的局限性，表现在如下两个方面。第一，运用系统取样的前提是要知道总体中每一个个体的相关特征，这需要耗费资源和精力。第二，当抽选间隔和调查对象本身的“节奏”（或循环周期）相重合时，调查的精度就会受到影响。因此，系统取样常常被用于一些动植物调查研究或市场研究领域，在心理学中应用很少。

（三）分层取样

分层取样先将总体的所有个体按某一重要特征进行分类（组），然后在各类（组）中采用简单随机取样或系统取样方式抽取样本。分层时注意各层之间要有明显的差异，尽量避免各层重复混淆；需要提前知道各层中的个体数目和比例；层数不宜太多，每一层内每个个体应保持一致性；等等。只有这样，抽取的样本才能反映该层的特征，提高样本的代表性，减少取样误差。

分层取样一般又可分为等比例取样和非等比例取样两种。等比例分层取样是按各层（或各类型）中的个体数量占总体数量的比例分配各层的样本数量。非等比例分层取样不是按各层中个体数占总体数的比例分配样本个体，而是根据其他因素（如各层平均数或标准差的大小、抽取样本的工作量和费用等）调整各层的样本个体数。

分层取样一般比简单随机取样和系统取样更为精确，能够通过对较少个体的调查，得到比较准确的推断结果。特别是当总体数目较大、内部结构复杂时，分层取样常常能取得令人满意的效果。

例如，为了考察云南省中小学师生关系的发展趋势、类型特点及其对中小学生学校适应的作用，杨阿丽等（2007）在综合考虑了云南的地理、文化和环境状况之后，采用分层随机取样的方法选取被试：

> 第一层考虑经济发展状况（是否贫困地区），第二层考虑民族状况（是否为少数民族），第三层考虑学校等级、在云南省所处区位、是不是边疆等因素。根据以上分层原则选取了7个地级市或自治州的12个县市区。在12个县市区中采用按比例方便取样的方法，抽取县高中一所，城区、乡镇初中、小学各一所。高中按现有在校生总人数的1%抽取，初中和小学按2%抽取，小学只抽取五、六年级学生。根据以上比例抽取高中生3 095名，初中生4 415名，小学生2 843名，共10 353名，剔除废卷后，获得9 055份有效问卷。

二、非概率取样

（一）方便取样

方便取样又称任意取样，即实验研究人员可以决定样本的选取方式。由实验被试主动提供信息的方式也属于方便取样。比如，在没有认定被试身份时进行拦截式问卷调查，或将问卷刊登在宣传媒体（如报纸、互联网平台）上，收集所有填写完成的被试数据。方便取样的最大特点是节省资金与时间，但样本的信息可靠性不高，难以用于总体参数的推断。方便取样的主要目的是帮助调研者产生想法和认识，常在预调查中采用。

在现实中，方便取样常常被研究者过度使用，很多研究不顾研究总体范围，直接采用大学生被试进行实验，这样得到的结果常常不能推广到其他群体。而这一点也常被研究者们在文章中作为研究的不足提出，比如在《心理发展与教育》上发表的文章《父母成人依恋、怜悯与亲子关系质量：主客体互倚分析》（赖晓璐等，2019）中，作者写道：

> 本研究中的被试群体为广东某学校2～5年级小学生的父母，父母的职业、教育水平和家庭收入情况比普通家庭优越，研究结论在推广到农村家庭或其他年龄段孩子时存在一定的局限性，未来应该涉及更加广泛的研究人群，包含不同职业、收入水平、文化背景和地域，提高研究的生态效度。

（二）定额取样

定额取样是非概率取样中比较常用的一种方法。定额取样要求研究者按照一定标准（如年龄、性别等）分配样本数额，并在规定数额内由调查人员任意抽选样本。

这种方法同分层取样有相似的地方，都是事先对总体中所有个体按其属性、特征分类，这些属性、特征被称为“控制特性”，如市场调查中消费者的性别、年龄、收入、职业、文化程度等，然后按各个控制特性分配样本数额。但它与分层取样又有区别，分层取样是按随机原则在层内抽取样本，定额取样则由调查人员在定额内主观判断选定样本。按照定额的要求，定额取样可分为独立控制定额取样和相互控制定额取样两大类。定额取样一般在大规模社会调查中应用更为广泛。

总之，概率取样和非概率取样分别适用于不同的情况，各有自己的优缺点，两者间的比较如表 4－3 所示。

表 4－3　概率取样和非概率取样的不同类型

取样类型	使用情况	优点	缺点
概率取样			
简单随机取样	在重要变量上总体各成员相似	确保高代表性	费时，枯燥
系统取样	在重要变量上总体各成员相似	确保高代表性，无须使用一组随机数字	比简单随机取样的随机性小
分层取样	总体异质，并包含许多不同的组，其中一些与研究主题相关	确保总体的各层具有高代表性	费时，枯燥
非概率取样			
方便取样	当从总体中取样方便时	方便，节省经费	概化水平令人质疑
定额取样	当出现分层，且分层随机取样不适用时	确保总体的各层具有一定代表性	概化水平令人质疑

资料来源：萨尔金德，2019，95 页。

概率取样是按照随机原则抽取样本，即在总体中抽取单位时，完全排除了人的主观因素的影响，使每一个单位都有同等的可能性被抽中。遵循随机原则，一方面可使抽取出来的单位的分布情况有较大的可能性接近总体的分布状况，从而使根据样本所做出的结论对总体具有充分的代表性；另一方面有助于调查人员准确地计算取样误差，并有效地加以控制，从而提高调查的精度。非概率取样不遵循随机原则，它是从方便出发或根据主观选择来抽取样本。非概率取样主要依赖研究者个人的经验和判断，无法估计和控制取样误差，无法用样本的定量资料来推断总体。不过，非概率取样简单易行，尤其适用于探索性研究。

三、大数据给研究中的取样带来的机遇和挑战

虽然研究者采用各种取样技术来获得代表性样本，但基于样本的研究结果还是存在较大误差，影响结论的可推广性。而伴随着大数据时代的到来，采用大数据技术的研究不对总体进行样本抽取，而是对总体所有数据进行分析处理，保证了分析结果的可靠性。借助大数据，心理学能够在很大程度上摆脱对实体实验室的依赖，最大限度地扩充研究对象，使研究不再只局限于实验室小样本或问卷调查采集的随机样本，从而面向尽可能全面的数据、趋近于总体的样本。此外，大数据技术还能避免社会期许效应，最大限度规避研究对象在测试过程中受到的各种干扰。不过，由于数据来源广泛，常常包含很多研究不需要的噪声，研究者需要掌握良好的数据处理技术，以及对研究问题的分析推断能力。

拓展阅读 4－4

大数据给心理学研究带来机遇和挑战

“大数据”的概念最早由维克托·迈尔·舍恩伯格和肯尼斯·库克耶在《大数据时代》中提出，是指不用随机分析法（抽样调查）的捷径，而是采用所有数据进行分析处理。大数据具有4V特点，即volume（大量，大数据的数据集比其他数据集大得多，如图4－5所示）、velocity（高速，数据以高速率出现或必须在短时间内处理）、variety（多样，可能是结构化的，也可能是非结构化的，包括文本、图片、视频和数字等）、value（价值）。与心理学相关的大数据可以是社交媒体数据、健康/生理跟踪器数据、地理定位数据、动态公共记录、旅行路线数据、网购和消费数据、行为和遗传数据。人们在社交媒体，例如微博和微信上产生的语言数据给研究者提供了前所未有的研究机会。

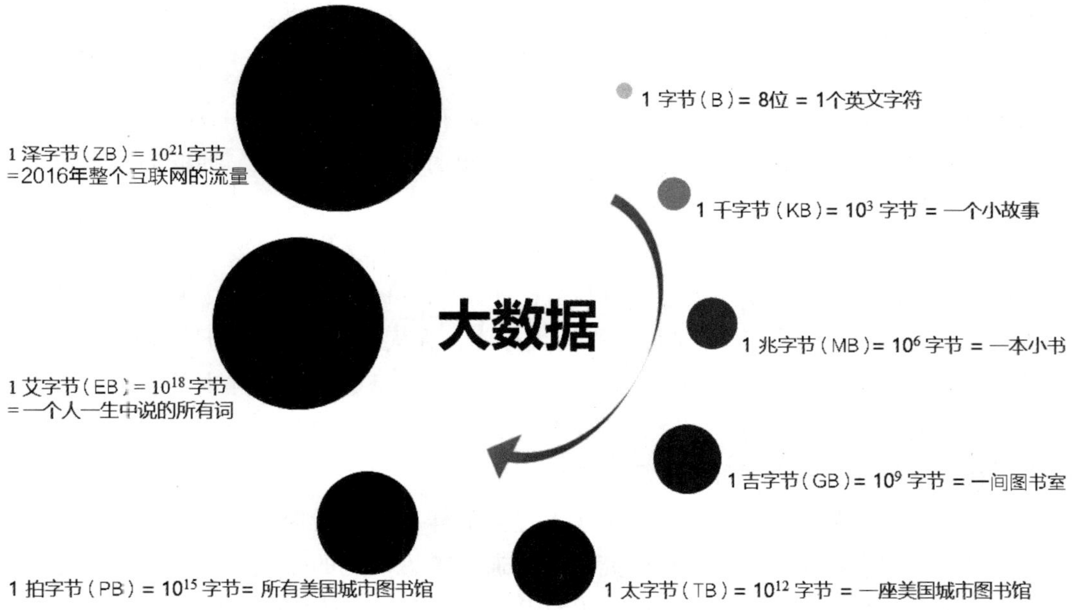

图 4－5　大数据时代数据之大

对于大数据时代背景下的心理学研究，机遇与挑战并存。传统心理学研究的数据收集方式通常采用观察法、访谈法、问卷法以及实验法等，这些方法多数是在控制的情境中让被试被动地产生符合研究人员要求的数据。以这些数据为基础经由统计分析得到的结论往往因为数据的非真实性而难以推广到真实情境中去，因而缺乏外部效度。在大数据时代，数据的产生方式发生了变革，由被动产生变为主动生成；我们无时无刻不在主动产生数据，这为提升心理学研究的外部效度提供了解决之法。另外，传统心理学研究的逻辑是先提出假设再验证假设，这是属于先验的；而大数据背景的研究是以数据驱动的方式得出结论，利用相应的算法直接从数据中获取知识信息，属于后验。数据驱动的研究方式可以增强心理学研究的科学性。再者，传统心理学研究中的数据类型仅仅是经由实验或者测量所获得，而在大数据时代所获得的数据类型呈现多样化、多维化，包括网络文本、音频、视频、生理数据等，依据这些多样化的数据能得到更多可用的研究信息。最后，传统心理学研究通常基于样本信息进行，这些样本容量有限；虽然心理学研究者们采用随机取样等方式力求获取代表性样本，但基于样本信息的统计分析还是存在较大误差，以致影响结论的获得。依靠大数据技术可以对研究总体进行直接分析，保障了分析的可靠性。

大数据在给心理学研究带来机遇的同时，也带来了诸多挑战。比如，大数据时代的数据来源范围较广，采集和存储这些大多为非结构化的数据需要心理学工作者至少掌握一门计算机语言（如 Python、R 等），同时了解矩阵运算和线性代数等知识。此外，若要做到将大数据技术与心理学研究很好地结合，数据挖掘相应算法也是需要了解和掌握的，如神经网络、决策树、贝叶斯方法等。

资料来源：管健，2014；李雨秦，2017。

四、估计样本量

小白已经对取样的方法有所了解，那么，相对于他关心的总体——中国青少年而言，他需要的样本量（通常用 n 表示）是多少呢？如果时间和资源充足，抽取的样本量是不是多多益善呢？

小白知道，样本量过小会失去代表性，而样本量过大又没有必要。而心理学研究最基本的要求是，样本量至少应大于变量数目，即 $n \geqslant k+1$（n 为样本量，k 为变量数目）。一般来说，样本量在不小于 30 时可以视为大样本；在大于 30 的情况下，均值的抽样分布近似于正态分布，满足之后的统计计算要求。但这只是最基本的样本量要求。由于样本量与总体大小无关，而与研究对象的变异大小、置信程度，以及允许的误差大小有关，样本量在不同统计方法中就可以估算出来。

有些人认为样本量越大越好，但事实上过大的样本除了增加取样的成本和难度，并没有提高检验的准确性。因而，有研究者提出通过考虑研究的效应量，计算出研究所需的最小样本量。当前，研究者通常会采用 G*Power 软件①并根据研究预期的效应量、β 和 α 估算出合适的样本量。

（1）**效应量**（effect size）：用以衡量自变量和因变量之间关联强度的指标，是虚无假设 H_0 错误的程度，且几乎不受样本量的影响。当效应量过小时，自变量就是不重要的。

（2）**检验力**（power）：用 $1-\beta$ 表示，是正确拒绝虚无假设的概率，也是检验出一个真实存在的效应的概率。检验力会受到效应量、样本量、α 的影响。效应量大，α 大，样本量大，则检验力也大。

采用 G*Power 计算样本量的步骤如下（以 G*Power 3. 1. 9. 4 为例）：

第一步，打开 G*Power，点击“Test family”下拉菜单，根据研究需要选择检验方法（见图 4-6a）：

① 下载地址：http://www.psycho.uni-duesseldorf.de/abteilungen/aap/gpower3/。

- Exact——Fisher 统计。
- F tests——方差分析。
- t tests——差异性 t 检验。
- χ^2 tests——卡方检验。
- z tests——z 检验。

第二步，在“Statistical test”下拉菜单中选择统计方法（见图 4－6b）。

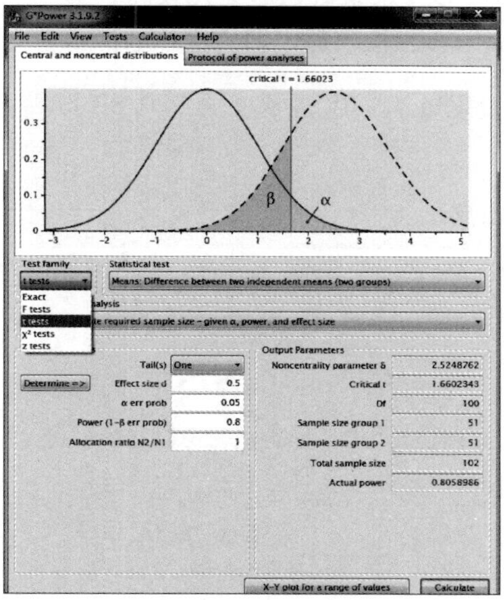

图 4－6a　采用 G*Power 计算样本量：选择检验方法

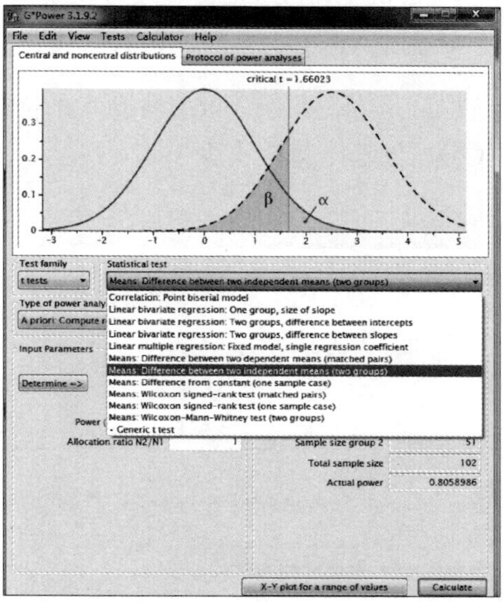

图 4－6b　采用 G*Power 计算样本量：选择统计方法

第三步，在“Type of power analysis”中选择“A priori”，用于计算所需的样本量。

（一）基于 t 检验的样本量计算

基于 t 检验的样本量计算如下（见图 4－7a）：

- 选择单尾还是双尾检验。这里选的是双尾检验。
- 填上效应量。Effect size d（Cohen’s d）=0.2 时，效应量较小；Effect size d（Cohen’s d）=0.5 时，效应量中等；Effect size d（Cohen’s d）=0.8 时，效应量较大。不知如何选择时，可以填 0.5。
- α err prob 一般填 0.05，有时根据需要也可以填 0.01。
- Power（1－β err prob）可以填 0.8，一般 0.8 以上的统计检验力比较高。
- Allocation ratio N2/N1 指的是研究中两组被试量的比值。
- 最后点击 Calculate，在右侧找到 Sample size group 1、Sample size group 2 和 Total sample size，该系列数字即为推荐的样本量。

也就是说，在保证效应量 0.5 的前提下，当设定 $\alpha=0.05$ 且检验力为 0.8 时，基于 t 检验的每组样本量应不少于 64，总样本量不少于 128。

（二）基于相关分析的样本量计算

基于相关分析的样本量计算如下（见图4－7b）：

- 填上效应量。Effect size｜ρ｜＝0.1时，效应量较小；Effect size｜ρ｜＝0.3时，效应量中等；Effect size｜ρ｜＝0.5时，效应量较大。不知如何选择时，可以填0.3。
- α err prob一般填0.05，有时根据需要也可以填0.01。
- Power（1－β err prob）可以填0.8，一般0.8以上的统计检验力比较高。
- 最后点击Calculate，在右侧找到Total sample size，该项数字即为推荐的样本量。

也就是说，在保证效应量0.3的前提下，当设定α＝0.05且检验力为0.8时，基于相关分析的样本量应不少于82。

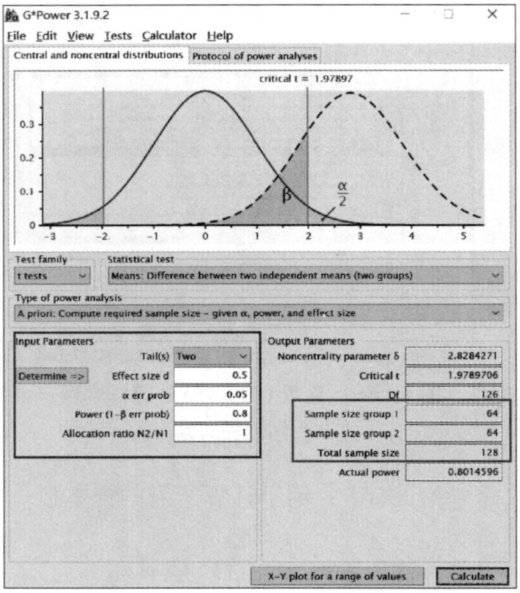

图4－7a　G*Power中基于t检验的样本量计算

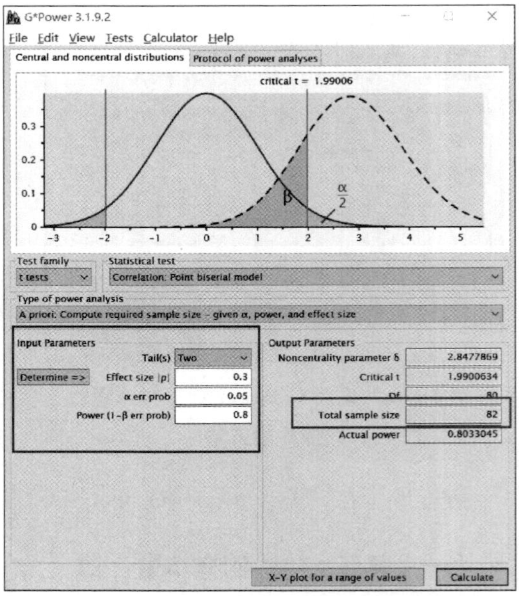

图4－7b　G*Power中基于相关分析的样本量计算

（三）基于单因素方差分析的样本量计算

基于单因素方差分析的样本量计算如下（见图4－7c）：

- 填上效应量。Effect size f＝0.1时，效应量较小；Effect size f＝0.25时，效应量中等；Effect size f＝0.4时，效应量较大。不知如何选择时，可以填0.25。
- α err prob一般填0.05，有时根据需要也可以填0.01。
- Power（1－β err prob）可以填0.8，一般0.8以上的统计检验力比较高。
- Number of groups意指分组数量。
- 最后点击Calculate，在右侧找到Total sample size，该项数字即为推荐的样本量。

也就是说，在保证效应量0.25的前提下，当设定α＝0.05且检验力为0.8时，基于单因素方差分析的样本量应不少于159。

（四）基于有重复有交互作用的方差分析的样本量计算

基于有重复有交互作用的方差分析的样本量计算如下（见图4－7d）：

- 填上效应量。Effect size f＝0.1时，效应量较小；Effect size f＝0.25时，效应量中等；Effect size f＝0.4时，效应量较大。不知如何选择时，可以填0.25。
- α err prob一般填0.05，有时根据需要也可以填0.01。
- Power（1－β err prob）可以填0.8，一般0.8以上的统计检验力比较高。
- Number of groups是指分组数量，两组时可以填入2。
- Number of measurements是指重复测量的次数，这里设置为3。
- Corr among rep measures是指组内相关系数，不知道时可以填0；通过预实验得到推测值时，写入推测值。
- 最后点击Calculate，在右侧找到Total sample size，该项数字即为推荐的样本量。

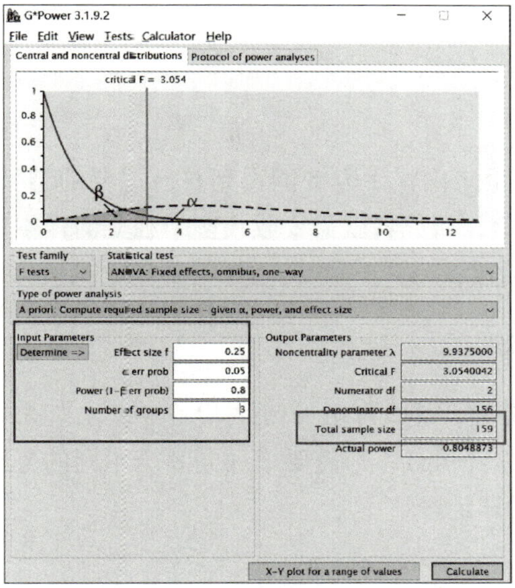

图4－7c　G*Power中基于单因素方差分析的样本量计算

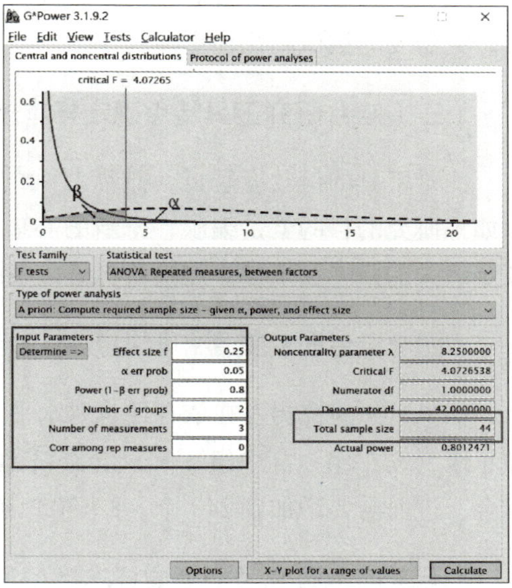

图4－7d　G*Power中基于有重复有交互作用的方差分析的样本量计算

按照上面填写的数值，计算结果是需要44人。

除了上面提到的四种，G*Power还提供基于更多统计分析方法的样本量计算；而且，还可以计算研究结束后的统计检验力。当然，更多的功能还有待读者亲自去摸索和尝试。

五、做出你的决定——选择适合你的取样方法

根据上面的介绍，大家觉得小白他们应该选择何种取样方法呢？为了探究中国青少年依存性自尊特点这个“大问题”，比较理想的取样方法看似是在全中国的青少年范围内进行系统取样或分层取样。但对于小白、小星和乔乔这样才读大学二年级的本科生来说，系统或分层取样的做法显然是不现实的，除非他们的项目依托于导师的全国性调研

项目。因此，明智的做法是在理想和现实之间加以权衡——既量力而行，又尽可能提升样本的概化水平。而为了找到最适合自己的取样类型和规模，研究者可以从以下几个方面进行思考。

（一）结合总体区分度考虑样本类型和规模

你想要研究的那些群体必须与总体的特征相一致。比如，小白他们想要研究中国青少年依存性自尊的特点，他们就不应该只选取初中生，而不考虑高中生，也不必因为担心初中（或高中）三年级的学生需要参加中考（或高考）不愿意参加测试，而只选择初中（或高中）一年级或二年级的学生。虽然只有一至两个年级之差，但是他们的经历可能很不一样，年级甚至有可能作为一个重要的调节变量存在。

（二）结合研究类型确定样本类型和规模

比如，质性研究通常需要较少的被试，组间差异研究中每组至少需要 30 个被试，相关研究需要的被试则往往更多。

（三）结合研究工具特点确定样本规模

测量工具的信效度越低，越需要大的样本量来确保研究者能得到自己想要的结果。而如果研究的目的就是编制一个新的心理学量表，研究者就需要收集多个独立的样本以及足够大的样本量来建立和检验自编量表的信效度。

（四）结合研究变量和群组数量确定样本规模

如果只想研究男女在依存性自尊水平上的差异，那么每组可选择 30 个被试。如果增加年级（初中组、高中组）和社会经济地位（高、低），则需要增加到 8 个不同的配对组合，进而需要增加到 240 个（8×30）被试才算足够。

（五）结合研究经费考虑样本类型和规模

理论上讲，样本量越大，样本越接近总体，研究结论的可推广性越高。因此，在经费或资源允许的情况下，还是应该选择尽可能大的样本量进行研究。

小贴士

1. 样本是从研究对象总体中抽取进行研究的一部分。

2. 样本误差是通过样本得出的统计量与总体统计量的差距。一般而言，样本量越大，样本误差越小。

3. 选取样本的方法：

- 概率取样：简单随机取样、系统取样和分层取样。
- 非概率取样：方便取样、定额取样。

4. 研究所需样本量可以通过效应量、α 值、统计检验力三个指标计算出来。

第三节 慎思：确保信度效度

为了探究影响中国青少年依存性自尊的因素，小白他们首先翻译了美国心理学家克罗克和沃尔夫（Crocker & Wolfe, 2001）编制的依存性自我价值量表（Contingencies of Self-Worth Scale, CSWS），但初测的结果很不理想——不但量表的内部一致性很低，而且量表内部的因子结构也无法验证原作者提出的七因子模型。小白他们分析“结果不好”的原因可能有两个：一是CSWS原本主要用于测量大学生的依存性自尊水平，难以推广至他们的被试群体——中学生；二是文化差异会导致CSWS在中国文化背景下出现“水土不服”。所以，他们下定决心重新编制一个信度和效度良好、可以测量中国青少年依存性自尊水平的心理学量表。

一、研而有信——信度

（一）信度与误差

墨子说：“信，言合于意也。”而对于一项研究（或一个实验、一个量表）来说，**信度**（reliability）就是指其可靠性，即值得信赖的程度。它的定义可以被概括为研究结论的可靠性和前后一致性。一项研究的信度越高，研究结果的可重复性越高，研究结论越可靠。

要了解实验测量的可靠性的内涵，我们首先需要知道实验存在误差。**误差**是指实验过程中与目的无关的因素所引起的不准确或不一致的效应。事实上，无论是物理、化学，还是心理学研究，误差都不可能完全避免，我们测定的结果一定会受到某种误差的影响。

一般来说，误差可以分为**随机误差**和**系统误差**。随机误差是由与实验无关的变量等各种偶然因素引起的一种无规律的误差（比如不同的主试拥有不同的性格或期望，被试拥有不同的参与动机），比较难以控制。而正因为影响因素众多，所以随机误差一般是没有规律的。系统误差则正好相反，它常常带有某种特点，显示出恒定的规律，比如量表条目表述不清，前测对后测存在影响。随机误差对测量结果的准确性和一致性都有影响，因此既影响实验的可靠性，又影响实验的准确度。而系统误差只影响测值的准确性，因此就只与效度有关。

误差的来源多种多样，总的来说可以分为三个。**第一，实验中对变量的测量过程本身可能产生误差。**例如，当我们采用问卷来收集数据时，题目本身的表述就可能引起误差。如果题目本身表述不太清晰，不同参与者就容易产生不同的理解，进而可能对数据结果产生影响。而问卷本身如果是具有难度的测验，问题过难或过于简单也会使数据产生误差。这是因为在所有人都答错或所有人都答对的情况下，我们是无法准确测定这个群体的水平的。**第二，实验进行的环境和人为因素有可能给实验带来误差。**例如，不同被试所处的实验室温度差异较大，可能会对实验结果造成影响。另外，主试在叙述实验指导语，或者对被试的问题进行解答时，也有可能因为掺杂了一些主观信息而导致误差的产生。**第三，被试本身的一些因素也有可能带来误差**。例如，某些实验可能会让被试产生练习效应，这可能会影响实验的结果。同时，被试的心理状况，如焦虑水平等，也有可能给研究结果带来误差。

鉴于实验误差的来源多种多样，让人防不胜防，我们应“大胆假设，小心求证”，尽可能减少实验误差的干扰，从而尽可能提升研究结果的可信性和准确性。

（二）信度的类型

信度不仅是一个简单的概念，更是一个可以用来衡量测量工具或测试有多可靠的指标。由于误差的来源多种多样，衡量信度的方式也多种多样。

1. 重测信度

顾名思义，**重测信度**（test-retest reliability）就是通过重新测量的方式来评估的信度。这种方法是利用同一量表对同一受测群体在不同的时间进行两次测量（如图4－8所示）。对两次测量的结果求相关系数，相关系数越大则信度越高。重测信度较为简便，因为只需要一份测验，就能提供测验结果是否随时间而变化的信息，使其可以作为预测将来行为的依据。然而，两次测量的间隔时间非常重要。间隔时间太长，则受测者的自然发展或学习经验等都足以改变测验分数的意义；间隔时间太短，则会受到参与者记忆的影响。这两种因素都会影响对研究真实度的评估。适宜的间隔时间需要根据测验目的、性质以及受测者特点来决定，一般2～4周为宜，但最长一般不超过6个月。

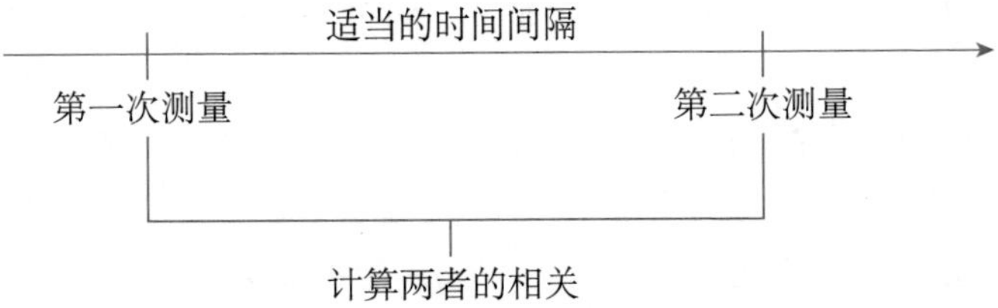

图4－8　重测信度计算示意图

2. 复本信度

复本信度（alternative-form reliability）主要用于衡量两个测验是否等价。[①] 一般是让同一组被试做两套测验，并对结果求出相关（如图4－9所示）。相关越高则复本信度越高。复本信度的优点在于可以避免记忆和学习给测验结果带来影响。但要形成两个等价的复本需要花费大量的时间，比较困难。

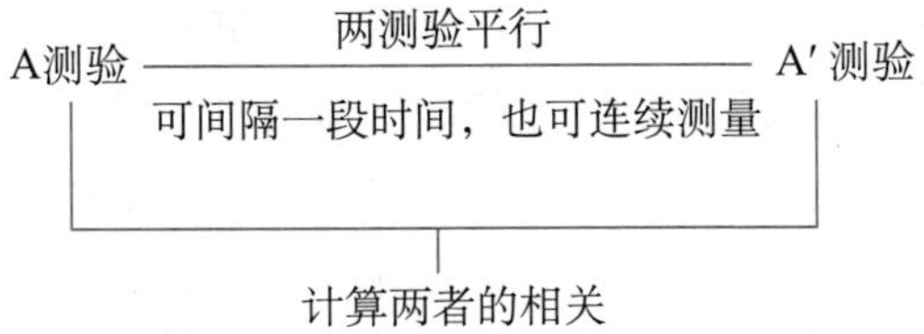

图4－9　复本信度计算示意图

---

① 等价测验也称平行测验。它们的形式、内容以及它们所测量的心理特性都应该相同，且结果的分数分布也应该大致相同。

3. 内部一致性信度

内部一致性信度（internal consistency reliability）主要反映量表内部题目间的关系，表示测验能够测量相同内容或特质的程度，包括**分半信度**和**同质性信度**。分半信度是通过将测验分为对等的两半（即形成两个等价的复本），根据受测者在这两半测验中所得的分数计算相关系数并利用公式进行校正得到的。若两半测验并不完全等值（分数分布不同），则需要采用其他公式进行计算。分半信度的计算同样只需要一份测验，并且不会受练习或记忆效应的影响。然而，不同的分半方法可能得到不同的信度系数。此外，一些测验本身整体性强，难以拆解为两半，或者是分成的两半并不能保证完全对等。因此，分半信度也并非适用于所有测验。同质性信度则直接测量整个测验的每一道题之间的相关性，相关性越强则表明题目测量的内容越接近，同质性越强。不过，所有内部一致性信度均不能用于速度测验。①

4. 评分者信度

对于选择题等客观题，评分标准并不会出现差异，但对于无法以客观方式测评的简答题等，评分者也是重要的误差来源之一。因此，需要计算评分者之间评分的相关程度，来衡量评分的客观程度。**评分者信度**（inter-rater reliability）是指不同评分者在测验结果计分上的一致性，既可以采用一致性百分比（100%×两个评分者一致的次数/总的观测次数），也可以采用皮尔逊积差相关系数 r 来衡量。一般来说，要达到 0.90 以上，评分者信度才算是令人满意的。

估计信度的方法其实并非只有上面这几种，可以说，有多少种误差来源，就有多少种估计信度的方法。考察测验的信度时，应该根据实际情况采用不同的信度指标。原则上说，哪种误差可能比较大，就采用哪种信度估计。

（三）信度的测量

相关常被用于信度的测量。相关系数用 r 来表示，其范围是 $[-1, 1]$。重测信度就是两次测试之间的相关；分半信度就是一半测验的总分与另一半测验总分的相关；克伦巴赫 α 系数就是所有可能的分半信度系数的平均值；项目-总分相关就是个别项目与项目总分的相关。以重测信度为例，一套测验间隔两个月让同一组参与者完成。如果每个人的分数都高于或低于第一次测验的分数，此时相关就会较高且为正，信度也就会较高。但如果第一次得分高的人反而在第二次得了低分，第一次得分低的人反而在第二次得了高分，那么相关就会较低，甚至为负数，此时重测信度也较低。表 4-4 对上面几种信度做了一个简单的总结。

表 4-4　四种信度类型小结

信度类型	针对的问题	测量方式	信度系数
重测信度	测验在时间上的稳定性	间隔一段时间，先后用同一测验测试同一组被试	两次测验结果的相关系数

① 速度测验是标准化测验的形式之一，主要测量被试作业的快慢。一般来说，各个试题的难度较低且相近，但题量较大，任何被试在规定时间内都不能完成全部试题。在控制试题难度和测验时间的条件下，基于被试在一定时间内答对的题数进行评分。

续表

信度类型	针对的问题	测量方式	信度系数
复本信度	两测验的等值性（连续测量时）；等值性与时间上的稳定性（延时测量时）	给同一组被试实施两个测验的复本	两个复本测验结果的相关系数
内部一致性信度	各个题目之间的一致性	直接求算题目得分与总分的相关	克伦巴赫 α 系数或库德-理查逊系数
评分者信度	不同评分者之间的一致性	利用公式计算评分者之间评价的一致性	相关系数（两人）；肯德尔和谐系数（两人以上的等级评分）

（四）提高信度的方法

之前我们已经了解到，随机误差会影响研究的信度。那么，为了提高信度，我们就要想办法降低随机误差。通常情况下，研究者可以从下面五个角度去考虑。

1. 样本量

样本越大，就越能代表所在总体，结论也就越可靠。可以通过适当增加被试的人数、量表条目的数量等方式提高测量的信度。

2. 研究工具可靠性

用于实验研究的仪器等工具应该是可靠的，这样才能提高结果的信度。物理量（如时间等）测量前需要校正仪器或软件，心理量测量前则需要保证测量工具是可靠的。一般来说，实验中的信度至少应该达到 0.60，达到 0.80 以上则是比较理想的。

3. 被试因素

身心状况、参与动机等因素可能影响被试在实验中的表现。因此在挑选被试时，其身心健康状况、年龄、社会经济地位、参与动机、社会赞许性等因素都需要加以控制。

4. 研究设计因素

实验设计本身出现问题也有可能带来误差。比如，错误使用了重测而引入了练习效应，或者材料设计出现问题、叙述不清等。此时，需要修改实验程序，或者改变量表的叙述，剔除不好的项目。

5. 研究实施过程因素

实施过程不够标准化也会带来实验误差。比如，不同参与者所处的实验环境的光照和噪声水平不一样，或是主试指导语出现了改变等。在实施过程中，这方面的因素相对客观，要力图对其进行控制。

总之，有了足够高的信度，研究结果的意义才会有所保证。如果实验不可信，研究就没有意义；测量工具不可信，测出来的结果就不可信。既然实验都不可信了，自然也就没有人会相信研究结果是有价值的。

二、研而有效——效度

一个好的实验光有信度是不够的，还需要有足够高的**效度**（validity）。只有效度足够高，我们才能说实验真正达到了实验目的，而不是偏离了预先想要检验的目标。

（一）效度的定义

从定义来说，效度就是指实验方法能达到实验目的的程度。举一个简单的例子：有一把非常精确的尺子（这说明它的信度足够高，测量到的结果是可靠的），当被用来测量长度时，得到的结果就是准确有效的，也就是说此时其结果的效度很高；但当用它来测量重量时，永远也无法得到准确有效的结果，也就是效度很低。利用效度，我们可以衡量实验的准确有效性，从另一个角度来保证实验是有意义的。效度有两个重要的特性：

- **相对性**：必须针对某一目的才能评价效度。效度的评价必须放在一定的实验环境下，正如刚刚说到的尺子的例子，在不同的环境下得到的效度结果是不一样的。
- **连续性**：效度不是“全或无”，而是无效到有效的连续体，仅有程度上的差异。

（二）效度的类型及其影响因素

1. 内部效度

所谓**内部效度**（internal validity），是指自变量与因变量之间的因果关系的明确程度。内部效度越高，意味着因变量与自变量关系越明确，即越有效。举个例子：某班学生期末考试成绩比期中考试成绩下降很多。为此，有人想要研究是否因为学生们过去几个月学习不够努力而导致了成绩的下降。那么，学习成绩是因变量，学习努力程度便是自变量。研究假设看似有道理，但研究结果却有可能是，考试成绩与努力程度无关。因为成绩还受测验难度、学生考试时的心理状态和身体状况等因素的影响，努力程度和学习成绩间的关系是不够确定的。

从上面这个例子中可以看出，要提高内部效度，就需要降低其他因素对因变量的影响。那么，哪些因素会影响因变量呢？可以从以下几个方面去考虑。

- **参与者的成长或成熟**：参与者自身的发展可能会对因变量造成影响。比如，对一个抑郁症患者的干预结果可能会受到患者自身的自然恢复的影响。再如，具有某种性格特点的患者可能更容易从心理干预中获益，进而可以更快地摆脱抑郁症的困扰。
- **参与者的选择与流失**：在参与者选择过程中，没有做到随机选择和随机分配；在实验过程中，有参与者中途退出实验。这两者都有可能影响参与者群体的代表性，从而降低内部效度。参与者的流失在长期追踪实验中尤为常见。
- **情境性因素**：实验过程中发生的一些对研究结果能产生影响的特定事件。比如，在研究教师课上肢体语言对学习效果的影响时，突然有领导进入教室听课，可能会转移学生的注意力，进而改变学习效果。
- **前测的影响**：前测带来的练习经验、对实验的敏感程度等，也有可能影响实验的结果。比如，参与者在训练前后分别做了两套等值的瑞文图形推理测验，可能由于对测验产生了迁移，导致实验结果发生变化。

- **实验过程与实验者的影响**：实验过程中，实验的仪器、测量程度或实验者带来的效应都可能影响实验的结果，从而降低内部效度。
- **统计回归效应**：如果在取样时选取了前测中位于两个极端的被试，那么重测时它们的分数很可能向平均值偏移，这就是统计回归效应。因此，无法判断其变化是否真的源于实验的处理。

总之，如果想提高研究的内部效度，研究者最好随机地从总体中抽取样本，并随机地将被试分入实验组和控制组。随机化和控制组的引入能消除测验过程、被试流失以及成熟因素对研究结果的影响。如果两组被试同质并具有相似的环境和体验，那么两组之间的差异就是实验处理的结果。

2. 外部效度

所谓**外部效度**（external validity），是指实验结果能普遍推广到样本的总体和其他同类现象中去的程度，即结论的普遍代表性和适用性。外部效度越高，实验的普遍代表性越广，在一般的生活情景中适用性越强。在考察一项研究的外部效度时，人们通常会提出这样一些问题：用变量的其他操作性定义能重复这个研究结果吗？用不同的参与者能重复这个结果吗？在其他环境中能重复这个结果吗？总结而言，影响一项研究结论外部效度的因素主要包括参与者类型、实验者特征、实验设计以及交互因素四类。

（1）**从特定群体向总体推广。**

以大学生为被试 阿内特（Arnett, 2008）调查了2007年发表在 *Journal of Personality and Social Psychology* 上的文章，结果发现有67%的论文采用了美国的大学生样本！其中大多数还是上心理学导论课的大一和大二的学生，他们参加心理学研究的目的往往是换取学分。就心理特点而言，他们几乎都是具有高认知能力的年轻人，自我认同感仍在发展，拥有高度的同伴认可需求和不稳定的同伴关系。因此，以大学生为被试获得的研究结论是否能够推广至普通的“一般人”让人质疑。

采用自愿参与者 基于知情同意原则，心理学研究通常要求人们自愿参加研究。但有研究指出，自愿参与者在各个方面都不同于非自愿参与者，自愿参与者往往受过较高水平的教育，有较高的社会经济地位，更需要被认可和更社会化。而且，不同类型的自愿参与者还被发现倾向于参与不同种类的实验。比如，有研究发现，在大学中，标题为“问题解决”的研究与标题为“小组互动”的研究可能吸引不同类型的参与者（Silverman & Margulis, 1973）。

采用互联网被试 目前基于网络的调查越来越普遍，但是却有可能是以牺牲外部效度为代价的。皮尤研究中心的互联网和美国生活项目发现，生活在城市或市郊区域、受过大学教育、较年轻、有高收入等特征都与报告更多的互联网使用相关（引自科兹比，贝茨，2014）。因此，邀请人们自愿参加互联网调查的做法，意味着研究者是从特定人群中抽取样本的。

采用居住在特定地区的被试 与习惯了“日出而作，日落而息”的乡镇居民相比，生活在竞争激烈、环境拥挤的一线城市居民可能具有更高的成就动机和趋近行为导向，从而导致两类人群会表现出不同的心理与行为特点。甚至还有研究提出，人们究竟是习惯吃水稻还是小麦都会影响他们更多地采用整体性思维还是分析性思维（Talhelm et al., 2014）。

（2）**向其他文化推广。**

心理学研究的目的是揭示具有普遍应用意义的人类心理与行为规律。然而，大多数主流的心理学期刊发表的研究却多以说英语的国家或欧洲的大学生为主。因此，有心理学家断言，当前的心理学是建筑在对“怪异之人”［WEIRD，来自西方（western）、受过教育（educated）、来自工业化地区（industrialized）和崇尚民主（democratic）］的研究之上（Henrich et al.，2010）。为了解决这个问题，心理学研究中出现了两种努力的趋势：一方面是针对某项结论的跨文化普遍性进行跨文化、大样本的重复性检验；另一方面，本土化心理学运动建议贴近当地人生活的历史/文化/社会脉络，发掘出对于理解特定文化背景下生活的人有意义的尺度和标准。因此，文化心理学研究能在力证其研究结果具有跨文化普遍性的同时，也能揭示其结果的文化特异性。

（3）**向其他实验者推广。**

当只使用一个实验者或主试时，虽然在实验条件下让主试这个因素保持恒定，但这却有可能降低研究结论向其他主试推广的可能性；而使用不同的主试却有可能导致主试的性别、性格或期望对被试乃至实验的结果产生影响。

（4）**向自然情境推广。**

在实验室环境中进行研究是为了让研究者能够在高度控制的条件下考察自变量和因变量之间的关系，进而确保研究的内部效度。然而，缺点是可能人为地限制了将在实验室中观测到的结果向现实生活环境推广的能力。因此，在系列研究中，研究者会考虑采用现场研究（field study）作为实验室实验的补充，包括现场观察、现场调查、现场实验等。

现场观察研究　现场观察研究是围绕人们的日常活动进行系统观察，以获得数据并做出结论的研究方法。比如，为了研究环境温度和攻击行为之间的关系，科恩（Ellen G. Cohn）和罗顿（James Rotton）分析了明尼阿波利斯市不同时段的气温和攻击数量间的关系。结果发现，攻击行为与气温之间呈现倒 U 形的函数关系，即：一般情况下，攻击数量会随气温升高而增加；但当气温达到一定高度时，攻击数量却会随气温的升高而下降（见图4－10a）。此外，还有研究发现，夏季月份的攻击行为比同年其他月份都更多（见图4－10b），从而证实了“热假说理论”，即攻击行为会随温度升高而增加（引自王蕾，黄希庭，2005）。

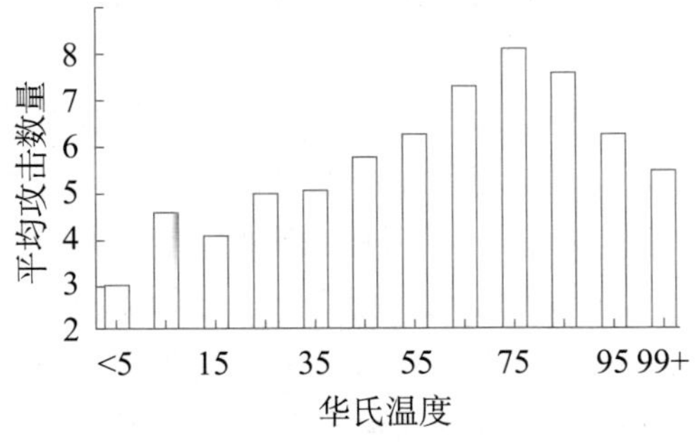

图 4－10a　攻击数量作为温度的一个函数

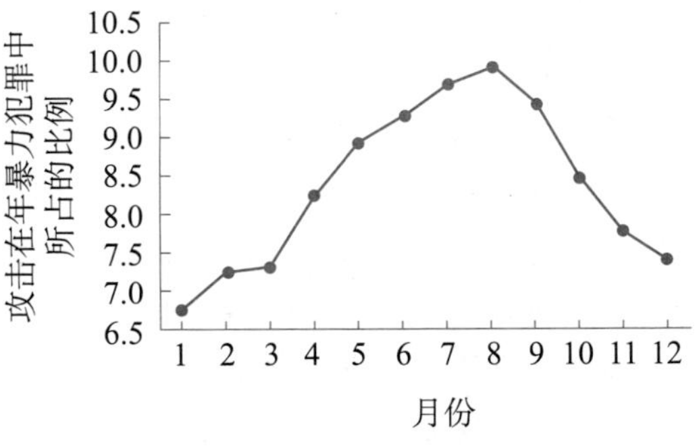

图 4－10b　攻击行为在一年中每月的分布

现场调查研究　现场调查研究是结合现实生活中发生的问题所进行的调查研究方法。

比如，为了检验温度和情绪唤起以及行为之间的关系，安德森（Craig A. Anderson）等采用自编的温度与情绪信念问卷针对大学生被试进行调查。结果发现，人们确实有把高温与攻击的有关变量联系起来的信念（引自王蕾，黄希庭，2005）。

现场实验研究 现场实验研究是在真实的环境中，尽可能控制无关变量，通过改变某些自变量来观测因变量的变化，从而分析揭示变量间的因果关系的一种实验研究方法。比如，同样为了检验“热假说理论”，安德森等将大学生被试随机分配进入有不同控制温度的房间，让他们玩无攻击性的计算机游戏，然后测量他们的血压和心率，以及他们感知到的唤起水平和舒适感水平。结果发现，心率变化与温度呈正相关，心脏舒张的血压与温度呈负相关，特别冷和特别热的情境下被试最不舒适，从而证实了高温除了会让个体感到心烦、不舒服、苦恼，还会增加敌意和愤怒（引自王蕾，黄希庭，2005）。

总之，现场研究的优点是外部效度高于实验室研究，其研究结果具有更高的应用性和可推广性，并且还可深入实验室无法创设的情境，减少被试的主观猜测倾向。其缺点是，实验结果容易受情境的影响，实验者难以控制样本的代表性，并且研究结果的可重复性相对较低。因此，现场研究通常作为实验室研究的拓展或补充而存在。

（5）**按统计交互作用来推广。**

如果某项研究仅以女性群体为被试，那么将其研究结果推广至男性群体时就会受到质疑。这时，为了证明其研究结果具有可推广性，研究者就需要证明其关心的自变量和性别之间不存在交互作用。因此，很多时候，研究者会将被试类型（如按性别、年龄、收入、职业等来划分）作为变量包含在研究之中，以避免自变量对因变量的作用仅仅局限于调节变量的某个水平。

总之，为了提高研究的外部效度，研究者可以从研究设计（从实验室研究到现场研究）、被试选择（从大学生到一般群体）、变量控制（控制干扰变量的影响，揭示可能的调节变量）等方面入手。为了保证外部效度，取样最好做到完全随机。不过，在实际操作中一般很难做到这一点。因此，有研究者为使用大学生这样的方便取样辩护，认为大学生日趋多样化（比如其家庭社会经济地位千差万别，其智力水平也有高低之分），他们作为一个整体已经越来越能够代表参与者总体。此外，在针对人类基本认知过程（如知觉或记忆）的研究中，被试类型并不会影响结果的可推广性；而对于社会、人格或组织管理等领域，其研究结果更容易受到被试的性格特点或认知风格的影响，所以往往会考虑采用尽可能多样化的被试群体进行研究，有时互联网被试会被作为大学生群体的一个有效扩充。

最后，外部效度和内部效度并不是相互独立的，两者相互影响（见图4-11）。如果研究者对确认变量间存在的因果关系（即内部效度）感兴趣，那么他可以对自变量进行操纵，且将其他变量保持恒定。如果研究者对研究结果的可推广性（即外部效度）感兴趣，那么他可以采用尽可能多类型的样本或实验情境进行研究。但是，研究者需要意识到，提高内部效度的方法（如对实验环境的控制）可能会降低外部效度；而提高外部效度的方法（如对真实生活情境的模拟）可能会降低内部效度。对两种效度的权衡，应该在考虑研究目的的基础上进行。还有研究者建议采用虚拟现实平衡技术，尽量使研究情境接近人的真实生活情境，从而较好地兼顾研究的内部效度和外部效度。

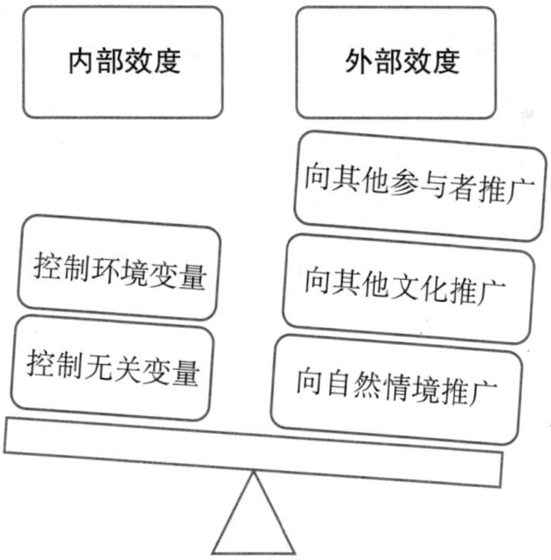

图 4－11　权衡内部效度和外部效度

3. 构念效度

构念效度（construct validity）是指理论构思的合理性，以及将它转换为抽象与操作性定义的恰当程度。构念效度是对抽象理论和研究指标之间严密性的衡量，它要回答的问题是，研究数据在多大程度上反映了研究者想要研究的问题。从实验中获取数据并不是一件难事，但数据要与实验中研究变量的定义紧密联系却有一定难度。因此，实验中的变量设置应该严格按照“理论构思→变量界定→操作化”的顺序来进行。理论构思应该层次清晰，可从中得出明确而精准的变量。而在操作化过程中，需要选取对应的测量工具。例如，当智力被定义为语言能力和认知操作技能时，就应该采用韦氏智力测验，而非瑞文图形推理测验。在完成上述步骤之后，再对可能影响构念效度的因素予以消除或控制，才可能得到较高的构念效度。

比如，小白项目组基于自己的理论编制了中国青少年依存性自尊量表。那么，他们怎样才能知道自己所编量表的构念效度够不够高呢？

- 首先需要认真审视自己编制的每一个条目，看看它们在“表面”上是否真的反映了自己计划测量的内容，这反映的是量表的**表面效度**（face validity）。
- 进一步检验新编量表的**内容效度**（content validity），即检验测量内容与理论构念间的关联。比如，他们基于理论提出中国青少年的依存性自尊可以分为三个维度：外表、人际和学习。那么，为了衡量量表的内容效度，他们就需要进行探索性以及验证性的因素分析，看看数据是否可以很好地支持三维度的理论模型。
- 检验新编量表的**预测效度**（predictive validity），即检验新编量表得分是否可以预测被试将来的行为，比如检验青少年的依存性自尊水平是否可以预测他们一年后的抑郁水平。
- 关注新编量表的**同时效度**（concurrent validity）。假设两组被试参加了测量，如果以可预料的方法表明他们是不同的，就能够证明该量表具有较高的同时效度。比如，接受过自尊干预训练的被试在依存性自尊上的得分显著低于没有受过干预的被试，就能为新编量表提供同时效度的证据。

■ 需要检验新编量表的**聚合效度**（convergent validity）和**区分效度**（discriminant validity），前者反映的是测量分数与同一构念的其他测量相关，后者指的是测量分数与理论上不同的其他测量不相关。比如，新编依存性自尊量表最好与已有的依存性自尊量表存在一定程度的相关。但是，这种相关最好也别太高，以表示新编量表区别于已有的量表。更为理想的是，新编量表对于效标（如负面情绪）的预测要显著好于已有量表，并且与无关变量不存在相关，从而证明新编量表具有良好的区分效度。

三、信度与效度的关系

信度和效度并不是完全独立的两个概念，尽管它们的定义和侧重点不同，它们之间的关系却非常紧密（如图 4－12 所示）。

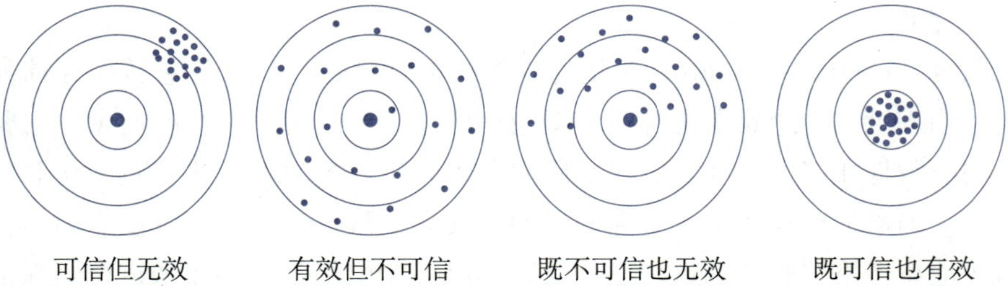

图 4－12　信度与效度间可能的组合

资料来源：Babbie, 1986, p. 233.

一方面，信度是效度的必要条件，但不是充分条件。信度高不保证效度一定高，一个可靠的研究程序并不能证明内容一定有效，一项高效度的研究则一定是一项高信度的研究。回到尺子的比喻上来，当这把尺子非常精确时，我们可以说这个“研究程序”是可靠的。用它测量长度时，内容就是有效的；而且当它测量得到有效的结果时，它的结果也是可靠的。但如果用这把尺子测重量，得到的结果就不够准确了。进一步说，效度高信度必定也高，因为不可能存在效度高而信度低的情况。**另一方面，信度是为效度服务的，因而效度是信度的目的**。效度不能脱离信度单独存在，所以信度是效度的基础。

小贴士

1. 实验误差不能完全消除，只能尽量避免，包括：

■ 随机误差。

■ 系统误差。

2. 信度是指测量的一致性和稳定性，包括：

■ 重测信度：反映两个不同时间对同一个体进行测量的一致性。

■ 复本信度：反映两个不同时间对同一个体实施同一测验的不同版本所得结果的一致性。

■ 内部一致性信度：反映量表内部题目间的关系。

■ 评分者信度：不同评分者在测验结果计分上的一致性。

3. 效度是指测量的准确性和可靠性，包括：
- 内部效度：因果推论的准确性。
- 外部效度：能否将研究结果推广到其他环境。
- 构念效度：变量的操作性定义的适宜性。

4. 信度和效度的关系：
- 信度是效度的必要条件，但不是充分条件。
- 信度是为效度服务的，因而效度是信度的目的。

第四节 笃行：收集研究数据

为了探究依存性自尊对青少年心理健康的影响，小白、小星和乔乔准备先采用问卷法检验依存性自尊是否与负面情绪有关（相关关系），随后进一步在实验室情境下检验高依存性自尊是否会导致负面情绪增加（因果关系）。同时，三人决定分工合作：小白负责量表编制与测量，乔乔负责数据分析，而小星主要负责实验室研究。在实验开始前，小星信心满满地对小白说："做实验很简单，程序已经设计好，我只需要招募 participants[①]，并监督他们做完实验，然后就大功告成了。"小白可没小星那么乐观，他提醒道："这可不一定，数据收集的过程也会遇到很多困难。这个过程中出了任何问题，都会影响到我们的实验结果。"

正如小白所言，数据收集这一按部就班的过程看似水到渠成般简单，却需要谨慎对待，因为这会直接影响到研究的内部效度和外部效度，对能否得到符合预期的研究结果也有着重要影响。那么，我们在收集数据的过程中应该注意些什么呢？本节将分别从数据收集"前—中—后"三个阶段给出一些关于"做实验"的注意事项，并提出相关建议。

一、数据收集前

（一）被试招募

小星在编写好实验程序后，就开始准备招募被试。但事实上，他并没有仔细思考应该在什么样的总体中选取样本，也没考虑清楚应该对被试的数量、年龄、性别、教育背景等有哪些要求。他发现师兄师姐招募被试的方式都是直接在微信朋友圈里发小广告，然后被试就自动找上门，于是他也仿照师兄师姐的做法，编辑了一条被试招募小广告，并附上报名问卷链接，发到了微信朋友圈。只要有被试主动报名，小星就会让他们到实验室参加研究。

---

① 美国心理学会规定，专指人类被试时用"participant"（参与者），同时包括人类和动物被试时用"subject"（被试）。不过，在中国心理学界，参加实验的人一般还是依照惯例被称为"被试"。因此，本书将"被试"和"参与者"共用，均指参加心理学实验或研究的人。

小星这样草率地招募被试是不恰当的。在招募被试前应该**仔细考虑被试的代表性**，因为这会影响研究的外部效度，即研究结果是否能够得到推广。要考虑被试是否有足够的代表性，就要考虑被试数量以及被试的人口学信息。

1. 被试数量

不同的研究对被试数量的要求是不同的。实验室研究对被试数量的要求较低，通常每个组别需要30名被试，而问卷调查需要的被试数量较多。被试数量还可以根据实验预期要达到的效应量进行计算（详见本章第二节）。

2. 被试的人口学信息

人口学信息即被试的性别、年龄、受教育程度等。在招募被试时通常需要控制被试的人口学变量，因为不同年龄、性别和教育背景的被试在实验中可能表现出显著差异。不同实验对人口学变量的要求是不同的，一般的认知类实验对被试的人口学变量控制要求较低，而社会、发展类实验需要严格控制被试的年龄、性别、受教育程度、文化背景等。

小星通过微信朋友圈招募被试，招到的绝大多数是本校的大学生，甚至还有很多是心理学部的师弟师妹。大学生是一个较为同质的群体，可能会在实验中表现出一致的反应，从而导致有偏差的结果。心理学专业的被试可能会根据已有知识猜到实验目的，从而控制自己的反应，这也会使结果产生偏差。另外，小星所在的大学绝大多数是女生，所以招到的被试中女生也远远多于男生。在不知道性别是否会对结果产生显著影响的情况下，男女生数量的不平衡也会造成较大的问题。

在心理学研究史上，被试选取的不合理曾使一些实验的结论受到质疑。在著名的棉花糖实验中，研究者发现儿童学前阶段的延迟满足能力可以显著预测青少年时期的认知能力、学业成绩以及压力应对能力（见图4－13；Shoda et al., 1990）。

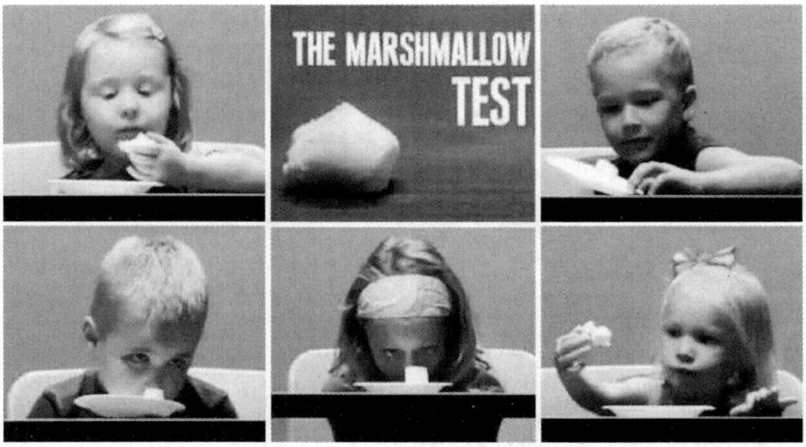

图4－13 棉花糖实验视频截图

然而有研究者指出，该实验用到的被试数量较少且较为单一（Watts et al., 2018），可能会影响实验结果。在原实验中，被试都是来自斯坦福社区的儿童，父母都有较高的受教育程度和社会经济地位。而且，这是一项纵向追踪研究，在研究过程中被试的流失量较大。在实验刚开始时，有超过600名儿童参加了实验，但在后面进行SAT测试和考察其他行为结果时，研究者只能联系到185名儿童。基于这样单一的小样本得到的结果不一定能够得到推广。于是，在新的研究中，研究者招募了更多儿童参与研究（超过900名），且这些儿童来自不同的种族，母亲有不同的受教育程度。最后研究者发现，虽然学前时期延迟满足能力和青少年时期的成就存在相关，但相关的程度只是最初实验的一半，且在控制了其他人口学变量如家庭背景、早期认知能力和家庭环境后，该效应又降低了2/3。因此，原实验得到的结果很可能因为被试选取的不合理和无关变量没有得到较好控制而失去说服力。

3. 如何吸引被试参加实验？

小星在微信朋友圈发布被试招募广告已经好几天了，但报名的人却寥寥无几。那么，问题究竟出在哪里呢？正当小星百思不得其解时，小白给他发过来几张非常新颖有趣的被试招募海报（见图4-14）。这些海报不仅设计美观，还有直奔主题抓人眼球的图片和重点突出的标题。同时，还运用了“拯救心理狗”这样幽默的话语，非常有利于吸引人们的参与。小星豁然开朗，原来精彩的招募海报可以让自己的研究在众多海报中脱颖而出，从而吸引更多人报名参加实验。

图4-14　心理学实验被试招募海报示例

（二）数据收集表的制作

在招募好被试后，就要开始准备收集数据了。在数据收集前，需要制作数据收集表，方便在实验中高效地记录数据。

常见的数据收集表为一个被试分配一行，为一个变量分配一列；而且可对数据进行编码，如将男生编码为“1”，将女生编码为“2”，等等。常见的数据收集表如表4-5所示。

表4-5　数据收集表示例

被试编号	性别	年龄（岁）	自尊总分	焦虑总分
1	1	20	100	70
2	2	21	99	71
3	2	19	98	73
4	1	20	99	70

现在基于计算机和网络的实验省去了很多自己绘制数据收集表的麻烦。比如在问卷调查中，常用的Qualtrics和问卷星都可以直接导出Excel和SPSS数据表，因此可以直接在导出的数据收集表上进行统计分析。当然，这样的数据收集表依然是原始数据表，还

需要进一步编码和简化。具体的编码方式可参见 Qualtrics 和问卷星的使用说明。

在实验室实验中，计算机程序运行结束后也会生成数据结果。比如在 Matlab 编程中，可以在程序中通过代码的形式设置数据输出后的格式。获得数据后，既可以将数据导至别的数据分析软件进行统计分析，也可以直接在 Matlab 里进行统计分析。小星在本次实验中使用 E-prime 编写程序，该软件在每个被试运行程序结束后都会生成一个数据文件，其中有较为完整地呈现每个变量的表格。小星只需要将这些表格的数据复制到 Excel 或 SPSS 中，就可以进行进一步的统计检验了。

（三）合理安排实验时间

在实验开始前，小星低估了完成实验的难度，总觉得时间非常充裕，以为只需要半个月的时间就可以收集完数据。结果，到正式实验开始时，他才发现很多之前约好的被试都因为种种原因没能按时参加实验，而如约参加实验的被试的数据又因为种种原因不能使用。最后，小星发现还有一周就到结项截止日了，自己不仅没有开始分析数据和写报告，连实验数据都没有收集完，小星因此急得团团转。

要完整实施一个心理学实验往往非常耗时，心理学专业的学生除了做实验，还有很多别的任务。为了避免出现小星那样临时抱佛脚的情况，在实验开始前最好合理安排自己的实验时间。首先，建议制定详细的日程安排表，预先安排在每个时间点前需要完成的任务，比如给被试招募、实验室预约和完成实验各设定一个截止时间，这样才能让整个项目有条不紊地进行。由于实验室资源往往较为紧张，在实验开始前，须提前预约实验室。而且，最好不要赶在结项截止日期前才开始做实验，需要预留出更多时间，防止被试的临时变动和其余突发情况带来的影响。

有学者提出八种管理时间的技术（见表 4－6），它们可以帮助你提高工作效率，在有限的时间里获得更高的收益。

表 4－6　八种时间管理技术

1. 预先计划	准确评估总体工作量，并计算每天需要完成的工作量，同时为可能的中断、紧急和延迟留出空间。
2. 管理你的整个生活	最好的时间管理最好同时包括你所有的生活，而并不只是包括工作和学习。还要规划出留给家人、朋友、社会生活或体育锻炼的时间。
3. 在时间表上留出余地	一定程度上高估你完成任务所需要的时间，可以为一些意外发生的事件预留出时间。
4. 坚持记日记	记下你事实上是如何度过一周的，这将有助于你发现自己比预期的拥有更多的时间。
5. 分解任务	将大任务分解为小任务，并为每个小任务制定时间表，这会帮助你获得对让人恐惧的任务的驾驭感。
6. 追踪进展	力争让工作进展与工作计划相吻合。
7. 排列优先级	将重要且紧急的任务和重要但不紧急的任务相区分，短期规划关注紧急的任务，长期规划关注重要的任务。
8. 利用好最佳状态	把需要最多专注力的任务放在你一天中注意力和精力最好的时间段去完成。

资料来源：埃文斯，2010，37－38 页。

（四）考虑进行预实验

当小星收集了前面 10 多个被试的数据后，发现高/低依存性自尊组被试在负面情绪体验上并没有出现预想的差异。小星因此感到苦恼，甚至不敢再继续进行实验了。他不知道是因为启动依存性自尊的阅读材料的效力不够，还是因为被试自身的原因，或是别的什么因素导致了这样的结果。

小星遇到的这个问题体现了预实验的重要性。小星在正式实验开始前如果能进行预实验，那么发现实验效应过小后，还可以改进实验材料再进行实验，从而避免再次出现这样的问题。预实验是指在正式实验开始前，先招募少量被试演习一遍实验。预实验的目的有很多，比如对正式实验的材料进行评定、发现实验设计中的漏洞、初步考察实验结果等。在时间和被试允许的情况下，可考虑进行预实验，为正式实验的实施扫清障碍。为了通过预实验收集尽可能多的信息，研究者可以在实验结束后详细询问被试在实验中的体验，也可以采用有声思维记录，指导被试采用语言报告对研究中发生的每一件事情进行思考。

二、数据收集中

（一）操纵自变量

1. 操纵的类型

实验过程中，最重要的就是对自变量进行操纵。自变量的操纵可分为直接操纵和间接操纵。**直接操纵**是指用书面的、言语的或视觉的指导语和刺激呈现操纵自变量。比如，在探究注音对儿童阅读表现的影响时，可通过直接操纵文章的注音（无注音、只对生字注音、整体注音）来改变自变量水平。事实上，研究中的绝大多数自变量是被直接操纵的，研究者以直接方法改变学习材料的难度、提问题的方法、被试的动机水平等各种各样的因素。

间接操纵是指创造特定的社会情境，让被试进入某种心理状态，并让被试认为这是自己真实的经历。比如在小星的实验中，自变量的操纵属于间接操纵中的**启动法**：通过让被试阅读和复述不同的材料，启动被试进入高/低依存性自尊的心理状态，再考察他们在这两种心理状态下的负面情绪是否存在差异。

此外，**事件操纵**（即在实验期间以表演的形式将一些事件呈现出来）也属于间接操纵，其目的是通过模拟真实世界的情境给被试创造某种心理状态，比如阿希（Asch, 1956）的从众实验（见图 4－15a）和米尔格拉姆（Milgram, 1965）的服从实验（见图 4－15b）。在采用事件操纵的实验中，研究者通常会采用假被试（或称**同谋**）来创建特定的社会情境，让被试不觉得自己是在参加心理学实验，而研究者也假设研究结果真实地反映了被试的情感和行为。

两种操纵类型各有利弊。直接操纵因为简单直接，更容易被重复，并且容易得到解释，但很难模拟出真实生活中的复杂情境。而间接操纵可以模拟真实情境，能够反映被试在自然状态下的行为模式，但复杂微妙，难以被重复，且很难得到解释，很难得出情境中具体哪一变量影响了因变量的结论。

图 4－15a　阿希的从众实验

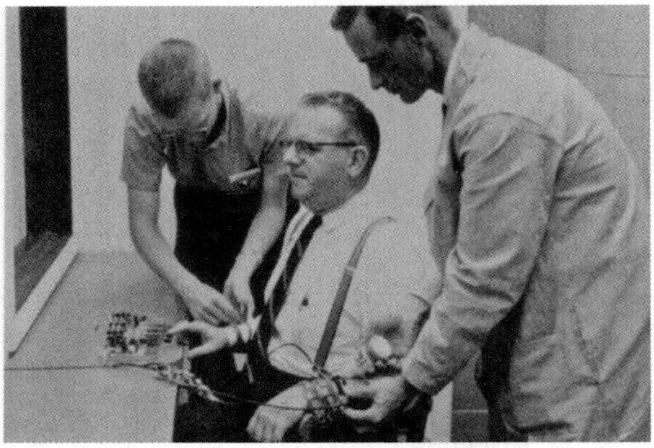
图 4－15b　米尔格拉姆的服从实验

2. 操纵的强度

在研究的早期阶段，为了加大自变量对因变量的效应，应该尽量加大操纵强度，即放大组与组之间在自变量上的差异。比如，在一项探究自由意志对从众行为的影响的研究（Alquist et al., 2013）中，研究者首先使用阅读和复述句子的方式诱发被试相信或不相信自由意志，再通过记录被试在评价抽象派画作时与其他 23 个假被试的评分的趋近程度来考察被试的从众行为。结果发现，与相信非自由意志相比，相信自由意志能显著减少从众行为。事实上在该研究中还可再加入一个自变量，即假被试人数，以便探究其对从众效应的影响。在该实验中，被试在评价抽象派画作时，会看到前面 23 个假被试的评分。如果要探究人数对从众效应的影响，可以再设置几个组，每组可设置不同数量的假被试。假设一共设置三个组，为了加大自变量的操纵强度，可将每组的假被试数量设置为 5 人、10 人、20 人（而不是设置为 19 人、20 人、21 人），从而尽量扩大组与组之间的差距。在确定了自变量确实对因变量有效应后，可进一步增加自变量的水平数，对自变量进行更细化的系统操纵，以便考察自变量和因变量之间更为细致的关系，比如因变量是否随着自变量的变化而表现出线性的变化等。比如在该研究中，进一步考察在假被试人数增加到一定程度后，从众效应是否还随着人数的增加而增强。

在考虑自变量的操纵强度时，应特别注意避免天花板效应和地板效应。**天花板效应**是指任务过于容易，无论自变量怎样变化，每个人都可以做得很好。比如，为了探究视觉皮层中最早的 ERP 成分 C1 是否受空间注意的调节（傅世敏等，2018），研究者需要在实验中记录到有效可靠的 C1 成分。一般而言，刺激越大，诱发出的 C1 也越强。但如果刺激过大使得 C1 过强，再在这个基础上操纵注意，就很难检测到 C1 的变化了。这就出现了 C1 的天花板效应。在这样的情况下，即使 C1 受到注意的调节，也无法从实验数据中得到这样的结论。

地板效应是指任务过于困难，无论自变量怎样变化，每个人的表现都较差。比如，为了考察初中生领域知识的结构性，研究者要求初中生对一系列数学应用问题进行自由分类（姜子云，邓铸，2008）。在该任务中，绝大部分初中生（72.49%）倾向于按照应用题的表面特征分类，只有极少一部分学生（2.91%）按照问题的深层结构分类。但在另一项研究中，研究者发现有33.8%的初中生按照表面特征分类，35.4%的初中生按照深层结构分类（阴国恩，冯虹，2006）。前一项研究的研究者推测初中生在研究中表现出的分类水平较低，可能是因为用于分类的题目太难，绝大部分初中生不能依据深层结构分类，出现了地板效应。由此可见，天花板效应和地板效应会让自变量对因变量的影响变得无效，因此需要采取合适的实验任务，避免出现天花板效应和地板效应，将自变量的操纵强度控制在适宜的范围内。

另外，还应该从外部效度来考虑自变量的操纵强度。比如，在操纵环境的拥挤程度时，过于拥挤的环境可能在现实生活中是不存在的，会影响实验结果向真实情境的推广。同时，实验伦理会对一些自变量的操纵强度进行限制，比如对恐惧和焦虑的操纵应该被控制在被试能够承受的范围内。

3. 操纵检验

在数据收集过程中，还应该检验对自变量的操纵是不是有效的。比如，在小星的实验中，被试被分配到高依存性自尊组、低依存性自尊组和控制组。实验者分别给三组被试呈现诱发材料后，应该用自我报告法（或其他方法）检验高依存性自尊组被试的自我评价较控制组被试更容易受到外部评价的影响，而低依存性自尊组被试的自我评价较控制组被试更不容易受到外部评价的影响。如果发现操纵并没有引起显著差异，就说明操纵是无效的，这时就需要改进操纵方法。如果发现自变量对因变量的影响是不显著的，而自变量的操纵是有效的，就说明可能不是操纵无效的问题，而是自变量对因变量确实没有影响。

4. 操纵成本

最后，研究成本也是影响研究者如何操纵自变量的一个因素。受有限经费的限制，研究者可能难以支付昂贵的设备费用（如fMRI机时费）、主试的劳务费、被试费，以及假被试的工资。通常情况下，直接操纵比间接操纵（尤其是事件操纵）节省经费。同时，让多个被试一起参加实验比单独一个被试完成实验占用研究者的时间和精力更少。在省钱经济的原则下，研究者应该优先考虑选择那些可信有效的方式对自变量加以操纵和测量。

（二）测量因变量

1. 测量类型

在数据收集过程中，另一重要环节是对因变量进行测量。因变量的测量可分为三大类：自我报告、行为测量和生理测量。自我报告指被试对自己的情绪、态度、想法等进行主观的报告，问卷调查就是一种自我报告法。行为测量指对行为的直接观察，常用的行为测量指标有正确率和反应时。生理测量是对身体反应的记录，常用的有EEG记录、fMRI扫描、生理多导记录等。

每一种测量方式都有利弊。自我报告能测量被试内心深处的想法，但会受到社会赞许性的影响。行为测量和生理测量能测查出被试的真实反应，但很难反映一些复杂的心理活动，比如很难通过一个具体的行为或生理指标反映一个人的依存性自尊水平。很多实验往往包含多个因变量，使用多种测量方法对同一心理过程进行测量，以便提高实验结果的可信程度。但使用多种测量方法时，需要考虑不同测量的实施顺序，尽可能减少顺序效应（将重要的测量放在前面，不重要的测量放在后面）、练习效应或疲劳效应对实验结果的影响。

2. 测量的灵敏度

灵敏度指组间差异的灵活与敏感程度，它在人的绩效测量中特别重要。比如在认知任务中，通常情况下反应时比正确率的灵敏度更高，因为正确率可能在组间没有差异，而反应时能体现出差异。生理指标的灵敏度可能高于行为指标。在具体实验中，应该尽量使用灵敏度高的因变量。

（三）控制无关变量

随着结项截止日期的日益逼近，小星担心无法如期收集完全部数据，不得已背着电脑四处进行实验，一会儿在喧嚣的食堂做实验，一会儿在安静的自习室做实验，一会儿又在拥挤的宿舍做实验。而且由于自己太忙，小星还经常请同学帮助他做实验主试，但在做实验前没有将注意事项统一告知不同的主试。小星这样随意更换实验环境和主试的行为会给实验带来很多难以控制的无关变量，最后导致得不到预期的实验结果。

在数据收集或实验进行过程中，尤其要注意无关变量的控制，因为这会影响到实验的内部效度。那么，在收集数据的时候需要采取哪些措施控制无关变量呢？控制无关变量的一个大原则是保证实验过程的标准化，即除自变量以外，尽量让所有被试接受完全相同的处理。具体而言，可以从实验室环境、主试、被试三方面考虑。

1. 实验室环境

需要保持实验环境的相对恒定。注意控制实验室的光照、背景噪声、温度、布置等。一些实验（如视觉、听觉实验）更是需要对实验室环境进行严格控制。而且，要尽量为被试营造一个轻松舒适的实验环境。

2. 主试

对于主试而言，首先需要注意的是指导语的呈现。指导语需要满足以下要求：

- **简明扼要**：避免太长的指导语给被试造成记忆上的负担。
- **表意清晰**：避免让不同的被试产生不同的理解。
- **简单通俗**：避免使用专业词汇造成被试理解的困难。
- **规范标准**：主试在讲解指导语时要控制好情绪、态度、语气等，或用计算机给所有被试呈现相同的指导语。

其次，主试需要避免各种实验者效应。实验者效应指主试的语言、态度和主观预期等对实验结果产生的影响。我们耳熟能详的霍桑效应和罗森塔尔效应都可以说是一种实验者效应。可以采用以下方法来降低实验者效应：

- **严格培训**：实验前对参与的主试进行系统严格的培训。
- **提醒注意**：主试注意控制自己的情绪、态度、语言、行为等。
- **减少接触**：尽可能减少主试与被试的接触（如通过计算机控制整个实验）。
- **双盲控制**：主试和被试都不知道实验目的。

■ **随机分配**：避免特定的主试和特定的被试相互熟悉从而产生实验者效应。

3. 被试

被试的实验动机、兴趣、态度、情绪状态、身心状况、练习效应，以及被试是否知道实验意图等都会产生无关变量。那么，怎样尽量减少被试的个人因素对实验结果的影响呢？在实验中通常会遇到三种被试：

■ **合作型被试**：一旦知道或猜到实验意图，就尽量让自己的反应符合实验意图。
■ **防御型被试**：对实验目的有较强的防御心理，小心谨慎。
■ **不合作型被试**：不按要求进行实验。

为了减少被试个人因素对研究结果的影响，实验者首先需要准确地辨别出不同被试的特征，并因人而异地进行“干预”。比如，针对合作型被试使用合理的欺骗，让被试以为在做一件事情，事实上是在做另外一件事情，也可以通过设置填充项目来隐藏因变量。在遇到防御型被试时，尽量打消他们的担忧和顾虑。同时，尽量避免招募不合作型被试，如果遇到这种被试，实验数据需要剔除。另外，在一些实验中，尽量避免选择有一定心理学知识背景的被试。实验完成后也可以测量被试是否了解研究的意图，对于猜到实验意图的被试，其数据要单独分析。

此外，安慰剂效应（对于某种无效的疗法或干预手段，仅仅是“相信它有效”，就能改善健康，并能改变认知）也与被试对实验结果的期待有关。关于安慰剂效应有三点很有意思的研究结果，也提示研究者在设计实验时需要多加注意鉴别和控制此种效应。

（1）**明知是安慰剂，它也一样有效。**传统观点认为，安慰剂效应发生在被试不知道自己接受的处理是安慰剂时。然而，最近的研究发现，当明确告知被试使用的是安慰剂时，安慰剂依然有显著效果。这样的安慰剂叫作开放标签安慰剂（open-label placebo）。在一项关于考试焦虑的研究中，58 名学生在参加考试前的两周被随机分到两组：安慰剂组和控制组。给安慰剂组的被试提供安慰剂，并明确告知被试使用的是安慰剂，不对控制组进行任何处理（Schaefer et al., 2019）。两周后，相比控制组，安慰剂组被试的考试焦虑和自我管理能力得到了显著改善。这是一个非常让人震惊的结果。关于开放标签安慰剂的效应，研究者认为这可能和经典条件作用有关：安慰剂激活了有关药物治疗的记忆。同时，该效应可能与具身认知有关。另外，该效应也可能与病人和医生之间的互动有一定关系：病人在和医生的互动中体会到社会支持，从而影响了病人的健康状况。

（2）**有些人更容易受安慰剂效应影响。**有证据显示，人格特质可能对安慰剂反应有重要影响，年龄和性别则影响不大。比如，乐观主义者更容易对止痛安慰剂产生反应（Geers et al., 2010）；性格坚韧、待人友善的人也对止痛安慰剂反应更好，这或许和医生在诱导安慰剂效应时与病人的互动有关（Peciña et al., 2013）。

（3）**干预组设计难以完全排除安慰剂效应。**安慰剂效应对于那些想证明心理干预有效性的研究者来说，很有可能是场灾难。有研究者指出，即便在干预研究中设置了对照组，也不足以完全排除安慰剂效应，原因是在许多心理学研究（如大脑训练、表达性写作和互联网治疗等课题）中，对照组被试未必像实验组被试一样期待实验产生有益或有力的效果。因此，研究者建议，在正式干预前便测量被试的期待，并采取措施，尽量让对照组和实验组被试的期待相当（Boot et al., 2013）。

（四）其他需要注意的事项

在实验进行过程中，小星总是遇到各种恼人的问题。这些问题虽小，却让小星手忙脚乱，严重干扰了实验进程。他一会儿混淆了被试的编号，一会儿遇到程序运行过程中出现故障，一会儿不小心在程序运行中覆盖了之前的数据，一会儿又忘记保存数据。小星终于无奈地感叹道："我以为收集数据很简单，没想到会遇到这么多问题！"

在实验过程中，有许多细节问题需要引起重视。我们可以逐渐积累经验，尽量减少阻碍得出实验结果的因素。以下给出几点建议：

- **给被试做编号，防止混淆**。如果有多名主试同时进行实验，需要事先商量好被试编号，避免重叠。
- **如遇特殊情况，做好记录**。记录有助于解释异常数据，并为数据的剔除提供参考。
- **在运行程序前，注意编号**。这有助于避免覆盖之前的有效数据。
- **程序出现故障，友好协商**。如果能当场调试好实验程序，可与被试商量再重新进行一次实验，并适度增加被试费。如果当场不能调试好，可在支付适量被试费后让被试离开，调整好实验程序后再约被试参加实验。

在实验和问卷调查中都会遇到被试流失的问题。对此，可在数据分析阶段采用相应的统计方法。这里提出几点建议以尽量避免被试的流失：

- **签订契约**。在研究开始前告知被试完整完成实验需要消耗的时间，与被试签订全程参加的协议。
- **普及意义**。让被试认识到全程参加研究对科学发展的意义和重要性。
- **给予奖励**。告知被试如果全程参与研究可以得到更高的被试费，并且有完整的测验结果反馈。
- **有效沟通**。在研究开始前就主动联系被试，如果被试不能参加，和被试沟通，了解被试不能参加的原因，尽可能说服被试参加实验。

随着互联网技术的发展，越来越多的问卷调查和实验都选择在网络平台在线进行。网络调查方法最大的优点是高效和低成本，它较现场纸笔测试或计算机实验可以有更多的机会接触到"特殊"的人群（比如癌症患者、艾滋病人、各种罪行的受害者等），也为大型跨文化研究提供了新的契机；但其缺点是难以做到随机取样，无法控制调查情境，无法确保被调查者会认真地完成在线测试，等等。为了保证网络平台收集到的数据的质量，可以适当使用一些措施保证被试认真完成实验任务或问卷调查。以下给出几点建议：

- **设定网页显示时长**。在网络问卷调查中，可以设定某个页面至少显示的时间长度，防止被试在没有认真答题的情况下过快跳过页面。也可以设定计时器，记录被试在某个页面停留的时间。停留时间太短的被试可能没有认真答题，可考虑剔除这样的数据。
- **设定检测题**。如在某道题中，题干中提到"你需要在以下 6 种水果中选择 1 种"，调查结束前可设定检测题“之前的问题中你需要在多少种水果中进行选择”；如果被试不能正确回答出“6 种”，说明被试读题不认真，可考虑将其剔除。

- **设定有条件的被试费**。在实验或调查开始前告知参加网络测试的被试，只有在认真完成的情况下才能获得被试费。可通过设置计时器或检测题等手段筛选出认真作答的被试，实验结束后让页面跳转至获得被试费的链接，而没有通过筛选的被试跳转至另一个不能获得被试费的链接。被试费的奖励更能鼓励网络被试认真作答。

三、数据收集后

在小星的研究中，在每个被试做完实验后，小星都没有与被试进一步沟通，就直接让被试离开了。突然有一天，小星恍然大悟，他开始担心之前有的被试猜出了实验目的，这样的数据还能用吗？在对收集的数据进行汇总时，小星突然发现有几个被试的数据不见了，他于是开始后悔自己没有在收集完每个被试的数据后及时把数据统一拷入一个文件夹。在对原始数据进行分析的过程中，小星在操纵数据后没有进行另存，结果经过处理后的数据覆盖了原始数据，原始数据永远地消失了……小星原本以为收集完数据就万事大吉了，没想到细节决定成败，自己的粗心造成了很多难以挽回的损失。

实验完成后如何对待被试、如何妥善处理收集到的数据，也非常值得引起我们的重视。以下给出几点建议：

- **事后询问**。一些实验完成后需要询问被试是否知晓实验目的（在数据处理时需要谨慎对待那些猜出实验目的的被试），他们是怎样解释自变量的操纵的，他们对因变量做出反应时内心是怎么想的。此外，研究者需要要求被试不与他人讨论这项研究；更为重要的是，不要把研究假设或实验者的预期告诉其他潜在的实验参与者。
- **事后解释**。如果实验涉及欺骗，实验结束后需要向被试阐明实验的真实目的。如果实验对被试的身心状态产生了一定的负面影响，需要采取措施缓解该不良影响。比如，实验中诱发了被试的恐惧情绪，实验结束后可以给被试播放轻松的音乐或影片让被试平复心情。
- **妥善保存原始数据**。做完实验后及时对实验数据进行保存，拷贝到 U 盘或上传到云盘，防止数据丢失。最好将实验数据统一放入一个文件夹。对数据进行的每一步重大改变，都需要进行另存，防止原始数据丢失。同时，每一份原始数据和整理后的数据都需要进行正规的命名，标注好日期和内容，防止数据的混淆。如果需要将原始数据录入数据收集表，一定要小心谨慎；如果要让助手帮忙录入，一定要对助手进行培训。
- **谨慎处理研究数据**。如果是对采访记录或录像进行编码，需要 2 名及其以上的编码者，并且需要确保编码的一致性信度。如果遇到缺失数据，在后续分析中应按照相应的插补方法进行谨慎处理。

虽然没有一开始设想得那么顺利，但小星最终还是成功地收集到了完整的实验数据。实验过程中的种种磨难让他真正懂得了“**大道易得，小术难求**”的含义，也让他对于如何通过科学设计和周密安排确保研究的信度和效度有了更深的理解。

拓展阅读 4-5

一个好的研究设计胜过十个精巧的补救措施——共同方法偏差的来源、检验与控制

在心理学和组织管理学等行为科学领域，**共同方法偏差**（common method bias, CMB）指的是同样的数据来源或评分者、测量环境、项目语境以及项目本身特征所造成的预测变量与效标变量之间人为的共变。这是一个重要问题，因为它严重威胁研究结论的可靠性。自从2004年周浩和龙立荣首次在国内全面且系统地介绍了共同方法偏差的统计检验和控制方法后，我国心理学界开始普遍关注这一问题。目前，国内心理学类CSSCI收录期刊（如《心理学报》《心理科学》《心理发展与教育》等）已经普遍要求在管理、临床、人格和社会等领域仅有自我报告（问卷法）的研究中检查数据是否存在共同方法偏差，同时要求作者介绍，他们为了控制或证明这种偏差不会影响研究结论的效度采取了哪些措施。

一、共同方法偏差的来源

1. 测试环境

在同一时间和地点测量可能会增加某种系统的共变性。此外，基于同一媒介的测量（如纸笔测量或网络测量），或使用同质性高的几个变量，会增加出现共同方法偏差的概率。

2. 启动效应

（1）项目嵌入的位置。比如，有研究者发现，当把中性项目放在积极词或消极词的语境中时，这些项目可能就会具有这些消极或积极的评价性质，最终影响到对这些项目之间关系的检验。

（2）文本诱发的情绪。具体指一份问卷上的某些项目的措辞可能会引起被试的情绪反应，从而影响他们对问卷上其余项目的反应方式。例如，问卷中那些引起被试对研究者意图的怀疑的项目，或者那些侮辱被调查者的项目（如与种族或性别刻板印象有关），可能会使被试倾向于以消极的情绪状态完成问卷。

（3）量表的长度。一方面，量表包含的项目过少会增加被试回看并重复已有选项的概率；另一方面，量表项目太多又会导致被试产生疲劳或烦躁的感受。

（4）项目或构念的混合。当前，很多研究者选择在同一份问卷中混合不同的测量项目。在某种程度上，这种做法可以减少主观报告方法的偏差。但是，如果问卷上的构念相似（如工作特征和工作满意度），这么做却有可能反倒增加概念之间的相关性，并减少构念内的相关性。因此，在问卷中混合不同的项目有可能会导致构念之间产生人为的共变。

3. 项目的特征

（1）项目的社会赞许性。社会赞许性高的个体不管对某一问题或话题的真实感受如何，都倾向于以一种积极的态度表现自己。如果项目的社会赞许性过于明显，那么，它有可能会影响被试的反应，进而掩盖两个或多个变量之间的真实关系。

被试有可能会有意无意地做出一些符合社会赞许的反应，比如更多地提供有关自我的积极描述，减少对自我的消极描述。

（2）项目的模糊性。当一些项目表述复杂或模棱两可时，被试有可能会因为不知道如何作答而随便选择。

（3）量表的样式或评级。研究者们常常用相似的量表结构（如李克特量表、语义差异量表）或评级（如“非常不同意”到“完全同意”，“从未发生”到“总是如此”）来测量不同的构念，而相似的量表结构会让被试习惯性地做出类似的反应。

（4）积极或消极的项目词。一些研究者会通过在问卷中加入消极或反向编码的项目来减少被试固定反应模式的潜在影响。但有研究者认为，被试对负题和正题的反应可能涉及不同的心理过程。

4. 共同的评分者

（1）主题一致性。人们会倾向于保持他们观点和认知之间的一致性，因此，那些存在相似领域或是同一水平的变量更容易出现相互关联。

（2）内隐的观念或错觉导致的结果。虚假关联的产生是由于研究者往往假设事件或变量的变化是同时发生的，而这些假设可能会在测量相关性时导致系统性扭曲。

（3）宽松偏差。这是指被试倾向于认为自己喜欢的人拥有更多受社会赞许的特质、态度或行为。

（4）默认偏见（赞成和反对）。这是指被试无论问卷内容如何都倾向于持赞成或反对的态度。

（5）心理和情绪状态。这是指被试作答时的心理状态和情绪反应。

以上提到的测试环境和材料的这些特征都有可能导致共同方法偏差的产生，并且，有些因素的影响会尤为明显地体现在被试作答反应的特定阶段，具体如表4－7所示。

表4－7　共同方法偏差对被试作答行为的影响

响应的各个阶段	各个阶段所涉及的活动	方法偏差的潜在来源
理解	关注问题和提示，表示问题的逻辑形式，识别需要的信息，并将关键术语链接到相关概念	项目的模糊性
检索	生成检索策略和线索，检索特定的和一般的记忆，并填补缺失的细节	测试环境/项目的内容/量表的长度/启动效应/情绪状态/项目的社会赞许性
判断	评估记忆的完整性和准确性，基于可及性进行推理，填补被回忆内容的空白，整合检索的材料，基于部分检索进行估计	主题一致性/启动效应/项目的特征/文本诱发的情绪
反应选择	将判断映射到响应类别	量表的样式或评级
反应报告	编辑一致性、可接受性或其他标准的响应	主题一致性/宽松偏差/项目的特征/项目的社会赞许性

二、共同方法偏差风险的评估

1. 自我评估

为了有效地对一项研究中是否存在共同方法偏差及其严重程度进行评估，我们可以采用“自我反省”的方法从多个角度对自己的研究进行评分。朱海腾和李川云建议将主要的共同方法偏差风险源划分为变量和方法两个维度：方法维度的关键要素包括是否取自单一来源、是否在同一时间测量、是否使用了相同的量表格式和选项等；变量维度的关键要素包括是否属于感知类、抽象性、社会赞许性等。以方法引起的风险为横轴，以变量引起的风险为纵轴，可形成“共同方法偏差风险评估坐标系”，见图4－16。

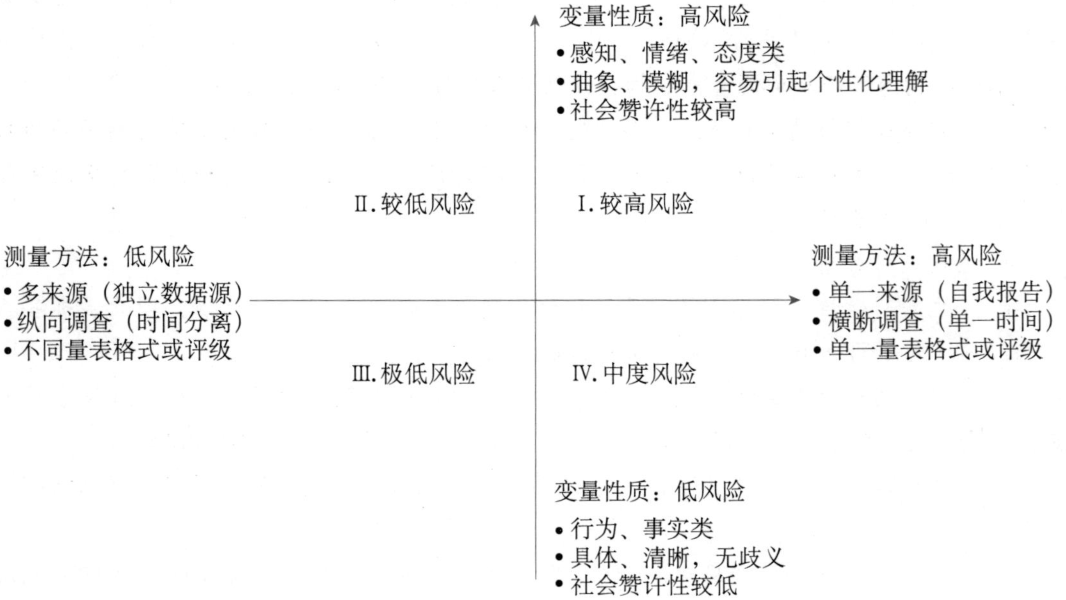

图4－16　共同方法偏差风险评估坐标系

在建立了共同方法偏差风险的评估体系之后，朱海腾和李川云进一步提出了供研究者使用的评估自己研究中共同方法偏差严重程度的计分表，见表4－8。

表4－8　共同方法偏差风险评估计分规则

风险源	评分范围	说明
方法维度		
数据来源	－4～4	完全自我报告计4分，数据来源不同计－4分
测量时间	－3～3	一次性完成计3分；时间间隔越长，评分越低，如间隔2天可计－1分，间隔1周可计－2分
量表格式和选项	－2～2	两个变量采用完全相同的格式和选项，计2分；差异越大，评分越低
变量维度		
是否属于感知类	－2～2	两个变量均为感知类变量，计2分；至少一个不属于感知类变量，计－2分
抽象性	－2～2	两个变量都非常抽象或模糊，计2分；至少一个比较具体，计－2分
社会赞许性	－2～2	两个变量都有明显的社会赞许性，计2分；至少一个社会赞许性较低，计－2分

2. 统计评估

除了采用自我评分的方法评估共同方法偏差的风险，还可以采用统计的方法检验研究数据中是否存在共同方法偏差。邓稳根等对2012年至2017年6月在国内6种心理学类CSSCI收录期刊上发表的479篇问卷类研究中报告了共同方法偏差的文章进行了分析，结果发现，目前研究者对共同方法偏差的检验多采用Harman单因素检验法。

这种技术的基本假设是，如果共同方法偏差大量存在，进行因素分析时，要么析出单独一个因子，要么一个公因子解释了大部分变量变异。传统的做法是把所有变量放到一个探索性因素分析中，检验未旋转的因素分析结果，确定解释变量变异所必需的最少因子数；如果只析出一个因子或某个因子解释力特别大（超过临界值40%），即可判定存在严重的共同方法偏差。现在更普遍的是采用验证性因素分析（CFA），设定公因子数为1，然后考察模型拟合情况。若模型拟合较差，则可判断此研究受共同方法偏差的影响较小，大多数研究者以*RMSEA*和*SRMR*在0.08以下（越小越好）、*NNFI*（*TLI*）和*CFI*在0.9以上（越大越好）为模型拟合较好。

Harman单因素检验的最大优点是简单易用，但它仅仅是一种评估共同方法偏差严重程度的诊断技术，而且是一种不灵敏的检验方法，并没有任何控制方法效应的作用。同时，还有研究者指出Harman单因子检验存在问题，推荐引入方法因子进行检验。具体来说，如果原来多个量表放在一起的CFA模型（因子之间允许相关）加上方法因子后，模型拟合指数变好很多（例如，*CFI*和*TLI*提高幅度超过0.1，*RMSEA*和*SRMR*降低幅度超过0.05），说明存在严重的共同方法偏差。

三、控制共同方法偏差的方法

为了减少共同方法偏差，研究者通常采用程序控制和统计控制两种方式。

1. 程序控制

程序控制是指在研究设计上，针对各种可能的共同方法偏差来源，事先加以控制。其中，最关键的是识别预测变量与效标变量在测量上的共同之处，进而通过研究设计消除、减少这种影响。具体做法可以从以下几个方面进行考虑：

- 测量距离较远的心理特征。
- 通过匿名评价，减少评价者的忧虑或社会赞许性。
- 平衡项目或问题的顺序。
- 增强项目的有效性。
- 通过不同的方式获取不同变量的度量值。
- 合理设置量表项目的数量，既不过多，也别太少。
- 设置不同的李克特等级数。
- 正反向计分交叉设计。
- 使用多种施测方式（如纸笔测验和网络测验）。
- 将不同变量的测量时间和地点分离开来。

2. 统计控制

统计控制就是通过统计手段，减少共同方法偏差对测验内或测验间研究结果的影响，主要包括以下几种统计方法：

- 偏相关过程设计，包括分离出可测量的共同方法偏差来源（如社会赞许性或情绪因子）、一个标签变量和第一公因子。

- 相关独特性模型。
- 直接结果模型。
- 潜在误差变量控制法。
- 多质多法模型。

资料来源：Podsakoff et al., 2003；温忠麟等，2018；周浩，龙立荣，2004；朱海腾，李川云，2019；邓稳根等，2018。

小贴士

1. 数据收集前的注意事项：

- 从被试数量和被试人口学变量等方面保证被试样本有足够的代表性。
- 提前制作好数据收集表。
- 安排好实验时间，按部就班地完成实验。
- 考虑进行预实验，为正式实验扫清障碍。

2. 数据收集中的注意事项：

- 有效操纵自变量。尽量加大操纵强度，放大组与组之间的差异，避免天花板效应和地板效应，进行操纵检验。
- 合理测量因变量。因变量的测量包括自我报告、行为测量和生理测量。应根据具体实验选择测量方法，有时可考虑多种测量一起使用。
- 尽量控制无关变量。保证除自变量外，所有被试接受完全相同的处理。可从实验室环境、主试、被试等方面进行无关变量的控制。
- 注意实验中的细节问题，比如给被试编号防止混淆，实验程序出故障及时处理，尽量减少被试流失，等等。

3. 数据收集后的注意事项：

- 实验结束后询问被试是否猜出实验目的，一些实验需要向被试澄清实验的真实目的；尽量采取措施缓解实验可能给被试带来的不良影响。
- 及时对数据进行保存，每一次处理数据后都需要进行另存，防止原始数据丢失和数据混淆。
- 录入数据时须小心谨慎，编码数据时须多位编码者参与。
- 合理运用统计方法处理缺失数据。

测一测

1. 在心理学研究中，哪种因素可能导致共同方法偏差？

A. 测试环境　　B. 启动效应

C. 项目的社会赞许性　　D. 所有以上选项

2. 哪种研究设计是在一段时间内调查相同的对象？

A. 横断设计　　　　B. 连续独立样本设计

C. 纵向设计　　　　D. 分层取样

3. 在进行心理学研究时，以下哪项不是选择研究方法时需要考虑的因素？

A. 研究伦理　　　　B. 可行性

C. 研究者的年龄　　　　D. 研究问题类型

4. 哪种取样方法适用于总体范围较小且个体间差异较小的情况？

A. 系统取样　　　　B. 分层取样

C. 简单随机取样　　　　D. 方便取样

5. 为了降低共同方法偏差，研究者可以采取以下哪种措施？

A. 使用相似的量表结构　　　　B. 使用相似的量表评级

C. 使用多种施测方式　　　　D. 使用相同的量表格式

答案：

1. D；2. C；3. C；4. C；5. C

试一试

1. 设计一个检验以下假设的实验：玩网络游戏有利于提高数学成绩。提出自变量和因变量的操作性定义，并为你自己选择的实验设计类型提供理由。

2. 围绕“过度健身有害身体健康”设计三个研究，明确自变量和因变量的操作性定义，同时解释清楚三个研究之间的逻辑关系。

3. 想象一下你希望完美伴侣拥有的特征，如健康、幽默、有责任心、工作能力强等。然后，思考你如何才能测量上述这些特征，并确保你编制的测量工具具有较高的信度和效度。

4. 如果你的研究目的是探究中国青少年的自尊发展特点，那么你的样本类型和数量会是多少？原因是什么？

5. 有哪些因素会导致取样误差？

6. 样本量要到多大才算足够大？

7. 降低共同方法偏差和提高研究信度、效度之间是什么关系？

8. 在学习完本章的内容后，你觉得小白他们的研究最好采用何种方法进行取样，被试量为多少才算合适？

推荐资源

辛自强．心理学研究方法．3 版．北京：北京师范大学出版社，2024.

推荐语：该书以心理科学研究的过程为线索，结合大量实例深入浅出地阐述了研究的基本原理与方法，包括选题与设计、资料收集与分析以及理论建构与论文写作等各个环节。研究不仅要“做”，还要“想”；为此，该书侧重介绍思维方法，教授如何用脑思考研究。丰富多样的专栏设置让学习者既容易上手又能不断深入与拓展，将方法学知识尽快转化为动手做研究的实际操作能力。

肖内西，泽克迈斯特 E，泽克迈斯特 J. 心理学研究方法：第 7 版．张明，等译．北京：人民邮电出版社，2010.

推荐语：该书选择大量研究实例，详细说明了心理学研究中经常使用的各种描述性方法、实验性方法以及应用性方法，并简单叙述了数据处理和统计的基本概念、心理学研究报告撰写和心理学学术交流中应该注意的问题。

萨尔金德．心理学研究方法：第 9 版．童定，译．北京：中国人民大学出版社，2019.

推荐语：该书作者以其 35 年之久的丰富的教学经验以及深厚的学术功底，将复杂的研究方法以深入浅出的方式阐释出来。内容全面且深入，简要而精练；而且每章都设置了思考题，帮助读者对该部分的内容进行总结。

科兹比，贝茨．心理与行为科学研究方法：第 11 版．张彤，译．北京：机械工业出版社，2014.

推荐语：该书是行为研究方法的系统教材，从如何理解行为到研究方法的选取，从统计分析到论文的撰写，作者都进行了详细叙述：用实例讲解，精细到每个语句的表述及注意事项。

第五章
撰写研究论文

章节概览

- ✧ 逻辑清晰：整理统计数据
- ✧ 准确科学：报告研究结果
- ✧ 规范美观：制作结果图表
- ✧ 深刻恰当：撰写讨论结论

学者的恒心

日日行，不怕千万里；常常做，不怕千万事。——《格言联璧》

大二下学期，在收集完研究数据的那一天，小白特别兴奋，想着马上就可以用数据验证自己的假设，接着码字写文章，最后在专业的心理学期刊上看到自己的名字，他禁不住摩拳擦掌，跃跃欲试。然而，当小白打开数据文件之后才发现，数据的格式和心理统计课上使用的数据不太一样。结果花了一个多小时，好不容易把数据格式调整过来，对着书做完了数据分析，而他对于究竟应该报告哪些结果、如何报告、如何写作讨论和总结，更是感觉一头雾水。看起来，拿到数据只算是完成了万里长征的第一步。

小白欲哭无泪地向师兄吐槽了过去两年内与统计相爱相杀的痛苦往事。师兄看着小白，回忆起自己每一个在实验室里跑数据的夜晚——不得不说，其中既有探索时的心酸和迷茫，更有学习新知识、不断探索验证新假设的快乐。师兄建议小白，如果决心以学术为业，就必须克服内心对心理统计的恐惧。对于心理学学生来说，统计是一道必须面对的坎，此时不迈过去，它将来也必定会在某个地方绊倒你。比如说，在进行开题答辩时，老师经常会针对统计方法提问："你们选择的是什么统计方法？为什么选这种方法？"

更为重要的是，掌握统计方法对心理学学生来说好处多多：首先是能够拓宽研究的范围和种类，这是因为研究问题、研究设计和统计方法是相辅相成的；其次是掌握统计原理、使用合适的统计方法更容易得到预期的实验结果。寂静深夜里，自习室中一人影，学习心理统计，亲眼见证显著三颗星——听上去是不是非常美好呢？师兄告诉小白：调整好心态，不要害怕困难，时刻准备着开启心理统计的奇妙冒险吧！

第一节　逻辑清晰：整理统计数据

一、整理研究结果

在做完实验、收集完数据之后，首先要做的是整理研究结果。所谓整理研究结果，就是根据研究的目的和基本设计，对所搜集到的资料和数据进行科学的加工，使之系统化、条理化的工作过程。为了获得更加深入的信息、让实验数据成为研究假设的证据，我们需要对原始数据进行分析。但是，心理学研究所获得的原始数据往往是无序、冗杂的，比如 Inquisit 程序跑出来的数据格式就不能被直接分析。因此，需要先对数据进行整理，使之系统化、条理化，以便进一步分析。以下是整理研究结果的主要步骤。

（一）方案设计

第一步是设计研究结果整理方案。研究结果整理方案的设计就是根据研究的最初设计方案和研究的实际过程，确定研究结果整理过程中主要解决的问题和具体实施的措施。研究结果整理方案的设计主要是通过建立清晰的整理过程流程图来进行：最终需要什么样的数据？为了让数据变成那样，应该进行哪些操作？要先做什么，后做什么？

在设计整理方案时要把握两个主要原则：

- **可靠性**：整理数据是为了让数据变得便于分析，但是如果数据在变得系统、有序的同时变得不可信了（比如粘贴错行或列导致数据不对应），数据就不能带来正确的结论，也就不再有意义。
- **可用性**：所谓“可用”，指的是数据的形式要满足将使用的统计方法的要求，并赋予数据正确的含义（比如定义变量和值标签）。

（二）数据录入

在掌握了以上原则之后，我们就可以按照方案建立原始数据文件了；具体地说，就是把研究中收集到的数据录入电脑。那么，在建立原始数据文件时，具体有哪些需要注意的事情呢？

首先，在录入数据时一般是每行记录每个被试在所有变量上的分数，每列记录每个变量上所有被试的分数（如表 5－1 所示）。

表 5－1　被试与变量信息汇总表

被试	变量 1	变量 2
被试 1		
被试 2		
……		

此外，数据录入的方式往往会受到研究设计、数据类型和分析方法的影响。比如：

在录入独立样本数据时，须有一列分组变量（自变量）和一列分数变量（因变量）；对于相关样本数据，须将所有变量对齐并单独输入一列。

还应注意的一点是，在直接录入数据前，要先对定性数据使用数字或代码进行编码，比如把男性编码为“1”，把女性编码为“2”。像 E-Prime 等常用软件无法记录中文，所以研究者一般直接在研究设计中就明确编码方式，然后在实验过程中按照编码方式记录原始数据。导入 SPSS 等数据分析工具后，如果害怕会混淆代码的含义，可以直接为这些编码过的数据定义值标签，这样就能直观地看到代码及其所代表的含义了。

（三）给原始数据做按摩——审核和评价

第三步，在建立了原始数据文件之后，我们需要检查和评价数据的完整性和可靠性。

数据的完整性是指收集齐全所要求的各个方面的数据。可靠性是指数据来源是否可靠，样本量是否符合要求（根据先验检验力分析的结果），样本是否有代表性，数据是否有矛盾，录入是否准确，等等。

小白在审核原始数据时经常能发现其中的错误，例如：变量的频次统计总数应该与研究选取的被试人数相等，如果不等则可能说明出现了缺失值；明明编码时只有“1”和“2”两个值，但是在数据列表中却出现了“3”；几乎一整列数据都是一位数，但是突然出现了一个“999”，这种情况可能是出现了错误的异常值或者缺失值。

异常值会影响到分析结果的准确性。我们可以通过计算标准分数、绘制箱形图、绘制散点图、计算马氏距离等方法检测异常值。如果异常值不属于总体就删除，如果属于总体则保留。缺失值在影响分析结果的同时还会导致样本量减少，从而降低统计检验力。在处理缺失值时一般都会有四个步骤（详见图 5－1）：

- 检查数据的缺失类型。
- 检查数据的缺失程度。
- 诊断数据的缺失机制。
- 选择插补方法。

在处理完原始数据后，先别着急进行统计分析，你还需要最后再审视一番你的数据（见表 5－2），确保你已对原始分数进行正确的处理（比如将负题反向计分），且原始分数可靠可信（比如符合正态分布，反应时或正确率处于合理的区间）。

表 5－2 原始数据处理情况自检表

条目	是/否	备注
1. 反向计分计算方法是否正确（单题最高分 +1 - 当前题目得分）？		
2. 数据是否符合正态分布？		
3. 是否有极端值（高于样本平均数 2 个或 3 个标准差）？		
4. 某个被试的得分是否存在异常（比如反应时特别长或特别短，所有题目的选项都是一样的，或是表现出某种特定的规律）？		
5. 量表的信度是否足够高（至少高于 0.50）？		

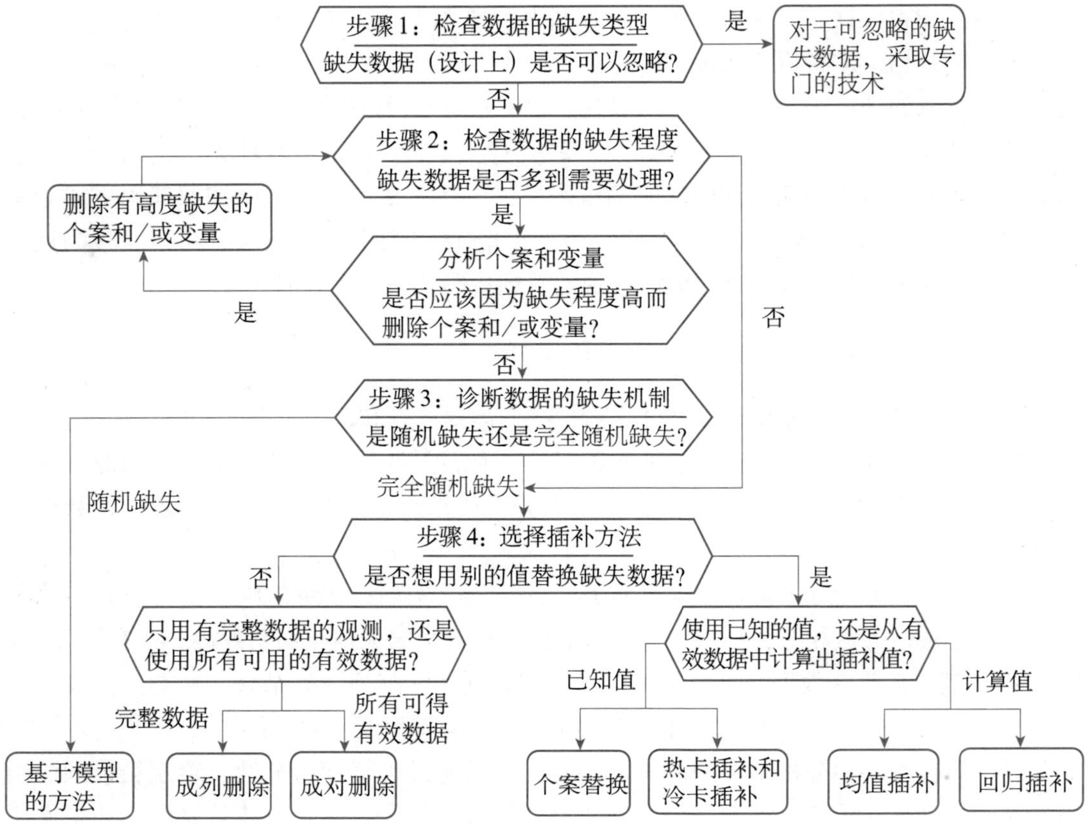

图 5-1　数据缺失值的处理方法和步骤

资料来源：刘红云编著，2019，6 页。

二、选择统计方法，进行数据分析

在完成审核之后，我们就可以选择统计方法、进行统计分析了。这里先不展开，后面再详细地学习如何选择合适的统计方法。

（一）对研究结果的所有资料妥善保存，系统积累

对于这一点，也许会有人想："哼，这有什么好说的，我当然知道保存结果的重要性啊！"但是在实际操作中，我们还是常常在这一步犯错。小白在做小组作业的时候经常遇到这种情况：打开 SPSS，打开数据文件，一顿"点点点"之后描述统计、推断统计的分析都做完了，就自信满满地保存了表格和图片、关掉了软件。第二天，小组的小伙伴们也对相同的数据进行了分析，但出来了不同的结果。于是，小白又做了一遍数据分析。这一次竟然和小白自己第一次分析出来的结果也不相同……小白也想不起来自己第一次是怎么分析的。这下到底哪个结果才是正确的呢？

为了避免这种情况，在这里教大家一个技巧：进行 SPSS 数据分析时养成保存语句文件的习惯，以便能够随时回顾和再现结果的分析过程。同时，直接使用语句进行数据分析相比用鼠标"点点点"更不容易出错。建议大家今后在进行数据分析的时候尽可能多

地使用 SPSS 语句。

（二）开始统计分析之前

了解了基本的研究结果整理流程之后，我们先别急着进行统计分析。在这之前，我们最好能够先根据研究的具体情况对统计分析进行计划，明确大致的步骤。如果不明确这一点就直接开始选择统计方法，往往会像无头苍蝇般迷失方向。分析计划一般可以分为以下六步：

- 把需要用统计来回答的问题列出来。
- 列出每个问题下的自变量和因变量，检查可能存在的无关变量。
- 确定自变量和因变量的类型，整理变量之间关系的研究假设。
- 确定分析的方法：采用参数检验，还是非参数检验？
- 进行初级分析：考察数据的特征（是否符合正态分布？是否存在异常值或极端值？），考察测量工具的信度和效度，在描述层面针对数据的特征进行初步分析。
- 进行假设检验：采用合适的统计方法针对研究假设进行检验，同时考察无关变量是否会对研究结果产生影响。

（三）选择合适的统计方法

正如前面的统计分析计划所示，在确定分析方法之前我们第一步需要做的是把需要用统计来回答的问题列出来。第一步之所以重要，是因为统计方法的选择首先取决于我们想研究的问题。换句话说，我们需要根据研究问题类型，筛选出一个统计方法的选择范围（见表5－3）。

表5－3　根据问题类型选择统计方法

统计类型	问题类型	常用统计方法	
描述和分类	描述和分类问题	判别分析、聚类分析	
降维及潜在因素的探索	构成问题	因素分析、主成分分析	
分析数据间的差异	存在问题 比较问题	t 检验、卡方检验、方差分析、秩和检验	
分析变量之间的关联性	变量关系问题	相关	相关分析、回归分析
		因果	回归分析、交叉滞后分析
		中介	回归分析
		调节	回归分析
		有中介的调节	回归分析
		有调节的中介	回归分析
分析多个结果间的关系		元分析	

在这张表中我们能看出，有些研究问题对应的统计方法是一样的。当然，具体的统计方法还是应该根据具体的研究假设进行判断。下面简单地对各种统计方法进行介绍和对比。

1. 描述和分类

判别分析是根据观测到的表明事物特点的变量，求出判别函数，根据函数对研究对象进行分类的一种统计方法。根据判别准则的不同，判别分析一般分为距离判别、费希尔判别、贝叶斯判别。

聚类分析是根据研究对象本身的特性进行分类的一种统计方法。聚类分析和判别分析最大的不同在于：在进行聚类分析时，一般我们并不知道应该分成几类，分析完全由数据驱动；而在判别分析中，我们至少明确了一个类别的训练样本，并利用这个数据建立了判别准则，然后通过预测变量对观测值进行判别。

2. 降维及潜在因素的探索

主成分分析法和因素分析法都是寻求少数的几个变量来综合反映全部变量的大部分信息。但是这两种统计方法的最大不同之处在于：通过主成分分析法得到的新变量是原始变量的线性组合，而通过因素分析得到的新变量是对每一个原始变量拆解后得到的公共因子。

3. 分析数据间的差异

t 检验、卡方检验、方差分析、秩和检验四种统计方法的差异体现在分布特征、数据类型和自变量水平数上，具体见表5－4。

表5－4　根据数据类型选择统计方法

统计方法	分布特征	自变量数据类型	自变量水平数	因变量数据类型
t 检验	正态分布	分类数据	2个	测量数据
方差分析	正态分布	分类数据	2个或2个以上	测量数据
卡方检验	不要求	分类数据	2个或2个以上	分类数据
秩和检验	不要求	分类数据	2个	分类数据

4. 分析变量之间的关联性

相关分析的目的是探索两个变量之间的双向关系，不能得出因果的结论；而回归分析旨在得到两个变量之间的单向关系，因此能够发现变量之间的因果关系。

5. 元分析

元分析是为了综合研究结果对已有的同类研究结果进行再分析的统计方法。通过联合多个研究的结果，元分析方法不仅能扩大样本量，提高统计检验力，还可以缩小置信区间，更加精确地估计总体效应量。简单地说，元分析有五个步骤：

- 全面的文献搜索。
- 资料选择。
- 对研究变量进行定义、编码和录入。
- 计算效应量。
- 运用相应的统计技术进行统计分析。

例如，虽然很多研究支持暴力视频游戏（含有个体试图对其他个体造成伤害等内容的视频游戏）对个体亲社会性（包括在人际交往中个体所表现出的利他、助人等一切使他人受益的认知、情感和行为）的抑制作用，但是也有研究并没有得出暴力视频游戏能够削弱亲社会性的结论。为此，邵嵘等（2019）尝试采用元分析的方法整合国内外已有研究，进而分析暴力视频游戏对玩家亲社会性影响的主效应，并重点考察各调节变量在暴力视频游戏与亲社会性的关系中产生的作用。他们的元分析结果显示，暴力视频游戏与亲社会性总效应量显著，但相关较弱（$r = -0.10$）。调节效应分析表明，暴力视频游戏与亲社会性的关系受到被试性别、被试类型、被试年龄、测量类型与亲社会性测量指标的调节。因此，他们建议未来可以进一步采用一般攻击模型与一般学习模型等理论模型指导暴力视频游戏对亲社会行为影响研究，同时优化实证研究中测量亲社会性的实验范式，并且需要重点考察个体差异对暴力视频游戏与亲社会性关系的影响。

作为一种相对较新和热门的统计方法，元分析有不少优势和功能。首先，元分析能够综合各研究。我们在梳理一个研究问题时总是会遇到各种各样的研究证据，而且研究证据之间还可能相互对立。元分析通过对各研究结果进行再分析来综合各研究的结果，得到一个更全面、更可信的结论。其次，元分析能够弥补单个研究的不足。正如前面所说的，研究中最重要的概括性统计量不是显著水平，而是效应量。元分析直接基于各研究的效应量，摆脱了以往“$p < 0.05$ 就是有价值的”这种观念，因此结论会更加客观、有力。

传统上，研究者常将元分析等同于对多个研究的大规模综合分析。但实际上元分析也可以是小规模的，两个研究即可进行元分析。这种小规模的元分析可以将研究者自己进行的几个实验结合起来，或者将自己的研究与前人研究结合起来，从而更准确地估计总体的效应量。这种小规模的元分析的优势在于不需要 p 值显著即可进行，只需要得到效应量及其置信区间即可。例如，图克等（Tuk et al., 2015）完成了 18 个关于自我控制的实验，但只有 2 个实验达到统计显著性。如果按照传统的虚无假设显著性检验（null hypothesis significance test, NHST），他们的实验算是失败了，只能锁进抽屉里，无法发表。然而，研究者对这 18 个实验的元分析结果表明，他们的实验操纵确实有效应。那么，究竟什么是有效应？如何计算它？它和传统的 p 值有什么区别呢？

拓展阅读 5-1

消除对 p 值显著的迷信

1. 被试

部分样本来自网络，通过微博、微信群等方式进行传播。336 人填写问卷，心理学及相关专业者为 208 人（90 名男性，平均年龄为 25.54 岁，标准差为 7.25），有效问卷为 208 份；另一部分样本来自对 2015 年全国心理学学术会议注册现场的纸质版调查，现场完成并回收。收回问卷 120 份，其中数据有效问卷 100 份（30 名男性，平均年龄为 25.53 岁，标准差为 4.73）。

2. 材料

网络版调查问卷分成三部分：第一部分为对 p 的理解，包括背景材料以及 6 个陈述，需要参与者判断每个陈述的正误；第二部分为对置信区间的理解，同样包括背景材料与 6 个陈述，需要参与者判断每个陈述的正误；第三部分题目是为了比较 p 值与置信区间如何影响参与者对结果的解读，为 2（统计标准：p 值和置信区间）×2（呈现方式：文字和图片）的被试间设计。被试被随机分配到一种条件之中。需要参与者根据题目中给出的信息，对两个研究结果进行推断。纸质版问卷是对网络版问卷的简化，仅包括对 p 值和置信区间的理解两部分。

3. 结果

大部分研究者对 p 值所代表的含义并不能正确地理解，具体如图 5－2 所示。

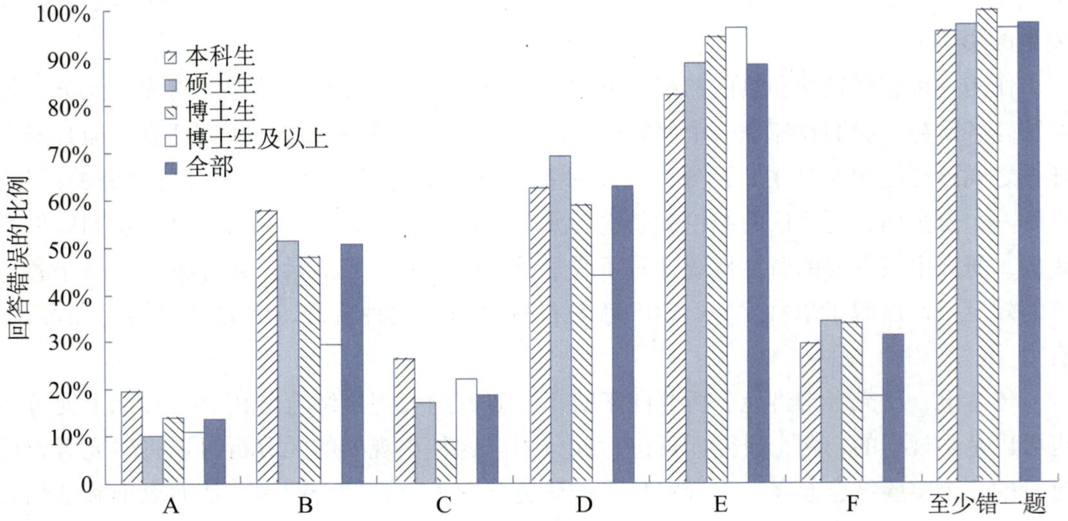

图 5－2　对 p 值理解错误的比例

图中呈现的是假定 $p=0.01$ 时被试对 6 个关于 p 值的论断的理解情况。这 6 个关于 p 值的论断为：A. 你可以完全证否虚无假设；B. 你可以发现虚无假设为真的概率；C. 你可以完全证明研究假设；D. 你可以推断出研究假设为真的概率；E. 你可以得知拒绝虚无假设时犯错的概率；F. 如果多次重复实验，99% 的实验结果显著。

心理学学生在发现 p 值显著的那一刻是特别幸福的，但提醒大家注意，p 值并不是万能的，它本身并不能衡量模型或假设的可信性。美国统计学会（ASA）在关于 p 值的声明中提出了 6 个原则，具体如下：

- p 值可以表明数据与某个特定统计模型之间的不相容程度。
- p 值不能衡量研究假设为真的概率，也不能衡量数据仅由随机因素造成的概率。
- 科学结论、商业或政策上的决策，不应仅取决于 p 值是否达到某个特定的阈值。
- 在完整报告和透明的基础上才能做出合理的推论。
- p 值或统计显著性并不能用来衡量效应的大小和结果的重要性。
- p 值本身并不能衡量模型或假设的可信度。

资料来源：胡传鹏等，2016。

三、报告统计检验力和效应量

效应量（effect size）指研究者感兴趣的任何效应的量，这些量可以是原始单位，也可以是标准化的量（见表5－5）。

表5－5 常见的效应量指标

效应量指标	描述	例子
均值（M）	原始单位	平均反应时，$M=462$ms。
均值的差异	原始单位	去年牛奶价格平均上涨0.8元/升，从6.84元/升上涨到7.64元/升。
中位数（M_{dn}）	原始单位	反应时的中位数，$M_{dn}=485$ms。
百分数	无单位	35.5%的反应者表示支持，0.7%的反应是错误的。
频率	无单位	20个省份的数据缺失。
相关（r）	无单位	收入与年龄有关（$r=0.28$）。
Cohen's d	标准化	心理治疗的平均效应是$d=0.68$。
回归权重（b）	原始单位	在对收入的预测回归中，年龄的斜率是1 350美元/年。
回归权重（β）	标准化	年龄在回归中的标准化系数是0.23。
变异的比例（R^2）	无单位	年龄、受教育程度和家庭状况在多重回归中共解释了$R^2=0.48$的变异。
风险（risk）	无单位	一个儿童在下一年中可能出现自行车事故的风险为1/45。
相对风险	无单位	男孩在下一年中出现自行车事故的风险是女孩的1.4倍。
变异的比例（ω^2）	无单位	在方差分析中，因变量年龄解释了总体变异的$\omega^2=21.5\%$。

资料来源：胡传鹏等，2016。

基于单个研究得到的效应量，是根据样本数据对总体效应量进行的点估计，效应量的置信区间（confidence intervals, CIs）则是对总体效应量的区间估计。与p值相比，效应量及其CIs有三个方面的优势：

- CIs比p值稳定，一个重复研究的效应量大约有83.4%的可能性会落在原实验95%的CIs。
- 作为一种量化的统计指标，效应量及其CIs比p值更能让研究者正确理解统计结果。
- 效应量及其CIs是元分析的基础，因此对于心理学中的知识积累至关重要。

此外，与效应量关系密切的一个概念是**统计检验力**（statistical power），用$1-\beta$表示。统计检验力是在给定总体效应量、显著水平和样本量的条件下拒绝虚无假设的概率，它受到效应量d、样本量n、显著水平α三个因素的影响。

（一）为什么需要计算统计检验力和效应量?

目前，美国心理学会已经明确要求研究者在学术文章中表明研究结果的统计检验力和效应量等数据。而统计检验力和效应量之所以重要，首先是因为实验所需要的样本量是基于统计检验力、效应量的。在收集数据之前，一般我们需要进行先验检验力分析（prior power analysis）——基于实验预期的效应量、β 和 α——从而得出合适的样本量。此外，假设检验是为了在虚无假设 H_0 和备择假设 H_1 之间做出选择。但是，如果仅采用显著水平指标 α，我们就只确定了犯Ⅰ类错误的可能性，只知道方向性信息，不清楚各组间具体差异大小和犯Ⅱ类错误的可能性。在不显著的情况下，并不能说明是 H_0 假设正确，还是因为犯了Ⅱ类错误而错误拒绝了 H_1 假设。因此，我们有必要计算统计检验力和效应量来揭示显著性差异的强度，进一步地理解结果。

以效应量 d 值为例：$d \leqslant 0.2$ 被认为是低效应量，$0.2 < d \leqslant 0.8$ 是中效应量，$d > 0.8$ 是高效应量。进行差异显著性检验和效应量计算时，我们可能会遇到下面四种情况：

- **大效应量＋差异显著**——说明结论可信度高，可以接受结论。
- **大效应量＋差异不显著**——出现这种情况时可以进行后检验力分析，根据结果适当地增加样本量再做分析。
- **小效应量＋差异显著**——说明结论可靠性低。
- **小效应量＋差异不显著**——说明研究价值不高，可以考虑换题。

提醒大家注意，虽然 d 值为 0.2、0.5 和 0.8 分别代表小、中和大的效应量，但只是在没有其他任何背景的情况之下不得已的选择。如果已有先前研究或者类似的研究，则优先考虑相同或者相似研究的效应量。例如，研究者可以参考整个心理学领域的平均效应量来解读自己研究的效应量。比如，理查德等（Richard et al., 2003）对 100 多年来社会心理学研究中的元分析进行了分析，发现社会心理学研究中的平均效应量大约为 $r = 0.21$，Cohen's $d = 0.45$。

（二）统计检验力和效应量的计算

在效应量计算方面，心理统计中常用的 SPSS 只提供了方差分析的偏 eta 方（η_p^2），不足以满足研究者的需求。所以，研究者们开发了新软件来计算常用条件下的效应量。例如，JASP 就提供与 SPSS 常用功能相似的功能，但加入了效应量与置信区间的输出。此外，拉肯斯（Lakens, 2013）研发了基于 Excel 的计算程序，可以用来计算心理学中最常用的一些实验设计条件下的效应量。同时，计算统计检验力及估计样本量的软件 G*Power（Faul et al., 2009）同样可以用来计算效应量（具体见表 5－6）。

表 5－6　计算效应量的常用网站

名称	网址
JASP	https://jasp-stats.org/
Lakens, 2013	https://www.frontiersin.org/articles/10.3389/fpsyg.2013.00863/full
G*Power	https://www.psychologie.hhu.de/arbeitsgruppen/allgemeine-psychologie-und-arbeitspsychologie/gpower
Power and Sample Size	http://www.powerandsamplesize.com/Calculators/
onlinestatbook	http://onlinestatbook.com/2/calculators/power_calc.html

对于效应量置信区间的计算，主要基于史密斯森（Smithson, 2001）关于效应量的研究，目前已有不少工具可以辅助研究者进行计算。比如，基于 Excel 的效应量工具包 ESCI 可以用来计算心理学中各种常用统计检验的效应量及其置信区间。[①] 史密斯森则提供了用于计算 t 检验、方差分析、回归分析、卡方检验等检验下效应量及其置信区间的 SPSS、SAS 和 R 代码，以上均可以从网上免费下载得到。

拓展阅读 5－2

关于假设检验方法的争议——从虚无假设显著性检验到贝叶斯推断

因为心理学研究结果的正确性在很大程度上依赖于统计推断的正确应用，所以统计推断在心理学研究中具有关键作用。传统的假设检验方法——虚无假设显著性检验（NHST）主要是基于频率学派的统计学原理，认为概率是无数次重复取样中频率的预期值，所以拒绝虚无假设（H_0）即意味着接受备择假设（H_1）。然而，批评者认为，不应该仅凭借一个不显著的检验值就否认一个可能理论上成立的虚无假设，因而推荐使用不受样本量影响、能对两个对立的理论进行等效考验，并能在连续值上判明两个或多个理论哪个更有解释力的贝叶斯推断。相较 NHST，贝叶斯推断能够量化地反映当前数据对各个假设的支持程度，并且具有很多优点，具体如表 5－7 所示。

表 5－7 假设检验中贝叶斯推断与传统 NHST 的比较

假设检验中的问题	贝叶斯推断	传统 NHST
1. 同时考虑 H_0 和 H_1 的支持证据	√	×
2. 可以用来支持 H_0	√	×
3. 不“严重”地倾向于反对 H_0	√	×
4. 可以随着数据累积来监控证据的强度	√	×
5. 不依赖于未知的或者不存在的取样计划	√	×

虽然贝叶斯推断具有很多传统 NHST 无法做到的优点，但是它也并不是没有缺点。比如，批评者认为贝叶斯推断对先验概率的设定过于主观和保守，因而不容易出现较强的证据。同时，它也没有考虑假阳性的问题。所以，传统 NHST 的拥趸认为贝叶斯推断无法直接与基于估计的频率学派统计进行比较。而为了克服传统 NHST 的不足，有研究者提出使用效应量及其置信区间替代 p 值，并对实验结果的可重复性进行评估，甚至上升到心理学研究的方法论层面，建议将实验取向和测量学取向相整合，即在心理学实验中，关注实验处理和被试性格特征之间的交互作用对研究结果的影响。

资料来源：胡传鹏等，2018。

① 网址：http://thenewstatistics.com/itns/esci/。

四、选择统计方法时还需要注意什么？

研究问题只能在统计方法的选择上帮助我们确定一个大的方向，要确定具体的统计方法，我们还需要考虑其他因素。

（一）数据类型

统计方法的选择受到自变量和因变量数据类型的限制。数据类型可以分为测量数据（包括等距数据和比率数据）、分类数据、等级数据。自变量和因变量的数据类型组合分别对应的常用统计方法如表 5－8 所示。

表 5－8　根据自变量和因变量的数据类型选择统计方法

因变量	自变量		
	测量数据	分类数据	等级数据
测量数据	相关分析、回归分析	t 检验、方差分析、回归分析	相关分析、回归分析
分类数据	t 检验、方差分析、回归分析、判别分析、聚类分析	卡方检验、回归分析	卡方检验
等级数据	方差分析、回归分析、判别分析、聚类分析	卡方检验、回归分析	卡方检验、相关分析

例如，周菡等（2019）探究了儿童心理虐待与忽略、应对方式对青少年自杀意念的影响。在该研究中，研究者分别使用 5 点量表和 4 点量表测量了儿童心理虐待与忽略和应对方式，得到的是测量数据；使用 5 点量表测量了自杀意念，得到的也是测量数据。所以，研究者选用的是相关分析。

（二）数据特征和实验设计

除了数据类型，数据特征（方差齐性与否、数据分布是否符合正态分布）和实验设计都会影响到统计方法的选择（具体见表 5－9）。

表 5－9　根据实验设计类型选择统计方法

变量类型	分布特征	差异					两变量间的联系
		完全随机实验设计			重复测量实验设计		
		单组	两组	多组	两组	多组	
测量数据	正态、方差齐性	单独样本 t 检验	独立样本 t 检验	单因素方差分析	配对样本 t 检验	方差分析	线性回归、皮尔逊相关
	非正态、方差不齐	Wilcoxon 符号秩和检验	Wilcoxon 符号秩和检验	Kruskal-Wallis H 秩和检验	Wilcoxon 符号秩和检验	Friedman M 秩和检验	
分类数据	—	二项分布检验、z 检验	卡方检验	$R \times C$ 表卡方检验	配对四格表卡方检验	$R \times R$ 列联表配对卡方检验	列联表相关
等级数据	—	—	Mann-Whitney 秩和检验	Kruskal-Wallis H 秩和检验	Wilcoxon 符号秩和检验		斯皮尔曼相关

例如，范伟等（2019）探究了羞耻情绪对欺骗行为的影响，研究中的因变量是5点量表测量的道德同一性分数、决策反应时，自变量是有无进行羞耻情绪启动。因变量都是测量数据，且自变量都是分类数据（羞耻组对控制组），所以在该研究中研究者采用的统计方法是独立样本 t 检验。

再如，有研究者考察了场景对面孔情绪探测的影响（李婉悦等，2019），他们采用了2（特质性焦虑：高、低）×2（场景类型：消极、积极）×2（面孔情绪序列：恐惧序列、快乐序列）×6（面孔情绪层级：0%、20%、40%、60%、80%、100%）重复测量三个因素的四因素混合实验设计。实验中测量的因变量为面孔情绪识别准确率，是测量数据。因此，研究者为了探究多组之间的差异，选用的统计方法是方差分析。

拓展阅读 5－3

PROCESS 插件及其在中介和调节效应检验中的应用

近年来，在心理学研究领域，大量实证文章试图通过建立中介效应或调节效应模型进行分析。检验中介效应或调节效应的方法很多，其中海耶斯（Andrew F. Hayes）基于SPSS和SAS的中介和调节效应分析程序，开发了进行中介和调节效应分析的插件PROCESS。PROCESS的优点主要体现在以下几个方面：

- **操作简便**。比如，在传统的SPSS中介效应分析中，一般要分几步进行。海耶斯的PROCESS插件直接将这些步骤运行的结果一起给出。结果呈现更全面，除了常规回归分析的结果，还提供直接效应和间接效应的估计值以及Bootstrap置信区间等。
- **步骤简略**。比如，在传统的SPSS调节效应分析前，需要对变量进行中心化处理并构建交互项。PROCESS则可以自动完成这些步骤，只需要勾选相应选项即可，如在“Options”中勾选“Mean center for products”。
- **自动化程度高**。比如，在传统中介效应分析中，中介效应的Bootstrap和Sobel检验需要手工计算或设置。这些在PROCESS中可以直接自动完成。
- **形式丰富**。能够进行复杂模型分析，如多重中介模型、有中介的调节模型、有调节的中介模型、带有控制变量的中介或调节模型等。

1. PROCESS 插件的安装①

第一步：以管理员身份运行SPSS，点击菜单栏中的“扩展”→“实用程序”→“安装定制对话框”（见图5－3）。

① 下载地址：http://processmacro.org/download.html。

图 5-3 安装 **PROCESS** 插件：打开安装对话框

第二步：找到已经下载并解压好的 process. spd 文件，选择“打开”（见图 5-4）。

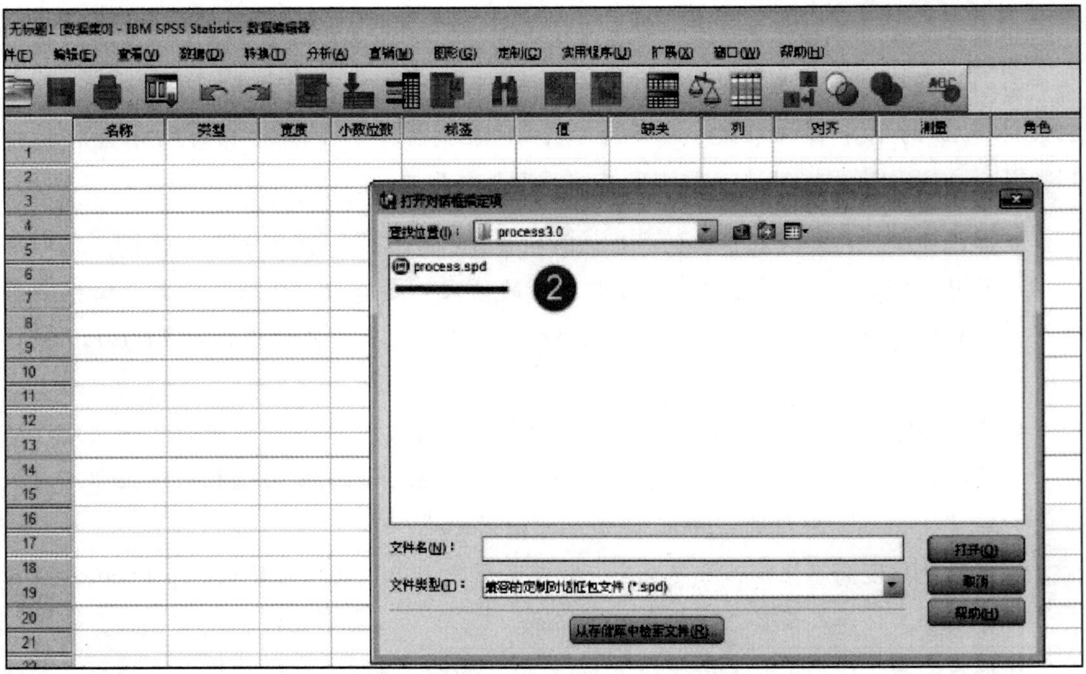

图 5-4 安装 **PROCESS** 插件：打开安装文件

第三步：检查是否安装成功——安装完成后退出再打开 SPSS，选择“分析”→“回归”→“PROCESS”（见图 5-5）。

2. PROCESS 插件在中介效应检验中的使用

以丁倩等（2018）在《心理学报》上发表的研究《相对剥夺感与大学生网络游戏成瘾的关系：一个有调节的中介模型》为例，该研究的目的是探讨相对剥夺感与大学生网络游戏成瘾的关系及其作用机制。研究者采用 PROCESS 的模型 4 检验非适应性认知在相

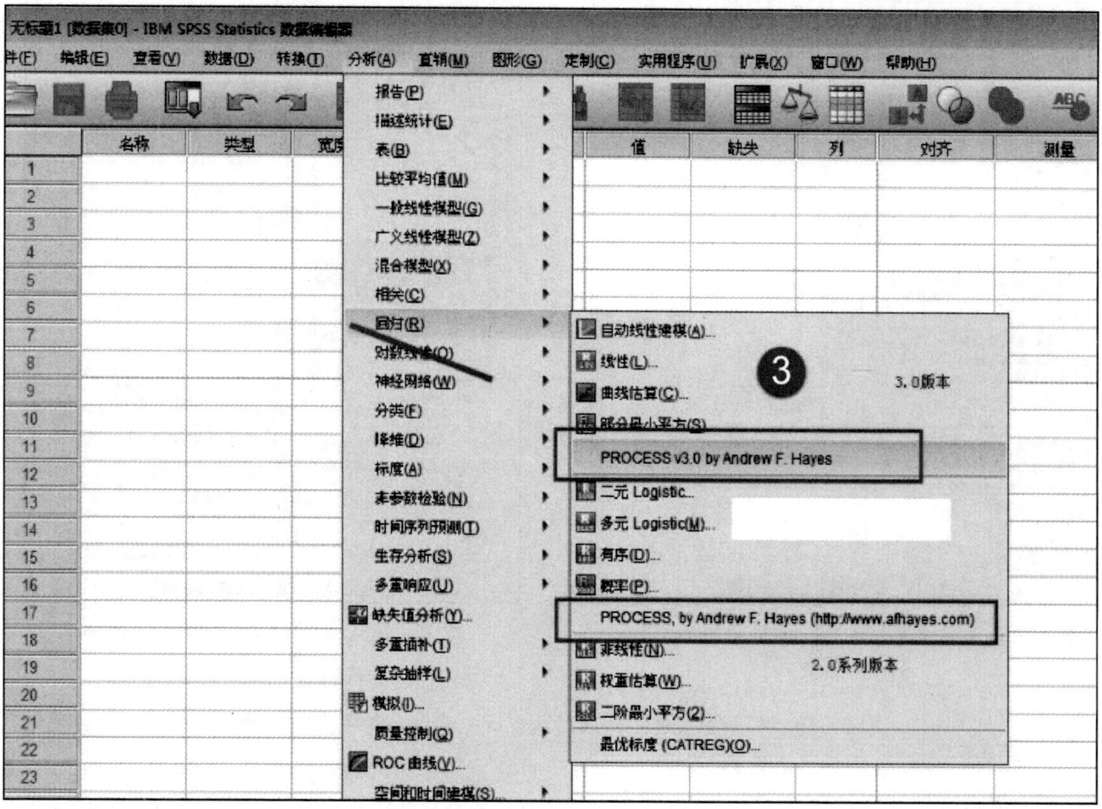

图 5-5　检查 PROCESS 插件安装是否成功

对剥夺感与网络游戏成瘾之间的中介作用（操作方法详见图 5-6a），结果显示：相对剥夺感可以显著预测非适应性认知，$a=0.27$，$SE=0.03$，$p<0.001$；但当控制非适应性认知后，相对剥夺感就不能显著预测网络游戏成瘾，$c'=0.01$，$SE=0.03$，$p>0.05$。同时偏差校正的百分位 Bootstrap 方法检验表明，非适应性认知在相对剥夺感与网络游戏成瘾之间的中介作用显著，$ab=0.12$，Boot $SE=0.02$，95% 的置信区间为［0.08，0.17］。中介效应占总效应的 92.55%，表明非适应性认知完全中介相对剥夺感对网络游戏成瘾的影响。

3. PROCESS 插件在有调节的中介效应检验中的使用

在丁倩等（2018）的研究中，研究者在揭示了非适应性认知的中介效应后，还进一步采用 PROCESS 的模型 14 检验了内隐人格观对中介模型的调节作用（操作方法详见图 5-6b）。理论上讲，针对有调节的中介模型的估计只有满足以下三个条件，才能证明有调节的中介效应存在：（1）相对剥夺感对网络游戏成瘾的总效应显著；（2）相对剥夺感对非适应性认知的预测效应显著；（3）非适应性认知对网络游戏成瘾的主效应显著，且内隐人格观与非适应性认知交互项的效应显著。结果发现，以上三个方程均显著（见表 5-10），说明相对剥夺感通过非适应性认知对网络游戏成瘾产生影响的过程受到内隐人格观的调节。

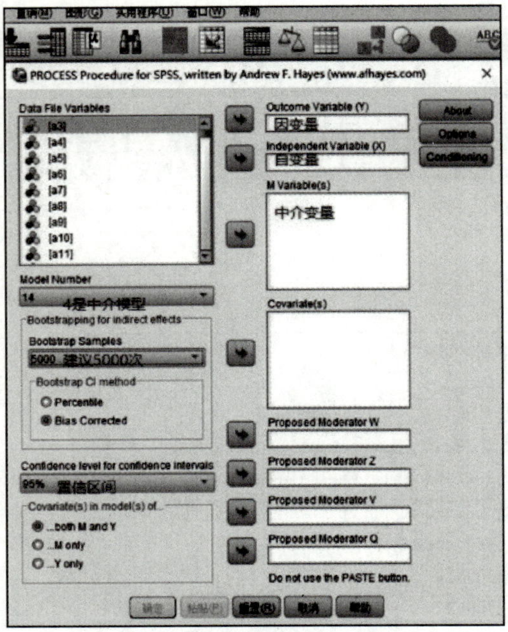

图 5－6a　使用 PROCESS 插件检验中介效应

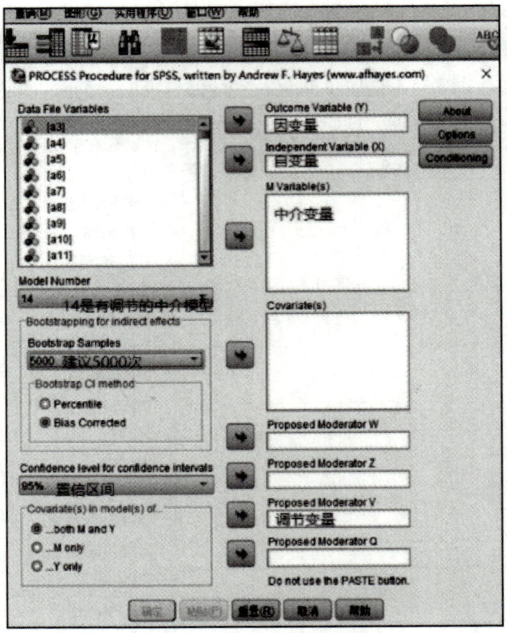

图 5－6b　使用 PROCESS 插件检验有调节的中介效应

表 5－10　相对剥夺感对网络游戏成瘾的有调节的中介效应检验

变量	方程 1（效标：网络游戏成瘾）			方程 2（效标：非适应性认知）			方程 3（效标：网络游戏成瘾）		
	SE	β	*t*	*SE*	β	*t*	*SE*	β	*t*
性别	0.08	0.01	0.07	0.07	0.01	0.08	0.07	－0.00	－0.04
年龄	0.03	0.07*	2.33	0.03	0.09**	2.91	0.03	0.03	0.96
相对剥夺感	0.03	0.13***	4.29	0.03	0.27***	8.82	0.03	0.01	0.37
内隐人格观							0.03	－0.09**	－2.75
非适应性认知							0.03	0.49***	15.62
非适应性认知×内隐人格观							0.04	－0.09*	－2.10
R^2		0.02			0.08			0.08	
F		8.23***			29.53***			47.83***	

* $p<0.05$，** $p<0.01$，*** $p<0.001$。

4. PROCESS 插件的缺点

虽然 PROCESS 提供了中介/调节效应检验的简便之门，但它并不是没有缺点，主要体现在以下三个方面：

- 只能处理显变量路径分析模型，不能处理潜变量模型，后者需要使用结构方程模型。
- 无法考察测量误差问题。因为只能处理显变量，不能分离测量误差，所以不如潜变量的结构方程模型精确。
- 不能像结构方程模型那样提供模型拟合参数，不能对模型进行整体评价。

五、统计辅助工具推荐

（一）iResearch 在线工具

iResearch 是一个线上科研辅助平台，其在线统计工具对于刚开始学习统计的新手来说有一定的帮助。首先打开网址 http://iresearch. unipus. cn，将鼠标移至“科研工具”一栏，点击“统计分析工具”。根据工具的提问，选择你面临的情况和需求，工具会给你推荐适合的统计方法。

（二）SPSS 统计辅导

如果你觉得 iResearch 中的统计方法太少，可以看看 SPSS 自带的统计辅导。在 SPSS 中打开一份数据之后，点击菜单栏中的“帮助”，选择“统计辅导”。只要按照系统的提示进行点击，就会获得推荐的统计方法以及在 SPSS 中的操作方法。

拓展阅读 5－4

从统计显著性到显著性统计

随着研究可重复性问题愈演愈烈，已经有很多研究者，尤其是统计学家，建议停用统计显著性（statistical significance）这个概念。但是，哈佛大学统计系教授孟晓犁提出，无论是过度地追求“$p<0.05$”，还是忍心将之放弃，都并非明智的做法。与其因噎废食，不如保持一种理性均衡的态度——接受不确定性，深思熟虑，保持开放和谦逊。同时，注意在研究目的和研究设计上下功夫，进行“显著性统计”。

- 讨论数据的收集、预处理、质量、限制以及这些因素的影响。
- 阐明、评估并讨论数据分析和建模的假设及其结果。
- 进行调查，并且表现出对选择偏差、混淆因素、何时/是否可以得到因果关系的结论的深刻理解。
- 对多元关系及分布进行一致的概论意义上的思考和处理。
- 合理运用统计方法并且承认它们的不足之处。
- 对不确定性进行适当的传播分析、量化及表示。
- 表现出对统计原理的深入理解，比如统计推断与偏差-方差权衡。

总之，一些好的统计方法对数据科学很重要，但它们并不是纯粹出于统计学上的考虑。例如，理解统计与计算效率之间的权衡问题、确保计算的稳定性与可拓展性、仔细考虑政策含义与描述重要的科学背景等，都是比具体选择哪种统计方法更为重要且核心的问题。

资料来源：孟晓犁，2019。

小贴士

1. 整理研究结果的主要步骤：

- 方案设计。

- 数据录入。
- 原始数据的审核和评价。

2. 建立数据分析的方案，包括：

- 把需要用统计来回答的问题列出来。
- 列出每个问题下的自变量和因变量，检查可能存在的无关变量。
- 确定自变量和因变量的类型，整理变量之间关系的研究假设。
- 确定分析的方法。
- 进行初级分析。
- 进行假设检验。

3. 根据研究问题选择统计方法，包括：

- 描述和分类。
- 降维及潜在因素的探索。
- 分析数据间的差异。
- 分析变量之间的关联性。
- 元分析。

4. 选择统计方法时需要注意：

- 数据类型。
- 数据特征。
- 实验设计。

第二节　准确科学：报告研究结果

“研究结果的报告在文章中特别重要！”实验室的师兄曾经这么跟小白说，“好的结果报告不仅可以帮助读者进一步理解实验的设计和数据的结果，也有助于在后面的讨论部分挖掘出更多有意义的实验内涵。”

既然是这么重要的部分，小白心想一定要重视起来。不过，具体落实到行动上，要怎么做呢？“一项研究经统计分析后产生了这么多数据，不同的数据之间还有不同的关系。要怎么样才能将一个个数据结果写到研究报告里呢？哪些是需要写出来的内容？哪些是不需要写出来可以直接忽略的？如果要写，又该怎么组织语言呢？”

一、结果部分写作的准备

在进行完一项研究后，所得出的结果是基于研究假设进行的一些统计分析，往往是分散的、具体的数据结果，还需要进一步对其实际意义进行归类和阐述。上一部分对数据进行的统计分析只是实验数据处理的第一步，对分析出来的数据结果进行系统的整理和阐述是下一步的重点：整理和解释研究结果既是对先前研究工作的总结，也是后面讨论研究结果、得出研究结论的基础；这一部分既是研究者眼中能用于验证研究假设的结果呈现，也是同行之间进行学术交流及进一步推动领域内研究的基础，同时还是对学术进行大众传播的基础。因此，结果部分的写作在整篇研究报告中占据十分重要的地位。

结果部分的写作并不是孤立存在的，而是与整体研究设计和数据分析的思路一脉相承、互相关联的。在进行结果部分写作之前，可以不必着急迅速开始写作，而是先做好以下几个方面的准备，这样有助于快速形成对结果部分的陈述。

（一）准确回顾研究目的及研究假设

研究目的及研究假设是组织整个研究报告最根本的依据，也是结果部分最根本的参考。从原则上说，与研究假设无关的分析结果都不是结果部分写作的重点，在结果部分写作中只作为补充说明或不用出现。因此在结果部分写作之前，可以首先对整体研究的逻辑进行回顾，并在写作过程中尽量牢记研究目的及研究假设，或做到时时回顾。这样就能够在陈述研究结果时做到主题集中、重点突出，使读者阅读起来清晰明了。

（二）筛选数据结果

一项研究通常有许多方面的数据，进行统计分析后能产生许多数据结果。但并非所有数据结果都是需要在结果报告部分呈现的，不考虑这一点会使整个文章十分冗杂、重点不突出，造成阅读的困难。因此，我们应该结合研究目的和研究假设，在写作之前对研究结果进行筛选，排除掉一些不必要呈现的结果，如一些非目标变量之间的关系，使要呈现的数据结果可以通过逻辑的整合证明或证伪研究假设。

（三）对数据结果的逻辑关系进行整理

筛选出需要呈现的数据结果后，可以按照逻辑关系对不同类型或不同内容的数据结果进行排序，方便后面陈述的时候有一个明确的写作顺序。一般来说，描述统计的报告放在推断统计之前，重要结果的报告放在相对不重要的补充结果之前。具体的呈现顺序在后面写作技巧部分还会再次介绍。

（四）掌握同领域文章的几种常用表达

无论是进行实证研究还是论文写作，一个共通的、百试不爽的技巧就是“查找同领域文献”。在进行实证研究时，研究范式的使用、量表的确定以及信度和效度信息的获取等过程都可以在同方向或主题相近的已有研究中找到参考的依据，这可以使当下进行的研究“有理有据”；进行研究结果的报告时也是一样的。我们可以尝试查找研究结构、主题相近的文章，学习相应的结果报告方式。例如，对于使用了两因素方差分析的研究，可以查找同样对结果进行了两因素方差分析的文章，学习这些文章中对主效应和交互作用进行报告的方法。

（五）用数据分析软件初步制作图表

报告结果的过程中需要严谨地表达一些逻辑关系，把变量间的关系精确地描述出来。

在描述逻辑关系之前，可以尝试使用数据分析软件（如SPSS）把一些结果制成图表。这些图表不一定在结果报告中使用，也不一定需要绘制得十分精细，但可以帮助在写作的过程中准确地把握变量间的关系、厘清一些变化趋势，使正文中的逻辑表达顺畅。

二、结果部分写作的原则和内容

（一）原则

在撰写结果部分时，有一个原则是需要注意的，那就是：**如实报告，不加主观评论。**这一原则指的是，需要用恰当的方式如实报告研究的结果，但不需要对结果做出过多的推论（推论将在讨论部分呈现），也不需要讨论结果的意义。因此在报告研究结果的时候，最先注意的应该是区分“事实”和“评论”的不同，然后再动笔将事实部分报告出来。另外，实验研究通常有大量的原始数据，这些材料是不能直接报告的，而是要报告整理后的描述统计和推断统计结果。

关于这部分写作的原则，可以参考《美国心理学会出版手册》中的以下描述（American Psychological Association, 2020, p. 151）：

> 定量论文的结果部分应总结收集的数据及其分析结果，从而为后文论述提供依据。报告数据时需提供足够的细节以支持结论。无论假设是否得到支持，都应提及所有相关结果，包括与预期不符的结果；当理论预测存在大效应（或统计显著性）时，应包含小效应（或统计上不显著）的发现。不应通过省略来隐藏不理想的结果。

（二）内容

研究报告的结果部分旨在对研究结果进行简明而全面的描述，包括描述统计和推断统计。结果部分的报告内容可以参考图5-7的结构来组织。在下面的介绍中，我们也将通过一些具体的文章示例来看看每个部分的具体内容应如何写作。

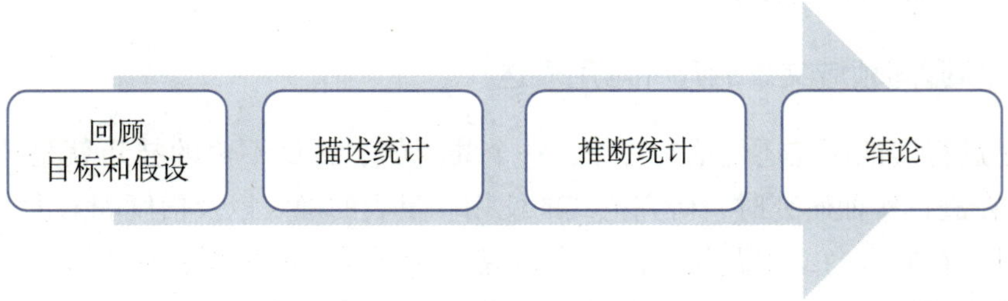

图5-7 论文结果部分内容构成

1. 回顾目标和假设

结果部分报告可以以回顾研究目标和假设开头，这是为了帮助读者回顾前文的内容并提示接下来的内容，可以帮助读者更好地定位阅读位置，更好地理解接下来将要呈现的内容。例如，唐慧琳和刘昌（2006）在报告关于类比推理的实验结果时就适当地回顾了实验的自变量和因变量，自然衔接到下文的数据说明环节（见图5-8）。

<table>
<tr>
<td>

3　结果与分析

3.1　以反应时为指标的分析

以被试的类比推理反应时为因变量，以推理类型（图形、言语）为被试内变量，组别为被试间变量进行重复测量多元方差分析。结果如表1所示［略］。推理类型的主效应显著［$F(1, 119) = 528.26$, $p < 0.001$］，表明被试进行图形类比推理和言语类比推理所用的反应时之间有显著的差异。推理类型与组别之间有显著的交互作用（$p < 0.01$），这说明图形、言语类比推理有不同的工作记忆子成分的参与。

接下来，分别以被试在图形类比推理和言语类比推理中的反应时为因变量，以组别为自变量进行单因素方差分析。结果表明，分别以图形、言语类比推理反应时为因变量时，"组别"这一自变量存在显著效应［$F(5, 117) = 2.96$, $F(5, 117) = 2.71$, $p < 0.05$］。

然而，进一步对六组被试进行逐对的平均数差异显著性检验发现：以图形类比推理反应时为指标时，任何一个实验组与控制组之间的差异均没有达到显著水平；对于言语类比推理反应时，则是敲击组与控制组之间有明显的差异（$p < 0.05$），表明视空间模板中的空间成分参与了言语类比推理。

</td>
<td>

第一段：适当地回顾了实验的自变量和因变量；确定研究的类比推理反应时为因变量，推理类型（图形、言语）为被试内变量，组别为被试间变量。

第二段：分析推理类型的主效应，说明主效应显著的含义；分析两种推理类型之间的交互作用并说明交互作用显著的含义。

第三段：分析组别变量的主效应以及差异显著性检验，说明结果的含义。

</td>
</tr>
</table>

图5-8　报告实验结果时适当回顾实验的自变量和因变量示例

2. 数据说明——描述统计

由于原始数据的冗杂，对其进行描述统计并以适当的方式呈现就是一个非常重要的过程。经由这一过程，一方面，读者可以对整个研究的数据有一个整体的认识，为接下来进行推断统计做好铺垫（比如事先清楚重点分析的变量有哪些、集中和离散趋势如何等）；另一方面，这也能够体现研究者对自己研究基本信息如实汇报的态度。

描述统计提供的主要是关于数据集中和离散趋势的信息，包括平均数、众数、中位数等集中量数，以及方差、标准差、全距等差异量数。需要注意的是，描述统计部分既可以使用语言来表述，如被试××的平均测验分数为××，标准差为××，也可以使用表格等更加直观的方式进行报告。例如，在上述研究中，描述统计采用了列表方式，以方便读者对关键数据进行查阅和对照（见表5-11）。

表5-11　各组被试类比推理反应时、正确数的平均值及标准差

组别	图形类比推理		言语类比推理	
	$\bar{x}$	s	$\bar{x}$	s
控制组（$n=20$）				
反应时（秒）	8.870	2.039	4.307	0.693
正确数	12.45	2.06	14.70	1.03
敲击组（$n=20$）				
反应时（秒）	9.172	2.391	5.007	1.158
正确数	10.70	2.79	14.70	1.38

续表

组别	图形类比推理		言语类比推理	
	$\bar{x}$	s	$\bar{x}$	s
图片干扰组（$n=20$）				
反应时（秒）	7.760	2.586	3.975	0.803
正确数	11.05	2.63	14.85	1.18
发音抑制组（$n=20$）				
反应时（秒）	10.015	2.613	4.730	0.811
正确数	10.65	3.00	14.00	2.13
言语干扰组（$n=20$）				
反应时（秒）	10.167	3.361	4.462	1.041
正确数	12.50	2.84	14.90	2.17
随机间隔重复组（$n=20$）				
反应时（秒）	8.072	2.145	4.651	1.223
正确数	10.50	2.40	14.45	1.39

资料来源：唐慧琳，刘昌，2006。

一般而言，平均数和标准差是最常用于描述统计报告的统计量，因为这两个统计量在大多数情况下可以分别反映数据的集中和离散趋势，但也存在许多例外的情况，不能一概而论。例如，李红和冯廷勇（2002）在描述统计部分报告了正确的题数及正确率（百分比），这是为了帮助读者更好地理解文章而设置的，可以直观看出正确的题数所占的比例（见表5－12）。大家可以在阅读文献时有意识地注意用于描述统计报告的统计量，在写作时可以参考同类型、方向的文献，或是思考报告哪些统计量能够更好地服务于文章主题。

表5－12　以0.5岁划分的实验结果

年龄（岁）	单维组			双维组			控制组		
	M	SD	%	M	SD	%	M	SD	%
4	3.50	1.24	58.33	0.67	0.78	11.17	5.75	0.45	95.83
4.5	3.78	1.30	63.00	1.56	1.48	26.00	5.78	0.44	96.33
5	3.45	1.13	57.5	1.45	1.21	24.17	6.0	0.00	100.00
5.5	3.80	1.32	63.33	2.80	1.32	46.68	6.0	0.00	100.00

资料来源：李红，冯廷勇，2002。

3. 推断统计

推断统计是一个在统计水平上证明某一结果意义的过程，只有“在统计上达到显著水平”的结果才有科学意义。比如在唐慧琳和刘昌（2006）的研究中，在单独完成条件和双任务条件下，敲击组的正确率分别是99.02%和90.32%，但这其中的差异并不能被直接认为是有价值的差异，而需要利用推断统计来排除随机误差的影响，确认差异是有意义的（见表5－13）。

表 5-13 两种条件下次级任务反应时/正确率的比较

组别	单独完成条件		双任务条件		t	df	p
	$\bar{x}$	s	$\bar{x}$	s			
敲击组							
反应时（秒）	1.052	0.241	1.206	0.390	-2.29	19	0.034
正确率（%）	99.02	1.85	90.32	7.35	5.52	19	0.000
发音抑制组							
反应时（秒）	1.050	0.074	1.243	0.218	-4.06	19	0.001
随机间隔重复组							
反应时（秒）	0.251	0.041	0.383	0.066	9.36	19	0.000
正确率（%）	99.00	3.48	84.56	12.65	4.65	19	0.000

资料来源：唐慧琳，刘昌，2006。

在报告推断统计结果的时候，首先要体现出具体的统计方法。体现统计方法既可以直接点出具体统计方法的名称，如“相关样本 t 检验”“方差分析”等，也可以使用具体方法的过程信息来体现，如“推理类型的主效应显著 [$F(1, 119)=528.26$，$p<0.001$]，表明被试进行图形类比推理和言语类比推理所用的反应时之间有显著的差异”（唐慧琳，刘昌，2005）。

其次，需要报告统计量的精确值以及附加的信息，如 t 值、F 值、卡方值的具体大小以及自由度、样本量等附加信息。上文中的例子“推理类型的主效应显著 [$F(1, 119)=528.26$，$p<0.001$]，表明被试进行图形类比推理和言语类比推理所用的反应时之间有显著的差异”就精确报告了 F 检验的 F 值及附加信息自由度（1，119），以及 p 值的大小。

4. 结论

结论在结果报告部分是不可或缺的。它可以跟在具体的统计分析之后起到解释的作用，也可以在一段统计分析后作为一个相对概括性的解说。例如，费广洪等（2015）的结果报告部分就先列举了相关的结果，然后在段落最后统一说明这些结果的含义：

> 因为提示条件与材料类型存在交互作用，需要进一步做简单效应分析。结果发现：在几何图形中，提示条件的简单效应均显著；在词语中，提示条件的简单效应均显著；在数字中，提示条件的简单效应显著；在关系图形中，提示条件的简单效应显著；在故事中，提示条件的简单效应显著。**说明，提示可以提高几何图形、词语、数字、关系图形和故事类比推理的成绩。在有提示时，材料类型条件的简单效应均显著；无提示时，材料类型条件的简单效应均显著。**

5. 深挖数据的意义

在一些研究中，特别是涉及多个变量的研究，研究者还会对一些数据的含义进行进一步的挖掘和介绍，使之对整个结果部分起到补充和丰富的作用。针对这一部分，不同领域、不同研究、不同写作风格的作者都可能会根据自己的理解来进行补充，并没有一个固定的内容要求，这部分在文章中也并非必须出现的内容。接下来我们会介绍两种深挖数据的思路，读者们可以在阅读后继续思考，是否还有其他的思路。

一种方法是控制一些可能产生混淆的变量，查看主要研究假设的效应是否还成立。以关于父母权威型教养方式和青少年学业成绩之间关系的研究为例（Steinberg et al., 1989），作者在文中使用学生的 GPA 来衡量学业成绩，但也对学生进行了成就测试作为控制。根据作者在文中的解释，区分成就测试成绩与 GPA 的必要性是存在争议的，但是成就测试成绩可能同时反映了学校教育和家庭教养的作用。为了控制这部分可能的影响，作者同时计算了控制成就测试成绩与不控制成就测试成绩后的主效应。这部分的数据分析和报告事实上并不在文章的主要假设里，但是补充这部分的结果分析的确可以使文章显得更严谨，内容也更丰富，对后续研究的进行有更多的参考价值。在进行相关或回归的研究时，研究者经常如此控制一些可能产生混淆的变量影响，进一步提高结果的可靠性。

另一种方法是在报告完主要的结果后，对一些看起来比较有意义的结果进行补充说明，这么做的意义在于为同领域的研究者提供一些可能的研究方向。但需要注意的是，这部分的内容篇幅以及讲述的程度需要小心把控，避免喧宾夺主，影响文章的主线叙述。

三、结果部分的写作技巧

（一）结果报告的顺序和结构

一次研究可能会产生许多结果，在结果部分进行报告时，注意不要将所有的结果一股脑罗列到段落里，而是要筛选出合适的、需要呈现的结果，并以一定的顺序排列。在筛选要报告的结果时，注意回顾研究的目的，根据整体研究关注的重点来组织需要报告的结果以及报告的方式。遇到有多个结果需要报告时，可以考虑采用以下做法：

- **根据结果的重要性来报告。**先重点陈述与研究目的高度相关、有必要详细说明的结果，然后在段落的后面再补充一些没有那么重要但有必要向读者说明的结果信息。
- **按照研究提出假设的逻辑思路来组织结果的报告顺序。**例如，对于两因素方差分析结果，可以按照研究顺序报告主效应，解释主效应的含义，再报告交互作用，解释交互作用的含义。
- **如果研究结果本身就有内在的逻辑顺序，可以按照其逻辑顺序来报告。**例如，同时有描述统计、相关分析、回归分析等结果时，描述统计结果需要放在最前面进行报告，然后依次报告相关分析、回归分析结果。另外，一般先报告单变量分析的结果，再报告多变量分析的结果。

（二）正确使用图表

对于一些需要用大段文字表述的研究结果，或是当仅仅通过文字没有办法很直观形象地体现研究结果特性的时候，可能会使用图表等形式来辅助结果的报告。但在考虑借助图表呈现研究结果的时候要格外注意一些原则。

1. 节省原则

在论文表述中使用图表通常是不够经济的，在发表论文时也需要更多的成本，因此在使用图表之前可以先仔细考虑一下在此处使用图表的必要性，确认图表的使用能达到正文介绍达不到的效果后再着手制作图表。

2. 先文字后图表原则

在进行图表呈现之前，通常先用一段简短的文字介绍这一部分的主要内容，然后再呈现统计数据及图表。图表所放的位置通常在相应段落叙述完之后。

3. 内容相关原则

正文内容和图表内容应该是互相补充的关系，对图表中有的信息正文无须一一举例，能起到点明和解释的作用就可以了。但是也要注意，图表不能在正文没有提及的情况下直接单独使用，这样容易使读者迷惑，不知道图表出现的意义。

4. 编号原则

图表需要编号，并且在正文中体现。另外，表格的标题一般放置在上方，图的标题一般放置在下方。

5. 整洁美观原则

图表的设计方面，基本要求就是整洁美观。使用没有竖线的三线表，并且尽量精简表格中的内容；图中除了必要的标识以外，尽量不要有多余的颜色或不必要的装饰。

6. 符合要求原则

每本期刊都有自己的出版规范，不同类型的图表也有不同规范，在进行写作的时候可以提前参考相关的规范，在充分了解规范的基础上再进行图表的制作可以避免出错以及反复修改。

表 5－14 是结果部分的撰写原则自检表，供大家在初步完成结果部分撰写后，用以自我检查是否尚有所欠缺。

表 5－14　结果部分的撰写原则自检表

条目	预期结果	自检结果	备注
1. 是否在教读者统计？	否		
2. 是否对结果进行了过多解释？	否		
3. 是否清晰地说明了表和图的含义？	是		
4. 文章在独立于表和图的情况下是否表述清楚？	是		
5. 整个结果部分是否有清晰的思路？	是		
6. 是否在表和图呈现之前进行了介绍？	是		
7. 是否在推断统计之前介绍了描述统计结果？	是		
8. 结果部分是否包含讨论部分即将涉及的所有数据？	是		
9. 结果部分是否回答了研究问题？	是		
10. 是否充分进行了描述统计？	是		
11. 结果部分的用词是否清晰准确？	是		

续表

条目	预期结果	自检结果	备注
12. 呈现方式是否正确？	是		
13. 表和图是否都有标注？	是		
14. 数据结果后面的说明是否恰当？	是		

资料来源：埃文斯，2010，119 页。

拓展阅读 5－5

学与问——关于心理统计

小白：师兄，请问结果部分使用的符号都有哪些呢？具体使用起来有没有什么要求呀，比如 *p* 值需不需要用斜体呢？

师兄：哈哈哈！你问对了问题。事实上，结果部分会使用到的符号一般情况下并不太多。对于这些符号，期刊的投稿指南都会有简要的介绍。例如，《心理学报》的投稿指南里就明明白白写着：

- 请使用法定计量单位、符号和标准化、规范化的名词、术语。常用的统计学符号规定如下：总样本容量为 *N*，分组样本容量为 *n*，平均数为 *M*，标准差为 *SD*，*t* 检验为 *t*，*F* 检验为 *F*，卡方检验为 χ^2，相关系数为 *r*，显著性为 *p*。英文字母都须用斜体。希腊字母（$\alpha, \beta, \chi^2, \eta^2$）、上标和下标的数字和文字，不用斜体。
- 统计值小数点后保留两位有效数字（显著性 *p* 可保留 3 位，有特殊要求的可保留多位）。
- 报告推断统计（*F* 检验、*t* 检验、卡方检验）结果时，须给出自由度和（或）样本量。
- 大于 0.001 的 *p* 值都须精确报告，即只有 $p<0.001$，不用 $p<0.05$ 和 $p<0.01$（图表除外）。

小白：我在整理数据的时候发现，有一些变量之间的关系是不显著的，这样的话要怎么在报告中表达呢？

师兄：数据不显著实在是太正常了。即使研究中有一部分数据是不显著的，也不妨碍研究的整体假设是有价值的，因此也需要在研究报告中体现出来。我们可以说“在本研究中没有发现×××的证据”或者“×××没有达到统计上的显著性”。另外，有时候不显著的数据反倒能说明一些有趣的结论，在讨论部分可以试着继续进行分析。

小白：好的，再请问师兄，如果研究使用 SPSS 分析数据，那么这需要报告吗？

师兄：很多人习惯在方法部分的最后一段，说明研究采用 SPSS 软件进行统计分析，这实际上是不必要的。绝大部分研究这么做，不必再说了。若使用了特殊的软件或者 SPSS 软件的一些特定功能或方法倒是需要介绍。

小白：小数点后保留几位数字？

师兄：一般规定小数点后保留 2 位小数（小数点前的 0 不要省略），*p* 值等极特殊情况可以保留 3 位小数，比如 $p<0.001$。

小白：样本量是以大写字母 N 还是小写的 n 表示？

师兄：样本量指的是一组研究对象的数量，只有足够大的样本才可以代表总体，进而可以通过研究样本来对总体做概括性的描述。一般来说，N 通常用来代表总体大小，而 n 用来代表样本大小。不过，也有人将 N 视为总样本数（如 $N=135$），而以 n 表示样本子集（如 $n=30$）。

小贴士

1. 在写作研究结果之前需要做好的准备：
- 准确回顾研究目的及研究假设。
- 筛选数据结果。
- 对数据结果的逻辑关系进行整理。
- 掌握同领域文章的几种常用表达。
- 用数据分析软件初步制作图表。

2. 结果部分撰写的原则：如实报告，不加主观评论。
3. 研究结果部分的内容构成：
- 回顾目标和假设。
- 描述统计。
- 推断统计。
- 结论。

第三节 规范美观：制作结果图表

直到今天，小白回想起本基项目中期考核答辩时的“事故”依然心有余悸。十分钟口头报告原本进行得很顺利，精心准备的 PPT 漂亮而有逻辑，小白铿锵有力的汇报更是让答辩老师频频点头称是。然而，当评审老师翻开小白项目的中期报告书时，微笑与赞同就从评审老师脸上消失了，评审老师严肃地质问：“小白，你们的图表是直接从 SPSS 中复制粘贴过来的吧？这样是不允许的，你知道吗？你们已经是三年级的大学生了，竟然还不知道如何科学规范地作图，这样实在是太不应该了！”老师的话如一记重拳打在了原本志得意满的小白的自尊心上。在心理学部这么多专业课中，真的没有哪一门讲过如何作图，但小白知道，这并不是自己不会作图的理由。“从哪里跌倒，就从哪里爬起来！”小白和组员痛定思痛，决心从头开始认真学习如何制作结果图表。

一、图表在论文中的作用

图表在心理学论文中十分常见，甚至必不可少。图表在论文中的作用体现在以下四个方面：（1）集中、直观、高效地呈现数据和分析结果；（2）减少部分文字叙述，降低读者理解的难度；（3）为文字论证提供鲜明的证据；（4）增加论文的生动性和可读性。图5-9形象地展现了表格在展示文字内容方面的优势。

某实验研究了学生情绪状态对不同难度阅读理解测验成绩的影响。结果的文字表述如下：

困难组中，持消极情绪的学生平均分数为5.57分，标准差为1.58；持积极情绪的学生平均分数为4.32分，标准差为1.34。容易组中，持消极情绪的学生平均分数为6.73分，标准差为1.83；持积极情绪的学生平均分数为7.23分，标准差为3.59。

表格呈现结果如下：

表1　情绪状态和阅读理解难度对阅读理解测验成绩的影响

			情绪启动类型	
			1（消极情绪启动）	2（积极情绪启动）
阅读理解难度	1（困难）	*M*	5.57	4.32
		SD	1.58	1.34
	2（容易）	*M*	6.73	7.23
		SD	1.83	3.59

图5-9　研究结果文字表述与表格呈现的对比（数据虚构）

不过，图表并不仅仅是在Word或者SPSS中点点按钮、复制粘贴就大功告成的东西。虽然制作图表看起来不难，但在这一过程中，有一些原则我们必须遵守。另外，我们也可以通过一些别的手段，来帮助我们制作出所需的统计图表。

二、制作图表的要求

（一）制作图和表的共同要求

既然图和表常常被我们连起来说，那么它们必然是有一些相通之处的。

首先，**图表位置**需要我们仔细考虑。既然图表是要帮助作者更加清楚地表达研究结果，使文字叙述更加简单易懂，那么图表和对应文段的位置应该是怎样的呢？答案是，图表常常在相应文段之后出现。但因为排版等原因，不一定总是紧接着这一段话，所以在文段中也需要写出这些统计数据和结果对应的图或表是哪一张。

其次，在决定合适的位置之后，**图文呼应**就是我们需要琢磨的问题。既然我们通过图表呈现了一些信息，那么在文中就可以简略叙述甚至直接省略部分信息。

再次，**图表内容**必须符合规范。这里的规范既包括一般的规范，如使用国际通用的法定计量单位，使用规范化、标准化的术语及符号等，也包括一些特殊的规范，如投稿期刊对图表中的字体和字号的特殊要求。这就要根据具体的期刊要求进行具体的分析了。

最后，还有一些注意事项需要我们在制作完图表之后进行反思（见表5-15）。

表 5-15　图表是否符合规范自检表

条目	是/否
1. 图表的内容是否真实准确，并能支持文章的内容？	
2. 是否未使用过多的数据或分散的细节，且针对的是主要且容易理解的事实性信息？	
3. 所有图表是否按照统一标准制作，不因形式上的差异造成阅读的困难？	
4. 图表是否已编号（即写明表序、图序）并命题，图题是否处在图的下方，表题是否处在表的上方，题目和图表是否未分别出现在两页？	
5. 图表本身是否简洁美观，不因外观的问题影响读者的阅读？	

（二）心理学论文中表格的基本要求

针对表格，有一些不同期刊都适用的基本要求。写作论文时，我们需要考虑到这些问题，这样才能在最为基础的层面保证我们的表格符合审稿人和读者的要求。具体可以参照下面这几条：

（1）使用的表格是必要的。

（2）表格中的竖线已经删除，从而构成一个三线表（如图 5-10 所示）。

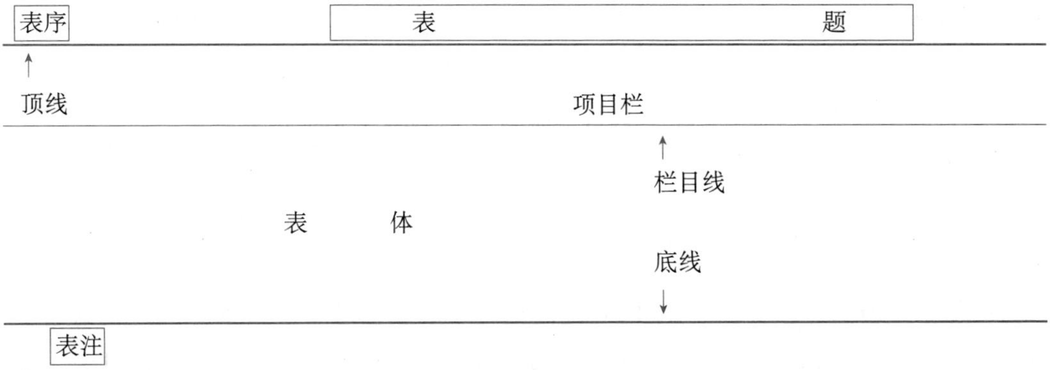

图 5-10　三线表的组成要素

（3）表题的表述足够清晰简明，准确地提示了表格的内容。

- 过于简略，如“图片与反应时（ms）的关系”。
- 过于烦琐，如“风景图片、游戏图片和空白图片与被试按键反应时（ms）的关系”。
- 比较适当，如“不同类型图片与反应时（ms）的关系”。

（4）表格的行和列有必要的名称。

（5）数值位数和格式合理，一般来说不带单位和百分号，应把单位和百分号放在表格上方的项目栏中。

（6）所有的缩写、特殊符号（如 *）已在表注中进行说明。

（7）所有水平的 p 值都正确标注，显著情况已用星号进行说明。

（8）注解按一般注解、特殊注解、概率注解①的顺序进行书写。

（9）表格的大小适合投稿期刊的页面设置。

（10）正文相应位置有指示表格的标志。

（11）跨页的表格已标注“续表”或“续前表”。

另外有一个可能被忽视的地方是，表格并不仅仅是数字表格，有的时候我们也需要使用文字表格。文字表格常常用来交代质性或解释性信息。例如，在元分析研究中，我们可能需要一个表格对以前发表过的研究进行总结，而此时把它们全部纳入正文会显得既长又难以阅读。因此，我们需要使用文字表格。文字表格没有特别统一的格式，因此我们可以根据需要来合理安排（如表5-16所示）。

表5-16　不同领域的能动与共生维度（文字表格示例）

研究者	能动维度	共生维度	领域
Parsons & Bales, 1955	工具性 (instrumentality)	表达性 (expressiveness)	社会结构/群体功能
Rosenberg et al., 1968	智能 (intellectuality)	社会赞许 (social desirability)	社会认知/印象形成
Bem, 1974; Spence et al., 1979	男性化 (masculine)	女性化 (feminine)	社会认知/性别刻板印象
McAdams, 1988	权力 (power)	亲密 (intimacy)	人格/动机
Markus & Kitayama, 1991	独立 (independence)	互依 (interdependence)	社会认知/自我建构

资料来源：潘哲等，2017。

（三）心理学论文中图的基本要求

在了解了表格的要求之后，小白对他们报告中的表格进行了调整，一方面删除了一些没有太大实际意义的表格，另一方面对表格的内容进行了一定程度的修改。小白看着修改之后的部分，感觉自己取得了阶段性的胜利。接下来他要针对图的问题进行修改了。虽然图和表有很多相似的地方，但不同点也非常明显。首先，图的类型显然要多得多。图既有统计图、示意图，又有结构图，甚至有的文章还会出现照片。其次，不同的情况下，对图的选择也有所差异。最后，如何建立图的易读性，似乎比表格更难。因此，小白继续下功夫，开始寻找图的使用要求和注意事项。

1. 统计图

不同的统计图适用于不同的情形。

（1）**折（曲）线图**：用于表示某种因素随另一种因素（如时间）的变化而变化（如图5-11所示）。有时候也使用累积折线图。

（2）**条形图**：用于表示某个量的多少，可以分为横置和纵置（如图5-12所示）。

① 一般注解是对表格整体的注解，一般用“注：……”表示；特殊注解是对某一特殊的行、列或个别项目的说明，常用小写英文字母进行标注；概率注解则用于注明结果的统计显著性，常用星号（*）进行标注。

有时候也使用累积条形图。

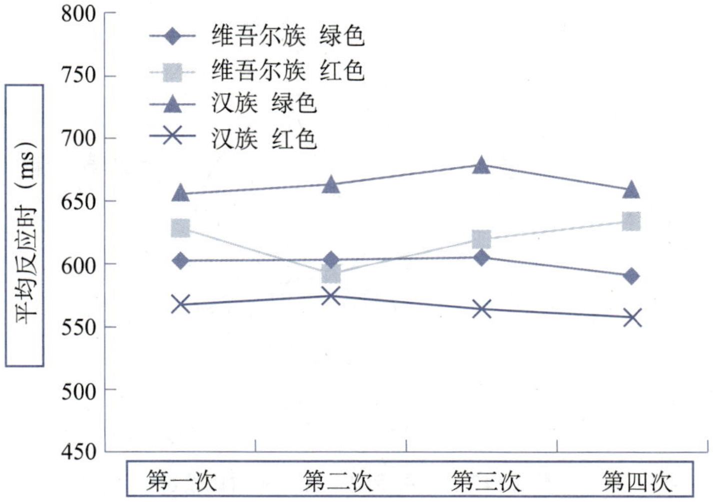

图 5-11　折线图示例：指标随次数变化

研究探索了语言和文化对颜色认知的影响，采用颜色分类任务，考察维吾尔族和汉族大学生对红绿色块的分类情况。图中所示为两组被试对红绿色块重复四次的平均反应时（ms）。单因素方差分析结果表明，经过四次颜色分类，两组被试的反应速度均未明显提高。

资料来源：杨群等，2019。

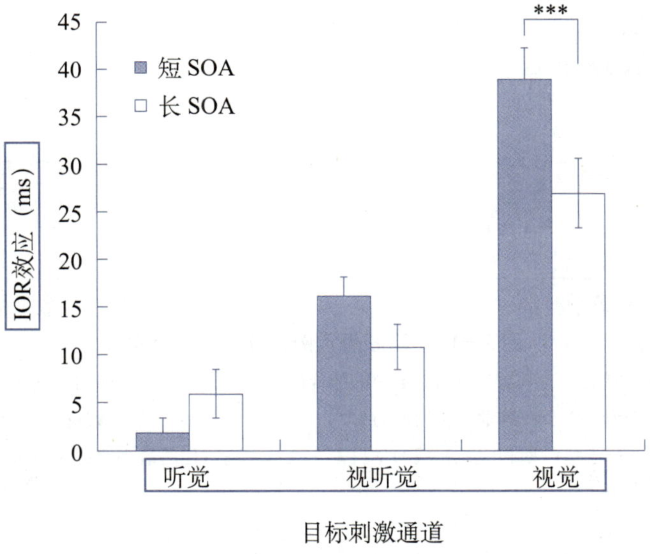

图 5-12　条形图示例：量的多少

SOA 是线索-靶子间隔时间（stimulus onset asynchronies）的缩写；IOR 是返回抑制（inhibition of return）的缩写，IOR 效应等于对有效线索位置上目标的平均反应时减去对无效线索位置上目标的平均反应时。

*** $p<0.001$。

资料来源：彭姓等，2019。

（3）**饼图**：用于表示某个事物构成的百分比，显得直观，整体性强（如图 5-13 所示）。

（4）**箱形图**：用于呈现一组数据的分散情况，可以表示极值、异常值、四分位数等

（如图 5－14 所示）。

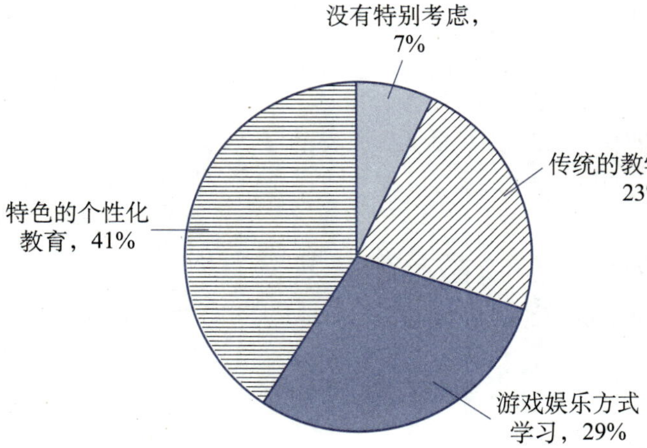

图 5－13 饼图示例：各成分占比情况

图中呈现的是家长偏向各种教育方式的占比情况。

资料来源：胡咏梅，梁安安，2016。

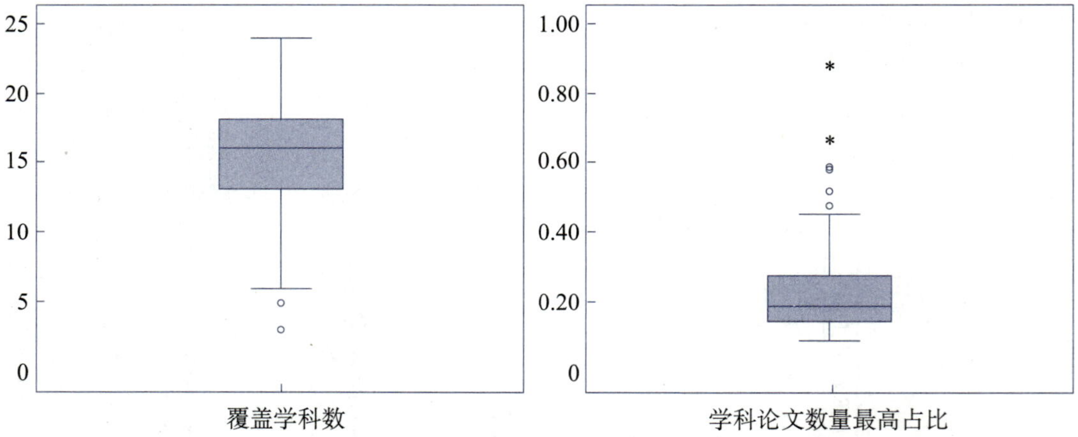

图 5－14 箱形图示例：分数分布情况

图中呈现的是国内主要核心（来源）期刊榜单中的综合性人文社会科学学术期刊的具体内容和状况。左图显示，这些期刊刊载的论文至少覆盖 3 个一级学科，均值为 15 个一级学科，最多的学科数量相当于所有人文社会科学一级学科数量；右图显示，在所有这些期刊中，刊载的学科论文数量最高占比的最小值约为 10%，平均值约为 23%。

资料来源：袁翀，2019。

（5）**散点图**：常用于两个因素的函数关系并不十分清楚，但仍然显示了某种变化趋势的情况（如图 5－15 所示）。

2. 结构图

结构图能够描述操作过程的步骤之间、小组内各部分之间的关系；结构图经常是方块或圆圈与线连用。例如，组织结构图可以显示成员间的等级，流程结构图可以显示一个过程中的各个步骤，模型结构图可以显示不同变量之间的关系（如图 5－16 所示）。

3. 示意图

示意图能够呈现图片之间的某种逻辑或顺序关系，如实验流程图（如图 5－17 所示）。

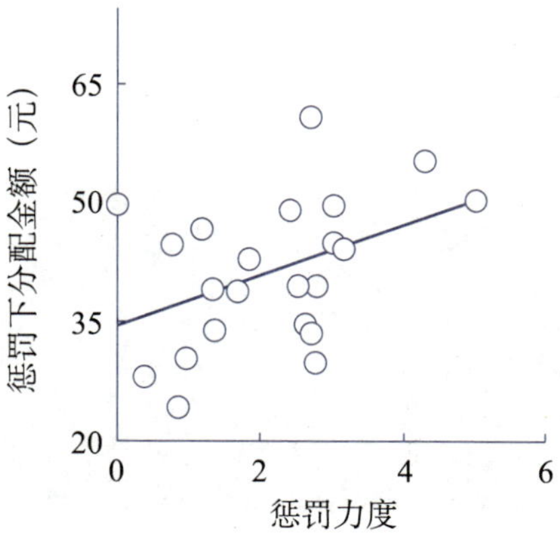

图 5－15　散点图示例

资料来源：张如倩等，2019。

图 5－16　假设模型图示例

资料来源：范伟等，2019。

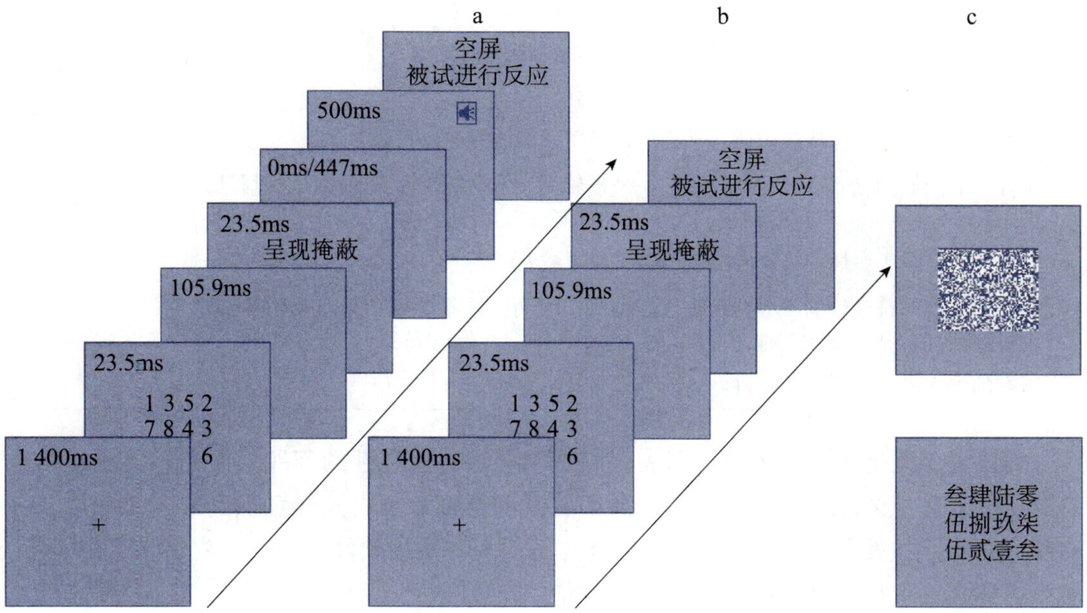

图 5－17　实验流程图示例

掩蔽刺激消失后呈现空屏，被试根据不同的声音线索进行反应。左侧为部分报告法组块，根据实验条件，在掩蔽刺激消失 0ms 或 447ms 后呈现声音线索提示被试需要报告哪一行（2.5kHz 高音：报告第一行；850Hz 中音：报告第二行；200Hz 低音：报告第三行）。中间为全部报告法组块，不呈现声音线索。右侧为掩蔽刺激示例，包括白噪声掩蔽与正立汉字大写数字掩蔽。

资料来源：胡晶晶等，2019。

4. 照片图

在显示某种实物、动作、脑功能成像或细胞内的结构变化等方面，照片是最有效的表达手段（如图5－18所示）。

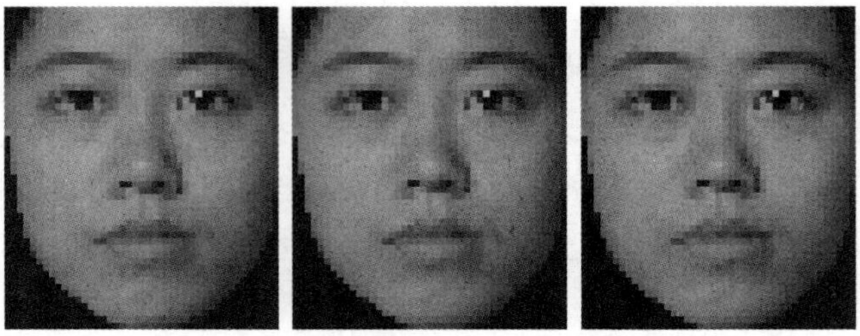

图5－18　照片图示例

资料来源：孙俊才等，2019。

在使用这些图时，一定要注意让它们处在正确的情境之下。有的图甚至能够让读者在不看文字的情况下理解其内涵，这就需要写作者充分研究图的使用情境，保证其能够充分地体现重要信息。

针对插图，也有一些基本的准则。和表格一样，只有满足这些准则，我们才能保证我们的插图在最基本的层面满足审稿人的审阅要求和读者的理解要求。大致上，我们可以将之浓缩为以下几点，详见表5－17。

表5－17　插图是否符合规范自检表

条目	是/否
1. 插图是否具有必要性？与表格和正文是否重叠？	
2. 图题的表述是否足够清晰简明，准确地提示了插图的内容？	
3. 统计图的坐标轴是否有合适的分度值，坐标轴名称、数据单位和图例是否都已经给出？	
4. 这个插图简洁吗？插图是否有无关信息可以减省？	
5. 插图中出现的符号或缩写等是否都已在图注中说明？这些符号和缩写是否和文章中提到的（包括正文和其他图表）保持一致？	
6. 所有的外文术语拼写是否正确？	

如果考虑到上述所有情况，图表就应该不会出现原则性的问题。但是，要制作出合乎要求并且美观的图表，我们也需要一些软件的帮助。小白同样意识到了这个问题。他向师兄师姐们请教了一番，了解到制表和作图的一些常用软件，他决定先简单了解了解，然后再选择一个最适合自己的进行深入研究。

三、制作图表的方式

如果我们追溯历史，就可以发现，曾经确实有研究者利用双手和大脑来做统计和画图。但现在，我们拥有了计算机，可以利用它来帮助我们做出准确而美观的图表。通过这些软件，我们的制表作图过程虽然不能说是享受，但远比用双手来画方便多了。

（一）制表软件

1. SPSS

SPSS 是我们最常用的统计软件之一。SPSS 能够直接在统计结束之后输出相应的统计表格。不过，SPSS 输出的结果一般来说不能直接放到我们的论文之中，因为它并不满足之前提到的这些要求和注意事项。

例如，在 SPSS 中完成了一次两因素完全随机方差分析之后，输出了这样的结果（见表 5－18）。

表 5－18　SPSS 输出的方差分析结果示例（数据虚构）

源	III 型平方和	df	均方	F	Sig.
校正模型	105.000[a]	3	35.000	12.174	.000
截距	845.000	1	845.000	293.913	.000
a_difficulty	80.000	1	80.000	27.826	.000
b_mood	5.000	1	5.000	1.739	.206
a_difficulty * b_mood	20.000	1	20.000	6.957	.018
误差	46.000	16	2.875		
总计	996.000	20			
校正的总计	151.000	19			

a. R 方 = .695（调整 R 方 = .638）

上面表格一看就知道是不合规范的。首先，这个表格并不是一个三线表。其次，这个表格中有一些并不需要放到论文之中的数据和信息，比如“III 型平方和”一列。最后，有一些信息并不清楚，比如其中的“a_difficulty”是什么，读者并不知道。作为一个方差分析表，一般来说需要交代的信息有变异来源、自由度（*df*）、均方（*MS*）、*F* 值及其显著性。我们当然可以在 Word 中进行编辑，不过 SPSS 中也可以进行编辑。在表格上点击右键，会显示如图 5－19 所示的菜单，在其中选择对应的选项就可以在 SPSS 中对表格进行编辑了。

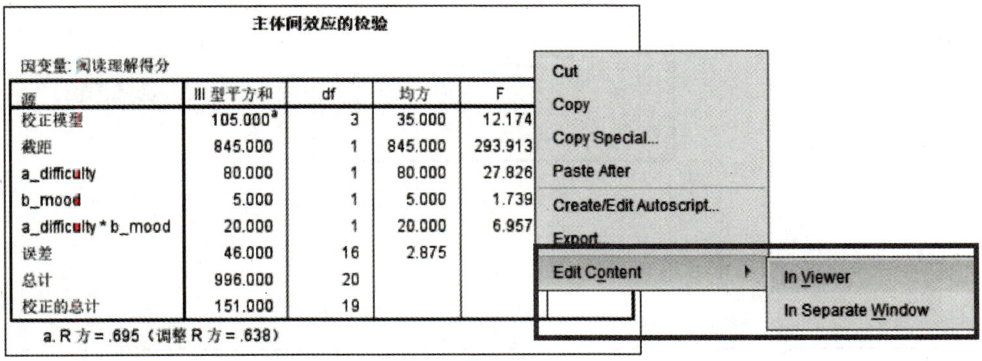

图 5－19　在 SPSS 中进行表格编辑示意图

调整后得到如表 5－19 所示的表格就大功告成了。当然，最终格式也需要结合具体的要求（如期刊要求或者老师的要求）进行调整，但基本上需要呈现的重要信息就是这些了。

表 5－19 不同问题难度和不同情绪启动对阅读成绩的影响

变量来源	*df*	*MS*	*F*
问题难度（*A*）	1	80.00	27.83^{***}
情绪启动（*B*）	1	5.000	1.739
$A \times B$	1	20.00	6.957^{*}
组内	16	2.875	

$^{*}p<0.05$， $^{***}p<0.001$。

2. Word 和 Excel

直接利用 Word 或 Excel 制作表格当然也很方便。你只需要将数据结果从 SPSS 中复制出来并粘贴到这两个软件之中，并将格式调整成符合要求的样子就可以了。

（二）作图软件

图相对于表来说更为多样。你可以根据自己的具体需求，对作图软件进行选择，然后使自己的统计图既美观又准确。

1. Excel 和 Word

Excel 应该是我们最熟悉也最常用的作图软件之一。Excel 的作图功能是比较完备而强大的。我们前面提到的多种统计图均可以使用 Excel 进行绘制，还可以对得到的图像进行再次编辑。在 Excel 中绘制完成之后，可以直接将图像复制到 Word 之中。随后，根据具体的要求对图像进一步调整，如加上编号等。需要注意的是，印刷版文稿一般是黑白而非彩色，因此图像内部不能使用颜色以示区别，而应使用线、点或者阴影进行区别。具体操作如图 5－20 所示。

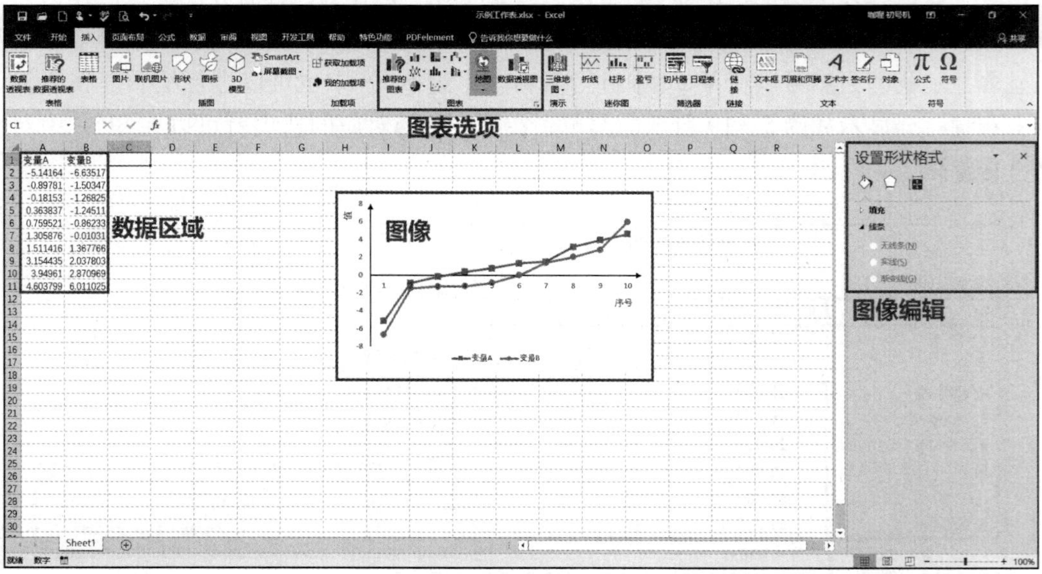

图 5－20 Excel 绘图示例

在 Word 中，则可以直接使用“插入”选项卡中的图表功能进行绘图，并在“图表工具”中进行编辑。其具体选项与 Excel 中比较类似，如图 5－21 所示。

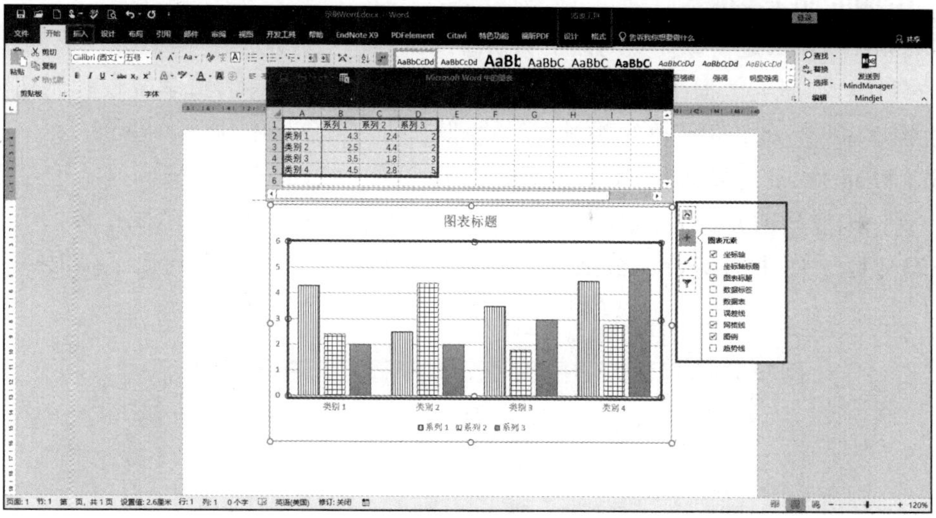

图 5－21　Word 绘图示例

2. SPSS

SPSS 作为统计软件，当然也可以用来制作各种统计图。打开 SPSS 并输入数据之后，可以选择“图形”，点击“图形构建程序”就可以利用数据作图了（如图 5－22 所示）。“图表构建程序”中有很多可以对图像进行编辑的属性，包括“图形类别”“坐标轴”等。此外，也可以在输出窗口中利用与表格编辑相同的操作进一步编辑。

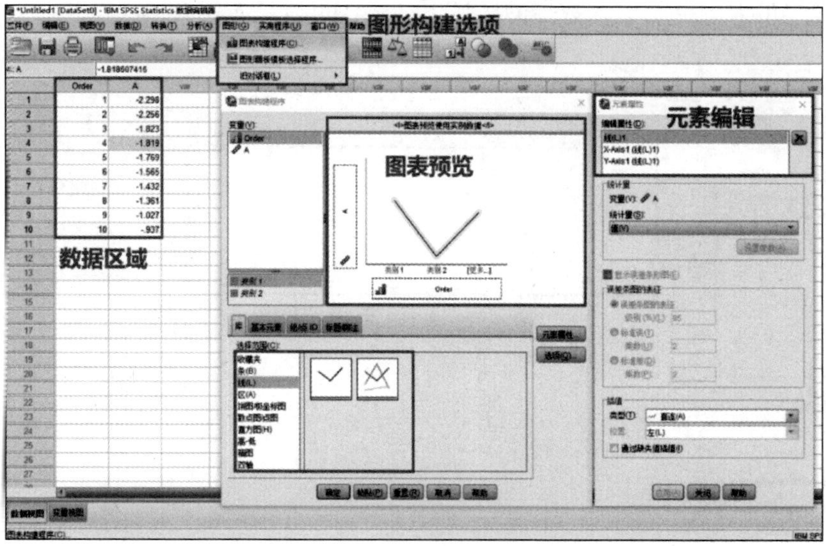

图 5－22　SPSS 绘图示例

当然，还可以利用“图形画板模板选择程序”或基于对话框中的选项作图。得到的结果将会和统计结果一样，呈现在新的输出窗口之中，复制并调整它的格式即可。

除了上面所说的 SPSS 自带的绘图方式，还有一个名叫 PROCESS 的插件为我们提供了针对中介和调节效应的分析和作图。PROCESS 简化了中介效应和调节效应的数据分析，并提供了绘制中介效应和调节效应图像的功能（详见前面的拓展阅读 5－3）。

3. GraphPad Prism

GraphPad Prism 是一款高效易用的科研绘图工具，它可以将科学图形、综合曲线拟合（非线性回归）、研究数据结合在一起。GraphPad Prism 最初是为医学院校和制药公司的实验生物学家设计的，但现在也被社会和物理科学家广泛使用。

GraphPad Prism 的界面和 Excel、SPSS 均不一样。在 GraphPad Prism 中，自变量单独作为一列，因变量则分组呈现，每一组为一个单元，组标题之下是不同个体的数据，如图 5－23 所示。图中的实验将被试分为控制组和实验组，并分别列出了随时间变化的数据。

X	Group A			Group B		
Hours	Control			Treated		
X	A:Y1	A:Y2	A:Y3	B:Y1	B:Y2	B:Y3
0.0	45	34	40	34	31	29
6.0	56	58	61	41	43	42
12.0	76	72	77	52	55	55
24.0	81	95	83	63	63	64
48.0	99	100	104	72	67	81
72.0	97	110	115	78	87	90

图 5－23 GraphPad Prism 中的数据呈现示例

如果我们想要利用这组数据绘制相应的折线图，比如将两个组每个时间点上的平均值连成折线，只需要进行几步简单的操作。首先了解一下 GraphPad Prism 界面的几个主要组成部分（以 GraphPad Prism 8.1.0 为例）。上面是功能栏，可以实现多种不同的操作。左侧是导航栏，是针对当前进行的实验项目的一系列操作，包括数据表、实验信息等。而占地方最大的就是输入数据的区域了。具体可以参考图 5－24。

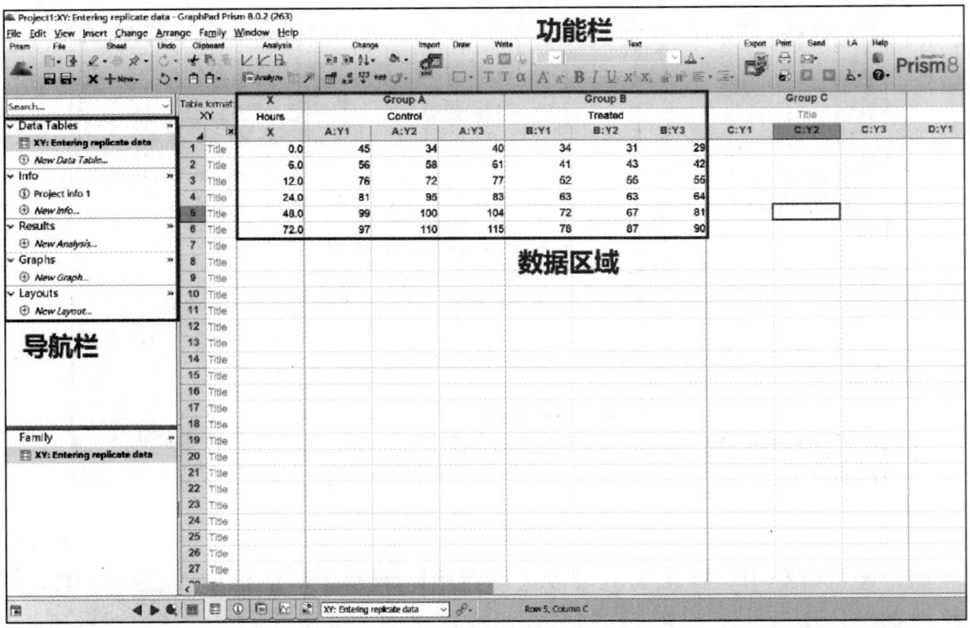

图 5－24 GraphPad Prism 的界面

现在我们要作图，因此选择导航栏中“Graphs”下的“New Graph...”，就会出现创建图像的新窗口。在新窗口中选择相应的选项，点击“OK”就可以得到我们需要的图像了（如图 5－25a 和图 5－25b 所示）。

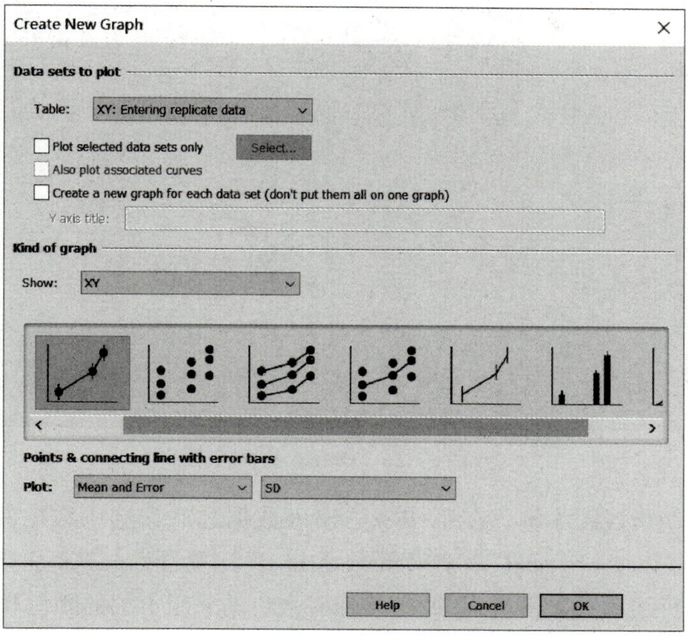

图 5－25a　在 GraphPad Prism 中创建新图像窗口示例

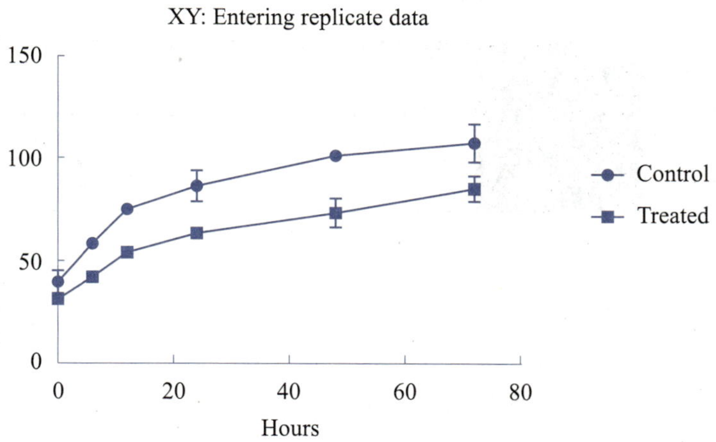

图 5－25b　GraphPad Prism 输出的图像示例

在 GraphPad Prism 中可以对图像进一步调整，调整成合适的格式就可以放到论文之中使用了。GraphPad Prism 的功能并不只有作图，它同样可以进行统计分析。如果你有兴趣的话，也可以试着用它来做一些统计分析。

4. Origin

Origin 是由 OriginLab 公司开发的科学绘图和数据分析软件，支持在 Microsoft Windows 下运行。Origin 支持各种各样的 2D 和 3D 图形，并可以以多种格式输出图形，如 JPEG、GIF、EPS、TIFF 等。Origin 的工作环境如图 5－26 所示［以 Origin 2019（9.6）为例］。其界面的上部和其他软件一样，是菜单栏和各种各样的工具。中间框出的部分是工作簿，与 Excel 的工作簿类似，用于存储数据。而左侧分别为项目管理器、消息日志和提示日志。

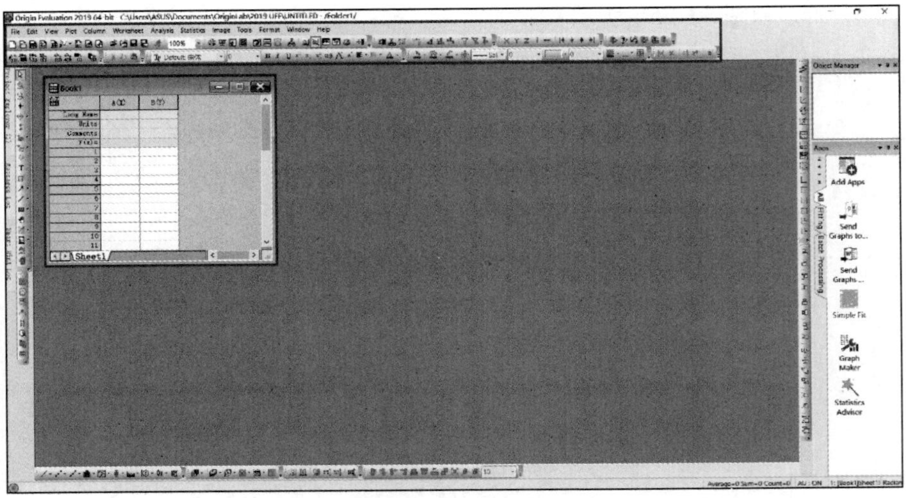

图 5－26　Origin 的界面

我们仍以绘制折线图为例。在工作簿中输入数据之后，选中数据并单击鼠标右键，选择“Plot”→“Line＋Symbol”→“Line＋Symbol”（见图 5－27a），Origin 就会直接输出我们所需要的折线图（见图 5－27b）。Origin 会自动采用不同的颜色和形状来区分三条折线，因此不论是彩色图还是黑白图都能准确区别。同样，我们可以在 Origin 中对图像进行进一步的编辑和调整，使其满足格式需要之后，再正式应用到论文之中。

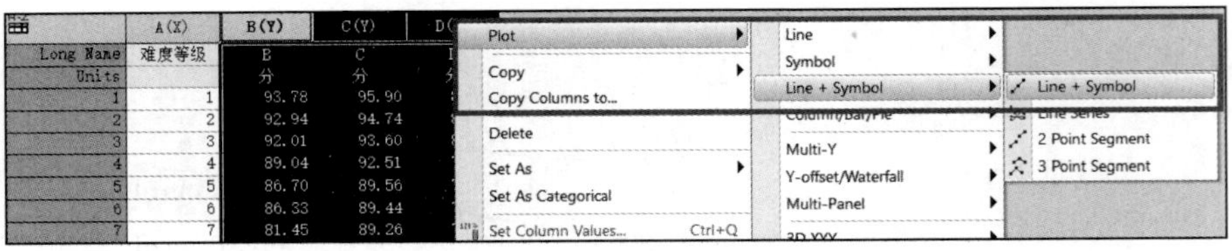

图 5－27a　利用 Origin 绘制折线图步骤

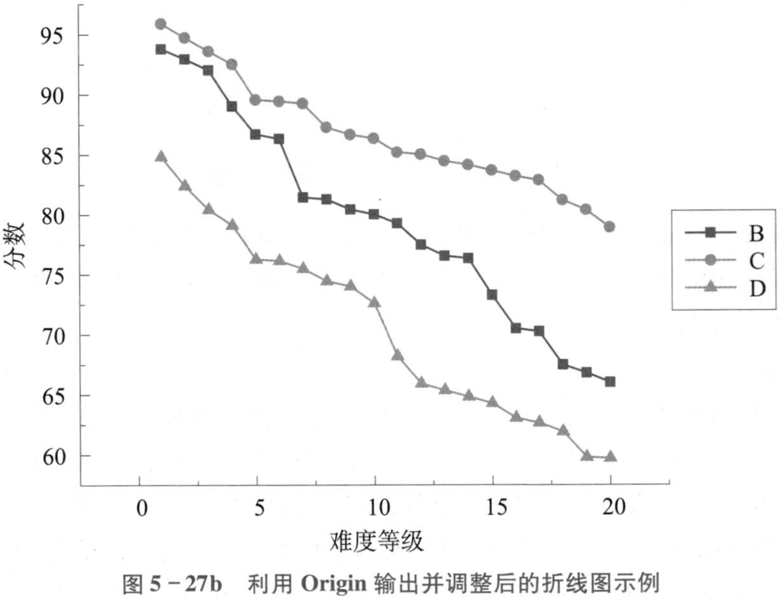

图 5－27b　利用 Origin 输出并调整后的折线图示例

Origin分为普通版和专业版，后者增加了一些更为高级的统计分析功能。但总的来说，相较SPSS，Origin更侧重于作图，可以看到它画出来的图是比较美观的，在此基础上还额外具有一定的数据分析功能。

在了解了这么多工具之后，小白意识到制作图表的工具是非常多样的。尽管他还没有决定要让哪个成为他的科研利器，但他已经开始着手尝试使用不同的软件让论文中的图表变得更科学、更美观。他相信，在这个过程中，他会逐渐找到适合自己使用的工具。

小贴士

1. 图表在论文中的作用十分重要。为了达成使用图表的目的，需要注意图表的简洁、文字内容上的对应，以及形式和格式上的统一。

2. 制表时，首先要保证其为三线表，随后再填写内容。注意除了表内的文字，表序、表题以及表注也需要逐一落实。

3. 作图时，可以选择的工具多种多样。但无论使用哪种工具，最后放进论文中的图都需要符合要求，包括对曲线加以区别、写上合适的图题、标好图例等。

4. 制作图表要尽力使读者读图读表没有理解上的难度，让图表更好地为内容服务。

第四节 深刻恰当：撰写讨论结论

终于把数据统计分析完了，并制作出了美观规范的图表。但是，小白自己心里清楚，数据结果中有些能够支持研究的假设，但也有一些和研究假设不相符合。这些不好的数据结果该怎么处理呢？在论文的结果部分已经如实报告，是不是要在讨论部分逐一解释呢？小白心里没底，只好去请教导师。导师说不符合预期的结果也需要报告，而且需要对这些结果进行一定的解释，解释一般是放在讨论部分。小白若有所思，发现自己之前阅读文献时，最关注的就是研究假设、研究方法和结果分析，都差点把讨论部分给忽略了。直到导师提起，小白才发现原来讨论也很重要。

小白又去重新阅读之前看过的文献，想从中找到写作讨论部分的思路。他发现在讨论的开始作者一般会重新总结研究的发现，然后会对研究结果逐一解释，包括对不符合预期的结果进行解释，接着会简单地写一下研究的不足与展望，最后还会简述研究的结论。有些文献还会列出研究的理论价值和现实意义。小白心想讨论部分好像也没什么特别需要注意的，既然自己都知道了讨论部分包含的内容，那么照葫芦画瓢，自己找一篇领域相关的文章模仿着写，再重点去解释一下自己研究中不符合预期的结果就行了吧。于是他兴冲冲地开始了讨论部分的写作，不一会儿就把所有内容给写完了。

写完之后小白准备把自己写的讨论给导师看，特别想问一下导师自己对不符预期的结果的解释是否令人信服。可是没想到导师返回的文档中都没怎么去评价小白对不符合预期结果的解释，反而是提出了讨论写作中的不足，比如：总结研究发现部分完全照搬结果部分的内容；对结果的解释过于空泛，没有针对性；研究的不足与展望写得不够真诚，过于套路化，没有自己的观点。

同时，小白还看到了导师在批注里写的一段话："虽然你已经知道讨论部分应包含的内容，但是还不够了解各个部分的作用是什么。如果不清楚这一点，只是照着别人的结构模仿，你只是学到了形式，自然不能写出好的讨论。"看完导师的建议，他决心重新推敲讨论部分每一段落的作用和特点，力争写出一个完整规范的结果讨论和未来展望。

一、讨论部分实例分析

小白重新打开之前泛读过的文献，进一步精读其讨论部分，重点分析其中不同部分之间的内在关系，并进行了细致的总结。

《自我信息识别优势——来自注意定向网络的证据》（高虹等，2018）是基础认知领域的研究，在文章的讨论部分，作者先对三个子研究分别进行讨论，然后再进行总讨论，重新总结研究发现，解释与研究假设一致（和不一致）的结果，阐述研究不足和未来展望，最后总结研究结论。

《团队权力分布差异对团队冲突的影响：程序公平和合法性的作用》（朱玥等，2019）是组织与社会心理学领域的研究，在文章的讨论部分，作者先重述研究结果，再详细介绍研究意义，包括四项研究理论意义和两项研究实践意义，最后指出研究的局限以及相应的未来研究展望，但在讨论部分的最后作者并没有总结研究结论。

《父母关爱对农村留守儿童抑郁的影响机制：追踪研究》（范兴华等，2018）属于发展心理学领域的研究，文献讨论部分的一开始并没有重新阐述研究发现，而只是简单地展示了研究的目标。接着作者以分析变量之间关系的方式，对涉及研究所关心的各个子问题的发现进行解释。最后作者介绍了研究的意义、局限和启示，在讨论部分的末尾也没有总结研究结论。

二、讨论的基本内容结构

通过总结，小白发现，每篇文献的讨论部分都会包含几个共同的部分（如图5-28所示），这说明讨论部分的写作的确有规律可循。

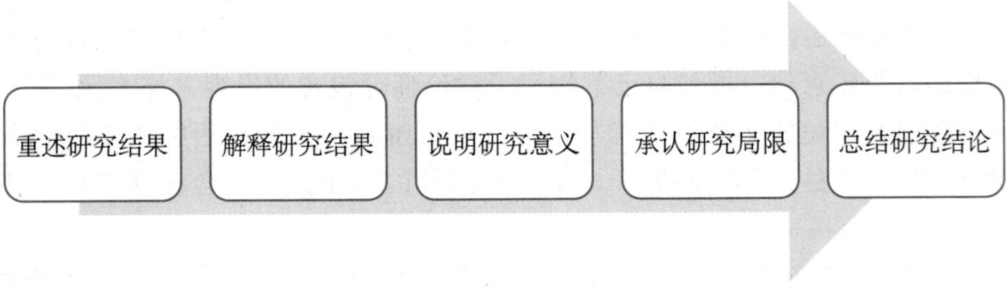

图5-28　讨论部分基本写作逻辑

（一）重述研究结果

在讨论的开始，你应该向读者重新展示你的研究结果。因为你的讨论是针对结果做出的，首先展示结果有助于减轻读者理解讨论的负担，同时也显得你的讨论是具体的，而不是泛泛而谈。重述结果还有助于读者从更大的角度去思考研究所关注的问题。

其次，**在重述结果时，需要将结果与引言中提出的假设联系起来**，论述研究结果是如何支持研究假设的。如果有多个假设，可以将研究结果单独列出来。对结果的总结应该尽量简短，用简洁的语言概括你的发现，而不是重复“结果”部分的内容。另外，尽量避免使用统计数字，如果读者感兴趣可以阅读“结果”部分的详细内容。从最重要的结果开始，再用一两句话说明结果之间的关系，真实地报告不符合理论假设的结果。毕竟人的行为很复杂，几乎没有一项研究可以完全验证假设。而且，研究本来就是发现理论或预测的局限性的过程。

（二）解释研究结果

在重述研究结果之后，需要考虑怎么样去解释研究结果。这时，你需要仔细查阅相同领域的文献，把你的结果和前人相似的研究结果结合起来，这可以增强当前研究结果的说服力。有些时候，你会发现前人的研究结果与你的研究结果不同，甚至与你的研究假设也不一致。这种情况有不同的原因，比如不同方法有着各自的局限，另外不同类型的研究被试或不同种类的研究材料也可能导致不同的结果。

1. 如何解释与前人研究不一致的结果？

首先通过对比自己的研究设计和前人的研究设计，寻找其中的差异，并思考这一差异是否能解释结果的不一致。然后，从研究构想出发，不同的研究构想确实可能得到不同的研究结果，因此在解释时可以从理论出发，对比自己研究在理论假设上与前人研究的区别。最糟糕的情况是研究结果与理论假设不符，与前人研究结果也不一致，此时比较好的做法是回到文献中去，重新搜寻相关的文献，看是否能够找到支持的证据。但需要注意，对结果的解释应该逻辑清晰、力图简洁，千万不要牵强附会，或是模糊表达。

2. 如何解释不显著的结果？

出现不显著的结果可能是因为你研究的变量之间没有关系，或是因为存在随机误差，或是因为你的研究设计或程序（比如对自变量的操纵较弱，或者选择了不可信或不灵敏的因变量测量）有问题，你没办法完全确定不显著的原因。对于结果不显著的另一种可能解释是样本量太小和效应量太小。然而，在许多情况下，样本量并不是一个很好的论据；不显著往往有更重要的原因。如果你打算用样本量太小作为结果不显著的原因，你还应该对为什么样本量很重要进行强有力的逻辑论证。如果数据结果受样本量的影响很大或者结果的效应量存在但较弱，那么样本大小问题可能和结果不显著有关系。但只要你的样本量和同领域其他得到显著结果的研究相近，那么基于样本大小的论点就不会有太大的说服力。

总的来说，我们很难明确出现不显著结果的原因。所以最保险的做法是，当遇到不符合预期的结果时，你需要进行强有力的论证，避免去做复杂而臃肿的解释，这会让读者感到费解和困惑。如果实在找不到原因，可以期待未来研究去破解，并对未来研究提出自己的思考和建议。

（三）说明研究意义

研究的完成意味着研究者在当前领域得到了一些新的发现，进一步拓宽了知识的边界。因此，研究者本人往往比其他人更清楚研究结果的重要性，但研究者也需要知道，如何增进读者对研究意义的认识也很重要。例如，如果研究结果验证了研究假设，那么它是如何支持和扩展该假设所基于的理论的。或者，如果研究结果与理论假设不一致，它又怎么帮助建立理论的应用边界，或将理论扩展到新的方向。

具体来说，论文作者需要让读者相信自己的研究问题是有意义的，这是讨论的重要组成部分。也就是说，作者需要告诉其他研究者为什么当前研究对于本领域的发展有贡献。仅仅介绍研究问题很重要很难达到这一目的，作者需要把当前研究与已有理论或研究发现联系起来，去阐明当前研究与其他研究相比的独特性或先进性，以及研究结果对理论发展的作用，比如进一步验证了某一理论，扩大了理论的应用边界，弥补了前人理论的不足，等等。

讨论部分也不仅仅局限于具体研究项目。没有一项研究可以回答所有的问题，那意味着该研究领域的终结。相反，通过对研究结果的思考与审视，研究者可能会发现一些新问题，这些问题对整个研究领域的发展是很有意义的。而且给读者留下深刻印象的不仅是聪明而富有洞察力的研究项目，还有这些项目对未来研究的影响。因此，在讨论中作者除了解释研究结果如何验证假设，还要说明当前研究结果所揭示的新问题，并对未来研究提出建议。

另外，如果当前研究与现实关联很大，作者还需要解释当前研究对现实生活的影响及其实践意义。但注意千万不要将当前研究生拉硬拽地与现实问题联系起来，那样反而有损于整篇文章的整体连续性。

（四）承认研究局限

没有一项研究是完美的，因此在讨论中作者应该承认自己研究的局限，以及这些局限可能涉及的不同方面。

1. 研究方法可能对结果的可靠性和可推广性产生影响

如果采用的是实验室研究，研究结果可能难以推广至现实情境；如果研究仅采用被试的主观报告，那么数据的客观性与可靠性将会有所局限。如果你的研究中采用与其他研究者相同的方法，读者一般不会因为方法去质疑你的研究。但由于理论假设不同，你往往需要对已有的研究方法进行改编，因此研究结果也会受到一定的质疑。这时你不应该完全否定新的研究方法，更好的做法是简单说明方法可能存在的问题，但注意没必要对方法的局限进行过多的解释。

2. 研究的局限可能与被试样本有关

如果被试是学生，那么研究结果在推广到非学生或不同年龄的人时会遇到困难。或者，如果被试全部是具有西方文化背景的人，研究结果在推广至东方文化背景下的个体时就需要考虑到文化差异的影响。但是，在谈及被试样本的问题时，首先你要去查阅相关领域的文献，确定被试样本的不同是否真的会导致研究结果的差异。当不同样本导致的差异很小时，讨论部分不需要进行过多的解释。比如，某些现象在女性和男性身上会有类似的表现，所以如果你的研究被试主要是女性，研究结果可能也会很好地推广到男性身上。当研究结果确实会受被试样本的影响时，你应该承认这些局限。

3. 研究潜在的局限可能还包括无法确定因果关系

如果你的研究采用的是相关或准实验设计，你应该避免暗示你可以找出被试行为反应的原因。特别是当准实验设计中被试不是随机分配到各个条件时，这种谨慎尤其重要。

（五）总结研究结论

研究结论一般有独立的小标题，位于整个研究报告正文部分的末尾，这部分主要用来总结研究的发现以及从发现中能够得出的结论。“总结研究结论”部分与“重述研究结果”部分的内容比较相似，但两者在写作目的上有很大的差别，因此在呈现形式上也有所不同。“重述研究结果”部分的目的是为后面的讨论部分提供事实依据，因此该部分主要是客观呈现每个子研究的发现，并不做推论和评价。而“总结研究结论”部分不仅仅是讨论部分的总结，还是整篇报告的结束，因此在写作这一部分时应该做到简洁有力，在内容上应该把研究结论看作一个有机的整体，有逻辑地组织起各个子结论，并对研究结果适当地做一些归纳与总结。

三、讨论部分的常见错误和核查

（一）避免常见的错误

在写作讨论部分时，还应该避免一些常见的错误。

1. 避免简单复述研究结果

讨论部分要超越研究结果的简单总结，更不能是引言和结果的复制粘贴浓缩版，而是应该去解释、综合、分析和批判自己研究的发现，并向读者呈现自己提出研究问题的逻辑，以及完成本研究后，自己对这一问题的重新认识。

2. 避免呈现前文没有的分析或结果

如果想要补充一项分析来进行讨论，则要首先在结果部分介绍这一分析及其结果。

3. 谨慎对待边缘显著的结果

对于那些虽然与假设预期的趋势相符合，但是依然未达到显著水平的研究结果，采用以下方式进行讨论，往往更容易让读者接受：

> 虽然男生和女生的自尊水平没有显著差异，但是两者之间的差异接近显著，这可能是由样本大小问题引起的，未来的研究可以通过增加样本量来进一步探讨这个问题……

4. 谨慎使用表示因果关系的语言

在讨论相关设计的研究发现时，不要使用表示因果关系的语言，如“影响”“产生”

这类词，而是应该使用“相互关联”“有联系”“有关系”这类词描述变量之间的关系。

5. 避免将统计显著性和效应大小相混淆

不要以 p 值的大小来讨论某种效应的大小，因此要避免说某一差异的显著性较高。

（二）核查讨论部分

最后的核查清单有助于作者在写完讨论部分后进行自我评估，以确保讨论部分的内容足够清晰完整，富有逻辑（见表5-20）。

表5-20 讨论部分写作自检表

条目	是/否
1. 是否在研究设计和数据分析的基础上进行了正确的推论？	
2. 是否把研究结果和初始的研究目的与假设联系起来进行讨论？	
3. 是否对结果进行了充分的解释，并保证既不解释过度，也不解释不足？	
4. 是否将客观的结果和自己的主观解释进行了有效的区分？	
5. 讨论是否聚焦？是否简明？是否有讨论内容与研究主题偏离较远？	
6. 是否在一个较广阔的研究背景下讨论结果？是否联系同类的研究进行讨论？	
7. 是否忽视或弱化了与研究假设相反的结果？	
8. 是否指出了未来研究的逻辑方向和创新方向？	
9. 在讨论研究局限时，是否同时考虑了研究内容和方法的局限？	
10. 对研究局限和缺点的自我批评是否恰当？是否实事求是？	

对于研究者来说，世界上最远的距离是从文章标题到研究结论的距离。通过一年多的努力，小白他们终于写完了第一篇像样的学术论文。他们期待文章可以早日发表，让更多人了解自己的新发现，但也担心自己的论文是否能过关斩将通过专业期刊的同行评议程序。

拓展阅读5-6

写论文时常见的10种统计错误及其解决方案

1. 缺乏适当的控制条件或者控制组

在多个时间点进行测量是科学研究中评估干预效果的常见方法。但就算在没有干预的情况下，重复相同的任务，干预前后的测量结果也会发生变化。因此，对于任何研究，只要探索实验操纵对某一变量随时间变化产生的影响，都需要有控制组，以供与实验组进行比较。

解决方案：在实验设计中，通过加入控制组或控制条件，将时间效应与干预效果有效区分开。

2. 没有针对差异的显著性进行统计检验便认定存在差异

有时研究者发现在实验组中某个干预有显著效应，而在控制组没有产生显著效应，因此做出干预有效的结论。这种推论很常见，但却是错误的。

解决方案：研究者进行组间比较时，应直接比较各组。两组的相关关系可以用蒙特卡罗模拟进行比较。对于多组比较，可能适合采用方差分析。非参数统计也提供了一些方法，但这些方法需要根据具体情况使用。

3. 分析单元虚高

实验单元是可以被随机独立分配的最小观测，即可以自由变化的独立数值的数目。在经典统计学中，此单元反映的是自由度（*df*）。例如，当推断组间结果时，实验单元就是被试的数量，而不是对每个被试观测的次数。但研究者经常将这些指标混为一谈，从而导致理论和实践上的错误。

解决方案：最可行的解决方案是使用线性混合效应模型。研究者可以将被试内的变异定义为固定效应，将被试间的变异定义为随机效应。对于一个简单回归分析，研究者也有几种解决方法，最简单的方法是分别计算每次测验的相关（比如计算前测与后测的相关）并根据现有的 *df* 解释 R 值。

4. 虚假相关

虚假相关最常发生于其中一个变量存在一个或多个极端值的情况。极端值很可能会提供一个真实的、遵循规律的观测结果。因此，剔除“极端”数据点时也应该格外谨慎。但是，如果这种真实的观测存在违反你的统计检验假设的风险，那它就是虚假的，并需要使用其他统计工具进行检验。

解决方案：在大多数情况下，应该选择稳健的相关分析方法［比如自举法（bootstrapping）、数据缩尾（data winsorizing）、略过相关（skipped correlations）］，它们对异常值不那么敏感，这是由于这些测验考虑了数据的结构。使用参数统计时，应筛选数据以避免违反关键的假设，比如数据点的独立性，以及异常值的存在。

5. 使用小样本

首先，在实际相关系数为 0 时，小样本更可能出现较大的相关。其次，小样本的设计也可能无法检测出真实的效应（Ⅱ类错误）。最后，有限的样本量通常无法严格地满足正态假设。在回归分析中，分布的偏差可能会产生极端值，从而导致虚假的显著相关。

解决方案：研究者首先应该证明他们使用的统计检验有足够的统计检验力，比如呈现先验统计力分析，或研究的重复检验。在样本量难免受到限制的情况下（比如对罕见临床群体或非人类灵长动物的研究），应该努力重复实验（案例内和案例间），并进行足够的控制（比如确定置信区间）。

6. 循环验证

循环验证最常见的做法是，找到一个与统计结果非常相关的选择标准，回溯性地使用这个标准对完整的数据进行分析（比如分组或者分成不同的子集）或者删减数据（比如在神经成像研究中定义感兴趣区，或者排除极值）。

解决方案：提前且在独立于数据的情况下确定分析标准，可以避免循环验证。此外，循环验证将噪声纳入分析，从而使想要的效应虚高。对此，最直接的解决方案是分别使用不同的数据集（或者数据集的不同部分）来确定分析的参数（比如选择亚组）和检验你的预测（比如检验不同亚组之间的差异）。

7. 分析方法多样

变换数据分析方法，包括变换结果的参数、添加协变量、预处理程序不确定或不稳定、根据统计结果来排除异常值或题目等，都会增加得到显著 p 值的可能性。这是因为一般的统计方法依赖于概率，使用的检验方法越多，得到假阳性结果的可能性就越大。

解决方案：研究者应该明晰报告的结果，比如区分事先计划的分析与探索性分析、预期结果与意外结果。

8. 未进行多重比较校正

当研究者检验任务效应时，他们经常检验多个任务条件对多个变量（行为结果、问卷条目等）的影响，有时还存在先验假设不确定的情况。这种方法被称为探索性分析，与有更多限定条件的验证性分析相对应。

解决方案：探索性分析可能是没有问题的，但必须承认这是探索性分析。研究者应该报告所有测得的变量值，并恰当地使用多重比较程序。

9. 过度解释不显著结果

不显著的 p 值无法区分出现无效应的结果是由于效应客观上确实不存在（与假设相反的证据），还是由于当前研究的数据不足以让研究者去严格地评估假设（比如缺乏统计检验力、实验设计不恰当等）。因此，如果研究者用不显著的结果作为证据去否定有效应的假设，就需要说明该证据本身是有意义的。

解决方案：首先，重要的是在报告 p 值的同时报告效应量，以提供有关效应大小的信息。例如，如果大样本的研究中效应不显著，同时效应量也很小，那么就不太具有理论意义，而具有中等效应量的结果可能值得进一步研究。可能的话，研究者应考虑使用能够区分不充分（或模糊）证据与支持虚无假设证据的统计方法。

10. 混淆相关和因果

在科学中，相关通常用于探索两个变量之间的关系。当发现两个变量之间存在显著相关时，我们很容易认为一个变量的变化是另一个变量变化的原因。然而，这是不正确的，因为两个变量的共变并不一定意味着它们之间一定存在因果关系。

解决方案：可能的话，研究者应该尝试检验这两个变量与第三个变量之间的关系，以进一步支持他们的解释，比如使用结构方程模型或中介分析（前提是有足够的统计检验力），通过检验竞争模型或直接在随机对照试验中操纵目标变量。如果证据证明只具有相关性，就应避免使用因果说法。

资料来源：马金，德克希夫里，2019。

小贴士

1. 讨论部分可以帮助读者理解研究结果，澄清研究中的不足以及研究的意义。
2. 讨论部分一般包括重述研究结果、解释研究结果、说明研究意义、承认研究局限和总结研究结论。
3. 重述研究结果可以帮助读者对整个研究有一个完整的认识。
4. 解释研究结果可以帮助读者理解研究的结果在整个研究领域内的作用。
5. 研究意义可以突出研究的重要性，分为理论意义和实践意义。
6. 每项研究都有不足，在讨论中需要如实说明研究的不足，并为未来研究提供新的方向。
7. 研究结论是在文章末尾对整篇文章的总结，应该做到简短精练。

测一测

1. 统计方法的选择取决于：

A. 样本大小　　B. 研究问题类型

C. 数据收集方式　　D. 研究背景

2. 在进行数据分析时，建议养成保存语句文件的习惯，这样可以：

A. 避免数据泄露

B. 方便随时回顾和再现结果的分析过程

C. 提高数据分析的速度

D. 减少数据处理的复杂性

3. 为了避免多重比较校正的问题，研究者应该：

A. 只进行探索性分析　　B. 使用不同数据集进行分析

C. 忽略先验假设　　D. 仅进行验证性分析

4. 在进行假设检验时，应该注意避免将统计显著性和效应大小相混淆，因为：

A. p 值的大小与效应大小无关　　B. p 值越小，效应越大

C. p 值越大，效应越大　　D. p 值越小，效应越小

5. 与传统虚无假设显著性检验相比，以下哪项是元分析的优势？

A. 必须依赖 $p<0.05$ 才能得出有效结论

B. 以研究者的主观判断作为研究质量的主要依据

C. 可直接基于效应量及其置信区间进行推断，无须 p 值显著

D. 仅适用于对大规模研究进行综合分析

答案：

1. B；2. B；3. B；4. A；5. C

试一试

1. 在《心理学报》或《心理科学》上选择一篇自己感兴趣的实证研究，总结一下文中的数据类型和研究设计是什么，采用了哪些统计方法，其中是否存在一些统计上的问题或不足。

2. 基于一种自己感兴趣的现象，提出研究问题并进行研究设计，同时拟定数据分析方案。

3. 检验你对 p 值的理解（胡传鹏等，2016）：假如你在研究中设置了一个实验操纵，你预期这个操纵能改变被试在某种任务中的表现。随后，你比较了控制组与实验组（假如每组 20 人）在该任务中的表现。你使用简单的独立样本 t 检验，你的结果是：$t=2.7$，$df=18$，$p=0.01$。基于以上条件，请判断以下 6 个论断的正误。“错误”表示该论断通常无法通过上述条件推出。注意：所有论断均可能是正确或错误的。

（1）你完全证否了虚无假设（实验组与控制组的总体均值没有差异）。

（2）你发现了虚无假设为真的概率。

（3）你完全证明了实验假设（实验组与控制组的总体均值确实有差异）。

（4）你可推断出实验假设为真的概率。

（5）你可以得知你拒绝虚无假设时犯错的概率。

（6）你的实验结果非常可靠，也就是说，如果你多次重复该实验，你可能在99%的实验中得到显著结果。

4. 尝试使用不同的工具完成制表或作图，并体验不同工具间的区别，最后为自己选定一个最为顺手的工具。

5. 选择一篇在同行评议的中文期刊上发表的文章，对研究进行评述，找出研究的优缺点，列出个人的疑惑，尝试构建讨论的结构框架。接着分三次阅读文章的讨论部分。

（1）第一次阅读的重点是讨论部分的内容，看作者在讨论部分是否清晰解答了你的疑惑，如果没有的话自己想一想该怎么去解答。

（2）第二次阅读的重点放在组织模式上，观察文章的讨论部分涉及哪些方面的内容，以及作者讨论的重点放在哪儿，思考作者是否遗漏了某些重要的内容。

（3）第三次阅读的重点是重新回到文章的内容，观察在讨论的每一个子部分，作者如何表达自己的观点，对观点的论证是否严密，各部分是否有冗余的内容；借鉴作者优秀的论证模式，并针对作者写作的不足思考解决方式。

推荐资源

尼科尔，皮克斯曼．如何呈现你的研究发现：插图制作实践指南．张明，等译．重庆：重庆大学出版社，2013.

推荐语：该书呈现了在学术研究完成后，如何在各种学术交流活动中有效地展示研究的发现。书中分别介绍了心理学研究报告（论文）中常用的九种图、APA对图表格式的要求，并举例说明在不同情况下使用图的要点。

萨尔金德．爱上统计学：第2版．史玲玲，译．重庆：重庆大学出版社，2011.

推荐语：该书非常适合作为刚接触或者还没有接触统计学的学生的入门书。作者用非常生动诙谐的语言向我们全面地介绍了各种基础的统计概念、原理和方法，通俗易懂。另外，大量实用的统计资源也是该书的一大亮点。

罗斯特，科辛斯基，史迪威．现代心理测量：第4版．孙鲁宁，李思瑶，译．北京：中国人民大学出版社，2025.

推荐语：该书是畅销英国的心理测量学教材，是剑桥大学心理测量中心创始人罗斯特的潜心力作。第4版内容聚焦于心理测量在AI时代的前沿发展。

哈里斯．心理学实验的设计与报告：英文版第3版．北京：人民邮电出版社，2015.

推荐语：该书就心理学研究中经常采用的几种实验设计以及相关的统计方法做了概要的介绍和评价，同时对在报告中如何呈现图表进行了具体说明。该书语言简练，易读易懂，对学生在撰写研究报告过程中所遇到的实际问题给出了操作性很强的指导。

第六章
发表研究成果

章节概览

- ✧ 学术论文的诞生：把结题报告改成论文发表
- ✧ 知己知彼：选择合适的目标期刊
- ✧ 勿以恶小而为之：避免参考文献出现错误
- ✧ 融入学术共同体：在心理学学术会议上做报告

学者的雄心

长风破浪会有时，直挂云帆济沧海。——《行路难》

转眼间，小白已经是奔（大）四的人。回想起大一时的懵懂迷茫、大二时的辛勤探索，再到大三时的渐入佳境，小白的每一点进步都来之不易，也让他更为清晰地认识到自己从哪里来，又将要到哪里去。在大三接近尾声时，小白、小星和乔乔的本基项目顺利结题。但他们向上的步伐并未就此停歇，反而变得更加方向清晰、步履坚定。他们准备向更高的目标进发——将本基结题报告修改为学术论文，争取发表，为保研和出国留学奠定基础。

第一节　学术论文的诞生：把结题报告改成论文发表

为了把本基结题报告修改为可以发表的学术论文，小白可是动了不少脑筋，并重点分析了**结题报告和学术论文之间的联系和区别**。首先，小白发现本基结题报告注重的是对学生科研与创新思维的训练，因而更强调“我们做了什么，发现了什么”，学术论文则要通过同行评议才能发表，更关注与同一领域的专家进行有效的交流，并且更强调“如何解释我们的发现”。因此，小白的论文想要在学术期刊上成功发表就需要在以下两点下功夫：**将自己的研究过程和所发现的结果介绍清楚，并让读者相信自己对研究结果的解释是合理的**。

其次，与学术论文相比，本基结题报告在讨论部分有着明显的不足，大多数结题报告只是把结论复述一遍，并且强行解释结论与假设存在差异的原因，更有甚者只是分离性地阐述各变量之间的新的关系，与提出的问题无关。讨论部分则是学术论文的重点，是帮助研究者思考、进行下一步研究的基础。因而，对于研究的不足，不能只是简单地套套路，例如横断研究不能体现发展趋势、无法证明因果关系等，而是需要根据当前研究的不足以及该领域未来的发展趋势进行深入的剖析。

此外，小白还注意到他们的结题报告有 2 万多字，而一般期刊要求的论文长度顶多 8 000 字。因此，他们必须针对结题报告进行大幅度删减与修改，力争做到**简洁**（只写必须写的内容）、**准确**（确保每个词、每句话都能准确传达作者的意思）和**规范**（符合中英文通用语法规则和 APA 格式要求）。

最后，小白考虑根据研究目的的不同将结题报告一分为二：一篇理论综述和一篇实证研究。而除了综述与研究报告，还有多种不同类型的论文，同时每种论文又各有不同的要求与特点。

一、论文的类型

（一）综述性论文

即使是在研究报告中，也包括综述的写作。那么，作为完整学术论文的综述与研究报告中的综述又有什么区别呢？事实上，研究报告中的综述部分只与研究问题有关，需要与研究设计建立逻辑关系，是为研究设计以及研究问题服务的；综述性论文则有很强的指导性，介绍该研究问题近年来最新的研究结果，越全面越好，并分析其中的关系与矛盾，为之后研究方向的确立奠定基础。在综述性论文中，不能有偏向地只引用一方的证据，需要客观公正地介绍不同观点和证据。

（二）实证研究报告

实证研究报告包括引言、方法、结果和讨论四个部分。在写作时，也可以按照这个顺序进行逻辑梳理。

1. 引言

在综述已有研究的基础上，提出当前研究所关注的问题，说明研究假设及其理由，并叙述研究该问题的目的。

2. 方法

介绍本研究所采用方法、样本量、收集数据的流程等信息。

3. 结果

报告研究中所发现的结果。

4. 讨论

解释研究结果，介绍本研究的不足，同时对未来研究提出展望。

（三）个案研究报告

对于实证研究来说，还有一种特殊情况，即个案研究。个案研究针对的是比较特殊的群体，可能只能通过观察研究个体案例来对研究问题做出探究。个案研究报告的写法与实证研究报告基本一致，需要注意的是在保护研究个案的隐私的基础上将其重要的特征信息介绍清楚。个案研究报告常见于临床与咨询方面的研究论文，这类研究被试数量相对较少，并且需要深入了解被试的个人经历，细致观察个体的变化。

（四）理论性论文

除了常见的实证研究报告与综述性论文，还有一些建构理论的论文。理论性论文与综述性论文在结构上比较相似，但其所引用的资料只对建构其理论有利。这类论文在国内不如以上两种多见，但往往具有极强的意义，可以在一定程度上综合研究并系统地解释一种现象的产生。

（五）方法学论文

小白在进行研究设计与数据分析的时候，经常会思考相关的研究范式以及数据分析方法究竟是如何操作的。这类论文着重介绍研究方法与数据分析方法，具体的研究数据是为了解释说明该方法的信度与效度。

二、论文的结构

通过上面的介绍，我们发现，不同类型文章的结构大体是一致的，比如都包括题目、作者、摘要和关键词、讨论以及参考文献这些共同的部分；但是，也会在某些方面存在差异，比如实证研究类的论文包括方法和结果部分，综述性论文则没有方法和结果这些内容。下面，我们以实证研究类的论文为例，介绍心理学论文的结构。

（一）文题

文章题名即一篇论文的篇名，是揭示论文主题和概括文中内容的简明词句，其特点是言简意赅、概念明确、层次分明、直观醒目。英文题名一般是中文题名的翻译，基本要求与中文题名相同。文题长度一般不超过 20 个字，能够准确反映文章的主要内容。文题中尽量不用“研究”二字。

（二）作者及所属机构

署名者可以是个人作者、合作作者或团体作者。署名既是拥有著作权的声明，也代表文责自负的承诺，还便于读者与作者联系。因此，在发表论文时，应尽可能注明作者的详细工作单位和通信地址，包括所在城市名称及邮政编码，以便读者与作者联系。

（三）摘要

摘要是对论文内容的简短而全面的概括，能够让读者迅速总览论文的内容。一篇实证研究报告的摘要应该包括研究目的、方法、结果、结论。尽可能不用“本研究”“我们”等第一人称。中文摘要一般要求字数在 200 字以内，英文摘要由中文摘要翻译得到。

但也有一些期刊，如《心理学报》和《心理科学》要求提供长英文摘要。

（四）关键词

关键词是从论文题名、层次标题和正文中选出来的能反映论文主题概念的词或词组。应避免选用一些外延较广的词作为关键词，如“方法”“心理学”“作用”等。须给出3～5个关键词，置于摘要之后。

（五）引言

引言往往包括提出问题、说明研究背景、阐明研究目的和理论基础等三部分内容。好的引言可以为读者提供充分的背景资料，而不是简单地对重点文献进行历史回顾。当陈述完研究问题之后，引言结尾需要清楚地表述研究目的，例如：“本研究的目的有两个，一是……二是……”有些作者还会针对问题提出一系列的研究假设。

（六）方法

方法部分详细描述研究是如何进行的。这样的描述能够让读者评估所采用的方法是否恰当以及研究结果的信度和效度如何，使有兴趣的研究者可重复这项研究。不同论文在方法部分的组成上千差万别，小标题也相去甚远，最常见的小标题是“被试”“研究工具”“数据分析”。在方法部分，被试的信息要足够详尽，需要回答以下问题：谁参与了研究？如何被选中的？有多少被试？删除或流失了多少被试？为什么？还要提供被试的性别、年龄和经济收入等重要特征。

（七）结果

在结果部分，首先简单说明主要的结果或发现，然后尽量详细地报告数据。报告所有相关的结果，包括那些与假设相矛盾的结果。

（八）讨论

在讨论中，可以对研究结果进行评估，并解释研究结果的意义，特别是与初始假设有关的结果，也可以对结果进行推论。从理论上对有关结果进行讨论以及评估所得结论的有效性是讨论部分的重点。

（九）参考文献

参考文献是指为撰写或编辑论著而引用的有关期刊或图书等资料。按规定，在各类型出版物中，凡是引用前人或他人的观点、数据和材料等，都要对它们在文中出现的地方予以标明，并在文末或书末列出参考文献表。心理学期刊一般采用著者-出版年制。

（十）附录

附录是正文的补充部分，必要时才列出。有些论文需要对某些材料进行必要而详细的描述，但这些材料较为复杂或琐碎，放在正文中会割裂正文，分散读者对论文本身的注意力，因此它们一般作为附录放在正文的后面。

三、论文的排版

文章正文要求采用宋体，所有数字和英文字体都用 Times New Roman。保持 1.5 倍行距。初投稿和修改稿不包括中英文作者姓名和单位。中文稿件在被录用后会被期刊编辑要求按表 6－1 进行编排。

表 6－1 中文稿件字体字号的一般要求

内容	字体	字号
中文题目	黑体	二号
作者姓名	仿宋	四号
作者单位名称、所在城市及邮政编码	宋体	小五号
中文摘要、关键词、分类号	宋体	五号
正文	宋体	五号
正文一级标题	宋体	四号
正文二级、三级标题	黑体	五号
表格	宋体	小五号
插图	宋体	六号
参考文献	宋体	小五号
英文题目	Times New Roman	四号
作者的英文姓名、英文摘要和关键词	Times New Roman	五号
作者单位英文名称	Times New Roman	六号

与中文稿件不同，英文稿件在投稿阶段需要按照 APA 格式进行排版，具体要求包括以下多个方面，具体可参考《美国心理学会出版手册》（American Psychological Association, 2020）：

- **字体字号**：所选字体应易于识别、统一且清晰。可选字体包括 Times New Roman（12 磅）、Georgia（11 磅）、Computer Modern（10 磅）、Calibri（11 磅）、Arial（11 磅）以及 Lucida Sans Unicode（10 磅）。图表中的文字可使用 Calibri、Arial 或 Lucida Sans Unicode（8～14 磅）。
- **行距**：双倍行距（设置为 2.0 倍行距）。
- **页边距**：将所有页边距设置为 1 英寸（2.54 厘米）。
- **段落格式**：正文应左对齐（不要两端对齐），每段首行缩进 0.5 英寸（1.27 厘米）。使用 Tab 键进行缩进，不要在段落后添加额外的间距。
- **论文标题**：封面标题与正文首页标题需居中加粗。每个重要单词的首字母以及长度为四个或更多字母的单词的首字母需大写。
- **页眉**：论文的每一页都应在右上角插入页码。请注意，学生论文不再需要添加短标题（Running Head）。

- **参考文献**：在页面顶部居中并加粗“References”（参考文献）一词，然后按照正确的格式列出文献条目。参考文献部分应另起新页，且使用悬挂缩进格式（首行顶格，后续行缩进0.5英寸）。

小贴士

1. 论文的类型：

- 综述性论文，由问题定义、前人研究和解决办法等构成。
- 实证研究报告，由引言、方法、结果和讨论等构成。
- 个案研究报告，由引言、方法、结果和讨论等构成。
- 理论性论文，由追溯理论发展、分析现有理论和提出新的理论等构成。
- 方法学论文，没有规定写法，但总体上包括介绍新方法、分析老方法、用数据检验新方法和总结与讨论等。

2. 论文的结构：

- 文题。
- 作者及所属机构。
- 摘要。
- 关键词。
- 引言。
- 方法。
- 结果。
- 讨论。
- 参考文献。
- 附录。

第二节　知己知彼：选择合适的目标期刊

经过多轮打磨，小白的文章终于改好，准备投稿。但投哪本期刊好呢？这个问题再次难住了小白，他一路思考着，竟然差点撞上人。“小白，想什么呢？这么入神！”差点儿撞上的原来是在申请本基项目时帮助过小白的师兄，他现在已经是一名研究生了。小白正好当面请教：“我想把我的本基结题报告改成学术论文投出去，现在已经按照学术论文的规范改了几遍，但还不知道能投哪个期刊。我想投《心理学报》，但会不会有点自不量力？”小白摸摸后脑勺，有点不好意思。

师兄说：“《心理学报》是一本综合性期刊，如果你的文章不是综述或者量表编制性质的话，都是可以投的。不过在投稿之前，需要先了解不同期刊之间的区别，做到有的放矢。国内的心理学核心期刊有《心理学报》《心理科学》《心理学探新》《心理发展与教育》《心理科学进展》等，不同期刊对稿件的要求既有共性，也有特殊之处。”（见表6－2）谢过师兄之后，小白打开电脑，怀着虔诚的心情登录了《心理学报》的官方网站。

表 6－2　心理学中文核心期刊的关注方向和字数要求

期刊名	关注方向	字数要求
《心理学报》	心理学各领域；接收综述	引言与讨论均不超过 3 500 字。
《心理科学》	心理学各领域；接收综述	研究报告与论文以及综述一般不超过 12 000 字（包括中英文摘要及参考文献）。
《心理学探新》	心理学各领域；接收综述	正文 2 500～6 000 字，重要稿件不受限。
《心理发展与教育》	发展与教育领域；接收综述	正文 10 000 字以内。
《心理与行为研究》	心理学各领域；不接收综述	正文一般不超过 8 000 字。
《应用心理学》	各领域应用研究；接收综述	来稿（包括图表、参考文献）以 3 000～5 000 字为宜，研究类论文最长不超过 6 000 字，参考文献条目不超过 30 条；综述类论文最长不超过 10 000 字，参考文献条目不超过 80 条。
《心理科学进展》	只接收综述	除了研究简报（正文 5 000 字以内），其他类型综述文章不限字数。
《中国心理卫生杂志》	心理学与医学交叉领域；接收综述、个案报告	短篇论文（无中英文摘要），2 000 字；综述，配 100 字左右的指示性摘要；个案报告，可配中英文摘要；评论，1 500 字；书评，1 000 字。
《中国临床心理学杂志》	临床心理学领域；接收综述、方法学研究	研究报告限 6 000 字左右，综述及心理治疗案例报告可增。

注：一般要求文题 20 字以内，中文摘要 200 字以内。

一、心理学中文核心期刊的特点与撰稿要求

（一）《心理学报》

1. 简介

月刊，中国心理学会和中国科学院心理研究所主办，科学出版社出版，主要发表我国心理学家最新、最高水平的心理学论文。

2. 撰稿要求

撰稿的主要要求如下（《心理学报》编辑部，2019）：

- **文题**：限 20 字以内。能够准确反映文章的主要内容。尽量不用“研究”二字。
- **摘要**：内容包括研究目的、方法、结果、结论（不要把结果与结论混为一谈）。中文摘要 300 字左右。尽可能不用“本研究”“我们”等第一人称。不要写研究结果中的统计数字。
- **关键词**：须给出 3～5 个关键词，置于摘要之后。关键词需是专业词汇。
- **统计表达**：使用法定计量单位、符号和标准化、规范化的名词、术语。
- **表格**：采用三线表。一般应把自变量作为列，因变量作为行。每个栏目（纵向的

列）都需有栏目名称，栏目名称是对所在列的概括。

- **插图和照片**：需清晰可读。照片应反差好、层次清晰。
- **参考文献**：采用 APA 格式。

3. 外审时间

单次审稿时间 1 个月以内。

4. 投稿方式

网络投稿：https://xlxbauthor.manuscriptcloud.com/login

投稿难度：★★★★★；推荐指数：♥♥♥♥♡；影响力指数：■■■■■

（二）《心理科学》

1. 简介

双月刊，中国科学技术协会主管、中国心理学会主办、国内外公开发行的学术性刊物，是国务院学位办审定的全国中文核心期刊。

2. 撰稿要求

撰稿的主要要求如下（《心理科学》编辑部，2024）：

- **文题**：限 40 字以内（包括副标题）。能够准确反映文章的主要内容。一般由关键词组成，避免赘语。
- **摘要**：研究报告与论文附 300 字以内的中文摘要，内容应包括科学问题（研究目的、研究背景）、方法（研究设计）、结果、结论。注意，不要把结果与结论混为一谈，研究方法（变量、材料、流程、被试的任务）在字数限制之内尽可能详细。
- **关键词**：摘要后列出 3～7 个关键词。
- **引言（以实证性论文为例）**：须以明晰的语言说明当前的研究问题与理论框架和前人相关研究、当前实验设计和假设这三者之间的逻辑关联和脉络。
- **方法**：尽可能细致地描述实验材料和实验步骤，做到让读者能够毫无困难地重复该实验。
- **结果**：必须首先说明数据如何进行了预处理，按照什么标准删除数据或被试，删除多少数据点。要清晰说明所使用的统计方法、效应量、置信区间等相关信息，并对统计结果有简短的文字说明。问卷类研究需要报告共同方法偏差。
- **讨论**：应紧扣实验假设、实验发现，并把自己的发现与引言中论述的理论框架、前人研究联系起来，加以对照与分析。讨论的内容应与引言中的综述、问题提出有一一对应的关系。
- **结论**：可单独成节，也可作为讨论的最后一段。所包含的内容应是从实验设计与数据中直接推断的论点，不能包含进一步拓展的讨论与推测。
- **表和图**：凡是用文字已经说明的问题，尽量不用表和图。如用表或图，则文中不必重复其数据，只需摘其要点即可。表和图不要重复表达同一内容。图表的标题和文字说明应尽量做到自明。
- **参考文献**：采用 APA 格式。

3. 外审时间

审稿周期一般为 50～70 天，可能达到 90 天。

4. 投稿方式

网络投稿：https://xlkxauthor.manuscriptcloud.com/login

投稿难度：★★★★☆；推荐指数：♥♥♥♥♡；影响力指数：■■■■□

除了以上两本接受心理学各领域的期刊，还有一些“术业有专攻”的期刊。比如，《心理科学进展》刊登反映某领域研究进展的综述类文章，而《心理发展与教育》倾向于刊登发展与教育领域的文章。

（三）《心理科学进展》

1. 简介

月刊，中国科学院心理研究所主办，科学出版社出版，国内外公开发行。办刊宗旨是反映心理学各领域的最新研究进展。主要刊登能够反映国内外心理学各领域研究的新进展、新动向、新成果的文献综述和评论以及研究简报。

2. 撰稿要求

撰稿的主要要求如下（《心理科学进展》编辑部，2019）：

- **文题**：限 20 字以内。以科学问题作为文题，避免写成教科书式的大杂烩。文题中不要出现“研究综述”“进展”“回顾与展望”“述评”等字样。
- **摘要**：200 字左右，尽量不要用“本文”“我们”等第一人称。对核心概念要有定义。要给出实质性信息，不要写“指出了以往研究的不足，对未来研究进行了展望”之类的空话。
- **关键词**：须给出 3～5 个关键词，置于摘要之后。关键词应为专业词汇。
- **表格**：采用三线表，不用竖线。
- **插图和照片**：打印效果清晰。
- **参考文献**：采用 APA 格式。

3. 外审时间

单次审稿时间不超过 20 天。

4. 投稿方式

网络投稿：https://xlkxjzauthor.manuscriptcloud.com/login

投稿难度：★★★★★；推荐指数：♥♥♥♥♡；影响力指数：■■■■□

（四）《心理发展与教育》

1. 简介

双月刊，由教育部主管、北京师范大学主办的面向国内外公开发行的心理学学术刊物，是国内唯一的发展心理学与教育心理学专业学术刊物，主要发表发展心理学和教育心理学领域的高质量研究报告与论文。

2. 撰稿要求

撰稿的主要要求如下（《心理发展与教育》编辑部，日期未知）：

- **文题**：限20字以内，能准确反映文章主要内容（如核心变量），必要时可用副标题。
- **摘要**：限300字以内，准确、独立、简练具体。内容包括研究目的、方法、结果、结论。应以第三人称客观叙述（不要用“本文”“我们”等第一人称）。
- **关键词**：3～5个。如文章与心理发展有关，关键词应包含发展阶段。
- **统计结果**：规范报告，不能只简单叙述，还需表述所包含的心理学意义。
- **表与图**：凡正文能说明的问题，尽量不用表和图。如用表或图，则文中不必重复其数据，只需摘其要点即可。表格设计简洁明了，且需使用三线表，不用竖线。插图中的坐标名称、单位、字符、数码、图例要标示清楚。图片尽量不设置背景色或多余线条。
- **数据格式**：保留到小数点后两位，小数点前、点后的0均不可省略。某些 p 值等特殊情况保留三位小数或自行安排。注意标注必要的数据单位。p 值写临界值。
- **参考文献**：采用APA格式。

3. 外审时间

审稿周期：1～3个月。

4. 投稿方式

网络投稿：https://devpsy.bnu.edu.cn/journalx_xlfzyjy/authorLogOn.action

投稿难度：★★★★☆；推荐指数：♥♥♥♥♡；影响力指数：■■■■□

二、心理学论文自检报告

多数期刊的投稿说明会提到“自检报告”（见拓展阅读6－1），意思是让作者对照着检查自己的论文是否符合该期刊的要求以及学术论文的规范。采用自检报告针对写好的论文进行逐条反思虽然比较“麻烦”，但是，如果真的能够做到要求上的每一点，那么文章离发表就真的很近了。

拓展阅读6－1

《心理学报》论文自检报告（节选）

（1）请以“研究亮点”的形式列出最多三条本研究的创新性贡献，总共不超过200字。

《心理学报》的目标是发表“既科学优秀，又具有广泛兴趣和意义”的心理学前沿研究。如果您的研究只有小修小补的贡献，没有尝试开创新的研究领域或提出独到见解和创新视角，特别是纯粹只是研究没有明确心理学问题的算法或技术的工作，这类研究被本刊录用的机会小。建议另投他刊。

（2）作者已经投稿或发表的文章中是否采用了与本研究相同的数据？如果是，请把文章附上以备审查。（我们不赞成作者用同一数据发表多篇变量相同的文章，也不赞成将一系列的相关研究拆成多个研究来发表的做法。）

（3）管理、临床、人格和社会等领域仅有自我报告（问卷法）的非实验非干预研究，需要检查数据是否存在共同方法偏差。为控制或证明这种偏差不会影响研究结论的效度，你使用了什么方法？采取了哪些措施？基于横断数据，仅有自我报告，仅仅在方便样本中施测，这样的研究数据易取得，但通常创新性价值不大，被本刊录用的机会小。

（4）是否报告并分析了效应量（例如：t 检验，Cohen's d；方差分析，η^2 成 η_p^2；标准化回归系数）？（很多研究只是机械地报告了效应量，但没有做必要的分析或说明，例如效应量的大小及其理论意义或应用意义。）是否报告了统计分析的 95% CI（置信区间，例如差异的 95% CI、相关/回归系数的 95% CI）？

（5）请写出计划的样本量和实际的样本量。如果二者有差别，请写出理由。以往心理学研究中普遍存在样本量不足所致的低统计功效问题，我们建议在论文的方法部分解释你计算及认定样本量的依据。应该以有一定依据的效应量、期望的功效来确定样本量，并报告计算用软件或程序。

（6）对于假设检验，如果是零假设显著性检验，需报告精确 p 值而不是 p 的区间（小于 0.001 的报告区间，其他报告精确 p 值）。如果是贝叶斯因素，应报告其对先验分布假定的敏感性。

（7）为保证论文中数据报告的完备性，统计分析中如果剔除了部分数据，是否在文中报告？原因是什么？包含这部分数据的统计结果会如何变化？统计分析中是如何处理缺失数据的？使用量表时是否删除了其中的个别项目？原因是什么？如果包含这部分项目，统计结果会如何变化？是否有测量的项目或者变量没有报告？原因是什么？

（8）研究用到的未经过同行评议和审查的实验材料、量表或问卷，是否附在文件的末尾以供审查？如果没有，请写出理由。如果该文发表，你是否愿意公开这些材料以与其他研究者共享？

（9）临床干预或实验室实验，建议在收集数据前预注册。也鼓励对其他实验研究进行预注册。预注册要求写出所有的研究假设及其支持，以及实验/干预的详细过程和步骤。如果你的研究有预注册，会显著增加被录用的机会。

（10）研究如果用到了人类或动物被试，是否得到所在单位伦理委员会的批准？如果是，请把扫描版发至编辑部邮箱。如果否，请说明理由。

资料来源：《心理学报》编辑部，2022。

此外，《心理科学》还在自检报告下面提供了一个核查清单（这里不再列出，详见 https://jps.ecnu.edu.cn/CN/column/column7.shtml），建议作者根据核查清单对文章的研究方法部分进行核查和完善。

三、心理学中文核心期刊的投稿流程

以《心理学报》的投稿为例，进入其投稿网站 https://xlxbauthor.manuscriptcloud.com/login，点击左侧“办公系统”中的“作者投稿查稿”（见图 6－1），进入作者中心。

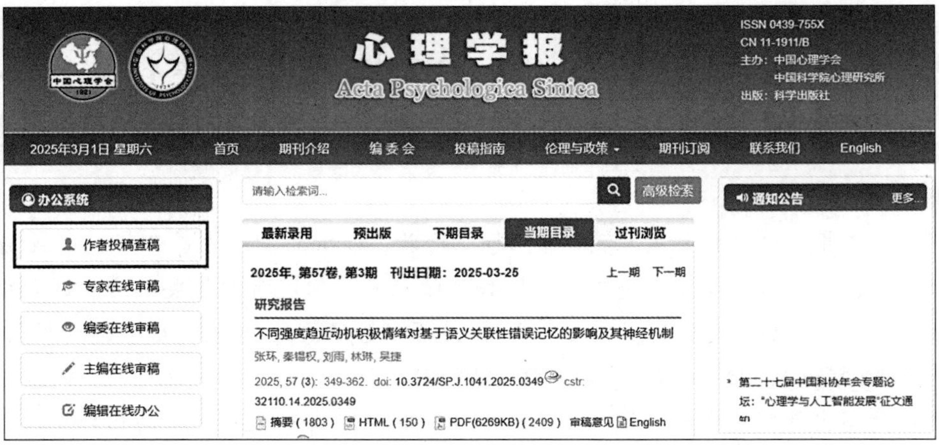

图 6－1　《心理学报》在线投稿：点击“作者投稿查稿”

如果是第一次向《心理学报》投稿，需要先填写必填信息，注册账号（见图 6－2）。

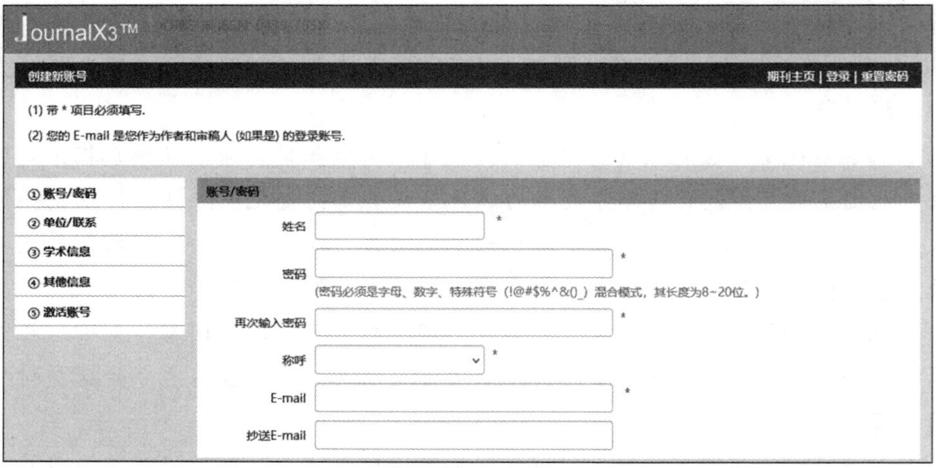

图 6－2　《心理学报》在线投稿：完成作者注册

点击“向导式投稿”，进入投稿界面（见图 6－3）。

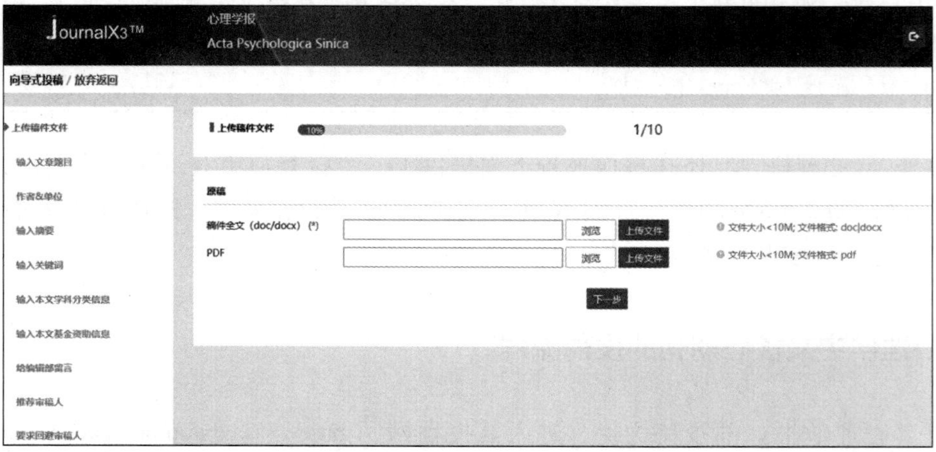

图 6－3　《心理学报》在线投稿：按要求填写稿件信息

投稿步骤包括：

- 上传稿件文件。
- 输入文章题目，中文文题必填，英文文题选填。选择计划投稿的栏目（元分析和综述，研究报告，或理论与史），同时标明是不是“约稿”。
- 填写作者及其单位。依次输入每位作者的姓名和 E-mail。
- 输入摘要。中文摘要必填，英文摘要选填。
- 输入关键词。中文关键词必填，英文关键词选填。要求标准关键词个数为 3，两个关键词之间需加分号。
- 输入本文学科分类信息。
- 输入本文基金资助信息。
- 给编辑部留言。选择是否愿意把稿件同时提交到 ChinaXiv。
- 填写推荐的审稿人。
- 填写要求回避的审稿人。
- 在正式投稿之前，记得检查一下，确定没有问题之后再点击下面的“立即投稿”。如果有当时改不了的问题，可以点击“返回作者中心”，在作者中心的“未完成投稿中”查看。

注意：（1）投稿成功以后，稿件仍然可以修改，但是在稿件开始审理之后，稿件将不能修改。（2）如果编辑部根据审稿意见要求修改，该稿件将出现在作者主界面的“需要修改稿件”列表中。（3）如果取消投稿或关闭本窗口，则该稿件将出现在作者主界面的“草稿”列表中，作者可以继续投稿。

四、回复审稿意见

当小白在《心理发展与教育》网站上点击确认投稿的那一刻，他的内心既轻松又忐忑，他知道这只能算是片刻的轻松，自己的文章还需要过关斩将，经过“编委初审→外审→退修→编委复审→主编终审→发稿”等一系列过程才得以发表。

终于，在稿件投出去 2 个月之后，小白收到了来自《心理发展与教育》的一审意见。看到审稿专家针对自己的论文洋洋洒洒提出的 14 条修改意见之后，小白不禁汗颜，没想到自己的论文在修改了那么多轮之后，依然存在这么多问题。但是，编辑老师带有鼓励性的意见让小白重建了自信，他暗暗下定决心，一定要按照审稿意见逐条修改好文章，不能让快煮熟的鸭子从自己的手里飞走。

为了有理有据、不卑不亢地回复好审稿专家的意见，小白系统地学习了回复审稿意见的经验（套路）。总结而言，回复审稿意见的基本原则包括以下几点。

（一）所有问题必须逐个回答，不要有侥幸心理

审稿人经常抱怨作者根本没有对评审中提出的问题做出回应。有时，审稿人可能不同意你的回答，但你不应试图通过简单地忽略它来回避一个棘手的问题。

（二）尽量满足审稿人所有的修改要求

即使你认为审稿人的要求不能提供有用的信息，或者有其他缺陷，你也应该按照他们的要求去做，并在回复中报告结果，然后解释为什么你的原稿中没有这项结果。

（三）避免言辞过激，礼貌回应

即使你确信审稿人欠缺考虑，对你研究的理解有所偏差，在回复信中表达这种情绪也肯定于你无益。请记住，如果审稿人没有理解某些内容，那么至少在某种程度上是因为你没有把观点阐释清楚。

（四）凸显修改变化

当你按照评审意见对稿件进行修改时，有时很难向审稿人准确传达更改的内容。一个常见的错误是作者在回复评审意见时说："这一点在稿件中是以下列方式提出的。"这个回复没有说清楚作者指的是原稿中已经存在的内容，还是新版本中的变化。你的回复应该明确地解释修改版稿件相较原稿的变化。

针对自己的稿件，小白发现，审稿人的修改意见都非常具有建设性。有的是根据自己的经验以及领域内的常见措辞对自己稚嫩的行文进行修改，例如：

研究实例6－1

审稿意见与回复示例一

意见 "青少年是个体心理成熟与幸福感发展的重要时期"措辞存在问题，建议改为"青少年时期……"或"青少年处于……"。

回复 感谢您的建议！我们已经将引言第一段最后一句开头的措辞改为"青少年正处于个体心理成熟与幸福感发展的重要时期"。

有的是对文章报告的内容与实际实验之间的差异进行质疑，询问文章此处行文的作用，并提出修改建议，例如：

研究实例6－2

审稿意见与回复示例二

意见 作者用了不小的篇幅来阐述青少年对家庭温暖的感知与其主观幸福感的关系，但这与本研究的内容存在什么样的联系呢？同时，在逻辑上存在问题：通过青少年对自身与父母之间关系的感知、对家庭温暖的感知影响其主观幸福感，很难推论出父母方面的因素（比如父母自身的人格特质、情绪状态、生活压力、婚姻关系等）对青少年主观幸福感的影响。建议从父母方面的因素重新梳理这部分文献。

回复 感谢您的建议！通过进一步的阅读及思考，较多叙述"青少年对家庭温暖的感知与其主观幸福感的关系"确实与本文的中心关系不大。我们的修改是：首先阐明父母作为家庭系统的重要成员会对青少年产生很大的影响，进而通过文献梳理发现以往研究主要集中于父母教养方式、亲子关系等对孩子主观幸福感的影响，而忽视了父母自身人格特质和情绪状态这一家庭系统中的环境因素对孩子心理发展的可能影响。在此基础上，我们引出所关注的变量：父母自尊。修改后的内容是（第2页）："研究表明，父母的高自尊可以提高与孩子的互动程度和满意度（Ghaziri & Darwiche, 2018）。高自尊的母亲更有可能与孩子更好地沟通、关心他们的行为、给他们提供更大的决策自由，也会认为孩子更加独立；高自尊的父亲与孩子的沟通更好，而且不太可能使用体罚（Small, 1988）。由此可见，高自尊是积极互动的基础，父母自尊很有可能作为青少年成长中的环境变量影响其主观幸福感（Satir, 1988）。据此，本研究提出假设1：父母自尊正向预测青少年主观幸福感。"

有的则是对文章某个部分做出期待，希望有更加深入或更加实质性的阐述，例如：

研究实例6－3

审稿意见与回复示例三

意见　最后的讨论部分，希望看到作者对理论意义和现实意义部分更深入的探讨。

回复　感谢您的建议！我们的修改是补充了对理论意义和现实意义部分更深入的探讨，详见第9页："本研究基于家庭系统，比较全面地探讨了父母自尊对青少年主观幸福感的影响机制，发现了父母自尊—亲子信任—青少年自尊—青少年幸福感的链式中介作用，扩展了对青少年主观幸福感在青少年个体自尊、父母自尊和亲子信任之间相互作用关系上的认识，为父母提升青少年幸福感的实践提供了重要的教育指导。虽然自尊并不能最有力地预测工作表现或生活幸福，但自尊与自我效能感（Judge & Bono, 2001）、生活满意度、责任心、外向性和情绪稳定性（Robins et al., 2001）有关。虽然自尊的好处一直备受争议，但总的来说，高自尊的人相信他们在世界上是有价值的，这种信念可以作为个人和他们生活的消极方面之间的缓冲，有利于其更积极地学习、工作和生活。因此，一方面，父母应主动追求高自尊的状态，努力增加个人成功的经历，正确评估个人能力，合理设置对成功的预期，为孩子树立正确的榜样，引导孩子正确认识自己。另一方面，父母应给予自己的孩子充分的关注，尊重孩子的行为和思想，与他们形成良好的亲子信任关系。父母、青少年提高自尊水平，彼此互相信任，有利于提高青少年的幸福水平。"

通过写作回复意见，小白对导师的话有了更深的理解：在与审稿人进行交流的时候，应该保持虚心学习的态度，不卑不亢地与审稿人进行正常交流。有的时候审稿人可能没有理解某个部分的内容，从而提出建议，此时我们不应尽力说服审稿人，让他们承认该处没有问题。投稿不是辩论，交流是主要目的，这至少说明我们的行文存在问题，不能让审稿人明白我们希望表达的观点及其与证据之间的逻辑关系，因此此处依然是需要修改的。只有让读者明白我们的逻辑与所表达的观点，交流才能顺利，才能达到我们最终的目的。

小贴士

1. 不同心理学期刊倾向于接收不同类型的文章，大部分心理学期刊接收综述与研究报告，《心理与行为研究》原则上不接收综述，《心理科学进展》主要接收综述。

2. 收到审稿意见后，需要认真对待审稿人的意见，一一回复，并做到：

- 概述与回复并存。
- 回复自成体系。
- 阐明内容并进行修改。
- 直面问题，直切要点。
- 不要陷入辩论之中。

第三节　勿以恶小而为之：避免参考文献出现错误

在认真地践行了回复审稿意见的原则和技巧（套路）之后，小白的文章顺利通过审稿专家的一审和二审，转而进入主编终审阶段。在等待终审意见的那几天里，小白每天打开电脑后的第一件事情都是查收邮件，焦急地等待稿件录用通知的到来。

结果有点出人意料，没收到录用通知，而是等来了主编让他们再次修改重投的建议："文章内容有价值。但作者需要仔细处理批注问题，尤其是文献引证和标注格式的规范问题；仔细校对文稿，提高可读性，确保文字精练。直到没有这些基本错误，才可以发表。"

小白他们按照主编的意见逐字逐句地修改了全文，以提升文章可读性，确保文字精练。然而没想到却挂一漏万，忘记逐条修改参考文献部分！后果很严重，修改稿投出后不久，他们收到了主编的第二次意见（严厉而气愤）："你说'全体作者已经按照贵刊的建议，并参考审稿专家三次审稿的建议，针对全文进行了修改，确保语言凝练通顺，参考文献完整无误'，然而，错误依然那么多。请结合本次标注的问题（我没有标注所有问题，只提供了示例），以及上次批注的问题，认真修改！如果修改稿依然存在这类明显的问题，做退稿处理。"

旋即，恐惧伴随着羞愧袭击了小白的心头，此时的他已经没有任何退路，唯有逐字逐条地修改与校对引用和参考文献。结果是圆满的——文章终被录用。回想一波三折的投稿过程，小白深刻地体会到以下这句话的含义："使人疲惫的不是远处的高山，而是鞋子里的一粒沙子。"更何况对于有志于以学术为业的小白来说，引用的规范与科学绝不仅仅是鞋子里的一粒沙子那么简单，而是日积月累的学术道德和科学修养的一部分。正所谓："文章千古事，得失寸心知。作者皆殊列，名声岂浪垂。"

一、规范引用参考文献的重要性

（一）参考文献关乎出版伦理和学术道德

参考文献引用关乎学术道德。如果在文章中提到之前已发表文献的观点，却没有规范地引用相关文献，这可能会被视作观点剽窃，从而危及个人的学术道德。即使你不是有意的，但只要表现出来，你就得为你所写的文字负相关的责任。在投稿后，期刊编辑出于出版伦理的考虑，会对稿件进行查重和专业审核，因此作者在投稿前一定要注意文献引用格式的规范性，避免影响个人学术道德。

（二）参考文献关乎科学研究的水平、严谨性和延续性

参考文献的引用与文章水平以及结果可靠性有关。没有人能够凭空写作一篇文章，实证文章中的研究往往是在前人研究基础上进行的，而综述文章更是需要基于某一研究领域的文献进行评述。从参考文献列表中我们可以看出作者的研究与前人的研究是否联系紧密，文献的引用是否全面，以及通过引用的参考文献能否判断当前研究的意义。这些都是检验文章质量的标准，因此必须重视参考文献的选择和引用。

（三）参考文献关乎作者的写作素养和写作态度

参考文献的引用还与作者的写作素养和写作态度有关。好的文章一定是结构清晰、逻辑紧密、观点论证有力的，而这些都需要以参考文献为基础。在行文过程中，作者需要仔细打磨每一句话、每一个论证过程，以及其中涉及的参考文献。因此，从作者文章中引用的参考文献我们可以看出作者文章的严谨性和逻辑性。作者是草率引用一堆与文章主题关系不大的文献，还是认真地利用文章中引用的每一篇文献，这些最终都指向写作素养和态度。

二、参考文献引用的类型和规范

目前，国内的心理学院校（或心理学期刊）普遍要求毕业生（或投稿人）按照 APA 格式进行写作。那么究竟什么是 APA 格式呢？它又有哪些具体的要求和规定呢？

APA 是美国心理学会（American Psychological Association）的英文简称，所谓 APA 格式（APA style）就是《美国心理学会出版手册》（*Publication Manual of the American Psychological Association*，以下简称《手册》）规定的论文撰写格式。最早的版本发布于 1929 年，当时只有 7 页，刊登于 *Psychological Bulletin*。随着时间推移，APA 格式逐渐扩展到多个社会科学领域，并不断更新和完善。目前最新的版本是第 7 版，于 2020 年发布。APA 格式通常有三重含义：一是指《手册》一书所包含的所有内容；二是指《手册》中的文内引用和参考文献列表的著录格式；三是指参考文献严格按照 APA 格式著录，但文内引用只采用 APA 的著者-出版年制，并不严格遵循《手册》中的要求。

第一种是严格意义上的 APA 格式，但目前国内的 APA 格式往往属于第三种，原因是国内的心理学论文多采用中文撰写，而中文和英文无论是字体、字符还是标点符号都有差异，从而使得正文引用无法做到完全与 APA 格式严格一致。此外，如前所述，APA 格式已经更新到第 7 版，每一版都会有所不同，但国内的要求却没有及时跟进。这些最终导致中文论文的要求与 APA 格式有所出入。但即便正文引用与 APA 格式有所出入，文后的参考文献也应该严格地按照 APA 格式著录。

总体来说，参考文献分为七种类型：期刊文章、书籍、会议报告、技术报告、二手

资料、网络资源以及软件设备。APA 格式对于每一类参考文献的引用都有细致的要求，具体详情可以参阅本章最后推荐的图书，也可以登录 APA 的网站进行查询（见表6-3）。

表6-3 APA 格式写作资源网站

网站名	网址
APA 官网	https://www.apa.org
APA 格式介绍	https://apastyle.apa.org/
APA 参考和引用	https://owl.purdue.edu/owl/research_and_citation/apa_style/apa_formatting_and_style_guide/index.html
APA 格式参考文献在线生成	https://www.scribbr.com/apa-style/format/

三、应该如何引用参考文献?

（一）文献引用总原则

1. 正文中引用的文献与文后的文献列表必须完全一致

正文中引用的文献可以在正文后的文献列表中找到；文献列表中所列文献只能包括正文中引用的文献。

2. 文献列表中的文献著录必须正确且完整

因为列出参考文献的目的之一就是使读者能够检索并查找有关的资料来源，所以参考文献著录必须正确且完整。

3. 按照期刊要求安排文献顺序

心理学中文期刊通常要求正文内的参考文献按照文献作者名（中文作者拼音）的首字母顺序排列。若中英文文献都有，则视具体期刊的要求安排顺序。例如，《心理发展与教育》要求英文文献在前，《心理科学进展》《心理科学》《心理与行为研究》《应用心理学》《心理技术与应用》《心理学探新》则要求中文文献在前；此外，《心理学报》要求作者给出中文文献相应的英文信息（按照第一作者名首字母将文献排序），并把中文信息放在对应文献下面的方括号中。

4. 应该避免引用代表性较差的文献

在写作过程中需要注意以下两点：一方面，应该尽量选择原始文献，二手文献对原始文献的引用可能存在观点偏差，直接引用原始文献能够使论证更有说服力；另一方面，应该选择该领域内与研究主题高度相关、高质量和典型的参考文献。文章所发表期刊的影响因子通常可以作为文章质量的一个判断标准，但这只是相对的选择参考。

5. 应该避免引用和当前研究关系不大的文献

参考文献的数量应该与论文的信息量成正相关。在选择参考文献时不能为了新颖性而去选择一些最近几年发表但与研究无关的文献，也不应该不顾主题是否契合，为了让文章看起来更有说服力，就把自己写作过程中看过的文献都列为参考文献。这些做法对于文章质量没有多大的帮助，反而会让读者怀疑作者对待研究的严谨性。

6. 参考文献最好以最近 3～5 年的为主，应该避免过多引用老旧文献

一方面，引用新的文献意味着你所研究的这个领域有很多人在研究，研究前景广阔，值得继续深入研究，侧面反映当前研究的必要性；另一方面，引用新的文献说明你的研究紧跟前沿，能够很好地与前人的研究联系起来，表明当前研究是有价值的。

（二）文献引用的具体做法

由于文章各部分对引用文献也会有特殊的要求，仅仅根据上述原则去引用文献还不够，下面将一一介绍文章各部分文献引用的具体注意事项。

1. 引言

不同期刊对引言的字数要求不同，这会影响引言部分的内容量和参考文献的选择。如果期刊对引言字数无过多限制，该期刊之前发表的文章往往在引言部分较为详细地介绍研究背景，那么你需要按照综述写作的方式引用文献，引用所研究领域经典和重要的文献，同时也需要引用与研究紧密相关的最新文献。如果期刊明确限制引言部分的字数，那么你在写作时就应该主要引用最新的、最重要的文献，尽可能选择第一手的文献，在恰当的情况下也可以考虑引用综述文章。

2. 方法与材料

方法和材料部分需要引用第一手文献。尽量引用与文章使用的方法和材料直接相关的、在高影响力期刊上发表的文献，而不引用二手的、在低影响力期刊上发表的文献。在这部分引用权威的文献能够从侧面反映出研究所使用的方法和材料的可靠性。

3. 结果

结果部分一般不需要引用文献。但有时在结果部分也会将现有结果与之前研究结果进行简单对比，可能需要引用文献。这时需要注意尽量引用最为相关的文献，毕竟在结果部分往往只能进行简单论述，不适合引用过多的文献对观点进行论证。

4. 讨论

讨论部分一般会将研究结果与之前的研究联系起来，这意味着需要引用文献来对当前研究结果和前人研究结果进行比较，也需要参考其他研究来对研究结果进行恰当的解释，还可能需要引用其他文献来说明当前研究的重要性。在讨论部分引用文献最重要的是需要考虑文献与研究结果的关系；讨论是以当前研究结果为基础的，引用的文献也需要与当前研究结果紧密相关。

四、参考文献引用中容易犯的错误

（一）参考文献选择错误类型

1. 选用脱离论文主题的参考文献

为了让参考文献列表看起来更新颖而去引用一些最近几年发表的、与研究主题关系不大的文献，或是为了让论证看起来更有力而去罗列一些与文章内容关系不大的文献，这些行为都是不可取的。选择参考文献时必须紧紧围绕主题，尽量选择能够有力地说明、突出、论证文章内容的参考文献，否则就舍弃，这是选择参考文献的基本原则之一。

2. 选择的参考文献不够典型

不考虑文献是否有代表性，只要与文章主题相关的文献就不加筛选地引用，这是不恰当的。应该选择那些最有代表性、能有力地揭示事物本质的文献，并注意选择的参考文献的可靠性与权威性。

3. 选择的参考文献不新颖

在选择参考文献时不注意更新参考文献列表，而选择老套陈旧的参考文献，导致文章中举的例子时效性不强，这可能降低文章内容的说服力。因此，应该在保证与主题相关的前提下选择新颖性高的参考文献，将文章内容与最新研究联系起来，增强文章的说服力。

4. 文献引用不符合要求

这方面的具体表现有：所列文献范围过宽，凡在写作过程中参阅过的文献都列出来；所列文献过少，因为害怕引述过多降低文章原创性而将一些重要的参考文献省略；对文献的理解片面，以为只有引用文献原文时才需要列出。这些都是选择和引用参考文献时不恰当的做法，比较合适的做法是客观地引用文章写作过程中提到的文献。

（二）参考文献引用错误示例

1. 责任者

错误示例： Tsai, W-C., Huang, T-C., & Yu, H-H. (2012). Investigating the unique predictability and boundary conditions of applicant physical attractiveness and non-verbal behaviours on interviewer evaluations in job interviews. *Journal of Occupational and Organizational Psychology, 85*(1), 60 – 79.

该文的主要责任者是中文作者的拼音缩写，并在其中加入“ – ”，这是不符合 APA 格式的。正确的做法是只保留“Tsai, W., Huang, T., & Yu, H. ”。

2. 文章名

错误示例： Mou, W., Zhang, K., & McNamara, T. P. (2004). *Frames of Reference in Spatial Memories Acquired from Language*. *Journal of Experimental Psychology: Learning, Memory, and Cognition, 30*(1), 171 – 180.

文章名不用斜体，一般也不应该每个首字母都大写。正确的写法应该是“Frames of reference in spatial memories acquired from language”。

3. 文献出处

错误示例： Zhuang, J., & Zhou, X. L. (2001). Word length effect in speech production of Chinese. Acta Psychologica Sinica, 33(3), 214 – 218.

文献出处的期刊和卷次都需要斜体显示。正确的写法应该是“*Acta Psychologica Sinica, 33*”。

4. 标点符号

错误示例： 张秋丽，孙青青，郑涌（2015）. 婚恋关系中的相似性匹配及争议 . *心理科学, 38*（3），748 – 756.

错误在于末位作者之后没有用“. ”这一标点符号结尾，而直接与发表日期连接。

最后，为了尽可能避免文内文献引用和文末文献列表出现错误，在正式投稿前可参照表6－4进行自我检查。

表6－4　参考文献是否符合APA格式要求自检表

条目	是/否
1. 文中引用的资料是否都注明了参考文献？	
2. 文末列表中的文献是否都在文中提及？	
3. 参考文献的责任者项是否有错误？	
4. 参考文献的文章名项是否有错误？是否只有第一个单词的首字母大写？	
5. 参考文献的出处项是否有错误？是否采用斜体？	
6. 参考文献中的标点符号是否有错误？	
7. 参考文献的卷号（期号）是否完整？卷号是否采用斜体？	
8. 书籍参考文献的格式是否正确？	
9. 学位论文参考文献的格式是否正确？	

拓展阅读6－2

学与问——关于参考文献

1. 在正文中，是写中文姓名还是写英文的姓？

以中文发表的文章，在正文中引用时须写作者中文的姓名，如："张三（2009）研究了人格与心理的关系。"以英文发表的文章，在正文中引用时可只写作者英文的姓，如："Zhang（2009）研究了人格与心理的关系。"

2. 两个作者之间是用"和"还是用"&"？

如果所引文献作为句子的一个成分，最后两个作者之间用"和"，如："张三和李四（2008）研究了人格与心理的关系。""Zhang和Li（2008）比较了外倾性格与冠心病发病的关系。"

如果文献不是作为句子的一个成分，而是作为括注，则英文用"&"，中文用逗号，如："人格与心理健康有密切关系（张三，李四，2008）。""外倾性格与冠心病发病有关系（Zhang & Li, 2008）。"

3. 多个作者之后是用"等"还是"et al."？

中文文献多个作者之后用"等"，如："张三等（2008）研究了人格与心理的关系。""人格与心理健康有密切关系（张三等，2008）。"

如果英文文献作为句子的一个成分，那么多个作者之后用"等"，如："Zhang等（2008）比较了外倾性格与冠心病发病的关系。"如果英文文献不是作为句子的一个成分，而是作为括注，那么多个作者之后则用"et al."（注意：不要将"et al."排成斜体，在"al"后要加"."），如："外倾性格与冠心病发病有关系（Zhang et al., 2008）。"

资料来源：《心理科学》编辑部，2020。

小贴士

1. 参考文献的选择和引用关乎文章中研究的水平、严谨性和延续性，同时也与作者的写作素养和写作态度有关。

2. 在选择参考文献时，应该避免选择代表性较差、与当前研究关系不大的文献；参考文献列表中尽量不要包含过多老旧文献。

3. 参考文献选择过程中容易犯的错误：

- 选用脱离论文主题的参考文献。
- 选择的参考文献不够典型。
- 选择的参考文献不新颖。
- 文献引用不符合要求。

4. 参考文献引用不规范的主要表现：

- 没有写清楚责任者项。
- 文章名项书写不规范。
- 文献出处项不符合标准格式要求。
- 文献中的标点符号存在细节错误。

第四节 融入学术共同体：在心理学学术会议上做报告

经历不懈的努力与修改，小白、小星和乔乔的文章终于将在《心理发展与教育》上发表。然而，此时的他们并没有沾沾自喜，更没有停止前进的步伐，而是继续查阅最新文献，尝试提出新的、有价值的研究问题，为下一篇文章做准备。

“功无枉费，力不白出。”通过认真阅读最新文献，小白有了重要的发现——有关依存性自尊的最新研究将其分为上升（个体取得成功时会体验到自尊的上升，从而对情绪产生积极影响）和下降（个体遭遇失败时会体验到自尊的下降，从而对情绪产生消极影响）两种类型，而以往研究多将上升型和下降型依存性自尊简单相加，这事实上掩盖了上升型依存性自尊的积极影响，并削弱了下降型依存性自尊的消极影响。

更巧的是，小白他们手头正好有采用双维依存性自尊量表收集的数据，福至心灵的感觉再一次照耀小白，他立刻调出手头的数据，急切地想要看看数据是否会支持最新研究的观点。结果数据不但验证了依存性自尊的双维模型，而且表明自尊能调节两类依存性自尊对心理健康的影响。意识到数据结果支持自己的研究假设，小白兴奋极了，他迫不及待地跟导师分享自己的新发现。导师听完小白的介绍，也很兴奋，觉得这是一项非常有价值的研究，建议小白可以投稿到全国心理学学术会议去报告，让更多人了解他们的新成果、新发现。

一、国内心理学会议

（一）如何获取相关信息？

既然想要参加学术会议，我们就需要对学术会议有一个基本的了解。一方面，想要投稿的话，需要了解稿件的内容要求、截止时间等；另一方面，作为不投稿的参加者，也需要了解会议的主题、举办情况以及相关活动（如会议工作坊等）的信息。为此，我们就需要想办法搜集相关的信息。

首先，最简单的方法是询问学校院系，或者关注学校的通知。其次，我们可以主动浏览学会的网站来获取相关的信息。这是一种更加主动的方式，同样很快捷方便。例如，可以登录中国心理学会官方网站（https://www.cpsbeijing.org/）或查看其官方微信公众号“zgxlxh”来了解各种各样的心理学相关学术会议的信息（如图6-4所示）。

图6-4　中国心理学会官网公布的学术会议信息示例

同时，除了这些会议相关信息，还有论坛、研修班等通知，如果你有兴趣，也可以对它们进行了解。

（二）国内重要心理学会议介绍

我国的心理学学术会议多种多样，它们的领域和规模也各有差异。相对而言，有下列这些比较重要的会议。

首先是中国心理学会主办的全国心理学学术会议，它代表着中国心理学最新发展前沿和研究进展。自2023年起，大会由原来的每年召开一次改为每两年召开一次。大会常常分为以下几个部分：大会特邀报告、分组重点报告、专题讨论会、分组报告和张贴报告。全国心理学学术会议是我国心理学交流的最高端盛会，吸引了全国各类高校和研究机构的心理学和相关学科的专家、学者们参加，当然也欢迎学生们参加。全国心理学学术会议一般在10月、11月或12月举办，但上半年就会在中国心理学会官网发布通知，确定承办方和举办地点。随后，7 月初会发布征稿通知，确认本次征稿的各项要求。这些信息都可通过中国心理学学会官网或官方微信公众号进行了解。

其次是中国社会心理学会每年举办的学术会议，每年的承办方和举办地点也会有所变化，一般来说也在下半年举行，较早时在 6 月举办，较晚时也可能在 12 月举办。同样，中国社会心理学会举办的学术会议也分为大会报告、专题论坛、分组论坛等几个部分。具体情况可以通过中国社会心理学会官网（https://www.socialpsy.org.cn/）或官方微信公众号“CASP_CASP”进行了解。

最后，除了这两个会议，中国心理学会下辖的一些专业委员会（如发展心理专业委员会、民族心理学专业委员会等）也会举办学术年会。这些会议可能规模没有那么大，但它们的专业性和针对性强，如果你对这些领域感兴趣，也可以了解并参与这些学术年会。它们的信息在中国心理学会官方网站上可以找到。

二、投稿心理学会议的摘要写作

（一）中文摘要

摘要是对论文内容的简短而全面的概括，能够让读者迅速总览论文的内容。在翻阅学术期刊时，大部分人也是首先阅读论文的摘要，然后再依据摘要来决定是否阅读整篇论文。一篇精确、简练、易懂和信息丰富的摘要能够增加论文的读者数量和将来论文的可提取性。因此，摘要既要具有高度的信息浓缩性，又要具有可读性，还要结构完整、篇幅简短以及独立成篇。按照研究内容的不同，摘要大致可分为四类，具体如表 6－5 所示。

表 6－5　摘要的类型和构成要素

实证研究报告的摘要	综述或者理论性论文的摘要	方法学论文的摘要	个案研究的摘要
• 研究问题 • 被试 • 研究方法 • 结果 • 结论、启示或应用	• 主题 • 论文的意图、论题或组织结构和范围 • 资料来源 • 结论	• 方法的类别 • 方法的基本特征 • 方法的应用范围 • 该方法在不同情况下的表现，包括它的统计力以及它在违反各种假设时的稳定性	• 被试及其相关特征 • 个案所能说明的问题或解决办法 • 对今后研究或理论建设的启示

通常来说，一篇好的摘要应具有以下五个特点：

- **准确**：摘要应能准确反映论文的目的和内容，不应包含论文中没有出现的内容。将摘要与论文的层次标题进行对比是核实摘要准确性的有效方法。
- **独立**：摘要应自成一体，独立成篇，尽量不要用缩写，也无需参考文献。
- **简练而具体**：摘要中的每一个句子都要能最大限度地提供信息，且尽可能简练。摘要的长度一般不超过 300 字。
- **非评价**：报告研究结果而不是对研究结果进行评价，不要在摘要中对论文内容做诠释和评论（尤其是自我评价）。
- **连贯且具有可读性**：采用条理清晰、措辞有力的写作形式。尽可能使用第三人称来取代第一人称。

研究实例6－4是在2019年第22届全国心理学学术会议上报告的一项研究的中文摘要。

研究实例6－4

依存性自尊影响情绪的双面性：自尊的缓冲与促进机制

徐健捷[1] Clarie Novak[2] Edward Chang[2]（通讯作者）
[1]北京师范大学心理学部，北京，100875；[2]密歇根大学心理学院，安娜堡，MI 48109

摘要 目的：依存性自尊是指个体的自我价值感过分依赖于外部标准或内在主观期望，它反映了个体自尊容易随正负性生活事件而剧烈变化的特性。大量研究证实，依存性自尊会对个体心理健康产生诸多不利影响（比如增加抑郁与焦虑水平、降低生活满意度），并且这种影响在低自尊水平群体中的表现尤为强烈。然而，最新研究发现，依存性自尊可具体分为上升（个体取得成功时会体验到自尊的上升，从而对情绪产生积极影响）和下降（个体失败时会感觉自己的自尊下降，从而对情绪产生消极影响）两种类型，而以往研究多将上升型和下降型依存性自尊简单相加，这事实上掩盖了上升型依存性自尊的积极影响，并削弱了下降型依存性自尊的消极影响，而自尊水平又会进一步放大两类依存性自尊的不同作用。本研究的目的是探讨两类依存性自尊与自尊水平如何共同作用于个体的负面情绪体验。**方法：**采用罗森伯格整体自尊量表、青少年依存性自尊量表、抑郁-焦虑-压力量表对200名中学生（男＝85，平均年龄＝14.76）进行调查。**结果：**回归分析结果显示，当控制了上升型和下降型依存性自尊和自尊水平后，上升型、下降型依存性自尊与自尊水平的交互项均可显著预测整体负性情绪（$\beta_{上升}=-0.14$，$p=0.04$；$\beta_{下降}=-0.21$，$p=0.02$）。简单斜率检验结果表明，对于自尊水平高的个体，其整体负性情绪水平会随上升型依存性自尊水平的升高而降低（$\beta=-0.17$，$p=0.03$），并不会受到下降型依存性自尊的消极影响（$\beta=0.16$，$p=0.06$）；对于自尊水平低的个体则相反，其整体负性情绪水平并不会受到上升型依存性自尊的积极影响（$\beta=0.13$，$p=0.06$），却会随下降型依存性自尊的升高而升高（$\beta=0.53$，$p<0.001$）。**结论：**本研究发现自尊水平既具有促进上升型依存性自尊的积极作用，又具有缓冲下降型依存性自尊的负面作用，从而揭示了不同类型依存性自尊影响个体负面情绪体验的边界条件，有助于人们寻找到降低负面情绪的途径，因而具有重要的理论和现实意义。

关键词 依存性自尊 自尊水平 心理健康 调节作用

资料来源：徐健捷等，2019。

（二）英文摘要

为了便于国际交流，科技报告、学位论文和学术论文都附有外文（多用英文）摘要。一般而言，英文摘要应是中文摘要的转译，基本要求与中文摘要相同，所以只要简洁、准确地将文意译出即可。然而，现在越来越多的期刊，比如《心理学报》和《心理科学进展》会要求作者提供500字以上的英文长摘要，并且要求作者在英文长摘要中回答清楚以下三个问题：

- **研究的目的或要解决的问题**。作者在英文摘要的开篇就应该将研究的目的或将要解决的问题交代清楚。在谈及研究目的时，不要或尽量少谈研究的背景信息，如果一定要介绍前人的工作，也要非常简练，同时还要避免在英文摘要中重复论文题目的主要内容。
- **研究的过程及所采用的方法**。本部分要交代要解决什么问题以及相应的解决方法。这一部分必须写出仪器的详细名称和收集数据的具体程序（可以与文中的图表相结合），使英文读者可以清楚地了解研究的操作程序和所使用的方法。切忌泛泛而谈，空洞无物。
- **研究的主要结果和重要结论**。本部分要清楚地交代论文的结果和结论，以及主要贡献。要写出统计检验的显著性情况。尽量结合实验结果或图表来说明，做到有根有据，言之有物，增强论文的说服力，使英文读者可以迅速了解研究的独到之处。

此外，在撰写长英文摘要时，还需要特别考虑时态和语态。英文摘要常用一般现在时、一般过去时，少用现在完成时、过去完成时，进行时态和其他复合时态几乎不用。具体来看，说明研究目的、叙述研究内容、描述结果、得出结论、提出建议或进行讨论等一般采用一般现在时；叙述研究方法、过去某一时刻（时段）的发现、某一研究过程一般采用过去时；尽量少用现在完成时和过去完成时。

最后，在撰写英文摘要时，作者还应该注意以下约定俗成的要求：

- 尽量使用短句。
- 除非数字位于句首，否则所有数字都采用阿拉伯数字表示。
- 充分利用惯常的简化词语（比如使用“vs.”代替“versus”）；所有需要在论文的正文里进行解释的缩写，在摘要中第一次使用时也要进行说明。
- 尽量使用主动态，有助于文字清晰、简洁和表达有力。
- 使用动词而不要使用动名词。

研究实例6－5是与上文的中文摘要相对应的英文摘要。

研究实例6－5

The duplicity of the contingent self-esteem on psychological distress: The moderating effect of levels of self-esteem

Jianjie Xu[1] Clarie Novak[2] Edward Chang[2] (corresponding author)

[1] *Faculty of Psychology, Beijing, Normal University, Beijing, 100875;*

[2] *Department of Psychology, University of Michigan, 530 Church Street, Ann Arbor, MI 48109*

***Abstract*: Introduction**: Contingent self-esteem refers to feelings of a person's own worth that are dependent upon perceived failures or successes, or are formed by living up to some intrapersonal or interpersonal standards. Recently, researchers have proposed that contingent self-esteem might be a two-dimensional construct, as it typically includes both upward and downward dimensions. Based on the buffering function of self-esteem and two-dimension of contingent self-esteem, the present study examined the joint effect of contingent self-esteem and self-esteem on mental

health. Method: We used the Rosenberg Self-Esteem Scale (RSES), Self-esteem Contingency Questionnaire for Adolescents (SCQA), and Depression-Anxiety-Stress Scales (DASS-21). The participants were 200 Chinese adolescents from grade 8 and 9. **Results**: In the regression analyses, after controlling the effects of upward/downward contingent self-esteem and levels of self-esteem, the interaction between upward/downward contingent self-esteem and levels of self-esteem on psychological distress are significant ($\beta_{up} = -0.14$, $\beta_{down} = -0.21$, $ps < 0.05$). Simple slope analyses showed that for individuals of high levels of self-esteem, their psychological distress decreased as the enhancement of upward contingent self-esteem, but remained unaffected with downward contingent self-esteem. In contrast, the levels of psychological distress for individuals of low levels of self-esteem would not be influenced by the increase of upward contingent self-esteem, but would be positively related to downward contingent self-esteem. **Conclusion**: The present study found that levels of self-esteem moderates the relationship between upward/downward contingent self-esteem and psychological distress, and therefore enlightening the mechanism of the joint effect of contingent self-esteem and levels of self-esteem.

Keywords: contingent self-esteem, levels of self-esteem, mental health, moderating effect

资料来源：徐健捷等，2019。

（三）关键词

除了摘要，关键词也是投稿中必须注意的部分。科技论文的关键词是从其题名、层次标题和正文中选出来的能反映论文主题概念的词或词组。避免选用一些外延较广的词作为关键词，如“方法”“心理学”“作用”等。

关键词选用是否恰当，关系到该文被检索到的概率和该研究成果的利用率。每篇报告、论文应选取 3～8 个词作为关键词，以显著的字符另起一行，排在摘要的下方。

三、张贴报告

在心理学会议上，除了做口头报告，还可以采用张贴报告的形式进行学术交流。所谓张贴报告，就是一种用来呈现研究相关信息的印刷品。从内容的长短来看，它比单纯的摘要更为详细和具体，毕竟要写满一张展板；但它比真正的论文更加简短，能使阅读者迅速了解文章的基本内容和观点，并能在较短的时间内提出问题和反馈。

总的来说，张贴报告是展示的一种形式，让研究者能够把自己的研究与其他参会者分享，并从参会者那里获得反馈并进行讨论。而这些参会者也能通过张贴报告了解一些新的观点，从中为自己的研究带来启发。

（一）张贴报告的制作诀窍

我们参加会议、进行展示不仅仅是要把我们的想法告诉别人，更是要从别人那里获得有用的意见和建议。因此，为了让其他人愿意驻足在你的张贴报告前，在制作它的时候，就要仔细下点功夫了。为了让张贴报告既有科学性，又有可读性，还特别美观，我们可以从下面几个方向去考虑。

1. 重点清晰

张贴报告并不是论文本身，并不是把论文原模原样地呈现出来就万事大吉，而是应该着眼于呈现论文的核心和亮点，进而让读者明确你的研究目的，展示你的研究价值。就如同论文的摘要一样，张贴报告应能让读者迅速读完并且抓住重点，获得基本的理解。在读者理解重点的基础上，他们才可能对你的论文产生更深层次的兴趣，进而才有进行交流的可能。因此，制作张贴报告时应该把内容聚焦于研究的重点，而琐碎的细节，如过于具体的被试情况和伦理审核流程等可以通过简要的语言来概括，甚至省略。

此外，在内容聚焦于重点的基础上，你还可以通过加粗字体、使用框线等图案，或特殊的颜色来强调文章的重点。张贴报告在科学性上应与论文保持一致，但形式上可以活泼一些。因此，在制作张贴报告时，可以合理地采用一些图案或颜色来帮助突出研究的重点。一方面，这有利于读者迅速找到关键部分，并且能够让他们更快地了解研究是否合他们的胃口；另一方面，对这些颜色、图案的设计和编排，将使张贴报告更加美观，增加它的吸引力，也许就会有读者因为你设计得科学美观而驻足在你的报告之前呢。

2. 逻辑顺畅

做张贴报告的目的是展示自己的科研成果，既然是要展示科研成果，我们就需要按照科学研究的方式和逻辑来完成张贴报告。尽管它比论文简洁，但制作过程中也不能损失构成研究逻辑的部分。

首先，为了保证逻辑的完整性，我们需要在张贴报告上交代足够的内容，其中包含完整的研究层次，分为研究背景（引言）、研究问题、研究假设、研究结果和研究结论等（如图6-5所示）。其次，在决定哪些内容需要出现在张贴报告上时，同样需要注意逻辑。举一个很简单的例子，当你的某个结论来源于某个数据时，这个数据就需要在你的张贴报告上得到展示，否则读者就会一头雾水。又比如，你通过某些研究才提出了你的假设，那么你就需要简要地将这些研究中与你的假设直接相关的部分描述出来，让读者在阅读过程中也能够推断出这个假设的合理性。

总之，如果一个对你的研究并不了解的人，能通过张贴报告抓住你的思路，甚至得出相同的推断，那么这份张贴报告的逻辑就非常清晰了。

3. 图文并茂

正如我们前面所说，张贴报告比起论文是一种更加活泼的展示方式。因此，论文中不可或缺的图表对于张贴报告来说同样重要。呈现图表，一方面可以让张贴报告更加简洁，减少张贴报告上的字数；另一方面也可以更加直观地呈现信息，降低读者理解内容的难度。

那么，**哪些图表是可以使用的呢？**首先，在论文中使用的、与关键结果相关的图表，就应该作为重要的部分展示在张贴报告上。当然，与在论文中一样，图表应该简洁易读，并有清晰的指示。其次，可以使用一些装饰性元素来美化张贴报告，但不能喧宾夺主。例如，研究黑猩猩的学者们就可以使用一些黑猩猩的图片来提示其研究的对象。最后，框、线和箭头等图案也是必不可少的。框和线条可以帮助分割张贴报告的版面，使读者能更方便地找到阅读的方向。箭头则可以起到指示或表示结论等作用。例如，使用了论

图 6－5 心理学会议张贴报告模板

文中的某个统计图，就可以将对应文段和图像用箭头连接起来，代替论文中“如图”等文字。

4. 阅读方便

张贴报告是用来看的，为此就要考虑到读者阅读的便利性。当人们在许多张贴报告中寻找感兴趣的内容的时候，除了研究领域本身，张贴报告是否易读也是一个重要的影响因素。为了保证易读性，一般需要做到以下几点：

- **图表简洁易读。**这与在论文中制作图表的要求类似。不过在张贴报告中，还要考虑到图表大小和版面设计的搭配。
- **字号足够大，字体足够清晰。**这样读者站在一定距离之外也能够看得清楚。
- **色彩搭配合理。**张贴报告应该有一个统一的色彩基调，或同一色调搭配，或类似色调搭配，或对比色调搭配。用其他过渡颜色（如灰色）来做辅助，使色彩不突兀，不过于繁杂。
- **不要使用太复杂的术语。**最好使用比较通俗的方式来说明研究内容。当不得不使用比较复杂的术语时，利用注释来帮助读者理解。

（二）制作张贴报告的步骤

总体来说，制作张贴报告分为两步：计划与正式制作。

1. 计划

好的计划是成功的开始。如果不对张贴报告做好计划，就很可能出现字数过多、版面不整洁等问题。因此在正式制作之前，我们一定要对张贴报告做好计划。要考虑的问题主要有以下几个。

首先，你需要确定用于展示你的研究的版面究竟有多大，以及用于制作展示材料的资金有多少。版面空间大，自然就可以多放一些内容，精练程度也不用那么高；但当版面小的时候，对内容的取舍要求就高了。因此，版面的大小得首先考虑。毕竟“物质基础决定上层建筑”，版面这个物理因素会限制我们的展示内容。一般来说，会议主办方会对张贴报告的大小做出规定。在制作之前，需要阅读相关的规定，将大小纳入你的计划，然后再考虑内容和板块等。除此以外，还需考虑制作张贴报告的成本。说到底，钱决定了你的张贴报告可以采用什么样的材料等。合理利用手头的资金，保证张贴报告的材料和印刷等方面都可以达到要求，比如材质不容易坏、文字印刷清晰等。尽管钱和内容展示的关系没有那么直接，但如果想要达到展示的效果，你也一定希望张贴报告结实可靠吧？

随后，你就要决定研究中应该用于展示的内容是哪些。正如前面所说，张贴报告并不是把论文内容复制粘贴，而是对论文的再次提炼。因此，一些内容你必须舍弃，而另一些内容却又必须展示。在计划阶段，这个取舍就应该大致决定下来。在张贴报告中，研究背景这部分常常写得比较简略，长度远比论文中要短。通过简单的几句话交代清楚背景就可以了。而数据分析的结果常常比较详细，并需要结合结果的图像来进行展示和分析，使信息呈现更为直观。结论和方法部分则可以分条陈述，这样就可以不呈现完整的文段。

最后，结合展示空间、可用资金和选定的展示内容，对版面及材料进行合理规划。通过前面两点，你应该对自己的张贴报告有一个大概的理想形态了。你可以先把这个理想形态变成一份草稿，正式制作时再在草稿的基础上调整和修改。

2. 正式制作

具体的制作方式取决于会议要求。有的可以发送给主办方，让其负责制作。有的需要自己印刷并带到会场。如果你不放心的话，即使要求上写的是发送给主办方，你也可以自己印刷一份。一方面可以看看印刷出来和在软件里显示的是否一样，另一方面也可以为会场可能出现的情况做个备份。不过，如果你是去参加国外的会议并且需要自己印刷的话，最好在国内印刷好后带过去。这是因为国外印刷成本可能比国内高很多，还有可能产生一些不必要的麻烦。

（三）制作张贴报告的工具

和前面文献管理、图表制作等一样，制作张贴报告的工具也不止一种。比较常见的就是 Microsoft PowerPoint，以及 Adobe 公司的 Photoshop 和 InDesign。下面简单介绍一下采用 PowerPoint（以 2019 版为例）和 Photoshop（以 CS6 版为例）制作张贴海报的过程。

1. 更简单——PowerPoint

在制作张贴报告的工具中，我们最熟悉的应该就是 PowerPoint 了。你应该或多或少都制作过 PFT 并利用它来展示或者报告，但可能没有利用它制作过张贴报告。不过，如果你有制作 PPT 的基础，那么用它来制作张贴报告应该会简单许多。接下来看看究竟怎样才能利用 PowerPoint 做出合适的张贴报告。先打开一个新的演示文稿，选择“设计”选项卡，并利用“幻灯片大小”将本页设置为合适的大小和比例，将方向调整为“纵向”（见图 6－6）。设置完成之后，就可以开始制作了。

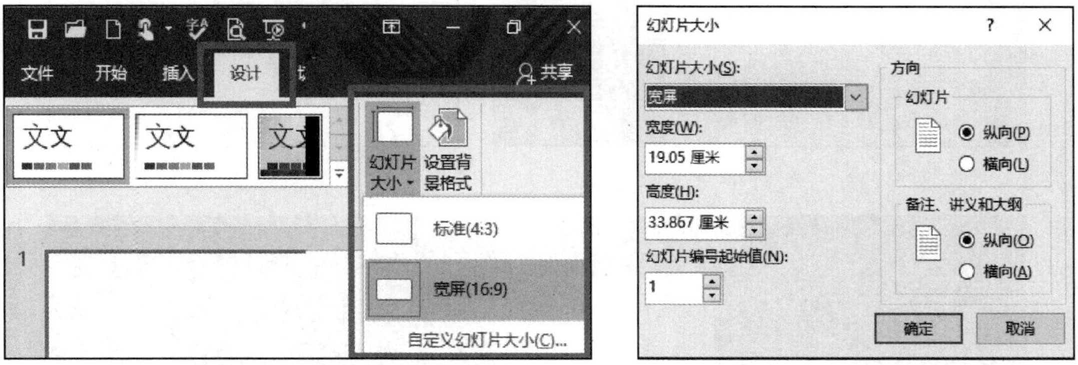

图 6－6　**PowerPoint 中的“设计”和“幻灯片大小”选项卡**

2. 更专业——Photoshop

尽管 PowerPoint 用起来很简单而且功能基本够用，但它有时候还是不能满足你的终极需求。因此，你也有必要了解一些相对专业的软件，比如 Photoshop。

Photoshop 就是我们常说的 PS，其专长是图像处理（主界面如图 6－7 所示）。Photoshop 的图像处理功能非常多，相比 PowerPoint 更加复杂，因此学习所需要的时间也会更多。但利月 Photoshop 制作的张贴报告更加精美，图像效果也更好。不过，也正因为它功能多，真的要仔细讲解 Photoshop 的话，可以单独写一本书了。因此，下面只能很简单地介绍一下采用 Photoshop 制作张贴报告的步骤。如果你有兴趣的话，可以自己进一步挖掘 Photoshop 的功能。

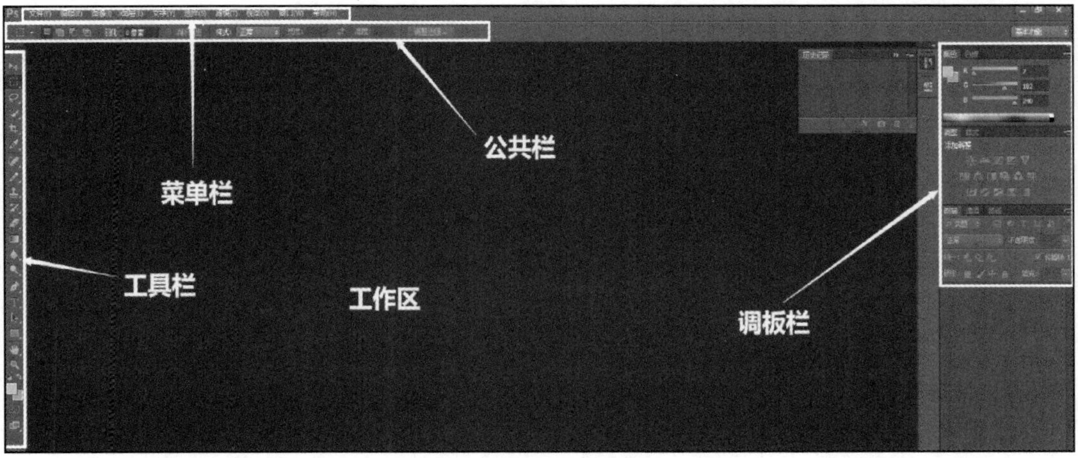

图 6－7　**Photoshop 主界面**

首先，打开 Photoshop，点击上方“文件”菜单，选择“新建”（见图 6－8a），开始设定张贴报告的大小、分辨率、颜色模式①等内容（见图6－8b）。点击确认，即可创建一个新的文件（见图6－8c）。

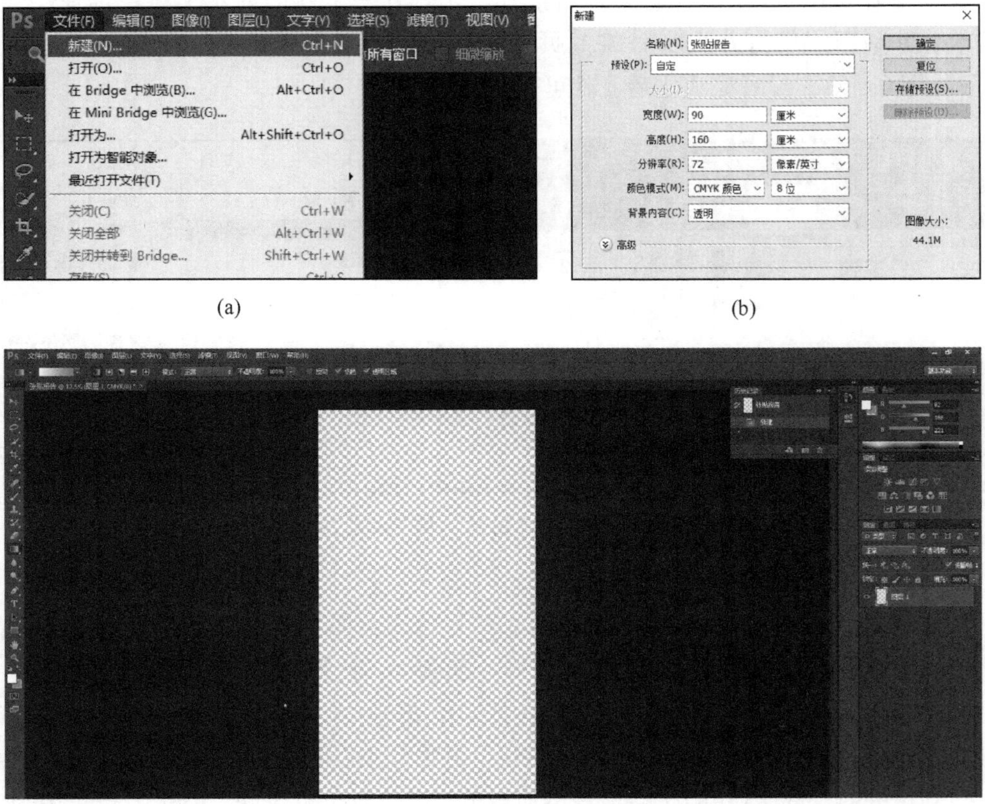

(a) (b)

(c)

图6－8 采用Photoshop创建张贴报告流程

此时可以通过不同的方式为张贴报告添加背景。如果需要导入图片，就点击“文件”并选择“打开”，找到你需要导入的图片并确定即可。如果需要填充颜色，则可以利用左侧工具栏中的“油漆桶工具”和“渐变工具”进行填充。背景设置完成之后，可以通过“铅笔工具”“文字工具”“矩形工具”等一系列工具，对图像进一步处理和编辑，最终形成你的张贴报告。

（四）怎样成功展示你的张贴报告?

第一次参加这样的展示会，无论是谁都会担心可能会发生些什么意料之外的事情。因此，为了尽可能防止这些意外，我们要提前做好准备，考虑好可能会出现什么样的情况，从而充分利用这次经验，达到学习和展示的目的。

1. 事前准备

在展示会开始之前，你需要做一些准备，以保证在交流的过程中能够顺利地表达你想表达的意思，并且能有效地从读者那里获得意见和建议。

---

① 用于印刷时，颜色模式常选择CMYK；用于屏幕、投影等展示时，常选择RGB。

首先，你可能需要准备一些用于张贴的道具，所谓有备无患。尽管有的时候会场会提供张贴道具，甚至你去的时候已经帮你贴好，但准备一些始终更有底气，能够防止会场没有或者过程中需要重贴时，却没有道具的意外发生。

其次，你可能需要一个帮助讲解的提纲，并预演提问和回答的场景。在交流的过程中，读者可能会针对你的展示内容提出一些问题。在保证自己对研究整体足够熟悉的基础上，你可以为自己准备一个讲解提纲，在讲解的时候作为参照。这不但可以帮助你回忆研究内容，而且手里有资料时，也会更加有底气，也许还能提升你的临场表现。

最后，你可以打印一些文字版的介绍稿，展示会时用于分发。当读者对你的研究十分感兴趣时，你可以把事先打印好的文字稿交给这些读者，便于他们进一步了解你的研究。这个文字稿可以是你的论文，也可以是对论文的一些概括，只要比张贴报告上的细节更多就可以了。

2. 展示会时和会后

在展示会举办当天，也有一些需要注意的事情。

首先，要准时——如果可以的话稍稍提前——到达会场。时间的重要性自不必说，如果能稍稍提前到达的话，可以熟悉一下周围的环境，提前为展示做好准备。即使条件不允许，也需要准时到达，并及时完成准备工作。

其次，认真听取并记录读者们的疑问和意见。展示的目的不仅是给别人看你的研究，还要从别人那里听到不同的看法。因此，对于每一个有价值的问题，你都可以在回答的同时记录下来。可以只记录问题，也可以一并记录下你的回答，这样你就有了再次思考的基础材料。有价值的问题包括但不限于对研究推理逻辑的质疑、对严谨性的思考、对未来实验的讨论等。这些问题对于改进你的当前研究或者开展更深入的研究都可能有非常大的作用，因此需要记录下来，并进一步思考。

最后，会后找一个时间，对相关疑问和意见进行反思，对展示会进行总结与复盘。在展示会结束之后，你可以先休息一下，再确定一个时间和你的队友们聚在一起，结合相关问题和展示内容对这个过程进行讨论。可以对研究本身进行反思，比如讨论研究是否确实存在读者质疑的问题，或者展望以后在这项研究的基础上可以开展什么样的研究。这类反思可以为以后的研究打好基础。也可以对展示会上的表现进行总结，比如讲解的过程是否清楚、事前的准备有没有欠缺等。这些总结可以帮助你在下一次张贴报告展示会中表现更好。

功夫不负有心人，小白、小星和乔乔的研究最终被全国心理学学术会议录用，并被安排在分论坛做口头报告。通过参加这人生中的第一次正式学术会议，小白的收获是多方面的，也更加坚定了他不断攀登学术科研高峰的决心和信心。他在参会感悟中这样写道：

> 人生第一次参加正式的学术会议，见到了很多活在“文献”中的著名学者，真的是大开眼界！两天之内听了29场来自各个领域的报告，突破了自己的舒适区，摆正了心态，认真地接触了认知神经科学和基因研究、生理心理学，对于心理学有了更加客观全面的认识，自己的视野也从单纯的问卷调查研究法中跳了出来，想要接触以及尝试新的方法与技术。加油！

小白的报告赢得了在场老师和同学的一致好评和热烈讨论。小白、小星和乔乔既欣喜又感动。在他们开始做研究的第一天，大概并没有想到自己在大学三年级时便可以在全国性的学术会议上做口头报告，向来自全国各地的老师和同学们展示自己的研究成果。对于他们来说，这像是一场奇妙的冒险。不过，这仅仅是他们心理学学习和研究的开始，他们期待着向前迈进的未来。

小贴士

1. 中文摘要的写作原则：
- 准确。
- 独立。
- 简练而具体。
- 非评价。
- 连贯且具有可读性。

2. 英文摘要的构成：
- 研究的目的或要解决的问题。
- 研究的过程及所采用的方法。
- 研究的主要结果和重要结论。
- 研究的创新之处。

3. 张贴报告的制作诀窍：
- 重点清晰。
- 逻辑顺畅。
- 图文并茂。
- 阅读方便。

测一测

1. 在撰写学术论文时，作者应该如何选择关键词？

A. 选择外延广泛的词

B. 选择能反映论文主题概念的词或词组

C. 选择与研究无关但新颖的词

D. 选择最常见的词

2. 小白在将本基结题报告修改为学术论文时，需要重点分析哪个方面？

A. 结题报告和学术论文之间的联系

B. 结题报告和学术论文之间的区别

C. 如何将结题报告的内容缩减到期刊要求的字数

D. 以上都是

3. 小白在准备投稿时，需要了解目标期刊的哪方面信息？

A. 期刊的影响因子　　B. 期刊的投稿要求

C. 期刊的审稿周期　　D. 期刊的外审时间

E. 以上都是

4. 在回复审稿意见时，作者应该遵循什么样的原则？

A. 逐个回答问题

B. 满足审稿人的所有修改要求

C. 避免言辞过激，礼貌回应

D. 凸显修改变化

E. 以上都是

5. 在制作张贴报告时，以下哪项不是需要考虑的因素？

A. 展示空间的大小　　B. 可用资金的多少

C. 研究内容的深度　　D. 材料的选择

答案：

1. B；2. D；3. E；4. E；5. C

试一试

1. 在心理学核心期刊上选择一篇文章，注意参考文献，看看能否挑出错误。

2. 参照《心理学报》网站上提供的投稿自检表内容对已写好的文章进行修改和完善。

3. 选择一篇文献，先阅读正文部分，不要阅读摘要；然后，尝试依据正文内容写作摘要；最后，对比自己写的摘要和作者写的摘要有何不同，各有什么优缺点。

推荐资源

公众号推荐

推荐理由：“小木虫”公众号除了提供发文章、写文章的各种经验，也有一些考研人的经验分享与内心挣扎，值得大家在做出决定前了解一下。

推荐理由：“社科学术圈”的推送内容丰富，包括查找文献的方法技巧、看文献时做笔记的方法、选题技巧、写论文时需要具备的能力、判断论文质量的方法等。

推荐理由：“唧唧堂”每日向读者推送经济、金融、管理、心理、医学等学科最新最热的论文解析。

推荐理由："OpenScience" 旨在让研究人员一起了解更加开放和透明的做法，一起做更加严谨的研究！主要内容涉及 power analysis（检验力分析）、*p* 值、预注册以及实验材料资源等。

教科书推荐

邓恩．心理学写作简明指南：第 3 版．韩卓，译．北京：北京联合出版公司，2018.

推荐语：该书就心理学专业学生在论文写作前、写作中、写作后都要做什么、怎么做、如何做得更好这些问题提供了全面、实用的指导，以帮助读者更好地掌握学科内的交流准则和规范，同时轻松、高效地完成心理学论文的写作。

侯杰泰，邱炳武，常建芳．心理与教育论文写作：方法、规则与实践技巧．2 版．北京：中国人民大学出版社，2019.

推荐语：该书基于 APA 格式编写，主要介绍心理学、教育学等社会科学学科论文的写作规范，用大量实例介绍研究论文应该报告什么以及如何报告，列出大部分学术期刊对研究论文的规范及要求。

罗斯诺 R，罗斯诺 M. 基于 APA 格式的论文写作指导：第 9 版．刘文，译．重庆：重庆大学出版社，2024.

推荐语：该书为初涉学术的研究生及青年学者进行论文写作提供了详尽的指导说明。

第七章
走上国际学术舞台

章节概览

✧ 再接再厉：决心写作英文文章
✧ 有礼有节：与编辑高效沟通
✧ 不卑不亢：高质量回复审稿意见
✧ 自强不息：在科研中自我成长

学者的匠心

知止而后有定，定而后能静，静而后能安，安而后能虑，虑而后能得。

——《大学》

理想和现实总是有差距的，在读研这件事上也是如此。小白读研之后，才明白真实的研究生生活跟想象的根本不一样——他原以为读研后课程会变少，但事实上，要修的专业课甚至比本科时还要多。原以为自己能保送研究生已经很厉害，却发现人外有人，有人甚至在本科阶段就发表了英文文章！

提到写作英文文章这件事情，小白既渴望又有一丝抗拒。他知道“不发表，就出局”（publish or perish）的残酷现实，但他没接受过专门的英语论文写作训练，担心自己的 Chinglish 不过关，英语表达不准确，更难把专业的学术问题说清楚。“山重水复疑无路，柳暗花明又一村”，就在小白犹豫徘徊之际，导师邀请他担任自己新学期即将开设的“英语论文写作”课程的助教，小白开心地答应了，他觉得这是一个提升自己英语论文写作水平的好机会。

第一节　再接再厉：决心写作英文文章

一、英语论文写作前的准备

（一）确定研究内容

在开始写作英语论文前，要做好实验设计与数据分析，并从中精简出对论文写作有用的数据，再将其制作成相应的图表，并辅以正确的分析。同时，数据分析要客观、真实，问题解释要全面、合理，只有这样，才能为论文撰写准备好良好、充分的素材。

（二）选定目标期刊

如果在写作前便能了解和知悉自己拟投期刊的风格，就能较大概率保证论文顺利发表。期刊选择可从以下四个方面加以考量。

1. 了解期刊目标和定位

学术期刊通常在某学科或领域内有很强的针对性，所以选择期刊的首要任务，是要保证论文内容符合目标期刊的学术目标和范围。例如，*Journal of Experimental Social Psychology*（*JESP*）旨在发表拓展社会心理学概念的文章，以及使用实验或准实验方法的社会心理学研究报告。*Journal of Personality* 则专注于发表人格领域的科学研究，特别是关于人格和行为动态、人格发展，以及认知、情感和人际领域的个体差异的文章。

2. 了解期刊的显示度

在文章发表之后，我们都希望其他研究者能轻易找到这篇文章，并引用我们的研究结果。这就涉及期刊显示度的概念，可以用以下标准来辨别期刊的显示度。目标期刊能在电子数据库中找到吗？它被 Web of Science 收录了吗？分区如何？它被领域内有专业针对性的知名数据库收录了吗？如果答案都是肯定的，则这家期刊发表的论文在我们所在领域内的显示度应该会很高，预示论文发表后被引用的概率也很大。

3. 了解期刊的“风评”

对于研究者而言，论文所发表的期刊往往是衡量其科研质量优劣的指标之一，可能会直接或间接地影响一个人的职业发展、专业声誉和获得经费的机会。通常来说，知名期刊的编委会由一些优秀的研究人员构成。可以通过访问期刊的官方网站，浏览其编委会成员名单，看看有没有领域内的名家。网站是否详细列出了其所属机构的信息？这家期刊之前发表的论文质量如何？此外，还可以关注期刊的所有者是否为专业的学术出版商（如 Sage、Springer Nature、Elsevier、Wiley 和 Taylor & Francis），主办方是否为权威的心理学学术组织。比如，*Psychological Science* 是美国心理科学协会（Association for Psychological Science, APS）的旗舰期刊，由世界领先的独立学术及专业出版公司 Sage 出版。还可以把目标期刊的影响因子和领域内的同类型期刊做横向比较。最后，可以向资深专家征求投稿建议。

4. 了解期刊的发表周期

正规的期刊都会对外公布文章处理流程的相关信息，甚至可以具体到每个环节的预计耗时。在选择期刊时，可以重点关注以下两个方面的信息，以了解期刊的发表周期。

（1）**同行评议时间**。该期刊每年出版几期？月刊的审稿时间显然会比季刊短。有些期刊还会标明文章的投稿和接收日期。*JESP* 便会在每篇文章的作者信息下方标示出收稿、修改、录用、在线发表以及备案时间。例如，2024 年 9 月发表的文章“Beyond first impressions: Investigating the influence of visual attention and cue availability in discriminatory behavior”（Roy et al., 2024）的审稿周期是“Received 21 February 2024, Revised 30 April 2024, Accepted 6 May 2024, Available online 24 May 2024, Version of Record 24 May 2024”；

通过简单的计算，我们就能了解 *JESP* 的发表周期很短，这一点对作者很友好。

（2）**发表延迟时间**。如果该期刊有电子版，论文被录用后即在线上同步更新，那么不久就能在线检索到你的文章。如果快速发表是你的最大诉求，开放获取期刊将是最佳选择。

除了关注期刊，研究者还应根据自己的工作特点、研究工作的先进程度和重要性选择目标期刊。在初次投稿过程中，可尝试从较低级别的期刊投起，然后慢慢过渡到等级较高的期刊。事实上，较高影响因子期刊的编辑或审稿人会提出更多有价值的审稿意见，对于论文撰写和修改大有裨益。

（三）拟定写作大纲

在对实验结果充分讨论的基础之上，全面回顾已有文献，并在此过程中逐步制定论文写作提纲，重点包括研究的历史、现状、存在的问题，研究方法的特殊性，研究结果的特殊贡献，以及这些结果的特殊意义。

二、中文和英语论文写作的异同点

如果已有一篇中文文章，是否可用软件直接翻译成英文发表呢？不可！虽然翻译软件可以在短时间内完成大量翻译，但是翻译后的文章能明显看出每个句子中的词序按中文句式结构排列，不符合英文语法规则，句与句之间没有逻辑衔接，让人感觉前言不搭后语。因此，要想提升英语论文写作质量和效率，就需要首先了解中英文论文既相似，也有区别之处。

（一）相同点

1. 过程一致

写作中英文论文的过程都包括查看文献、确定研究突破点、设计研究、实施实验并获得数据、分析数据并展示结果、阐述结果和总结以结束全文、反复修改直至交稿。

2. 结构接近

中英文论文的结构都包括题目、摘要、引言、文献综述、研究设计、结果与讨论、结论、致谢、参考文献等几大部分，而且每个部分所包含的内容基本一致。

3. 要素类似

无论用哪种语言写作，好文章的构成要素都是相似的——内容有新意、逻辑清晰、结构完整、表述准确、分析规范、讨论深刻等。

（二）不同点

1. 用词有差异

英汉之间确实存在巨大差异，如主谓一致、单复数一致、词性的灵活性、词序等。这些差异会导致表达上的不同，使得研究者在撰写学术论文时难以用英语准确、流畅地表达自己的想法，还会经常出现以下六类错误（赵凤朝，2008）：

- 词法错误，如各种词类用法上的错误。
- 句法错误，如一致关系、句子连贯性、逻辑思维上的错误。
- 用词错误，如同义词混淆或词的搭配不当。
- 中式英语，即句子从语法结构上看并非不通，但不符合英语表达习惯。
- 拼写错误，如漏掉字母或增添字母、字母颠倒、随意乱拼等。
- 惯用法错误，固定词组的意义不能从单词意思来解释。

2. 思维有差异

有研究者指出，中国人偏向整体思维，强调综合和模糊；而西方人偏向个体思维，强调具体和清晰。由于这种思维方式的差异，中文写作重在形散而意不散，段落结构松散，而英文写作强调结构严谨，段落分明，紧扣某个特定主题。而且，这些差异还让中国学者在用英语撰写学术论文时面临一系列困难，包括对语篇整体结构的把握、对开头和结尾的处理、如何准确清楚地表达自己的观点、对论据和相关材料的使用等（刘梅华，刘世生，2014）。

为了克服语言和文化差异带来的英语论文写作困难，初学者可以先检索两篇欲投稿期刊所发表的、与自己研究相关的论文，认真阅读，这样做既能了解相关专业词汇的准确表达，还能在阅读文献过程中产生一定的语感，写作时可以模仿相关句式，写出比较地道的英文。与此同时，通过阅读欲投稿期刊上的论文，可以判断该期刊论文质量，继而评估自己的论文能否达到该期刊质量要求以及是否应该向该刊投稿，从而避免不必要的误投。

在写作时，最好先直接用英文写初稿，然后辅以智能翻译软件，即在确定文章总体结构的情况下，以中文直译作为参照，并以段落为单元逐段进行意译；句式可以简单，但句子间的逻辑关系要通过连词清楚表达出来。这样，既可以有选择地参照直译中的一些名词而节省时间，又可避免直译论文二次修改的弊端，从而直接写就一篇通顺的英语论文（邵坚婷，2021）。

拓展阅读 7-1

英语不够好？AI 来帮忙

现在，越来越多的在线工具能够基于大语言模型翻译文本、检查拼写、纠正语法，甚至还能检查文章的语气是否合适，是不精通英语写作的人的福音。研究人员可以用这些工具润色自己的文章、经费申请书和社交媒体帖子等（Katsnelson, 2022）。下面就向大家推荐几款优秀的英语论文写作辅助工具。

1. Grammarly——1 000 万人的写作助手

官方网站：https://www.grammarly.com

专业指数：★★★★；智能指数：★★★★★；推荐指数：★★★★☆

Grammarly 是一款集英语语法检查、拼写检查、风格改善、抄袭检测等功能于一体的工具。目前，全球有超过 1 000 万用户使用 Grammarly 来提高英文写作质量，改善写作风格，是日常生活和工作中英文写作的小助手；对于翻译学习者、职业译者而言，它还能够助力汉英翻译质量控制。目前，Grammarly 分为免费、专业和商业三个版本。其中，免费版本能够进行基本的语法、拼写、标点检查，让英文更简洁；专业版本则能够提高文章可读性，给出词汇改进建议，还能够根据不同文本类型量身定制。

Grammarly 能够在多个平台使用，主要包括网页工具、电脑桌面应用、Microsoft Word、浏览器插件、手机键盘五种使用方式。在使用之前，要注册一个 Grammarly 账号，可以用邮箱注册，无论你在哪个平台使用，都需要用到这个账号。注册好后，在网页上登录个人账号，就可以看到如图 7－1 所示的开始界面。

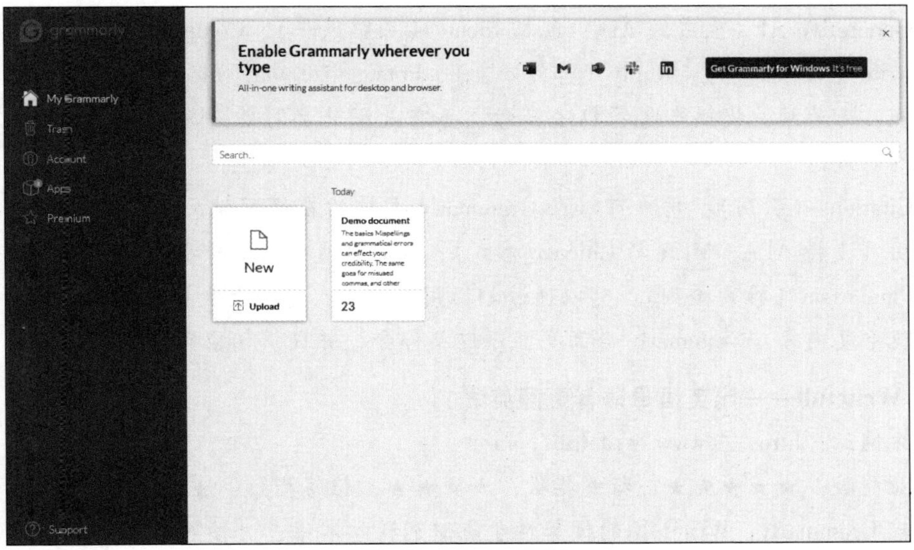

图 7－1　Grammarly 的开始界面

利用 Grammarly 网页工具修改自己的文本，主要有两种方式：一是上传文件（点击上图中的“Upload”），二是直接复制粘贴（点击“New”，进去即可粘贴）。上传文件或复制粘贴后，都会跳出一个目标设置框，可以针对文本的受众类型、正式程度、领域、语气和意图进行个性化设置（后续还可以修改）。设置好后，就会看到 Grammarly 会从 Correctness、Clarity、Engagement、Delivery 和 Style Guide 这五个方面为用户提出一系列建议（如图 7－2 所示）。

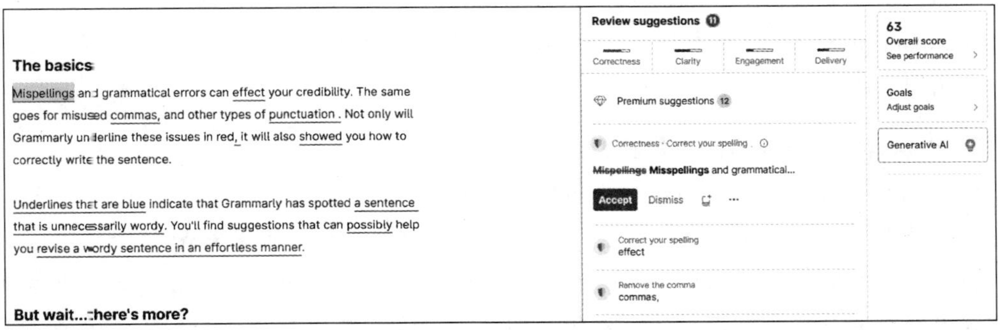

图 7－2　Grammarly 的功能界面

■ Correctness（正确性）：确保文本表达正确，避免语法和拼写错误。

- Clarity（清晰度）：增强文本的简洁性和表意清晰度。
- Engagement（生动性）：通过优化措辞和句子结构，使文章更具吸引力和感染力。
- Delivery（表达性）：针对潜在的风格问题提出建议，比如符合礼貌、正式、友好等标准，确保文本满足特定场合与受众的需求。
- Style Guide（风格指南）：根据用户设定的风格要求，提供符合规范的建议，确保文本在整体风格上保持一致。

此外，Grammarly 还提供 Generative AI、Citations 和 Plagiarism 三项功能。

- Generative AI（生成式 AI）：包括 Ideate（头脑风暴）、Compose（创作草稿）、Rewrite（文章润色）、Reply（邮件回复）、Personalize your voice（个性化文本）等功能，可为用户提供丰富的想法参考，并有效提升其写作效率，实现更加高效、精准的表达。
- Citations（引用）：用户可以在 Grammarly 支持的在线网站文献中进行在线自动引用（支持 APA、MLA 与 Chicago 格式），同时也可以对文中引用格式进行纠正。
- Plagiarism（抄袭检测）：可以通过扫描用户文本，进行大数据重复率比对。如有发现重复内容，Grammarly 会高亮显示这些部分，并提供相应的提示与建议。

2. Writefull——比英语母语者更懂英语

官方网站：https://www.writefull.com/

专业指数：★★★★★；智能指数：★★★★；推荐指数：★★★★

相较 Grammarly，Writefull 的优势在于能识别科学术语，并按照学术写作的要求提出语法和文风建议。Writefull 提供了适用于 Word 和 Overleaf 的插件，并从以下六个方面改善学术论文的具体内容。

- Sentence Palette（句子调色板）：帮助用户利用短语造句，这些短语来自训练算法的论文。
- Paraphraser（同义改写）：改写句子，为文章增添丰富性和细微的不同。
- Title Generator（标题生成）：利用摘要拟制标题。
- Abstract Generator（摘要生成）：从论文正文中提取摘要。
- Academizer（学术生成器）：采用学术语言对非正式的句子加以改写。
- Language Search（语言搜索）：根据语境查找空缺的单词，并给出每个单词相应的出现频率。

3. Paperpal——为科研人量身打造

官方网站：https://www.editage.cn/paperpal

专业指数：★★★★；智能指数：★★★★；推荐指数：★★★★

Paperpal 是开科思公司推出的一款面向科研人员的 AI 学术写作辅助工具，旨在帮助研究人员提升英语学术论文质量，在短时间内将文章整理成可出版的形式。在正式投稿前，研究人员可以使用 Paperpal 对文章进行“预检”。Paperpal 会提示语法和语言问题，并在参考文献、表格、引文和利益冲突声明不符合期刊要求时予以提示。若作者选择为该稿件支付一定费用，还能收到自动生成的编辑建议，并利用 Word 的跟踪修改功能显示标记。

4. Academic Phrasebank——让 SCI 论文不再词穷

官方网站：https://www.phrasebank.manchester.ac.uk/

专业指数：★★★；智能指数：★★；推荐指数：★★★

Academic Phrasebank 语料库由英国曼彻斯特大学的语言学家约翰·莫利（John Morley）开发，包含 3 000 多个来自各领域学术论文的短语，可作为学术论文写作中的通用结构。对于需要报告研究工作的作者来说，该资源应该特别有用。这些短语可以用来帮助研究者思考自己写作的内容和组织方式，也可以酌情融入自己的写作（图 7－3 列出了论文讨论部分的结构，以及部分语料）。鉴于语料库中的词条大多内容中立，具有通用性，使用这些词条并不构成抄袭。

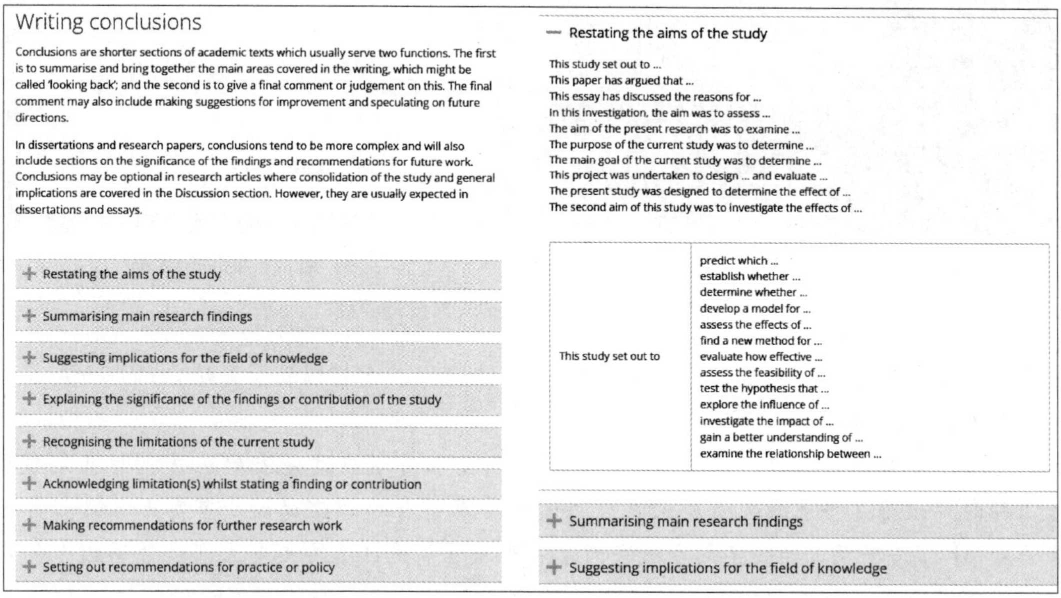

（a）讨论部分的结构　　　　（b）讨论部分的语料

图 7－3　Academic Phrasebank 语料库的功能界面

5. ELSA AI——语培最优解

官方网站：https://elsaspeak.com/en/ai/?variant=B

专业指数：★★★；智能指数：★★★★；推荐指数：★★★☆

口语一直是语言学习的一大障碍。课堂上老师更多关注的是语法知识，而我们自己也没有意识到语音的重要性，所以才出现很多“哑巴英语”现象。在练习英语口语的道路上，一款好的软件可以让我们事半功倍。ELSA AI 便是这样一款好用的互动语音工具，它使用生成式人工智能算法，为用户提供特定场景下的口语练习，以及基于发音、词汇和语法三方面的语言技能评价反馈（如图 7－4 所示）。

对于那些害怕与他人交流或缺乏对话练习机会的学习者来说，可以利用 ElSA AI 创建自己感兴趣的场景，并进行相关的口语练习。与 ELSA AI 对话，就像与朋友聊天一样，

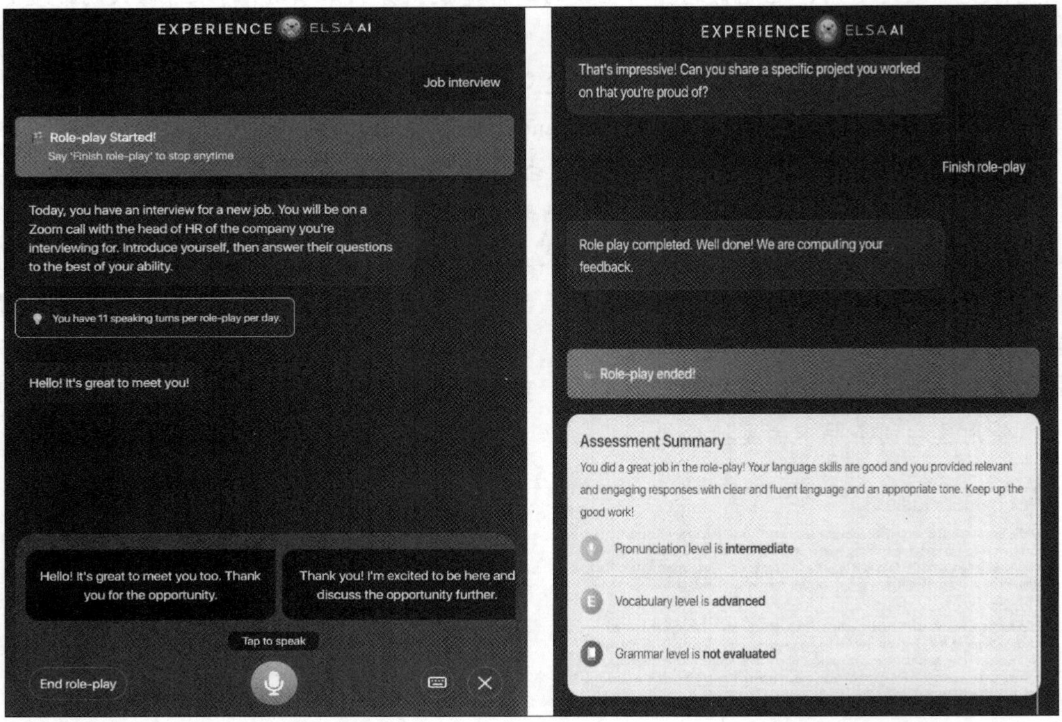

（a）与AI聊天界面　　（b）语言技能反馈界面

图 7－4　ELSA AI 的聊天与反馈界面

给人一种亲切的感觉。通过使用 ElSA AI，学习者可以基于不同场景锻炼口语能力，逐渐克服与人交流的恐惧感和紧张感。

不过，智能工具虽好，但并不是万能的，研究人员不应过分依赖。并非所有来自智能工具的建议都是合理的，研究人员应当逐一查看所有的修改建议。事实上，假如你一直依赖 AI 工具寻找正确的字词和语法，无法严谨地审视自己的文章，那么你写出来的内容可能充满自己意识不到的错误。有迹象显示，研究人员正在滥用 ChatGPT 和其他人工智能聊天机器人来制造科学文献。最新的分析表明，在 2023 年发表的科学论文中，有 1% 存在生成式 AI 参与的迹象（Stokel-Walker, 2024）。因此，推动建立 AI 辅助学术研究的伦理体系势在必行。

更为重要的是，从长远来看，锻炼写作能力对于研究人员大有好处。很多时候，论文出问题不是因为作者英语技能不够扎实。审稿人批评稿子写得不好时，他们往往是想说论文写得不够清楚或组织得不好。因此，利用写作工具只是掌握学术论文写作的一部分。而为了加深对某门语言的直观理解，可广泛阅读并尝试模仿那些写得好的人。

最后，加入一些愿意提供帮助的同行社群大有裨益。和聪明且勤奋的人一起写文章，并从他们的反馈中不断提升自己，是科研人快速成长的重要路径之一。一个大家愿意倾听你、尊重你、帮助你、指导你，还向你学习的地方是无价之宝，这不但会提升你的语言水平，还能让你收获幸福与快乐。

三、稿件整理和投稿注意事项

（一）了解稿件的构成

要按照期刊的要求准备稿件，一般而言，英文期刊都会刊登投稿指南和作者须知（Guide for Authors），访问期刊的网站即可找到相应的文件。按照《美国心理学会出版手册》（第7版）撰写稿件，可以满足绝大多数期刊的要求。实证性文章的结构一般包括以下几个部分：首页（Title Page）、摘要（Abstract）、引言（Introduction）、方法（Methods）、结果（Results）、讨论（Discussion）、结论（Conclusion）、致谢（Acknowledgements）、参考文献（References）、表格（Tables）、图例说明（Legends）和插图（Figure）等。

有些期刊要求作者在投稿前检查稿件是否符合特定的目标，如果稿件不符合其中一项或多项标准，编辑会把稿件直接退回，这将延误稿件的处理，甚至可能导致稿件未经审查即被退稿。比如，*JESP* 在作者指南中便指出了投稿需要满足以下10个要素。

1. 披露声明（Disclosure Statement）

稿件正文中应明确声明，稿件或其补充材料中报告了所有研究、测量、操作、数据，以及被试的排除情况。

2. 样本量确定（Sample Size Determination）

稿件应说明每个研究的被试是如何抽取的，包括研究结果是否促进了额外的数据收集。

3. 双盲审查（Double-Blind Review）

稿件正文、补充材料或链接资源中均未包含可识别作者的信息。

4. 功效分析（Power Analysis）

稿件应报告敏感性功效分析，基于每个研究的最终样本描述在标准准则（通常是 $\alpha=0.05$，$\beta=0.20$）下可以获得的最小效应量。

5. 完整的统计（Full Statistics）

稿件和任何补充材料都应包括每项检验的完整结果，包括 p 值不显著时的检验。

6. 相关设计（Correlational Designs）

尽管 *JESP* 主要发表实验研究成果，但所有采用或包含相关设计的稿件均应在正文或补充材料中提供相关矩阵或方差-协方差矩阵，以显示相关、回归或结构方程模型中所有变量之间的关联。

7. 中介分析（Mediation Analysis）

对于包含一个或多个中介分析的稿件，正文部分应明确解释所提出的每个中介模型如何超越其他替代模型（或这些替代模型如何可能同样可行），从方法论和概念上说明每个变量及其序列的合理性（比如预测变量是被操纵的实验变量，并且中介变量明显导致了结果变量的变化，而不是相反的情况）。

8. 链接材料（Linked Materials）

所有指向外部数据和材料来源的链接［比如由开放科学中心（COS）的开放科学框架托管的网页］都是可访问的和匿名的。

9. 预注册研究（Preregistered Studies）

稿件应在正文叙述中或在补充材料中以表格形式报告任何预先登记的研究与原计划的所有偏差。

10. 注册的报告（Registered Reports）

作为注册报告提交的稿件应包括一封附信，证明已获得伦理批准，研究人员拥有开展工作所需的资金和资源，研究旨在以90%的功效检测到足够的效应，并承诺无论结果如何都会发表结果。

（二）控制稿件的长度

有些期刊以快速发表为目的，对文章的长度有一些限制，因此注意千万不要超长，另一些期刊则没有限制。比如，*JESP* 会考虑三种类型的投稿，并对每种类型稿件的字数做出要求。

1. 长文研究（Full Length Research Articles）

虽无篇幅限制，但通常包括30～40页正文，或者大约10 000字。

2. 个案报告（Case Reports）

文章正文不超过5 000字，不包括摘要、脚注和参考文献。

3. 注册的报告（Registered Reports）

在数据收集之前，文章的原理、方法和分析计划已通过同行评议。

（三）投稿前认真自查

投稿前的论文自查对于提高论文质量和投稿成功率非常重要。表7－1是一份投稿前的自检表，供读者参考。

表7－1　英语论文投稿前自检表

内容	要求	是/否
期刊（Journal）	下载最新版的投稿须知，按照要求逐一审查。确保论文符合期刊的收稿范围和格式要求。	
作者身份（Authorship）	确认所有作者同意署名和投稿发表，确认作者署名和单位无误，确认作者署名位置无争议。	
投稿信（Cover Letter）	言简意赅地说明本研究的创新性。	
标题页（Title Page）	确认包含短标题（running head）、题目（title）、作者列表（authors list）、作者信息（authors' information）、通讯作者（corresponding author）、资助信息（funding information）、利益冲突（conflict interest）、作者贡献（author's contribution）等。	
标题（Title）	确保与内容相符，且简洁明了。	
摘要（Abstract）	确保字数符合期刊的要求（多数期刊要求不超过250字）。要简明扼要、重点突出地指出本研究所关注的问题、所采用的方法、所发现的结果，以及创新点。	
关键词（Key Words）	确保数量符合期刊的要求，确保它们能够准确反映文章的核心内容和研究重点。	

续表

内容	要求	是/否
手稿（Manuscript）	全文格式检查，确保行距、对齐方式、英文符号、字数等符合期刊要求；使用 Word 拼写语法检查工具对全文进行检查，确保专有名词拼写正确，该斜体的地方用斜体。	
引言（Introduction）	检查思路是否清楚，过渡是否平稳，层次是否清晰，文献描述是否客观和完整，结构是否紧密，是否到位地指出了文献的不足，以及详略得当地描述了自己将要进行的工作。	
方法（Methods）	检查是否报告了所有研究、测量、操作、数据，以及被试的排除情况。	
结果（Results）	检查图表和数据之间是否可以相互印证，是否解释了数据的异常现象，有无遗漏重要的结果，表述是否客观，是否合理地整合了结果且未设置过多的小标题。	
讨论（Discussion）	检查是否与引言相呼应，是否与结果一致且不重复，讨论是否足够深入，层次是否清楚。	
结论（Conclusion）	检查是否客观全面表达了文章的结论，并加入了一些合理的未来展望。	
参考文献（Reference）	确保参考文献准确和完整，符合目标期刊的格式要求；确保文中引用的文献与参考文献列表匹配。	
表（Tables）	确保每张表格都有一个简单明了的标题，并使用了标准的字体和大小；确保根据文章中的顺序对表格编号，每张表格都在独立的页面上，表格的数量未超出期刊要求。	
图（Figures）	根据期刊的要求，确定图片是以单独文件上传，还是插在文稿中；确保所有图片的尺寸、清晰度、像素达到期刊要求，图片数量未超出期刊要求。	
披露表格（Disclosure Forms）	确保论文中包含所有必要的声明，如原创声明、贡献声明等。	
推荐的审稿人（Recommended Reviewers）	选填，如果要填写，可以从参考文献的作者里面找。	
回避的审稿人（Oppose Reviewers）	一般不用填，如果要填写，可以写有利益冲突的审稿人。	
亮点（Highlights）	一些期刊需要提交研究亮点文件，其中大致包含 3 ~ 5 个亮点。	

（四）正式投稿

登录英文期刊的在线投稿系统，它会指导你逐步完成输入文章详细信息和上传文件的过程。首次投稿的用户需要点击页面顶部导航栏中的“注册”（Register）按钮，然后输入所需的信息。注册成功后，系统会向注册邮箱发送一封电子邮件，说明如何验证你的注册。图 7－5 展示了 *JESP* 的投稿系统首页。

在投稿过程中，你往往会被问到以下一些标准的问题。准备好回答这些问题将有助于确保你顺利投稿。

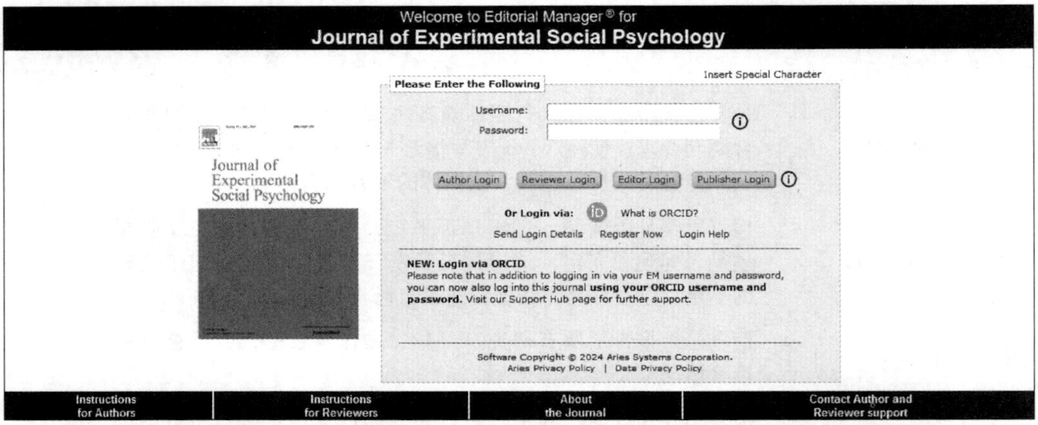

图7－5 *Journal of Experimental Social Psychology* 的投稿系统界面

1. 先前投稿（Previous Submission）

很多期刊不会考虑重新提交的以往的退稿。如果考虑重投，作者应添加新的实质性证据，以直接解决编辑退稿时所关注的问题。此时，作者可以在附信中说明新证据如何改进了论文，并提及前任编辑决定中的具体要点。

2. 之前发表（Prior Publication）

作者必须确认稿件及其中报告的数据之前未曾发表，也不考虑在其他地方发表；而且，其发表已获得所有作者和工作所在地主管机构的批准。如果被期刊录用，未经版权所有者书面同意，不会在其他地方发表（包括以相同形式或以英语以外的语言以电子形式发表）。

3. 利益冲突（Competing Interest）

作者团队的所有成员都必须披露任何实际或潜在的利益冲突，包括与可能（或被认为）影响其工作的人或组织之间的任何财务、个人或其他关系，这些关系可能（或被认为可能）在研究提交的前三年内对其工作产生过影响。

4. 资助来源（Funding Sources）

作者需要注明开展研究或撰写文章的任何资金支持来源，并在附信中简要说明资助者在以下各项中的作用：(1) 研究设计；(2) 数据的收集、分析和解释；(3) 报告的撰写；(4) 决定是否将文章提交发表。

5. 人类和动物的权利（Human and Animal Rights）

作者必须确认，所有提交审议的实证研究都符合心理学专业协会发布的人类和动物研究准则，如美国心理学会的《心理学家伦理守则和行为规范》。

6. 数据保留和披露（Data Retention and Disclosure）

根据美国心理学会的伦理标准，作者必须保证原始数据在发表后保存五年，并应要求分享原始数据。如果不能满足此项要求，作者可以在投稿时解释其中的原因。

拓展阅读7－2

从APA 6.0到APA 7.0：最值得注意的10个变化

2020年，美国心理学会正式推出了第7版出版手册，取代了2010年的第6版。第7

版做出了众多调整，力求鼓励作者使用更多包容性的语言，引用更丰富的资源，并且更利于初学者学习。以下是 10 个你最应该了解的主要变化。

1. APA 格式的参考文献和正文引文

在引用资源方面，第 7 版增加了更多的指南，使引用在线资源更容易、更清晰。

（1）发布者位置不再包含在引用中。例如：

✖ Covey, S. R. (2013). *The 7 habits of highly effective people: Powerful lessons in personal change.* New York, NY: Simon & Schuster.
✔ Covey, S. R. (2013). *The 7 habits of highly effective people: Powerful lessons in personal change.* Simon & Schuster.

（2）对于有三位或更多作者的作品，正文引用从第一次引用开始缩短，只需包括第一作者的名字和“et al.”。例如：

✖ (Taylor, Kotler, Johnson, & Parker, 2018)
✔ (Taylor et al., 2018)

（3）参考文献中应提供最多 20 位作者（而不是 7 位）的姓氏和首字母缩写。例如：

✖ Miller, T. C., Brown, M. J., Wilson, G. L., Evans, B. B., Kelly, R. S., Turner, S. T., . . . Lee, L. H. (2018).
✔ Miller, T. C., Brown, M. J., Wilson, G. L., Evans, B. B., Kelly, R. S., Turner, S. T., Lewis, F., Nelson, T. P., Cox, G., Harris, H. L., Martin, P., Gonzalez, W. L., Hughes, W., Carter, D., Campbell, C., Baker, A. B., Flores, T., Gray, W. E., Green, G., . . . Lee, L. H. (2018).

（4）DOI 的格式与 URL 相同，不再需要标签“DOI:”。例如：

✖ doi: 10.1080/02626667.2018.1560449
✔ https://doi.org/10.1080/02626667.2018.1560449

2. 包容且无偏见的语言

第 7 版以单独一个章节介绍写作包容和无偏见这一新标准，其目的是帮助作者减少在诸如性别、年龄、残疾、种族和民族身份以及性取向等主题上的偏见，同时对标签敏感，并在适当的特异性水平描述个体。一些例子包括：

（5）“they”被认可为中性代词。例如：

✖ A researcher's career depends on how often he or she is cited.
✔ A researcher's career depends on how often they are cited.

（6）不再建议采用形容词作为名词来代表特定人群，而是采用描述性短语。例如：

✖ The poor
✔ People living in poverty

3. APA 论文格式

针对 APA 专业论文和学生论文，第 7 版提供了不同的论文格式指南。一些值得注意的变化包括：

（7）字体灵活性提高，选项包括 Calibri 11、Arial 11、Lucida Sans Unicode 10、Times New Roman 12 和 Georgia 11。

（8）标题页上的栏外标题不再包括 “Running head:” 字样，只包含页码和（缩短的）论文标题。例如：

✖ Running head: THE EFFECT OF GOOGLE ON THE INTERNET
✔ THE EFFECT OF GOOGLE ON THE INTERNET

4. 风格机制

就风格而言，第 7 版没有太大变化，不过也有两个值得注意的地方：

（9）在句末的句号后只使用一个空格。

（10）使用双引号而不是斜体来引用语言示例。例如：

✖ APA endorses the use of the singular pronoun *they*
✔ APA endorses the use of the singular pronoun "they"

最后，你还可以使用 Scribbr 提供的免费引文生成器轻松引用资源，它准确、快速且易于使用。试一试吧：https://www.scribbr.com/citation/generator/apa！

资料来源：Streefkerk, 2024.

小贴士

1. 英语论文写作前的准备：
- 确定研究内容。
- 选定目标期刊。
- 拟订写作大纲。

2. 中文和英语论文写作的异同点：
- 相同点：过程一致，结构接近，要素类似。
- 不同点：用词有差异，思维有差异。

3. 稿件整理和投稿注意事项：
- 了解稿件的构成。
- 控制稿件的长度。
- 投稿前认真自查。

第二节　有礼有节：与编辑高效沟通

一、英语论文的审稿过程

一篇英语论文在投稿之后，通常要经历七种状态（见图 7－6），方可修成正果，最终被录用发表。

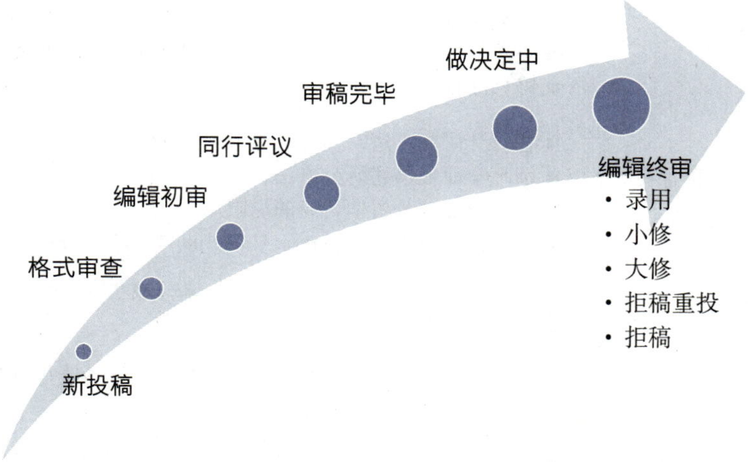

图 7－6　英语论文投稿后的状态变化

（一）新投稿（New Submission）

在投稿通过后，文章将被分配一个稿件号（Manuscript Number），作者可从中一窥投稿的数量。

（二）格式审查（Initial Check，时长：1 天至 2 周）

格式审查这一环节通常由助理编辑（Editor Assistant）完成——检查文章的格式是否符合期刊的投稿指南。格式审查的速度通常由稿件数量决定。如果格式不符合要求，文章将被退回（Submissions Sent Back to Author），编辑部会发给作者要求修改的邮件。

（三）编辑初审（With Editor，时长：1 天至 1 月）

编辑初审是稿件第一个命运攸关的时刻。副主编（Associate Editor）会对文章进行初步审查，判断文章主题是否符合期刊主旨（Scope）、文章是否达到期刊水准等。如果编辑认为稿件基本符合期刊的水准，就会将其送至审稿人处审阅。对于高水平期刊，大部分的稿件将被编辑直接拒稿（Desk Reject），不会送到审稿人手中。部分特别优秀的稿件，编辑拥有直接录用（Accept），或要求作者进行修改（Revision）的权利，不再送至审稿人处进行审阅。表 7－2 总结了论文可能会被直接拒稿的八种原因，同时提供了有针对性的改进建议。

表 7-2 论文被直接拒稿的原因及改进建议

直接拒稿的原因	改进建议
文章不匹配期刊的收录范围	■ 认真研读目标期刊的投稿指南。 ■ 查看最近几期文章，了解已发表文章的类型和主题。 ■ 投稿前向编辑咨询自己的研究是否适合投稿。
文章格式不符合期刊的要求	■ 文章格式按照期刊模板（Template）进行排版。
文章创新性不足	■ 在投稿信（Cover Letter）里明确阐述研究的创新性和意义。 ■ 在引言中陈述新颖性。如果可以，在论文的摘要和结论部分也提及创新点。 ■ 查看目标期刊发表的其他论文，可以帮助你修改文章。 ■ 降档改投。
研究设计/数据/论证存在严重缺陷	■ 在设计研究方法时，寻求专家的建议。 ■ 清晰全面地描述研究方法。 ■ 在讨论部分分析本研究的局限。 ■ 使用报告指南（Reporting Guidelines）。
稿件语言存在问题	■ 多征求专家的反馈意见，然后不断修改。 ■ 考虑论文润色。
抄袭/自我抄袭	■ 正确引用参考文献。避免释义不当、拼凑抄袭等行为。 ■ 提前用抄袭检测软件检查手稿。
再次提交之前被拒的文章	■ 再次向同一期刊提交稿件时，需要对稿件进行彻底的检查和修改。 ■ 告知编辑这篇文章曾经投过（包括手稿 ID），并说明做了哪些改动。
忽视或违反学术伦理相关规定	■ 提前了解目标期刊在学术伦理方面的要求，准备好相关声明或材料，比如利益冲突声明、数据可获得性声明，以及机构伦理审查委员会的批准材料等。

编辑初审的时间取决于同时段的投稿数量、编辑邀请的审稿人数量、审稿人接受审稿邀请后回复的时间，编辑一般会给出时限（通常不超过1个月）。如果多位审稿人拒绝编辑的审稿要求，编辑将重新寻找合适的审稿人；此时，初审的时间就会延长，甚至会因为文章受众群体太小，找不到审稿人，直接拒稿。

（四）同行评议（Under Review，时长：1周至6月）

当所有审稿人都同意进行审稿后，文章将进入同行评议状态。审稿人通过邮件中的账户、密码，以审稿人（Reviewer）的身份登录投稿系统，开始审稿。系统会提示审稿截止时间（Days Until Review Due）。文章的评分完成后，审稿人需要写一份完整的审稿意见。审稿意见通常包含对文章内容的简要概括、对文章创新点的评价、文章的不足之处，并给出建议编辑对此文的处理意见。当评议超过4个月以上时，作者可向编辑询问稿件状态如何，以免耽误修改或改投。

（五）审稿完毕（Required Review Completed，时长：1 至 5 天）

当全部审稿人回复了审稿意见后，随即进入审稿完毕状态。这个状态的持续时间很短。

（六）做决定中（Decision in Process）

对于某些期刊，这个决定结果可能需要得到多位编辑的确认，这些编辑可能会决定是否需要更多审稿人审稿，或者将稿件分配给另一位编辑，同时稿件返回至较早前的状态。

（七）编辑终审（Editor Decision）

编辑会根据全体审稿人的意见，做出最终裁决。如果审稿人意见相同，或分歧不大，编辑会依照审稿人的意见做决定。如果分歧较大，编辑会重新邀请新的审稿人进行仲裁，稿件状态将变回同行评议。通常情况下，编辑对文章的处理意见分为以下五种。

1. 录用（Accept）

少部分特别优秀的稿件会被审稿人和编辑直接录用。

2. 小修（Minor Revision）

将不会再送至审稿人处进行第二轮审阅，编辑会直接做决定。部分期刊将小修和大修合并为修改（Revision），但可从编辑来信中的语气判断编辑对此文的认可程度。

3. 大修（Major Revision）

一般会送给原有审稿人进行第二轮审阅。若作者主动提出反对（Oppose），或编辑认为某位审稿人的意见不专业或太片面，也会选择邀请新的审稿人进行第二轮审阅，还可能会继续进入第三轮审稿。

4. 拒稿重投（Reject and Resubmit）

表示编辑认为审稿人提出了大量关键的问题（通常是针对创新性或方法学提出的质疑），编辑选择拒稿，但欢迎重新投稿（Resubmission）；重投后的稿件会受到更严格的审核，要么被送至审稿人处进行第二轮审阅，要么被直接拒稿。

5. 拒稿（Reject）

表示此次投稿失败，作者需另寻其他期刊投稿，或者通过出版社的论文转投系统（Manuscript Transfer），一键投稿至本出版社的其他期刊。拒稿后，部分期刊会提供申诉（Appeal）选项。作者若认为审稿人的意见出现严重的原则性错误，可向编辑提交申诉书，但一般很难成功。

二、英文投稿各个阶段的信件模板

值得注意的是，在整个投稿过程中，与作者沟通最多的是编辑，他们也是拥有最终裁决权的人。如果审稿人全都倾向于拒稿，但编辑认为文章仍有可取之处，可能会给予一次大修的机会。若审稿人全部倾向于录用，但编辑认为文章仍有缺陷之处，可能会要求一次小修或大修。若审稿人一部分倾向于录用，另一部分倾向于拒稿，编辑可能会根据仲裁人的意见做出决定，也可能会根据自己的判断，倾向于录用，但要求作者必须认真对待反对者的意见。因此，作者在投稿过程中能否与编辑进行高质量的沟通十分重要。参考《英文科技论文写作的 100 个常见错误》（意得辑编著，2019）的内容，下面向大家推荐以下五个与编辑沟通的信件模板。

（一）投稿信（Cover Letter）

投稿信是在首次投稿时写给编辑的信，不会呈送审稿人。在信中，作者除了应该对文章的内容和亮点加以总结，还需要说明本文不存在一稿多投现象，没有利益冲突。

请看图 7－7 的示例。

To
［编辑姓名］
Editor-in-chief, ［期刊名称］

Dear Editor（如果确切知道编辑名称，可以直接写其名字），

Please find enclosed our manuscript entitled［论文标题］ which we would like to submit for publication as［文章类型］（review article, research article 等） in［期刊名（斜体）］. In this manuscript, we report on［研究问题］. This paper should be of interest to a broad readership, particularly those who are interested in［研究领域］. Given the［研究问题的重要性］, this manuscript is both timely and important.
The manuscript summarizes［研究问题］. In the meanwhile, we also introduce［研究创新］. We believe that the findings of this study are relevant to the scope of your journal and will be of interest to its readership.
We consider that Dr. A(E-mail:) and Dr. B(E-mail:) are able to be potential reviewers of the manuscript. Due to a direct competition and conflict of interest, we request that Dr. C(E-mail：) not be considered as a reviewer.
The study was approved by［伦理审查委员会名称］. None of any published work using the same data(in whole or in part) was used in the present manuscript. If required, we would like to provide links to trusted open-access repositories containing the data included in the manuscript. All the authors have approved the manuscript. There is no conflict of interest.
We deeply appreciate your consideration of our manuscript, and we look forward to receiving comments from the reviewers.

Sincerely,

［通讯作者姓名］
［所属单位］
［邮箱地址］

图 7－7　投稿信示例

（二）催稿信（Reminder Letter）

如果稿件投递出去，超过了期刊承诺的稿件处理周转时间，不妨写一封礼貌的催稿信，陈述一下情况（自己的稿件是什么时候发出的，现在仍然没有进一步消息），然后咨询一下目前稿件处理处于什么阶段。期刊编辑接到这样一封信，就会跟进稿件的评审进度。

请看图 7－8 的示例。

To
［编辑姓名］
Editor-in-chief,［期刊名称］

Dear Dr.［编辑姓名］,

Sorry for disturbing you. I am not sure if it is the right time to contact you to inquire about the status of my submitted manuscript titled［论文标题（ID: 稿号）］, although the status of "With Editor" has been lasting for more than two months, since submitted to journal three months ago. I am just wondering that my manuscript has been sent to reviewers or not?
I would be greatly appreciated if you could spend some of your time check the status for us. I look forward to hearing from you about the reviewers' comments.

Sincerely,

［通讯作者姓名］
［所属单位］
［邮箱地址］

图 7－8　催稿信示例

（三）修稿信（Revision Letter）

提交修改稿时也要附上一封信，其中包含以下内容：感谢编辑安排审稿以及审稿人提出宝贵意见；作者已经认真按照审稿人的要求对问题一一作答，并对文章进行了仔细的修改，文章的所有修改都已着重标出；因为你们的建议，经过修改后的文章变得更好，读者们可以获得更有价值的信息；再次感谢编辑和审稿人的帮助。

此时，可以写上负责你文章编辑的姓名，以示尊重，因为第一次的投稿不知道具体负责的编辑，只能用通用的“编辑”（Editors）称呼。

请看图 7－9 的示例。

To
［编辑姓名］
Editor-in-chief,［期刊名称］

Dear Dr.［编辑姓名］,

On behalf of my co-authors, we appreciate the opportunity to resubmit our manuscript entitled［论文标题（ID：稿号）］.
We would like to thank the reviewers for their valuable inputs. We have addressed all the comments to the best of our ability and have made revision which marked in red in the paper. We have also enclosed a separate document containing point-by-point responses to the reviewers' comments.
We hope the revised manuscript is now suitable for publication in your journal and look forward to your reply.

Sincerely,

［通讯作者姓名］
［所属单位］
［邮箱地址］

图 7－9　修稿信示例

（四）返修信（Response Letter）

针对审稿意见，作者需要另外起草一份单独的返修信，采用问答式列出审稿人的每条修改意见，并一一作答。在逐条回复审稿人的意见之前，最好先总体回复一下，感谢编辑和审稿人对文章提出宝贵意见，同时对返修信的格式进行简单说明：将审稿人的意见一条条编号，并用黑体标记出来，便于审稿人轻松区分问题和回复；此外，对于文章中做出的修改，用不同颜色的字体标记出来，便于审稿人了解修改后的状态。重点是通过字体、颜色将不同的内容区分开来，力求一目了然。

注意，在整封信中保持专业和积极的语气。即使反馈具有挑战性，也要关注建设性的方面。此外，返修信内容应简洁明了，确保没有语法错误和拼写错误。最后，诚恳地表示如果审稿人或编辑还有其他问题或疑虑，愿意进一步讨论或澄清。

请看图7-10的示例。

Response to the Reviewers
Re:[论文标题（ID：稿号）]

We thank the reviewers for their insightful comments. In response to the concerns raised, we have revised the manuscript accordingly. Below we address the reviewers' comments. Reviewers' comments are in bold, and our response is immediately below. Furthermore, we marked the revised contents as red color in the revised manuscript.

Answer to Reviewer #1:
1. Comment 1
R1: ××××××
2. Comment 2
R2: ××××××

Answer to Reviewer #2:
1. Comment 1
R3: ××××××
2. Comment 2
R4: ××××××

[礼貌用语]
We are very sorry for our negligence of...
We are very sorry for our incorrect writing...
It is true as Reviewer suggested that...
We have made correction according to the Reviewers' comments.
We have re-written this part according to the Reviewers' suggestion.
As Reviewer suggested that...

[最后感谢]
We appreciate for Reviewers' insightful comments and hope that the correction will meet with approval.

图7-10 返修信示例

（五）文章被录用后的感谢信（Acknowledgement Letter）

当文章被录用后，撰写一封感谢信是非常重要且必要的步骤。这封信不仅是对编辑或审稿人表示感谢的正式回应，也是展示作者专业态度和礼貌的重要方式。

请看图 7－11 的示例。

Dear Dr. [编辑姓名],

Thanks very much for your dedicated work and consideration on publication of our paper. On behalf of my co-authors, we would like to express our great appreciation to editor and reviewers.

Sincerely,

[通讯作者姓名]
[所属单位]
[邮箱地址]

图 7－11　感谢信示例

三、从录用到出版

如果文章被录用，请先别着急庆祝，你还有很多任务要完成。被录用的稿件还需要经历以下阶段才能正式发表（见图 7－12），首先是签署版权协议（Transfer Copyright Form），然后校对样稿（Uncorrected Proof），接着是在线发表（Online）和排版（Manuscript Sent to Production），最后见刊（Printed）。最终，所有文章都会以印刷和在线方式两种方式出版。

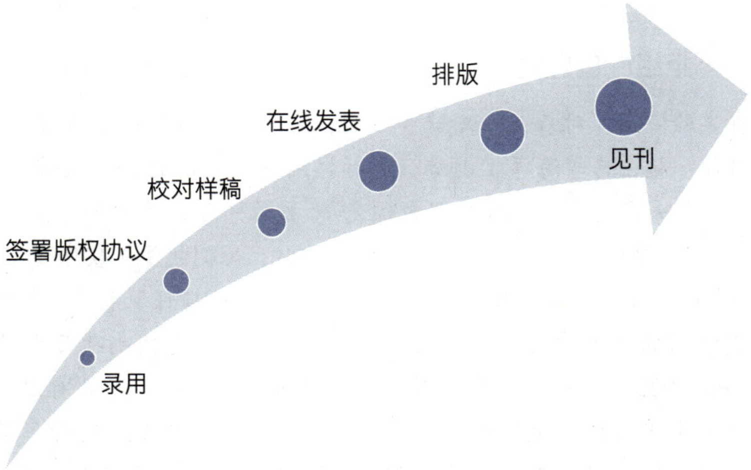

图 7－12　稿件从录用到出版的状态变化

如果在提交文稿时未填写版权转让和利益冲突披露表格，那么在文章被录用后就必须填写。然后，你的稿件将经过排版和编辑。编辑部将把样稿发送给你，你需要在很短的时间内（通常是48～72小时）回答出版团队的问题。你必须仔细检查这个排版版本，因为在制作阶段会出现许多错误［比如图例标注错误，数字/表格顺序不正确，语言不准确（可能在语法上是正确的，但在科学上是不准确的）］。这也是更新参考文献部分所有文献的阶段。一旦所有这些都完成，就会将你的稿件安排为“在线优先”出版，并将提供一个数字对象标识符（digital object identifier, DOI）。DOI是出版的证明，可以用在你的简历、拨款申请，或者其他手稿的参考文献中（El-Omar, 2014）。

（一）投稿时勾选预印本有影响吗？

预印本（Preprint）是指科研工作者的研究成果尚未经过同行评议，还未在正式出版物上发表，而出于和同行交流目的自愿先在学术会议上或通过互联网发布的科研论文、科技报告等。起先，有的期刊不接收已经预印的文章，但如今为了支持开放科学，已有越来越多的期刊愿意为作者提供免费的预印本发布服务。当你的预印本在线发布时，你会收到电子邮件通知，并收到指定的DOI。你的选择不会影响编辑过程或出版决定，无论期刊是录用还是拒绝你的稿件，你的预印本都可在全球范围内免费阅读。

（二）稿件被录用后，可以申请作者身份变更吗？

当稿件被录用或发表后，编辑只有在特殊情况下，才会考虑增加、删除或重新安排作者身份。如果稿件已在线发表，只有申请获批，才能更正作者信息。而且，在编辑考虑该请求期间，稿件将暂停发表。

（三）已被录用或发表的文章还可以修改吗？

答案是可以的，但需要征得编辑的同意。期刊只有在特殊情况下才会考虑对已被录用或发表的文章进行重大修改。

拓展阅读7－3

拒绝“白嫖党”——如何找到靠谱的科研小伙伴？

你是否曾在实验室里，对着一堆文献和数据，感到一丝孤独？是否曾梦想有一个志同道合的伙伴，与你一起在科学海洋里遨游？有时找到一个靠谱的合作伙伴，比找到外星人还难！首先，让我们来定义一下什么是“白嫖党”。想象一下，你的合作伙伴总是带着迷人的微笑，和你分享实验室的笑话，但当涉及实际工作时，他们就像是实验室里的隐形人。他们的存在，除了在论文作者栏里占据一席之地，似乎并没有为项目带来任何实质性的贡献。

因此，找到靠谱的合作伙伴，并与他们一起产出成果，是预测项目成功的重要指标。佩德森（Pedersen, 2022）认为，让我们感觉合作起来最顺的人往往具有以下三个特点：

第一，合作起来很愉快。说到底，我们这些学术人员可以去做我们真正觉得有意思、感兴趣的项目，这是别人很少有的机会。但是，即使是让我们最有动力的项目，如果不享受与对方的合作，也会变成一段可怕的经历。而幽默和轻松的心态能把最无聊的苦差事变成办公室或实验室的快乐时光。

第二，对研究有贡献。你的合作对象必须有所付出，既要付出时间，也要为项目带来新的和有价值的创造，比如作为原始数据处理员或是写文章的技术员。

第三，拥有相同志向。研究是一个主动的过程，合作双方通常一开始就会有想发表的期刊和想研究的范围。因此，你与你的合作对象必须保持同一个目标，不然越到后面越可能成为分歧的源头。举个例子，如果你的梦想是上 *Nature* 封面，而你的合作对象只想“顺利毕业”，那么你们双方的目标就严重不一致了。

当然，很多时候我们的合作对象只具有其中部分特点，而非全部，这时就会出现问题。比如，如果一个人合作起来很有趣，而且和你的目标也一致，但对项目没有实质性的重要贡献，那么他就属于“合得来的白嫖党”。也有一些人对项目有贡献，目标也和我们一致，但他们合作起来很没劲，这种人就属于“能干的讨厌鬼”。最后，你还可能遇到一个共事起来很开心，对项目也有贡献的伙伴，但你们的目标却不一致，这类人属于“错配的伙伴”。

为了避免上述情况的出现，彼得森（Pedersen, 2022）根据与人合作的多年经验，专门设计了一个识别优秀合作者的框架（见图 7－13）。根据该图，你会把自己的合作伙伴放在三个圆圈的什么位置？如果你的合作伙伴能够完美地站在这三个圆圈的中心，那么恭喜你，你找到了一个理想的合作伙伴！但是，如果你发现自己站在了“对研究有贡献”和“拥有相同志向”的圆圈之外，而你的合作伙伴却站在了“合作起来愉快”的圆圈之外，那么你可能需要重新考虑这段合作关系，或者至少，你需要在合作中加入一些幽默元素，让工作变得更加愉快。

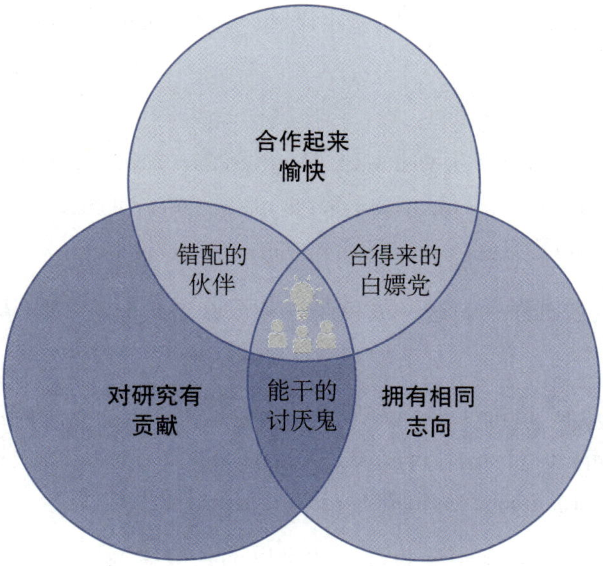

图 7－13 一个识别优秀合作者的框架

最后记住，成为一个伟大的合作伙伴不仅仅是找到别人的优点，更重要的是习惯于自我反省。问问你自己：“我是不是一个乐于创造的人？我是否为项目做出了贡献？我是否与我的合作伙伴有共同的志向？”通过自我评估和持续改进，你不仅能让自己避免成为“能干的讨厌鬼”，也能优雅地避免他人“白嫖”，还可以减少“错配”，最终成为一个受人欢迎的科研合作伙伴。

小贴士

英语论文投稿后的七种状态：

- 新投稿（New Submission）。
- 格式审查（Initial Check）。
- 编辑初审（With Editor）。
- 同行评议（Under Review）。
- 审稿完毕（Required Review Completed）。
- 做决定中（Decision in Process）。
- 编辑终审（Editor Decision）。

第三节　不卑不亢：高质量回复审稿意见

俗话说“万事开头难”。小白的第一篇英文文章——“Prepandemic relationship satisfaction is related to postpandemic COVID-19 anxiety: A four-wave study in China”历经了三轮大修和一轮小修（回复信合计200多页，历时374天），终被SSCI一区期刊 *Journal of Social and Personal Relationships* 录用。回想在拿到第一轮审稿意见时，小白的内心是崩溃的。四位审稿人虽肯定了研究的价值，但同时也都提出了非常尖锐的问题，几乎超出小白自认为能够处理的范围。

副主编在一审信中这样写道：

> The reviewers see value in your work. However, they have suggested some revisions to your manuscript. Therefore, I invite you to respond to the reviewers' comments and revise and resubmit your manuscript. While I cannot predict the ultimate outcome, I urge you to resubmit your work.

最终，小白决定迎难而上，这一战就是一年。在最后一轮的审稿中，审稿人意味深长地说道：

> I appreciate the authors continued engagement in the peer review process. They have addressed the majority of my concerns. I do have one last request...That's my last request! Kudos, again, to the authors for their hard work!

审稿人的认可让小白觉得所有的努力和付出都是值得的；更为重要的是，历经此轮洗礼，他对于回复审稿意见这件事有了最真切的认知，积累了宝贵的实战经验。

一、有的放矢地修改论文

当收到期盼已久的审稿意见时，你可能会感到困惑、沮丧，甚至有点生气。这时，你要提醒自己端正心态：无论是正面还是负面的意见，都要以平和的心态对待。审稿人都是来自世界各地的专家，他们自愿、无偿地为你的论文提供反馈，默默地在幕后帮助提高科学论文的质量。所以，当你收到评审意见时，记得首先给他们一个大大的微笑和感谢！

此外，在大刀阔斧地修改论文之前，你还要先区分他们的意见究竟属于哪种类型，然后才能有的放矢地做出改动。

（一）“具体型”意见

审稿人针对论文中的模型、方法、实验等提出的问题都属于这种类型。通常来说，这种意见的信息量非常大，能较大程度提升论文的质量；作者一般需要按照审稿人的要求在论文中补充或者完善相关研究内容，对于实在不能补充或者完善的工作，需要给出合理的解释。

（二）“疑问型”意见

由于审稿人和作者的背景知识与认知不同，审稿人对论文中的某些论述存在疑问或者分歧，这就是“疑问型”意见。总体来说，这类问题比较容易解决，可以采取一种直接的方法，在论文中从审稿人建议的角度给出相应的阐述即可。

（三）“笼统型”意见

这类意见通常没有针对论文中的某个点展开评论，而是笼统地说论文存在什么问题。比如干巴巴地说论文缺乏创新，但又不说到底哪里有问题，所以没有实质性内容。针对这种问题，建议在修改说明中耐心地见招拆招。例如审稿人说没有创新，那你可以说论文的创新到底体现在哪些地方。

（四）“建议型”意见

审稿人有时候会针对论文给出一些建议。针对容易操作的意见，作者需接受审稿人的意见，并在论文中进行相应的修改；而对于比较难以实现的建议，作者可以谦虚地表示会将其作为未来工作的重点等。

（五）“失准型”意见

“失准型”意见是某些审稿人对作者的工作存在误解，从而给出一些不太合理的意见。碰到这种情况时，作者一般可以不按照审稿人的意见修改论文，但必须在修改说明中针对误解进行耐心的解释。

总之，作者要谦虚谨慎、见贤思齐、因势利导地对待修改意见，力争让其成为提升科研论文质量的推力，而不是科研道路上的阻力！

二、清晰明了地回复审稿意见

稿件修改完后，下一步就是要写回复信。回复信是对我们修改内容的总结，要让审稿人和编辑全面清晰地理解我们的修改思路全靠这封回复信。因此，在下笔之前要清楚以下几点撰写原则（Min, 2022; Noble, 2017）。

（一）优先感谢

感谢审稿人，就像是感谢帮你找到丢失钥匙的朋友一样。在回信的开头对编辑和审稿人表示感谢，并表明你已充分考虑所有审稿人的意见，概述你针对最重要意见所做的修改。之后再列出所有审稿意见。

（二）保持尊重

你不必同意审稿人提出的每一个意见，但必须保持礼貌的态度。不要攻击审稿人，也不要质疑他们的动机、专业水平或智商。如果审稿人不理解某些内容，很可能是因为你没有解释清楚。如果审稿人有这个疑问，读者也可能会有类似疑问。此时需重写有问题的段落，清楚传达你的观点。但是，如果你认为审稿人有任何利益冲突、恶意或歧视态度，可以另外写信给主编说明。

（三）竭力满足

不要忽视审稿人提出的任何问题，即使你认为某些问题无关紧要。即使你认为审稿人要求的分析对你的文章没有帮助，也要尝试去做，并在回应中报告结果。如果审稿人没有理解你说的某个点，那就道歉，并考虑重新表述。

（四）逐条回复

要有礼貌，但是不要在每条回复中都表示感谢。如果你同意审稿人的意见，请予以肯定并提及你所做的修改。如果你不同意审稿人的意见，请做出合理的解释，说明为什么没有按照建议修改。如果审稿人建议进行额外的工作或实验，请尽可能去做；如果不能，请委婉地解释为什么无法执行这些工作。

（五）突出修改

让回应自成一体，清晰地展示你的修改，让审稿人一目了然。准确显示出你对稿件做出的修改，这样审稿人就无须再翻阅整篇稿件。审稿人意见、你的回复、稿件中所做的具体修改，这三种不同的内容，可使用不同的字体、颜色和缩进，使你所做的修改更加突出。也可以同时显示所修改段落的原始版本和修订版本，以便编辑轻松查看你是如何处理评审意见的。

（六）保持乐观

即使评审意见很苛刻，也要相信自己的研究是有价值的。如果你觉得自己收到了苛刻的评论，请先给自己一些时间消化，然后再尝试回复。在回复之前，请仔细阅读所有意见，不要带着愤怒写信。如果实在不爽，可以先写一封尖锐的回信来发泄你的愤怒，但不要发出去，平息怒气后再进行更加专业的回复。

如果你发现不同审稿人的意见相互矛盾，请坚持遵循你认为更合适的意见。审稿人是互盲的，他们只有在收到你的回复后，才能查看其他审稿人的意见，之后他们可能会改变最初的想法。

（七）反复检查

反复检查回复信，确保你的回应没有错误，就像检查自己的实验数据一样。

三、有理有据地回复"刁钻"问题

（一）审稿人要求补充实验，怎么办？

事实上，是否采纳这类建议，以及采纳到何种程度，取决于你自己。如果你强烈不同意一个具体的建议，你可以选择不做建议的改变，并解释你不同意的原因。在要求进行额外实验的情况下，不要考虑它将涉及的返工。考虑是否会对稿件有实质性的改善。只有当你觉得这个实验对你的论文有价值时，你才应该做这个实验。如果你觉得它不相关，或者会改变你论文的重点，你就不应该这样做。如果你选择不进行实验，你应该在你的回复信中解释你不同意这一点。解释为什么你不同意时，用强有力的推理或支持性证据来支持你的论点。确保你的语气非常礼貌。在回信的最后，提到如果需要，你愿意做进一步的改变（Editage Insights, 2017）。

当觉得补充实验无益于提升论文质量时，你可以采用以下四段论的方式回复审稿人。

首先，对审稿人的意见表示赞同。例如：

> We concur that further research would be beneficial in comprehending the specifics of interaction and enhancement.

然后，对实际情况进行说明。例如：

> Currently, we lack the essential tools to investigate the structure and interactions of the proposed mechanism.

进一步表明态度，指出哪些方法可能可以解决审稿人提出的问题，并表示后期会进行相关研究。例如：

> In the future, we aim to utilize…techniques to ascertain…However, this investigation lies beyond the scope of the present report, which is primarily concerned with addressing key questions about…

最后，如果实验上暂时无法提供数据来回答审稿人的问题，就一定要从文献中找到依据来说明。例如：

> We also note that since the submission of our manuscript, …have published a study demonstrating…(Ref, 2024).

（二）两个审稿人的意见产生分歧，怎么办？

审稿人有不同的意见的情况并不罕见。作者有时会感到不知所措，因为他们不想在遵循一个审稿人的建议的同时冒犯另一个审稿人。尤其是在编辑没有给出关于遵循哪条意见的明确指导的情况下，作者会很难决定。以下几条专业建议可供读者参考（Majumder, 2015）：

- 不要试图调和相互矛盾的意见或采取“和稀泥”的立场，这样反倒可能有损你的稿件。
- 单独处理每条意见，并说明你希望遵从哪条意见。
- 遵从能最贴切地反映你希望在稿件中传达的内容的那条意见。
- 清晰、有逻辑、客观地陈述你的决定。
- 在任何时候都不要过度防御。
- 如果你决定不遵从审稿人的意见，就要给出一个详细且合理的理由。
- 在给编辑的回复信中，解释你必须在一些相互矛盾的评论中做出选择，并提供理由。
- 如果对具体的审稿意见有异议，可以请编辑指导。

（三）审稿人质疑你的样本量，怎么办?

面对审稿人对样本量的质疑，拉肯斯（Lakens, 2022）建议从以下几个方面针对样本量的合理性加以论证。

1. 明确你的论证基础

你可以引用拉肯斯提出的以下六种论证样本量合理性的方法，阐明你在设计研究时所依据的样本量论证方法：

- 当总体有限，且可测量（几乎）每一名个体时，对（近乎）总体进行数据收集。
- 出于有限的资源选择样本量。
- 进行先验检验力分析来确定样本量。
- 为达到研究所需的精确度而进行计划。
- 使用直觉的方法。
- 直接承认没有进行任何的合理性论证。

2. 详细说明你的做法

提供你选择该样本量的具体理由。例如，如果是基于资源限制，就详细说明你的资源约束情况；如果是进行了先验检验力分析，就提供分析的细节和结果。

3. 强调数据的价值

讨论你的样本量对于数据收集的价值，包括它如何帮助你达到研究的推断目标，比如估计效应量或检验假设。

4. 效应量评估

评估感兴趣的最小效应量、统计上可得的最小效应量、预期效应量等，并解释这些评估如何支持你的样本量选择。

5. 检验力分析

如果适用，提供检验力分析的结果，展示在当前样本量下你的研究能够检测到的效应量范围。

6. 直接回应质疑

直接回应审稿人的问题，解释为什么你认为当前的样本量足够，或者如果确实样本量较小，说明你如何计划通过其他方法（比如增加数据的精确度、使用被试内设计等）来弥补样本量的不足。

7. 透明度和可重复性

保证你的回复是透明的，并且如果可能的话，提供可重复的分析或代码，以便审稿人和编辑可以验证你的论证。

8. 未来计划

如果审稿人的建议合理，说明你愿意考虑增加样本量，或者在未来的研究中探索这一问题。

（四）审稿人质疑你的研究创新性，怎么办?

显然，不是每篇论文都能像发表在顶级期刊上的文章那样发展出一种新的技术，开创一个新的领域，取得重大的科学进步；但是，提出一个新颖的想法，或者揭示或提示现有的理论和技术值得被重新重视也都符合创新性的标准。被审稿人评论“我不知道这个研究的价值在哪里”的确有些让人气馁，但是，如果只是其中某位审稿人提到这个问题，其他审稿人没提，还是有机会争取的。

总的来说，对于审稿人提出的“创新性不足”这个意见，作者的回复原则如下：

- 再次强调创新性。必要时修改引言部分，再次明晰研究创新性，但要能抓住研究的主要价值。
- 说明本研究与前人研究的区别。前人研究的不足是什么，本研究做了哪些改进。
- 补充近期文献佐证。再查阅一下近期有没有相关的新文献发表，有的话可以引用。

现在，有越来越多的期刊开始公布审稿意见，点击在线发表的补充信息（Supplementary Information）中的同行评议文件（Peer Review File），我们便可一窥优秀的研究者都是如何应对“刁钻”问题的。

例如，在2020年发表于 *Nature Communication* 的文章“Deep learning-enabled multi-organ segmentation in whole-body mouse scans”（Schoppe et al., 2020）的审稿意见中，一位审稿人明确提出了该研究存在创新性不足的问题：

> The manuscript is well-written, and the figures are clear and easy to understand. Although I am excited about the results presented, I have some concerns that the authors should address before becoming convinced of AIMOS's novelty, strength and utility.
>
> The authors compare the AIMOS method with many other deep-learning tools and they write that “learnable convolutional kernels provide the most promising basis for automatic organ segmentation”. But **it is not clear to me what new benefits and breakthroughs** are offered by the AIMOS method. In fact, reference 42 shows that the **W19 method has very similar performance as AIMOS**. What are the main benefits of AIMOS?

审稿人的意见很尖锐，质疑该研究与前人研究是否有区别。我们且看作者是如何应对的：

AIMOS is optimized for usability, adoptability, and interpretability. It is the fastest and most accurate completely automated method to segment mouse organs reported so far. [首先强调研究有价值] It matches or exceeds the segmentation quality of human experts, which has not been demonstrated for any other method before. [与专家提到的前人研究做比较] Importantly, while we validate the performance on the largest dataset reported so far, we show that AIMOS can be trained from scratch efficiently even with very small datasets (8–12 scans) and that the pre-trained models, which we provide, reduce this need even further. [基于迄今报告的最大数据进行验证] At a dataset size of 40 scans (which was used in W19), AIMOS already reaches 100% of its final performance (see Supplementary Figure 1c).

However, the benefits of AIMOS go beyond "just" improving segmentation performance along two dimensions. First, it is a very versatile tool optimized for easy and wide-spread adoption: it works across imaging modalities... Second, our study and AIMOS as a tool offer insight into the uncertainty of the organ segmentations...AIMOS as a tool takes this up by providing localized measures of this uncertainty, enabling to take it into account for future studies. [分条叙述研究创新点，进一步与前人研究做比较]

We thank the reviewer for this input and appreciate that these differences may not have been stated sufficiently clear in the manuscript before. We have improved the manuscript, especially in the introduction (paragraph 2) and discussion (paragraph 1) in order to make these benefits of AIMOS clearer. [最后，感谢审稿人的这一意见，并坦言已对引言和讨论进行了改进]

最终，审稿人很满意作者的回复，文章成功发表：

The authors have satisfactorily responded to all my comments and revised the manuscript accordingly.

拓展阅读 7-4

什么样的邮件，导师一看就想回？

你是否曾给导师（Principal Investigator, PI）发出一封工作邮件后，焦急地等待回复？你是否曾在发送邮件后，才惊觉忘了附上附件？别担心，你不是一个人在战斗！为了有效地与PI进行邮件沟通，以下六个实用的技巧你不得不知（Tsang, 2023）。

1. 简洁至上，但别太短

想象一下，你的PI正坐在堆积如山的邮件中，你的目标是让他一眼看到你的邮件。记住，邮件没有字数限制，但PI的耐心有限！在撰写邮件时，思考并突出邮件的关键点，并用粗体或颜色突出关键词，这能让你的邮件像霓虹灯一样吸引眼球。

2. 行动感召，明确请求

请求帮助或需要回复时，明确提出你的要求。例如，在发送实验计划给PI时，清楚地指出需要反馈的具体内容和区域，确保PI了解你的具体需求。你不妨这样写：“请查看附件中的实验计划，我希望得到关于第 4 页图 5 的具体反馈，以及对整个计划的总体评价。”

3. 给点压力，但别太大

提供合理的期限并解释紧急性，可以帮助 PI 理解邮件的紧迫程度，从而优先处理。同时，给予 PI 足够的时间来响应你的请求。这不仅能让 PI 感到紧迫，还能避免你因等待回复而焦虑。比如：“请在 11 月 20 日前审阅，这样我可以在 11 月 25 日提交前完成最终编辑。”

4. 及时跟进，但别烦人

如果你的邮件石沉大海，不要惊慌。在邮件中明确你将跟进，这不仅提醒了 PI，也给自己留出发送提醒邮件的空间。比如：“我会在三天后跟进，确保一切清晰，如果有其他需要，请告知。”

5. 信息整合，一网打尽

为避免短时间内发送多封邮件补充信息，在发送前，仔细检查邮件是否完整，确保所有必要的文件和信息都已包含在内。如果你不确定，可以先保存在草稿箱，稍后再检查。

6. 利用邮件功能，但别滥用

现代电子邮件系统提供了多种功能来辅助沟通，比如附件提醒、发送后的 10 秒内可以取消发送、高重要性标记等。合理利用这些功能，可以提高沟通的效率和准确性。设置邮件为“高重要性”可以提升邮件的紧急程度，但请仅用于真正紧急的情况。

总之，电子邮件是科研工作中不可或缺的沟通工具。掌握正确的邮件撰写和发送技巧，不仅能够提升个人的职业形象，还能有效促进科研项目的进展。通过上述六个技巧，科研小白能与 PI 建立起更加清晰、高效的沟通渠道。

四、再接再厉地应对拒稿

大多数论文被拒的作者的第一反应是愤怒，并希望立即给编辑发一封反驳信。作者经常大喊“不公平”和“无知”，甚至更糟。这是一种自然反应，但不要让你的情绪影响你的判断。最好的策略是冷静地处理这个问题，也许要经过一段时间的反思。要谦虚，接受批评，因为没有一篇稿子是完美的。仔细而公正地看待评论。

如果你认为审稿人在重要的一点上犯了错误，并且你可以证明这一点，那么你可以考虑向编辑提出反驳。大多数编辑会根据审稿人所犯的明显错误重新评估稿件。如果你能够通过提供审稿人提到的重要新数据来解决你的手稿的缺点，那么你可能希望写信给编辑，说你感谢审稿人的评论和拒绝的决定，但现在你可以纠正审稿人强调的缺点。这种额外的工作可能会打破平衡，让编辑改变决定。然而，不得不说的是，反驳很少能够成功（El-Omar, 2014）。

在大多数情况下，最好和最省时的方法是迅速重新评估你选择的期刊，修正评审过程中可能被指出的任何缺点，为你的第二选择期刊修改论文格式，然后投出去。绝大多数被拒的论文最终会在其他地方发表。即使投稿被拒绝，这也是磨炼你写作和编辑技巧的机会（Kelner, 2007）。

拓展阅读 7－5

如何在顶级期刊上发表文章？（我希望我知道）

在科学的世界里，每一项新发现都可能为人类的知识库增添宝贵的一笔。但你知道吗，将研究成果发表在高影响力期刊上，不仅能够提升研究的可见度，还能推动科学的进步。消化病学顶刊 *Gut* 主编伊马德·奥马尔（Emad El-Omar, 2014）曾专门介绍在更高影响力的期刊上发表文章的经验。

1. 择木而栖

成功的研究往往始于正确的起点。选择一个优秀的研究单位和导师，他们将引导你避开科研的误区，激发你的潜能，确保研究的成功。

2. 秉轴持钧

研究问题应该源自具有重大社会意义和价值的重要课题。避免"过小"或"过冷"的研究问题，选择一个活跃的研究领域，确保有足够的新思想、方法和资金支持。

3. 和衷共济

不要单独工作。考虑与国内外团队合作，多中心研究具有更大的影响力和有效性，有助于你的成果在更高级别的期刊上发表。

4. 精益求精

研究设计至关重要，必须尽可能完美。如果设计有缺陷，无论写作技巧多么出色，都无法在撰写手稿时进行修复。

5. 娓娓道来

完成研究后，你需要准备一份手稿。记住，你是在讲述一个故事，它必须有意义。确保手稿清晰、简洁、逻辑性强，并且遵循期刊的要求和规定。

总之，在高影响力期刊上发表论文是一个既充满挑战又极具成就感的过程。这要求你从选择一个重要的问题开始，设计一项有统计功效的研究，以无可挑剔的诚信和对细节的关注来执行工作，写出一篇优秀的手稿，提交给正确的期刊，全面回应审稿人的评论，并完成标准的录用后检查。没有什么比看到你的论文发表并被外界看到更令人满意的了。努力工作会带来高质量的、持久的、有用的人类知识进步。

小贴士

1. 审稿人意见的类型：

- 具体型。
- 疑问型。
- 笼统型。
- 建议型。

- 失准型。

2. 写作回复信的原则：

- 优先感谢。
- 保持尊重。
- 竭力满足。
- 逐条回复。
- 突出修改。
- 保持乐观。
- 反复检查。

第四节　自强不息：在科研中自我成长

作为家里的第一代大学生，小白曾经笃信“万般皆下品，惟有读书高”。为此，他求知若渴、全力以赴，每天用大量时间学习新方法，分析数据，写作文章。但是，他对自己选择的职业道路却渐渐心灰意冷——论文发表焦头烂额，经济状况捉襟见肘，人际关系错综复杂，职业前景茫然不定……小白看着自己日渐上移的发际线，开始怀疑读博是自己人生中做出的一个最错误的决定。

事实上，很多硕博研究生都曾拥有和小白一样的烦恼。2022 年，*Nature* 面向全球研究生开展的满意度调查显示（$N = 3\ 253$），只有 62% 的受访者满意自己当前的研究生项目（Woolston, 2022），调查结果凸显了硕博研究生普遍面临的挑战，如压力较大、难以平衡工作和生活、受到焦虑或抑郁的困扰等，这些挑战正让部分研究生面临学习生涯偏离正轨的威胁。

虽然面临各种挑战，但大多数研究生仍然认为自己走的路是对的。76% 的受访者满意自己读研的决定，其中表示“非常满意”的受访者占总数的 21%。半数以上受访者表示研究生项目达到了预期，10% 受访者表示项目超乎预期。调查要求受访者选出对研究生项目最满意的东西，大多数学生选择了“智力上的挑战”（63%）和“与聪明有趣的人共事”（59%）。的确，能找到志同道合的小伙伴，有机会与同龄人共诉衷肠，对于抵抗日常生活中的消极情绪十分重要。其实，想要平衡生活与工作也是需要技巧的，以下便是六条经验之谈（Tan, 2022）。

一、保持耐心

找到自己的科研路线和立足点需要时间，不要因为一开始感觉不对或没有归属感而灰心或放弃。同样，交朋友也需要时间，敞开自己的心扉，多和同龄人交流，多向高年级学长请教，“欲速则不达”，等待不仅仅是一种美德，更是一种智慧。

二、找到归属

归属感不是别人给你的，就算身处一所活力多元的大学也不会自动拥有。主动结交各行各业的人：同一个课题组的成员，其他院系的学生，通过朋友介绍和校园活动认识的学术圈外的人。这样做能给你提供新的视角和思维方式。

三、加入小组

在硕博生互助小组中，大家可以轮流介绍自己的研究内容，互相提建议，彼此鼓励。这些互助活动不仅可以提高你的研究质量，还能让大家成为经常联系的朋友，帮助彼此克服工作中的压力和困难。

四、学会提问

尽早搞清楚你所在专业的毕业要求，这能让你及早规划研究进展，安排好充足的时间为毕业做准备。询问期刊的投稿要求也能减少来来回回的次数，了解其他人的研究内容则会让整个学习过程更有意思。总之，学会提问能提升你的科研和社交能力。

五、当面见人

别让视频会议替代线下交流。一有机会就参加学术会议，或者和家乡的人保持联系，甚至在学校里和导师及同学见面，这些都能帮助你缓解孤独。

六、说出感受

勇于说出你的孤独既是一种力量，也是一种宣泄。当你感到孤独无助时，你可能会觉得自己是唯一有这种感受的人，但其实并不是，很多同龄人都有同感。大方坦白地说出做科研对于自己来说有多难，能让其他同学也愿意分享自己的感受，从而帮助他们。通过彼此的鼓励，我们都能变得更强大。

总之，读博是一场疯狂而有趣、疲惫但值得、痛苦又刺激的冒险，既催人精进学术，也催人懂事成熟。与其为了比别人发表更多文章而玩命拼搏，不如专注于做研究的真正终极目标——在知识探索中寻求极致，在研究细节中匠心雕刻，不懈地探寻真正有意义的问题，帮助自己和更多人找到生活的价值和方向。

拓展阅读 7－6

如何成为时间管理大师?

在读博士一年级时，小白为自己制定了严格的研究计划——每天待在实验室 10 小时，每周6天。但是，等到了开始写博士论文时，他发现管理自己的时间开始变难了。原来将注意力全部放在实验室还算容易，但他现在不仅要收数据、写论文，还要为期刊审稿，以及完成导师交代的任务，有时他感觉自己每天忙得像只陀螺。

为了管理好时间，小白一开始用 Google Calendar 做时间规划，之后又尝试过各种能帮他集中注意力的时间跟踪软件，直到他遇到 Notion AI 之后，他发现一切都变了。Notion AI 是一个用于工作管理或者日常生活行动管理的工具（https://www.notion.so/）。拥有网页、PC 端软件、手机端软件等不同运行环境，可以实现在任意设备上的工作管理，并且所有运行环境都是实时同步的。

Notion AI 能利用大规模的语言模型和数据收集，帮助用户自动记录笔记、整理知识、撰写文档，还提供团队管理，方便项目团队在线协作办公，提高沟通效率，有效推进工作。因此，它可以极大地提高用户的工作效率，提供灵活的工作空间，帮助用户更好地完成日常任务；用户既可以跟踪个人任务，也可以创建新任务，单击现有任务还可以为其添加更多的背景或者子任务。

其实，时间跟踪的本质是要打破幻想。小白曾听到有的同学抱怨“每天花8小时写论文，却一点进展都没有”。而这所谓的8小时其实只有45分钟在真正工作，其余时间只是坐在那里想心事、写邮件、刷视频，或是假装在做科研。因此，成功的时间跟踪并不只是写下什么时间干了什么；只有当这些数据能用来进行下一步安排时，自己的时间跟踪才是真正有用的。

对于那些不知道怎么管理时间的博士生，努德林（Nordling, 2023）建议他们把博士课题分成几个小项目，先制定大体时间线，再细分成小任务，规划更细的进度。如果推进遇到困难，就先从小地方调整，而不是推翻整体计划。最重要的是，要在自己的个性和做事方式之间找到平衡。

小白不仅用时间追踪来分析自己的项目进度，还用它来记录哪些事会拉低他的效率，甚至在日程表里给迟早会出现的分心和干扰留出一点时间。他还学会了适应任务在他规划的期限外完成。总之，在管理时间方面不但要打开思路，也要对自己宽容一点。

小贴士

如何在科研中自我成长？

- 保持耐心。
- 找到归属。
- 加入小组。
- 学会提问。
- 当面见人。
- 说出感受。

测一测

1. 在选择目标期刊时，以下哪个方面先不需要考虑？

A. 期刊的目标和定位　　B. 期刊的显示度

C. 期刊的“风评”　　D. 期刊的文章字数限制

2. 相比 Grammarly，Writefull 的优势在于：

A. 识别科学术语　　B. 检查拼写错误

C. 提供多样化的风格建议　　D. 抄袭检测

3. 以下哪个建议是为了帮助作者提高英文论文的发表概率？

A. 直接用英文写初稿，然后使用智能翻译软件辅助润色

B. 先用中文写初稿，再逐句翻译成英文

C. 只依赖翻译软件完成英文论文写作

D. 避免使用在线工具，只依靠自己的英语能力

4. 研究人员在使用智能工具时应该：

A. 完全相信工具的建议　　B. 逐一查看所有的建议

C. 忽略智能工具的建议　　D. 仅使用智能工具进行初步写作

答案：

1.D；2.A；3.A；4.B

试一试

1. 访问自己感兴趣的英文期刊的网站，阅读作者指南，同时在线注册作者账号，亲身体验投稿流程。

2. 在下载文献时，同时下载文献附带的“同行评议文件”（如果有的话），认真研读审稿人和作者之间的一问一答，从中学习写作回复信的门道。

3. 下载并安装 Grammarly 程序，尝试利用其不同功能润色一篇已经大体写好的英文文章。

推荐资源

公众号推荐

推荐理由：“环球科学科研圈”是《环球科学》杂志旗下综合性学术传播与服务平台。

推荐理由："自然系列"是 *Nature* 旗下致力于服务科学界的学术公众号，提供一系列高质量的产品和服务，涵盖生命科学、物理、化学和应用科学。

推荐理由："荷兰心理统计联盟"是心理学与管理学研究者的共享学习平台，其中会分享统计方法、软件操作、研究经验、写作发表，以及就业求职资料。

推荐理由："心理书坊"是中国人民大学出版社旗下的心理学学术和科普传播与服务平台。

教科书推荐

吴子牛．研究生学术生涯导航．北京：科学出版社，2024.

推荐语：该书是作者在给清华大学研究生新生做读研生涯报告的基础上创作而成，涉及研究生需要达到的标准、读研前的准备、如何做研究、学位论文写作、学术交流与交道、如何面对读研的各个阶段，以及如何更开心地读研等七个主题，目的是为研究生顺利渡过学术生涯提供某种形式的导航，让读研拥有值得回味的过去、值得庆幸的今天和值得期待的未来。

格雷维特，瓦尔诺，福尔扎诺，等．行为科学统计精要：第 10 版．刘红云，骆方，译．北京：中国人民大学出版社，2024.

推荐语：该书通过一步步的逻辑推演，向读者展示每个统计概念的意义，帮助读者理解使用某种统计方法的原因，以及运用这种方法的关键点。

李连江．不发表　就出局．上海：上海交通大学出版社，2024.

推荐语：该书以术道结合的方式对年轻学子在学术发表、学术研究与学者生涯等方面最为关心的问题进行了解析。全书分为六讲，分别从学术期刊的审稿标准、选题、原创、表达、投稿、学者生涯六个方面进行了探讨。

易莉．学术写作原来是这样：语言、逻辑和结构的全面提升．北京：机械工业出版社，2021.

推荐语：该书从学术写作的障碍和原则、学术写作的逻辑、学术写作的语言、学术写作的流程四个方面，简洁明了地介绍了学术写作的方法。同时，针对中国人英文学术写作中的常见误区，提出了具体的解决方案；另外，还提供了很多有用的学术写作资源。

参考文献

埃文斯.(2010).*心理学研究要义*(苏彦捷等译).重庆大学出版社.

北师大自我研究组.(2018-08-12).*寻找“小艾伯特”——心理学史上最有名的被试之一*.PsyCulture & Science 微信公众号:https://mp.weixin.qq.com/s/hEciTWSi5N1kFKxe-7kAbg

陈立.(1997).平话心理科学向何处去.*心理科学,20*(5),385-389.

邓恩.(2018).*心理学写作简明指南*(第3版,韩卓译).北京联合出版公司.

邓稳根,黎小瑜,陈勃,罗坤,曾小燕.(2018).国内心理学文献中共同方法偏差检验的现状.*江西师范大学学报(自然科学版),42*(5),447-453.

丁倩,唐云,魏华,张永欣,周宗奎.(2018).相对剥夺感与大学生网络游戏成瘾的关系:一个有调节的中介模型.*心理学报,50*(9),117-126.

范伟,任梦梦,肖俊泽,简增郸,杜晓明,傅小兰.(2019).羞耻情绪对欺骗行为的影响:自我控制的作用.*心理学报,51*(9),992-1006.

范兴华,方晓义,黄月胜,陈锋菊,余思.(2018).父母关爱对农村留守儿童抑郁的影响机制:追踪研究.*心理学报,50*(9),1029-1040.

费广洪,王淑娟,秦梅梅.(2015).提示对3~11岁儿童解决类比推理问题的影响.*心理发展与教育,31*(5),578-585.

费斯克,泰勒.(2019-11-16).*“相信自己的每一个伟大的想法”|谢利·泰勒的故事与心得*.PsyCulture & Science 微信公众号:https://mp.weixin.qq.com/s/JbPwvg53NkpVWSX5ejHinQ

冯怡.(2019-09-19).这一堂课,传奇诺奖得主阿达·约纳特主讲.西湖大学官网:https://www.westlake.edu.cn/news_events/westlakenews/UniversityNews/202006/t20200615_5199.shtml

傅世敏,陈晓雯,刘雨琪.(2018).研究争论:空间注意是否调制C1成分?*心理科学进展,26*(11),1901-1914.

高虹,李杨卓,胡蝶,朱敏,高湘萍,胡天翊.(2018).自我信息识别优势——来自注意定向网络的证据.*心理学报,50*(12),1356-1368.

管健.(2014-12-03).*大数据能为社会心理学带来什么*.光明网:http://epaper.gmw.cn/gmrb/html/2014-12/03/nw.D110000gmrb_20141203_3-15.htm

郭筱琳,张艺凡,关岳琳,罗良.(2025).亲子孝道观念冲突与青少年子女抑郁的关系.*心理学报,57*(1),58-70.

郝明阳,陈梓辰,李星杰.(2017).*网络聊天中的表情符号:心理距离与交往动机的作用*(本科生科研训练与创新创业申请书).北京师范大学.

胡传鹏,孔祥祯,Wagenmakers E-J,Ly A,彭凯平.(2018).贝叶斯因子及其在JASP中的实现.*心理科学进展,26*(6),951-965.

胡传鹏,王非,过继成思,宋梦迪,隋洁,彭凯平.(2016).心理学研究中的可重复性问题:从危机到契机.*心理科学进展,24*(9),1504-1518.

胡晶晶,徐昊骙,曹立人.(2019).感觉记忆中含语义对象的视觉表征.*心理学报,51*(9),982-991.

胡咏梅,梁安安.(2016).不同类型数据可视化方法在教育研究中的应用.*教育测量与评价*(8),10-23.

黄飞，李育辉，张建新.（2008）.年级还是年龄？两种不同的效应来源——以青少年人格横断比较为例. *心理学报，40*（12），1287－1296.

纪婷婷，王嘉，丁毅.（2025）.人们更同情流浪动物还是流浪汉？基于责任归因视角的解释. *心理学报，57*（5），838－859.

贾荣雯，樊为，段敏惠，刘孙宇，汤一鹏.（2025）.数智时代的建言与采纳：媒介同步性的视角. *心理科学进展，33*（3），381－401.

姜子云，邓铸.（2008）.问题表征过程中信息提取的实验研究. *心理科学，31*（3），620－624.

靳菲，朱华伟.（2016）.消费者的权力感与冲动购买. *心理学报，48*（7），880－890.

科兹比，贝茨.（2014）.*心理与行为科学研究方法*（第11版，张彤译）.机械工业出版社.

莱文等（编）.（2015）.社会心理学之旅（陈浩莺，李奇琪译）.人民邮电出版社.

赖晓璐，江永强，刘学兰，黎莉，张小樱，张彩霞.（2019）.父母成人依恋、怜悯与亲子关系质量：主客体互倚分析. *心理发展与教育，35*（4），411－420.

李红，冯廷勇.（2002）.4～5岁儿童单双维类比推理能力的发展水平和特点. *心理学报，34*（4），65－69.

李婉悦，韩尚锋，刘燊，杨亚平，张林，徐强.（2019）.场景对面孔情绪探测的影响：特质性焦虑的调节作用. *心理学报，51*（8），869－878.

李雨秦.（2017－06－17）.*大数据为心理学研究带来机遇和挑战*.中国高校人文社会科学信息网：https://www.sinoss.net/c/2017-06-16/504863.shtml

林靓，徐博雅，杨莹，张庆鹏，寇彧.（2024）.青少年亲社会行为的网络分析及核心维度. *心理学报，56*（9），1252－1265.

林琳.（2017）.拖延行为的干预：计划行为理论和实施意向的影响. *心理学报，49*（7），953－965.

林爽，程埔渌，刘文，白学军.（2025）.初中生认知控制对替代性攻击行为的影响：激惹和触发的情境边界条件. *心理学报，57*（1），36－57.

刘国芳，程亚华，辛自强.（2018）.作为因果关系的中介效应及其检验. *心理技术与应用，6*（11），665－676.

刘红云（编著）.（2019）.*高级心理统计*.中国人民大学出版社.

刘洪志，杨钘兰，李秋月，魏子晗.（2023）.跨期决策中的维度差异偏好：眼动证据. *心理学报，55*（4），612－625.

刘梅华，刘世生.（2014）.学术英语论文写作的过程、挑战与应对策略. *解放军外国语学院学报，37*（4），23－31，159.

刘燊，甘烨彤，汪琛，高峰.（2022）.中国发展心理学的研究热点与发展趋势——基于《心理发展与教育》创刊35年的文献计量分析. *心理发展与教育，38*（3），447－456.

刘蕴坤，陶沙.（2012）.数学成就的性别差异. *心理科学进展，20*（12），1980－1990.

刘云芝，杨紫嫣，王娱琦，陈嫯，蔡华俭.（2018）.未来自我连续性及其对个体心理和行为的影响. *心理科学进展，26*（12），75－83.

马金，德克希夫里.（2019－12－04）.*Elife | 论文写作或审稿时的十种常见统计错误*（李芊芊译）."OpenScience"微信公众号：https://mp.weixin.qq.com/s/J_ITLkwWeIE796ovHOPriw

孟晓犁.（2019－08－08）.*从统计显著性到显著性统计*（任焱，黄湘云译）."统计之都"微信公众号：https://mp.weixin.qq.com/s/pPni-BedyP_TrmuHKmKkRQ

潘运，杨环瑜，朱俊，贾良智.（2025）.数量感知分组化策略的认知机制及神经基础. *心理科学进展，33*（2），191－201.

潘哲，郭永玉，徐步霄，杨沈龙.（2017）.人格研究中的"能动"与"共生"及其关系. *心理科学进展，25*（1），99－110.

彭晨明,屈奕帆,郭晓凌,陈增祥.(2025).人工智能服务对消费者道德行为的双刃剑效应.*心理科学进展*,*33*(2),236-255.

彭婉晴,罗帏,周仁来.(2019).工作记忆刷新训练改善抑郁倾向大学生情绪调节能力的 HRV 证据.*心理学报*,*51*(6),648-661.

彭姓,常若松,李奇,王爱君,唐晓雨.(2019).不同 SOA 下视觉返回抑制对视听觉整合的调节作用.*心理学报*,*51*(7),759-771.

祁新越,赵子豪,白昌林.(2019).*群际冲突下女性的元刻板印象:群体相似性感知及女性主义认同的作用*(本科生科研训练与创新创业申请书).北京师范大学.

萨尔金德.(2019).*心理学研究方法*(第 9 版,童定译).中国人民大学出版社.

三千李.(2018-05-24).*除了清空购物车,你还可以这样求原谅!不同性别向另一半道歉的正确方式*.“京师心理大学堂”微信公众号:https://mp.weixin.qq.com/s/TF20rBfrqRhWXbssU5NncA

沙晶莹,张向葵.(2016).中国大学生自尊变迁的横断历史研究:1993—2013.*心理科学进展*,*24*(11),1712-1722.

邵坚婷.(2021).从编辑角度谈人工智能背景下英文科技论文写作要点.*科技传播*,*7*(13),24-26.

邵嵘,滕召军,刘衍玲.(2019).暴力视频游戏对个体亲社会性的影响:一项元分析.*心理科学进展*,*27*(3),453-464.

舒跃育,石莹波,袁彦.(2019).“操作性定义”和“证伪标准”不足以为心理学奠基.*心理学报*,*51*(9),1068-1078.

孙俊才,寻凤娇,刘萍,张文海.(2019).高善良特质在情绪调节行动控制中的内隐优势.*心理学报*,*51*(7),781-794

孙倩,龙长权,王修欣,刘永芳.(2019).公平或是利益?权力对分配公平感的影响.*心理学报*,*51*(8),958-968.

唐慧琳,刘昌.(2006).工作记忆对类比推理的影响.*心理学探新*,*26*(4),26-31.

王蕾,黄希庭.(2005).温度与攻击的研究回顾与展望.*心理科学进展*,*13*(5),686-693.

王研维,刘亚康,刘瀚霖.(2019).*当夸奖适得其反:心理距离和情境在奉承作用中的角色*(本科生科研训练与创新创业申请书).北京师范大学.

王艳芝,姚唐,卢宏亮.(2018).结伴购物情境下消费者冲动购买行为发生机理.*心理科学进展*,*26*(11),19-31.

王阳,温芳芳,佐斌.(2023).3~8 岁儿童对群体认知的社会性线索偏好及发展特点.*心理学报*,*55*(9),1424-1440.

王轶楠.(2020).身份调和器理论:一个新的本土化自尊理论的提出.*心理技术与应用*,*8*(3),185-192.

王悠然.(2014-11-21).*警惕社科研究中的伦理陷阱*.“中国社会科学网”微信公众号:https://mp.weixin.qq.com/s/eG2mFrq96S1yvtZprwyzkA

王琢钧,梁咏仪,赵一玮.(2019).*热心付出还是冷血社会关系导向对金钱博弈决策的影响*(本科生科研训练与创新创业申请书).北京师范大学.

韦晓,兰继军.(2018).近 10 年我国心理学研究现状与趋势分析——以第 14~19 届全国心理学大会论文分布为例.*心理技术与应用*,*6*(8),503-512.

温忠麟,侯杰泰,张雷.(2005).调节效应与中介效应的比较和应用.*心理学报*,*37*(2),268-274.

温忠麟,黄彬彬,汤丹丹.(2018).问卷数据建模前传.*心理科学*,*41*(1),204-210.

温忠麟，叶宝娟.(2014).中介效应分析：方法和模型发展.*心理科学进展*，*22*(5)，731－745.

吴楣，梁熙，时嘉惠，王争艳.(2025).6个月婴儿社会评价的个体差异初探.*心理学报*，*57*(4)，559－572.

吴振云，孙长华，吴志平，许淑莲.(1993).记忆训练的中德跨文化研究.*心理学报*，*25*(4)，366－372.

肖内西，泽克迈斯特 E，泽克迈斯特 J.(2010).*心理学研究方法*(第7版，张明等译).人民邮电出版社.

谢其利，李崇敬，全小山，何飞，江光荣.(2018).少年夫妻老来伴：夫妻依恋与留守老人孤独感.*心理学报*，*50*(7)，83－93.

《心理发展与教育》编辑部.(日期未知).*《心理发展与教育》征稿启事*.《心理发展与教育》官网“投稿指南”：https://devpsy.bnu.edu.cn/CN/column/column3.shtml

《心理科学》编辑部.(2024－11－22).*《心理科学》投稿指南*.《心理科学》官网“投稿指南”：https://jps.ecnu.edu.cn/CN/column/column6.shtml

《心理科学进展》编辑部.(2019－12－19).*《心理科学进展》投稿指南*.《心理科学进展》官网“投稿指南”：https://journal.psych.ac.cn/xlkxjz/CN/column/column6.shtml

《心理科学进展》编辑部.(2020－07－22).*综述评论类论文自检报告*.《心理科学进展》官网“下载中心”：https://journal.psych.ac.cn/xlkxjz/CN/column/column7.shtml

《心理学报》编辑部.(2019－08－09).*《心理学报》投稿指南*.《心理学报》官网“投稿指南”：https://journal.psych.ac.cn/xlxb/CN/column/column6.shtml

《心理学报》编辑部.(2020－07－30).《心理学报》参考文献著录格式(著者-出版年制)详细要求.《心理学报》官网“下载中心”：https://journal.psych.ac.cn/xlxb/CN/column/column7.shtml

《心理学报》编辑部.(2022－03－21).*《心理学报》论文自检报告*.《心理学报》官网“下载中心”：https://journal.psych.ac.cn/xlxb/CN/column/column7.shtml

徐健捷，申净旖，郑少莹.(2018).*中国青少年外部依存性自尊的测量、发展及作用机制研究*(本科生科研训练与创新创业申请书).北京师范大学.

徐健捷，Novak C，Chang E.(2019).依存性自尊影响情绪的双面性：自尊的缓冲与促进机制.见*第二十二届全国心理学学术会议摘要集*(1145－1146页).中国心理学会.

徐建平，张雪岩，胡潼.(2019).量化和质性研究的超越：混合方法研究类型及应用.*苏州大学学报(教育科学版)*，*7*(1)，50－59.

许迈进，章瑚纬.(2014).研究型大学教师应具备怎样的教学能力?——基于扎根理论的质性研究探索.*浙江大学学报(人文社会科学版)*，*44*(2)，5－15.

辛自强.(2017).改变现实的心理学：必要的方法论变革.*心理技术与应用*，*5*(4)，245－256.

辛自强，王鲁晓，李越.(2024).基金投资决策中老手与新手的信息加工差异及干预.*心理学报*，*56*(6)，799－813.

闫霄，莫田甜，周欣悦.(2024).中西方文化差异对虚拟人道德责任判断的影响.*心理学报*，*56*(2)，161－178.

杨阿丽，方晓义，李辉，蔺秀云，刘倩倩.(2007).云南省中小学生师生关系发展特点及对学校适应的预测.*心理发展与教育*，*23*(2)，49－56.

杨德锋，江霞，宋倩文.(2019).消费者何时愿意选择与规避群体关联的品牌?*心理学报*，*51*(6)，699－713.

杨美玲，翟舒怡，梁君英，沈模卫.(2022).国际儿童发展心理学近三十年发展动向：基于《儿童发展》的文献计量分析.*应用心理学*，*28*(2)，99－106.

杨群，张启睿，冯意然，张积家.(2019).语言和文化影响颜色认知：直接语言效应抑或间接语言效应?*心理*

学报,51 (5),543 - 556.

姚卿,陈荣.(2019).质量还是价格?折衷产品缺货情境下的消费者选择.*心理学报*,*51* (5),625 - 636.

意得辑(编著).(2019).*英文科技论文写作的100个常见错误*.清华大学出版社.

易仲怡,杨文登,叶浩生.(2018).具身认知视角下软硬触觉经验对性别角色认知的影响.*心理学报*,*50* (7),105 - 114.

阴国恩,冯虹.(2006).算术应用题的分类结果与数学成绩关系研究.*心理科学*,*29*(4),778 - 781.

殷艺格,汤文佳,杨格晴.(2019).*转换性仪式对自我控制资源的恢复作用及其机制*(本科生科研训练与创新创业申请书).北京师范大学.

袁翀.(2019).综合性人文社会科学学术期刊分类评价的必要性与可行性.*南京大学学报(哲学·人文科学·社会科学)*,*56* (4),149 -157.

张航,杨妙.(2017).*网络游戏成瘾者的社会奖惩敏感性的研究*(本科生科研训练与创新创业申请书).北京师范大学.

张洪亮,方文.(2023).中国心理学学科的现状与未来.*中国科学基金*,*37* (3),474 - 481.

张鸿铸,何兆雄,迟连庄(主编).(2010).中外医德规范通览.天津古籍出版社.

张如倩,刘清琼,李先春.(2019).社会互动视角下人际公平形成的脑机制.*心理学报*,*51* (9),1007 -1017.

赵凤朝.(2008).中国作者英文科技论文写作中的常见错误分析.*中国科技期刊研究*,*19* (4),697 - 698.

赵怀阳,江俊,周临舒,蒋存梅.(2019).人类镜像系统参与音乐情绪的自动加工:来自EEG的证据.*心理学报*,*51* (7),795 - 804.

中国科学技术信息研究所.(2023 - 09 - 22).*学术出版中AIGC使用边界指南*.https://www.istic.ac.cn/html/1/227/243/245/1701698014446298352.html

周菡,余思,刘勤学,张微.(2019).儿童心理虐待与忽视和自杀意念的关系:有调节的中介模型.*心理科学*,*42* (2),335 - 342.

周浩,龙立荣.(2004).共同方法偏差的统计检验与控制方法.*心理科学进展*,*12* (6),942 - 950.

周明洁,李府桂,穆蔚琦,范为桥,张建新,张妙清.(2023).外圆内方:中国人人际关系性的潜在剖面结构及其适应性.*心理学报*,*55*(3),390 - 405.

朱玥,谢汇佩,金杨华,施俊琦.(2019).团队权力分布差异对团队冲突的影响:程序公平和合法性的作用.*心理学报*,*51* (7),829 - 840.

朱海腾,李川云.(2019).共同方法变异是"致命瘟疫"吗?——论争、新知与应对.*心理科学进展*,*27* (4),587 - 599.

Alquist, J. L., Ainsworth, S. E., & Baumeister, R. F. (2013). Determined to conform: Disbelief in free will increases conformity. *Journal of Experimental Social Psychology*, *49*(1), 80 - 86.

American Psychological Association. (2017). *Ethical principles of psychologists and code of conduct*. https://www.apa.org/ethics/code/

American Psychological Association. (2020). *Publication manual of the American Psychological Association* (7th ed.). https://doi.org/10.1037/0000165-000

Arnett, J. J. (2008). The neglected 95%: Why American psychology needs to become less American. *American Psychologist*, *63*(7), 602 - 614.

Asch, S. E. (1956). Studies of independence and conformity: I. A minority of one against a unanimous majority. *Psychological Monographs: General and Applied*, *70*(9), 1 - 70.

Babbie, E. R. (1986). *The practice of social research* (4th ed.). Wadsworth.

Bai, Y., Maruskin, L. A., Chen, S., Gordon, A. M., Stellar, J. E., McNeil, G. D., Peng, K., & Keltner, D. (2017). Awe, the diminished self, and collective engagement: Universals and cultural variations in the small self. *Journal of Personality and Social Psychology, 113*(2), 185 - 209.

Beecher, H. K. (1966). Ethics and clinical research. *New England Journal of Medicine, 274*(24), 1354 - 1360.

Bickel, P. J., Hammel, E. A., & O' Connell, J. W. (1975). Sex bias in graduate admissions: Data from Berkeley. *Science, 187*(4175), 398 - 404.

Bleske-Rechek, A. L. (2019, July 30). The other crisis in psychology. *Quillette.* https://quillette.com/2019/07/30/the-other-crisis-in-psychology/

Boot, W. R., Simons, D. J., Stothart, C., & Stutts, C. (2013). The pervasive problem with placebos in psychology: Why active control groups are not sufficient to rule out placebo effects. *Perspectives on Psychological Science, 8*(4), 445 - 454.

Cameron, D., & Mehrotra, D. (2023, October 4). How Neuralink keeps dead monkey photos secret. *WIRED.* https://www.wired.com/story/neuralink-uc-davis-monkey-photos-videos-secret/

Crocker, J., Luhtanen, R. K., Cooper, M. L., & Bouvrette, A. (2003). Contingencies of self-worth in college students: Theory and measurement. *Journal of Personality and Social Psychology, 85*(5), 894 - 908.

Crocker, J., & Wolfe, C. T. (2001). Contingencies of self-worth. *Psychological Review, 108*(3), 593 - 623.

Editage Insights. (2017, September 25). *Q: How can I reply to peer review comments requesting additional experiments?* https://www.editage.com/insights/how-can-i-reply-to-peer-review-comments-requesting-additional-experiments

El-Omar, E. M. (2014). How to publish a scientific manuscript in a high-impact journal. *Advances in Digestive Medicine, 1*(4), 105 - 109.

Faul, F., Erdfelder, E., Buchner, A., & Lang, A. G. (2009). Statistical power analyses using G*Power 3.1: Tests for correlation and regression analyses. *Behavior Research Methods, 41*(4), 1149 - 1160.

Galinsky, A. D., Magee, J. C., Rus, D., Rothman, N. B., & Todd, A. R. (2014). Acceleration with steering: The synergistic benefits of combining power and perspective-taking. *Social Psychological and Personality Science, 5*(6), 627 - 635.

Geers, A. L., Wellman, J. A., Fowler, S. L., Helfer, S. G., & France, C. R. (2010). Dispositional optimism predicts placebo analgesia. *Journal of Pain, 11*(11), 1165 - 1171.

Ge, X. (2023). Experimentally manipulating mediating processes: Why and how to examine mediation using statistical moderation analyses. *Journal of Experimental Social Psychology, 109*(6), 104507.

Henrich, J., Heine, S. J., & Norenzayan, A. (2010). Most people are not WEIRD. *Nature, 466*(7302), 29.

Hornsey, M. J., Bain, P. G., Harris, E. A., Lebedeva, N., Kashima, E. S., Guan, Y., González, R., Chen, S., & Blumen, S. (2018). How much is enough in a perfect world? Cultural variation in ideal levels of happiness, pleasure, freedom, health, self-esteem, longevity, and intelligence. *Psychological Science, 29*(9), 1393 - 1404.

Hornsey, M. J., Greenaway, K. H., Harris, E. A., & Bain, P. G. (2019). Exploring cultural differences in the extent to which people perceive and desire control. *Personality and Social Psychology Bulletin, 45*(1), 81 - 92.

Humphreys, L. (1970). *Tearoom trade: A study of homosexual encounters in public places.* London: Duckworth.

Jacoby, J., & Sassenberg, K. (2011). Interactions do not only tell us when, but can also tell us how: Testing process hypotheses by interaction. *European Journal of Social Psychology, 41*(2), 180 - 190.

Katsnelson, A. (2022). Poor English skills? New AIs help researchers to write better. *Nature, 609*(7925), 208 - 209.

Kearney, E., Shemla, M., van Knippenberg, D., & Scholz, F. A. (2019). A paradox perspective on the interactive effects of visionary and empowering leadership. *Organizational Behavior and Human Decision Processes, 155*(1), 20 – 30.

Kelner, K. (2007, April 6). Tips for publishing in scientific journals. *Science*. https://www.science.org/content/article/tips-publishing-scientific-journals

Lakens, D. (2013). Calculating and reporting effect sizes to facilitate cumulative science: A practical primer for t-tests and ANOVAs. *Frontiers in Psychology, 4*, Article 863.

Lakens, D. (2022). Sample size justification. *Collabra: Psychology, 8*(1), 33267.

Leary, M. R., Tambor, E. S., Terdal, S. K., & Downs, D. L. (1995). Self-esteem as an interpersonal monitor: The sociometer hypothesis. *Journal of Personality and Social Psychology, 68*(3), 518 – 530.

Mahadevan, N., Gregg, A. P., & Sedikides, C. (2019). Is self-regard a sociometer or a hierometer? Self-esteem tracks status and inclusion, narcissism tracks status. *Journal of Personality and Social Psychology, 116*(3), 444 – 466

Majumder, K. (2015, March 30). *How to deal with conflicting reviewer comments: A case study*. Editage Insights: https://www.editage.com/insights/how-to-deal-with-conflicting-reviewer-comments-a-case-study

Milgram, S. (1965). Liberating effects of group pressure. *Journal of Personality and Social Psychology, 1*(2), 127 – 134.

Min, S. K. (2022). Critical tips on how to respond to peer reviewers. *Vascular Specialist International, 38*(8), 1 – 3.

Noble, W. S. (2017). Ten simple rules for writing a response to reviewers. *PLoS Computational Biology, 13*(10), e1005730.

Nordling, L. (2023). Time tracking for early-career researchers: A practical guide. *Nature, 617* (7960), 427 – 428.

Orth, U., Robins, R. W., & Widaman, K. F. (2012). Life-span development of self-esteem and its effects on important life outcomes. *Journal of Personality and Social Psychology, 102*(6), 1271 – 1288.

Ou, J., Yun, H., Zhang, K., Du, Y., He, Y., & Wang, Y. (2023). Prepandemic relationship satisfaction is related to postpandemic COVID-19 anxiety: A four-wave study in China. *Journal of Social and Personal Relationships, 40*(2), 363 – 383.

Peciña, M., Azhar, H., Love, T. M., Lu, T., Fredrickson, B. L., Stohler, C. S., & Zubieta, J. K. (2013). Personality trait predictors of placebo analgesia and neurobiological correlates. *Neuropsychopharmacology, 38*(4), 639 – 646.

Pedersen, C. L. (2022). How to pick a great scientific collaborator. *Nature*, Advance online publication. https://doi.org/10.1038/d41586-022-01323-9

Pierce, J. L., & Gardner, D. G. (2004). Self-esteem within the work and organizational context: A review of the organization-based self-esteem literature. *Journal of Management, 30*(5), 591 – 622.

Pirlott, A. G., & MacKinnon, D. P. (2016). Design approaches to experimental mediation. *Journal of Experimental Social Psychology, 66*(5), 29 – 38.

Podsakoff, P. M., Mackenzie, S. B., Lee, J. Y., & Podsakoff, N. P. (2003). Common method biases in behavioral research: A critical review of the literature and recommended remedies. *Journal of Applied Psychology, 88*(5), 879 – 903.

Pyszczynski, T., Greenberg, J., & Solomon, S. (1997). Why do we need what we need? A terror management perspective on the roots of human social motivation. *Psychological Inquiry, 8*(1), 1 – 20.

Reynolds, P. D. (1982). *Ethics and social science research*. Prentice-Hall.

Richard, F. D., Bond Jr, C. F., & Stokes-Zoota, J. J. (2003). One hundred years of social psychology quantitatively described. *Review of General Psychology, 7*(4), 331 – 363.

Roy, E., Dong, Y. D., Otto, A. R., & Axt, J. (2024). Beyond first impressions: Investigating the influence of visual attention and cue availability in discriminatory behavior. *Journal of Experimental Social Psychology, 114*, 104628.

Schaefer, M., Denke, C., Harke, R., Olk, N., Erkovan M., & Enge, S. (2019). Open-label placebos reduce test anxiety and improve self-management skills: A randomized-controlled trial. *Scientific Reports, 9*(1), 1 –6.

Schoppe, O., Pan, C., Coronel, J., Mai, H., Rong, Z., Todorov, M. I., Müskes, A., Navarro, F., Li, H., Ertürk, A., & Menze, B. H. (2020). Deep learning-enabled multi-organ segmentation in whole-body mouse scans. *Nature Communications, 11*(1), 5626.

Shoda, Y., Mischel, W., & Peake, P. K. (1990). Predicting adolescent cognitive and self-regulatory competencies from preschool delay of gratification: Identifying diagnostic conditions. *Developmental Psychology, 26*(6), 978 –986.

Silverman, I., & Margulis, S. (1973). Experiment title as a source of sampling bias in commonly used "subject-pool" procedures. *Canadian Psychologist/Psychologie Canadienne, 14*(2), 197 –201.

Sims, J. M. (2010). A brief review of the Belmont report. *Dimensions of Critical Care Nursing, 29*(4), 173 –174.

Smithson, M. (2001). Correct confidence intervals for various regression effect sizes and parameters: The importance of noncentral distributions in computing intervals. *Educational and Psychological Measurement, 61*(4), 605 –632.

Soares, J. S., & Storm, B. C. (2018). Forget in a flash: A further investigation of the photo-taking-impairment effect. *Journal of Applied Research in Memory and Cognition, 7*(1), 154 –160.

Spencer, S. J., Zanna, M. P., & Fong, G. T. (2005). Establishing a causal chain: why experiments are often more effective than mediational analyses in examining psychological processes. *Journal of Personality and Social Psychology, 89*(6), 845 –851.

Steinberg, L., Elmen, J. D., & Mounts, N. S. (1989). Authoritative parenting, psychosocial maturity, and academic success among adolescents. *Child Development, 60*(6), 1424 –1436.

Stokel-Walker, C. (2024, May 1). AI Chatbots have thoroughly infiltrated scientific publishing. *Scientific American*. https://www.scientificamerican.com/article/chatbots-have-thoroughly-infiltrated-scientific-publishing/

Streefkerk, R. (2024, April 16). *APA 7th Edition(2020) | The 17 most notable changes*. Scribbr: https://www.scribbr.com/apa-style/apa-seventh-edition-changes/

Talhelm, T., Zhang, X., Oishi, S., Shimin, C., Duan, D., Lan, X., & Kitayama, S. (2014). Large-scale psychological differences within China explained by rice versus wheat agriculture. *Science, 344*(6184), 603 –608.

Tan, J. (2022, September 1). Feeling lonely in research? Your're not alone. *Nature*. https://www.nature.com/articles/d41586-022-02801-w

Tsang, B. (2023, February 28). Six ways to grab your principal investigators' attention by e-mail. *Nature*. https://www.nature.com/articles/d41586-023-00592-2

Tuk, M. A., Zhang, K., & Sweldens, S. (2015). The propagation of self-control: Self-control in one domain simultaneously improves self-control in other domains. *Journal of Experimental Psychology: General, 144*(3), 639 –654.

Wang, X., Krumhuber, E. G., & Gratch, J. (2018). The interpersonal effects of emotions in money versus candy games. *Journal of Experimental Social Psychology, 79*(12), 315 –327.

Watts, A. L., Lilienfeld, S. O., Smith, S. F., Miller, J. D., Campbell, W. K., Waldman, I. D., Rubenzer, S. J., & Faschingbauer, T. J. (2013). The double-edged sword of grandiose narcissism: Implications for successful and unsuccessful leadership among U. S. presidents. *Psychological Science, 24*(12), 2379 –2389.

Watts, T. W., Duncan, G. J., & Quan, H. (2018). Revisiting the marshmallow test: A conceptual replication investigating links between early delay of gratification and later outcomes. *Psychological Science*, *29*(7), 1159 – 1177.

Weiss, A., Burgmer, P., & Mussweiler, T. (2018). Two-faced morality: Distrust promotes divergent moral standards for the self versus others. *Personality and Social Psychology Bulletin*, *44*(12), 1712 – 1724.

Woolston, C. (2022). Stress and uncertainty drag down graduate students' satisfaction. *Nature*, *610* (7933), 805 – 808.

World Medical Association. (2024, October). *WMA Declaration of Helsinki—Ethical principles for medical research involving human participants*. https://www.wma.net/policies-post/wma-declaration-of-helsinki/

Yu, H., Zuo, S., Liu, Y., & Niemiec, C. P. (2020). Toward a personality integration perspective on creativity: Between- and within-persons associations among autonomy, vitality, and everyday creativity. *Journal of Positive Psychology*, *16* (6), 789 – 801.

图书在版编目（CIP）数据

心理学研究方法：从选题到论文发表/王轶楠编著．
2 版．--北京：中国人民大学出版社，2025. 6.
（新编 21 世纪心理学系列教材）．--ISBN 978-7-300
-34066-1

Ⅰ. B841

中国国家版本馆 CIP 数据核字第 2025ZS2926 号

新编 21 世纪心理学系列教材
心理学研究方法（第 2 版）
从选题到论文发表
王轶楠　编著
Xinlixue Yanjiu Fangfa

出版发行	中国人民大学出版社		
社　　址	北京中关村大街 31 号	**邮政编码**	100080
电　　话	010－62511242（总编室）		010－62511770（质管部）
	010－82501766（邮购部）		010－62514148（门市部）
	010－62511173（发行公司）		010－62515275（盗版举报）
网　　址	http://www. crup. com. cn		
经　　销	新华书店		
印　　刷	北京溢漾印刷有限公司	**版　　次**	2020 年 3 月第 1 版
开　　本	787 mm×1092 mm　1/16		2025 年 6 月第 2 版
印　　张	21. 25 插页 1	**印　　次**	2025 年 6 月第 1 次印刷
字　　数	485 000	**定　　价**	59. 00 元

关联教材推荐

书号	书名	第一作者	定价(元)
978－7－300－25616－0	心理与教育科学研究方法	杨丽珠	49.80
978－7－300－26721－0	心理与教育论文写作	侯杰泰	38.00
978－7－300－30702－2	SPSS 基础与应用	刘红云	49.00
978－7－300－26659－6	高级心理统计	刘红云	59.80
978－7－300－31563－3	心理学元分析方法	任志洪	59.80
978－7－300－32539－2	实验心理学（第 3 版）	白学军	59.90
978－7－300－17187－6	心理测量与测验（第 2 版）	郑日昌	59.00
978－7－300－26322－9	心理学研究方法（第 9 版）	尼尔·萨尔金德	78.00
978－7－300－22245－5	心理统计学（第 5 版）	亚瑟·阿伦	129.00
978－7－300－28834－5	行为与社会科学统计（第 5 版）	亚瑟·阿伦	98.00
978－7－300－32781－5	行为科学统计精要（第 10 版）	弗雷德里克·格雷维特	139.00
978－7－300－33245－1	现代心理测量（第 4 版）	约翰·罗斯特	58.00

配套资源支持

衷心感谢您选择使用人大版教材！
相关配套资源，请到中国人民大学出版社官方网站（www. crup. com. cn）下载。
欢迎您随时反馈教材使用过程中的疑问和修订建议。让我们与教材共成长！

联系人信息：
地址：北京海淀区中关村大街 31 号 804 室　　翟然 收　　邮编：100080
电子邮件：lgcbfs@ crup. com. cn　　电话：010－62511967　　QQ：492788991

如有相关教材的选题计划，也欢迎您与我们联系，我们将竭诚为您服务！
选题联系人：张宏学　电子邮件：zhanghx@ crup. com. cn　电话：010－62512127

心理学专业教师 QQ 群：259019599
心理学专业学生 QQ 群：733781614
期待您加入心理学 QQ 群，了解图书信息，开展话题讨论

教师群　　学生群

新编21世纪政治学系列教材

世界政治概论

宋　伟　主编

Introduction to World Politics

中国人民大学出版社
·北京·

内容简介

国家安全研究、区域国别研究等研究议题的兴起，表明传统的将国际关系研究与国内政治研究相分离的做法存在明显的局限性。本书提出了世界政治学的基本框架，属于开拓性的世界政治理论研究。世界政治学将世界政治的变迁视为一个整体来研究，认为国际关系和国内政治之间存在着密切的互动关系，有一些共同的动力同时推动了国际关系和国内政治的发展。

世界政治学认为，自古以来，贸易、战争等机制就将国际关系和国内政治联系在一起。经济全球化使世界日益成为一个紧密联系的整体，如果不理解世界政治发展的深层动力，那么便无法理解世界政治变迁背后的根本原因。技术革命、追求承认的斗争等因素是世界政治发展的根本动力，推动了世界政治力量格局和思想格局的变化，最终通过国际和国内政治斗争塑造了世界政治的基本性质和基本制度。因此，世界政治学旨在解释哪些因素塑造了国际关系和国内政治的深层结构。

作者简介

宋　伟　中国人民大学国际关系学院教授、博士生导师，兼任中国人民大学澄海全球发展与安全高等研究院世界政治学研究中心主任、北京市高等教育学会国际政治研究分会副理事长、中国国际关系学会常务理事。研究领域涵盖世界政治学、国际关系理论、国际组织与区域合作、亚太地区国际关系等。已发表学术论文80余篇，出版专著3部、译著3部；专著《国际关系理论：从政治思想到社会科学》获得2014年北京市第十三届哲学社会科学优秀成果奖二等奖，《位置现实主义：一种外交政策理论》在2024年被上海市委外宣办评为“银鸽奖”优胜奖。

总序

改革开放是新中国成立以来的又一次革命，给中国带来了革命性变化。这种革命性变化不仅体现在经济、政治等层面的现实生活上，而且还体现在因现实的变迁而带来的理论上的创新和发展以及由此带来的政治学学科建设上的成就方面。

在我国，计划经济体制已经让位于社会主义市场经济体制，同时由经济变革带来的政治体制上的变化也是有目共睹的。首先，在民主法治建设上，政治的制度化正在加强。其次，在国家结构上，过去在计划经济时期的简单的单一制已经转变为更加复杂的国家结构关系。中央与地方、地方政府与地方政府之间的关系有了更多的市场经济特征。再次，在国家与社会之间的关系上，也发生了方向性变化。最后，在意识形态上，过去那种对待马克思主义、毛泽东思想的封闭、激进而又教条的态度已经转变为开放、理性而又灵活的态度。所有这些变革，都是我们以前所无法想象的。当然，在政治进步的同时，存在的问题也不容回避。那就是迫切需要建立一套约束政府权力、使人民群众的真实意愿和利益诉求能够得到顺畅表达的机制，以便从根本上保证社会的稳定与和谐。这些问题的解决，不仅需要实际工作者在体制创新方面的实践，更需要政治学学科的发展和政治学专业人才的智慧与理论贡献。

我国的政治变革既是对政治学研究工作的挑战，又是促使政治学发展的良好机遇。我国的政治学在这种压力与机遇并存的环境中正在快步前进。首先，在学科分类上，政治学已经从法学中独立出来而成为一级学科。其次，在学科分支上，政治学从马克思主义政治理论、制度史、思想史发展成为学科门类更加丰富、更加有特色的一门学科，诸如新政治经济学、政治社会学、政治心理学、政治文化、政治学方法论等。再次，在研究方法上，从单一的阶级分析法发展成为以历史唯物主义为基础的多元化方法论，诸如行为主义、理性选择主义以及方兴未艾的新制度主义。最后，在问题研究上，无论是深度还是广度，我国政治学界都取得了可喜的成就，为中国的政治发展和政治变革做出了自己应有的贡献。当然，在看到成绩的同时，也不能无视发展中的不足。作为中国政治学学科建设和发展的见证人，我们不能不为政治学发展中的结构性缺失而忧心忡忡。比如，就专业刊物而言，不要说与经济学、法学和历史学比较，就是和政治学的二级学科国际关系比较，政治学专业刊物的数量也是少之又少。这种现象严重制约了我国政治学的发展，很多优秀的研究成果只能散见于综合性学术刊物和大学学报。

中国政治学学科发展的基础是高校政治学专业建设。自 1980 年恢复政治学专业以来，政治学系或政治与行政管理学系已经成为很多高校的普遍性建制。而且在各高校政治学专业竞相发展的过程中，我们很高兴地看到各个高校的政治学学科建设，无不生机勃勃，成就斐然。其中特别值得一提的是中国人民大学。人所共知，中国人民大学一直是中国近代政治制度的研究重镇。同时，中国人民大学在学科发展中非常注重教材建设，经过专业优化组合的“新编 21 世纪政治学系列教材”在全国享有很高的声誉，是我国很多高校政治学专业和行政管理学专业的必备教科书。从已经出版的教材来看，我认为，“新编 21 世纪政治学系列教材”具有如下特点：

第一，体系上的创新性与独特性。教科书固然应该有通用的内容，但是在教材林立的今天，千篇一律而毫无特色的教材是难以立足的，也难以为社会所认可和接受。“新编 21 世纪政治学系列教材”中的每一本教材在体系上的创新性与独特性都是很突出的。

第二，内容上的研究性与新颖性。体系上的独特性应该由内容上的研究性与新颖性构成。教科书不但要介绍一般性的概念和理论，还应该容纳最新的理论研究成果以及对有关理论成果的看法与评价。该系列教材的一个重要特征是，这些教材都是作者们基于自己多年的教学与研究心得而撰写的具有新意的研究性作品。一本好的教科书之所以享有盛名，就在于其因体系上的独特性和内容上的研究性而形成的权威性。

第三，观点上的全面性与选择性。教科书是一种通论性的著作，因而包容的学术观点、理论应该尽量全面。但是，在信息爆炸的时代，一本书企图容纳所有的观点是不可能，也是不必要的。因为有的观点不过是个别学者的偶发奇想而不具有普遍性。这就需要撰写者去伪存真，认真取舍。我很高兴地看到，本系列教材在追求观点的全面性时，也没有忘记选择性原则。

第四，方法论上的马克思主义原则性与包容性。我国的社会科学研究离不开马克思主义的基本方法论，尤其离不开历史唯物主义的指导，政治科学更是如此。但是马克思主义并不是凭空产生的，它是在吸纳人类精神文明优秀成果的基础上产生的，马克思主义的发展同样少不了与其他理论流派的碰撞以及对人类文明成果的借鉴与扬弃。封闭的马克思主义是没有生命力的，坚持马克思主义并不排除对其他理论流派的介绍与分析。正是基于这样的指导思想，本套教材在介绍马克思主义政治学的同时，能运用历史唯物主义的基本原理兼容并蓄地介绍和分析其他理论流派。

本套教材的上述特点决定了它们不但是有关专业的教师和学生必备的教学和学习用书，也是政治学研究者的重要参考书籍。虽然具有上述优点和特征，但是十全十美的社会科学著作是不存在的，因此，本套教材中的缺点与不足在所难免。衷心希望专家学者、广大读者积极批评、热情指正！

赵宝煦

目录

导论

为什么要研究世界政治

1. 引言

世界政治体系的形成时间并不长。从15世纪的地理大发现开始，到18世纪的工业革命，技术的进步和西方世界的兴起造就了一个全球性的国际体系。以英国为代表的欧洲强国由于率先完成了工业革命，在制造业、交通和军事技术等方面拥有了对于非西方国家的巨大优势。在此之前，自然地理条件的分割造就了一些地区性的帝国体系，这些帝国体系虽然相互有着贸易往来，但是总体上处于自给自足的状态。由于率先完成了资本主义政治革命和技术革命，西方国家在国际政治体系中占据了优势地位。19世纪60年代后，英国的制造业产量占世界的50%左右，工业制成品源源不断地输往其他国家，使其对外贸易量得以进一步增长，大约达到了世界贸易总量的40%。英国出口商品额在其全部产品中的比重，1851年为1/4，1861年为1/3，1871年达到了3/5。自由贸易开始成为国际经济秩序的核心内容，而帝国主义和殖民体系则成为国际政治秩序的核心内容。

西方列强为了保障自己的商品市场和原材料供应，深度介入非西方国家的内部政治之中，从而使得国际关系和国内政治之间的互动和一体化程度日益加深，世界政治体系和世界经济体系开始形成，并且随着第二次、第三次和第四次工业革命而成为日益密切的全球整体。正如马克思所描述的："资产阶级，由于开拓了世界市场，使一切国家的生产和消费都成为世界性的了。……过去那种地方的和民族的自给自足和闭关自守状态，被各民族的各方面的互相往来和各方面的互相依赖所代替了。”① 一个全球性的、各国相互影响的国际体系的出现，是“世界政治”成为一个有意义的学术概念的现实基础。在一个自由贸易的体系下，通过进入对方国家的市场以及增强对其他国家的政治经济影响力，西方国家打造了一个国内政治和国际关系之间存在密切互动的新的世界政治现实。这种现实，意味着存在某种“世界性的政治”，而不是简单的“国家间政治”。

举例来说，国际贸易将国内市场和国际市场紧密联系在一起，一直都是将国内政治和国际关系联系起来的主要机制。1972 年发生在美国和苏联之间的“粮食大劫案”是一个有趣的例子。1963 年，肯尼迪总统出于对苏联“缓和”政策的需要，开启了美苏之间粮食贸易的大门。但不幸的是，因为粮食贸易背后的政治风波，两国间的贸易不久后重新归于沉寂。1971 年 6 月，尼克松总统允许美国和苏联进行大宗粮食贸易，在取消了粮食出口许可证的同时，还取消了运输粮食的船只中美国船只数量必须占到 50％的规定。1971 年冬天，恶劣的天气使得苏联 1/3 的冬季小麦遭到破坏，苏联因此出现了严重的粮食危机。1971 年 11 月，苏联购买了 300 万吨美国饲料谷物。这大约占美国小麦产量的 25％，造成美国小麦价格的大幅上涨。美国一直以粮食贸易为手段打压苏联，为了避免受到美方的要挟，苏联对外宣称 1972 年将是一个大丰收年景，并制造了丰收的假象，同时派出代表团到美国抢购粮食。美国政府和粮商们基于对市场价格的悲观预期，都迫不及待地抛售粮食。最初美国人认为苏联人只计划购买价值 1.5 亿美元的粮食。在 1972 年 7 月，美国政府与苏联政府签署了一份为期 3 年的协议，根据协议，苏联使用美国提供的 7.5 亿美元的信贷购买包括玉米、小麦和大豆在内的大量谷物。这些粮食的出口价格都很低，并且获得了美国农业部的出口补贴。消息曝光后，尼克松总统被迫对大豆实施出口禁令以减缓国内大豆价格上涨的速度。苏联的采购使得北美小麦价格翻了一番，并激起了美国国内的公愤。② 在此背景下，与苏联的粮食贸易从最初的国际政治问题成为一个国内政治问题，美国国会对于美国政府与苏联政府之间的交易进行了审查，虽然没有发现违法和腐败的行为，但美国政府随后逐步收紧了粮食出口的有关规定。“作为协调国内利益的一种方式，联邦政府加大了对粮食贸易的监管，建立了一个新的政府部门——联邦粮食检察署，来负责监督粮食出口。与此同时，五大粮食公司都在后来的时间里，因为贪污或是虚假账目的问题，受到一定的冲击，美国政府对于跨国粮食公司的控制力增强。”③ 在这个过程中，政治领导人、粮食出口商、美国农民、消费者协会、环保分子和苏联方面都被牵扯进来，他们具有不同的利益诉求并进行激烈的政治博弈。粮食政治和粮食安全日益成为一个重要的世界政治议题。

---

① 马克思，恩格斯．马克思恩格斯文集：第 2 卷．北京：人民出版社，2009：35.

② 拉塞特，斯塔尔．世界政治：供选择的菜单．张传杰，译．北京：人民出版社，2018：439.

③ 徐振伟，翟菁．1970 年代美苏粮食贸易的双层博弈分析．俄罗斯中亚东欧研究，2010（5）：83.

“世界政治”的概念并不仅仅意味着“高级别政治”（政治、安全问题）与“低级别政治”（经济、社会、环保等问题）之间的密切互动，以及国内政治与国际关系之间的密切互动，更重要的是，“世界政治”的概念突出了世界的整体性与政治的统一性：有一些共同的因素、力量在同时推动着国内政治与国际关系的发展，以及后两者之间的互动。在上面的案例中，国际贸易就是这样的一种中间机制或者说力量。其实，如果进一步分析，我们可以发现更多的世界政治力量的作用。例如，技术因素同时影响了美苏之间的粮食贸易以及美国国内政治。美国拥有先进的农业生产技术，农业设施完善，生产率高。在 1972 年的时候，一个美国农民就可以养活 50 个人；相比之下，苏联的农业生产率就低得多，农业机械化水平远低于美国，一个苏联农民只能养活 7 个人。① 这就意味着在美苏的粮食贸易中，苏联处于相对不利的局面，不得不从美国进口大量的粮食。而在美国国内，农业机械化水平高，从事农业生产的人不多，但是这也意味着农业政策的变化对于每一个农场主来说关系重大，从而导致农业利益集团组织化程度高、政治能量大。“当美国政府尝试利用粮食禁运来与苏联讨价还价时，农场主们的利益受到侵害。因此，农场主们的愤怒成为在美苏谈判中美国不能不考虑的因素。”② 也就是说，世界政治研究试图解释那些同时推动国际关系和国内政治的力量，以期更全面和深入地了解世界政治的变迁。上面这个小故事说明了世界政治体系在很大程度上已经成为一个不可分割的整体，对于世界政治体系进行一种整体视角的研究具有越来越强烈的现实意义和迫切性。

2. 经济全球化与世界的整体性

地理大发现和工业革命的推进为经济全球化的进程注入了强大动力。地理大发现意味着原来局限于某个区域的国际市场扩大为全球性的世界市场，而工业革命则为经济全球化提供了迅捷的交通工具、丰富低廉的商品以及拥有足够实力推动这一进程的资本主义文明。马克思对经济全球化的进程作了精彩的论述：“随着美洲和通往东印度的航线的发现，交往扩大了，工场手工业和整个生产运动有了巨大的发展。从那里输入的新产品，特别是进入流通的大量金银完全改变了阶级之间的相互关系，并且沉重地打击了封建土地所有制和劳动者；冒险者的远征，殖民地的开拓，首先是当时市场已经可能扩大为而且日益扩大为世界市场——所有这一切产生了历史发展的一个新阶段……”③ 经济全球化发展到今天，各国在经济上已经高度

① 特拉格．金黄色的麦浪．北京对外贸易学院三系编译组，译．北京：中国财政经济出版社，1975：88；英文原版参见：James Trager. Amber Waves of Grain. New York：Arthur Fields Books，Inc.，1973：80.

② 徐振伟，翟菁．1970 年代美苏粮食贸易的双层博弈分析．俄罗斯中亚东欧研究，2010（5）：85.

③ 马克思，恩格斯．马克思恩格斯选集：第 1 卷．3 版．北京：人民出版社，2012：190.

相互依赖，全球产业链、跨国公司、跨境电商等，都在成为塑造全球经济的核心力量。以大豆贸易为例，中国曾经是世界上最大的大豆出口国，现在则已经成为世界上最大的大豆进口国，进口量占全球大豆贸易量的60%，90%的大豆需求需要进口。中国是美国大豆的第一大出口市场，而在贸易摩擦之前，美国约有62%的大豆销往中国。中国农业农村部原部长韩长赋在2019年2月就明确表示："中美肯定是大豆贸易的重要伙伴。"① 因此，中美贸易摩擦是在两国经济高度相互依赖的状况下发生的，强行脱钩必然会对双方都造成巨大的贸易成本损失。经济上的相互依赖往往也意味着政治上的相互依赖。一国国内的经济社会问题常常会外溢成为两国乃至全球性的经济危机和政治危机；反过来，国际贸易和跨国投资对于各国的社会福利和环境保护产生持续的压力，为了在竞争中获胜，各国不得不降低国内的社会福利水平和环保要求等。② 正如中国学者俞可平所指出的："跨国投资等全球性的经济活动，势必要求在有关的民族国家内有一个相应的政治环境。民族国家之间的政治经济制度千差万别，很难完全适应外来资本的制度要求。当全球经济活动与民族国家原有的制度发生冲突时，后者往往作出必要的让步。在这种情况下，民族国家原有的决策过程和政治经济体制或多或少会发生一些实质性的变迁，这种制度性的变迁直接或间接地对其主权构成了挑战。"③

除了经济上的相互依赖，工业化、技术的进步、恐怖主义的外溢等，也使得国际社会在安全领域的相互依赖程度不断加深。仅以各国十分关心的核安全为例，核污染、核扩散以及如何阻止核武器流入恐怖分子手中，已经是需要各国去共同努力应对的全球性重大安全问题。除此以外，随着经济全球化的发展，国家对边界的控制日益减少，恐怖分子以及其他犯罪分子的流动变得更加容易，而且他们能够更加方便地使用互联网获得作案的技术和工具。所有这些，都意味着人类社会已经是命运共同体。中国国家主席习近平指出："这个世界，各国相互联系、相互依存的程度空前加深，人类生活在同一个地球村里，生活在历史和现实交汇的同一个时空里，越来越成为你中有我、我中有你的命运共同体。"④ 在这个共同体内，存在着越来越多的同时影响国际关系和国内政治的因素，将国内政治和国际关系统一起来的机制变得日益纷繁复杂。除了前面提到的贸易与战争外，新闻媒体、汇率体系、跨国投资、跨国非政府组织、气候变化、跨国恐怖主义和跨国犯罪等机制和因素，使得国内政治和国际关系之间的一体化程度日益加深。这意味着，将国内政治和国际关系分离开来进行研究的传统路径的局限性已经日益明显。

面对这样一种世界政治的新现实，美国国际关系学者罗伯特·基欧汉（Robert

---

① 农业农村部：大豆市场供给以进口为主的格局不会变.（2019-02-20）[2021-12-14]. http://www.chinanews.com/cj/2019/02-20/8759782.shtml.

② 加勒特.全球市场与国家政治：碰撞的过程还是有效的循环？//卡赞斯坦，基欧汉，克拉斯纳.世界政治理论的探索与争鸣.秦亚青，苏长和，门洪华，等译.上海：上海人民出版社，2018：80-181.

③ 俞可平.论全球化与国家主权.马克思主义与现实，2004（1）：6.

④ 习近平.论坚持推动构建人类命运共同体.北京：中央文献出版社，2018：5.

O. Keohane）和小约瑟夫·奈（Joseph S. Nye，Jr.）提出了“复合相互依赖”（complex interdependence）的模式，这个模式一定程度上描述了正在出现的世界政治体系（而非传统的国际政治体系）的新特征。他们认为复合相互依赖有三个基本特征：（1）存在着多渠道的社会联系，这种联系使国际社会内部的相互联系和相互依存大大加强；（2）越来越多的问题进入国家间关系的议事日程，国内和国际问题的相互区别日益变小；（3）军事力量的多元作用日益明显。① 这三个基本特征的核心都在于一点，即传统的基于国家边界的国际体系正在被削弱。“这特别明显地体现在真正全球化的金融市场上，因为世界范围内资本流动似乎同时进行着。这意味着世界其他地方的金融危机致使任何国家都无法独善其身。”② 经济全球化不仅使得国内政治和国际政治的界限变得更加模糊，“也对居住于固定的民族国家领土范围并效忠于国内政府的传统公民观和种族观提出了挑战……经济全球化、互联网和生态环境的国际化，使越来越多的公民开始淡化原来的国家认同，而滋生出了全球意识，出现了所谓的‘新认同政治’（new identity politics），少数先锋派如国际环境保护主义者甚至已经以‘全球公民’自居了”。③ 正如现实主义大师、美国国际关系学者罗伯特·吉尔平（Robert Gilpin）所指出的：“无论是支持全球化的人还是批评全球化的人都认为，各国的日益一体化导致了民族国家在经济、政治和文化上独立程度的降低或者国家主权的丧失。各种团体和个人都说全球化会引起经济独立的结束、政治民主的消融和文化趋同的衰落。他们甚至指责说，各国经济一体化意味着本国团体，甚至整个社会，不再能把握自己的命运而要受制于外部强大的经济和技术力量。”④

马克思主义具有一种非常清晰和深刻的世界历史观和世界政治视角。作为一种世界性的进程，经济全球化的出现是必然的，因为它代表了先进生产力的发展方向。不融入这一进程，一国就不能利用无限广阔的世界市场资源。正如马克思所指出的，人类只有“摆脱种种民族局限和地域局限而同整个世界的生产（也同精神的生产）发生实际联系，才能获得利用全球的这种全面的生产（人们的创造）的能力”。⑤ 这种进入可能是主动的，也可能是被动的，但在一开始的时候，大多数非西方国家是被动地卷入进来的。“资产阶级，由于一切生产工具的迅速改进，由于交通的极其便利，把一切民族甚至最野蛮的民族都卷到文明中来了。它的商品的低廉价格，是它用来摧毁一切万里长城、征服野蛮人最顽强的仇外心理的重炮。它迫使一切民族——如果它们不想灭亡的话——采用资产阶级的生产方式；它迫使它们在自己那里推行所谓的文明，即变成资产者。一句话，它按照自己的面貌为自己创

---

① 倪世雄，等．当代西方国际关系理论．上海：复旦大学出版社，2011：155.

② 海伍德．全球政治学．白云真，罗文静，译．北京：中国人民大学出版社，2014：113.

③ 俞可平．论全球化与国家主权．马克思主义与现实，2004（1）：6.

④ 吉尔平．全球资本主义的挑战：21世纪的世界经济．杨宇光，杨炯，译．上海：上海人民出版社，2001：311.

⑤ 马克思，恩格斯．马克思恩格斯选集：第1卷．3版．北京：人民出版社，2012：169.

造出一个世界。”“正像它使农村从属于城市一样，它使未开化和半开化的国家从属于文明的国家，使农民的民族从属于资产阶级的民族，使东方从属于西方。”①

在这一段话中，可以看出，马克思主义的世界历史观和世界政治视角至少从两个方面对现有的国内政治和国际关系学科划分提出了挑战。一方面，诸如技术革命、国际贸易这样的因素同时影响着国际关系和国内政治的演进；另一方面，国际关系和国内政治之间的互动日益密切。在近代，从英国开始的工业革命不仅造就了一个东方从属于西方的国际政治体系，也使得资产阶级的生产方式和文明传播到世界各地，“按照自己的面貌为自己创造出一个世界”。在世界政治中，许多问题不能再被简单地划分为国内政治问题或国际关系问题，其出现和状态同时依赖于所处的国内环境和国际环境。

3. 国际国内互动与政治的统一性

国际关系和国内政治之间的密切互动关系，并不是经济全球化进程开始之后才有的，当然，经济全球化大大加深了国际关系和国内政治领域之间的一体化程度。按照一位学者的总结，国际体系对国内政治的影响表现在两方面：国家间的权力分配、国家间经济活动和财富的分配。经济关系和军事压力制约着各国的国内政策选择并影响到政治局势的发展；政治发展是由战争和贸易决定的，而国家的政权类型则会影响国家的外交政策。因为尽管外部压力可能令人信服，但它们不太可能完全决定国内政治，除非是直接占领。② 这样一种概括虽然还比较粗糙，但为我们提炼了一些线索，即可以从贸易、战争、国家的政治体制等方面观察国内政治和国际关系之间的互动。

在近代历史上，贸易和战争成为将国内政治与国际关系紧密联系起来的两种主要机制。正如研究全球化问题的英国学者戴维·赫尔德（David Held）所指出的：“在整个近现代时期，国内政治和国际政治紧紧交织在一起：国内政治一直被理解为是支撑国际政治的背景，且前者经常是后者的根源。不管人们是在思考 16 世纪和 17 世纪的君主政治（例如法国国王应该是天主教徒还是新教徒的问题），还是去试图弄明白 15 世纪和 16 世纪从东方到西方的商业变化模式（以及这些变化影响乡镇结构、城市环境和社会平衡的方式），都不能离开对地方性及国际性的相互依赖和相互渗透模式的考察。”③ 在欧洲，连绵不断的战争促进了近代民族国家的形成，因为民族国家的政治体制最有利于募集兵员和获取稳定的国家财政收入；另外一个

① 马克思，恩格斯．马克思恩格斯文集：第 2 卷．北京：人民出版社，2009：35.

② Gourevitch P. The Second Image Reserved：The International Sources of Domestic Politics. International Organization，1978，32（4）：881－912.

③ 赫尔德．民主与全球秩序：从现代国家到世界主义治理．胡伟，等译．上海：上海人民出版社，2003：20.

例子是，1973年的赎罪日战争导致了阿拉伯国家的石油禁运，又导致了世界范围的能源危机，最终导致了发达工业国家生活方式的改变，例如日本生产的汽车因为节油而在美国市场上受到广泛的欢迎。到了今天，由于互联网技术和其他交通工具的发展，整个世界已经成为一个事实上的地球村，国际关系的变化会迅速影响到各国的国内政治、经济和文化等方方面面，而各国国内政治、经济和文化的变化也会影响到国际关系的变化。

尽管国际关系的运作是基于无政府状态，而国内政治的运作是基于有政府状态，但现实中，国际关系的运作是无法从国内政治运作中剥离的。国际关系的实际内容是各国之间的政治、经济和社会交往，而这些都必然同时受到国际国内环境的制约。虽然一些国内政治的运作看似与国际关系没有直接的联系，例如一所小学所开展的日常教学活动或者一个小微企业的纳税行为，但是这些日常的运作从长期来看会影响到一个国家的实力，在短期内也可能直接卷入国际关系之中，例如小学接待外国小朋友的来访、企业接待外国领导人的来访等等。对于国际关系和国内政治中的这种事实上的一体化，大概可以从三个方面来予以简单的概括。

首先，各国的国内政治在具有自主性的同时，受制于国际政治局势、国际法、国际制度和国家间力量对比等因素。这就意味着，各国的国内政治必然受到国际关系的巨大影响。用罗伯特·基欧汉和海伦·米尔纳（Helen V. Milner）的话来说："由于政治和经济如此紧密地联系在一起，我们有理由期待会发生深远的政治影响——尤其是世界各国的国内政治应该体现出世界经济影响的迹象。……如果不抓住国家经济和世界经济之间联系的性质以及这些联系的变化，我们已经不能理解国家内部的政治（politics within countries）——我们仍然习惯地将其称为'国内政治'（domestic politics）。"①

米尔斯海默（John Mearsheimer）举了英国《航海条例》的例子来说明这一点。1651年颁布的《航海条例》规定所有进口到英国的货物都必须由英国船只或货物原产国的船只来运送，这严重打击了荷兰的造船业。虽然这一法案也损害到英国自己的经济，但由于它对荷兰的损害大于对英国的，从而有利于维护英国的优势地位。② 另外一个案例是国际货币基金组织（IMF）的援助规则。对于借款人来说，这些规则自然是越宽松越好，而对于贷款人来说则是相反。这里面包含所谓的"附加条件"：当一个国家从IMF借贷时，该国政府需要在经济和金融政策方面作出一定的承诺，即所谓的"附加条件"。通过"附加条件"，美国和其他西方发达国家能够合法地要求接受贷款的国家实行国内政治经济改革以支持它们的战略目标。学者斯托姆·撒克（Storm Thacker）发现美国的意识形态倾向性在IMF的贷款决定上发挥着导向性作用，而这显然是基于美国的霸权地位。③ 类似地，外交学院的一位

---

① 基欧汉，米尔纳．国际化与国内政治．姜鹏，董素华，译．北京：北京大学出版社，2003：3.

② 米尔斯海默．大国政治的悲剧．王义桅，唐小松，译．上海：上海人民出版社，2003：60.

③ Thacker S C. The High Politics of IMF Lending. World Politics，1999，52（1）：38－75.

学者在研究了中国加入世贸组织（WTO）的进程后指出，中国在参与 WTO 的进程中，身份在发生变化。从复关到入世的 15 年谈判实践进程，使中国成为自由贸易秩序的拥护者，从多边贸易的“体制外”成员转变为“体制内”成员。入世之后，随着对 WTO 活动的全面参与，中国逐渐从 WTO 体系规则的被动履行者向积极建设者转变。① 入世意味着中国无论从观念上还是从国内的法律体系方面都作出了巨大的调整。

其次，绝大多数的国际关系和国际合作最终都要落实到地方和个人，这就使得国际政治最终会成为地方性的政治，而地方性的政治也会成为全球性的政治。例如，二战结束以来，法国、德国、荷兰、意大利等国家首先推动了煤钢联营的一体化进程，即把煤炭和钢铁这两种重要的战略性资源进行集中的生产和经营控制。这当然是一种战略性的考虑，因为过去的几百年中为了这两种资源发生了无数的战争。但是，具体参与这一进程的包括各国的政府官员、地方当局、技术专家和私有企业。通过这种范围广泛的合作，欧洲国家期望合作形成的习惯可以不断扩展到其他部门和领域。② 如果没有这样一种深度的合作进程，欧盟一体化不可能获得如此持久的发展动力。在现实中，不同部门、不同阶层的诉求肯定是存在冲突的，这就使得国际关系的运作必然受到各种地方性因素的影响，“当代表多数的中央政府发布国家命令时，必须责成一些官员去执行命令，但这些官员并不总是隶属于它，它也不能每时每刻予以指导。因此，乡镇和县的行政机构就像一座座暗礁，不是延缓了代表人民意志的命令的流速，就是使命令流错了方向”。③

最后，一些国内政治团体会有意识地参与到国际关系中，塑造本国的对外政策，争取自己的利益最大化。例如，在欧盟一体化的进程中，除了成员国政府以外，非政府组织、私营企业等也发挥着重要的作用，并且表达不同的观点，例如法国的农民团体非常不满美国农产品的冲击，敦促欧盟通过了所谓的“共同农业政策”。著名的现实主义学者斯蒂芬·范·埃弗拉（Stephen Van Evera）在讨论战争的起因时认为，“国家并不像它们自己所想的那么不安全……夸大不安全的感觉，及其助长的有害行为，是国家不安全感和战争的首要原因”。④ 那么，是谁夸大了不安全的感觉呢？现实主义国际关系学者杰克·斯奈德（Jack Snyder）指出，部门利益集团——诸如军队、外交官和大商人等从帝国主义、军国主义和专制主义的政策中获益。为了获得支持，扩张论者欺骗公众、制造帝国的迷思，包括征服带来的财富、进攻性战略的优势、威胁的效力。⑤ 也就是说，虽然很多时候战争并不是一

---

① 卢静．中国参与世界贸易组织进程中的身份变化：基于“实践”进程的分析．外交评论，2012，29（1）：49.

② Alexandrescu M，Mitrany D. From Federalism to Functionalism. Transylvanian Review，2007，16（1）：25.

③ 托克维尔．论美国的民主．董果良，译．北京：商务印书馆，1988：302.

④ Evera S V. Offense，Defense，and the Cause of War. International Security，1998，22（4）：42－43.

⑤ Zakaria F. Realism and Domestic Politics：A Review Essay. International Security，Summer 1992，17（1）：182.

个理性的选择，但是国内政治中的某些群体会有意识地制造相关的“迷思”，以期从战争中获利。

4. 新问题与现有学科分类的局限性

由于第一次世界大战所带来的巨大伤亡，一战结束后，国际关系学科逐步从原有的法学和政治哲学的框架下独立出来，成为一门新的社会科学。学者们一般认为，国内政治和国际关系之间存在着根本性的不同，因此需要不同的学科理论来回答各自的问题。国内政治是一个存在中央政府和地方政府的结构，而政治学理论所要回答的核心问题是国家与社会的关系，即什么样的权力划分和制度设计可以实现国家的善治；而国际关系所要回答的问题则是在一个无政府的状态下如何实现国际体系的总体稳定，避免世界性的大战。因此，在政治学的学科内部，就出现了两门有联系但基本分离的学科：政治学与国际关系学。国内政治领域和国际关系领域被认为是具有不同运作规律的领域，对它们的解释也依赖于不同的分析层次和要素。在传统的学科划分中，国际关系和国内政治（政治学理论）之所以成为两个平行的二级学科，主要是考虑到这两个学科的组织结构存在明显差异，以及塑造它们的因素不同。[①] 国际关系处于一个无政府的状态，而塑造国家间关系及其结果的主要因素是国际力量格局和国际秩序；国内政治处于一个有政府的状态，而塑造了国内政治结果的主要是国内力量格局和国内秩序。

现有的国际关系理论或政治学理论并不能充分回答世界政治的基本性质与基本制度的变迁问题。例如，现实主义的霸权稳定论包含两个中心命题：其一，世界政治中的秩序是由一个主导国家创立的。其二，国际秩序的维持需要霸权国家的存在。[②] 但是，不同的霸权国可能会建立不同类型的国际制度与秩序。从历史唯物主义的角度来看，如果不理解工业革命所带来的生产方式的变革、国家实力竞争和财富分配方式的变化，那么就不能理解为什么英国会致力于建设一种世界性的市场经济而不是统治更大范围的领土。技术的变革、人性渴望自由和平等所带来的自由主义思潮的兴起，对于自由国际秩序的建立起到了重大的作用。类似地，虽然政治学

---

① 按照小约瑟夫·奈和戴维·韦尔奇的总结，国内政治和国际政治的区别包括：（1）国内政治与国际政治间存在着法律、政治和社会上的重大区别。国内法相对来说比较明确，并且前后一致。警察和法院充当执法者。国际法是分散的、不完整的，建立在有时比较模糊的基础之上，也不存在日常的执法机制。（2）武力（force）在国内政治和国际政治中也扮演着不同的角色。在等级森严的国内政治体系中，政府垄断着合法使用武力的权力。而在国际政治中，谁都不能垄断使用武力的权力。（3）各自的共同体观念不同。在秩序井然的国内社会中，有一个普遍的共同体观念，并且因此产生了共有的效忠对象、正义标准以及合法权威的观念。在全球层面上，人们有着相互竞争的效忠对象，全球共同体的观念是很弱的，人们对正义和合法性问题经常具有不同的认识。参见：奈，韦尔奇．理解全球冲突与合作：理论与历史．张小明，译．上海：上海人民出版社，2018：5－6.

② 基欧汉．霸权之后：世界政治经济中的合作与纷争．苏长和，信强，何曜，译．上海：上海人民出版社，2001：36.

理论可以告诉我们不同的国家制度设计可以从根本上决定国内的政治结果和国家兴衰，但是它并不能告诉我们不同国家的基本制度是从何而来的。要解答这些问题，必须考察生产力和生产关系的变革，以及渴望消除人的“异化”、实现人与人之间平等与解放的人性诉求。仅仅有国际政治斗争或者国内政治斗争的理论是不充分的，我们需要理解不同社会群体为什么会支持不同的政治思想和制度设计。

随着经济全球化的深入发展，国家的边界被日益打破，经济全球化进程中的许多力量同时影响到国内政治和国际关系的演变，国内政治和国际关系之间的互动日益密切和一体化，并导致世界政治领域出现了一些新的问题，这些问题已经很难被简单划分为国际关系问题或国内政治问题。例如，国家安全这一问题领域并不能被简单划为国际关系或者国内政治问题；相反，总体国家安全观的出现，正是切中了世界政治学所强调的国际关系和国内政治已经成为一个整体的现实。习近平强调：“必须坚持总体国家安全观，以人民安全为宗旨，以政治安全为根本，以经济安全为基础，以军事、文化、社会安全为保障，以促进国际安全为依托，走出一条中国特色国家安全道路。”① 按照习近平主席在 2015 年联合国发展峰会上提供的数据——“60 多年来，中国积极参与国际发展合作，共向 166 个国家和国际组织提供了近 4 000 亿元人民币援助，派遣 60 多万援助人员，其中有 700 多名中国好儿女为他国发展献出了宝贵生命”②，我们可以看出，总体国家安全观中的国家安全，并不是按照传统的国际安全、国内安全、海外利益安全等来划分的，而是按照领域来划分的。不管是政治安全还是其他领域的安全，都同时受到国际关系和国内政治的影响。例如，技术革命、资本力量、承认诉求等塑造的世界力量格局和政治思潮格局，都会同时在国际层面和国内层面影响到我们的政治安全。例如，卫星互联网技术的发展，使互联网监管变得更加困难，这不仅会影响到不同政治思潮的传播，也会导致各国力量对比的变化，以及各国国内政治生态的变化，最终会深刻影响到国家的政治安全。从以上论述可以看出，总体国家安全观的提出，正是基于作为一个整体的世界政治现实，这与世界政治学的学科方法论是高度一致的。

世界政治学科的发展正是适应了类似于国家安全这样的综合性问题和研究领域不断增多的现实，它并不是简单地把国际关系和国内政治放到一起。如果仅仅是建立一种国际关系和国内政治双层博弈的综合框架，那么世界政治研究还是不能与已经“一体化”的世界政治整体相适应。所谓的“一体化”，是指国际关系和国内政治已经不再能被截然分成两个独立的研究领域。但从世界政治学的视野来看，国际国内的力量格局和基本秩序都是由同样的一些因素所驱动的，这才是国际关系和国内政治之间存在深层联结、不可分割的根本原因。所有这些都意味着，传统的政治学学科划分已经面临越来越大的局限性，需要一种新的研究路径。这种新的路径未必是要取代现有的国内政治研究和国际关系研究，而是对新的世界政治现实进行更

① 习近平．习近平谈治国理政．北京：外文出版社，2014：200.

② 习近平．习近平在联合国成立 70 周年系列峰会上的讲话．北京：人民出版社，2015：5.

好的解释，从而补充和超越现有的政治学研究。通过世界政治研究，我们至少可以从两方面改进现有的政治学研究：对于（国内）政治学研究来说，我们可以更多从影响世界的深层力量和深层结构的角度来分析国内力量格局与国内秩序的变迁；对于国际关系学来说，我们也可以从影响世界的深层力量和深层结构的角度来分析国际力量格局与国际秩序的变迁。在世界政治研究的视角下，我们将会重新审视原来被政治学理论和国际关系理论所忽视的那些要素和力量。

5. 小结

导论部分主要是阐明提出世界政治概念和进行世界政治研究的必要性。概括起来，这种必要性是基于三种世界政治的现实：(1) 基于技术革命的经济全球化，已经使得世界日益成为一个整体，许多因素在同时推动国际关系和国内政治的演变；(2) 国际关系和国内政治的互动程度日益加深，两种原本相对分离的领域不断一体化，从而出现具有统一性的世界政治；(3) 基于前面的两种现实，现有的政治问题已经不能简单被划分为政治学或国际关系的研究问题，需要采取一种世界政治的研究视角，打破原有的学科划分，通过考察世界政治中的一些根本性的、全局性的因素，考察它们如何在国际关系和国内政治领域发挥作用，最终导致我们所需要解释的结果。

由于世界是一个紧密联系的整体，因此影响世界政治变迁的共同因素可能是无限多样的。如前所述，气候变化就构成了一个越来越重要的影响国际关系和国内政治的因素。但是，我们希望发现那些推动世界政治变迁的根本动力和关键性的联系（或中介）因素，以尽可能保持世界政治理论的简约性。简约性是社会科学理论的一个基本要求，即理论家们应该尽可能发现那些最重要的因素和因果关系。美国政治学家戴维·伊斯顿（David Easton）在《政治生活的系统分析》一书中指出："可以肯定地说，理论的使命就是简化，而且在简化时，第一步是舍弃政治行为大量直观和经验的特征。用一种同样复杂的理论研究复杂事物，往往只会导致失败，而不会有助于理解。"① 作为一个纷繁复杂的整体，对于世界政治的研究需要寻求一个合适的研究路径，寻找世界政治体系中最重要的那些因素，厘清它们所扮演的角色和发挥作用的逻辑，从而建立起一个世界政治理论。

正如本书的理论部分所要探讨的，世界政治的发展依赖于技术革命、资本力量和承认诉求等根本性的动力因素，这些因素的发展将会导致世界政治体系的力量格局和思想格局发生实质性的变化，并最终影响国际关系和国内政治的基本秩序及其运作。诸如国际贸易、汇率体系、政治思潮等都会同时影响到国际关系和国内政治，但是相比其他因素，世界政治思潮是一个能够直接塑造国际秩序和国内秩序的

---

① 伊斯顿．政治生活的系统分析．王浦劬，等译．北京：华夏出版社，1998：578.

关键性的中间因素。正如一位中国学者所指出的，经济全球化非但不能造成文化一体化，反而会刺激各种文化认同的发展。社会经济生活方式和其他生活方式的同化趋势，使人们不得不反躬自问："我是谁？我到底要什么？文明的意义何在？"① 这就是当前认同政治日益成为国际关系和国内政治中一个重要影响因素的原因，而认同政治的背后，可以追溯到技术革命带来的经济全球化，以及人类认同中追求承认的这种根本性的诉求。因此，世界政治理论和世界政治研究超越了传统的国际关系和国内政治研究，其解释对象不是具体的国际政治结果和国内政治结果，而是世界政治的基本运作方式，它包括根本动力、直接动力和作用机制三个方面，试图对世界政治的基本性质与基本秩序（包含国际秩序和国内秩序）的演变提供一种深层次的整体解释。

① 张汝伦．经济全球化和文化认同．哲学研究，2001（2）：17.

第1章

世界政治研究的路径与概念

1.1 引言

导论部分从三个方面说明了现有的国际关系与国内政治的研究领域划分已经不适应于世界政治的新现实：经济全球化导致世界成为一个日益密切的整体，许多共同的力量同时推动着国际关系和国内政治的发展；国际关系和国内政治出现了日益密切的互动，构筑了两个政治领域的统一性；政治研究中开始出现一些新的问题，而这些问题并不能被简单归属于是国际关系还是国内政治的研究领域。这三个方面其实就是世界政治体系的三个基本特征。这三个基本特征本质上都表明了世界政治正在成为一个具有内在紧密联系的整体，不同部分之间的互动达到了一个很高的程度，导致它们可以成为一个新的研究领域，以及建立相应的学科。虽然政治学理论和国际关系理论对于解释国内政治和国际关系领域内的很多具体结果仍然是有用的，但是，当讨论那些最重大的国际秩序和国内秩序的变迁时，以及讨论许多具体政治事件的深层根源时，我们需要一种世界政治的视角和眼光。例如，2010 年，北非国家突尼斯的一位青年在贩卖蔬菜水果期间受到警察的暴力对待，愤而在当地政府办公楼的门口自焚，从而引发了席卷阿拉伯世界的一场反抗运动，即所谓的“阿拉伯之春”。这场运动导致埃及、利比亚、也门等国家都发生了巨大的变革。在讨论“阿拉伯之春”时，传统的政治学理论（例如年轻人的政治认同、政治态度因素）仍然具有重要的解释力；但是想要理解这场运动所持续的时间和范围，就不能不涉及西方国家和联合国在一些场合所发挥的作用，以及现代通信技术和社交媒体在其中所扮演的关键角色。

世界政治体系正在成为一个密切的整体和独立的研究领域，但比较麻烦的问题在于，相对于原有的（国内）政治学和国际关系学，世界政治的研究领域显然复杂得多。国际关系学认为，国际体系是以国家为中心而构建起来的，因为国家具有主权和强大的凝聚力，而且垄断了暴力的使用，这样就把国际关系简化成为国家间关系。进而在此基础上，美国学者、结构现实主义大师肯尼思·华尔兹（Kenneth N. Waltz）提炼出了国际结构的概念，认为在国际体系的无政府状态下，国家之间的能力分配会决定国家之间的互动及其结果。① 这就是建立了一种简约的国际关系理论。对于世界政治的研究和世界政治理论的构建，同样需要化繁为简，梳理清楚世界政治体系中的根本动力、直接动力和作用机制，从而建立一种相对简明清楚的理论，而不能简单地将所有因素都包括进来。例如，气候变化肯定是影响到世界政治变迁的一个重要因素，气候变化与国际关系和国内政治变迁之间的联系，还需要经过其他更重要的因素的塑造或者过滤，因此可以有一种世界政治的气候理论，但是它不太可能成为世界政治理论的主流。那么，应该从什么样的研究路径入手，才能更好地理解世界政治现象和构建世界政治理论呢？

1.2 世界政治学的研究路径

世界政治的新现实意味着我们所研究的对象变得更加复杂，原本相对清晰的国际关系和国内政治的学科界限被打破，但是新的学科——世界政治学科——应该如何建立起来？正如学者雅各布·布罗诺夫斯基（Jacob Bronowski）所指出的："我相信在宇宙中任何地方，没有任何一件事件不是与宇宙中所有其他事件相联系的……但如果你可以把每一件事情都与其他任何一件事情联系起来，那你就无法做科学研究……因此科学方法论的核心就是，为方便实验，将世界划分为相关的部分和与实验不相关的部分。"② 一直以来，学者们对于如何能更好地整合国际关系的高级政治与驱动个人和领导人的国内政治、经济和社会斗争众说纷纭、莫衷一是。③ 例如，美国政治学家亨廷顿（Samuel P. Huntington）曾经强调，"人们正在寻求并迫切地需要一个关于世界政治的思维框架"，其含义是各国超越冷战时期的政治和经济意识形态划分，在"文明的冲突"框架下开始发展新的对抗和协调模式。④ 虽然文明因素确实在国际关系和国内政治领域中发挥着越来越大的作用，但是亨廷顿的文明冲突论将国家间政治关系简化为几大文明之间的关系，最终还是停留为一种国

---

① 华尔兹．国际政治理论．信强，译．上海：上海人民出版社，2003：118-134.

② Bronowski J. The Origins of Knowledge and Imaginations, New Haven, Conn.: Yale University Press, 1978: 58.

③ Mesquita B B. Domestic Politics and International Relations. International Studies Quarterly, 2002, 46 (1): 2.

④ 亨廷顿．文明的冲突与世界秩序的重建．周琪，刘绯，张立平，译．北京：新华出版社，2002：1.

际关系理论。当然，亨廷顿也探讨了美国内部的认同政治，这表明他其实关注到了本书所要建构的世界政治理论中的一些核心因素，如政治思潮、承认诉求等。因此，我们在构建世界政治学科时，并不是简单地排斥现有的各种世界政治研究，而是在吸取它们合理性的基础上，提出一个更加系统、清晰和简约的理论框架。本书的下一章将会完成这方面的任务，这一章主要是澄清构建世界政治学科的研究路径和核心概念。

1.2.1　现有世界政治研究的三种路径

作为一种新的研究路径，世界政治研究与现有的一些学科之间是什么样的关系呢？按照中国社科院世界经济与政治研究所李少军研究员的看法，“国际政治”（international politics）作为学科名称，与“国际关系”（international relations）、“世界政治”（world politics）通常同义，并且与“国际研究”（international studies）相通。李少军研究员认为，在国际学术界，这几个概念的使用并没有严格的区别，是可以互换的。但是他也指出，在一些情况下，这几个概念的用法是有区别的。“国际关系”比较侧重于国家间的关系，在某种意义上等同于“国家间关系”（interstate relations)；而“世界政治”则含义更宽泛，既涉及国家行为体，又涉及各种非国家行为体，在某种意义上等同于“全球政治”（global politics)。“国际研究”强调的是对各种国际问题的研究，其中不但包括与国际关系和世界政治相关的研究内容，而且还包括对其他国际问题的研究，特别是对各种理论问题以及跨学科问题的研究。[①] 李少军研究员对于世界政治与其他几个学科范畴的分析总体上是合理的，但是世界政治研究并不仅仅是将非国家行为体包括进来，它所强调的核心是世界政治经济的整体性和国际国内政治的统一性。这使得它与现存的国际关系和国际政治研究都存在实质性的区别。

诸如罗伯特·吉尔平这样的现实主义理论大师基本上将“世界政治”的概念等同于国际关系。吉尔平的著作《世界政治中的战争与变革》虽然在书名里面使用了“世界政治”，但实际上正文中很少提到这一术语，即便提到这一术语，也基本上是等同于国际政治的含义。吉尔平写道：“世界政治仍然是以政治实体的争斗为特征，它们在全球无政府状态下为权力、声望和财富而争斗。核武器并未改变不恰当的诉诸武力；经济相互依赖还不能保证合作将取代冲突；全球共同体的共同价值观和世界观尚未取代国际无政府状态。”[②] 当然，这并不意味着现实主义者不承认国际政治体系所发生的重大变化。事实上，对于核威慑和核和平的研究一直是现实主义国际关系理论研究的一个重点。“核时代的矛盾现象之一是，同以往整个非核时代的经验相比，军事实力的增长不再必然有益于政治权力的增长。全面核暴力的威胁意

① 李少军．国际政治学概论．上海：上海人民出版社，2014：3.
② 吉尔平．世界政治中的战争与变革．宋新宁，杜建平，译．上海：上海人民出版社，2007：232.

味着彻底毁灭的威胁。”“既然用核武器摧毁对方会使自己同样难逃厄运，那么基于双方都将理智地行事这一假设，双方便可以相互藐视对方的核威胁。”① 在此基础上，甚至有一些学者认为，核时代的国际政治已经进入“大国无战争”的阶段。虽然这种判断过于绝对，但是“大国之间无大战”应该是基本合理的。对于所有核大国来说，考虑到核武器所具有的巨大杀伤力、各国拥有的第二次核打击能力以及本国的导弹防御系统不可能百分之百拦截对方的核导弹，它们都会尽可能控制冲突的升级，避免大战的发生。但是，尽管现实主义者意识到了国际政治体系的变化，但他们所使用的“世界政治”的概念并不具有独特的内涵，因此它仍然是一种国家间政治的研究路径而非真正意义上的世界政治研究路径。

相比现实主义者，自由主义者更愿意使用“世界政治”的提法，因为“国际政治”或者“国际关系”的说法强调的是国家的中心地位，而“世界政治”的提法则不带有这样的含义。诸如罗伯特·基欧汉这样的学者就经常使用“世界政治”的概念，以表达全球化时代的跨国政治经济联系已经不再是以政治安全问题和国家行为体为中心的了。在《权力与相互依赖——转变中的世界政治》一书中，罗伯特·基欧汉和小约瑟夫·奈提出了一个“复合相互依赖”的模式，以概括世界政治相对于传统的国际政治的性质变化：“我们可以设想出一个这样的世界：非国家行为体直接参与世界政治，各问题之间不存在明确的等级区分，而武力并非有效的政策工具。”② 在这样一种复合相互依赖的过程中，世界政治的行为主体和议题设置都与过去有了很大的区别。国际组织、跨政府联系等成为日益重要的沟通渠道，经贸联系、环境保护、打击跨国犯罪等“低级别政治”问题不再必然地处于边缘性的地位。因此，基欧汉的世界政治研究路径侧重的是世界的整体性：政治和经济之间的密切联系、国家行为体和非国家行为体的密切互动。王缉思教授在 2009 年发表的一篇文章中对当代“世界政治”的特点做了类似的界定。他指出：“当前世界政治的第一个特点，是经济全球化的负面影响日益显现，非传统安全问题与发展不平衡现象日益突出。当前世界政治的第二个特点，是全球范围的宗教势力和形形色色的民族主义正在复苏。当前世界政治的第三个特点，是权力中心、财富中心和发展驱动力正在发生转移。在上述三个特点和趋势的基础上，我们能够很自然地观察到当前世界政治的第四个特点，也即核心的特点——国际规则和秩序正在经历重大变革。”③

其他的自由主义国际关系理论家大多也强调了国际体系的这种变化趋势。例如，美国自由主义国际关系理论家詹姆斯·罗西瑙（James N. Rosenau）给“世界

① 摩根索．国家间政治：权力斗争与和平：第 7 版．徐昕，郝望，李保平，译．北京：北京大学出版社，2006：57.

② 基欧汉，奈．权力与相互依赖：转变中的世界政治：第 3 版．门洪华，译．北京：北京大学出版社，2002：3，25.

③ 王缉思．当代世界政治发展趋势与中国的全球角色．北京大学学报（哲学社会科学版），2009，46（1）：11-14.

政治”的定义是“包括各个从事跨国活动的地区、国家、各种国际关系、社会运动以及私营组织等内容的全方位概念。”① 另外，布鲁斯·拉塞特（Bruce Russett）等三位美国学者在《世界政治：供选择的菜单》这本经典教科书中说，“我们有充分的理由将此研究领域称为世界政治（而不是国际关系或者国际政治），因为这显示了除民族国家之外行为体的重要性。……在国家内，总统或者首相与无数其他官员一起发挥着作用。其他与世界政治相关的实体包括：（1）民族国家内部的各组织，比如游说团体、工会或叛军；（2）国家政府的一部分，比如英国国防部或者美国众议院民主党领导班子；（3）政府间国际组织比如联合国或北约；（4）国际非政府组织”。② 虽然使用了“世界政治”的概念，但这本书本质上还是停留在“跨国政治”的领域，即焦点是分析国际冲突与合作，并没有把国际关系和国内政治真正统一起来。

相比罗西瑙和拉塞特等学者，基欧汉的世界政治研究路径不仅仅是强调非国家行为体的作用，也强调了世界经济（本质上是世界市场）对国际关系和国内政治的塑造作用。基欧汉的研究已经比较接近于本书所要提出的世界政治研究路径，但总的来说他并没有能进行系统的理论化。例如，在《国际化与国内政治》一书中，基欧汉等指出：“由于政治和经济如此紧密地联系在一起，我们有理由期待会发生深远的政治影响——尤其是世界各国的国内政治应该体现出世界经济影响的迹象。……如果不抓住国家经济和世界经济之间联系的性质以及这些联系的变化，我们已经不能理解国家内部的政治（politics within countries）——我们仍然习惯地将其称为‘国内政治’（domestic politics）。”③ 但基欧汉不知道怎么才能把国内政治和国际关系统一起来，所以他在这方面的研究更多是单向的，仅仅着眼于国际关系作用于国内政治的因果机制。

基欧汉、王缉思等著名学者对于当代世界政治的新特点的描述，当然是非常生动和有说服力的，属于世界政治研究的第一种路径。在经济全球化时代，个人、非政府组织、跨国公司、政府间国际组织等日益发挥着重要的作用，讨论的议题日益多样。就算是吉尔平这样的现实主义者，也承认财富的分配是世界政治的一个主要论题。④ 不过，这样一种对于世界政治的特点描述也只能停留在一个描述的阶段，因为涉及的变量太多，不太可能说清楚世界政治的研究对象、核心概念和因果机制到底是什么。因此，在构建新自由制度主义时，基欧汉又回到了国家中心主义，将研究的对象界定为国家间关系，而将核心概念界定为国际机制，从而建立起国际机制与国际体系稳定性之间的因果关系。⑤ 对世界政治现实的简化使得基欧汉的理论

① 罗西瑙．没有政府的治理．张胜军，刘小林，等译．南昌：江西人民出版社，2001：13.

② 拉塞特，斯塔尔，金塞拉．世界政治：供选择的菜单．张传杰，译．北京：人民出版社，2018：22.

③ 基欧汉，米尔纳．国际化与国内政治．姜鹏，董素华，译．北京：北京大学出版社，2003：3.

④ 吉尔平．世界政治中的战争与变革．宋新宁，杜建平，译．上海：上海人民出版社，2007：150.

⑤ Keohane R. Theory of World Politics：Structural Realism and Beyond//Keohane R. Neorealism and Its Critics. New York：Columbia University Press，1986：193.

发展最终回到了国际关系理论，而不是发展出一种新的世界政治理论。

现有的各种“世界政治”研究中，第二种路径可能是北京大学国际关系学院王缉思教授和唐士其教授所使用“世界政治”的概念，即把它界定为世界各国的政治发展趋势，依据这些发展趋势总结出当代世界政治的一些基本特点。但是，他们所说的“世界政治”，主要涉及世界各国和各地区的内部政治。王缉思教授指出，“世界政治”作为一门学科，研究的是世界范围内政治发展的总趋势、各个国家和地区内部的政治、国家之间的关系，比通常理解的国际关系涉及的领域更深更广。中国人了解世界政治的需求和眼光，也早已超越了国与国之间关系的视野，开始聚焦超越国界的全球问题和各国内部政治问题。① “过去 30 年的世界政治发展轨迹可以大致分为前后两个阶段。在前半期，政治自由化和经济市场化是世界政治变化的基本趋势，以至于美国政治学家弗朗西斯·福山（Francis Fukuyama）宣称历史已经‘终结’；而在后半期，自由化和市场化受到新的考验和质疑。”② 类似地，福山认为：“世界政治的女性化已在过去 10 年里逐渐发生，并产生了非常积极的影响。在所有发达国家，以及在许多发展中国家，妇女已赢得投票和参与政治的权利，并日益活跃地行使了这种权利。”③ 正如王缉思教授和唐士其教授所强调的，虽然国际政治与国内政治的发展之间存在明显的关联，但他们并不认为双方存在确定的因果关系，所以这种对世界政治发展趋势的总结总体上还是一种对各国政治发展趋势的归纳性描述，而不是一种解释性的研究路径。

有关“世界政治”的第三种研究路径的核心是考察国际关系和国内政治之间的相互关系。全球化带来了国际政治与国内政治之间非常密切的互动。两位国际关系学者曾经举例说：“国际经济关系对于国内经济因素如税收、通货膨胀和金融政策等越来越敏感，反之亦然。美国与欧洲盟国的关系、美元在世界货币市场上的坚挺、美国的经济地位及其在武器、技术和食品贸易上的政策，这一切都与美国国内有关赤字和预算平衡的政策有关。”④ 正如习近平所指出的：“我们要树立世界眼光，更好把国内发展与对外开放统一起来，把中国发展与世界发展联系起来，把中国人民利益同各国人民共同利益结合起来，不断扩大同各国的互利合作，以更加积极的姿态参与国际事务，共同应对全球性挑战，努力为全球发展作出贡献。”⑤ 类似地，王缉思教授对于世界政治体系演进的总结也突出了国际关系和国内政治之间的互动。他说：“（大航海时代后）长达 4 个世纪的西方扩张时代可以划分为若干个历史时期，世界各地的政治发展也很不均衡。概括起来，世界政治在许多方面发生了巨大变化。第一，现代主权国家和国际体系开始形成。第二，西方的扩张既推动了全球财富的增加和现代化进程，又加剧了世界经济和社会发展的严重失衡。第

① 王缉思．世界政治的终极目标：安全、财富、信仰、公正、自由．北京：中信出版社，2018：4－5.
② 王缉思，唐士其．三十年来的世界政治变迁：同一性与多样性并存．国际政治研究，2010（1）：2.
③ 福山．妇女与世界政治的演变．夏力，译．国外社会科学文摘，1999（3）：34.
④ 拉西特，斯塔尔．世界政治：第 5 版．王玉珍，等译．北京：华夏出版社，2001：366.
⑤ 习近平．论坚持推动构建人类命运共同体．北京：中央文献出版社，2018：1.

三，西方的资产阶级革命推动了世界政治的深刻变革。”① 这是一种高度凝练的历史总结，但是如何将国际关系和国内政治之间的统一性进行理论化，却不是一个容易的问题。

的确，许多学者研究了国际关系和国内政治之间的互动，但是并没有发展出能够同时解释国际关系和国内政治的某种统一的理论。如果“世界政治”想要成为一个学科，那么我们一定会问：国际关系和国内政治之间存不存在一种普遍的因果关系？如果不存在一种普遍性的因果关系，只能是就事论事探讨某个案例背后的因果关系的话，那么就难以发展出来具有普遍意义的学科理论。双层博弈的分析框架或许是一种有效的研究路径。罗伯特·帕特曼（Robert D. Putman）的“双层博弈”框架试图将国内结构、国际结构提供的机遇和制约、对外经济政策这三个方面的因素系统整合起来。② 在国际谈判中，如果一个国家的领导人能够让其他国家相信，他在国内的支持者只能接受有限的结果，那么，这个国家讨价还价的能力就会增强。反过来，国际层面的博弈也可以影响到国内政治的互动。“许多国际谈判的政治可以被视为一种双层博弈。在国家层面，国内群体通过对政府施加压力，迫使后者采取有利于前者的政策，而政治家通过与这些群体建立联盟来获得权力。在国际层面，各国政府试图最大化它们应对国内压力的能力，最小化外部进程的负面影响。只要各主权国家相互依赖，这两层的博弈都不能被最高决策层忽视。”③ 在经济相互依赖的时代，那些与外部世界联系密切的跨国公司、地方以及中央政府的下属部门组成跨政府性质的利益集团，利用内外联合的方式影响中央政府的决策行为，从而使外部力量渗透到国内政治决策过程中。④ 双层博弈理论在解释国家的对外经济政策可能比较适用，但是，它仍然只是分析框架，而不是具有核心概念和明确因果机制的理论。而且，在面向主要由国内政治博弈决定的国内交通、卫生、教育、民政等领域时，双层博弈框架的意义就不大了。事实上，到目前为止，结合国际体系和国内政治两个层次的努力，主要还是针对国家的外交政策，所发展出来的是外交政策理论而不是世界政治理论。

1.2.2 世界政治学新路径：整合国际关系与国内政治

世界政治的研究正在出现一种新的路径，不过国际国内学术界对此还没有给予足够的注意。这一新的研究路径不是简单地将各种问题领域联系在一起，或者探究国际关系和国内政治如何互动，而是考察哪些因素能够同时影响到国际关系和国内政治的发展，从而将国际关系和国内政治从理论上真正统一起来。正如中国人民大

---

① 王缉思．世界政治的终极目标：安全、财富、信仰、公正、自由．北京：中信出版社，2018：16.

② Putman R D. Diplomacy and Domestic Politics: The Logic of Two-Level Games. International Organization, Summer 1988, 42 (3): 427-460.

③ 同②435.

④ 苏长和，朱鸣．世界政治中的跨国利益集团．现代国际关系，1998（11）：11.

学国际关系学院杨光斌教授所指出的，从全球史或新世界史的视野看，只有某种力量（行动单元）把地球意义上的“世界”联系起来、整合起来并形成一个关系密切的结构，自然地理的世界才能成为政治意义上的世界，或者说才有“世界政治”之说。①

这样一种视角，与一些“全球政治学”的视角也是不一样的。“全球政治学”虽然认识到世界政治是一个有机的整体，但是它更多强调的是全球层面的公共问题和政治结构如何影响其他层面的政治。“在这种意义上，全球政治意指在全球层次而非国家或区域层次运行的政治。毫无疑问，近几十年来政治在全球或世界范围的层面变得更加重要。国际组织不断发展，其中一些几乎拥有全球性成员国，如联合国。越来越多的政治问题也呈现出‘全球’特性，因为它们实际上或潜在地影响着世界上各个地方以及星球上的所有民众。”② 世界政治并不简单认为全球层面、区域层面还是国家层面、个体层面哪一个更加重要，而是将世界体系视为一个有机的整体，分析哪些力量同时推动着国际关系和国内政治的发展流变；在这个过程中，政治与经济、国际关系与国内政治都是有机统一的。这里面的核心是发现推动世界政治变迁的根本动力、直接动力（关键性的中间变量或者说联系变量）和作用机制。

北京大学国际关系学院王缉思教授曾经提出过类似的问题：“能否在不同时代、不同政治实体中发现共同的原始驱动力，（并且假设是其）在推动世界政治的发展？换言之，在政治研究中，能否找到所有国家、所有社会、所有文明载体都追求的、跨越时空的主题，即我所称的‘终极政治目标’？”③ 王缉思教授说：“几年来，我通过阅读、国外考察、访谈和思考，发现安全、财富、自由、公正、信仰，是世界政治的五个永恒主题，也是五个终极目标。其他政治主题，基本上是达到这五个终极目标的过程和手段。”④ 当然，我们可能会有一些疑问：为何所有的国家、所有的社会、所有的文明载体都会追求这五个方面的目标？王缉思教授指出：“全球化趋势加强了各国政治的同一性和相互渗透，而信息化趋势下的认同政治则突出了它们之间的区别和多样性。各国政治都追求上述五大目标，但推进的重点、实现的方式和步骤会有很大不同。”⑤ 这一论述对于世界政治理论的构建是具有启发性的，即将全球化、信息化和认同政治作为塑造五大目标具体表现的动力和作用机制。

杨光斌教授对于世界政治理论研究的开创性贡献在于，他提出了一个具有关键意义的中间变量或者说“联系变量”，即政治思潮。由于下一章会系统介绍杨光斌教授的世界政治理论，因此这里只做一个简单的总结。他认为，“真正把世界联系起来并形成‘世界政治’，是以意识形态为核心的某种政治思潮——由意识形态（包括宗教）理念驱动而形成的一种趋势性的政治现象。”⑥ 在这一判断的基础上，

① 杨光斌．政治思潮：世界政治变迁的一种研究单元．世界经济与政治，2019（9）：25.
② 海伍德．全球政治学．白云真，等译．北京：中国人民大学出版社，2014：2.
③④ 王缉思．世界政治的五大目标．国际政治研究，2016，37（5）：12.
⑤ 同③26.
⑥ 同①.

杨光斌教授建立了一个政治思潮如何影响国际关系与国内政治的因果链条，他的论述在这里值得被大段引用。他认为：

> 三百年来的全球政治史说明，政治思潮不但影响着世界政治变迁，也是研究比较政治和国际关系不可或缺的变量。那么政治思潮发挥作用的内在机制到底是什么呢？……第一步，国内需要催生新的政治思想。……第二步，中心国家或者国际组织对这些政治思想的传播。产生了辩护性理论的国家往往是世界政治中的中心国家，在实现自身全球性利益的同时也在传播自己的思想，这是国内经济再生产需要所产生的文化产品的国际化。……第三步，成为国际性政治思潮。中心国家往往是那个时代最发达的国家，后来者或者学习者也容易向中心国家看齐。……第四步，诱发国内秩序的变迁，改变世界秩序，塑造新的国际关系。政治思潮所诱发的国内秩序变迁，促使变迁国家或转型国家按照观念去站队，从而形成新的世界秩序。①

杨光斌教授的世界政治理论建立了一个从政治思潮到世界秩序的因果机制，虽然没有系统阐述导致政治思潮变化的根本动力因素，但是已经构成了世界政治理论的核心部分。

杨光斌教授的研究思路对于世界政治理论的发展具有重要的启发意义。他将政治思潮作为理解世界政治变迁的一个“联系变量”，这是非常合理的，因为政治思潮的兴衰可以与国际关系和国内政治的基本性质、基本制度的变迁之间建立直接的因果关系。马克思指出：“统治阶级的思想在每一时代都是占统治地位的思想。这就是说，一个阶级是社会上占统治地位的物质力量，同时也是社会上占统治地位的精神力量。”②“政治思潮”这一概念意味着不同时期国际关系或者国内政治中具有主导性的思想，而正是这些主导思想塑造了世界政治的基本运作方式（基本性质和基本秩序）。世界政治思潮的兴衰与政治力量格局的变化可以被视为是一体两面的。某种政治思潮的兴起，意味着接受这种思潮的群体开始壮大，也就意味着政治力量格局的变化，从而最终会引发国际关系和国内政治的基本性质与基本秩序的变迁。因此，政治思潮的兴衰和世界政治变迁之间存在直接的因果关系。采用世界政治思潮而不是政治力量格局的概念作为关键性的联系变量，能够与世界政治的系统性、制度性变迁之间建立更加直接和全面的因果关系，因为仅凭政治力量格局的变化并不能告诉我们为什么最终会建立某种类型的国际秩序或国内秩序。

以“政治思潮”的兴衰为一个核心的切入点，我们的确可以比较好地理解推动国际关系和国内政治变革的直接动力。这种动力可能不是根本性的，因为世界政治思潮的兴衰取决于技术进步的推动、资本力量的支撑以及承认诉求的斗争。以技术进步为例，不同的技术发展会支持不同的政治思潮。科学技术是第一生产力。技术

---

① 杨光斌．政治思潮：世界政治变迁的一种研究单元．世界经济与政治，2019（9）：38－39.

② 马克思，恩格斯．马克思恩格斯文集：第1卷．北京：人民出版社，2009：550.

的革命导致生产力的飞跃，从而决定性地改变了世界历史和世界政治的面貌。“随着新生产力的获得，人们改变自己的生产方式，随着生产方式即谋生的方式的改变，人们也就会改变自己的一切社会关系。手推磨产生的是封建主的社会，蒸汽磨产生的是工业资本家的社会。”① 技术革命导致不同社会阶层、群体和国家的实力对比和利益格局发生了明显的变化，从而塑造了直接影响国际关系和国内政治的国际结构与国内结构。福山对于技术革命的根本动力作用也有过形象的描述：“机械化生产促使人们从乡村来到了城市，并将做丈夫的同他们的家人分离开来；而信息技术又使他们回到了乡村，同时也把妇女推到了劳动力队伍之中。核心家庭随着农业的创立而消失，随着工业化的到来而重现，又随着向后工业化时代的过渡而开始崩溃。”②

科学技术的进步不仅重塑了世界政治的力量格局和利益格局，还催生和支撑了不同的政治思想，从而影响了世界政治思潮的兴衰。一方面，不同的技术变革造就不同的国际力量格局和国内力量格局，从而使得占有力量优势的群体能够把对自己有利的政治思想传播开来，使其成为占主导地位的政治思潮，并进而塑造相应的国际制度和国内制度。另一方面，不同的技术变革本身也可能增强或者削弱某种政治思想的合法性和吸引力。正如英国当代著名史学家埃里克·霍布斯鲍姆（Eric Hobsbawm）所指出的：西方世界“这个文明，也深信欧洲是天下中心，是科学、艺术、政治、工业、一切革命的诞生地。它的经济渗透力深广，它的军事武力征服各地；世界的绝大部分，都屈服在它的脚下”。③ 在互联网时代，个人、非政府组织可以通过网络渠道发出自己的声音，技术的进步也大大削弱了男性基于体力所具有的优势，从而导致个人主义、女性主义等思潮的兴起，并进一步推动了世界政治的变革。④ 因此科学技术的进步产生，加强和削弱了不同的政治思潮，同时也塑造了国际关系和国内政治中的力量格局，构成了导致世界政治变迁的一个根本动力。在后面的实证研究中，我们将分析考察世界政治变迁的三大根本动力——技术革命、资本力量和承认诉求——如何塑造了世界政治的力量格局和思潮兴衰，进而通过国际政治斗争和国内政治斗争塑造了当时的世界秩序。

1.3 世界政治学的核心概念

世界政治理论并不排斥或者取代现有的国际关系理论和政治学理论，而是试图超越这些理论，解释国际关系和国内政治变迁的根本动力、直接动力和作用机制。

---

① 马克思，恩格斯．马克思恩格斯选集：第1卷．3版．北京：人民出版社，2012：222.

② 福山．大分裂：人类本性与社会秩序的重建．刘榜离，等译．北京：中国社会科学出版社，2002：349-350.

③ 霍布斯鲍姆．极端年代：上．郑明萱，译．南京：江苏人民出版社，1998：9.

④ 福山．妇女与世界政治的演变．夏力，译．国外社会科学文摘，1999（3）：30-36.

也就是说，世界政治理论的解释对象并不是国际关系或者国内政治的一些具体结果，它瞄准的是世界政治基本性质、基本秩序的变迁。依据这样一种新的路径来建构世界政治理论并不是仅仅出于创造新理论、宏大理论的使命感或者热情，而是因为的确需要这样一种理论。本部分重点阐述的是世界政治理论中世界格局、世界秩序和政治斗争这三个核心概念。世界格局塑造了世界秩序，而其中的作用机制就是政治斗争。至于这种因果机制是如何展开的，则留到下一章进行具体的说明。技术革命、资本力量和承认诉求这三种根本动力的概念及其如何塑造了世界格局，也留待后面的章节进行具体论述，这里不作进一步的展开。

1.3.1 世界格局：力量格局与思想格局

中国学者非常喜欢使用“格局”的概念，这一概念可以与“结构”换用，都指某种体系内不同组成部分的组织形式。不同的结构会对行为体的行为方式产生不同的制约，并且影响到它们互动的结果。正如我们在前面提到的，之所以把政治学分成国际关系和国内政治这两个研究领域，就是因为这两个子体系的结构有所不同：国际关系处于无政府状态，没有一个中央政府来实施法律和管理；国内政治处于有政府状态，由中央或全国性的政府来实施法律和管理。之所以要建立世界政治学，是因为考虑到这两种结构性因素并不足以解释某些重大的世界政治问题。世界格局，顾名思义就是世界体系的组织形式。世界政治学认为，世界格局是直接塑造世界秩序的主要因素，而它包括了力量格局和思想格局两个方面。这两个方面在世界政治运作的过程中，实际上是一体两面的。

1.3.1.1 实力界定与力量格局

世界政治的力量格局包括国际力量格局和国内力量格局两个方面。在国际关系的研究中，国际力量格局一般被简称为“国际格局”或者“国际结构”。学者们对于国际格局的理解有相同之处，但也有不同之处。相同之处主要在于，学者们都认为力量的分配是国际格局的核心组成部分；不同之处则在于学者们在此基础上又试图增加一些不同的因素进来，导致概念本身更为复杂。例如，中国人民大学国际关系学院陈岳教授认为，所谓格局，是指事物内在的结构、规模或样式。国际政治格局，是指国际舞台上的主要政治力量之间在一定历史时期内相互联系、相互作用而形成的一种结构状态。简言之，国际政治格局就是国际政治舞台上的政治力量对比状态。[①] 通过厘清国际力量格局的概念，我们就会清楚应该如何界定国内力量格局了。

当我们讨论国际力量格局的时候，“力量”一般指的是以经济、军事和科技等为主体的硬实力，当然也有些学者强调基于本国文化吸引力和对外政策吸引力的软

① 陈岳．国际政治学概论．4 版．北京：中国人民大学出版社，2020：52.

实力。但显然硬实力一直是国家或者社会群体的力量基础所在。世界政治理论认为，国际力量格局可以借鉴结构现实主义国际关系理论所强调的国际结构概念，即无政府状态下单个国家之间的能力分配。① 由于国际体系处于无政府状态，没有一个中央政府来维持秩序和实施法律，因此国家间的力量对比就构成了制约国际关系的基本要素。所以现实主义也通常被认为是“实力政治”。这里所说的能力分配，指的是单个国家的综合实力或者说综合国力对比，并不仅限于军事或者经济力量。用结构现实主义代表学者肯尼思·华尔兹的话来说：“由于国家处于自助系统中，因此必须运用它们的综合实力来维护自身的利益。国家的经济、军事及其他能力不能被分割开来加以衡量。国家并不因它们在某一方面实力出众而成为一流强国。它们的地位取决于它们在以下所有方面的得分：人口、领土、资源禀赋、经济实力、军事实力、政治稳定及能力。”② 因此，在讨论一个国家或者群体所拥有的实力时，我们只需要考察它们相对于其他群体的一些基本指标和数据即可，例如它们拥有的人口或者人数、经济财富和暴力能力，并不需要对每一个国家或者群体进行精确的打分。这种打分本质上也是不可能的，因为诸如国民士气或者群体士气这样的因素是难以被量化的。

许多因素的变化会导致国际力量格局的变化，例如各国的政治经济发展的不平衡、错误的外交政策、承担过多的国际责任、新的军事技术的出现等等。近代以来，经济实力和科技因素在国家实力中的地位日益上升。传统现实主义国际关系理论代表人物之一爱德华·卡尔（Edward H. Carr）指出：“在军事和经济的长期联盟关系中，一战使得经济因素第一次成为即便不是占据优势地位，至少也是与军事因素平起平坐的伙伴。”③ 类似地，同济大学政治与国际关系学院的李滨教授认为，大国间实力对比变化的核心是国家间政治经济发展的不平衡，其中最主要的是经济发展的不平衡，因为经济是国家整体实力最重要的基础。④ 科技之所以重要，是因为它已经成为第一生产力，可以深刻影响到国家的经济实力和军事实力。但是，在一个特定的时间点，我们仍然可以对各国或者不同群体的相对实力进行一个大概的认知和比较。

在讨论国际力量格局或者国内力量格局时，有一个比较麻烦的问题是，是否要把国家之间的联盟或者不同社会群体的联盟列入其中，即考察不同联盟之间的实力对比，而不是单个国家或者单个社会群体之间的实力对比。这是一直以来国际关系学界争议较多的问题。许多学者认为，国家之间的战略关系应该被包括进国际格局的概念之中，也就是说，国际格局不仅包括国家集团之间的力量对比，也包括国家间战略关系的变化。

---

① 华尔兹．国际政治理论．信强，译．上海：上海人民出版社，2003：134.

② 同①174-175.

③ 卡尔．20年危机（1919—1939）：国际关系研究导论．秦亚青，译．北京：世界知识出版社，2005：108.

④ 李滨．从经济发展看当今国际格局的变化．欧洲研究，1996（5）：28.

一个主要的问题是，在观察国家间力量格局的时候，应该把国家集团的因素也纳入进来。例如，一位中国学者认为，国际格局的概念不仅指的是国家之间的能力对比，也包含国家集团之间的能力对比："由国际关系中起主导和支配作用的国家或国家集团基于力量对比关系而形成的一种相对稳定的互动结构和状态。"① 另外两位学者在一篇探讨国际格局走向的文章中进行了如下描述："从世界政治领导和被领导的角度，我们把当前的国际结构大致划分为西方和非西方。以美国为首的广义西方阵营，在东西和南北关系中占据全面优势，是全球规则的制定者和国际公共物品的主要提供者。与西方相对应的则是一个相对弱势的非西方世界。它们在世界权力结构中处于边缘位置，不仅没有制度决定权和利益分配权，还不时受到西方世界的肆意干涉和战略挤压。"② 结构现实主义认为，从方法论的角度来看，诸如"南方北方""发展中世界"这样的"国家集团"本质上是国家间互动的结果，是解释的对象（因变量）而不是解释的依据（自变量）；而且，"国家集团"是一个松散的概念，它不可能具有统一的集团利益和对外政策，其分化组合也很频繁，这就会导致概念本身的不稳定性。当然，国家集团在某些具体的议题领域（例如北约）或者全部领域（例如欧盟）能够实施一定程度的统一的对外政策或者意味着力量的叠加，但各国仍然具有相对独立的外交政策，不能被简单视为一个单一的整体。因此，当讨论世界政治的力量格局时，我们主要还是将单个国家之间的力量对比作为其质的规定性，当然国家集团之间的力量对比在分析具体问题时可以起到补充性的作用。如果该集团可以在某个具体的议题上形成统一政策并保持稳定性，那么就会影响到该具体议题中的力量对比。比如，在联合国大会中，在不同的议题上，发展中国家并不是一个统一的整体，而是围绕具体的议题会有分化，从而使得具体议题中的阵营划界并不是简单的发展中国家和发达国家的对垒。

对国际格局的现有分析框架往往也把大国间战略关系纳入进来，作为分析国际格局的第二个主要方面。例如，清华大学国际问题研究院的阎学通教授认为，国际格局是国家之间的实力分配和大国之间的战略关系。所谓战略关系，主要是指对国际格局有战略影响的大国之间的同盟、敌对或非敌非友等情况。历史上曾经出现过的国际格局形态有"单极"、"两极"和"多极"三种基本形态。③ "国际格局包括大国实力对比和大国间战略关系两个方面，因此，我们可从冷战后大国实力对比和战略关系两个方面分析国际格局的变化。1992—2005 年的 13 年间，大国实力与战略关系都发生了很大的变化。"但是，这位学者又准确地指出："大国实力对比变化必然要引起大国间战略关系变化。到了 2005 年，大国的战略关系仍可分为友好、中立、敌对三种，但它们之间的关系组合已发生了重大变化。美、英、日继续保持了战略一体性，印度保持了中立地位，中、俄、法、德四国形成战略一致性较强的

---

① 李义虎．国际格局的定义前提及其基本特征．河南社会科学，2005（2）：2.

② 金灿荣，刘世强．告别西方中心主义：对当前国际格局及其走向的反思．国际观察，2010（2）：3－4.

③ 阎学通，杨原．国际关系分析．2 版．北京：北京大学出版社，2013：36.

合作关系。”① 广东外语外贸大学的周方银研究员也认为：“国内国际关系史方面的著作一般认为，国际格局的多极化于50年代末60年代初开始初见端倪，它主要表现在中苏关系的破裂、美法矛盾和不结盟运动的兴起等事实中，它们都不是以一国力量的显著变化为特点，而是以国家间关系的调整变化为主要内容。”② 类似地，吴学永认为20世纪90年代的欧洲格局是“英法联合制德、欧洲联合制美和欧美联合制俄”。③ 但是，从方法论的角度来看，这就意味着界定国际格局的两个要素之间不是相互独立的关系，而是存在着从属关系：战略关系很大程度上是由于力量对比的变化而引起的。从这个角度来说，战略关系是不应该被塞进国际格局的概念之中的。

综合以上分析，世界政治理论在考察世界政治的力量格局时，是从不同国家、国家集团或者群体的实力对比的角度进行考察的。

1.3.1.2 政治思潮与思想格局

世界政治理论认为，虽然技术革命、资本力量和承认诉求是推动世界政治的力量格局和思想格局变化的深层动力，但是直接塑造那些根本性的国际秩序和国内秩序的因素却是世界政治思潮。政治思潮是世界政治研究的一个核心概念，因为它不仅是世界政治根本动力的反映，也是世界政治行为体追求自身利益的政治斗争的集中体现。正如一位中国学者所指出的：“人们的利益需要观念化，才能转化为政治行动，政治思潮是政治行为表达出来的群体性政治观念，国家政策走向需要符合或者至少不违背国民的主要政治观念，才能得以实施和运行。把政治思潮作为观察分析政治现象的变量，是人民史观在研究方法上的贯彻。同一议题往往存在着多元的政治思潮，具备未来风向标意义的政治思潮，足以影响具有世界优势地位的大国政策，经过国家政治机制成为一个甚至多个大国的长时段国策。”④ 从政治思潮这个切入点集中分析世界政治的变迁，既可以清楚地看到技术革命、资本力量和承认诉求等因素在其中所起的作用，也可以理解那些具有根本性意义的国际制度和国家制度是如何形成与演变的。

什么是政治思潮？按照刘建明主编的《宣传舆论学大辞典》，政治思潮是“形成一定潮流的政治思想及其理论。政治思潮是一定社会理想就现实的重大问题提出的解决方案，往往在相当范围内风靡一时。它包括由许多思想理论著作阐发的系统性的见解、一批思想家和大批追随的群众。从横向看，政治思潮不仅流行于一个地区、一个国家，而且在许多国家中产生影响。政治思潮是现实经济状况和社会情绪的产物，直接来源于阶级斗争、思想论战和党派的政治角逐。社会矛盾越错综复

---

① 阎学通．国际格局的变化趋势．现代国际关系，2005（10）：5-6.

② 周方银．对当前国际格局的聚类分析．现代国际关系，2000（12）：40.

③ 吴学永．变化中的欧洲格局：对国际格局的一种理论分析之尝试．世界经济与政治，1995（11）：43.

④ 郭静．经济全球化的走向：政治思潮的风向标意义．国外社会科学，2021（3）：47.

杂、尖锐对立，越要涌现出形形色色的政治思潮。由于不同阶级、阶层和集团的利益和世界观不同，它们所形成的政治思潮在反映社会趋势的准确性、实在性上存在着相当大的差距。有的能够反映客观真理，表现出人类的真正理想；有的歪曲地反映经济基础，落后于时代的基本要求，成为谬论；有的只能反映短暂的社会变动的特征，随着新的历史进程的出现，就成为昙花一现的过时的理论”①。

在技术革命、资本力量和承认诉求等因素的推动下，世界政治行为体的利益界定和力量对比都发生变化，支持或者反对不同的政治理念；一些政治理念成为世界政治思潮，并且不断兴盛，而另外一些政治思想则衰落下去，从而出现了世界政治思潮的兴衰起伏，这种兴衰起伏就是世界政治的思想格局。世界政治思潮的兴衰起伏不仅影响到民族国家的成长与变革，也影响到国际秩序的发展和变迁。中国人民大学国际关系学院杨光斌教授敏锐地指出：“真正把世界联系起来并形成‘世界政治’，是以意识形态为核心的某种政治思潮———由意识形态（包括宗教）理念驱动而形成的一种趋势性的政治现象。因为一旦技术和贸易把不同的人联结在一起，人的需求就不会停留在贸易层面，就会存在对宇宙、国家、人生、生活方式等诸多问题的不同看法，势必发生观念上的冲突。”② “把各种形态的政治思潮视为一种常识性变量，假设各种政治思潮的起源、主旨乃至推动政治思潮的主体都是西方政治思想史上的已知知识，目的是以已知的政治思潮为线索寻找认知世界政治变迁的新路径。”③

作为世界政治理论的首创者和推动者，杨光斌教授反复强调：“理解世界政治的变迁离不开作为意识形态的政治思潮。在学科意义上，世界政治学不仅仅是比较政治与国际关系的一体化，背后还有作为意识形态的政治思潮。产生于西方的政治思潮主要有自由主义、民族主义和社会主义，而自由主义与民族主义的融合则形成自由帝国主义以及政策上的殖民主义。”④ 自由主义、民族主义和社会主义都是具有深远意义的政治思潮，得到了大量国家和社会群体的广泛支持，并且深刻塑造了不同时期的国际秩序和国内秩序，进而为国际关系和国内政治构筑了基本的制度环境。这里包括了主导国家或者群体的推广、边缘国家或群体的学习以及双方作出妥协等基本的政治斗争过程。其中，霸权国或者中心国家所起到的作用是至关重要的：“中心国家政治发展所催生的政治思想或者话语体系，往往会被中心国家当作事实性国家利益对外推广，为此甚至组织专门的国际机制去传播其思想，从而使得一种地方性知识—思想成为全球性思潮。”⑤ 类似地，中国社科院政治学所副研究员郭静认为不同的政治思潮塑造了不同时期的全球化范式或者说秩序：“在经济全球化的历史上，工业化先发国家秉持重商主义的理念，积极推动商品全球流通；商

---

① 刘建明．宣传舆论学大辞典．北京：经济日报出版社，1993：497－498.

② 杨光斌．政治思潮：世界政治变迁的一种研究单元．世界经济与政治，2019（9）：25.

③④ 同②26.

⑤ 同②39.

品全球流通激起市场争夺，民族主义和国家主义为商品贸易壁垒提供了观念支持，也支持了瓜分世界市场的世界大战；福利主义和凯恩斯主义提供了新理论和新方案，新自由主义提供了通过国际分工降低生产成本的新理论和新方案，引导了深度全球化。”①

需要指出的是，杨光斌教授认为，作为研究世界政治的一种范式，政治思潮与亨廷顿的“文明范式”有关系，但又存在重大差异。亨廷顿的“文明”无疑具有高度的质性特征，强调其稳定性乃至恒常性，从而难以回答为什么同样的文明在不同的历史时期具有完全不同的关系。比如 A 文明与 B 文明之间、B 文明与 C 文明之间，过去的友善型可能演变为不那么友好型，这并不是“文明范式”本身所能回答的。之所以发生了这样的变化，是因为经济利益驱动的政治思潮发生了重大变化，从而刺激了文明关系的变化。在这个意义上，如果说“文明范式”是解释国际关系或者世界政治的最为深层的历史结构，那么相对而言，政治思潮则是一种中观结构。政治思潮的流动性决定了其可观察性；或者说政治思潮是一种可以看得见的解释变量，比“文明范式”在解释上更具可控性。② 因此，从某种意义上说，亨廷顿的文明冲突理论也属于世界政治的研究范式，但是它过于宏大庞杂又过于粗线条化，从理论构建的角度来说不如政治思潮的概念合适。

1.3.2 世界秩序：国际秩序与国内秩序

什么是秩序？按照英国学者赫德利·布尔（Hedley Bull）的说法，人们在社会生活中所寻求的秩序，“是一种旨在实现特定目标或价值的社会生活安排。从这个意义上说，把一定数量的书籍按照作者姓名或者主题加以整理，而不只是随意地把它们摆成一列，那么这些书籍就是有秩序的”。③ 这里所说的安排，应该指的是某个体系内行为体在互动过程中所应该遵循的一些原则、规则、规范和决策程序。正因为有秩序的存在，所以行为体的行为是可以预期的，社会能够保持基本的稳定并且存在一定程度的合作。如果没有秩序的话，那么行为体之间的交往就处于所谓的自然状态，从而出现一种人人为战、生存成本极高的状况。因此，许多人相信，有秩序总比无秩序要好，不管这种秩序是不是一种“好”的秩序。按照复旦大学国际关系与公共事务学院潘忠岐教授的看法，“秩序”（order）是指有规则、有条理、不混乱的状况，有主客观两层含义。他认为，在客观意义上，秩序即一种良性状态，指人或事物均处于正确或合适的位置；在主观意义上，秩序即一种行为规范或制度旨在达到的状态，指相关法律、法规和制度得以遵守，权威得以服从。④ 这样

---

① 郭静．经济全球化的走向：政治思潮的风向标意义．国外社会科学，2021（3）：47.
② 杨光斌．政治思潮：世界政治变迁的一种研究单元．世界经济与政治，2019（9）：40.
③ 布尔．无政府社会：世界政治秩序研究．张小明，译．北京：世界知识出版社，2003：2.
④ 潘忠岐．国际政治学理论解析．上海：上海人民出版社，2015：324.

一种对于秩序的定义，就是倾向于从积极的角度来理解秩序在社会生活中所发挥的作用。

世界政治学所研究的“世界秩序”，不同于传统概念中的世界秩序。前者包括国际秩序和国内秩序，而后者其实是“国际秩序”或者“跨国秩序”。例如，外交学院原院长秦亚青教授认为：“在历史上，国际秩序往往是与世界格局联系在一起的。国际秩序作为国际关系行为规则和相应的保障机制，与世界格局相互联系、相互影响。从国际关系的历史来看，每一次力量对比发生重大变化之后，国际政治经济秩序都会发生相应的变化；而每一种国际秩序的建立与发展，也会影响世界格局变化的轨迹。”① 美国前国务卿基辛格的《世界秩序》一书探讨的也是“国际秩序”，不过他认为从来就不存在全球意义上的世界秩序，现有的世界秩序虽然是基于威斯特伐利亚体系，但是这一体系在全球各地都受到挑战。② 类似地，潘忠岐教授认为，世界秩序是指国际行为体在相互联系、相互交往、相互作用，并处理各种国际问题的过程中，在既有国际体系基础上，按照一定原则、规范与机制行事，从而形成的一种总体上相对稳定、和平、有序的状态。③ 虽然这些世界秩序的概念力图把次国家行为体纳入进来，超越原有的国际秩序概念，但是它们所研究的焦点仍然是国际关系和跨国问题。

世界政治学所研究的对象同时包括国际秩序和国内秩序在内的世界秩序，并且认为，国际秩序和国内秩序很多时候是一个整体，受到共同的某些力量的塑造。各国在参与和融入国际秩序的过程中，必然要对自己的国内秩序做一定的调整；反过来，各国的国内秩序安排可能通过各种途径外溢到其他国家和国际秩序之中。在这个过程中，政治思潮起着非常关键的连接作用。如果我们考察欧洲的社会民主党和绿党这样的政党，就会发现它们对于欧盟成员的内部秩序和整个欧盟的区域秩序都发挥着重要的作用。例如，2010 年在法国成立的欧洲绿党将《全球绿色宪章》(Charter of the Global Greens) 奉为自身的基本原则，在章程中明显体现了它的价值观，包括：人人有权在健康和受保护的环境下生活；为社会公正、减少社会不公平而斗争，反对一切形式的对人的剥削；承认多样性；确认男女平等主义；提倡和平、宽容和非暴力的文化；支持裁军；对有利于世界治理、民主治理和平等问题的倡议予以支持；参与联合的欧洲、社会欧洲、生态欧洲和民主欧洲的建设；等等。④ 这些问题同时涵盖了国际关系和国内政治的领域，具有鲜明的某种政治思潮和价值观导向的特征。吉林大学刘清才等学者对于世界秩序的看法比较接近世界政治学的视角：“世界秩序是从全球和世界体系角度认识世界，以主权国家、国际组织、跨国集团和公民群体为主体，涉及世界政治、经济、外交、军事、安全、民

---

① 秦亚青．国际体系秩序与国际社会秩序．现代国际关系，2005 (10)：3.

② 基辛格．世界秩序．胡利平，等译．北京：中信出版集团，2015：1.

③ 潘忠岐．国际政治学理论解析．上海：上海人民出版社，2015：325.

④ 胡志伟．当代法国欧洲生态绿党兴起现象探究．当代世界与社会主义，2021 (1)：127－128.

族、宗教、文化和生态环境等各个领域，在全球关系网络中，各主体之间按一定规则和格局进行活动与互动的过程与状态。"①

秩序的建立不一定需要政府的存在。国内秩序的建立有赖于一整套的法律，以及实施法律的政府和参与治理的其他非政府组织、企业等。国际秩序处于无政府状态，但是近代以来也存在着非常重要和具有强大权威的国际法体系，主权国家、国际组织和其他非国家行为体都是国际秩序的构建者和维护者。秩序的本身是一套成文或者不成文的制度，不管是处于有政府还是无政府的状态，人类社会都需要秩序来维持其正常的运转。当然，任何一种秩序都存在它的支持者或反对者，这就是所谓的制度的"非中性"。所谓"非中性"，指的是制度本身不可能是不偏不倚的，一种制度必然更有利于某一些行为体，使之能够获得更多的资源和影响力。国内秩序的核心就是国家与社会的关系，或者说如何划分政府与社会的权力。不同的政治制度和经济制度涉及国内资源在不同社会群体之间的分配，历史上围绕国家制度的斗争往往需要通过暴力或者革命的方式来进行。维护一种基本的政治制度的生存或者说政治安全、政权安全，在大多数国家都是统治阶级的核心利益。政治安全不仅会影响到资源在本国人民之间的分配，也会影响到跨国公司和资源的国际分配。以跨国公司为例："对于跨国企业而言，政治不安全集中表现在东道国的国有化和征用，直接暴力、不稳定或限制以及整体营商环境受到政治变革的影响这几个方面。"②对于某个跨国企业来说，另一个国家的制度变迁必然会引发巨大的投资风险。一套有效的制度能够确保良好的国内秩序与治理，并促进经济发展和社会繁荣。探索一套适合本国国情，同时又符合政治学一般规律的制度体系也是国家构建（state building）的核心问题。弗朗西斯·福山强调："特定国家采纳的制度形式并不构成普遍的模式，不同的社会可以通过不同的方式来落实这些（国家、法治和责任制）制度。"③

围绕国际秩序的斗争同样是国际关系的核心所在。例如，1979 年 11 月，关贸总协定（GATT）第 35 届部长级会议通过了《有差别与更优惠待遇、对等以及发展中国家更充分参与》的决定，正式确定了发展中成员可以享受差别和更加优惠的待遇。④ 即便某个领域国际资源分配规则对本国有利，各国仍然希望不断增加本国在秩序内的发言权和决策权，从而导致对秩序的不断修正。正如罗伯特·基欧汉和小约瑟夫·奈所指出的："随着其经济实力的增强，二流国家的预期也会改变。它们不再接受单向依赖，因为不管这种依赖如何促进经济繁荣，都会给它们的政府的

---

① 刘清才，苏云婷，张农寿．世界秩序理论范式的探讨//郭树勇．国际关系：呼唤中国理论．天津：天津人民出版社，2005：92.

② Lambrechts D，Blomquist L B. Political-security Risk in the Oil and Gas Industry：The Impact of Terrorism on Risk Management and Mitigation. Journal of Risk Research，2017，20（10）：1320－1321.

③ Fukuyama F. Political Order and Political Decay：From the Industrial Revolution to the Globalization of Democracy. New York：Farrar，Straus and Giroux，2014：542.

④ 杜玉琼．论发展中国家在多边贸易规则谈判中的作用．四川师范大学学报（社会科学版），2012，39（3）：71.

自主权及其政治地位带来负面影响”[①]。发展中国家和发达国家围绕国际秩序的斗争随处可见。即便是美国这样的霸权国，也不能主导所有议题领域的国际秩序，有时候甚至被迫退出一些国际组织以维护其利益。例如，在国际航空业领域，“衰落的美国想要建立一个市场导向为主的制度来抵制欠发达国家的偏好，但现存的一系列原则、规范、规则和决策程序赋予所有国家参与国际民航运输的假定权利，第三世界国家实际上在这个领域处于较平等的地位”[②]。如果按照市场导向，那么美国的航空业自然可以在整个世界市场上占据优势；但是，对于其他国家来说，它们就不愿意这样做了，而是希望由主权国家谈判来确定各国彼此来往的航班数量。

总的来说，建立一种什么样的秩序或者说制度安排，是国际关系和国内政治运作中最为重大的问题。世界政治学的研究对象，就是世界政治中基本的国际制度和国家制度的变迁。

1.3.3 政治斗争：压制、学习与妥协

“政治斗争一般指无产阶级为推翻剥削阶级的反动统治，建立和巩固无产阶级专政而进行的斗争。它是无产阶级斗争的最高形式和主要的决定性形式。同时也泛指各阶级、政党和政治集团之间、国际上的国与国之间或各政治势力之间为一定的政治目的而进行的斗争。它通常和经济斗争、思想斗争结合进行，但彼此又有区别。”[③] 世界政治理论将国际政治斗争和国内政治斗争的过程概括为三种作用机制：实力压制、学习内化以及政治妥协。不同政治思潮的兴衰及其如何转化为世界政治的基本性质和基本制度，大体上是围绕着这三个作用机制而展开的。

首先是实力压制的机制，即主导群体依靠自身的实力优势压制其他群体，推广某种思潮和相应制度安排。科学技术的进步、生产力的提高，塑造了不同群体之间的力量格局和利益格局。基于自身的利益，它们会倾向于支持某种类型的政治思潮，例如工业资本家希望能够有自由贸易，打破各种市场壁垒。主导群体由于具有财富、人数等方面的优势，在国内可以通过广泛的宣传、选举、法律规定，乃至暴力冲突等具体的方式，将本群体所支持的政治思想转变为主导思想，正如马克思主义所强调的，占统治地位的思想总是统治阶级的思想。这里所说的主导群体，并不仅仅局限于国内群体，全球性或者区域性的外部力量同样有可能深入国内政治之中，从而推广自己的思想，甚至建立傀儡政权和相应的制度安排。在国际关系中，主导国家同样可以通过军事干涉、威胁使用武力、提供援助或进行制裁、提供国际公共物品等方式，对持有不同政治思想和国际制度理念的国家进行打压，从而实现

① 基欧汉，奈．权力与相互依赖：转变中的世界政治：第3版．门洪华，译．北京：北京大学出版社，2002：53.

② 克莱斯勒．结构冲突：第三世界对抗全球自由主义．李小华，译．杭州：浙江人民出版社，2001：198.

③ 刘建明．宣传舆论学大辞典．北京：经济日报出版社，1993：499.

所谓的“霸权稳定”和霸权秩序。“讲道义和有诚信都是为了建立自身的国际权威，没有权威是无法有效组织和领导国际社会的。一国的世界权威是以其他国家自愿接受其领导为前提的。”① 按照金德尔伯格（Charles Kindelberger）的说法：“国际经济和货币体系需要有领导，起领导作用的将是这样的国家，它自觉地或不自觉地准备按照国内所认可的一套系统的规则，为其他国家确立行为准则，力求其他国家遵循的那些准则，为该体系承担超过应有份额的负担，特别是，在该体系处于逆境的时候，通过接受该体系的过剩商品，维持投资资本的流量和将它的商业票据贴现等措施，来支持该体系。”②

其次是学习内化的机制。处于无政府状态的国际体系是一个自助体系。自助体系意味着“落后就要挨打”。因此，为了避免在竞争中落后，国家总是尽可能向体系中最强大的领先者学习其技术、思想和社会制度等。这一过程就是社会化的过程。“由于具有先进武器的国家在战争中占据优势，其他国家就会效仿，结果将保证基本安全所需要的军事技术水准不断推向新的高度。”③ 美国国际关系学者约翰·伊肯伯里（G. John Ikenberry）和查尔斯·库普钱（Charles A. Kupchan）把国家的社会化定义为其他国家领导人内化霸权国倡导的规范和价值观的过程，这使其他国家接受霸权国的领导地位。④ 不管在国际关系层面，还是在国内政治层面，学习内化都是一种十分普遍的作用机制，使得一些政治思想传播开来，并塑造了不同的行为方式和制度安排。虽然没有无政府状态的安全压力，但是国内的社会群体仍然面临着生存压力和生活压力。正如肯尼思·华尔兹所指出的：“没有人告诉某一学校或城镇里的青年在穿着上要彼此相似，但事实上却往往如此，尽管他们的父母通常都会告诉他们不要这么做。……英雄和领袖出现并被广为效仿。……社会化使团体的成员遵从团体的规范。”⑤ 社会化的过程就是规范传播和内化的过程。规范的内化强调一种主体的自觉意识，也就是说行动中的自觉或事后的忏悔或内疚。⑥ 不同的个人、社会群体和国家都会参与到学习内化的作用机制中来，从而导致了不同的政治思潮的兴衰和世界政治基本运作方式的变迁。

最后是政治妥协的机制。在大多数情况下，主导群体并不能完全压制持不同政治思想的其他群体，而其他群体也未必愿意完全被社会化，从而导致自身独特身份的丧失。在这种情况下，不同社会群体和国家群体之间的妥协就是非常常见的事情了。不管是在国内政治层面，还是在国际关系层面，我们都能看到大量的具有妥协性的制度、规范。正如一位中国学者所指出的：“大国力量作为国际体系的权力源

---

① 阎学通．世界权力的转移：政治领导与战略竞争．北京：北京大学出版社，2015：84.

② 金德尔伯格．1929—1939年世界经济萧条．宋承先，洪文达，译．上海：上海译文出版社，1986：12.

③ 温特．世界国家的出现是历史的必然：目的论与无政府逻辑．秦亚青，译．世界经济与政治，2003（11）：95.

④ Ikenberry G J，Kupchan C A. Socialization and Hegemonic Power. International Organization，1990，44（3）：289.

⑤ 华尔兹．国际政治理论．信强，译．上海：上海人民出版社，2003：101.

⑥ Hechter M，Opp K D. Social Norms. New York：Russell Sage Foundation，2001：148.

泉，是体系的权力主宰，但要避免强权统治下的反抗，平息对现行权力分配的不满与敌对，它们必须将自己的国际行为和所建立的制度与某些理性、道义原则一致起来，相对地照顾体系内弱小国家的一些正义要求，以便于国际制度的运行，维持其既得利益。"①

虽然市场经济是最有效的资源配置手段，但为了应对经济全球化的冲击，发达国家不得不在福利国家和自由市场经济中维持一个艰难的平衡。"社会福利国家的目标之一是缩小市场上赢家和输家的差距，但它今天在追求这一目标时却必须能够证明，这将提高或不影响民族经济的生产率。"② 类似地，尽管美国和其他西方强国在诸如国际货币基金组织、世界银行、联合国安理会等关键性的国际组织中拥有更多的发言权，但是二战后的国际制度体系显然是一种大国和中小国家妥协的结果。虽然联合国安理会常任理事国具有否决权，从而使得它们的影响力超过其他非常任理事国，但是在联合国大会、联合国教科文组织、世界卫生组织等大多数国际组织的制度中，所采用的是一国一票或者协商决策的方式，从而大大限制了大国主导这些国际制度的能力。正如基欧汉和奈所指出的："国际组织往往是适合弱国的组织结构。联合国体系的一国一票制有利于弱小国家结盟。国际组织的秘书处也往往迎合第三世界的需求。而且，国际组织的实质性规范大多是过去多年间形成的，它们强调社会公平、经济公平和国家平等。"③ 因此，在国际制度和国内制度中，我们都可以看到大量的政治妥协的案例。

1.4　本章小结

世界政治学的研究对象是世界政治性质和基本秩序的变迁，所采取的研究路径是考察哪些共同的因素和力量塑造了世界格局与世界秩序，并引起它们的重大变化。虽然不存在一个全球性的公共权力——世界政府，但是国际关系和国内政治的发展变迁已经不再是能截然分开的两个领域。世界政治体系是一个极为复杂的整体，因此世界政治理论试图从根本动力、直接动力和作用机制三个方面来解释秩序变迁的主要因素与机理。世界政治的根本动力是一些根源性的因素——技术革命、承认诉求、世界市场、气候变化等，它们对于世界秩序的作用，要经过一些中介性的要素。这样的要素很多，如前所述，世界政治学认为世界政治思潮的兴衰是理解世界秩序演变的一把钥匙，也是最合适的研究切入点。世界政治思潮的兴衰导致世界政治思想格局不断发生变化。一种兴盛的政治思潮既意味着更多的群体和国家支

---

① 李滨．国际体系研究：历史与现状．南京：南京大学出版社，2000：25.

② 施特雷克．国际化经济中的工业关系//贝克，哈贝马斯，等．全球化与政治．王学东，柴方国，等译．北京：中央编译出版社，2000：103.

③ 基欧汉，奈．权力与相互依赖：转变中的世界政治：第3版．门洪华，译．北京：北京大学出版社，2002：37.

持这种思潮的理念与政策，也意味着国际国内力量格局的变化。力量格局的变化为不同群体和国家通过政治斗争塑造自己想要的国际秩序和国内秩序提供了根本条件。世界政治的核心概念包括三个：世界格局、世界秩序与政治斗争。

世界政治变迁的直接动力是世界格局的变化。世界格局包括力量格局和思想格局这两个方面。在世界政治实践中，这两个方面是一体两面的。掌握某种政治思潮的群体或者国家越多，它们在力量格局中的相对地位就越会不断上升。力量格局包括国际力量格局和国内力量格局，指的是各国、各国家集团或者社会群体之间的力量分配。这种力量是一种综合性的力量，不仅包括经济力量，也包括暴力能力。思想格局的变化则指向的是世界政治思潮的兴衰。相比力量格局，世界政治思潮是一个更好的研究切入点，因为政治思潮并没有国际关系或者国内政治的划分，它同时影响到国际关系和国内政治的演变。世界政治思潮的兴衰导致了世界政治思想格局的变化，能够直接塑造世界秩序的变迁。世界政治秩序包括国际政治秩序和国内政治秩序这两个方面，在现实中这两者的互动也日益密切。秩序的本质是一种明示或者默认的制度安排，关系到各国和各社会群体的资源分配、发言权、决策权，因此基本秩序的构建和变迁是世界政治研究的最终解释对象和中心问题。而世界政治格局塑造世界政治秩序的过程就是国内国际政治斗争，包括三种基本的作用机制：实力压制、学习内化和政治妥协。这三种不同的作用机制会最终促成不同具体形态的基本国际秩序和国家制度。图 1-1 呈现了本书所讨论的世界政治研究的总体框架。

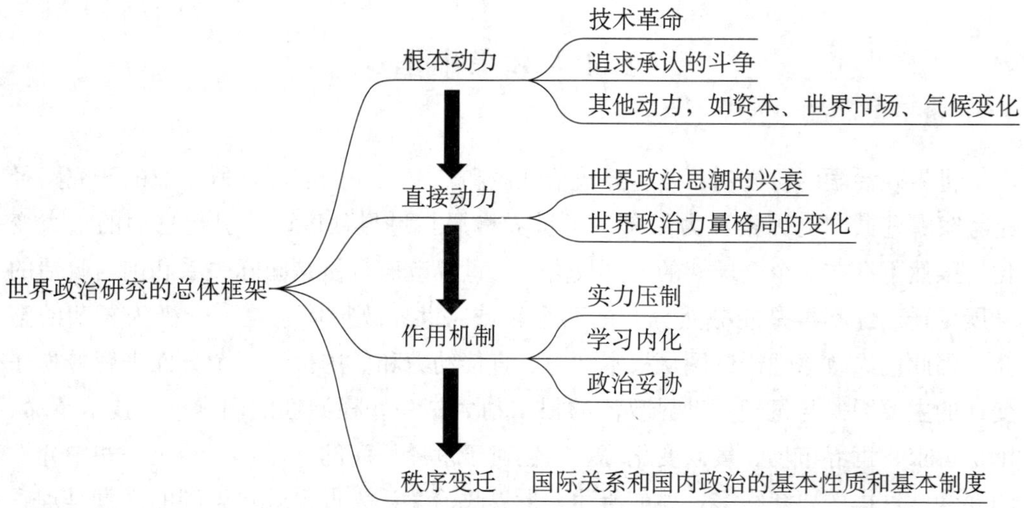

图 1-1 世界政治研究的总体框架

第2章

世界政治的研究单元与方法

2.1 引言

主流政治学与国际关系研究急需一场知识革命与范式转型。党争民主的乱象、新自由主义的溃败以及中美关系的断崖式下滑都非主流理论所能解释。这些重大变革冲击了经典社会科学的“硬核”，以致那些围绕理论“保护带”的修修补补已经显得力不从心。[①] 美国史学家托马斯·库恩（Thomas S. Kuhn）告诉我们，从一个处于危机中的范式转变到一个新范式远不是一个积累的过程，即远不是一个可以经由旧范式的修改或扩展所能达到的过程，而是在一个新的基础上重建该研究领域的过程，这种重建改变了研究理论中某些最基本的理论概括。[②] 范式革命是世界观的改变，世界政治学的提出，正是在此意义上为回应时代重大理论与现实问题所作出的探索性尝试。

新的范式源于新的研究单元。沃勒斯坦在其皇皇巨著《现代世界体系》的开篇便写道，在过去几百年间，世界上曾发生一些重大的结构性变化，使得今天的世界与几百年前有本质上的不同。而当今社会科学许多重大理论分歧，则缘于致力于理解这种“差异”过程中选择研究单元的争论。[③] 区别于沃勒斯坦的世界体系理论、

① “硬核”与“保护带”的表述借鉴了拉卡托斯（Imre Lakatos）“科学研究纲领”的观点，参见：拉卡托斯．科学研究纲领方法论．兰征，译．上海：上海译文出版社，2016：56-62.

② 库恩．科学革命的结构．金吾伦，胡新和，译．北京：北京大学出版社，2012：72-73.

③ 沃勒斯坦．现代世界体系：第1卷：16世纪的资本主义和欧洲世界经济的起源．郭方，刘新成，张文刚，译．北京：社会科学文献出版社，2013：3.

亨廷顿的文明范式、迈克尔·曼的社会权力理论等既有研究，转型升级后的世界政治研究将新的研究单元定位于“政治思潮”这一观念性因素。① 正如本尼迪克特·安德森（Benedict Anderson）在其学术反思性著作中所言：“把民族和民族国家用作分析的基本单位致命地忽视了一个显然的事实，即实际上，这些单位是被‘全球’政治思想潮流联系和贯穿起来的，比如自由主义、法西斯主义、共产主义和社会主义，以及庞大的宗教网络、经济和技术力量。”② 观念与意识形态权力如此重要，以至皮凯蒂（Thomas Piketty）在他的《资本与意识形态》一书中宣称：“至今一切社会的历史都是意识形态斗争与追求正义的历史；换而言之，观念与意识形态在历史进程中发挥着极其重要的作用。”③

那么，以政治思潮为研究单元的世界政治学为何能够重塑人们的认知模式呢？在我们看来，这与其独特的历史观有着密切联系。马克思在《路易·波拿巴的雾月十八日》中写道：“人们自己创造自己的历史，但是他们并不是随心所欲地创造，并不是在他们自己选定的条件下创造，而是在直接碰到的、既定的、从过去承继下来的条件下创造。”④ 因此，历史路径很重要；而且，既然是“世界政治”研究，则必然是在世界政治史脉络上的，历史政治学因而成为世界政治学不可或缺的方法论。

2.2 世界政治的研究单元：政治思潮

以全球史或新世界史的视角看，只有某种力量（行动单元）把地球意义上的“世界”联系起来、整合起来并形成一个关系密切的结构，自然地理的世界才能成为政治意义上的世界，或者说才有“世界政治”之说。人类一直有弄清楚地球另一面的愿望，但力有不逮，亚历山大大帝过不了印度恒河，唐帝国过不了帕米尔高原。直到蒙古帝国征战到欧洲以及随后的郑和下西洋、哥伦布发现新大陆，世界才逐渐被联系起来了。此时，人们很自然地联想到技术和贸易作为“联系”的力量。这只是世界形成的初级阶段。真正把世界联系起来并形成“世界政治”的，是以意识形态为核心的某种政治思潮——由意识形态（包括宗教）理念驱动而形成的一种趋势性的政治现象。因为一旦技术和贸易把不同的人群推挤在一起，人的需求就不会停留在贸易层面，就会产生对宇宙、国家、人生、生活方式等诸多问题的不同看法，势必发生观念上的冲突。世界政治和国内政治一样，是人的政治，思想和文化是其不可分割的组成部分。虽然文化推动的“世界政体”之说有些夸张，认为自

① 杨光斌．政治思潮：世界政治变迁的一种研究单元．世界经济与政治，2019（9）：24－40.
② 安德森．椰壳碗外的人生．徐德林，译．上海：上海人民出版社，2018：140－141.
③ Piketty T. Capital and Ideology. Cambridge：Harvard University Press，2020：1035.
④ 马克思，恩格斯．马克思恩格斯选集：第1卷．3版．北京：人民出版社，2012：669.

由、权利、主权、进步等要素所构成的“世界文化”影响了世界各地的社会制度，[①] 但作为文化权力的政治思潮的传播与影响确实让地球上的各个国家有了不容否认的“共同价值”。[②] 因此，离开政治思潮，就很难理解世界政治，进而也不能很好地理解国际关系，因为作为世界政治组成部分的政治思潮直接影响着国家间关系，比如，国家之间因意识形态而结盟，因意识形态而敌对。因此，研究世界政治或国际关系，离不开作为“联系”或“整合”变量的政治思潮。可以把政治思潮视为研究世界政治的一种研究单元。我们知道，寻求新的研究单元，是 20 世纪 80 年代以来社会科学进步的一个重要标志。

2.2.1　世界政治形成中的政治思潮

世界政治既是一种进程性或历时性结构，也是一种结果性或静态性结构。从起源意义上讲，世界政治是一种结果性结构。作为一种结果性结构，世界政治显然不是无源之水、无本之木，而是“前世界”演化的一种结果。

“前世界”即 1 500 年之前是什么样子呢？在“前世界”中，虽然有海陆两条商路将东西方连接起来，这种联系毕竟不是常态化，尤其不是制度化的，而是一种多中心主义的自然分布状态。在东方，有以儒家文明为中心的东亚体系，还有以印度文明为中心的南亚体系；在东西方交界的中东，则是伊斯兰文明；在西方的欧洲，是基督教文明和东正教文明的神权体系。在四个中心中，只有儒家文明是世俗化的，如孔子所说的“敬鬼神而远之”，按照西方现代化理论来说就是与生俱来的现代性——祛魅的世俗化；其他几个文明，尤其是比邻的基督教文明、东正教文明和伊斯兰文明，都高度信奉一神教。

作为结果性结构的世界政治是基督教文明的“西方的兴起”和世俗文明的“东方的衰落”，因此世界政治必然具有强烈的宗教性价值关怀而非世俗化价值关怀。如果是儒家文明赢得了世界，世界政治的性质则完全不一样了，至少不会因为信仰不同而发生那么多的战争。然而历史不能假设。一神教就是“真理”的一元性和不妥协性，因此在“前世界”的中世纪（11—13 世纪），“文明的冲突”不断发生。所以说，亨廷顿说的伊斯兰文明与基督教文明之间的在 21 世纪的冲突事实上可以追溯到 1 000 年前，这就是历史制度主义讲的连续性制度变迁中的路径依赖乃至路径锁定。

“文明的冲突”不但发生在宗教体系之间，宗教内部的“文明的冲突”甚至更加惨烈。在 16 世纪中叶新教改革，即马丁・路德宗教改革之后，先是在法国的南

---

① Meyer J W，Boli J，Thomas G M，Ramirez F O. World Society and the Nation-State. American Journal of Sociology，1997，103（1）：144－181.

② 我们说“共同价值”而非“普世价值”，是因为“普世价值”有特定的含义，即自由主义民主。中国承认自由和民主是社会主义核心价值观，但中国人所说的自由与民主，显然是中华优秀传统文化和马克思主义意义上的自由、民主价值观。

北之间发生了三十年战争，后来便是欧洲范围内以神圣罗马帝国（德意志）为主战场的三十年战争（1618—1648年）。这场战争的起因既有宗教之争，更有领主之间的现实利益之争。但是，如果为了领主的利益而战，兵源就是问题；以上帝的名义而战，“战士”就源源不断。席勒这样描述道：“很少有人会自愿为国家和诸侯的利益而战，而为宗教则商人、艺术家和农民均会乐于拿起武器。为国家和诸侯，人们就连极少的一点儿捐税都不愿出，而为宗教人们甘愿献出财富和鲜血乃至放弃尘世间的所有希望。”① 为什么不能妥协而解决利益之争？这是教义本身的不妥协性所决定的：“天主教会宁愿通过武力失去一切，也不愿意自动或通过法律途径把一小点利益让给对方……而放弃一种权益，承认新教徒获得的要求，会动摇天主教会的整个基础。在宗教合约中天主教会牢牢恪守这一原则。”②

战争的原因或者名义是宗教的，战争的结果解释是世俗化的，这就是《威斯特伐利亚和约》所奠定的国际关系原则或者现代国际关系体系。所谓国际关系原则，就是通过谈判解决争端；所谓现代国际关系体系，就是确定了明确的国家领土边界。此前，人们生活在宗教世界，自我认知首先是基督徒或天主教徒；到中世纪后期，人们有了地区认同感，认同自己是德意志人、法兰西人等；1648年之后，欧洲人的国家认同意识慢慢地更加明确起来，称自己为法国人、德国人、英国人等。但是，这种长时段发生的“巨变”并不意味着代表“传统”的宗教作用的消失。具有很强宗教色彩的神圣罗马帝国直到1806年才被拿破仑消灭掉，英国直到1820年才实现宗教和解。这就是说，直接宗教战争之后的150余年里，宗教一直在直接地影响着以欧洲为中心的世界政治。也可以这样说，世界政治脱胎于宗教世界母体，成长于式微的宗教世界。制度变迁的连续性决定了现代世界政治被烙上深深的宗教印记。

如果说三十年战争是现代国际关系的起点，其后的一个世纪即整个18世纪则是世界政治的形成时期，因此本书把17世纪和18世纪视为世界政治的起源和形成时期。

如前所述，作为政治思潮斗争的宗教战争催生了以领土边界为特征的世界政治，生存于特定疆域的人群逐渐形成“民族”意识，并进而催生了德国人赫尔德所说的“民族国家”——一族一国或以民族为单元的政治共同体，民族国家成了民族主义的温床。此后一百年间，欧洲“国家兴起”的浪潮诱发了一系列的国家间战争，诸如英国荷兰商业战争、法国西班牙战争、荷法战争、“大同盟”战争、西班牙王位继承战争、奥地利王位继承战争以及全欧性的“七年战争”。战争是欧洲人的生活方式，战争也直接制造了国家。

到此时为止，战争制造的都是以加强主权为目的的国家，主权思想在欧陆是“君权神授”，在英国则是革命之后的“议会主权”——虽然事实性议会主权直到

① 席勒．三十年战争史．沈国琴，丁建弘，译．北京：商务印书馆，2017：7.

② 同①12－13.

“光荣革命”之后的一个世纪才真正产生。在议会主权的英国，因为资产阶级的顺利成长，从而诞生了各种为个人权利、社会权利辩护的自然权利学说；也可以说自然权利学说有助于新兴的资产阶级的成长，使得资产阶级真正登上历史舞台，进入议会并享受事实性“主权”。这样，“议会主权”在欧陆又演变为人民主权思想，孟德斯鸠根据英格兰政制发展出权力制衡思想，卢梭将国家主权、议会主权拓展为人民主权思想。卢梭的人民主权思想诱发了美国革命，孟德斯鸠的权力制衡思想帮助美国建国立制，法国人的思想之花结果于遥远的“新大陆”；反过来，信奉法国人思想的美国独立战争直接刺激了法国人，后者以自己人即卢梭的人民主权为旗帜开展了轰轰烈烈的大革命，建立了资产阶级共和国，拿破仑又将这种国家体制推广到欧洲其他地区。因此，很多史家将 18 世纪归结于自由主义的胜利，也即资产阶级的胜利，要知道放任自由主义就是资产阶级的意识形态。

18 世纪的“双元革命”即发生于英国的工业革命和发生于法国的政治革命，根本性地改变了世界政治的格局和世界政治的性质。工业革命产生的科学工具以更快的速度将世界联系起来，政治思潮催生的政治革命以及政治革命传播的政治思潮提供了联系世界的思想工具。从此，“国家兴起”成为一种潮流；在此基础上，世界政治从王权国家主体逐渐演变为资产阶级的“人民主权”国家主体。正如马克思、恩格斯在《共产党宣言》中所说的，资产阶级撕下封建主义温情脉脉的伪装，赤裸裸地以枪炮政策推行自己的商业利益，资产阶级的扩展形成了“大工业和世界市场”，并“夺得了独占的政治统治”。① 从此，人类就生存在 18 世纪所形成的世界政治体系之中，19 世纪、20 世纪的世界政治变迁既强化了这个“初始结构”，也酿成一场又一场血腥灾变。因此，无论是谈论什么问题，无论是世界政治还是世界政治结构下的国际关系的本质性问题，离开“资本主义”这个关键词，无异于隔靴搔痒，都是舍本逐末。

2.2.2　扩张性政治思潮与世界政治变迁

资本主义是一种不能独立存在的经济形态，趋利性决定了远程贸易的形成和市场的不断扩张，结果必然是所谓自由资本主义的全球化，随之而来的必然是帝国主义和殖民主义。这构成了“自由帝国主义”的过程性结构，是 19 世纪世界政治的一个基本面向。或者说，资本主义在国内表现为自由主义，而民族-国家固有的“民族主义”性质决定了，以国家为单元的自由主义在对外关系上必然是自由帝国主义。这是因为，资本主义政治革命的一个意外制度性结果，就是民族主义的诞生。拿破仑战争所催生的“一族一国”基础之上的民族主义，引发了从欧洲到美洲的独立建国运动。这样，在整个 19 世纪，自由帝国主义思潮和民族主义思潮，作为极具扩张性的政治思潮，构成了世界政治的基本面貌，而且它们都与法国大革命

① 马克思，恩格斯．马克思恩格斯选集：第 1 卷．3 版．北京：人民出版社，2012：402.

以及随后的拿破仑战争有着直接的因果关系。

自由帝国主义思潮下的世界政治。正如列宁在《帝国主义是资本主义的最高阶段》中所言：“在最近15—20年中，特别是在美西战争（1898年）和英布战争（1899—1902年）之后，新旧两大陆出版的经济学著作以及政治学著作，愈来愈多地用‘帝国主义’这个概念来说明我们所处时代的特征了。”① 帝国主义是什么样子呢？列宁总结道：“如果必须给帝国主义下一个尽量简短的定义，那就应当说，帝国主义是资本主义的垄断阶段。这样的定义能包括最主要之点，因为一方面，金融资本就是和工业家垄断同盟的资本融合起来的少数垄断性的最大银行的银行资本；另一方面，瓜分世界，就是由无阻碍地向未被任何一个资本主义大国占据的地区推行的殖民政策，过渡到垄断地占有已经瓜分完了的世界领土的殖民政策。”② 垄断、资本输出、瓜分世界、殖民政策，就是帝国主义的核心特征。

帝国主义不是在短期内形成的。在国际关系史上有所谓的“百年和平”之说，即从拿破仑战争之后的1815年到一战爆发的1914年。其实，哪里有什么“百年和平”？即使在欧洲有所谓相对的和平——主要与此前的欧洲“战国时代”比较而言，世界政治也绝非和平景象，而是腥风血雨的一百年，因为这一百年正是帝国主义对外殖民政策大张旗鼓的时代。欧洲人的扩张从发现“新大陆”就开始了，几百年来主要以东印度公司的名义进行，以贸易扩张为主要目的，尽管一些国家在南亚建立了殖民地。西方人一般把1815年之后算作新一阶段的“世界史”。③ 笔者认为，其原因在于：一是列强之间的关系相对稳定了，有以国家为单位的能力去对外扩张；二是第二次工业革命在19世纪上半叶已经启动，列强从而更有技术能力去扩张并将世界连接起来。

在整个19世纪，对外扩张、瓜分殖民地，成了列强的“时髦行为”。这个过程就是国家能力的大比拼，行为主体当然是国家和政府。新世界史或全球史试图“去国家化”而彰显所谓的“人类网络”的形成，显然是典型的历史虚无主义。帝国主义的流行始于1872年英国首相迪斯累里（Benjamin Disraeli）的演讲，鼓吹英国人民需要一个“赢得世界尊重”的“伟大的国家——帝国”，从而开创了英国政治中关于帝国论述的新篇章，“帝国”成为民族自豪感的象征。④ 迪斯累里的帝国观还使其于1876年颁布了《皇家头衔法案》，使维多利亚女王获得了“印度女皇”的称号，此前，他废除了东印度公司，终结了德里莫卧儿王朝。这意味着，“帝国主义”的价值发生了根本性变化，从消极变为积极。⑤ 过去，帝国主义是用来指称拿破仑三世第二帝国的扩张政策。

---

① 列宁．列宁全集：第27卷．2版增订版．北京：人民出版社，2017：331.

② 同①401.

③ 韦瑟林．欧洲殖民帝国：1815—1919. 夏岩，等译．北京：中国社会科学出版社，2012：69－111.

④ 梅特卡夫．新编剑桥印度史：英国统治者的意识形态．李东云，译．昆明：云南出版集团公司，2015：58.

⑤ 同④59.

因此，影响巨大的霍布森（John A. Hobson）的《帝国主义》虽然发表于1902年，但此前的几十年里，“帝国主义”已经成为一个流行词，只不过霍布森赋予这个词新的含义。他指出帝国主义是一种政策，其发源地是国内的金融资本的扩张，专指大英帝国和其他欧洲主要国家发动的扩张，即在过去30年里，一些欧洲国家，尤其是大英帝国，要么吞并，要么在非洲和亚洲大部、太平洋和其他地方的诸多岛屿上强制推行政治统治。众所周知，霍布森的帝国主义论对马克思主义理论产生了重要影响。马克思主义者诸如鲁道夫·希法亭（Rudolf Hilferding）、罗莎·卢森堡（Rosa Luxemburg），尤其是列宁，纷纷将霍布森的理论融入马克思主义之中，其中列宁的《帝国主义是资本主义的最高阶段》最为著名。

“帝国主义”具有国家政策、学术研究、政治批判的不同意义。就国家政策而言，我们熟悉的自由主义者如托克维尔是典型的帝国主义者。他在1837年的《阿尔及利亚信件》中说：“我毫不怀疑，我们有能力在非洲海岸树立起一座象征着我们国家光荣的丰碑。”① 在1841年的《关于阿尔及利亚》中，当论及法国当局在阿尔及利亚所应当采取的必要措施时，他说：“我经常听到我尊敬的法国人说，我们焚烧收成、清空筒仓以及最后抓捕没有武装的男人、女人和儿童，这样做是错的。但我不同意他们的观点。在我看来，这些都是不幸但必要的措施。”② 托克维尔一生都坚定地维护帝国主义扩张。

帝国主义作为一种盛行的政治思潮，背后是社会达尔文主义思潮。1859年出版的达尔文《物种起源》为当时欧洲的殖民政策提供了生物学上的根据，一时间，当时及此后几十年内的自由主义者都成为社会达尔文主义者或者说自由帝国主义者。社会达尔文主义就是人种优越论，主张欧洲之所以在科学技术上领先，说到底是因为白种人的优越性。曾任荷属殖民地总督和殖民大臣的著名荷兰人让·克雷蒂安男爵在19世纪50年代这样说：“统治的权力……在严格意义上而言是纯种白人的特征；如此明显以至于尽管黑人会谦卑地向白人鞠躬，但是要他向混血人士臣服时他明显很不情愿。”英国首相迪斯累里这样说道：“一切都是种族，没有其他真理。”法国殖民政府理论家阿尔芒（Jules Harmand）直白地说，殖民关系最根本的起点是欧洲人的上等优越感：“征服土著居民最基本的合法性在于我们相信我们是上等人民，这点不仅体现在机械、经济和军事上，而且也体现在道德上。”③

同时，由于工业革命而诱发的社会问题即阶级矛盾，殖民政策成为化解国内阶级矛盾的重要手段。法国大文学家维克多·雨果说道：“将你们国家难以容纳的人输送到非洲这块大地，以同样的方式解决你们的社会问题，将你们的无产者变为有产者。”以输出人口而化解国内紧张关系，是当时欧洲国家的普遍做法，英国的渐进与稳定，与“日不落帝国”有着密切关系。即使当时的左翼学者，比如英国费边

---

① 皮茨．转向帝国：英法帝国自由主义的兴起．金毅，许鸿艳，译．南京：江苏人民出版社，2012：310.

② 同①317.

③ 韦瑟林．欧洲殖民帝国：1815—1919．夏岩，等译．北京：中国社会科学出版社，2012：118.

社的成员，都这样鼓吹道："不想要内战的人就应该成为帝国主义者。"① 尽管如此，一个世纪后，意大利还是产生了墨索里尼的法西斯政权。意大利在 19 世纪 70 年代，只有 17 万人移居他国；19 世纪 90 年代，移民数量增至 150 万人；20 世纪头十年，有 360 万人移居他国；1914 年有 600 多万人生活在海外，而当时意大利的人口才3 500万。② 由此可见工业化过程中欧洲社会关系的紧张性。

到 19—20 世纪交界时期，赤裸裸的白人优越论开始让位于文化优越论，即从文明、文化的视野解释西方的优势地位，其代表人物就是作为自由帝国主义者的马克斯·韦伯。韦伯在《新教伦理与资本主义精神》中所要回答的问题是：西方为什么赢了？西方文明为什么具有"普适意义"和"普世价值"?③ 西方赢在哪里？韦伯列举道：第一，只有西方的科学真正达到了可以被当代公众认可的发展程度；第二，中国的历史学虽然高度发达，却没有修昔底德的研究方法；第三，在音乐艺术上，只有西方才有理性而和谐的音乐；第四，在建筑学上，其他地方也没有哥特式拱顶的空间结构；第五，大学制度为西方所独有；第六，公职人员系统为西方所独有；第七，理性的成文宪法为西方所独有；第八，也是结论性的，所有这些，源自其他文明所没有的资本主义组织。④ 而资本主义是怎么来的呢？韦伯认为，资本主义来自新教伦理所塑造的"西方文化独特的理性主义"⑤。著名的编年史学家布罗代尔（Fernand Braudel）称之为"篡改历史"的行为。⑥ 韦伯宣称学术服从政治，说"我根本就不是个……真正的知识分子"。⑦ 不是知识分子的韦伯是什么人呢？韦伯事实上是一个种族主义者、狭隘的文明优越论者、帝国主义者，把民族权力和民族文化作为终极的价值追求。⑧ 如此目的性的一部政治作品，居然仍被一些人视为"学术经典"，在"无问西东"中不自觉地丧失了主体性。

民族主义思潮推动了世界政治"新玩家"的出现。在西方一些早发国家对非西方国家大搞殖民政策的同时，在西方内部，包括西方后裔国家即拉丁美洲，拿破仑战争刺激了民族主义思潮的兴起，并推动了建国运动；"民族国家"因此出现，进而成为世界政治的"新玩家"。

如果说法国大革命刺激了德意志文化民族主义的兴起，那么拿破仑战争则激发了德意志政治民族主义的诞生。在文化民族主义方面，赫尔德第一次提出作为有机的历史群体的"民族国家"（Volkstum）思想，以替代传统的国家概念。⑨ 拿破仑

---

① 韦瑟林．欧洲殖民帝国：1815—1919. 夏岩，等译．北京：中国社会科学出版社，2012：116.
② 同①130.
③ 韦伯．新教伦理与资本主义精神．马奇炎，陈婧，译．北京：北京大学出版社，2012：3.
④ 同③3－15.
⑤ 同③16.
⑥ 布罗代尔．15 至 18 世纪的物质文明、经济和资本主义：第 2 卷．顾良，译．北京：生活·读书·新知三联书店，2002：645.
⑦ 蒙森．马克斯·韦伯与德国政治：1890—1920. 阎克文，译．北京：中信出版集团，2016：36.
⑧ 杨光斌．历史社会学视野下的"新教伦理与资本主义精神"．中国政治学，2018（2）：131－134.
⑨ 伯里．新编剑桥世界近代史：第 10 卷：欧洲势力的顶峰：1830—1870 年．中国社会科学院世界历史研究所，译．北京：中国社会科学出版社，1999：292.

战争迫使存续了 800 年的神圣罗马帝国解体，新的政治认同进一步在一批自由派知识分子中酝酿。以前，当德意志遭受外来侵略或者外国将其国土当作战场时，几乎没有任何德意志人具有这种国家遭受蹂躏的意识，因为直到 1800 年他们中间任何人都很少认为“德意志”是他们的祖国，而只会想到在德意志历史著名王朝治下的一个小邦而已。① 如今，拿破仑战争激发了他们的民族意识，并在一批知识分子的引导下发展成为政治民族主义。其中，哲学家、时任柏林大学校长的费希特的危机演讲最有动员性。费希特十分强调一个民族的政治独立性，其演讲深深激励了陷于四分五裂的德意志民族，并激发了一种新的政治思潮——民族主义。②

到了 1830 年前后，“民族”一词第一次作为具有特殊政治意义的名词而为人使用，开启了民族主义事业的时代。③“在 1830 年至 1870 年，人们一再鼓吹和传播这些基本概念和特征，其效果之大，使得欧洲的政治思想起了变化，欧洲的地图也大为改观，统治阶层在 1815 年大都不能接受的原则，到了 1860 年已为多数统治阶层所支持或不得不予以考虑了。”④ 这就是政府与其民族的疆域问题，当时最著名的思想家密尔（John S. Mill）在《代议制政府》中这样说道：“一般地说，各国政府统治的界限大致应与各个民族的居住界限一致，这是自由体制的必要条件。”⑤ 以民族为单位的建国运动，当时最有影响的就是德意志的统一和意大利马志尼民族主义运动。

显然，带有“民族主义”意识形态的“民族国家”运动，对于帝国形态是极大的解构力量。这一点尤其体现在奥斯曼帝国的完整性上，很多民族从帝国中脱胎出来而纷纷成立了自己的民族国家。同时，民族国家运动对 1815 年签订的大国决定一切的“欧洲一致原则”也造成了影响，虽然弱小民族的独立离不开支配性大国的直接影响，比如在塞尔维亚人、罗马尼亚人、爱沙尼亚人、保加利亚人等问题上。发生在欧陆的民族主义运动，不能不对欧洲人的殖民地构成影响，拉丁美洲的很多国家在 19 世纪 20—30 年代纷纷独立。

民族自决运动可以视为自由主义运动的一部分。马志尼（Giuseppe Mazzini）所谓的“民族”系“说同一种语言的公民总体，他们共同相处，享有平等的政治权利和公民权利，其共同的目的是使各种社会力量……不断地发展臻于更加完美的境地”。⑥ 因此，在马志尼那里，民族自决就是民族自由问题，民族主义与自由主义不可分离。民族主义一开始就是一把双刃剑，要统治他人的民族主义即前述的自由帝国主义，胜过了奉行民族自决的自由民族主义，比如德国人一直热衷于瓜分波

---

① 克劳利．新编剑桥世界近代史：第 9 卷：动乱年代的战争与和平：1793—1830 年．中国社会科学院世界历史研究所，译．北京：中国社会科学出版社，1999：510.

② 丁建弘．德国通史．上海：上海社会科学院出版社，2002：141.

③ 伯里．新编剑桥世界近代史：第 10 卷：欧洲势力的顶峰：1830—1870 年．中国社会科学院世界历史研究所，译．北京：中国社会科学出版社，1999：287.

④ 同③288－289.

⑤ 密尔．代议制政府．汪瑄，译．北京：商务印书馆，1982：225.

⑥ 同③304.

兰。此外，俄国、奥地利和土耳其这些多民族的大帝国都在压制着程度不同的民族自决运动。在民族主义运动中，民族国家纷纷出现，“新玩家”越来越多，这对过去以帝国形态为主的世界政治造成了重大影响。虽然欧洲政治依然没有脱离1815年和约确定的“欧洲一致原则”即大国事实上决定一切的所谓的“神圣原则”，但是民族国家在100年后最终还是获得了至少在形式上和大国一样的权利，比如欧盟的一致同意原则所保护的小国的权利。更重要的是，自由民族主义与自由帝国主义之间的紧张关系，尤其是自由帝国主义之间的紧张关系，最终演绎成20世纪的两次世界大战。在这个意义上，理解20世纪上半叶的世界政治，离不开19世纪世界政治演化所构成的结构性矛盾。

在20世纪，社会主义思潮作为“反向运动”出现并带来了滞后性影响。在欧洲国内资本主义化以及世界范围内的自由帝国主义化的历史进程中，首先是欧洲内部，接着是在全世界范围内，先后出现了自由主义的“反向运动”，即世界社会主义运动。1848年《共产党宣言》的发表以及二月革命的爆发，宣告了无产阶级开始第一次主张政治权利。通过马克思、恩格斯领导的“第一国际”和“第二国际”，社会主义运动从一国扩展到多国，从欧洲扩展到世界。19世纪最后30年既是资本主义世界经济体系的最终形成期，也是思想大动荡的时代，为塑造20世纪新世界秩序播种思想。经过长达半个世纪的政治积累，终于在落后国家结出社会主义之果——俄国十月革命所建立的第一个社会主义政权，从而奠定了社会主义从一国到多国胜利的基础。如果说自由帝国主义运动奠定、塑造了资本主义世界秩序，那么社会主义运动则重组了世界秩序。①

那个时代的社会主义运动有两层含义，一层是社会解放运动，主要发生在欧洲，这是一国之内的权利之争；一层是民族解放运动，主要发生在亚洲和非洲以及拉丁美洲的部分地区，又称民族民主解放运动，与社会主义运动重叠或者是社会主义运动的另一种表现形式，这是国家之间的权力斗争。这样，到20世纪上半叶，世界政治的变迁主要是由自由帝国主义之间，以及自由帝国主义和社会主义（西方人习惯称之为“共产主义”）之间的矛盾所诱发的，并直接导致二战后的冷战。

2.2.3 对抗性政治思潮与世界政治变迁

到了19、20世纪之交尤其是一战，一方面，自由帝国主义已经成为列强内部的主要意识形态。另一方面，就社会主义运动而言，在1914年之前，欧洲还没有一个社会主义政党加入政府；但是一战爆发后，在大多数交战国，社会主义者都加入了本国政府，捍卫自己的国家，社会主义政党因此得以合法化。② 在自由主义阵

---

① 杨光斌．民主与世界政治冲突．学术界，2014（8）：13．

② 萨松．欧洲社会主义百年史：上册．姜辉，丁海青，庞晓明，译．北京：社会科学文献出版社，2013：31．

营中，知识领袖诸如马克斯·韦伯更是公然为帝国主义政策著书立说，其著名的《新教伦理与资本主义精神》就是一部为民族权力张目的帝国主义作品。① 应该说，帝国主义思潮的盛行是帝国主义国家政策的产物；反之，帝国主义思想的盛行进一步催生了帝国主义国家政策。因此，尽管一战的爆发是很偶然的因素诱发的，但这个因素只不过是点燃帝国主义政策之间紧张关系制造的火药桶的导火索而已。在笔者看来，不研究 19 世纪下半叶以来的帝国主义殖民主义思潮，就说不清楚一战导致的世界体系的崩盘与重组。

沿着霍布森的《帝国主义论》，马克思主义的帝国主义理论研究是为了批判帝国主义国家政策，右翼的帝国主义理论诸如韦伯的民族权力论则是为了推行帝国主义政策。无论是帝国主义理论还是帝国主义政策，“帝国主义”都是 20 世纪上半叶世界政治中的一个关键词，也是现实主义国际政治理论诞生的基本历史背景和理论语境。② 换句话说，以现实主义面目出现的帝国主义理论，就是最有力量的世界政治理论，在今天依然没有过时。只不过，冷战开始后，西方国际关系理论极力“去帝国主义化”，③ 以所谓的“实力政治”“均势”等一般性概念代替了帝国主义这种实质性概念，以至于让很多人忘记了世界政治的本质。④ 在 1815 年之后的 100 年即所谓的“百年和平”中，西方大国之间讲究所谓的“实力政治”达成的“均势”，但它们何时对非西方国家讲究过“均势”？奉行的只是赤裸裸的帝国主义殖民主义。这就是历史之于政治学的重要性，忽视了历史而执迷于理论，理论也就成了沙滩上的城堡。结构现实主义在中国的流行，可谓一种深刻的教训，故有必要呼唤历史政治学的诞生，以还原“历史”的真实政治面目。

二战是一战的继续，或者说二战是因为帝国主义列强之间直接争夺“生存空间”而导致的民族权力之战。制度变迁具有非预期性，自由帝国主义在一战中催生了第一个社会主义政权在俄国的诞生，二战则催生了社会主义国家群的出现。二战中的国家看上去有法西斯主义、自由帝国主义和社会主义的，其实法西斯主义既可以看作是自由主义失败的产物，也可以看作是极端的自由帝国主义形式。在这个意义上，社会主义国家是自由主义或自由帝国主义失败的产物。

社会主义思潮经过半个世纪的欧洲积累，到了 20 世纪上半叶，已经成为全球性思潮，也成为一种普遍性价值。19 世纪 60 年代，小密尔说社会主义思潮是人类历史上第一次由没有财产权的人所主张的政治权利，到了 20 世纪 20 年代，连右翼的奥地利经济学派代表人物、哈耶克的精神导师米瑟斯在 1923 年的《论社会主义》中都如此说，到了今天的时代，不承认社会主义的基本价值在道德上是说不过去

---

① 杨光斌．历史社会学视野下的“新教伦理与资本主义精神”．中国政治学，2018（2）：133.

② 卡尔．20 年危机（1919—1939）：国际关系研究导论．秦亚青，译．北京：世界知识出版社，2005：48；摩根索．国家间政治：权力斗争与和平（简明版）．徐昕，郝望，李保平，译．北京：北京大学出版社，2012：77－112.

③ 华尔兹．国际政治理论．信强，译，上海：上海人民出版社，2003：24－50.

④ 杨光斌．重新解释现实主义国际政治理论．中国人民大学学报，2018，32（4）：100.

的。历史开的玩笑是，第一个社会主义国家没有出现在资本主义发达的西欧，而是出现在资本主义经济不发达的俄国。看来，制度变迁的轨迹既有线性的“渐变”，也有非线性的“突变”。俄国社会主义政权是出现在资本主义世界体系中的第一个“异端”，因此从一开始便受到资本主义帝国主义势力的围剿。经过几次残酷的考验，尤其是第二次世界大战，历史证明社会主义可以在一国成功；但是环境压力带来了各个方面的代价，比如农业合作社运动、民族紧张关系，这些都为后来的制度变迁埋下种子。

如果说 20 世纪上半叶的世界政治演绎中政治思潮是一条或明或暗的线索，至少需要研究者去整理才能说得清楚政治思潮与世界政治变迁的关系，那么二战后半个世纪的世界政治路线图则直接由政治思潮勾画并牵引着，以意识形态划分阵营并定位国家间关系。

“冷战”起源于美国发动的心理战即意识形态战。① 为什么如此？两次世界大战导致的社会主义国家的批量出现以及资本主义世界体系的危机，导致帝国主义国家很难再用传统的“热战”去捍卫旧秩序，既没有能力也没有愿望进行如一战、二战那样的战争。心理战在二战中得以运用，争夺人的思想、心理，便成为美国捍卫旧秩序的主要战争手段。也就是说，战争形式或战争目的由过去争夺领土、资源，转变为争夺人的大脑与思想，以此来改变对方的生存秩序和政治制度。结果便是，美国赢了，苏联输了。在这个思想比拼的历史长河中，是否有与时俱进的社会科学至关重要，因为只有将思想和观念社会科学化，才能进教材、进课堂、进头脑。

冷战的结束催生了“历史终结论”，并以全球化之名推向全世界。一时间，苏联与东欧社会主义国家纷纷易帜，一些非西方国家开始转型或随后发生了诸多的“颜色革命”。全世界包括中国学者也开始以“价值承诺”来判断国际关系的是是非非。这场世界政治的变迁催生了所谓的“民主和平论”，即“民主国家之间无战争”，为此美国谋划了“大中东民主计划”，结果“阿拉伯之春”成了“阿拉伯之冬”，一度经济繁荣和社会和谐之地变成了人间地狱。在这场所谓的“第三波民主化浪潮”中，中国的政治实践智慧和国家自主性发挥了决定性作用，一方面拥抱经济全球化，同时固本革新，坚持政治自主性，在政治发展道路上坚持方向的同时，各种政策则秉承包容性的“混合至上”原则。也就是说，中国一方面被动地卷入了政治思潮之争，但同时则以实用主义原则应对变迁中的社会压力，从而成为全球化浪潮中的大赢家。

2.2.4 政治思潮影响世界政治的内在机制

前述 300 年来的全球政治史说明，政治思潮不但影响着世界政治变迁，也是研究比较政治和国际关系不可或缺的变量。那么，政治思潮发挥作用的内在机制到底是什

① 杨光斌．意识形态与冷战的起源．教学与研究，2000（3）：33.

么样的呢？政治思潮的起源与作用方式有所不同，但最终都是扩张性的。这里主要以辩护性-扩张性的意识形态为例，探索政治思潮影响世界政治变迁的内在机制。

第一步是国内催生的政治思潮。英国政治革命完成之后，新兴阶级得到迅猛发展，于是产生了资产阶级的意识形态即自由主义，以论证自己行为的合理性合法性；殖民地贸易的发展使得自由主义必然演变为自由帝国主义。同理，二战后，面对大步到来的世界社会主义思潮，西方阵营内部需要论证自己为什么也是民主国家，从而产生了以选举式民主为核心的自由主义民主理论。可见，无论是最初的自由主义还是后来的自由主义民主，最初都是一种辩护性理论体系。

第二步是中心国家或者国际组织的政治传播。产生了辩护性理论的国家往往是世界政治中的中心国家，在实现自己的全球性利益的同时也在传播着自己的思想，这是国内经济再生产需要所产生的文化产品的国际化。传播过程不单单是中心国家的任务，中心国家所组建的国际组织也起着推波助澜的作用。比如，二战后美国通过社会科学、文学、电影等各种渠道传播自由主义民主理论，并配以各种评价指数体系。

第三步是中心国家往往是那个时代最发达的国家，后来者或者学习者也容易向中心国家看齐。这样，中心国家刻意推广自己思想产品与后来者学习中心国家的互动过程，最终使得中心国家的思想产品成为一种国际性政治思潮。比如，第三波民主化浪潮之所以发生并如此广泛，不同于过去制度变迁中的国内因素的决定性作用，外来性因素即国际性政治思潮的影响非常重要，甚至起着决定性的作用。戈尔巴乔夫的《改革与新思维》，就是如何实现自由主义民主的路线图。因此，冷战是一场“没有硝烟的战争”。

第四步是诱发国内秩序的变迁，进而改变世界秩序。政治思潮所诱发的国内秩序变迁，促使变迁国家或转型国家按照观念去站队，从而形成新的世界秩序。冷战结束后，原属苏联阵营的中东欧国家，纷纷加入欧盟或北约，使得俄罗斯形单影只。这样，如果说一战、二战以及后来的民族主义及其解放运动撕裂了英国-美国主导的资本主义世界体系，从而形成了“两极”的世界秩序；那么美国赢得的“没有硝烟的战争”在一定程度上又缝合、巩固了19世纪的世界体系，即一个由西方人完全主导的世界秩序。

第五步是在改变世界秩序的同时，也塑造了新的国际关系。在新的世界秩序中，很多国家间关系重新排列组合，要么从友好到敌对，要么从敌对到友好。这在过去300年的世界政治中是常态。改变了苏联的美国，试图故伎重施，通过改变中国经济形态而改变中国政治体制，因此奉行所谓的“接触”（在接触中改变）的政策。但是，中国的庞大规模使得美国的尝试困难重重，且中国通过改变自身而改变了世界；美国为此全面重新评估中美关系，2016年后对华强硬成为“一边倒”的声音。

总结起来，中心国家政治发展所催生的政治思想或者话语体系，往往会被中心国家当作事实性国家利益对外推广，为此甚至组织专门的国际机制去传播其思想，从而使得一种地方性知识-思想成为全球性思潮；全球性思潮势必会改变很多落后国家或者对手的精英阶层，使其改变对本国政体的忠诚，制度突变势必发生；国内秩序的变迁改变着一个国家的属性，习惯于按照意识形态站队的世界政治，必然或者很可能因此而形成新的世界秩序，同时国家间关系也会得到重大改变或者某种程度的调整，图 2－1 诠释了世界政治变迁的五个步骤和内在机制。

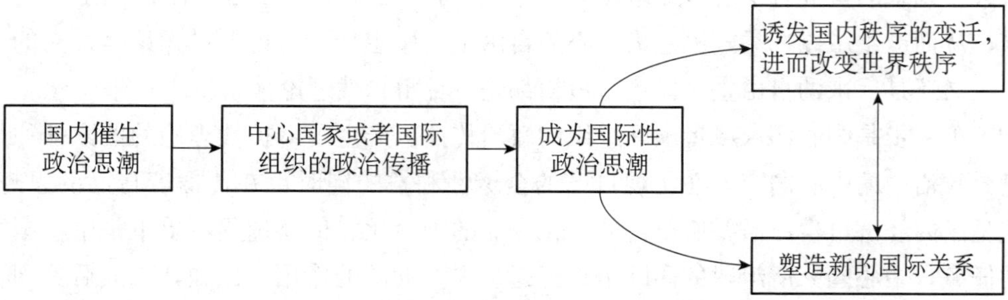

图 2－1　世界政治变迁的内在机制

这一组政治思潮影响世界政治变迁的演绎逻辑是规范性分析。世界政治变迁的实际过程更为复杂，因此当然不排除，也不会否认地缘政治、经济利益等核心变量对于世界秩序和国际关系的影响。只是，学者们尤其是中国学者已经太熟悉地缘政治和经济利益的作用与相关理论，而如此重要的世界政治变迁中或国际关系史中的政治思潮变量却没有得到相应的重视，因此，作为一种补充性的新型分析路径，政治思潮势必会丰富对于世界政治和国际关系的叙事，加深对全球事务的理解。

作为研究世界政治的一种范式，政治思潮与亨廷顿的“文明范式”有关系但有着重大差异。亨廷顿的“文明”无疑具有高度的质性特征，即强调其稳定性乃至恒常性，从而难以回答为什么同样的文明在不同的历史时期具有完全不同的关系，比如两个文明之间过去的友善型可能演变为不那么友好型，这并不是“文明范式”本身所能回答的。之所以发生了这样的变化，是因为经济利益驱动的政治思潮发生了重大变化，从而刺激了文明关系的变化。在这个意义上，如果说“文明范式”是解释国际关系或者世界政治的最为深层的历史结构，那么相对而言，政治思潮则是一种中观结构。政治思潮的流动性决定了其可观察性；或者说政治思潮是一种可以看得见的解释变量，比“文明范式”在解释上更具可控性。

按照这套规范性演绎逻辑，正在成为中心国家的中国，因其政治制度和经济体制与资本主义世界体系形成鲜明对比，很难用既有的思想或者话语体系来论述。中国必须有自己的论述。中国传播自己的论述，是我辈正在经历的历史性事件；诞生于中国的学说乃至政治思想，能否成为全球性思潮，更是值得期许和观察。当然，中国也不必然重走过去 300 年全球政治史的老路，世界政治的变迁也未必一定要像过去 300 年那样具有思想强制性，即把自己的思想和意志强加于人。因此，不但中国影响世界政治的方式是一个开放的问题，世界政治的形态也将是一个开放的问题。如果中国步入中心国家的舞台，可以肯定的是，作为文明型国家的对外关系方式将会完全不同于传统的帝国式强权。如果中国全面实现了社会主义现代化强国，我们熟悉的世界政治形态和变迁方式将会成为历史，作为中心国家的中国也不容许人类重蹈不平等、霸权、欺凌的覆辙，国家之间将有更多的共商、共建、共享。这其实就是民本主义的世界观——“天下观”的再现。这或将意味着，源自中国的政治思想成为影响世界政治变迁的一种重要力量，世界因此而不同。

2.3　历史政治学：世界政治研究的方法论

研究以政治思潮为单元构成的世界政治（世界秩序），其实就是以“政治”为研究单元。政治不仅是现实的存在，更存在于历史之中——历史是最稳定的政治存在。在这个意义上，世界政治研究就离不开历史政治学。

2.3.1　历史政治学的基本内涵

如果要做一个简单的界定，历史政治学就是寻找重大现实问题、重大理论问题的历史渊源与历史性因果关系。历史政治学重视本体论意义上的“历史属性”的重要性；在认识论上，来自历史的政治理论意味着它们都具有地方知识的特征；在方法论上，和历史制度主义一样，强调时机（timing）的重要性和制度变迁中不可避免的路径依赖。

首先，历史政治学重视历史本体论。历史有两个面向——政治的和社会的。既然是世界政治研究，这里的历史肯定是政治面向，世界政治研究是基于政治史或国家史的。政治思潮所构成的世界政治秩序，就是以国家为主体传播的政治思想所构成的世界秩序。如果回避世界秩序中的“政治”，更注重社会史层面的全球史，无异于舍本逐末。

政治史具有以下属性：

第一，历史主体的国家性。既然是以政治思潮为底色的世界政治研究，无论是在以政治史为主要线索的国家，还是以社会史为主要脉络的国家，传播政治思潮的主体都是那个时代居支配地位的阶级，正如马克思、恩格斯所说的，统治阶级的思想在每一时代都是占统治地位的思想。因此，世界政治的主体必然具有国家属性。时代在变，政体在变，国家身份在变，但以思想为基础的历史却具有显著的连续性。

第二，历史连续性。历史政治学研究的对象是人类历史上的重大问题，而重大问题的出现都是长时间演变的结果。因为社会研究中的很多事情都发展缓慢，是一个从量变到质变的缓慢过程，存在所谓的“阈值效应”，即只有到一个质变的程度或跨过这道“门槛”才会发生突然的重大变化。需要强调的是，“时间进程”关怀并不是简单地寻求事件的历史背景，从过去的历史中寻求答案，而是说在过去某个时间点上发生的事件一直在持续性地、以不同的形式发挥作用，关心诸多事件如何不同地发挥作用。这是不同于传统历史分析的“时间性答案”，即将制度变迁视为一个连续性过程。很多重大问题都离不开对长时段的宏观历史的研究，尤其是在政治发展道路、国家建构和国家治理这样的重大研究议题上。比如，有了“时间进程”中的“时间性”分析，就可以理解一个国家制度变迁中的千年连续性问题，即使这个国家的政体已经发生了革命性变化。

第三，历史的空间化。在时间进程维度上，历史的连续性意味着，“历史”不再是过去，而是“过去—现在—未来”的连续体：“未来”很难脱离过去的路径而发生，“现在”是过去一系列关键性事件的积累性再现，而越是久远的“过去”所发生的关键时刻的关键事件，影响越是深重，甚至出现路径依赖之上的“路径锁定”。这看上去有点“历史决定论”的味道，但是可以观察到比较政治发展似乎就是沿着文明史的轨迹而演进的。基于代议制的自由主义民主是基督教文明的政治表达，民主集中制政体与大一统民本主义政治具有高度的通约性，而一些中东国家的政治具有强烈的伊斯兰文明色彩。作为底色的文明史是各种政治实践形式的模板，比如代议制民主即党争民主是中世纪基督教文明的产物。但对于一种文明之上的模板用于其他文明尤其是异质化文化之后会结出什么样的果子，比较政治研究已经给出了答案——无效民主与无效治理，甚至是政治动荡和国家分裂。所以，作为起点的“过去”的性质的差异，决定了人类“未来”的不同走向。中国史的起点是大一统而西方是古希腊城邦式的“多统”，由此决定了人类史演进的不同方式并进而决定了其所产生的不同的权力关系和政治制度。

其次，历史政治学具有认识论维度。哈贝马斯把亚里士多德的政治学的历史性称为“情境论”，其实也就是我们中国人常说的“条件论”。中国人常说的“历史地看问题”，就是看问题发生的条件是什么，这就是认识论意义上的历史政治学。这种实践智慧体现在书本知识上，就是各社会科学学科说到底都是在研究由“条件”所构成的约束机制，对于“条件”的认知程度决定了政策制定的合宜性。在这个意义上，认识论意义上的“条件”又具有实实在在的本体论意义。亚里士多德提出的三种正宗、三种变态以及诸多的“亚政体”，都是基于人口结构、产业变化、阶级构成等“条件”或“情境”而分析的。他指出，在一个城邦是最好的政体在另一个城邦却有可能是坏的。现代早期，随着贸易、技术以及文化交流推动的世界政治的形成，思想家们关于政治的“条件论”更加丰富了，比如法国人喜欢的“民情论”、马克思著名的“经济基础决定上层建筑”论，无不延续着亚里士多德的“条件论”。

即使在冷战时期，美国政治学家比如李普塞特和罗伯特·达尔等人也并不主张“普世主义”的民主政治学。早在1959年出版的《政治人：政治的社会基础》一书中，李普塞特虽然鼓吹选举授权带来合法性，但他同时指出，选举式民主需要均质性文化，因为建立在异质性社会条件下的选举式民主是不稳定的。这是李普塞特在比较美国一致性政治文化和法国冲突性政治文化后得出的结论。[①] 李普塞特相信，

① 李普塞特．政治人：政治的社会基础．张绍宗，译．上海：上海人民出版社，2011：49－50.

社会条件比政体本身对民主政治更重要，因此发展中国家搞不了美国式政体。① 这是多么重要的思想。同时代的罗伯特·达尔也有着类似的认识："我一再指出，一个国家特定的基础条件和背景条件有利于民主的稳定，如果这些条件过于脆弱或完全缺乏，那么民主是不可能存在的，或者说，即使它存在，也是极不稳定的。"② 这就是中国人常说的"水土不服"。"基础条件"相当于现实存在的"土"，"背景条件"相当于历史来源的"水"，因此"水土不服"是在讲历史条件和现实条件。研究转型学的林茨（Juan J. Linz）则强调民主的前提是疆域性的，即国家性（stateness），主张大家必须都首先有国家认同，否则就会四分五裂。③

历史政治学的认识论给我们的启示是，政治思潮往往以普遍主义的面貌出现，但其最终结果如何，往往取决于各自国家的社会条件。

最后，历史政治学具有方法论意义。无论是本体论还是认识论上的历史政治学，均需要用历史政治学的方法加以研究。

历史连续性就是作为方法论的历史政治学的要义。历史连续性是一种历史常识即生活常识，但是，这种历史常识是如何形成的呢？回答这个问题需要理解历史连续性形成的内在机制——时间性的重要性。在历史制度主义学派诞生之后，人们关于历史连续性的认知更加接近历史真相，历史分析更加逻辑化乃至理论化，这是因为历史制度主义基于时间性而提供了一些分析因果机制的概念。在此之前，历史分析等同于万史哲学研究，即从大历史研究中得出几点历史规律，这不是一般学者所能胜任的。历史规律的发现依然必要，但历史分析不能停留于此，否则就不能普遍地推广历史分析的运用，也不能提高历史分析的研究水平。

简单地说，时间性是"时间进程"范畴下的"时间性"和"关键点"所构成的"时序"概念。首先，在时间性意义上，发生越早的关键性事件，其对后来的制度变迁影响越深远，比如轴心文明时代形成的思想和制度塑造了后来的思想路线和制度轨迹。其次，越早发生的关键性事件会越早变成制度安排，通过自我强化，结果是报酬递增，最终形成路径依赖乃至路径锁定。最后，历史连续性不仅存在于渐进的制度变迁中，因为即使是制度突变，诸如革命和改革，也很难剔除"文明基体论"意义上的制度与思想乃至行为方式，这是被大量的比较历史研究所证实的，也是一种生活常识。

正是因为包括国际关系理论在内的社会科学知识体系建构的时间性，使得人们不能轻易地摆脱种种充满陷阱的概念的束缚。同样是因为有了历史政治学的认识论和时间性方法论，才有可能让人们跳出观念的囚笼。

---

① 李普塞特．政治人：政治的社会基础．张绍宗，译．上海：上海人民出版社，2011：56－57.

② 达尔．论民主．李风华，译．北京：中国人民大学出版社，2012：124.

③ 林茨，斯泰潘．民主转型与巩固的问题：南欧、南美和后共产主义欧洲．孙龙，等译．杭州：浙江人民出版社，2008：17－39.

2.3.2 研究范例：现实主义与帝国主义之间的关系

古典现实主义理论的奠基之作——爱德华·卡尔的《20年危机（1919—1939）》开宗明义地讲道："现实主义者熟知的是过去，以因果关系的方式进行思考"，[①] 爱德华·卡尔讲述的是两次世界大战之间的国际关系史。汉斯·摩根索（Hans J. Morgenthau）的《国家间政治》，其主要线索就是西方三个世纪的国际关系史。而现实主义理论的经典概念如"权力均势"（balance of power），甚至直接取自当时的政策性语言。比如，1831年2月19日，欧洲大国在伦敦的会议上宣布："我们拥有权利，而事态的发展也赋予我们义务来保证比利时各省在取得独立后不得损害普遍安全和欧洲的权力均势。"[②] 很明显，以"实力政治"而达成"权力均势"的现实主义，与其说是一种理论，不如说是历史上的一种政策宣示。现实主义理论以"过去"为基础，离开了历史，就很难理解它。我们一直坚信，现实主义的背后是帝国主义。[③] 2022年2月俄乌冲突爆发后，西方学者指出，揭露国际关系中的现实主义和帝国主义之间的关系，是知识界的一场轰动。[④]

二战之后的冷战其实是意识形态战争，传统意义上的地缘政治几乎被意识形态政治所取代，时代的主题变成了"主义"之争，正如中世纪的宗教战争，"理论"或者说话语权就是实力政治的直接表现。在此背景下，出现了堪称政治运动的"理论发明"或者说"理论发明运动"。

肯尼思·华尔兹直接引用库恩的科学哲学论述并声称"理论不能仅仅通过归纳法来加以建立，理论范畴只能被创造而不能被发现"，[⑤] 强调"理论只能被建构"，"理论是被'创造性地'创立起来的"；他不无玩笑地声称"理论是头脑中形成的一幅关于某一有限领域或范围内的行动的图画"，并引用化学家的话说"理论只能被另一种理论推翻"，理论不可验证。[⑥] 这些表述，对于渴望理论而无力"发明"理论的人们来说，无疑增加了解构现实主义理论的神秘感乃至对其的膜拜感。

要使得自己的"理论发明"成立并显得具有"创造性"，就得与历史切割，因为现实主义理论就是西方国际关系史的一种元叙事。在论述完什么是"理论"之后，肯尼思·华尔兹紧接着就用《国际政治理论》中的一整章（第二章"还原主义理论"）来讨论和批判还原主义理论——古典现实主义的从国内政治出发的国际政治研究传统。这一传统将国际政治还原为国内政治。在肯尼思·华尔兹看来，还原

---

① 卡尔．20年危机（1919—1939）：国际关系研究导论．秦亚青，译．北京：世界知识出版社，2005：12.

② 转引自：摩根索．国家间政治：权力斗争与和平（简明版）．徐昕，郝望，李保平，译．北京：北京大学出版社，2012：277. "balance of power"一般还翻译为"势力均衡"或"实力均衡"。——编者注

③ 杨光斌．历史政治学视野下的现实主义国际政治理论．教学与研究，2020（7）：49.

④ Adam Tooze. John Mearsheimer and the Dark Origins of Realism.（2022-03-28）. https://adamtooze.com/2022/03/08/john-mearsheimer-and-the-dark-origins-of-realism/.

⑤ 华尔兹．国际政治理论．信强，译，上海：上海人民出版社，2003：7.

⑥ 同⑤10-12.

主义理论中影响最大的就是帝国主义理论。因此，批判还原主义其实就是为了现实主义理论的“去帝国主义化”，因为在古典现实主义理论中，现实主义和帝国主义几乎为一枚硬币的两面。

把自己的对外关系戴上“帝国主义”的帽子，无疑并不是冷战所需要的。肯尼思·华尔兹达成了对现实主义理论“去帝国主义化”的目的，并以基于结构功能主义的系统理论代替了还原主义。从此，“帝国主义”从现实主义理论中消失了，以中性的、形式主义的理论，替代了本质主义的古典现实主义理论，结构现实主义有了“新现实主义”之称。但是，作为“行动单元”的国家的帝国主义性质就随风而去了吗？国际关系中就不再有帝国主义政治了吗？当形式主义理论太过流行而变成一种观念和思维范式的时候，很多人就真的以为国家间只有中性的“实力政治”所达成的“均势”与超级稳定，期待人类的“永久和平”，而忘记了具有与生俱来的西方“国家性”的帝国主义政治。当被“发明”出来的“理论”产生了这样的政治功能的时候，政治伤害必然会在一个国家的外交政策中体现出来。

现实主义理论中的“实力政治”“均势”等内核概念是以“百年和平”时期欧陆的大国关系为历史底色的。但是，当列强之间玩着现实主义的“均势”游戏的时候，列强们对包括中国在内的弱小国家又在做什么呢？拿破仑战争之后的“百年和平”可谓国际关系史上典型的均势政治，同时也是欧洲殖民帝国形成的时期。在同一种国家的同一个历史时期，世界政治的舞台上演着完全不同性质的政治戏码。也就是说，“历史”不但是历史主义意义上的一种研究现实主义理论的方法论，它本身还是一种存在和实践，具有本体论属性——列强对非西方国家的帝国主义殖民主义逻辑。

到了 1875 年，全球的资本主义化大致已经完成。全球的资本主义化催生了帝国主义的竞争，或者说帝国主义作为一种可以模仿的意识形态，是当时的大国的“标配”。比如，在西方 7 国（英国、法国、德国、意大利、比利时、美国、日本）中，1876 年只有英国和法国占有海外殖民地，共计 2 340 万平方公里，其他 5 国在海外均无寸土。然而到 1914 年，即 1876 年后的 38 年，7 国占有海外殖民地达 5 025 万平方公里，其中，英国为 3 350 万平方公里，法国为 1 060 万平方公里，德国为 290 万平方公里，美国和日本各为 30 万平方公里，比利时为 40 万平方公里，意大利为 225 万平方公里。[①]

可见，“百年和平”时期既是列强之间“均势”的政治游戏，更是列强对非西方国家施加的殖民主义及帝国主义政治。同一个历史时期的同一种国家，推行着政治性质完全不同的对外政策。时过境迁，西方国际关系理论似乎更关注作为政策工具的现实主义理论而刻意遗忘了作为流行的意识形态的帝国主义理论。但是，对于生活在那个时代的思想家来说，帝国主义才是他们关注的时代主题，“均势”政治并不是他们研究的议题。历史政治学有助于激活已经成为历史的那段“现实”的政

---

① 郑家馨．殖民主义史：非洲卷．北京：北京大学出版社，2000：34－35.

治性质，在这个意义上，我们才说历史政治学之“历史”不仅是一种历史主义的方法论，还是具有本体论属性的政治价值，“历史”本身具有不同于流行理论的政治属性和自在的理论范畴。

世界政治研究迫切需要“找回帝国主义理论”，其现实意义不用赘述，因为世界政治的帝国主义性质尚未发生根本变化，例如北约就是一个帝国主义组织。我们不否定现实主义理论之价值，只是认为二者是不同层次的政治理论，各有各的解释范畴，二者没有替代性。我们不能因为现实主义国际关系理论而抛弃了帝国主义世界政治理论，也不能因为相信帝国主义世界政治的性质而丢掉“实力政治”的工具。这再次告诉我们，现实主义充其量是一种政策手段而非意识形态，而帝国主义理论则是一种体现世界政治真相的意识形态式的社会科学理论。

2.4　本章小结

现时代社会科学竞争的一种表现就是发现好的研究单元。研究单元可能是一种研究路径，也可能是一种分析性的概念。比如，沃勒斯坦运用“资本主义”这一研究单元构建了世界体系理论，亨廷顿运用“文明范式”研究单元构建了名为“文明冲突论”的美国大战略。世界政治学，则是以“世界市场”和“政治思潮”为研究单元的新议题、新范式乃至新学科，对于推动国际问题研究的发展有着不可估量的价值。

第3章

技术革命与世界政治格局

3.1 引言

在人类历史的演进中，尤其是进入近代以来，技术的进步与变革日益成为影响和塑造人类政治、经济和社会的一股重要力量。它改变了政治运行的基本方式，改变了经济活动的基本规则，改变了社会生活的基本形态。技术是一种永不停歇的力量，技术变迁对人类世界的影响也只会不断加大而不会有些微减少。历次重大技术革命尤其是具有颠覆性意义的技术革命，都深刻地影响着世界政治的基本格局，这种格局既包括世界政治的力量格局，也包括世界政治的思想格局。

3.1.1 理解技术革命

技术革命不同于科学革命，前者是一种行为实践层面的革命，后者是一种知识理论上的革命。但两者又相互联系，相互促进。在远古时代，人类没有现代科学。技术的变迁与革新在很大程度上是人们在劳动和生活实践中，通过不断地试错总结出来的，甚至有可能来自某一个特殊的灵感，是经验的偶然产物。因此，技术的革命罕见，人类技术水平的进步非常缓慢。但尽管如此，那些标志性的技术成果仍然极大地影响了人类社会的生产生活，并产生了重大的政治和经济后果。正是通过不断驾驭和推进技术革命，人类才可以不断迈向文明的高级阶段。

人造火种可谓是人类历史上的第一次技术革命，对火的使用大大增强了人类驾驭自然的能力，逐渐拉开了人类与动物在能力方面的差距，并最终成就了人类对这个星球的主宰。而在5 000多年前，车轮的发明和使用，是人类技术史上的又一次重大革命，它拉开了后来人类交通运输能力不断提升的序幕。此后，金属工具的使用带来了农业生产技术的革命，使人类从原始农业时代进入传统农业时代。而在传统农业时代，人类经历了织布、陶瓷、造纸、印刷、火药、指南针等多个领域的技术创新，它们不仅支撑了人类社会的生存、温饱和繁衍，而且为后来更具有颠覆性意义的科学和技术革命奠定了基础。

近代以来，基于理性和抽象思维的科学逐渐战胜蒙昧，隆重地登上了人类历史的舞台。在科学革命的指引下，人类的技术演进也加快了速度，人类的社会生活也因而更加丰富。过去的400年间，人类大致经历了4次科学革命和4次技术革命。4次科学革命分别是18世纪的牛顿力学革命、19世纪的电磁力学革命、20世纪的量子力学革命和21世纪的智能科学革命，4次技术革命分别是18世纪的蒸汽机革命、19世纪的电气技术革命、20世纪的信息技术革命和21世纪的智能技术革命。科学和技术的结合，迸发出了改变人类社会的惊人力量。这4次科学和技术的革命又直接带来了经济和产业的革命，从而深刻改变了世界政治的格局。

在现代社会，科学革命、技术革命与产业革命之间的关系是，科学革命引发技术革命，技术革命推动产业革命，前者是后者的基础和前提。科学革命主要体现为基础科学理论的重要突破，是科学发展史上的质变，如牛顿力学、现代化学、微积分学、电磁力学、相对论、量子力学、控制论、信息论等都是科学革命的主要内容或标志；技术革命主要体现为重大的技术发明，它表现在应用层面，如蒸汽机、电动机、发电机、无线电、集成电路、液晶显示器、互联网、新能源等；产业革命主要体现为出现了新的产业，如汽车产业、航空产业、航天产业、原子能产业、家电产业、互联网产业、计算机产业、智能手机产业等，这些新的产业可能隶属于制造业、运输业、通信业、服务业、农业等产业。当新的技术发明转化为各种有形的产品后，就会出现新的产业，从而导致产业革命的发生。而产业革命的发生不仅会带来经济组织方式的变化，引发社会结构的变迁、思想潮流的嬗变，还推动世界格局的巨大变化。

3.1.2 技术革命与世界政治的力量格局

历史已经证明，技术革命是人类社会发展的原动力，也是推动世界政治格局变迁的核心要素。自现代国家体系形成之后，世界政治的历史始终沿着一条明晰的主线向前发展，即技术革命引发主权国家的实力对比发生变化，进而推动国际政治版图发生重大的变迁。正因如此，技术革命也被许多国际关系学者视为一个独立的变量，用来解释国际政治格局的变迁。对于现实主义者来说，军事实力和经济实力是国家实力的核心，而后者又决定着国家间的综合性实力结构。对于自由主义者来说，经济领域的技术发展有利于强化国家间的相互依赖，从而促进世界总体环境的稳定。对于建构主义者来说，信息技术的发展则深刻地影响了国家内部和国家间的身份认同，它既推动了自由主义思想在全球的传播，也在一定程度上激发了民族主义、保守主义等传统政治思潮的复兴。可以说，技术是塑造国际力量格局的一个原始动力，技术革命也就意味着国际政治力量的再分配，它不仅在国际体系中制造赢家和输家，改变行为体的偏好，还会导致新的规范和秩序的确立。①

早在现代国家体系形成之前，技术与国家实力之间就已经产生了紧密联系。早在夏、商时代，中华文明就拥有例如青铜工具、耒耜、耦耕等许多领先于世界的农业工具和技术，从而最早实现了从原始农业到精耕细作的传统农业的转变。在传统农业时代，耕作技术决定着一个地区基本经济作物的生产状况和农业商品交易情况，进而决定了一个地区的文明程度。自春秋时期起，黄河和长江流域的耕作就已经较多地使用铁农具和畜力，形成了以耕、耙、耱为中心的旱地农业技术体系。可以说，正是先进的耕作技术使中华帝国成为当时世界上经济发展水平最先进且文明程度最高的国度之一。而对于早期的欧洲来说，青铜、金属和枪炮兵器等军事技术决定了不同的城邦和公国是否能存活下来。在一定程度上，我们甚至可以说是技术竞争塑造了当时欧洲的国家竞争格局，并进而推动了现代世界体系的形成。②

自威斯特伐利亚体系建立以来，技术革命主要通过增强主权国家的经济或军事实力来改变世界政治的力量格局。人类社会迄今发生的 4 次技术革命分别在不同时代塑造了不同的霸权国家，进而塑造了相应的国际政治格局。第一次技术革命确立了以英国为主导的欧洲均势格局和世界殖民体系。众所周知，18 世纪中后期到 19 世纪早期以蒸汽机和纺织技术为代表的第一次技术革命最早发生在英国，它极大地提高了英国工人的生产力，将英国推上了“世界工厂”的优势地位。在军事领域，以蒸汽为动力的舰船开始大量出现，使英国海战武器装备水平大大提高，并成为其争夺海上霸权的重要工具。英国经济与军事实力的变化很快就体现在世界政治格局的转变中。随着拿破仑帝国在 19 世纪初的战败，以英国、俄国、奥地利、普鲁士为首的战胜国重新划分了欧洲的政治版图，建立了维也纳体系，英国也毫无疑问地成为该体系的中心国家。不仅如此，在全球更广阔的地域范围内，第一次技术革命帮助英国确立了在全球殖民体系中的首要位置，进而成就了英国“日不落帝国”的辉煌地位。

19 世纪中后期，以内燃机和电力技术为代表的第二次技术革命极大地增强了德国、美国与日本这三个后发国家的经济实力，尤其是德国的崛起推动由英国主导的欧洲均势格局走向了崩溃。德国科学家最早将新的物理学发现运用于工业生产领域，发明了内燃机、电机等技术，使电能和机械能实现了相互转化。这些技术革命极大地提升了德国的工业生产效率和进行海外扩张所需要的军事能力，使其崛起成

---

① Drezner D. Technological Change and International Relations. International Relations，2019，33（22）：286－303.

② 文一．科学革命的密码：枪炮、战争与西方崛起之谜．上海：东方出版中心，2021：20.

为欧洲地区可与英国相匹敌的强国，并最终导致了由英国主导的欧洲均衡格局的瓦解。①

在20世纪中期美苏对抗的背景下，以原子能、电子计算机、航天技术为代表的第三次技术革命逐步展开。与前两次技术革命相比，第三次技术革命与国际力量格局的变化更加紧密地交织在一起。一方面，国际格局开始作为独立变量影响技术革命。在二战后形成的两极格局中，为了占据优势打败对方，美苏两国均通过动用国家资源的方式开展技术研发，分别推动了核武器、火箭、导弹、航空航天等诸多先进技术的发展。但另一方面，技术的发展也逐渐改变着两极格局。大多数军事技术发明由于只能应用于军事工业，与民用经济严重脱节，给美苏两国都带来了沉重的经济负担。特别是对于苏联来说，高度依赖国家对资源的动员来发展尖端军事技术，没有构建起一个技术应用的市场环境，技术在军民间转化的渠道始终没有打通，这极大地扭曲了国内产业结构，从而导致其国民经济发展迟缓，最终难以支撑与美国的竞争。美苏之间的竞争也在一定程度上加剧了技术的扩散，使得日本和西欧的科技发展有了更多的空间和机会，为国际格局朝着多极化发展创造了条件。②

技术革命与国际格局变迁之间的复杂联系也延续到了20世纪90年代以来以算法、程序和数据等数理运算方法为根基的信息技术革命中，也就是第四次技术革命。一方面，国际格局演变推动了新一轮技术革命的产生。冷战的两极格局瓦解之后，美国依靠强大的综合国力成为当时唯一的霸权国家，并积极推动经济全球化的发展。美国的科技企业掌握上游的技术研发，通过拥有知识产权获得了大量经济收益，而生产制造等附加值较低的环节则大量转移到中国等发展中国家。在全球化的浪潮中，资金、技术、人员和信息的流动使得技术创新层出不穷，信息技术得到了极大的发展。但另一方面，在这一轮的技术革命中，中国等新兴工业化国家极大地受益于全球化带来的技术扩散，同时依靠劳动力和国内市场优势，其国家科技实力和综合国力迅速崛起，削弱了美国的霸权地位。在此背景下，世界的力量格局朝着更加均衡的格局演变，科技强国之间的竞争也随之不断加剧。

总之，纵观技术革命和世界政治的发展历史，前者不仅推动了后者，也与后者产生了交织互动。在前两次技术革命的发展过程中，技术革命与国际格局变迁之间的关系主要是前者推动后者这样的单向互动。而在后两次技术革命中，两者之间的关系却发生了由单向到双向互动的转变。③ 技术革命与世界政治格局之间已产生了愈发紧密的联系。

---

① 关于德国的工业崛起，参见：蒂利，科普西迪斯．从旧制度到工业国：从18世纪到1914年的德国工业化史．王浩强，译．上海：格致出版社，2023.

② 黄琪轩．大国权力转移与技术变迁．上海：上海交通大学出版社，2013.

③ 郑华，聂正楠．科技革命与国际秩序变迁的逻辑探析．国际观察，2021（5）：136.

3.1.3 技术革命与世界政治的思想格局

技术的革命首先直接改变了世界不同国家军事力量和经济力量的对比，不仅如此，技术革命也改变了思想力量在世界的分布。物质力量和思想力量的结合，共同构成了世界政治的基本格局，而技术是塑造格局的最基本力量。从更为广泛的意义上来说，技术革命塑造着包括物质文明和精神文明在内的世界文明的基本格局。

在远古时代的东方，中国孕育了世界政治史上最为强大的农业文明，而构成中国农业文明基础的正是当时华夏地区所掌握的先进的农业技术，以及在此技术上所形成的儒家思想。儒家思想是在先秦时期诸子百家的竞争中脱颖而出的，并最终成为当时中原帝国的统治性意识形态和道德体系。汉武之后，儒家和法家的结合，共同构成了此后 2 000 多年中华帝国的主流统治思想体系，并且长盛不衰。当然相比于儒家思想，法家思想更加缺乏系统性，而更多的是一种经验实践。而其他诸如道家、墨家以及佛教等在中国政治思想的光谱上相对地处于较边缘的位置。① 思想上的儒法精神体系和物质上的农业经济形态形成了完美的融合，这种融合源于农业技术的革命。尽管儒法国家多次遭遇来自西北边陲游牧民族的安全威胁，且中原王朝政权一度因之崩溃，但即便是那些成功入主中原的游牧民族最终也被汉文化所同化，并且同样建立了儒法国家，典型的代表就是清王朝。儒法国家之所以能够在东方持续处于统治地位，源于其先进的农业技术和儒法思想。如果没有中原王朝在农业技术领域的持续性领先，以及由此导致的生产力水平处于优势地位，中原王朝断然难以抵挡游牧铁蹄的残酷侵袭，同样也就无法保卫农业文明的思想成果。而且，也正是在中原地区先进的农业技术的支撑下，儒法的思想体系和文明形态不断以中原为核心向外扩展，从而成为东方政治体系中的差序格局的根基。②

彼时，西方还苦陷中世纪的思想桎梏和技术停滞之中。航海技术的革新成为改变这一切的原动力。航海技术的革命并非一蹴而就，而是经过了几个世纪的不断累积。从 13—15 世纪意大利城邦贸易的繁荣到 16 世纪西班牙、葡萄牙领衔的地理大发现，然后到荷兰作为“海上马车夫”的崛起，远洋航海技术在渐进的发展中不断走向成熟，这推动了海洋文明和商业文明的发展，削弱了传统的封建领主的势力。而航海技术的进步所培育的商业精神，开始逐渐冲击中世纪神学。一场以反对天主教会的极端统治和教会组织对民众的压迫而闻名的宗教改革运动在欧洲轰轰烈烈地展开。这场运动的起源地就是航海技术最为发达、商业精神最为兴盛的荷兰。这场兴起于 16 世纪和 17 世纪的社会运动已经远远超越了宗教改革的范畴，它是一场思想革命，并为此后的文艺复兴运动奠定了基础，从而成为整个西方思想开始赶超东

① 赵鼎新．儒法国家：中国历史新论．徐峰，巨桐，译．杭州：浙江大学出版社，2022.

② 中国学者赵汀阳称之为“天下体系”，参见：赵汀阳．天下体系：世界制度哲学导论．北京：中国人民大学出版社，2011.

方儒法思想的滥觞。不仅如此，航海技术所带来的商业革命，以及由此引发的欧洲诸国的航海和商业竞争，在欧洲孵化了重商主义思想，使它成为古典政治经济学中一个重要的思想流派，并且影响至今。

18 世纪中后期，蒸汽机技术的发明和创新，成为改变世界思想体系的又一个关键性技术力量。它不仅推动了工业革命在 19 世纪的蓬勃发展，而且帮助资产阶级最终战胜封建领主，代表资产阶级的自由主义思想开始乘风破浪，在 19 世纪全面登上了历史舞台。经济自由主义思想成为 19 世纪欧洲的主流价值理念，它最初源自以亚当·斯密（Adam Smith）和大卫·李嘉图（David Ricardo）的理论为基础而主张自由贸易的曼彻斯特学派，该学派因其理论宣传中心位于曼彻斯特而得名，而曼彻斯特正是英国工业技术革命的主要策源地。可以说，正是曼彻斯特地区轰鸣的机器声和远洋船舶的鸣笛声，成为理查德·柯布登（Richard Cobden）和约翰·布莱特（John Bright）这两个曼彻斯特学派的思想旗手在英格兰发起自由贸易运动、破除重商主义思想桎梏的坚实物质后盾。但同时，也正是工业革命的不断发展，另外一个资产阶级的对立阶级——工人阶级——也不断形成、壮大，作为代表工人阶级意识形态的马克思主义同样在 19 世纪崛起为一股重要的思想力量，并从欧洲蔓延到整个世界，成为与自由主义相竞争的重要政治思潮。

进入 20 世纪，技术的进步与革新更是日新月异，并成为塑造世界思想格局嬗变的重要力量。技术的进步不仅影响了思想传播的速度、广度和深度，而且不断创造出更多新的社会问题，引发新的思想辩论和思想竞争。自由主义在 20 世纪末获得了巨大胜利，它与市场经济的形态形成了比较完美的融合，但在 21 世纪初却遭遇了前所未有的挫折，因为它难以从根本上解决经济不平等等重大经济社会难题。信息与通信技术的革命刺激了民族主义、极端主义、民粹主义等更多在传统上处于边缘地位的思潮的复兴，基于工业技术革命孕育而生的自由主义在面对信息技术革命的冲击时，显然已经不能完全解决新技术条件下的新问题，自由主义要想继续保持生命力，急需一场重大的自我革命，否则就有可能被新的思想体系所替代。这再次证明，只有那些能够适应新技术和新生产方式的思想才能更加蓬勃发展，而那些不能适应新技术和新生产方式的思想体系会逐渐走向土崩瓦解，从而改变世界的思想格局。

3.2 军事技术革命与世界政治格局的变迁

技术根据其用途主要分为军事技术和经济技术两类，后者又被称为民用技术。在不少领域，两者并不存在泾渭分明的界限，而是可以相互转化。但总体上，军事技术与民用技术还是存在一定的差异，其对世界政治格局变迁产生的影响也是不一样的。

历史上，军事技术革命造成了国家间军事能力强弱结构的变化，并通过战争直接塑造新的国际体系和世界政治格局。从冷兵器时代到热兵器时代，再到核武器和太空武器时代，只有掌握了先进的军事技术，国家、民族或部落才能在连绵的战争中存活下来。从现实主义角度来说，军事技术和军事实力是国家实力最重要的组成部分，而战争是决定世界政治变迁的最根本、最直接的动力。①

3.2.1 冷兵器时代

冷兵器时代可以分为石器时代、青铜器时代和铁器时代，每一次时代的跨越都重塑了世界历史。由于冷兵器时代各区域在地理空间上的相对隔绝，真正意义上的世界政治还未出现，军事技术革新更多是影响区域性的政治格局。公元前15世纪，埃及法老图特摩斯三世使用青铜兵器进行了大规模的对外扩张，击败了多使用石、木兵器的地中海东岸的诸多王国，建立了第一个真正意义上的帝国。公元前8世纪，亚述帝国利用更坚硬、锋利的铁制兵器，向巴比伦、埃及等国进攻，建立了横跨欧亚大陆的亚述帝国。② 在中国，西汉发达的炼钢业带来了更坚韧的兵器，拥有更大拉力的汉弩成为步兵战胜骑兵的利器，后来西汉更是建立了强大的长矛骑兵。西汉特别是汉武帝时期以其强大的军事实力，开疆拓土，攻破匈奴，塑造了中华民族的精神，奠定了中华帝国的疆域基础。

金属兵器带来了军种的丰富和军事的变革，战争中依靠的不再是单一的军事技术优势，而是各种技术相互协调以发挥整体性优势。马其顿军事革命为亚历山大大帝构建了一支所向披靡的强大军队，通过长矛手、重装步兵、重装和轻装骑兵协调组合，马其顿方阵成为横扫地中海地区的王者之师；除此之外，攻城器械的发明与改进，也让马其顿找到了攻城略地的方法。依靠强大的军事力量，亚历山大大帝建立了横跨欧亚非三大洲的大帝国，加强了东西方文明的交流，将希腊文明传播到全世界，深刻地影响了世界政治和历史。

甚至是马镫这一起源于中国草原民族的小小发明，也在一定程度上改变了世界历史，塑造了全新的政治格局。拥有优良战马和先进御马工具的匈奴铁骑的西征，深远地改变了欧洲的历史。公元4世纪，被称为“上帝之鞭”的匈人领袖阿提拉一路西征，先后灭掉了阿兰国、东哥特帝国和北方各日耳曼部落，使日耳曼人涌入罗马帝国，从而如多米诺骨牌一般造成了罗马帝国的灭亡，欧亚大陆的格局随之巨变，欧洲进入了诸侯并立的封建时代。

此外，蒙古铁骑可谓是冷兵器时代摧枯拉朽的军队，依靠其强大的军事技术，蒙古铁骑几乎踏遍欧亚大陆。蒙古马的特殊优势与先进的御马工具（马鞍、马镫等）使蒙古军队拥有无与伦比的机动能力，射程较远的复合弓、精致的甲胄也让蒙

---

① Waltz K N. Theory of International Politics. New York：McGraw-Hill，1979；Gilpin R. War and Change in World Politics. Cambridge：Cambridge University Press，1981.

② 李俊亭，游云．军事科技史话：古兵，枪械，火炮．北京：科学普及出版社，2014.

古骑兵在军事装备上优于欧洲军队；同时，蒙古军队吸收中原发明的攻城武器、火箭等先进武器，使得蒙古军队攻破城防。这样一支强大的蒙古军队征服了欧亚大陆，重塑了东西方的政治与文明。而随着蒙古人的征服，马鞍传播到欧洲，以往步兵作为主要兵种的时代过去了，骑兵成为战争的主力，欧洲进入了骑士时代。

3.2.2 热兵器时代

从大航海时代到工业革命，热兵器的出现所带来的军事技术革命深刻地改变了战争的形态。正如查尔斯·蒂利（Charles Tilly）所言，“战争创造国家，国家发动战争”，[①] 新式战争的形态推动了现代民族国家的兴起，欧洲中世纪的封建国家因为不能应对热兵器时代的国际军事竞争，而进一步走向解体；与此同时，现代国家完成了对军事暴力的垄断，军事力量进一步成为国家权力的重要来源。这一进程强烈地打破了世界政治舞台上的力量平衡。地理大发现以后，一个全球性的国际体系建立起来，世界政治真正成为一个有意义的学术概念。这一轮的军事技术革命带来了持续长达数个世纪、至今仍未完全消退的西方军事霸权。

13 世纪，中国的火器技术传入欧洲后，对世界政治格局产生了巨大的影响，以枪炮为代表的军事技术的革新成为各国争夺欧洲霸权的重要因素。火药和火器于 1225 年以后从中国传入伊斯兰国家，再通过阿拉伯人传入西班牙。创制于 15 世纪初的火绳枪炮是欧洲对管形射击火器的第一次改进，有效提高了西班牙军队的战斗力。[②] 之后，这种技术通过战争和文化交流传播到整个欧洲，并不断得到改进。火药的传播终结了骑兵的优势地位，其对于城堡的破坏性威力也摧毁了贵族的权力来源，最终导致了封建社会的终结。西班牙帝国强大的军事技术和武装起来的步兵不断扩大其在欧洲的影响力，哈布斯堡王朝因此曾盛极一时；英国非常重视海军发展，大规模建造舰船和舰炮，推动了火器的发展，海军舰炮一时兴起。英国提高大型帆船的航速，发明舷侧炮门和四轮炮架，使英国的舰队拥有更快的速度和装载更多的火炮，[③] 革新后的重型火炮让英国舰队拥有了更强的火力。1588 年，英国舰队以舰船和舰炮的优势，在英吉利海峡打败了西班牙的“无敌舰队”，成为英国崛起和西班牙衰落的转折点。此后，通过改进滑膛枪与火炮等军事战术，古斯塔夫二世（“北方雄狮”）率领的瑞典崛起，成为波罗的海霸主，在三十年战争中使新教阵营能够免于崩溃，最终三十年战争的结束粉碎了哈布斯堡霸权的图谋，让瑞典成为北欧霸主。战后签署的《威斯特伐利亚和约》建立了第一个现代意义上的国际秩序，对欧洲与世界的格局影响至深。在整个 16 世纪至 18 世纪，欧洲各国迅速而不断交

---

① Tilly C. Formation of National States. Princeton，NJ：Princeton University Press，1975：42.

② 周碧松．军事装备史．北京：国防大学出版社，2015：164.

③ 布特．战争改变历史：1500 年以来的军事技术、战争及历史进程．石祥，译．上海：上海科学技术文献出版社，2011：32.

替的军事革命，使得没有一个国家能够长期地称霸欧洲。

军事技术的革新也成为欧洲殖民主义向外扩张到全世界的基础。葡萄牙与西班牙首先将火炮运用在殖民扩张中，依靠大型的远洋帆船、大炮与火绳枪，葡萄牙人与西班牙人在美洲、非洲和亚洲建立起前哨站，并开始将世界联结成一个整体。1532 年，皮萨罗仅以 100 多人便征服了印加帝国，显现出军事技术带来的巨大优势。16 世纪，西班牙哈布斯堡王朝已经成为世界上第一个霸权国家。① 之后，欧洲各国依靠其强大的军事实力开始建立自己的殖民地。英国先进的海上军事技术也帮助其建立了海上霸权地位，开启了"日不落帝国"的时代，深远地影响了世界政治格局。随着欧洲军事技术革命的不断发展，东西方之间的差距愈拉愈大，欧洲成为世界的中心，其对外殖民推动了新的世界体系的诞生。

第一次工业革命之后，军事技术的革新速度愈来愈快。19 世纪下半叶德国的崛起在很大程度上依靠军事技术的革新。普奥战争中普鲁士军队依靠先进的后膛来复枪战胜了仍装备前膛燧发枪的奥地利军队；普法战争中普鲁士军队则在步枪武器处于劣势的情况下，全军使用克虏伯制造的更便宜耐用的铸铁后膛炮，以更优越的火炮优势战胜了仍使用铜制前膛炮的法国军队。军事技术的革新促成了德意志的统一，德意志一跃成为欧洲大陆最强大的国家，也为两次世界大战埋下伏笔。第一次工业革命的更大影响体现在海战上。钢制蒸汽舰艇的出现大大提高了舰队的威力，鱼雷和潜艇的出现更是拓宽了海战的范围。这些进步直接加速了欧洲对世界的征服，曾经强大的中国开始陷入了落后挨打、民族屈辱的历史中。

第二次工业革命带来了军事技术的又一次颠覆性革新，坦克、飞机、装甲战舰等机械化武器逐步出现，决定了第二次世界大战中各国的作战能力。由于一战中机械化战争处于起步阶段，战争形态的变革还未到来，而二战的演进轨迹则深刻体现了军事技术对于世界格局的影响。战争初期，轴心国集团之所以能够占据优势，在于其武器现代化程度较高，并匹配了相应的新式战术。坦克于一战中出现，并在二战中成为陆战的主要机械化武器。二战前夕，德国重视发展坦克技术与装备，组建坦克兵团，创造了"闪电战"模式，其Ⅲ型坦克与虎式坦克一时间横扫欧洲战场；日本以最先进的战机（零式）、航母（翔鹤级）、鱼雷（91 式），建立了以航母为中心的航空战队，在太平洋战场占据优势。而到了战争中后期，同盟国的军事科技迅速发展，并逐渐赶超轴心国。苏联依靠其强大的军工厂，组建使用 T-34 坦克的大规模机械化装甲部队，在库尔斯克会战中粉碎了德国的主力集团，成为二战中欧洲战场的转折点；美国在珍珠港遭遇突袭后和中途岛战役后大力发展航母，更强大的"埃塞克斯"级航母、新式战斗机、先进的无线电技术以及美国绝对强大的制造能力，让美国海军在后期以压倒性的优势碾碎了日本海军，而 1945 年美国通过"曼哈顿计划"研制出的原子弹一举锁定了太平洋战争的最终结局。美国依靠军事技术的创新获得了战争的胜利，进而建立了新的世界政治秩序。武器装备革新与战争天

---

① 卡门．西班牙帝国：走向全球霸权之路：1492—1763．罗慧玲，译．北京：中信出版集团，2023．

平倾斜的一致，反映了军事技术与世界政治有着高度的关联性。

3.2.3 核武器与太空武器时代

二战期间，核武器的开发和应用不仅最终决定了战争局势，还对日后的世界政治格局产生了重要影响。首先，核威慑是两极格局时期美苏两大对立阵营能长期保持“冷战”而不陷入“热战”的重要原因。由于核战争可怕的破坏性，以及在极短时间内就能使这种破坏发生的技术能力，任何国家都很难认为自己不受核武器的影响。因此，虽然双方在经济、政治及意识形态等方面全面对抗，但美苏两个拥核大国及其核保护伞下的国家在冷战期间保持了微妙的平衡，大部分的地区冲突都是通过代理人战争、局部战争解决，没有发展成为全面“热战”。在这一时期，关于核威慑的理论也层出不穷，如现实主义的“核恐怖平衡”等等。这些理论论述了威慑的稳定与国际系统的稳定之间存在紧密的相互关系。当然，随着两极格局的瓦解和核武器的扩散，拥有核能力尤其是核军事技术的国家越来越多，相关的理论也在不断更新。虽然核威慑对于国际稳定的解释力变弱，但是核武器的特性及核战争的成本仍使得各大国进入全面“热战”尤其是全面核战争的可能性趋近于零。因此，各国的竞争与冲突更多以经济制裁和局部战争等形式体现出来，军事技术限定了政治发展的背景和条件，核武器的存在某种程度上成为当今时代大国冲突的最后一道防线。

二战之后，常规导弹、核导弹及各类新式导弹开始出现。有学者认为，洲际导弹和核弹头的发明使人们对关于战争的性质、在对外政策中使用军事力量以及军事力量在维持国际体系的稳定中的作用的传统观念产生了质疑。[①] 导弹武器还改变了作战方式。二战后各国都十分重视导弹研发。1957 年 7 月，苏联发射了第一枚洲际弹道式火箭，而美国此后则加紧发展中程和洲际导弹。而在中东战争、海湾战争等现代战争中，导弹武器的威力及其取得的作战效果再次引领了导弹的发展热潮。值得注意的是，导弹也与核武器一样，从少数大国垄断导弹的局面演变为各国自行研制导弹的局面。相对于核武器与核力量一直被控制在十来个甚至更少国家手中的情况，导弹技术则扩散至各国手中，导弹武器在战争中愈发具有影响力，改变着现代战争的进程与结构。

核武器及其他新式武器的出现使得对世界各国的军备控制被列入国际政治议程。一方面，新式武器的杀伤力尤其是核武器的破坏能力增加了美国等拥核国家对他国获得核武器的忧虑。早在 1946 年，美国就向联合国提交了关于管控原子能技术应用的“巴鲁克计划”，此后核裁军和防止核扩散就一直是世界政治中的重要议题。另一方面，由于核威慑的存在，军备竞赛成为大国竞争的一种手段。由此，这

① Smit W A. Military Technologies and Politics//Goodin R E，Tilly C. The Oxford Handbook of Contextual Political Analysis. Oxford：Oxford University Press，2006：72.

一时期出现了很多对武器创新的评估，科学家凭借他们的技术知识及技术权威，来评估验证军事技术，使军备控制的相关协议程序变得更加正当化并在政治上更能为人所接受。同时，这一时期也形成了例如《反弹道导弹条约》和《全面禁止核试验条约》等诸多规制相关技术扩散的国际条约，在一定程度上形成了军备控制的国际规范和制度。

最近几十年，太空武器、卫星技术、无人机等新技术也不断出现，这些新技术进一步丰富了战争的形式并开辟了新的战争领域，网络战、信息战、太空战等将战场从地球空间扩展到外层空间，也从现实扩展到虚拟网络。卫星技术和太空系统被广泛应用于情报、监视和侦察、通信、定位和导航等，使得地面部队行动更加高效。此外，新军事技术的发展导致了两种看起来有些矛盾的趋势：一是技术的扩散使得小国在局部战争中更具韧性，二是军事技术对于经济基础和技术能力的高要求使得大国在战争中的优势地位难以逾越。混合战争成为当今战争的主要形式。战争不再局限于局部热战，而是信息战、网络战、舆论战等结合在一起，使得各国的技术实力以及综合实力包括软实力（如对舆论的掌控能力）逐渐成为确保国家安全的重要因素。

总的来说，军事技术革命是国际政治格局变化的重要动力。特别是在第二次世界大战结束之后，核武器的威慑力使大国之间难以再进行直接的战争，因而在一定程度上促进了国际合作和世界和平。然而，例如人工智能、太空技术等新军事技术的发展也增加了战争形式，开辟了新的战争疆域，给世界和平制造了新的危险因素。因此，新型军事技术对世界政治产生的影响将继续成为学者的关注对象。

3.3　经济技术革命与世界政治格局的变迁

与军事技术相似，经济领域的技术革命也深刻地影响了世界政治格局。一方面，经济技术革命极大地提高了一些国家的生产效率和经济实力，促使其进行海外市场的扩张，直接塑造了国际力量格局。与此同时，在自由主义者看来，交通、信息等经济技术革命也同时拓宽了国家间的沟通渠道，强化了国家间的相互依赖，有利于国家安全环境的改善和世界的和平与稳定。但另一方面，现实主义者认为，经济技术革命带来了新的大国科技与产业竞争，并且加剧了国家间的力量失衡，从而酝酿了新的国际冲突。

3.3.1　航海革命与群雄逐鹿的时代

13世纪后期，随着奥斯曼土耳其帝国的崛起，亚洲与欧洲之间的贸易路线由其垄断，亚洲的香料等商品因而主要经由阿拉伯人从印度运往埃及，再由埃及的意大利商人发往威尼斯，最后从威尼斯分销给欧洲各地的转运商。这种漫长、复杂且风险重重的贸易过程让亚洲香料在欧洲十分稀缺且昂贵，商人要求只能以黄金这种硬通货作为交易媒介，而当时欧洲的黄金也十分稀缺，难以维系正常的商品交易。欧洲人虽然对香料与黄金十分渴望，但却不具备打败奥斯曼帝国以重获贸易通道的军事实力和经济实力，因而被迫寻找绕过奥斯曼帝国通往亚洲的新航道。但限于此时在地理知识上的匮乏和航海技术的缺失，欧洲人屡试屡败；直到 15 世纪下半叶，欧洲人才能够离开风平浪静的地中海，驶向大西洋，开始书写人类历史上灿烂辉煌的大航海时代。

葡萄牙亨利·恩里克王子首先指挥其船队沿着非洲西海岸探索，成为欧洲地理大发现的开启者，是 15 世纪欧洲海上扩张的核心人物，也是欧洲航海技术发展的赞助人和奠基人。恩里克王子是 15 世纪葡萄牙国王若昂一世的第三子，虽无权继承王位，但却是使葡萄牙崛起为海上强国的关键人物。具体而言，恩里克王子主要有两方面的贡献：一是为了适应大西洋的航行条件而改造海船，葡萄牙造出了船体小、吃水浅、轻便灵活的多桅三角帆船，并组建了在规模和装备上傲视欧洲的海上远征队；二是在萨格里什建立了人类历史上第一个正规的航海学校，网罗各国地理学家、地图绘制专家、数学家、天文学家等系统研究航海科学，制定航海计划，改进或创造航海仪器，还广泛搜集气象、海流、造船等资料成立图书馆，并建立了中世纪欧洲最重要的天文观测站。从此以后，欧洲的航海知识呈现了爆发式的传播。

从 1418 年起，恩里克王子组建的海上远征队开始海上探险活动。1418 年，札科发现马德拉群岛，并于 1431 年达到亚速尔群岛；1434 年，吉尔越过博哈多尔角；1445 年，迪尼斯·迪亚士到达塞内加尔河发现佛得角，费尔南迪斯发现了冈比亚河。在恩里克王子的带领和感召之下，葡萄牙几乎探索了整个非洲的西海岸。随后，巴尔托洛梅乌·迪亚士于 1487 年到达非洲最西南端好望角。1497 年 7 月 8 日，经过恩里克王子航海学校航海家们仔细的计算，葡萄牙决定派遣达·伽马绕过非洲最南端，探索通往亚洲之路。达·伽马从里斯本出发，航行 10 个月后，于 1498 年 5 月 20 日到达印度，并在 1499 年 9 月 9 日回到里斯本，成为人类历史上第一个从欧洲远航到印度之人。从此，一条崭新的欧洲通往亚洲的航线开通了。葡萄牙依靠其同时崛起的军事力量，在 1503 年终于打败阿拉伯海军，取得海上贸易的领袖地位，从此一跃成为世界强国，称霸欧洲并逐鹿亚洲。

同期，地理知识的拓展让西班牙的航海家坚信地球是圆的，因而向西航行去寻找通往东方的新航线。1492 年 8 月 3 日，在西班牙王室的支持下，哥伦布开启了向西探索的道路，经过两个多月的航行，终于在 10 月 11 日到达新大陆。哥伦布的这一发现让西班牙从此掀起向西航行的热潮，相继占领了加勒比海、南美大部、墨西哥等地，并凭借其经验充足的海军称霸海洋。其后，麦哲伦横渡太平洋完成人类首次环球航行，北冰洋西北航线被打通，澳大利亚、南极洲被发现，海洋新疆界被不断开辟。16 世纪前后的这一系列地理大发现，成为东西方争夺世界领导权的分水岭，西方开启了在世界掠夺、征服和殖民的过程，建立了持续至今的全球优势。

与此同时，航海革命不仅带来了财富，也带来了国家间暗流涌动的利益纠葛和势力争夺，促进了新型军舰和海战武器的发展。激烈的矛盾与强悍的军事力量让欧洲主要国家之间产生了连绵的海上战争，开启一个各国争夺海上霸权的“群雄逐鹿”的时代。

1588 年，英国在与西班牙的战争中取得胜利，西班牙的“无敌舰队”不再无敌，英国在历史上第一次以强国姿态出现，并迅速展开对世界海洋霸权和商业霸权的争夺。1648 年，荷兰从西班牙完全独立之后，开启了航海和贸易强国的征程，在世界各地夺取葡萄牙和西班牙的贸易和殖民据点，葡萄牙与西班牙走向衰落，荷兰的阿姆斯特丹成为世界的金融商业中心。荷兰经济上最强的初始比较优势体现在船运方面，尤其是在波罗的海区域，波罗的海出口的谷物大多数被荷兰船只运送至阿姆斯特丹，然后再由此转到欧洲其他地方，包括地中海地区。荷兰在海上贸易中的霸权地位很大程度上是由于这一时期荷兰在航海技术上的重大革新。荷兰设计的新型商船实现了货运能力的最大化以及劳动力成本的最小化，从而使得荷兰在大宗运输贸易中保持低运费。不仅如此，由于荷兰发明了现代腌制技术，北海的鲱鱼渔场也成为荷兰的另一大宗生产部门。[①]

但由于在军事技术上的落后，特别是船队并不装备重武器，荷兰随后在 1678 年的法荷战争中败给法国，又在 1684 年的第四次英荷战争中败给英国。叱咤风云的“海上马车夫”荷兰殖民帝国走向衰落，但世界政治舞台上却崛起了法国与英国两个海上殖民帝国。而英法之间的较量也在 1805 年达到顶点，英国在特拉法尔加角海战中打败法国与西班牙，这是帆船时代最重要的一次海战，也是英国海军史上的最大一次胜利，从此法国彻底失去在海上大展宏图的实力，英国赢得了其后一个世纪的海上霸主地位。总而言之，航海革命带来的海上贸易争夺与海上战役角逐，不仅改变了世界的资本格局，也重塑了世界的政治格局。从此世界连为一体，欧洲的海船出现在世界各地，欧洲在世界构建了一个以它为主导的殖民政治版图。

3.3.2 蒸汽革命与英国霸权的时代

1776 年，英国发明家詹姆斯·瓦特改良的蒸汽机问世，标志着蒸汽革命正式开始，以此为代表的技术大飞跃被称为“蒸汽革命”。蒸汽革命结束了以人力驱动生产的时代，随着蒸汽机在机械制造、交通运输等领域的广泛应用，各国的生产效率呈现阶梯式提高，国际社会迈入了工业化的发展阶段。作为蒸汽革命的引导者，英国率先完成了国内的工业化进程，并通过跨国贸易积极拓展海外市场，成为世界第一大经济强国。经济实力助推英国殖民地的全球扩展以及海军力量的增强，从而开启了属于英国霸权的时代。

从经济发展而言，蒸汽革命极大增强了英国的生产及贸易优势，为英国霸权奠

① 芬德利，奥罗克．强权与富足：第二个千年的贸易、战争和世界经济．华建光，译．北京：中信出版社，2012：195－196．

定了基础。首先，蒸汽机在英国煤炭开采领域广泛应用，使得英国彻底摆脱了能源瓶颈的束缚。在现代经济发展史上，煤炭被誉为“英国制造业的灵魂”，① 而改良式蒸汽机的出现极大提高了英国的煤炭开采能力。1850 年，英国的煤炭开采量达到 5 000 万吨，为同期法国的 12 倍。② 煤炭能源又进一步提高了蒸汽动力的燃烧效率，蒸汽机得以在交通运输、金属冶炼等领域获得更多应用。蒸汽机与煤炭开采的结合是英国迈向世界霸权进程的关键一步。

其次，蒸汽机的应用触发了交通运输技术的变革，铁路系统的出现为英国进一步打开了国内市场。英国是最早发展蒸汽铁路的国家。1814 年，英国人乔治·斯蒂芬森发明了世界上第一个蒸汽火车头；1825 年，在英国诞生了世界上第一条运输铁路；1851 年，英国已经建成了 22 条铁路网络，总长度超过 13 000 公里。③ 铁路的出现前所未有地提高了英国商品的运输效率，降低了货物运输的成本，加快了货物的周转速度，扩大了英国的贸易优势，进一步奠定了英国的经济强国地位。在蒸汽革命的推动下，英国成为“世界工厂”，在世界工业生产和贸易中取得了垄断地位。1820 年，英国工业品产量占世界总产量的一半；在 19 世纪前 50 年间，英国的出口额增长了 6 倍；1850 年，英国在世界贸易总额中占比高达 21%。④ 英国成为世界各国工业品的主要供应者，欧洲国家则在不同程度上成为英国的原料供应地。经济上，英国在蒸汽革命后成为当之无愧的霸权国。

就霸权扩张而言，蒸汽革命所产生的强大经济力量是殖民霸权与海上军事霸权的物质基础。一方面，蒸汽革命赋予了殖民地新的经济意义。蒸汽革命后，殖民地不仅是宗主国金银财宝的来源，而且是商品市场和廉价原料的来源地，英国因此加快了海外殖民的步伐。19 世纪上半叶，殖民地印度已经成为英国重要的纺织品输出市场，1850 年，印度进口了英国棉织品的 25%，进口总额占英国当年出口总额的 1/8 有余。⑤ 1840 年，在澳大利亚先后发现铜矿和金矿后，英国加紧了对澳大利亚的殖民统治。尽管 19 世纪的殖民竞争相当激烈，但在第一次世界大战前，英国仍然是全球最大的殖民帝国，拥有超过本国领土面积 150 倍大小的海外殖民地。⑥ 英国通过不断扩张，建立起了世界上最广阔的殖民地，占据着全球绝大部分市场和资源。

另一方面，蒸汽革命的技术成果使得英国拥有了无可匹敌的海军实力。蒸汽革命赋予了英国强大的机械制造能力，而且蒸汽动力与煤炭能源的结合又为现代军事力量尤其是远洋海军的建设提供了关键性技术和物资，英国海军因此取得了长足发展。1850 年前后，英国在地中海拥有 800 门舰炮，在大西洋拥有 1 000 门，在太平

① 克拉潘．简明不列颠经济史．范定九，王祖廉，译．上海：上海译文出版社，1980：321.
② 樊亢，宋则行．外国经济史．北京：人民出版社，1980：347.
③ 沃尔玛尔．钢铁之路：技术、资本、战略的 200 年铁路史．陈帅，译．北京：中信出版社，2017：74.
④ 同②78.
⑤ Chapman S J. The Cotton Industry and Trade. London：Routledge，2018：64.
⑥ 博德．资本主义史：1500—1980. 吴艾美，杨慧政，陈来胜，译．上海：东方出版社，1986：125.

洋和印度洋各有 300 门，英国的海军军费支出接近德国、法国、意大利、俄国以及奥匈帝国五国海军军费支出的总和。此时英国的海军力量已超过了欧洲大陆各国力量。[①] 与此同时，英国在同时期还几乎垄断了西方各大国绝大部分舰船的制造。土耳其的全部装甲舰、俄国和德国的大部分装甲舰都是在英国制造的。强大的海军力量保障了英国在一次次与其他世界强国的霸权争夺战中获得胜利。

英国以其如火如荼的工业生产、无可匹敌的海军优势以及遍布全球的殖民势力征服了世界。然而，随着电气革命的发起，石油和电力取代蒸汽成为工业发展的新动力，固守蒸汽革命既有成果的英国逐渐丧失了维持霸权的能力。为持续殖民掠夺以及维系殖民帝国，英国付出了巨大的政治经济成本，这加速了英国的衰败。而英国与其他国家的军事实力差距在电气革命后进一步缩小，美国等新兴资本主义强国崛起。因此，英国的霸权时代也随着蒸汽革命为电气革命所取代而走向衰落。

3.3.3　电气革命与美国霸权的时代

以电机的发明与电力的应用为主要标志的第二次工业革命始于 19 世纪 60 年代的美国和德国，并逐渐扩散至英法俄意日等国家。电力使得制造业生产的动力发生了实质性的改变，它极大地提高了生产效率，节约了人力成本，也使生产流程更具灵活性和可持续性。

对电气革命有决定性贡献的是美国。1783 年，美国摆脱了英国的殖民统治获得了独立。但在很长的时间里美国经济一直以农业和轻工业为主，工业化水平和工业实力远远比不上英法等欧洲强国。19 世纪 60 年代，内战的结束为美国经济和工业的腾飞打下了基础。很快，美国开始发力，成为第二次工业革命的弄潮儿。1876 年，定居美国波士顿的苏格兰人贝尔试通电话成功。此后，爱迪生（发明电灯、留声机等）等人在贝尔发明的基础上作了重要改进，使电话通信方式很快风行全球。1877 年，美国建成第一座电话交换机。1879 年，爱迪生研制成功耐用碳丝灯泡。在 19 世纪中后期，美国抓住了第二次工业革命的契机，迅速完成了工业化，一跃成为世界第一工业强国、世界第一经济体，为称霸世界打下了基础。

不仅如此，美国还是大规模生产技术的先驱，通过技术和组织形式的发明改进，实现两类大规模生产：一是制造标准的、可互换的零件，用最少量的手工劳动装配零件，亨利・福特发明的环形传送带是典型例子；二是借助先进机械设备处理大量原料，这令绝大部分制造品产量大幅增长、相对价格急剧下降。美国在鼓励科学、发明与工业结合方面同样突出，随着支持专利技术交易机构的发展，美国发明家越来越专业化，还能够积极为他们的发明寻找商业上的运用机会；到了 20 世纪早期，工业企业开始创设研究实验室，聘用受过大学教育并具有专业技能的人员。美国巨大的经济优势与下列因素相结合加快其进一步发展：丰富的原材料，来自欧

---

① 杨跃．海洋争霸 500 年：英国皇家海军与大英帝国的兴衰．北京：军事科学出版社，2007：36.

洲和本国日益增长的资本供应，大量廉价的移民劳动力，巨大的、不断扩大的国内市场。1894 年，美国工业总产值超过英国，成为世界第一工业强国。此后，美国和英国的差距逐渐拉大，美国把英国越甩越远。1913 年，美国工业产值占世界总份额的 38%，接近英国的 3 倍。在国际贸易上，美国过剩的制成品逐步渗透国际市场，出口额从 1860 年到 1910 年增加了 6 倍以上；在高关税的保护下，进口量只增加了 4 倍。① 为了拓宽国际市场，美国雄心勃勃地干涉拉丁美洲的事务，并参与远东的利益瓜分。在金融上，美国对欧洲巨大的贸易顺差促使大量欧洲资本流入美国，令美国积累了大量黄金储备；然而美国缺少控制金融市场的中央银行，大部分对外贸易还通过英镑进行。但是，美国逐渐成为世界首要的经济大国，对世界经济体系的影响力不断增强，距离经济霸权仅有一小段距离。

对电气革命有着重大贡献的还有德国。德国可谓第二次工业革命的先驱。早在 1866 年，德国西门子就制成了发电机；到了 19 世纪 70 年代，实际可用的发电机问世，并补充和取代了以蒸汽机为动力的新能源。随后，电灯、电车、电影放映机才相继问世，人类进入了“电气时代”。德国在将科学成果应用到工业方面领先于世界，在物理学家、化学家、地质学家等的贡献下，德国利用内燃机、无线电等发明提高了传统的纺织、冶金工业的效率，又促进了新兴的石油工业、化学工业迅速发展。政治统一后，德国得以充分发挥其丰富的自然资源、高效的新式机械、丰富的自由劳动力、训练有素的科学家和成熟的技术教育制度等经济优势。到 1911 年，德国已成为世界首要工业强国之一，尤其在电力、光学和化学等新兴工业上占据欧洲首要地位。尽管存在资本欠缺，德国对世界经济的影响力仍不断增强：出口额增加两倍，接近于英国，商船数量也处于世界第二。② 然而，由于严峻的地缘政治环境等因素，德国的经济发展潜力受到了制约。

在第二次工业革命期间，作为老牌霸主的英国，尽管仍然维持着世界贸易与金融中心的地位，然而由于其工业技术和设备日益落后，新工业部门迟迟难以建立，在钢铁、化学、机床和电气等新兴的越来越重要的工业上逐渐落后于美国和德国。英国的工业绝对产量有所提高，相对份额则逐渐下降；这一衰弱表现在国际贸易上，则是在欧陆与北美市场丧失优势地位，丧失一些殖民地市场，外国工业品大量涌向未受保护的国内市场。③ 英国霸权缺乏强大工业经济的支撑，逐渐走向衰亡。电气技术在各国的不均衡发展也显著改变了世界经济实力对比：美国强势崛起，一举成为首要经济体，与其他国家的差距逐渐加大；德国同样强势崛起，尽管很快会到达它发展的顶峰；英国霸权仍然强盛却不断走向衰弱；法俄意日等国跟随其后，与前三国存在断层；此外，工业化国家与非工业化国家的差距不断拉大。经济实力

---

① 恩格尔曼．剑桥美国经济史：第 2 卷：漫长的 19 世纪．王珏，李淑清，译．北京：中国人民大学出版社，2008：380，389.

② 肯尼迪．大国的兴衰：上：1500—2000 年的经济变革与军事冲突．王保存，王章辉，余昌楷，译．北京：中信出版社，2013：206－210.

③ 同②235－241.

对比的变化推动世界政治格局的重组，新崛起的国家要求调整世界秩序，以英国霸权为中心的欧洲协调体系瓦解了，列强展开激烈的斗争，美国则成为新的霸主（见表3-1）。

表3-1 1880—1938年大国在世界制造业产量中所占的相对份额 单位：%

	1880年	1900年	1913年	1928年	1938年
英国	22.9	18.5	13.6	9.9	10.7
美国	14.7	23.6	32.0	39.3	31.4
德国	8.5	13.2	14.8	11.6	12.7
法国	7.8	6.8	6.1	6.0	4.4
俄国	7.6	8.8	8.2	5.3	9.0
奥匈帝国	4.4	4.7	4.4	—	—
意大利	2.5	2.5	2.4	2.7	2.8

资料来源：肯尼迪．大国的兴衰：上：1500—2000年的经济变革与军事冲突．王保存，王章辉，余昌楷，译．北京：中信出版社，2013：21.

3.3.4 信息革命和中国发展的时代

信息技术革命（或称ICT革命）始于20世纪中叶并持续至今，以电子计算机、原子能等技术的应用为代表。第二次世界大战是信息技术革命的催化剂，最初诞生的新技术多应用于军事层面，电子计算机被用于破译通信密码，原子能被用于制作威力惊人的原子弹，尤其是美国在广岛和长崎投放的两枚原子弹加速了战争进程，并最终迫使轴心国投降。随着二战结束与技术成本逐渐降低，电子计算机等技术的应用才逐渐扩展到民用领域。

这场历史上影响最深远的技术革命起源于美国，随之扩散到世界各地。作为技术的原始研发者，一方面，美国抓住信息技术发展的机遇，增强自身经济实力和科技实力，进一步夯实了自身世界头号强国和科学中心的地位。美国最先享受着信息技术普及带来的经济效益，电子计算机等技术提高了美国国内的生产力，刺激着美国经济保持高速增长，使得持续繁荣的美国稳坐世界霸主之位。同时，由于具有技术先发优势，美国技术专利申请数目远超其他国家，掌握着标准制定的话语权，并利用专利控制和技术标准占据产业链上游与国内外市场高地，形成技术发展的良性循环。在此过程中，美国逐渐形成并长期维持着技术领导权，并将其作为美国全球霸权的支柱之一。此外，美国的政府机构、科技企业、科研机构、资本市场四方携手共进，合力维护美国的技术霸权与产业霸权。美国政府主导的国内市场规模推动着技术进步，此外产学研各部门紧密结合，技术从实验室到市场有完整的推广流程，因此保持着较高的技术转化率，同时金融资本支撑技术快速进入并打开国内外市场。

另一方面，美国通过影响国际政治经济关系，改变着地缘政治的面貌，将世界格局向有利于美国的方向塑造。信息技术革命推动全球化加速、加深发展，极大促进了国家间相互依赖程度的加深，而相互依赖将世界格局塑造为一个不对称的网络结构，处于网络中心的国家具有网络性权力。在信息技术革命造就的产业革命中，作为世界霸主的美国始终在产业链中占据上游地位，因此具有比其他国家更大的网络性权力，能够将相互依赖"武器化"，将其他国家的敏感性与脆弱性作为打击这些国家的武器。①

这一时期，信息技术产业格局与世界政治格局高度重合，都呈现出"一超多强"的局面。除美国之外，中国凭借庞大市场和后发优势，形成了仅次于美国的完备的信息产业链的布局；欧盟在芯片、通信网络、软件等领域较为领先；韩国在芯片、存储、显示、智能终端等领域占据优势；日本在 IT 上游材料和装备等方面具有优势。② 其中，中国是最有可能通过技术崛起改变世界政治格局的国家。中国曾两次与经济技术革命失之交臂，终于抓住了此次信息技术革命的发展机会。改革开放之后，中国实施科教兴国战略，将引进的国外先进技术融入信息技术革命浪潮之中。最初，中国的信息技术处于起步阶段，以学习和引进国外经验为主。随着互联网与电子商务的发展，中国巨大的市场潜力逐渐被发掘出来，滋养了一批具有国际竞争力的互联网企业，但技术创新力相对不足。为解决这一问题，中国坚持自主创新道路，抓住了新兴技术变革为后发国家提供的重要机会窗口，如今，中国的 5G、人工智能等新兴技术处于全球领先地位，这一趋势若能持续，则意味着中国将在更多信息技术领域实现自主可控，并形成产业竞争优势。也正因如此，美国对华高度警惕并发起对华技术围堵，企图遏制中国利用信息革命实现科技领域赶超的势头。中美技术竞争如今成为当今世界政治中最为突出的现象。

信息技术革命不仅带领人类社会进入新的科技革命时代，也引领国际政治的中心从地缘政治转向技术政治。在技术政治时代，核威慑使大国之间直接冲突的可能性大大降低，大国进行地缘征服的意愿与获取到的价值迅速下降。与此同时，技术实力取代自然禀赋成为决定国家实力的关键要素，先进技术取代战略地理空间成为大国竞争的中心。技术政治的发展重塑了国际格局，其逻辑也将继续支配未来的大国竞争。③ 如今新兴技术将各国拉回到"同一起跑线"，也为中国创造了利用技术革命改变世界政治格局的重要窗口期。

---

① Drezner D W, Farrell H, Newman A L. The Uses and Abuses of Weaponized Interdependence. Washington, D.C.: Brookings Institution Press, 2021.

② 惠志斌."科技新冷战"下全球地缘政治对我国网信产业影响分析.信息安全与通信保密，2019 (8): 5-10.

③ 池志培.技术政治：战略、安全与经济.北京：中国财政经济出版社，2020: 2-20；阎学通，徐舟.数字时代初期的中美竞争.国际政治科学，2021 (1): 24-55.

3.4　信息技术革命与世界政治思潮的兴衰

自20世纪中叶开始并延续至20世纪末的信息技术革命推动世界政治史进入一个新的章节。它深刻地影响了人们的组织活动方式，影响了主权国家内部和国家之间的身份认同与规范认同，推动了不同类型的政治思潮的复兴与传播，进而深刻影响了世界政治的发展。信息技术革命就像一把双刃剑，它一方面降低了人民生产生活的交易成本，推动了世界的互联互通，推动自由主义政治思潮的兴盛；但另一方面，信息技术革命构建起的网络世界也使公众很容易获取大量碎片化的信息，建立其独特的社交网络，并散播虚假与不真实的信息。这在一定程度上激发了民粹主义、民族主义乃至反智主义的兴起，加剧了世界政治的不稳定性。

3.4.1　信息技术革命与自由主义的兴盛

20世纪中叶，信息技术革命的浪潮从美国开始兴起，并在随后的半个世纪内迅速席卷全球，于20世纪末达到高潮。21世纪开始，信息革命的浪潮继续向前推进，信息技术与科学知识进一步成为人类文明发展与社会进步的重要引擎。这场广泛而深刻的变革也促成了以全球化为核心要义的自由主义思潮在全世界范围内的传播。

信息技术革命有效推动自由主义思潮扩散的重要体现，便在于“地球村”（global village）等新概念、“世界是平的”（the world is flat）等新思想的出现与被广泛接受。“地球村”一词最先由加拿大传播理论家马歇尔·麦克卢汉（Marshall McLuhan）所创造，指的是在电报、广播、电视等电子媒介的作用下，不同时间与空间的距离障碍被技术成功地打破，讯息的传递更为快速，人与人之间的沟通也更为便捷，这使得人类所生活的地球宛如村落式的社会组织形态。① “世界是平的”这一观点则主要由美国新闻记者和作家托马斯·弗里德曼（Thomas L. Friedman）在同名书籍中提出。弗里德曼认为，21世纪迅猛的技术革命打破了地理疆界的桎梏，促成了更为广而深的全球化，这使得国家、企业和个人广泛参与全球化进程，并在全球范围内的“竞技场”上以前所未有的方式紧密联系、相互竞争与携手合作。②

信息技术革命之所以能有效推动上述自由主义思潮的传播，有两方面原因。一方面，技术革新推动了信息全球化，其所创造的新型媒介便利了信息的低成本、远

---

① 麦克卢汉．理解媒介：论人的延伸．何道宽，译．北京：商务印书馆，2000.

② 弗里德曼．世界是平的：21世纪简史．何帆，肖莹莹，郝正非，译．长沙：湖南科学技术出版社，2006.

距离、瞬时性传播，增强了资讯及思想在全球范围内的可及性。从 20 世纪 80 年代的第一代移动通信技术（1G）到如今正在部署的第五代移动通信技术（5G），可供传输的信息不再仅限于语音的形式，而是拓展到了图像、网页、视频等更为丰富的数据模式，并不断实现更快的速度、更低的延时以及万物互联的盛况。辅之以新型媒介的诞生，海量信息挣脱了传统时空的束缚，使得世界各地的人们可以随时分享、交流事实与观点，虚拟的网络空间为人们提供了“鸟瞰世界”的新窗口。另一方面，技术革新推动了经济全球化，其所带来的资本、劳动力、知识与技术等生产要素的跨国流动形成了全球生产网络，打造了全球互联互通的现实。互联网、云计算、大数据等信息技术的广泛应用为跨国供应链的高效管理与运作提供了机遇，进而推动了全球范围内专业化分工合作的成型。更进一步，信息科技的革新还催生了新的产业，远程医疗问诊、线上文化教育等新生行业如雨后春笋般涌现，使得人们深刻地感知到“地球村”的形成。总而言之，在信息技术革命的条件下，全世界被凝聚、组织起来，丰富的资讯为人们提供了全球化的视野，经济全球化的现实则更新着人们对世界的既有认知，两者的共同作用促成了自由主义思潮的兴起。

3.4.2 信息技术革命与民粹主义的扩张

伴随着信息技术革命的发展，21 世纪初第四次民粹主义浪潮席卷欧美。此次浪潮在反精英和关注底层民众的基础上增加了对贫富分化的不满和对平等理想的追求，出现左翼与右翼两极并进的趋势。信息技术革命为民粹主义尤其是左翼民粹主义的复兴提供了经济背景和民意基础，其推动着科技进步与生产体系变革，而科技进步与财富增长的成果仅惠及部分群体，无法由社会整体共享，信息技术革命尤其加剧了发达国家与发展中国家的技术鸿沟和信息鸿沟。这一变化集中表现在互联网领域，业态虚拟化带来的生产方式变革使得原有的经济结构与经济体系趋于失衡，同时，信息技术革命推动的全球化进一步加剧了国内财富的分配不均，两者同时并举催生了左翼民粹主义。①

信息技术革命造成的国内外经济变革冲击着旧生产模式下的既得利益者，而这些利益受损者没有得到政策补偿。一方面，由于信息技术更新速度极快且常表现出断裂式发展，旧有产业和就业群体被迅速淘汰，而政策调整需要经历冗长程序并在大多数情况下存在路径依赖，因此往往滞后于技术与经济环境的发展。另一方面，西方代议制民主的运转开始出现了严重的问题。代议制民主往往只能顾及部分群体的利益，而不得不忽略其他群体的诉求，这一回应性危机是左翼与右翼民粹反精英、反建制的共同政治诱因与制度根源。

由于传统政客无法及时回应民众诉求，民众转而选择把互联网平台作为表达诉

---

① 林红．当代民粹主义的两极化趋势及其制度根源．国际政治研究，2017，38（1）：36－51；房宁，涂锋．当前西方民粹主义辨析：兴起、影响与实质．探索，2018（6）：66－71.

求的替代选项，而热衷于通过互联网表达观点与利益诉求的群体中又产生了民粹主义者。信息技术革命中诞生的社交媒体已成为政治民粹主义者传播信息的首选交流工具之一，极大地促进了政治交流。民粹主义者在互联网传播过程中既呈现出自我强化的趋势，又具有适应社交媒体和新数字环境的能力，可以通过分析实时数据了解并适应广大受众的共同特征，并在数据驱动下制定和动态调整针对大众的成功沟通策略，这也被称为“数据驱动的民粹主义”。此外，在信息技术时代，社交媒体用户既是内容消费者又是内容生产者，可以不间断提供新内容，并在互动反馈中提高用户参与度与积极性，从而弥合了人际沟通与大众传播之间的鸿沟，使得民粹主义等政治思潮的传播日常化。

互联网平台不仅为民粹主义思潮提供了自我表达的舞台和自我强化的动员工具，还造就了民粹主义者的政治实践活动。2016年美国总统大选中，共和党总统候选人特朗普在推特、脸书等各种平台发表民粹主义言论，参与民粹主义活动，以助力竞选，这是美国总统选举与此前选举的最大不同点之一。① 最终，这位打着“民粹主义”旗号的商人出乎意料地获得了大选胜利，并且在就任期间延续了其“推特治国”的风格。在欧洲，意大利五星运动也通过互联网“直接民主”的方式，在互联网平台聚集持有各种意识形态倾向的选民，并使其绕过政治代表直接参与讨论与投票，从而能够根据选民偏好确定政治纲领，最终赢得左翼与右翼不同立场的选民。②

总之，在信息技术革命浪潮中，民粹主义者聚集于互联网平台表达诉求，在此过程中不断自我强化，扩大了民粹主义思潮的影响范围。民粹主义者最初反对精英与传统政治制度，但通过在互联网平台上不断造势，最终成功将民粹主义的代言人推上了政治舞台。

3.4.3 信息技术革命与反智主义的发展

20世纪60年代，作为彼时对美国保守主义政治的一种回应，美国史学家理查德·霍夫施塔特（Richard Hofstadter）（又译霍夫斯达特）敏锐地观察到并提出了美国社会中根深蒂固的“反智”（anti-intellectual）文化传统。霍夫施塔特将其定义为一种反主流的社会现象，具体特征为贬低理性生活，拒绝独立思考，怀疑乃至仇恨被称作“知识分子”（intellectuals）的人，具有上述特征的态度、思想、行为或文化被称为“反智主义”（anti-intellectualism）。③

霍夫施塔特认为，反智主义不同于哲学意义上的“主义”，也并非一套理论学

① Fhilippi B. The Technological Performance of Populism. New Media & Society，2019，29（2）：376-397.

② 曰野，李存娜．全球化冲击、互联网民主与混合民粹主义的生成：解释意大利五星运动的兴起．欧洲研究，2019，37（1）：91-125.

③ 三希．反智主义与霍夫施塔特困境．美国研究，2021，35（4）：45-69.

说，其核心内容是对思想和知识的蔑视、怨恨和怀疑的态度，这种敌意或针对智识本身，或针对那些被认为代表着智识的人。① 这种蔑视的态度和情绪在20世纪中期麦卡锡主义盛行的时代达到巅峰，并在美国的政治发展历程中持续涌现。如民主党候选人、带有知识分子气质的艾德莱·史蒂文森（Adlai Stevenson）在1952年、1956年的连续两次大选中被共和党候选人艾森豪威尔击败，而后者的言辞和语气中总是充斥着对知识分子的不屑与鄙视。同样的场景在60年后再度上演。在4年的执政生涯中，站在“反科学”立场上的特朗普在全球点燃起反建制、反精英、反全球化的政治火把，搅得美国和世界不得安宁。而2020年新冠疫情肆虐以来，戴口罩和注射疫苗被特朗普贴上“伪科学”“阴谋论”的标签，这标志着反智主义和理性主义之间的较量更加声势浩大，知识分子和民众之间横亘着的危险鸿沟再次被拓宽。②

反智主义的力量可能生发于民间的流言，也可能源自知识分子的言论；它或许始终潜行于下层社会，但可能与上层精英的意图不谋而合，又或者成为一种由上至下的政治实践工具。但无论其来源，反智主义是民粹主义思潮盛行的大背景下的一种亚文化现象。在科技与通信技术飞速发展的当下，互联网、新媒体空间更加成为反智主义的温床，社会大众对精英建构和描绘的体制的反感情绪，在新媒体空间得到了释放。③

在信息技术革命之中，互联网是一个宏大的知识库，它让民众能够获取和交换信息，但也扮演着疯狂传播错误信息的角色。人们可以利用科技媒介自由发布任何东西，每个普通人都被认为可以拥有和医生、外交官一样的知识。然而，这类“知识”中有意裹挟着发布者的“精心策划”的信息，其可能是一知半解的，也可能是断章取义的，抑或完全是凭空杜撰的。这些“伪知识”的传播加剧了专家学者和普通大众之间的对立，彼此之间的信任逐渐崩塌。对于社会大众来说，他们宁愿相信自己已经掌握足够的信息并能自主作出决定，而不愿意倾听且无法容忍外界对自身信念或想法提出的任何异议；对于知识分子而言，他们不再愿意把重要的科学知识用简单易懂的方式呈现给公众，而是选择退回到自己的小圈子中，只和自己的同行交流。由此，在媒介技术的推波助澜之下，知识分子和社会大众成为更加对立的两个团体，他们在各自的阵营中强化着自己的偏见。④ 这不仅破坏了知识和专业在现代社会发展中的重要作用，还侵蚀了人们在民主社会中和谐相处的基本能力。⑤

除了产生助推“虚假知识”的洪流，互联网还削弱了普通人和学者进行深入对话的能力。在信息技术革命面前，人们有便捷的渠道能够获取大量知识，但同时也有一些民众对学习知识表示抗拒，这是前所未有的情况。互联网改变着大众的阅

① 霍夫施塔特．美国的反智主义．张晨，译．上海：上海译文出版社，2021.
② 许海云，张秦瑜．新冠疫情下美国反智言行分析．现代国际关系，2020（11）：43-49.
③ 陈伟球．传统民粹背景下的反智亚文化研究．新闻与传播研究，2014，21（4）：104-128.
④ 雅各比．反智的时代：谎言中的美国文化．曹聿非，译．北京：新星出版社，2018.
⑤ 尼科尔斯．专家之死：反智主义的盛行及其影响．舒琦，译．北京：中信出版集团，2019.

读、推理和思考方式，人们忽略了未经鉴别的网络信息并不等于真正的知识，并不等于理性思考能力。对科学的鄙视不仅会使人类丢弃积累了几个世纪的知识结晶，还会毁掉人类用于开发新知识的实践和习惯，阻碍信息技术的革新和社会的进步，最终使人类陷入一种故步自封的境地。

总之，随着信息技术发展与普及，反智主义大行其道。在这种社会氛围下，专家和民众之间的信任逐步崩塌，不少民主社会正面临着艰难的抉择——要么陷入暴民统治，要么走向精英技术官僚统治。而当今时代正面临着反智主义与民粹主义合流的风险。特朗普就是这股潮流的代表。作为一名公开的民粹主义者，他常常借反智、反精英的姿态拉拢民众，叫嚣着要打掉精英的知识霸权，并在特殊的政治时刻借助现代的传播技术，利用大众的“愚昧”来实现政治人物的私利，形成对社会大众的思想引导和控制，最终扼杀民众进行独立思考的自由。①

3.4.4　信息技术革命与民族主义的复兴

信息技术革命在全球构建起一个庞大的社交媒体网络，在复杂的信息流之中，似乎有一只看不见的手操纵着人们内心的欲望与恐惧，让很多政治活动出现了明显的非理性偏转。近年来，民族主义的复兴便是这种非理性偏转的一个重要体现。民族主义的核心是强调自我族群的利益和特性。② 民族主义作为一种政治思潮有着悠久的历史，但它并不是世界政治思潮的主流，特别是在第二次世界大战之后，人们从极端民族主义所制造的大屠杀这样的人类悲剧中吸取教训，长期抑制民族主义势力的抬头。然而，鉴于2016年特朗普在美国总统选举中的胜利和英国脱欧的成功，以及近年来极端右翼政党在意大利、德国等多个欧洲国家日益增长的影响力，民族主义似乎在诸多国家呈现复兴之势，甚至从边缘地带走向政治舞台的中央，成为影响世界政治的一股重要力量。

虽然推动民族主义复兴的原因有很多，但它在很大程度上受到信息技术发展的影响，这主要体现在三个方面。其一，信息技术所构筑的网络世界极大地改变了人们组织活动的空间，使有着相同语言、文化和族群认同的人们可以跨越远距离的地理空间，产生紧密联系，进而建立或巩固特定的族群。例如谷歌、脸书、微博这样的社交媒体平台能帮助人们很容易就找到有着相同语言、文化、宗教信仰或族群经历的伙伴，让虚拟社区的人们不需要面对面就可以形成民族意识，形成一种所谓的“远程民族主义”（long-distance nationalism）。③ 其二，信息技术的发展极大地增加了信息和观点的多样性，这也同时打破了政府对于历史叙事的垄断，在一定程度上

---

① 张旭．反智主义为何成为一种突出政治文化现象．人民论坛，2020，12（下）：48-50.

② Gellner E. Nations and Nationalism. Oxford：Blackwell，1983.

③ Conversi D. Irresponsible Radicalisation：Diasporas，Globalization and Long-Distance Nationalism in the Digital Age. Journal of Ethnic and Migration Studies，2012，38（9）：1357-1379.

破坏了“民族国家”这个更为广泛的族群认同。多种多样的信息传播渠道和不同的观点使历史叙事呈现多样性，进而导致了民族认同的碎片化。个人和团体紧紧抓住民族认同的“小众”版本，形成群体更小、思想与文化认同更为狭窄的族群。其三，信息技术所搭建的社交媒体网络也为民族主义者提供了新的政治舞台。与自由主义等其他类别的政治思潮不同的是，民族主义在政治实践中常呈现出激进乃至极端的特征。民族主义者尤其懂得他们的观众是谁，也尤其需要煽动族群情绪来巩固族群认同和排除异己。类似于推特这样的传播速度快、拥有大量用户的社交媒体也因而常被一些政治家用作煽动民族情绪的平台。

总的来看，信息技术革命不仅促进了民族主义的复兴，它实际上还改变了民族主义的内涵，使其在信息时代呈现了新的特征。民族主义作为一种意识形态本是与特定地理范围、人种特征与文化认同紧密联系在一起的。然而，信息技术所构筑起的虚拟网络世界为民族主义者减少了地理空间的束缚，也导致人们在文化认同上产生了前所未有的高度分化。族群所包含的群体变得更小与更加特别，它甚至可以不再与特定的人种特征联系在一起，而是纯粹建立在共同的意识形态之上。因此，这种新的民族主义不仅没有增强主权国家内部团结，反而在一定程度上为主权国家制造了内部分歧，进而也给世界政治增加了新的不稳定因素。

3.5 本章小结

21世纪，人类社会因技术进步而进入了前所未有的加速发展阶段。几乎每隔10年甚至更短的时间，我们就会发现在技术进步的作用下，社会生活会发生天翻地覆的变化。2022年的俄乌冲突更是彰显了技术所带来的战争形态的变化。技术是一种中性的力量，本身无所谓好坏，关键取决于人类如何使用。正确的技术使用，能给人类社会带来巨大的福祉，世界经济史上的每一次产业革命都是将技术革命的成果大规模运用于经济发展的结果。但同时，技术也能带来巨大的破坏力，特别是当它被用作攻击对方的工具、军事战场上新武器时，尤其是核武器的出现，使人类社会处于全体毁灭的威胁之下。因此，如何通过更好的制度设计和治理机制来驾驭技术和技术革命，使之造福于人类，是包括国际政治和国内政治在内的世界政治学的基本议题。

第4章

资本、世界市场与世界政治思潮

4.1 引言

传统国际关系研究从国家间合作与冲突的角度为世界政治的变迁提供了一些真知灼见。尽管国家间关系尤其大国间关系仍然是塑造世界政治的最重要因素，但以主权国家为分析单元的研究很难对“国家为什么以这样而不是那样的方式行动”“是什么造成国家的质变以及相互之间质的差异”等问题作出充分解释。这就需要研究者突破对单个国家的研究思路，对整个世界市场与世界政治思潮做一体化的深度考察。这就好比一个大锅里有200多个大大小小的土豆，国际关系研究的是这些“土豆”经历烹煮和调味而产生的化学效应和色香味变化情况，而世界政治则是研究一锅已经煮得半烂的土豆块的烹煮火候问题。世界政治研究作为一种在全球化背景下着眼于跨国性因素的研究视角，重点考察世界市场和世界政治思潮两大跨国性力量对各国各阶层的利益与理念的冲击。作为世界政治研究的两大基本单元，世界市场和世界政治思潮呈现出相互影响的关系。一方面，世界政治思潮是世界市场的产物。对于某种政治思潮的信奉者而言，世界政治思潮对其的作用会因其在世界市场中的位置及该国国内政治经济力量的对比差异而有所不同。另一方面，世界政治思潮又作用于世界市场，影响世界市场结构变迁。受到思潮影响的行为体，通过在世界市场中的行为，推动世界市场的规模扩张或收缩、分裂或统一。

4.1.1 世界市场的结构与运行特质

自16世纪起，全球市场从最初的由一个个零星的商业和殖民据点结成的网络，逐渐演变成全球范围内具有“中心—边缘”（core-periphery）关系的世界市场。① 伴随着资本主义生产方式在16世纪的西欧出现，西欧区域经济获得飞速发展，并且逐渐超越了世界其他地区。正如经济史学家所述，“到1820年时，它的收入和生产率超出世界其他地区两倍”②。此后，由于拓展市场和资本积累的需要，欧洲国家通过战争、殖民和自由贸易等方式，逐步将世界其他地区纳入以欧洲为中心的劳动分工和交换体系中。诞生于欧洲的资本主义经济最终在19世纪拓展成了真正意义上的全球性的资本主义世界经济。在世界市场的演进中，世界市场的“中心—边缘”的基本结构相当稳定，但处于中心区和边缘区的国家在不断更替，并且随着美国在20世纪70年代后将资本主义推到金融资本主义阶段，世界市场的中心地区和边缘地区也相继分化。美国所主导的世界市场呈现出“中心—准中心—准边缘—边缘”的四层结构。

（1）世界市场的“中心—边缘”结构。

世界市场的基本特征是不平等，它内嵌于世界市场的形成过程。促使世界市场形成的主要因素有两个：一是技术进步，二是国家对财富和权势的追求。技术进步使得人员、资本、商品和服务可以在更广阔的范围内流动，世界市场的规模也随之扩大。国家对财富和权势的追求推动世界市场不断扩大并巩固其规模。从历史上看，自16世纪开始，欧洲国家主要运用“官僚化、垄断武装、创立法统、所属臣民均等化”等方式完成对内巩固和增强国家能力。③ 在此之后，强大的西欧国家便有能力通过政治力量、经济力量和军事力量去主导全球分工。由于这种分工是“等级式的劳动分工”，④ 世界市场从诞生起便具有了“不平等”的特征。

不平等的基本特征决定了世界市场的结构呈现出明显的“中心—边缘”特征。关于世界市场的“中心—边缘”的二分法在结构主义政治经济学理论传统中占据标志性地位。传统结构主义政治经济学强调中心对边缘的剥削以及边缘对中心的依附，强调二者之间政治经济秩序的不平等、不公平性质。中心与边缘之间的政治经济状况存在质的区别。笔者在传统学派的基础上，对传统理论进行了拓展。结构主

---

① 经济史研究表明，16世纪之前，在欧洲之外的其他地区存在着各种各样的区域性世界经济体，而且其中的一些还相当繁荣，如中国、埃及、印度等。但在16世纪后，起源于欧洲的资本主义世界经济占据主导地位，并最终在19世纪成为真正意义上的世界经济。本书本节主要研究的是这种资本主义世界经济所催生的“世界市场”。

② 麦迪森．世界经济千年史．伍晓鹰，许宪春，叶燕斐，等译．北京：北京大学出版社，2003：37.

③ 沃勒斯坦．现代世界体系：第1卷：16世纪的资本主义农业和欧洲世界经济的起源．郭方，刘新成，张文刚，译．北京：社会科学文献出版社，2013：153.

④ 沃勒斯坦．现代世界体系：第2卷：重商主义与欧洲世界经济体的巩固（1600—1750）．郭方，吴必康，钟伟云，译．北京：社会科学文献出版社，2013：217.

义视角下的中心与边缘之间的质的差异性如表4－1所示。

表4－1　中心国家与边缘国家的比较

区别维度	中心国家	边缘国家
产业	先进制造业	小农经济和资源采掘
产品附加值	高	低
经济结构	复杂多样	单一
经济技术约束	需求侧	供给侧
受教育水平	高	低
经济波动性与通胀率	低	高
国际货币	发行者	储备者
规则、标准与经济周期	倡导者与设定者	追随者与接受者
国际债务	本币债务，高债务率	外币债务，低债务率
直接投资	资本输出方	资本输入方
贸易品与非贸易品比价	贸易品价格便宜	非贸易品价格便宜
社会身份的等级结构	平等	不平等
人口结构	少子老龄化	生育率高，人口年轻
全球公共物品	提供者	购买者
政治体制	民主制度	失败民主或非选举制度
国家相对社会的能力	强	弱

资料来源：翟东升．货币、权力与人：全球货币与金融体系的民本主义政治经济学．北京：中国社会科学出版社，2019：51.

中心对边缘拥有巨大的优势，其力量来自整个世界市场体系，包括整个分工和交换网络的人力、物产和知识。中心国家拥有整个世界市场内最大的需求市场，它们能够在世界市场内获得丰厚利润，并将这些利润转化为资本以支持其科技进步和产业革命。从世界史的角度来看，是“战争、殖民和商业循环”促进了科技进步。① 回顾欧洲历史，“战争与商业”始终贯穿在欧洲国家的竞争之中。欧洲各国为了打赢一场又一场战争，平均每年都需要将40%～80%的财政收入用于军事开销。② 在战争的推动下，欧洲各国对军事技术以及与之相关的数学、物理、化学、天文和地理等方面的知识产生大量需求。商业力量也乐于将资金投入相关行业以供技术研发，转而将产品卖给政府。同时，在战争的推动下，欧洲各国纷纷建立起更有效的财政体系、信贷体系和商业体系以为战争筹措物资和经费。在这样一个“战争与商业”的循环加速器的作用下，欧洲的科技水平迅速上升。当“战争与商业”的循环增强了欧洲国家的实力之后，欧洲国家通过殖民攫取了更大范围的商品市场和原材料供给市场。列强为了维护本国的势力范围，逐渐在军事上投入更多，同时

① 关于战争、殖民和商业的循环如何催生了欧洲的工业革命，可参阅：文一．科学革命的密码：枪炮、战争与西方崛起之谜．上海：东方出版中心，2022.

② 在1600—1790年间，如果算上对同盟国的援助款或用于偿还过去战争借款的部分，英、法、普鲁士等西欧国家的军费占比可能在90%以上。参见：Hoffman P T. Why did Europe Conquer the World? . New Jersey：Princeton University Press，2015：21－23.

欧洲商人也能在更大的市场范围内进行投资和贸易。通过“战争、殖民和商业”的循环，欧洲成功地引爆了第一次和第二次工业革命，并主导了世界市场。对于资本主义与战争的这种关系，费尔南·布罗代尔精辟地总结道：“‘战争制造资本主义’，这话反过来说也对。”①

而边缘国家往往只能扮演追随者和接受者的角色，在世界市场中处于被动的地位。身处世界市场边缘的国家尽管有动力摆脱自身的不利地位，但边缘对中心的抗拒和挑战通常很难成功，因为边缘国家所挑战的不仅仅是处于体系中心的那个霸权，还包括了自身在内的整个世界市场体系。为了维持自身在世界市场中的领导地位，世界市场的中心往往会主动使用世界市场的不平等结构赋予其的权力来打压新兴的成员国。这是不平等的世界市场体系能够保持稳定的原因所在。

在中心与边缘地区之间是半边缘地区。在沃勒斯坦的分类当中，半边缘地区是世界市场的一个中间群体。同边缘地区一样，半边缘地区也处于世界市场中心的剥削之中。但相对于边缘国家，半边缘国家对来自中心国家的压力有一定的抵抗力，也能自主制定有一定独立性的经济政策，而不是像前者那样，深度依附于中心国家。② 半边缘国家的来源有三类：第一类是从中心地区跌落的国家，如 18 世纪的荷兰、西班牙；第二类是从边缘地区跃升上来的国家，如 19 世纪中期之后的德国；第三类是曾经游离于资本主义世界市场之外，但随着世界市场的扩张而被吸纳进这个体系的较强的国家，如 18 世纪的俄国。处于半边缘地区的国家要么试图进入中心圈，要么努力阻止自身跌入边缘地区。

（2）世界市场的运行特质。

尽管世界市场的“中心—边缘”基本结构颇为稳定，但从长期的历史来看，世界市场并不是一成不变的，而是在内部和外部都不断发生着变化。从世界市场的内部来看，中心、边缘和半边缘三个部分的国家不断围绕着自身在世界市场中的位置和预期而产生互动。中心国家试图保有自身的优势地位，以阻止自身跌入半边缘甚至边缘地带；半边缘国家则为挑战中心和防止自身跌入边缘地区而奋斗；边缘地区则始终为自身的独立、解放和发展而不懈努力，以求逐步向世界市场的中心地带靠拢。从世界市场的外部来看，世界市场以越来越高效和有力的方式对全球各地区和各文明进行吞噬、消化与整合。③ 被吸纳的新地区往往成为世界市场的半边缘和边

① 布罗代尔在这里说的“战争制造资本主义”，引自维尔纳·桑巴特（Werner Sombart）的作品。桑巴特是德国历史学派最后的代表人物，曾写过一本《战争与资本主义》来深入论述战争与资本主义的关系。参见：布罗代尔．15 至 18 世纪的物质文明、经济和资本主义：第 3 卷．施康强，顾良，译．北京：生活·读书·新知三联书店，1993：45.

② 沃勒斯坦．现代世界体系：第 1 卷：16 世纪的资本主义农业和欧洲世界经济的起源．郭方，刘新成，张文刚，译．北京：社会科学文献出版社，2013：423－425.

③ 在沃勒斯坦的理论中，这些资本主义世界经济之外的地区被称为“外部竞争场”。沃勒斯坦认为，一个世纪里的外部竞争场经常在下一个世纪变成边缘或半边缘地区。参见：沃勒斯坦．现代世界体系：第 1 卷：16 世纪的资本主义农业和欧洲世界经济的起源．郭方，刘新成，张文刚，译．北京：社会科学文献出版社，2013：424.

缘地区的一部分。世界市场的上述内部运动和外部运动背后的主要推动力来自中心国家的更替与进化。

中心国家必须付出的代价长期削弱着旧中心的优势，这让中心的新旧更替成为可能。为保持其地位，中心国家至少有以下两项长期代价：一是产业外移、长期逆差和与之伴随的工业能力的下降；二是为稳定或者控制那些战略性地区和战略性资产而支付长期的安全成本。两者共同造成中心国家经济优势不可避免地下跌。为了拓展和维护自己的威慑能力，中心国家必须为了各种非常现实的政治和战略利益介入各类国家内部利益纷争，这又导致频繁的对外战争。战争所包含的冷血和虚伪必定与中心国家所宣扬的道德观念产生严重冲突，巨大的战争消耗也将进一步削弱中心国家本已脆弱的经济地位。旧中心国家的衰弱意味着在未来的世界市场中将会出现新的中心国家，这种新旧交替的现象始终存在于世界市场的发展历史中。所以，处于衰落进程的中心国家担心自己跌入半边缘地区，中心地位的竞争者则力图抓住机会，取代旧中心成为新中心。

世界市场的中心转移规律受到创新与扩散之间的矛盾运动的驱动。当创新占据上风的时候，国家规模并不重要，一个小国同样可以凭借其独特的新技术、新产业和新理念战胜传统大国而迅速成为世界市场的霸主；世界市场体系的霸主地位又反过来在短期内放大其能力、权势和财富，但是从长期来看，维持中心地位的代价会腐蚀其权力根基和民族精神。当扩散的因素占据上风的时候，规模重新变得重要。其他强国可以通过学习获得技术、产业和创新理念上的进步，[①] 但是新兴者的规模往往远大于原霸主，双方竞争的结果便是霸权更替。

新中心在获得体系的反哺之后，其财富存量和资本动员能力大幅上升，可以投资并孕育出更多的创新产业，从而引领全球化在广度和深度上达到新水平。[②] 17世纪以来的世界市场体系至少经历了“荷兰体系”、“英国体系”和“美国体系”三个时期（见表4-2）。[③] 比如，第一轮全球化达成了商品的无国界；第二轮全球化达成了产业资本的无国界；美国在主导第三轮全球化之前，先像当年的荷兰一样成为

---

① 这一点非常鲜明地体现在英法对荷兰的造船业的挑战上。查尔斯·金德尔伯格（Charles Kindleberger）曾在《世界经济霸权（1500—1990）》中记载，17世纪后期，英国和法国都曾招募荷兰船木工，设法从他们那里学习荷兰的先进技术。约一个世纪之后，荷兰议会禁止外国所寻找的技术熟练工人，尤其是大型锯机的操作员、制绳工人、纺织品精整工等移民国外。但荷兰的禁令很容易被打破。金德尔伯格认为荷兰的这种技术外流是其衰落的一个重要原因。参见：金德尔伯格．世界经济霸权：1500—1990．高祖贵，译．北京：商务印书馆，2003：150-151，166．

② 翟东升．货币、权力与人：全球货币与金融体系的民本主义政治经济学．北京：中国社会科学出版社，2019：229-230．

③ 杰奥瓦尼·阿瑞基（Giovanni Arrighi）认为地理大发现以降的500年里，资本主义崛起的第一体系是热那亚体系，第二是荷兰体系，第三是英国体系，第四是美国体系，参见：阿瑞基．漫长的20世纪：金钱、权力与我们社会的根源．韩振荣，姚乃强，严维明，译．南京：江苏人民出版社，2011。沃勒斯坦进一步点明，荷兰的霸权周期比较短，仅仅在1648年到17世纪60年代是霸权国家；英国的霸权周期则更长，至少包含1815年到1848年的30余年；美国的霸权周期则至少包含了1945年到1967的20余年；参见：沃勒斯坦．现代世界体系：第1卷：16世纪的资本主义农业和欧洲世界经济的起源．郭方，刘新成，张文刚，译．北京：社会科学文献出版社，2013：12．

国际贸易的最大国，接着成为巅峰时期的英国那样的产业资本输出的最大国，然后才开创出它独有的金融资本无国界的新自由主义全球化时代。

表 4-2　17 世纪以来的全球市场体系与霸权中心

全球化浪潮	霸权中心	创新	核心资本类型	经济突破	霸权国人口规模
第一波	荷兰	航路和航海技术	商品	人口数量	百万
第二波	英国	工业化	产业资本	人均耗能与产出	千万
第三波	美国	信息化	金融资本	人均信息量	亿

资料来源：翟东升．中国为什么有前途：对外经济关系及其战略潜能．北京：机械工业出版社，2010. 该书对广义全球化浪潮的界定略不同于传统的结构主义经典作品，主要是把热那亚体系剥离出讨论范围，并强调了创新与扩散之间的辩证运动对霸权中心转移的作用。

美国作为世界市场的新中心引领了金融资本无国界的全球化，在新的阶段，当今的世界市场体系也演化出了新特点。相比于传统结构主义的“中心—边缘”二分法，笔者认为中心和边缘在 20 世纪 70 年代之后出现了同步分化。中心国家分化为以虚拟金融经济和高科技创新为主的英美资本帝国，以实体经济为主的欧陆国家，日本、韩国、新加坡等制造业强国；而边缘国家则分化为以“物的生产”为主的大宗商品出口国和以人力开发为主的劳动密集型产品出口国。在 20 世纪 70 年代开始出现的上述分化主要是由此后的一系列结构性变迁所驱动的，其中包括以 1971 年黄金兑换窗口关闭为标志的法币时代的到来、1979 年之后英美倡导的新自由主义全球化、1989 年东欧剧变导致的两个平行体系合二为一，以及进入 21 世纪之后东亚供应链向中国的延伸和升级。分析各国在这个体系中到底处在什么位置，最主要的是看这个国家向整个体系出口何种东西以交换它所需要的商品和服务。从这个角度来考察所有的经济体，世界体系内的国家（地区）大体可以分为四类，分别为中心国家、准中心工业国家、边缘工业国家（地区）以及边缘原料国家（地区）（见表 4-3）。

表 4-3　分化后的世界市场中的各类国家（地区）的比较

项目/体系位置	中心国家（地区）	准中心工业国家（地区）	边缘工业国家（地区）	边缘原料国家（地区）
代表性的国家	美国	西欧、日本	中国、印度、墨西哥、巴西、土耳其、东欧、南非	俄罗斯、中东、非洲、拉丁美洲
向世界提供的产品	货币、知识产权、商业模式	技术、知识产权、核心部件、资本密集型产品	组装产品、劳动密集型产品与服务	能源和原材料
成功所依赖的主要特质	国际信用与形象	理性	勤劳与节俭	祖先遗产
要素禀赋	国际威望	技术能力和资本存量	劳动力规模和素质	丰富的人均可出口原材料

续表

项目/体系位置	中心国家（地区）	准中心工业国家（地区）	边缘工业国家（地区）	边缘原料国家（地区）
在体系中的比较优势	军事强大	工程师密集	劳动力多且廉价	幅员广阔
市场角色	世界银行	研发中心和实验室	加工车间	矿场和林场
角色类比	大型食肉动物	小型食肉动物	食草动物	植物与微生物

4.1.2 世界市场、政治思潮与世界政治

大航海时代以来，随着资本在世界各个角落的拓展和运作，世界市场体系越来越全面、深入地将各国各民族的人力、物力以“要素”的形式吞噬进体系内，并以市场价值尺度的“胃液”去消化各民族原本的组织体系、生活方式和文化传统。后者的政治、经济、文化、社会生活都必须与世界市场体系相适应，各种上层建筑都需要经历世界市场的竞争与重构。政治思潮的诞生、发展、传播和退潮的过程自然摆脱不了世界市场的作用。

思潮是人们在生产、生活和斗争中所形成的集体认知，它既可以表现为一套官方认可的正式的理论学说，也可以表现为社会普遍信奉的主张和情绪，还可以表现为政府政策背后的一套独特理论或者逻辑。思潮并非凭空产生，而是人们因为处于某种工作或者生活场景中形成的服务于其利益和诉求的认知。思潮往往由少数文化精英或者政治精英提出，但是其传播、放大的过程，一定与特定利益机制相结合。这些思潮可以满足多种功能，或者将某个阶段的经验教训提炼简化以便传递给整个社会及其后代，或者塑造和传播某种政治共识，或者为某种利益的存在和扩张提供合法性辩护，或者降低某种统治体系运行的成本与风险，等等。通常只有在符合特定群体的利益和偏好的时候，一种思潮才可能得到该群体的认同和支持。

今天流行于世的各类政治思潮，基本都是由过去200多年来不断扩张的工业化浪潮在世界市场体系的各个角落所激起的思想火花交汇渲染而成的。历史主义要求我们将研究对象放进其自身的历史进程和社会文化背景中去解读。因此，要想理解和解释这些相互冲突而又交相辉映的思潮和意识形态，就必须将它们还原进各自的创造者和信奉者在世界市场体系中的位置及其对未来走向的预期中来理解，也就是将不同意识形态与其信徒在世界市场体系中的分工、处境相联系。中心国家和边缘国家由于分别处于世界市场的支配与被支配地位，因而各自信奉不同类型的政治思潮。

世界市场中，中心国家与边缘国家的冲突塑造了扩张性政治思潮与对抗性政治思潮的关系。由于具备世界市场所赋予的结构性优势，中心国家往往会拥抱扩张性的政治思潮，并使之成为世界主流，而主流思潮的冲击往往会催生与之相冲突的对抗性思潮。这对矛盾运动的规律一般是扩张性思潮逐渐衰落，对抗性思潮逐渐变

强，并被世界各国所熟知。例如，当世界市场在19世纪逐渐从欧洲扩展到全世界时，中心国家主动拥抱了自由主义和帝国主义等能够为其对外扩张行为做辩护的思想。这些思想通过世界市场从中心国家传递到世界其他国家（地区）。面对中心国家的扩张，在世界市场中处于被支配地位的阶级和民族形成了自己寻求独立解放的利益诉求。这一寻求独立解放的过程催生了社会主义学说和民族自决理论，并由此形成更大范围的边缘国家的社会主义运动乃至民族解放运动。世界市场中国家对自身未来走向的预期也是影响世界政治思潮的另外一个因素。当支配世界市场的中心国家处于衰落进程时，其国内就可能滋生反世界主义的民粹主义或各类极端思潮。由于这类思潮是反对世界市场的，因此这些国家往往表现出“人格分裂的”特点——在经济利益上依赖世界市场，但在政治上持反世界市场立场。

本章接下来将从“世界市场的支配者与政治思潮的形成”“世界市场的被支配者与政治思潮的形成”“世界市场与政治思潮的矛盾性共存”等三个方面对世界市场与政治思潮的关系展开探讨。其中，第二节和第三节将从世界市场内在的“中心—边缘”结构及其内在的不平等特征出发来探讨世界市场的中心和边缘与其所孕育和支持的政治思潮的关系。第四节则关注在世界市场的中心发生转移的时期，世界市场的转移规律与旧的中心国家和边缘国家的政治思潮之间的张力。

4.2 世界市场的支配者与政治思潮的形成

如前所述，世界市场在政治、经济和文化等多个方面赋予占据中心地位的支配者以结构性优势，这种优势赋予了他们扩张的能力。而出于对利益和权势的追求，世界市场的支配者往往也具有扩张倾向。在具备扩张能力和扩张倾向的情况下，中心国家还需要用思想去为自己的利益进行辩护以证明自身利益的“合法性”。因此，支配世界市场的国家或国家联盟所鼓吹的必然是以自由贸易为底色的政治思潮。殖民主义、古典自由主义、帝国主义、苏联式社会主义和新自由主义等均属于此类。

4.2.1 荷兰霸权、殖民主义与自由贸易萌芽

在16—17世纪，荷兰当时的航海技术和债务体制的领先使其在世界市场上占据着明显的优势，由于英国和法国等在规模上远大于荷兰的国家在当时忙于各类战争而无暇抢夺世界市场，荷兰在17世纪短暂成为世界体系中的霸主。荷兰在金融方面的创新支撑了其经济和军事实力的增长。荷兰很早就出现了证券二级市场，阿姆斯特丹证券交易所是世界上最早的证券交易所，这为股票、债券等金融产品的流通提供了条件。通过发行债券和股本，荷兰政府和公司能够在市场获得源源不断的资金，从而促进了经济的繁荣。16世纪末期，来自安特卫普和荷兰南部的商人和

银行家不断涌入阿姆斯特丹，阿姆斯特丹的贸易额紧接着有了爆炸性的增长。① 荷兰的融资体系不但促进了其经济实力的增长还大大增强了其军事实力。17世纪，荷兰通过发行公债从这些商人带来的资本中筹集到了大量战争经费。② 这为荷兰从西班牙帝国独立提供了先决条件。例如，荷兰在1648年的融资额高达1.25亿盾；③ 同年，三十年战争结束，各方签订《威斯特伐利亚和约》，荷兰赢得独立。

在荷兰成为世界市场霸主的过程中，其国内的商业资本力量也逐渐完成了对国内市场的垄断和对国家力量的驯服。当国内市场的利润不能满足商业资本需求时，商业资本会驱使国家开拓国际市场，以便在更广阔的跨国市场中追寻利润。尽管依赖国家所提供的保护，但商业资本并没有"国家性"；当自身力量强于其所在国的国家力量的时候，商业资本就呈现出对扩张的强烈需求。马克思曾指出占统治地位的商业资本"到处都代表着一种掠夺制度"，它在近代的发展中是和"暴力掠夺、海盗行径、绑架奴隶、征服殖民地直接结合在一起的"。④ 荷兰的各类实体在世界其他地方进行贸易和殖民活动，而这为荷兰攫取了巨额财富。例如，荷兰东印度公司通过在资本市场筹集巨额股本并持续进行债券融资，使东印度公司在亚洲不断扩张。

在这种对外扩张的进程中，荷兰自然产生了对殖民扩张和贸易扩张行为进行合法化的需求。回顾当时的历史，出生于荷兰的国际法学家格劳秀斯（Hugo Grotius）的一系列思想都带着为荷兰的殖民扩张进行辩护的影子。格劳秀斯的"万民法"和《海洋自由论》在很大程度上是为荷兰殖民行径提供正当化论证。⑤ 格劳秀斯对"万民法"的思考一直与荷兰殖民活动齐头并进。他将极少数国家的实践和主张普遍化，并以普遍理论的形式将荷兰的特殊利益诉求合理化。《海洋自由论》对自由贸易的论证也是从荷兰的利益出发。格劳秀斯在《海洋自由论》中从自然法的角度论证了贸易自由的合法性，并谴责葡萄牙人限制自由贸易的行为。⑥ 但他仅仅支持对荷兰有利的自由贸易，而拒绝承认对荷兰不利的自由贸易。历史上曾存在这样戏剧性的一幕：当英国在1613年和1615年与荷兰东印度公司进行谈判的时候，英国殖民者就引用《海洋自由论》中的观点来攻击荷兰人在东印度的贸易垄断。当时荷兰方的谈判代表正是格劳秀斯，但他拒绝同意英国人提出的自由贸易的要求。⑦

格劳秀斯国际法思想的影响是深远的。英国和美国在崛起成为海洋霸主之后，同样将《海洋自由论》视为对海洋贸易自由的最佳辩护。为了更好地利用格劳秀斯的国际法思想来为本国利益进行辩护，格劳秀斯的形象在西方语境中逐渐与殖民主义脱钩，成为海洋自由、贸易自由、个人权利、和平与国际法治的捍卫者。格劳秀

① 金德尔伯格．西欧金融史．徐子键，何建雄，朱忠，译．北京：中国金融出版社，2007：56.
② 杨大勇．16—17世纪荷兰的崛起与资本市场．史学理论研究，2016（1）：116.
③ 同②117.
④ 马克思．资本论：第3卷．2版．北京：人民出版社，2004：369-370.
⑤ 章永乐．格劳秀斯、荷兰殖民帝国与国际法史书写的主体性问题．法学家，2023（1）：76.
⑥ 本顿．1400—1900年欧洲诸帝国的法律与地理．李扬，译．北京：当代世界出版社，2022：175.
⑦ 同⑤80.

斯自然成为“国际法之父”，[①] 其思想则启发了后来的政治学家，并在国际关系研究中出现了格劳秀斯传统的国际政治理论。[②]

4.2.2 英国霸权、古典自由主义与自由贸易的帝国

19世纪世界市场中的经济霸主是英国，其建立在重商主义、战争和制度创新之上。在第一次工业革命之前的100年里，英国奉行“重商主义”，其经济政策旨在限制外国船只参与英国贸易，从殖民地获取有价值的产品和把殖民地市场留给英国制造商。[③] 在其综合国力逐渐增强之后，为了打败日益发展的商业竞争对手荷兰，英国通过17世纪的三次对荷战争（1652—1654年、1665—1667年和1672—1674年）打破了荷兰的经济霸权，开拓了海外市场。从1688年到1720年，英国建立起政府信用制度并完成了金融革命。[④] 在该制度下，英国政府能够通过发行公债获取资金，这为英国霸权战争和工业革命提供了资金基础。[⑤] 在重商主义、战争的胜利以及制度创新的影响下，18世纪60年代，第一次工业革命率先在英国发生，这使得英国的工业生产效率大为提高，工业品的质量愈加精进，英国国力进一步急剧上升。随着英国于1784年在第四次英荷战争中获得胜利，世界市场的中心地位也逐渐由荷兰转移到了英国。

工业革命之后，随着工业资产阶级在英国国内占据主导地位，古典自由主义学说也迎来了快速发展的契机。英国的工业资产阶级积极呼吁英国在国内提高市场的自主性和在全球拥抱自由贸易，因此他们成为古典自由主义学说的坚定支持者。在18世纪下半叶，古典自由主义者在政治哲学上信奉约翰·洛克（John Locke）的政治自由主义学说，主张人人平等，政府的作用仅限于保障人们的生命、自由和财产权。他们认为市场对国家政治行为具有决定性的作用，国家的政治职能是为经济利益服务的，因而强调国家对市场的“自由放任”。经济上的自由主义则以亚当·斯密的思想为起源。1776年，美国《独立宣言》诞生，亚当·斯密发表《国富论》主张奉行自由贸易的经济政策，并且批驳了此前英国赖以发展的重商主义。此后，大卫·李嘉图进一步提出了“比较成本理论”，认为不管是在生产上处于优势还是

---

① 美国法学家亨利·惠顿（Henry Wheaton）于1836年出版的英文著作《国际法原理》（*Elements of International Law*）一书，是较早将格劳秀斯尊为“国际法之父”的作品。参见：章永乐．格劳秀斯、荷兰殖民帝国与国际法史书写的主体性问题．法学家，2023（1）：73.

② 英国国际关系学派的代表人物马丁·怀特（Martin Wight）将格劳秀斯的思想视为国际关系思想中的理性主义传统的起源，与马基雅维利-霍布斯式的现实主义传统和康德式的革命主义传统并列为国际关系思想史中的三大传统。Wight M. Four Seminal Thinkers in International Theory：Machiavelli，Grotius，Kant，and Mazzini. Oxford：Oxford University Press，2005：29－62.

③ 林赛．新编剑桥近代世界史：第7卷：旧制度：1713—1763年．中国社会科学院世界历史研究所，译．北京：中国社会科学出版社，1999：40.

④ 关于这一过程，参见：Dickson P G M，The Financial Revolution in England：A Study in the Development of Public Credit，1688－1756. London：Macmillan，1967.

⑤ 希克斯．经济史理论．厉以平，译．北京：商务印书馆，1987：86－87.

劣势的国家都能在国际贸易中获得利益。他在1817年出版的《政治经济学及赋税原理》一书中指出："在商业完全自由的体制下，各国都必然地将其资本和劳动力用于对本国最有利的方面。这种对个体利益的追求很好地同整体的普遍利益联系在一起。"① 李嘉图的思想也成为英国自由主义者向其他国家推销自由贸易的重要理论来源。

在工业资产阶级和古典自由主义学说的影响下，从1815年到1860年，英国的发展进入了一个特殊的时期，历史学家称其为"非正式帝国"（Informal Empire），② 意指当时的英国不追求帝国版图的扩张，只追求商品市场的扩张。在自由贸易时代，工业能力强大的英国无须借助直接殖民统治就可以控制一些地区的经济与文化，并将它们变为英国商品的海外市场和原材料产地。罗伯特·吉尔平曾指出，效率较高和技术上较为先进的英国能够从世界市场中获得更高的利润，而有利可图，是英国倡导自由贸易，提供投资资本、国际货币、发挥世界市场效率所必需的公共利益的推动力。③ 从此，自由贸易成为英国扩大帝国版图和拓展海外利益的重要手段。时任英国首相、坚定的帝国主义者帕麦斯顿（Henry John Temple Palmerston）曾说："贸易是文明的先锋，自由贸易一方面引领文明，另一方面促进国家间的和平，所有这些将会使人类变得更幸福、更贤明和更美好。"④

19世纪中叶以后，英国实质上实行的是一种"自由贸易的帝国主义"（imperialism of free trade）。⑤ 19世纪40年代，自由贸易在英国取得全面胜利后，英国一方面利用1848年欧洲革命和欧洲各国的分裂，扮演欧洲均势操纵者的角色；另一方面，英国凭借经济霸权，把自由贸易的原则推广到全世界，进一步加强了自身的优势。英国运用经济的、军事的、外交的以及政治的手段，最大限度地扩展在全球的势力范围，将落后国家（地区）变为英国经济、政治上的附庸。英国的"反谷物法同盟"的说法赤裸裸地展现了英国推行自由贸易的利益逻辑。"自由贸易原则是将外国变为我们宝贵殖民地极好的方式，而我们也不必负担统治他们的责任。"⑥ 在欧洲，英国通过妥协和让步打开市场；在亚洲，英国利用坚船利炮强迫中国清朝政府接受自由贸易的原则。这种强制性推行的自由贸易政策充满了帝国主义的扩张和侵略色彩，实际上正是一种"自由贸易的帝国主义"。

在英国主导的世界市场中，其他欧洲国家的技术进步和经济增长也十分可观。

---

① 李嘉图．政治经济学及赋税原理．周洁，译．北京：华夏出版社，2005：94.

② 对英帝国的这个描述首见于加拉盖尔和罗宾逊所撰的《自由贸易的帝国主义》一文，参见：Oallager J，Robinson R. The Imperialism of Free Trade. The Economic History Review，1953，6（1）：1－15.

③ 吉尔平．世界政治中的战争与变革．武军，杜建平，松宁，译．北京：中国人民大学出版社，1994：139.

④ Porter A. The Oxford History of the British Empire：The Nineteenth Century Vol. 3. Oxford：Oxford University Press，1999：107.

⑤ 这个概念首见于《自由贸易的帝国主义》，参见：Oallager J，Robinson R. The Imperialism of Free Trade. The Economic History Review，1953，6（1）：1－15.

⑥ Semmel B. The Rise of Free Trade Imperialism：Classical Political Economy the Empire of Free Trade and Imperialism 1750－1850. Cambridge：Cambridge University Press，2004：8.

资本主义世界市场的这种发展在技术基础和经济实力基础上为欧洲列强在全球范围内攫取利益创造了条件。19 世纪末期，“更大的不列颠”（Greater Britain）[①] 的支持者设想将英国及其在南太平洋、北美和南部非洲的定居者殖民地团结在一起。全球运输技术和信息技术的进步足以维持一个横跨大西洋的“盎格鲁-撒克逊”共同体。[②] 1872 年，英国首相本杰明·迪斯累里通过演讲宣扬了英国的帝国观。他鼓吹英国需要成为一个“赢得世界尊重”的“伟大的国家——一个（有形的）帝国”。[③] 英国通过贸易和战争在全球进行对外扩张的做法给欧洲其他国家提供了范本。如果说“更大的不列颠”背后的扩张思想，是以大英帝国为首的欧洲列强的思想基础，那么 19 世纪 70 年代后期英国经济发展速度的减慢让奋力追赶的欧洲各国看到了争夺中心地位的希望。列强的纷争成为帝国主义思想和瓜分世界狂潮的催化剂。

4.2.3 列强纷争、帝国主义与瓜分世界

在 19 世纪中叶之后，参与资本主义世界经济竞争的国家主要有九个，分别是：葡萄牙、西班牙、荷兰、英国、法国、德国、美国、俄国以及日本。前五个国家是欧洲老牌资本主义强国，而德美俄日则是在 19 世纪新加入的玩家。德国在 1871 年统一后成为世界经济的有力角逐者。[④] 俄国在 19 世纪后期的工业化让俄国经济飞速发展。此前作为殖民地的美国则是在先后完成独立和南北统一之后，在 19 世纪 90 年代开启了工业化，[⑤] 并迅速成为世界市场中的重要玩家。身处亚洲的日本则是在 1868 年明治维新之后，借助不同的条约直接进入资本主义世界市场，并通过向欧洲学习快速实现了工业化。[⑥] 在 19 世纪中期之后，随着这九个国家财富的增加和实力的增长，它们之间的相互竞争加剧，冲突不断，甚至引致了第一次世界大战和第二次世界大战。在列强相互竞争和对外扩张的过程中，帝国主义学说成为 19 世纪末 20 世纪初列强最欢迎的政治思潮。

帝国主义在国家政策、意识形态和学术概念等方面具有不同的意义。就国家政策而言，帝国主义与暴力和殖民统治密不可分。例如，托克维尔是法国殖民统治阿尔及利亚的热心支持者，对他来说，帝国有时需要进行残酷的统治。他说，“为了让我们在任何程度上进行殖民，我们不仅必须使用暴力措施，而且必须使用明显的

---

① “Greater Britain”这个概念是英国政治家查尔斯·迪尔克（Charles Dilke）于 1868 年提出的，后由历史学家西利（John Robert Seeley）发扬光大。

② 关于“更大的不列颠”这一观念如何影响英帝国的发展，参见：Bell D. The Idea of Greater Britain：Empire and the Future of World Order，1860－1900. Princeton：Princeton University Press，2007.

③ 梅特卡夫．新编剑桥印度史：英国统治者的意识形态．李东云，译．昆明：云南人民出版社，2015：58.

④ 金德尔伯格．世界经济霸权：1500—1990. 高祖贵，译．北京：商务印书馆，2003：243－244.

⑤ Rosenberg E S. Spreading the American Dream：American Economic and Cultural Expansion 1890－1945. New York：Hill and Wang，1982.

⑥ 大野健一．从江户到平成：解密日本经济发展之路．臧馨，臧新远，译．北京：中信出版社，2006.

不公正措施”。[①] “焚烧收成，清空筒仓，最后逮捕手无寸铁的男人、女人和儿童”是可以接受的。[②] 约翰·霍布森经常被视为典型的反帝国主义者，但他也摆脱不了对某种殖民主义的支持。他实际上是定居者殖民主义的狂热支持者。[③] 这类人并不反对欧洲列强在亚洲、非洲和拉丁美洲的暴力篡夺和统治，同时支持欧洲定居者夺取“未被占领”的土地。这种定居者殖民主义会采取包括种族灭绝在内的手段去抢夺土地，这导致澳大利亚和北美等地无数原住民丧失家园和死亡。[④]

作为一种政治思潮的帝国主义与种族主义和社会达尔文主义有着密切的联系。帝国主义和种族主义的结合在 19 世纪和 20 世纪的帝国话语中非常常见。[⑤] 帝国主义者大多数关于种族和文明的描述都融合了“文化”和“生物学”的论点，形成了一套关于世界秩序分层特征的有力主张。它们之中的极端说法认为最“不文明”的民族无法在一个由先进白人文明主导的世界中进行社会再生产，因此注定要被灭绝。[⑥] 帝国主义者认为欧洲在文明上的领先是因为白色人种的优越性。在这种优越性的支持下，帝国主义者认为世界上的文明人民有权利，甚至有义务向落后者传播文明。欧洲的帝国主义者用欧洲在军事和经济上的主导地位向许多欧洲人证明了其政治和道德秩序的内在优越性，证明了将其制度和思想输出到全球的企图是合理的。但实际上这是一种“做任何事情的权力都构成了做这件事的权利甚至义务”的强盗逻辑。[⑦]

在帝国主义者的认知中，世界上的各民族和社会是按等级排列的，而这种差异和不平等是天然存在的。[⑧] 约翰·霍布森在《帝国主义》中认为，帝国主义是一种政策，其发源地是国内金融资本的扩张，专指大英帝国和欧洲主要国家发动的扩张。[⑨] 列宁将霍布森的理论融入马克思主义之中，认为帝国主义是资本主义的垄断阶段。帝国主义所要求的垄断不仅要垄断国内市场还要垄断国际市场，最终达到垄断一切的目的。资本输出是垄断资本主义的主要特征，其本质意义在于它是“帝国主义压迫和剥削世界上大多数民族和国家的坚实基础”。[⑩] 帝国主义还同瓜分世界

---

① Tocqueville D E. Writings on Empire and Slavery. Baltimore：The Johns Hopkins University Press，2001：83.

② 同①70.

③ Bell D. Ideologies of Empire//Freeden M. Lyman Tower Sargent and Marc Stears. The Oxford Handbook of Political Ideologies. Oxford：Oxford University Press，2013：552.

④ Moses A D. Empire，Colony，Genocide：Conquest，Occupation，and Subaltern Resistance in World History，New York：Berghahn Books，2008.

⑤ Brantlinger P. Dark Vanishings：Discourse on the Extinction of Primitive Races 1800 – 1930. Ithaca：Cornell University Press，2003.

⑥ 同③540.

⑦ 霍布森在其《帝国主义》中驳斥了这种观点的逻辑。参见：Hobson J A. Imperialism：A Study. London：Allen & Unwin，1902.

⑧ Bell D. Empire and International Relations in Victorian Political Thought：Historiographical Essay. The Historical Journal，2006，49 (1)：281 – 298.

⑨ Hobson J A. Imperialism：A Study. London：Allen & Unwin，1902.

⑩ 列宁. 列宁选集：第 2 卷. 3 版修订版. 北京：人民出版社，2012：628.

和殖民政策联系在一起，“资本主义向垄断资本主义阶段的过渡，即向金融资本的过渡，是同瓜分世界的斗争的尖锐化联系着的”。① 可以说，垄断、资本输出、瓜分世界和殖民政策是帝国主义的核心特征。

最终，在帝国主义的影响下，欧洲列强掀起瓜分世界的狂潮。从 1870 年开始，西方列强出现了瓜分殖民地的高潮。1884—1885 年举行的柏林西非会议标志着帝国主义瓜分非洲新高潮的到来，到 19 世纪末列强几乎侵占了整个非洲。从列强开始瓜分世界到第一次世界大战之前，列强总共夺取了约 3 490 万平方公里的殖民地并划定了约 1 460 万平方公里的“势力范围”。列强在全世界的殖民地总面积达到 7 490 万平方公里。② 瓜分世界的狂潮是列强之间的竞争加剧的信号，随着列强的矛盾不断激化，战争成了列强争霸的最终手段。

尽管英国在第一次世界大战中成为获胜方，但其经济实力遭到明显的削弱，实质上已经无力领导一个统一的世界市场。在第一次世界大战结束之后的国际制度建设中，当时世界上经济实力最强的美国的国家利益并未得到确认，实质上走向衰落的英国通过对意识形态和国际规则的把控而继续占据着世界市场的领导地位。③ 但此时英国的实力并不足以领导一个自由主义的世界市场，也不足以支撑一个世界性的金本位制度。④ 从一战后的历史来看，衰落的英国的领导是灾难性的。大萧条之后，世界陷入“以邻为壑”的时代，此前统一的世界市场分崩离析。

4.2.4 美苏争霸、三种政治思潮与冷战平行体系

二战结束之后，以苏联为首的社会主义阵营与以美国为首的资本主义阵营分裂，世界进入冷战时期。在这一时期，以美国为首的资本主义阵营先后经历了“嵌入的自由主义”（embedded liberalism）阶段和新自由主义（neoliberalism）阶段，而以苏联为首的社会主义阵营则在经历了苏联社会主义主导的时期之后陷入分崩离析的状态。当冷战结束后，美国主导的新自由主义成为全球的主流政治思潮。

冷战期间，苏联式社会主义所倡导的世界观则强调自上而下的组织动员，诉诸集体理性（如计划经济），追求分配的相对公平，在国际层面建立以经济互助委员会（简称“经互会”）为平台的贸易和援助机制，形成与美西方平行的国际分工体

---

① 列宁．列宁选集：第 2 卷．3 版修订版．北京：人民出版社，2012：641.

② 高岱，郑家馨．殖民主义史：总论卷．北京：北京大学出版社，2003：47.

③ 在巴黎和会上，以英国为首的协约国勉强接受将威尔逊的“十四点”作为谈判基础，但是并不打算按照美国的国际秩序观来重建战后秩序。威尔逊通过种种让步保证了和约的最终达成，但这在美国国内造成了巨大分裂，并直接导致美国国会拒绝《凡尔赛和约》。参见：王立新．踌躇的霸权：美国崛起后的身份困惑与秩序追求：1913—1945．北京：中国社会科学出版社，2015.

④ 在金德尔伯格看来，大萧条产生严重后果的原因正是美国拒绝在危机时期承担解决危机的责任，而这一时期英国所主导的国际金融和贸易制度又无力应对危机。参见：金德尔伯格．1929—1939 年世界经济萧条．宋承先，洪文达，译．上海：上海译文出版社，1986. 这种世界体系中的旧霸权无力维持体系的稳定而新兴的国家又无意提供公共产品的情境被称为“金德尔伯格陷阱”。

系。苏联式社会主义集中体现在苏联对其阵营内的社会主义国家的“管理”上。苏联通过经互会在社会主义阵营内部实现经济往来。在1949年1月，为了对抗美国在欧洲推行的马歇尔计划，苏联、捷克斯洛伐克、匈牙利、波兰、罗马尼亚、保加利亚等六国成立经互会。随着冷战在全球的展开，阿尔巴尼亚、民主德国、蒙古、古巴、越南等也先后加入。经互会主要通过协调各成员国的国民经济计划、对生产进行专业化分工和组织内贸易来实现体系内国家的经济合作。在经互会内，各个成员国按照生产专业化的原则进行分工，一个或几个成员国集中生产一种产品，借此提高生产技术水平和效率，在各国之间建立起稳定的经济联系和生产协作。在社会主义世界经济体系内，苏联是居于绝对主导地位的，承担对经济发展、技术进步有重要意义而且经济利益最大的产品的生产，那些技术含量不高、原料消耗较大而成本较高的产品，则分配给其他成员国。

美国主导的经济体系在形成之初主要包含美国的北约盟友、日韩等亚洲盟友以及多数南北美洲国家，中国在实行改革开放之后，也被实质性纳入美国主导的世界市场体系。在20世纪50—70年代，资本主义阵营遵循着一种“嵌入的自由主义”方案。[①]“嵌入的自由主义”包含两个基本原则：一是自由开放的市场化原则，二是基于公平正义的社会保护原则。前者强调市场的自发作用，后者强调政府干预，两个原则整体上强调市场和政府作用的互补。资本主义国家正是在这两个原则指导下，迎来了20世纪50—60年代的整整20年的经济高速发展期。战后的布雷顿森林体系更多地体现了美国的利益，这为美国在战后成为资本主义阵营的霸主提供了支撑。自此，资本主义体系的世界市场中逐渐形成了以盎格鲁-撒克逊民族为中心的辐射式“中心—边缘”的全球性分工。在这一时期，尽管美国居于体系的中心，却承担了大量的贸易逆差，也承担着向外输出美元的任务，美国因此面临着“特里芬难题”。随着美国放弃美元与黄金的挂钩，以“嵌入的自由主义”为标志的布雷顿森林体系就此崩溃。

在石油危机等因素的作用下，资本主义阵营在20世纪70年代陷入了滞胀。为了应对资本主义的经济难题，英国撒切尔政府和美国里根政府联合推动了“新自由主义”在资本主义经济体系中的盛行。尽管战后的资本主义阵营仍限制资本的自由流动，但美国早在20世纪60年代就开始鼓励跨国公司将其金融业务转移到海外，在该过程中获得了利益的公司希望维持这种自由的金融秩序。20世纪70年代初日益加剧的通货膨胀和缓慢的增长，使人们对凯恩斯的经济战略和新政监管政策越来越失望。这给了像米尔顿·弗里德曼（Milton Friedman）、保罗·沃克（Paul Volcker）这样的新自由主义者大力推广他们的新颖的思维框架的机会。美国企业研究院（American Enterprise Institute，AEI）等知名智库也在这一时期大力推广新自

---

① 约翰·鲁杰首先用“嵌入的自由主义”这个概念来描述当时的世界。参见：Ruggie J G. International Regimes，Transactions，and Change：Embedded Liberalism in the Postwar Economic Order. International Organization，1982，36（2）：379－415.

由主义思想。同时，支持新自由主义思想的私人金融利益集团、跨国工业家和金融官员组成了新的政治联盟。更为重要的是，在美国政坛上，此前支持限制资本的政治联盟也开始瓦解。最终，英国撒切尔夫人和美国里根执政时期标志着新自由主义力量控制了国家权力。

新自由主义强调经济私有化、政治民主化和社会的个人主义化，反对国家对经济的干预，反对贸易保护主义和福利国家。在发达国家，新自由主义具体实施的经济政策主要包括：紧缩货币供给、压低工资、抑制通货膨胀；解除政府部门对私人企业的管制、减税刺激投资、削减社会福利支出和打击工会。在国际贸易和国际金融领域，新自由主义主张实现世界范围内的自由贸易和自由资本流动。新自由主义在经济领域、政治领域和社会领域的要求共同的指向就是“去国家化”。[①]

美国对新自由主义的拥抱离不开其国内金融资本对外扩张的诉求。金融资本具有产业垄断和资本信用垄断双重属性。在现代信用制度的支撑下，银行逐渐垄断了货币的供应。工业资本家也需要通过银行才能支配他们的资本。银行为了追求高额利润，通过借贷或者投资的方式，让资本重新回到产业中。银行不仅成了产业的创立者，甚至还成为产业的统治者。这样，银行资本与工业资本越来越融合发展，形成了现代意义上的金融资本。冷战的结束意味着美国主导的新自由主义全球化和金融资本主导的世界市场的来临，在资本主义的新阶段，世界市场的基本结构出现了本章第一节所述的从“中心—边缘”转向“中心—准中心—准边缘—边缘”的四层结构“分化”。

4.2.5 美国霸权、新自由主义与金融资本主义

冷战后的世界市场中，居于中心的美国成为一个靠信用生存的国家。到21世纪初，它出口最多的东西不是商品或服务，而是美元。其次是各种无形资产，包括商标和品牌的使用权与特许权、以好莱坞电影为代表的文化产品，以及一些商业模式。世界市场之所以如此积极地追捧美元和美国无形资产，是因为体系边缘的绝大多数国家都认同美国的实力优势、政治经济体制的优越性以及作为帝国的信用。我们之所以相信美元，并非如同美元纸币上所印制的那样因为“我们信仰上帝”，而是基于美国无与伦比的经济技术实力以及压倒性的军事和政治优势。

在美国的大力宣扬下，以“华盛顿共识”为代表的新自由主义意识形态主导了21世纪的全球化。冷战结束后，美国在世界市场中获取利益的同时，致力于通过IMF等机构对世界各国进行新自由主义的结构性调整。据统计，20世纪90年代以来，IMF贷款中的2/3要求申请国进行财政和金融等方面的私有化改革。21世纪

① 杨光斌．自由化浪潮与世界政治变迁．世界政治研究，2019（1）：24.

以来，约6 000项重大的私有化改革在120个发展中国家发生。① 从后果看，这些改革会使得小型投资者的利益受损，而使强大的公司债权人受益。尽管如此，在IMF的标准之下，这一切都是完全合法的。②

在作为中心国家的美国内部，随着新自由主义所倡导的“去管制化”盛行，金融资本在美国国内获得了更大的行动空间。金融寡头操纵和垄断国家权力，使民主制度越来越形同虚设。据研究，“从1998年起到2008年，华尔街银行及其美国金融业相关的卫星机构，通过竞选捐款和‘游说’，至少已经花费了50亿美元来买通美国国会的选票”。③ 美国的法律对政治捐赠有许多限制，但是华尔街成功地开辟了新的通道来购买权力，政治行动委员会便是其中之一。索罗斯曾经一次性投资1 000万美元成立政治行动委员会，在大选期间通过广告和舆论动员鼓动选民反对小布什的政策理念。而美国总统为了回报金融集团的竞选支持，所任命的内阁成员几乎都与华尔街的大佬们有着千丝万缕的联系。据《经济学人》2003年统计，在曾经担任过美国政府要职的顶级公司的405位董事中，绝大部分都是国际金融资本的代表。④ 种种情况表明，在国际金融资本时代，民主权利的范畴、定义越来越取决于财富的多寡，公民所享有的只是喝彩的权利。正如美国前国务卿布赖恩所说：“富豪统治一个共和国是最令人憎恶的，它比君主制更专制，比贵族制更无情，比官僚主义更自私；它在和平时期掠夺国家，在灾难时刻密谋反对国家。”⑤

作为一个金融帝国，美国霸权无论是在经济货币领域还是在政治战略领域，都表现出高度同构的杠杆特征，即以自身信用为轴，撬动数倍于己的资源来维持其整个体系的运转。在美国主导的这种世界市场体系中，美国天然地具有某种“神力”。经济全球化和金融全球化使得金融资本的新特点被发挥到极致。中心国家本国的利率和汇率的变化以及金融资本的投机行为都会对体系中的边缘国家产生巨大的剥削作用。二战之后，美元的霸权地位让美国能够向世界各国收取“铸币税”。在当代，美国每一次量化宽松都稀释着外汇储备中拥有美元的国家的财富。国际金融市场上一次巨额的外汇交易就能引起一国货币的震荡。如果一国的资本市场完全开放，就将为国外金融寡头通过操纵该国股票和债券市场来掠夺财富提供条件。金融资本的这种积累方式无须暴力征服，却能轻而易举地实现巨额财富的瞬间转移。在这种背景下，一个国家不可能再拥有完整的经济主权。伍德把这种

① 志君．重新解读资本主义的历史演化：基于21世纪马克思主义的视角．北京：中国社会科学出版社，2018：701.

② 马太，纳德．西方的掠夺：当法治非法时．苟海莹，译．北京：社会科学文献出版社，2012：43.

③ 恩道尔．金融霸权：从巅峰走向破产：增订版．陈建明，顾秀林，戴健，译．北京：中国民主法制出版社，2016：211.

④ 罗宾逊．全球资本主义论：跨国世界中的生产、阶级与国家．高明秀，译．北京：社会科学文献出版社，2009：181.

⑤ Bryan W J. Speeches of William Jennings Bryan：Vol. 2. New York：Funk & Wagnalls Company，1909：90-91.

世界体系界定为“资本的帝国”[①]，而哈特和奈格里则把这种世界体系理解为“一个无中心的、无疆界的”帝国统治机器。[②] 当然，金融资本主导的国家也并没有完全放弃暴力的使用。只是它不再表现为大国集团之间争夺殖民地等利益的战争，而是表现为维护金融资本全球统治秩序的“警察权”。[③] 在这种体系中挑战美国是不可能成功的，因为其本质上不是在挑战美国本身，而是在挑战美国借助杠杆所裹挟的整个全球市场体系。

4.3 世界市场的被支配者与政治思潮的形成

世界市场的被支配者是指世界市场中的边缘国家和半边缘国家。边缘国家被世界市场固有的不平等特征长久支配，对自己未来的市场地位预期并不高，主要历史任务是求得独立和发展，维持在世界市场中生存下去的权利。对于边缘国家而言，天生暗含民族解放因子的各色民族主义成为他们的理论依仗。

与边缘国家不同，半边缘国家对政治思潮有着更为复杂的需求。如第一节所述，半边缘国家可以来自中心地区、边缘地区和世界市场之外。当半边缘国家面临来自世界市场的中心的冲击的时候也可能产生不同的选择。曾经作为世界市场的中心挑战者的国家由于挑战失败，从而付出了深重的代价，甚至有跌入边缘国家的风险。这类国家往往怀有非常强的复仇情绪和恢复往日荣光的诉求，因此可能会诉诸极端的政治思潮，如极端民族主义和法西斯主义。还有一些国家经由边缘地区或者从世界市场体系之外挤入半边缘地区，这些国家虽然没有挑战世界市场的中心的预期，但也始终怀有谋求发展的积极心态。当受到了来自中心国家的不平等对待时，也会产生对抗中心国家的想法。其中一种方式是加速发展，以尽快摆脱不利地位。在这种方式中，诉诸自身传统对资本主义进行改造是不错的选择。另外一种方式则是另辟蹊径，从既有的资本主义世界市场中跳脱出来。作为资本主义之外的选择，社会主义正是在对资本主义的反思的批判中诞生的。

4.3.1 古典自由主义的衰落与三种新思潮的兴起

19 世纪末到 20 世纪初，欧美古典自由主义危机给民族主义、法西斯主义及其相应的变种、苏联式社会主义等政治思潮腾出了展示空间。这些思潮的支持者竞相利用它们去塑造或维护一个以自己为主导的世界秩序。

---

① 伍德．资本的帝国．王恒杰，宋兴无，译．上海：上海译文出版社，2006：133.

② 哈特，奈格里．帝国：全球化的政治秩序：第 2 版．杨建国，范一亭，译．南京：江苏人民出版社，2005：2.

③ 同①131.

(1) 民族主义。

在法国大革命、拿破仑战争和美国独立战争等事件的催生下，民族主义思潮诞生。此后，当世界市场在世界范围内快速扩张的时候，强调独立和解放的民族主义成为世界政治中的重要角色。19 世纪初，约翰·哥特弗雷德·赫尔德第一次提出了对民族主义至关重要的概念——“民族国家”。① 在 1830 年至 1870 年，民族主义的观念在欧洲传播开来，使得欧洲的政治思潮发生了变化，“统治阶层在 1815 年大都不能接受的原则，到了 1860 年已为多数统治阶层所支持或不得不予以考虑了”。② 19 世纪欧洲世界市场的扩张给世界其他地区带来了政治、经济和文化的冲击。世界市场中的被支配者在此类冲击下产生了强烈的谋求解放和独立自主的需求。在这种背景下，民族主义在近现代的世界政治中发挥着重要作用。

尽管民族主义在世界政治中至关重要，但关于民族主义的内涵的争论却一直存在。对于凯·尼尔森（Kai Nielsen）来说，“所有的民族主义都是一种或另一种文化民族主义”。③ 汉斯·科恩（Hans Khon）指出，“民族主义在所有国家和所有时代并不相同。它是一种历史现象，因此由它扎根的各个土地的政治观念和社会结构决定”。④ 民族主义还可指“一个过程、一种情感或身份、一种政治修辞形式……一种原则或一套原则，一种社会或政治运动”。⑤ 作为一种意识形态，尽管民族主义的使用者声称其思想具有普遍性，但民族主义在具体的环境中具有不同的意涵，在政治实践中的表现也不尽相同。简言之，“民族主义”只构成了一个空洞的骨架，等待着一些更丰富的意识形态与之结合。从这个意义上说，形形色色的被冠以“民族主义”之名的意识形态存在差异，其中既包含公民和自由思想，也含有种族主义、孤立主义和好战的成分。因此，实践中的民族主义意识形态看起来比想象的要多样化和复杂得多。

对于被压迫国家而言，民族主义与自由主义的结合是它们要求民族自决的重要理论基础。朱塞佩·马志尼所谓的“民族”系“说同一种语言的公民总体，他们共同相处，享有平等的政治权利和公民权利，其共同的目的是使各种社会力量……不断地发展臻于更加完美的境地”。⑥ 民族自决就是民族自由问题，民族主义与自由主义不可分离。民族主义意味着文化从大规模帝国和压迫性政治结构中解放出来。显然，带有“民族主义”意识形态的民族自决运动对于帝国是极大的解构力量。奥

---

① 伯里．新编剑桥世界近代史：第 10 卷：欧洲势力的顶峰：1830—1870 年．中国社会科学院世界历史研究所，译．北京：中国社会科学出版社，1999：292.

② 同①288－289.

③ Nielsen K. Cultural Nationalism，Neither Ethnic Nor Civic//Beiner R. Theorizing Nationalism. New York：State University of New York Press，1999：127.

④ Khon H. Nationalism，Its Meaning and History. Malabar：Robert E. Krieger Publishing Company，1965：4.

⑤ Norman W. Theorizing Nationalism：First Steps//Beiner R. Theorizing Nationalism. New York：State University of New York Press，1999：56.

⑥ 同①304.

斯曼帝国正是在民族主义的冲击下瓦解，很多民族从帝国中脱离出来成立了自己的民族国家。民族主义还对欧洲人的殖民地构成冲击，拉美的很多国家在19世纪20—30年代纷纷独立。二战之后，广大亚非拉国家也在反殖民的浪潮下，借助民族主义的力量纷纷完成了独立。

然而，民族主义也与威权主义、保守主义、种族主义和激进右翼相结合，极端民族主义更是成为法西斯主义的温床。一些民族主义的批评者甚至认为民族主义是一种过于狭隘的部落主义、潜在的极权主义和好战主义。[①] 以极端民族主义催生的法西斯民族主义为例，首先，法西斯民族主义将种族主义放在首位。与帝国主义者所信奉的“自由主义民族主义”暗含的白人优越性相比，法西斯民族主义与种族的联系更加直接。法西斯主义者认为“人类”这一整体性的概念本身并不存在，而是强调属于某个国家和民族的人。这种方式有助于法西斯主义者煽动仇外情绪。其次，个人的真正的身份是在国家的共同体中发现的，国家先于个人和他们作为个人可能拥有的任何权利。正如意大利法西斯《劳工宪章》所说，“意大利国家是一个有机的整体，其生活、目的和行动手段在权力和持续时间上都优于其所组成的个人”。[②] 与自由民族主义不同，法西斯主义中蕴含的民族主义色彩经常以特定国家的优越性为前提。法西斯主义者认为自身的领土具有神圣不可侵犯的性质，然而，对其他国家的领土或主权几乎没有表示尊重。正如意大利法西斯分子乔万尼·帕皮尼（Giovanni Papini）所言，“为了深深地爱一件事，你需要恨另一件事”。[③] 因此，真正的民族主义者不可能是国际主义者或世界主义者。换句话说，这种民族主义是以对国家的等级或不平等理解为前提的，较弱的国家应该让位于较强的国家。

（2）法西斯主义。

20世纪20年代末的大萧条宣告了古典自由主义的灭亡，大萧条产生的危机给法西斯主义提供了可乘之机。正如墨索里尼所写：“在自由主义、社会主义和民主主义的废墟下，法西斯主义提取了那些仍然至关重要的元素……创造了一个新的综合体。”[④] 诉诸法西斯主义的国家各自有其特殊背景，但都来自世界市场的半边缘地区。作为第一次世界大战的战败国，德国虽然遭受巨大的损失，但其经济和军事基础仍能让其在世界市场中拥有一定的竞争力。意大利虽然在一战中胜利，但却遭到了以英国为首的国家的忽视，从而对世界市场的主导者怀恨在心。日本作为欧洲之外的新强国，本意是独霸亚洲，但也遭到了以英国为首的欧洲列强的限制。尽管各自拥有不同的经历，但以德意日为代表的法西斯主义国家的诉求是相同的：寻求重新瓜分世界市场，建立法西斯主导下的国际秩序。

---

① Vincent A. Nationalism//Freeden M，Sargent L T，Stears M. The Oxford Handbook of Political Ideologies. Oxford：Oxford University Press，2013：535.

② Oakeshott M. Charter of Labour's//Oakeshott M. The Social and Political Doctrines of Contemporary Europe. Cambridge：Cambridge University Press，1953：184.

③ Lyttelton A. Italian Fascisms：From Pareto to Gentile. London：Jonathan Cape，1973：101-102.

④ Mussolini B. Fascism：Doctrine and Institutions. Rome：Ardita，1935：25-26，58.

法西斯主义意识形态反复无常，围绕其核心主题寻求一系列广泛的综合。20世纪出现的法西斯主义建立在极端民族主义的基础上，它还兼容了对外扩张、极权统治和社会达尔文主义等一系列思潮。[①] 罗杰·格里芬（Roger Griffin）用韦伯的理想类型的方法对法西斯主义下了一个定义："法西斯主义是一种政治意识形态，其各种排列的神话般的核心是民粹主义-极端民族主义的一种再生形式"。[②] 他将法西斯主义视为一种对现代性的革命性替代，法西斯主义的神话般的目标是国家在一段时间的衰落后能够重生或者复兴。

法西斯运动首先在意大利出现。在第一次世界大战中，意大利背弃了同盟国，转而投奔协约国。然而，在巴黎和会上的失败立刻激起了意大利国内民族主义者的强烈反应。意大利国内民族主义势力呼唤"打倒无能政府"和"需要强权人物"，力求通过对外扩张来恢复罗马帝国的荣光。1921年11月，墨索里尼等人组建的"战斗的意大利法西斯"更名为"国家法西斯党"。国家法西斯党的纲领宣称要恢复罗马帝国的霸业，"要热情捍卫和宣传民族的传统、民族的感情和民族的意志"，"要实现自己历史上的和地理上的完全统一"，"恢复民族国家的声誉"。[③] 1922年10月，墨索里尼受命组阁，法西斯党取得了政权，后墨索里尼在意大利全面建立了法西斯主义极权体制。意大利法西斯主义在思想观点和政治倾向方面最主要的表现是极端民族主义和极权主义。

德国是第一次世界大战的战败国。一战后的《巴黎和约》及"凡尔赛体系"对德国施加了严厉制裁和严格限制。德意志民族的复仇心理成为极端民族主义的核心，它使德国民众中原有的民族优越心理和现实的复仇愿望交织在一起。虚弱的魏玛共和国内形成了党派林立、团体纷呈的社会政治局面，作为纳粹党前身的德国工人党即是其中之一。1919年，希特勒加入德意志工人党。次年，他宣布改党名为"民族社会主义工人党"即"纳粹党"。[④] 德国法西斯主义的主要思想来源有三个方面："形形色色的帝国主义思潮；德国历史上的极端民族主义；德意志的保守的、民族主义的假社会主义。"[⑤] 其中，极端民族主义成为后来的纳粹意识形态的最根本底色。纳粹支持者形成了"世界由纯种的雅利安人统治，而日耳曼人又是雅利安人中最优民族"的等级思想。因此，德国可以合理地对"低等民族"进行歧视、酷虐、杀戮和灭绝。德国的法西斯主义还用社会达尔文主义的进化论、种族主义的白

---

① 郝时远．极端民族主义与法西斯主义：纪念世界反法西斯战争胜利50周年．世界民族，1995（1）：5.

② Griffin R. The Nature of Fascism. London：Pinter，1991.

③ 朱庭光．法西斯新论．重庆：重庆出版社，1991：32.

④ "纳粹"是德文"民族的"和"社会主义"两个词的缩写的音译，有人译为"国家社会主义德国工人党"，那是不贴切的。纳粹党宣扬德意志民族是"优秀种族"，把犹太人、斯拉夫人等视为"劣等民族"。希特勒强调，德意志民族必须从扩大生存空间中寻找出路。他亦称要建立德意志民族的日耳曼大帝国——"第三帝国"（公元962—1806年的神圣罗马帝国为第一帝国，1871—1918年的德意志帝国为第二帝国）。纳粹党对工人群众和小资产阶级许下种种动听的诺言，它还利用群众痛恨《凡尔赛和约》的心理，煽动复仇主义的情绪，从而获得广泛的支持。参见：郝时远．极端民族主义与法西斯主义：纪念世界反法西斯战争胜利50周年．世界民族，1995（1）：6。

⑤ 同③243.

人至上论等为自身的扩张和侵略提供“合理依据”。

日本的法西斯主义则是在日本的军国主义和极端民族主义的膨胀之下诞生的。第一次世界大战以后，日本妄图称霸亚洲，但其扩张野心被华盛顿体系所制约。而当时，日本随着国内矛盾趋于尖锐，其民族沙文主义情绪日益强烈。日本国内鼓吹军国主义和大亚细亚扩张主义的右翼思想迅速膨胀并最终发展成为日本法西斯主义。1919年8月，日本第一个民间法西斯主义团体——“犹存社”诞生。[①] 此后，日本民间兴起了种种法西斯主义思潮和形形色色的法西斯主义组织，到1933年底这类团体有500多个。[②] 从20世纪20年代起，日本军队内的一批中下级军官也深受法西斯主义的影响。日本法西斯主义逐渐渗透民间、军队和军部，并最终获得了国家政权。与其他国家的法西斯主义不同的是，日本用天皇的精神权威代替了法西斯政党的领袖权威，军队在国家政权中的核心地位使军部发挥了法西斯政党的组织作用。[③] 日本的极端民族主义也是推动日本法西斯发展的重要因素。“侵略战争和排外狂热的极端民族主义情绪，不仅把群众的视线转向国外，而且成了国家法西斯化的最初驱动力。”[④] 日本社会传统的等级制度使其自居于国际社会“金字塔”的顶端，其目标是实现“八纮一宇”[⑤] 的国际新秩序。在西方列强的刺激下，日本不甘居于一隅，其强烈的扩张倾向促使其制定了通过征服“满洲”进而征服中国、通过征服中国实现征服世界的扩张战略。

不难看出，德、意、日的法西斯主义都以极端民族主义为原动力，它们凭借本民族的“历史”或者“信仰”所谓的神话来唤起民族的仇外心理，强化自身的优越感，并蔑视其他民族。法西斯主义的这种神秘主义凭借对民族性格的种族崇拜而达到了最高峰，使人性中“恶”的一面发展到极致。同时，民族主义的极端谬误“虽然仅使某几个国家陷了进去，但是却在其他许多国家留下了烙印”。[⑥] 例如在法国、西班牙、葡萄牙和巴西等国，都出现了法西斯运动。[⑦]

(3) 社会主义。

在欧洲资本主义向外扩张的过程中，世界社会主义运动首先是在欧洲内部出

---

① 该社以“改造日本”“解放亚洲”为己任，极力宣扬北一辉的《日本改造法案大纲》，主张实行以天皇为首的军事独裁统治，要求与其他列强争雄天下，有“对外开战之积极权力”以改变日本“国际无产者”的窘迫地位。参见：郝时远．极端民族主义与法西斯主义：纪念世界反法西斯战争胜利50周年．世界民族，1995 (1)：7。

② 朱庭光．法西斯新论．重庆：重庆出版社，1991：328.

③ 郝时远．极端民族主义与法西斯主义：纪念世界反法西斯战争胜利50周年．世界民族，1995 (1)：7.

④ 同②411.

⑤ 所谓的“八纮一宇”的世界新秩序就是指“日本居于世界的中心，是世界的祖国”的一种思想。参见：周晓霞．日本神道思想家今泉定助的“道义国家”论考察．东北亚学刊，2020 (6)：124.

⑥ 摩根索．国家间政治：为权力与和平而斗争．杨岐鸣，王燕生，赵归，等译．北京：商务印书馆，1993：216.

⑦ 如法国的“爱国青年”“束棒”“火十字团”等右翼集团组织；西班牙的“长枪党”和佛朗哥的法西斯独裁政权；葡萄牙萨拉查建立的国民同盟及其独裁统治的“总体国家”；巴西在德国移民传播影响下出现的“整体主义行动”和瓦加斯政权等。

现，接着是在全世界范围内出现。1848年《共产党宣言》的发表以及同年的二月革命，标志着无产阶级第一次主张政治权利。通过马克思和恩格斯领导的“第一国际”和“第二国际”，社会主义运动从欧洲扩展到全世界。19世纪最后30年既是资本主义世界市场的最终形成期，也是催生塑造20世纪新世界秩序的思想的时期。社会主义运动经过长达半个世纪的政治积累，最终在俄国推动了第一个社会主义政权的建立。如果说自由帝国主义运动奠定、塑造了资本主义世界秩序，那么社会主义运动则重组了世界秩序。① 从资本主义与社会主义的关系上讲，社会主义是资本主义之外的一条大道。除了在政治上与资本主义形成对立关系外，社会主义经济思想也有其独特性。

20世纪初，最有影响力的社会主义思潮是苏联社会主义。第一次世界大战带来了布尔什维克革命的成功。1917年俄国十月革命后，第一个社会主义国家苏联建立，在其影响下世界社会主义运动高涨起来。苏联社会主义理论体系形成于列宁时期，确立于斯大林时期。这一体系认为，社会主义是高于资本主义的一种制度形式，社会主义取代资本主义是历史发展的必然结果。其总体原则为：第一，以马克思列宁主义为指导思想；第二，以革命斗争为主要路线方针，党在无产阶级革命中居于主导地位；第三，以共产主义为最终目标，社会主义是共产主义的初级阶段。② 苏联社会主义理论体系的政策主张如下：第一，在经济上实行社会主义公有制，推行指令性计划经济；第二，在政治上实行共产党领导的无产阶级专政；第三，在社会文化上推行一元主义，强化官方的思想、意志等。苏联的成功推动了苏联社会主义在世界边缘地区的广泛传播。

社会主义的影响不仅仅体现为苏联的成功，更体现为其在资本主义体系内部也产生着强大的生命力。民主社会主义是20世纪以来在西方占主流的左翼思潮，随着西方社会民主党执政，二战后西方资本主义带有民主社会主义色彩。民主社会主义产生于19世纪末，形成于20世纪中期。民主社会主义将社会主义的内涵理解为以“民主”为核心的一系列价值目标。“没有民主，就没有社会主义，而没有社会主义，也就没有民主。”③ 民主社会主义认为社会主义的正当性主要源自其伦理正义性，其总体原则包括：第一，指导思想多元化；第二，主要路线方针为渐进改良，社会主义被视为实现基本价值的长期、持久的任务；第三，最终目标是对社会实行“全面民主化”，而不是通过革命性飞跃来实现生产资料的社会化。④ 与激进的苏联式社会主义相比，民主社会主义更加保守。西方社会民主党的政策主张为：第一，在经济上实行混合经济制度，主张运用宏观调控政策来保障分配公平；第

---

① 杨光斌．民主与世界政治冲突．学术界，2014（8）：5－25.

② 黄斐．比较视野下东西方社会主义观：体系、起源与生成路径．北京大学学报（哲学社会科学版），2022，59（2）：34.

③ 这是1976年社会党国际第十三次代表大会上“关于政治形势的决议”中的观点。参见：社会党国际文件集编辑组．社会党国际文件集：1951—1987. 哈尔滨：黑龙江人民出版社，1989：295。

④ 同②35.

二，在政治上推崇议会民主制和多党制，主张通过议会民主道路实现社会主义；第三，在社会政策方面推行福利制度，国家保障公民的就业、教育、医疗、养老、住房等权益。“民主社会主义的政策主张是混合经济体制、政治自由主义和福利社会建设的结合。”① 值得注意的是，民主社会主义与共产主义相对立，前者实质上已经变为资本主义内部一种调节社会矛盾和冲突的方式。

中国特色社会主义是中国共产党从中国的实际出发而摸索出的社会主义理论。随着中国在世界市场中的崛起，中国特色社会主义理论体系已然成为各类社会主义理论体系中最有影响力的、最具实践基础的理论。1949 年新中国的成立宣告中国百年危机的结束，中国共产党引导全国各族人民开启了中国现代化的进程。中国开始了以人民民主为核心的现代性政治。② 从 1949 年 10 月至 1978 年 12 月党的十一届三中全会召开，是中国社会主义革命和建设时期。在新中国成立之后，中国积极拥抱社会主义，学习苏联，并实行计划经济。由于苏联式社会主义强调与世界市场相分离，而苏联主导的社会主义阵营内部并没有发展出高效的社会主义世界市场，中国在建国之初遭遇了许多发展上的难题。

改革开放以来的中国克服了苏联模式的弊端，形成了中国特色社会主义。在中国特色社会主义的指导下，中国正朝着世界市场的中心稳步前进。中国将社会主义原则和市场相结合，主动拥抱市场体系，学习而非简单批判不同时代的中心国家的发展战略。从 1978 年 12 月党的十一届三中全会召开至 2012 年 11 月党的十八大召开，是改革开放和社会主义现代化建设新时期。中国在经济上实行一定程度的重商主义③，同时积极融入世界市场体系，以谋求经济发展。历经 40 多年的高速经济增长，中国已然成为世界第二大经济体，在世界市场中的位置也从边缘进入了追赶国家所处的准中心国家的范畴。党的十八大以来，中国特色社会主义进入新时代，中国力求构建以国内大循环为主体、国内国际双循环相互促进的新发展格局，实现经济循环的畅通无阻和高水平的自立自强。习近平总书记指出：“构建新发展格局，是与时俱进提升我国经济发展水平的战略抉择，也是塑造我国国际经济合作和竞争新优势的战略抉择。”④ 新时代中国特色社会主义呈现出鲜明的共享导向，中国正式开始从“发展型社会主义”向“共享型社会主义”的转变。在新时代，“必须实现创新成为第一动力、协调成为内生特点、绿色成为普遍形态、开放成为必由之路、共享成为根本目的的高质量发展”。⑤ 从发展导向到共享导向，中国特色社会主义经历了从立足本土到走向世界的历程，社会主义不断被赋予新的时代内涵和世

① 黄斐．比较视野下东西方社会主义观：体系、起源与生成路径．北京大学学报（哲学社会科学版），2022，59（2）：35.

② 杨光斌．中国政治认识论．北京：中国社会科学出版社，2018：151.

③ 文一．伟大的中国工业革命．北京：清华大学出版社，2021：38－44.

④ 习近平经济思想研究中心．做好新时代经济工作的根本遵循：习近平新时代中国特色社会主义经济思想的重大意义和丰富内涵．人民日报，2022－02－16（7）.

⑤ 中共中央关于党的百年奋斗重大成就和历史经验的决议．北京：人民出版社，2021：34.

界意义。中国特色社会主义使中国得以从世界舞台的边缘向中心进发。

4.3.2 冷战期间的两种政治思潮

经过第二次世界大战，世界被分为两个主要阵营——以美国为主导的资本主义世界和以苏联为主导的社会主义世界。从世界市场的角度来看，处于社会主义阵营的国家与资本主义世界市场少有联系，因而处于资本主义世界市场之外。其他的广大第三世界国家，则被资本主义世界市场不断吸纳，成为世界市场中的边缘地区。

这些边缘地区往往是前殖民地国家。它们在战后的反殖民主义的热潮中获得解放，成为新兴独立国家。尽管在主权上获得了独立，但广大发展中国家在经济上无法摆脱资本主义世界市场的影响。在世界市场的冲击和中心的剥削下，它们试图抵抗。在这种背景下，对依附关系进行深刻反思的“反殖民主义”成为广大第三世界国家需要的政治思潮。第三世界中的伊斯兰国家则面临着更多的问题。它们不但谋求解决在世界市场中被压迫的问题，还试图在现代化浪潮中坚守自身的伊斯兰传统。在世界市场和世俗化的冲击下，伊斯兰革命主义成为冷战期间伊斯兰国家的一股重要思潮。

（1）反殖民主义。

二战结束之后，在民族主义的推动下，广大前殖民地地区出现了民族解放运动的浪潮。众多亚非拉国家摆脱外来殖民统治者，纷纷实现独立。在民族主义和自由主义的影响下，二战后的第三世界强调民族的“平等和自由”，进而要求民族自决。这必然引发它们对西方的对抗。[①] 从这个意义上讲，战后的民族解放运动是被压迫民族向西方学习甚至对抗的结果。

民族解放运动和反殖民主义的兴起离不开冷战时期美苏两个超级大国的支持。二战之后，以英法为代表的旧帝国主义殖民势力因严重衰落而无法继续控制其殖民地。美苏两个超级大国由于不是殖民主义的主要既得利益者，因而并不反对民族解放运动。出于对“中间地带”的争夺，美苏两国都在不同程度上支持着二战后的民族解放运动。

在反殖民主义的背景下，众多摆脱旧殖民者的国家也试图在冷战的两大阵营之间保持中立和“不结盟”。但新独立国家很难摆脱冷战期间美苏两大阵营的影响。首先，在民族解放的过程中，一些国家的内部不同派别分别受到美苏两个相对立的阵营的支持，导致这些国家纷纷爆发内战，甚至造成国家的分裂。此外，许多新独立国家由于各种原因实际上不同程度地卷入冷战之中。新独立的国家可以不在美苏之间选择阵营，但少有国家能在不受两大阵营的影响下形成独特的国家政治经济

① 李滨．百年政治思潮与世界秩序变革．中国人民大学学报，2021，35（1）：39．

体制。[①]

（2）伊斯兰式现代化与伊斯兰革命主义。

在获得独立之后，伊斯兰国家在世界市场中的地位往往是边缘地区的能源供给国。这些国家要么受美国等中心国家牵制、控制，要么受外部大国的侵略。这些资源出口国的执政者往往忽视整体发展，因为他们无须与普通民众分享权力，只需要维护好同外部几个大国和几家跨国公司的关系就可以获得巨额现金流。在这种“资源诅咒”的作用下，这类资源出口型国家（以阿拉伯国家为代表）更容易出现强权联盟、独裁、寻租等扭曲性政府行为，从而导致一国更容易出现内部及外部冲突，经济长期停滞和贫富分化严重。

在二战之后，由于伊斯兰国家出现了上述问题，伊斯兰主义者致力于将国家统治权从民族主义者和军事力量掌控者手中抢过来，以恢复往日的伊斯兰统治。伊斯兰主义者提供的计划和思想一直围绕着压迫和解放、腐败和真实、精英和大众等主题。[②]伊斯兰主义存在温和的和激进的两个派别。温和的伊斯兰主义强调在现存的政治体制中寻求合作。激进的伊斯兰主义则寻求革命，其中最为成功的是伊朗的霍梅尼主义。

伊朗伊斯兰主义者在政治上主张建立政教合一的政治体制。在各国政坛中，温和的伊斯兰主义者以合法的方式在现存的政治体制下参与政治活动，力图建立伊斯兰政权。激进的伊斯兰主义者则通过革命的方式实现其目标。伊斯兰革命主义者致力于解救被现状所压抑、所扭曲的伊斯兰共同体。他们主张迅速取消几个世纪以来少数发达国家对世界秩序的支配，建立平等公正的新秩序。伊朗的霍梅尼是其中最为著名的代表。

霍梅尼不仅发展了伊斯兰主义理论，还成功领导了1979年的伊朗伊斯兰革命。霍梅尼寻求解决伊玛目（Imam）[③]的缺席和腐败统治者的存在所带来的政治问题。他凭借对伊斯兰律法的了解，对在什叶派世界流行了数百年的“教法学家的监护”（Wilayat Al-faqih）[④]学说进行重新解读，认为政府责任应由伊斯兰法学家承担。在霍梅尼的思想中，伊斯兰法学家不仅仅是宗教法专家，而且是伊玛目的继任者。[⑤]霍梅尼认为，一个拥有知识且道德正直的法学家可以对人民拥有权威。法学家的监护或统治思想构成了伊朗伊斯兰共和国的官方意识形态，并被载入1979年伊朗宪法。在霍梅尼的领导下，最高伊斯兰法学家获得了绝对的权力。尽管1989年霍梅尼去世后，伊朗对宪法进行了修订，去除了对法学家最高地位的认定，但霍梅尼思想的许多方面对当代伊斯兰主义产生了广泛的影响。比如他认为伊斯兰世界

---

① 李滨．百年政治思潮与世界秩序变革．中国人民大学学报，2021，35（1）：39.

② Browers M. Islamic Political Ideologies//Freeden M，Sargent L T，Stears M. The Oxford Handbook of Political Ideologies. Oxford：Oxford University Press，2013：628.

③ 伊玛目一词是阿拉伯语音译词，原意为站在前列的人，即引路人和领袖。

④ 对于这一名词的定义和翻译，参见中国人民大学哲学院教授王宇洁等的研究：王宇洁，黄麟．从宗教传统到现实政治：当代伊拉克著名什叶派宗教领袖的思想流变．西亚非洲，2018（3）.

⑤ Khomeini R. The Selected Messages of Imam Khomeini Concerning Iraq and the War Iraq Imposed upon Iran. Tehran：Ministry of Islamic Guidance，1981.

一直被西方的傲慢所支配和统治。① 他反对西方文化，对外持反美立场。

4.3.3 新自由主义全球化的不平等与民粹主义的兴起

冷战后的美国是一个被金融资本裹挟和控制的全球性帝国。华尔街取代早年的制造业而成为主导性的国内政治力量，其所倡导的新自由主义全球化从经济上、政治上和文化上撕裂了美欧社会。

新自曰主义全球化进程带来了严重的再分配效应，最大得益者是华尔街，而最大受损者则是美国和欧洲的中产阶级尤其是蓝领中产阶级。美欧普通白人群体将矛头指向全球化，认为本土的就业机会和生活水平被两种要素流动的力量剥夺了：国际分工和自由贸易将制造业岗位转移给了更便宜、更勤奋的亚洲劳动力，边境开放和人员便捷流动则让中低端服务业岗位面临外来移民的激烈竞争。全球化意味着中低端就业人口失去了主权国家的社会安全网保护，沦为世界市场残酷竞争的牺牲品。

美国主体族群不仅面临全球化带来的利益和就业损失，还面临信仰和价值观上的严重冲击。作为新自由主义意识形态的“扛旗者”，全球跨国公司和金融资本借助其控制的主流媒体，逐步塑造出一个世界性的“政治正确”，以此适应世界体系中心区域在种族、文化和语言上日益多元化的新现实；媒体和知识分子围绕气候变化、环保、文化多元主义、种族平权、女权主义、个人价值本位、动物权利、宗教信仰等议题反复发声，这些变革理念对社会传统造成巨大冲击。

这种激进的新自由主义“文化革命”引发了各国宗教势力和保守主义力量的反弹，思潮的反弹力量与英美白人中下层群体的利益诉求相结合，形成一股颇具声势的民粹主义政治抗争。美国民粹主义的崛起，既有左翼民粹主义如占领华尔街运动和桑德斯阵营，又有右翼民粹主义如“茶党”运动的兴起和特朗普对共和党的“借壳上市”。愤怒而焦虑的美国中产阶级，由于各自意识形态的差别，分别成为2016年美国大选中民主党桑德斯和共和党特朗普的核心支持者。他们两人的支持者，尽管在意识形态上严重分裂，但却奇妙地分享一系列共同诉求：痛恨精英、痛恨华尔街、反对全球化，怀疑华尔街金融资本和华盛顿政治精英之间的共谋牺牲了大众利益。他们都要求把工作机会、制造业弄回美国来。② 欧洲的民粹力量也正在反移民议题的刺激之下酝酿成势。欧洲政治中，一批民粹主义反欧盟政党和政治运动异军突起，比如法国国民阵线和黄背心运动、英国独立党、德国选择党、西班牙社会民主力量、意大利五星运动、荷兰自由党等，与美国的民粹主义思潮遥相呼应，主张

---

① Browers M. Islamic Political Ideologies//Freeden M，Sargent L T，Stears M. The Oxford Handbook of Political Ideologies. Oxford：Oxford University Press，2013：631.

② 周琪，付随鑫．深度解析美国大选中的“特朗普现象”与“桑德斯现象”．国际经济评论，2016（3）：17－20.

通过封闭排外而非开放国境以改善民众经济和社会处境。

上述事实体现了民粹主义这个概念的复杂性。民粹主义既是一种政治思潮，又是一种社会运动，还是一种政治策略。“作为一种政治思潮，民粹主义的基本含义是其极端平民化倾向，即极端强调平民群众的价值和理想，把平民化和大众化作为所有政治运动和政治制度合法性的最终来源，以此来评判社会历史的发展。”① 作为一种政治思潮，卡茨·穆德（Cas Mudde）强调民粹主义的反精英主义属性，其将“纯洁的人民”和“腐败的精英”这两组群体对立起来，并且强调“政治应该是人民普遍意愿的表达”。② 作为一种社会运动，民粹主义代表着“民”对于精英统治的不满。这里的“民”主要指中下层大众，“精英”则是指“少数统治集团”。③ 民粹主义是代议制失灵、民意不能有效转化为政策的情况下的产物。④ 作为一种竞争策略，在竞争性选举中，民粹政客煽动民意，夸大外在威胁，用一种精心设计的策略回应民众利益诉求或者偏见，以吸引民意获得选票。⑤ 从这个角度讲，“民粹主义者”的身份本身实际上也是“精英”建构的一种产物。“民”与“精英”则是民粹主义浪潮中的两股重要力量。从经济学的“供需理论”的角度来看，大众居于民粹主义的需求侧，而精英居于民粹主义的供给侧。可以说，民粹主义者的身份和认同都是经由精英建构出来的，而民粹主义的意识形态也是精英灌输给大众的。⑥

民粹主义的兴起导致了世界资本主义体系心脏地带的撕裂与反叛，进而对美国主导的新自由主义世界秩序产生巨大负面冲击。这种撕裂和反叛让美国共和党和民主党互换了政治身份：民主党从原本的工会政治代表转投华尔街、硅谷等金融、高科技资本势力，坚决捍卫新自由主义全球化，而共和党则由于特朗普而日益采取逆全球化立场。2016 年英国脱欧、特朗普当选美国总统，随后发生的美国退出《跨太平洋伙伴关系协定》（Trans-Pacific Partnership Agreement，TPP）以及欧洲一些国家右翼民粹政治势力的抬头，这些政治大变革都体现出世界市场中心区域的“逆全球化”。英美两国从全球化的旗手，倒戈为全球化的反对者和破坏者。而在全球市场体系的边缘，长期存在着受全球化压制和掠夺而催生出的“反全球化力量”，如今英美社会内部的这种倒戈又为俄罗斯的普京、土耳其的埃尔多安、印度的莫迪、巴西的博索纳罗等政治家所遥相呼应，从而形成今天世界政治中的乱象。

---

① 俞可平．全球化时代的民粹主义．国际政治研究，2017，38（1）：9.

② Mudde C. The Populist Zeitgeist. Government and Opposition，2004，39（4）：542－563.

③ 林红．民粹主义：概念、理论与实证．北京：中央编译出版社，2007：31.

④ 梁雪村．欧洲民粹主义的内在动力：超越经济逻辑．中央社会主义学院学报，2019（6）：68.

⑤ 林红．当代民粹主义的两极化趋势及其制度根源．国际政治研究，2017，38（1）：38.

⑥ 陆屹洲，马德勇．精英与大众双重视角下的当代欧洲民粹主义．中央社会主义学院学报，2020（6）：51.

4.4　世界市场与政治思潮的矛盾性共存

世界市场与政治思潮的矛盾性共存往往出现在处于衰落进程中的中心国家内部。这些国家在经济上依赖其在世界市场中所处的中心位置，但是在政治思潮上却试图反对世界市场以阻止世界市场中心的转移趋势。由此，其国内就可能滋生出各类民粹主义或极端主义思潮。

身处困境的中心国家可能会采取两种方式来阻止世界市场的转移趋势。第一，中心国家可能会想起在其从弱小走向强大的过程中所依靠的“保护主义”，试图通过减少自身的国际义务等“降低成本”的方式，以及损害他国利益的方式来使自身重新强大。这种方式可能在短期内会增强中心国家的“权势”，但也会加速破坏中心国家在世界市场中的结构性优势，进而加速世界市场中心的转移。这一点深刻体现在特朗普时代美国所采取的一系列保护主义政策和“退群”行为上。美国的保护主义并未让美国再次强大，而是将世界市场的其他行为主体从“美国梦”中叫醒，加深其他国家对美国的领导地位的怀疑。

第二，中心国家也可能试图通过加强对意识形态和国际制度的运用与控制来维持其中心地位。这种方式或许能够帮助中心国家减缓其衰落的步伐，但仍然阻止不了世界市场的中心转移到其他地方，因为旧中心国家已然不具备在世界市场中获得快速发展的经济基础。在第一次世界大战结束之后的国际制度建设中，当时经济实力最强的美国的国家利益并未得到确认，实质上走向衰落的英国通过对意识形态以及国际制度的把控继续占据着世界市场的中心地位。但英国的实力已不足以支撑其领导一个自由主义的世界市场。从一战后的历史进程来看，衰落的英国继续领导世界，酿成了灾难性的后果。大萧条令世界陷入“以邻为壑”的时代，并在不久之后走向了第二次世界大战的深渊。

在今天，处于衰落进程中的美国也面临着这种矛盾性认同。美国的“人格分裂”充分体现在其国内政治的分裂和极化上。从世界政治的角度来看，美国“人格分裂”的背后是全球的保守主义力量阵营与自由主义阵营的冲突：美国民主党和欧洲主流政党的新自由主义阵营得到了跨国资本、国际组织、非政府组织网络和国际主流媒体的支持；美国共和党及俄、印、巴、土等国的保守主义阵营则得到全球宗教势力的支持，意图抵制乃至逆转新自由主义全球化浪潮及其文化革命。

4.5　本章小结

本章结合历史讨论了世界市场发展与政治思潮变迁之间错综复杂的互动关系。世界市场固有的不平等特征在中心和边缘地区分别催生了不同类型的政治思潮。政治思潮往往由少数文化精英、政治精英提出，与特定的利益机制相结合，并通过世界市场传播和放大。当某种主流的政治思潮面临危机的时候，其他与主流政治思潮相对抗的或谋求解放或走向极端的各色政治思潮便有了在历史舞台上崭露头角的机会。

各色政治思潮的拥护者们在世界市场中为抢夺中心地位，或者至少靠近中心地位而相互争斗。然而，由规模和创新而塑造的世界市场中心转移进程自有其节奏和方向。在中心转移的过程中，旧中心往往面临着其所拥护的政治思潮与世界市场中心地位转移进程之间的矛盾。旧中心试图逆转和延缓这种进程的努力往往是徒劳的。如何智慧地帮助旧中心处理好世界市场与政治市场之间的关系，可能是引导未来的世界政治秩序朝着更加公平、更加稳定的前景进发的一个不可逃避的问题。

第5章

承认诉求与世界政治格局

5.1　引言

与技术、资本因素一样，承认诉求是塑造世界政治变迁的根本动力之一，它根植于人类社会的历史、文化和心理之中。世界政治需要关注人的诉求，因为人是有思想、有欲望的动物。正如中国人民大学国际关系学院杨光斌教授所指出的："世界政治说到底是人的政治，人具有物质和精神两大诉求，精神层面的诉求有时甚至大于物质层面，因此以精神为本体论或研究单元的社会科学就是抓住了事物的本质。"[①] 黑格尔在《历史哲学讲演录》中指出："我们对历史的最初的一瞥，便使我们深信人类的行动都发生于他们的需要、他们的热情、他们的兴趣、他们的个性和才能，当然，这类的需要、热情和兴趣，便是一切行动的唯一的源泉——在这种活动的场面上主要有力的因素。"[②] 在人类的各种诉求中，精神层面的诉求主要体现在为自身认同的合法性与地位而斗争。认同的英文是"identity"，有些时候中文也翻译为"身份"。作为名词的"认同"和"身份"具有微妙的差异。认同可以是一个名词，指的是个体或者群体所持有的某种观念，例如女性主义者强烈坚持"男女平等"的观念，美国自认为是"民主世界的灯塔"。而"身份"一般指的是整个社会或者群体对其中的某个个体具有的共同认知，这种认知可能和该个体的自我认同一致，也可能不一致。例如，美国自认为是一个"仁慈的霸权"，可大多数国家并

① 杨光斌．政治思潮：世界政治变迁的一种研究单元．世界经济与政治，2019（9）：26.

② 黑格尔．历史哲学．王造时，译，上海：上海书店出版社，1999：58－59.

不认为美国具备这样一种身份。当两者不一致的时候，为了捍卫自身的认同，就必须转而寻求获得其他行为体的承认；获得对等的承认是认同政治中最核心的一个组成部分，深深地影响了世界政治的发展进程。

根据西方学者的研究，认同有微观和宏观两个层面。在微观层面，认同是人类行为与动力的持久源泉，它坚定了人们对自己的看法，又从他们与他人的关系中，派生出生命的意义。在宏观层面，认同是一个更深的个人意义的代码，它将个人与最一般层面的社会意义相联系。社会学家常常将认同视为共有的信仰与情感，和维持社会秩序的社会角色与身份。[①] 简单地说，认同是某个个体或者群体对于自身存在的独特性、意义的认知，它虽然根植于自己的领域，但形成和固化于同其他行为体之间的互动。美国国际关系学者亚历山大·温特（Alexander Wendt）把“认同”定义为相对稳定的、对自身的特定角色的理解和预期，因此认同是“有意图的行为体的属性，它可以产生动机和行为特征”。[②] 彼得·卡赞斯坦（Peter J. Katzenstein）等美国政治学者也认为，认同“指涉的是行为体所持有和表现的、通过和重要‘他者’的关系而形成的（随时间推移而改变的）个性和独特性（自我认同）的形象”。[③] 如果一个行为体得不到来自他者的承认，或者只是得到了他者错误的、不符合事实的承认，那将会对主体的自我认同产生显著的影响。[④] 在现实的世界政治实践中，人们持有各种独特的认同是司空见惯的事，但是关键在于，这些认同不一定能得到平等的承认，从而就无法获得自身存在的合法性和重要性，所以人们会为了这些认同获得足够的承认而斗争。因此，认同视角的核心其实是寻求承认的斗争，而不是认同本身。

5.2 认同的视角：寻求承认的斗争

从本体论的角度来说，认同是一种观念性的因素。因此，长期以来，学术界对于认同的研究存在一定的争议，尤其是支持唯物主义或者物质主义本体论的学者。一些学者认为，认同本质上是被建构成的，因此它不具备独立的本体地位，人们或者国家为了达到某种利益目的可以故意表现或者接受一些特定的认同。在现实中，“行为体们利用对方思维上的问题来达到自己的目标。在公众场合，他们表现出某种形象，扮演某种角色，常常和他们真实的信仰没有多大关系；利益才是幕后的真

---

① 张汝伦．经济全球化和文化认同．哲学研究，2001（2）：17－24.

② 温特．国际政治的社会理论．秦亚青，译．上海：上海人民出版社，2000：282.

③ Jepperson R L，Wendt A，Katzenstein P J. Norms，Identity，and Culture in National Security//Katzenstein P J. The Culture of National Security：Norms and Identity in World Politics. New York：Columbia University Press，1996：54.

④ 泰勒．承认的政治//汪晖，陈燕谷．文化与公共性．北京：生活·读书·新知三联书店，1998：337.

实原因”。① 这种情况无论在国际关系还是国内政治中都屡见不鲜。在现代国际关系史上，希特勒也一度把自己塑造成反对共产主义的“急先锋”，从而让英国、法国等对德国的扩张采取绥靖政策。但是，另外一些学者则认为，利益虽然可以影响或塑造认同，但是在更多的情况下，是认同决定了行为体的利益。当认同不同时，对现实世界的看法将会完全不同。一个经常被探讨的例子是：对于美国而言，朝鲜拥有5枚核武器的威胁比英国拥有500枚核武器的威胁更大。这就是因为认同或者身份角度的不同。在美国看来，英国是一个类似的、友好的国家，而朝鲜则是一个完全不同的、敌对的国家。

从方法论的角度而言，利益和认同相互塑造，共同决定行为体的行为和世界政治的变迁，并不需要得出一个简单的结论——利益与认同何者更为重要。事实上，影响利益的因素不只是认同，而影响认同的因素也不只有利益。这两者都是相对独立的要素。有的学者认为：“认同的概念对于社会科学研究没有多大帮助。它是一个被建构的实体，不管在个体还是集体层面。它生来就必须面对各种冲突。从定义上来说，它就必然是动态的，意味着不同的阶级、种族、宗教，以及意味着对文化独特性的需求，并且往往意味着某个真实的或者想象的敌人的存在。”② 这一看法类似于亨廷顿的“文明冲突论”，即强调了人类社会的认同多样性可能导致的冲突。但是，据此便认为认同的概念没有意义则是不公平的，因为认同虽然是被构建的，但是多样性的认同（一种平衡与和平相处的状态）仍然可以通过追求承认的斗争而实现；同时，个人、群体或者国家的认同一旦形成，想要改变就非常困难，因此它并不是一个简单的依附性变量。在讨论世界政治的变迁时，我们所讨论的认同视角，并不着眼于认同本身以及据此来解释行为体的具体行为，而是探讨个人、社会群体和国家基于对自身认同的追求所展开的斗争。这种斗争会导致世界政治的力量格局和思想格局发生根本性的变化。

按照丁三东的总结，承认概念至少包括四个方面的内涵：其一，承认一般可以被理解为是主体的一种心理活动，即主体接受一种事实或是状况；其二，承认暗含了一种有关主体认知的含义，这种认知可能部分地来自某些经验事实或者经验依据；其三，承认在很大程度上是主体基于实践意义之上所获得的判断与发现；其四，除了具有主体心理与认知层面的含义外，承认还具有事实存在层面的含义，即主体被他者和系统所承认就意味着主体在系统中获得了未被排斥的存在。③ 之所以强调追求承认的斗争的重要性，主要有两方面原因。一方面，只有行为体的认同得到其他人的承认，建立一种具有合法性的身份，它才能获得相应的安全感和其他利

---

① Copeland D C. The Constructivist Challenge to Structural Realism. International Security, Autumn, 2000, 25 (2): 202.

② Busekist A. Uses and Misuses of the Concept of Identity. Security Dialogue, 2004, 35 (1): 84.

③ 丁三东．“承认”：黑格尔实践哲学的复兴．世界哲学，2007 (2): 83-84.

益。如果其他人不承认这一行为体所具有的认同，那么它就会处于不安全的状态。正如温特所指出的："两种观念可以进入身份，一种是自我持有的观念，一种是他者持有的观念，身份是由内在的和外在的结构建构而成的。"① 如果一个行为体自己宣称的某种身份无法得到外界社会的承认，那么这个身份就是无效的。② 例如，一个新生的政权最希望得到的就是其他国家的承认；只有当被其他国家承认是一个合法的主权国家时，它的主权安全和权利才有可能得到基本的保障。马克思也指出："任何一个存在物只有当它用自己的双脚站立的时候，才认为自己是独立的，而且只有当它依靠自己而存在的时候，它才是用自己的双脚站立的。靠别人恩典为生的人，把自己看成一个从属的存在物。"③

另一方面，对承认的追求根植于人性之中，每个个体、群体和国家都希望获得自由，而不是陷入某种"主奴关系"之中，但同时人性中又有希望获得不平等承认的部分。法国哲学家卢梭曾说："人是生而自由的，但却无往不在枷锁之中。自以为是其他一切的主人的人，反而比其他一切更是奴隶。"④ 黑格尔认为："一个是独立的意识，以自为存在为本质，另一个是不独立的意识，以生命或为他存在为本质。"⑤ 换言之，主人是被承认的自我意识，主人的自我意识是通过奴隶的承认而建立起来的。福山则认为，科学技术的进步满足了人性中的"欲望"部分，而渴望承认则是推动世界历史发展的另一个根本动力。他引用柏拉图的"thymos"一词，认为灵魂有一部分渴望得到尊重："对性别工资差距的批评可能是源于对平等的要求，但是人类的承认渴望还表现为对优越感的渴望。亿万富翁继续工作是因为他们想要拥有更大的公司，或者更大的基金会。他们进入政界，是因为在那里将赢得更大的奖项，能够影响更多的观众。"⑥ 既然一部分人、一部分国家会享受现有的不平等承认，而另一部分人、另一部分国家则希望获得自由，摆脱这种不平等的状态，那么追求承认的斗争就不会停止。承认不会自动到来，所以每个行为体都必须为自己的身份争取他者的承认。⑦ 因此，追求承认的斗争是一个过程，通过这一过程，各行为体试图获得他者（尤其是"显著性他者"）的承认，以确保其在体系秩序中的特定身份。⑧ 无论在国际关系还是国内政治中，对承认的追求都意味着不同群体之间的权力斗争。

---

① 温特．国际政治的社会理论．秦亚青，译．上海：上海人民出版社，2000：220.

② Lindemann T，Ringmar E. The International Politics of Recognition. Boulder & London：Paradigm Publishers，2012：154.

③ 马克思，恩格斯．马克思恩格斯文集：第1卷．北京：人民出版社，2009：195.

④ 卢梭．社会契约论：第3版．何兆武，译．北京：商务印书馆，2003：3.

⑤ 黑格尔．精神现象学．先刚，译．北京：人民出版社，2013：121.

⑥ Fowkes D. Identity：The Demand for Dignity and the Politics of Resentment. International Journal of Constitutional Law，2019，17（2）：714－717.

⑦ Ringmar E. The Recognition Game：Soviet Russia Against the West. Cooperation and Conflict，2002，37（2）：120.

⑧ Murray M. Identity，Insecurity，and Great Power Politics：The Tragedy of German Naval Ambition Before the First World War. Security Studies，2010，19（4）：660.

德国哲学家霍耐特（Axel Honneth）区分了行为体之间的三种承认形式：爱、法权、团结。这三种主体间性承认形式分别对应着自信、自尊、自豪三种实践自我关系。自信存在于爱的体验中，自尊存在于法律承认体验中，自豪存在于团结的体验中。与之相对的就是蔑视，即拒绝承认对方，是对承认的否定与剥夺。与三种承认形式相对应，蔑视的形式也可以分为三种：强暴（虐待体验——摧毁自信）、剥夺权利（贬低体验——伤害自尊）、侮辱（羞辱体验——剥夺自豪）。[①] 当某一行为体被其他行为体蔑视时，他将感到羞耻和愤怒，这些消极的情感体验对人的存在完整性带来的威胁，就如同疾病对人的身体和生命所带来的威胁一样。为促进心理健康、保障人的存在完整性，个体将“为承认而斗争”，换言之，蔑视体验构成反抗的动机。[②] 在现实中，实现相互的承认，必然是通过一套制度化的体系，围绕承认的斗争最终也会是围绕着社会制度的斗争。“现代社会普遍承认必然发展出赖以实现的诸中介体系，这套体系是从一套历史造成的基本制度出发，并以其自我生长为内在动力，制度因此是中介体系之中介，是中介之中介。”[③] 通过制度的形式将某种承认关系固定下来，本质上就是在建立相应的社会秩序，不管是国际秩序还是国内秩序。

在国内政治层面，对承认的追求既可能导致不平等的体系和制度，也可能导致平等的体系和制度。追求优越身份的承认斗争，与追求平等身份的承认斗争，前者将导致行为体之间的身份困境，后者则可促进行为体之间的相互包容。[④] 在主奴关系中，主人享受着主宰一切的利益和快感，而奴隶出于恐惧和劳动不断意识到自己的独立性，必然会要求获得更多的承认，从而出现围绕承认的斗争。福山认为，人类历史是由争取承认的斗争驱动的。他认为，对承认愿望的唯一合理解决办法是普遍承认，承认每个人的尊严。但一直以来，普遍承认一直受到基于国家、宗教、教派、种族、族裔或性别等其他部分承认形式的挑战，或者受到希望被承认为优越的个人的挑战。某些个人或者群体由于掌握了更多的财富和权力——有些时候通过编造“君权神授”这样的理论，建立起不平等的承认关系和相应的制度体系。但是，由于每一个人、每一个群体和国家都渴望被承认，因此这种追求承认的斗争最终会导向以自由、平等为基本特点的政治思潮和社会形式。福山认为，普遍承认人的尊严的政治秩序才能产生和平的国内和国际秩序。[⑤] 正如接下来所要展开论述的，在人类历史上，存在着形形色色的承认斗争，例如著名的英国《大宪章》的签署、20

---

① 霍耐特．为承认而斗争．胡继华，译．上海：上海人民出版社，2005：100－135.

② 王凤才．论霍耐特的承认关系结构说．哲学研究，2008（3）：47.

③ 郭东辉．自由与承认：黑格尔《法哲学原理》中的制度化承认方案．政治思想史，2019，10（3）：133.

④ Lindemann T. Concluding Remarks on the Empirical Study of International Recognition//Thomas Lindemann and Erik Ringmar，eds. The International Politics of Recognition. Boulder & London：Paradigm Publishers，2012：214－217.

⑤ 福山．大分裂：人类本性与社会秩序的重建．刘榜离，等译．北京：中国社会科学出版社，2002：347.

世纪60年代美国的平权运动以及当前盛行于美国和其他西方国家的认同政治。1215年6月15日，在英国泰晤士河畔的兰尼米德草地上，英国国王约翰被迫与25名男爵签署《大宪章》，这份书写在羊皮卷上的文件在历史上第一次以法律的形式限制了封建君主的权力，确立了“王权有限、法律至上”的原则。从本质上说，这就是对极端不平等的君主专制体系的一次革命。

在国际政治层面，承认斗争也是一个根本性的发展动力。有些学者认为，绝大多数国家都是拥有主权承认的合法行为体，主权承认的获得在很大程度上可以减少对社会承认的依赖。① 但是，无政府状态中国家生存的含义应该至少包括两个层面：物质生存（physical survival）即确保主权和领土的安全与完整，以及社会生存（social survival）即建立和维持稳定的身份。② 社会性生存也关系到国家的本体安全，因为在一个相互依赖的国际体系中，国家想要获取某种国家利益，往往必须通过与其他国家的交往才能实现。如果其社会性身份得不到承认，那么即便不面临实体性的安全问题，其生存和发展的条件也很难得到满足。在承认理论看来，国际社会中的国家不仅仅只追求权力（安全）与财富等物质性因素，同时也会追求自身特性、尊严、荣誉、贡献，以及地位等非物质性因素，这种对于非物质性因素的追求实际上涉及对承认的追求。③ 一位学者指出：“集权国家之间日益增多的合作则是因为它们处于强有力的民主国家的威胁之下。”④ 国家荣誉、威望不仅仅是一种心理上的满足，也是国际政治中的“货币”，对国家利益的获取具有极为重要的意义。一个国家如果能拥有较高的声望，那么它在涉及各种国际性利益分配的谈判中就居于有利的地位。新现实主义大师吉尔平认为，威望（prestige），而不是权力，才是国际关系中的日常货币，权力意味着强制性，意味着对别人的控制，而威望很高的国家不必通过表现这种控制关系就能得到自己想要的东西。“国家之间的交易及其谈判结果主要取决于参与各方相应的威望。然而，在那类谈判的背后却隐含着这样一种共识，即谈判桌上的僵局会导致兵戎相见的后果。”⑤ 拥有一定的威望本质上就是得到一定程度的承认。此外，在国际关系研究中，较为激进的观点认为，国家发起或加入战争是为了获得身份承认而不是捍卫利益（有时甚至以牺牲利益为代价）；温和一些的观点则认为，国家之间的承认缺位使得以和平手段解决冲突变得不太可能。⑥

---

① Wolf R. Prickly States? Recognition and Disrespect between Persons and Peoples//Lindemann T, Ringmar E. The International Politics of Recognition. Boulder & London：Paradigm Publishers，2012：39－42.

② Murray M. The Struggle for Recognition in International Relations：Status，Revisionism，and Rising Powers. New York：Oxford University Press，2019：38.

③ 赵俊．国际关系中的承认：合法性与观众成本．世界经济与政治，2011（4）：83.

④ Gartzke E. Permanent Friends? Dynamic Difference and the Democratic Peace. International Studies Quarterly，2013，57（1）：1，12.

⑤ 吉尔平．世界政治中的战争与变革．宋新宁，杜建平，译．上海：上海人民出版社，2007：37.

⑥ Joshua F. The Recognition Dilemma：Negotiating Identity in the Israeli-Palestinian Conflict. International Studies Quarterly，2021，65（1）：125.

温特的研究强调了追求承认的斗争对于世界政治发展所具有的基础性、根本性的意义。相比无政府状态和暴力技术，他认为承认诉求的作用是更具有本源性的："在不对等承认结构中，那些没有受到完全承认的行为体会继续奋斗。所以，基于不对等承认的社会秩序，从长远来看，必然是不稳定的秩序。"① 他认为争取承认的斗争是在两个层次展开的：一是个人之间的竞争，二是国家之间的竞争。国家是局部的稳定形式，但国家生活在一个不稳定的全球体系之中，要解决这一不稳定状态，必然导向世界国家的产生。促进这一具有目的性过程的机制是微观层次的"争取承认的斗争"和宏观层次的"无政府文化"的互动。在温特的研究中，暴力技术的发展，将逐步使强国和弱国进行协调，改变原有的不平等承认的体系，最终迈向集体安全和世界国家："如果大国坚持保留不对等承认，个人或小国就会继续争取承认的斗争。由于毁灭性越来越强大的武器的扩散，个人和小国使用暴力的能力也会增长，因此也就会越来越威胁到大国的安全。中小国家也有着联合的动机，合力'制衡'大国。"② 基于承认的最终导向是日益平等、分散化的国际体系，但是，短期内大国仍然会保有和坚持不对等的承认。如果失去这种不对等承认的话，大国就有可能选择退出某些领域的国际机制和全球治理。

5.3 承认斗争如何改变世界政治的力量格局

本章第二节主要是理论部分的陈述，第三节和第四节将更加详细地探讨追求承认的斗争如何塑造了世界政治的力量格局和思想格局。如前所述，世界政治的力量格局指的是不同国家或者社会群体之间的实力对比，这种实力是一种综合性的概念，包括政治、军事、经济等多方面。世界政治的思想格局指的是世界政治思潮的兴衰起伏，这种兴衰起伏和力量格局的变化是一体两面的，却又能够直接塑造国际关系和国内政治的基本秩序。追求承认的斗争根植于人性之中，是世界政治的根本动力之一，通过不同的层面和形式表现出来。不管是在国内政治层面还是国际关系层面，追求承认的斗争都会通过阶级斗争、民族独立与解放运动、争取获得与本国实力相应的国际地位、构建有利于本国尊严与利益的国际秩序等途径来尽可能实现本群体或者国家、国家集团的承认诉求。而这些努力最终能否实现，在于能否实质性地改变一定时期内世界政治的力量格局和思想格局。

5.3.1 承认斗争塑造国际力量对比

在国际关系领域，承认斗争包括两个方面：一方面是国家为平等的承认而斗

① 温特．世界国家的出现是历史的必然：目的论与无政府逻辑．世界经济与政治，2003（11）：59.

② 同①61.

争，另一方面是国家为不平等的承认而斗争。哪里有压迫，哪里就有反抗；哪里有蔑视，哪里就有追求承认的斗争。这两种斗争最终会导向相对平等的、分散化的国际体系。结合历史发展的具体情况，对承认斗争如何塑造国际力量格局的变化大概可以从以下几个方面来认识。

首先，国际力量格局的变化和国际行为体自身的变化是联系在一起的，主权国家体系的形成是承认斗争的一个结果，而这种体系性的变化自然也意味着国际力量格局的变化。在中世纪时期，"'国家'是没有意义的，整个西欧是一个天主教的大世界，没有国界，没有关防，只有大大小小的封建领地，每个领地上领主都对农奴实行经济权、政治权和司法权。……这种状况当然与现代世界相距甚远"。① 这一时期，神圣罗马皇帝掌握着名义上的最高世俗权力，而天主教皇则掌握着宗教最高权力。教皇甚至一度希望建立自己的军队，王权受到明显的压抑或者"蔑视"。在这一背景下，西欧国家的君主们通过对外战争削弱贵族、领主的权力，逐步巩固自己的王权，并希望从神圣罗马帝国和教皇的霸权下解放出来。当然，这一时期的承认斗争也局限于上层的斗争，并没有体现出民族主义，甚至民粹主义的动员形态。民族主义和民粹主义进入政治动员是在法国大革命之后的事情。② 现代早期国际体系的一个重要节点是三十年战争结束后签订的《威斯特伐利亚和约》，这一和约"通过承认德意志众多诸侯国和瑞士、荷兰的主权，将早在文艺复兴时期就已开始讨论的国家主权和国际法的观念，以主权国家体制的形式确立下来。从此，人们以国家为最高权威，不再承认任何超越国家之上的约束者或者所谓的世界统治权"。③ 国际力量格局完全以主权国家为单位来进行界定。

尽管《威斯特伐利亚和约》意味着基于主权平等原则的国际体系的建立，但事实上不平等的主奴关系仍然广泛存在。西方国家由于率先完成了工业革命和资产阶级政治革命，在国际体系中建立了压倒性的力量优势，并据此建立了一个不平等的国际秩序。在这个国际秩序中，存在宗主国、殖民地和中国这样的半殖民地半封建社会。西方列强在这个秩序中享受着不平等的承认，而世界其他地方则大多处于被奴役的状态。二战结束以后，大批第三世界国家通过反殖民主义和反帝国主义斗争获得了民族解放和政治独立，从而在法律层面基本实现了平等的承认。这种斗争也实质性地改变了国际秩序中的力量分配。美国学者爱德华·拉克（Edward Luck）认为："一直以来，不但是在联合国内部，包括在美国的外交政策集团中，美国都不太擅长多边外交，它也不习惯全球政治安排，但是美国在一对一的交往中就好得多，在这样的过程中美国的实力可以被更加直接、充分地发挥出来。联合国成员构成的广泛性，加之在全体会议中投票权的平等，对美国来说想要有效地发挥自己的

① 钱乘旦．世界现代化进程．南京：南京大学出版社，1998：27.

② 李滨．国际体系研究：历史与现状．南京：南京大学出版社，2000：52.

③ 刘德斌．国际关系史．北京：高等教育出版社，2003：53.

实力无疑会更加困难。”① “在新的成员纷至沓来之前，美国几乎总是能够在联合国大会上争取到对自己观点的支持。经过几年的时间，新的成员抓住联合国大会中的程序性机会控制了议程设置。结果，联合国大会在某些安全问题方面起到了领导作用，例如在罗得西亚的问题（之前英国把该问题送交安理会）、纳米比亚的未来问题以及中东局势的问题。”② 因此，尽管美国等西方强国仍然在少数国际秩序中获得了不平等的承认，但是，在联合国大会、联合国教科文组织等国际秩序中，基于主权平等的原则不仅使得成员们拥有基本平等的承认，也使得美国等国家的实力优势被削弱了。

其次，承认斗争导致国家政治体制的不断变化，尤其是民族国家和资产阶级革命的出现；而民族国家所具有的独特优势，使其和现代国家能够建立起更加强大的经济和军事力量，从而深刻塑造了现代以来的国际力量格局。在古希腊城邦时期，雅典人和斯巴达人对于承认的不同追求是导致他们奉行不同对外政策和实力对比变化的重要原因：“雅典人生气勃勃，作风民主，富有创新精神，他们看到并且抓住了由制海权的发展和远距离贸易所创造的种种机会，继而获得了财富和实力的增长。而斯巴达人则缺乏主动精神，不能利用各种获取财富和实力的新机会，他们的行为受到了国内社会和经济结构的约束。”③ 事实上，西欧专制王权的出现，意味着政府开始能够主导自己的税收，从而产生了对封建国家的优势。在法国大革命之后，民族国家出现，民族主义开始成为强有力的一种政治思潮。对外，民族主义要求本民族的独立和平等地位；对内，民族主义意味着国家属于整个民族，而不再是某个君主。民族主义的信仰使得民族的每一个成员都相信，民族认同是最重要的认同，为了本民族的独立和相应的国际地位可以牺牲自己，个人的承认很大程度上与民族的承认绑定在一起。

在现代国际关系史上，正是依靠民族主义动员起全国的力量，法国才能以一己之力和全欧性的反法联盟展开长达20多年（1793—1815年）的对抗。“西欧民族国家在历史上第一次成功地创造了一个相对有效率的经济组织。通过不断摸索，欧美人创造和捍卫了一整套财产权和人类自由的概念，从而缩小了个人和社会成果率之间的差距；结果，个人被诱劝去参与和从事经济活动。……例如，17世纪第一部专利法的创立（知识产权的概念），给予个人一种刺激去从事发明活动，从而为工业革命开辟了道路。”④ 知识产权的概念不仅仅具有财产性的意义，也是对个人的贡献、价值的一种承认，而工业革命则决定性地改变了国际体系的力量格局，在这之后的很长一个时期里，西方国家占据了绝对的力量优势，英国则因为率先完成工

① Luck E C. Mixed Messages：American Politics and International Organization 1919－1999. Washington D. C.：Brookings Institution Press，1999：28.

② Gordenker L. The UN System in Perspective：Development of the UN System//Gati T T. The US，the UN and the Management of Global Change. New York：New York University Press，1983：16.

③ 吉尔平．世界政治中的战争与变革．宋新宁，杜建平，译．上海：上海人民出版社，2007：103.

④ 同③132.

业革命而成为19世纪的霸权国。尽管英国是一个只有24.41万平方公里的国家，但是工业革命所带来的劳动生产率的提高和工业产值的增加，使得英国一跃成为世界经济的中心，“占世界人口2%和欧洲人口10%的联合王国，其现代工业的生产能力相当于世界工业生产潜力的40%～45%、欧洲工业生产潜力的55%～60%”。[①]

最后，围绕承认的斗争会导致国际体系中的政治博弈和霸权兴衰，最终导致国际力量格局的重大变化。对于现有的霸权国家来说，它不仅要维持现有的国际秩序规则，也要维持自己的领导地位。而对于其他大国来说，它们都希望获得更高的承认，当然前提条件是自身开始具备足够的实力。正如美国国际关系学者杰克·列维（Jack Levy）所写的：“大国不同于中小国家的地方在于：（1）高水平的军事能力使得它们在战略上相对自给自足，有能力保护它们的边界；（2）对安全有着广泛的定义，涵盖了地区和/或全球势力均衡的考虑；以及（3）在定义和捍卫其利益方面比后者更为张扬自信。”[②] 作为国际体系中的霸权国，它享受着最高地位的承认，只要这种承认能够稳固存在，那么它在国际秩序中的各种利益就能够得到保障。根据中国外交学院秦亚青教授的论述：“只要霸权国能够保持霸权地位，它的国家安全、经济财富、意识形态观念、社会价值观念等等也就得到了保障。所以，霸权护持代表了霸权国的整体社会利益，这就是国家利益概念的整体性。同时，在整个霸权时期内，维持霸权地位会自始至终地被霸权国当作根本利益。”[③] 当然，秦亚青教授在这里讲的霸权地位是霸权实力地位，而不是直接的承认，但霸权国的霸权地位是否稳固，一方面取决于霸权国与其他大国的实力差距，另一方面取决于其他国家是否承认霸权国的这一地位。反过来，受到“蔑视”和不平等承认的国家则会努力追求承认，它们可以通过增强自身的实力（例如获得核武器）、联合其他有类似诉求的国家进行反抗，从而导致国际体系的平等化和分散化。

在历史上，围绕大国崛起所出现的霸权斗争往往不只是围绕具体利益的斗争，也是围绕领导地位、大国威望的斗争。在19世纪后期，新兴的德国要求获得“阳光下的地盘”和“无人敢争论的地位”。一些德国学者和政客认为，如果不获得殖民地，德国就不能成为一个受人尊敬的帝国。类似的主张其实在许多西方列强内部或者各个地区的国际关系中都可以听到和看到。很长一段时间里，沙特与卡塔尔之间一直维持着一种相对稳定的“领导”与“追随”的关系。但是，随着经济的飞速发展以及与美国建立密切的军事合作关系，卡塔尔也逐渐萌生了远大的政治抱负和独特的政治追求，不甘于仅作沙特背后默默无闻的“小跟班”或追随者，而是致力

---

① 肯尼迪．大国的兴衰．蒋葆英，等译．北京：中国经济出版社，1989：189.

② Levy J. War and the Modern Great Power System 1495－1975. Lexington：University Press of Kentucky，1983：11－19.

③ 秦亚青．霸权体系与国际冲突：美国在国际武装冲突中的支持行为1945—1988. 上海：上海人民出版社，1999：131－132.

于在地区事务中扮演独特的角色。① 在争夺霸权地位的斗争中，"修正主义国家更青睐它们所垂涎而不是已经拥有的；从非安全目标的扩张中所得到的收益要超过战争的代价。为了建立对维持现状的国家的压倒性优势，心存不满的国家联合起来，特别是在只有这样做才能比守旧一方更强的时候"。② 当然，德国的野心表现得过于明显，姿态则过于高调。从当时的国际形势来看，"德国崛起太晚、太快、易受损伤，且咄咄逼人。其余世界对它的反应是'粉碎这暴发户'"。③

5.3.2 承认斗争塑造国内力量对比

认同政治和承认诉求是推动国内力量格局变化的一个重要因素。每一个社会个体都希望获得社会尊严和平等的社会地位，而不仅仅是拥有一种体面的物质生活条件。精神上的满足和物质上的满足是一样重要的。当然，与国际关系中的大国、强国一样，国内政治中的一部分群体也会因为拥有了更多的财富和能力，希望追求不平等的承认，而这种不平等的承认诉求必然要通过承认斗争和不平等的国内政治秩序来实现。从奴隶社会到封建社会再到资本主义社会，追求平等承认和维持一定程度不平等承认的斗争一直在继续。温特指出："各种形式的不对等承认都有一个共同之处：一个行为体受到承认的意愿得到了满足，但却不给其他行为体对等的承认。在不对等承认结构中，那些没有受到完全承认的行为体会继续奋斗。所以，基于不对等承认的社会秩序，从长远来看，必然是不稳定的秩序。""要想得到他者的完全承认，必须对等地承认他者。这是自由的先决条件：一个人只有被承认是自由的时候才是自由的，这种承认只有在被自由地给予的时候才是有价值的。虽然某些因素会加强不对等承认的关系结构，只要不对等结构存在，争取对等承认的斗争就会继续，这决定了不对等体系的不稳定特征。"④ 按照马克思、恩格斯的设想，要最终实现所有人的平等承认，须等到共产主义社会，只有那个时候才可能完全摆脱人的异化，建立一个"自由人的联合体"——"代替那存在着阶级和阶级对立的资产阶级旧社会的，将是这样一个联合体，在那里，每个人的自由发展是一切人的自由发展的条件。"⑤ 概括起来，承认斗争可以通过以下几个途径改变国内政治的力量格局。

首先，具有相同承认诉求的个体会联合起来，追求相应的权力和权利。奴隶主阶层自然会联系起来维持奴隶制的存在，因为他们不仅从中获得了巨大的利益，还获得了为所欲为的精神满足；类似地，地主阶层和资本家都会有相应的承认诉求，

---

① Baxter P, Jordan J. How Small States Acquire Status: A Social Network Analysis. International Area Studies Review, 2018, 21 (3): 191-213.

② Schweller R L. Bandwagoning for Profit: Bringing the Revisionist State Back In. International Security, 1994, 19 (1): 74.

③ 时殷弘．国际政治：理论探究·历史概观·战略思考．北京：当代世界出版社，2002：368.

④ 温特．世界国家的出现是历史的必然：目的论与无政府逻辑．世界经济与政治，2003 (11): 57-62.

⑤ 马克思，恩格斯．马克思恩格斯文集：第10卷．北京：人民出版社，2009：666.

并为了建立和维护有利于本阶层利益的国内政治秩序而斗争。反过来，那些认为本群体的利益被忽视、尊严被践踏的群体也会联合起来，建立相应的政党、组织和武装力量。认同政治已经成为西方国家政治生活的一个基本特征。现实主义神学政治家尼布尔（Karl Niebuhr）曾说，社会“仅仅是个人利己主义的积累，并将其转变为集体的自私自利。因此，群体的利己主义拥有了比个人成倍的力量。从这个意义上讲，没有哪个群体的行动是出于纯粹的利他主义。因此，更成熟的目的和倾向是争夺权力”。① 追求承认的斗争最终使得国内政治中的力量格局转变为不同社会群体之间的斗争，其承认诉求越强烈，就越有可能获得巨大的组织力量。

19世纪，在马克思、恩格斯的领导下，欧洲的工人运动不断发展壮大，组织起来重塑了许多欧洲国家的内部政治格局。例如，德国尽管仍然由资产阶级和容克地主统治，但它建立了世界上最早的福利国家制度，目的就是应对工人运动。在今天的美国，我们也可以看到，一些少数族群在大选中发挥着非常重大的影响力，例如拉美裔的美国人正在成为不可忽视的政治力量。大量拉美裔选民聚居于大选地图中的“摇摆州”，显著左右了选举的结果。在美国两党制和选举制度下，除古巴裔之外，拉美裔与大多数少数族裔一道成为民主党的支持者。② 在国内政治的微观层面同样可能表现出类似的情况。人们对于不同群体的偏好取决于他们本能的直觉，即他们自身的政治意识形态和群体意识形态之间的联系。当有很多个群体可以加入的时候，人们将会选择加入加强他们自我意识和重要价值的社会群体。人们可能搬到和加入与自己有着相近政治观点的街区和教堂，这就会导致不同选区的政治力量对比的变化。③

其次，与国际关系中的承认斗争一样，国内政治中的承认斗争总的是导向一种更加平等、分散化的民主制度。从人类社会的发展历史来看，农民和地主之间的平等程度，远远超过奴隶和奴隶主之间的平等程度；而资本家和雇佣工人之间的平等程度，又远远超过农民和地主之间的平等程度。在英国和美国的政治发展史上，同样可以看到弱势群体对于平等承认的不断追求，例如，女性在很长时间里没有选举权和被选举权，男性公民一开始也只有一部分具有选举权和被选举权。一些激进的女性主义者认为：“在父权制社会，女人被迫接受她们自身卑贱低下的形象，她们已经把这样一幅自身低贱的图像内化了，因而甚至在阻碍前进的一些客观障碍已经消失之后，她们也可能无法利用新的发展机遇。”④ 因此，女性的解放并不仅仅止步于社会和经济条件的平等，还需要获得精神上的平等承认和建立女性群体的自尊。马克思主义认为，在资本主义政治秩序下，资产阶级表面上成为统治者，实则与无产阶级共同被资本所异化。在这过程中，资产阶级“在这种异化中知道自己和

---

① Smith M. Realist Thought from Weber to Kissinger. LA：Louisiana State University Press，1986：107.

② 张代雄，万晓宏．拉美裔在美国大选中的政治取向及影响因素：基于2000—2020年大选的分析．拉丁美洲研究，2021，43（6）：42-46.

③ Valdesolo P，Graham J. Social Psychology of Political Polarization. New York：Routledge，2016：10.

④ 泰勒．承认的政治//汪晖，陈燕谷．文化与公共性．北京：生活·读书·新知三联书店，1998：297.

证实自己，却对异化没有一种意识”，而无产阶级“则是自身自觉的，从而是扬弃自己的自我异化”。①

在美国，黑人争取自身权利和平等承认的努力一直没有停止。1868年，美国宪法第14条修正案赋予了黑人平等的法律保护。1870年，第15条修正案赋予了黑人投票权。但美国黑人和少数族裔的权利得到充分保护，是到了20世纪60年代的平权运动才实现的。《1964年民权法案》与《1965年选举权法》不仅废除了全国范围内公共场所、教育与就业中的种族隔离和种族歧视政策，也有力地保证了黑人等少数族裔的投票权。② 在美国，黑人反抗白人种族主义的努力包括两个方面。其一是批判白人压迫的思想和行为，抗议针对有色人种的负面刻板形象框架包括各种形式的武装团体抵抗，轰轰烈烈的抗议运动，宣扬实现人人真正自由、平等和正义的理想，以及宣传黑人的优点和取得的成就等。其二是指一些具有非洲传统的文化和价值观，通过口头和文字的形式在非洲裔美国人中代代传递，构成了反抗白人压迫的家庭文化框架。③ 在当前的美国政治中，“黑人的命也是命”运动使美国各地的警察部门更加意识到他们对待少数族裔的方式，尽管警察虐待仍然存在。“Me Too”运动加深了公众对性侵犯的理解，并就刑法在处理性侵犯方面的不足展开了重要讨论——它最重要的后果是改变了男女在工作场所的互动方式；这是对不公正的自然和不可避免的反应。④ 尽管“法治”的概念在许多国家仍然只是一句空洞的口号，但是至少法律面前人人平等的基本理念已经体现在绝大多数国家的宪法之中。族群平等、宗教信仰自由、言论自由、迁徙自由等基本政治权利也已经写入了绝大多数国家宪法。

最后，在意识到承认斗争对于各群体分化组合影响力不断上升，以及导致国内政治秩序的平等趋势时，也需要注意到承认诉求的极端化和碎片化同样深刻影响着国内政治的力量格局变化。国内认同和承认诉求的碎片化是由两方面造成的：一方面是技术的因素，尤其是通信和交通技术的发展，使得小规模的个体也能够发出自己的声音、追求自己的独特认同，而不一定要通过现有的政治渠道；另一方面，认同政治和承认斗争本身存在一种无限向前推进的趋势，当一种认同或者承认诉求得到满足以后，人们就可能会转向其他的认同和承认诉求，从而导致承认诉求越来越多元化和碎片化。族群认同曾经是、现在也是一种非常强大的认同，并且导致了非常剧烈的国内力量格局的变化。当民族主义没有兴起的时候，很多族群并不存在要求政治权利的诉求，皇帝可以很好地统治多族群的帝国。但是，一旦不同的族群都开始具备民族意识、追求本民族的独立和自治时，帝国就分崩瓦解了。一位学者指

① 洛维特．从黑格尔到尼采．李秋零，译．北京：生活·读书·新知三联书店，2006：424.

② 陈迹．20世纪60年代以来美国种族政治研究．北京：中国社会科学院大学，2020：30－34.

③ Feagin J R. The White Racial Frame：Centuries of Racial Framing and Counter-Framing. New York：Routledge，2020：166－183.

④ Fukuyama F. Identity：The Demand for Dignity and the Politics of Resentment. New York：Farrar，Straus and Giroux，2014：6.

出，多样化的族群认同和承认诉求对于各国的国家认同构成了巨大的挑战，这些挑战主要“是和一体化进程同时存在的，有时甚至是暴力性质的分化和分离的趋势”。① “70 年代中期起，在美国还要更早，在普遍进步与发展基础上的现代政治层面，政治文化开始了全面转向……转向与性别、地方或种族身份相关的文化身份认同政治。”②

事实上，族群认同的多样化只是承认诉求碎片化的一种表现，在许多国家，人们已经日益追求各种非常独特、狭隘的认同和承认诉求，“每个边缘化群体都可以选择从更广泛的身份角度看待自己。它可以要求社会像对待社会中占主导地位的群体那样对待其成员，也可以为其成员主张一种不同于主流社会的身份，并要求尊重他们。随着时间的推移，后一种策略往往会胜出”。③ 形形色色的个体和社会群体，在凸显自己如环保主义者、女性主义者等不同的认同和诉求，从长远来看，这会导致国家的碎片化，使国家失去维持国家认同和国家基本秩序的力量。同时，也需要注意到承认诉求的极端化发展趋势及其对于国内力量格局变化的影响。一些群体利用其人数优势以及组织优势，甚至采取诸如恐怖主义、暴力行动等极端措施，本意是追求一种平等的承认，最后却可能转变成为追求不平等的承认、特权，从而导致对其他社会群体的蔑视和歧视：“当代身份政治的驱动力是寻求被其社会边缘化的群体的平等承认。但这种对平等承认的渴望很可能会滑向对承认该集团优越性的要求。这是民族主义和民族认同故事的很大一部分，也是当今各种形式的极端主义宗教政治的一部分。”④ 当前美国社会中“白人至上主义”的兴起恰好反映了这样一种可能性，即白人认为自己正在成为被蔑视和歧视的一个群体，需要捍卫自己的认同和其他合法权利。在 2016 年美国总统大选投票支持特朗普的人中，80%对民主党的少数族裔政策感到不满，认为“政府在扶助少数族裔上做得太多了”，85%的人认为“美国已经失去了它的国家认同”。⑤

5.4 承认斗争如何改变世界政治的思想格局

追求承认的斗争与技术革命和资本力量一道，塑造了世界政治思潮的兴衰。由于不同的个人、群体和国家追求承认，因此他们自然会倾向于支持那些更突出平等、自由理念的政治思潮，反对那些相对保守的、支持等级制秩序的政治思潮。如

① 格罗斯．公民与国家：民族、部族和族属身份．王建娥，魏强，译．北京：新华出版社，2003：3.

② Friedman J. Cultural Identity and Global Process. London：Sage Publications，1994：234.

③ Fukuyama F. Identity：The Demand for Dignity and the Politics of Resentment. New York：Farrar，Straus and Giroux，2014：93.

④ 同③27.

⑤ Fukuyama F. American Political Decay or Renewal?：The Meaning of the 2016 Election. Foreign Affairs，2016，95（4）：58.

果从古希腊的政治哲学开始，我们可以看到，有关政治的思想和观念逐步是朝着自由主义的方向发展的，但这种发展必然会破坏原有的不对等承认，从而导致社会群体之间的政治斗争。追求承认的人性诉求，在世界政治变迁的历史过程中，表现为民族主义、民主主义、个人主义、自由主义等政治思潮的不断强大，甚至走向极端。黑格尔所诉诸的制度化承认，既接受了自由主义关于个体自由和主观性的基本主张，又保留了整体伦理关系设想的积极因素，他试图借助“承认”概念的系统演绎，打造出一种综合二者的、既主观又普遍的现代社会方案。① 对于现有的各种认同尽可能给予承认的同时，也要确保国家和国际社会存在某种意义上的共同价值，例如对人权的尊重、对法治的推崇等等。这也一直被认为是自由主义制度体系的基本原则。在现实中，尽管还存在政治上的不同等级地位，但是法律意义上的一律平等已经成为国际关系和国内政治的基本制度原则。但是，自由的边界在哪里？一个平等的世界政治体系是否会因为承认斗争而最终走向一种支离破碎的状态？这些问题其实已经在当前的世界政治思想格局中表现得非常明显。例如，在美国，自由主义和保守主义虽然都根源于自由主义，但是两者的意识形态差异已经日益扩大。如果让美国的自由主义和保守主义优先地对不同的“道德圈”子集产生共鸣，则保守主义优先倾向于更小的道德圈而非更大的道德圈（家庭优先朋友，国家优先世界，人类优先非人类）；而自由主义则相反。②

从政治思想的发展历史来看，古希腊时期的政治思想中，“政治与城邦完全是同一个概念。这就意味着在这个时期，政治尚未从社会生活的整个领域中明确地区分开来，政治活动也就非常自然地被人们理解为延伸到社会生活的各个方面。在这种情况下，谈论公与私、国家与社会这些后世西方政治学的重要范畴就几乎没有任何的实际意义”。③ 这一时期，城邦内部存在着一定程度的平等承认，并体现在公民大会这一政治形式上。但是，这种平等是非常有限的，不管是雅典和斯巴达，都存在贵族和权力等级，而奴隶更是没有任何的人权。所以，古希腊时期大多数人是没有得到基本的承认的。到了罗马帝国时期，由于地域的广大和民族组成的复杂，不可能再以公民大会的形式来进行国家治理。人们精神程度上的空白，为基督教在整个帝国的流行提供了一种非常适宜的精神土壤。④ 不管是罗马帝国的政治制度，还是基督教思想，都迎合了人们对于获得更广泛、更普遍的承认的诉求，因此很快成为具有重要影响力的政治思潮。北京大学国际关系学院唐士其教授认为：“罗马时期不同民族的人成为罗马的公民，权利便超越了地域与民族的界限而成为一种普遍的权利。罗马时期萌发的这种普遍平等的权利观念在近代被发展为普遍人权的理论，对于西方政治思想的巨大影响是不言自明的。”⑤

---

① 郭东辉．自由与承认：黑格尔《法哲学原理》中的制度化承认方案．政治思想史，2019，10（3）：133.

② Valdesolo P，Graham J. Social Psychology of Political Polarization. New York：Routledge，2016：2－3.

③ 唐士其．西方政治思想史．北京：北京大学出版社，2002：1.

④ 同③2.

⑤ 同③9.

从政治思想史的角度来看，世界政治思潮的兴衰是由于诸多原因所造成的，并不能简单认为各种政治思潮的出现就是为当时的统治者进行辩护，尽管占统治地位的思想必然是统治阶级的思想。技术革命、资本力量以及思想构建所具有的独立性和传承性，都意味着同一时期可以存在各种不同的政治思潮，而且这种思想格局是一个动态变化的过程。思想格局的变化不仅仅是国际国内力量格局和政治秩序变化的结果，同样也会促成力量格局和政治秩序的变化。例如，长期以来，人们都认为洛克的政治思想是对于1688年英国光荣革命的一种理论上的说明或者辩护。但是，近年来的研究却表明，洛克的《政府论》（上、下篇）在光荣革命前都已经完成，只不过一直没有发表，因此，简单地说洛克的理论就是对英国革命的辩护显然失之偏颇。① 但总的来说，纵观西方政治思想史的变化过程，自由主义的政治思想由于极大地实现了人们在政治地位、政治权利和个人尊严方面的平等，因此迎合了大多数人的承认诉求，逐步成为西方主导的世界政治思潮的主流。“近代政治思想的一个最根本出发点是对个人利益的保护，这一点即使是对像霍布斯那样的被视为专制主义者的思想家来说也同样是真实的。这种以个人利益为出发点的政治观点首先在洛克那里得到了系统的表述。洛克奠定的对政治的自由主义的理解是迄今为止西方政治思想中主流的观念。”②

按照唐士其教授的总结，自由主义总体上构成了自现代早期以来西方政治思想的主流。其他的政治思想都是对自由主义的某种形式的反应，从而也必须通过它而得到理解，包括马克思主义和保守主义对它的批判在内。③ 工业革命发生后，自由主义逐步成为世界政治思潮的主流。作为一种政治思潮和知识传统，作为一个在理论和实践上与众不同的思想流派，自由主义的出现不早于17世纪。④ 英国自由主义理论家约翰·格雷（John Gray）认为，自由主义包括如下的观念要素：它是个人主义的，因为它主张个人对任何社会集体之要求的道德优先性；它是平等主义的，因为它赋予所有人同等的道德地位，否认人们之间在道德价值上的差异与法律秩序或政治秩序上的相关性；它是普遍主义的，因为它肯定人类种属的道德统一性，而仅仅给予特殊的历史联合体与文化形式以次要的意义；它是社会向善论，因为它认为所有的社会制度与政治安排都是可以纠正和改善的。正是这一关于人与社会的观念赋予自由主义一种确定的统一性，从而使之超越了其内部巨大的多样性和复杂性。⑤ 自由主义不仅是一套经济学的理论，也是一套政治学的理论，包括了自由贸易、市场经济、自由民主、民族自决等一系列诸多的政治理念和政治规范。

自由主义政治思潮的兴起，以及成为部分国家和国际秩序的规范来源，是基于许多方面的原因。首先，工业革命所带来的生产力和生产方式的改变，使得奴隶制

① 唐士其．西方政治思想史．北京：北京大学出版社，2002：36.
② 同①3.
③ 同①15.
④ 格雷．自由主义．曹海军，刘训练，译．长春：吉林人民出版社，2005：1.
⑤ 同④2.

已经不合时宜，而财富的巨大增长又为大众参与政治生活、追求政治权利和政治地位提供了物质基础。其次，自由主义对于个人权利的强调，使得它迎合了追求承认这一根本的认同诉求。"承认是一种主体间过程，通过这一过程，施动者得以成为有自尊、受尊重的社会或国际社会成员，在这个意义上，承认是构成施动者身份的共同决定因素。"① 承认斗争是一种与政治生活本身相关联的现象，是现代社会中自由与权利运动的基础。② "在不对等承认结构中，那些没有受到完全承认的行为体会继续奋斗。所以，基于不对等承认的社会秩序，从长远来看，必然是不稳定的秩序。"③ 从这一视角出发，相对于封建专制，自由主义实现了人与人之间尊严上较大程度的平等，从而满足了人性中对承认的这种诉求，历史上受到普通民众广泛的欢迎。再次，19 世纪的霸权国英国和 20 世纪的霸权国美国积极推动了自由主义世界政治思潮的发展。它们不仅建构了一套基于自由主义的国际秩序，也希望推动自由民主制度的普及。原因在于，它们认为，这样的一套秩序能够确保自由民主国家的安全与繁荣。例如，新现实主义大师罗伯特·吉尔平指出，现代以来的自由国际经济秩序建立在英国和美国霸权之上，因为这两个领导性的国家掌握了先进的技术，有着效率更高的生产力，因此，和前现代时期的农业帝国相比，它们通过自由市场竞争可以获得最多的收益份额。④ 最后，自由主义之所以成为占主导地位的世界政治思潮，离不开经济全球化的不断深入发展。伴随着商品、资本和人员的全球流动，自由主义的政治理念得以通过各种不同的载体深入世界的每个角落。

尽管如此，自由主义政治思潮在成为一种主导性的世界政治思潮时，也面临来自其他政治思潮的日益增多的挑战。这些不同的政治思潮，有的一开始和自由主义并不是相对立的，例如民族主义。法国大革命意味着民族主义开始成为一种强大的政治思潮，推动了殖民地人民的民族解放斗争，并且从根本上塑造了今天的民族国家体系。在法国大革命开始的时候，民族主义本质上和自由主义及民主主义是一致的，即对外要求民族的独立和平等，对内要求推翻专制王权的统治，实现普遍的公民权利。但是，民族主义的一些基本诉求实现以后，它就和自由主义的长远目标相冲突了。自由主义希望减少国家之间的壁垒，逐步推动经济全球化和一体化，以及在全世界实现自由民主制度，而民族主义则把民族工业摆在第一位，倾向于重商主义和保护主义，以及强烈反对以"保护人权"为借口的人道主义干涉。尤其是在国际关系领域，民族主义往往和国家主义、现实主义联合起来，形成对自由主义的抵抗力量。正如美国政治学者、著名现实主义者米尔斯海默所说："简言之，我的论断是民族主义和现实主义几乎总是压倒自由主义。我们的世界很大程度上被这两种

① Nel P. Redistribution and Recognition：What Emerging Regional Powers Want. Review of International Studies，2010，36（4）：953.

② 福山．历史的终结及最后之人．黄胜强，许铭原，译．北京：中国社会科学出版社，2003：164.

③ 温特．世界国家的出现是历史的必然：目的论与无政府逻辑．世界经济与政治，2003（11）：59.

④ 吉尔平．世界政治中的战争与变革．宋新宁，杜建平，译．上海：上海人民出版社，2007：135.

强大的主义而不是自由主义所塑造。”①

除了民族主义以外，保守主义、帝国主义、社会主义等政治思潮也具有强大的影响力，它们都在不同程度上反映了人们的承认诉求。保守主义是一种相对于自由主义而言带有保守政治倾向的思潮，在 19 世纪的时候保守主义意味着保护原来的君主专制、传统秩序等，而到了今天保守主义则意味着反对放任自流的自由主义和极端个人主义，在承认自由主义基本价值的前提下强调家庭、意识形态和传统文化的价值。保守主义虽然在不同时期有着不同的内涵，却都是自由主义政治思潮对原有社会承认结构造成冲击的结果。虽然自由市场创造了空前的经济繁荣，但是它也造成了贫富分化和人的异化。虽然自由主义政治体系规定人们在政治权利上是基本平等的，但雇佣劳动者的贫困仍然使得他们无法获得许多事实上的承认。尽管社会主义国家的数量并不多，但是社会主义思潮一直具有非常大的影响力，并且很大程度上塑造了西方国家的国内政治秩序，尤其是福利国家的形成和“社会市场经济”“第三条道路”的出现。② 同时，帝国主义在一些老牌的资本主义强国内部获得了狂热的支持，人们希望通过对外的征服和统治其他民族来宣泄自己在国内可能被压抑的权力欲望，或者希望通过对外干涉来宣扬本国的政治理念，这些都会导向帝国主义。用美国现实主义大师摩根索的话来说：“地球上这一个或那一个民族打消对权力的欲望，同时其他民族的欲望有增无减，这不但毫无作用，反而会自取灭亡。如果对权力的欲望不能在世界各个国家取消，那么打消了这个欲望的国家只会成为他国权力（欲望）的牺牲品。”③ 因此，自由主义和现实主义都可能导向帝国主义的思想和政策。

冷战结束以后，对于自由主义主导地位的乐观情绪达到了顶峰。在美国国内政治领域，政治学家弗朗西斯·福山认为“历史已经终结”。原因在于，“历史进程依赖于合理的欲望和理性的承认这两大支柱，而现代自由民主是最能以某种平衡来满足这两个方面的政治体制”，不过，福山也指出，自由民主政治仍然存在衰退的可能性，“尽管现代社会已经向民主演进，但是现代思想已然陷入僵局，无法在何谓人及其特有的尊严这一问题上达成共识，从而也无法明确人的权利为何。这就一方面为过度强烈的寻求平等权利的承认，另一方面为优越意识的重新解放，敞开了方便之门”。④ 在国际政治领域，以美国国际关系学者约翰·伊肯伯里为代表的自由主义者认为，西方战后秩序围绕自由民主政策和制度建立起来，它以美国为中心，

---

① 米尔斯海默．大幻想：自由主义之梦与国际现实．李泽，译．上海：上海人民出版社，2019：4.

② 第三条道路出现的背景是，欧洲的社会民主党或工党意识到，一些传统的意识形态如大规模国有化、国家控制和强调工人阶级的利益等已经过时，已不适合现实经济政治形势，需要淡化意识形态色彩。第三条道路和传统的国家干预理论不同，它强调政府的作用只能是有限的。第三条道路和自由放任主义也不同，它指出市场也不是灵丹妙药，也有其失灵的时候，不加控制的市场是危险的。因此，第三条道路把二者结合起来。参见：张敏．第三条道路：九十年代西方社会的一个新政治现象．世界经济与政治，1999（5）：46－48.

③ 摩根索．国家间政治：权力斗争与和平：第 7 版．徐昕，郝望，李保平，译．北京：北京大学出版社，2006：54.

④ 福山．历史的终结与最后的人．陈高华，译．桂林：广西师范大学出版社，2014：345.

反映了美国式的政治机制和组织原则，在这个意义上，它是一个霸权秩序。[①]“1945年之后秩序建设早期达成的交易和创立的制度不仅存续了50年，它们实际上深深扎根于各参与国更为宽泛的政治和社会结构中。换言之，更多的民众及其活动与美国战后秩序的制度及其运行相关……这一体系越来越难以被取代。”[②] 尽管如此，自由主义政治思潮本身的特殊性，使得这一思潮在广泛流行的同时，也埋下了可能毁灭自身的种子，也就是承认诉求的碎片化和极端化，它直接导致了西方国家所面临的认同政治和极左、极右相对立的政治极化。这些种子产生的基本土壤是贫富分化和认同冲突。一旦遇到合适的气候（例如大规模的跨国人口流动、人口结构的变化、技术进步的推动），它们就可能蓬勃生长起来，最终导致自由民主制度的衰朽和自由国际秩序的崩溃。

在18世纪中期以前，美国人界定国民特性的依据是人种和民族属性以及文化，尤其是宗教信仰。来自英国传统价值观的自由、法治和按照一致意见施政的原则，以及启蒙运动所昭示的自由、平等和个人权利这样一些更具普遍意义的主张构成了“美国信念”。[③] 一直到20世纪60年代的平权运动，非裔美国人和其他少数族裔争取平等权利和平等承认的斗争，仍然是在这一框架下进行的。但是，到了20世纪后期，有关承认的斗争就开始导向了极端化的认同政治，而不再是以共同的价值观和信念为目标了。按照亨廷顿的总结，美国确立国家特性的公民身份在四个方面被损耗掉了：一是文化多元主义使得公民层次以下的身份被置于公民身份之上；二是美国的移民同化政策没有发挥作用，公民教育被破坏，出现双语教育、双重国籍和双重忠诚等现象；三是美国出现“拉美裔化”，来自西班牙语国家的移民人数大量增加；四是全球化与“跨国主义”导致部分精英人士轻视公民身份而重视全球身份与跨国身份。[④] 政治极化正在成为美国和许多西方国家、发展中国家面临的一个普遍现象。在美国，所谓政治极化，指的是政治精英或普通选民以保守主义和自由主义两种党派意识形态来引导自身政治参与行为并形成相应政治现象与结果的一种持续性过程。[⑤] 相比政治精英可能基于权力斗争而突出意识形态的极化，影响更为深远的是，美国“公众的政治意见和选举行为总体上由中间、温和的立场转向自由或保守的两端”，一端日益保守，强调传统的共同价值，而另一端日益追求各种特殊的认同和承认。[⑥]

对于自由主义政治思潮面临的这些潜在挑战，其实国内外学者们早已有过深入的探讨，只是在过去的几十年间这些严峻的挑战才逐步成为现实。吉尔平曾警告说，尽管自由贸易和全球经济的其他方面带来了巨大的好处，但全球经济的开放和

---

① 伊肯伯里．大战胜利之后：制度、战略约束与战后秩序重建．门洪华，译．北京：北京大学出版社，2008：187.

② 同①233.

③ 亨廷顿．谁是美国人?：美国国民特性面临的挑战．程克雄，译．北京：新华出版社，2010：36.

④ 同③17.

⑤ 何晓跃．美国政治极化的层次界定与生成逻辑．国际展望，2014（1）：104.

⑥ 张业亮．“极化”的美国政治：神话还是现实．美国研究，2008（3）：7.

一体化既不是广泛可见和不可抗拒的，也不是不可逆转的。① 吉尔平意识到了贫富分化和认同冲突这两方面的挑战。他指出，资本主义和经济全球化的过程“产生了许多胜利者，同时也产生了许多失败者，至少在短期内情况如此；并且对传统的价值观念、信仰和风俗习惯构成严重威胁。”② 北京大学国际关系学院的王缉思教授和唐士其教授也持类似的看法：“在经济全球化快速推进过程中，不受约束的自由市场加剧了社会内部分化，阶级和阶层对抗强化。同时，社会多样性与复杂性增强，增加了协调整合的困难。各种经济与文化冲突层出不穷，却长期无法在既有政治渠道（特别是日渐僵化的政党政治体系中）得到有效吸纳与回应，结果进一步走向极端化。”③

贫富分化的问题相对好解决一点，用吉尔平的话来说：“除非在考虑提高效率的同时，兼顾社会对经济上的弱者的保护，以及对落后于经济和技术迅速变化的工人的教育与培训，否则市场和资本主义制度的延续仍将岌岌可危。”④ 但在现实中，这些措施很少能取得预期的效果，而跨国企业则可以通过全球布局生产链实现利益的最大化，尽管这样可能造成本国工人的失业。2008 年国际金融危机发生以后，在世界经济和国内经济领域，自由主义政治思潮受到日益严重的冲击，“长久以来旨在实现市场自由化的运动已经中断，全球已进入新一轮的国家干预、重新管制和保护主义蔓延、滋长的时期”。⑤ 奥巴马上台以后，美国开始提出了“出口倍增计划”，并试图通过“跨太平洋伙伴关系”打造新一轮的“公平贸易规则”。相对原有的自由贸易规则，公平贸易规则本质上是为了限制中国这样的发展中国家在世界市场上的竞争力，给世界市场竞争设定更高的准入门槛。在过去的二十年间，自由国际经济秩序逐步失去了它原有的国内社会基础，反全球化和区域经济一体化的运动不断壮大，支持民族主义和民粹主义的社会群体人数不断上升，并最终导致了 2016 年的英国脱欧和特朗普当选美国总统。

在认同冲突和承认斗争方面，自由主义政治思潮不管在国际层面还是国内层面都面临着许多难以解决的问题。米尔斯海默强调了民族主义在国际国内层面对于自由主义的冲击：“民族主义的影响往往削弱了自由主义的外交政策。例如，民族主义非常强调自决，这意味着大多数国家都会抵制自由主义大国干涉其国内政治的企图——而这当然是自由主义霸权的全部。这两个主义在个人权利上也存在冲突。自由主义者相信每个人都拥有相同的权利，无论他们把哪个国家当作祖国。民族主义

---

① 吉尔平．全球资本主义的挑战：21 世纪的世界经济．杨宇光，杨炯，译．上海：上海人民出版社，2001：1.

② 同①11.

③ 王缉思，唐士其．三十年来的世界政治变迁：同一性与多样性并存．国际政治研究，2010，31（1）：24.

④ 同①2.

⑤ Altman R. Globalization in Retreat Further Geopolitical Consequences of the Financial Crisis. Foreign Affairs，2009，88（4）：2-7.

是一种从上到下的特殊主义意识形态，这意味着它不认为权利是不可剥夺的。”① 与米尔斯海默对于自由主义霸权的批判路径不同，福山和亨廷顿对于美国国家认同所面临的危机和国内层面文化冲突的论述，可能是更为深刻和有力的。福山指出了自由主义政治思潮蕴藏着毁灭自己的种子：“强烈的个人主义的文化在市场和实验室里会带来创新和经济增长，社会规范领域里已充斥了此种个人主义的文化，它实际上已侵蚀了形形色色的权威，削弱了维系家庭、街坊和民族的纽带。”②

在国内政治中，基于个人主义的自由主义思潮出现了明显的分化，出现了崇尚极端个人自由的倾向，形形色色的认同取代了对家庭、国家以及自由主义所强调的那些基本权利的认同，政治生活开始出现了尖锐对峙的极化状态，曾被认为可以终结历史的自由民主政治往往无法健康运转。取代自由主义政治认同的是多元文化和多元认同，“全球化，多文化主义，世界主义，移民，贬低和反对国民特性的情绪，都冲击了美国人的意识。人种、民族属性和性别方面的特征登上了前列”。③ 正如美国哲学家理查德·罗蒂（Richard Rorty）所言，美国的自由主义者为妇女、非洲裔美国人做了很多好事……但是有一个问题：他们不爱国……他们否定国家认同，否定民族自豪感。④ 自由主义一旦走向极端的平等主义和多元主义，那么世界政治就会面临高度的不稳定，因为将不存在领导性的国家来提供国际公共物品，不存在主体性的群体来维持社会的稳定，从而导致世界政治走向碎片化。

5.5　本章小结

对承认的追求，是世界政治发展的一种根本动力。不仅是获得物质利益，获得承认、自尊和相应的社会地位同样是极为重要的。承认的诉求不仅根植于利益的诉求，也根植于人性之中。一些人享受着不对等的承认，但大多数人都希望为了平等的承认而斗争，因为只有获得平等的承认，人才能成为一个“自为的存在”，才能是自由的和完整的，才能获得本体上的安全性以及各种平等的权利和利益。如果没有获得对等的承认，那么每个人仍然会感到自己是不安全的、不自由的。对于不对等的承认，导致了各种不平等的国内政治秩序和国际政治秩序；而对于平等承认的追求，导致了国内政治秩序和国际政治秩序的日益平等与分散化。当然，对承认的追求并不一定是单独发挥作用，更多时候是与技术革命、资本力量等因素结合在一起。随着交通、通信和武器技术的发展，个人、弱势群体具备了越来越多的发声和追求平等承认的条件。资本的跨国流动很大程度上也推动了追求承认的斗争，为了能够打开当地的

---

① 米尔斯海默．大幻想：自由主义之梦与国际现实．李泽，译．上海：上海人民出版社，2019：3.

② 福山．大分裂：人类本性与社会秩序的重建．刘榜离，等译．北京：中国社会科学出版社，2002：6.

③ 亨廷顿．谁是美国人?：美国国民特性面临的挑战．程克雄，译．北京：新华出版社，2010：4.

④ Rorty R，Achieving Our Country：Leftist Thought in Twentieth-Century，Cambridge：Harvard University Press，1998：15.

市场，跨国公司不得不迎合当地人民的承认诉求，使用当地人民能接受的语言和方式，在全球化的同时也进行了本地化。因此，技术革命、资本力量和承认诉求这三个因素结合在一起，构成了推动世界政治变迁的深层动力或者说根本动力。

承认斗争是塑造世界政治力量格局的根本动力之一。在国际关系中，追求承认的斗争能够深刻影响到国家间的力量对比：首先，国际力量格局的变化和国际行为体自身的变化是联系在一起的，主权国家体系的形成是承认斗争的一个结果，而这种体系性的变化自然也意味着国际力量格局的变化；其次，承认斗争导致国家政治体制的不断变化，尤其是民族国家和资产阶级革命的出现，而民族国家所具有的独特优势，使得民族国家和现代国家能够建立起更加强大的经济和军事力量，从而深刻塑造了现代以来的国际力量格局；最后，围绕承认的斗争会导致国际体系中的政治博弈和霸权兴衰，最终导致国际力量格局的重大变化。

在国内政治中，追求承认的斗争同样深刻影响到国内群体之间的力量对比：首先，具有相同承认诉求的个体会联合起来，追求相应的权力和权利；其次，与国际关系中的承认斗争一样，国内政治中的承认斗争总的是导向一种更加平等、分散化的民主制度；最后，意识到承认斗争对于各群体分化组合影响力不断上升，以及导致国内政治秩序的平等趋势时，也需要注意到承认诉求的极端化和碎片化同样会深刻影响到国内政治的力量格局变化，即主导性的政治力量的消失、力量格局的分散化。

承认斗争也是塑造世界政治思潮兴衰的根本动力之一。从现代早期开始，由于迎合了大众的承认诉求，以及在国际国内的承认斗争下，自由主义政治思潮在国际关系和国内政治中的地位日益上升，并深刻塑造了19世纪和20世纪的世界秩序。当然，相对于自由主义的崛起态势，其他政治思潮也不断兴起并保持强大的政治影响力。而且，随着经济全球化的深入发展，自由主义理念在带来经济繁荣的同时也暴露出许多的负面效果，尤其是导致了日益增多的贫富差距和认同冲突。同时，自由主义自身由于强调个人主义，贬低家庭、国家的地位，容易走向极端的个人主义和自由主义，从而出现了日益激烈的认同政治、承认斗争，国家认同面临着来自族群、宗教、性别等其他认同的激烈竞争。在过去的几十年间，世界政治思潮的兴衰主要表现为自由主义民主和自由国际秩序的理念与规范受到日益严重的质疑和挑战，这构成了国际战略格局变化的另外一个重要方面。民族主义、保护主义、排外主义、本国优先、认同政治，正在使世界政治日益碎片化和冲突化，对于各国的外交政策、战略关系和战后的国际秩序都构成了巨大的冲击。这一点，在当前美国的“认同政治”“美国优先”等思想潮流中都得到了非常典型的印证。认同政治只会激化不同社会群体之间的冲突，根本上无助于实现真正的相互承认。相互承认建立在一些共同价值的基础之上，也需要具有不同认同的成员能够自我克制，即在拥有自我认同的同时，也尊重其他人和其他群体的认同。从目前来看，自由民主制度并没有从根本上解决各国内部的承认的问题，反而由于过分强调个人自由而加剧了承认斗争。同时，在国际关系中，以“文明冲突”、霸权主义和强权政治等为代表的承认斗争仍然广泛存在。

第6章

自由主义与世界政治秩序

6.1 引言

自由主义是现代西方世界最主流、影响最大的政治思想。虽然在不同历史时期自由主义的含义不同，不同思想家对自由主义的理解不同，不同国家对自由主义的接受程度不同，但总的来看，我们仍然可以像找“最大公约数”一样，归纳出大部分时期、思想家和国家共同认可的自由主义基本要素。而自由主义不同历史阶段之间的差异，只是在这些要素的具体边界和施行方式上有所变化。这些不变的基本要素主要是：（1）以自由（liberty）为核心的个人权利（right）是现代世界最重要的价值，这构成了其他制度安排的逻辑基础；（2）政治上，为了保护个人自由，必须有一个由人民授权、受法律限制的政府；（3）经济上，为了个人的生存和发展，必须有一个自由竞争的、程序公正的市场；（4）文化上，在个人思想自由的前提下，宗教、传统和文化偏好必须与政治分离，互不干涉。

上述四项基本要素，对人文社会科学的师生来说可谓是常识。因此，本章的写作目的并不是要重复自由主义的常识，而是要勾勒自由主义塑造现代世界政治的基本过程——以自由主义为自变量，国内与国际秩序为因变量。传统的政治思想史以政治思想或政治哲学为研究对象，传统的政治史和比较政治以国内政治秩序为研究对象，而传统的国际关系史以国际政治秩序为研究对象。虽然这些领域的研究和教学取得了长足进步，但领域之间长期处于分隔甚至互不交流的状态，我们常常看到谈论国际热点问题的人士缺乏有关政治思想和国内政治的基本知识，或者学习政治思想史的同学不太关心现实政治和国际关系，又或者比较政治的论著由于不积累政治学理论而沦为时政综述。显然，这对我们进一步推进研究、培养人才是极端不利的。[①] 也正因如此，笔者将抛砖引玉，尝试对三者之间的历史关系做一次入门性的勾勒和介绍。

一旦政治思想开始影响社会，就会形成政治思潮或者意识形态思潮（ideological trend）。[②] 虽然作为政治思想或政治哲学的自由主义由来已久，但到底以哪位思想家、哪本著作为开端一直处于争论之中。作为政治思潮的自由主义则存在一个公认的起始点，即 1688 年的英国。同时，与时而超前、时而复古的政治思想家不同，作为政治思潮的自由主义也可以识别出相对清晰的历史发展阶段。在接下来的小节中，笔者将分别探讨古典自由主义时期、自由主义分化时期、新政自由主义时期、保守自由主义时期等四个历史阶段。而在每一个阶段，笔者将探讨当时的自由主义思潮、国内政治秩序和国际政治秩序，以及三者之间的基本因果关系。

6.2 古典自由主义与英国模式

20 世纪下半叶至今的历史社会学和政治思想史研究揭示了一个共同的结论，即现代自由主义及其主导的现代国内外政治秩序都起源于 17 世纪以降的英国。一方面，英国和当时的法国、日耳曼诸邦国、意大利诸王国一样，共享着现代自由主义诞生的普遍性背景：政治上式微的封建统治、经济上资产阶级和商业诉求的兴起、文化上的世俗化和宗教改革、技术上的科学革命、国际格局上的竞争压力等等。另一方面，英国又拥有这些国家不具备的特殊条件：司法上的普通法传统、哲学思维上的经验主义，以及最为重要的，1215 年《大宪章》以来国王和议会之间的力量平衡。鉴于经典研究已经对这些重要的背景条件作了详尽的交代，本节将在此基础上讨论古典自由主义（classical liberalism）思潮的兴起，及其对英国的立宪君主制度、国际上的自由帝国贸易秩序的塑造。

6.2.1 为什么自由主义在 1688 年以前称不上“思潮”？

正如我们反复强调的，现代早期西欧的诸多政治经济变革只是为霍布斯、洛克等政治思想家创造自由主义思想提供了背景材料，并不意味着自由主义能够形成思潮。只有在 17 世纪末——具体而言以 1688 年光荣革命为标志——自由主义的古典版本才真正成为影响整个英国政治的主流思潮。那么，从“思想”到“思潮”究竟

---

① 对这一现状的反思，参见：杨光斌．世界政治理论．北京：中国社会科学出版社，2021：54－57，69－71.

② 因此，政治思潮研究属于严格意义上的经验研究，与很多旨在建立规范命题的政治思想和政治哲学研究不同，前者在学术界也更为稀缺。对这个问题的系统探讨，参见：黄晨．经验的归经验，规范的归规范：如何走出政治思想史学科的价值危机．政治学研究，2022（3）.

需要满足什么样的条件？英国 1688 年前后又发生了什么呢？接下来我们将从自由主义思想的内部和外部，分别观察 17 世纪末的这一变化。

就自由主义本身的内容而言，17 世纪末经历了从互相矛盾到形成共识的转变。从博丹、格劳秀斯到霍布斯，这些活跃于光荣革命前一个世纪的思想家虽被视为现代政治思想的伟大先驱，但其最重要的特点就是过渡性，常常在古今之间、个人与国家之间、自由与专制之间游移不定。格劳秀斯的《战争与和平法》是现代国际秩序的奠基之作，可常常被认为“同时说着绝对主义和自由主义的话语”。① 而霍布斯的《利维坦》是现代国内秩序的里程碑，它首次让国家建立在个人契约的基础上，却依旧认为国家主权是无限的：“人们能想象它有多大，它就有多大。”② 但从洛克开始则不同了，他对辉格党而言既是重要成员，又是思想导师。成书于光荣革命前、出版于光荣革命后③的《政府论》，正式建立了“个人权利-有限政府”的原理，并将立法权和行政权分立以互相制衡。在洛克之后的一个世纪中涌现了伯克、斯密和休谟（David Hume）等，他们虽然分别被称为“自由主义者”、“保守主义者”或者“怀疑主义者”，但在政治上的共识远远大于具体思辨上的差异：他们都将个人的自由和福利视为价值基础④；他们都捍卫英国光荣革命和《权利法案》奠定的立宪君主政府和更自由的市场；他们的个人关系也比较亲密，或者互相援引。⑤ 总之，17 世纪末至 18 世纪中叶这些革命思想家所呼吁的、保守思想家所捍卫的都是同一个公约数：古典自由主义。

就传播自由主义的外部条件而言，17 世纪末开始拥有成熟的技术和宽松的氛围。民族主义研究中曾有一个著名的印刷资本主义（printed capitalism）理论，强调印刷技术和出版市场推动了现代民族主义的传播。⑥ 实际上，印刷和出版的重要性不仅限于民族主义，它也是自由主义、社会主义等所有现代政治思潮形成的必要条件。从上古直至 15 世纪，经典的政治作品只能通过手抄本来传播。由于手抄本既费时又昂贵，传播范围极其有限，因此它的读者仅限于部分贵族或中上阶层。自从 15 世纪中叶谷登堡（Gutenberg）发明了铅活字印刷后，传播技术发生了巨变。表 6-1 列出了经济史学家估算整理的出版数据，可以看到，16 世纪上半叶英国印刷了 280.7 万册书籍，比整个 15 世纪的手抄书籍都要多十几倍。而另一个增长点

① 塔克．自然权利诸理论：起源与发展．杨利敏，朱圣刚，译．长春：吉林出版集团，2014：117.

② 霍布斯．利维坦．黎思复，黎廷弼，译．北京：商务印书馆，1997：161.

③ 剑桥学派的考证指出，《政府论》并非光荣革命的事后辩护，而是革命中的理论呼吁。参见：Ashcraft R. Revolutionary Politics and Lock's “Two Treatises of Government”. Princeton：Princeton University Press，1986；拉斯莱特．洛克《政府论》导论．冯克利，译．北京：生活·读书·新知三联书店，2007.

④ 当然需要指出的是，由于休谟在哲学上的怀疑论，他对自由和福利的论证方式与其他思想家不同，并最终颠覆了自然权利思想，开启了功利主义思想。但功利主义思想已是下一个阶段的内容了。

⑤ 18 世纪这几位思想家间的互相影响和交往，参见：Rasmussen D C. The Infidel and the Professor：David Hume，Adam Smith，and the Friendship That Shaped Modern Thought. Princeton：Princeton University Press，2017；Bourke R. Empire and Revolution：The Political Life of Edmund Burke. Princeton：Princeton University Press，2017.

⑥ 安德森．想象的共同体：民族主义的起源与散布．吴叡人，译．上海：上海人民出版社，2005：42-45.

发生在光荣革命时期。首先是逐渐兴起的辉格党革命活动催生了无数的小册子（pamphlet），而在光荣革命之后的1694年，议会又废除了只允许少数公司出版书刊的《许可证出版法案》。在技术、革命和法规的多重刺激下，英国国内的出版规模从17世纪上半叶的千万级直接攀升到了17世纪下半叶的亿级。

表6-1 英国境内手抄书籍（14—15世纪）和印刷书籍（16—18世纪）的数量对比

	手抄书籍		印刷书籍					
年份	1301—1400	1401—1500	1501—1550	1551—1600	1601—1650	1651—1700	1701—1750	1751—1800
数量（万册）	15.6	20.9	280.7	800.3	3 318	9 064.7	9 784.5	15 595.3

资料来源：Buringh E，Zanden J L. Charting the Rise of the West：Manuscripts and Printed Books in Europe，A Long-Term Perspective from the Sixth through Eighteenth Centuries. The Journal of Economic History，2009，69（2）：416-417. 原数据中，手抄书籍计算的是整个“不列颠群岛”的数据，但印刷书籍却将“大不列颠”和“爱尔兰”分列，因此笔者将其相加。

在这样的背景下，就不难理解17世纪末的洛克与17世纪上半叶的格劳秀斯、霍布斯在政治影响上的区别了。格劳秀斯的大部分著作和霍布斯《利维坦》之前的所有著作都以拉丁语写成，二人的著作也多为语言艰深的大部头，普通商人和公民就算识字也难以理解，因此二人的影响主要侧重于上层精英圈子。到了洛克时代，不仅英文写作完全取代了拉丁文，“小册子”更是成为革命和政治活动中最流行的出版物。篇幅简短、文字通俗的《政府论》就是洛克刻意写作的小册子。这本小册子在英国国内就有1689年、1694年、1698年、1713年等十几个版本，虽然无法统计具体数量，但足见其传播范围之广。① 而据历史学家统计，17世纪末与《政府论》类似的、传播革命和权利理论的小册子又有上百种。② 可以说，光荣革命以后，以洛克为代表的古典自由主义开始成为影响英国政治秩序的主流思潮。

6.2.2 光荣革命与国内秩序的英国模式

古典自由主义在英国塑造了怎样的政治秩序？这首先要关注光荣革命时代的“古典”是何含义，与后来我们熟悉的现代自由主义秩序是否存在差距。其中最明显的一点就是，英国自由主义秩序并没有像后来的美国、法国等大部分现代共和国一样取缔传统君主。17世纪革命中的洛克甚至最激进的掘地派，也极少批判君主制，所谓“革命”只是不断伸张权利来限制君主；而18世纪的伯克和托利党虽然离不开君主、贵族、德性和传统这几个关键词，但他们的“保守”也并不抵制这些

① Goldie M. Printing History of Locke's Writings 1686-1800. Locke Studies，2005（5）：217. 此外，还有在美国的英文版和法文、德文等数十个版本印行。

② Goldie M. The Revolution of 1689 and the Structure of Political Argument. Bulletin of Research in the Humanities，1980，83（4）：473-564.

权利，而是要让传统成为权利的基础和限制。一言以蔽之，古典自由主义之所以能称为主流，正因为它是传统与现代、革命派与保守派平衡的结果。这种平衡作用在政治制度设计上，造就了以君主立宪制、议会制、两党制为代表的英国模式。

首先，英国首次建立了一种议会至上、限制最高权力的君主立宪国家。这是前述不同阶级力量平衡形成的根本政治制度，与没有君主的民主共和国并列，都相当于现代中国常说的政体。一方面，被光荣革命赶下台的詹姆士二世仍然在托利党和部分贵族中间有影响①，因此各方选择了其女玛丽和女婿威廉共治。1714 年继位的乔治一世虽然开启了汉诺威王朝，但在血统上仍是詹姆士家族的后裔，这保证了新体制的传统合法性和凝聚力。另一方面，1689 年签署的 14 条《权利法案》将立法、司法、财政、军事等大权均赋予议会，让此后的国王成为一名“虚君”，甚至乔治一世只会说德语，对英国政府的命运不再产生实质性的影响。因此，历史社会学家普遍认为，17—18 世纪的英国虽然君主和贵族议员是世袭的，但行政部门形成了理性化的、国家能力强大的官僚制。②

其次，英国也开创了一种两党竞争、两院制衡的议会制。议会制与后世的总统制、半总统制并列，两党制与后世的多党制并列，都是规范政府运作层面的制度。议会制由议会中的多数党领袖出任政府首脑。一般认为，1721 年辉格党领袖沃波尔（Robert Walpole）被乔治一世任命为首席财政大臣，是英国首次出现政府首脑的标志，随后这一职位改成了“首相”（Prime Minister）。虽然首相必须由国王“任命”，但从其多数党领袖的身份便可看出，光荣革命以来的首相其实是由议会票数决定，国王只是追认其合法性。至于英国的政党制度，更是直接由古典自由主义及其革命催生。虽然辉格党和托利党在光荣革命前后、改换汉诺威王朝前后有过武装冲突，但从 18 世纪下半叶开始，两党逐渐开始接受对方的长期存在与和平竞争。推动这一转变的关键思潮正是伯克的政党学说，他不仅与洛克相似，也是辉格党的理论权威，更重要的是其保守思想也能争取到托利党人的认同。伯克在 1770 年的著名演讲中提出：“政党是人们联合组织的团体，旨在根据某种每个成员都统一的特定的原则，通过共同努力促进国家利益。”③ 这篇演讲被政治学家们公认为现代政党的第一次严格定义，伯克和他的朋友休谟一起，将结党的形象从贬义逆转为褒义。④ 在 19 世纪以后，虽然辉格党-托利党体系逐渐演化成了保守党-工党体系，但英国的两党轮替制一直稳定如初。

最后，英国逐渐树立了向社会和市场放权的政府模式。在光荣革命确立议会权

---

① 托利党人甚至设想过让詹姆士复辟、传位给詹姆士之子或者让威廉担任摄政王等不同方案，参见：阎照祥．英国政治思想史．北京：人民出版社，2010：130－131.

② 埃特曼．利维坦的诞生：中世纪及现代早期欧洲的国家与政权建设．郭台辉，译．上海：上海人民出版社，2010：232－246.

③ 伯克．对当前不满原因的若干思考//陈志瑞，石斌．埃德蒙·伯克读本．北京：中央编译出版社，2006：72－73.

④ 对此最权威的评价是：萨托利．政党与政党体制．王明进，译．北京：商务印书馆，2006：19－25.

力之后，议会也在推进公民的社会权利。从1679年的《人身保护法案》、1689年的《宽容法案》，一直到1829年的《天主教解放法案》，政府对公民人身、居住、言论、宗教等各方面的干预越来越少，甚至拘捕重罪犯也要有严格的程序，保护其提出异议的权利。对此，政治史家评价道，英国公民的社会权利，除荷兰以外的所有欧洲国家都无法望其项背。① 不过与社会管制相比，政府在经济管制上的变革要晚上一个世纪。因为在大航海时代到18世纪的数百年间，所有西欧强国都奉行对内干预与对外保护的经济政策。直至斯密于1776年推出开创了现代经济学的《国富论》，首次系统论证出，自由地生产和贸易能让效率变得更高。在斯密和边沁的思想影响下，19世纪初的工厂主和从业者发起了著名的“反谷物法同盟”和众多请愿运动。1846年，议会最终废除《谷物法》，标志着自由市场原则在英国的确立。② 当然，为说明这些原则在世界范围内的影响有多大，我们还需要将分析转向国际秩序。

6.2.3 贸易帝国与国际秩序的英国模式

1648年的《威斯特伐利亚和约》既奠定了民族-国家这一国内政治的基本单元，也开创了现代西方世界第一个国际关系体系。但是，在威斯特伐利亚体系形成前后，出现过西班牙、法国等多个区域霸权国或者殖民大帝国。那么偏居一隅的英国为何能在现代世界的第一轮争霸中脱颖而出，又有哪些模式性遗产影响到后世特别是美国主导的国际秩序呢？

现代英国的国际秩序也经历了一次思想上的转变。在18世纪末以前，英国一方面不断征服并统治着越来越多的海外殖民地，另一方面面临着与欧陆诸国之间大大小小的战争。殖民和战争是相互促进的，殖民地的财富为战争提供军费，而战争也可以夺取更多的殖民地。然而一旦战争开销越来越大，殖民地财富不足以覆盖，政治精英就会寻求新的理念。给出解决方案的正是斯密、伯克和休谟等思想巨擘，他们将自由主义思想拓展到了国际秩序中。斯密依旧以理性的计算表明，英国直接统治殖民地将“一无所得，只有损失”③，因为既增加了军费和管理开支，又损害了双方在自由贸易中获得的利益。伯克作于1774—1777年间的《美洲三书》，不仅提到了英美贸易的好处，更重要的是站在了政治正当性的高度，认为对美国动武就是破坏英国自由主义本身。相对地，允许美国独立反而能建立一个基于共同观念的帝国：“我要让殖民地的人民，总把他们公民权利的观念与您的政府相联结。……他们越多繁衍，您就越多朋友。”④

① 芬纳．统治史（卷三）：早期现代政府和西方的突破：从民族国家到工业革命．马百亮，译．上海：华东师范大学出版社，2014：313.

② McCord N. Free Trade：Theory and Practice from Adam Smith to Keynes. Exeter：David & Charles，1970：72-76.

③ 斯密．国富论．唐日松，等译．北京：华夏出版社，2008：284.

④ 伯克．美洲三书．缪哲，译．北京：商务印书馆，2003：151.

随着观念的转变，英国自由主义帝国开始浮现。对欧洲之外的殖民统治而言，以1783年美国十三州独立为界，英帝国从历史学家所谓的“第一英帝国”（First British Empire）转变成“第二英帝国”（Second British Empire）。① 虽然英国与17世纪之前的西班牙帝国同样号称“日不落帝国”，依次将殖民范围延伸到非洲西海岸、澳洲和东南亚，但两者的统治逻辑截然不同。英国统治者正如同斯密告诫的那样，更关注自由贸易所创造的财富。军队与暴力机关则被集中在连接英国本土和殖民地的航路上，在节省成本的同时保障贸易帝国的海权。② 至于殖民地的内部政体，他们则像在美国时一样，只进行自由主义价值上的软性引导，很少直接派遣成体系的立法、行政和司法人员——这些国家最终形成了一个象征性的英邦联（British Commonwealth）③ 世界。这种新型的统治逻辑，我们还将在20世纪的美国那里看到。

对欧洲范围内的近邻国家而言，英国则主导建立一种均势秩序。虽然均势和反霸权思想由来已久，但英国既拥有隔岸观火的地理位置，又形成了自由主义帝国的统治逻辑，故而成为17世纪以后均势秩序的主导者。1688年威廉和玛丽刚刚继位，便主导了挫败法国霸权的大同盟战争，并于1697年签订《里斯维克和约》。18世纪初的西班牙王位继承战争后，英国又签订了《乌得勒支和约》。这些条约的共同特色是遏制法国、西班牙等欧陆大国的合并，同时保护奥地利等被削弱的国家。英国一方面“锄强扶弱”，一方面争取直布罗陀等关键出海口的控制权，并将这种均势秩序贯彻到了19世纪初击败拿破仑后的维也纳体系。这种英国特色的国际秩序是一体两面的，正如国际关系史家的经典评价：“一个面庞转向大陆，以调整均势天平，另一个面庞对着海洋，以强化它的海洋统治。”④

6.3 自由主义的分化与欧美大革命

自由主义的第二个发展阶段始于18世纪末的两场革命，终于20世纪初的世界大战。英国虽然给出了古典自由主义及其国内外秩序的最初范型，但政治变迁的玄妙之处就在于，同样的思潮在不同国家会有不同的变化，并塑造更为不同的政治秩序。1787年以后的美国和1789年以后的法国，就是英国古典自由主义最初也是最重要的两个接受者，自由主义也开始由“古典”走向“现代”。然而自由主义在两

---

① Winks R W. The Oxford History of the British Empire：Volume V. Oxford：Oxford University Press，1999：54－72.

② 汤普森．帝国与英国//钱乘旦，高岱．英国史新探：全球视野与文化转向．北京：北京大学出版社，2011：285－287.

③ 值得指出的是，此前学界普遍将“British Commonwealth”翻译成“英联邦”无疑是错误的，因为英国对澳大利亚、加拿大等国只是象征性地统治，既非单一制也非联邦制。这种状况显然更应被称为“邦联”。

④ 德约．脆弱的平衡：欧洲四个世纪的权势斗争．时殷弘，译．北京：人民出版社，2016：86.

国经历了截然不同的发展，受其影响，社会主义、保守主义、激进主义等与自由主义相对的重要思潮也随之产生。这些新的思潮、国内政体和国际秩序彼此相互作用，并影响了20世纪以后的世界。

6.3.1 美国革命与法国革命：政治思潮的两种模式

某本自由主义著作在语言不同的国家之间如何传播，是一个重要而复杂的问题，甚至需要语言学、翻译学、知识社会学等不同研究相互支撑才能回答。仅以《政府论》如何传播到美国为例，思想史学界就争论了半个世纪，未有定论。① 不过一个公认的总体性结论是：尽管霍布斯、洛克、孟德斯鸠、卢梭等不同思想家在多大程度上是自由主义者、其作品分别传播到了哪些阶层还难有定论，但可以肯定的是作为整体的“古典自由主义”在18世纪末已经风行于西欧和北美的先发现代化国家，并刺激着这些国家改造自由主义。接下来的重点是美国与法国的自由主义思潮有何不同，又如何引发了此后两个世纪的连锁反应。自伯克以后，很多思想家和思想史家都对比过法美两国不同的政治思想，但笔者关心的并非具体思想内容，而是社会意义上的思潮。在这个问题上，19世纪法国自由主义的代表人物，也是20世纪社会科学的奠基人物托克维尔提出过一个重要的论断：英美政治思想家参与现实政治，而法国政治思想家与现实隔绝，更喜欢理论创造和“虚拟社会”。② 在这一论断的基础上，我们可以进一步对比法、美自由主义在思潮内部主张和外部作用上的不同。

相比于英国，美国自由主义的具体主张呈现出改良主义和实用主义的特点。由于北美殖民地几乎是一片没有国王也没有大宪章传统的“新大陆”，因此其政府乃至社会生活的意识形态都必须基于母国经验进行改良和设计。这种设计的产物自然是宪法及其修正案，而产物背后的设计思路则诞生于著名的《联邦党人文集》及其同时代的制宪会议和批评论著。汉密尔顿（Alexander Hamilton）等联邦党人（the federalists）在1787年末写下的第一篇文章，就号召民众一起思考新的政治和宪法：“人的社会，是否真能通过反思和选择，建立良好政府?”③ 因此，文集中事无巨细地讨论了政治、军事、商业等事务和立法、行政、司法等职能部门，希望既有一个强大的联邦政府，又能将其分权以形成制衡。与霍布斯、洛克、休谟等既是政治思想家又是哲学家的英国伟人相比，美国国父们虽然有富兰克林（Benjamin

---

① 最早质疑美国人是否读过、引用过洛克《政府论》的权威学者是邓恩，参见：Dunn J. The Politics of Locke in England and America in the Eighteenth Century//Yolton J W. John Locke: Problems and Perspectives. Cambridge: Cambridge University Press, 1969: 45-80. 后来不少美国思想史家试图反驳邓恩，证明《政府论》的影响力，扎科特对此做了很有逻辑的综述，参见：扎科特．自然权利与新共和主义．王崇兴，译．长春：吉林出版集团，2009：21-31.

② 托克维尔．旧制度与大革命．冯棠，译．北京：商务印书馆，1997：174-183.

③ 汉密尔顿，麦迪逊，杰伊．联邦论．尹宣，译．南京：译林出版社，2010：1. 此版主张译为“联邦论”，因为写作之时“联邦党”尚未成立，但为方便读者，这里沿用中国学界的习惯称谓。

Franklin）这样的科学和哲学天才，但几乎没有人成为哲学家或历史学家，因为他们的主要精力和大部分论著都集中在了当下的政治事务上。这种实用主义的倾向一直影响到后世的美国政治精英，因此托克维尔观察到，美国人的思考偏重实践而非理论，喜爱一般观念却不像法国人一样迷信真理。①

美国自由主义与政治实践的联系，也比英国更进一步。汉密尔顿等人均参加了1787年制宪会议，并在首届政府担任要职。而那些暂时不占主流的反联邦党人和未参加会议的政治精英也没有远离政坛，如梅森（George Mason）等反联邦党人保护公民权利的思想在1791年被批准为第一修正案，而未出席会议的杰斐逊（Thomas Jefferson）则当选了第三、四任总统。② 从联邦与反联邦双方的情况可见，他们的思想都通过代表席位和两党竞争的方式形成某种中和，影响到上层政治。而到了19世纪初，自由主义又迎来了一次影响社会中下层的历史机遇：工业革命。工业化带来的技术和资金极大地提高了教育水平和传播速度，能接受自由主义并参与政治的民众越来越多。甚至在并不发达的南卡罗来纳州查尔斯顿市的一个图书馆里，伏尔泰、休谟和吉本（Edward Gibbon）的著作就在数年内分别被借阅了百余次，仅次于一些时髦新闻和杂志。③ 根据美国国家统计局的资料，到1850年，美国中小学的入学率是47.2%；而到1870年，识字率甚至达到了80%。④ 图6-1展示了19世纪下半叶美法两国识字率的高速增长，在新的条件下，政治思潮的现代化、平民化乃至激进化都成为可能。

而法国自由主义的具体主张，又比美国更为激进和“现代”。现代学界提到“启蒙运动”和“大革命”时常常专指法国，而非苏格兰启蒙运动和美国独立战争，也正是因为法国的政治思潮比英美走得更远、影响更大。法国自由主义成为集体性思潮的标志就是1751—1780年活跃的“百科全书派”及其编撰的《百科全书》，自伏尔泰以降的几乎所有重要思想家都参与其中。《百科全书》高扬理性和新知，极端反对宗教和传统，在知识基础上便与古典自由主义分道扬镳。在政治主张上，卢梭及其《社会契约论》成为18世纪末19世纪初的代表，因为它比伏尔泰更系统化，也比孟德斯鸠更激进乐观。同样是契约论，卢梭与英国前辈相比有很多重要区别。他笔下的“自然状态”是思想史上最美好的，进而他对人民的“公意”（general will）最有信心，因此代表公意的主权和政府不需要分权制衡，最终他成为直接

① 托克维尔．论美国的民主：下卷．董果良，译．北京：商务印书馆，2009：529-536，559-566.

② 制宪会议的过程、名单和后续修正案可参见：麦迪逊．辩论：美国制宪会议记录．尹宣，译．北京：译林出版社，2014.

③ Lehuu I. Reconstructing Reading Vogues in the Old South：Borrowings from the Charleston Library Society，1811-1817//Towheed S，Owens W R. The History of Reading，Volume 1. London：Palgrave Macmillan，2011：70.

④ Bureau of the Census. Historical Statistics of the United States，Colonial Times to 1970. Government Printing Office，1975：370，382. 此外，19世纪美国的入学率和识字率男女已比较接近，只是黑人和其他人种大幅落后于白人。

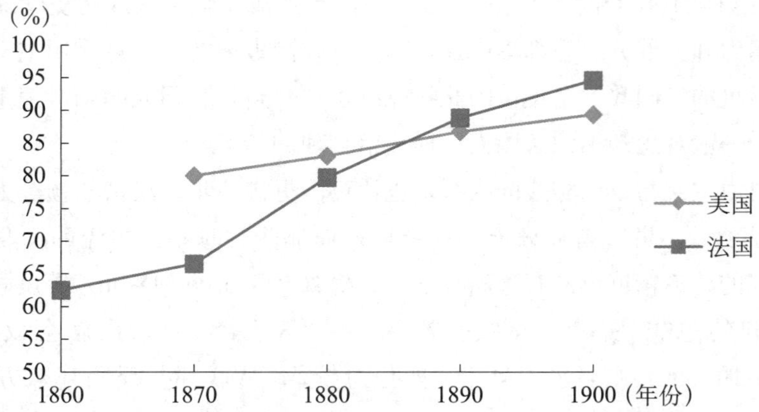

图 6-1 1860—1900 年美国和法国识字率的增长情况

资料来源：Bureau of the Census. Historical Statistics of the United States，Colonial Times to 1970. Government Printing Office，1975：382；Gillis A R. Literacy and the Civilization of Violence in 19th-Century France. Sociological Forum，1994（9）：396.

民主和革命的代言人："唯有当人民集合起来的时候，主权者才能行动。"① 1789 年法国大革命到来后，不仅这些观点被写入《人权宣言》中，卢梭也成为罗伯斯庇尔（Robespierre）等革命领袖赞扬最甚、援引最多的思想家。②

法国启蒙运动与实践的联系，在社会层面更紧密，在政治层面却一度是先发现代化国家中最受限的。这两个层面是相辅相成的：一方面，波旁王朝的专制远甚于英美，就像在俄国和中国等后发现代化国家中看到的那样，统治者拒绝将新的思想纳入改革议程；另一方面，工业革命前后城市里逐渐兴起的沙龙、咖啡馆和俱乐部风潮，给了自由主义者乃至激进主义者活动的空间。③ 在农村同样如此，社会学家发现，农民识字率越高的地方，就越容易出现恐慌和反抗运动。④ 积蓄已久的社会压力突然在 1789 年得到释放，越来越多的底层民众加入集会，这才导致随后的政治派系越来越多、越来越激进，甚至孕育了 19 世纪的无政府主义和社会主义。

6.3.2 不同的自由主义，不同的现代政体

如果以光荣革命时代的古典自由主义为参考系，英国、美国和法国的思潮模式是越来越激进的，可以分别粗略地形容为保守、改良和革命。美国的改良版本已不能再称为"古典"，而是开启了不再有君主和传统、以个人权利为中心的现代自由

---

① 卢梭．社会契约论：第 3 版．何兆武，译．北京：商务印书馆，2003：114.

② 希梅尔法布．现代性之路：英法美启蒙运动之比较．齐安儒，译．上海：复旦大学出版社，2011：110-111.

③ Clark P. Sociability and Urbanity：Clubs and Societies in the Eighteenth-Century City. Leicester：University of Leicester，1986.

④ Markoff J. Literacy and Revolt：Some Empirical Notes on 1789 in France. American Journal of Sociology，1986，92（2）：323-349.

主义。而法国的革命版本走得更远，时而像自由主义，时而走向社会主义，时而激发保守思想回潮，因此它们尝试过的共和国与政体也更多。两种不同的自由主义发挥着不同的作用，塑造了英国以外政治秩序的经典形态。

法美两国最明显的相同点就是拒绝君主制，两者共同开创了共和制，或者更准确地，应称为民主共和制。这一创举对美国非常简单——因为它本来就没有过君主——而对法国和其他欧陆国家更为不易，因为大部分国家都经历了专制君主的多次复辟。也正因如此，英语世界的政治思想史对法国激进革命的批判态度虽有道理，却也值得反思。正如左翼历史学家强调的，1815 年的欧洲仍然是专制主义的，连最温和的自由主义改革也要拒绝，如果没有 1815—1848 年的几次革命，共和国就不可能存在。① 在这一政治进步的过程中，法国提供了革命的经验，而美国提供了民主共和国的稳定示范区。"那里没有国王"，使美国成为 19 世纪欧洲穷人向往的宜居地。②

美国对国内政治秩序有什么既不同于英国也不同于法国的独特贡献呢？主要有两大发明：政体层面与议会制相对的总统制；国家结构层面与单一制相对的联邦制。建立一个独立于议会的强大行政权，不是《联邦党人文集》的空想，而是已在几大州推行过的政治经验。早在 1777 年，纽约州就首次让民众直接选举州长；1780 年马萨诸塞州也设立了同样的职位，州长第一次有权否决立法。③ 汉密尔顿等人正是用这种共同经验说服了警惕集权的反联邦党人，设立了由人民直接选举的总统，为造就一个比英国更强的国家机器奠定了基础。而反联邦党人的影响在于，为联邦权力划定了明确的界线，其余权力归属各州。这一创举让现代世界的政治学知识拓展到了国家结构这个层面，它保证了总统权力虽然强大，也难以成为像欧陆王朝那样的专制君主。后世政治学家甚至评价道，联邦制创造了一种不同于英国自由主义的新型主权。欧洲和东方的单一制秩序容易"一抓就死，一放就乱"，而联邦制的多中心秩序则兼得集权与自由的好处。④

与美国相对，法国更激进的自由主义则催生了政党制度层面与两党制相对的多党制，以及政府职能层面更强大的行政权力模式。美国的两党制非常清晰，支持与反对联邦集权的双方分别成立了联邦党与民主共和党（Democratic-Republican Party），两党格局至今未变。而法国自由主义的激进化催生了越来越多、越来越激进的掌权党派：试图保留君主立宪的"斐扬派"（Feuillants）、主张工商自由的"吉伦特派"（Girondists）、代表小资产阶级和"无套裤汉"的"雅各宾派"（Jacobins）

---

① 霍布斯鲍姆．革命的年代：1789—1848．王章辉，译．北京：中信出版社，2014：353．

② 同①141．

③ 雷克夫．宪法的原始含义：美国制宪中的政治与理念．王晔，柏亚琴，译．南京：江苏人民出版社，2006：250．

④ 奥斯特罗姆甚至用中国明代的"收放困境"与联邦制的优势相对比，参见：奥斯特罗姆．美国联邦主义．王建勋，译．上海：上海三联书店，2003：230－231．

乃至更激进的无政府主义者。[①] 革命失败后，保守的拿破仑开始复辟集权制度，拿破仑倒台后又再次出现以上的循环。在如此复杂的派系和思潮塑造下，1870 年法国建立第三共和国后便出现了四个主要政党。[②] 而提到法国对大政府模式的影响，中国学界就非常熟悉了。正是此前几波平民革命浪潮催生了 1871 年的巴黎公社，公社除了实行立法权与行政权的议行合一外，还短暂地尝试了提高工薪、普及教育、赋予妇女权益等多项扩大政府职能的改革。这些改革有的留存在法国，有的影响了同期德国的福利国家，有的则被 20 世纪初的苏联继承，因此被共运史学者视为第一个社会主义/工人阶级政权。[③] 可以说，截至 19 世纪末，自由主义思潮的英、美、法三个版本，似乎已为现代自由主义国家的各种政体提供了范本。

6.3.3 革命浪潮与欧洲均势体系的瓦解

国际关系史告诉我们，现代世界形成前后欧洲经历过三次“称霸—失败—均势”的循环：16 世纪末腓力二世称霸失败后的威斯特伐利亚均势体系；17 世纪末路易十四称霸失败后英国主导的均势体系；19 世纪初拿破仑称霸失败后的维也纳体系。[④] 而如前所述，这里要强调的是思潮、国内政治与这些均势体系的关联。把目光转向体系内部的国内政治就会发现，这三次均势体系的主导国家除英国外，都还由自由主义的保守王权统治着。唯一具备自由主义现代性的英国也受自由贸易帝国逻辑的影响，倾向于间接统治，对他国国内秩序比较放任。最明显的证据是，1815 年英、普等国击败拿破仑后，扶持路易十八复辟了波旁王朝。可以说，截至 19 世纪初，自由主义改革虽然改变了英美，却还未动摇整个国际体系。

但各种版本的自由主义思潮一直随着战争、运动和工业革命而慢慢扩散。从 1789 年法国革命到 1848 年欧洲革命，思潮的不断冲击终于引发了连锁反应，至少从两个方面瓦解了保守的维也纳体系。首先自然是现代自由主义对各国君主合法性的冲击，因为在法美两国的示范效应下，共和国也成为革命力量最新的追求。当然，由于各国自由主义传播的程度不同、专制君主的应对经验不同[⑤]，西欧和北欧的民主改革明显多于东欧和南欧，对旧体系的冲击是不均衡的。而另一项冲击则要广泛、均衡得多，这就是民族主义和独立意识对原有版图的冲击。因为无论是法

---

① 这些派别背后的思想激进化过程参见：伊斯雷尔．法国大革命思想史：从《人的权利》到罗伯斯庇尔的革命观念．米兰，译．北京：民主与建设出版社，2020.

② Hanson S E. Post-Imperial Democracies：Ideology and Party Formation in Third Republic France，Weimar Germany，and Post-Soviet Russia. Cambridge：Cambridge University Press，2010：91 - 98.

③ 高放．国际共产主义运动史纲：1847—1917. 西安：陕西师范大学出版社，2018：224 - 297.

④ 很多国际关系史著作以此划分历史阶段，最具代表性的是：德约．脆弱的平衡：欧洲四个世纪的权势斗争．时殷弘，译．北京：人民出版社，2016. 当然，也有其他学者认为第一次和第三次才称得上是“体系”。

⑤ 对这些差异的比较，参见：Weyland K. Crafting Counterrevolution：How Reactionaries Learned to Combat Change in 1848. American Political Science Review，2016，110（2）：215 - 231.

国、比利时、丹麦等自由主义获得成功的国家，还是像德国、意大利、俄国这样保守势力强大的国家，它们都在革命的刺激下开始追求独立权力，或者试图统一各部。当它们完成了独立或统一，自然要寻求新的国际地位乃至霸权。正如欧洲史学家的观察，摧毁维也纳体系的很多思潮，既比这一体系古老，也比这一体系有生命力并延续至今。①

当然，思潮的冲击只是因果机制之一，本章也不是要将建构主义（constructivism）的单一视角应用到历史中。即便不同国家的思潮和政体相似，由于物质和地理条件不同，它们对国际秩序的影响力也会有所不同。在19世纪，英国引领的工业革命如同思想革命一般，先后传播到法国、美国、德国和俄国，这些国家的经济、军事等物质性实力（“硬实力”）也相继增长。② 以1853—1856年克里米亚战争为标志，东欧的俄国与西欧的英国曾短暂地两强并立，取代了维也纳体系的多强格局；而以1914年第一次世界大战为标志，中部的德国又进行了最后一次谋求欧洲霸权的行动，导致国际秩序从“欧洲”真正扩展到“世界”。但与思想发展不同的是，一个国家物质性实力的发展，很难超过其幅员和人口所决定的上限。而法国、德国甚至英帝国的本土部分都属于“中等强国”。因此，从19世纪中叶的托克维尔到20世纪初的麦金德（Halford Mackinder），越来越多的政治学与国际关系大家预测到：美国、俄国这两个幅员辽阔、位居冲突侧翼的“超级大国”将取代欧洲的中等强国。③ 侧翼超级大国的兴起，也标志着自由主义思潮真正世界化的第三个阶段。

6.4 新政自由主义与冷战的世界

自由主义的第三个发展阶段始于20世纪初的经济危机和世界大战，并在20世纪末与美苏冷战一同结束。如果说自由主义在上一个百年完成了现代化，那么在这一个百年最大的特色就是“左转”，并与它的最大对手社会主义展开了各方面的竞争。需要专门指出的是，不少中英文论著都将这一新时代的自由主义称为“新自由主义”（neo/new liberalism），但在思想史上，任何一个阶段的自由主义与它的上一个阶段相比都会被称为“新自由主义”。④ 因此，我们需要从不同阶段的不同思想

---

① Schroeder P. The Transformation of European Politics 1763 - 1848. Oxford：Oxford University Press，1994：801.

② 有关这些国家的力量增长情况参见：肯尼迪．大国的兴衰．蒋葆英，等译．北京：中国经济出版社，1989：179 - 243.

③ 对这些预测和趋势的综述参见：时殷弘．现当代国际关系史：从16世纪到20世纪末．北京：中国人民大学出版社，2006：140 - 144.

④ 这与中国思想研究中的“新儒家”（neo/new confucianism）一模一样，都是被运用到各个时期而又极易引发误解的概念。

内容出发，作出更严谨的概念区分："左转"的自由主义更适合被称为"新政自由主义"（new deal liberalism），而"右转"的自由主义则适合被称为"保守自由主义"（conservative liberalism）。新政自由主义得名于美国的罗斯福新政，但类似的思潮遍布整个西方世界，并与社会主义一起塑造了冷战前后的政治经济秩序。

6.4.1 新政自由主义：历史与思潮

自由主义的"左转"当然不是一朝一夕完成的。从19世纪末开始，先发现代化国家的部分思想家和政治家就有过相关思考和政策举措。但这种趋势成为自由主义的主流和世界性的思潮，则是20世纪30年代以后的事。以下将分别介绍新政自由主义的历史渊源和思潮化。

由于现代化总会产生新的问题，背后的政治思潮也必须自我更新，不可能在所有的问题上都固守同样的立场。自由主义在欧美盛行一个世纪后，也开始面临经济上贫富分化、政治上大众参与增多等问题。活跃在19世纪中叶、被视为英国自由主义集大成者的密尔较早开始反思："为了个人的发展，一定程度的大政府和集体美德也是必要的"。因此，思想史学家把密尔形容为"集体主义式的个人主义"。① 这种转向的最终成果是霍布豪斯（Leonard T. Hobhouse）1911年的《自由主义》，它标志着英国左翼自由主义的正式诞生。霍布豪斯扩充了自由的要求，认为每个人应当拥有从公民自由、人身自由到经济自由、国际自由等十数种自由权。② 为了实现这一目的，就必须让政府扩大规模和权限，甚至管制资本家和贵族阶层不正当的自由。

同样的转向在美国被称为"进步主义"（progressivism）运动，其中的"运动"二字也说明其政治举措比英国自由主义更多。从19世纪90年代起，美国各级政府在政治上赋予妇女选举权，在经济上提高穷人福利，甚至在生活方面开始重视环境、管理垃圾。政治学家们认为，美国从此时开始才有了真正的行政国家③，大学中的"政治科学"（political science）和"公共管理"（public administration）等实证学科也是在这些具体问题的刺激下，从近代政治理论中脱胎而出。④ 代表自由主义右翼的英美尚且如此，更不用说饱受激进自由主义和社会主义影响的欧陆各国了。总之，20世纪初的自由主义已经积累了"左转"的理论和政策基础。

1929年开始的经济危机，是新政自由主义从思想变为西方世界主流思潮的标

---

① 贝拉米．自由主义与现代社会：一项历史论证．毛兴贵，檀秀侠，陈高华，译．南京：江苏人民出版社，2012：31.

② 霍布豪斯．自由主义．朱曾汶，译．北京：商务印书馆，1996：9-25.

③ West T G. Progressivism and the Transformation of American Government//Marini J，Masugi K. The Progressive Revolution in Politics and Political Science. Lanham：Rowman & Littlefield Publishers，2005：13.

④ Peterman L. Aimless Theorizing：The Progressive Legacy for Political Science//Marini J，Masugi K. The Progressive Revolution in Politics and Political Science. Lanham：Rowman & Littlefield Publishers，2005：347-376.

志。正如比较政治学常见的“经济危机-政治转型”机制一样，经济危机会使社会各阶层对现行自由主义意识形态失去信任：商人阶层的企业因生产过剩而倒闭；普通工人大量失业；政治精英则试图在政策、思想乃至政党格局上求变。当然，正如18—19世纪的思潮分化一样，自由主义在不同国家“左转”的维度和程度依旧不同。美国的思想和组织变化程度似乎是最小的，政治精英的行事风格也最具实用主义特点。罗斯福因其处理经济危机的风格被称为“经纪人总统”，因为他和当时的政策都是在商人和工人之间、两党之间、左右极端言论之间居中协调。尽管他本人是民主党人，但他常常强调自己全民领袖的身份。① 与并未打破两党格局的美国相比，英国则由左翼自由主义、渐进的费边社会主义和劳工组织发展出了第三大党工党（Labour Party），坚守关注平等却反对计划的中左信条。② 而权利与法治思潮方兴未艾的德国和意大利则更不一样。众所周知，借危机上台的法西斯主义领袖在具体手段上更剧烈地“左转”，大行国家干预和群众运动；而在统治基础上大行种族主义，像是“极右”。③ 从美国、英国、中欧再到共产主义的苏联，我们可以看到一幅思潮转变越来越剧烈的世界地图。

紧随其后的第二次世界大战和美苏冷战，则进一步为20世纪初的自由主义思潮奠定了势力范围。在欧洲主导世界政治的时代，美国自由主义在国内和国际两个维度上非常不平衡，一直以孤立主义的态度拒绝国际干涉，一战后理想主义的国际联盟也宣告失败。甚至罗斯福在卷入二战前的“四大自由”演讲，其国际诉求还只是“世界性的裁减军备”④，力度远不如其他三项自由。而1941年以后的二战和冷战，对美国有了质的区别：一方面，美国从主持公道的旁观者变成了战争的主角；另一方面，美国不再梦想将国内的自由主义秩序照搬到国际秩序中，而是做好了自由主义和共产主义两极对抗的准备。在1947年杜鲁门的另一次著名演讲中，自由的国际含义已经变成了“通过经济和财政的支援”，“帮助自由民族通过他们自己的方式来安排自己的命运”。⑤ 二战塑造的社会动员氛围也让杜鲁门的思想迅速传达至各个阶层，当时的军人、商业、宗教甚至妇女团体都表态支持援助自由主义国家，认为这是保护自己利益的必要手段。⑥ 显然，相比基于均势和自由放任的英国模式，新政自由主义志在重塑世界其他区域的政治。

① 伯恩斯．罗斯福传：狮子与狐狸．孙天义，马继森，冉隆勃，等译．北京：商务印书馆，1995：256-270.

② Drucker H M. Doctrine and Ethos in the Labour Party. London：Routledge，2018.

③ 政治的不同维度有不同转向，这正是学界有人评价法西斯主义“极右”、有人却认为其“极左”的原因。

④ 罗斯福．四大自由//美国历史文献选集．北京：美国驻华大使馆新闻文化处，1985.

⑤ 杜鲁门．杜鲁门主义//美国历史文献选集．北京：美国驻华大使馆新闻文化处，1985.

⑥ 李昀．“自由”话语与冷战初期美国国内政治动员：以欧洲复兴计划为中心．世界历史，2016（4）：34-35.

6.4.2 美苏争霸与第二波政治现代化

比较政治学中有个著名的观察：各国国内秩序的民主化是有波次的。过去一般将欧美先发现代化国家的民主化浪潮称为第一波，二战以后的国家独立和民主化浪潮称为第二波，20 世纪 70—90 年代在欧亚和拉美的大范围民主化浪潮称为第三波①，如今又将 21 世纪初的中亚革命或阿拉伯革命称为第四波。② 就时段而言，本章前面分析的国内秩序相当于第一波民主化，但后文的分析却与此前所谓的第二、三波有明显差异。首先，此前对二、三波民主化的划线定在了 20 世纪 70 年代，并没有放在苏联解体、东欧剧变和冷战结束这样的国际背景下考虑。而更具世界眼光的划线应该是，20 世纪 80 年代以前的变迁都算是冷战格局下的第二波，20 世纪 90 年代以后则是自由主义霸权下的第三波变迁。其次，此前研究的关键词是国内政体的民主化特别是西方式的选举民主化，视野受到了限制。而这里的国内秩序变迁是更广义的政治现代化，这样就能将那些非选举民主国家纳入讨论的范围。

转向强政府的自由主义与社会主义一道，刺激第二波国家打下了政治现代化的经济社会基础。首先，美苏两个阵营都如同竞赛一般地推动经济增长和工业化，特别是在新政自由主义和社会主义分别遭遇经济瓶颈前的 20 世纪 50—70 年代，这段时期被经济史学家称为历史上经济增长表现最好的"黄金时期"。③ 如表 6-2 所示，社会主义治下苏联东欧地区、受欧美自由主义影响的拉美地区和阵营更为复杂的亚洲地区，都与西欧一样保持了 4.8%以上的 GDP 增长率，还有历史上最高的人口增长率。经济工业化又创造了教育程度越来越高的公民阶层，表 6-3 便展示了 20 世纪下半叶的这种增长。正如我们在欧美第一波现代化中看到的一样，经济和教育让现代国家的意识形态传遍各家各户，开启了一个全民卷入政治参与的时代。

表 6-2 1950—1973 年世界重要区域 GDP 和人口的年均增长率（%）

	西欧	苏联和东欧	亚洲（不含日本）	拉美	世界
GDP	4.81	4.84	5.18	5.33	4.91
人口	0.70	1.31	2.19	2.73	1.92

资料来源：麦迪森．世界经济千年史．伍晓鹰，译．北京：北京大学出版社，2003：116-117.

① 最早归纳的前三波民主化，参见：亨廷顿．第三波：20 世纪后期民主化浪潮．刘军宁，译．上海：上海三联书店，1998.

② 认为中亚革命开启第四波的代表论著如：Way L A. Authoritarian State Building and the Sources of Regime Competitiveness in the Fourth Wave：The Cases of Belarus，Moldova，Russia，and Ukraine. World Politics，2005，57（2）：231-261；认为阿拉伯革命开启了第四波民主化浪潮的代表论著如：Howard P N，Hussain M M. Democracy's Fourth Wave? Digital Media and the Arab Spring. Oxford：Oxford University Press，2013.

③ 麦迪森．世界经济千年史．伍晓鹰，译．北京：北京大学出版社，2003：115.

表6-3　1960—1990年全世界25岁以上公民最高学历的变化（%）

	未上小学	小学	中学	高等教育
1960年	34.7	43.5	18.0	3.7
1970年	32.7	40.7	21.3	5.3
1980年	31.1	33.4	27.2	8.3
1990年	27.6	31.0	29.5	11.9

资料来源：Barro R J，Wha L J. International Data on Educational Attainment：Updates and Implications，CID Working Paper Series，Cambridge：Harvard University Press，2000：42.

当然，在不同思潮的塑造下，第二波国家具体的政治秩序也产生了分化。与英、美、法那样各项制度逐渐被发明的方式不同，美苏双方已经为20世纪中叶的国家总结出了两套成体系的政治现代化方案：自由主义政治和全能主义政治。此时，“主义”所包含的制度性内容已经比洛克和马克思当年写作时要丰富得多。按如今政治学家通行的理解，自由主义政治以选举民主制和政党竞争制为核心，以市场经济和社会为外部基础，组成一个保护个人自由和发展的国家。南欧、拉美和东南亚的大部分国家都曾是第一波西欧国家的原殖民地或美国的盟友，在独立后自然开始学习原宗主国和美国的自由主义政治。至于各国具体采纳的是总统制还是议会制，直接还是间接地管理市场和企业，均因时因地而异，这被称为自由主义和资本主义的多样性。① 与之相对，全能主义政治以民主集中制（democratic centralism）和一党制（single-party system）为核心，以计划经济和单位制（unit system）社会为外部基础，组成一个往往更重视团结和平等的国家。东欧、非洲的部分国家是苏联的盟友或者在共产革命帮助下独立，学习的则是全能主义政治。当然，它们内部也有多样性，即便同为社会主义政党执政，管制经济和社会的强度也有所不同。

自由主义和全能主义的重大成就是将政治现代化推广到世界上的绝大部分国家，但现代政治本身是一项极为艰巨的任务，我们还需要看到两种政治方案的问题面。由于自由主义主张渐进，在拉美和东南亚的某些国家，一旦突遇经济或社会危机，就容易出现军人干政，倒退回传统专制或者战时状态。从1962年到1975年，军人独裁政权从13个暴增至38个②，这就是波次研究中所谓的“第二波回潮”。有意思的是，全能主义的问题刚好相反，在施行激进变革的国家，也更容易出现专制和腐败。

① 霍尔，索斯凯斯．资本主义的多样性：比较优势的制度基础．王新荣，译．北京：中国人民大学出版社，2017.

② Finer S E. The Man on Horseback：The Role of The Military in Politics. Nashville：Westview Press，1988：223.

6.4.3 基于意识形态的“三个世界”

美苏两个超级强国的对峙，一面是“硬实力”的竞争，另一面是“软实力”亦即思潮的竞争。正如冷战史学家的描述，美国宣称自己是“自由的帝国”，而苏联把自己描绘成“正义的帝国”。[①] 因此，那些第二波现代化和尚未现代化的国家加入哪一方，各个区域之间的关系和行动逻辑如何，大致都是按意识形态划线而塑成的。在军事霸权和意识形态的双重主导下，20 世纪形成的国际组织和制度不仅远多于欧美大革命时期，也比之前更为稳定，甚至延续至今。

最重要的政治组织/制度当属美国主导的“北约”及与之对立的苏联主导的“华约”，即北大西洋公约组织和华沙条约组织。北约不仅仅是一个军事联盟，在其成立之前，美国国务卿就强调，军事是不够的，还要塑造成员国的价值和认同。[②] 1949 年《北大西洋公约》的序言则明确声称，它是基于“民主、个人自由和法治的原则而建立”。正因如此，尽管德国是二战的侵略方，但接受了自由主义政治的联邦德国被北约接纳，民主德国则加入华约。长期处于军事独裁中的西班牙独立于北约，而在 1981 年自由民主化一年后便被纳入。冷战时期的经济社会组织/制度都有着类似的起源和价值观。1945 年成立的国际货币基金组织和世界银行、1947 年缔结的世界贸易组织前身关税与贸易总协定都由美国和自由主义阵营发起，苏联则在计划经济阵营中建立了经济互助委员会与之对立。

各国自由主义发展的差异加上美苏阵营的不稳定，又造成了冷战秩序的另一个特点：发展中国家的中间立场和实用主义外交。完全处于美苏掌控下的区域分别只有拉美和东欧，而占有超过世界半数面积和人口的亚非各国情况则更为微妙。20 世纪 50—60 年代，这些国家在多年泛亚和泛非会议的基础上形成了“不结盟运动”。虽然它并非北约和华约那种高约束力的组织，但自成立之初就联合发布了民族自决、反对冷战的宣言，甚至联合致信敦促美苏领导人磋商和谈。[③] 这种实用主义的态度使得亚非很多国家随后在左翼思潮高涨的 20 世纪 60—70 年代推行激进革命；后又在右翼自由主义反攻的 20 世纪 80—90 年代转向美国，推行新一波选举民主化和市场化。综而观之，20 世纪的国际秩序就像自由主义、全能主义和传统主义政治的三分法一样，形成了美国、苏联和实用主义的“三个世界”。

---

① 文安立．全球冷战：美苏对第三世界的干涉与当代世界的形成．牛可，等译．北京：世界图书出版公司，2014：1-70.

② Acheson D. Present at the Creation：My Years in the State Department. London：Hamish Hamilton，1970：493.

③ 参见档案：Papers of John F. Kennedy. Presidential Papers. President's Office Files. Subjects. Non-Aligned Nations Summit Meeting，Belgrade，1 September 1961. JFKPOF-104-004.

6.5 保守自由主义与单极霸权时代

自由主义的最后一个发展阶段始于20世纪末美国在冷战和全球化中取得绝对霸权，并一直持续至今。与冷战前自由主义的“左转”形成鲜明对比，冷战后的自由主义则是在“右转”，因此也被简称为“新保守主义”（neo-conservatism）或者“新右翼”（new right）。20世纪末以来，虽然美英各国的不同政党分别以自由主义、保守主义甚至社会主义自称，但与左翼思潮风行的上一个阶段相比，如今这些思潮基本可以被视为自由主义内部的不同分支。思潮格局的改变，直接导致人们对国内秩序的认知从三分法变成了二分法，对国际秩序的划分也从“三个世界”变成了“两个世界”——这便是当今世界大部分学术著作和公民的知识来源。

6.5.1 保守自由主义的回归的三个契机

与历史上的各个阶段相似，保守自由主义也是先由思想家打下理论基础，再在变革时期逐渐成为主流思潮的。而思想家们对自由主义“左转”和大政府的反思，从20世纪40年代起就陆续出现了。哈耶克对计划经济的反思之作①、波普尔对全能主义社会的反思之作②和伯林对积极自由的反思之作都出版于冷战初期。③ 到了20世纪70—80年代，罗尔斯（John Rawls）和诺齐克（Robert Nozick）等分析哲学基础更雄厚的新一代思想家，又围绕自由主义在各个领域的分配原则和干预力度，展开了更细致的“左右之辩”。这两波理论发展也是20世纪下半叶自由主义思想史的主要内容。

上述的思考形成政治思潮，是在20世纪末的三个契机下实现的。第一个契机是经济上的，即20世纪70年代的滞胀危机。虽然与之前的大萧条同为经济危机，但危机挑战的理论恰好相反。大萧条挑战的是认为市场生产永远能创造需求的放任主义；而这次经济停滞与通货膨胀同时出现，挑战的是认为货币政策永远会创造增长的政府干预理论。知识界在挑战之下迅速回头，一个标志性的事件就是，以政治思想出名、极少使用数学模型的哈耶克于1974年获诺贝尔经济学奖，1976年的获奖者又是同为保守自由主义者的经济学家弗里德曼。④ 而保守自由主义转化为经济

---

① 哈耶克．通往奴役之路．王明毅，冯兴元，等译．北京：中国社会科学出版社，1997. 原著首次出版于1944年。

② 波普尔．开放社会及其敌人．陆衡，等译．北京：中国社会科学出版社，1999. 原著首次出版于1945年。

③ 伯林．自由论．胡传胜，译．南京：译林出版社，2011. 其中的《两种自由概念》首次发表于1958年。

④ 哈耶克之前的7位获奖者，要么是以批判市场缺陷成名的学者，要么是纯计量方法学方面的专家。

政策的标志，则是美国总统里根和英国首相撒切尔夫人在20世纪80年代的连续执政。里根认为，此前几十年的新政自由主义是把工作者的所得分配给不工作者，有损于人民的自由。[①] 因此他通过削减政府规模、降低企业税来刺激经济的做法，不仅是一种经济政策，也是在捍卫政治上的自由权利。里根还强调，这并非他的新改革，“是美国人民自己干的”[②]，是在固守美国自由主义的传统。

第二个契机，是20世纪80—90年代社会主义阵营的瓦解与冷战的结束。世界范围内社会主义国家的减少，又会反过来影响几大思潮的流行程度。在冷战后的知识界中，社会主义乃至整个左翼思想都是“有抵抗无建构”，宣扬零星的抵抗和战斗。[③] 在非自由主义知识分子中流行的其他思潮，则是以后现代主义（post modernism）、后殖民主义（post colonialism）、批判理论（critical theory）为代表的解构性视角，更像是针砭自由主义和资本主义时弊的牛虻，较之左翼思想更加远离甚至拒绝建构新的政治秩序。而在普罗大众层面，虽然各国都不同程度地存在民族主义和民粹主义思潮，但这些思潮并不是与自由主义、社会主义站在同一层次的现代政治方案。正如民族主义专家们看到的，各个国家都有民族主义，但它们可以和自由主义、社会主义、古代传统等任何一种现有政治方案相结合。[④] 可以断言，冷战结束至今的30年内，整个世界再也没有出现过与自由主义分庭抗礼的现代政治方案，我们看到的是自由主义对抗各国传统主义和边缘思潮的新二元格局。

第三个契机则是世纪之交的互联网革命。在21世纪的前20年里，互联网迅速从发达国家走向全世界，并逐渐超过报纸、电视等传统媒体，成为大多数人获取生活和政治信息的主要渠道。截至2021年底，北美互联网用户占总人口的比例高达93.4%，欧洲为88.4%，占比最低的非洲也有43.1%。[⑤] 互联网对公民政治行为和政治思潮的影响已成显学，无须笔者赘述。简单总结社会科学家们的观察，互联网对以自由主义为主的现代思潮来说是一把双刃剑：一方面，它大幅推进了自由主义的传播，至少让“自由”“民主”“平等”的口号传遍了社会中下层群体，先发现代化国家的互联网选举和阿拉伯国家的互联网革命都是人尽皆知的证据；另一方面，网络传播与传统的公民教育和现实参与相比，更容易形成只看自己偏爱的观点、对立人群各自扎堆聚集的“极化”（polarization）现象[⑥]，传播的知识也比较“浅薄”[⑦]，即便在自由主义相对成熟的美国也会滋生出反权利和平等的特朗普粉丝。至于这种双刃剑式的传播对政治秩序有多大的进步作用，我们也将在下面继续分析。

---

① 里根．里根自传：一个美国人的生活．王辛华，等译．上海：东方出版社，1991：182.

② 同①297.

③ 典型代表是：Hardt M，Negri A. Multitude：War and Democracy in the Age of Empire. London：Penguin，2004；Badiou A. Philosophy for Militants. London：Verso，2012.

④ 格林菲尔德．民族主义：走向现代的五条道路．王春华，译．上海：上海三联书店，2010.

⑤ Internet World Stats.［2023-01-01］. https：//www. internetworldstats. com/stats. htm.

⑥ Sunstein C R. Republic. com 2. 0. Princeton：Princeton University Press，2007；Hindman M. The Myth of Digital Democracy. Princeton：Princeton University Press，2008.

⑦ 卡尔．浅薄：互联网如何毒化了我们的大脑．刘纯毅，译．北京：中信出版社，2012.

6.5.2　苏东剧变与第三波政治现代化

如前所述，我们可以将20世纪末苏东剧变以来的国内秩序变迁称为第三波政治现代化，当然也可以将互联网引发的革命单独列为第四波。在自由主义确立唯一的霸权后，指导大多数国家政治改革的模式也变成了更明确的二分法：完成系统性自由主义改革的被称为民主或自由政体，仍受传统主义、全能主义影响或通过其他改革实现发展的国家则被称为威权主义（authoritarian）政体。二分法的流行也可以从各国学界和政府广泛使用的几大政治发展指标里看出来。

民主政体最明显的一次增长正是20世纪90年代的第三波现代化，而第二波全能主义现代化和军人干政制造了专制政体增长的最高峰。到2017年，全球民主政体已接近100个，即所有国家数量的一半，还有1/4的国家是转型中的中间/混合政体。自由主义秩序的大规模胜利又出现在哪些区域呢？正是社会主义消散、自由主义胜利的东欧和少数第三世界国家。早在第二波中，尝试自由主义改革的拉美、东亚和南亚国家大多已从中间政体成长为有缺陷的民主政体甚至完全民主政体，而时间上最晚、由互联网自由主义催生的第四波中东国家很多连中间政体都还称不上。

如果说第三波现代化国家尚在学习自由主义的过程中，第四波国家甚至随时可能倒退回传统专制，那么对第一波和大部分第二波国家而言，自由主义秩序已趋于稳定。几乎在每个国家里，都能清晰地发现两个政党联盟和两个选民基本盘：一个信奉保守自由主义，政策上扩大市场并减税，以商人阶层和本土居民为基本盘，是为“右翼”；一个信奉新政自由主义，政策上增加税收并扩大政府职能，以工薪阶层和移民为基本盘，是为“左翼”。议会和行政首长的轮替，在钟摆式地回应两翼的不同需求，实际上是将上一阶段的自由主义与社会主义之争内化了。当然，将思潮斗争内化的民主政治也有其内在弱点。一旦族群矛盾或者贫富分化过重，这个钟摆很可能向左或向右摆得过于极端，出现特朗普现象——这就是近年欧美政治学界担心的“极化”现象。①

由于自由主义特别是右翼自由主义过于强调小政府和大市场，在国家构建相对成熟的地方，自然有驯化专制、促进经济社会发展的作用；而放到国家构建之前实行，特别是在几乎没有国家机器的某些亚非地区，则可能加重社会动荡和贫富分化，最终导致自由民主的破灭。② 总之，虽然自由主义霸权深度影响了世界上3/4的区域，但不同国家如何真正实现现代化和善治，还需要不同国家依据自身的国情作出道路选择。

---

① Skocpol T，Fernandez A H. The Koch Network and Republican Party Extremism. Perspectives on Politics，2016，14（3）：681－699；Svolik M. Polarization versus Democracy. Journal of Democracy，2019，30（3）：20－32. 当然学者们对政党极化现象的归因不同，在此不再赘述。

② 强调这一顺序的经典论文是：Fukuyama F. Democracy and the Quality of the State. Journal of Democracy，2013，24（4）：5－16.

6.5.3 美国霸权下的“两个世界”

学术界用很多名词描绘了冷战后的国际格局和趋势：美国霸权、单极体系、“一超多强”、“单边主义”（unilateralism）、全球化和“西方中心主义”（western centrism）。这些名词虽然褒贬不一，但在自由主义的大背景下，它们描绘的特点是相似的——正如形容国内秩序的现代化、民主化、自由化、西方化等名词多有重叠一样。从各个角度看，近30年的国际秩序已从“三个世界”转变为自由主义与非自由主义“两个世界”，思想上的霸权也赋予了前一个世界对后一个世界的优势地位。

政治上最重要的组织/制度变化自然是北约的转型与东扩。1991年华约与苏联同时解散后，北约提出了新的战略概念：就防御而言，目标从苏东变成了“多方面的”（multi-faceted）和“多方向的”（multi-directional）；就建设而言，要“充分利用全欧洲自由民主发展所提供的前所未有的机遇”。[①] 因此，北约不仅在1999年和2004年吸收了10个东欧成员国，还从1994年开始发展了俄罗斯、乌克兰等20个欧洲伙伴国和日本、澳大利亚等9个全球伙伴国。[②] 由于自由主义的市场经济理念见效更快、流行更容易，国际经济关系和组织/制度的发展更为迅猛。不仅此前专属于第一世界的国际货币基金组织和世界银行开始吸收俄罗斯、中国等国家，1995年新成立的、倡导自由贸易的世界贸易组织在短短20余年内便发展了164个成员。[③]

总体来看，自由主义国际秩序在宏观上曾一度提升了西方地区的和平和繁荣程度，但它在西方国家以外引发的中微观层面的冲突从未断绝。国际关系学者发现，冷战后每年爆发的武装冲突数量其实是冷战期间的1.8倍，不过冲突的平均时长有所下降。[④] 这清晰地展现了自由主义主导下冲突微观化的趋势。2008年第二次金融危机爆发以及特朗普首次执政时期，曾有很多学者和政治家预测自由主义霸权即将瓦解，但事后似乎并非如此。更严谨地说，霸权国本身和背后的思潮是两回事。自由主义的部分观念已内化到国际成员内部；但美国的霸权正在随着中国等“多强”的崛起而削弱，也必然会有终结之日。[⑤]

当然，目前自由主义与美国霸权和单边主义紧密结合的格局，负面作用和引发的反弹也比较明显。这不仅仅是因为保守自由主义在国内可能有政府失灵和贫富分

---

① NATO. The Alliance's New Strategic Concept. (1991-11-07) [2023-01-01]. https://www.nato.int.

② 数据截至2022年初，名单参见北约官方网站：https://www.nato.int/cps/en/natohq/51288.htm.

③ 数据截至2022年初，名单参见世界贸易组织官方网站：https://www.wto.org.

④ 唐永胜，刘东哲，陈晓东．冷战后全球武装冲突的特点及演变．现代国际关系，2008（8）．

⑤ Ikenberry J G. Why the Liberal World Order Will Survive. Ethics & International Affairs, 2018, 32(1): 17-29.

化的风险，更重要的是，自由主义迄今为止仍不是一种国际和国内逻辑贯通的意识形态，自由主义在国际政治中的地位也没有在国内政治中那么高，只是几种流行理论中的一种。21世纪的每个正常国家内部都终结了无政府状态，但国家之间还存在深刻的差异和无政府状态，这就使得自由主义往往要依靠等级制的“霸权”[①] 而非国内那种“平等”和“同意”来统治世界。正如现实主义国际关系学者所言：“只要国际本系是无政府的，自由主义在这个领域中就与现实主义没有区别。”[②] 国际和国内秩序的鸿沟给自由主义霸权国制造了永恒的两难：如果强行向发展中世界推广自由主义或培植自由主义势力，则可能不尊重那个国家的权利，甚至引发反弹；如果不主动推广自由主义，有可能反噬自由主义。因此，自由主义的国际秩序能否克服自身矛盾，还有待进一步观察。

6.6 本章小结

本章在思潮、国内秩序和国际秩序三个层次，探讨了自由主义的过去，也总结了这些领域重要知识的来龙去脉。思潮化是政治思想影响政治实践的必经之途：从17世纪末初次形成的古典自由主义思潮，到不同国家形成思潮的不同模式，再到冷战和全球化时代的新型传播方式，自由主义的内涵和影响都经历了深刻的变化，这也是我们拓宽传统人物思想研究视野、描绘思想实践史的重要课题。国内政治秩序是自由主义思潮最直接的产物：君主立宪国与民主共和国、议会制与总统制、两党制与多党制、单一制与联邦制，究其根源都是自由主义思潮与不同社会条件相互作用而来的。国际政治秩序则是前面两者扩张形成的整体格局：从英国强调均势和间接统治的古典自由主义秩序，到思想启蒙和政治革命对整个欧洲均势体系的冲击，再到美国和苏联将源自欧洲的思潮和秩序推广到东西半球，到最后自由主义秩序成为整个世界或学习或反抗的主题，现代国际秩序逐渐从英国走向全球，也反过来成为影响思潮和国内秩序进一步发展的大环境。

在了解历史的基础上，我们也能够对自由主义作为思潮、作为国内秩序和作为国际秩序的未来前景略作展望。虽然自由主义的思想内涵已多年没有出现重大变化，但作为思潮的自由主义却面临着内部和外部的多重挑战：网络时代的自由主义传播是否能克服极化与浅薄化的弊病，培养成熟理性的公民和政治家，又能否在异质性的多族群社会中成功应对传统主义、民族主义等其他思潮的挑战，这都攸关自由主义能否继续扮演主流角色。作为国内秩序的自由主义，已经将自由、民主、平

---

① 因此连自由主义国际关系学者也承认，目前的国际秩序更像是等级制的“利维坦”而平等状态，参见：伊肯伯里．自由主义利维坦：美利坚世界秩序的起源、危机和转型．赵明昊，译．上海：上海人民出版社，2013.

② 米尔斯海默．大幻想：自由主义之梦与国际现实．李泽，译．上海：上海人民出版社，2019：188.

等、法治和经济增长等理念写到了部分国家的发展议程中。但不同国家如何探索适合自己的不同制度，又如何解决国家构建和贫富分化的顽疾，仍是社会科学研究的重中之重。作为国际秩序的自由主义一直与不平等的霸权体系相伴相生，这使得国家间的和平、合作总是与冲突、不平等同时出现。而在世界实力格局趋向多元化的未来，能否超越霸权轮替的历史，想象一种国内与国际层面都贯彻自由平等的秩序，对自由主义和非自由主义世界都是一项更为艰巨的任务。

对中国的学者和学生来说，虽然自由主义是西方的舶来品，但中国在推动构建新的国际秩序的进程中，不可避免要对自由主义的国际秩序作出应对和回应，重塑自由主义全球化。思考未来中国的思想与政治，如何取其精华去其糟粕，如何处理自由主义和社会主义的关系，如何为现代世界作出中国特色的贡献，都是我们义不容辞的责任。

第7章

帝国主义与世界政治秩序

7.1 引言

“帝国主义”是一顶由批判者扣上的“帽子”，后来其信奉者和支持者反而以此自居。霍布森、列宁、卢森堡等人都对“帝国主义”有精辟的论述。但是由于批判者的出发点以及支持者自身的立场不同，因此似乎很难找到一个清晰且服众的界定。“帝国主义”一词自身的含义也处于变化之中，据考证，具有实际政治含义的词义至少有 12 种。① 但是，界定的困难不意味着找不到一些共性，如不平等性、压迫性、中心与边缘的架构、运用多种形式的强制性的手段等。帝国主义作为一种政治思潮，深刻地影响了 19 世纪中期以来的世界政治。本章主要关注帝国主义政治思潮对世界政治的影响。第一部分建构理论的框架，第二部分从 19 世纪中后叶起分析帝国主义对世界政治的影响，从领土帝国主义到以意识形态为主的帝国主义。本章会着重探讨领土帝国主义，因其更明显地反映了帝国主义如何影响了世界政治。

7.1.1 帝国主义的定义

帝国主义主要有三种定义方式：首先，从经济角度出发，帝国主义是资本主义

① Koebner R, Schmidt H. Imperialism: The Story and Significance of a Political World, 1840 - 1960. Cambridge: Cambridge University Press, 2010: xiii.

的最高阶段。马克思主义者和为数众多的左派学者强调帝国主义是资本主义经济基础的产物。帝国主义是一种旨在垄断市场的经济战略，并产生了政治、文化等诸多影响，塑造了世界政治。① 第二种观点更关注帝国主义的权力属性。这种属性包括内在的统治阶层的阶级利益和特权，以及外在的国家间的竞争。帝国主义是某一占优势地位的团体与阶层或国家运用以强制性力量为主的多种手段与其他团体和国家竞争或对其进行征服的过程。② 第三种是从文化角度出发，将帝国主义看成一种思想文化、意识形态体系和身份塑造的形式，是欧洲大国为自己的扩张主义行为所做的种种辩护，是贬低非白人文化，并将自己的文化、思想和身份强加于本土，并改造本土社会的行为。③ 这三种定义方式相互交织，互不排斥，只是各自强调某一方面。对于世界政治而言，可以将始于 19 世纪中叶的现代帝国主义政治思潮，理解为以多种手段将不平等的秩序强加于本国边界以外的地区或社群，并建立起中心区对边缘区进行支配的思想。

与帝国主义相关的概念包括殖民主义和民族主义等。霍布森认为民族主义与帝国主义可以是同一概念。④ 民族主义与帝国主义确实有很多联系，民族主义更关注一个政治实体内部和该政治实体与外部世界的界限；帝国主义包含了民族主义的成分，但更在意建立一种不平等关系。殖民主义常和帝国主义互换使用，欧洲的帝国主义常常以殖民和领土扩张为重要手段，但是作为世界政治思潮的帝国主义则是以更加多样的手段构建了帝国秩序。帝国主义有以下特点：首先，帝国主义希望建立一种正式或者非正式的帝国秩序。这种帝国秩序中存在三个层级——处于中心区的宗主国、包含了中心区和边缘区的帝国内部（imperial）以及帝国外部（external）。这三个层级造成了三种政治关系：中心区的国内政治（domestic politics）、中心区和边缘区的帝国政治（imperial politics）和帝国与外部的国际政治（见图 7－1）。这种帝国秩序是不平等的，宗主国对帝国其他部分具有统治地位。与民族主义所天然具备的领土有限性不同，奉行帝国主义的宗主国常常进行传统疆界以外的扩张，而且扩张的方式多样，可以是军事征服、殖民、商业金融和文化同化等。帝国主义的表现形式有：经济上的垄断和货币霸权、政治上压迫、文化上同化等。帝国主义思潮在思想上有时是自相矛盾的，甚至是虚伪的，它以自由之名奴役他族，或以野蛮的手段“传播”文明。⑤

---

① Bang P F，Bayly C A，Scheidel W. The Oxford World History of Empire：Volume One The Imperial Experience. Oxford：Oxford University Press，2021：21.

② North D C，Wallis J J，Weingast B R. Violence and Social Orders：A Conceptual Framework for Interpreting Recorded Human History. Cambridge：Cambridge University Press，2009.

③ 哈姆，斯曼戴奇．论文化帝国主义．曹新宇，樊淑英，译．北京：商务印书馆，2020.

④ 霍布森．帝国主义．卢刚，译．北京：商务印书馆，2017：1－10.

⑤ Koebner R，Schmidt H. Imperialism：The Story and Significance of a Political World 1840－1960. Cambridge：Cambridge University Press，2010：21－23.

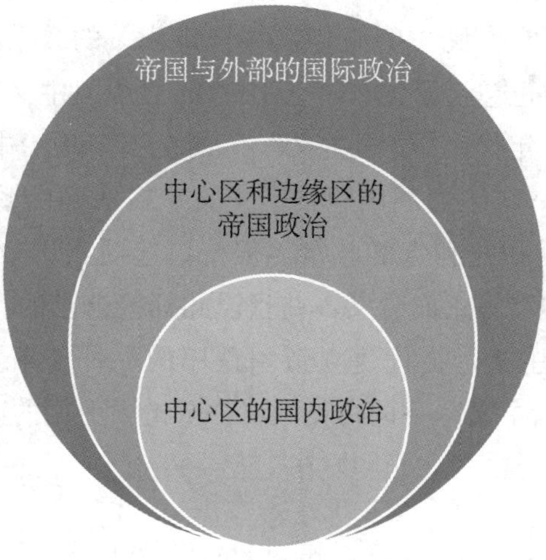

图7-1　帝国秩序下的三种政治关系

7.1.2 “帝国主义”概念的演变

现代“帝国主义”概念的演变是从“皇帝主义”过渡到一种风靡诸大国的政治思潮。汉语“帝国主义”一词源译自英语“imperialism”。从词源上看，在西欧主要语言中的“帝国主义”一词都源自拉丁语，如英文是“imperialism”，法文是“impérialisme”，德文是“Imperialismus”。这些词共享拉丁语词根“imper”或其变体“emper”，意思是命令或发布命令的人，其衍生词“imperium”意指“威权、统治或（罗马）帝国”。因此，“imperialism”在进入现代政治后，就具有了双重意味：可以指代威权政体及其统治者，或者一种类似于罗马的帝国秩序。其意义转变也“取决于公众对词义的接受”。[①]

结合理查德·柯布纳（Richard Keobner）和赫尔姆特·施密特（Helmut Schmidt）的观点，在19世纪30年代，法语中的“impérialiste”出现于法国政治语言中，指代支持拿破仑三世帝制的帝制党（parti impérialiste），有时也称为波拿巴主义（bonapartiste）。在19世纪上半叶，“帝国主义”一词还跟“恺撒主义”（Caesarism）或“皇帝主义”混用。[②] 19世纪40年代，法语中也会用“impérialiste”批评拿破仑三世的统治和海外扩张政策。英语的“imperialist”和“imperialism”在19世纪初就已经出现在英国的政治语言之中。最初这一对词汇有时指代部分爱尔兰人对大不列颠王国与爱尔兰合并后形成的大不列颠及爱尔兰联合王国的支持。这一时期英语中的帝国也时常指代联合王国。同时，英语文献也受到了法国政治的影响。如《北不列颠

① Koebner R，Schmidt H. Imperialism：The Story and Significance of a Political World，1840－1960. Cambridge：Cambridge University Press，2010：xv.

② 西语中的“皇帝”一词有不少源于“恺撒”这个词，如德语是Kaiser，俄语是Tsar，土耳其语是Kaysar。

评论》《威斯敏斯特评论》《泰晤士报》等报刊以及时评家等借用法语中的含义指代帝制，指代专制政府对自由民主的破坏，并且将相关的政策和行为也定性为“imperialist”。这些行为中也包括了当代一般认为的“帝国主义”，如一系列的殖民政策等。到了19世纪50年代，“帝国主义”一词在英国政治中的使用更加频繁。到了19世纪七八十年代，自由党利用“帝国主义”在法国的政治语言中所包含的负面含义，批评迪斯累里和托利党的政策。但是，迪斯累里政府及其支持者却赋予“帝国主义”“民族荣耀”等正面含义，并且以此标榜自己的行为。至此，英语中的“帝国主义”脱离皇帝主义，指代建立帝国秩序的一种信条。图7－2大致呈现了1810—1950年间“帝国主义”一词在英国议会辩论中引用的次数变化趋势。

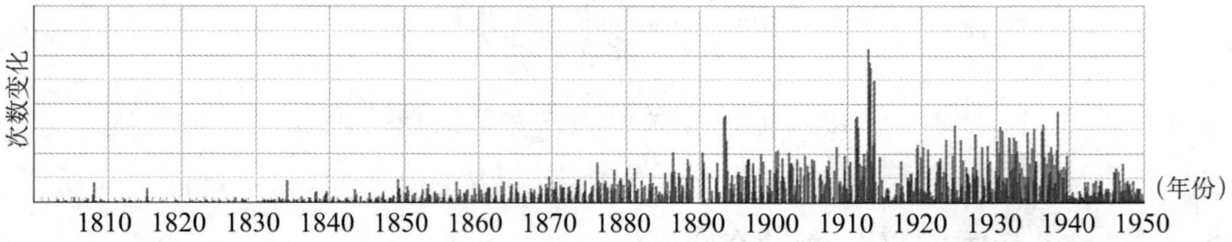

图7－2 “帝国主义”一词在英国议会辩论中引用次数的变化趋势（1810—1950年）

资料来源：UK Parliament. 英国议会辩论记录. https：//hansard. parliament.

帝国主义的理论通常由它的批判者书写。进入20世纪初，约翰·霍布森率先对“帝国主义”进行了理论探讨。他认为，帝国扩张的动力是一部分统治者通过操纵民族主义寻找海外新市场和投资机会以应对生产过剩，资本主义社会可以通过在社会中彻底重新分配国家经济资源来避免诉诸帝国主义。① 受霍布森影响，列宁撰写了《帝国主义是资本主义的最高阶段》，将帝国主义定义为资本主义的垄断发展阶段，相互竞争中的资本家对于殖民地的争夺与瓜分引起了帝国主义之间的矛盾和战争。② 沃勒斯坦提出世界体系理论，认为资本主义推动形成了世界经济一体化和分工，导致了不平等的中心与边缘关系。③ 不少学者提出“文化帝国主义论”和“新帝国主义”等概念以描述与解释当代的世界秩序的不平等现象。④ 21世纪以来，帝国主义话语主要集中在剥削性的经济结构、歧视性的文化以及等级性的政治秩序上。⑤

7.1.3 支配世界政治的过程

帝国主义的起源往往与民族国家建构相关，特别是自上而下的民族建构。民族

① 霍布森．帝国主义．卢刚，译．北京：商务印书馆，2017.

② 朱亚坤．列宁和布哈林关于帝国主义理论之比较：重申列宁帝国主义论的独特贡献与多维旨趣．当代世界与社会主义，2021（6）：90－97.

③ 沃勒斯坦．现代世界体系．郭方，等译．北京：社会科学文献出版社，2013.

④ 哈姆，斯曼戴奇．论文化帝国主义．曹新宇，樊淑英，译．北京：商务印书馆，2020.

⑤ 于海洋．国际体系的帝国主义倾向及其批判．北京：中国社会科学出版社，2021：31－32.

国家建构有时先是想象出一个“民族”和一个它应有的领土，然后在由一个主导的政治实体控制了绝大部分的区域后，再进行民族建构（见图 7 - 3）。在这个过程中，国家宪法架构先于民族意识。具有民族主义意识的精英推动对想象的领土进行整合的计划，动员民众以巩固国家架构，以民族身份为国家的基石，以让民族的忠诚取代封建的等级化效忠、民族的自豪替代贵族的荣耀。同时，民族国家的建构也是划分敌我的过程，具体表现为各式的排外行为以及对外竞争。民族的自豪感不仅仅体现为对民族辉煌历史的留恋，也包括强烈的优越感，需要时常通过与其他民族的竞争体现优势。19 世纪中后叶的国际竞争与以往王国之间的竞争不同，民族自豪感在竞争中要比国王个人的荣耀更能让民众狂热，使民众具有更高的自觉度。19 世纪中后叶，恰逢欧洲民族国家建构的新浪潮。这一时期新打造的民族国家，如意大利和德国，某种程度上是分别主导民族建构进程的皮埃蒙特-撒丁王国和普鲁士王国扩张的产物。当意大利和德国大体完成统一以后，都不约而同地转向了海外扩张的道路。当然，也有相当数量的集团假借民族之名，行图利之实。

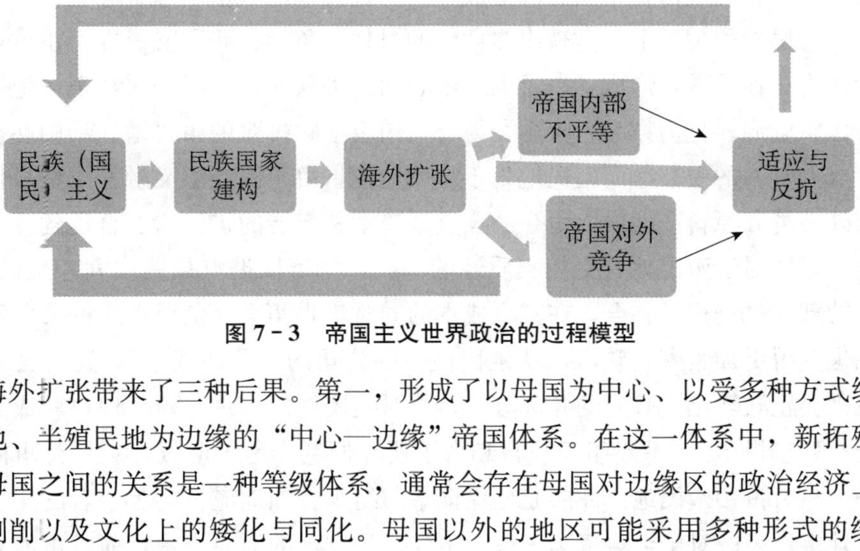

图 7 - 3　帝国主义世界政治的过程模型

海外扩张带来了三种后果。第一，形成了以母国为中心、以受多种方式统治的殖民地、半殖民地为边缘的“中心—边缘”帝国体系。在这一体系中，新拓殖的地区与母国之间的关系是一种等级体系，通常会存在母国对边缘区的政治经济上的压迫与剥削以及文化上的矮化与同化。母国以外的地区可能采用多种形式的统治方式，可以是直接管辖，也可以通过殖民团体代管。边缘地区受到来自中心的压迫，会做出适应与反抗。当地的帝国主义者可能会为了自身的利益而谋取扩张，也会通过建立正式或者非正式的管理方式整合当地的力量，将母国的社会、经济和文化嵌入本土。遭受殖民的本土人士暴露在西方的文化理论中，同时也怀有本土文化的精神，在感受到压迫后选择反抗。反抗的方式可以是学习与模仿强大的帝国主义国家，并且试图以寻求民族认同的方式超越传统阶层身份（尽管这些身份可能也是外来者构建的）进行更广泛的动员。母国帝国主义思潮中原本专属的种族优越论，常被替换成本土族群的优越论。这种适应与反抗的目标是在竞争中谋取平等，甚至是优势。第二，海外扩张具有竞争性。海外扩张常与民族自豪直接挂钩，而以此为目的的扩张，则称为以扩展的大小为标准衡量民族的优越。受压迫的族群为了实现平等或者取得优势，也需要某种参考系。当扩张是以攫取殖民地的大小为度量衡时，由于土地有限，优质的土地、港口以及具有战略意义的要地有限，因此扩张也就伴随着竞争与冲突。国家为了不让对手获得优势，从而攫取更广大的殖民地和势力范围。从结果来看，扩张的目的已不仅在于是否获得经济上的利益，而是国家间为了竞争而竞争，使得各国之间的关系更加紧张，促使国家内部发生更大的变革。第三，面对帝国主义的冲击，不管是受到帝国主义的负面影响的地区或者是羡慕帝国主义取得成就的国家，都会通过学习和模仿，走向民族国家建构—帝国主义扩张的道路。[①] 法国和日本分别受到了普鲁士和美国的冲击，它们回应的方式是学习帝国主义的模式，走海外扩张的道路。

这三种后果又在扩张所到之处刺激出新的民族主义与民族国家建构行为，从而进一步扩大了帝国主义的影响范围。

7.1.4 帝国主义表现与支配世界政治的方式

帝国主义世界政治在帝国内部形成母国与殖民地的政治、经济和文化的不平等秩序；在帝国对外关系上，呈现出多主体的对外竞争性扩张主义。在经济方面，母国的生产力迅速发展，形成了以母国为中心的经济秩序，殖民公司从殖民地攫取资源，母国将资源转化为产品，再由贸易公司销售给它扩张的殖民地。母国在获得资本后，成为资本的中心，而殖民地处于从属地位。由于民族主义触发了贸易保护主义，海外市场和原料产地成为争夺的焦点。资本和产能的扩张需要合适的环境与载体，需要母国对于殖民地有更加实质性的保护，将殖民据点拓展成大片殖民领地，对资本的载体也进行了整合，在减少成本的同时增强实力。殖民性质的公司和政府的关系也变得更加紧密。政府承认殖民性质的公司的“开拓成果”，这些公司在一定阶段则会正式转化为政府的一部分，负责对殖民地的管理，殖民地也就成为帝国的领土。列宁指出：“垄断组织独自霸占了所有原料产地的时候，它们就巩固无比了。……只有占领殖民地，才能充分保证垄断组织自如地应付同竞争者的斗争中的各种意外事件……对于金融资本来说，不仅已经发现的原料产地，而且可能有原料的地方，都是有意义的，因为当代技术发展异常迅速，今天无用的土地，要是明天找到新的方法（为了这个目的，大银行可以配备工程师和农艺师等等去进行专门的考察）……”[②] 帝国主义还体现在权力方面。领土面积除了有经济资源意义，其规模也是帝国力量与荣耀的象征。1860 年后，帝国主义国家开始了瓜分世界（包括所谓的无主地）的狂潮直到 20 世纪 20 年代达到顶峰。在瓜分世界以及与其他帝国主义国家的竞争中，跨越大洲边界的战争十分常见。19 世纪中后叶，民族之间的竞争项目包括了海外殖民地以及军事力量，特别是海军的力量，在这一过程中形成了大规模的海外扩张。

---

① 宋伟．世界政治变迁的根本动力与作用机制．中国人民大学学报，2021，35（1）：10－20.

② 列宁．列宁专题文集：论资本主义．北京：人民出版社，2009：171.

帝国主义中的精神动力是以假定肤色为基础的白人优越论，结合了宗教弥赛亚的救世情结、传教布道的狂热，以及假借科学之名的社会达尔文主义。这三种信念不仅仅推动了帝国主义的扩张，同时也试图为帝国主义征服正名。这三种信念在世界观上都假定欧洲及其殖民地后裔为同一人种，而白人在种族上都要优越于其他肤色的人种，并由此产生了两种方法论。一种认为，白人的优越应当匹配相称的支配地位。白人优越论者露骨地贬低欧洲及海外殖民地以外族群的文明，甚至否认其文明属性。社会达尔文主义则委婉地称"物竞天择，优胜劣汰"，将白人的支配权解释为天所择，属于竞争的胜利者。另一种则是所谓"白人（男性）的负担"（white man's burden)，相信白人有责任对"野蛮人"进行教化。传教士传播福音，让所属教派获得更多信徒，无视甚至破坏本土信仰。自由帝国主义思想的代表约翰·密尔认为，"那些仍旧处于野蛮状态的民族还没有超出某一时期，在这一时期里，从对其有利的角度来说，似乎他们应该被征服，并且应该向外国人臣服"。[①] 民族荣耀既体现在对外征服上，又体现在民族建构上。撰写了《论美国的民主》的法国殖民官托克维尔认为，法国最好的东西是"民族自豪"、"最伟大的情感"和"将这个国家维系在一起的纽带"。当国际法规定的对领土的"先占原则"适用于欧洲以外地区时，便大打折扣。帝国中心以外的领土，无论是否存在文明，都被它们简单视为"势力范围"或者是"无主地"，并被纳入帝国版图。对国际法的承认对于帝国主义者而言并不是阻碍，他们可以想当然地将本土政治排除出政治体系，因为《威斯特伐利亚和约》以来形成的国际关系仅仅适用于白人，而不适用于外族文明，甚至将后者定义为"野蛮人"。

帝国主义者需要通过一系列的物质将帝国的威严与荣耀具象化。帝国主义者是纪念碑、宫殿等大型、豪华、宏伟建筑的爱好者。它们需要在城市最显眼的地方矗立，让人望到就心生敬畏。博览会等大型国际活动同样也是展现帝国荣耀的场所，让帝国在短时间内向四方宾客展现能耐与成就。华丽的宫殿接待室和办公大楼也常用于震慑外邦使者。海外殖民地也成为帝国的符号，甚至是是否称得上一个帝国的重要标志。[②] 帝国的海洋军事力量也是一个重要的符号与象征。海军常常享有更特殊的地位，例如在一战之前的"海军崇拜"（the cult of the navy)。英国海军的奠基人、海军元帅费舍认为"海军承载着帝国"，海军不仅仅承载着保卫帝国安全的任务，其本身也成为帝国的象征，每一次阅兵都是展示力量的机会，会在国际上引起广泛关注。[③]

帝国主义政治思潮对世界政治的总体进程的影响是从领土控制到社会意识形态

---

① Pitts J. A Turn to Empire：The Rise of Liberal Imperialism in Britain and France. Princeton，NJ：Princeton University Press，2005：261－263.

② Taylor A J P. The Struggle for Mastery in Europe 1848－1918. Oxford：Oxford University Press，1954：10－21.

③ Rüger J. Nation，Empire and Navy：Identity Politics in the United Kingdom 1887－1914. Past & Present，2004，185（1）：159－187.

同化。在帝国主义的驱使下，19 世纪中后期各帝国在全球范围内攫取领土，划分势力范围，这一过程在两次世界大战期间达到了顶峰。此时，美国、日本和少数欧洲国家直接或间接地控制了地球陆地面积的 78%。图 7－4 清晰地呈现出以英国为代表的欧洲大国在 19 世纪中后期版图面积的巨大变化。两次世界大战很大程度上是帝国主义斗争的产物，同时也宣告了领土帝国主义的破产，随之而来的是冷战期间美国与苏联的以意识形态扩张为主的帝国主义。逐步完成的去殖民化也成为新形式的帝国主义竞技场。帝国主义并未从当代世界政治中消亡，以自由主义意识形态和维系霸权为扩张和竞争的目标，依然影响着世界政治格局。

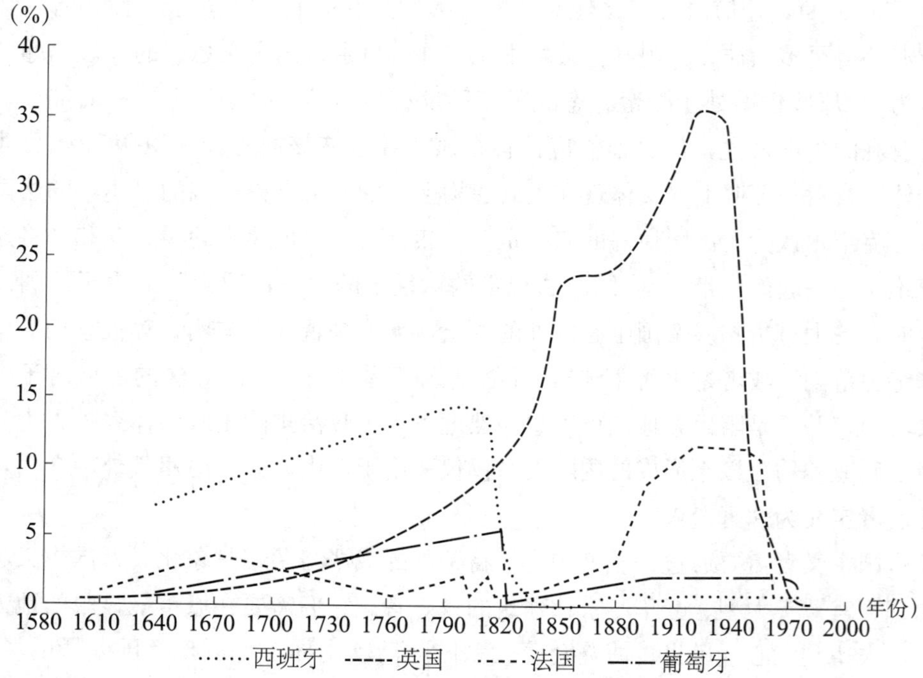

图 7－4　1580—2000 年欧洲主要帝国的面积

资料来源：Bang P F，Bayly C A，Scheidel W. The Oxford World History of Empire：Volume One：The Imperial Experience. Oxford：Oxford University Press，2021：100.

7.2　第一次世界大战以前的现代帝国主义与世界政治

7.2.1　帝国主义政治思潮在西欧的兴起与传播

大约从 1870 年起，帝国主义逐步成为支配世界政治的政治思潮之一。英国在很大程度上是帝国主义政治思潮的滥觞之地。帝国主义政治思潮兴起于英国，然后随着殖民扩张与民族国家建构扩散至德国、法国、意大利、美国等国家。日本在受到冲击后也加入了帝国主义的行列。在此阶段，帝国主义扩张以获取领土为主。这一时期民族主义（或称国民主义）的政治思潮始于英国的民族主义与民族国家建构。

在19世纪中后叶，英国面临着民族国家建构的危机和日益严峻的国际竞争。对于英国而言，其国家的建构先于民族建构，是英格兰王国扩张吞并了不列颠群岛上其他国家的结果。英格兰通过政治计谋吞并了威尔士公国和苏格兰王国，形成了大不列颠王国，并且在1801年通过《爱尔兰合并法案》，正式将爱尔兰纳入版图，成立了大不列颠及爱尔兰联合王国，将代表爱尔兰的圣帕特里克十字添加到联合王国的国旗上构成"米字旗"，并沿用至今。这一立法过程也是英国国家建构的过程，以议会的权威取代原来带有强烈封建意味的共主王权。但是这一宪法过程并不稳固，联合王国内部存在族群和宗教的差异，同时也要处理海外说英语的殖民地的地位和身份问题，这需要更高层次的民族建构。

历史学家乔斯·哈里斯（Jose Harris）观察到，在观念上构建一个民族"几乎是一项英国知识分子的全国性运动"。[①] 有相当数量的评论员认为，面对激烈的竞争和国内族群的紧张关系，英国正在失去它在20世纪中期的优势地位。帝国主义是一种民族国家建构的途径，也是应对竞争的手段，无论是盎格鲁-撒克逊人或者是凯尔特人，不管是新教徒抑或是天主教徒，都难以抗拒不列颠群岛以外广阔天地的诱惑。为解决英国的身份危机，特别是面临着美国的崛起，英国的思想家希望学习美国，构建一种联邦式政治体，一个"更大的不列颠"，以散居在全球各地的英语族群为主体，而其余领土和族群为英语族群提供资源和机会。于是在19世纪后30年建立联邦制帝国并大举扩张的提议激增。[②] 思想家们认为"世界地图中，自由仅仅存在于英语种族之中，即我们种族的国家是唯一的自由之乡"，"加拿大和澳大利亚对我们来说就像肯特郡和康沃尔郡一样"。[③] 同时，也如约翰·密尔所坚信的，"那些仍旧处于野蛮状态的民族还没有超出某一时期，在这一时期里，从对其有利的角度来说，似乎他们应该被征服，并且应该向外国人臣服"，英国有责任"教化落后社会"[④]，或者"代表印度人的利益管理他们"。[⑤] 因为这些非英语族裔所生活的土地可以为英帝国提供必需的资源、生存发展的空间以及权势与荣耀，应抢占之以避免落入敌手。

英国的政客也怀有相似的理念，并制定了相应的政策。自由党和保守党都注重英国海外的利益，但是后者更加激进，要求维持联合王国对其他所有殖民地的统治地位，并且对后者提供保护。犹太裔英国首相迪斯累里提出了要建立正式的英帝国。他认为，"我们仅仅依靠我们陆海军和积累的资本、信誉以及不垮的精神是不够的"，英国人还必须以"拥有强大的帝国而自豪"。托利党的目标就是让人为"英

---

① Harris J. Political Theory and the State//Green S J D, Whiting R C. The Boundaries of the State in Modern Britain. Cambridge: Cambridge University Press, 1996: 16.

② Bell D. The Idea of Greater Britain: Empire and the Future of World Order, 1860 – 1900. Princeton, NJ: Princeton University Press, 2007.

③④ Seeley J R. The Expansion of England. Chicago: The University of Chicago Press, 1971: 10.

⑤ 同②5 – 8.

格兰帝国（Empire of England）感到自豪，并且维持其伟大。”① 殖民大臣卡那封伯爵（Earl of Carnarvon）说，“像我们这样伟大的国家，有时必须准备好履行令人不快的职责；她必须同意承担与她的伟大分不开的重担”，“真正的帝国主义”是有责任为那些“处于黑暗中的孩童般的民族”制定明智的法律、提供良好的政府和秩序井然的财政；“应该为他们提供一种制度，在这种制度下，最卑微的人可以享受不受压迫的自由，也可以和最伟大的人一样享受自由；宗教和道德之光可以穿透到最黑暗的居所。这才是真正履行我们的职责……这就是帝国主义真正的力量和意义”。② 在他们的政策下，英国在中东控制了苏伊士运河并对埃及和塞浦路斯建立了殖民统治，在撒哈拉以南的非洲、亚洲、加勒比海和大洋洲扩张，并且将原来的沿海岸和河流分布的殖民据点和贸易站拓展成大片的殖民地，纳入伦敦的管理范围。

推动这一进程的还有殖民者、资本家、学者和传教士。这些人可能同时拥有多个身份，尽管在一些做法上存在差异，但都在帝国主义行径上结成了利益集团，成为非政府的帝国主义先锋（non-governmental pioneers of imperialism）。塞西尔·罗兹（Cecil Rhodes），一个商人，以自己的名字命名了非洲南部大片殖民地。他坚信英国人“是世界上第一的种族，我们居住的地方越多，对人类就越好。我认为，我们领土上每增加一英亩土地，就意味着更多的英国民族的诞生，否则这些民族就不会存在”。③ 除此之外，太古洋行（the Swire）在东亚，特别是在中国香港和长江流域积极拓展利益。④ 英国的知识分子也在为竞争与征服摇旗呐喊，赫胥黎、斯宾塞等人将达尔文在物种起源的进化理论应用到人类社会，强调竞争与优胜者生存。这种社会达尔文主义一方面为英国与其他列强的竞争助威，另一方面也成为英国扩张的借口。英国的帝国主义是19世纪列强模仿的榜样，也是最主要的竞争对手。国内政治、国际竞争相结合，帝国主义政治思潮从不列颠岛扩散到全球。

法国新帝国主义是法兰西民族主义的最高阶段。⑤ 法兰西第二帝国时期，已经有思想家倡导海外扩张，并且认为法国肩负“传播文明的使命”（mission civilisatrice）。其中最具代表性的是托克维尔。他认为，征服能促进公民参与并产生强烈的民族自豪感，而“民族自豪”是法国最好的东西、“最伟大的情感”和“将这个国家维系在一起的纽带”。⑥ 托克维尔认真研究了英国，并将之视为竞争对手以及

---

① Bell D. The Idea of Greater Britain：Empire and the Future of World Order，1860 - 1900. Princeton，NJ：Princeton University Press，2007：175 - 177.

② Eldridge C C. The Imperial Idea in the Age of Gladstone and Disraeli，1868 - 1880. London：Palgrave Macmillan，1973：240 - 242.

③ Flint J E. Cecil Rhodes. Boston：Little Brown，1974：248 - 252.

④ Robert B. China bound：John Swire & Sons and its World，1816 - 1980. London：Bloomsbury Publishing，2020.

⑤ Andrew C M. The French Colonialist Movement During the Third Republic：the Unofficial Mind of Imperialism. Transactions of the Royal Historical Society，1976（26）：143 - 166.

⑥ Pitts J. A Turn to Empire：The Rise of Liberal Imperialism in Britain and France. Princeton，NJ：Princeton University Press，2005：180 - 183.

榜样。他认为法国需要在与英国的竞争中取得优势，他致信约翰·密尔说道："以下现象是不正常的：允许一个国家相信它在世界的地位下降了。"至于手段，他认为"为使殖民达到某种程度，我们不但必须使用暴力手段，而且要运用看上去最邪恶的手段"。① 但是，在这一阶段法国民众对海外殖民扩张的热情有限。虽然"帝国主义"一词早在拿破仑三世执政时期就已经是流行的政治术语，但是法国在非洲、印度支那和南太平洋地区的扩张是断断续续的，没有得到政府和民众的重视。

普法战争后，法国战败和德意志帝国在象征法国荣耀的凡尔赛宫宣告它的成立给法国带来了奇耻大辱，刺激了法国民众检讨失败的原因。法国民众认为，法国过于关注国内事务而漠视欧洲和世界地理，在海外扩张方面行动迟缓，这些都是法国失败的重要原因。1871 年在法国兴起了地理学运动（geographical movement），他们笃定海外扩张是民族兴旺的必要条件，国家的命运与海外扩张的进程成正比。地理学运动的倡导者希望通过地理研究，民众可以关注并参与到海外扩张的事业中。到了 19 世纪 80 年代，"对于所有法国人而言，加入地理学运动是爱国义务的体现"。② 对于法国的民众和官员而言，在海外的扩张是弥补普法战争损失的重要手段，也是保持法国大国地位的主要方式。帝国对于第三共和国而言是"荣耀的象征"。当法国占领突尼斯后，法国总理莱昂·甘必大（Léon Gambetta）写道，"法国重新获得了大国地位"。③ 从此，法国更加积极探索和征服非洲。为了更好地管理和开发非洲，在和其他列强瓜分非洲后，法国的帝国主义者还在法国非洲协会的基础上成立了一个名为法国殖民党（parti colonial）的院外游说集团，为帝国主义扩张提供了相互交流和影响政局的平台。法国的教会也积极参与帝国主义扩张的行动，和地理学家、人类学家一起，里昂、阿维尼翁等地派出的传教士成为法国殖民的先遣队。④

在 1871 年以前，德意志（Deutschland）只是对神圣罗马帝国统治下中欧日耳曼语地区的统称。《威斯特伐利亚和约》之后，该区域小邦林立，宗教问题复杂，各邦各自为政并经常爆发武装冲突。德意志诗人席勒感叹，"德意志，它在哪里？我找不到那块地方"（Deutschland，Aber wo liegt es？Ich wei? das Land nicht zu finden）。法国大革命和拿破仑战争后，在德意志地区的精英阶层兴起了德意志民族主义运动，他们期望统一德意志地区，建立一个德语民族的国家。这一过程某种程度上是普鲁士的帝国主义扩张之路，是由俾斯麦缔造的"更大的普鲁士帝国

---

① Pitts J. A Turn to Empire：The Rise of Liberal Imperialism in Britain and France. Princeton，NJ：Princeton University Press，2005：192.

② McKay D V. Colonialism in the French Geographical Movement 1871 - 1881. Geographical Review，1943，33（2）：214 - 232.

③ Andrew C M. The French Colonialist Movement during the Third Republic：the Unofficial Mind of Imperialism. Transactions of the Royal Historical Society，1976，26：143 - 166.

④ Daughton J P. An Empire Divided：Religion，Republicanism，and the Making of French Colonialism，1880 - 1914. Oxford：Oxford University Press，2008.

(Greater Prussian Imperial State)"。① 普鲁士利用强大的军事力量和经济上的相对优势主导了德意志北部，并通过战争将信奉天主教的、多民族的奥地利排除在帝国之外，通过与法国的战争和外交的威逼利诱将德意志南部诸邦国纳入新的以普鲁士主导的德意志帝国之中。德意志帝国的元首是普鲁士国王兼任的"德意志人的皇帝"(Deutcher Kaiser)。② 换言之，已经出现的德国并非一个完全的民族国家，在新帝国内对"民族"的忠诚和对"封建王朝"的忠诚同时存在。

年轻帝国的合法性没有被人民普遍接受的社会基础，也不是建立在被普遍接受的基本政治信念的基础上，这一点在 1873 年后的危机中立即得到了证明。俾斯麦必须应对德国社会中的阶级差异和紧张的政治关系。他采用的方法是分化那些敌视德意志帝国的群体，比如社会主义者、天主教徒、左翼自由主义者和犹太人，同时加强那些忠于德意志帝国的群体。③ 对于德意志帝国而言，帝国主义海外扩张是舒缓国内矛盾、稳固统治的政治经济基础的重要方式。帝国主义扩张打击国内的自由派，增加保守派的威望，同时获得财富为国内工商业发展和社会福利提供资源。德国的帝国主义也是国际竞争的产物。随着贸易保护主义的加剧，曾经德国商人可以自由贸易的热带地区被接连吞并，并且拒绝德国商人在该地区进行贸易。这引起了一种德国商人将会被排除在非欧洲市场之外的恐惧，俾斯麦也逐渐有同感。在经历了刚成立后的 1873—1879 年经济危机和 1882—1886 年严重打击德国经济的萧条之后，一种信念在德国国内日益增长，即殖民扩张将有助于解决德意志帝国的商业问题和社会弊病。④ 另外，在国际关系上，为了缓和与法国的关系，德国与法国的殖民对手英国争夺非洲的土地。在 1897 年，德国地理学家弗里德里希·拉采尔(Friedrich Ratzel) 创造了臭名昭著的术语"生活空间"(Lebensraum)，将种族的因素也引入了德意志帝国主义。⑤

俾斯麦时代的德意志帝国主义尚且克制，但是到他辞任，德意志帝国皇帝威廉二世执掌政权后，德国的帝国主义到达了高潮。俾斯麦更关心欧洲的现实政策(Realpolitik)，但是他的继任者则更加关心世界政策（Weltpolitik)。俾斯麦的继任者伯恩哈德·冯·比洛（Bernhard von Bülow）认为，德国必须要争夺"阳光下的地盘"(Platz an der Sonne)。此时的政策动机反映了人们对德国迟迟未加入殖民地争夺的焦急，也包括一种对国家威望的期许。德国的帝国主义政治不仅仅包括殖民地争夺，而且还包括导致了英德海军军备竞赛的海军建设。德国皇帝羡慕他的表亲英王乔治五世的海军，将海军视为帝国荣耀与强大的象征。第一次世界大战爆发时任德国首相的特奥巴登·冯·贝特曼-霍尔维格（Theobald von Bethmann-Holl-

---

① Wehler H U. Bismarck's Imperialism 1862 - 1890. Past & Present，1970（48)：119 - 155.

② 不用"德国皇帝"头衔是对南部邦国的让步。

③ 同①.

④ Knoll A J. Germans in the Tropics. New York，NY：Greenwood，1987.

⑤ Smith W. Friedrich Ratzel and the Origins of Lebensraum. German Studies Review，1980，3（1)：51 - 68.

weg）鼓动道："德国建设海军就是为了德国的伟大。"[①]

意大利的情况与德国类似。意大利的统一之路（resorgimento）是以皮埃蒙特-撒丁王国的帝国主义扩张取代了法国、西班牙和奥地利在亚平宁半岛和西西里岛的帝国统治。在意大利王国成立以前，意大利同样也只是一个地理名词，指阿尔卑斯山（意大利之墙）以南和亚平宁半岛的地区。拿破仑战争后，意大利民族主义在少数知识分子中逐渐兴起。面对被列强和罗马天主教廷占领的处境，意大利地区上流社会的有识之士如马志尼、加富尔和加里波第等人期望能够建立一个统一的意大利。经过一系列的战争和谈判，在撒丁王国统领的北意大利兼并了加里波第打下的意大利南部，并通过将教皇国困在梵蒂冈而实现意大利的基本统一。但是意大利也只是在宪法架构上统一，仍存在南北差异巨大、众多"方言"无法自由交流、对前领主抱持忠诚以及多种意识形态相互竞争等问题，意大利民族的建构成为意大利王国的首要任务。正如撒丁王国首相马西莫·达则格里奥在意大利王国成立后所呼吁的"我们已经创造了意大利，现在让我们创造意大利人吧（Fatta l'Italia，bisogna fare gli italiani）"。[②] 意大利民族主义代表恩里柯·科拉蒂尼（Enrico Corradini）认为，为了与西北欧的"征服者国家"竞争，意大利必须进行更加密集的工业化。这将最终通过给民众提供工作来阻止移民，以促进"帝国主义精神的发展"，并提供战争的支柱。[③] 意大利的民族计划取得了一定的成效，到了19世纪90年代，托斯卡尼的农民也在订阅《民族报》（*Nazione*），海外的局势成为意大利普通民众茶余饭后的话题。但是这种国家整体性的文化建构依然仅仅局限于一小部分识字群体。只有一份意大利语报纸的发行量超过了10万。[④] 对于意大利民族主义而言，一个便捷的提升民族认同的办法是与罗马帝国建立联系。建立一个与罗马类似的帝国、恢复古代罗马帝国的疆界，成为意大利政府的帝国政策的重点。此时，非洲北部尚未被帝国主义国家所控制的地区，只有利比亚和阿比西尼亚。意大利王国在帝国主义政治思潮的鼓动下向该地区进军。

新世界同样也向往着帝国主义。美国的帝国主义倾向在19世纪初就已经显现，门罗主义将整个西半球视为美国的势力范围。19世纪中期，因为与英国的争端，美国"主张根据昭昭天命之义（manifest destiny），尽取并支配上帝赐予的大洲，行使自由的权利和联邦自治"。[⑤] 美国在美洲扩张的"大陆主义"（continentalism）被认为是"民族"的"天命"。但是，美国的国家也成立于民族建构之前，在南北战争之前，美国的扩张受到了国内政治权力的制约与平衡，公民民族主义（civil

---

① Woodward E L. Great Britain and the German Navy. London，Routledge，2019：38.

② Knox M C. To the Threshold of Power：1922/33 Volume 1 Origins and Dynamics of the Fascist and National Socialist Dictatorships. Cambridge：Cambridge University Press，2007：111.

③ 同②114.

④ Finaldi G. Culture and Imperialism in a 'Backward' Nation? The Prima Guerra d'Africa（1885－1896）in Italian Primary Schools. Journal of Modern Italian Studies，2003，8（3）：374－390.

⑤ Turner F J. The Significance of the Frontier in American History. London：Penguin Books，2008：1.

nationalism）不能够弥合南北在社会制度和经济模式上的差异。1861 年，美国南方和北方因为政治和价值观分歧导致了内战的爆发。经过了 4 年战斗和近百万人的伤亡，北方在内战中胜利，将其价值观强加于南方，并且通过多种政治安排，确保南方在联邦政治中的从属地位。① 内战中，林肯政府颁布了《宅地法》。此法案在内战后为美国的帝国主义扩张松绑，并使西进运动达到高潮。美国在内战后 30 年里对西部的开发程度超过了以往 300 年的拓殖。到 19 世纪 80 年代，原以为取之不尽的"自由土地"看上去却很快要开拓完毕，一种恐慌情绪开始蔓延。这一问题也很快得到一些学者和社会人士的关注。同时，美国的工业化造成了巨大的产能过剩，爆发了多次重大经济危机，引发大量的失业，甚至造成了对美国民主制度的怀疑。

此时，美国的思想家、军人和政客都将帝国主义扩张作为美国民族从危机中走出来的出路。美国哲学家约翰·菲斯克（John Fiske）在旅居英国时接触到了赫胥黎和斯宾塞的社会达尔文主义，并将人类社会的"牛顿定律"具体化为盎格鲁-撒克逊种族的优越性，证明对他族建立政府与统治的合法性。美国新教领袖约书亚·斯特朗（Josiah Strong）在《我们的国家》中写道，"盎格鲁-撒克逊人是一个优越的种族，必须对'蛮族'进行'基督教化和文明化'"，他认为这将不仅有利于美国经济，而且有利于"较小的种族"。② 历史学家弗里德里克·杰克逊·特纳（Frederick Jackson Turner）认为未开垦的疆界是"文明与野蛮交界"的边疆地带，是将欧洲文化转化为美国文化最有效的地方，西部为开拓者提供了自由土地，使其形成一种重要的平等意识和个人主义。因此，解决方案就是寻找新的边疆地带。③ 海军战争学院教授阿尔弗雷德·塞耶·马汉（Alfred Thayer Mahan）则以英国为主要榜样，发表了著名的"海权论"，认为海权——繁荣的海上贸易、强大的海军，以及将广阔的殖民地相联系——是民族兴衰的关键。海上贸易和殖民地弥补了国内市场的不足，强大的海军和海外基地通过控制海洋来应对竞争和冲突。④ 美国总统罗斯福对马汉的理论推崇至极，他还认为描绘美西战争的《白人（男性）的负担》（*White Man's Burden*）一诗抓住了扩张主义的精髓。在这种思潮的鼓动下，美国走向扩张之路，通过战争方式获得美洲的主导地位，并大力建设海军，与欧洲大国竞争夺取西班牙在美洲和亚洲的一部分殖民地。

受到欧美帝国主义冲击后，东亚的日本也走上了帝国主义道路。明治维新后的海外扩张与殖民征服将帝国主义政治思潮传到了日本。1853 年美国人佩里率领一支舰队到日本江户湾，并于 1854 年武力威胁日本签订《神奈川条约》（亦称《日美亲善条约》）。黑船事件打开了日本的国门，让日本人认识到欧洲的"先进文明"，

---

① 直到 1976 年，南方州才产生一任美国总统（卡特）。

② Strong J. Our Country: Its Possible Future and Its Present Crisis. New York: The American Home Missionary Society, 1885: 28.

③ 徐弃郁．帝国定型：美国的 1890—1900．桂林：广西师范大学出版社，2017：8－13.

④ 马汉．海权对历史的影响：1660—1783．安常容，成忠勤，译．北京：中国人民解放军出版社，2006.

并引发了国内一系列政治巨变。从倒幕运动到明治维新，日本先是确立“脱亚入欧”的政策，后来“国民论派”又反对全盘西化并强调日本文化的优越性。在这一过程中，日本从西欧习得了文明论、民族主义、帝国主义思想，并将这些舶来品与国内“武士道”政治文化杂糅。倒幕运动后，日本也面临民族国家的建构任务，长州和萨摩的藩士期望能够建立一个能与西欧列强并驾齐驱的强国。大政奉还和废藩置县实现了法理上的中央集权，但是封建藩国的影响力和地方主义依然顽固。维新派希望通过军事上学习法国和德国对平民实行征兵制，加强对军权的控制；① 在思想上灌输“国家神道”，内容为“神皇崇奉”，即臣民对作为“现人神”的天皇恪尽忠孝的“神皇信仰”；② 并且主张以国民主义的方式重新书写日本地区的历史。日本的帝国主义既包含了天皇“开拓万里波涛，布国威于四方”的欲望；也包括了为了抵御西方对日本的蚕食而富国强兵的需求，以避免在国际竞争中被“淘汰”。③ 同时，由于日本境内既缺乏原料也缺乏市场，对于励志扬国威的维新派来说，海外扩张成了必由之路：日本的利益在海外，在东亚和东南亚。此时的日本知识分子和政客大量引介英国、德国的帝国主义言论，并以之为基础发展出一套说辞为日本帝国主义摇旗呐喊。日本首相山县有朋称：“当今列国并立，仅防守主权线已不足以维护国家之独立，必须进而防卫利益线。”福泽谕吉等人从人种的角度反对“白人优越论”：“文明不是白人的专享。”竹越与三郎强调海军对于发展和保护日本海上利益的重要性，宣称海军是国防的主要因素，商业舰队的扩张也应该通过促进海洋贸易来实现，目的是“振奋士气低落的日本人”。在此基础上，日本帝国主义者利用他们新发展的力量来发动对邻国的侵略，既为自己赢得安全、声誉和经济优势，也为在日本“保护”下的东亚其他国家带来“文明”。

7.2.2 帝国主义对世界政治的支配

帝国主义政治思潮鼓动着少数国家在全球范围内竞相争夺领土和势力范围，这成为19世纪70年代以后的世界政治的核心议题。在帝国主义支配下，各行为体的互动成为一种真正意义上的世界政治。首先形成了以欧、美、日的母国为中心，以各帝国主义国家通过多种方式统治的殖民地为边缘的“中心—边缘”帝国体系。霍布斯鲍姆指出：“在1880—1914年间，有计划的侵略野心开始出现，欧洲和美洲以外的绝大部分，都被瓜分成那一小撮国家——主要是英国、法国、德国、意大利、荷兰、比利时、美国和日本——的正式或非正式管辖区”。④ 在一战以前，大洋洲

① Drea E J. In the Service of the Emperor: Essays on the Imperial Japanese Army. Lincoln: University of Nebraska Press，2003.

② 秦莲星，刘岳兵．“国家神道”概念再考：以加藤玄智“国家神道”论为中心．世界宗教文化，2020（1）：159－166.

③ Beasley W G. Japanese Imperialism，1894－1945. Oxford: Oxford University Press，1987：121.

④ 霍布斯鲍姆．帝国的年代：1875—1914．贾士蘅，译．北京：中信出版社，2017：52.

没有独立国家；到了二战之前，非洲的独立国家只剩下依附于美国的利比里亚。这段时间里，英国实际控制的面积增加了约 1 000 万平方公里，法国增加了 900 多万平方公里，德国、意大利、比利时等各自获得了 260 多万平方公里土地。美国从西班牙夺得 26 万平方公里，日本则强取了 25 万平方公里。[①] 英国直接或间接管理的地区约占地球陆地面积的 1/4，成了真正的“日不落帝国”。海外殖民地的竞争还成为欧洲均势的重要方面，也是大国关系的重要内容。

帝国主义竞争性的海外扩张还刺激了列强对所谓“未开化”的地区的争夺。这种争夺有时只是为了争夺而争夺，而不是为了单纯的经济利益。非洲大陆是被瓜分得最为彻底的一个区域。各大国瓜分非洲的具体动机有所差异，但是都将获取更多的领土视为主要目标。19 世纪 70 年代，欧洲人只控制了非洲大陆面积的 10%，并且都位于海岸附近。1882 年，英国占领了名义上属于奥斯曼帝国的埃及，进而控制了苏丹和索马里的部分地区。在非洲南部的扩张也十分迅速。1881 年，法国占领了突尼斯和刚果河西岸的大片土地，在 1884 年又占领了几内亚。在 19 世纪 90 年代，法国占领了非洲东部的马达加斯加，并期望将其与法属西非连接起来。在 19 世纪最后的 30 年里，意大利占领了厄立特里亚，葡萄牙夺得了安哥拉和莫桑比克，比利时取得了刚果，德国建立了德属东非。[②] 为了管控帝国主义竞争，在英国和葡萄牙的支持下，德国首相俾斯麦在 1884 年邀请 13 个欧洲国家以及美国的代表在柏林召开会议并制定关于非洲大陆的共同政策。在柏林会议上，列强确定了“有效占领原则”以确定土地的归属。[③] 除了在非洲，帝国主义列强还在亚洲展开争夺。英国与俄国在中亚布下一场“大棋局”；英国、法国、俄国和奥斯曼土耳其帝国在中东地区展开了争夺；远东也是帝国主义争夺的重要区域，南亚和东南亚也逐步沦为法国、英国和荷兰的殖民地。由于晚清时期中国的衰落，特别是在 1840 年鸦片战争以后，中国面临着被列强瓜分的危险，逐渐成为半殖民地半封建社会。

至此，帝国主义在全球范围内形成了以少数欧洲国家、美国和日本为核心，以它们的殖民地、半殖民地、保护区和其他势力范围为边缘的等级体系。这些帝国主义核心对边缘区施加政治经济上的压迫与剥削。母国以外的地区可能采用多种形式的统治方式，或是直接管辖，也有可能是自治或者由殖民公司代管。帝国内部的政治也有等级性，白人殖民地的地位普遍高于其他非白人为主的殖民地。边缘地区成为中心区域的原料产地和产品市场。母国也会对边缘地带进行投资和建设，但更多是出于改善来自母国的移民的生活水平或者宣扬母国文明的目的。受帝国主义冲击的国家和地区自发或被迫地学习与适应，进行西化、欧化。但是，帝国主义所谓的文明教化也不一定带来“进步”，例如，在斯里兰卡（锡兰）地区的识字率反而由

---

① 霍布斯鲍姆．帝国的年代：1875—1914．贾士蘅，译．北京：中信出版社，2017：65.

② Pakenham T. The Scramble for Africa. London：Hachette UK，2015.

③ Craven M. Between Law and History：the Berlin Conference of 1884 - 1885 and the Logic of Free Trade. London Review of International Law，2015，3（1）：31 - 59.

于西方的殖民而下降，因为西方文化的传播破坏了原有佛教的社会文化功能。① 这些边缘地区受到压迫，同时也会适应与反抗：阿拉伯民族主义、青年土耳其党、中国民族主义等都体现着对帝国主义的反抗。

7.3 帝国主义与世界大战

7.3.1 帝国主义与第一次世界大战

帝国主义之间的竞争是一战爆发的主要原因之一。第一次世界大战爆发的直接原因是欧洲的安全机制的失调，但这种失调是因为在帝国主义世界政治的背景下，欧洲政治斗争的主战场已经在欧洲以外，欧洲的安全格局受到海外殖民斗争的塑造和影响。同盟国和协约国两大阵营的出现是因为英国和俄国在远东地区的协调，而德国的帝国主义野心使其在世界政策和海军军备竞赛方面与英国敌对。“七月危机”的爆发是因为塞尔维亚问题激化了帝国主义俄国和奥匈帝国之间势力范围的冲突。帝国主义对军事力量的重视，造成了巴尔干半岛危机和摩洛哥危机的不断军事化。财政问题在战争准备和战争决策中也有至关重要的地位。德意志帝国作为普鲁士帝国主义的产物，不能够有效整合财政资源，使得“晚打就会因为财政问题而输掉竞赛”的思想在决策时占上风，促使德国作出开战的决策。②

第一次世界大战的烈度远超以往欧陆战争。欧洲母国仅靠自己的力量不足以支撑，需要加上海外帝国的力量，让这场战争从形式上也成为帝国之战。欧洲母国对殖民地、半殖民地进行了人员和物资上的动员，将印度土兵和非裔殖民军送上了西线的战场。当非白人也加入对白人的屠戮时，帝国曾在殖民地竭力构建的“白人至上”和“白人不可被打败”等观念受到严重的冲击。③ 第一次世界大战也宣告了旧帝国的瓦解：革命推翻了沙皇俄国、奥斯曼帝国，奥匈帝国和德意志帝国也因为战争的失败而瓦解。第一次世界大战在世界政治上是一个转折点：1917—1918 年发生了两个重要“时刻”——以“十四点”的提出为标志的“威尔逊时刻”（Wilsonian moment）和以十月革命的胜利为标志的“列宁时刻”（Lenin moment）。这两个“时刻”在意识形态层面正式宣告了民族主义和社会主义对帝国主义意识形态支配的反抗，并且在全球引起了一系列思潮，影响了多个国家（地区）的政治走势。④

---

① 哈姆，斯曼戴奇．论文化帝国主义．曹新宇，樊淑英，译．北京：商务印书馆，2020.

② Ferguson N. Public Finance and National Security：The Domestic Origins of the First World War Revisited. Past & Present，1994（142）：141－168.

③ Howard M. The First World War. Oxford：Oxford University Press，2003.

④ Manela E. Wilson and Lenin. Diplomatic History，2018，42（4）：521－524.

7.3.2 帝国主义的更迭与高潮：两次世界大战之间的世界政治

第一次世界大战后的凡尔赛体系和华盛顿体系实际上是帝国主义利益的再分配，帝国主义政治思潮尽管受到冲击，但是依然坚挺。民族自决的原则显然不适用于非欧洲民族。在如何处理德国的海外殖民地的问题上，列强的选择是将这些土地以"托管"的名义瓜分。在非洲、英国和法国分割了喀麦隆和多哥兰；比利时获得西北部卢旺达-乌隆迪；特别是在东非，英国获得了更大的大陆殖民地——战前"开罗至开普敦"（Cairo to Capetown）中"缺失的"领土。在亚太地区，日本占领了赤道以北的岛屿，包括马绍尔群岛、加罗林群岛、马里亚纳群岛、帕劳群岛和中国山东的胶州；德属萨摩亚被划归新西兰；新几内亚、俾斯麦群岛和瑙鲁交由澳大利亚管辖。奥斯曼帝国的领土则主要由英国和法国瓜分。英法两国将中东的政治版图依照自己的意愿而非民族、宗教和政治情况进行划分。在伦敦的办公室里，丘吉尔"创造"了外约旦、伊拉克等国家。至此，大英帝国和法兰西帝国的版图达到了巅峰。在凡尔赛，"种族平等"（racial equality）原则同样没有得到承认。中国期望能够获得种族平等的承认，但遭到了英国和法国的拒绝。中国在巴黎和会上的遭遇引发了反帝反封建的五四运动，同时也促进了马克思主义在中国的传播。①

军备控制是两次世界大战期间世界政治的重要议题之一，但是帝国主义严重妨碍了军控谈判。英国和法国不支持军备控制，对于他们而言，保有强大的军备力量，特别是空军，是警备殖民地、维持当地的治安的重要手段。日本无意缩减军备，日本海军认为至少需要有美国海军 70%的规模才可以保证它的安全，也反映了日本不愿处于次要地位。②

此时，帝国主义面临着诸多危机。首先，帝国主义国家内部爆发了严重的社会危机。第一次世界大战造成了 800 万人伤亡，欧洲社会对进步的"黄金时代"和理性时代的幻想破灭。在战争中损失了大量的年轻人口，而生存下的也被称为"迷失的一代"（the lost generation）。英国社会依然以男性贵族为主的统治阶层也面临着权力被稀释的挑战。战争结束后，数百万回国的英国士兵仍然没有投票权。这给政客们带来了一个难题，因为他们可能会被视为拒绝让那些刚刚为"维护英国民主政治制度而战的人"投票。最终英国在 1918 年进行了议会改革，赋予所有成年男性选举权。同年，《1918 年议会法案》允许 21 岁以上的妇女担任议员。德国社会不满意战后的安排，将战争失利的责任归咎为犹太人的"背叛"与"出卖"，而新建立的魏玛共和国迫于形式民主的桎梏，无法有效地重组撕裂的德国社会，给纳粹以可

---

① Steiner Z. The Lights that Failed：European International History 1919 - 1933. Oxford：Oxford University Press，2005.

② Maiolo J. Cry Havoc：The Arms Race and the Second World War 1931 - 1941. London：Hachette UK，2010.

乘之机。战争巨大的破坏力让法国社会谈“战”色变。退伍的士兵或成为极左争取的对象，或者倒向极右。法国极右势力也大幅扩张，种族主义和反犹太主义的理论也有相当的市场，反议会主义的社会团体迅速涌现，其中包括退役军人拉·罗克（La Rocque）上校在1927—1936年运作的火十字团（Croix de Feu），后者策划了一系列反政府事件。[①]

战后的经济危机同样给帝国带来巨大的挑战。战争动员起来的巨大产能和战后复员造成的需求骤减是20世纪20年代经济大萧条的重要原因之一。在欧洲大陆，这场战争让英国从世界上最大的海外投资者变成了最大的债务国，其债务利息支出约占国家预算的40%。从1914年到1920年的峰值，英国的通货膨胀率翻了一倍多，而英镑贬值了61.2%。德国因为不满战后的巨额赔款，通过制造恶性通货膨胀的方式减少赔款，造成了国内的失业问题。根据《凡尔赛和约》的规定，德国须免费提供煤炭作为赔偿，这导致了工业萧条及1926年的总罢工。经济上的种种矛盾导致了30年代的大萧条，并造成了严重的政治后果。1932年之后，恶劣的经济氛围加剧了法国的排外主义和仇外情绪，催生了反对进口外国商品和不允许外国工人入境的保护主义。到1930年底，英国失业人数翻了一番，占其劳动力人口的20%，出口价值则下降了50%。日本遭受了重大经济损失，迫使陆军中的一些军官认为只有通过海外扩张才能获得市场和原料，从而度过危机。德国的经济危机导致了魏玛共和国威望的丧失和民主政治的破产，为希特勒领导的纳粹上台提供了土壤。[②]

在战争期间，帝国主义的竞争转化为一种安全危机。在帝国政治中，英国的自治领地（dominions）的独立倾向越发强烈。澳大利亚和新西兰参加了达达尼尔海峡战役，加拿大参加了维米岭战役。在这些战役中，它们的民族自豪感增强了，愈发不愿意继续服从英国，从而在20世纪20年代实现了外交自治，并在1931年《威斯敏斯特法案》生效后正式从英帝国独立。在这些国家，这些战斗经常被宣传，作为战争期间它们权利的象征。英属印度和尼日利亚等殖民地也因为参与战争而变得越来越自信。这些国家的人民越来越意识到他们自己的力量和英国的脆弱。在1919年爱尔兰独立战争爆发后，爱尔兰人于1921年成立了爱尔兰自由邦（Irish Free State）。[③] 英国在这场战争中的领土损失几乎与德国所遭受的损失不相上下。法国殖民军队约占法国在整个战争中部署的军队总数的10%左右，包括塞内加尔的散兵，以及来自印度支那、北非和马达加斯加的军队。这些士兵返回殖民地后，都被视为二等公民，于是他们中的许多人转而成为支持独立团体的核心。与英帝国的情况类似，法国的殖民地也在争取更多的权利，例如塞内加尔争取到可以通过投票

---

① Kalman S. The Extreme Right in Interwar France：the Faisceau and the Croix de Feu. London：Routledge，2016.

② Aldcroft D H. Studies in the Interwar European Economy. London：Routledge，2019.

③ Steiner Z. The Lights that Failed：European International History 1919 - 1933. Oxford：Oxford University Press，2005.

的方式参加法国国民议会。但与英帝国不同的是，法国的殖民地更愿意留在法兰西帝国之中。①

帝国主义的合法性也遭到了质疑。威尔逊主义和社会主义否定了帝国主义，威尔逊主义要求民族自决，而帝国主义则不承认“落后民族”的自主权益；社会主义则将帝国主义视为资本主义的最高阶段，通过工人运动和对帝国境内无产阶级的联合来推翻资本主义国家和整个帝国。这两种思潮在殖民地与半殖民地挑战了帝国主义的统治。在中国，工人阶级登上历史舞台，反对帝国主义和封建主义。在非洲的殖民地，一些知识分子也接触到了威尔逊主义，认为他们也有权利建立自己的国家。两种思潮的冲击是显而易见的，自此，“民族自决”、“反对帝国主义”和“社会主义”等都具有了政治合法性。但是反对帝国主义所基于的民族自决不一定能够超越帝国主义的循环。如果以 1937 年作为第二次世界大战的开端，欧美日帝国主义所控制的领土面积在这一时期达到顶峰。从第一次世界大战到第二次世界大战的世界政治是帝国主义势力之间的权势再分配，是修正主义帝国主义（revisionist imperialism）和守成帝国主义之间的斗争，这种斗争也是第二次世界大战的起因。

7.3.3 帝国主义与第二次世界大战

第二次世界大战的爆发缘于帝国主义的更迭，修正主义帝国主义国家想用它们的帝国秩序替代旧有的帝国主义秩序。守成帝国主义国家主要包括英国、法国和美国，而修正主义帝国主义国家包括德国、意大利和日本。第二次世界大战之所以可以称为“世界大战”，很大程度上是因为帝国主义的扩张使地理上分散的战区在政治体和政治思潮层面联系起来，形成范围不断扩大的战场。二战的性质对于每个参战的国家是不同的：英国和日本是用帝国主义对抗帝国主义；苏联打了两场战争——帝国主义的苏芬战争和反帝国主义的卫国战争；美国带着不完全的反帝国主义目标进入战争，但在战后从半球帝国成为全球帝国；中国的抗日战争则是彻底的反帝国主义、反殖民主义战争。

对于第二次世界大战的三个轴心国，帝国主义的追求与民族主义的目的是一致的，现有国际秩序无法满足三个国家的目标与野心。法西斯意大利基本沿袭了一战前的帝国主义思想，墨索里尼带领的法西斯党则更加激进，认为战争对于民族是一种锻炼，可以通过动员民族，加速完成意大利民族国家的建构以及“巩固民族意识”，弥补意大利统一的未竟之业——“制造意大利人”。意大利将追随查尔斯五世的西班牙、路易十四和拿破仑的法国，成为“整个拉丁世界的主导国家”，这要归

---

① Keller K. Colonial Suspects: Suspicion, Imperial Rule, and Colonial Society in Interwar French West Africa. Lincoln: University of Nebraska Press, 2018.

功于意大利的人口活力和“种族血统的美德”。① 而意大利民族的使命是带领拉丁民族对抗斯拉夫人，摆脱对盎格鲁-撒克逊人的经济依赖。墨索里尼提出这样的观点：意大利的发展被英国在地中海的一系列领地扼杀了，这些领地让英国可以“包围、监禁意大利”。②

希特勒及其信徒既学习了意大利法西斯主义，也受到了美国的门罗主义和英国的帝国主义的影响。他们深信民族是有优劣等级之分的，而德意志雅利安人最为优越，因此理应获得更大的“生存空间”，而德意志人的“生存空间”应该包括苏联的东欧部分。希特勒极度重视种族和人口问题，他认为维护国家利益是保护本国人口的必要手段。因为国家利益的核心是本国的经济未来和人口发展，帝国则提供了一个更有安全感的国家认同。法西斯主义者认为“人类历史是种族斗争史”，是一个民族对其他民族的征服以及优胜劣汰的历史。③ 帝国被视为民族气概和种族价值观的重要标志以及维护德国利益的工具。德国政治评论员威廉·施塔珀尔（Wilhelm Stapel）写道：“一个欧洲的国家必须威震其他地区，只有德意志民族才能成为新帝国主义的代理人。”④ 赫尔曼·戈林在1937年与一位英国熟人讨论阻碍德国国家未来发展的因素时说道：“我们想要一个帝国。”⑤ 为了争取“生存空间”，德国需要重新整合为帝国，并通过战争推翻一战后的国际秩序。

日本的军国主义与帝国主义是同义词。日本发动战争的动机主要是在东亚地区建立一个满足日本民族利益的帝国。这个帝国要在经济方面实现自给自足（autarky），并且要在东亚地区建立一个以日本为核心的政治经济体。在政治方面，在以所谓的“大东亚共荣圈”为名的帝国里，日本自诩其民族的地位高于其他民族，并且妄图主导整个地区的政治议程。日本极右翼知识分子和政客更是主张日本应该效仿意大利和德国，用日本的帝国主义对抗欧美白人的殖民主义压迫，呼吁对西方进行“圣战”，并在世界政治中建立新秩序。⑥

作为最重要的守成帝国主义国家，帝国主义与二战中的英国密不可分。如上所述，英帝国本身就是修正主义帝国主义发动战争的对象。帝国也是英国应战的重要原因。丘吉尔在决定开战的题为《永不放弃》的演讲中，将英国持久作战的希望放在英帝国，哪怕不列颠岛被占领，“我们在海外的帝国，在英国舰队的武装和守护下，将继续战斗”。为了争取美国的支持，丘吉尔和罗斯福总统会面并讨论了盟国的最终战争目标，最终以《大西洋宪章》的形式确定。《大西洋宪章》规定：“尊重各国人民选择其生活的政府形式的权利。”这个声明是一个民族自决的承诺，然而，

---

① Knox M. To the Threshold of Power 1922/33：Origins and Dynamics of the Fascist and National Socialist Dictatorships. Cambridge：Cambridge University Press，2007：136.

② 同①160.

③ 同①162.

④ Kolnai A. The War against the West. London：London V. Gollancz Ltd.，1938：609.

⑤ Overy R. Blood and Ruins：The Last Imperial War，1931－1945. London：Viking，2022：91.

⑥ Werner G. Imperial Japan's World War Two 1931－1945. London：Routledge，2017.

丘吉尔声称，这只适用于德国占领下的地区，而不适用于大英帝国。[①]

英国的殖民地对于同盟国取得胜利作出了巨大贡献，为盟军的作战贡献了大量的人力和物质资源。非洲大陆提供了全球当时所需要的98%的工业钻石、50%的黄金、39%的铬、大约24%的钒、19%的锰、约17%的铜和钴，以及所有用于研发和制造核武器的铀，其中投放到广岛的核弹所用的铀就来自非洲。英属印度向英国派遣了超过250万名士兵，在英国的指挥下对抗轴心国。[②] 英国政府从属地借了数十亿英镑用于战争。印度还为美国在中缅印战区支持中国的军事行动提供了基地，用于训练中国的军队。殖民地的支持并不是出于对帝国的忠诚，正如后来成为加纳共和国总理的科菲·布西亚（Kofi Busia）所说："难以想象非洲人在德国政权下会遭遇什么。希特勒的种族政策和对非洲人的侮辱言论是更糟糕的。因此，希特勒的种族主义，促成了殖民地对英国的支持。"[③]

帝国主义在二战中也遭受了巨大冲击。这种冲击来自修正主义帝国主义的打击，以及被支配者议价能力的迅速提升。修正主义帝国主义的冲击不仅让英国丢失了部分的殖民地，还向殖民地展现出大英帝国无力维持可靠的安全保障和足够的威望。修正主义帝国主义也在鼓动殖民地的分离主义和民族主义以进一步削弱守成帝国主义。《大西洋宪章》在道义上提升了被支配者的议价能力，本土民众认为这是盟国对殖民地战后独立的承诺。当然，并不是所有人都受到《大西洋宪章》的影响。正如邦尼·伊巴沃（Bonny Ibhawoh）所指出的，有一些表面上亲帝国主义的西非人接受了欧洲教育，他们有条件的支持是基于战后非洲的愿景。这也可能是因为英国为维持战争而采取的措施。当孟加拉大饥荒肆虐时，有限的粮食还是被运往了伦敦。[④] 当战争结束时，欧洲的殖民者发现他们已经无法像战前一样有效对殖民地进行统治了，被支配的本土势力拒绝领土帝国主义，并且开始了争取独立的斗争。

两次世界大战是帝国主义世界政治的一个过渡时期，见证了帝国主义的破产与意识形态帝国主义的兴起。盟军在第二次世界大战的胜利以及联合国的成立，宣告了修正主义帝国主义的失败，同时也重创了守成帝国主义国家。意大利最先投降，它的殖民地很快重获独立。为了获得支持，殖民地与半殖民地增加了谈判的筹码，加速了自身的独立以及殖民特权的取消。随着三个轴心国的失败，领土帝国主义的政治合法性也破产了。但是帝国主义政治思潮没有消失，而是转向了以意识形态扩张为主。反法西斯的主力军美国和苏联分别代表着自由资本主义和社会主义两大对抗的意识形态阵营。反法西斯同盟中的英国虽然也被认为是三巨头之一，但是其国力和影响力已大不如前，不得不承认美国的优势地位。对于苏联和美国而言，二战

---

① Seddon M. The Origins and Limitations of The Atlantic Charter: Britain, the USA, Venezuela, and The Development of Free Trade, 1933-1944. Journal of Transatlantic Studies, 2016, 14 (1): 65-82.

② Dumett R. Africa's Strategic Minerals During The Second World War. The Journal of African History, 1985, 26 (4): 381-408.

③④ Ibhawoh B. Second World War Propaganda, Imperial Idealism and Anti-Colonial Nationalism in British West Africa. Nordic Journal of African Studies, 2007, 16 (2): 221-243.

的胜利使它们更加坚信自己价值观和制度的优越性，以及自身在国际秩序中的领导地位。

7.4　冷战以来的帝国主义

全球冷战时期的帝国主义以意识形态扩张与竞争为主。在这一时期，以美国为首的自由资本主义阵营和以苏联为主的社会主义阵营的冷战席卷了全球。两国的竞争促成了殖民帝国的瓦解，旧殖民帝国的瓦解与新国家的独立又不断为两国的竞争制造新的竞技场。但与过去70年的领土帝国主义不同，这时的超级大国并不热衷于殖民扩张，而是以传播意识形态和政治制度为主，或者更准确地说，不让对方扩大意识形态的影响范围。例外的是，两个大国有时是为了竞争而竞争，以至于意识形态常常成为竞争的借口，凸显了大国较量的矛盾特点。

冷战时期的美利坚帝国主义包括了“自由民主”意识形态的扩张、美元金融霸权和军事干涉。美国一方的阵营以政治制度为划分标准，包括西欧、大洋洲和日本。第二次世界大战以后，战前的孤立主义转变为对内的麦卡锡主义和对外的干涉主义。苏联对东欧的影响以及希腊和土耳其的内战在美国看来是社会主义对自由资本主义的威胁。因此，美国制定了遏制战略以防止社会主义的传播，并且要主动出击，“推回”社会主义阵营的扩张。① 美国率先改变战后安排，同时也对战败国进行了政治经济改造，并且输出民主，以美国为模板改造占领的日本和德国的社会。在政治上，将德国的独裁统治改变为联邦制、议会制民主；在文化上，进行反民族主义和去纳粹化的改造。对日本，美国先要求其去军事化，天皇去神格化。但是因为要与苏联竞争，美国对日本的意识形态改造并不彻底。这某种程度上也反映了美国依然存在的种族主义，虽然日本也是工业中心，但美国还是更在意西欧白人的民主文化，而不是其他人种的。拉丁美洲也得到了美国的重视，拉丁美洲实现民主会更方便美国通过各种手段干涉其内政，防止反对美国的或是倾向独立自主的领导人当政。经济上，美国通过布雷顿森林体系和国际货币基金组织建立起了以美元为中心的国际货币结算体系，确立了在国际金融领域的不平等结构中美元的绝对优势地位。美国通过制裁等方式对英镑和法郎等主要结算货币进行打击，其他的货币虽能造成局部的冲击但都无法撼动美元的主导地位。美国通过关贸总协定和“马歇尔计划”，建立了以美国为主的世界贸易体系。北约的成立则“邀请”美国对欧洲进行军事占领。②

冷战时期欧洲帝国瓦解让领土帝国主义基本成为了历史。但是帝国主义的不平等关系依然存在。民族国家走向独立的进程成为超级大国意识形态竞争的场所。非

①② Gaddis J L. Strategies of Containment：A Critical Appraisal of American National Security Policy During the Cold War. Oxford：Oxford University Press，2005.

洲国家争取独立之路时，美国甚至会刻意阻止，以防止新独立的国家倒向社会主义。东南亚的去殖民化运动促发美国与社会主义阵营的战争。新独立的国家也时常受制于原宗主国。英国和法国在给予一些国家独立地位时，或者是采取了分而治之政策，或者是建立了恩庇-侍从体系，保证较弱的势力统治其他较强的势力，迫使新统治者依赖前殖民宗主国。印度的独立虽然结束了英国对其的统治，但是既有制度和权力关系被完整保留了下来。印度国大党的领导层和积极分子来自人数很少的商人阶层、专业人士及拥有大量土地却仅占土地所有者人数5%的阶层。精英阶层依然通行英国文化，教育体制和社会经济体制也深受英国的影响。原宗主国通常是新独立国家最大的贸易对象，新国家所需要的资金和技术常来自原宗主国。新国家的政治稳定也常常需要原宗主国维持，如法国前殖民地等需要法国的支持才能够稳定。文化上的仰慕更是“同化政策”的产物，即使第三世界国家期望走独立自主的道路，其内政与外交方针也不得不受到美帝国主义竞争的影响，甚至受到美国的干涉。

苏联解体、东欧剧变宣告了自由帝国主义的胜利，但是这种胜利是不完全的胜利。反帝国主义的支配力量依然显著，社会主义国家依然存在，而且在经济上超越了美国以外的所有自由资本主义国家。极端主义以暴力的形式定下美国未来10年的对外政策，民粹主义让美国和西欧的社会更加分裂。尽管如此，帝国主义仍然是世界政治中的支配性力量之一，其主要表现如下。

首先，冷战以后美国成为唯一的超级大国，和其盟友努力塑造不平等的世界政治格局，以自我标榜的选择性“道德”标准凌驾于自1648年《威斯特伐利亚和约》以来的主权国家原则。这在本质上是认为美国选择的道德标准高于本应通行的国际原则，美国的“价值观”可以被理所当然地当作“普世价值”。冷战以后少了苏联的牵制，以美国为首的西方干涉主义变得更加肆无忌惮：在全球强行推广美式民主，打着“人权高于主权”和“保护的责任”（responsibility to protect）的旗号，通过曲解国际法，甚至公然违背国际法而颠覆伊拉克、利比亚政权；美国还在中亚和东欧鼓动颜色革命。美国的海外军事行动的次数从冷战期间的46次，发展为冷战结束后30年内的228次，有近5倍的增长（见图7－5）。这种对外干涉的动机除了国内军工复合体等利益集团的操控，还有政治思潮的原因。如果自由民主的价值观是普世性的，美国则应该如同“传播文明的使命”一样，将民主带给“非民主”的国家，“解放”其人民。但是，在美国主导的秩序下，一个国家是否是民主国家，端赖美国的判断，而不是各个国家的人民自己的选择。

其次，中心区对边缘区的经济不平等结构依然存在。现有的发达国家，除了韩国，基本上都是清一色前殖民主义国家，它们建立并竭力维系着一种不平等的经济结构，掌握着核心的生产技术和资本，让边缘区对中心区的西欧、日本和北美产生依赖。在经济活动中，中心区掌握了高附加值的活动和市场，而边缘区则依然是靠提供原料和初级加工，从而让中心区获得更多的利润以维持其优势地位。金融领域，中心区也以美元、欧元和日元作为世界主要结算货币，美国及其盟友甚至可以

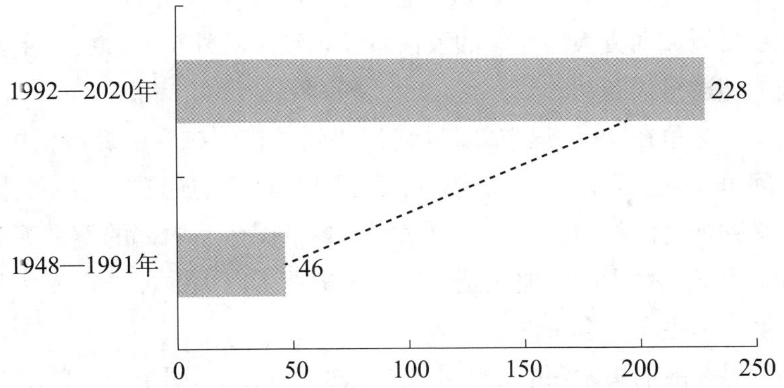

图 7-5　1948—2020 年美国海外军事行动的数量

资料来源：Toft M D. Why is America Addicted to Foreign Interventions. National Interest，(2017) [2021-04]. https：//nationalinterest. org.

依靠其货币的霸权，对他国进行制裁，或者扰乱边缘区的经济社会，将货币作为一种金融武器。

最后，西方文化帝国主义依然存在。独立后的国家常常会出现一些“后遗症”。由于殖民者对殖民地长时期的文化改造，在反殖民运动之后的一段时间，由于语言相通、社会体制相近，前殖民地更容易受到原宗主国的影响，当本国建设与发展出现困难时，会选择性地对原宗主国的政治、文化产生憧憬，甚至否认自身的历史文化和殖民者在当地统治时的残暴行径。由于互联网和国际传媒主要掌握在中心国家手中，互联网时代的 IT 公司可以利用其巨大的用户量对边缘国家进行影响，“阿拉伯之春”就是重要例子。同时，话语权的霸权依然握在中心国家手中，对于互联网、媒体的控制，让中心国家的观点影响和传播的范围更广甚至可以利用话语霸权塑造话题，定义价值观。

当今的世界政治中，尽管已经鲜有人再用“帝国主义”自我标榜，但帝国主义及其遗留问题，如边界争端、种族主义、后帝国国内政治等仍然是世界政治的重要问题。甚至帝国和殖民地（尽管名称不同）依然存在，帝国主义政治对各地人民造成的苦难依然没有完全消除，一些曾经奉行帝国主义政策的国家依然心态傲慢，无视主权原则，肆意干涉他国内政。哥斯达黎加、关岛等地是标榜自由民主的美国“领地”；法国和英国还以各种形式掌管着多个海外领地。如果要建立真正平等与民主的、能让各民族共同发展并共享发展成果的世界秩序，就要直面各种形式的帝国主义。

7.5　本章小结

帝国主义概念在历史上有多个层次的定义，包括经济、权力和文化三个方面。其主要特点是通过不平等的手段将帝国秩序强加于其他地区，并建立起中心—边缘的政治结构。帝国主义的核心是维护资本主义经济战略与贵族的阶级利益，并且它不仅是一种政治制度，更是一种意识形态。帝国主义的概念自 19 世纪中期从“皇帝主义”逐步发展成西方大国推崇的政治思潮，涉及对外扩张、民族主义的推动以及文化认同的塑造等议题。

帝国主义的竞争在 19 世纪末 20 世纪初达到鼎盛，成为世界政治的核心议题。各大列强之间争夺领土和建立殖民地，推动了世界大战的爆发。第一次世界大战不仅是帝国主义列强之间的领土争夺，更暴露了各帝国体系内部的不平等关系。在战争期间，帝国主义思想中的“白人至上”观念遭遇了巨大的冲击，许多曾被压迫的地区开始反思帝国主义的合法性。

第二次世界大战的爆发深受帝国主义扩张的推动。不同帝国之间的竞争加剧了战争的暴力性。战后，虽然帝国主义势力有所退潮，但其思想并未完全消失，反而在冷战时期依然通过意识形态的方式延续。美国与苏联的全球竞争不仅是对领土的争夺，更是对政治体制和文化理念的推行。

冷战时期的帝国主义表现为美苏两大阵营的竞争。美国通过推行自由、民主、资本主义和美元霸权来扩展其影响力，而苏联则争取对东欧及其他国家的控制。冷战后，西方国家通过干涉主义继续推行美式民主，但这也引发了全球范围内的反帝国主义运动，如“阿拉伯之春”等社会运动。帝国主义的影响深远、形式多样，需要长期研究。

第 8 章

社会主义与世界政治秩序

8.1 引言

社会主义思想的产生基于人性获得承认的平等要求，在自然历史进程上以取代资本主义为最终目标。社会主义随着资本和技术革命在世界范围内扩展，不断发展壮大，曲折革新，作为一种思潮、社会运动和政治制度深刻地影响、塑造了世界政治秩序。回顾世界社会主义 500 多年的历史，可以看到社会主义思想从乌托邦到科学的飞跃，社会主义运动从理论到实践的转变，社会主义制度从一国到多国的演进[①]，直至中国特色社会主义的独创与革新的总体历史发展脉络。

世界社会主义之所以能够发展至今，其首要原因是社会生产力的发展。第一次工业革命使机器大工业的生产取代了工厂手工业，马克思基于其中最为发达的英国进行政治经济学的实证分析，建立了科学社会主义学说。其次，社会主义的事业不仅是少数思想家的理论创造，更有赖于无产者和劳动人民在争取社会主义的斗争中发挥的首创精神。如果说社会生产力的发展是世界社会主义的客观条件，那么，劳动人民的群众性斗争则是它的主观动力。再次，世界社会主义发展的推动力还表现为社会主义政党的领导。各国国内政治在很大程度上是政党政治，无论共产党还是

---

① 这句概括参考的是北京师范大学出版社 2018 年出版的四卷本“世界社会主义史”丛书，分别是《社会主义思想：从乌托邦到科学的飞跃（1516—1848）》（蒲国良著）、《社会主义运动：从理论到实践的转变（1848—1917）》（高放著）、《社会主义制度：从一国到多国的演进（1917—1991）》（孔寒冰、项佐涛著）和《社会主义革新：从地区到全球的拓展（1978—2016）》（郭春生著）。

社会党，都在群众代言、组织动员、政治竞争和争取权益等方面有力地推进了社会主义目标的实现。可以说，社会主义的蓬勃发展恰恰萌发于自由主义因阶级利益局限而未竟的事业，社会主义事业本身即是对法国大革命以来自由、平等、民主等目标的进一步实现。

社会主义对世界政治秩序的影响可以从国内政治与国际政治两种路径进行考察。一方面，作为一种思潮，社会主义在其传播的过程中逐渐被使用为一种政治话语和动员口号，在此基础上成功建立并完善政党、工会、社会团体等各种政治组织和社会渠道，凝聚着工人群众的利益诉求，发展为有规模的利益集团。它们或利用选举政治的框架，或通过社会运动的动员，或直接发展为大规模的政治革命，进而对国内其他集团的政治施压，变更统治阶层既有利益的分配机制，推进国内政治向着平等化的方向发展。在帝国主义与第一次世界大战的背景下，伟大的十月革命爆发了，人类历史上第一次出现了社会主义制度的国家和阵营，并在其存续的时间里与整个资本主义世界形成对峙，改变了资本主义世界秩序的面貌。虽然社会主义的事业在苏联解体、东欧剧变后遭遇寒潮，但中国特色社会主义的蓬勃发展，再一次赋予社会主义新的内涵，特别是新时代以来，“一带一路”倡议和推动构建人类命运共同体理念在推进世界人民平等和团结的意义上贡献了独到的智慧和方案。

另一方面，科学社会主义从诞生之初就是一项国际的事业，从共产主义者同盟开始，第一国际、第二国际、共产国际和社会党国际，都在团结国际工人阶级的意义上发挥了重要作用。基于对社会主义这一共同事业的信念和摆脱资本压迫的一致追求，国际无产阶级联合起来，共同抵制自由资本主义和垄断资本主义时代的剥削。而革命的社会主义的传统则进一步将反帝的诉求与民族解放的需要结合起来，一度以推进世界革命作为自己的使命，成为一支与资本主义世界体系相抗衡的、不容忽视的力量。

长久以来，世界社会主义的历史叙事深受政治意识形态的影响，无论是来自自由主义的“反共”立场，还是传统的苏联史观，都对社会主义历史上的很多事件存有不公正的评判。建党建国以来，我们对国际共运史的历史叙事一直深受苏联的影响，很多历史判断已经陈旧，须对社会主义历史进行更加合于学理式的研究。中国同样作为社会主义国家，更须立足中共党史、中华人民共和国史和改革开放史的发展逻辑，重新讲述世界社会主义史。既然如此，为了更好地在政治上和理论上完成这一任务，如何能够看清社会主义历史的本来面目？这就需要重视历史过程中的因果关系，运用历史社会学、知识社会学等社会科学的研究方法，呈现社会主义历史与思想史的互动机制。

为了打破仅从单一政治立场出发叙事，或仅按照历史事件发生顺序叙事的传统思路，本章将遵照如下思路：每节都先集中论述社会主义学说和思潮在这一时期的发展变化；而后，考察受社会主义思潮影响而引起的国内政治变化；进一步地，再放眼到这一时期的国际政治，客观评估社会主义对世界政治秩序的影响。

如上的叙事和分析思路将基于以下几重假定：第一，社会主义的思潮发展并非从概念到概念，有内在发展逻辑的闭环历史，而是在与社会历史的真实互动中，在不断应对新形势、提出新任务时，逐渐发展壮大起来的。第二，马克思、恩格斯创设的科学社会主义，并非自其出现即为正统，也不是理所当然地成为评判社会主义历史上一切人物和事件的唯一标准；科学社会主义在和其他派别的社会主义思潮的不断竞争中胜出，最终被广大工人群众加以选择和发展，首先需要给出这个问题的更为学理化的解释。第三，社会主义是经由国内政治进而对世界政治产生影响的。虽然科学社会主义诞生之初就是一项国际的事业，但该事业的实现始终依赖于民族国家的底层逻辑，从第一国际、第二国际再到共产国际的历史变迁中，可以清晰看到，“国际”的兴起经常是为了回应、解决国内的问题，“国际”决议的贯彻和执行最终也仍要回归到国内的政治逻辑上。因而，民族国家与不同时期的“国际”之间，始终存在着一种张力，这也曾在不同的历史时期、不同的民族国家表现出不同症候和代价。

社会主义思想经历了漫长的从空想到科学的发展。本章之所以选择将“社会主义与世界政治秩序”的叙事以科学社会主义为开端，并非仅仅沿循正统教科书的思路，而是基于学理的基本判断。在此之前，各种版本的社会主义虽也有影响，但仅限于少数思想家的论著、少数团体的社会计划或政治暴动，并没有引起大规模的社会运动和制度变迁。然而，科学社会主义学说却能敏锐地把握资本主义机器大工业的历史发展趋势，借由工人政党和团体的政治宣传，进一步发展为有规模、有影响力的社会思潮，切实影响了国内的制度安排、社会政策和利益分配的机制，甚至爆发了大规模的社会革命，构成对既有政治秩序的倾覆和革新；更不用说，社会主义曾以世界革命为预想，引发了国际范围内的政治变动和地缘格局，塑造了长达半个世纪的冷战时期。正是因为科学社会主义的政治影响力大、时间跨度长，所以才将其作为叙事的主线和起点。

此外，以科学社会主义作为叙事主线和起点，并不意味着对其他社会主义思潮的漠视和排斥，科学社会主义的发展是在与其他社会主义思潮的竞争和论战中不断迭代、不断发展的。其他流派的社会主义思潮非但不容忽视，相反，其他流派的社会主义者的贡献更须得到同等重视和理性评估，非如此，不足以更加深刻地凸显出科学社会主义的科学性、实践性与革命性。

8.2 科学社会主义从理论走向实践

8.2.1 科学社会主义的诞生

马克思与恩格斯在德国古典哲学、英国古典政治经济学和英法空想社会主义思想资源的批判基础上，创立了科学社会主义学说。科学社会主义与以往的社会主义的重要区别在于“科学性”、“实践性”和“革命性”三者的高度统一。所谓“科学性”，并不是绝对真理、不容置疑的意思，而是指该学说是逻辑严密的体系性知识，是基于政治经济学实证的逻辑推导，为社会主义的实现条件给出合乎历史唯物主义规律的一般解释，从而区别于此前仅以美好愿望为出发点的空想社会主义；所谓“实践性”，则来源于马克思和恩格斯对工人运动的亲身参与和直接指导，他们以改变世界为目的，而非久居书斋只以解释世界为业的哲学家；所谓“革命性”，则是基于科学的论证基础，以废除私有制为标志，指向对现存资本主义秩序的超越，从而不同于小资产阶级的改良主义和无政府主义。

科学社会主义不是一经创立就被群众所掌握的。马克思立足于资本与机器大工业的普遍化，判断出工人贫困化和两大阶级相互对峙的历史趋势。但是，这一判断对于当时欧洲的多数国家而言，仍然过于超前。因为，此时德国和法国还存在大量小农生产者和工厂手工业者，而以废除私有财产权为目标的科学社会主义，对这些小生产者而言，非但起不到政治动员的作用，反而会被视作一种冒犯。同时期的蒲鲁东主义和巴枯宁主义则以抵抗大资本和机器大工业的方式来反对资本主义，由于它们对私有财产权的维护赢得了大量的支持者。科学社会主义因其相对超前的学说特性，使得它在共产主义者同盟发展到第一国际之前，都不得不和各种社会主义流派进行斗争，尽管斗争过程本身也是理论传播逐渐深入人心的过程。工人群众之所以最终会信服科学社会主义，正是在于它把握了资本主义向着生产资料的垄断和机器大工业方向发展的一般趋势。

科学社会主义的政治思潮需要通过工人运动的实践进行传播并发挥影响。1846年，马克思、恩格斯在布鲁塞尔建立了“共产主义通讯委员会”用来联络各国工人团体，并在此基础上改组了正义者同盟。在1847年6月的共产主义者同盟大会上，“全世界无产者联合起来”的口号取代了“人人皆兄弟”，马克思、恩格斯研究修订了《共产主义原理》①，并于1848年2月出版了第一个无产阶级纲领《共产党宣言》。《共产党宣言》是针对当时英、法、德等主要西欧国家的实际情况制定的详细的理论和实践的党纲。这也是马克思和恩格斯第一次用阶级史观对世界历史进行重新概述，它批驳了社会主义运动中的错误思想倾向，也阐发了无产阶级获得解放的相应条件和历史必然性。

在《共产党宣言》中，无产阶级的解放方向指向了暴力革命，后世很多人将其作为批判科学社会主义的依据。《共产党宣言》写作的年代处于资本主义野蛮发展时期，阶级矛盾很难通过和缓的方式加以解决。在这种情况下，马克思、恩格斯确信，当统治者自身利益被威胁到时，只可能以最残酷的镇压来对付无产阶级大众，在阶级矛盾如此尖锐的时刻，无产阶级除了革命的手段，没有其余更好的办法。因此，对“暴力革命”问题的评价，不能没有基本的历史感，简单笼统地用“告别革

---

① 任晓伟.《共产党宣言》阅读的文本路径、实践路径和文化路径.江西师范大学学报（哲学社会科学版），2018，51（2）：3-8.

命”的方式否弃马克思，那无异于否定人民在任何情况下进行反抗的正当性。①

共产主义者同盟，作为世界历史上第一个无产阶级政治组织，是政治思潮与政治行动的连接点。自此，科学社会主义理论找到了与工人运动的结合方式。该组织通过工人教育协会等外围组织有效地宣传了科学社会主义的学说，并通过这些组织吸收盟员，壮大同盟。同盟也成为工人运动的革命学校，其中很多盟员陆续成为各国工人运动的先驱者，比如奥古斯特·倍倍尔（August Bebel）、威廉·李卜克内西等。共产主义者同盟支持各国无产阶级反抗资产阶级的斗争，唤醒了各国工人的阶级意识，并为以后各国工人运动的发展奠定了基础，可以说“工人运动史上具有重大意义的一切，都是以共产主义者同盟为出发点，以这第一个革命的德国工人政党的经验为根据”。② 共产主义者同盟的成立，标志着无产阶级解放运动进入了新阶段。正如恩格斯所言：“共产主义现在已经不再意味着凭空设想一种尽可能完善的社会理想，而是意味着深入理解无产阶级所进行的斗争的性质、条件以及由此产生的一般目的。”③

1848年2月，《共产党宣言》甫一发表，欧洲1848年革命就爆发了。这是一场震撼欧洲的反封建的资产阶级民主革命，欧洲新兴资产阶级力求通过革命在政治经济上取得更多更大的权利；这也是一场因经济危机而爆发的革命，虽然彼时资本主义经济还处于自由资本主义的上升时期，却已然暴露了经济结构的内在矛盾。正如恩格斯所言：“1846年和1847年工商业的不景气和农业的歉收引起了1848年的革命。”④ 刚成立的共产主义者同盟在1848年革命中发挥了重要作用。在巴黎成为革命运动中心之后，中央委员会决定从布鲁塞尔迁往巴黎，马克思主张各地盟员参与当地民主团体，努力成为革命中的左派，把秘密斗争与合法斗争结合起来，并尽可能通过合法斗争提升群众觉悟。德国革命爆发后，马克思组织了三四百名同盟盟员返回德国参加革命，盟员沃尔弗还加入了法兰克福议会，成为人类历史上第一个共产党议员。5月，马克思回到科隆后，创办了革命报纸《新莱茵报·民主派机关报》，以此作为革命的宣传阵地。

在1848年的革命中，欧洲许多国家的工人同时行动起来，少数工人已提出了超越资产阶级民主革命阶段和带有“朦胧的社会主义”色彩的独立要求，在巴黎二月革命中，法国工人提出了“社会共和国”的口号。6月，英国的宪章运动也掀起了第三次高潮，革命的洪流考验着不同流派的社会主义者。在德国，“真正社会主义”者格律恩转而投身于资产阶级民主派的立场；在英国，空想社会主义者欧文则主张走和平道路改造社会；在法国，改良派蒲鲁东和路易·勃朗普遍反对起义，而布朗基则因领导游行却不善隐蔽，不幸入狱，不同派别的社会主义者都在接受着无

① 张光明，罗传芳．马克思传．成都：天地出版社，2018：485.

② 欧泊曼．共产主义者同盟：1849—1852. 宋家修，林穗芳，译．北京：生活·读书·新知三联书店，1962：2.

③ 马克思，恩格斯．马克思恩格斯文集：第4卷．北京：人民出版社，2009：233.

④ 马克思，恩格斯．马克思恩格斯全集：第8卷．北京：人民出版社，1961：255.

产阶级和历史的检验。同样接受检验的还有科学社会主义理论。根据1848年革命的斗争经验，马克思和恩格斯在《1848年至1850年的法兰西阶级斗争》、《路易·波拿巴的雾月十八日》和《德国的革命和反革命》等一系列著作中，继续发展自己的学说。他们认为，无产阶级既不能拒绝参加民主革命，也不能在民主革命中充当资产阶级和小资产阶级的附庸而彻底放弃社会主义的前途；而是要积极参加民主革命，并且在正式的民主派旁边，努力“建立一个秘密的和公开的独立工人政党组织，并且应该使自己的每一个支部都变成工人协会的中心和核心”。[①]

在1848年革命中，第一代共产党人和社会主义者第一次对资本主义发动了进攻，虽然最终失败了，但这也证明了此时社会主义革命的主客观条件均不成熟，马克思和恩格斯估计德国革命将带来世界革命的判断过于乐观了。然而，这恰恰佐证了科学理论与实践相结合的过程注定是曲折和艰辛的。也正因如此，恩格斯才在《共产党宣言》1893年的意大利序言中反思：“1848年革命虽然不是社会主义革命，但它毕竟为社会主义革命扫清了道路，为这个革命准备了基础”，若是“在1848年以前的政治条件下，哪能有意大利工人、匈牙利工人、德意志工人、波兰工人、俄罗斯工人的共同国际行动!”

8.2.2 科学社会主义在第一国际的传播

随着经济全球化的推进，各种资产阶级国际组织纷纷成立，国际精神逐渐成为一种潮流。各种工人团体也纷纷认识到了国际联合的重要性，除共产主义者同盟之外，民主派兄弟会（1845—1853年）、国际委员会（1857—1859年）纷纷成立。可以看出，从1848年到1864年，无论是在思想上还是在实践上，无产阶级的阶级斗争都在不断向前发展，这些都为第一国际的成立起到了先驱性的作用。

1864年，英国工人为支持波兰人民起义，在圣马丁堂举行大会，大会讨论决定成立国际性的工人组织。马克思为中央委员会草拟了《国际工人协会成立宣言》和《国际工人协会临时章程》。《国际工人协会成立宣言》总结了1848—1864年工人自发斗争的阶级成就和历史局限，明确提出“夺取政权已成为工人阶级的伟大使命”的判断，还强调了支持被压迫民族解放斗争，加强工人阶级国际团结的必要性。《国际工人协会临时章程》则规定了国际工人协会的性质、组织机构和活动方式。自此以后，国际工人协会所发表的一切文件几乎都由马克思起草，以至于恩格斯评论道，叙述马克思在第一国际中的活动，几乎就等同于撰写这个协会本身的历史。由于第一国际内部存在英、法、德不同派别的社会主义者，除了共产主义者之外，还有蒲鲁东主义者、工联主义者、拉萨尔主义者、巴枯宁主义者、合作社派，各个社会主义流派对第一国际的性质、任务都存有不同的认识。所以，第一国际从成立之初就肩负着政治团结的任务。马克思利用起草决议、报告等文件的机会，与

① 马克思，恩格斯．马克思恩格斯选集：第1卷．3版．北京：人民出版社，2012：558.

其他各个社会主义流派进行论战，可以说“国际的历史就是总委员会对那些力图在国际内部巩固起来以抗拒真正工人阶级运动的各个宗派和各种浅薄尝试所进行的不断的斗争”。①

值得说明的是，第一，马克思在和不同派别斗争时，更多的是采用以理服人的方式，只有到了后来巴枯宁主义者分裂、破坏国际之时，他才使用了组织手段，将其开除出第一国际。传统的国际共运史叙事更多地讲述了关于斗争的方面，但是对于妥协的智慧则叙述不多。第二，不同社会主义派别之间的这种思想斗争和路线斗争，更多的是因各国的发展阶段不同、斗争条件不同、政府政策不同所致，但不同流派的社会主义者们在追求工人解放的方面仍是目标统一的，因而，斗争的性质绝非革命与反革命，或是马克思主义与机会主义之间的斗争，并不能因为第二国际以来对修正主义的批判，而将这种罪名强加于早年第一国际时期。第三，马克思在第一国际中的领导地位并不是一开始就确立的，而是随着他撰写的纲领文件的增多而逐渐成为实质意义上的精神领袖。第四，“建立国际不是某几个能干的政治活动家的事……国际的独特之点在于它是工人们自己为自己建立起来的”②，这一点经常被很多苏联史观的研究歪曲，甚至认为马克思和少数革命家才是第一国际的真正缔造者，这虽与列宁以来的革命家集团理论相契合，却违背了唯物史观和人民史观。

第一国际是当时各国工人和工人团体进行联络合作的中心，但它仍然是一个群众性的组织，而非一个政党，它不仅不能代替革命，甚至在组织革命、协调革命活动等方面的作用也是有限的。各国革命并没有因为第一国际的成立而加速到来，巴黎公社正是这样的例子。正如恩格斯所说，“公社无疑是国际的精神产儿，尽管国际没有动一个手指去促使它诞生”。第一国际在巴黎的组织很软弱，科学社会主义在巴黎公社中也并没有起到中坚作用，公社失败之后，马克思、恩格斯得出结论，各国工人必须建立自己的独立政党，才能作为一个整体的阶级行动。而且随着各国工人阶级的成长壮大，马克思、恩格斯都认为，第一国际的组织形式已经不再能够适应各国工人运动。列宁对此也曾给出适当的评论，认为第一国际“当时是试图从上面来建立斗争着的无产阶级的国际团结。在各国社会党没有团结和巩固以前，这种尝试是不能成功的”。③ 但是无论如何，第一国际对欧洲各国的工人运动产生了深远的影响，也有利于科学社会主义思想的进一步传播。

8.2.3　巴黎公社对国内秩序的影响

这一时期，社会主义思潮真正对国内政治产生震荡影响的历史事件是巴黎公

---

① 马克思，恩格斯．马克思恩格斯选集：第4卷．3版．北京：人民出版社，2012：496.

② 马克思，恩格斯．马克思恩格斯全集：第17卷．北京：人民出版社，1974：467.

③ 列宁．列宁选集：第1卷．2版．北京：人民出版社，1972：742.

社，但巴黎公社却并不是在科学社会主义的影响下发生的。巴黎公社的起义者主要是蒲鲁东主义者和布朗基主义者，而且它作为典型案例，直接影响了马克思、恩格斯以及列宁对无产阶级专政思想的阐发。

巴黎公社是在普法战争的背景下和路易·波拿巴第二帝国的覆灭中爆发的。当时，资产阶级国防政府表面仍在抵抗普鲁士军队的进攻，但暗地里却加紧活动，向普鲁士投降。国防政府对于工人群众拥有越来越多的武装感到十分害怕，于是，梯也尔在 3 月 17 日决定，夺取国民自卫军的大炮，逮捕中央委员会的成员。然而，自发的巴黎群众和国民自卫军发现了梯也尔的阴谋，并于 3 月 18 日在巴黎各地发动起义，他们不仅夺回了大炮，还攻占了市政厅和警察局，推翻了临时政府的统治，梯也尔政府和军队则逃往巴黎郊区凡尔赛。起义取得了胜利，巴黎公社正式成立。巴黎公社颁布的第一个法令就是宣布它是取代凡尔赛政府的唯一国家政权。新政权采取了一系列具有无产阶级性质的革命措施：废除常备军，以人民武装取而代之；废除资产阶级议会制度，建立行政、立法议行合一的工作机关；废除了旧的官僚制度，实行普选制的民主制度，对不称职的公职人员要随时撤换。此外，在经济方面，公社还推行了一系列有利于无产阶级的政策。只可惜，巴黎公社在成立 72 天之后，就在凡尔赛军队和普鲁士军队的共同绞杀中归于失败。

在巴黎公社失败后的第三天，马克思就受第一国际的委托写出了《法兰西内战》。恰恰是从巴黎公社夺取政权的实践中，马克思意识到"公社的真正秘密就在于：它实质上是工人阶级的政府，是生产者阶级同占有者阶级斗争的产物，是终于发现的可以使劳动在经济上获得解放的政治形式"。① 恩格斯在 1891 年为《法兰西内战》写的导言中则明确地说："近来，社会民主党的庸人又是一听到无产阶级专政这个词就吓出一身冷汗。好吧，先生们，你们想知道无产阶级专政是什么样子吗？请看巴黎公社。这就是无产阶级专政。"②

传统共运史教材对巴黎公社的失败原因通常简单概述为四点：第一，根本上是因为生产力发展水平较低，无产阶级准备尚未成熟；第二，由于领导层没有经过科学社会主义的领导，因而没有一个团结的领导核心；第三，公社成立之后在政治、经济、军事上犯了一系列致命的错误，比如对反革命镇压不力、没有及时向凡尔赛进军、没有没收法兰西银行等；第四，公社没能得到农民的支持而建立工农统一战线。事实上，以上四条教训反思，很大程度是基于之后马克思、恩格斯对无产阶级专政思想的阐发和列宁成功的革命实践而作出的判断，并非历史地拿来作为裁定之前巴黎公社历史的依据。

无论如何，巴黎公社的实践展现出了无产阶级的历史首创精神，无产阶级自己

---

① 马克思，恩格斯．马克思恩格斯选集：第 3 卷．3 版．北京：人民出版社，2012：102.

② 同①55－56.

废除了全部旧的国家机器，工人群众第一次行使了普选的权利，组建了类似于城市自治的、完全以无产阶级利益为依归的议行合一的工人政府。《告法国人民书》等公社的公报中反映出了蒲鲁东追求的工人自治、取消国家政权和小生产者绝对平均主义的思想；对于外省人发出的要求普遍成立公社和组成一个“自由联邦”的号召也有一定程度的空想色彩，体现出布朗基主义者并没有跳出小生产者的根基。因而，后世常常因为巴黎公社领导人是非科学社会主义而对其进行指责。但事实上，在当时的巴黎居民中，从事机器大工业生产的工人只占据了总人口的1/10，更多的都是小手工业者和农民，在这样一种社会经济基础之上，革命领袖们的政治倾向恰恰反映的是巴黎社会的客观状况。

巴黎公社是人类历史上第一个无产阶级革命，是无产阶级创建新社会的先驱，标志着19世纪无产阶级解放运动达到高峰。巴黎无产阶级解放斗争无论从革命的自觉性、革命内容的深刻性和群众自发的广泛性，都远远超过以往任何一次革命运动。公社的光辉业绩在国际共产主义运动和世界历史上享有崇高的历史地位，它宣告无产阶级革命开启了世界历史进程。这场革命也孕育了马克思有关无产阶级专政的重要思想，积累了无产阶级夺取政权极其宝贵的历史经验。马克思和恩格斯正是在总结巴黎公社历史经验的过程中，丰富和发展了科学社会主义的国家学说。

8.2.4 科学社会主义思潮的国际影响

这一时期社会主义思潮对国际秩序的影响，在范围上和程度上仍是初步的，主要限于共产主义者同盟、民主派兄弟会、国际协会、第一国际等工人组织对于国际工人运动的联络与协调。特别是在欧洲反动统治联合镇压1848年革命，和普法军队共同绞杀巴黎公社之后，“全世界无产者联合起来”从最初模糊的口号越来越明确地成为各国工人进行国际联合的共同需要。毕竟在这一时期，工人运动开展合法政治活动的空间仍然非常狭窄，仅能通过一些国际的工人团体及其外围组织，联合各国工人的力量，彼此支援，进而培养工人的阶级自觉。巴黎公社的伟大实践则在提高世界社会主义运动的国际影响方面意义重大。此后，欧美各国先进工人和社会主义者都认识到了建立社会主义政党的必要性，只有建立了无产阶级的政党，才能自觉统一领导工人运动和社会主义运动。

这一时期，科学社会主义思想的创始人马克思和恩格斯通过一系列对国际工人组织的领导，利用大量报刊书籍的宣传扩大了自己的影响，逐渐走向了欧洲工人运动舞台的中央。他们与各国工人运动的领袖建立了广泛的信息渠道，进而对各国工人运动的条件和特殊性展开研究，丰富了科学社会主义的实践面向，有助于进一步促进理论与各国工人运动的有机结合。此外，马克思、恩格斯还通过在共产主义者同盟、第一国际中与各社会主义流派的深入争论，促进了科学社会主义在各国的传播，吸引并团结了国际共产主义事业的新生力量。

8.3 欧洲社会民主党的崛起与第二国际

8.3.1 “马克思主义的黄金年代”

第二国际（1889—1914 年）被科拉克夫斯基称为“马克思主义的黄金年代”。这一时期，各个主要欧洲国家纷纷成立工人政党，这是社会主义理论与各国工人运动进一步结合的产物。科学社会主义不再是少数思想家与革命家信奉的学说，而是发展为政党进行社会运动和政治活动的官方意识形态。虽然在第二国际建立之初，一些非科学社会主义的学说都还没有失去影响力，但受益于此前的宣传和组织，马克思学说已经开始在工人运动中占据主导了。

马克思主义之所以能够在工人运动中占据主导，是多种因素共同促成的结果，包括自由主义在政治和经济实践上的倒退、政治制度的民主化和公开化、普选制的斗争、西欧贸易和殖民地的扩张、帝国主义的发展趋势增强、工人政党的宣传等。一系列资本主义的发展趋势越来越证实了此前科学社会主义的先见，并使之在与其他社会主义流派的较量中胜出。马克思的科学社会主义学说已发展为一个囊括哲学、经济学、社会学的思想体系。

第二国际涌现了相当多的马克思主义者和工人运动理论家，他们有像考茨基、普列汉诺夫、伯恩施坦、列宁、罗莎·卢森堡、鲍威尔（Otto Bauer）、希法亭、拉布里奥拉、王德威尔得、潘涅库克这样的第二代马克思主义理论家，也有像倍倍尔、盖得、维克托·阿德勒、图拉蒂这样的工人政党领袖，这些政党领袖虽然没有发展社会主义理论的突出成就，却在强有力的政治实践中发展着马克思的学说。

在将近 1/4 的世纪里，第二国际时代目睹了众多理论著作的发表，上述二代马克思主义理论家在什么意义上能称为马克思主义者呢？他们或是继续丰富了对马克思学说中经典问题的讨论，或着眼于帝国主义时代下的理论更新，他们有的使用马克思历史唯物主义分析方法，有的只是采用马克思的个别观点和概念范畴，有的严格贯彻无产阶级基本的原则立场，有的则重点实践无产阶级革命的政治任务。第二国际的理论家们在帝国主义与殖民地问题、无产阶级革命理论、议会斗争的条件和限度、政治斗争与经济斗争的关系、党的组织建设等诸多方面，发展丰富着马克思的学术体系和政治话语。如果说第一国际是基于无产阶级观念的国际联合，那么，第二国际时期则是各欧洲国家工人政党的集合。虽然马克思学说已经明确发展为一个思想学派，但是因为它此前并没有严格地被政治化为固定的条框，也不属于教条主义的正统观念，再加上第二国际本身是一个相对松散的许多党派和工会的联盟，不同国家的工人政党虽然被社会主义信仰统一在一起却各行其是。身处不同的政治环境和斗争条件下的不同政党，却被统一到同一个政治话语和理论正统中，必然出现有关理论与策略问题的争论。

8.3.2 改良与革命的论战

第二国际内发生的理论争论很多，在所有这些争论中影响范围最大、持续时间最长的是有关改良与革命的思潮。很长一段时间以来，受苏联史观的影响，革命社会主义者将改良派的观点斥为“修正主义”。实际上，“修正主义”者并非那些完全放弃马克思主义，或者从来都不是马克思主义者的人，它更确切的指涉，是那些寻求修改传统或者认为传统中一些基本方面已经不再适用的改良派。爱德华·伯恩施坦作为改良派的代表人物，主要在以下三个方面“修正”了马克思的学说。

在哲学上，伯恩施坦批判马克思思想中的黑格尔成分，认为黑格尔的辩证法是马克思学说中的叛卖性因素，是妨害对事物进行任何正确推理的考察的陷阱。① 而一旦革除了辩证法，马克思主义就从原本结构严整的学说变成了诸多彼此分离的孤立学说，唯物主义的理论论证变成了片面、单一的经济决定论历史观，因为它忽视了社会道德等意识的作用。

在经济学上，伯恩施坦反对劳动价值论，认为它在考察具体个别的商品时“缺乏任何可衡量性”，是一种“纯粹思维的事实”，并在此基础上进一步否定剩余价值学说，认为它不过是一种“以假说为根据的公式”。为了否弃“资本主义灾变论”，伯恩施坦用“资本主义适应论”取而代之，他认为，信用制度、卡特尔组织和企业主联盟的出现，以及交通工具对世界市场的开拓等种种新兴的生产组织方式和金融工具的普及将使得马克思关于经济危机等一系列预言统统破产。

如上理论的奠基最终导向在政治实践中如何去做的问题。伯恩施坦提供了工会、生产合作社和民主制度这三种在他看来可以合法过渡到社会主义的路径，以取代马克思学说中的阶级斗争和革命。在他看来，社会主义就是“有组织的自由主义”，其目的在于“提高社会中的自由的总和”；相比之下，无产阶级专政只不过是“政治形态上的返祖现象”，因为它“并不能促成和保证现代社会制度在不发生痉挛性爆发的情况下，转移为一个更高级的制度”。② 最终，伯恩施坦将自己的态度总结为一个公式：“通常所说的社会主义的最终目的对我来说是微不足道的；运动就是一切。”

伯恩施坦的著作激发了正统派马克思主义者的反击，加入这场论战的人几乎囊括了第二国际所有最聪明的头脑。但是，尽管维护正统的批评者们在思想上口诛笔伐，却不能阻止改良思想在德国社会民主党中的继续繁荣，他们中的大部分人甚至早在伯恩施坦发表他的理论之前就已经是实践中的修正主义者了。伯恩施坦的著书

---

① 伯恩施坦．伯恩施坦文选．殷叙彝，译．北京：人民出版社，2008：163.

② 伯恩施坦．社会主义的前提和社会民主党的任务．殷叙彝，译．北京：生活·读书·新知三联书店，1965：195.

立说，只不过是为德国工人已经在日常经济斗争和议会斗争中稳步取得的点滴成就给出理论上的立足点，使改良的实践不再与革命的口号自相矛盾，变更了《爱尔福特纲领》的意识形态基础。修正后的学说更加适宜社会民主党在改良的实践中展开拳脚。社会改良的思想虽然是由马克思主义派生出来的，但社会改良的土壤使得革命的思想越来越无法回答选举政治中面对的问题，致使德国社会民主党的改良主义政治倾向不断增强，最终变更了一战前社会主义者们所理解的革命目标。很快，国际共产主义事业的理论创新就开始向东转移，并在那里以崭新的无产阶级革命学说的形式呈现。

8.3.3 各国工人政党对国内秩序的影响

从第一国际解散到整个 19 世纪 80 年代，许多资本主义国家相继产生了社会主义工人政党和政治团体，工会、合作社等工人群众组织也发展起来。德国社会民主工人党（后改名为社会民主党）是工人运动中最早一个在民族国家范围内建立的马克思主义工人政党。1875 年哥达代表大会之后，爱森纳赫派与拉萨尔派合并，德国工人运动在《哥达纲领》的基础上实现了统一。1880 年，法国工人党成立，领导人盖得和拉法格在马克思与恩格斯的亲自指导下起草了《勒阿佛尔纲领》。英国社会民主同盟则于 1881 年成立，俄国劳动解放社也于 1883 年成立。除此之外，还有葡萄牙社会党（1877）、西班牙社会主义工人党（1879）、比利时社会主义工人党（1879）、匈牙利全国工人党（1880）、波兰无产阶级党（1882）、奥地利社会民主党（1888）和瑞典社会民主党（1889）等。这些政党都将生产资料公有制作为奋斗目标；都强调开展政治斗争和夺取政权的必要性；都把社会主义目标同当前的民主主义改革目标联系起来；都在策略上宣布运用包括普选权在内的一切手段来达到自己的目的。

德国社会民主党在整个第二国际的所有政党中党员人数最多，理论最统一，组织最完备，在议会斗争和经济斗争中取得了最高成就，它作为第二国际内的典范，充分体现出这一时期社会主义运动对国内秩序的塑造和影响。1890 年《反社会党人非常法》废除后，同年，德国社会民主党就在大选中获得了 150 万张选票，并在国会占据了 35 个席位。1891 出台的《爱尔福特纲领》立足新的斗争条件，清除了拉萨尔主义的影响，并将纲领确立在马克思主义的理论基础上。以德国社会民主党为例，这一时期社会主义运动对国内秩序的影响可以主要体现在以下三个方面。

（1）维护工人权益，组织工人罢工。德国社会民主党曾领导柏林服装工人大罢工、汉堡码头工人大罢工等。1897 年，德国工人支援英国工人争取 8 小时工作制的斗争；1898 年，德国社会民主党组织莱比锡工人抗议政府破坏结社法的斗争。这些罢工都旨在减少资本主义的剥削和压迫。

（2）开展合法斗争，占据更多席位。自从 1890 年德国社会民主党得票占总票数的 19.7%后，1893 年以来，选票继续增长，占总票数的 23.2%，得到 44 个议席；1898 年，占 27.2%，得到 56 个席位；到了 1903 年，更是直接得到了 81 个席位，成为帝国议会第一大党，影响力大幅提升。议会党团不断为工人争取保险基金、缩短工作时间而斗争，并取得卓越的斗争结果。①

（3）反对对外扩张和增加军事预算。议会党团曾经在 1896 年 3 月揭露威廉二世政府对非洲的殖民政策；对于 1898 年 3 月中国政府被迫与德国签订《胶澳租界条约》，德国侵占胶州湾，遭到倍倍尔和李卜克内西在议会上的抨击。但是 1905 年以后，对于德国政府的对外扩张计划，倍倍尔等政党领袖越来越转向中间派立场。

在第二国际时期，包括德国社会民主党在内，欧洲每一个国家大大小小的马克思主义派别都很活跃，它们利用议会斗争，逐渐取得了更多的议会席位，并尽可能推动有利于工人群众的立法活动。可是，立法过程只依靠社会党是不够的，还需要联合资产阶级自由派以共同反对保守派。英国 1905—1914 年的社会立法基本都是在工党和自由党的互相支持下通过的；法国社会党人米勒兰也曾经加入过瓦尔德克-卢梭内阁并担当部长；奥地利社会民主党则在 1907 年参与制定了普选权的法律。相比之下，德国社会民主党虽然取得了很多议席，但由于德国资产阶级自由派力量孱弱，且在政治态度上始终敌视社会民主党，这使得德国社会民主党虽然得票越来越多，却仅仅能实现表态的目的。与政治斗争形成鲜明对比的是在经济斗争和社会政策方面的进步，有赖于德国党和工会的共同努力，在威廉二世治下的德意志帝国，工人的工时从每天 16 个小时减少到了 10 小时，既没有经受大规模的失业，又获得了实际工资的提升。

8.3.4　社会民主主义对国际秩序的影响

第二国际建立于第二次工业革命时期，科学技术突飞猛进，主要资本主义国家工业水平快速发展，而且在 1904 年以前，欧洲几乎没有国家发生过重大的政治动荡。在这个较长的和平时期内，第二国际的历史任务就是在地域上、组织上拓展自己的队伍；开展日常的经济斗争和政治斗争；并随着资本主义对于殖民地的瓜分斗争逐渐激烈，以国际的精神教育本国工人群众，支持殖民地国家发起民族解放运动；与此同时，在以革命手段制止战争方面，也要做好组织上和行动上的准备。

在 1907 年斯图加特代表大会上，古斯塔夫·赫尔维曾经作出在战争中进行总罢工和兵变的决议；列宁和罗莎·卢森堡等左派则提出更加激进的建议，在他们看来，如果战争爆发，社会主义者的任务不是努力去阻止它，而是利用世界大战来推翻整个资本主义制度。不过这只是单纯的思想陈述，并没有特别的方案。在 1912 年巴塞尔代表大会上，虽然此时巴尔干战争已经爆发，仍通过了一个进一步的反战决议，人们高呼“以战反战”的口号，代表们散会后坚信，社会主义运动能够强大

---

① 高放．社会主义运动：从理论到实践的转变（1848—1917）．北京：北京师范大学出版社，2018：258.

到足以制止帝国主义的屠杀。

然而，在真正面临1914年第一次世界大战时，欧洲的绝大多数社会主义者却都本能地采取了爱国主义态度，甚至不少在西方流亡的布尔什维克移民也毫不犹豫地支持战争。在德国，在战争打响后的国会表决上，只有13位德国社会民主党议员投了反对票。在以后的两年里，对国内和平政策不满的人不断增多，这直接导致德国社会民主党的分裂。在法国，反爱国主义的对抗甚至比在德国更弱，饶勒斯曾经犹豫过是否反战，却在战争前夕遭到暗杀，盖得和桑巴特则直接参加了战时政府。比利时的社会民主党人几乎无一例外都采取了战争立场。1914年夏天，所谓无产阶级的国际团结被证明不过是空洞的词句，但是，无论站在协约国还是同盟国立场的各国社会主义者，都试图站在马克思主义的立场上力证为祖国而战的合理性：一方面，马克思曾经指责俄国是暴虐和反动的堡垒，所以，与俄国作战就是保卫欧洲民主，反对沙皇专制；另一方面，与德国为战也是要反对德国领土上的普鲁士军国主义和封建专制。

第二国际在其特定的历史时代为各国工人提供了交流实践的会议和平台，协调各国工人运动实践，推动民族解放运动的发展。但是，第二国际在世界大战面前的无力直接导致其解散。列宁和之后的齐美尔瓦尔德左派将第二国际的破产归结于社会民主党的背叛，以及修正主义如何败坏了第二国际的政治声誉。1914年的夏天是世界社会主义运动迈向东方崭新历程的起点，世界工人运动的重心开始从西方向东方转移。

8.4 俄国革命与苏联模式

8.4.1 布尔什维主义的理论创新

在西欧，是先有自发的工人运动再在这个基础上发展出完善的社会主义学说；但是在俄国，与之不同的是，俄国的工人运动是刚刚走上历史舞台就已经手握完备的科学社会主义学说，这主要归功于19世纪80年代以来普列汉诺夫对马克思主义的传播和对此前俄国民粹派的批判。先进的社会主义思想已经传入俄国，但是却不得不面对俄国薄弱的工业基础和在政治上尚且稚嫩的工人群众，这种思想相较于社会的早熟，合乎逻辑地产生了利用阶级矛盾和先进的观念学说，完成历史跳跃式发展的社会思潮。从这个意义上讲，即便俄国民粹派已然在理论上、政治上被驳倒，但是“跨越资本主义卡夫丁峡谷”的社会–思想结构依然存在。

问题的关键在于，对于革命，马克思的学说有严格的经济决定论的理论前提，即“无论哪一个社会形态，在它所能容纳的全部生产力发挥出来以前，是决不会灭亡的；而新的更高的生产关系，在它的物质存在条件在旧社会的胎胞里成熟以前，是决不会出现的”。既然如此，如何在资本主义发展水平不足，甚至连资产阶级革命都尚未爆发的俄国，发动社会主义革命呢？因此，列宁不得不围绕“如何爆发革命”的问题，基于俄国的具体情况进行理论创新，布尔什维克们以强有力的革命实践为中介，试图解决这一主客观条件的历史悖论。布尔什维主义包含以下四个方面的内容。

一是灌输论。在列宁看来，工人阶级仅凭自身发展，在他们的头脑中只能形成工联主义意识，即工人将仅仅满足于经济利益的改善；如果任其发展，工人政党和组织必将沦为修正主义，注定会放弃革命的最终目的，正如列宁所批判的第二国际改良主义。因此，若要准备社会主义革命，特别是在经济发展水平和工人政治觉悟相较于西欧更为落后的俄国，就只能将革命的阶级意识从外面灌输给工人，从而促成无产阶级工人运动的阶级自觉，而承担这一灌输使命的群体就是职业革命家。

二是革命家集团理论。在列宁看来，职业革命家比工人群众具备更系统的理论知识，拥有坚强的革命意志和敏锐的革命直觉，能够把握瞬息万变的革命形势，能为革命政党准确制定合乎形势的革命任务。他们比自发的工人群众更具政治意识和大局观念，因而必须责无旁贷地承担对革命进行政治领导的任务。不仅如此，列宁从他19世纪90年代的切身经历中感到，革命家们如果仅凭马克思主义小组这种松散的宣传组织，并不具备足够的革命力量，也无法完成有效的斗争。所以，必须组成一个步调一致的革命家集团，并与基层的党员、群众组织相结合，形成一个广泛的地下革命组织网络。列宁在《怎么办?》和《进一步，退两步》等著作中系统阐明了革命家集团理论，甚至放言：“给我们一个革命家组织，我们就能把俄国翻转过来!”在1903年俄国社会民主工党第二次代表大会上，针对是否严选党员，是否要求职业革命家绝对忠诚等组织原则问题，以列宁为代表的布尔什维克与孟什维克发生了不可调和的冲突，并最终分裂。值得说明的是，列宁的建党理论着眼于在俄国专制条件下发动革命运动的特殊情况：其一，俄国并不具备西欧在民主制度框架内进行斗争的条件；其二，在貌似强大的专制国家下矛盾重重，随时可能爆发革命，只有像列宁所说的那样预先组织完备的革命家集团才有可能把握住这种形势。

三是有关无产阶级革命中的两种策略。对于资产阶级革命与无产阶级革命之间的关系，列宁的思路是应大幅缩短两次革命之间的间隔，促使历史加速进步，即在民主革命之后尽快开展下一步社会主义革命。

至于客观物质条件还不具备的问题则在第四个方面得到了解决，那就是帝国主义论和世界革命论，即帝国主义发展的最高阶段将不可避免地导致世界大战的灾难，而在帝国主义的薄弱环节孕育着爆发世界革命的历史契机，一旦俄国革命点燃了世界革命的火种，西欧丰硕的资本主义成果将随即成为俄国此后顺利发展的物质基础。

布尔什维主义重置了马克思学说的理论前提，即革命不是在经济决定论基础上历史进程的自然结果，而是俄国无产阶级应首要达成的政治任务。如果俄国还不具备客观物质基础及相应的革命条件，那就人为创设一切条件以最终实现革命的目标。布尔什维克的政治实践既是列宁主义的直接来源，也是列宁主义加以塑造的现实结果。1917 年俄国革命的成功爆发使布尔什维主义开花结果，进一步佐证了理论的有效性及其政治声誉。列宁主义不仅在实践中回答了马克思学说中没有被明确阐释的工人政党如何组织革命的问题，更重要的是它在逻辑上解决了欠发达国家如何在先天社会经济基础不足的条件下进行无产阶级革命的理论困境，但这一切都有赖于世界革命的实现。

8.4.2 围绕“一国建设社会主义”展开的论战

十月革命的领导人相信，革命将迅速传播到欧洲主要国家，俄国革命除非作为世界革命的前奏，否则它将没有任何获胜的希望。但是，当 1918—1920 年欧洲经历了短暂的苏维埃运动的高潮却偃旗息鼓之后，结束了三年艰难内战的布尔什维克不得不立足于本国进行社会主义国家的建设。虽然，列宁晚年对于社会主义国家的经济建设和党内民主建设有诸多珍贵的反思，只可惜，他在 1924 年不幸早逝，令人遗憾地痛失改革苏维埃制度的实践机会。列宁逝世之后，为了反对托洛茨基及他提出的“不断革命论”，斯大林提出“一国建设社会主义”思想，后者在苏联的官方历史叙事中，在很长一段时间里一直被认为是对马克思主义理论的重大贡献。

1924 年底，在《论列宁主义几个问题》中，斯大林要求区分一个国家最终能建成社会主义与社会主义国家最终能保卫自己不受资本主义干涉这两种可能性。他希望布尔什维克不必为不一定能得到“全世界无产阶级”的支持而感到困扰，因为他们自己的成功并不取决于此。伊萨克·多伊彻在所著的斯大林的传记中曾评论道，斯大林宣称俄国革命是自我完备的，这表明他关心的并不是理论，而是为了反击国际共产主义运动失败之后引起的精神沮丧。事实上，“不断革命论”与“一国建设社会主义论”之间并非决然对立的，二者都支持世界革命，也都承认需要在俄国建立社会主义社会，而它们之间的理论分歧主要集中在应该花更多的精力放在前者还是在后者之上。此外，很难将托洛茨基主义界定为对党内民主的坚持和对官僚制的批判，不得忽视的一个事实是，托洛茨基开启对党内官僚制攻击的时间点起始于自己被剥夺了党内控制权之后。

有关一国能不能建设社会主义的问题的理论争论掩盖着背后斯大林与托洛茨基的权力争夺。事实上，和一国能不能建设社会主义的问题相比，一国如何建设社会主义的问题更加迫切，后者攸关苏联实现工业化的方式以及如何处理工业化与农业之间的关系。1921 年以来，关于“新经济政策”的论战具有历史转折性意义，它上承“战时共产主义”对时局的初步稳固，下启苏联模式的最终确立，论战的结果潜藏着社会主义事业很可能走向失败的不稳定和不确定性因素，而这一次理论争论也同样裹挟着新的权力斗争。

有关经济政策论战的主要争端源于以下基本事实：在当时的苏维埃俄国，农业几乎全部掌握在小农手里，在这种条件下，国家应该如何使用经济手段影响商品市场并发展工业？在市场条件下，如果想从农民手中取得生产资料，就必须向农民交换同等价值的消费品。但是，这在俄国工业几近毁灭的建国初期是很难实现的。在布哈林看来，依靠最大限度地盘剥农民，进而人为提升工业品的价格，不仅会使农民疏远，也将最终打击工人；相反，应该做的是保留市场。由于一个可预见的趋势是，随着工业的发展，农村的产品积累及其消费将最终与城市工人的利益相一致；那么继续使用城乡之间产品交换的经济杠杆，从长时段来说，必将有利于生产资料和消费品之间的平衡。然而，和布哈林相比，当时另一个更主流的声音却是，无产阶级专政的执政基础就是与农村广泛的中农结成联盟，布哈林的主张将有利于富农重新积累财富和摧垮中农，这无异于在农村扶植阶级敌人和资本主义的复辟，届时将破坏俄国无产阶级革命的政治意义。

然而，问题的关键在于到了 1927 年，粮食产量仍然没有显著提升，刚完成党内权力交接的斯大林决心废弃“新经济政策”，并对农民采取没收、强制的极端措施。他宣布，大规模组织集体农庄的时机已经成熟，布哈林及所有“右倾反对派”在国家官僚机构的职位均被解除，苏联开始全面推行农业集体化。用农业集体化取代新经济政策为苏联及其附属国的大规模镇压、迫害提供了新的政策根据。虽然农业集体化为快速推进工业化提供了条件，但是它从农民身上取走了太多的东西，并与当时农村生产力水平低下的状况不相适应，从而使得农业生产长期落后，严重阻碍了苏联经济的平衡发展。

8.4.3　苏联模式对国内秩序的影响

1929 年，斯大林通过激烈的党内斗争，将托洛茨基、季诺维也夫和布哈林反对派集团纷纷打倒，确立了自己在联共（布）最高领导的位置。苏联在经历了战时共产主义、新经济政策的建设阶段之后，全面复归到军事共产主义体制，并通过 1936 年新宪法而最终定型。随着斯大林地位的牢固确立和苏联建设事业的发展，斯大林的威望空前高涨。1937—1938 年，肃反运动使大批党、政、军领导人，知识分子乃至普通干部群众进一步遭到镇压，苏联社会主义建设模式也彻底在政治、经济、文化等方面确立起来。

苏联模式在政治上的表现是高度的中央集权和个人集权，主要体现在几个方面：第一，党政不分，以党代政。苏联的国家机关权力非常有限，真正的权力统一掌握在联共（布）手中，它能决定国家各级领导人的任免，对有关立法、行政、司法等方面的事务也能作出决策。第二，选举制被任命制取代。党政官僚阶层掌控权力，候选人名单由中央委员会审定批准，选举全程受内务人民委员部的监督。第三，权力高度集中于中央政治局和书记处的少数人甚至斯大林一个人手中。第四，政治局和书记处的活动不受监督，中央监察委员会是党中央的下属机关，形同虚设。斯大林破坏了集体领导原则，将自己置于党和国家之上，他通过高度集中的党政机关特别是内务人民委员部，确保中央命令指示的绝对贯彻。

苏联模式在经济上表现为中央垄断的计划经济体制：第一，所有制形式是单一的公有制。苏联宪法只承认社会主义所有制的两种形式，即国家所有制（全民的财产）与合作社-集体农庄所有制（各个集体农庄和合作社的财产）。第二，高度集中的部门管理体制。在中央、地方和企业之间的权力配置关系方面，权力高度集中于按专业划分的中央工业管理部门。第三，指令性计划体制。苏联设有一个从上到下庞大的计划管理体系，中央依靠这一计划体系，直接指挥和掌控生产、流通和消费。第四，赶超西方的经济发展模式。由于苏联身处西方国家的包围之中，因而把经济发展速度视为重要目标，并通过计划指令优先发展重工业和军事工业，对轻工业和人民生活福利等问题置之不顾。①

苏联模式在思想文化方面的表现则凸显出强烈的文化专制主义色彩。第一，意识形态工作缺乏立法，斯大林时期的苏联没有制定任何新闻法或出版法，文化部门直接受党中央领导，随着时间推移，党中央的文化领导部门不断扩大。第二，用行政干预的手段管理思想文化的工作，将不合领导心意的学术观点定性为资产阶级伪科学，把相关学术活动认定为反党和阶级敌人的进攻，直至对他们进行逮捕镇压。第三，舆论高度统一，苏联全盘否定资产阶级文化，将其看作是腐朽没落的，全面隔离封锁西方文化，严格限制同西方文化界接触交往。

综上，苏联模式是在沙俄的政治文化土壤、“一国建设社会主义”思想、20 世纪 30 年代逐渐紧张的国际环境以及斯大林的个人因素等诸多历史条件下共同铸就的。过度集中的苏联模式造成党政机关的官僚化、集权化，经济畸形发展，生产效率低下。在第二次世界大战之后，苏联模式越来越成为今后发展的障碍。

8.4.4 俄国革命以来的国际秩序变迁

1917 年的俄国十月革命是霍布斯鲍姆所言的“短 20 世纪”的起始，它爆发于 19 世纪老欧洲主导的政治经济秩序的崩溃时刻，这一旧秩序从自由资本主义发展到垄断资本主义，排斥一切非西方民族和无产阶级；然而，俄国革命的爆发却标志着一条不同于资本主义的替代性道路，它以无产阶级的解放和被压迫民族的解放为特征，突破了帝国主义对国际秩序的垄断和封锁。

俄国革命的成功也为国际共产主义运动开辟了新的中心和战场。随着第一次世界大战爆发，列宁宣告第二国际在政治上和理论上均已破产，开始重新夺取欧洲工人运动的领导权。为了进一步推动世界革命的爆发，共产国际成立了。在第一次世界大战的背景下，反战并主张革命的左派纷纷从欧洲社会民主党内独立出来，在“共产党”的旗帜下围绕共产国际重新集结，这进一步变革了欧洲工人运动的局面。经过 1918—1919 年中欧地区苏维埃革命的失利，共产国际转而寻求利用亚洲民族解放运动的力量，以列宁主义组织原则帮助中国、日本、朝鲜、印尼等国家兴建共

① 徐天新．斯大林模式的形成．北京：人民出版社，2013：218－237.

产党，利用共产国际的组织架构，进一步拓展了社会主义思潮在国际范围内的传播和影响。

在二战以前，苏联对外关系的做法可以概括为：第一，把各国社会民主党当作打击的对象；第二，把保卫苏联当作各国共产党的主要任务；第三，把推翻资产阶级统治作为团结各国无产阶级共同奋斗的目标。[①] 在希特勒上台后，苏联与德国签订互不侵犯条约，试图利用帝国主义之间的矛盾保卫和平。然而，正当德国横扫西欧、北欧时，苏联却出兵占领了波兰东部，吞并了波罗的海三国，发动了对芬兰的战争。苏德战争爆发之后，斯大林随即与英美建立了反法西斯同盟，并成功领导了卫国战争的胜利。但当苏联红军把敌军赶出国土后，却迅速向中东欧挺进，将波兰、捷克斯洛伐克、匈牙利、保加利亚、罗马尼亚、南斯拉夫、阿尔巴尼亚和德国东部都划进了苏联的势力范围。这些中东欧国家恢复独立后，也纷纷建立了共产党的一党制，并在对外关系上完全倒向苏联，变更了整个中东欧地缘政治格局。

东西方冷战开始后，为了进一步控制中东欧地区，苏联连续建立了三个地区性组织。第一，作为共产国际的延续，苏共组织了欧洲九国共产党和工人党情报局，以加强对各国共产党的政治控制；第二，为强化对中东欧地区战后复兴的经济控制，成立了“经济互助委员会”，并与美国推行的“马歇尔计划”相对峙；第三，兴建了华沙条约组织的军事联盟，以对抗北约的地缘威胁。至此，苏联彻底建立起了一个在政治制度、经济模式和军事同盟上紧密捆绑的社会主义阵营，与以美国为首的西方世界势均力敌，开启了长达 44 年的冷战国际秩序，并通过核武器威慑与军备竞赛维持国际秩序的和平。

自从 1948 年苏南关系破裂后，南斯拉夫开启了自治社会主义的改革，并取得了突出的改革成就。此后，东欧国家的自主改革倾向在苏共二十大之后发展更为强势，1956 年爆发的波匈事件和 1968 年的“布拉格之春”事件进一步昭示了社会主义阵营内部对苏联的离心倾向；与此同时，赫鲁晓夫在“三和两全”的政策下，一方面开启与美国的和平竞争、和平竞赛，另一方面，也与美国争夺着第三世界国家广泛的中间地带。十月革命后，威尔逊提出的“十四点”计划和列宁的“民族自决原则”就在竞争英帝国崩溃后的民族国家势力范围。二战后，这些新独立的国家又再次沦为两大阵营及其代理人争夺的战场。虽然不结盟运动也在试图凝聚第三世界国家自身的力量，但是它的成员仍然在不同程度上被卷入被迫选边站队的两难困境之中。

1989 年后，苏联和东欧社会主义国家相继发生剧变，这些国家的共产党普遍失去了政权或变更了自己的政党名称，马克思主义不再是主导的意识形态，社会主义制度也被抛弃。苏联、南斯拉夫和捷克斯洛伐克三个联邦制国家都宣告解体，曾

---

① 孔寒冰，项佐涛．社会主义制度：从一国到多国的演进（1917—1991）．北京：北京师范大学出版社，2018：99.

经持续了近半个世纪的社会主义阵营在苏联和东欧地区不复存在，冷战国际秩序彻底宣告终结。

8.5 中国革命与中国特色社会主义

8.5.1 毛泽东与新民主主义革命

“十月革命一声炮响，给我们送来了马克思列宁主义”。1921年，在马克思主义、列宁主义与中国工人运动和革命实践相结合的基础上，中国共产党成立了。中国共产党人在领导中国进行新民主主义革命的过程中，曾因效法苏维埃革命，犯过右倾机会主义错误和“左”倾冒险主义错误。而毛泽东同志在不断总结中国革命经验的基础上，探索出一条符合中国特殊国情的革命道路，形成了新民主主义理论等一系列原创性思想成果，这是中国共产党在民主革命时期思想走向成熟的重要标志，也是对革命社会主义理论的重大贡献。

基于中国社会的性质，毛泽东认为，中国革命的对象主要是帝国主义和封建主义。中国革命的任务“就是对外推翻帝国主义压迫的民族革命和对内推翻封建地主压迫的民主革命”。① 就革命的性质而言，是资产阶级的民主革命，但是由于中国的资产阶级承担不了这一革命的领导责任，所以，中国革命的领导使命不得不由工人阶级来承担，而农民则是主力军和同盟者。

关于中国革命的步骤，毛泽东借鉴了列宁的无产阶级革命中的两种策略的思想，认为中国的革命也应该坚持“两步走”：第一步是进行新民主主义革命；第二步是转变为社会主义革命。毛泽东批判了革命过程中出现的将两次革命“毕其功于一役”的“左”倾错误，并指出：“中国共产党领导的整个中国革命运动，是包括民主主义革命和社会主义革命两个阶段在内的全部革命运动；这是两个性质不同的革命过程，只有完成了前一个革命过程才有可能去完成后一个革命过程。民主主义革命是社会主义革命的必要准备，社会主义革命是民主主义革命的必然趋势。而一切共产主义者的最后目的，则是在于力争社会主义社会和共产主义社会的最后的完成。”②

关于中国革命道路的选择问题，中国共产党曾效法布尔什维克，走在中心城市发动武装起义的道路，但是南昌起义、广州起义最终都没有取得成功。在中国这样一个半殖民地半封建社会到底应该如何武装夺取政权成为一个难题。秋收起义之后，毛泽东在井冈山开辟根据地，创造性地提出了更贴近中国实际的“农村包围城市”道路，形成了星星之火的燎原之势。针对将苏联经验和共产国际指示教条化的

---

① 毛泽东．毛泽东选集：第2卷．2版．北京：人民出版社，1991：637.

② 同①651-652.

倾向，以毛泽东同志为主要代表的中国共产党人，把马克思列宁主义基本原理同中国的具体实际相结合，坚定地反对党内的错误思想，独立自主地思考中国革命的问题，实现了马克思主义中国化的第一次历史性飞跃。

中国共产党领导中国取得了新民主主义革命的胜利，对于推动当代中国的发展进步有着重大的意义。第一，它实现了民族独立，废除了所有帝国主义强加给中国的不平等条约，使中华人民共和国获得了完全主权国家的身份。第二，实现了人民的解放，革命的胜利结束了几千年来封建地主阶级剥削统治广大劳动人民的历史，使劳动人民当家作主。第三，实现了国家的统一，革命成功结束了军阀派系和各种列强代理人在中国的割据状态。新民主主义革命的胜利，推翻了帝国主义、封建主义、官僚资本主义三座大山，结束了中国的半殖民地半封建社会状态，为建立社会主义制度奠定了坚实的基础。

8.5.2 中苏论战及其影响

中国共产党领导的新民主主义革命有赖于苏联的影响，自1950年双方缔结友好同盟互助条约以来，中苏关系一直保持“蜜月”期。但是，自从苏共二十大赫鲁晓夫的《秘密报告》揭露了斯大林模式的弊端之后，开始引发了中国重新思考应该如何进行社会主义建设的问题。

随着冷战东西方阵营逐渐走向和缓，国际共产主义运动不得不面对一系列新的问题。由于国家利益冲突、意识形态分歧、历史积怨、朝鲜战争和国内政治变动等①，从1956年开始，中苏两党在评价斯大林的问题上产生了分歧。这一系列事件使得中苏矛盾愈演愈烈，终于在思想领域发生了一场针锋相对的大辩论。1963年6月，中共中央连续发表总称为《关于国际共产主义运动总路线的论战》的九篇文章（“九评”），中苏两党之间的论战达到高潮。这场论战涉及的主要问题包括：进一步加强世界社会主义体系的威力和把它变成人类社会发展的决定性因素而斗争的问题，为和平共处而斗争的问题，反对以美国为首的帝国主义的斗争问题，民族解放运动的问题，加强社会主义大家庭和共产主义运动队伍的一致和团结问题。②

中苏之间论战是中共反对苏共大党主义和大国主义的斗争，也是争夺国际共产主义运动和社会主义阵营领导权的斗争。这场理论争论对于中国社会影响是非常深远的。本来中共在完成三大改造后，在八大上，对国内主要矛盾作出了非常符合实际的判断。但是，中苏论战开始之后，却改变了八大以来的决议，重新提出了无产阶级和资产阶级的矛盾、社会主义和资本主义道路的矛盾才是主要矛盾的论断。毛

① 蒲国良．中苏大论战的起源．北京：当代世界出版社，2003：14-22.

② 苏共中央给中共中央的信//关于国际共产主义运动总路线的建议和有关文件．北京：人民出版社，1963：83-84.

泽东原本推行“双百”方针和党内的整风运动，却使“反右派斗争扩大化”。以毛泽东同志为主要代表的中国共产党人对中国社会主义道路的思考和探索，就这样在中苏交恶的外部环境下中断了。这一中断最直接的后果就是对社会主义国家暴露出来的一系列问题朝着极左方向进行总结。

1957 年后，中国社会发展开始急速“左”转，1958 年，“大跃进”和人民公社化运动开始，1966 年，国内爆发了“文化大革命”。从“文化大革命”开始，在“左”倾思潮的引领下，此前发展社会主义商品经济的种种正确措施都被当成了“资本主义”和“修正主义”来批判，“反资产阶级法权”“割资本主义尾巴”等口号成为政治批判话语，在一定程度上造成了经济发展的停滞不前。

8.5.3 国内秩序：从苏联模式到中国特色社会主义

新中国成立以后，中国共产党人开始领导中国从新民主主义向社会主义转变。在政治上，确立了人民民主专政、人民代表大会制度、多党合作和政治协商制度以及民族区域自治制度。在经济上，没收官僚资本，建立了社会主义国营经济；通过在全国范围内的土地改革，消灭了封建土地所有制；在过渡时期总路线的指导下，完成了对农业、手工业和资本主义工商业的社会主义改造。社会主义制度在中国的建立，解放和发展了生产力，根本上改变了中国一穷二白的落后局面。

过渡到社会主义社会之后，如何进行社会主义建设的严峻问题摆在了面前。毛泽东说，“那时候有这样一种情况，因为我们没有经验，在经济建设方面，我们只得照抄苏联，特别是在重工业方面，几乎一切都抄苏联，自己的创造性很少”。①20 世纪 50 年代在“学习苏联”的口号下仿照苏联模式，在初期取得了很好的效果；但优先发展重工业的方针以及在生产资料所有制上追求所谓的“一大二公”，越来越导致经济发展的不平衡，在政治上的干部管理体制和党委对政府直接领导的体制，也暴露出权力过于集中的弊病。虽然毛泽东在《论十大关系》的报告中已经认识到了应该以苏联为鉴，然而这种对独立模式的探索却因为国内政治形势的变化被迫在 1957 年戛然而止。

“文化大革命”结束后，中国面临重大历史选择。在邓小平的领导下，1978 年党的十一届三中全会开始全面纠正“文化大革命”及此前的“左”倾错误，开展拨乱反正工作，解决历史遗留问题；批判了“两个凡是”的错误方针，引发了关于真理标准问题的大讨论；确立了解放思想、实事求是，团结一致向前看的方针。中国的改革开放不是对体制的小修小补，而是如邓小平所言：“改革是中国的第二次革命”②。中国特色社会主义就是要革除影响生产力发展和社会进步的道路和方法，纠正毛泽东晚年的错误。这也是马克思主义中国化的新飞跃。这一历史性转变体现

① 毛泽东．毛泽东著作选读：下册．北京：人民出版社，1986：831.

② 邓小平．邓小平文选：第 3 卷．北京：人民出版社，1993：113.

在以下几个方面：

第一，从“以阶级斗争为纲”转为以经济建设为中心；第二，从单一公有制转向公有制为主体、多种所有制共同发展；第三，从以指令性计划经济和以行政手段来管理经济的体制转向社会主义市场经济的管理体制；第四，从平均主义、吃大锅饭，转变为允许一部分人先富起来，“效率优先兼顾公平”；第五，从基本上是封闭和半封闭的经济，向着全方位对外开放，同世界经济接轨；第六，从权力过分集中、民主严重不足、法制极不健全，转向建立健全社会主义的民主法制国家。①

在改革开放的有力推动下，我国现代化建设有序推进，经济进入加速发展的飞跃时期，社会主义精神文明建设取得了重要发展，军队整编取得重大成就。在“一国两制”的科学构想下，中国分别与英国、葡萄牙就解决香港和澳门问题达成了共识。改革开放的实践证明了中国特色社会主义道路是中国走向繁荣进步的正确道路。

8.5.4　社会主义中国与国际秩序的变革

1949年，新中国成立后，中国被排除在既有全球性国际制度之外，以美国为首的西方国家拒绝与新中国建立外交关系。对此，毛泽东作出了“一边倒”的外交决策，但是，这一战略抉择与随后的朝鲜战争为国际秩序带来了很大的后续影响。20世纪60年代，中苏论战直接导致中苏关系破裂，社会主义阵营瓦解，中国提出“中间地带”理论，两个拳头同时出击。到了70年代，这种外交上的被动局面亟待改变，毛泽东于是创造性提出与西方国家缓和关系，与美国恢复建交，这极大地拓展了中国在国际社会的活动空间。1971年，联合国大会更是恢复了中国在联合国的合法席位，这直接提升了中国的国际地位。

改革开放以后，中国经济的巨大潜力使其迅速融入国际社会，吸引了众多海外资本。20世纪80年代初，邓小平重新认定，新的时代主题是“和平与发展”，而非“战争与革命”，这是社会主义中国重新认识与世界关系的转折点。对外开放成为中国国际战略的重要部分，这既是引进资金、技术的过程，也是学习观念、制度的过程，中国开始着力强调与国际接轨。苏联解体、东欧剧变、冷战结束之后，国际形势发生了重大变化，社会主义事业在世界范围内遭遇了严重挫折，中国国内也发生了政治风波。邓小平针对国内外的重大变化，提出了“韬光养晦、有所作为”的方针。针对苏联解体后中国是否要做社会主义国家的领头人，邓小平说：“第三世界有一些国家希望中国当头。但是我们千万不要当头，这是一个根本国策。”② 提出“中国永远站在第三世界一边，中国永远不称霸”的思想。

随着中国国家实力的上升，中国在东亚地区的影响力显著增长，中国与周边邻

① 黄宗良．从苏联模式到中国道路．北京：北京大学出版社，2014：30.

② 邓小平．邓小平文选：第3卷．北京：人民出版社，1993：363.

国开始展开积极合作，继续强化负责任大国的形象。这种自我认同的变化既意味着中国的国家行为越来越受到国际制度的调节，也意味着中国塑造国际制度的能力和意愿亦不断提高。特别是越走近世界舞台中央就越会感到，现存国际秩序是既有利益格局的产物；虽然世界市场促进了中国的繁荣和发展，但是，以维护主导国家利益为旨归的国际制度框架也对中国合理利益的发展构成了约束和限制。因而，思考如何积极建设国际秩序的新思路成为中国迫在眉睫的任务。

进入 21 世纪以来，中国发展步伐加快。2005 年党的十六届五中全会提出“互利共赢”的开放战略，体现出中国在实现自身发展的同时也高度关注其他国家的利益。党的十八大以来，中国的国家实力有了更大的提升，新一代中央领导集体提出了一系列外交理念，包括“人类命运共同体”“构建新型大国关系”“新安全观和综合安全观”“国际关系民主化”“大力弘扬新型义利观”等，丰富了中国外交的政治话语，凸显了中国政治文化传统和特色，也为国际秩序贡献了重要观念。不仅如此，中国还抓住了国际金融危机的契机，通过搭建亚洲基础设施投资银行等金融合作机制和“一带一路”倡议，开始为国际社会提供更多的公共产品，并努力寻求将中国的经济影响力转化为政治影响力。改革开放后，中国的发展正在冲击和改变着国际秩序与利益分布，如今的中国不仅是全球性国际制度的全面参与者，更是重塑国际秩序的重要竞争者。

世界社会主义 500 多年一路走来，既有波澜壮阔，又有艰难曲折。在这一进程中，可以清晰地看到社会主义从西方到东方的演进、从理论到实践的转变、从一国到多国的发展这样一条历史线索。社会主义思潮建基于对西方式现代化道路的系统性反思，凝聚为代表工人群众利益的革命家集团、政党、工会、国际联合等政治组织，通过社会运动与革命战争、社会改良与制度改革等一系列斗争形式，极大地遏制了资本主义的破坏性，朝着平等化、民主化方向发展，深刻地塑造着国内国际秩序，在世界历史的进程中发挥了重要作用。

新中国成立以来，中国共产党领导中国人民创造了经济快速发展和社会长期稳定的历史奇迹，中华民族迎来了从站起来、富起来到强起来的历史性飞跃。党的十八大以来，以习近平同志为核心的党中央，在世界百年未有之大变局的关键时期，坚持和加强党的全面领导，统筹推进“五位一体”总体布局，协调推进“四个全面”战略布局，坚持和完善中国特色社会主义制度，推进国家治理体系和治理能力现代化。在中国共产党的领导下，我们如期打赢脱贫攻坚战，如期实现全面建成小康社会的第一个百年奋斗目标，进一步明确了实现第二个百年奋斗目标的战略安排。正如习近平总书记所言：“中国特色社会主义，是科学社会主义理论逻辑和中国社会发展历史逻辑的辩证统一，是根植于中国大地、反映中国人民意愿、适应中国和时代发展进步要求的科学社会主义。”中国特色社会主义正以前所未有的活力，在新时代，接续科学社会主义的光荣传统，实现科学社会主义的真正价值，统领中国式现代化的光明新路，开创努力实现中华民族伟大复兴中国梦的新征程。

8.6　本章小结

本章以“科学社会主义的创生”为起点，系统梳理了社会主义思想、运动与制度的历史发展脉络及其对世界秩序的影响。从马克思、恩格斯建立科学社会主义学说，到共产主义者同盟、第一国际和第二国际的跨国工人联合，再到俄国在十月革命后创建第一个社会主义国家，每一发展阶段都在国内政治语境中将社会主义理念转化为具体的组织动员与制度安排。在国内，这一进程表现为工会罢工、议会斗争、政治革命以及福利制度的推行和社会主义政治经济制度的确立。而当社会主义国家基于本土实践构建起新的模式后，又通过共产国际、各种社会主义政党及工人组织作为对外输出经验与话语的渠道，进一步推动更多国家仿效。从十月革命到全球冷战格局的形成，社会主义不仅深刻改写了各国政治生态，也重塑了世界地缘政治格局。

社会主义并非一套自足封闭的理念发展史，而是在与具体历史条件的互动中发展起来的复杂社会实践体系。因此，我们应从多种社会主义思潮的相互竞逐和与现实的互动博弈中理解社会主义的发展进程及其对世界的塑造作用。同时，社会主义作为一项“国际性”的运动，其实践基础始终根植于民族国家内部。因此，“国际”与“民族”的张力，构成社会主义发展中反复出现的主题。

当代社会主义的研究亟须摆脱苏联僵化教条的历史叙事，转向以历史社会学、历史政治学等更具学理性和开放性的分析，探讨社会主义思想与运动对国内政治与国际秩序的双重塑造，以回应新时代对社会主义理论提出的重大命题。中国特色社会主义的发展，尤其是“一带一路”倡议和推动构建人类命运共同体理念的提出，正在为社会主义在全球层面的复兴与重构提供新的历史可能性。

第9章

民族主义与世界政治秩序

9.1 引言

“民族主义”这一概念的历史十分悠久。① 但究竟什么是民族主义，学界却一直众说纷纭，以至于有人感叹：“以民族主义的名义进行归类的现象过剩征表明，它可能是当前政治学词汇中最为模棱两可的概念之一。”② 与之对应，民族主义带来的政治影响更是多重性的。

民族主义对世界政治秩序影响之大，超乎很多人的想象。英国历史学家霍布斯鲍姆曾说过，若想一窥近两个世纪以来的地球历史，则非从“民族”以及衍生自“民族”的种种概念入手不可。③ 自国际关系体系形成以来，民族主义便一直是塑造国际秩序的决定性力量。“作为一种信仰体系和社会运动，民族主义已经成为现代世界的形成程序之一。”④ 民族主义含义的模糊性决定了其对世界政治影响的多重性。它就像变色龙一样因时而异，因势而异，不断根据环境做出改变。“在世界的一些地方，民族主义是伴随自由宪政和民主政府而出现的，而在其他地方它却是

① 据考证，这一概念最早于 1774 年出现在赫尔德的著作中。参见：Hechter M. Containing Nationalism. Oxford：Oxford University Press，2000：5.

② Hechter M. Containing Nationalism. Oxford：Oxford University Press，2000：6.

③ 霍布斯鲍姆．民族与民族主义．李金梅，译．上海：上海人民出版社，2000：1.

④ Halliday F. Nationalism//Balis J.，Smith S. The Globalization of World Politics. Oxford：Oxford University Press，1997：360.

帝国征服带来的一种反应。”[①] 民族主义既可以是争取解放的武器，也可以是民族压迫的工具。

9.2 民族主义的多重内涵与发展演变

9.2.1 民族主义含义的模糊性及政治功能的多重性

就民族主义的目标来看，英国学者米歇尔·赫斯特把民族主义划分为四种类型：第一，国家建构的民族主义（state-building nationalism），这是一种体现为在给定的国家中试图进行同化（assimilate）和合并（incorporate）文化疆域的民族主义；第二，外围民族主义（peripheral nationalism），这种民族主义发生在文化疆域内抵制加入一个日益膨胀的国家，或者试图脱离并建立自己的政府之时；第三，领土收复的民族主义（irredentist nationalism），这种民族主义的发生是与试图通过与邻近国家合并来扩展现有国家边界联系在一起的；第四，统一的民族主义（unification nationalism），它试图将一个在政治上分裂但在文化上同质的区域合并为一个国家。[②] 另一位学者珍妮·达莫尼奎·拉法伊则认为，民族主义至少有两层不同的含义：它首先是指一种寻求建立新国家的意识形态；其次，它还是一种旨在保持现状的意识形态。它渴望保持现存国家（包括它的领土和人口），并给予政府令所有其他对象（包括公民的福利和基本权利）服从于它的最高权力。拉法伊把后者称为保守的民族主义（conservative nationalism）。[③] 按照安德鲁·海伍德的说法，“保守民族主义倾向于在已经建立的民族国家内发展，而不是在国家建立过程中进行发展。它更多地关注体现在爱国主义感情中的社会凝聚力和公共秩序，而对普遍的民族主义的自决原则关心较少”。[④]

就民族主义的基本构成来看，中国学者徐迅把民族主义分解为政治权力（国家）、社会政治运动和意识形态三个层面的内容。[⑤] 另一位中国学者同样是在三重含义上理解民族主义：首先，民族主义是一种心理状态或思想观念；其次，民族主义是一种思想体系或意识形态；再次，民族主义是一种社会实践和群众运动。[⑥] 笔者赞同两位学者对民族主义进行的结构分类。本章论述的民族主义就同时具有民族情感、意识形态和社会政治力量三个层面的内容。

---

① 梅奥尔．民族主义与国际社会．王光忠，译．北京：中央编译出版社，2009：2.

② Hechter M. Containing Nationalism. Oxford：Oxford University Press，2000：16.

③ Lafay J D. Conservative nationalism and democratic institutions//Breton A，Galeotti C，Salmon P，Wintrobe R. Nationalism and Rationality. Cambridge：Cambridge University Press，1995：159.

④ Heywood A. Political Ideologies：An Introduction. 2nd ed. London：Macmillan Press Ltd，1998：171.

⑤ 徐迅．民族主义．北京：中国社会科学出版社，1998：47.

⑥ 余建华．民族主义．上海：学林出版社，1999：11－13.

首先，民族主义体现为一种强烈的情感。《大英百科全书》对“民族主义”的解释便很具有代表性：“民族主义是一种思想状态，每个人对民族国家怀有至高无上的世俗的忠诚。”① 安东尼·吉登斯（Anthony Giddens）也认为：“民族主义是对主权的文化感受”，“民族主义是一种情感，它能够被用来动员整个民族共同体以支持国家政策”。② 国家民族主义作为一种以国家为认同对象的民族主义，自然表现为对所属国家的深厚感情。

其次，民族主义是一种政治意识形态。和其他政治意识形态（如自由主义、保守主义、共产主义）相比，民族主义可能是最为感情化的一种。这种感情诉求经常强烈到不知是否应该把它归结为一种思想主张的地步。如安德鲁·海伍德就认为，把民族主义视为一种意识形态至少会遇到三个问题：第一，民族主义通常是按照政治教条，而不是按照意识形态标准进行划分的。本质上，民族主义仅仅是对国家治理的自然、合适的基本单位（信条）的单纯信仰。第二，民族主义通常表现为一种心理现象（通常是忠诚于某个国家而厌恶别的国家），而不是一种理论抽象。第三，民族主义具有一种精神分裂式的政治性格。在不同时期，民族主义可以表现为进步的和反动的、民主的和威权的、理性的和非理性的、左翼的和右翼的。③ 但若仔细分辨，仍然能分辨出民族主义观念和理论的基础。它们中最主要的原则有：国家、有组织的共同体、自决、认同政治等等。④

最后，民族主义也是一种社会政治运动。民族主义在很大程度上是一种“讷于言而敏于行”的实践型意识形态。甚至可以说，没有政治实践的民族主义根本算不上是完整意义上的民族主义。民族主义的政治实践可以从两个层面理解：一是体现为群众性社会政治运动的民族主义，二是体现为国家权力的民族主义。

9.2.2 民族主义的发展演变

从纵向角度看，民族主义经历了一个不断嬗变的过程。在15—18世纪，欧洲民族主义是伴随着资产阶级推倒教权的反封建运动逐步产生、壮大的。《威斯特伐利亚和约》的签署，美国独立战争、法国大革命、意大利和德国统一等一系列历史事件的发生，既是受民族主义精神的感召，同时又促进了民族主义运动的深入发展。在这一过程中，民族主义提出了一系列具有历史进步意义的国际关系基本原则。特别是其中的“民族自决”原则认为：每一个民族都有权决定自己的命运，独立还是不独立，抑或选择成为更大国家的一部分。这一原则成为那个时代最具进步意义的历史回响。

---

① The New Encyclopaedia Britannica. Vol. 8. 15th ed. Chicago：Encyclopaedia Britannica Inc.，1993：522；The New Encyclopaedia Britannica. Vol. 27. 15th ed. Chicago：Encyclopaedia Britannica Inc.，1993：419.

② 吉登斯．民族-国家与暴力．胡宗泽，等译．北京：生活·读书·新知三联书店，1998：264－265.

③④ Heywood A. Political Ideologies：An Introduction. 2nd ed. London：Macmillan Press Ltd，1998：156.

19世纪后期，随着自由资本主义向垄断帝国主义发展，欧洲的民族主义也由一种具有历史进步意义的防御型力量，蜕变为极具侵略性的扩张型民族主义。两次世界大战的爆发充分暴露出这种扩张型民族主义的致命弱点。而20世纪五六十年代在第三世界兴起的民族解放运动，很大程度上是对几个世纪以来西方不正义的殖民主义统治的反击，因而具有特殊的历史意义。在此之后，民族主义开始被看作是一个过时的东西。当在超级大国和独立的前殖民地国家之间建立起国际和平的成果后，民族主义便被抛到了脑后。[①] 许多人预言，伴随着经济全球化和地区一体化发展，民族主义甚至连同民族国家都会成为一种过时的政治现象。然而，冷战结束后，民族主义浪潮却在全球范围再度兴起。苏联一分为十五，南斯拉夫一分为六，捷克斯洛伐克一分为二，其他国家也出现了各种各样的民族分离主义。英国学者安东尼·史密斯（Anthony Smith）感叹："我们正在目睹着被长期封存的族裔民族主义、宗教激进主义和群体对抗的复兴。每一个洲都要求自治与分离的族裔斗争、民族统一主义的战争以及发生在劳动力市场和社会设施上的爆炸性种族冲突大量增加。在全球化与超然存在的时代，我们发现自己陷入了政治认同与族裔分离的冲突大漩涡。"[②] 冷战后民族主义在全球的兴起和泛滥，很大程度上是两极格局掩盖下的各种潜在矛盾的总体性爆发，是一次带有填补意识形态空白和历史反弹性质的民族主义回潮。这股民族主义潮流不仅波及众多发展中国家，而且也波及许多发达国家。这充分表明，在全球化趋势日益增强的今天，已绵延几个世纪的民族主义在国际政治中依然具有不容低估的强大生命力。

需要指出的是，民族主义的模糊性和易变性，决定了民族主义对世界政治影响的多重性。有学者认为，民族主义对国际关系的影响主要有四个方面：第一，为国家体系提供了一套新的价值和合法性体系；第二，充当国家建构重要、本质的组成部分，并在社会里形成一种共同身份和意识；第三，为重新绘制国际政治地图提供了强大动力；第四，民族主义施加于国际体系的结果，使它已成为冲突（通常是战争）的根源。[③] 还有学者指出，西欧主权国家体系的运作逻辑具有三重性：体系成员间的承认政治与认同政治、体系内部的结构性竞争，以及体系对外部不断膨胀的动力。[④] 为简单起见，本章将主要从正反两方面阐释民族主义对世界政治秩序的影响。

---

① Halliday F. Nationalism//Balis J，Smith S. The Globalization of World Politics. Oxford：Oxford University Press，1997：360.

② 史密斯．全球化时代的民族与民族主义．龚维斌，良警宇，译．北京：中央编译出版社，2002：2.

③ 同①365－366.

④ 张锡模．圣战与文明：伊斯兰与西方的永恒冲突．北京：生活·读书·新知三联书店，2014：112.

9.3 民族主义的起源及对欧洲的双重影响

民族主义本质上是欧洲地缘版图碎片化的结果。欧洲民族主义“一族一国”的建国模式，极大巩固和强化了西欧国家的国家建构进程。但与此同时，这种民族国家观的向外延伸，极大加剧了欧洲东部的多民族帝国（奥匈帝国、奥斯曼帝国）的瓦解。

9.3.1 民族主义本质上是欧洲地缘政治版图碎片化的结果

从历史源头看，“民族国家”理论模式最早发源于西欧，是病态地缘政治环境下滋生出来的特定政治思潮。我们知道，欧洲地缘政治版图是破碎型的。自 3 世纪罗马帝国崩溃后，欧洲就处于小国林立的状态，并在数个世纪以来一直如此。查理曼帝国曾在莱茵河西部和东部建立核心统治区，但在加洛林王朝第四代继承时发生分裂，国土一分为三，使欧洲统一成为绝响。

从 13 世纪中叶到 15 世纪下半叶，西欧兴起的君主制王朝构成了民族国家的最初形态。1276 年前后，在一个名叫贾森·安尼科的人撰写的一部长篇世界纪年史中，欧洲所属的“基督教国”被分成不同的国家，如法兰克、英格兰、西班牙、意大利和奥地利；按民族则区分为巴伐利亚人、匈牙利人等。① 这表明，早在 13 世纪，欧洲就出现了民族国家和民族的雏形。到 14 世纪，许多欧洲国家为加强内部凝聚力，都在建立自己的集体意识。② 尤其 16 世纪宗教改革运动后，欧洲无论是天主教国家还是新教国家，都在淡化宗教的社会影响力。各国为加强自身权力地位，大力推行“教随国定”原则，利用基督教促进文化整合，同时借宗教宣扬“君权神授”，君主成为国家和民族的代表。至此，欧洲国家距离现代民族国家仅有一步之遥。

签署于 1648 年的《威斯特伐利亚和约》便是这种新型政治认同的法理表述。该条约是第一份由主权国家签订的现代条约。根据该条约，两个新国家首次得到承认，他们分别是尼德兰联合省共和国（荷兰）和瑞士联邦，前者实际上早在 40 年前就已经从西班牙的统治下独立，后者当时成立了一个独立于哈布斯堡王朝的共和国。《威斯特伐利亚和约》最重要的意义在于，宗教被从世界政治的舞台上赶了出去，欧洲君主们开始用“教随国定”来定义教会和国家的关系，一国的宗教信仰由它的统治者决定，这本质上是世俗主义的解决方案。③ 通过该条约，欧洲各君主国

---

① 李伯庚．欧洲文化史：全球史视野下的文明通典．赵复三，译．南京：江苏人民出版社，2012：172.

② 同①173.

③ 帕戈登．两个世界的战争：2500 年来东方与西方的竞逐．方宇，译．北京：民主与建设出版社，2018：247-248.

开始摆脱封建教会的束缚，成为真正独立和终极意义上的政治单位。正如基辛格所说："异彩纷呈、相互角逐的王朝和民族没有被看成是需要消除的一种'混乱'，而被理想化的欧洲政治家有意无意地视为一种趋向均势的内在机制。"① 可以说，作为政治思潮的民族主义与作为民族国家体系的威斯特伐利亚体系的出现，是相互促进、互为因果的过程。

在欧洲，民族、民族主义与破碎型主权国家是一个彼此互动、相辅相成的过程。探究"先有民族主义，还是先有民族国家"的问题，就像质问"先有鸡，还是先有蛋"一样难有标准答案。弗朗索瓦·基佐（François Guizot）曾说过："你可以先肯定它绝无谬误，然后再由它推演出主权；你也可以先施加主权，然后再由此得出它绝无谬误。可无论怎样，你总要确定一种绝对权力，并把它奉为神明。同样，无论你施加主权的手段是通过政府的镇压或哲学家的说理，也无论你把主权归于君王或归于人民，结果总是一样。"② 在欧洲地区，两种情况事实上同时存在，相互交织。英国、法国等国家就是先建立民族国家，后将民族主义作为国家合法性的依据和来源。民族是国家的倒影。"没有国家，就不会出现民族主义问题。"③ 而德国、意大利等则是先有民族主义感召，之后建立起民族国家。在19世纪的欧洲，"最流行最活跃的思想力量是民族主义。在民族主义原则的基础上，德意志和意大利完成了统一；匈牙利摆脱奥匈帝国赢得独立；塞尔维亚、黑山共和国和罗马尼亚脱离土耳其，取得完全独立"。④

总之，民族国家在欧洲的出现乃是欧洲特定环境下的自然历史过程。"西欧的民族国家是由中世纪迈向近代的国家形式。这个发展过程是：普世教会国家—王权国家—民族国家。"⑤ 从地缘环境看，欧洲小国林立的地缘政治版图，最终强化并形成了各有特色的民族，而倡导"一族一国"的民族主义思潮，正是在这种支离破碎的政治版图上长出的罂粟花。从内在逻辑看，欧洲民族国家的发展始终是与资本主义经济发展、政治体制变革、思想观念的现代化同步进行的。从世界范围看，率先建立"民族国家"的荷、英、法等国发展迅速，又将这种产自欧洲本土的民族国家体系向世界传播，成为世界政治体系中标准版本的政治单元。

9.3.2　民族主义与西欧国家的国家建构

作为一种倡导的"一族一国"原则的意识形态和社会政治运动，民族主义国家观对欧洲政治乃至世界的影响更是一言难尽。在欧洲地区，民族主义的正面效应主

---

① 基辛格．世界秩序．胡利平，林华，曹爱菊，译．北京：中信出版社，2015：2.

② 哈特，奈格里．帝国．杨建国，范一亭，译．南京：江苏人民出版社，2005：87.

③ 盖尔纳．民族与民族主义．韩红，译．北京：中央编译出版社，2002：7.

④ 里奇．现代欧洲史：第5卷：民族主义与改革的年代（1850—1890）．王潇楠，王珺，译．北京：中信出版社，2016：62.

⑤ 彭树智，黄倩云．第三世界的历史进程．北京：中国青年出版社，1999：269.

要体现在国家建构方面。从学理上讲，“国家建构”有两层含义：一是自上而下的政权建构，即不断增强中央政府的资源汲取和分配能力，最终形成强政府；二是自下而上的国族建构，即通过各种方式不断增强民众的国家共同体意识，使所有国民都意识到自己是国家的一员。

9.3.2.1 民族主义—民族国家—完整的国家权力系统

民族主义是民族国家的思想先导，民族国家是民族主义的最终归宿。国家一旦建立，它便成为不断进行自我完善、自我强化的自组织。在传统生产方式和政治单元中，经济和社会交往处于相互隔绝状态，公共服务往往由当地政府或企业提供。然而，随着工业化进程推进和各地横向交往增多，原来各自为政的治理方式日趋失效，人们越来越希望国家出面来保护私有财产，提供统一货币，促进企业发展，补贴刺激经济，建立关税壁垒对抗外来竞争，等等。与此同时，各方也需要国家修建铁路、公路、堤坝和港口设施，提供污水管道系统和水资源，兴办教育，以及建立强大的陆军和海军。

国家要想实现有效统治，最关键的就是要垄断暴力机器，增强对各种资源的汲取和分配能力，能够提供基本公共产品（如教育、医疗、基础设施、军队等等）。而国家要想提供上述公共产品，又离不开巨额的财政收入作为基础。要想增加财政收入，就要求国家必须建立政府和官僚机构，增强政府的征税能力。所有这些，都会在不经意中巩固和强化国家的政权结构。现代主权是一种反抗自己以外一切政治力量的政治力量，它还是一种警察力量，必须一刻不停地在广泛的范围内完成把个体吸纳入总体、把所有人的意志凝结为一种普遍意志的奇迹。现代官僚体制则是主权国家这一庞大“利维坦”的关键器官。官僚体制所运用的机器把合法性和组织效率性、权利和权力的运用，政治和警察统一了起来。① 官僚机构权力的向下扩张和渗透，最终使国家日渐完成自上而下的政权建构过程，乃至使国家成为自立于民众之外的“利维坦”。不断增加的官僚权威、义务兵役制、义务教育，大规模的杀伤性新型武器和蓬勃发展的大众传媒，为欧洲政府提供了比以往更有效的控制和操纵人口的方式。②

需要指出的是，欧洲的国家建构进程与战争息息相关。一方面，战争导致欧洲地缘版图不断变化重组，最终形成现在欧洲主权国家的雏形。根据蒂利的研究，从公元1000年开始，就有3 000万欧洲人生活在一系列令人眼花缭乱的政治单元里，为首的是“皇帝、国王、诸侯、公爵、哈里发、苏丹和其他统治者”。仅在意大利就有200～300个城市国家。到1500年，欧洲人口大约有8 000万，这些人分属于大约500个国家、准国家、雏形国家和类似于国家的政治单元。但持续不断的战争

---

① 哈特，奈格里．帝国．杨建国，范一亭，译．南京：江苏人民出版社，2005：106.

② 里奇．现代欧洲史：第5卷：民族主义与改革的年代（1850—1890）．王潇楠，王珺，译．北京：中信出版社，2016：109.

使欧洲国家数量削减到30个左右。① 战争导致欧洲的地缘版图不断分化重组，最终形成以“民族国家”为单位的欧洲国际体系。欧洲历史学家普遍认为，1789年法国大革命，以及随后拿破仑征服欧洲大陆的企图，极大促进了民族主义在欧洲的传播。1789年革命的原则信条已经以通用语言的形式宣告于世：现在他们（法国）已经被民族化了，并且被用于服务特定的法兰西帝国秩序。② 而拿破仑指挥法国军队废除从查理曼开始形成的由日耳曼各族组成的神圣罗马帝国，并将欧洲各国纳入直接统治，引发了各国带有民族主义色彩的强烈反抗。1805年拿破仑战胜普鲁士后，制定了严酷的投降条件。1813年，普鲁士国王腓特烈·威廉决定参加反法大同盟，其号召村民起来战斗的檄文中，民族主义的文化因素到处可见。③

另一方面，战争消耗迫使各国强化对内汲取能力，由此客观上强化了国家的汲取和分配能力。欧洲各国为了生存壮大，相互间征战不断。桑巴特在其《战争与资本主义》一书中指出，在14—15世纪，英国与法国争斗了100年；16世纪，欧洲只有25年的太平时光，17世纪时只有21年，也就是说，在这200年（16、17世纪）里就有154年处于战乱之中；荷兰从1568—1713年的145年中，有116年在打仗。④ 在7个多世纪里，欧洲国家70%～90%的财政资源几乎持续地用于军事力量的组建和使用。由于欧洲经济的扩张和征服与保护市场和领土的军事行动交织在一起，战争的目的愈发具有现代意义上的经济性质。⑤ 17世纪的荷兰，90%的预算都用于战争；1760—1800年间，普鲁士军费开支占总支出的74%～90%。⑥ 另有统计表明，在18世纪，有78%的年份存在着大国之间的战争。到了19世纪，则只有40%的年份中发生过大国间的战争。⑦

庞大的战争开支迫使欧洲国家强化税收征收体系，由此强化了政府对领土的统治和管理能力。相比之下，帝国性国家疆域太大，难以有效动员自身资源；而意大利城市国家又幅员太小，不足以在战争中获胜。这样，在欧洲大陆长达数百年的战争中，民族国家这种政治单元最终脱颖而出。与此同时，由于统治者征税损害地主和资产阶级利益，因此双方反复博弈，统治者不得不让渡部分权力，建立各种形式的代议机构，统治者征税前必须征求代议机构批准。国家官僚机构也在征税过程中成长起来。⑧

---

① 马克斯．现代世界的起源：全球的、生态的述说．夏继果，译．北京：商务印书馆，2006：118.

② 梅奥尔．民族主义与国际社会．王光忠，译．北京：中央编译出版社，2009：51-52.

③ 李伯庚．欧洲文化史：全球史视野下的文明通典．赵复三，译．南京：江苏人民出版社，2012：423.

④ 桑巴特．战争与资本主义．晏小宝，译．香港：大风出版社，2016：3.

⑤ 曼．社会权力的来源：第1卷．刘北成，李少军，译．上海：上海人民出版社，2007：689-690.

⑥ 王湘穗．币缘论：货币政治的演化．北京：中信出版集团，2017：91.

⑦ 同⑤450-451.

⑧ 同①119.

9.3.2.2 民族主义强化民众对国家的忠诚和共同体意识

民族主义并非政治认同的唯一标准。在罗马帝国及其后相当长的时期，民众将基督教作为政治意识形态和政治认同标准。在此之后，欧洲各国一度将君主和国王本身作为效忠对象。直至《威斯特伐利亚和约》签署很久之后，“民族”才变成建立国家和确定忠诚的主要依据。尤其在1789年法国大革命之后，王朝原则的正统性受到极大冲击，随后出现了代表民族主义思潮的人民主权原则。“民族”概念原本是由绝对君主制国家发展而来的。民族的精神认同最初是君主的神圣之体，之后才将领土和民众作为神圣抽象物加以膜拜。国家认同是一种文化的融合的认同感，其基础是血缘关系的延续性、领土的空间连贯性和语言的共有性。① 正如迈克尔·哈特所言：“当以主权力量解决现代性危机已显得不可靠时，国家就被拉进来作为支撑；当国家也不可靠时，人民又被拉进来。每一步逻辑回溯都加固了主权力量，因为它使这种力量的根基神秘化。”②

现代民族国家的建立并不意味着境内民众会自动地与国家同呼吸共命运，而是有赖于国族建构，培养和强化民众对“民族国家”的政治效忠。在内部，民族国家及其民族主义意识形态一刻不停地忙碌着努力创造出、再生产出纯正的人民；在外部，民族国家则创造出种族差异，划定疆界，以支持主权的现代主体去除统治的限制。③ 具体地说，就是从族裔认同转向政治认同，从排他性认同转向包容性认同，从血缘性认同转向地理认同。按照本尼迪克特·安德森的说法，民族国家本质上是一个“想象的共同体”，国族建构本质上就是个“想象”的过程。④ 国族整合主要通过以下政策来实现。

一是借用传统文化符号来培养共同政治象征。民族主义本质上是一种回溯性的社会政治思潮。它的奇特之处在于，它存在的正当性来自其与历史传统的天然联系。通过追溯历史人物的丰功伟绩和历史文化的灿烂辉煌，民族主义为凝聚广大民众、培育他们的民族自豪感和命运共同体感，提供了一种通俗易懂、简单易行的政治说教方式。欧洲各国统治者到18世纪末期才开始鼓吹民族国家意识。民族国家被说成是一种独特的统一体。各国都从国家的观点重新撰写历史，把国家说成是民族和社会在政治结构上的自然形式，并刻意宣传其中的民族对外战争和历史伟人对民族历史所起的重要作用。无论文学艺术和名胜古迹，都是歌颂民族的历史。过去被看作“黑暗”的中世纪，到19世纪则被认为是欧洲民族国家的由来而受到歌颂。⑤

---

① 哈特，奈格里．帝国．杨建国，范一亭，译．南京：江苏人民出版社，2005：116－117.

② 同①123.

③ 同①140.

④ Anderson B. Imagined Communities：Reflections on the Origin and Spread of Nationalism. London，New York：Verso，1983：15.

⑤ 李伯庚．欧洲文化史：全球史视野下的文明通典．赵复三，译．南京：江苏人民出版社，2012：425，435.

二是通过颠覆原有价值观和社会规范来强化共同命运。民族主义一般是通过两条外在的途径来培育命运共同体：强调内部的一致性和对外的排他性。在政治实践中，民族主义政权为加强内部团结，在对外政策中，往往有意无意地采取文化民族主义的态度，甚至借助强调和夸大外部世界威胁的办法来实现内部团结。盖尔纳（Ernest Gellner）指出，民族主义的理想是“一个国家，一种文化”，因为构建所谓民族国家设想的基础就是共同文化。在民族主义者眼中，如果统治者与被统治者分出两个民族，“将造成政治体系中不可逾越的鸿沟”。①

三是借助现代教育体系和大众传媒来培育全民共识。全民教育和大众传媒在文化整合过程中发挥着十分重要的作用。尤其义务教育是达到国族建构、实施教化目标最有效、最理想的手段和工具。② 一方面，它们能够为领土范围内的居民提供并传播一种适应民族主义政权统治需要的意识形态和大众文化，并通过无处不在的宣传和灌输，把这些外在、后天的东西变成民众内在、先赋的政治观念。

必须指出的是，民族主义将“民族”作为政治认同单元，对国家建构同样会产生相当的负面效应。民族主义极度强调统一性和同一性，这种追求纯正与纯粹的狭隘特征为欧洲埋下了社会动荡的隐患。例如，欧洲各国追求本国民众使用同一种语言，将地区文化纳入国家的框架。盎格鲁化、俄罗斯化、瑞典化的运动被强行推行，连统治集团的宗教也往往同时被强加到丧失独立性的不同民族头上。从伊丽莎白一世起直到19世纪反对爱尔兰天主教徒，欧洲地区的所谓“种族净化”运动始终没有停歇。这种强行进行民族同化的最终结果，就是欧洲各地区的少数民族对本民族的语言、文化、历史、宗教都更为珍惜。③

9.3.3　“一族一国”原则与欧洲多民族帝国体系的瓦解

“民族”这一原生性特征被作为划分政治单元的标准，但这种“一族一国”并非划分世界单元的唯一标准。人类作为一种社会动物，天然包含着对群体认同和群体忠诚的渴望，但这种忠诚对象是多种多样的，它包括部落、宗族、城邦国家、王国、帝国等各种不同的政治类型。国家由民族主义宣传者代表，仅是诸多社会组织形式中的一种。④ 从民族主义起源看，它原本是欧洲地缘政治版图碎片化的产物。但即便在欧洲，民族国家的历史也并不悠久，而是一种“被造出来的传统”。⑤ 只是由于欧洲（特别是西欧）国家率先崛起，由此使“一族一国”的国家观随之向世界扩张，并被有意无意地作为构建国家的唯一标准。俗话说“汝之蜜糖，彼之砒

---

① 库马尔．千年帝国史．石炜，译．北京：中信出版社，2019：58－59．

② 里奇．现代欧洲史：第5卷：民族主义与改革的年代（1850—1890）．王潇楠，王珺，译．北京：中信出版社，2016：96－100．

③ 李伯庚．欧洲文化史：全球史视野下的文明通典．赵复三，译．南京：江苏人民出版社，2012：427．

④ 同②63－64．

⑤ 同③508．

霜”，在那些没有确立民族意识的地区，民族主义无论在国内还是国际政治中，都成为最具破坏力的力量。① 政治民族主义给非西方文化提供了一种不合时宜的东西。这是因为，东方国家奉行的大多是王朝或帝国体系，这与欧洲的民族国家体系迥然不同。

帝国与民族国家是截然不同的政治实体，遵循完全不同的政治原则。民族主义的核心一般是种族或族群的均一性，坚信本民族要比其他民族优越。相比之下，帝国基本上是多民族或多种族的国家，其追求的不是一种共同文化，而是强调文化的差异性和多样性。帝国凝聚力以垂直方向发展，即从统治者到平民，而非民族内部公民或成员之间横向的平等关系。最后，帝国追求的是普世性而非特殊性。帝国把自己当成道德或宗教使命的践行者，而民族主义则被认为过于关注自我。② 此外，欧洲“民族国家”的前提是统治者与被统治者之间的有机联系。在价值体系上，民族国家观实际是基于个人主义的。相反，在那些王朝和帝国中，当权者与民众更多是一种“统治与服从”的关系，民众更多是作为“臣民”而不是“公民”出现的。③

帝国体系能延续数百年乃至上千年历史，原本有其逻辑自洽的运行法则。哈布斯堡王朝在欧洲的统治可追溯到 13 世纪。该帝国面临过诸多挑战但仍然屹立，成功维持了各民族对国家的忠诚，表明这种帝国具有相当的韧性和生命力。帝国内部维持统一的各种力量，包括皇权、军队、官僚、罗马天主教会，以及经济和文化等，都发挥了一定的作用。④ 但哈布斯堡王朝的致命弱点是行政管理和人口构成两方面未实现有机的统一，整个帝国通过占领、外交及联姻手段获取各个省份后，各省仍大体保留旧有的地方政府、权利、传统和风俗。在这个由各省汇聚的帝国内有大约 20 个不同的民族。19 世纪，许多民族的自我意识逐渐觉醒，这成为哈布斯堡帝国最大的扰乱因素。⑤

奥斯曼帝国也面临类似情况。奥斯曼帝国是个庞大的多民族国家，基督教世界与伊斯兰世界的反复冲杀，在这里，尤其是巴尔干地区，留下了形形色色的民族和宗教。在奥斯曼帝国统治时期，这里民族认同淡漠，各民族间基本相安无事。“形形色色的民族是按其宗教归属（伊斯兰教、东正教、天主教、犹太教）而不是按照民族（土耳其人、阿拉伯人、库尔德人、阿尔巴尼亚人、亚美尼亚人、罗马尼亚人、希腊人和斯拉夫人）来区分的。”⑥ 操着不同语言、信奉不同宗教信仰的民族更多是划分职业的标准，而不是争取政治独立的依据。这种状况当然与西欧“民族-国家”的标准相去甚远。

---

① 里奇．现代欧洲史：第 5 卷：民族主义与改革的年代（1850—1890）．王潇楠，王珺，译．北京：中信出版社，2016：62.

② 库马尔．千年帝国史．石炜，译．北京：中信出版社，2019：20.

③ Khashan H. Arabs at the Crossroads：Political Identity and Nationalism. Florida：University Press of Florida，2000：23.

④ 同①148－149.

⑤ 同①151－152.

⑥ 斯塔夫里亚诺斯．全球分裂：上册．迟越，等译．北京：商务印书馆，1993：117.

民族的宗旨与帝国的原则总是互相违背。① 由于西欧式的民族主义“宣称要重新改变疆界，重新分配政治权力，以满足个别民族的要求，重新提出已获解决的问题，重新继续相互之间的斗争”②，因此，在民族混居地区，这种来自异域的政治思潮的输入，非但没有给东方国家带来福音，反而无端引发了巨大的仇杀、战争和地区动荡。“民族主义远非增加政治稳定性和政治自由度，而是制造紧张和相互仇视的状态。”③ “民族国家理论的导入，直接冲击着帝国统治的正当性基础。西方‘民族国家’概念在亚非地区的渗透，带来的问题远比解决的问题多。”④ 这些欧洲的传统帝国，无论是统治者还是被统治的民族，都认识到了民族主义对帝国存亡的威胁。对民族主义思想传播可能带来的危险性，多民族混居的奥匈帝国感触很深。1853年，奥地利外交部长曾警告说：“根据民族来建立新国家的主张，是所有乌托邦计划中最危险的。”“提出这样的主张就是要与历史断绝关系。将它在欧洲任何地区实行，则会动摇坚固有组织的国家秩序的基础，将颠覆和搅乱欧洲大陆。”⑤

同为多民族国家的奥斯曼帝国更是惶恐不安。这是因为，各个民族集团往往分布在奥斯曼帝国边界的两边：罗马尼亚人、塞尔维亚人和克罗地亚人，地跨哈布斯堡和土耳其的两方；罗马尼亚人、库尔德人和亚美尼亚人，则分布在俄土边界的两方，而且这些省份的居民对奥斯曼帝国没有太多向心力。这种民族混居本身不是问题，在绝大多数时间中这些民族相安无事，但如果用“民族国家体系”衡量，几乎每个民族聚居区都成了潜在的定时炸弹。1862年9月，当时的奥斯曼帝国外长阿里在给驻法大使的一封信中指出：“要是放手让所有不同的民族去追求他们渴望的自由，土耳其将会成何局面。恐怕得要花上一个世纪的血流成河，时局才能稍微稳定下来。”⑥

这番话最终不幸言中。欧洲在经济和军事上节节胜利，使其倡导的“民族国家”体系和“主权”观念对奥斯曼帝国的渗透和冲击越来越大。当“西欧特色”的民族思潮被移植到巴尔干地区时，直接导致巴尔干地区民族分离加剧和奥斯曼帝国的解体，巴尔干一跃成为“欧洲火药桶”，并在短期内引发了三次巴尔干战争，其中第三次巴尔干战争还把欧洲列强拽了进来，导致了第一次世界大战。就此而言，欧洲式民族主义存在着难以克服的致命缺陷，远不是普世性的政治原则。

9.4 “民族自决”的双重标准与等级性世界秩序

民族主义原本就具有两面性和易变性特征：民族主义强调民族国家的自我意

① 库马尔．千年帝国史．石炜，译．北京：中信出版社，2019：序言．

②③ 凯杜里．民族主义．张明明，译．北京：中央编译出版社，2002：110.

④ Khashan H. Arabs at the Crossroads：Political Identity and Nationalism. Florida：University Press of Florida，2000：23.

⑤ 马佐尔．巴尔干：被误解的“欧洲火药库”．刘会梁，译．天津：天津人民出版社，2007：117.

⑥ 路易斯．中东：激荡在辉煌的历史中．郑之书，译．北京：中国友谊出版社，2000：416.

识，致力于实现国家团结统一，但这种所谓的民族主义意识很容易越过合理界限，演变为唯我独尊的"民族优越论"，乃至升格为给民族压迫正名的历史反面。在现实政治中，欧洲列强将民族主义的这种两面性作为实现地缘政治目标的手段充分利用，它们在欧洲本土奉行民族自决，在海外则实行殖民扩张，由此导致近现代世界政治出现了明显的双层世界体系并存局面。

9.4.1 双重标准：在欧洲是民族平等，在海外是民族压迫

民族主义原本就是欧洲地缘版图碎片化的观念反应，而欧洲地缘版图碎片化又是欧洲诸国"谁也吃不掉谁"的客观结果。欧洲列强为了确保自身生存安全，联手抵抗任何旨在实现欧洲统一、建立大一统帝国的尝试，它们的地区政策的共性特征就是都奉行均势原则，以防止任何一个欧洲国家取得决定性优势。

英国作为毗邻欧洲大陆的岛屿国家以及世界主要霸主，最担心的就是欧洲大陆出现足以威胁英国霸权地位的大陆国家。因此，英国长期针对欧洲大陆推行均势政策，防止出现任何足以挑战英国霸权地位的欧洲大国，尤其是防止欧洲大陆出现统一倾向。英国正是通过推行"民族自决"确保欧洲地缘版图碎片化。同时，这种民族自决政策加速瓦解了欧洲地区的多民族帝国（奥匈帝国、奥斯曼帝国），使英国的霸权地位更加稳固。正如荷兰人在反对哈布斯堡西班牙的帝国抱负的斗争中，成功地领导了行将诞生的国际体系一样，英国人也在反对拿破仑法国的帝国抱负的斗争中，成功地领导了行将灭亡的国际体系。如果说荷兰霸权体系开启了欧洲的民族国家体系，英国霸权体系则巩固了欧洲的民族国家体系——换句话说，就是将欧洲碎片化格局充分固化和合理化。① 某种程度上，正是由于欧洲各国谁也吃不掉谁，才出现了将分裂现状合理化的《威斯特伐利亚和约》，以及在此基础上形成的民族自决、主权平等国际法原则。

世界历史上，19 世纪被普遍视为帝国主义年代，但在欧洲本土，自 1815 年拿破仑失败后，欧洲各国间凭借"欧洲协调"的均势机制，实现了近百年和平状态。就此而言，民族主义思潮倡导的主权平等原则已经得到充分贯彻，一个现代性意义上的世界政治秩序已经在欧洲形成。那些试图整合欧洲碎片化地缘版图的国家，从 16 世纪西班牙的哈布斯堡王朝、18 世纪拿破仑掌权的法兰西帝国，直至 20 世纪希特勒实行法西斯专政的德国，都曾经尝试实现统一欧洲的雄心抱负。但这种野心或雄心均因其他国家（尤其是英国）的激烈抵抗，以失败告终。然而，只要将目标从欧洲大陆转向非西方世界，我们便很容易发现：民族自决、主权平等等国际法准则的光辉，从未照射到亚非拉地区的任何角落。欧洲国家一方面在欧洲本土大力倡导一系列革命性观念（如权利平等、民族自决等），另一方面又试图将非西方世界的民众置于欧洲列强统治之下。在欧洲地区，欧洲国家大体遵循和认可 1648 年以来

① 阿瑞基．漫长的 20 世纪．韩振荣，姚乃强，严维民，译．南京：江苏人民出版社，2001：65.

形成的威斯特伐利亚体系；但在欧洲之外，这种正向的民族主义则演变为民族狂热情绪主导的帝国主义，并将整个世界笼罩在殖民统治和霸权主义阴影之下。

这样，现代早期欧洲列强主导的世界政治秩序，就变成了“在欧洲民族自决，在亚非拉民族压迫”的双层政治结构。欧洲列强事实上成为以主权国家面目呈现出来的现代殖民帝国。① 在1919年巴黎和会上，欧洲国家拒绝在欧洲之外贯彻民族自决原则。由此，民族自决理论面临一个重大悖论：伴随着欧洲国家为政治自由而进行斗争的，是欧洲帝国向世界每一个角落的扩张；最强大的帝国（英国和法国），同时也是那些自由主义根基最牢以及民族统一进程最成熟的国家。② 之所以出现“自由主义国家推行殖民主义政策”的现象，以及由此造成的民族自决与民族压迫并存的双层世界体系，直接原因是国际力量发展不平衡。20世纪以来，欧洲列强凭借工业化优势率先崛起。这些欧洲列强从称霸世界和资本积累角度出发，信奉弱肉强食的丛林法则，肆无忌惮地在全球进行殖民扩张和血腥征服，因此其在“民族自决”问题上采取双重标准并不意外。

从更深层次看，欧洲列强的这种双重标准还与民族主义本身的两面性特征有关。民族主义将“民族”作为划分政治单元的标准，而“民族”又是基于血缘、语言、文化等原生性因素，这使民族主义天然带有种族主义的成分，而种族主义又天生具有“非我族类，其心必异”的种族排斥、种族压迫乃至种族灭绝倾向。“绝对的种族区别的建立是同质性国家认同感的基础之精髓。它又同种族压迫、社会清洗的现实层面相呼应。”③ 事实表明，在国际社会中，这种民族主义（或种族主义）在欧洲的确立以及国族整合的完成，正是以“他者”（亚非拉地区的原住民）作为对立面和前提条件的。迈克尔·哈特和安东尼奥·奈格里认为：“现代主权的世界是一个二元论世界，它分裂为一系列二元对立：自我和他者、白人和黑人、内部和外部、统治者和被统治者。”④ 民族国家现代性的这种内在冲突，体现在全球范围内就是一种与外部世界的持续冲突，乃至欧洲对世界其他地区的支配性统治。

民族主义原则确立的“民族-国家”的主权，实际是帝国主义的奠基石。这是因为，民族-国家确立的国家边界无形中确立了权力的中心。从那里出发，欧洲列强可以通过经济渗透、暴力征服等一系列举措，将自身的权力施加于外部疆域。被殖民者不仅在生理、地域、权利乃至思想上同欧洲人隔离开，而且被塑造成为他者，被殖民者抛出欧洲一切文明价值的界定之外。⑤ 尤其到19世纪后期，欧洲列强日渐从自由资本主义阶段发展到帝国主义阶段，这些国家对外扩张的能力与意图日趋强烈。1871年普法战争之前，大陆国家（包括沙俄）主要将注意力放在欧洲本

---

① 强世功．“天下一家”*vs.* 世界帝国：“深度全球化”与全球治理的未来．东方学刊，2021（4）：37.
② 梅奥尔．民族主义与国际社会．王光忠，译．北京：中央编译出版社，2009：54.
③ 哈特，奈格里．帝国．杨建国，范一亭，译．南京：江苏人民出版社，2005：124－125.
④ 同③168.
⑤ 同③149－150.

土。但1871年之后，人们逐渐意识到西欧近来不会出现重要的重新调整。于是，欧洲国家的民族抱负转向欧洲以外的领土。[①] 在这种背景下，欧洲列强原本具有正当性的自由民族主义，日渐被自大而褊狭的民族沙文主义所取代。这种民族主义强调本民族优越性，越来越希望通过牺牲法治和个人权利来取得单一民族国家的强盛和荣耀。[②]

到19世纪后期，帝国主义已经发展成为一种大众崇拜。殖民地变成国家强大和威望的标志，每个阶层的民族主义者都想拥有。[③] 欧洲列强将拥有多少殖民地视为国家强大与否的关键指标，以及经济可持续发展的秘诀所在。对这些国家来说，殖民地被视为制造现代武器所需原材料的核心来源，以及保护贸易线路和战略补给线的海军基地。由于世界上的土地总数有限，在土地仍有剩余时，国家必须要以尽可能快的速度获取尽可能多的土地，以防土地落入竞争对手手里。因此，欧洲列强获取殖民地的需求变得日益迫切。[④] 正是在这种日趋强烈的帝国主义和民族扩张主义鼓舞下，欧洲列强在亚非拉地区掀起了瓜分世界的狂潮。

9.4.2 欧洲殖民扩张与等级性世界体系的出现

在欧洲殖民者进行全球扩张之前，曾经存在过一个以亚洲为中心的世界经济体系。亚洲在这个较早的世界体系中占有更为重要的地位。[⑤] 英国学者巴里·布赞（Barry Buzan）也指出，在全球经济转型之前，欧洲与亚洲的经济差距非常微弱。到18世纪末期，亚洲许多生产与贸易枢纽的一系列经济指标仍与欧洲持平，在许多生产领域仍掌握着同等甚至更加高超的技术。直到19世纪，这种相对平等的互动关系网络才被中心与边缘间不平等的关系所取代。[⑥]

欧洲工业化的成功带有很大的偶然性。“西方的兴起”在很大程度上得益于它对先前存在的世界经济体系的重组。正是因为美洲大陆的发现、中国明朝中断对外联系，以及阿拉伯和印度商人缺乏强大海军庇护，才使欧洲人率先走上工业化道路，由此导致了东西方生产方式和财富分配的“大分流”。[⑦] 亚非拉地区被纳入西方殖民体系（美洲的“发现”和殖民、奴隶贸易等），既为欧洲率先完成工业革命提供了“第一桶金”，同时也为欧洲拓展海外市场、获取资源提供了巨大空间。尤

---

① 里奇．现代欧洲史：第5卷：民族主义与改革的年代（1850—1890）．王潇楠，王珺，译．北京：中信出版社，2016：103.

② 同①65-66.

③ 同①105-106.

④ 同①.

⑤ 弗兰克．白银资本：重视经济全球化中的东方．刘北成，译．北京：中央编译出版社，2005：序言第5页．

⑥ 布赞．全球转型：历史、现代性与国际关系的形成．崔顺姬，译．上海：上海人民出版社，2020：169-170.

⑦ 阿布-卢格霍德．欧洲霸权之前：1250—1350年的世界体系．杜宪兵，何美兰，武逸天，译．北京：商务印书馆，2015：350-351.

其进入19世纪后，欧洲列强对获取海外殖民地的渴望空前强烈。这是因为，19世纪60年代之前，多数欧洲国家为发展本国民族工业，都对外实行保护主义。随着这些国家初步完成工业化进程，欧洲列强为获得足够的原料与产品销售市场，纷纷加大对外殖民扩张力度。

英国是欧洲最早实现工业化和现代国家转型的国家，同时也是海外殖民地最多的欧洲列强。英国号称“日不落帝国”，足见其殖民版图之大。1815—1865年，英国每年平均扩张兼并25.9万平方公里土地。[①] 英国的殖民版图在一战后达到顶峰。当时英国占据了世界上1/4的陆地面积和近1/4的全球人口，是仅次于它的竞争对手法国的3倍多。[②] 1900年英国的势力范围远远超过了当年罗马帝国的版图。英国只有4 000万人口，却占有50块殖民地，总人口超过3.45亿，陆地面积1 160万平方英里，是英国本土面积的96倍。[③] 其他欧洲列强同样拼命在亚非拉地区拓展殖民地。据统计，在19世纪头75年里，西方国家平均每年占领21万平方公里的殖民地，在其后25年里平均每年征服62万平方公里的殖民地。从19世纪70年代起，资本主义列强掀起了夺取殖民地的狂潮。到1900年，非洲90.4%的地区、亚洲56%的地区、美洲27.2%的地区，以及澳洲的全部，都沦为帝国主义直接统治的殖民地，同时还出现了很多半殖民地和附属国。[④] 19世纪开始时，西方国家声称拥有地球表面55%的陆地，但实际上只拥有大约35%，到1878年，后者的比例已经升至67%，到1914年时达到85%。[⑤] 另有统计表明，1878—1913年间，欧洲国家在海外索取了860万平方英里的领地，占全球陆地面积的1/6。在一战爆发时，除了无人居住的南极洲外，地球陆地面积的80%都是在欧洲国家或欧洲殖民者的控制之下。[⑥]

针对不同类型的国家和地区，西方殖民者采取了多种不同的方式进行殖民统治。一是彻底征服，如俄罗斯帝国夺取中亚和奥斯曼帝国的部分领土；二是建立对当地政府的保护领地，如英国对埃及和法国对突尼斯的做法；三是建立完全的殖民政府，如英国、法国和德国对中非的做法；四是通过商业进行监管，如英国对印度的做法，以及比利时对刚果的做法；五是主导一个区域的经济，如英国对南美的做法；六是大规模移民，如殖民者对北美、澳大利亚和西伯利亚的做法；七是建立势力范围，如一些欧洲国家对中国的做法。[⑦] 欧洲列强进行殖民统治的方式千变万化，但万变不离其宗，最终目的都是通过对亚非拉地区进行民族压迫，维系欧洲列强在世界舞台上的霸权地位。

---

① 刘文．全球秩序与文明等级：全球史研究的新路径．北京：生活·读书·新知三联书店，2016：28.
② 库马尔．千年帝国史．石炜，译．北京：中信出版社，2019：288.
③ 帕斯特．世界之旅：七大国百年外交风云．胡丽萍，杨玉琴，译．上海：上海人民出版社，2001：37.
④ 同①28.
⑤ 阿瑞基．漫长的20世纪．韩振荣，姚乃强，严维民，译．南京：江苏人民出版社，2001：66.
⑥ 布赞．全球转型：历史、现代性与国际关系的形成．崔顺姬，译．上海：上海人民出版社，2020：32.
⑦ 里奇．现代欧洲史：第5卷：民族主义与改革的年代（1850—1890）．王潇楠，王珺，译．北京：中信出版社，2016：107.

需要指出的是，欧洲殖民者瓜分殖民地完全是根据自身利益需要，完全不考虑当地的自然、历史和人口分布特征。在1885年的柏林会议上，英法德等殖民大国在谈判桌上用铅笔线条勾画出了非洲殖民地的国家的分割边界，许多边界只是大致表示了经纬线的走向。据统计，非洲国家44%的边界是按经纬线划分的，30%的边界是用直线或曲线的几何方法划分的，仅有26%的边界线是由河流山脉等构成的自然边界线。① 这种随意划分地缘版图的做法，后来使这些地区的国家在获得政治独立后面临无穷无尽的领土纠纷，很多殖民遗产的祸患一直延续至今。

欧洲列强在殖民扩张过程中，坚决拒绝将“民族自决”原则应用于亚非拉地区，还血腥镇压任何旨在打破现状、谋求民族自决的社会政治运动。1920年，英国遭遇阿拉伯库尔德人叛乱之后，轰炸了伊拉克骚乱的村庄，并且喷射芥子气进行摧毁性打击。殖民地事务大臣丘吉尔公然宣布：“我不理解使用毒气为何如此遭人诟病，我强烈支持使用毒气来抵制不文明的部落，要不然他们会迅速扩展为一场恐怖活动。”② 1950年肯尼亚出现反对英国殖民统治的“茅茅运动”，英国对此的反应是残酷的镇压，大约有2万人死于战争，不下1 000人在袋鼠法庭上经仓促审判后被处决，比法国人在阿尔及利亚处决的当地人还要多。③

至此，欧洲列强在“民族国家”问题上体现出明显的双重标准：在西欧国家内部，他们通过签署《威斯特伐利亚和约》，建立起相互平等、彼此尊重独立和主权的民族国家体系；但对广大亚非拉地区则不适用《威斯特伐利亚和约》中的原则，原因就是认为这些地区尚未开化，那套适用于“文明国家”间关系的主权国家体系，在这些“野蛮、落后”地区并不适用。正如马克思所说：“当我们把目光从资产阶级文明的故乡转向殖民地的时候，资产阶级文明的极端伪善和它的野蛮本性就赤裸裸地呈现在我们面前，它在故乡还装出一副体面的样子，而在殖民地它就丝毫不加掩饰了。”④ 在自诩为“文明先进”的欧洲殖民者眼中，其竭力要塑造的世界体系是个等级森严的双层世界体系。欧洲国家进行海外扩张时，利用“国家主权”原则相互承认各自在海外领土的主权，由此为它们在海外掠夺土地的丑陋行径披上合法外衣。

9.5 民族主义“双刃剑”与后殖民时代的世界政治秩序

民族主义既包含了民族独立和民族解放的“正能量”，同时也包含了民族分离和分裂主义的“负能量”。在整个20世纪的世界政治秩序中，“民族主义”充分地

① 刘禾．全球秩序与文明等级：全球史研究的新路径．北京：生活·读书·新知三联书店，2016：29.

② 曼．社会权力的来源：第3卷：全球诸帝国与革命（1890—1945）．郭台辉，茅根红，余宜斌，译．上海：上海人民出版社，2015：77.

③ 同②53.

④ 马克思，恩格斯．马克思恩格斯选集：第1卷．3版．北京：人民出版社，2012：861-862.

体现了这一“双刃剑”效应：一方面，凭借包含着“民族自决”主张的民族主义思潮，亚非拉地区掀起了轰轰烈烈的民族解放运动，最终使第三世界在国际舞台上强势崛起；另一方面，冷战结束后，世界各地（尤其是苏联、东欧地区）出现的民族分离主义浪潮，加剧了世界地缘版图碎片化趋势，将整个世界带入动荡期。

9.5.1　“民族自决”与第三世界的崛起

早在1900年，美国著名黑人领袖威廉·杜波依斯（William Du Bois）便曾断言：“20世纪的问题，就是肤色界线的问题——亚洲、非洲、美洲和大洋诸岛上深色皮肤和浅色皮肤人种之间的关系。”① 的确如此，如果说19世纪是第三世界饱受欺凌的时代，那么20世纪就是第三世界民族主义和政治独立的时代。② 二战结束后，世界政治舞台上最令人瞩目的现象之一，就是民族解放运动的蓬勃发展和第三世界群体性崛起。据统计，从1945年到1960年的15年间，至少有40个国家的8亿人口——超过世界人口的1/4——反抗过殖民主义，并赢得了他们自己国家的独立。对此，英国史学家巴勒克拉夫（Geoffey Barraclough）评价道：“在整个人类历史上，以前还不存在如此迅猛进行的这样一次革命性反复。亚洲和非洲人民的地位以及他们与欧洲关系的改变，是一个新时代来临的最有力表现。”③

民族解放运动所体现出的抵御外侮、寻求认同和谋求独立的强烈愿望，④ 使得第三世界民族主义成为一种能够改变人类社会发展进程的历史力量。在过去数百年里，亚非拉地区一直遭受着欧洲殖民者的民族压迫，其之所以能够在20世纪五六十年代彻底摆脱殖民统治枷锁，说到底是内因与外因共同作用的结果。从内因看，就是亚非拉人民坚持不懈的反抗殖民压迫和争取民族独立；从外因看，则是美苏两个新型超级大国为了彻底瓦解英法等欧洲列强的霸权地位，积极倡导“民族自决”和民族解放。

9.5.1.1　民族主义的传播与亚非拉地区的民族觉醒

从辩证法角度看，欧洲殖民者对亚非拉地区的殖民统治同样具有两面性。一方面，它固然使亚非拉地区遭受长期的奴役和屈辱；但另一方面它也同时带来了西方相对先进的物质和精神文明成果。从思想观念层面看，西方的殖民入侵实际就是一次东西方思想观念相互碰撞、西方意识形态向东方扩张和渗透的过程。源自欧洲的各种新思想和新观念纷纷融入亚非拉地区。有学者指出，欧洲扩张带来的各种思想中，最有影响力的不是基督教信仰或欧洲传教士、修道士或俗人试图传授的法律和

① 巴勒克拉夫．当代史导论．张广勇，张宇宏，译．上海：上海社会科学院出版社，1996：149.

② Isbister J. Promises Not Kept：The Betrayal of Social Change in the Third World. Boulder：Kumarian Press，1998：104.

③ 同①.

④ 同②.

自治原则，而是民族主义和社会主义。①

在亚非拉地区，民族主义是流行最广、影响最大的意识形态。吊诡的是，这种为侵略扩张辩护的主权理论，本身却暗含了自我否定的因子。民族主义理论直接导致了亚非拉人民民族身份的发现和民族意识的觉醒，并触发了后来的民族自决和民族解放运动。② 民族主义在很大程度上是对欧洲殖民扩张的应激反应。在殖民主义入侵前，第三世界人民并非忠诚的民族主义者，而更多效忠于他们的族裔和部落集团。但“帝国主义的入侵则直接挑战了第三世界人民的政治认同、自我价值和尊严感。作为一种回应，第三世界人民需要加强他们自己的价值和重要性，因此通过在更大范围诉诸民族性来完成这点”。③

在这种特定语境下，民族主义的积极作用体现得淋漓尽致。我们知道，民族主义既包含了民族压迫成分，同时也蕴含着民族自决和民族解放成分。当国家概念作为一道反抗更强大的国家的支配，抵御外部经济、政治、意识形态力量入侵的防线时，它就表现出进步性。反殖民主义斗争就是利用国家概念来打败、驱逐占领主权；反帝国主义政策也借此树立起国家壁垒，以阻挡外国资本无所不及的影响。国家概念还被用作意识形态武器，以抵御那些诋毁被支配人民和他们的文化的支配性话语。④ 就此而言，欧洲殖民者打着民族主义旗号的全球扩张，最终在占据殖民地的同时，也为20世纪殖民体系瓦解埋下伏笔。这样，亚非拉地区的人民从接受民族主义思想开始，进而要求实现民族主义所主张的“民族自决”原则，落实到政治实践层面，就是为摆脱西方殖民统治而进行浴血斗争。

从全球范围看，第三世界民族主义的觉醒和壮大，是与几个世纪以来西方世界持续的全球性扩张紧密联系在一起的。欧洲殖民扩张本意是为资本主义的进一步发展寻找原料产地和产品市场，掠夺当地的经济资源。但殖民主义的扩张无形中加速了源自欧洲的现代民主政治观念的传播。尤其是两次世界大战的爆发，更是使西欧民族主义所倡导的主权平等、互不侵犯、民族自决等一系列国际法基本原则进一步深入人心。这些先进思想被殖民地的政治精英们和广大人民接受过来，并反戈一击，成为反帝反殖的有力思想武器。“正是通过利用民族自决、民主和民族主义这样的欧洲思想，以及采纳西方工业主义和技术的先进流程，亚洲人和非洲人把自己的地位从附属提高到独立：他们夺过欧洲铸造的武器，并调转枪口反抗欧洲的征服者。”⑤

第三世界的民族主义明显有别于西方“标准”的民族主义。在第三世界民族主

---

① 里奇．现代欧洲史：第5卷：民族主义与改革的年代（1850—1890）．王潇楠，王珺，译．北京：中信出版社，2016：109.

② 张旺．民族主义与现代性：冲突及其化解．教学与研究，2020（7）：83.

③ Isbister J. Promises Not Kept：The Betrayal of Social Change in the Third World. Boulder：Kumarian Press，1998：105.

④ 哈特，奈格里．帝国．杨建国，范一亭，译．南京：江苏人民出版社，2005：127.

⑤ 巴勒克拉夫．当代史导论．张广勇，张宇宏，译．上海：上海社会科学院出版社，1996：192.

义者看来，争自由就是要为国家独立和民族解放（而非个人的自由）而斗争；要民主就是从殖民统治的政治专制下解放出来；而对平等的追求则首先是指种族平等和民族平等。①

首先，这一思想特征与第三世界民族主义产生的历史环境有关。在西方，自16世纪以来，宗教观念和制度的社会基础已经被一系列的革命性变革——文艺复兴、启蒙运动、工业革命、科学和理性教育——系统地破坏和侵蚀掉了。这就为作为西方民族主义主要特征的平等政治的兴起做了极好的铺垫。此外，在西方很少有帝国主义和外来政治体系控制各个国家或民族的事情，而在第三世界，反对帝国主义和殖民主义成为民族主义的主要目标。②

其次，从民族主义的内容构成看，第三世界民族主义由两个同等重要的部分组成：传统因素（如种族、语言、文学、传统、疆域）和平等意识（如自由、平等、博爱）。两种成分各自发挥不同的作用：传统文化能提供困扰理性思维的感情力量，而平等意识能为解决社会问题提供理性框架。③ 第三世界的民族主义能否取得成功，很大程度上取决于这一民族主义运动能否有效地进行社会动员，成为真正的"大众政治"。而这又主要取决于民族解放运动领导者能否将外来进步思想与当地传统文化和现实问题有机结合。由于第三世界国家在近现代历史中旨在削弱宗教影响的革命性变革相对匮乏，这就意味着，传统是而且至今仍然是一个能打动千百万人心弦的活生生的社会力量。它可以有效地进行社会动员。这就是宗教（造就的）文化（religion-induced culture）能给予第三世界民族主义基本定位的根源。④ 因此，第三世界民族主义往往与宗教有着密不可分的联系。

9.5.1.2　为瓦解英法霸权体系，美苏大力倡导"民族自决"原则

民族主义先天具有的两面性特征，使之从一开始就被各种政治力量当作政治武器加以使用。二战后风起云涌的民族解放运动，既是亚非拉人民谋求"民族自决"的结果，同时也有域外大国地缘政治的考量和助推。

早在一战结束后，美国总统威尔逊就明确倡导"民族自决"原则。"在威尔逊带入欧洲的所有观点中，自决权始终是最具争议、最含糊其词的一个。"⑤ 这一原则固然有威尔逊理想主义理念作祟，而且主要是为瓦解奥斯曼帝国和奥匈帝国，但隐隐也有针对英国的成分。当时，美国在海外基本没有殖民地，英法等老牌殖民帝国则拥有超过国土面积数十倍甚至上百倍的殖民地，因此威尔逊"警惕甚至妒忌它（英国）的国力"。⑥ 在当时特定的历史背景下，推崇民族自决，让"屈服于权威的

① 李安山．关于亚非研究中若干理论问题的思考．西亚非洲，1997（1）：45－49.
② Norbu D. Culture and Politics of Third World Nationalism. London and NewYork：Routledge，1992：7.
③ 同②1－2.
④ 同②7－8.
⑤ 麦克米兰．大国的博弈：改变世界的一百八十天．荣慧，刘彦汝，译．重庆：重庆出版社，2006：8.
⑥ 同⑤15.

人民”起来反抗，客观上动摇、削弱了英法殖民强国的地位和影响力。列宁则从解放被压迫民族的角度，大力倡导“民族自决权”。有学者指出，列宁认为，无产阶级的团结以及对帝国主义的反抗是同自决权及普通人的体面生活权相一致的；他对世界革命的召唤导致了威尔逊“十四点”计划的出台。①

第二次世界大战后，英法等传统大国遭到极大削弱，美苏则成为新的超级大国。美苏的首要目标就是削弱英法的霸权根基，逼迫其彻底退出世界权力舞台的中央位置。鉴于英法都是殖民大国，殖民地构成欧洲列强的主要权力来源。利用“民族自决”瓦解欧洲殖民体系，便成为美苏不言而喻的政策选择。由此我们发现，美苏尽管政治制度不同，相互竞争态势明显，但在支持民族解放运动方面颇有“共同语言”——两国领导人不约而同地倡导“民族自决”原则。美苏这样做的目的，仍然是为了借此削弱依靠殖民地称霸的英法等传统殖民帝国。据统计，二战结束时，英国本土以外的帝国领域（在英国势力范围内名义上独立的国家，如埃及、伊拉克及英国管辖的前意大利殖民地除外）共计约 1 300 万平方英里，人口在 5.5 亿以上。而美国直接掌握的殖民地（包括菲律宾在内）仅 12.5 万平方英里，人口 1 900 万。强大的、野心勃勃的美国只有有限的殖民地，日趋衰弱的英帝国却拥有广袤的殖民地，控制着大量市场、航路、原料产地和投资场所。这种反差和矛盾是产生帝国主义间敌对关系的主要原因。② 美国高层认为：“美国不应当对帮助欧洲恢复战前现状感兴趣，它不是为了这种旧日的过时目标而战。更迫切在于为重塑未来世界贡献自己的力量，并为之带来真正的改变。”③ 罗斯福强调说：“美国和苏联不是殖民大国，我们更容易讨论这些问题。我想殖民帝国在战争结束之后不会存在很长时间。”④ 戴高乐看得很明白：罗斯福支持世界上殖民地独立，而这些新独立的、羽毛未丰的国家，一定会依靠美国的慷慨而度日。这些国家政府的人事和决策也会受到华盛顿和罗斯福的遥控指挥。⑤

可以说，正是在美苏这两大超级大国的强力助推下，第三世界的民族解放运动（“非殖民化”运动）才能进入凯歌行进的快车道，最终使维系几百年的殖民体系在短期内土崩瓦解。同时是在美苏两个超级大国和第三世界国家的共同推动下，“民族自决”原则成为国际法的基本准则。《联合国宪章》第 1 章第 1 条号召各成员国在“尊重平等权利和人民自决的原则基础上，发展各国间的友好关系，并切实采取适当措施加强世界和平”。这一规约在宪章的第 55 章中得到了再次重申，并在 1960 年通过的大会 1514 号决议中被进一步加以强调。最后，1966 年联合国通过的《公

---

① 阿瑞基．漫长的 20 世纪：金钱、权力与我们社会的根源．韩振荣，姚乃强，严维民，译．南京：江苏人民出版社，2001：81－83.

② 杜德．英国和英帝国危机．苏仲彦，桂成芳，希明，译．北京：世界知识出版社，1954：141.

③ 孔华润．剑桥美国对外关系史：第 2 卷：美国人对机会的寻求（1865—1913）．石斌，刘飞涛，译．北京：新华出版社，2004：40－41.

④ 别列什科夫．斯大林私人翻译回忆录．薛福岐，译．海口：海南出版社，2004：245.

⑤ 布莱克．罗斯福传：坐在轮椅上转动世界的巨人．张帆，蒋旭峰，王珊珊，译．北京：中信出版社，2005：283.

民权利和政治权利国际公约》和《经济、社会及文化权利国际公约》都声称所有人都拥有自决权。[①] 在上述一系列联合国决议和具有国际法性质的公约中，殖民帝国的合法性遭到彻底否定。这样，主权法定原则与民族自决原则的结合，最终产生了上百个新兴的民族/主权国家。肇始于欧洲大陆的主权国家体系首次在全球范围内得以践行，由此形成了真正意义上的国际社会。

9.5.2　后冷战时期的民族主义政治：引发民族分离运动

9.5.2.1　“民族自决权”日渐成为西方大国的战略工具

国际政治本质上是一种无政府状态，由此决定了每个国家为了生存必须不断地“增加权力，保持权力，显示权力”，同时想方设法地削弱对手，以达到相对增强自己实力的目的。而削弱对手最彻底的办法就是分裂其领土，使其永久性地失去崛起和反抗的前提。摩根索曾指出：“减少较重砝码的方法典型地表现在‘分而治之’这一准则中。试图削弱竞争者或使之保持衰弱的国家，都采用这种分裂竞争者或使之保持分裂的分而治之的方法。”[②] 事实表明，那些从母国中分裂出来的小国几乎无一例外地要依附外部大国，成为大国推行霸权战略的棋子和筹码。

民族主义就是制造国家分裂的强大政治武器。从国内视野看，民族主义的特点就是长于建国，短于治国。在所有民族主义的文本中，总是存在“外族人”这个无法被纳入共同体中的永恒他者，民族主义话语没有为缓解国内民族矛盾预留空间。因此在多民族国家中，民族主义一再引发处在中心的主体民族与处在边缘的少数民族之间的冲突。[③] 从国际视野看，民族主义倡导“一族一国”的建国原则，但现实世界却是民族数量太多，但国家数量有限。一般认为，当今有 2 000 多个“民族”，但真正单一民族国家不足 20 个。即使是在民族主义的发祥地西欧，尽管这里的国家已经分得极为细碎，但仍存在民族混居和潜在的民族分离诉求，如英国的北爱尔兰问题、西班牙的巴斯克人的诉求、法国的科西嘉人的诉求等等。

这样，“一族一国”原则与各国多民族混居的现实之间的天然矛盾，便成为少数大国可资利用的战略筹码和战略抓手。理论上说，民族自决理论是把“双刃剑”，使用它既可以伤人，也可能自伤。西方国家内部也存在少数族裔问题，但在实践中，西方国家对民族分离问题更有“免疫力”。究其原因，除了西方拥有经济、军事和社会发展水平的比较优势以及惯使“双重标准”外，很重要一点，就是很多西方国家度过了国家分裂的危险期。欧洲国家本来是族裔民族主义理论的始作俑者，

---

① 梅奥尔．民族主义与国际社会．王光忠，译．北京：中央编译出版社，2009：32－33.

② 摩根索．国际纵横策论：争强权，求和平．卢明华，时殷弘，林勇军，译．上海：上海译文出版社，1995：235.

③ 柳亦博．环世界与超国家：民族主义退场后的世界秩序重构．中国人民大学学报，2021，35（2）：117－118.

也是这种理论最早的受害者——欧洲“小国林立”的状态与族裔民族主义不无关联。但经过多轮分裂，当前欧洲国家已大体成为由单一民族（族裔意义上的）构成的“民族国家”。换言之，这些国家在感染、发作民族主义“病毒”之后，已对民族分离问题有了“免疫力”。而还有些西方国家（如日本、新西兰等）本身就是单一民族国家，也就不忧虑这个问题。正是在这种背景下，“民族自决”（实际是“族裔自决”，ethnic self-determination）原则日益成为西方分裂和肢解对手、实施“分而治之”策略的主要手段。

从历史和现实看，利用“民族自决”（实际是民族分离主义）分裂战略对手的做法屡见不鲜。早在19世纪，欧洲列强为弱化和消耗庞大的奥斯曼帝国，曾交替利用民族和宗教问题，在奥斯曼帝国内部制造和扩大裂隙。如1797年拿破仑进军希腊时，曾让蒂利将军利用希腊人的民族主义感情来征服爱奥尼亚群岛：“如果居民们倾向于独立，那我们就设法助长他们这种情绪，并毫不迟疑地谈论希腊、雅典和斯巴达。”① 自19世纪后期以来，希腊、埃及、塞尔维亚、罗马尼亚、黑山（门的内哥罗）、保加利亚和阿尔巴尼亚等先后独立出来。在民族分离运动强力冲击下，奥斯曼帝国在欧洲的领土由此丧失殆尽，并最终走向全面解体。

进入现当代后，民族问题更是成为大国博弈的重要抓手。美苏冷战期间，美欧成为亲密盟友，自然没必要借“民族自决”之名同室操戈，但面对潜在或现实对手，则不断借这些国家的民族问题大做文章，最终目标就是削弱乃至瓦解对手。苏联总面积2 240.2万平方公里，是欧亚大陆上真正的巨无霸，因而成为二战后以美国为首的西方的主要对手。而苏联民族政策存在的巨大漏洞，被西方战略家利用得淋漓尽致。早在20世纪40年代末，乔治·凯南（George Frost Kennan）就特别强调苏联的民族问题是可资利用的工具：“我们可能期待一个新的俄罗斯，它将不把压迫的枷锁强加于具有民族自决的本能和能力的其他民族身上。”1960年初，美国参议院外交委员会发布第十号研究报告《意识形态与外交事务》，提出要“通过民族主义和人道主义的压力来腐蚀共产主义意识形态的好战的一面。”② 尼克松、布热津斯基等美国政要也主张应广泛利用和鼓励苏联境内的非俄罗斯民族的民族主义情绪，引导这种情绪从要求经济文化的自主权转向政治上的分享权利，向独立的目标发展，并就此提出了“和平演变”的举措。③

苏联最高领导人戈尔巴乔夫轻信蛊惑，按照西方指示的道路进行改革，首先在波罗的海三国引发民族分离运动高涨。当苏联准备大举镇压时，西方不断施压阻止，最终使苏联的民族分离运动产生连锁效应，并由此导致苏联彻底解体。即便在苏联解体后，继承了苏联衣钵的俄罗斯尽管已进入“民主国家”行列，但西方仍不依不饶，仍然采取敌对政策。原因很简单，俄罗斯领土还有1 700万平方公里，仍是西方的心头大患，因此，欧美国家除了从外部设法压缩俄罗斯的战略空间，还继

① 斯塔夫里亚诺斯．全球分裂：上册．迟越，等译．北京：商务印书馆，1993：121.

②③ 张建华，等．红色风暴之谜：破解从俄国到苏联的神话．北京：中国城市出版社，2003：398.

续拿俄境内的民族问题说事，支持车臣等民族分离运动。事实表明，只要霸权主义继续一天，这种鼓励分裂与分化的趋势就会继续下去。而“民族自决”牌则成为西方实现“分而治之”惯用的战略武器。事实也是如此：“只有在那些有一个地区性强国或超级大国支持分离主义事业的地方，族裔运动才能成功对现存国家进行挑战，并在分离出的族裔基础上建立新的民族国家。”①

9.5.2.2 民族分离主义加剧世界地缘政治版图碎片化

当前国际政治中，一个规律性现象就是地缘政治版图的碎片化趋势。20世纪以来，国际格局经历了三次大规模分化重组，并由此引发了三轮世界性的分疆裂土和国家独立浪潮：第一次世界大战后，奥斯曼帝国、奥匈帝国、沙俄帝国和德意志帝国的解体，使中东欧出现了一系列新独立国家，同时亚非拉地区也建立起一批现代民族国家；第二次世界大战后，民族解放运动和反殖民主义运动风起云涌，新增100多个主权国家；冷战结束和苏联解体，则催发了第三次民族主义浪潮，并使国际社会新成员骤然增加20多个。目前，世界主权国家已从二战刚结束的68个，增加到现在的192个。未来几十年，还将出现50个新增的准国家或完全独立国家。②

因此，如果真的按照民族界限一直分下去，世界将无疑更加碎片化。从现实角度看，但凡大规模的民族分裂运动，都伴随着无尽的种族屠杀、人口交换、地区冲突。

因此，按照“一族一国”划分世界版图，既不现实也很危险。事实上，“小国群立”（Kleinstaaterei）与“巴尔干化”（Balkenization）这两个政治学专有名词，本身就是带有贬义和污蔑的负面称呼。③ 如果所有“多民族”国家都遵循“民族-国家理论”，以“民族自决”名义无限分裂下去，无异于打开潘多拉魔盒，将使世界永无宁日。如果说一战和二战后的民族独立运动尚有进步性可言，当前这股民族主义潮流则具有一系列新特征，如性质和类型更趋复杂，发生范围和影响更趋国际化，与宗教联系更加紧密，危害性也更加明显。④

9.6 理论反思与前景展望

9.6.1 对“民族自决”的理论反思

“民族自决”是民族主义运动中使用最频繁的口号。从字面理解，“所谓民族自

① 史密斯．全球化时代的民族与民族主义．龚维斌，良警宇，译．北京：中央编译出版社，2002：124.

② 科恩．地缘政治学：国际关系的地理学．严春松，译．上海：上海社会科学院出版社，2011：54，56.

③ 霍布斯鲍姆．民族与民族主义．李金梅，译．上海：上海人民出版社，2000：33.

④ 刘士田，田文林．当前国际政治中民族主义潮流的主要特征．世界经济与政治，1995（3）：33-38.

决，就是民族脱离异族集体的国家分离，就是成立独立的民族国家”。[①] 其理论源头有二：一是肇始于欧洲的族裔民族主义理论，其典型表现是 18 世纪美国独立战争和法国大革命，一战期间，美国总统威尔逊在“十四点”计划中明确提出了“民族自决”的原则；二是列宁领导的布尔什维克为反抗沙皇统治，赋予境内各族“民族自决权”，在 1914 年发表的《论民族自决权》中，列宁系统阐述了“民族自决权原则”。二战后，民族自决更是成为国际法的重要原则之一。毫无疑问，民族自决理论作为顺应历史潮流的产物，它对反抗殖民统治、赢得民族解放发挥了至关重要的积极作用。但是，以“民族自决”之名进行国家分裂，是多民族国家最难应付，也是理论上最感困惑的地方。

作为一种使民族自决权得以行使的方式，全民公决具有两大明显的弱点：第一，它假定集体身份已经存在；第二，它低估了议程问题。在任何试图运用全民公投来解决自决问题的地方，都会出现三种情形。首先是少数民族问题。在历史进程中，欧洲民族曾经是如此的混乱不堪，以至于即使设想每一个民族都可以分配到一定的领土，也仍然会有很多民族被遗留在外，除非全民公决的结局是发生大规模的非自愿的人口迁移。其次就是领土问题。由于所有的古老国家都是通过征服形成的，接踵而来的一个问题就是如何确定分界线了；换句话说就是，新旧分配的分界线应划在哪里？最后就是国家完整和安全这一棘手问题。战胜国很愿意考虑通过全民公投这一技术手段来决定新生国家的基础，但是它们绝不希望把这一手段用于它们自己或者是它们的殖民地。[②]

事实上，“民族自决权”是一种后天赋予的政治权利，像任何其他权利一样，民族自决不是无限度的，而是一种有严格条件限定的权利。在建立主权国家前，任何民族都有民族自决的权利，而一旦主权国家建立起来，国内各个族裔意义上的少数民族等于将自己的民族自决权利让渡给层次更高的主权国家。这些国内少数民族的集体身份，也就由“族裔民族”转变成“政治民族”。[③] 这时候，他们的“少数民族”身份只具有种族和文化意义，而不具有政治和法律含义；每个成员的个体身份都是国家公民，他们享有作为国家公民的相应权利，当然也承担忠于国家的相应义务。民族自决与主权国家的关系，正如一个人结婚前后的差异：结婚前是“未婚”身份，因而有权自由恋爱；结婚后就成了“已婚”，他（她）在享受婚姻带来好处的同时，就必须承担忠于婚姻的义务。如果这时继续恋爱甚至结婚，就成了“婚外恋”和“重婚”，就触犯了道德乃至国家法律。正像合法地解除婚约必须经过

---

① 列宁．列宁选集：第 2 卷．2 版．北京：人民出版社，1972：509.

② 梅奥尔．民族主义与国际社会．王光忠，译．北京：中央编译出版社，2009：62－64.

③ 英国学者安东尼·史密斯将民族区分为“公民民族主义”与“族裔民族主义”，认为只有成为“民族”（people）中的成员，才能被赋予公民权利和义务。而为了获得公民才享有的现代性利益，就必须将他们自身的族裔宗教特性甩掉。参见：史密斯．全球化时代的民族与民族主义．龚卫斌，良警宇，译．北京：中央编译出版社，2002：115. 美国学者格罗斯则将民族分成因国家形式结合而成的政治社会意义上的“政治民族”和文化、传统意义上的“文化民族”。参见：格罗斯．公民与国家：民族、部族和族属身份．王建娥，魏强，译．北京：新华出版社，2003：27. 这与本章所讨论的大体是同一个意思。

双方当事人一致同意一样，主权国家中的某个“民族”如果想从原有国家中独立出去，其归属显然不能由某个小共同体自己说了算，而应该由国家所有公民投票决定。

那些动辄以“民族自决”名义分裂国家的分裂运动，实际是滥用根本不存在的权利。他们不是在进行“民族分裂”，而是在进行国家分裂，是种族主义的体现。这方面，英国历史学家霍布斯鲍姆为鉴定民族主义性质提供了一个最简捷的标准：“如果民族原则是用来把散居的群体结合成一个民族，那么它是合法的；但若是用来分裂既存的国家，就会被视为非法。”①

9.6.2 民族主义政治的理想前景：从民族国家到公民国家

9.6.2.1 “民族国家”理论的致命缺陷

传统民族模式多产生于国家创建之前，其理论源头缘于颠覆既存秩序：欧洲小国反对封建王朝和天主教会；布尔什维克反对沙皇俄国；第三世界反对英法殖民帝国。因而从本质上看，这种民族模式的破坏性强于建设性，它更适合“马上取天下”，而不适合“马下治天下”。一旦某个国家选择了从族裔角度界定“民族”道路，并推行相应民族政策，就很容易被民族分离主义的幽灵缠身。一待时机成熟，便会陷入无穷无尽的分裂之中。但诸多第三世界国家并没有意识到传统“一族一国”理论的致命缺陷，依旧根据血缘、语言、历史等族裔特征界定“民族”（实际是“族裔民族”），进而套用传统民族理论和政策模式，实行民族自治、民族优惠、民族联邦制，乃至赋予其“民族自决权”。这使其在面对西方挥舞的“民族自决”大棒面前，在理论上普遍失语，在实践中缺乏足够的免疫力和抗击力。

在这方面，苏联的教训最为惨重。在关系到国家长治久安的民族问题上，苏联恰好走了隐患极大的西式民族主义道路。苏联境内有130多个民族，民族整合是大问题。布尔什维克最初为发动革命，反抗沙皇统治，把沙俄统治下的各个族裔都称为“民族”，赋予境内各族“民族自决权”。列宁和斯大林的民族理论与实践（包括“民族”定义、“民族平等”、“民族自决权”等），即产生于这一历史背景。1917年10月25日，全俄苏维埃第二次代表大会通过的第一个文件中，明确宣布“将保证俄国境内各民族都享有真正的自决权”，其纲领实际是一种族裔民族主义的学说。②在此观念引导下，苏联建国后，官方非但未悉心塑造涵盖全部国民的“苏联民族”概念，反而大搞“民族识别”。1926年进行第一次苏联人口普查时，要求公民填报他们的“民族”，结果出现了190种不同的认同方式。③ 苏联还将这种族裔拔高和

---

① 霍布斯鲍姆．民族与民族主义．李金梅，译．上海：上海人民出版社，2000：35.

② 季什科夫．苏联及其解体后的族性、民族主义及冲突．姜德顺，译．北京：中央民族大学出版社，2009：56.

③ 同②59-60.

“政治化”，使之成为拥有自决权和独立权的“政治民族”，15 个加盟共和国均以“民族”名称命名。境内各族接受了这种民族理念，民族意识不断加强。这种强调个性、忽视共性的“多民族联合体”政策，也为日后的苏联解体留下隐患。苏联强盛时，共产主义意识形态、自上而下的共产党组织、统一的行政体系三大纽带，尚可将各部分联结起来。一旦这些纽带后来被戈尔巴乔夫的改革破坏殆尽，维系苏联的基石便开始动摇，并最终沿着民族界限进行分裂，导致苏联解体。①

正是由于这种包含致命缺陷的民族理论没有被认真研究，那些从苏联母体中独立出来的新国家，尚未来得及从容品尝“民族解放”的喜悦，便马上面临其境内少数民族要求“民族独立”的棘手难题。如俄罗斯从苏联中分裂出来后，仍有 100 多个民族和 85 个联邦主体，因此“民族自决”（实际是族裔自决）的逻辑，自动使这些民族实体谋求建立自己的民族共和国，进而谋求完全独立。车臣问题就是一例，只是由于俄政府强力弹压，才勉强平息下来。格鲁吉亚从苏联分裂出来后，境内的阿布哈兹和南奥塞梯两个地区一直在闹独立，并最终于 2008 年 8 月在俄罗斯武力支持下宣布独立。前南斯拉夫更为惨烈，该国家至今已遭遇 3 轮解体：1991—1992 年，按照民族界限被分解为南联盟、斯洛文尼亚、克罗地亚、马其顿和波黑 5 个国家；2006 年，南联盟境内的黑山共和国通过全民公决宣布独立，同年 6 月，塞尔维亚共和国宣布继承塞黑的国际法主体地位；2008 年 2 月，塞尔维亚境内科索沃地区单方面宣布独立。

这种“越分越小”的情况之所以在苏东地区频繁出现，很重要一点就是该地区国家固执奉行原有民族理论，因而给内外势力利用“民族自决”武器对其进行分裂留下了巨大缝隙。可以说，只要继续奉行这种隐含严重缺陷的民族理论，只要其境内仍存在“少数民族”，这些国家便会像“俄罗斯套娃”一样，始终难逃被继续分裂的梦魇。

9.6.2.2 从民族国家到公民国家：民族主义政治的未来之路

要想摆脱无休止的打着“民族自决”旗号进行民族分裂主义运动的境地，除了厘清“民族自决”理论本身的内涵和外延，还必须通过有意识的“国族建构”强化超越族裔层面的“国家民族”（nation）观念，将国家的合法性从基于共同血缘的部族国家（也有学者称为“部落国家”）转向基于平等权利义务的公民国家。“政治主权永远不能与族属相联系，因为这种联系会导致民族主义的危险爆发。”②

具体地说，“国家民族”是从政治上界定“民族”，主张一国居民同属一个民族（如所有法国人属于“法兰西民族”，所有美国人属于“美利坚民族”等），强调“一国一族”，认为只有国族才有“民族自决权”。显然，“国家民族理论”比“族裔民族理论”更有利于解决国内民族问题、维护和巩固现存秩序：其一，“国家民族”

① 马戎．当前中国民族问题的症结与出路．领导者，2009（2）：81－89.

② 格罗斯．公民与国家：民族、部族和族属身份．王建娥，魏强，译．北京：新华出版社，2003：15.

包括了境内全体居民，有利于强化国家凝聚力和民族整合，有效解决了族裔民族只涵盖部分居民、强化族裔意识、易滋生离心倾向的弊端，在某种程度上实现了民族主义与爱国主义的统一。其二，"国家民族"具有政治-法律含义。按照该理论，一个国家只有一个民族（国家民族），境内原有各族只能从属于"国家民族"范畴（如美国黑人从属于美利坚民族、科西嘉人从属于法兰西民族）。这些族裔只有文化属性，没有政治属性（如自决权），这就从源头上堵住了分离主义打"民族自决"牌的可能性，最大限度地消除了民族分裂的隐患。

必须指出的是，对第三世界国家来说，即便建立起基于平等权利义务的公民国家（或主权国家），也并不意味着其已经彻底摆脱西方大国的控制和操纵。立足于殖民统治的旧式殖民主义固然已成过去，但服务于资本积累目标的新殖民主义从未消亡。当第三世界经过数百年奋斗和自我调适，终于学会用民族主义武器建立国家和在国际上获得国家间平等与尊严后，以美国为代表的西方世界，正在推动世界政治从基于民族主义的主权国家体系，向基于资本主义积累逻辑的世界帝国体系转变。其最终目标就是将整个世界纳入美国主导的资本主义经济体系，使广大发展中国家继续处于边缘和依附状态。

9.7 本章小结

二战结束后，国际体系出现两大新趋势：一是第三世界民族解放运动的兴起，另一个是跨国公司的发展。① 二者看似互不相干，实则有着内在因果联系。"非殖民化"进程固然是第三世界国家争取民族解放的结果，但也与资本主义财富掠夺方式从"强制"转向"非强制"直接相关。美国历史学家斯塔夫里亚诺斯（Leften Stavros Stavrianos）认为："如果说殖民主义是一种凭借强权来直接进行统治的制度，那么新殖民主义就是一种以让予政治独立来换取经济上的依附和剥削的间接统治制度。"② 自二战结束以来，美国通过除建立殖民地之外的各种方式，竭力将第三世界继续纳入西方主导的国际体系。尤其是在1991年苏联解体后，以美国为首的西方世界更是加紧打造所谓的"自由帝国体系"。因此，对亚非拉国家来说，要想真正主宰自己的命运仍然任重道远。

---

① Varma S P. International System and the Third World：A Study in changing Perspectives. Noida：Vikas Publishing House Pvt Ltd，1988：126.

② 斯塔夫里亚诺斯．全球通史：1500年以后的世界．吴象婴，梁赤民，译．上海：上海社会科学院出版社，1992：486.

第10章 民粹主义与世界政治秩序

10.1 引言

当今世界已被全球化和新技术深刻改变，要理解世界政治的秩序建构及其变迁，必须具有更广远的视野。超越《威斯特伐利亚和约》所形塑的国际政治去理解世界已势所必然，人们需要重新审视国内政治与国际政治的交织与互动，需要重新思考权力、制度与观念等诸多因素的变迁与影响。21世纪以来的世界性政治动荡一再表明，民粹主义不仅参与，而且深刻影响着当今世界的政治变迁，正在成为各国乃至全球政治图景的重要构成。历史地看，民粹主义常常是一种发育于国家内部的激进思潮，会引发规模空前的抗争性社会运动，进而将权力、制度和观念上的系列变革从国内政治带到国际政治。从其初登政治舞台起，民粹主义就已经成为联结国内政治与国际政治的思想纽带，在当前世界政治的结构重组过程中，民粹主义的显性存在正成为一种无法忽略的现象。

民粹主义是一种宣称"以民为粹"的主义，召唤"人民"、诉诸"人民"是其独有的标签。既有研究提供了两种关于民粹主义的解释。其一认为民粹主义是一种价值性的理念，是"唯一地诉诸和求助于人民群众的所有运动和学说"。[1] 以赛亚·伯林认为民粹主义"是一种对隶属于一个群体或一种文化所自有的价值的信仰"。[2] 民粹主义坚持一种"人民至上主义"，信仰人民这个群体所代表的道德、智

---

① 俞可平．现代化进程中的民粹主义．战略与管理，1997（1）：89.

② 伯林．启蒙的三个批评者．马寅卯，郑想，译．南京：译林出版社，2014：187.

慧与理想。价值意义上的民粹主义是一种关注社会正义与经济平等的社会理论。其二认为民粹主义是一种工具性的策略，是政治精英对于人民的鲁莽而不审慎的煽动。民粹主义者“越过其他政党而直接动员民众通常被认为是声誉不佳的，因为他们常常妄许不能兑现的诺言，开出世上没有的药方”。① 工具意义上的民粹主义如同精英主义的装饰品，是一种基于精心预谋的、诉诸民众利益或偏见的政治策略。

随着全球化的深入和后现代民粹主义议题的兴起，关于民粹主义的概念解读出现多种视角，其中较有影响的解释来自美国学者穆德，他认为社会最终将被分为两个各自同质但相互对抗的群体，即“纯洁的人民”与“腐败的精英”。由于现代政治是普通民众共同意愿的表达，因此，民粹主义实际上是一种建立在纯洁大众与腐败精英相对立的基础上的“薄意识形态”。② 民粹主义的“薄意识形态”作为一个有限的概念核心，通过和各种“厚”意识形态，比如社会主义、民族主义或特定宗教思想灵活结合，不断“加厚它们的思想密度、复杂性和扩展它们的吸引力和可行性”，③ 不仅推动了某些替代性政治议程的合法化，而且成为解释国家政治乃至世界政治变迁的重要工具。

尽管意识形态内核单薄，民粹主义仍然成为一种影响广泛的政治思潮，表现出反体制性、权威主义和本土主义等典型特征。首先，民粹主义相信人民大众代表着智慧与美德，对当前权威和体制通常持怀疑与反抗的立场，推动了两种被称为“大众的反叛”的反抗政治，即平民对抗精英、本国人民对抗外国移民。其次，民粹主义期待强硬而富有魅力的领袖人物出现，以传达普通民众的心声和保障他们的利益。民粹主义支持大众民主、直接民主的政治体制，寄希望于魅力领袖对普通民众政治参与的发动，进而将疏离于政治的平民大众纳入政治进程之中。再次，民粹主义主张本土主义价值观，怀恋传统的和民族的文化，可与排他性的民族主义轻易结盟。民粹主义话语中充斥着人民是一个统一整体、国家应该拒斥外国人和外国文化等信条，反对多元文化主义、经济全球化和自由主义价值观。

民粹主义在过去的150年间，无论是作为一种意识形态、政治运动还是政党策略，从来没有离开过政治舞台，它跨越时间与空间、制度与文化的差异而广泛存在于转型中或危机中的国家或地区。人们从19世纪的俄国民粹派运动和美国人民党运动中挖掘出民粹主义的早期印迹，又从20世纪的拉美、亚洲、东欧等地的政治变迁中发现了它的广泛存在。进入21世纪以来，全球化时代的巨大变迁悄然重构了人类的政治、经济与社会生活，民粹主义在资本主义全球化和自由民主的困境中悄然潜伏并最终爆发，正在以一种非常深刻的方式改写国家政治生态和世界政治秩序，广泛地影响着生活在这个时代的普通人。

---

① 麦克盖根．文化民粹主义．桂万先，译．南京：南京大学出版社，2001：2.

② Mudde C. The Populist Zeitgeist. Government and Opposition，2004，39（4）：543.

③ Freeden M. Ideologies And Political Theory：A Conceptual Approach. Oxford：Oxford University Press，1996：486.

10.2 资本主义冲击与俄美民粹主义浪潮

19 世纪后半叶，世界政治见证了民粹主义的诞生。俄国民粹派运动和美国人民党运动被称为民粹主义世界性浪潮的第一波。两场运动发生于各自国家剧烈动荡的社会转型时期，尽管运动高潮时刻前后有 20 年的差异，但是，在国内大众民主思潮的推动下，共同拉开了现代政治中的民粹主义序幕。

10.2.1 民粹主义初兴

15 世纪晚期，哥伦布、麦哲伦和其他欧洲探险家的航行开启了第一次全球化的进程。地理大发现及随之而来的殖民地开拓，使得地理、文化、制度等异质性因素逐渐地被一股强大而统一的经济力量所吞没。资本主义开始发展，带来了生产方式的变革和生产力水平的提高，也造成了全球性的不均衡发展。经济史研究发现，欧洲在 1500—1800 年间的重商主义时期，以牺牲殖民地的发展为代价，获得了制造业的巨大进步。[①] 尤其是在工业革命的推动下，欧洲实现了工业化，正式进入了经济持续增长的资本主义时代。经济或生产力因素在制度变革、技术进步等因素协助下将世界联成一体，建构了第一次全球化的世界秩序，欧洲之外的国家与地区无一不被裹挟进这个巨大的资本主义发展潮流中。对于俄国和美国来说，19 世纪是一个抉择或者超越的时代，因而也是一个重大转型的时代。

资本主义对于 19 世纪中期的俄国而言，是一个抉择的问题。俄国哲学家别尔嘉耶夫认为，19 世纪对于俄罗斯来说“是一个思考的世纪”，是充满“紧张的精神追求和社会追求”的世纪。[②] 这种思考从精神上说是为了探索俄罗斯命运的归宿，从物质上说是寻求俄罗斯的发展道路。19 世纪初，资本主义经济关系开始在俄国发展起来，但俄国总体上仍是一个发展迟缓的封建农奴制国家。由于农业生产力极为低下，再加上沙皇为了开疆拓土连年发动战争，使官僚机构膨胀，财政开支庞大，农民负担极其沉重，农民暴动连绵不断，沙皇专制的农奴制陷入危机之中。[③] 农奴制危机和农民运动首先引起了俄国贵族青年的极大关注，他们于 1825 年发动了十二月党人起义，提出反对农奴制、废除专制暴政、建立代议制的自由共和国等政治纲领，但是起义最终被残酷镇压。1861 年，沙皇亚历山大二世颁布废除农奴制的法令，意图向资本主义国家过渡，但是这场自上而下的农奴制改革极不彻底，农民仍然未能摆脱破产的命运。事实上，早在十二月党人起义的影响下，俄国思想

---

① 艾伦．全球经济史．陆赟，译．南京：译林出版社，2015：2.

② 别尔嘉耶夫．俄罗斯思想．雷永生，邱守娟，译．北京：生活·读书·新知三联书店，1995：3.

③ 马龙闪，刘建国．俄国民粹主义及其跨世纪影响．桂林：广西师范大学出版社，2013：18 - 19.

界已展开了一场斯拉夫派和西方派的大讨论，争论焦点是俄国是要走独立自主的本土主义发展道路，还是要走西欧式的资本主义发展道路，提出了发展道路的抉择问题。革命民主主义者赫尔岑、别林斯基、车尔尼雪夫斯基等人在思想论争的背景下，建立了比较完整的俄国民粹主义世界观和思想体系，即村社社会主义。因此，在俄国，民粹主义首先是先进知识分子对社会现实的一种思想响应。

对于 19 世纪末的美国来说，资本主义是一个发展阶段的超越或突破的问题。从 1815 年到 1870 年，工业革命从英国传播到整个欧洲大陆，西欧各国不断奋起追赶领先的英国。美国也在 19 世纪加入了这个追赶的行列并实现了资本主义工业化，最终在 19 世纪末进入所谓的"镀金时代"，开始了从自由资本主义阶段向垄断资本主义阶段的转型。但是，随着工业化的深入，垄断的资本主义工业和金融资本破坏了美国传统农业的生产和生活方式，激起了农场主、小生产者的强烈不满和反抗行动。霍夫施塔特认为，"平民主义运动中浓重的紧张和焦虑色彩就是因美国农业的迅速崩溃所致"。① 而在《平民主义者的反叛》这部最早关于美国人民党运动的著作中，约翰·希克斯以西部大平原边疆地区和南部棉花王国农场主的经济状况为背景，分析了 19 世纪 80—90 年代美国农民遭遇的经济困境："农产品价格下跌、运费高涨、信贷制度苛刻，以及自然灾害连续不断，促使农民们试图通过联合行动来改变现状"。② 与俄国民粹派不同，美国人民党运动旨在通过直接行动抵抗垄断资本主义在美国的发展，并没有特别明确的理论追求。但是，思想传承在人民党运动中也是清晰可见的，这场运动继承了 19 世纪 20 年代杰克逊时代的民主传统，要求尊重社会正义，重新提出了"一切人权利平等，无人享有特权"的杰克逊口号，"平民主义者缅怀失去的土地伊甸园，缅怀 19 世纪早期的美利坚合众国"。③ 在美国，人民党运动不是要彻底否定资本主义制度，它反对的是垄断资本家对农民的剥削与控制。

在资本主义的世界性演进过程中，传统农业劳动者所遭受的经济剥削和所面临的边缘化命运在俄国和美国都同样存在。虽然俄国民粹派的村社社会主义是希望跨越资本主义，而美国人民党人希望避免垄断资本主义剥削，但是资本主义显然是他们的共同敌人。从性质上来说，俄国民粹主义是一种企图避免走资本主义道路、利用农民的传统村社直接走向社会主义的社会革命理论；美国人民党运动则强调一种维护农场主利益的、反对垄断资本的政治经济立场。总体而言，二者都是具有强烈的阶级政治色彩的左翼激进主义运动，尽管前者的思想性更为突出，而后者的行动力更强。

---

① 霍夫斯达特．改革时代：美国的新崛起．俞敏洪，包凡一，译．石家庄：河北人民出版社，1989：5.

② 原祖杰．对美国平民党运动的再思考．美国研究，2009，23（4）：115－116.

③ 同①50.

10.2.2 俄国民粹派、美国人民党与俄美国内秩序的变迁

俄国民粹主义是知识分子对于农奴制和资本主义双重压迫的激烈反抗，它带来的思想冲击和社会震荡影响了超过半个世纪的俄国政治。从思想上看，民粹派运动在早期有革命民主主义知识分子如赫尔岑、别林斯基等人的理论贡献，后期有列宁、普列汉诺夫与“民粹派”的激烈论战。从行动上看，有十二月党人起义、“到民间去”运动、土地与自由社运动以及民意党恐怖暴力行动。其中，“到民间去”运动可谓俄国民粹主义的高潮时期。1873 年春，在赫尔岑“与人民共存”观念的感召之下，在巴枯宁、拉甫洛夫等革命者的直接号召下，数千名青年知识分子以“民粹派”自称，从城市奔赴农村，开展了一场农村革命运动，希望发动农民来推翻沙皇专制统治，建立社会主义社会。由于农民对社会主义缺乏认同，民粹派的宣传动员并没有成功。1874 年，运动因沙皇政府的镇压而失败，不得不向组织化程度更高的“土地与自由”社转型，后期甚至转向了更为极端的民意党。“70 年代的民粹派的命运是悲剧性的，因为他们不仅受到政府方面的迫害，而且人民本身也没有接受他们。”① 到了 19 世纪 90 年代，俄国民粹派分化为左右两翼，右翼因坚持非马克思主义立场，受到了列宁的严厉批判。

人民党运动是美国民粹主义的最早实践，是“农民和小商业集团为反对金融资本无情地发展的一种自卫运动”。② 由于历史、文化与制度的差异，美国人民党人没有面临封建性的农奴制压迫，他们反抗的是取代了自由竞争、正在威胁农民利益的垄断资本及其重利盘剥制度。人民党运动以西部和南部农场主为主体，代表着一种“以地域为基础，以捍卫土地所有制为目标的激进主义反对北方经济、政治强权和政党系统失败的新生力量”，③ 北方代表着工业与金融的垄断资本。与民粹派不同的是，人民党运动是农场主群体内生自发的反抗，并没有外来的知识分子的思想输入；同时，这场运动从前期的农民协进会、绿背纸币党等政党实践中获得了民粹主义的激进思想、政治观点和选民基础。人民党运动高潮时期是 1892 年美国人民党的成立和奥马哈纲领的提出，该纲领在货币、交通、土地等方面提出了激进的改革主张，要求国家干预经济，反对垄断资本，批判两大政党的保守与腐败。霍夫施塔特认为，这场运动是美国第一次有实效的要求联邦政府对公共福利负责的现代政治运动，是对工业化造成的危害进行严厉批判的运动。④ 人民党运动在 1896 年大选中因阶级差异和地域矛盾而分裂，放弃奥马哈纲领，支持民主党候选人。最终，因为合并进了民主党，人民党在组织上中止了活动。

---

① 别尔嘉耶夫．俄罗斯思想．雷永生，邱守娟，译．北京：生活·读书·新知三联书店，1995：113.
② 罗徹斯特．美国人民党运动．马清文，译．北京：生活·读书·新知三联书店，1957：5.
③ 塔格特．民粹主义．袁明旭，译．长春：吉林人民出版社，2005：41.
④ 霍夫斯达特．改革时代：美国的新崛起．俞敏洪，包凡一，译．石家庄：河北人民出版社，1989：49.

俄国民粹派与美国人民党出现于两个大陆上完全不同的两个国家，在背景、目标和路径等方面都有显著不同，但它们又几乎是同时代的，共同为民粹主义在20世纪乃至21世纪的世界性重现留下了历史遗产。这些遗产中最为重要者有三。其一，传统的、怀旧的保守主义文化立场。民粹派运动和人民党运动都是植根于本国传统文化的农民运动。民粹派“相信俄国生活的特殊方式，相信俄国生活的村社制度，由此相信农民社会主义革命的可能性。”[①] 人民党人信奉“土地神话”，“他们的乌托邦存在于过去而不是将来”，他们怀恋农业阶级力量强大的往日荣耀，他们发起的运动是“这个国家农业利益集团的最后一次联盟……是农场主对将他们压垮的工业文明的最后一搏”。[②] 其二，二元价值观之上的抗争政治立场。民粹派运动既突出了农民与农奴主阶级的利益对立，也强调俄国村社与资本主义方式之间的势不两立。人民党运动同样是基于二元对抗逻辑的阶级对抗，有着强烈的大众反叛精神，坚信银本位与金本位、农业与工商业、农民小生产者与垄断资本家之间的对立是必然的和不可避免的，认为后者所代表的邪恶力量必须被限制或根除。其三，人民崇拜的道德立场。两场运动充分肯定了以农民、小生产者为代表的人民大众的主体性地位，毫不掩饰对人民的创造性和道德优越性的崇信，相信“人民是慷慨大方的，愿意自我牺牲和充满人道主义精神的”。[③] 普列汉诺夫认为，“对一切政治问题漠不关心并且没有政治能力的俄国人，却在生活方面比所有西欧各国人民还更接近新的社会组织”。[④] 美国人民党人则感觉到“生机勃勃、具有‘十字军精神’的人民群众在给他们撑腰。”[⑤] 民粹主义的底层取向、人民立场来自这两场运动的最初实践。

这两场民粹主义的早期运动都是在国内政治经济矛盾的刺激下产生的，它们的高潮期很短暂，但是历史影响却十分深远，成为一支变革国内政治格局甚至影响国家发展方向的重要力量。俄国民粹派与马克思、恩格斯建立了联系，翻译出版了一批马恩的重要理论著作，为俄国无产阶级学习和掌握马克思主义学说创造了条件；他们推崇的村社社会主义理论虽然存在将小农经济理想化、抬高小生产者地位等问题，但是内含追求政治平等的精神，反映了俄国革命者在特定历史阶段对社会主义道路的真实思考；同时，民粹派运动为反抗沙皇专制锻炼了一批革命的中坚力量，加速了农奴制度的彻底消亡，土地与自由社、民意党等政党实践为俄国无产阶级政党的建设提供了历史经验与教训。美国人民党运动是美国激进主义改革运动的重要环节，它继承了杰克逊主义的大众民主传统，为草根政治参与进行了充分的辩护，

---

① 列宁．列宁全集：第1卷．2版．北京：人民出版社，1984：229.

② 霍夫斯达特．改革时代：美国的新崛起．俞敏洪，包凡一，译．石家庄：河北人民出版社，1989：50，77.

③ D'Eramo M. Populism and the New Oligarchy. New Left Review，July/Aug 2013（82）：10.

④ 普列汉诺夫．普列汉诺夫哲学著作选集：第1卷．曹宝华，译．北京：生活·读书·新知三联书店，1959：144.

⑤ 罗徹斯特．美国人民党运动．马清文，译．北京：生活·读书·新知三联书店，1957：71.

是20世纪初的进步主义运动、“新政”改革运动的先行者。这一系列的激进运动对农民、工人和城市中产阶级进行了充分的政治动员，奠定了美国政治的大众民主底色。此外，人民党以一种独立的第三党形象出现，猛烈冲击了腐败而偏失的美国两党政治，迫使民主党向左翼靠拢，也使得两党体制不断调整以应对大众政治时代的到来。当然，人民党运动因其包含着源自农业体系的地方情感和对工业文明的排斥，因而有着明显的排外主义倾向，“平民主义和进步主义运动染上了极深的本地人对移民浪潮的反对情绪”。[1] 国家对移民的需要和本地人对移民的排斥，这两种政治伦理系统的矛盾，从人民党时期起，就一直程度不同地存在于从20世纪至21世纪的美国社会。

10.2.3 俄美民粹主义与世界政治秩序的重组

民粹主义思潮是国家内部的一种思想变迁，所以具有明确的国内取向。但是，无论是作为一种思潮还是一场运动，民粹主义都难以局限在国家界限之内，它在观念传播上的感召力和行动示范上的冲击力令人印象深刻。事实上，从第一代的俄美民粹主义起，民粹主义就具有了清晰的世界性。约翰·朱迪斯认为民粹主义是美国制造的，它贯穿于美国历史，后来被移植入欧洲土壤，也对拉丁美洲产生了重要影响，“拉丁美洲的民粹主义政党及其运动时不时会尝试颠覆民主争夺权力的方式，而美国和西欧的民粹主义政党及其运动却选择拥抱这一方式”。[2] 然而，朱迪斯的判断过于偏颇，因为俄国也参与了民粹主义的最初创造，同时代的俄国民粹主义深刻影响了另一个半球——包括东亚国家和非洲大陆在内的大片土地。

当然，仅仅观察俄美民粹主义在其他地区的重现，还不足以理解民粹主义如何在一开始就参与到世界政治秩序的重组过程中。还要观察民粹主义思潮如何触发了一系列对内对外的抗争运动，进而建立国内秩序与世界秩序的关联互动。从第一代民粹主义的世界性影响来看，以下三个变迁至关重要。首先，传统阶级要求参与政治权力分配，世界政治出现左翼化趋势。在国际关系学界，国内政治通过对外政策作用于国际政治的分析路径日益受到重视，基欧汉和米尔纳等学者推动了这一研究的深入，[3] 但是由于过于聚焦国家行为体，因而忽略了社会行为体（如特定阶层与群体、政党组织）的独立影响。俄国民粹派和美国人民党表达了传统阶级（主要是农民和小生产者）在现代化转型中的失望和抗议。由于关乎一个人数众多的社会阶级的命运，国内机制不得不作出响应，在俄国是启动了知识分子阶层转向马克思主义的革命进程，在美国则是迫使两党体制进行自我调适，也包括推动民主党的激进

---

① 霍夫斯达特．改革时代：美国的新崛起．俞敏洪，包凡一，译．石家庄：河北人民出版社，1989：6.

② 朱迪斯．民粹主义大爆炸：经济大衰退如何改变美国和欧洲政治．马霖，译．北京：中信出版集团，2018：iv.

③ 基欧汉，米尔纳．国际化与国内政治．姜鹏，董素华，译．北京：北京大学出版社，2003；米尔纳．利益、制度与信息：国内政治与国际关系．曲博，译．上海：上海人民出版社，2015.

化转型。最终，由于国内权力结构的变迁，国家对外反应的姿态也发生了变化，使得 20 世纪前后世界政治经济的变迁更具激进的左翼色彩。

其次，制度之争成为世界政治的主要内容。波兰尼认为，19 世纪文明建立在四个制度之上，即势力均衡体系、国际金本位制、自我调节的市场、自由主义国家；其中，后两个是国家性的，前两个是国际性的。[①] 人民党运动以农场主维护银本位以对抗垄断资本的金本位而著称，在经济上持保守的本土主义立场；同时，人民党运动、进步运动和"新政"运动等前后相连的大众激进运动扩大了美国的民主制度基础，"人们普遍相信经济上的个人主义和政治上的民主在早期美国曾经存在，而后被大规模的合作和腐败的政治机器摧毁了"。[②] 人民党运动标志着民主主义与自由主义结盟的政治时代的到来，对于国家政治和世界体系的重塑产生了深远的影响。俄国民粹派带来的制度变迁更是革命性的，它在终结农奴制和抵制资本主义制度方面冲锋在前，并在更广阔的世界舞台上推动了资本主义与社会主义的制度之争，列宁因此建议应该"根据新的世界事态来研究亚洲现代资产阶级革命中民主主义和民粹主义的相互关系问题"。[③]

再次，基于民意的政治观念开始盛行，人民与民族的观念开始联结。"民粹主义并非某种意识形态，而是一种政治逻辑——一种用来对政治进行思考的方式"。[④] 事实上，这种政治思考在俄美民粹主义的时代就已经开始了。如果说因为意识形态内在的异质性而无法比较俄美民粹主义的观念立场，那么民粹主义的内涵中能够将俄美经验联系起来的，应该是一种建立在人民或民族主体性观念之上的政治逻辑或政治思考。民粹派和人民党都将其思想与行动的合法性建立在对传统国家的主体人群——农民的信赖与支持上，所以民粹主义从一开始就建立了一种基于民意、信服人民的政治观念，或者说是一种关于人民/农民的信仰政治。这既是对资本主义制度下的阶级政治的继承，也是关于世界政治行为者的观念变革。民粹主义从一开始也建立了与民族主义的联系，拉斯韦尔认为民族主义模式在 19 世纪开始传播，常常出现在一些被剥夺感极为强烈的群体中，"从一个劣势地位解放出来的需求，构成了那些民族运动、种族运动和工人运动的组成部分"，[⑤] 这些需求无疑也是民粹主义发轫与传播的动力。在俄美的两场运动中，民族主义、民族利益的观念也有着深刻的反映，民粹派相信斯拉夫文化和传统村社制度的优越性；人民党人对资本主义"镀金时代"的到来感到绝望和焦虑，产生了严重的地方主义并与排外的民族主义建立了联系，因而人民党人也常常被认为是民族主义者，他们对第二次世界大战之前美国在世界政治舞台上的保守主义立场起到推波助澜的作用。

---

① 波兰尼．大转型：我们时代的政治与经济起源．冯钢，刘阳，译．北京：当代世界出版社，2020：13.

② 霍夫斯达特．改革时代：美国的新崛起．俞敏洪，包凡一，译．石家庄：河北人民出版社，1989：3.

③ 列宁．列宁全集：第 2 卷．3 版修订版．北京：人民出版社，2012：290.

④ 朱迪斯．民粹主义大爆炸：经济大衰退如何改变美国和欧洲政治．马霖，译．北京：中信出版集团，2018：iv.

⑤ 拉斯韦尔．世界政治与个体不安全感．王菲易，译．北京：中央编译出版社，2017：72.

10.3 现代化转型与拉美民粹主义浪潮

俄美第一波民粹主义浪潮首先冲击了两国国内政治，紧接着世界政治也不得不有所响应，迎接民主时代、革命时代的到来，而民粹主义的反抗性政治也得以跨越制度与文化的差异，出现在更多国家的现代化和民主化进程中。在广大的非西方世界，拉丁美洲的发展变迁与民粹主义紧密地联结在一起。自 20 世纪初登上政治舞台之后，拉美民粹主义历经数次高潮，在城市化、工业化大潮中发展出经典民粹主义；在进口替代工业化衰微、新自由主义强势扩张的全球化浪潮中衍生出新民粹主义；其后又因反抗新自由主义改革而激发出被称为“粉色浪潮”的激进左翼民粹主义。拉美为民粹主义的世界性实践提供了独具特色的地区样本。

10.3.1 现代化冲击与拉美民粹主义的兴起

拉美现代化转型的启动远早于其他非西方地区，自 19 世纪初获得独立后便开始了城市化、工业化、民主化的现代化进程。然而，“长期以来拉丁美洲一直被不是植根于现代性而是植根于中世纪精神的政治、社会和经济体制所主宰”，① 拉丁美洲的现代化迟迟未能完成，被拉长了的社会转型期孕育了民粹主义生长发展的独特环境。拉美民粹主义的兴起受到以下三方面因素的影响。

在政治方面，现代化开启了发展中国家的民主时代，带来了重大政治变革。相比西方较早经历的民主实践，非西方世界的民主历程不仅起步晚，而且曲折动荡。对于这些在西方引领和示范下准备走上民主之路的发展中国家来说，引入竞争性选举、政党政治的同时，不得不面临着严重的政治冲突和社会分裂。现代化、民主化给传统国家带来诸如区域、信仰、生活方式和阶级关系等方面的分裂对立。汉斯彼得·克里西等人总结了传统国家在现代化过程中可能出现的四种分裂：一是中心与边缘的分裂，二是宗教的分裂，三是城市和农村之间的分裂，四是工人阶级和资产阶级的分裂。② 进入 20 世纪后，拉美长达百年的转型发展培育了以城市工人、中产阶级和城市贫民为主体的新兴社会力量，传统阶级如农民和印第安土著也被现代化唤醒，形成了阶级或族群意识，这些在考迪罗寡头政治之下的被统治阶级对传统的政治经济秩序提出了变革的要求。拉美国家的现代政党出现较早，但是由于选举和政党等政治元素的引入十分迅猛激烈，传统社会还没有来得及在社会、经济和文化上进行调适，就在政治上被政党精英广泛动员起来，大众政治参与的热情空前高

---

① 威亚尔达．拉丁美洲的政治与发展．刘捷，李宇娴，译．上海：上海译文出版社，2017：18.

② 克里西，库普曼斯，杜温达克，等．西欧新社会运动：比较分析．张峰，译．重庆：重庆出版社，2006：28-35.

涨。现代化的社会变革在多大程度上获得成功，越来越“取决于民众动员的规模和水平，取决于旧的经济关系和社会关系被扫荡的范围和深度，还取决于精英分子形成权威和整合社会的能力”。① 在爱德华兹看来，拉美现代经济史是一部缓慢增长，充满危机、不平等和贫困的历史，拉美国家在民主发展之路上经历了经济和政治阵痛、专制的政客和暴君、接二连三的政变等种种考验。② 这些内在于政治过程的结构性分裂不仅带来意识形态论争，更带来了普遍暴力，导致政治动荡、经济衰败和社会断裂，提供了拉美民粹主义生长的政治机遇。

在社会文化方面，拉美国家独特的历史经历造就了以威权性、国家性、多阶级联盟为特征的政治文化。“拉丁美洲的现代化体现了美国、欧洲和历史上拉美行事方式的一种迷人的交融”，③ 历史上的拉美行事方式由 1492 年以来葡萄牙、西班牙殖民统治给拉美大陆留下的伊比利亚思想传统所塑造，核心是一种包含了威权主义、专制主义、中央集权和法团主义的等级制秩序观。这种秩序观孕育了 19 世纪拉美独立后的精英主义和考迪罗主义，更将威权政治传统流传至 20 世纪的民粹主义，完成了从单纯的军事强人向政治强人的过渡。拉美深厚的法团主义传统为民粹主义提供了思想文化养分，可以解释拉美民粹主义为什么表现出多阶级联盟的特性。法团主义是一个精英性、家族性和庇护性的非正式政治模式，普遍存在于拉美各国，在巴西被称为帕尼林哈体系（panelinha system），在墨西哥被称为幕僚体系（camarilla system）。19 世纪的拉美政治过程只有教会、军队和寡头统治集团三个主要法团，但是随着经济增长和社会变迁，新的法团如劳工组织、中产阶级和土著居民组织等开始要求成为政治体系的参与者。法团主义的建构基础是政治恩庇、相互义务和恩惠传统，它承诺要建立一个阶级和谐而非阶级冲突的体系。④ 这种文化传统有助于形成经典民粹主义的跨阶级联盟，有助于魅力领袖在众多法团的分化、冲突中应运而生，有助于建立领袖与追随者之间的庇护与依附关系。

在经济方面，长期落后和严重的经济依附激发了本土发展模式的探索。拉美发展受阻和长期落后至今仍是一个全球关注的重要问题，“中等收入陷阱”也早已成为拉美发展困境的代名词。拉美是一个资源富饶的地区，但是经过了 200 年的现代化发展，竟然与世界主要经济体的差距越来越大，陷入增长缓慢、经济危机、政治动荡轮番上演的发展怪圈之中，受到贫困与不平等问题的长期困扰，有学者把这种现象称为“资源诅咒”。20 世纪 50 年代初，拉美经济学家提出了一系列用于解释拉美落后根源的激进理论，包括劳尔·普雷维什的“中心—边缘”理论、特奥托尼奥·多斯桑托斯的依附论等，这些理论批判了不平等的资本主义世界体系以及西方与拉美之间的“中心—边缘”关系，主张进口替代工业化战略，即一种以快速

---

① 陈明明．所有的子弹都有归宿：发展中国家军人政治研究．天津：天津人民出版社，2003：182.

② 爱德华兹．掉队的拉美：民粹主义的致命诱惑．郭金兴，译．北京：中信出版集团，2019：23.

③ 威亚尔达．拉丁美洲的政治与发展．刘捷，李宇娴，译．上海：上海译文出版社，2017：4.

④ 威亚尔达．拉丁美洲的精神：文化与政治传统．刘捷，李宇娴，译．杭州：浙江大学出版社，2019：343，345.

实现工业化为目标的政府主导的内向型发展模式。进口替代工业化的提出旨在改变初级产品出口的工业化道路，帮助拉美实现自主发展和摆脱对中心国家的依附，得到拉美各国的呼应。在50—60年代，巴西瓦加斯政府、阿根廷庇隆政府和墨西哥卡德纳斯政府等国推行了内向型发展的宏观经济政策，强调经济增长、国家干预和收入再分配，形成了一种挑战西方自由主义经济的民粹主义发展模式。爱德华兹在经济学意义上定义拉美民粹主义，认为它是一系列主张实行巨额财政赤字和扩张性货币政策以及通过增加公共部门工人的工资来重新分配收入的经济政策①；但在左翼学者看来，民粹主义是拉美国家左翼政府对世界经济体系中依附与边缘地位的反抗，是拉美为了实现独立自主、摆脱“资源诅咒”而努力探索的替代性发展道路。

10.3.2 拉美民粹主义的发展历程及其对国内秩序的影响

拉美民粹主义萌芽于20世纪初叶。秘鲁政治家阿亚·德拉托雷被称为“拉美民粹主义之父”，他于1924年率先创立“美洲人民革命联盟”（APRA，即阿普拉党），提出阿普拉主义，主张社会民主主义的改良主义和民族主义。② 阿普拉主义越过秘鲁国界，传播到了其他拉美国家，奠定了拉美民粹主义运动的左翼基础。与此同时，中下层大众的社会改革呼声得到了一些南锥体国家领导人的回应，具有早期民粹主义色彩的政府纷纷出现，智利的亚历山德里政府（1920—1925年、1932—1938年）、阿根廷的伊里戈延政府（1916—1922年）、乌拉圭的巴特列政府（1903—1907年、1911—1915年）和秘鲁的比林赫斯特政府（1912—1914年）等在各自国家开启了民粹主义的最早实践。③ 这些民粹主义的早期实践推动了拉美国家从寡头政治走向大众政治的不可逆转的历史进程。

从20世纪30年代到60年代，拉美民粹主义进入真正的高潮阶段，即经典民粹主义时期，这一时期形成了拉美国家在发展模式上的民粹主义路径。1929—1933年严重的经济危机极大地挫伤了欧美经济，在资本主义世界体系中处于从属和依附地位的拉美各国同样备受打击，拉美长期实行的初级产品出口导向型政策因欧美经济崩溃而难以为继，出口导向的寡头制政权“面临着增长、分配、参与和合法性的四重危机”。④ 拉美各国政府为应对经济危机纷纷进行政策改革，尤其是侧重于社会经济方面，包括政府干预、福利国家、进口替代、多阶级联盟、收入再分配等等，既有凯恩斯主义的影响，更有民族主义的立场，被称为经典的民粹主义政策。

---

① 爱德华茨．拉美新旧民粹主义研究．刘玉，译．国外理论动态，2012（6）：92.

② 威廉斯．从发展角度看拉丁美洲的政治思潮．钟腊梅，译．北京：商务印书馆，1979：19－20.

③ Dornbusch R，Edwards S. The Macroeconomics of Populism in Latin America. Chicago：The University of Chicago Press，1991：38.

④ Demmers J，Jilberto A E F，Hogenboom B. Miraculous Metamorphoses：The Neoliberalization of Latin American Populism. London：Zed Books，2001：4.

“这场危机促使拉美国家政府开始干预经济，从而涌现了新生的工业部门”，[①] 尤其是轻工业得到了长足发展，为进口替代工业化战略奠定了基础。国家经济发展战略的调整催生了一个软弱但野心勃勃的民族工业资产阶级，也带来了一个政治上日益活跃的、强有力的劳工阶级。在克里斯玛式强人政治的推动下，两个新兴阶级之间建立了跨阶级联盟，“这一联盟整合了企业主和劳工的利益，并向农业和土地寡头长期以来的统治地位提出了挑战”。[②] 经典民粹主义领导人有三个重要代表，即墨西哥的卡德纳斯、阿根廷的庇隆和巴西的瓦加斯。此外，厄瓜多尔的贝拉斯科、玻利维亚的埃斯登索罗也建立过民粹主义政权。

20 世纪 60 年代后，进口替代工业化走入困境，拉美军人政府纷纷上台，大举镇压民粹主义运动，民粹主义开始衰微。但是，在 90 年代拉美新自由主义市场化改革中，民粹主义以两种新形态重返政治舞台。一种是新自由主义与民粹主义的策略性合作。为了突破市场化改革的阻力，一些拉美国家的领导人采取政经分离的策略，经济上执行新自由主义政策，政治上重新回到民粹主义。这是一种“新自由主义化”的民粹主义，[③] 其策略是“利用民粹主义推行经济自由主义，反过来又利用经济自由主义来加强其民粹主义领导权”，[④] 其代表人物包括阿根廷的梅内姆、巴西的科洛尔、秘鲁的藤森和厄瓜多尔的布卡拉姆等。另一种是以查韦斯的“21 世纪社会主义”为标志的激进左翼民粹主义。21 世纪初期，拉美经济持续低迷，贫困与不平等问题日益严重，拉美民众对市场化政策悲观失望，渴望公平正义的政治变革。在此背景下，拉美政治开始整体左转，“粉色浪潮”席卷委内瑞拉、巴西、阿根廷等几乎所有拉美国家，拉美左翼政府继承了经典时期的民粹主义传统，举起反美反霸权主义、经济去市场化和社会超福利化的大旗。

虽然拉美民粹主义的出现要比俄美民粹主义晚一个时代，但是其持久性、连贯性与规模性远远超过俄美，更重要的是，它代表着世界政治中落后的边缘地带在现代化冲击下新生的政治形态。与其他国家与地区不同，拉美民粹主义不能被简单理解为一种抗争性的街头政治、草根政治，它是拉美国家在经济发展与政治转型过程中的关键环节；与国家、民族、领袖等威权化符号紧密相连，已成为拉美政治经济的常规部分。现有研究对于拉美民粹主义较为普遍的共识是，民粹主义“不仅始终被国家当权者所运用、操纵，而且一直就是拉美经济政策和政治制度转变的驱动力量”，[⑤]

---

① 桑蒂连．拉美的“民粹主义”：争议、特征及比较研究的局限．陈默，译．拉丁美洲研究，2018，40(1)：117.

② Skidmore T E，Smith P H. Modern Latin America. 6th ed. New York：Oxford University Press，2005：55.

③ Demmers J，Jilberto A E F，Hogenboom B. Miraculous Metamorphoses：The Neoliberalization of Latin American Populism. London：Zed Books，2001：11.

④ Weyland K. Neo-populism and Neoliberalism in Latin America：Unexpected Affinities. Studies in Comparative International Development，1996，31 (3)：9.

⑤ 周凡．国外民粹主义研究前沿．(2015－03－20)［2021－03］．http：//www. cssn. cn/zhx/zx _ zrzl/201503/t20150320 _ 1555359 _ 1. shtml.

“民粹主义在近一个世纪以来一直是拉美政治中最具渗透力的政治意识形态”,[①] 以它为基础的执政理念与政策实践对拉美内部政治秩序带来了以下重要影响。

首先，拉美民粹主义建立在深厚的传统文化基础上，是造成制度脆弱和制度化水平低下的重要因素。威亚尔达认为，拉美政治体系不是建立在“不带人情味的民主”之上，它的建构基础是政治恩庇、相互义务、“恩惠”传统。[②] 以庇护主义、法团主义和考迪罗主义为特色的政治文化鼓励权力竞争者越过制度藩篱直接与民众对话，依赖体制外政治动员获得支持。大多数拉美民粹主义领导人不是依靠一个强大的政党，而是依靠与民众尤其是劳工阶级的直接联系来参与政治竞争，巴西民粹主义领导人瓦加斯在即将被军队赶下台时才组织了巴西劳工党（PTB）。其次，拉美民粹主义为行政权的扩张提供了动员工具。拉美民粹主义所追求的民主是一种“更加中央集权化，以行政为中心的民主形式”，“行政被宪法授予绕过立法机关的广泛权力”。[③] 拉美盛行的新立宪主义认为国家宪法的条文应该不断变化，应快速灵活地适应新的政治形势，因此政治领袖必须依靠公民投票和表决来推进政治与社会议程。全民公投是一种政治强人通过直接与民众对话来实现政治目标的民粹主义手段，它带来了广泛的政治参与和不稳定的宪法秩序。再次，拉美民粹主义造就了20世纪中期的多阶级联盟，为魅力领袖的不断涌现提供了政治机遇。与俄美相比，拉美民粹主义有着更鲜明的城市性特征，“如果没有19世纪大规模的城市发展，就不会出现20世纪的民粹主义”[④]。在拉美的现代化进程中，劳工阶级和城市贫民的队伍越来越壮大，他们与无法单独挑战传统寡头集团的工业资产阶级结盟，形成了工业资本家和劳工阶层策略性合作的民粹主义联盟。但是，由于跨阶级联盟隐含着阶级利益的冲突，“以跨阶级民粹主义联盟为基础的政权不得不依赖于个别领导人的个人权力和个人魅力”,[⑤] 因此，魅力型领导、政治强人成为维系联盟的关键因素。

10.3.3 拉美民粹主义与世界政治秩序的变迁

民粹主义的长期存在固然是拉美国家的经济结构失衡、政治体制不完善、社会不平等严重和威权化传统深厚等因素综合作用的结果，但也是拉美国家为了摆脱依附性发展、寻找替代性道路而进行的主动尝试。相比其他地区，拉美民粹主义有两个显著不同的表现：一方面，拉美民粹主义不仅仅是“街头的民粹主义”，更是一

---

① Zedillo E. Lula：The End of Latin American Populism. Forbes，Winter-Spring 2007，27（1）：3.

② 威亚尔达．拉丁美洲的精神：文化与政治传统．刘捷，李宇娴，译．杭州：浙江大学出版社，2019：345.

③ 威亚尔达．拉丁美洲的政治与发展．刘捷，李宇娴，译．上海：上海译文出版社，2017：4，57.

④ Conniff M L. Latin American Populism in Comparative Perspective. Albuquerque：University of New Mexico Press，1982：4.

⑤ 斯基德莫尔．现代拉丁美洲．江时学，译．北京：世界知识出版社，1996：66.

种普遍的“执政的民粹主义”,① 是国家政治生活的基本构成，谈到拉美民粹主义，人们常常会提及民粹主义政府及其政策。另一方面，拉美民粹主义不仅仅是一种国家内部的反抗政治，更是整个国家甚至整个地区的反抗政治，是挑战资本主义世界体系的替代性发展选择。因此，拉美民粹主义不仅奠定了各国政治经济发展的左翼激进路线，更冲击着西方国家建构的世界政治秩序，带来了权力结构、制度框架和观念体系方面的重大挑战。

首先，在世界政治秩序的权力结构中增加了非西方的激进主义元素。民粹主义在拉美的兴起与长盛，是拉美走上民主政治和自由市场之路的结果。进入 20 世纪以来，拉美被现代化的巨大力量推进了资本主义世界体系。作为与欧洲有着复杂联系的前殖民地和被门罗主义严密监控的美国后院，拉美的发展始终受到西方“中心国家”的宰制，某种意义上成为西方的“政治学徒”。西方自由派学者认为拉美民粹主义是边缘国家发展落后的特有现象，还有学者认为民粹主义在概念上特指出现于 20 世纪拉美的现象。② 但是站在拉美的立场上看，民粹主义则是一种努力摆脱依附地位的本土化路径，“有助于取代那种只惠及外国资本的、垄断经济资源和压制民众呼声的排斥性经济政策”。③ 拉美是一个资源富饶之地，在世界分工体系中却处于如此被剥夺、被操控的依附地位，寻求自主发展的内生动力十分强大，拉美民粹主义体现了该地区不断去殖民化、去西方化、去边缘化的努力，也是拉美政治景观中最具自主性色彩的构成。民粹主义因无法同时保障可持续的经济增长和再分配，无法帮助拉美成功崛起并在世界政治的权力角逐中成为有竞争力的参与者，但是，民粹主义在拉美的持久存在一再提醒西方，霸权主义是导致世界政治动荡的根源，不公平的依附性发展会迫使非西方探索自主性、替代性发展，也迫使世界政治秩序不断调整权力结构以应对非西方的挑战。

其次，为世界政治秩序的制度建设提供多样性、区域性经验。民粹主义通常出现在从传统政治向现代政治的历史转型中，二战结束以来，西方世界不遗余力地输出民主价值与制度，对落后国家走上自由民主之路有着极高的期待，并制造机会干预这些国家的制度选择和政治发展，但是，非西方国家的政治表现常常令西方失望。根据西方标准，民主转型是现代化的政治目标，而民粹主义使拉美的民主成为一种“不合格”的威权民主，或者是带形容词的民主，如“有限民主、监护式民主和受控民主、法团式民主和卢梭式民主”④ 等。西方建立在自由主义、个人主义之上的民主模式对于拉美来说是外源性、超前性的政治制度，并不适合传统价值、政

---

① Panizza F. Neopopulism and its Limits in Collor's Brazil. Buletin of Latin American Research，2000，19（2）：190.

② Dornbusch R，Edwards S. The Macroeconomics of Populism in Latin America. Chicago：The University of Chicago Press，1991：16.

③ Torre C. Populist Seduction in Latin America. Athens：Ohio University Press，2010：2.

④ 威亚尔达．拉丁美洲的精神：文化与政治传统．刘捷，李宇娴，译．杭州：浙江大学出版社，2019：397.

治文化完全不同的拉美；强行引入西方民主制度，必然带来政治动荡和社会冲突，这也是拉美左翼领导人试图走自己的民主发展道路的原因。拉美左翼政府的国家发展政策充满民粹主义色彩，主张以国家干预和再分配为中心的经济政策，质疑自由放任的市场经济。“中心—边缘”理论、依附论等致力于终结拉美对西方的依赖，在其指导下，经典民粹主义时期的拉美各国政府倡导进口替代工业化，主张限制外国资本和出口部门，推行内向型发展战略，掀起了拉丁美洲偏离西方发展模式的第一次浪潮。21世纪初，拉美左翼思潮复兴，激进左翼民粹主义掀起了反抗西方的又一次浪潮，主张将国家有效分配置于市场竞争之上，质疑和批判新自由主义的所谓正统地位。

最后，丰富了关于世界政治多元主体的认知，非西方的和传统的因素受到重视。服务于西方霸权和资本主义扩张的世界政治秩序无视非西方国家的经验与感受。数百年的被殖民历史、现代化转型中的依附性发展使得拉美人对他们在世界体系中的地位十分敏感：“我们是现代欧洲的第一个边缘，我们从现代化进程最初的那一刻就开始在全球范围内承受这种被边缘化的痛苦。”① 他们对被西方世界冷落、剥夺和边缘化有深刻的自我感知，更有争取自强自主的迫切需要。民粹主义在文化意义上是一种重新发现拉丁美洲在现代性历史中所居位置的努力，它建立在法团主义、庇护主义等难以割断的传统政治文化基础上。可以说，正是民粹主义将拉美的传统文化和政治经验带入现代社会，成为影响世界政治秩序变迁的重要变量。格申克龙认为，“在每一个工业化的场合，对于先进国家发展过程的模仿看起来都要伴之以不同的、本土性的决定要素”。② 在拉美，“我服从但不执行”是一种拥有悠久历史的观念，既可描述拉美地区实用主义的民主观，也折射出拉美文化中的自我保护意识。拉美人民对控制本国自然资源和经济命运感到迫切需要，这种经济民族主义与政治民粹主义一道，推动着拉美走上自主性发展之路。因此，拉美民粹主义的反西方、反资本主义立场，体现在20世纪对现代化理论的否定、在21世纪对新自由主义的批判，都是出自一种拉美需要有自己的选择的强烈愿望。

10.4 民主③化转型与东亚、东南亚的民粹主义浪潮

现代化对传统社会的改造以经济市场化、文化多元化和政治民主化为核心，在这个规模空前的历史进程中，剧烈的社会转型创造了民粹主义思想传播和政治动员的巨大空间。按照亨廷顿的理论，民主化在20世纪出现过三波浪潮，几乎涉及所

① 杜塞尔．欧洲中心主义和现代性//王宁，等．拉美去殖民化之路．北京：中国社会科学出版社，2019：36.

② 格申克龙．经济落后的历史透视．张凤林，译．北京：商务印书馆，2009：34.

③ 本部分所讨论的“民主”概念，主要是基于美西方国家的“民主”政治理论及制度，如竞争性选举、议会制、多党制，以及大众政治参与等。

有的发展中国家与地区。20世纪80年代以来，在东亚、东南亚、中东欧甚至非洲等地区的转型社会，民主化潮流带来了前所未有的社会变迁，民粹主义成为这些变迁中最为引人注目的政治景观。

10.4.1 第三波民主化浪潮与亚洲地区民粹主义的兴起

先发的西方工业化国家基于自身经验与价值偏好建立了一套以自由主义、发展主义和多元主义为基础的现代化理论体系，分别对应着政治、经济和文化领域的现代化转型需要。这套现代化理论以欠发达的非西方世界为推广对象。但是，对于非西方的国家与地区来说，现代化是一个输入的理念与目标，带来了多种双元性对抗，调整了传统与现代、精英与大众的内部关系，也冲击着西方与非西方、国家与国家的外部关系。

就内部关系而言，现代化指的是在一个传统的前工业社会向工业化和城市化转化过程中发生的主要社会变革。① 这种变革或许有外因的诱发，但必定是在特定社会的内部发生，反映了文化与价值观念的冲突、阶级或族群之间的矛盾、权力与财富分配的失衡等。不管在什么国家，现代化发展与繁荣在特定时期内都很难惠及全体社会成员，“那些由于传统原因或制度原因没有直接享受现代化成果的社会团体或阶层并不认同现代化，他们可能因为不公正的社会分配而积累不满和愤恨”，② 这些不满或愤恨在现代化进程中很难自行消除。当选举成为政治精英垄断权力的工具、自由民主异化为“富人的民主”时，中下层民众尤其是农民和城市贫民会因分配不公而产生被剥夺感，他们的不满与愤恨会不断积累，并在特定时间，借由特定事件的刺激，或经由某位政治精英的蛊惑，以一种激进甚至极端的方式呈现出来。从经验上来看，各地区的民粹主义运动无一例外地拥有一种相同的自主探索发展道路的意图，希望在传统价值和现代化需求之间找到一条平衡之路。③ 客观地说，民粹主义并不是现代化与现代文明的冲动的反抗者，它内含一种寻找控制现代化进程的可能性的信念，主张一种普惠于平民大众而非由权贵精英控制的现代化，因此，民粹主义首先表现为政治体系内大众与精英的对抗。

就外部关系而言，发展中国家的现代化本质上是一个被动进入西方主导的世界体系的过程，是既有世界秩序与本国、本地区传统秩序复杂互动的过程。美国著名行政学家里格斯（Fred W. Riggs）解释了现代化对一些非西方国家的冲击，认为现代化是一个“较早开发”社会对一个“较晚开发”社会的冲击所产生的种种变迁的过程，“是指一种‘历史相对性现象’，即一个社会或国家，自愿或不自愿地发生的

---

① 波普诺．社会学：下．刘云德，王戈，译．沈阳：辽宁人民出版社，1987：618.

② 林红．民粹主义：概念、理论与实证．北京：中央编译出版社，2007：124.

③ Ionescu C，Gellner E. Populism：It's meanings and National Characteristics. London：Weidenfeld and Nicolson，1969：187.

一种‘形变之链’的现象”。① 在西方民主模式的示范下，发展中国家政治现代化的目标被本国精英、西方学者解释为走一条以选举政治、政党竞争为标志的自由民主之路。许多东南亚国家在20世纪初的殖民时期就已经出现了现代政党，从20世纪30年代的泰国，到2002年恢复独立的东帝汶，东南亚11国先后确立了总统共和制、议会共和制、君主立宪制和人民代表制等多种现代政治体制；东亚的韩国早在1948年大韩民国政府成立之时就开始了西方民主实验。但是，亚洲国家的政治发展之路非常曲折，传统政治与现代政治对抗十分激烈。东南亚许多国家先后经历了仿效西方议会民主制时期、威权主义政治发展时期和政治转型时期，② 之所以有如此反复迂回的政治历程，既是西方模式“水土不服”使然，更是东南亚国家的政治精英对西方民主不断反思、修正和再适应的结果。以西方为楷模的政治现代化之路并未给非西方国家带来稳定的政治秩序，许多国家在形式上有了西方的民主制度，但是西方民主与本土政治始终无法调适。

在第三波民主化浪潮的激荡下，民主观念在发展中国家和地区开始生根发芽，大众政治参与日益活跃，传统的威权政治受到了猛烈冲击。东亚的韩国、东南亚各国经历了不同程度的政治动荡、社会分裂和族群冲突，频繁发生民主运动、社会骚乱甚至暴乱。受特定政治文化与传统的影响，东南亚国家常常会陷入“民主—动乱—专制—再民主—再动乱—再专制”的政治怪圈。③ 20世纪80年代初期，韩国的反独裁民主运动风起云涌，全斗焕威权政府不得不在大众运动和民主派精英的压力下开始向民主转型。90年代中东欧国家的政治转型也是第三波民主化浪潮的重要组成部分，从一党制到多党制的制度变革带来了巨大的转型危机，出现党派斗争、政治动荡，中下层民众陷入“较多的自由和较少的社会安全”的选择悖论中。随着政治精英日益投入大众政治动员，民粹主义成为中东欧转型政治中的一个热点议题。这些情况说明了正在经历政治、经济转型的国家通常是民粹主义的高发地，在转型过程中，民主政治体制、市场竞争机制建立起来了，但传统利益集团和权贵阶层继续掌握政治权力和经济资源，不同社会阶层之间的经济与政治地位严重失衡，中下层民众在体制内参与政治的空间十分狭小。在这种情形下，反体制、反精英的民粹主义运动有了广阔的发展机会，成为发展中国家转型的“形变之链”中无法摆脱的一环。

10.4.2 东亚、东南亚民粹主义对国内政治秩序的影响

亚洲是第三波民主化浪潮波及的重要地区，与政治制度变革相伴随的是剧烈的社会震荡，尤其是政党竞争导致广泛的大众政治参与，以争民主、反独裁为主题的社会运动风起云涌。在民主转型关键时期的20世纪80年代和90年代，民粹主义

① 金耀基．从传统到现代．广州：文化出版社，1989：117－121.

② 李文．东南亚：政治变革与社会转型．北京：中国社会科学出版社，2006：16.

③ 同②50.

与民主转型如影随形，先后出现在东亚的韩国以及大部分东南亚国家。

二战结束后，韩国在美国的监管和扶植下，以宪法形式确立了民主制度，成为一个法律和文本上的民主政体；但是西式民主并未在韩国真正生长，从李承晚、朴正熙到全斗焕，韩国经历了独裁统治、军事政变和军政威权等政治动荡，民主程序几近瓦解。1980 年，光州市民众自发组织反戒严民主抗争运动，产生了深远的社会影响，美国国务院发表了“不能坐视韩国的无秩序和混乱”声明，容许全斗焕军政府以军事手段镇压抗争者，从而酿成光州事件，自此韩国反威权民主运动进入高潮期。1987 年，韩国爆发“六月民主抗争”，全斗焕政府被迫与反对党就民主转型进行谈判，6 月 29 日，执政党候选人卢泰愚发表“六二九宣言”，接受包括修改宪法、实行总统直选制等八项民主化宣言，全斗焕的威权统治被民主抗争运动推翻，韩国进入以朝野政党协商为主、民间力量参与推动的民主转型时期。民粹主义与民主运动相伴而生，进入持续勃兴的时期，为韩国开启了社会运动与政党竞争深度交织的政治模式。

东南亚国家从威权走向民主的政治现代化过程同样曲折动荡，面临宪制民主、经济增长、分配公平、民族和解等诸多的艰巨任务。它们虽然发展路径不尽相同，但是都有过大致相似的民粹主义经历。东南亚多数国家有着君主专制政治、殖民统治和军事集团执政的政治传统，旧势力在现代化、民主化到来之时，为了避免失去权力和资源，必然会负隅顽抗，新势力和民主派必须得到新的社会阶层的支持。因此，东南亚的民粹主义运动与选举政治、政党政治紧密相关，泰国他信上台执政、印尼佐科维参与竞选、缅甸民盟选举获胜等被认为是典型的民粹主义政治运动，尤其是他信执政期间的泰国政治，因红衫军与黄衫军之间声势浩大的民众对抗，更成为发展中国家民粹主义运动的典型代表。他信在 2001 年上台执政后，推出了面向农民的惠民政策，包括“30 泰铢治百病”“乡村发展基金计划”“一村一品计划”“贫者有其屋计划”等大规模扶贫开发项目，涉及医疗保险、乡村发展和福利保障等多方面，表现出明显的福利民粹主义特色。

在第三波民主化浪潮中，这些转型国家中的新兴政治集团开始崛起。为了战胜掌握着政治与经济资源的传统精英和执政精英，为了将国家推上以西方为典范的自由民主之路，新政治势力必须寻求广大民众的支持。于是，在新兴政治精英与群众民主运动的共同推动下，各国传统政治势力、威权政治精英纷纷下台，比如：1988 年韩国全斗焕军政府被光州事件后的民主化运动推倒；1988 年缅甸群众运动迫使奈温下台，新政府取消党禁；1992 年泰国“五月革命”群众运动致使素金达的军政府倒台；1998 年印尼“5·12”群众运动导致强人总统苏哈托下台；等等。尼古拉斯·塔林在评论 1986 年菲律宾“人民力量起义”运动时指出：“出面推翻马科斯的政治结构几乎是自发的——一个街头议会，一场使政府丧失作用的群众起义。……科拉松·阿基诺是骑在这个街头议会的背上掌权的。”① 他信在泰国的上台执政得

① 塔林．剑桥东南亚史：Ⅱ．王士录，孔建勋，李晨阳，等译．昆明：云南人民出版社，2003：338.

益于1997年泰国宪法的“一人一票”选举制。他信上台后不仅试图修改传统集团所坚持的“任命制”，还不惜牺牲既得利益集团特别是城市中产阶级和曼谷政商集团的利益，推行扩大民众福利的民粹主义政策。由于普遍惠及农民和贫民，他信的草根政策不仅“刺激和唤醒了沉睡多年的广大中下阶层的政治参与意识和参与动机”,① 更为他信系政党提供了源源不断的下层民众的支持。

对于东亚、东南亚的主要国家或地区来说，由于政治传统、经济水平等因素的不同，民粹主义的表现有一定差异。东南亚国家或地区普遍面临政治转型与经济增长脱节的困境，制度变革剧烈，而经济发展未能跟上，利益分配严重失衡，中产阶级尚未成长起来，而中下层贫困阶层就被动员起来参与政治。对于作为“亚洲四小龙”成员的韩国来说，其经济实力在一定程度上有助于稳定政治秩序，中产阶级规模不断扩大，民主意识逐渐普及。然而，不管是东亚还是东南亚，民粹主义都是因第三波民主化浪潮的冲击而兴起，因而具有一些共同性。比如：更强调分配正义的福利导向，因为福利民粹主义在制度水平不高、庇护传统深厚的地区可以换取直接的民众支持；更倾向于左翼色彩的阶级对抗，以贫富之争、财富分配等经济议题为核心的左翼民粹主义主张新兴精英阶层、中下层阶层反抗传统权贵阶层；更凸显服务于精英竞争的政治策略性，民主化转型伴随着新旧势力的激烈斗争，民粹主义成为新兴政治精英利用体制外力量获取政治权力的动员工具。

10.4.3 东亚、东南亚的民粹主义浪潮与世界政治秩序变迁

对于非西方世界的拉美和亚洲来说，尽管民粹主义产生的时代背景和具体表现不同，但都是西方与非西方之间“刺激-回应”关系的结果。从比较意义上看，拉美民粹主义是对拉美依附西方及其资本主义分工体系的反抗，反映了拉美寻求替代性发展的努力；亚洲民粹主义则因第三波民主化浪潮刺激而起，是该地区民主转型过程中的产物。民主化是一股来自域外示范与压力的输入性力量，“相同的国际力量会使各国国内政治变迁向同样的方向发展”,② 这既包括向自由民主制度的转型，也包括民粹主义的相伴相生。要分析亚洲地区的民粹主义浪潮与世界秩序的关系，必须认识到“国际体系不仅是国内政治和结构的结果，也是其原因。……国际关系和国内政治联系得如此紧密，我们必须将其作为一个整体同时分析”。③ 世界秩序的变迁是国际体系与国内体系互动的结果，权力-制度-观念的分析框架有助于理解世界秩序的变迁过程、理解亚洲民粹主义在这一过程中的存在与影响。

首先，亚洲民粹主义使得民主化过程中的权力分配结构更不稳定。无论是政治

① 周方冶．王权、威权、金权：泰国政治现代化进程．北京：社会科学文献出版社，2011：238.

② 基欧汉，米尔纳．国际化与国内政治．姜鹏，董素华，译．北京：北京大学出版社，2003：15.

③ Gourevitch P. The Second Image Reversed: The International Sources of Domestic Politics. International Organization，1978，32（4）：911.

秩序还是经济秩序，本质上都涉及参与主体之间的权力关系。被视为经济上落后、政治上威权的东亚和东南亚发展中国家或地区是被动进入和被迫适应既有世界政治体系的。一方面，以美国为主的西方国家对非西方世界推行民主促进政策。第三波民主化浪潮不是亚洲内部自主发生的，而是西方刻意推动的结果。在操作方面，西方的通常手法是将民主政治与经济发展相挂钩，通过国际贸易、跨国公司和国际组织等途径对这些亚洲国家或地区施压，以民主改革作为经济援助、贸易投资的条件，逼迫其建立市场经济、推行立宪民主；同时支持内部的政治反对派，培植亲西方政治力量，意图通过他们推翻威权政府。另一方面，东亚、东南亚的回应与自主选择。在外部影响不断渗入的情况下，这些威权传统深厚的国家或地区必然出现两种力量的博弈，一种是亲西方的新兴政治力量企图通过主动移植西方民主制度来推动本土政治的民主化；另一种是威权政府被迫回应与调整，开放政治参与，允许某种程度的自由化，以缓解所承受的内部和外部压力。韩国被西方视为民主转型较为成功的范例，但是民粹主义的社会震荡仍然长久存在。韩国在政治上受到朝鲜半岛问题的影响，民粹主义政治的泛滥虽然没有阻碍民主转型，但是却加深了内部政治的复杂性和外部关系（如韩朝关系）的不确定性。在东南亚，大部分国家或地区受到 1997 年亚洲金融危机的重创，由于货币贬值、失业增加、贫困加剧，普通民众生活受到严重影响。经济危机又进一步影响到国内政治，2001 年他信上台给了泰国民众摆脱危机阴影的希望，民粹主义在泰国开始大行其道。

其次，亚洲民粹主义推动并利用了民主化过程中的制度变革。所谓民主转型主要体现为相关国家或地区内部的制度变革，即从威权政体到自由民主的政体变迁。罗伯特·达尔列举了政治民主的五个基本标准，即有效的参与、平等的投票、充分的知情、对议程的最终控制和成年人的公民资格。① 要满足这些标准，就必须依赖政党政治、选举竞争等方面的制度建设，相应地，随着政治参与的扩大，投票权、知情权和公民权的保障为民粹主义的兴起提供了制度空间。泰国的 1997 年宪法确立了“一人一票”制，涉及选举制度、政党制度的重大变革，如下议院采用政党比例制和单一选区相对多数的混合选举制，这一选制有利于形成大党，并刺激各政党出台迎合民意、扩大社会基础的民粹主义政策。他信领导的泰爱泰党利用选制改革的机会提出吸引民众的政策主张，因而迅速发展为泰国第一大党。同样，在东南亚的其他国家和地区，民粹主义运动无不与选举投票、政党竞争紧密相关。此外，由于亚洲国家或地区的民主化转型与资本主义全球化几乎同步，民粹主义者在对外政策上持保守的民族主义立场，对全球化造成的国家间贫富差距十分敏感，对不平等的国际体系、国际制度也深感不满，坚持国家利益优先而反对地区共同体建设。

最后，亚洲民粹主义鼓励一种大众民主而非自由民主的观念。西方将自由民主作为一项“普世性”制度向亚洲推广，但却无法确定持续扩大的民主改革是否会自动产生一个稳定而和平的国内秩序和世界秩序。事实上，正是由于不同政治传统与

① 达尔．论民主．李柏光，林猛，译．北京：商务印书馆，1999：43.

文化传统的影响，非西方国家对于民主的理解不同于西方，大众民主比自由民主更有社会基础。自由民主、选举竞争对于发展中国家或地区来说是一个舶来品，许多国家的传统政治与文化中缺乏民主因素，制度建设跟不上民主意识的普及。人们相信街头政治运动、大众政治参与就是民主，相信“民众的一切要求和行动都是合理合法的，民众的要求和运动高于一切，超越法律”。① 这种典型的民粹主义观念造成了转型社会的持续动荡，也破坏了建设中的民主制度。韩国虽然走出了民主转型的阵痛，但是至今仍然时常被反建制的精英动员和大众运动所困扰；在泰国，西式民主受到传统君权、军人干政的干扰，陷入“政变—选举—危机—再政变”的民主怪圈，民粹政客与军人集团交替上台。因此，民主政治的引入带来了大众政治觉醒，但也导致了民粹主义的无序状态。亨廷顿认为对于发展中国家来说，政治现代化的“首要问题不是自由，而是建立一个合法的公共秩序。人当然可以有秩序而无自由，但不能有自由而无秩序”。② 民粹主义追求的首要目标不是自由，而是大众民主，但大众民主会反过来破坏自由及其依赖的公共秩序。

二战结束以来，发展中国家与地区大都仿照西式民主的模式建立制度框架，但并未得到秩序和效率，民粹主义的盛行反映了亚洲国家或地区对于民主政治的独特理解。韩国从光州事件到“六二九宣言”以来的民主运动、泰国黄衫军与红衫军的街头对抗等都是这些国家或地区民粹主义运动的高潮，反映了民主转型与民粹主义生成的内在联系。“各国的民主是由内部生成的，而不是由外力强加的……一个国家实行什么样的政治制度，走什么样的民主道路，要与一国的国情相适应。”③ 同样，民主实践衍生的民粹主义也是一种内生现象。但是亚洲的转型国家或地区面临的问题是，它们无法抗拒来自域外的民主化浪潮的冲击，亚洲民粹主义本质上是外部刺激下的本土反应，它以一种反自由、反建制的激烈方式呈现了民主实践的多样性和世界秩序的内在分裂。

10.5 经济全球化与欧美民粹主义的新浪潮

21 世纪的世界政治是在经济全球化危机和极右翼保守主义复苏的背景下展开的，它的基本秩序由新自由主义及其引领的全球化打造，但是由于全球化带来了严重的经济与文化冲击，世界秩序面临来自民粹主义、民族主义等逆全球化力量的挑战。历史实践表明，民粹主义通常发生于现代化转型的社会，如曾掀起民粹主义高潮的俄美、拉美和亚洲等地区。然而，对于完成了现代化转型的欧美来说，经济全球化意味着从工业化向后工业化的重大转型，民粹主义的兴起正是这一剧烈转型的

① 张锡镇．泰国民主政治的怪圈．东南亚研究，2009（3）：8.

② 亨廷顿．变化社会中的政治秩序．王冠华，刘为，等译．北京：生活·读书·新知三联书店，1989：7.

③ 中华人民共和国国务院新闻办公室．中国的民主政治建设．光明日报，2005－10－20（1）.

必然产物。这一波起自发达国家内部的民粹主义浪潮有着明显的右翼化倾向，它日益与民族主义合流，成为干扰西方国家内部政治秩序和重组世界政治秩序的重要力量。

10.5.1　全球化危机与民粹主义在西方的复苏

全球化本质上是一种建立在安东尼·吉登斯所说的“流动的现代性”基础上的世界性大转型。自 15—17 世纪的地理大发现开始，全球范围内的流动和互联过程已经开启。时至今日，这一过程已经达到登峰造极的地步，以至于“在当今这个世界上，已经没有什么人可以离群索居，人类的孤岛已经不复存在”。① 吉登斯认为，“我们正在经历一个历史变迁的重要时期……这些对我们产生影响的变迁不局限于世界的某个地区，而几乎延伸到世界的每一个角落”。② 全球化以一种非常深刻的方式重构人类的生产与生活，致使人们曾经熟悉的传统政治、经济与文化生活发生变化甚至被抛弃。就结果而言，全球化带来了更多的财富、更先进的技术、更高质量的生活，以及与此相关的很多进步性改变，如技术变革、民主发展、公民权完善和国际发展援助等。但是，全球化也意味着一些负面的改变，如一些国家面临的发展陷阱、贫富分化、绝对贫困化和彻底边缘化，许多国家的民众因不平等和移民潮的刺激而产生强烈的经济不安全感和身份焦虑情绪。

引领经济全球化的新自由主义是造成这些负面改变的根源。自由主义者相信，践行自由贸易的自由政府能够更好地创造出一个良好的世界秩序。③ 20 世纪 80 年代起，由于主张以扩大政府支出创造需求和通过政府干预推动经济增长的凯恩斯主义无法带领资本主义世界走出两次石油危机后的滞胀困境（高通胀、高失业、低经济增长），因此其面临被更替的命运。美国总统里根和英国首相撒切尔夫人上台后，新自由主义开始占据了主流经济学地位，并在 1990 年通过“华盛顿共识”而正式推出，开始政治化、意识形态化和范式化的过程，成为美英国际垄断资本推行全球一体化的重要工具。直到 2008 年国际金融危机爆发，新自由主义已经引领经济全球化将近 30 年。新自由主义是一套完善的理论体系，它在经济上主张绝对自由化、彻底私有化和全面市场化，反对任何形式的国家干预，认为市场经济是与私有制相匹配的唯一能够实现资源合理配置的经济制度；在政治上主张所谓“宪政民主”，反对集体化的公有制和集权化的社会主义，推崇建立在自由民主基础上的政党制度、议会制度和选举制度；在国际战略上追求以超级大国为主导的全球一体化，主张将整个世界纳入国际垄断资本主义体系之中。

新自由主义作为经济全球化的理论基础，是一个包罗众多学派与思想的，在经

① 加塞特．大众的反叛．刘训练，佟德志，译．长春：吉林人民出版社，2004：126.
② 吉登斯．失控的世界：全球化如何重塑我们的生活．周红云，译．南昌：江西人民出版社，2001：4.
③ 布兰顿，凯格利．世界政治：趋势与变革．夏维勇，译．北京：北京大学出版社，2019：487.

济体制、文化体制和政治体制等三种体制中渗透充分的理论体系，① 它在经济、文化与政治三个层面确定了全球化的基本形态。首先，新自由主义在经济上主张以自由化、私有化和市场化为核心的政策，但是，由于缺乏国家有效干预和放松金融监管，经济复苏乏力，虚拟经济膨胀，更致命的是贫富差距拉大，经济不平等日益严重，民众中普遍存在的经济焦虑成为社会秩序失衡、社会运动频发的导火索。其次，新自由主义在文化上主张多元文化主义。自由、多元、宽容、开放的全球化带来了资本与劳动力的全球流动，但是未能使国家保护好传统文化，主流价值不断流失，造成了主体社群的身份危机，反移民、反一体化等保守主义情绪不断扩散。再次，新自由主义在政治上崇尚自由民主，建立了一整套代议制民主。但是，由于新自由主义“是少数富人为限制民众的政治权力和权利而进行斗争的现代称谓”，② 主流政党因此面临严重的代表性危机，民众对主流政治精英、传统政党政治的信任日益弱化。民粹主义的大爆发与新自由主义以上三个方面的问题有直接关系。

在全球化的大转型时代，民粹主义在发达的西方社会获得了合适的生长条件。经济全球化强调市场化、自由化，能够更直接地、更多地从全球化中获益的通常是掌握资本或技术的少数群体。无论是正处于政治或经济转型中的发展中国家，还是已进入后工业化时代的欧美发达国家，总有数量惊人的、未能从全球化发展中获益的中下层民众，如那些低收入者、低技能工人、低教育水平者、长期失业者、依赖社会救济家庭、公共房屋承租者、单亲家庭等等。他们在最基本的生活中挣扎，生活可以不断改善的希望十分遥远，对于他们而言，进步主义所推崇的自由价值仅仅意味着积累财富的自由，所谓公平和公正更多的是指保护富人阶级的财产权，他们面临的是一个不公平、非普惠的全球化。一项关于欧洲的研究表明，民粹主义常常可以在年长者、男性人口、低教育水平者、宗教人士、多数族裔中找到支持者。③ 这些全球化未能惠及的人群构成了民粹主义的社会基础，形成一股强劲的激进力量，对主流价值观提出严峻的挑战，正在形成一种大众政治新形态。

2008 年国际金融危机爆发，经济全球化因保守主义思潮的复苏而大踩刹车，反抗新自由主义和经济全球化的民粹主义浪潮开始席卷欧美。在欧洲，从欧债危机、法荷对欧盟宪法公投、右翼民粹政党崛起、难民危机再到英国脱欧公投，民粹主义运动声势浩荡、绵延不断；在美国，从“占领华尔街”运动、茶党运动再到 2016 年特朗普当选总统，民粹主义运动同样波涛汹涌，猛烈地冲击着国内政治秩序。

---

① 乔姆斯基．新自由主义和全球秩序．徐海铭，季海宏，译．南京：江苏人民出版社，2000：3.

② 同①6.

③ Norris P. Radical Right：Voters and Parties in the Electoral Market. New York：Cambridge University Press，2005：129－130.

10.5.2　欧美民粹主义对国家内部政治秩序的冲击

21 世纪初叶的全球化时代迎来了民粹主义的新一波浪潮。与此前三波浪潮不同的是，民粹主义新浪潮席卷大西洋两岸，首先发生于欧美发达国家内部，而且表现出左翼与右翼双向夹击的态势。英国脱欧公投、西欧民粹政党扩张以及美国特朗普当选都表现出较明显的民粹主义右翼化趋势，而南欧、东欧民粹政党兴起和美国民主党的桑德斯参选则代表着民粹主义的左翼化趋势。

相对来说，西方左翼民粹主义的发展势头远不如右翼民粹主义，但是在 2008 年国际金融危机后的欧美，以反紧缩、反市场化为主要诉求的左翼民粹主义仍然迅速崛起。南欧和中东欧的左翼民粹主义相对活跃，较有影响的左翼民粹政党有希腊的激进左翼联盟、西班牙的"我们能"党等，另外，保加利亚的"阿塔卡"联盟、匈牙利的尤比克党虽然在政治上被认为是极右翼政党，但是它们支持经济再分配和社会保障的政策，从经济上看也有某种左翼民粹色彩。在 2016 年的美国大选中，民主党桑德斯的参选意味着左翼民粹主义在美国的出现，桑德斯持民主社会主义主张，他动员和领导了一场旨在反对新自由主义导致贫富分化加剧的左翼社会运动。虽然桑德斯在民主党党内初选中不敌资源雄厚的希拉里，但在某种程度上改写了美国选举的政治传统。由于他的参选，在以个人自由、私有产权为核心的"美国信条"主导美国社会多年之后，"社会主义"至少不再是一个禁忌的词汇。桑德斯从"占领华尔街"运动中有关"99% *vs* 1%"的激进诉求中挖掘出阶级政治复归的核心元素——经济不平等，提出了一套系统而具体的经济改革方案，包括为富人增税、强化金融监管、政府出资的全民医疗保险、公立大学教育免费、提高最低工资、投资基础设计建设、创造就业机会等。

右翼民粹主义无论在欧洲还是美国都是一股影响国内政治走向的强势力量，其基本主张是维护本民族利益，反对自由贸易，反对外来移民在经济上和文化价值上的威胁，反对建制派把持的新自由主义政治经济政策。欧洲政党政治中最有影响的右翼意识形态是建立在狭隘的、排外的民族主义利益之上的右翼威权民粹主义 (authoritarian populism)，它是民族主义与民粹主义的结合，主张优先保护本民族经济利益和文化价值，同时"强调通过政治强人剥夺寡头的权力，把权力直接还给人民"。① 民粹主义与民族主义都崇信人民、民族与国家等整体性、同质性的价值，并认为人民、民族与国家是一体的，非本民族的异质元素（移民或外国文化观念）都是对本民族、本国同质性的威胁。"右翼威权民粹主义常常会将弱势的少数族群体当成替罪羊，包括移民。"② 欧洲民族民粹主义政党中最有影响的当数法国国民阵线、德国另类选择党、奥地利自由党和英国独立党等。在美国，特朗普的主张接

---

①② Reich R. Big Struggle Is the Financial Elite Vs Everyone Else. The Guardian, November, 2015.

近欧洲右翼的威权民粹主义，他的一系列政策主张均旨在与新自由主义的政治理念划清界限，他的竞选口号散发着回归民族与传统、国内利益至上的民粹主义气息。比如，他提出“美国优先”（America First）口号，倡导贸易保护主义，反对全球化，反对建制派极力支持的国际自由贸易，主张采取高关税等重商主义手段以减少贸易逆差、扩大国内就业；“让美国再度伟大”（Make America Great Again）的口号包含着明显的白人中心主义、白人至上主义，在特朗普的支持者看来，“再度伟大”的“美国”将是以白人为主体的“旧美国”。特朗普在竞选中多次使用“我们”（we），意指他和他的支持者构成的亲密无间的群体，更深层意思是，由主流的白人群体使美国“再度伟大”，而非裔、拉丁裔及其他族群则不属于“我们”。①

从一开始，民粹主义便如同洪水猛兽一样难以见容于西方主流价值，根源在于民粹主义挑战了自由主义有关政治正确、道德正确的价值与理念，被视为自由民主、进步价值的危险敌人。这种敌对态度明白无误地表现在西方自由派对英国脱欧公投和特朗普当选的惶恐中。民粹主义首先是一种内生性的抗争政治，它对西方国家国内政治秩序的重大冲击，主要表现在以下方面。

其一，民粹主义助长了威权主义政治，破坏了自由民主的制度基础。西方民主政治由两套不同但相互联系的制度设计组成，即自由与民主的两套制度，右翼民粹主义的兴起揭示了二者之间日益加剧的内在冲突。由投票选举、体现民众意志的政治秩序构成的民主部分，正在挑战和削弱由法律规则、限制权力的宪法秩序构成的自由部分。自由主义者认为，民粹主义追求大众政治、直接民主，隐含“多数暴政”的危机；民粹主义以垄断人民的代表权为目标，而不可分的、抽象的人民实际上无法成为真正的统治者，因此克里斯玛政治领袖便有机会打开威权主义政治的大门，“作为其支撑的那个未被命名的实体，即不可说（unmentionable）的‘人民’，是威权主义的”。② 特朗普是民众通过民主方式选出的政治领导人，他的当选具有民主的合法性基础，但是他的执政实际上削弱了自由的制度基础，挑战权力的分立和制衡，日益走向威权主义。

其二，民粹主义加剧了文化部落化，导致社会分裂和政治极化。在民粹主义向威权化演进的过程中，国家内部的种族矛盾和文化冲突不仅没有缓和，反而愈演愈烈，身份政治大行其道。在美国，特朗普将白人身份政治带上了全国性的政治舞台，使美国更深地陷入白人身份群体与少数派身份群体之间的“文明冲突”；“黑人的命也是命”的全国性种族冲突加剧了社会撕裂和政治极化。在欧洲，难民危机和经济衰退煎熬着普通民众，民族主义情绪不断高涨，德国、法国和瑞典等国的右翼极端势力大肆宣扬新纳粹主义，呼唤政治强人。国家内部的族群分化与冲突消解了社会包容性和国家凝聚力，使固有的系统性顽疾更难化解。

---

① Graham D. The Way Donald Trump speaks to and about Minorities. The Atlantic，2016－05－03.

② D'Eramo M. Populism and the New Oligarchy. New Left Review，2013（82）：20.

其三，民粹主义鼓励反建制的、非理性的大众激情政治，增加公共政策风险，加大国家治理难度。新自由主义主张代议制民主、专业化的精英政治和精巧的制度设计。但是，民粹主义与其完全相悖，追求“政治话语的简明化”和“言论摘要式的解决方案”，[①] 它的人民至上立场中隐藏着反智主义的世界观，它的批判性、反建制性包含有集体非理性的基因。在西方的政党政治中，政治人物诉诸民粹主义的激情动员，突破制度与理性的局限而与民众直接对话，民粹主义成为一种权力竞争的策略手段。为了迎合民众，政客们通常会提供一些简单直接的解决方案，采取短期而快速的行动，很少会提出长远的发展目标和进行稳健的政治建设，他们更专注于“一种反复无常、准备不足的政治抵抗”。[②] 民粹主义的左翼对阶级政治和经济平等的执着缺乏系统可行的政策方案，右翼对身份政治和认同危机的利用又同样难以落实到具体的制度设计之上。但可以确定的是，对于后工业时代的西方国家来说，专业化、精英化的国家治理仍然受到了民粹主义的严重冲击。

10.5.3 欧美民粹主义与世界政治秩序的变迁

经济全球化与此前的现代化、民主化一样，都试图造就一种以西方价值与模式为基础的世界秩序，在这种存在着明显的中心—边缘、主导—追随关系的等级性秩序中，以自由民主为目标的政治发展、以资本主义市场化为目标的经济发展被视为全球联结的途径。但是，在现代化、民主化乃至全球化的世界性政治经济进程中，民粹主义无一例外地都成为重要的分化力量，其根源在于无论哪一种进程，都孕育了民粹主义生长的条件。民粹主义在西方的波涛再起与经济全球化带来的严重困境密切相关，新自由主义无意实现国家内部和全球社会的分配正义，无法保护传统价值和民族利益，从而使国家陷入失序失秩的状态，也将全球带入冲突互斥的困境。欧美民粹主义同样是在权力、制度和观念三个层次分化了现有世界政治秩序。

首先，民粹主义与民族主义全面合流，保守主义势力重返政治舞台。内向的民粹主义与外向的民族主义汇合而成右翼保守的民族民粹主义，加速国内政治极化和世界政治的碎片化。经济全球化客观上弱化了国家自主权，使得国家内部因本土主义思潮泛滥而面临政治分化，尤其是在移民浪潮和难民问题的刺激下，西方国家内部的民族主义思潮迅速抬头，极端右翼政党的社会基础不断扩大。在美国，大约65%的民众认为自特朗普当选总统以来，公开表达种族主义立场的文化变得更普遍了，“特朗普的反建制姿态、民粹主义立场以及几乎难以掩饰的‘白人优越论’倾向，在其竞选活动中发挥了重要的政治动员功能”。[③] 在欧洲，疑欧主义者、极端

---

① 莫菲特，托米．对民粹主义的再思考：政治、媒介化和政治风格．宋阳旨，译．国外理论动态，2016（10）：33.

② 李汉龟，萧俊明．开放社会及其新敌人．第欧根尼，2016（2）：36.

③ 许纪霖，刘擎．西方“政治正确”的反思．南京：江苏人民出版社，2018：10.

右翼政党以反欧盟、反外来移民为核心诉求，质疑主流政党及其政客的政策。美国和欧洲的民族民粹主义者都企图超越并否定自由主义的多元身份政治，借助政党竞争和选民动员，将民粹主义的核心元素即同质化的"人民"置换成异质化的"民族"，制造内部政治对立。民族民粹主义为极右翼政治提供了极具政治动员力和理论建构力的思想武器，民族主义强大的意识形态资源大大提高了民粹主义的政治动员效果；而民粹主义以其高效的动员能力为民族主义的复归提供了帮助。最终，民粹主义的内向利益取向和民族主义的外向利益取向合流，使得民族民粹主义的解构能力大为增加。"对全球化和外国经济自由化的不满会导致暴力抗议和内战"①，民粹主义在国家内部制造了社会成员之间的矛盾与对立，极化政治破坏国家权力结构的稳定性和有效性；在国家之间制造了不可调和的利益冲突，阻碍国际合作，破坏世界和平。

其次，民粹主义的激进主张与建制派的主流政策相冲突，迫使欧美调整国家发展策略。全球化对国家政策选择空间的限制是很明显的，从经济政策上看，2008年国际金融危机爆发，导致了对全球资本主义优缺点的重新评估和对自由贸易政策的声讨。全球化涉及利益的分配问题，既造成国家内部的经济不平等，也带来国家间的贫富差距，得利者与失落者之间的冲突在所难免。站在国家的立场上，通过贸易保护和其他交易活动树立壁垒以避免遭受全球化对国家自主权的打击，是一种难以抗拒的诱惑。英国执意脱欧、特朗普坚持反全球化，在事实上宣告了新自由主义的失败。卡莱斯·鲍什认为，一个稳定的民主政体需要维持适度的经济社会平等，"在不平等社会，不实现旨在缩小收入差距的全面改革，民主制将无从建立"。② 然而，经济全球化遵循自由化、市场化、私有化的新自由主义路径，创造了大量的社会财富，推动了资本与劳动力的全球流动，却无法解决财富高度集中、贫富分化悬殊的经济不平等问题。从政治制度上看，在全球层次打造更民主的国际制度对于全球化来说至关重要，然而，正如欧盟因民主赤字而激化疑欧主义一样，国际制度的脆弱性在于它的普遍代表性与正当性未能在全球化过程中得到保障，"那些受挫于这些制度决策的公众会很容易通过选举来决定不再选择这些制度或者退出这些制度"。③ 21世纪的民粹主义浪潮打破了对自由民主的政治迷思，迫使西方国家反思民主制度的重大缺陷，将民粹主义关于经济平等、参与民主等诉求纳入政策考量。全球化如果是一个不可逆的进程，那么民粹主义在2016年达到高潮的事实说明了全球化到了必须转型的历史拐点。经过此次浪潮的冲击，经济全球化面临修正与重构，兼顾市场化与国家干预的混合经济模式将被重新考虑，移民政策也不得不适应国内主流社群的经济与文化需求。

---

① 布兰顿，凯格利．世界政治：趋势与变革．夏维勇，译．北京：北京大学出版社，2019：202.

② 鲍什．民主与再分配．熊洁，译．上海：上海人民出版社，2011：193.

③ 卡赞斯坦，基欧汉，克拉斯纳．世界政治理论的探索与争鸣．秦亚青，苏长和，门洪华，等译．上海：上海人民出版社，2018：168.

再次，民粹主义内在的威权倾向破坏了西方政治的自由主义基础，也动摇了西方内部的价值共识。新自由主义鼓励环境保护、种族多元和文化包容等所谓政治正确的价值观，但是无法平衡全球化失落群体的文化焦虑和身份危机，从而孕育了它自己的反抗者——保守主义的逆全球化力量。身份政治一直占据欧洲和美国政治中的重要地位。肯·乔威特从后冷战的世界秩序中看到了边界的重新划分和身份认同的重新塑造，以及冲突的泛滥和不确定性的大幅增加。① 的确，全球化的自由流动使人们的相互联系更加紧密，但戏剧性的是，民族国家融合多元族群的潜力却在下降。乔威特和福山都乐观地相信没有任何新的普世意识形态能够挑战自由民主，但是他们预见到旧的民族、宗教和部落的身份认同将卷土重来。② 2016 年以来，由于右翼民粹主义和身份政治的盛行，作为一种共同立场的新自由主义在西方内部逐渐被瓦解了。在美国与欧洲之间、英国与欧盟之间、欧盟成员国之间，政治共识不断消解，贸易摩擦不断加剧。2020 年 2 月，第五十六届慕尼黑安全会议发布的《2020 年慕尼黑安全报告》，将“西方缺失”确定为会议主题，意指西方持久目标的不确定性和西方共同立场的缺失。特朗普执政宣告了全球化的正式退潮，也制造了西方内部的矛盾，欧洲国家意识到了它们与美国之间缺乏共同目标、共同立场和一致行动的动力，作为一种统一力量的欧盟也面临各国内部民粹主义、民族主义等政治思潮和社会运动的离散与瓦解。建立在民族主义利益之上的右翼民粹主义主张通过国家的力量优先保护本民族经济利益和文化价值，严重妨碍了西方国家找回它们缺失的共同立场。

21 世纪西方民粹主义浪潮是一种反全球化的政治思潮，在经济上反对自由化和全球市场，主张国家干预，追求经济增长、扩大就业和重振本土产业；在政治上反对代议民主及其政党、议会和选举制度，主张大众民主、直接民主；在国际战略上倾向本土主义、保守主义和孤立主义，强调民族利益和本国优先，反对国际合作、自由贸易和发展援助。这种在对内对外政策上都有鲜明立场的保守主义思潮削弱了自由民主的价值，打击了经济全球化的进程。尽管民粹主义冲击未必带来欧盟的根本解体，也尚未造成西方自由民主制度的彻底崩塌，但是它无疑重创了欧盟、美国的自由经济结构，遏制了经济全球化。无论是欧洲的一体化困局，还是美国内部的政治分裂，都产生自结构性与价值性冲突，民族国家与全球化、自由主义与保守主义、多元主义与本土主义的对立使得政治合作很难实现，政治极化和内部分裂的加剧直接破坏了西方政治的相对稳定性。随着民族民粹主义的完全成型和强势发展，建立在自由民主基础上的世界政治秩序将持续受到冲击。

---

① Jowitt K. After Leninism：The New World Disorder. Journal of Democracy 2，1991，2（1）：11－20.

② 克拉斯蒂夫．多数派的未来：检视右翼民粹主义．吴万伟，余雪琴，译．国外理论动态，2017（7）：88.

10.6 本章小结

从现象上看，世界体系如同一幅联系松散的拼图，每一个碎片背后都是对世界的不同理解，有高调的自由主义、复兴的民族主义，有正在扩大的民主参与、不断强化的威权政治，也有关于文化的全球化与文明的冲突这样的矛盾描述。这些政治思潮所要理解的世界既是国内的，也是国际的，它们组合到一起，构成了世界政治的全景图。

一国的国内秩序在结构上涵盖了政治社会运行中的机构与惯例、规则与程序，以及深嵌于政治文化中的价值与观念，① 概括来说就是权力、制度与价值的基本构成。世界政治体系中的变迁或危机固然会引起一国国内的政治经济反应，但是，国内的政治思潮也会因其社会效应而对国内结构和内外政策产生影响；国家通过权力配置、制度建构和观念形塑等路径来作用和反作用于世界政治，对其产生结构性影响。卡列维·霍尔斯蒂认为当代政治与未来政治的问题本质上是个国内政治问题，理由是国家间的安全越来越取决于这些国家内部的安全。② 全球化和此前的现代化、民主化为打通国内与国际界限的研究提供了丰富的素材，它们共同塑造了20世纪以来的世界政治秩序，先后奠定了资本主义、自由民主、市场经济、新自由主义的主导性地位，对不同国家的国内社会、国内政治和国家行为产生了程度不同的制约。外部制约必然会诱发内部反制约，现代化、民主化和全球化面临着来自国内环境的反制约。由于历史与现实因素的影响，社会主义、民族主义、民粹主义等政治思潮在许多国家蓬勃发展，不断调整、修正了国内秩序及内外政策。同时，这些思潮与世界政治秩序和主流思潮相对立，它们在权力关系、制度结构和价值体系等方面的变革与更新，提供了替代性世界秩序的选项。

民粹主义本质上是一种内生性政治现象，它的反建制、反精英主张从根本上说源自对国内政治经济秩序的不满。然而，19世纪后半叶以来的民粹主义数次高潮也是世界政治秩序影响国家或地区内部政治的结果。民粹主义是一种意识形态内涵单薄，但具有极强政治动员力的政治思潮，它首先对国内权力关系、制度结构和价值体系造成了重大冲击，进而通过国家对外政策的调整而影响建立在这三个维度上的世界政治既有秩序。民粹主义的历史经验充分说明了这种因果关系。反现代化的俄美民粹主义代表农民（农场主）阶级的利益，反对资本主义和垄断资本家的经济剥削，要求保留传统制度，维持既有生产和生活模式，并且为社会主义、民主主义的传播准备了社会基础。反西方化的拉美民粹主义致力于摆脱对中心国家的依附，

① Risse-Kappen T. Bringing Transnational Relationship Back In：Non-state Actors，Domestic Structure and International Institutions. Cambridge：Cambridge University Press，1995：20.

② Holsti K J. The State，War，and the State of War. Cambridge：Cambridge University Press，1996：15.

探索拉美的自主发展道路，它提供了源自本土的、传统的发展选择。反自由民主的东亚、东南亚民粹主义因反抗威权政治而生，是民主化转型的副产品，但是，由于传统因素和地区因素的影响，并没有如西方所愿通过民主化走上自由民主的道路，反而因大众的过度政治参与而导致动荡的政治秩序和杂乱的民主观念。反全球化的欧美民粹主义虽然也有争取经济平等的左翼诉求，但总体上是一种具有威权主义色彩的右翼政治思潮，它反对新自由主义政策和多元文化主义价值，常常诉诸身份政治并日益与民族主义合流，从内部直接破坏了西方民主的价值基础和政治共识。

世界政治的基本秩序不是恒定的，它的历时性变迁体现在现代化、民主化乃至全球化的进程中，从 20 世纪的历史经验来看，这一秩序的基本性质是西方的、现代的和资本主义的，其结构大体上由经济上的发展主义、政治上的自由主义和观念上的多元文化主义确定。但是，由于现代资本主义一直发展不均衡，其台风式的“创造性摧毁”（熊彼特语）造就了政治抵抗。[①] 民粹主义在超过 150 多年的激荡起伏中始终扮演着政治抵抗者的角色，它以大众、民族与国家的利益为基本诉求，反对资本主义、自由主义、全球化，对国内政治和世界政治中一切可能导致不平等、不民主的建制派及其把持的政治始终保持抗争的姿态。世界政治的未来潮流将因为民粹主义的经久不息而充满不确定性。

---

① 基欧汉，米尔纳．国际化与国内政治．姜鹏，董素华，译．北京：北京大学出版社，2003：269.

参考文献

一、中文专著

马克思．资本论：第3卷．2版．北京：人民出版社，2004.
马克思，恩格斯．共产党宣言．2版．北京：人民出版社，1992.
马克思，恩格斯．马克思恩格斯选集：第1卷．2版．北京：人民出版社，1995.
马克思，恩格斯．马克思恩格斯选集：第1卷．3版．北京：人民出版社，2012.
马克思，恩格斯．马克思恩格斯选集：第2卷．3版．北京：人民出版社，2012.
马克思，恩格斯．马克思恩格斯选集：第3卷．3版．北京：人民出版社，2012.
马克思，恩格斯．马克思恩格斯选集：第4卷．3版．北京：人民出版社，2012.
马克思，恩格斯．马克思恩格斯全集：第8卷．北京：人民出版社，1961.
马克思，恩格斯．马克思恩格斯全集：第17卷．北京：人民出版社，1974.
马克思，恩格斯．马克思恩格斯文集：第1卷．北京：人民出版社，2009.
马克思，恩格斯．马克思恩格斯文集：第4卷．北京：人民出版社，2009.
列宁．帝国主义是资本主义的最高阶段．北京：人民出版社，2015.
列宁．列宁全集：第1卷．2版．北京：人民出版社，1984.
列宁．列宁全集：第2卷．2版．北京：人民出版社，2013.
列宁．列宁全集：第5卷．2版．北京：人民出版社，1986.
列宁．列宁全集：第13卷．2版．北京：人民出版社，1987.
列宁．列宁全集：第25卷．2版．北京：人民出版社，1995.
列宁．列宁全集：第27卷．2版增订版．北京：人民出版社，2017.
列宁．列宁选集：第27卷．2版．北京：人民出版社，1995.
列宁．列宁选集：第2卷．3版修订版．北京：人民出版社，2012.
中共中央关于党的百年奋斗重大成就和历史经验的决议．北京：人民出版社，

2021.

中国共产党中央委员会．关于国际共产主义运动总路线的建议和有关文件．北京：人民出版社，1963.

马克思，恩格斯．共产党宣言．上海：上海外语教育出版社，2010.

毛泽东．毛泽东选集：第 2 卷．2 版．北京：人民出版社，1991.

毛泽东．毛泽东著作选读：下册．北京：人民出版社，1986.

邓小平．邓小平文选：第 3 卷，北京：人民出版社，1993.

习近平．论坚持推动构建人类命运共同体．北京：中央文献出版社，2018.

霍耐特．为承认而斗争．胡继华，译．上海：上海人民出版社，2005.

柏克．美洲三书．缪哲，译．北京：商务印书馆，2003.

凯杜里．民族主义．张明明，译．北京：中央编译出版社，2002.

霍布斯鲍姆．民族与民族主义．李金梅，译．上海：上海人民出版社，2000.

霍布斯鲍姆．极端的年代．马凡，等译．南京：江苏人民出版社，2011.

伍德．资本的帝国．王恒杰，宋兴无，译．上海：上海译文出版社，2006.

霍布斯鲍姆．革命的年代：1789—1848. 王章辉，译．北京：中信出版社，2014.

霍布斯鲍姆．见识丛书·帝国的年代：1875—1914. 贾士蘅，译．北京：中信出版社，2017.

霍布斯鲍姆．极端的年代：1914—1991. 郑明萱，译．北京：中信出版社，2014.

伯恩斯．当代世界政治理论．曾炳钧，译．北京：商务印书馆，1983.

威廉斯．从发展角度看拉丁美洲的政治思潮．钟腊梅，译．北京：商务印书馆，1979.

伯恩施坦．伯恩施坦文选．殷叙彝，译．北京：人民出版社，2008.

伯恩施坦．社会主义的前提和社会民主党的任务．殷叙彝，译．北京：生活·读书·新知三联书店，1965.

卡尔．20 年危机（1919—1939）：国际关系研究导论．秦亚青，译．北京：世界知识出版社，2005.

罗徹斯特．美国人民党运动．马清文，译．北京：生活·读书·新知三联书店，1957.

海伍德．全球政治学．白云真，罗文静，译．北京：中国人民大学出版社，2014.

史密斯．全球化时代的民族与民族主义．龚卫斌，良警宇，译．北京：中央编译出版社，2002.

吉登斯．失控的世界：全球化如何重塑我们的生活．周红云，译．南昌：江西人民出版社，2001.

吉登斯．民族-国家与暴力．胡宗泽，等译．北京：生活·读书·新知三联书店，1998.

帕戈登．两个世界的战争：2500 年来东方与西方的竞逐．方宇，译．北京：民主与建设出版社，2018.

麦迪森．世界经济千年史．伍晓鹰，许宪春，叶燕斐，等译．北京：北京大学出版社，2003.

加塞特．大众的反叛．刘训练，佟德志，译．长春：吉林人民出版社，2004.

布赞．全球转型：历史、现代性与国际关系的形成．崔顺姬，译．上海：上海人民出版社，2020.

肯尼迪．大国的兴衰．蒋葆英，等译．北京：中国经济出版社，1989.

肯尼迪．大国的兴衰：上：1500—2000 年的经济变革与军事冲突．王保存，王章辉，余昌楷，译．北京：中信出版社，2013.

塔格特．民粹主义．袁明旭，译．长春：吉林人民出版社，2005.

安德森．想象的共同体：民族主义的起源与散布．吴叡人，译．上海：上海人民出版社，2005.

安德森．椰壳碗外的人生．徐德林，译．上海：上海人民出版社，2018.

霍尔，索斯凯斯．资本主义的多样性：比较优势的制度基础．王新荣，译．北京：中国人民大学出版社，2017.

卡赞斯坦，基欧汉，克拉斯纳．世界政治理论的探索与争鸣．秦亚青，苏长和，门洪华，等译．上海：上海人民出版社，2018.

拉斯莱特．洛克《政府论》导论．冯克利，译．北京：生活·读书·新知三联书店，2007.

李伯庚．欧洲文化史：全球史视野下的文明通典．赵复三，译．南京：江苏人民出版社，2012.

别尔嘉耶夫．俄罗斯思想．雷永生，邱守娟，译．北京：生活·读书·新知三联书店，1995.

哈姆，斯曼戴奇．论文化帝国主义．曹新宇，樊淑英，译．北京：商务印书馆，2020.

伯里．新编剑桥世界近代史：第 10 卷：欧洲势力的顶峰：1830—1870 年．中国社会科学院世界历史研究所，译．北京：中国社会科学出版社，1999.

路易斯．中东：激荡在辉煌的历史中．郑之书，译．北京：中国友谊出版社，2000.

拉塞特，斯塔尔，金塞拉．世界政治：供选择的菜单．张传杰，译．北京：人民出版社，2018.

拉西特，斯塔尔．世界政治：第 5 版．王玉珍，等译．北京：华夏出版社，2001.

金德尔伯格．1929—1939 年世界经济萧条．宋承先，洪文达，译．上海：上海译文出版社，1986.

金德尔伯格．世界经济霸权：1500—1990．高祖贵，译．北京：商务印书馆，2003.

金德尔伯格．西欧金融史．徐子键，何建雄，朱忠，译．北京：中国金融出版社，2007.

陈迹．20 世纪 60 年代以来美国种族政治研究．北京：中国社会科学院大学，2020.

陈明明．所有的子弹都有归宿：发展中国家军人政治研究．天津：天津人民出版社，2003.

陈岳．国际政治学概论．4 版．北京：中国人民大学出版社，2020.

陈志瑞，石斌．埃德蒙·柏克读本．北京：中央编译出版社，2006.

池志培．技术政治：战略、安全与经济．北京：中国财政经济出版社，2020.

李嘉图．政治经济学及赋税原理．周洁，译．北京：华夏出版社，2005.

大野健一．从江户到平成：解密日本经济发展之路．臧曹，臧新，译．北京：中信出版社，2006.

波普诺．社会学：下．刘云德，王戈，译．沈阳：辽宁人民出版社，1987.

赫尔德．民主与全球秩序：从现代国家到世界主义治理．胡伟，等译．上海：上海人民出版社，2003.

伊斯顿．政治生活的系统分析．王浦劬，等译．北京：华夏出版社，1998.

丁建弘．德国通史．上海：上海社会科学院出版社，2002.

盖尔纳．民族与民族主义．韩红，译．北京：中央编译出版社，2002.

樊亢，宋则行．外国经济史．北京：人民出版社，1980.

格罗斯．公民与国家：民族、部族和族属身份．王建娥，魏强，译．北京：新华出版社，2003.

布罗代尔．15 至 18 世纪的物质文明、经济和资本主义：第 2 卷．顾良，译．北京：生活·读书·新知三联书店，2002.

布罗代尔．15 至 18 世纪的物质文明、经济和资本主义：第 3 卷．施康强，顾良，译．北京：生活·读书·新知三联书店，1993.

福山．大分裂：人类本性与社会秩序的重建．刘榜离，等译．北京：中国社会科学出版社，2002.

福山．历史的终结及最后之人．黄胜强，许铭原，译．北京：中国社会科学出版社，2003.

福山．历史的终结与最后的人．陈高华，译．桂林：广西师范大学出版社，2014.

哈耶克．通往奴役之路．王明毅，冯兴元，等译．北京：中国社会科学出版社，1997.

萨托利．政党与政党体制．王明进，译．北京：商务印书馆，2006.

高岱，郑家馨．殖民主义史：总论卷．北京：北京大学出版社，2003.

高放．国际共产主义运动史纲：1847—1917. 西安：陕西师范大学出版社，2018.

高放．社会主义运动：从理论到实践的转变：1848—1917. 北京：北京师范大学出版社，2018.

希梅尔法布．现代性之路：英法美启蒙运动之比较．齐安儒，译．上海：复旦大学出版社，2011.

弗兰克．白银资本：重视经济全球化中的东方．刘北成，译．北京：中央编译出版社，2005.

郭树勇．国际关系：呼唤中国理论．天津：天津人民出版社，2005.

韦瑟林．欧洲殖民帝国：1815—1919. 夏岩，等译．北京：中国社会科学出版社，2012.

拉斯韦尔．世界政治与个体不安全感．王菲易，译．北京：中央编译出版社，2017.

米尔纳．利益、制度与信息：国内政治与国际关系．曲博，译．上海：上海人民出版社，2015.

摩根索．国际纵横策论：求强权，争和平．卢明华，时殷弘，林勇军，译．上海：上海译文出版社，1995.

摩根索．国家间政治：为权力与和平而斗争．杨岐鸣，王燕生，赵归，等译．北京：商务印书馆，1993.

摩根索．国家间政治：权力斗争与和平（简明版）. 徐昕，郝望，李保平，译．北京：北京大学出版社，2012.

摩根索．国家间政治：权力斗争与和平：第 7 版．徐昕，郝望，李保平，译．北京：北京大学出版社，2006.

克里西，库普曼斯，杜温达克，等．西欧新社会运动：比较分析．张峰，译．重庆：重庆出版社，2006.

布尔．无政府社会：世界政治秩序研究．张小明，译．北京：世界知识出版社，2003.

黑格尔．精神现象学．先刚，译．北京：人民出版社，2013.

黑格尔．历史哲学．王造时，译，上海：上海书店出版社，1999.

基辛格．世界秩序．胡利平，林华，曹爱菊，译．北京：中信出版集团，2015.

卡门．西班牙帝国：走向全球霸权之路：1492—1763. 罗慧玲，译．北京：中信出版集团，2023.

林茨，斯泰潘．民主转型与巩固的问题：南欧、南美和后共产主义欧洲．孙龙，等译．杭州：浙江人民出版社，2008.

黄琪轩．大国权力转移与技术变迁．上海：上海交通大学出版社，2013.

黄宗良．从苏联模式到中国道路．北京：北京大学出版社，2014.

霍布豪斯．自由主义．朱曾汶，译．北京：商务印书馆，1996.

霍布斯．利维坦．黎思复，黎廷弼，译．北京：商务印书馆，1997.

威亚尔达．拉丁美洲的精神：文化与政治传统．刘捷，李宇娴，译．杭州：浙江大学出版社，2019.

威亚尔达．拉丁美洲的政治与发展．刘捷，李宇娴，译．上海：上海译文出版社，2017.

密尔．代议制政府．汪瑄，译．北京：商务印书馆，1982.

麦克盖根．文化民粹主义．桂万先，译．南京：南京大学出版社，2001.

江宜桦．自由民主的理路．台北：联经出版事务公司，2001.

阿瑞基．漫长的 20 世纪：金钱、权力与我们社会的根源．韩振荣，姚乃强，严维民，译．南京：江苏人民出版社，2001.

阿瑞基．漫长的 20 世纪：金钱、权力与我们社会的根源．韩振荣，姚乃强，严维民，译．南京：江苏人民出版社，2011.

巴勒克拉夫．当代史导论．张广勇，张宇宏，译．上海：上海社会科学院出版社，1996.

雷克夫．宪法的原始含义：美国制宪中的政治与理念．王晔，柏亚琴，译．南京：江苏人民出版社，2006.

金耀基．从传统到现代．广州：文化出版社，1989.

波兰尼．大转型：我们时代的政治与经济起源．冯钢，刘阳，译．北京：当代世界出版社，2020.

波普尔．开放社会及其敌人．陆衡，等译．北京：中国社会科学出版社，1999.

洛维特．从黑格尔到尼采．李秋零，译．北京：生活·读书·新知三联书店，2006.

欧泊曼．共产主义者同盟：1849—1852. 宋家修，林穗芳，译．北京：生活·读书·新知三联书店，1962.

鲍什．民主与再分配．熊洁，译．上海：上海人民出版社，2011.

布莱克．罗斯福传：坐在轮椅上转动世界的巨人．张帆，蒋旭峰，王珊珊，译．北京：中信出版社，2005.

克拉潘．简明不列颠经济史．范定九，王祖廉，译，上海：上海译文出版社，1980.

克劳利．新编剑桥世界近代史：第 9 卷：动乱年代的战争与和平：1793—1830 年．中国社会科学院世界历史研究所，译．北京：中国社会科学出版社，1999.

库马尔．千年帝国史．石炜，译，北京：中信出版社，2019.

沃尔玛尔．钢铁之路：技术、资本、战略的 200 年铁路史．陈帅，译．北京：中信出版社，2017.

华尔兹．国际政治理论．信强，译，上海：上海人民出版社，2003.

孔寒冰，项佐涛．社会主义制度：从一国到多国的演进（1917—1991）．北京：北京师范大学出版社，2018.

孔华润．剑桥美国对外关系史：第 2 卷：美国人对机会的寻求（1865—1913）．石斌，刘飞涛，译．北京：新华出版社，2004.

本顿．1400—1900 年欧洲诸帝国的法律与地理．李扬，译．北京：当代世界出版社，2022.

李滨．国际体系研究：历史与现状．南京：南京大学出版社，2000.

李俊亭，游云．军事科技史话：古兵，枪械，火炮．北京：科学普及出版社，2014.

李少军．国际政治学概论．上海：上海人民出版社，2014.

李文．东南亚：政治变革与社会转型．北京：中国社会科学出版社，2006.

格林菲尔德．民族主义：走向现代的五条道路．王春华，译．上海：上海三联书店，2010.

贝拉米．自由主义与现代社会：一项历史论证．毛兴贵，檀秀侠，陈高华，译．南京：江苏人民出版社，2012.

蒂利，科普西迪斯．从旧制度到工业国：从 18 世纪到 1914 年的德国工业化史．王浩强，译．上海：格致出版社，2023.

霍夫施塔特．美国的反智主义．张晨，译．上海：上海译文出版社，2021.

霍夫斯达特．改革时代：美国的新崛起．俞敏洪，包凡一，译．石家庄：河北人民出版社，1989.

塔克．自然权利诸理论：起源与发展．杨利敏，朱圣刚，译．长春：吉林出版集团有限责任公司，2014.

林红．民粹主义：概念、理论与实证．北京：中央编译出版社，2007.

林赛．新编剑桥近代世界史：第 7 卷：旧制度：1713—1716 年．中国社会科学院世界历史研究所，译．北京：中国社会科学出版社，1999.

刘德斌．国际关系史．北京：高等教育出版社，2003.

刘禾．全球秩序与文明等级：全球史研究的新路径．北京：生活·读书·新知三联书店，2016.

刘建明．宣传舆论学大辞典．北京：经济日报出版社，1993.

卢梭．社会契约论：第 3 版．何兆武，译．北京：商务印书馆，2003.

德约．脆弱的平衡：欧洲四个世纪的权势斗争．时殷弘，译．北京：人民出版社，2016.

艾伦．全球经济史．陆赟，译．南京：译林出版社，2015.

达尔．论民主．李柏光，林猛，译．北京：商务印书馆，1999.

达尔．论民主．李风华，译．北京：中国人民大学出版社，2012.

基欧汉，米尔纳．国际化与国内政治．姜鹏，董素华，译．北京：北京大学出版社，2003.

基欧汉，奈．权力与相互依赖．门洪华，译．北京：北京大学出版社，2002.

基欧汉，奈．权力与相互依赖．门洪华，译．北京：中国人民公安大学出版社，1992.

基欧汉．霸权之后：世界政治经济中的合作与纷争．苏长和，信强，何曜，译．上海：上海人民出版社，2001.

吉尔平．全球资本主义的挑战：21世纪的世界经济．杨宇光，杨炯，译．上海：上海人民出版社，2001.

吉尔平．世界政治中的战争与变革．武军，杜建平，松宁，译．北京：中国人民大学出版社，1994.

吉尔平．世界政治中的战争与变革．宋新宁，杜建平，译．上海：上海人民出版社，2007.

帕斯特．世界之旅：七大国百年外交风云．胡丽萍，杨玉琴，译．上海：上海人民出版社，2001.

芬德利，奥罗克．强权与富足：第二个千年的贸易、战争和世界经济．北京：中信出版社，2012.

里根．里根自传：一个美国人的生活．王辛华，等译．上海：东方出版社，1991.

李普塞特．政治人：政治的社会基础．张绍宗，译．上海：上海人民出版社，2011.

麦克米兰．大国的博弈：改变世界的一百八十天．荣慧，刘彦汝，译．重庆：重庆出版社，2006.

布特．战争改变历史：1500年以来的军事技术战争及历史进程．石祥，译．上海：上海科学技术文献出版社，2011.

麦克卢汉．理解媒介：论人的延伸．何道宽，译．北京：商务印书馆，2000.

哈特，奈格里．帝国：全球化的政治秩序．杨建国，范一亭，译．2版．南京：江苏人民出版社，2005.

曼．社会权力的来源：第1卷．刘北成，李少军，译．上海：上海人民出版社，2002.

扎科特．自然权利与新共和主义．王崇兴，译．长春：吉林出版集团，2009.

曼．社会权力的来源：第3卷：全球诸帝国与革命（1890—1945）：上．郭台辉，茅根红，余宜斌，译．上海：上海人民出版社，2015.

美国历史文献选集．北京：美国驻华大使馆新闻文化处，1985.

博德．资本主义史：1500—1980. 吴艾美，杨慧政，陈来胜，译．上海：东方出版社，1986.

卡尔．浅薄：互联网如何毒化了我们的大脑．刘纯毅，译．北京：中信出版社，2012.

塔林．剑桥东南亚史：II. 王士录，孔建勋，李晨阳，等译．昆明：云南人民出版社，2003.

倪世雄，等．当代西方国际关系理论．上海：复旦大学出版社，2011.

里奇．现代欧洲史：第5卷：民族主义与改革的年代（1850—1890）．王潇楠，王珺，译．北京：中信出版社，2016.

乔姆斯基．新自由主义和全球秩序．徐海铭，季海宏，译．南京：江苏人民出版社，2000.

杜德．英国和英帝国危机．苏仲彦，桂成芳，希明，译．北京：世界知识出版社，1954.

潘忠岐．国际政治学理论解析．上海：上海人民出版社，2015.

彭树智，黄倩云．第三世界的历史进程．北京：中国青年出版社，1999.

蒲国良．中苏大论战的起源．北京：当代世界出版社，2003.

普列汉诺夫．普列汉诺夫哲学著作选集：第1卷．曹宝华，译．北京：生活·读书·新知三联书店，1959.

钱乘旦，高岱．英国史新探：全球视野与文化转向．北京：北京大学出版社，2011.

钱乘旦．世界现代化进程．南京：南京大学出版社，1998.

伊斯雷尔．法国大革命思想史：从《人的权利》到罗伯斯庇尔的革命观念．米兰，译．北京：民主与建设出版社，2020.

秦亚青．霸权体系与国际冲突：美国在国际武装冲突中的支持行为（1945—1988）．上海：上海人民出版社，1999.

亨廷顿．谁是美国人?：美国国民特性面临的挑战．程克雄，译．北京：新华出版社，2010.

亨廷顿．文明的冲突与世界秩序的重建．周琪，刘绯，张立平，译．北京：新华出版社，2002.

爱德华兹．掉队的拉美：民粹主义的致命诱惑．郭金兴，译．北京：中信出版集团，2019.

芬纳．统治史（卷三）：早期现代政府和西方的突破：从民族国家到工业革命．马百亮，译．上海：华东师范大学出版社，2014.

亨廷顿．变化社会中的政治秩序．王冠华，刘为，等译．北京：生活·读书·新知三联书店，1989.

亨廷顿．第三波：20世纪后期民主化浪潮．刘军宁，译．上海：上海三联书店，1998.

社会党国际文件集编辑组．社会党国际文件集：1951—1987．哈尔滨：黑龙江人民出版社，1989.

时殷弘．国际政治：理论探究·历史概观·战略思考．北京：当代世界出版社，2002.

时殷弘．现当代国际关系史：从16世纪到20世纪末．北京：中国人民大学出

版社，2006

克莱斯勒．结构冲突：第三世界对抗全球自由主义．李小华，译．杭州：浙江人民出版社，2001.

斯塔夫里亚诺斯．全球分裂：上册．迟越，等译．北京：商务印书馆，1995.

斯塔夫里亚诺斯．全球通史：1500年以后的世界．吴象婴，梁赤民，译．上海：上海社会科学院出版社，1992.

雅各比．反智的时代：谎言中的美国文化．曹聿非，译．北京：新星出版社，2018.

孙代尧．台湾威权体制及其转型研究．北京：中国社会科学出版社，2003.

科恩．地缘政治学：国际关系的地理学．严春松，译．上海：上海社会科学院出版社，2C11.

萨松．欧洲社会主义百年史：上册．姜辉，丁海青，庞晓译．北京：社会科学文献出版社，2013.

唐士其．西方政治思想史．北京：北京大学出版社，2002.

托克维尔．旧制度与大革命．冯棠，译．北京：商务印书馆，1997.

托克维尔．论美国的民主：下卷．董果良，译．北京：商务印书馆，2009.

托克维尔．论美国的民主．董果良，译．北京：商务印书馆，1988.

斯基德莫尔．现代拉丁美洲．江时学，译．北京：世界知识出版社，1996.

尼科尔斯．专家之死：反智主义的盛行及其影响．舒琦，译．北京：中信出版集团，2019.

埃特曼．利维坦的诞生：中世纪及现代早期欧洲的国家与政权建设．郭台辉，译．上海：上海人民出版社，2010.

弗里德曼．世界是平的：21世纪简史．何帆，肖莹莹，郝正非，译．长沙：湖南科学技术出版社，2006.

库恩．科学革命的结构．金吾伦，胡新和，译．北京：北京大学出版社，2012.

梅特卡夫．新编剑桥印度史：英国统治者的意识形态．李东云，译．昆明：云南出版集团公司，2015.

别列什科夫．斯大林私人翻译回忆录．薛福岐，译．海口：海南出版社，2004.

季什科夫．苏联及其解体后的族性、民族主义及冲突．姜德顺，译．北京：中央民族大学出版社，2009.

汪晖，陈燕谷．文化与公共性．北京：生活·读书·新知三联书店，1998.

王缉思．世界政治的终极目标：安全、财富、信仰、公正、自由．北京：中信出版社，2018.

王立新．踌躇的霸权：美国崛起后的身份困惑与秩序追求（1913—1945）．北京：中国社会科学出版社，2015.

王联．世界民族主义论．北京：北京大学出版社，2002.

王宁，等．拉美去殖民化之路．北京：中国社会科学出版社，2019.

王湘穗．币缘论：货币政治的演化．北京：中信出版集团，2017.

罗宾逊．全球资本主义论：跨国世界中的生产、阶级与国家．高明秀，译．北京：社会科学文献出版社，2009.

韦伯．新教伦理与资本主义精神．马奇炎，陈婧，译．北京：北京大学出版社，2012.

桑巴特．战争与资本主义．晏小宝，译．香港：大风出版社，2016.

文安立．全球冷战：美苏对第三世界的干涉与当代世界的形成．牛可，等译．北京：世界图书出版公司，2014.

奥斯特罗姆．美国联邦主义．王建勋，译．上海：上海三联书店，2003.

文一．科学革命的密码：枪炮、战争与西方崛起之谜．上海：东方出版中心，2021.

文一．伟大的中国工业革命．北京：清华大学出版社，2021.

蒙森．马克斯·韦伯与德国政治：1890—1920. 阎克文，译．北京：中信出版集团，2016.

贝克，哈贝马斯，等．全球化与政治．王学东，柴方国，等译．北京：中央编译出版社，2000.

席勒．三十年战争史．沈国琴，丁建弘，译．北京：商务印书馆，2017.

布兰顿，凯格利．世界政治：趋势与变革．夏维勇，译．北京：北京大学出版社，2019.

奈，韦尔奇．理解全球冲突与合作：理论与历史．张小明，译．上海：上海人民出版社，2018.

徐弃郁．帝国定型：美国的1890－1900. 桂林：广西师范大学出版社，2017.

徐天新．斯大林模式的形成．北京：人民出版社，2013.

徐迅．民族主义．北京：中国社会科学出版社，1998.

许纪霖，刘擎．西方“政治正确”的反思．南京：江苏人民出版社，2018.

亚当·斯密．国富论．唐日松，等译．北京：华夏出版社，2008.

格申克龙．经济落后的历史透视．张凤林，译．北京：商务印书馆，2009.

汉密尔顿，麦迪逊，杰伊．联邦论．尹宣，译．南京：译林出版社，2010.

温特．国际政治的社会理论．秦亚青，译．上海：上海人民出版社，2000.

阎学通，杨原．国际关系分析．北京：北京大学出版社，2013.

阎学通．世界权力的转移：政治领导与战略竞争．北京：北京大学出版社，2015.

阎照祥．英国政治思想史．北京：人民出版社，2010.

杨光斌．世界政治理论．北京：中国社会科学出版社，2021.

杨光斌．中国政治认识论．北京：中国社会科学出版社，2018.

杨跃．海洋争霸500年：英国皇家海军与大英帝国的兴衰．北京：军事科学出版社，2007.

沃勒斯坦．现代世界体系：第 2 卷：重商主义与欧洲世界经济体的巩固（1600—1750）．郭方，吴必康，钟伟云，译．北京：社会科学文献出版社，2013.

沃勒斯坦．现代世界体系．郭方，等译．北京：社会科学文献出版社，2013.

沃勒斯坦．现代世界体系：第 1 卷：16 世纪的资本主义农业和欧洲世界经济的起源．郭方，刘新成，张文刚，译．北京：社会科学文献出版社，2013.

拉卡托斯．科学研究纲领方法论．兰征，译．上海：上海译文出版社，2016.

伯林．启蒙的三个批评者．马寅卯，郑想，译．南京：译林出版社，2014.

伯林．自由论．胡传胜，译．南京：译林出版社，2011.

于海洋．国际体系的帝国主义倾向及其批判．北京：中国社会科学出版社，2021.

余建华．民族主义．上海：学林出版社，1999.

霍布森．帝国主义．卢刚，译．北京：商务印书馆，2017.

格雷．自由主义．曹海军，刘训练，译．长春：吉林人民出版社，2005.

米尔斯海默．大国政治的悲剧．王义桅，唐小松，译．上海：上海人民出版社，2003.

米尔斯海默．大幻想：自由主义之梦与国际现实．李泽，译．上海：上海人民出版社，2019.

希克斯．经济史理论．厉以平，译．北京：商务印书馆，1999.

伊肯伯里．自由主义利维坦：美利坚世界秩序的起源、危机和转型．赵明昊，译．上海：上海人民出版社，2013.

朱迪斯．民粹主义大爆炸：经济大衰退如何改变美国和欧洲政治．马霖，译．北京：中信出版集团，2018.

伊肯伯里．大战胜利之后：制度、战略约束与战后秩序重建．门洪华，译．北京：北京大学出版社，2008.

翟东升．货币、权力与人：全球货币与金融体系的民本主义政治经济学．北京：中国社会科学出版社，2019.

翟东升．中国为什么有前途：对外经济关系及其战略潜能．北京：机械工业出版社，2010.

罗西瑙．没有政府的治理．张胜军，刘小林，等译．南昌：江西人民出版社，2001.

麦迪逊．辩论：美国制宪会议记录．尹宣，译．北京：译林出版社，2014.

伯恩斯．罗斯福传：狮子与狐狸．孙天义，马继森，冉隆勃，等译．北京：商务印书馆，1995.

特拉格．金黄色的麦浪．北京对外贸易学院三系编译组，译．北京：中国财政经济出版社，1975.

梅奥尔．民族主义与国际社会．王光忠，译．北京：中央编译出版社，2009.

张光明，罗传芳．马克思传．北京：天地出版社，2018.

张建华，等．红色风暴之谜：破解从俄国到苏联的神话．北京：中国城市出版社，2003.

张锡模．圣战与文明：伊斯兰与西方的永恒冲突．北京：生活·读书·新知三联书店，2014.

赵鼎新．儒法国家：中国历史新论．徐峰，巨桐，译．杭州：浙江大学出版社，2022.

赵汀阳．天下体系：世界制度哲学导论．北京：中国人民大学出版社，2011.

阿布-卢格霍德．欧洲霸权之前：1250—1350年的世界体系．杜宪兵，何美兰，武逸天，译．北京：商务印书馆，2015.

皮茨．转向帝国：英法帝国自由主义的兴起．金毅，许鸿艳，译．南京：江苏人民出版社，2012.

郑家馨．殖民主义史：非洲卷．北京：北京大学出版社，2000.

郑天星．马克思恩格斯论无神论宗教和教会，北京：华文出版社，1991.

志君．重新解读资本主义的历史演化：基于21世纪马克思主义的视角．北京：中国社会科学出版社，2018.

中国现代国际关系研究所民族与宗教研究中心．全球民族问题大聚焦．北京：时事出版社，2001.

周碧松．军事装备史．北京：国防大学出版社，2015.

周方冶．王权、威权、金权：泰国政治现代化进程．北京：社会科学文献出版社，2011.

朱庭光．法西斯新论．重庆：重庆出版社，1991.

马汉．海权对历史的影响：1660—1783. 安常容，成忠勤，译．北京：中国人民解放军出版社，2006.

马克斯．现代世界的起源：全球的、生态的述说．夏继果，译．北京：商务印书馆，2006.

马佐尔．巴尔干：被误解的“欧洲火药库”．刘会梁，译．天津：天津人民出版社，2007.

马龙闪，刘建国．俄国民粹主义及其跨世纪影响．桂林：广西师范大学出版社，2013.

马曼丽，张树青．跨国民族理论问题综论．北京：民族出版社，2006.

马太，纳德．西方的掠夺：当法治非法时．尚海莹，译．北京：社会科学文献出版社，2012.

马戎．当前中国民族问题的症结与出路．领导者，2009（2）.

恩格尔曼．剑桥美国经济史：第2卷．漫长的19世纪．王珏，李淑清，译．北京：中国人民大学出版社，2008.

恩道尔．金融霸权：从巅峰走向破产：增订版．陈建明，顾秀林，戴健，译．

北京：中国民主法制出版社，2016.

二、中文论文

莫菲特，托米．对民粹主义的再思考：政治、媒介化和政治风格．宋阳旨，译．国外理论动态，2016（10）.

陈伟球．传统民粹背景下的反智亚文化研究．新闻与传播研究，2014，21（4）.

丁三东．“承认”：黑格尔实践哲学的复兴．世界哲学，2007（2）.

杜玉琼．论发展中国家在多边贸易规则谈判中的作用．四川师范大学学报（社会科学版），2012，39（3）.

房宁，涂锋．当前西方民粹主义辨析：兴起、影响与实质．探索，2018（6）.

福山．妇女与世界政治的演变．夏力，译．国外社会科学文摘，1999（3）.

桑蒂连．拉美的“民粹主义”：争议、特征及比较研究的局限．陈默，译．拉丁美洲研究，2018，40（1）.

郭东辉．自由与承认：黑格尔《法哲学原理》中的制度化承认方案．政治思想史，2019，10（3）.

郭静．经济全球化的走向：政治思潮的风向标意义．国外社会科学，2021（3）.

郝时远．极端民族主义与法西斯主义：纪念世界反法西斯战争胜利50周年．世界民族，1995（1）.

何晓跃．美国政治极化的层次界定与生成逻辑．国际展望，2014（1）.

胡志伟．当代法国欧洲生态绿党兴起现象探究．当代世界与社会主义，2021（1）.

黄晨．经验的归经验，规范的归规范：如何走出政治思想史学科的价值危机．政治学研究，2022（3）.

黄斐．比较视野下东西方社会主义观：体系、起源与生成路径．北京大学学报（哲学社会科学版），2022，59（2）.

惠志斌．“科技新冷战”下全球地缘政治对我国网信产业影响分析．信息安全与通信保密，2019（8）.

金灿荣，刘世强．告别西方中心主义：对当前国际格局及其走向的反思．国际观察，2010（2）.

李安山．关于亚非研究中若干理论问题的思考．西亚非洲，1997（1）.

李滨．百年政治思潮与世界秩序变革．中国人民大学学报，2021，35（1）.

李滨．从经济发展看当今国际格局的变化．欧洲研究，1996（5）.

李汉龟，萧俊明．开放社会及其新敌人．第欧根尼，2016（2）.

李义虎．国际格局的定义前提及其基本特征．河南社会科学，2005（2）.

李昀．“自由”话语与冷战初期美国国内政治动员：以欧洲复兴计划为中心．世界历史，2016（4）.

梁雪村．欧洲民粹主义的内在动力：超越经济逻辑．中央社会主义学院学报，2019（6）.

林红．当代民粹主义的两极化趋势及其制度根源．国际政治研究，2017，38（1）.

刘士田，田文林．当前国际政治中民族主义潮流的主要特征．世界经济与政治，1995（3）.

柳亦博．环世界与超国家：民族主义退场后的世界秩序重构．中国人民大学学报，2021，35（2）.

卢静．中国参与世界贸易组织进程中的身份变化：基于“实践”进程的分析．外交评论，2012，29（1）.

陆屹洲，马德勇．精英与大众双重视角下的当代欧洲民粹主义．中央社会主义学院学报，2020（6）.

强世功．“天下一家”*Vs*. 世界帝国：“深度全球化”与全球治理的未来．东方学刊，2021（4）.

秦莲星，刘岳兵．“国家神道”概念再考：以加藤玄智“国家神道”论为中心．世界宗教文化，2020（1）.

秦亚青．国际体系秩序与国际社会秩序．现代国际关系，2005（10）.

任晓伟．《共产党宣言》阅读的文本路径、实践路径和文化路径．江西师范大学学报（哲学社会科学版），2018，51（2）.

爱德华茨．拉美新旧民粹主义研究．刘玉，译．国外理论动态，2012（6）.

宋伟．世界政治变迁的根本动力与作用机制．中国人民大学学报，2021，35（1）.

苏长和，朱鸣．世界政治中的跨国利益集团．现代国际关系，1998（11）.

唐永胜，刘东哲，陈晓东．冷战后全球武装冲突的特点及演变．现代国际关系，2008（8）.

田野，李存娜．全球化冲击、互联网民主与混合民粹主义的生成——解释意大利五星运动的兴起．欧洲研究，2019，37（1）.

王凤才．论霍耐特的承认关系结构说．哲学研究，2008（3）.

王缉思，唐士其．三十年来的世界政治变迁：同一性与多样性并存．国际政治研究，2010，31（1）.

王缉思．当代世界政治发展趋势与中国的全球角色．北京大学学报（哲学社会科学版），2009，46（1）.

王缉思．世界政治的五大目标．国际政治研究，2016，37（5）.

王希．反智主义与霍夫施塔特困境．美国研究，2021，351（4）.

吴学永．变化中的欧洲格局：对国际格局的一种理论分析之尝试．世界经济与政治，1995（11）.

徐振伟，翟菁．1970 年代美苏粮食贸易的双层博弈分析．俄罗斯中亚东欧研究，2010（5）.

许海云，张秦瑜．新冠疫情下美国反智言行分析．现代国际关系，2020（11）.

温特．世界国家的出现是历史的必然：目的论与无政府逻辑．秦亚青，译．世界经济与政治，2003（11）.

阎学通，徐舟．数字时代初期的中美竞争．国际政治科学，2021，6（1）.

阎学通．国际格局的变化趋势．现代国际关系，2005（10）.

杨大勇．16—17 世纪荷兰的崛起与资本市场．史学理论研究，2016（1）.

杨光斌．历史社会学视野下的“新教伦理与资本主义精神”．中国政治学，2018（2）.

杨光斌．历史政治学视野下的现实主义国际政治理论．教学与研究，2020（7）.

杨光斌．民主与世界政治冲突．学术界，2014（8）.

杨光斌．意识形态与冷战的起源．教学与研究，2000（3）.

杨光斌．政治思潮：世界政治变迁的一种研究单元．世界经济与政治，2019（9）.

杨光斌．重新解释现实主义国际政治理论．中国人民大学学报，2018，32（4）.

杨光斌．自由化浪潮与世界政治变迁．世界政治研究，2019（1）.

克拉斯蒂夫．多数派的未来：检视右翼民粹主义．吴万伟，余雪琴，译．国外理论动态，2017（7）.

俞可平．论全球化与国家主权．马克思主义与现实，2004（1）.

俞可平．全球化时代的民粹主义．国际政治研究，2017，38（1）.

俞可平．现代化进程中的民粹主义．战略与管理，1997（1）.

原祖杰．对美国平民党运动的再思考．美国研究，2009，23（4）.

张代雄，万晓宏．拉美裔在美国大选中的政治取向及影响因素：基于 2000—2020 年大选的分析．拉丁美洲研究，2021，43（6）.

张敏．第三条道路：九十年代西方社会的一个新政治现象．世界经济与政治，1999（5）.

张汝伦．经济全球化和文化认同．哲学研究，2001（2）.

张旺．民族主义与现代性：冲突及其化解．教学与研究，2020（7）.

张锡镇．泰国民主政治的怪圈．东南亚研究，2009（3）.

张旭．反智主义为何成为一种突出政治文化现象．人民论坛，2020，(12)（下）.

张业亮．“极化”的美国政治：神话还是现实．美国研究，2008（3）.

章永乐．格劳秀斯、荷兰殖民帝国与国际法史书写的主体性问题．法学家，2023（1）.

赵俊．国际关系中的承认：合法性与观众成本．世界经济与政治，2011（4）.

郑华，聂正楠．科技革命与国际秩序变迁的逻辑探析．国际观察，2021（5）.

周凡．国外民粹主义研究前沿.（2015－03－20）[2021－03] http：//www.cssn.cn/zhx/zx_zrzl/201503/t20150320_1555359_1.shtml.

周方银．对当前国际格局的聚类分析．现代国际关系，2000（12）.

周琪，付随鑫．深度解析美国大选中的“特朗普现象”与“桑德斯现象”．国际经济评论，2016（3）.

周晓霞．日本神道思想家今泉定助的“道义国家”论考察．东北亚学刊，2020（6）.

朱亚坤．列宁和布哈林关于帝国主义理论之比较：重申列宁帝国主义论的独特贡献与多维旨趣．当代世界与社会主义，2021（6）.

三、英文专著

Acheson，Dean. Present at the Creation：My Years in the State Department. London：Hamish Hamilton，1970.

Aldcroft，Derek H. Studies in the Interwar European Economy. London：Routledge，2019.

Anderson，Benedict. Imagined Communities：Reflections on the Origin and Spread of Nationalism. Verso Editions and NLB，1983.

Ashcraft，Richard. Revolutionary Politics and Lock's “Two Treatises of Government”. Princeton：Princeton University Press，1986.

Aurel Kolnai. the War against the West. London：London V. Gollancz Ltd.，1938.

Badiou，Alain. Philosophy for Militants. London：Verso，2012.

Balis，John and Steve Smith eds. The Globalization of World Politics. Oxford：Oxford University Press，1997.

Bang，Peter Fibiger，C. A. Bayly，Walter Scheidel eds. The Oxford World History of Empire：Volume One：The Imperial Experience. Oxford：Oxford University Press，2021.

Beasley，William G. Japanese Imperialism，1894－1945. Oxford：Oxford University Press，1987.

Beiner，R. ed.，Theorizing Nationalism，New York：State University of New York Press，1999.

Bell，Duncan. The Idea of Greater Britain：Empire and the Future of World Order，1860－1900. Princeton，NJ：Princeton University Press，2007.

Bertsch，Gary K. and Thomas W. Ganschow. Comparative Communism：Soviet，Chinese and Yugoslav Models. New York：W. H. Freeman，1976.

Bickers，Robert. China bound：John Swire & Sons and its World，1816－1980. London：Bloomsbury Publishing，2020.

Bourke，Richard. Empire and Revolution：The Political Life of Edmund

Burke. Princeton: Princeton University Press, 2017.

Brantlinger, Patrick, Dark Vanishings: Discourse on the Extinction of Primitive Races, 1800 - 1930, Ithaca: Cornell University Press, 2003.

Breton, Albert, Clanluigi Galeotti, Pierre Salmon, Ronald Wintrobe eds. Nationalism and Rationality. Cambridge: Cambridge University Press, 1995.

Bronowski, Jacob. The Origins of Knowledge and Imaginations, New Haven, Conn. : Yale University Press, 1978.

Bryan, William Jennings, Speeches of William Jennings Bryan. Vol. 2, New York: Funk & Wagnalls Company, 1909.

Bureau of the Census. Historical Statistics of the United States, Colonial Times to 1970. Government Printing Office, 1975.

Chapman, Sydney John. The Cotton Industry and Trade. London: Routledge, 2018.

Clark, Peter. Sociability and Urbanity: Clubs and Societies in the Eighteenth-Century City. Leicester: University of Leicester Press, 1986.

Conniff, Michael L. ed. Latin American Populism in Comparative Perspective. Albuquerque: University of New Mexico Press, 1982.

Daughton, James Patrick. An Empire Divided: Religion, Republicanism, and the Making of French Colonialism, 1880 - 1914. Oxford: Oxford University Press, 2008.

de la Torre, Carlos. Populist Seduction in Latin America. Athens: Ohio University Press, 2010.

De Tocqueville, Alexis, Writings on empire and slavery, Baltimore: The Johns Hopkins University Press, 2001.

Demmers, Jolle, Alex E. Fernandez Jilberto and Barbara Hogenboom, eds. Miraculous Metamorphoses: The Neoliberalization of Latin American Populism, London: Zed Books, 2001.

Dickson, P. G. M. , The Financial Revolution in England: a study in the development of public credit, 1688 - 1756, London: Macmillan, 1967.

Dornbusch, Rudiger and Sebastian Edwards eds. The Macroeconomics of Populism in Latin America. Chicago: The University of Chicago Press, 1991.

Drea, Edward J. In the Service of the Emperor: Essays on the Imperial Japanese Army. Lincoln: University of Nebraska Press, 2003.

Drezner, Daniel W. , Henry Farrell, and Abraham L. Newman, eds. The Uses and Abuses of Weaponized Interdependence. Washington, D. C. : Brookings Institution Press, 2021.

Drucker, H. M. . Doctrine and Ethos in the Labour Party. London: Routledge,

2018.

Eldridge, C. C.. The Imperial Idea in the Age of Gladstone and Disraeli, 1868—1880. London: Palgrave Macmillan, 1973.

Feagin, Joe R.. The White Racial Frame: Centuries of Racial Framing and Counter-Framing. New York: Routledge, 2020.

Finer, Samuel E.. The Man On Horseback: The Role Of The Military In Politics. Nashville: Westview Press, 1988.

Flint, John E.. Cecil Rhodes. Boston: Little Brown. 1974.

Freeden, Michael, Lyman Tower Sargent and Marc Stears, eds., The Oxford Handbook of Political Ideologies, Oxford: Oxford University Press, 2013.

Freeden, Michael. Ideologies And Political theory: a Conceptual Approach. Oxford: Oxford University Press, 1996.

Friedman, Jonathan. Cultural Identity and Global Process. London: Sage Publications, 1994.

Fukuyama, Francis. Identity: The Demand for Dignity and the Politics of Resentment. New York: Farrar, Straus and Giroux. 2014.

Fukuyama, Francis. Political Order and Political Decay: From the Industrial Revolution to the Globalization of Democracy. New York: Farrar, Straus and Giroux, 2014.

Gaddis, John Lewis. Strategies of containment: a critical appraisal of American national security policy during the Cold War. Oxford: Oxford University Press, 2005.

Gati, Toby Trister ed. The US, the UN and the Management of Global Change. New York: New York University Press, 1983.

Gellner, Ernest. Nations and Nationalism. Oxford: Blackwell, 1983.

Gilpin, Robert. War and Change in World Politics. Cambridge: Cambridge University Press, 1981.

Goodin, Robert E. and Charles Tilly (eds.). The Oxford Handbook of Contextual Political Analysis. Oxford: Oxford University Press, 2006.

Green, S. J. D. and R. C. Whiting eds. The Boundaries of the State in Modern Britain. Cambridge: Cambridge University Press, 1996.

Griffin, Roger, The Nature of Fascism, London: Pinter, 1991.

Hanson, Stephen E. Post-Imperial Democracies: Ideology and Party Formation in Third Republic France, Weimar Germany, and Post-Soviet Russia. Cambridge: Cambridge University Press, 2010.

Hardt, Michael and Antonio Negri. Multitude: War and Democracy in the Age of Empire. London: Penguin, 2004.

Haslam, Jonathan. Russia's Cold War: From the October Revolution to the Fall of the Wall. New Haven: Yale University Press, 2011.

Hechter, Michael and Karl-Dieter Opp (eds.). Social Norms. New York: Russell Sage Foundation, 2001.

Hechter, Michael. Containing nationalism. Oxford: Oxford University Press, 2000.

Heywood, Andrew. Political Ideologies: An Introduction, Second Edition. London: Macmillan Press Ltd, 1998.

Hill, Roger. Political Consultation in NATO. Canadian Institute of International Affairs, 1978.

Hindman, Matthew. The Myth of Digital Democracy. Princeton: Princeton University Press, 2008.

Hobson, John A., Imperialism: A Study, London: Allen & Unwin, 1902.

Hoffman, Philip T., Why did Europe conquer the world?, New Jersey: Princeton University Press, 2015.

Holsti, Kalevi J. The State, War, and the State of War. Cambridge: Cambridge University Press, 1996.

Howard, Michael. The First World War. Oxford: Oxford University Press, 2003.

Howard, Philip N. and Muzammil M. Hussain. Democracy's Fourth Wave? Digital Media and the Arab Spring. Oxford: Oxford University Press, 2013.

Ionescu, Chita & Ernest Gellner eds. Populism: It's meanings and National Characteristics. London: Weidenfeld and Nicolson, 1969.

Isbister, John. Promises Not Kept: The Betrayal of Social Change in the Third World. Kumarian Press, 1998.

Ismail, Salwa, Rethinking Islamist Politics: Culture, the State and Islamism, London: I. B. Tauris, 2006.

Kalman, Samuel. The Extreme Right in Interwar France: the Faisceau and the Croix de Feu. London: Routledge, 2016.

Katzenstein, Peter J. ed. The Culture of National Security: Norms and Identity in World Politics. New York: Columbia University Press, 1996.

Keller, Kathleen. Colonial Suspects: Suspicion, Imperial Rule, and Colonial Society in Interwar French West Africa. Lincoln: University of Nebraska Press, 2018.

Keohane, Robert . Neorealism and Its Critics. New York: Columbia University Press, 1986.

Khashan, Hilal. Arabs at the Crossroads: Political Identity and Nationalism. Florida: University Press of Florida, 2000.

Khomeini, Ruhollah, The Selected Messages of Imam Khomeini Concerning Iraq and the War Iraq Imposed upon Iran, Tehran: Ministry of Islamic Guidance, 1981.

Khon, Hans, Nationalism, Its Meaning and History, Malabar: Robert E. Krieger Publishing Company, 1965.

Knoll, Arthur J. Germans in the Tropics. New York, NY: Greenwood, 1987

Knox, MacGregor. To the Threshold of Power, 1922/33: Volume 1: Origins and Dynamics of the Fascist and National Socialist Dictatorships. Cambridge: Cambridge University Press, 2007.

Koebner, Richard, Helmut Schmidt. Imperialism: The Storyand Significance of a Political Word, 1840－1960. Cambridge: Cambridge University Press, 2010.

Levy, Jack. War and the Modern Great Power System, 1495－1975. Lexington: University Press of Kentucky, 1983.

Lindemann, Thomas and Erik Ringmar, eds. The International Politics of Recognition. Boulder & London: Paradigm Publishers, 2012.

Luck, Edward C. Mixed Messages: American Politics and International Organization 1919－1999. Washington D. C.: Brookings Institution Press, 1999.

Lyttelton, Adrian, Italian Fascisms: From Pareto to Gentile, London: Jonathan Cape, 1973.

Maiolo, Joe, Cry Havoc. The Arms Race and the Second World War, 1931－41. London: Hachette UK, 2010.

Marini, John and Ken Masugi (eds.). The Progressive Revolution in Politics and Political Science. Lanham: Rowman & Littlefield Publishers, 2005.

McCord, Norman. Free Trade: Theory and Practice from Adam Smith to Keynes. Exeter: David & Charles, 1970.

Moses, A. Dirk, Empire, Colony, Genocide: Conquest, Occupation, and Subaltern Resistance in World History, New York: Berghahn Books, 2008.

Murray, Michelle. The Struggle for Recognition in International Relations: Status, Revisionism, and Rising Powers. New York: Oxford University Press, 2019.

Mussolini, Benito, Fascism: Doctrine and Institutions, Rome: Ardita, 1935.

Norbu, Dawa. Culture and Politics of Third World nationalism. London and NewYork: Routledge, 1992.

Norris, Pippa, Radical Right. Voters and Parties in the Electoral Market. New York: Cambridge University Press, 2005.

North, D. C., Wallis, J. J. and Weingast, B. R. Violence and Social Orders: A Conceptual Framework for Interpreting Recorded Human History. Cambridge:

Cambridge University Press，2009.

Oakeshott，M. ed.，The Social and Political Doctrines of Contemporary Europe，Cambridge：Cambridge University Press，1953.

Pakenham，Thomas. The Scramble for Africa. London：Hachette UK，2015.

Piketty，Thomas. Capital and Ideology. Cambridge：Harvard University Press，2020.

Pitts，Jennifer. A Turn to Empire：The Rise of Liberal Imperialism in Britain and France. Princeton，NJ：Princeton University Press，2005.

Porter，Andrew，The Oxford History of the British Empire：The Nineteenth Century，Vol. 3，Oxford：Oxford University Press，1999.

Rasmussen，Dennis C.. The Infidel and the Professor：David Hume，Adam Smith，and the Friendship That Shaped Modern Thought. Princeton：Princeton University Press，2017.

Richard Overy. Blood and Ruins：The Last Imperial War，1931－1945. London：Viking，2022.

Risse-Kappen，Thomas，ed. Bringing Transnational Relationship Back In：Non-state Actors，Domestic Structure and International Institutions. Cambridge：Cambridge University Press，1995.

Rorty，Richard，Achieving Our Country：Leftist Thought in Twentieth-Century，Cambridge：Harvard University Press，1998.

Rosenberg，Emily S.，"Spreading the American Dream：American Economic and Cultural Expansion (1890－945)"，New York：Hill and Wang，1982.

Schroeder，Paul W. The Transformation of European Politics 1763－1848. Oxford：Oxford University Press，1994.

Seeley，J. R. The Expansion of England. Chicago：The University of Chicago Press，1971.

Semmel，Bernard，The rise of free trade imperialism：Classical political economy the empire of free trade and imperialism 1750－1850，Cambridge：Cambridge University Press，2004.

Skidmore，Thomas E. and Peter H. Smith. Modern Latin America，Sixth Edition. New York：Oxford University Press，2005.

Smith，Michael. Realist Thought from Weber to Kissinger. LA：Louisiana State University Press，1986.

Steiner，Zara. The Lights that Failed：European International History 1919－1933. Oxford：Oxford University Press，2005.

Strong，Josiah. Our Country：Its Possible Future and Its Present Crisis. New York：The American Home Missionary Society，1885.

Sunstein，Cass R.. Republic. com 2. 0. Princeton：Princeton University Press，2007.

Taylor，A. J. P.. The Struggle for Mastery in Europe 1848 - 1918. Oxford：Oxford University Press，1954.

The New Encyclopaedia Britannica，15th edition，Vol. 27. Chicago：Encyclopaedia Britannica Inc.，1993.

The New Encyclopaedia Britannica，15th edition，Vol. 8. Chicago：Encyclopaedia Britannica Inc.，1993.

Tilly，Charles. Formation of National States. Princeton，NJ：Princeton University Press，1975.

Towheed，Shafquat and W. R. Owens (eds.). The History of Reading，Volume 1. London：Palgrave Macmillan，2011.

Trager，James. Amber Waves of Grain. New York：Arthur Fields Books，Inc.，1973.

Turner，Frederick Jackson. The Significance of the Frontier in American History. London：Penguin Books，2008.

Valdesolo，Piercarlo and Jesse Graham. Social psychology of political polarization. New York：Routledge，2016.

van de Ven，Hans. Breaking with the Past：The Maritime Customs Service and the Global Origins of Modernity in China. New York：Columbia University Press，2014.

Varma，S. P. International System and the Third World：A Study in changing Perspectives. Noida：Vikas Publishing House Pvt Ltd，1988.

Waltz，Kenneth N. Theory of International Politics. New York：McGraw-Hill，1979.

Werner，Gruhl. Imperial Japan's World War Two 1931 - 1945. London：Routledge，2017.

Wight，Martin，Four seminal thinkers in international theory：Machiavelli，Grotius，Kant，and Mazzini，Oxford：Oxford University Press，2005.

Winks，Robin W. (ed.). The Oxford History of the British Empire：Volume V. Oxford：Oxford University Press，1999.

Woodward，Ernest Llewellyn. Great Britain and the German Navy. London，Routledge，2019.

Yolton，John W. (ed.). John Locke：Problems and Perspectives. Cambridge：Cambridge University Press，1969.

四、英文论文

Alexandrescu，Mihai. David Mitrany：From Federalism to Functionalism.

Transylvanian Review, 2007, 16 (1).

Altman, Roger. Globalization in Retreat Further Geopolitical Consequences of the Financial Crisis. Foreign affairs, 2009, 88 (4).

Andrew, C. M. The French Colonialist Movement during the Third Republic: the Unofficial Mind of Imperialism. Transactions of the Royal Historical Society, 1976, 26.

Barro, Robert J., and Lee Jong-Wha, "International Data on Educational Attainment: Updates and Implications," CID Working Paper Series 2000. 42, Harvard University Press.

Baxter, Phil, Jenna Jordan. How Small States Acquire Status: A Social Network Analysis. International Area Studies Review, 2018, 21 (3).

Bell, Duncan. "Empire and international relations in Victorian political thought: historiographical essay", The Historical Journal, 2006, 49 (1).

Buringh, Eltjo and Jan Luiten van Zanden. Charting the Rise of the West: Manuscripts and Printed Books in Europe, a Long-Term Perspective from the Sixth through Eighteenth Centuries. The Journal of Economic History, 2009, 69 (2).

Busekist, Astrid. Uses and Misuses of the Concept of Identity. Security Dialogue, March 2004, 35 (1).

Conversi, Daniele. Irresponsible Radicalisation: Diasporas, Globalization and Long-Distance Nationalism in the Digital Age. Journal of Ethnic and Migration Studies, 2012, 38 (9).

Copeland, Dale C.. The Constructivist Challenge to Structural Realism. International Security, Autumn, 2000, 25 (2).

Craven, Matthew. Between Law and History: the Berlin Conference of 1884–1885 and the Logic of Free Trade. London Review of International Law, 2015, 3 (1).

D'Eramo, Marco. Populism and the New Oligarchy. New Left Review, July/Aug 2013, 82.

de Mesquita, Bruce Bueno. Domestic Politics and International Relations. International Studies Quarterly, 2002, 46 (1).

Drezner, Daniel. Technological Change and International Relations. International Relations, 2019, 33 (22).

Dumett, Raymond. Africa's Strategic Minerals During the Second World War. The Journal of African History, 1985, 26 (4).

Erez Manela. Wilson and Lenin. Diplomatic History, 2018, 42 (4).

Ferguson, Niall. Public Finance and National Security: The Domestic Origins of the First World War Revisited. Past & Present, 1994, 142.

Finaldi，Giuseppe. Culture and Imperialism in a 'Backward Nation? The Prima Guerra d 'Africa (1885 – 96) in Italian Primary Schools. Journal of Modern Italian Studies，2003，3.

Fowkes，David. Identity：The Demand for Dignity and the Politics of Resentment. International Journal of Constitutional Law，April 2019，17 (2).

Fukuyama，Francis. American Political Decay or Renewal?：The Meaning of the 2016 Election. Foreign Affairs，2016，95 (4).

Fukuyama，Francis. Democracy and the Quality of the State. Journal of Democracy，2013，24 (4).

Gartzke，Erik. Permanent Friends? Dynamic Difference and the Democratic Peace. International Studies Quarterly，March 2013，57 (1).

Gillis，A. R. Literacy and the Civilization of Violence in 19th-Century France. Sociological Forum，1994，9.

Goldie，Mark. Printing History of Locke's Writings 1686 – 1800. Locke Studies，2005，5.

Goldie，Mark. The Revolution of 1689 and the Structure of Political Argument. Bulletin of Research in the Humanities，1980，83 (4).

Gourevitch，Peter. The Second Image Reversed：The International Sources of Domestic Politics. International Organization，1978，32 (4).

Graham，David. The Way Donald Trump speaks to and about Minorities. The Atlantic，May 3，2016. https：//www. theatlantic. com/politics/archive/2016/05/the-way-donald-trump-speaks-toand-aboutminorities/481155/ [2021 – 03]

Ibhawoh，Bonny. Second World War propaganda，imperial idealism and anti-colonial nationalism in British West Africa. Nordic Journal of African Studies，2007，16 (2).

Ikenberry，G. John and Charles A. Kupchan. Socialization and Hegemonic Power. International Organization，1990，44 (3).

Ikenberry，G. John. Why the Liberal World Order Will Survive. Ethics & International Affairs，2018，32 (1).

Joshua，Freedman. The Recognition Dilemma：Negotiating Identity in the Israeli-Palestinian Conflict. International Studies Quarterly，2021，65 (1).

Jowitt，Ken. After Leninism：The New World Disorder. Journal of Democracy 2，Winter 1991.

Lambrechts，Derica and Lars B. Blomquist. Political-security Risk in the Oil and Gas Industry：The Impact of Terrorism on Risk Management and Mitigation. Journal of Risk Research，2017，20 (10).

Markoff，John. Literacy and Revolt：Some Empirical Notes on 1789 in

France. American Journal of Sociology, 1986, 92 (2).

Mastny, Vojtech. The New History of Cold War Alliances. Journal of Cold War Studies, 2002, 4 (2).

McKay, Donald Vernon. Colonialism in the French Geographical Movement 1871 - 1881. Geographical Review 1943, 33 (2).

Meyer, John W., John Boli, George M. Thomas, and Francisco O. Ramirez. World Society and the Nation-State. American Journal of Sociology, 1997, 103 (1).

Mudde, Cas. The Populist Zeitgeist. Government and Opposition, 2004, 39 (4).

Murray, Michelle. Identity, Insecurity, and Great Power Politics: The Tragedy of German Naval Ambition Before the First World War. Security Studies, 2010, 19 (4).

Nel, Philip. Redistribution and Recognition: What Emerging Regional Powers Want. Review of International Studies, 2010, 36 (4).

Oallager, J. and R. Robinson, "The Imperialism of Free Trade", The Economic History Review, 1953, 6 (1).

Panizza, Francisco. Neopopulism and its Limits in Collor's Brazil. Bulletin of Latin American Research, 2000, 19 (2).

Philippi, Baldwin. The Technological Performance of Populism. New Media & Society, 2019, 29 (2).

Putnam, Robert D. Diplomacy and Domestic Politics: The Logic of Two-Level Games. International Organization, Summer 1988, 42 (3).

Reich, Robert. Big Struggle is the Financial Elite Vs Everyone else. The Guardian, November, 2015. https://www.theguardian.com/commentisfree/2015/nov/11/us-uk-politics-economics [2021 - 03]

Ringmar, Erik. The Recognition Game: Soviet Russia Against the West. Cooperation and Conflict, 2002, 37 (2).

Rüger, Jan. Nation, Empire and Navy: Identity Politics in the United Kingdom 1887 - 1914. Past & Present, 2004, 185 (1).

Ruggie, John Gerard, "International regimes, transactions, and change: embedded liberalism in the postwar economic order", International organization, 1982, 36 (2). Schweller, Randall L.. Bandwagoning for Profit: Bringing the Revisionist State Back In. International Security, Summer1994, 19 (1).

Seddon, Mark. The origins and limitations of the Atlantic Charter: Britain, the USA, Venezuela, and the development of free trade, 1933 - 1944. Journal of Transatlantic Studies, 2016, 14 (1).

Skocpol，Theda and Alexander Hertel-Fernandez. The Koch Network and Republican Party Extremism. Perspectives on Politics，2016，14 (3).

Smith，Woodruff. Friedrich Ratzel and the Origins of Lebensraum. German Studies Review，1980，3 (1).

Svolik，Milan. Polarization versus Democracy. Journal of Democracy，2019，30 (3).

Thacker，Strom C. The High Politics of IMF Lending. World Politics，1999，52 (1).

Toft，Monica Duffy. Why is America Addicted to Foreign Interventions. National Interest，(2017) [2021－04] https：//nationalinterest. org/feature/why-america-addicted-foreign-interventions-23582.

Tooze，Adam. John Mearsheimer and the Dark Origins of Realism. (2022－03－28). https://adamtooze. com/2022/03/08/john-mearsheimer-and-the-dark-origins-of-realism/.

Van Evera，Stephen. Offense，Defense，and the Cause of War. International Security，1998，22 (4).

Way，Lucan A. Authoritarian State Building and the Sources of Regime Competitiveness in the Fourth Wave：The Cases of Belarus，Moldova，Russia，and Ukraine. World Politics，2005，57 (2).

Wehler，Hans-Ulrich. Bismarck's imperialism 1862－1890. Past & Present，1970，48.

Weyland，Kurt. Crafting Counterrevolution：How Reactionaries Learned to Combat Change in 1848. American Political Science Review，2016，110 (2).

Weyland，Kurt. Neo-populism and Neoliberalism in Latin America：Unexpected Affinities. Studies in Comparative International Development，Fall 1996，31 (3).

Zakaria，Fareed. Realism and Domestic Politics：A Review Essay. International Security，Summer 1992，17 (1).

Zedillo，Ernesto. Lula：The End of Latin American Populism. Forbes，Winter-Spring 2007，27 (1).

后　记

世界政治研究是中国人民大学国际关系学院杨光斌教授近年来所力推的一种研究路径。本书的写作和出版，也离不开杨光斌教授的指导和大力支持。这一新的研究路径试图打破传统的国际关系与国内政治的分野，找出一些能够同时影响国际关系和国内政治的重要因素，分析它们如何塑造了世界政治中的力量对比和思潮兴衰，并最终如何形成了不同时期、不同条件下的国际秩序和国内秩序。从学科发展的意义来看，这种研究路径有助于从世界政治的深层动力角度来认识国际关系和国内政治的重大变迁，超越了传统的政治学和国际关系学。这一研究路径也有助于推动国内正在兴起的区域国别研究和国家安全研究，因为这两个交叉学科都同时涉及国际关系和国内政治层面，如何将两个层面的要素整合起来一直是一个难点，而世界政治的研究路径可以提供重要的启发和帮助。

本书的写作团队成员都是中国人民大学国际关系学院的教师，来自政治学、国际关系、科学社会主义与国际共产主义运动等不同的学科。杨光斌院长为本书撰写了作为理论部分的第 2 章，阐明了世界政治思潮对于国际关系和国内政治的重大影响。副院长李巍教授写作了有关技术革命如何推动世界政治格局变迁的第 3 章。副院长翟东升教授写作了资本、世界市场如何推动世界政治思潮变迁的第 4 章。作为本书主编，笔者在导论部分介绍了世界政治研究路径的现实基础和必要性，在第 1 章介绍了世界政治研究的基本框架和概念，在第 5 章探讨了追求承认的斗争如何推动了世界政治格局的变迁。本书从第 6 章到第 10 章重点关注了世界政治思潮如何通过国际国内的政治斗争塑造了国际和国内秩序。黄晨副教授写作了自由主义如何推动世界政治秩序变迁的第 6 章。吴迪博士写作了有关帝国主义如何推动世界政治秩序变迁的第 7 章，马嘉鸿博士写作了社会主义如何推动世界政治秩序变迁的第 8 章。田文林教授写作了民族主义如何推动世界政治秩序变迁的第 9 章，而本书的第

10 章是林红教授对民粹主义如何推动世界政治秩序变迁的研究。

在本书的写作和出版过程中，作为主编，我得到了中国人民大学国际关系学院各位领导、老师的大力支持和帮助，在此深表谢意！我尤其要感谢中国人民大学出版社的马海英编辑，感谢她的耐心细致指导、高水平的编辑和诸多辛苦的付出！

本书应该是国内第一本相对系统地介绍世界政治研究范式的教材，涉及的学科多，写作难度大，参与写作的老师也比较多，因此难免挂一漏万，仍可能存在一些需要改正的地方。我们将会在出版后继续倾听各界意见，不断完善这一教材，推动有关世界政治研究路径的系统化与科学化。

宋　伟

图书在版编目（CIP）数据

世界政治概论 / 宋伟主编. -- 北京 ：中国人民大学出版社，2025. 5. --(新编 21 世纪政治学系列教材).
ISBN 978-7-300-33890-3

Ⅰ. D5

中国国家版本馆 CIP 数据核字第 2025L03S11 号

新编 21 世纪政治学系列教材
世界政治概论
宋　伟　主编
Shijie Zhengzhi Gailun

出版发行	中国人民大学出版社		
社　　址	北京中关村大街 31 号	**邮政编码**	100080
电　　话	010－62511242（总编室）		010－62511770（质管部）
	010－82501766（邮购部）		010－62514148（门市部）
	010－62511173（发行公司）		010－62515275（盗版举报）
网　　址	http://www.crup.com.cn		
经　　销	新华书店		
印　　刷	中煤（北京）印务有限公司		
开　　本	787 mm×1092 mm　1/16	**版　　次**	2025 年 5 月第 1 版
印　　张	19 插页 1	**印　　次**	2025 年 5 月第 1 次印刷
字　　数	397 000	**定　　价**	68.00 元

教学支持说明

（教学课件）

中国人民大学出版社政法分社秉承“出教材学术精品，育人文社科英才”的出版宗旨，多年来，出版了大批高质量的法学、教育学、政治学、政治理论公共课教材和学术著作。

我们为本教材制作了相应的 PPT 教学课件，任何一位采用本书作为授课教材的教师均可免费获得该课件。为了确保该课件仅为授课教师获得，烦请您填写如下材料，并将相关信息发送给我们，我们将在收到相关信息后给您发送该课件。欢迎您加入我们的 QQ 群（全国政管教师交流二群，群号为 648117133），或登录我社官方网站（www. crup. com. cn），注册并认证成为教师会员，以获得更好的服务。

我们的联系方式：

地址：（100872）北京市中关村大街甲 59 号文化大厦 1202 室

中国人民大学出版社政法分社

电话：（010）62515383　62514775（传真）

兹证明__________大学/学院________院/系________专业__________学年第__________学期开设的_______________课程，采用中国人民大学出版社出版的__________________________________（书名、作者）作为本课程教材。授课教师为____________，授课班级共_______个、学生_______人。授课教师需要与本书配套的教学课件。

联 系 人：__________________________

通信地址：__________________________

邮　　编：__________________________

电　　话：__________________________

E-mail：____________________________

系/院主任：__________（签字）

（系/院办公室章）

_______年_____月_____日